도도의 노래

THE SONG OF THE DODO
by David Quammen

Copyright ⓒ 1996 by David Quammen • Maps copyright ⓒ 1996 by Kris Ellingsen • All rights reserved. • Korean Language Translation copyright ⓒ 2012 by Gimm-Young Publishers, Inc. • This Korean edition was published by arrangement with the original publisher, SCRIBNER, A Division of Simon & Schuster, Inc., New York through KCC(Korea Copyright Center Inc.), Seoul.

도도의 노래

지은이 데이비드 쾀멘
옮긴이 이충호
1판 1쇄 발행 2012. 10. 12
1판 3쇄 발행 2022. 4. 10

발행처_ 김영사 • 발행인_ 고세규 • 등록번호_ 제406-2003-036호 • 등록일자_ 1979. 5. 17 • 경기도 파주시 문발로 197(문발동) 우편번호 10881 • 마케팅부 031)955-3100, 편집부 031)955-3200, 팩스 031)955-3111 • 이 책의 한국어판 저작권은 KCC를 통해 저작권자와 독점 계약한 김영사에 있습니다. 저작권법에 의해 한국 내에서 보호를 받는 저작물이므로 무단전재와 무단복제를 금합니다.

값은 뒤표지에 있습니다. ISBN 978-89-349-5937-3 04470, 978-89-349-5063-9(세트) • 홈페이지_ http://www.gimmyoung.com • 블로그_ blog.naver.com/gybook • 인스타그램_ instagram.com/gimmyoung • 이메일_ bestbook@gimmyoung.com • 좋은 독자가 좋은 책을 만듭니다 • 김영사는 독자 여러분의 의견에 항상 귀 기울이고 있습니다.

도도의 노래

THE SONG OF THE DODO

데이비드 쾀멘 지음 | 이충호 옮김 | 신현철 해제

김영사

차례

해제 8
프롤로그 16

Chapter 1 | 진화와 멸종의 비밀을 간직한 섬 23
섬 생물지리학 23 · 월리스선의 비밀 29 · 노아의 방주 39 · 특별한 창조론 47 · 사라왁에서 쓴 논문 54 · 마다가스카르 섬의 텐렉 56 · 라이엘의 연구 65 · 격리+시간=분기 67 · 대륙도와 대양도 71 · 진화의 수수께끼를 푸는 열쇠는 섬에 있다 73 · 월리스의 편지 75 · 창조의 자연사적 흔적 79 · 아마존 탐사 85 · 종들의 분포 경계 99 · 파젠다 에스테이우의 흰얼굴사키 102 · 월리스의 직관 111 · 말레이 제도 112 · 아루 제도의 자연사에 대하여 118 · 프라우선을 타고 아루 제도로 121 · 과거에 아루 제도는 뉴기니 섬과 연결돼 있었다 132 · 종은 멸종한다 135 · 다윈의 답장 139 · 다윈의 좌절과 라이엘의 충고 140 · 종과 변종의 차이 143 · 다윈의 의심스러운 행동 147 · 《종의 기원》 156

Chapter 2 | **섬에 사는 특이한 동물들** 158

섬 생물지리학의 양과 음 158 · 섬은 생물학적으로 특이한 곳 160 · 황소거북의 수난 163 · 종 분화를 낳는 지리적 격리 173 · 다윈과 바그너의 논쟁 177 · 섬에만 사는 특이한 동물들 186 · 종의 특성과 군집의 특성 188 · 새로 태어난 섬 191 · 크라카타우의 아이 200 · 섬에 포유류가 살지 않는 이유 203 · 예외적인 포유류-박쥐 206 · 바다를 헤엄쳐 건넌 코끼리 208 · 섬에서는 왜 몸크기가 작아지는가? 213 · 코모도왕도마뱀 215 · 캠프 코모도의 코모도왕도마뱀 쇼 223 · 코끼리를 잡아먹은 코모도왕도마뱀 228 · 코모도왕도마뱀에게 희생된 사람들 229 · 위기일발의 순간 234

Chapter 3 | **섬의 법칙** 238

섬의 법칙 238 · 맥아서와 윌슨의 혁명 241 · 앙헬데라과르다 섬의 거대한 척왈라 247 · 비극은 늘 일어나는 것 262 · 비행 능력을 잃은 새들 264 · 주금류의 수수께끼 267 · 날지못하는 마데이라 섬의 딱정벌레 272 · 달링턴의 딱정벌레 연구 276 · 방어 적응 능력 상실 281 · 다윈과 운 나쁜 바다이구아나 284 · 바다이구아나의 생태 286 · 군도 종 분화 294 · 다윈의 실수 295 · 적응 방산 299 · 갈라파고스핀치 305 · 다윈핀치에 대한 잘못된 전설 308 · 적응방산을 보여주는 극적인 사례 317 · 마다가스카르 섬의 여우원숭이 322 · 여우원숭이의 적응 방산 332 · 황금대나무여우원숭이의 수수께끼 340 · 황금대나무여우원숭이를 만나다 344 · 유전자 혁명 346 · 부조화와 종의 빈곤화 352 · 섬은 종들이 멸종해가는 곳 355

Chapter 4 | **희귀한 것에서 멸종으로** 357

사라진 도도의 노래 357 · 멸종은 왜 주로 섬에서 일어나는가? 361 · 도도와 인간의 첫 만남 363 · 인간이 가져온 재앙 368 · 칼 존스의 조류 구조 활동 371 · 마지막 도도 375 · 멸종의 전주곡 377 · 도도가 남긴 교훈 379 · 타스만의 항해 382 · 태즈메이니아호랑이의 비극 384 · 주머니늑대는 어떻게 태즈메이니아 섬으로 왔을까? 395 · 우비르의 주머니늑대 암벽화 396 · 배스 해협의 섬들과 국지적 멸종 398 · 결정론적 요인과 확률적 요인 404 · 주머니늑대는 아직 살아 있을까? 407 · 마리와의 주점 410 · 주머니늑대를 찾아서 412 · 나그네비둘기의 멸종 423 · 하와이 제도에서 멸종한 조류 431 · 괌 섬에서 일어난 생태계 학살 미스터리

442 · 학살자의 정체 446 · 갈색나무뱀은 수가 줄어들고 있을까? 452 · 거미와 도마뱀붙이 458 · 곤충 전문가의 의견 465 · 거미 전문가 470 · 영양 단계 연쇄 반응 472 · 바로콜로라도 섬의 자연 실험실 475 · 칼바리아나무와 도도 479 · 도도와 칼바리아나무의 관계에 관한 가설은 옳은가? 484 · 마지막 태즈메이니아 원주민 487 · 백인들의 대원주민 정책 489 · 트루가니니의 죽음 506 · 태즈메이니아 원주민의 후예 515 · 태즈메이니아 원주민의 멸종 원인 520 · 섬에서 멸종해간 종들 522 · 멸종에 기여하는 요인 525

Chapter 5 | 프레스턴의 종 528

종과 면적의 관계 528 · 섬의 패턴 531 · 프레스턴의 종 534 · 표본과 격리 집단 539 · 코모도랜드 541 · 와에울 자연 보호 구역 552

Chapter 6 | 생태학 혁명 557

《섬 생물지리학 이론》 557 · 평형 이론 563 · 에드워드 윌슨을 만나다 566 · 맥아서와 윌슨의 만남 570 · 면적 효과와 거리 효과 573 · 이론과 현실의 일치 578 · 맹그로브 섬에서 평형 이론을 검증하다 581 · 과학은 반복되는 패턴을 찾는 것 588 · 생태학 혁명 592 · 대륙에 존재하는 섬 595 · 서식지 분열과 생태계 붕괴 601 · 평형을 향한 완화 602 · 섬의 딜레마 605 · 평형 이론을 보호 구역에 적용할 수 있을까? 609

Chapter 7 | 아마존의 고슴도치 611

거대한 실험 611 · 최소 임계 면적 616 · 아마존의 고슴도치 617 · 심벌로프와 아벨의 반론 620 · 불붙은 SLOSS 논쟁 624 · 러브조이의 아이디어 627 · 마나우스 자유 지역 629 · 1202번 보호 구역 635 · 끝없는 논쟁 641 · 귀무가설 논쟁 645 · 토르티야에 나타난 예수 649 · 댄 심벌로프와의 면담 652 · 개구리가 준 교훈 661 · 국립공원에서 사라져간 동물들 663 · 러브조이의 목표 672 · 아마존의 아마추어 파수꾼 674

Chapter 8 | **인드리의 노래** 679

나무 한 그루로 숲이 만들어지는 것은 아니다 679 · 아날라마자오트라 삼림 보호 구역 680 · 소년 박물학자 베도 688 · 고립된 세계에 갇힌 인드리 692 · 생존 가능 최소 개체군 694 · 희귀종을 멸종에 이르게 하는 요인 697 · 섀퍼의 생존 가능 최소 개체군 정의 705 · 예리한 눈을 가진 베도 706 · 50/500 규칙 712 · 진화의 종말 716 · 브라운 북과 그린 북 718 · 현실적 문제 724 · 이론가들이 느낀 좌절 726 · 희망이 없는 경우는 없다 729 · 섀퍼의 비관론 736 · 베도의 죽음을 둘러싼 수수께끼 737

Chapter 9 | **조각나고 있는 세계** 743

모리셔스황조롱이 743 · 멸종 위기로 내몰린 황조롱이 744 · 칼 존스의 활약 751 · 몽구스의 위협 757 · 불가피한 운명에서 희망의 상징으로 767 · 상습적인 근친 교배 770 · MVP와 PVA 772 · 몬테스클라로스의 남부양털거미원숭이 778 · 리우데자네이루에서 당한 봉변 784 · 정자 경쟁 가설 793 · 콘초물뱀의 개체군 생존 능력 분석 805 · 메타 개체군 810 · 댐이 건설되면 콘초물뱀은 살아남을 수 있을까? 815

Chapter 10 | **아루 제도의 메시지** 819

역사상 최대 규모의 멸종 819 · 월리스의 선견지명 824 · 월리스가 본 극락조는 지금도 살아 있을까? 828 · 아루 제도를 다시 찾다 830 · 도보를 배회하다가 만난 안내인 836 · 마눔바이 해협을 건너다 839 · 첸드라와시의 노래 843

에필로그 849
옮긴이의 말 853
후주 857
찾아보기 874

해제

희망을 위한 도도의 노래

신현철(순천향대학교 생명과학과 교수)

　아프리카 동쪽 해안에 위치한 마다가스카르 섬에서 조금 더 동쪽으로 가면 모리셔스 섬이 있다. 한때 이 조그만 섬에는 어렴풋한 노래로만 전해지는 슬픈 새가 살고 있었다. 이 새는 자신을 잡아먹는 동물이 섬에 없었기에 더 이상 날지 않고, 땅 위에서 걸어다니는 것으로 자신만의 자유를 만끽하며 살고 있었다. 적어도 인간이 이 섬에 도착하기 전까지는. 처음 인간이 섬에 상륙했을 때에도 이 새들은 인간을 그저 이 섬에서 살고 있던 다른 생물처럼 여기며 변함없이 자유를 누리려고 했다. 하지만 인간이 이 섬에 발길을 내디딘 후 150여 년 만에 이 새는 지구상에서 더 이상 살아 있는 실체를 볼 수 없게 되었다. 바로 도도의 이야기이다. 누군가는 이렇게 말한다. "사람을 몰라본 어리석은 동물이기에, 비참한 최후를 맞이할 수밖에 없었다."라고.
　《도도의 노래》는 생태학 저술가인 데이비드 쾀멘이 보전생물학 분야에서 전설이 되어버린, 죽는 순간까지도 인간의 탐욕스러움을 몰랐던 도도가 인류에 의해 절멸되기까지의 과정을 그린 작품이다. 쾀멘의 작품 중 사실에 기반을 둔 작품으로는 19세기 박물학자들의 발자취를 거슬러 다니면서 발표한 《도도의 노래》를 비롯하여, 사라져가는 거대한 몸집의 포식 동물를 바라보는 인간의 심리적 갈등을 다룬 《신의 괴물 Monster of God》, 비글호 항해를 다녀와서 자연선택이라는 개념을 구체화할 때까지 다윈의 생각을 다룬 《신중한 다윈씨 The Reluctant Mr. Darwin》 등이 있다. 현재 그는 동물과 인간의 질병을 다룬 《인수공통 감염병 Spillover》을 준비하고 있다.

그는 《도도의 노래》에서 최근 많은 사람들의 입에 오르내리는 생물 다양성 보전이라는 주제를 "처방이 아니라 진단을 위하여 현재와 같은 사태 앞에서 우리가 무엇을 해야 하는가?"라는 질문으로 돌려 그 답을 찾아나간다. 물론 답이 쉽지 않음을 그도 잘 알고 있다. 단지 그 답을 찾기 위해, 그는 생물 다양성의 근원이 되는 '진화'와 그 결정적 증거들을 간직한 대양도와 관련된 '섬 생물지리학' 이론의 역사를 탐구한다. 그리고 앞선 연구자들의 발자국을 따라가면서 절멸하였거나 멸종 위험에 처한 생물들의 사례와 진화와 절멸의 상관관계를 과거와 현재를 종합해가며 이야기하고 있다. 그런 측면에서 이 책은 한 편의 다큐멘터리 영화처럼 전개된다.

쾀멘은 생물 다양성 유지의 근간이 되는 진화의 단초를 제공한 섬, 특히 대양에서 화산 활동으로 솟아난 대양도를 이야기의 시작점으로 삼았다. 그리고 우리나라에서는 널리 알려지지 않았으나 다윈 이전에 대양도에서 청춘을 보낸 월리스의 발자취를 따라갔다. 월리스는 보르네오 섬 일대에서 생물을 조사, 채집하면서 생물들의 기원에 대해 고민했던 인물이다. 후일 자신이 쓴 자서전에서 그는 "저녁 시간이나 비가 내리는 날에는 달리 할 일이 없어 책을 보거나 머릿속에서 좀체 떠난 적이 없는 문제를 생각했다."라고 기록하였는데, 이 고민이 바로 '종의 기원' 문제였다. 그는 이에 대한 답을 바로 생물지리학에서 찾았다. 그리고 "모든

해제 — 9

종은 이미 존재하고 있던 근연종들과 동일한 공간과 시간에 출현했다."라고 논문에 서술하여, 이에 대한 문제가 해결되었음을 밝혔다. 윌리스는 진화론을 암시하긴 했지만 그 과정이 어떻게 일어나는지에 대해서는 제대로 설명할 수가 없었고, 이론 또한 제시하지 못했다. 윌리스가 해결하지 못한 진화의 과정을 설명하기 위해 쾀멘은 카메라 앵글을 마다가스카르, 갈라파고스, 말레이 제도 등 대양도로 돌렸다. 대양도는 이전에 대륙과 연결된 적이 없고 앞으로도 연결될 가능성이 전혀 없는, 화산 분화와 같은 지질학적 과정으로 깊은 해저에서 솟아올라 생겨난 섬이다. 이런 각각의 대양도에는 전 세계적으로 다른 곳에는 살지 않고 특정한 곳에만 서식하는 생물들이 있는데, 이를 고유종이라고 한다. 많은 생물학자들이 이러한 사실에 주목하였고, 진화와 관련된 결정적 연구 성과들 중 상당수가 대양도에서 추출되고 있다. 이러한 사실을 입증하기 위하여 쾀멘 역시 윌리스나 다윈처럼 대양도를 직접 방문하여 이들처럼 조사했다.

그런 다음 쾀멘은 '진화론' 하면 떠오르는 다윈을 등장시켰다. 윌리스는 다윈에게 보낸 편지에서 "갈라파고스 제도에는 고유한 동식물 집단은 거의 없고, 살고 있는 이들 대부분도 남아메리카의 동식물 집단과 아주 가까운 관계인 현상에 대해 지금까지 추측으로나마 설명이 제시된 적은 전혀 없다."라고 적고 있다. 윌리스의 편지를 통해 다윈은, 자신은 미처 파악하지 못했던 사실을 깨닫고 이를 깨물었다. 윌리스의 편지에는 다음과 같은 내용이 이어진다. "새로 생겨나는 다른 섬들과 마찬가지로 그 섬들도 처음에는 바람과 해류에 실려 옮겨온 생물들이 자리를 잡고 살았을 것이다. 그리고 아주 오래 전에 살았던 최초의 종들은 모두 죽어 사라지고, 변형된 원형들만이 살아남았을 것이다." 윌리스의 편지를 다윈은 계속 읽어 내려갔다. 윌리스는 다윈이 발견했지만 설명하기가 힘들었던 부분, 즉 격리와 시간이 결합하면 진화의 자연적 과정을 거쳐 새로운 종이 생겨날 수 있음을 파악했고, 이를 다윈에게 편지로 보낸 것이다.

　편지를 읽고 있는 다윈을 뒤로하고, 쾀멘은 아마존으로 시선을 옮긴다. 이곳에서 사라져가는 흰얼굴사키를 통해 진화와는 전혀 상관없는 것처럼 보이는 '생태계 붕괴'를 간단히 언급한다. 마치 진화와 보전이 밀접한 관계가 있는 것처럼. 그리고 다윈이 1859년 11월 《자연 선택에 의한 종의 기원, 또는 생존 경쟁에서 유리한 종족의 보존에 대하여》를 발표했음을 알리고, 생태계 붕괴에 대한 설명을 뒤로한 채 1장을 마무리한다.

　2장의 시작에서 쾀멘은 《도도의 노래》가 추구하는 궁극적인 주제, 즉 갈기갈기 조각난 세계에서 일어나는 종의 절멸 문제에 빛을 던져줄 단초가 섬 생물지리학에 있음을 밝히고 있다. 즉 대양도에서 발견되는 새로운 생물은 진화의 상징으로 생물 다양성에 긍정적 영향, 즉 양의 효과를 주는 반면, 멸종 위기에 처한 생물은 절멸의 상징으로 부정적 영향, 즉 음의 효과를 준다는 사실을 파악한 것이다. 다시 말해 생물들은 대양도로 이주해와서 지리적 환경에 적응하여 새로운 종으로 진화했지만, 최근 인간으로 인해 완전히 사라질 위험에 처해 있다. 하지만 진화 과정을 규명하면 멸종 위기에 처한 생물을 구할 수 있는 방안을 찾을 수 있으리라는 가정을 세운 것이다. 이러한 사례로 마스카렌 제도에 분포하나 멸종 위기에 처한 황소거북을 비롯하여 여러 종류의 생물을 설명하고 있다. 특히 쾀멘은 도도를 예로 들어 "섬에서 일어난 진화는 모험적이고 뛰어난 비행 능력을 가진 조상을 지상에서만 살아가는 종으로 변화시켰고, 결국에는 다른 곳으로 옮겨가지 못하고 멸종의 길을 걷게 했다. 섬에서 일어나는 진화는 놀라운 점을 많이 보여주지만, 멸종을 향해 나아가는 일방통행길이라는 사실을 상기시켜준다."로 마무리하였다. 진화의 결과가 절멸로 나타난 것이다.

　대양도에서 일어나는 진화와 절멸을 이해하기 위하여 쾀멘은 섬의 법칙을 찾는 다양한 사람들의 이야기를 이어서 소개한다. 그는 섬에서 살아가는 동물 중 일부는 날지 못하며 방어 능력을 상실하였고, 또한 확산 능력이 결여되는 등 생태학적 순진성을 지니고 있기에, 도리어 멸종 위기에 처한 것으로 풀이했다. 이러한 사례로 마다가스카르 섬의 여우원숭이뿐만 아니라 섬과 대륙의 떨어진 거리, 대륙에서 생물들이 이동한 이후 경과된 시간 그리고 섬의 크기 등의 요인에 의해 섬 생물들이 진화 및 절멸하고 있음을 소개한다. "멸종 위험은 장소와 관련이 있다. 섬은 종들이 멸종해가는 곳이다."라고 말하면서.

그렇다면 "실제 섬에서 많은 생물들이 절멸하였는가"라는 질문에 대한 답을 찾아나서야 할 것이다. 이를 위해 쾀멘은 도도를 비롯하여, 태즈메이니아의 주머니늑대, 북아메리카의 나그네비둘기 등의 사례를 설명하고 있다. 특히 도도는 인간의 탐욕뿐만 아니라, 인간이 섬에 들여온 동물이 곧 재앙이 되어 절멸하였는데, 도도의 절멸을 '인류 역사상 처음으로 자신이 어떤 종을 사라지게 했다는 사실을 깨달은 최초의 사건'으로 규정하였다. 또한 "바로 그 순간, 즉 도도가 사라졌다는 사실을 깨달은 바로 그 순간에 인류는 이 세상도 사라질 수 있는 장소라는 사실을 깨달았습니다. 우리가 이런 식으로 영원히 자연을 약탈하고 유린할 수는 없다는 걸 알게 된 거죠. 따라서 도도의 멸종은 아주 중요한 순간이었어요."라는 존스의 말을 인용하면서, 실제로 지구상에서 완전히 사라진 태즈메이니아 원주민을 사례로 들어 인류 역시 자신의 행동으로 인하여 지구상에서 사라질 수 있음을, 즉 생태계 붕괴를 경고하였다.

이제는 더 이상 방치할 수는 없다. 방법을 찾아야 할 것이다. 쾀멘은 멸종 위기에 처한 생물들을 보전할 수 있는 방법으로, 가히 생태학 혁명이라고 지칭되는 섬 생물지리학 이론을 소개한다. 《섬 생물지리학 이론》은 1967년 프린스턴 대학 출판부에서 발간한 200여 쪽에 불과한 책이다. 로버트 맥아서와 에드워드 윌슨이 공동으로 저술하였는데, 쾀멘은 책이 출판되기까지의 여정을 소개하면서 섬 생물지리학이 생태학 혁명으로 불리는 이유를 '섬이 중요해서가 아니라 이 책이 섬 생물지리학의 패러다임을 대륙에까지 적용할 수 있게 했기 때문'이라고 주장하였다. 실제로 큄멘은 아마존에서 수행된 거대한 실험과 관련된 논쟁 등을 포함하여 《섬 생물지리학 이론》이 출판된 이후 진행된 논쟁들, 그리고 자연 보호 구역 설계에 적용된 사례와 문제점을 소개하였다. 생태계 붕괴를 막고 생물 다양성을 보전하기 위한 이론적 방법론이 마련된 것이다.

《섬 생물지리학 이론》은 많은 사람들에게 큰 영향을 주었을 뿐만 아니라 산산조각나고 있는 생물계를 위해 뭔가 조치를 취해야 한다는 경각심을 일깨웠다. 생물 다양성을 보전하기 위해서는 마다가스카르에서 야생생물을 사랑하던 예리한 눈을 가진 베도와 같은 청년들과 생존 가능 최소 개체군 크기, 또한 서식지 다양성과 이를 지탱할 수 있는 어느 정도의 면적이 필요하다. 생물 다양성 보전을 위해 노력하는 사람들의 성과를 큄멘은 멸종 위기에 처한 생물들의 멸종 위기 정도와 개체군 상태를 모은 《적색자료집》에 빗대 '그린 북' 사업으로 지칭하였다. 그리고 마침내 보전생물학이 새로운 학문 영역으로 탄생하였다. 《보전생물학: 진화생태학적 전망》을 저술한 마이클 술레와 브루스 윌콕스는 "보전생물학은 순수 과학과 응용 과학을 모두 아우르는 임무 수행에 초점을 맞춘 분야"라고 규정하였다.

순수 과학 측면에는 생태학, 진화생물학, 섬 생물지리학, 유전학, 분자생물학, 통계학 그리고 그 배경을 이루는 다른 분야들, 예컨대 생화학, 내분비학, 세포학 등은 물론이고 응용 과학 분야의 경제학, 천연 자원 개발 계획, 교육, 갈등 해소 기술, 섬 생물지리학 등 자연 보호 구역의 설계에 대해 가르칠 수 있는 모든 것들이 보전생물학에 포함될 수 있을 것이다. 이들이 모두 융합하여 지구에서 고생물학 시대가 시작된 이래 끝임없이 계속된 많은 생태학적 과정과 진화 과정이 우리가 살아 있는 동안에 중단되지 않도록 노력해야 할 것이다.

이제는 보전에 눈을 떠야 할 시기이다. 술레가 지적했듯이, "열대 지방에 사는 큰 식물 및 육상 척추동물에게 일어나는 중요한 진화는 이번 세기에 종말을 고할 것"이다. 그리고 그 밖에도 너무나 많은 생물들이 현재 멸종 위험에 처해 있다. "열대 지역에서 일어나는 서식지 파괴와 분열 때문에, 그리고 사람들이 마지못해 떼어놓은 자연 보호 구역이 너무 작기 때문에, 가까운 장래에 척추동물과 나무 종들이 사실상 진화를 멈추는 날을 맞이하게 될 것이다. 즉 진화라는 시계는 지구상에서 멈추게 될 것이고, 그 이후 절멸이라는 단어만이 사람들의 입에 오르내릴 것이다." 라는 쾀멘의 주장에 동의하지 않을 수는 있어도, 지구상에서 사라지기 직전 마지막 숨을 고르고 있는 생물들이 부지기수임은 분명한 사실이다.

일부 종이 절멸한다고 해서 어쨌단 말인가? 절멸도 자연스런 과정이다. 다윈도 그렇게 말하지 않았던가? 절멸은 먼 옛날부터 항상 일어났던 현상이며, 새로운 종이 진화할 공간을 만들어주어 진화를 보완한다. 그러니 이제 와서 사람들이 초래한 절멸에 대해 호들갑을 떨 필요가 있는가? 일부 사람들의 주장이다. 아니 많은 사람들의 주장이다. 맞는 주장이다. 지구 역사를 볼 때 100만 년이 지날 때마다 포유류 몇 종, 조류 몇 종, 어류 몇 종이 절멸했다. 하지만 이 정도 절멸 수준이라면 종 분화에 의한 새로운 종의 추가가 그 손실을 충분히 만회할 수 있다. 그러나 현재 생물들이 절멸하는 속도는 그렇지 않다는 데 문제의 심각성이 있다. 조사에 따르면 최근 한 해에 평균 3종이 지구상에서 사라지는 것으로 추정된다. 많은 생물들이 한꺼번에 사라지고 있는 것이다. 이러한 현상을 윌슨은 '여섯 번째 대량 절멸'이라고 불렀다.

최근 발간된 한국 적색목록에 따르면 독도에서 살아가던 바다사자 또는 강치는 전 세계적으로 절멸하였고, 호랑이를 비롯하여 늑대, 표범, 시라소니, 따오기, 크낙새, 원앙사촌, 종어 등은 우리나라에서 완전히 사라졌다. 그리고 34종의 위급종, 126종의 위기종, 169종의 취약종 등 286종류의 생물들이 멸종 위험에 처한 것으로 적색목록에 등재되어 있다. 흔히 오래된 시절을 빗대 호랑이 담배 피우던 시절이라고 하지만 이제 호랑이는 동물원에서만 볼 수 있는 애완동물처럼 되어버렸고, 따옥따옥 슬피 울던 따오기는 이제 창살 안에서만 살고 있다. 남쪽 해안가에서 살아가던 나도풍란의 그윽한 향은 더 이상 풍기지 않고 있으며, 저녁 무렵 풍기기 시작하던 풍란의 향도 겨우 서너 군데에서만 맡을 수가 있다.

  도도의 노래도 이제 더 이상 들을 수가 없다. 태즈메이니아 원주민과도 더 이상 대화를 나눌 수가 없다. 보전생물학자 술레는 주장한다. "희망이 없는 경우는 없다. 다만 희망이 없는 사람들과 비용이 많이 드는 경우만 있을 뿐이다."라고. 비용이 더 많이 들기 전에, 희망이 없는 사람들이 생기기 전에, 희망을 키워나가는 그 어떤 일을 해야 할 것이다. 희망을 놓으려는 사람들에게, 희망을 찾으려고 하는 사람들에게 《도도의 노래》를 들려주고 싶다.

프롤로그

우선 실내에서 이야기를 시작하기로 하자. 아주 멋진 페르시아 융단과 날카로운 칼이 있다. 융단의 크기는 12×18피트라고 하자. 즉, 넓이가 216평방피트인 융단이 하나의 덩어리를 이루고 있다. 칼날은 면도날처럼 아주 예리한가? 그렇지 않다면 숫돌로 갈아서 날을 예리하게 벼려라. 이제 이 융단을 칼로 잘라서 2×3피트짜리 직사각형 36개로 만들려고 한다. 우리 귀에는 들리지 않지만 잘려나가는 섬유 조각들이 마치 분노한 융단 직공들처럼 비명을 지르며 마룻바닥 위로 떨어질 것이다. 뭐, 그렇지만 융단 직공들은 신경 쓰지 말기로 하자. 다 자르고 나서 조각들의 크기를 모두 재서 합해보니, 전체 넓이는 여전히 216평방피트이고, 각각의 조각도 융단과 비슷하다. 하지만 이것은 무엇일까? 작지만 멋진 페르시아 깔개가 36개 생긴 것일까? 천만에! 너덜너덜 해어지고 풀려나가기 시작하여 아무 쓸모없는 조각들만 남았을 뿐이다.

같은 논리를 실외에 적용해보면, 발리 섬에서 호랑이가 왜 사라졌는지, 미국 브라이스캐니언 국립공원에서 붉은여우가 왜 사라졌는지 쉽게 알 수 있다. 또한, 파나마의 바로콜로라도 섬에서 재규어와 퓨마와 조류

45종이 왜 사라졌는지, 그리고 그 밖의 많은 장소에서 왜 수많은 생물을 볼 수 없는지도 설명이 된다. 생태계는 종種들과 상호관계라는 실로 짠 융단과 같다. 한 부분을 잘라내 고립시키면, 실이 풀려나가면서 해체되는 현상이 나타난다.

  지난 30년 동안 생태학자들은 융단의 실이 풀리는 것과 같은 생태계 해체 현상에 대해 경종을 울렸다. 많은 생태학자가 이 현상에 큰 관심을 기울였는데, 시간이 지날수록 그들의 우려는 더 커졌다. 그들은 그물, 덫, 새 다리에 감는 인식표 고리, 덫, 무선 발신기, 브롬화메틸, 포르말린, 핀셋 등을 사용하여 현장에서 연구하고, 컴퓨터로 정교한 프로그램을 만들어 생태계 해체 과정을 예측하려고 시도했다. 일부 과학자들은 자신이 본 것에 깜짝 놀라고 큰 충격을 받았다. 그들은 세부 내용을 놓고 동료들과 의견이 엇갈려 과학 학술지를 통해 격렬한 논쟁을 벌이기도 했다. 어떤 학자들은 정부나 일반 대중을 겨냥해 직접 경고의 목소리를 냈다. 하지만 그러한 경고들은 비전문 독자들을 위해 복잡하고 설득력 있는 세부 내용을 생략한 채 두루뭉술하게 표현되었다. 한편, 그런 경고를 부질없는 걱정이라며 반박하는 사람도 있었고, 심지어 정반대의 경고를 하는 사람도 있었다. 대체로 이들은 자기네끼리만 티격태격하며 논쟁을 벌여왔다.

  그들은 생태계 해체 현상을 가리키는 전문 용어를 만들어냈다. 그중 하나는 '평형을 향한 해체relaxation to equilibrium'인데, 아마도 가장 완곡한 표현이 아닌가 싶다. 아주 복잡한 조직을 가진 우리 몸이 엔트로피의 법칙을 거스르며 살아가다가 무덤 속에 들어가면 해체가 진행되면서 평형을 향해 나아가는 것과 비슷한 의미로 이런 용어를 쓴다. 또 다른 용어로는 '동물상 붕괴'가 있다. 그러나 이 용어는 그에 못지않게 심각한 문제가 되고 있는 '식물상' 붕괴를 포함하지 못한다는 단점이 있다. 스미스소니언 연구소의 열대생태학자 토머스 러브조이Thomas E. Lovejoy는 '생태계 붕괴'라는 용어를 만들었다.

　이 용어에 담긴 은유는 페르시아 융단보다 더 과학적이다. 이 은유는 생태계가 (특정 조건에서) 우라늄이 중성자를 잃는 것과 같은 방식으로 다양성을 잃어간다는 의미를 담고 있다. 멸종은 분명한 이유 없이 계속해서 일어난다. 종들은 사라져간다. 모든 범주에서 동식물 집단들이 사라져간다. 이런 일이 일어나는 구체적인 조건은 무엇인가? 나는 이 책에서 그것을 자세히 이야기하려고 한다. 또한, 생태계 붕괴가 아무 이유 없이 일어난다는 생각이 틀렸음을 보여줄 것이다.

　러브조이가 만든 용어에는 역사적 의미도 담겨 있다. 히로시마 이전, 앨러모고도(최초로 핵폭탄 실험을 한 뉴멕시코 주의 장소) 이전, 그리고 한 Hahn과 슈트라스만Strassmann이 핵분열 반응을 발견하기 이전, 방사성 붕괴 연구가 순진한 수준에 머물러 있던 시절을 돌이켜보라. 그 당시 방사성 붕괴는 극소수 과학자에게만 알려진 그저 흥미로운 현상에 지나지 않았다. 생태계 붕괴 역시 얼마 전까지 사정이 비슷했다. 과학자들이 뭐라고 웅얼거리긴 했지만, 일반 대중은 거의 아무것도 듣지 못했다. 동물상 붕괴? 평형을 향한 해체? 자연계를 사랑하는 박식한 사람들조차 그렇게 암울한 개념이 세상에 나타나고 있다는 사실을 전혀 몰랐다.

　그렇다면 여러분은 어떨까? 아마도 여러분은 멸종한 종에 관한 기사나 글을 읽은 적이 있을 테고, 거기에 관심을 가진 적이 있을 것이다. 나그네비둘기, 큰바다오리, 스텔러바다소, 숌부르크사슴, 바다밍크, 포클랜드늑대, 캐롤라이나앵무……. 이 동물들은 모두 사라졌다. 인구 증가와 우리의 탐욕스러운 자원 낭비, 그리고 자연을 훼손하는 대규모 개발이 이러한 멸종 사태의 주요 원인이며, 이것이 결국 공룡 멸종 이래 최악의 대멸종 사건을 낳을지도 모른다는 사실을 여러분도 알고 있을 것이다. 열대우림 파괴에 대한 이야기도 들어보았을 것이다. 마운틴고릴라, 캘리포니아콘도르, 플로리다퓨마 등이 멸종 직전에 처해 있다는 사실도 들어보았을 것이다. 심지어 옐로스톤 국립공원에 사는 갈색곰의 미래가 암울하다는 사실도 알지 모르겠다. 어쩌면 여러분은 전 세계적으로 진행되는 심각한 생물 다양성 파괴를 깊은 우려의 눈으로 바라보는 사람일지도 모른다. 그렇다 하더라도 여러분은 전체 그림 중에서 중요한 조각 몇 개를 보지 못하고 있을 가능성이 높다.

필시 여러분은 생태계 붕괴에 대해 과학자들이 웅얼거리는 소리를 듣지 못했을 것이다. 그리고 섬 생물지리학이라는 아주 생소한 분야도 들어본 적이 없을 가능성이 높다.

도도의 노래

THE SONG OF THE DODO

우리에게는 아직 시간이 있다.
시간이 희망이라면, 아직 희망은 있는 것이다.

Chapter 1

진화와 멸종의 비밀을 간직한 섬

섬 생물지리학

생물지리학biogeography은 종의 분포에 관한 사실과 분포 패턴을 연구하는 분야이다. 즉, 동물들이 어디에 살고 있는지, 식물들은 어디에 살고 있는지, 그리고 그것들이 어디에 살고 있지 않은지를 연구하는 학문이다. 예를 들어보자. 한때 마다가스카르 섬에는 코끼리처럼 굵은 다리로 쿵쿵거리며 돌아다니던, 타조 비슷한 동물이 살았다. 키는 3m나 되었고, 몸무게는 500kg이나 나갔다. 그것은 물론 새였다. 상상의 괴물도 아니고, 마르코 폴로나 헤로도토스의 저작에 나오는 전설의 동물도 아니다. 나는 안타나나리보의 허름한 박물관에서 그 새의 골격을 본 적이 있다. 더불어 부피가 약 8L나 되는 알도 보았다. 고생물학자들은 이 동물을 코끼리새 *Aepyornis maximus*라 부른다. 코끼리새는 16세기까지 마다가스카르 섬에 살았으나, 유럽 인이 오고 나서 코끼리새를 사냥하고 죽이고 생태계를 변화시키고 알을 약탈해가는 바람에 멸종하고 말았다. 1000년 전에 코끼리새는 이 세상에서 오직 마다가스카르 섬에만 살았지만, 이제는 어디에도 살지 않는다. 바로 이런 식으로 기술하는 것이 생물지리학이 하는 일이다.

생각이 깊은 과학자들이 하는 생물지리학은 '어떤 종이?' 그리고 '어디에?'라는 질문을 던지는 것보다 더 많은 것을 파고든다. 생물지리학은 '왜?'라는 질문과 함께 때로는 그보다 훨씬 더 중요한 '왜 아닌가?'라는 질문도 던진다.

다른 예를 보자. 인도네시아의 자바 섬 동쪽 끝 앞바다에 위치한 발리 섬은 화산암이 쌓여 생긴 섬으로, 희귀한 호랑이 아종인 발리호랑이 *Panthera tigris balica*가 살고 있었다. 자바 섬에는 또 다른 아종인 자바호랑이 *Panthera tigris sondaica*가 살고 있었다. 그러나 발리 섬에서 동쪽으로 30여 km 떨어진 롬복 섬에서는 호랑이를 전혀 볼 수 없었다. 오늘날 발리호랑이는 어디에도 살지 않으며, 동물원에서조차 찾아볼 수 없다. 일상적인 요인들이 미묘하게 얽혀 작용해 발리호랑이를 사라지게 한 것이다. 일부 사람들은 실낱같은 희망을 버리지 않고 있지만, 자바호랑이 역시 멸종한 것으로 추정된다. 수마트라 섬에는 아직 호랑이가 일부 살아 있는데, 이들 역시 독특한 아종으로 분류된다. 아시아 대륙 일부 지역에는 호랑이가 살아 있지만, 서북아시아나 아프리카, 유럽에서는 찾아볼 수 없다. 한때는 아시아 서쪽 끝 터키에도 살았지만, 이제는 더 이상 살지 않는다. 그리고 롬복 섬은 발리 섬보다 작지 않고 발리 섬 못지않게 울창한 삼림이 우거져 있지만, 여전히 호랑이는 살지 않는다.

왜 여기서는 이런데, 저기서는 저럴까? 이러한 사실들을 밝혀내고 그것을 설명하는 것이 바로 생물지리학이 하는 일이다. 그중에서도 특히 섬에 초점을 맞추어 연구하는 분야가 바로 '섬 생물지리학'이다.

섬 생물지리학에는 짜릿한 흥분을 느끼게 하는 것들이 넘친다. 동물과 식물을 막론하고 세상에서 아주 화려하고 멋진 생물 중 많은 종이 섬에 살고 있다. 섬에는 거인, 난쟁이, 크로스오버 예술가를 비롯해 순응을 거부하는 온갖 종류의 종들이 존재한다. 이 기묘한 생물들은 자연과 상상력의 중심에서 멀리 떨어진 외딴 곳에서 살아간다. 마다가스카르 섬에는 몸길이가 겨우 2~3cm밖에 안 돼 세상에서 가장 작은 카멜레온 종(사실, 이 종은 육상 척추동물 중에서도 가장 작다)이 살고 있다. 마다가스카르 섬은 멸종한 피그미하마의 고향이기도 하다. 코모도 섬에는 거대한 도마뱀이 살고 있는데, 다른 동물들을 잡아먹는 무시무시한 포식 동물이어서 드래곤이란 별명이 붙었다. 갈라파고스 제도에는 바다이구아나가 다른 파충류의 신체적 한계를 비웃으면서 바닷속으로 잠수하여 해초를 뜯어먹는다. 뉴기니 섬의 중앙 고원 지대에서는 흰색긴꼬리극락조를 볼 수 있다. 크기는 까마귀만 한데 한 쌍의 긴 꽁지깃이 달려 있어, 탁 트인 장소에서 날아갈 때에는 마치 연 꼬리가 길게 늘어진 것처럼 보인다.

  인도양의 작은 산호섬 알다브라 섬에는 갈라파고스땅거북보다는 덜 유명하지만 그에 못지않게 당당한 풍채를 자랑하는 황소거북이 살고 있다. 세인트헬레나 섬에는 얼마 전까지만 해도 세인트헬레나집게벌레라는 큰집게벌레 종(아마도 세상에서 가장 크고 또 가장 혐오스러운 집게벌레일 것이다)이 살았다. 자바 섬에는 피그미코뿔소의 일종인 자바코뿔소가 살고 있으며, 하와이 제도에는 다른 곳에서 발견된 적이 없는 기이한 새인 꿀빨이새가 살고 있다. 오스트레일리아에는 잘 알다시피 캥거루를 비롯한 유대류가 살고 있으며, 태즈메이니아 섬에는 오스트레일리아 본토에서도 보기 힘든 유대류인 주머니곰, 가이마르디발톱꼬리왈라비, 숲왈라비, 점박이꼬리주머니고양이 등이 살고 있다. 캘리포니아 만의 샌타캐털리나 섬에는 방울 소리를 내지 않는 방울뱀이 살고 있다. 뉴질랜드에는 큰도마뱀 투아트라가 살고 있는데, 공룡의 전성 시대 직전인 중생대 트라이아스기에 번성했던 부리 모양의 얼굴을 가진 파충류 중에서 맨 마지막까지 살아남은 종이다. 그리고 모리셔스 섬에는 유럽 인이 오기 전까지 도도가 살고 있었다. 이렇게 기묘한 생물들의 명단은 끝이 없다. 이 이야기의 요지는 섬은 온갖 기묘하고 희귀한 종들이 살아갈 수 있는 안식처라는 사실이다.

　섬 생물지리학의 명단에 기이한 것과 최상급 표현이 넘치는 것은 바로 이 때문이다. 외딴 섬들이 진화 연구에 핵심 역할을 하는 이유도 바로 이 때문이다. 찰스 다윈Charles Darwin도 진화론자가 되기 이전에 섬 생물지리학자였다.

　그 밖에도 진화생물학의 위대한 선구자들 중 일부는, 특히 앨프리드 월리스Alfred Russel Wallace와 조지프 후커Joseph Hooker는 육지에서 아주 멀리 떨어진 섬에서 현장 연구를 하면서 소중한 영감을 얻었다. 월리스는 말레이 제도(동남아시아의 인도차이나 반도와 오스트레일리아 사이에 있는 섬들. 인도네시아와 필리핀, 브루나이, 말레이시아, 동티모르 등의 영토에 속한다. 가장 큰 섬은 보르네오 섬과 수마트라 섬이다.)에서 표본을 채집하며 8년을 보냈다. 후커는 다윈과 마찬가지로 운 좋게 영국 해군의 배에 승선할 기회를 얻었다. 그 배는 에러버스호로, 다윈이 탔던 비글호와 마찬가지로 측량과 지도 제작을 위해 세계 일주 탐사 여행에 나섰다. 후커는 항해 도중에 태즈메이니아 섬과 뉴질랜드에 상륙했으며, 태평양 남단과 남극 대륙 사이의 중간쯤에 위치한 케르겔렌 섬에도 상륙했다. 수십 년이 지난 뒤에도 후커는 뉴질랜드를 비롯해 항해 때 들렀던 장소들에 산 식물들을 연구한 결과를 계속 발표했다.

　다윈과 월리스, 후커가 시작한 이러한 연구 경향은 20세기에 들어서도 계속 이어졌고, 뉴기니 섬, 남서태평양, 서인도 제도, 화산 폭발 후의 크라카타우 섬 등에서 중요한 연구 결과가 나왔다. 1967년에 출간된 《섬 생물지리학 이론 The Theory of Island Biogeography》은 그 연구의 백미였다(최소한 하나의 전환점이 된 연구였다). 《섬 생물지리학 이론》은 두 젊은이가 생물지리학을 생태학과 결합하고 수학을 바탕으로 엄밀한 과학으로 확립하려 한 야심만만하고 대담한 시도였다. 그 두 젊은이가 바로 로버트 맥아서Robert MacArthur와 에드워드 윌슨Edward O. Wilson이었다.

섬은 제한된 공간과 근본적인 격리라는 두 가지 특성이 결합해 진화의 패턴을 뚜렷하게 나타내므로 특히 많은 것을 알려준다. 이것은 아주 중요한 사실이기 때문에 한 번 더 강조하겠다. 섬은 진화를 명료하게 만든다. 섬에서 우리는 거대한 거북, 무게가 0.5톤이나 나가면서 날지 못하는 새, 피그미카멜레온과 피그미하마를 볼 수 있다. 그리고 일반적으로 종들이 적게 존재하기 때문에 종들 사이의 상호작용이 더 적게 일어나며, 종의 멸종 사례를 더 많이 볼 수 있다. 이런 이유들 때문에 섬의 생태계는 자연의 완전한 복잡성을 캐리커처로 묘사한 것처럼 단순하다. 섬은 과학자들이 훨씬 복잡한 육지의 산문을 이해하는 데 도움을 주는 어휘와 문법을 익힐 수 있는 장소이다. 섬 연구에서 획기적인 업적이 많이 나왔는데, 《종의 기원》과 《섬 생물지리학 이론》은 그중 두 가지 사례에 지나지 않는다. 하나를 더 들자면 《섬의 생물 Island Life》이 있는데, 이것은 1850년에 월리스가 출간한 최초의 섬 생물지리학 개론서이다.

월리스는 상냥하지만 자리를 제대로 잡지 못한 영국인 부모 밑에서 여덟째 아이로 태어났다. 아버지는 사무 변호사(법정 변호사와 소송 의뢰인 사이에서 사무를 담당하는 하급 변호사로서 법정에는 나서지 않음) 과정을 이수했지만 실제로 그 일을 한 적은 없었으며, 도서관원으로 일하거나 위험한 사업에 손을 대거나 그것도 아니면 채소를 기르는 것을 더 좋아했다. 아버지가 물려받은 재산을 사업에 실패하면서 몽땅 날리는 바람에 가족은 중산층에서 밀려났고, 월리스는 열네 살 때 학교를 그만두고 일을 해야 했다. 월리스는 측량 기술을 배웠다. 그는 일찍부터 고되고 힘든 삶에 발을 들여놓았지만, 불우한 환경을 헤쳐나갈 능력이 있었다. 저녁 시간을 쪼개 야학과 도서관을 다니며 열심히 공부했고, 마침내 열악한 환경과 영국에서 탈출하려는 야심찬 모험에 나서 19세기 최고의 야외 생물학자가 되었다. 월리스를 아는 사람들은 대부분 다윈이 진화론을 발표하기 직전에 우연히 그것을 먼저 발견한 사람 정도로만 기억한다.

다윈은 월리스보다 나이가 한 세대 정도 더 많았으며, 이미 20년 전에 그의 눈을 뜨게 해준 비글호 항해를 마치고 영국으로 돌아왔다. 항해에서 돌아오자마자 다윈은 위대한 이론을 만들기 시작했다. 그러나 그 이론은 빅토리아 시대이던 당시로서는 이단적 개념을 담고 있었기 때문에, 조심스러운 성격의 다윈은 그 이론을 비밀리에 다듬으면서 20년을 그냥 보냈다. 이단적 개념이란, 종은 연속적이지만 계속 변하는 계통을 통해 한 종에서 다른 종으로 진화했으며, 그 과정은 경쟁과 차별적인 생존 전략(다윈이 '자연 선택'이라고 이름 붙인)을 통해 일어난다는 것이었다.

종이 진화한다는 생각을 한 사람은 다윈 이전에도 장 바티스트 라마르크Jean Baptiste Lamarck, 조르주 뷔퐁Georges Buffon, 그리고 다윈의 할아버지인 이래즈머스 다윈Erasmus Darwin을 비롯해 여러 명이 있었다. 그러나 이들은 종이 어떻게 진화하는지 설득력 있는 설명을 제시하지 못했고, 자연 선택 개념도 생각하지 못했다. 그 개념은 다윈이 보물처럼 여기며 은밀히 품고 있던 직관에 포함돼 있었는데, 다윈은 그 이론을 뒷받침하는 증거를 수집하고 논리를 다듬으면서 20여 년의 세월을 보냈다. 그러던 어느 날, 다윈은 월리스라는 무명의 젊은이에게서 편지를 받았다. 그런데 놀랍게도 거기에 자신이 그토록 소중히 다듬어온 바로 그 개념이 담겨 있는 게 아닌가! 월리스도 독자적인 연구를 통해 그것을 발견했던 것이다. 다윈은 좌절에 빠졌다. 평생을 바쳐 연구했건만, 이 젊은이 때문에 자신의 연구가 빛을 보지 못하고 무용지물이 될 위기에 처한 것이다. 그러나 다윈은 후커와 공모하여 월리스와 함께 그 이론을 발표하게 된다. 그리고 좋은 이유도 있고 비열한 이유도 있지만, 그 결과 명성은 대부분 다윈이 차지했고, 월리스는 같은 연구를 하고도 빛을 보지 못한 사람으로 이름을 남기게 되었다.

그러나 이것은 아주 복잡다단한 사연을 짧은 삽화로 묘사한 것에 지나지 않는다. 이 삽화에는 월리스가 생물지리학의 창시자로서 쌓은 업적을 포함해 많은 사실이 빠져 있다.

다윈이 더 뛰어난 이론 과학자였다는 사실은 의문의 여지가 없다. 월리스는 훗날 괴상한 분야(토지 국유화 협회, 백신 반대 운동, 심령술 등)에 심취했기 때문에 역사학자들에게 부당한 취급을 받기가 쉬웠다. 그렇지만 나의 괴상한 취향에는 월리스야말로 영웅적인 인물로 보인다. 다윈이나 후커와는 달리 월리스가 가난한 프리랜서였다는 사실에 심정적으로 친밀감을 느낀다는 사실도 굳이 부정하지는 않겠다.

1856년 6월 13일, 월리스는 싱가포르에서 출발한 '일본의 장미'호라는 스쿠너선(2개 또는 4개의 돛대에 세로돛을 단 서양식 범선)을 타고 20일이나 항해한 끝에 발리 섬에 도착했다. 동쪽의 셀레베스 섬(술라웨시 섬의 전 이름)으로 가는 도중에 잠깐 들른 것이었다. 발리 섬에는 이틀 동안 머물렀다. 월리스는 평소 하던 대로 새와 곤충을 채집하고 주변의 자연경관을 둘러보았다. 그러고 나서 다시 일본의 장미호에 승선하여 해협을 건너 롬복 섬으로 갔다. 물리적 거리만으로 따지면 그것은 아주 짧은 여행이었다.

월리스선의 비밀

롬복 섬으로 들어가는 관문에 해당하는 파당바이는 발리 섬 동쪽 연안에 있는 항구이다. 파당바이는 초라한 마을로, 발리가 자랑하는 사누르, 쿠타 해변, 누사두아 같은 화려한 국제적 관광지와는 거리가 멀다. 파당바이에는 봐줄 만한 파도도 고급 호텔도 없다. 부두에서 바라본 파당바이는 희미한 희망만 비춰주는 차가운 아침 해처럼 동쪽 지평선에 파르스름한 실루엣으로 보인다. 매년 비행기를 타고 발리로 찾아오는 서양인이나 일본인 관광객 중에서 롬복 섬으로 가는 사람은 천 명 중 한 명도 안 된다. 그래야 할 필요를 느끼는 사람도 천 명 중 한 명도 없다.

2시에 떠나는 여객선은 이미 만원이라고 한다. 이 반갑지 않은 소식은 나의 통역인이자 운전기사이자 친구인 니오만 위라타가 전해주었다. 그렇지만 나는 니오만의 부끄러워하는 듯한 눈빛에서 딴 이야기가 있음을 눈치챘다. 나는 나쁜 소식을 듣고서도 그냥 기다렸다. 그러자 니오만은 주뼛거리며 여객선은 만원이 아닐지도 모른다고 말했다. 매표상에게 뇌물로 5,000루피아를 주면 표를 구할 것이라고 한다.

심성이 착한 발리의 재단사 니오만은 부두에서 뇌물을 중개하는 데 익숙지 않다. 이 순수한 젊은이는 옷 만드는 게 본업이지만, 내가 꾀어내 데리고 왔다. 그가 일하는 장소와 집은 사원과 아트 스튜디오, 뛰어난 가면 제작자, 가믈란(인도네시아의 전통 타악기) 합주 소리로 가득 찬 고지대의 작은 마을에 있다. 최근에 그 겉모습을 크게 변화시킨 관광 붐에도 불구하고, 우부드는 다른 도시나 마을에 비해 우아하고 경건하고 영적인 분위기가 남아 있다. 내가 신뢰하는 친구 니오만은 진정한 우부드 사람이다. 아주 공손하고 솔직한 그가 매표상에게 뇌물을 주는 게 좋다고 생각한다면, 그것은 필시 매표상이 강요했기 때문일 것이다. 이렇게 생각한 나는 니오만에게 루피아를 한 움큼 쥐어주면서 재량권을 일임하고는 먹을 것을 찾으러 갔다.

파당바이는 여느 변경 마을과 같은 특징을 지니고 있다. 다만, 여기서는 경계선을 넘으려면 배를 타고 가야 한다. 거리에는 악덕 택시 운전사와 파트타임 마사지걸, 환전을 강권하는 암달러상이 넘친다. 니오만의 고향인 우부드 근처 고지대에서 볼 수 있는 예술적 기품이나 건축의 매력 등은 전혀 찾아볼 수 없으며, 힌두교와 애니미즘의 의식적 요소도 전혀 눈에 띄지 않는다. 해협 바로 건너편에 있는 롬복 섬 주민은 대부분 이슬람교도인데, 이슬람교의 영향은 승선하는 바로 이곳에서부터 느낄 수 있다. 예컨대 갑자기 맥주를 구하기가 쉽지 않다. 그렇지만 파당바이는 거칠면서도 솔직한 면이 있다. "이봐요, 어디 가나요?" 거리의 행상이 말을 건다. "무얼 원하세요?" 그들은 무엇이건 갖다줄 수 있다. 그렇지만 내가 원하는 것은 햇빛을 피해 앉아서 쉬는 것뿐이다. 찬 음료수가 있다면 더욱 좋겠지만. 나는 일행인 네덜란드 인 생물학자 바스 판 발렌 Bas van Balen을 만나 함께 파당바이를 구경하러 나섰다.

퀘이커교도처럼 비쩍 마른 체격에 빳빳한 검은색 수염을 기르고 튼튼한 소화관을 가진 바스는 이곳에서 조류를 연구하며 10년 동안 살아왔다. 그는 인도네시아 말을 유창하게 구사하며, 새 울음소리도 60여 가지나 낼 수 있다. 그렇지만 그도 롬복 섬 여행은 이번이 처음이다. 바스와 나는 '마카난'을 먹기 위해 '와룽'을 찾아 '아다 나시 캄푸르'가 있는지 물었다. 통역하면, 우리는 음식을 먹으려고 카페를 찾아 '오늘 남은 고기를 곁들인 쌀밥'을 주문했다는 뜻이다. 우리가 만난 첫날 밤, 바스는 나를 거리로 데리고 나가 '루작 칭구르'를 맛보여주었다. 그것은 걸쭉한 육즙에 소의 코와 콩나물을 섞어 만든 음식이었다. 소의 코는 먹을 만했지만, 그가 단번에 마시라고 권한 걸쭉한 오렌지색 음료('자무'라고 불렀던 것 같은데, 내시경 검사할 때 마시는 바륨 칵테일에 버터밀크와 마늘을 곁들인 맛과 비슷했다)는 한 번 경험하는 것으로 족했다. 오늘 우리는 한낮의 열기를 피해 이곳에서 미지근한 테물라왁으로 갈증을 달랬다. 이 음료는 덩이줄기의 과육으로 만든 것으로, 독특한 맛이 나면서도 거부감은 주지 않는다. 시간이 남은 나는 롬복 섬을 생각하면서 월리스가 쓴 글 가운데 머릿속에서 맴돌던 구절을 다시 읽어보았다.

그것은 월리스가 말레이 제도의 섬들을 8년 동안 탐사하면서 겪은 일들을 기술한 《말레이 제도 The Malay Archipelago》에 나오는 것이다.

롬복 섬으로 가는 도중에 발리 섬 북쪽 해안에서 며칠 동안 머물면서 자바 섬 조류의 특징을 생생하게 지닌 새를 여러 종 보았다.[1]

그때는 월리스가 말레이 제도 여행에 나선 지 3년째인 1856년으로, 말레이시아 반도의 말라카에 마련했던 활동 기지에서 동쪽으로 이동하던 참이었다. 그 당시 자바 섬은 영국과 네덜란드의 식민지 이주민에게 잘 알려진 변경 지역이었으며, 그곳에 사는 새들의 생활 습성도 잘 알려져 있었다. 월리스는 자바 섬에 사는 새들 중 일부 종이 좁은 해협 동쪽 건너편 발리 섬에서도 발견된다는 그다지 대수롭지 않은 사실을 지적한 것이다. 그는 노랑머리위버, 분홍오색조, 자바세발가락딱따구리를 포함해 여섯 종을 언급했다. 그리고 흥미로운 관찰을 덧붙였다.

폭이 20마일도 채 안 되는 해협으로 발리 섬과 갈라져 있는 롬복 섬으로 건너가면서 나는 당연히 이 새들을 다시 볼 수 있을 것이라고 생각했다. 그러나 그곳에 머문 석 달 동안 나는 그 새들을 하나도 보지 못했다. 대신에 완전히 다른 종들을 발견했는데, 그 새들은 자바 섬뿐만 아니라 보르네오 섬, 수마트라 섬, 말라카에서도 대부분 알려지지 않은 것들이었다.[2]

그중에서 눈길을 끈 종은 노랑관앵무였는데, 이 새는 발리 섬뿐만 아니라 자바 섬에서도 볼 수 없었지만, 오스트레일리아에서는 흔히 볼 수 있었다. 어떤 신비스러운 선이 두 섬 사이를 갈라놓고 있는 것 같았다.
이 선은 훗날 '월리스선Wallace's Line'이라 불린다. 그 당시에 그어진 월리스선은 보르네오 섬과 셀레베스 섬 사이를 지나갔다. 그리고 남쪽으로 계속 뻗어가면서 발리 섬과 롬복 섬 사이의 좁은 틈을 가르고 지나갔다. 형제처럼 보이는 두 섬 발리 섬과 롬복 섬은 생물지리학의 개척자들의 눈에는 서로 전혀 다른 세계에 속하는 것처럼 보였다. 월리스선 서쪽에는 호랑이, 원숭이, 곰, 오랑우탄, 오색조, 비단날개새 등이 살고, 동쪽에는 프라이어버드, 코카투앵무, 극락조, 극락물총새, 쿠스쿠스와 그 밖의 유대류가 사는데, 유대류 중에는 원숭이의 공백이 낳은 생태적 지위를 차지하려고 서투르나마 최선을 다하는 나무타기캥거루도 있다. 발리 섬과 롬복 섬은 크기가 비슷하고, 지형과 기후도 비슷하며, 서로 바로 이웃에 위치한 섬인데도 서식하는 동물의 종류는 확연한 차이가 난다. 월리스는 "이 두 섬에 서식하는 조류와 네발짐승의 종류는 영국과 일본만큼이나 큰 차이가 난다."[3]라고 썼다. 그리고 왜 그럴까 하고 의아하게 생각했다.

월리스선의 비밀은 결국 후대의 생물지리학자들이 밝혀냈는데, 깊은 바다가 원인이었다. 발리 섬과 롬복 섬 사이의 바다는 폭은 얼마 되지 않지만 깊이가 매우 깊다. 롬복 섬은 대륙붕 바로 바깥에 위치하지만, 발리 섬은 대륙붕 끝부분에 얹혀 있다. 한때 대륙과 육지로 연결되었던 발리 섬은 자바 섬, 보르네오 섬, 수마트라 섬, 말레이 반도와 같은 동물상과 식물상을 많이 공유하고 있다. 그렇지만 롬복 섬과 그 동쪽에 있는 나머지 섬들은 깊은 바다 때문에 대륙과 분리되어 있다. 월리스는 이 사실을 직접 알아내지는 못했지만, 그 단서가 되는 패턴을 발견했다. 그리고 그 패턴은 더 많은 사실을 밝히는 계기가 되었다. 발리 섬과 롬복 섬 사이의 좁은 해협은 생물지리학이 큰 관심을 끈 장소 중 하나가 되었다.

나는 와룽에서 커피를 마시는 바스를 내버려두고 물과 바나나를 사러 갔다. 잘 모르는 과일이지만 신기해 보여 비늘로 덮인 골프공만 한 크기의 갈색 과일도 몇 개 샀다. 나중에 바스에게 물어보았더니 "아, 그것은 '살락'입니다. 도마뱀 피부 과일이라고도 부르는데, 대추야자 비슷하게 생긴 나무에 열리죠."라고 알려주었다. 껍질을 벗기자 속에는 크림색의 단단한 과육이 들어 있었다. 맛은 파인애플과 마늘을 섞어놓은 듯했다. 문득 이것이 전에 맛보았던 그 메스꺼운 오렌지색 음료 '자무'의 성분이

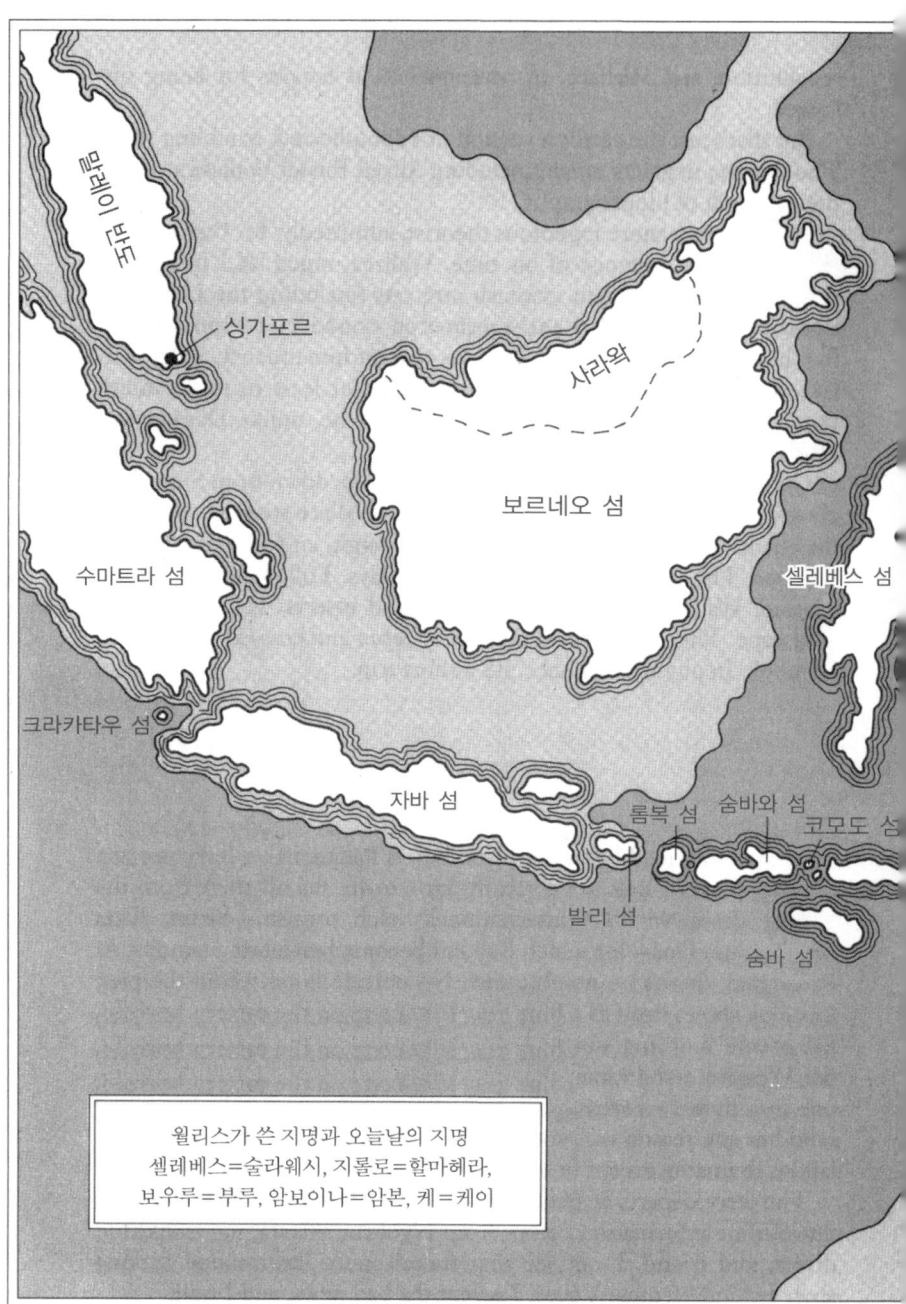

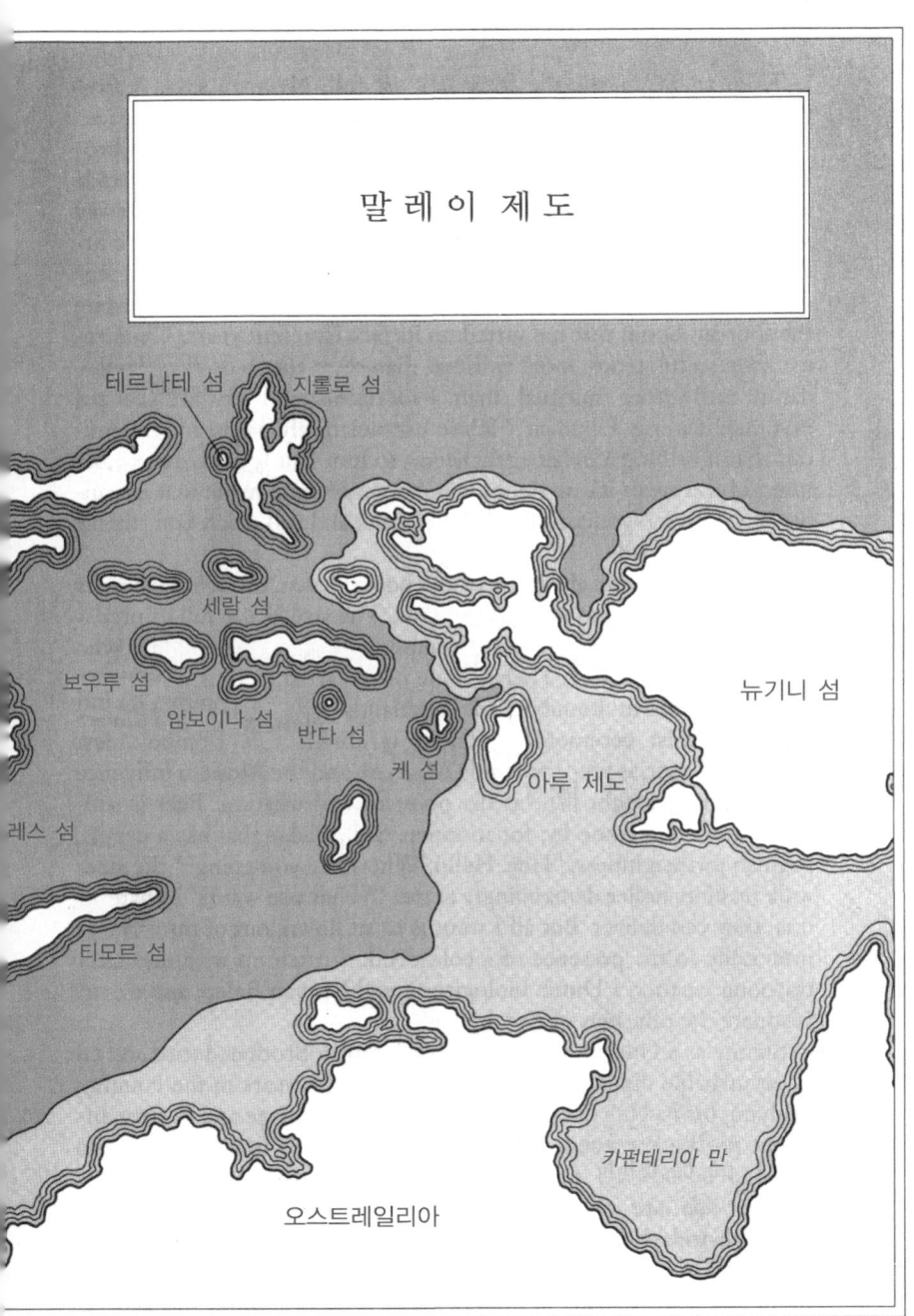

아닐까 하는 생각이 떠올랐다. 그렇지 않다면, 발리의 많은 음식들이 어떻게 마을과 다른 것을 섞어놓은 듯한 맛이 나겠는가? 그런 생각을 하고 있을 때, 니오만이 나타나 어색한 미소를 지으며 우리가 배를 타게 되었다고 알려주었다.

배가 떠날 때 나는 파당바이를 마지막으로 바라보았다. 와룽과 가게들, 해변의 프라우선(인도네시아의 쾌속 범선), 그리고 빈탕 맥주 광고판 위로 모스크의 종탑이 은빛으로 빛나며 솟아 있었다. 인도네시아의 버드와이저에 해당하는 빈탕 맥주는 값싸고 대중적이며 어디서나 쉽게 구할 수 있다. 파당바이에서는 이슬람교도 식당에서도 빈탕을 주문할 수 있다. 단, 여러분이 이교도임이 분명해야 한다. 그러나 이번에 가는 섬에서는 모든 것이 달라질 것이다. 빈탕 맥주 광고판에는 '셀라맛 다탕 Selamat datang'이라는 글자가 쓰여 있다. '어서 오십시오'라는 뜻인데, 떠나가는 우리에게는 어색하게 느껴진다.

바다를 건너는 데에는 세 시간쯤 걸렸다. 상갑판은 인도네시아 사람들로 북적거린다. 휴가나 순례에 나선 사람도 있을 테고, 사업이나 가족 상봉을 위해 여행에 나선 사람도 있을 것이다. 한 외판원이 진열 상자에 들어 있는 의치를 팔려고 애쓰고 있다. 그는 어금니, 앞니, 송곳니를 종류별로 대여섯 가지씩 만든 견본을 갖고 다닌다. 각각의 견본은 항히스타민제처럼 수축 포장돼 있다. 아주 근사한 견본이지만, 사는 사람은 아무도 없다. 수완 좋은 여느 외판원과 마찬가지로 그 역시 거절이나 실패에도 당황하거나 위축된 표정은 전혀 보이지 않는다. 아마도 큰 매상을 올려줄 롬복 섬의 치과 의사들을 만나러 가는 여행길에 재미삼아 저러는 것인지도 모른다.

파당바이에서 3km쯤 왔을까, 작은 흰 나비 한 마리가 날갯짓을 하며 바람을 타고 동쪽으로 날아가는 게 보였다. 그 나비는 뭔가 중요한 사실을 알려주는 단서이다. 발리 섬과 롬복 섬 사이의 바다에서 무모하게 월리스선을 건너려고 시도하는 나비는 중요한 주제들을 나타내는 상징이다. 중요한 주제들이란, 격리와 종 분화와 확산이다. 세 가지 주제 중에서 가장 명백한 것은 격리이다. 섬은 본질적으로 격리돼 있기 때문이다. 격리는 종 분화를 촉진하는데, 종 분화란 한 종이 여러 종으로 갈라져가는 과정을 말한다. 그러나 섬의 격리는 절대적인 장벽이 아니며, 어떤 생물은 그 장벽을 뛰어넘는다. 그것이 바로 확산이다. 발리 섬에서 출발한 흰 나비는 어쩌면 롬복 섬에 도착하여 비슷한 나비 집단 속에서 어떤 유전적 역할을 담당할지도 모른다. 그렇지만 목적지에 무사히 도착하지 못할 확률이 아주 높다. 섬 생물지리학이 특별한 명료성을 지닌 이유 중 일부는 바로 넓은 바다를 건너 확산하기가 아주 어려운 데 있다. 많은 종이 출발은 하지만 바다를 무사히 건너는 것은 극소수에 불과하다. 확산을 시도하는 생물들의 실패와 죽음은 격리를 충분히 오랫동안 지속시킴으로써 종 분화를 촉진한다.

종 분화speciation가 현대적인 용어라는 사실을 알아둘 필요가 있다. 다윈과 월리스가 탐사 여행에 나섰던 빅토리아 시대에는 종 분화란 단어는 말로도 글로도 쓰인 적이 없었다. 대다수 사람들은 그 개념조차 생각하지 못했다. 서양 사람들은 하느님이 아무것도 없는 상태에서 모든 종을 창조했으며, 그것들을 지상에 비논리적 방식으로 배치했다고 믿었다. 호랑이는 이곳에 살게 하되 다른 곳에는 살지 못하게 하고, 코카투앵무도 제한된 지역에만 살게 하고, 코뿔소는 열대 지방의 이 섬과 저 섬에는 살게 하되 그 이웃 섬에는 살지 못하게 하고, 흰 나비는 이 지역에 파란 나비는 저 지역에 살게 하는 식으로. 그러한 배치는 어쨌거나 하느님의 독특한 취향에 맞는 것이라고 사람들은 생각했다. 19세기 중반까지만 해도 생물지리학은 하느님이 생물의 분포 패턴에 대해 일관성 없고 이해하기 힘든 감각을 가졌다는 것 외에는 아무것도 증명하지 못했다.

바다를 가로질러 날아가던 나비가 시야에서 사라졌다. 나는 넋을 잃고 수평선을 바라보았다. 이제 반쯤 왔을까, 사람들은 벤치와 녹슨 철제 바닥에 누워 잠들었고, 의치를 팔던 외판원도 휴식을 취하는 가운데 승무원이 갑판에 서서 구명조끼 사용법을 설명한다. 그는 또렷한 인도네시아 말로 안전 수칙을 읊었다. 나는 한 마디도 이해하지 못하면서도 노래처럼 들리는 인도네시아 말의 어조를 즐기며 귀를 기울였다. 나중에 나는 영어로 번역된 안내문을 발견했다. 거기에는 이렇게 적혀 있었다.

긴급 상황이 발생했을 때에는 침착하게 승무원의 지시를 따르시오. 배를 떠나야 할 때에는 여성과 어린이와 노인을 먼저 보내고, 가능하면 귀중품 외에 다른 물건은 휴대하지 마시오. 구명조끼는 각 선실에 보관돼 있으니, 보관된 위치를 확인하고 '구명조끼 입는 법'에 따라 입는 법을 알아두시오. 또한 탈출로 지도를 보고 탈출로를 확인하시오.

인도네시아 말로 된 안내문은 틀림없이 이것보다 훨씬 부드러운 어조로 적혀 있을 것이다…….

배는 해질 무렵에 롬복 섬 북서쪽 해안의 항구로 미끄러져 들어갔다. 그때 배의 확성기에서 이슬람교 찬송이 흘러나왔다. 저녁 기도 시간이 된 것이다. 콧소리가 섞인 기도 소리는 마음을 평온하게 해주었다. 롬복 섬에서 가장 높은 산인 구눙린자니 화산이 우리 앞에 우뚝 솟아 석양의 여명을 어둡게 한다. 위압적인 회색 구름들이 동쪽의 코모도 섬과 티모르 섬 쪽에서 다가오고 있다. 하지만 이곳 만의 수면은 이상할 정도로 고요하다. 앞바다에는 파란색 돛을 단 소형 프라우선이 날렵하게 미끄러져 달린다. 뚱뚱한 오스트레일리아 인 관광객 두 명이 갑판 위로 올라왔다. 빈탕 맥주를 마셔 벌게진 얼굴로 이곳에 도착한 것을 기념하여 비디오카메라로 촬영을 한다. 나는 외로이 여행했을 윌리스를 떠올린다.

노아의 방주

발리 섬과 롬복 섬에 도착하기 한 해 전인 1855년 2월, 월리스는 보르네오 섬의 사라왁에 한동안 머물렀다. 강어귀에 있는 작은 집을 사용했는데, 때마침 우기였다. 50년 뒤에 쓴 자서전에서 월리스는 그 당시 상황을 이렇게 묘사했다.

"나는 완전히 혼자였다. 곁에는 요리를 맡은 말레이 소년 한 명만 있었다. 저녁 시간이나 비가 내리는 날에는 달리 할 일이 없어 책을 보거나 머릿속에서 좀체 떠난 적이 없는 문제를 생각했다."

그가 생각한 문제는 '종의 기원은 무엇인가?'[4]라는 것이었다. 20여 년 전에 비글호를 타고 탐사에 나선 다윈과는 달리, 월리스는 여행을 떠나는 순간부터 이미 그 문제를 생각했다. 사라왁에서 잠깐 머문 것은 중요한 의미가 있었는데, 왜냐하면 월리스는 사라왁에서 처음으로 그 답을 알아내려고 시도했기 때문이다.

그 답은 생물지리학에서 얻었다. 그는 훗날 이렇게 회상했다. "나는 동식물의 지리적 분포에 흥미를 느꼈으며 여행에 나서기 전에 대영박물관에서 말레이 제도의 곤충과 파충류를 집중 연구했다. 따라서 이러한 사실들이 종이 출현하는 방식을 알아내는 데 적절하게 이용된 적이 전혀 없다는 사실을 깨달았다."[5] 사람들은 동식물 분포 자료를 단순히 신비스러운 기정 사실로 여겼다. 다윈도 1839년에 처음 출판된 《비글호 항해기》에서 그런 자료를 많이 언급했지만, 흥밋거리 차원에서만 다루었다.(《비글호 항해기》의 원래 제목은 '1832년부터 1836년까지 피츠로이 함장의 지휘하에 영국 해군 함정 비글호가 방문한 여러 나라들의 지질학과 박물학 연구 일지 Journal of Researches into the Geology and Natural History of the Various Countries Visited by H.M.S. Beagle, under the Command of Captain Fitzroy, R.N. 1832 to 1836'였다.)[6] 다윈의 《비글호 항해기》는 다양한 생물과 장소를 흥미롭게 기술한 과학적 여행기에 불과할 뿐, 진화론은 전혀 언급하지 않았다. 진화론은 그보다 더 나중에 나온다. 따라서 1855년 당시 상황에서 생물지리학 자료가 제대로 이용된 적이 한 번도 없다는 월리스의 주장은 옳았다.

1855년 당시 다윈은 근면하고 인내심이 있는 46세의 장년이었다. 다윈은 자연 선택에 의한 진화 개념이 빅토리아 시대의 영국에 엄청난 파문을 불러일으키리라는 사실을 잘 알았다. 완고한 성직자들뿐만 아니라 과학 엘리트 집단이나 중상류층에 속하는 다윈의 친구들조차 부정적인 반응을 나타낼 게 뻔했다. 하지만 월리스는 사정이 좀 달랐다. 월리스도 진화론이 사회 전반에 큰 파장을 미치리란 사실을 알았다. 그렇지만 월리스는 다윈과는 달리 거기에 대해 염려할 필요가 없었다. 그는 잃을 것이 아무것도 없는 배고픈 젊은이였기 때문이다.

이용되지 않고 있던 생물지리학 자료는 발견의 시대가 가져다준 부산물이었다. 그 이전 4세기 동안 유럽의 모험가들이 세계 곳곳을 탐험하면서 자세히 관찰하고 나중에 들려준 이야기들이 박물관과 도서관에 계속 쌓였다. 세계 도처에서 여행자들은 예상치 못한 놀라운 동물을 보았다는 보고를 보내왔다. 예를 들면, 1444년에 니콜로 데 콘티 Nicolo de Conti 라는 베네치아 인은 여행기에서 흰코카투앵무를 보았다고 언급했다. 데 콘티는 말레이 제도에서 막 돌아온 참이었다.

콜럼버스는 첫 번째 탐험에서 마코앵무, 카이만, 매너티, 이구아나 등을 목격했는데, 이 동물들은 전통적인 유럽 인의 사고 체계에는 들어설 자리가 없던 것들이었다. 계속된 콜럼버스의 탐험에서는 남아메리카원숭이, 페커리(멧돼지의 일종), 후티아(쥐 비슷하게 생겼고, 나무에서 사는 설치류)의 명단이 추가되었다. 마젤란과 함께 항해를 떠났던 안토니오 피가페타 Antonio Pigafetta는 브라질 동부에서 황금사자타마린을 보았다고 항해기에 언급했다. 황금사자타마린은 피가페타가 "몸 색깔이 노란색이고 아주 아름다울 뿐"[7] 사자를 닮았다고 묘사한 멋있는 원숭이다. 피가페타는 레아(타조와 비슷하게 생겼지만 훨씬 작은 새)도 언급했는데, 타조로 착각했을지도 모른다. 그리고 펭귄도 언급했다. 그 무렵에 아메리카 대륙의 벌새에 대한 보고가 처음으로 유럽에 도착했고, 그 밖에도 아르마딜로, 큰부리새, 큰개미핥기, 나무늘보, 비쿠냐, 칠면조, 믿기 어려울 정도로 큰 아메리카들소 등에 대한 보고도 유럽에 전해졌다. 16세기의 독실한 유럽 인들이 이 놀라운 동물들을 어떻게 생각했을지 상상해보라. 이 세상의 새라면 죄다 알고 있다고 생각하는 여러분에게 누가 곱슬머리아라카리를 가져와 보여주었다고 상상해보라.

하느님은 여섯째 날 이후에는 창조를 멈춘 것으로 알려져 있다. 그러나 더 넓은 세계에서 더 많은 생물의 명단이 드러남에 따라 하느님은 그때까지 생각했던 것보다 훨씬 더 분주하게 일을 한 것처럼 보였다.

생물들의 명단이 늘어남에 따라 위태로워진 교리는 바로 창세기에 나오는 노아의 방주 이야기였다. 노아의 방주가 상징적인 의미에 그치는 게 아니라 실제로 존재한 배라면, 설사 배의 크기가 성경에 나오는 것처럼 300×50×30암마라 하더라도 승객을 무한히 실을 수는 없다. 만약 이전의 노아의 방주가 만원이었다면, 새로 드러난 승객 명단 때문에 이제 자리가 모자라게 된 것이다.

캐피바라 한 쌍을 더 태울 자리가 있을까? 1540년 무렵에 후안 데 아욜라스 Juan de Ayolas가 남아메리카에서 "반은 돼지, 반은 토끼 같은 일종의 물돼지"[8]로 묘사한 이 거대한 설치류를 발견했다. 나무늘보 한 쌍이 들어갈 자리는 있을까? 같은 무렵에 곤살레스 페르난도 데 오비에도 Gonzales Fernando de Oviedo는 나무늘보를 이렇게 묘사했다. "세상에서 가장 느린 짐승 중 하나로, 몸이 무겁고 움직임이 둔해서 하루에 50걸음도 움직이기 어렵다."[9] 주머니쥐가 들어갈 자리는 있을까? 빈센테 핀손 Vincente

Pinzón이 베네수엘라의 숲에서 발견한 주머니쥐 한 마리를 산 채로 에스파냐로 가져갔다. 털로 덮인 그 동물은 이전에 아무도 본 적이 없었다. 그리고 그 주머니 안에는 새끼가 들어 있었다.

아메리카 여행과 아메리카 동물은 시작에 불과했다. 아프리카 대륙에도 놀라운 동물들이 살고 있었다. 코끼리, 코뿔소, 사자, 하마 등은 로마 제국 시대부터 알려져 있었지만, 그만큼 눈길을 끌지 못했던 동물들, 예컨대 혹멧돼지나 사향고양이 등은 16세기의 여행자들에게 신기하게만 보였다. 16세기 말에 동아프리카를 방문한 수도사 조안노 도스 산크토스 Joanno dos Sanctos는 땅돼지를 보았다. 그는 개미를 잡아먹기에 편리한 긴 혀와 그 밖의 괴상한 특징, 예컨대 "매우 길고 가느다란 주둥이, 노새처럼 긴 귀, 털이 전혀 없는 몸, 길이가 한 뼘쯤 되는 두껍고 곧은 꼬리와 그 끝에 달린 물렛가락처럼 생긴 부분"[10] 등에 큰 호기심을 느꼈다. 거의 같은 시기에 인도에서는 얀 하위헌 판 린스호턴 Jan Huygen van Linschoten이라는 네덜란드 인이 천산갑을 보았다. 그는 이 동물이 크기가 개만 하고, 돼지 같은 주둥이에 작은 눈이 달려 있고, 귀가 있어야 할 자리에는 구멍이 두 개 뚫려 있으며, 몸 전체가 "폭이 엄지손가락만 한 비늘로 뒤덮여"[11] 있다고 보고했다.

동양에서도 기이한 새들에 대한 보고가 날아왔다. 데 콘티가 말레이 제도 남동쪽 끝부분에 위치한 반다 제도에서 코카투앵무와 그 밖의 앵무를 목격하고 보고했다. 1512년경에는 투메 피레스 Tomê Pires라는 포르투갈 외교관이 그보다 더 동쪽에 있는 아루 제도에서 화려한 깃털을 가진 새들을 목격했다. 반다 제도보다 훨씬 외딴 섬들이었던 아루 제도는 생물학적으로 기이한 종들이 훨씬 풍부했다. 피레스가 본 새들은 교역을 위해 세운 정착촌에 원주민 사냥꾼들이 가져온 것으로 보이는데, 보고서에는 이렇게 적혀 있다. "원주민은 죽은 상태로 가져온 그 새들을 극락조라고 불렀는데, 그 새들은 하늘에서 내려오며, 어떻게 번식하는

지 아무도 모른다고 했다."[12] 이것은 이 화려하고 중요한 조류 과科를 유럽 인이 보고한 것 중 최초의 것으로 보인다. 아루 제도에 고유하게 서식하는 두 종 외에 40여 종의 극락조가 뉴기니 섬과 오스트레일리아 북동부, 그리고 그 근처의 작은 섬들에 아직 살고 있다.

그 표본이 유럽에 도착하는 데에는 시간이 한참 걸렸으며, 도착했을 때에는 피부가 말라붙고, 보존 과정에서 발이 잘려나가는(때로는 날개와 머리마저도) 등 상태가 엉망이었다. 살아 있는 천산갑은 본 적이 있지만 살아 있는 극락조는 보지 못한 판 린스호턴은 살아 있는 이 새를 본 사람은 '아무도' 없는데, 그것은 극락조가 하늘 높은 곳에서 평생을 보내기 때문이라고 독자들에게 말했다. 그리고 덧붙이기를, 극락조는 발도 없고 날개도 없는 천상의 동물로, 이 세상의 것에 속하지 않은 아름다움과 습성을 지니고 있어 오직 죽은 뒤에야 땅으로 떨어진다고 했다. 이러한 오해는 18세기 중반까지 계속 이어져, 생물 분류로 유명한 스웨덴 생물학자 카를 폰 린네Carl von Linné조차 아루 제도에 사는 두 종 중 더 큰 큰극락조의 학명을 *Paradisea apoda*라고 붙였다. '*apoda*'는 '발이 없는'이라는 뜻이다. 린네가 그렇게 쉽게 속아 넘어간 것을 심하게 비난할 필요는 없다. 왜냐하면, 발이 없는 새는 그 당시에 발견되던 새로운 동물들에 비하면 그다지 불가능할 이유도 없었기 때문이다. 코끼리새라는 거대한 새가 날개가 없다면, 중간 크기의 극락조가 발이 없을 수도 있지 않겠는가?

큰박쥐, 딩고, 화식조도 보고되었다. 유럽 인의 발견과 정복의 물결은 점점 지구 정반대쪽을 향해 나아가고 있었다. 1629년, 오스트레일리아 서해안 앞바다에서 조난을 당해 한 섬에 상륙한 한 네덜란드 인은 왈라비를 보았는데, 운 좋게도 살아남은 그는 그것을 보고했다. 그렇지만 일부 사람들은 그 이야기를 믿을 수 없었다. 큰 주머니가 달린 포유류 동물이 아주 긴 두 다리로 쿵쿵 뛰어다니고, 얼굴은 사슴처럼 생겼고 귀는 토끼처럼 생겼다고? 그랬다. 사람들이 오스트레일리아의 유대류 이야기를 의심하는 태도는 100년 이상 계속되었다. 그러다가 1770년, 제임스 쿡James Cook 선장이 인데버호를 타고 오늘날의 퀸즐랜드 주에 해당하는 북동 해안에 상륙했다. 인데버호에는 조지프 뱅크스Joseph Banks가 타고 있었는데, 부유한 아마추어 박물학자인 뱅크스는 세계 각지에서 생물 채집을 하려고 돈을 내고 승선했다.

논란의 여지는 있지만 뱅크스는 탐사 항해에 따라나선 전형적인 박물학자라고 할 수 있다. 그 역할은 나중에 다윈, 후커, 토머스 헉슬리Thomas Huxley 등이 맡으면서 생물학에 큰 기여를 하게 된다. 탐사 항해에 나선 이들 유명한 박물학자들과는 달리 뱅크스는 이론 과학자가 아니었다. 그래도 나름의 역할을 했다. 어느 날, 쿵쿵거리며 달리는 큰 짐승을 발견한 사람들은 개들을 풀어 추격하게 했고, 결국 총으로 쏘아 죽였다. 시체를 살펴본 뱅크스는 "이 동물은 유럽의 동물과 비교하는 게 불가능하다. 내가 본 어떤 동물하고도 닮은 점이 전혀 없다."[13]라고 썼다. 검은 피부의 평화로운 원주민(쿡 일행을 죽여서 그 시체를 까마귀의 일종인 쿠라웡에게 던져줄 이유가 아직 없었던)은 껑충껑충 뛰어다니는 그 동물을 '캉구루kanguru'라고 불렀다. 뱅크스는 그 표본을 영국으로 가져가 조지 스텁스George Stubbs에게 그림으로 그려달라고 부탁했다. 스텁스의 유화를 바탕으로 누군가가 판화를 만들었고, 결국은 쿡의 항해기에 포함되어 출판되었다. 이 때문에 캥거루는 아주 유명해졌다.

인도양의 작은 섬 모리셔스 섬에 살고 있던 날지 못하는 새 도도도 비슷한 과정을 통해 유명해졌다. 이 새는 17세기 초에 유럽에 알려졌다. 처음에는 여행자들의 이야기를 통해 전해졌고, 그다음에는 아마 살아 있는 표본도 가져왔을 것이다. 이 새는 뚱뚱하고 꼴 사납고 멍청한 데다 우스꽝스러운 동물이어서 소문과 풍자만화를 통해 유명해졌다. 이 새는 마치 새의 속성을 희화화한 것 같았다. 짧은 다리, 큰 몸집, 작은 날개, 커다란 부리 등의 해부학적 구성 요소들은 전체적으로 조화가 되지 않았다. 그러니 이 새에 관한 농담을 듣고 웃지 않을 사람이 있었겠는가? 영국 신학자 해먼 레스트레인지Hamon L'Estrange는 회고록에서 이렇게 썼다.

1683년 무렵, 나는 런던 거리를 걷고 있다가 괴상하게 생긴 새가 천에 그려져 있는 것을 보았다. 나는 주위에 있던 두세 사람과 함께 그것을 보려고 안으로 들어갔다. 우리 안에 갇혀 있는 그 새는 가장 큰 수컷 칠면조보다 컸고 다리와 발도 더 길었지만 몸이 땅딸막하고 두꺼웠으며, 더 똑바른 자세로 서 있었다. 몸 앞쪽은 젊은 수꿩의 가슴과 같은 색이고, 뒤쪽은 칙칙하고 어두운 색이었다. 주인은 그 새를 도도라고 불렀다.[14]

어떤 역사학자들은 레스트레인지가 레위니옹 섬의 솔리테어를 도도로 오해한 게 아닌가 의심한다. 솔리테어는 도도보다 약간 더 연약하지만 역시 날지 못하며, 모리셔스 섬에서 얼마 떨어지지 않은 레위니옹 섬에서만 살았다. 그 새가 도도이건 솔리테어이건 간에 어쨌든 그것은 유럽인에게는 신기한 동물이었다.

이러한 생물학적 발견의 물결을 증언해주는 흥미로운 예로는 지도에 들어가는 일러스트레이션으로 일부 동물이 선택된 것이 있다. 1502년에 포르투갈의 한 지도 제작자는 브라질에 빨간색과 파란색 마코앵무를 그려넣었고, 그것과 대비해 아프리카 대륙은 초록색과 회색 앵무로 장식했다. 남아메리카의 윤곽을 대충 그리게 되자, 그 대륙에 원숭이들도 그려넣었다. 1546년에 피에르 데셀리에르Pierre Descelliers가 만든 세계 지도에는 천산갑이 나타났다. 1551년, 산초 구티에레스Sancho Gutierrez는 자신이 만든 세계 지도에서 북아메리카에 아메리카들소를 그려넣었다. 16세기 말에 또 다른 지도 제작자는 동남아시아에 발이 없는 극락조를 그려넣었다. 정확하게든 부정확하게든 지도에 생기를 불어넣기 위해 눈

1. 진화와 멸종의 비밀을 간직한 섬 — 45

길을 끄는 그림들을 그려넣은 르네상스 시대의 지도 제작자들은 생물지리학 연구에 참여한 셈이다.

동물들의 명단이 길어짐에 따라 성경을 문자적으로 해석하는 사람들은 입장이 점점 난처해졌다. 노아의 방주는 이제 발 디딜 틈 없이 차고 넘쳤다. 일부 독실한 신학자들은 '암마'란 단어 해석에 매달렸다. 창세기 6장에 나오는 '암마'란 단위는 영어 성경에 큐빗cubit으로 번역돼 있는데, 그 큐빗은 작은 큐빗(팔꿈치에서 가운뎃손가락까지의 길이)이 아니라 그것보다 더 큰 큐빗을 뜻한다고 그들은 주장했다. 그 결과 방주의 크기가 더 커져서 시간을 좀 더 벌 수 있었지만, 시간이 흐를수록 점점 더 많은 원숭이, 비둘기, 캥거루 종들이 발견되었다. 또 어떤 학자는 기발하게도 방주의 설계를 뜯어고치는 생각을 했다. 독일의 예수회 신자 아타나시우스 키르허Athanasius Kircher는 《3층 구조의 노아의 방주Arca Noë in Tres Libros Digesta》라는 책을 출판했는데, 이 책에는 역사적, 철학적 출처에서 나온 많은 주장이 실려 있을 뿐만 아니라 키르허가 상상한 방주의 판화 그림까지 들어 있다. 키르허가 상상한 방주는 슈퍼 8 모텔(중저가 모텔 체인점)을 닮은 3층짜리 상자 모양 구조로, 그 아래쪽 선체 부분은 전혀 보이지 않는다. 이런 구조의 배는 공간을 효율적으로 분배하여 외양간과 우리를 더 많이 마련할 수는 있겠지만, 항해에는 적합해 보이지 않는다. 항해는 창조와 마찬가지로 기적의 영역에 속할지도 모른다. 키르허의 책에 포함된 그림을 보면, 사자, 뱀, 노랑부리저어새, 타조, 말, 당나귀, 낙타, 개, 돼지, 공작, 토끼, 거북 각 한 쌍이 배에 탈 차례를 기다리고 있다. 생물 다양성 수준은 아주 낮아 보이는데도, 방주는 이미 아주 혼잡해보인다.

재닛 브라운Janet Browne은 생물지리학의 기초를 훌륭하게 기술한 책인 《세속적인 방주The Secular Ark》에서, 키르허의 방주에는 150종의 조류와 거의 같은 수의 다른 척추동물만 탔다고 지적했다. 물고기는 어차피 배가 필요 없다. 자연 발생으로 태어난다고 본 파충류와 곤충 역시 방주에 탈 필요가 없었다. 이런 종류의 동물들을 제외함으로써 키르허는 방주에 태워야 할 동물의 수를 상당히 줄일 수 있었고, 문자적으로 해석한 노아의 방주를 좀 더 오랫동안 떠다니게 할 수 있었다.

그러나 그가 작성한 승객 명단은 현실에 비해 너무 빈약한 것이었다. 17세기 말에 박물학자들은 조류 500종, 네발동물 150종, 그리고 무척추동물 약 1만 종을 확인했다. 그리고 50년 후 린네가 체계적인 분류를 시작할 무렵에도 그 수는 계속해서 아주 빠른 속도로 증가하고 있었다. 린네 자신이 명명하여 명단에 올린 종만 해도 약 6,000종이나 되었다. 이제 방주는 정원 초과 상태가 되었다.

특별한 창조론

기독교 정통 교리 중에서 곤경에 빠진 것은 노아의 방주를 실제로 존재한 물리적 배로 보았을 때 생기는 모순뿐만이 아니었다. 노아의 방주가 육지에 닿아 동물들이 내렸다는 산꼭대기도 문제였다. 비록 창세기에는 그 정확한 위치에 대한 언급이 전혀 없지만, 기독교의 전통적인 견해에 따르면 터키 동부에 있는 아라라트 산이 바로 그곳이라고 한다. 그러나 노아의 방주에서 내린 동물들이 터키 동부에서 퍼져나가기 시작했다고 보아서는 전 세계에 퍼져 있는 동물들의 분포를 제대로 설명할 수 없었다. 대홍수 뒤에 살아남은 동물들이 모두 아라라트 산에서 내렸다면, 어떻게 수많은 종들이 전 세계의 다양한 장소로 퍼져가 살고 있을까?

가장 단순한 차원에서 본다면, 이것은 확산이라는 문제이다. 날지 못하는 레아가 어떻게 터키에서 남아메리카까지 갈 수 있었을까? 걸어서 갔단 말인가? 그리고 추운 날씨와 언 바다와 맛있는 물개가 있어야만 살아갈 수 있는 북극곰은 어떻게 북극 지방까지 갔을까? 그러려면 배고 픔과 무더위 속에서 카프카스 산맥을 넘어 긴 여행을 해야 한다. 캥거루는 어떻게 오스트레일리아까지 갈 수 있었을까? 아무리 뜀박질을 잘한다고 해도 얼마나 멀리 뛰어갈 수 있었겠는가?

 좀 더 복잡한 차원에서 본다면, 분포 패턴의 불연속성 문제도 있다. 설사 캥거루가 아라라트 산에서 오스트레일리아까지 뛰어갔다고 하더라도, 왜 아시아에는 한 마리도 남지 않았을까? 코카투앵무가 방주에서 출발하여 남동쪽으로 날아갔다 하더라도, 어떻게 중간에 둥지를 한 군데도 틀지 않고 곧장 롬복 섬까지 날아갈 수 있었을까? 왜 이 동물들은 모두 중간에 있는 넓은 땅을 무시하고 그냥 지나갔을까?

 린네는 아라라트 산과 노아의 방주 이야기가 생물계의 현실과 모순된다는 사실을 최초로 깨달은 사람 중 하나였다. 그는 큐빗 단위를 어떻게 해석하든 간에, 모든 육상 동물 종을 각각 한 쌍씩 방주 한 척에 다 싣는 것은 불가능하다고 보았다. 그리고 그 동물들이 산꼭대기에 내렸다는 이야기도 의심했다. 대신에 그는 성경 구절을 문자 그대로 해석하기보다는 상징적으로 해석한 이야기를 제안했다. 린네는 아라라트 산을 창조된 모든 종이 확산해가기 시작한 원시적인 섬으로 보아야 한다고 제안했다. "만약 최초의 지구 모습을 생각한다면, 오늘날처럼 땅들이 아주 넓게 펼쳐진 모습 대신에 맨 처음에는 수면 위로 단 하나의 작은 섬만이 솟아 있었을 것이라고 생각할 수 있다."[15] 린네는 이 섬이야말로 에덴 동산이자 하느님이 만든 모든 피조물의 고향이라고 생각했다. 그 섬은 "일종의 살아 있는 박물관으로, 현재 지구에 존재하는 모든 종 가운데 빠진 것이 하나도 없이 모든 동물과 식물이 살고 있었다."[16] 그 섬은 산처럼 생겼고, 각 층마다 서로 다른 기후대가 펼쳐진 층상 구조로 이루어져 있었다. 맨 아래쪽은 열대 지역이고, 위로 올라가면서 온대 지역, 한대 지역으로 변하며, 꼭대기에는 극지 기후가 나타난다고 보았다. 각각의 동물은 자신에게 '적합한 땅'과 '적합한 기후'[17]에 맞춰 그러한 층상 구조 지역 가운데 한곳에 살았다. 원시 시대의 해수면이 점점 내려감에 따라 육지가 점점 더 많이 드러났고, 세계 전역에 걸쳐 각 기후대가 확대되면서 동물의 분포도 널리 확대되었다. 각 종은 자신에게 맞는 고유의 지역이 있었고, 거기에 적합한 신체적 구조를 가지고 있었다.

린네의 생각은 한편으로는 직관을 자극하는 동시에 다른 한편으로는 새로운 혼란을 부추기는 양면성을 지니고 있었다. '적합한 땅'과 '적합한 기후'라는 표현은 그곳의 생태적 지위에 적응한 종을 묘사하는 생태학적 개념처럼 보였다. 그러나 이 개념은 훨씬 나중에 가서야 발전한다. 혼란을 부추긴 측면은 어떤 것일까? 린네가 동물의 신체적 구조와 '적합한' 장소 사이에 존재한다고 본 불변의 연결 관계는 18세기의 일부 학자들이 '특별한 창조론'을 받아들이는 계기가 되었다.

이 개념은 모든 동식물의 창조에서 아주 사소한 데까지 하느님이 개입한다는 것을 뜻한다. 이 개념을 받아들인다면 성경의 방주 이야기를 문자 그대로 해석하는 데서 비롯되는 모든 억지 주장(예컨대 작은 큐빗이 아니라 큰 큐빗이라는 주장)이 필요 없다. 노아의 홍수는 문자 그대로 해석할 필요가 없는 비유로 본다. 그렇지만 하느님이 직접 담당한 역할은 비유가 아니다. 그것은 여전히 문자 그대로 해석해야 하는 역사적 사실이다. 그리고 이제 하느님은 과거 어느 때보다 더 바빠진 것처럼 보였다.

특별한 창조론에 따르면, 하느님은 전지전능한 창조자이자 동물원 관리자이다. 특정 장소에서 살아가기에 알맞은 특정 동물들을 설계하고, 그 동물들이 그곳에 자리잡고 살아가도록 감독한다. 북극곰은 북극에서 살아가기에 적합하도록 만들었으며, 그래서 그들을 북극에다 데려다놓았다. 캥거루는 캥거루에 어울리는 모양을 가지도록 만들었으며, 역시 캥거루에게 적합한 장소인 오스트레일리아에 데려다 놓았다. 캐피바라는 남아메리카의 습지에서 살아가기에 적합하도록 신경 써서 만들었다. 많은 지리적 영역에 관심을 적절히 분배함으로써 각각의 영역을 창조의 중심지처럼 보이도록 만들었다. 전체 식물상과 동물상, 전체 생물 군집을 각각의 자연 지리에 적합하도록 만들었다. 그리고 각각의 장소에 완전한 생태계를 만들었다. "신열대 습윤림아, 생겨라!" 하니 신열대 습윤림이 생겨났고, "경엽수림아, 생겨라!" 하니 경엽수림이 생겨났다. "타이가야, 생겨라! 가지뿔이 달린 유제류 무리, 눈밭에서도 잘 살아가는 포식 동물 약간, 한여름에 급히 꽃을 피우는 야생화, 번식 속도가 빠르고 그 개체군 크기가 급격한 변동을 보이는 소형 포유류, 내가 셀 수 있는 것보다 훨씬 많은 모기도 생겨라!" 하니 그 모든 것이 생겼다. 그것 말고도 신경 써야 할 게 수도 없이 많았다. 18세기 후반에 사람들이 새로이 상상한 이 하느님은 모든 것에 직접 관여하여 세세한 것까지 일일이 챙기며, 남에게 그 권한을 절대로 나누어주지 않았다. 하느님은 모든 것에 내재하며 일일이 신경을 써서 그것을 나타나게 했다. 특별한 창조론은 완벽한 존재론적 생각이었다. 그것은 모든 것을 해결해주었지만, 한편으로는 아무것도 해결해주지 못했다. 잘못되었으면서도 아주 매력적인 이 생각은 새로운 정통 교리가 되었다. 그것은 다윈과 월리스가 도전할 때까지 오랫동안 사람들의 생각을 지배했다.

한편, 린네는 또 다른 측면으로도 큰 영향을 끼쳤다. 그는 스웨덴의 웁살라 대학에서 교수로 일하면서 학생들을 가르치고 열정을 불어넣었다. 학생들 중 과학 탐사자가 된 사람이 많았는데, 그들은 스승의 지적 계획을 완성하기 위해 지구 곳곳을 돌아다니면서 다양한 생물을 연구했다. 재닛 브라운은 그렇게 탐사 여행에 나서 활약한 린네의 제자를 여러 명 언급했다. 오스벡Osbeck은 중국까지 항해했고, 솔란데르Solander는 쿡 선장과 뱅크스와 함께 인데버호에 승선했으며, 그멜린Gmelin은 시베리아로, 쾨니히König는 트랑케바르로, 그리고 카를 페테르 툰베리Carl Peter

Thunberg는 일본으로 가 섬 생물지리학 연구라 할 수 있는 《일본의 식물상 Flora Japonica》을 출간했다. 이들과 피가페타나 데 콘티, 콜럼버스 같은 초기의 탐사 여행가들 사이에는 차이점이 하나 있는데, 나라에서 보낸 탐사 항해 도중에 우연히 생물지리학적 발견을 한 것이 아니라, 처음부터 생물지리학 자료를 수집하겠다는 목적을 가지고 여행을 떠난 점이다.

《일본의 식물상》은 그 결과로 나온 연구 문헌 중 하나에 지나지 않는다. 그로노비우스 J. F. Gronovius라는 린네의 친구는 이미 버지니아에서 한 야외 연구를 바탕으로 《버지니아의 식물상 Flora Virginica》을 출간했고, 린네는 젊은 시절에 모험적인 라플란드 여행에서 얻은 성과를 바탕으로 《라플란드의 식물상 Flora Lapponica》을 씀으로써 식물학자의 경력을 시작했다. 그멜린은 아시아를 여행한 결과를 바탕으로 《시베리아의 식물상 Flora Sibirica》과 《동양의 식물상 Flora Orientalis》을 저술했다. 린네가 세운 선례 때문인지 다른 이유 때문인지 알 수 없지만, 18세기의 생물학자들은 동물보다는 식물을 확인하고 그 분포를 지도로 작성하는 데 몰두했다. 폰 야킨 Von Jacquin은 《오스트리아의 식물상 Flora Austriacae》을, 라이트풋 Lightfoot은 《스코틀랜드의 식물상 Flora Scotica》을, 오데르 Oder는 《덴마크의 식물상 Flora Danicae》을, 그리고 고맙게도 라틴 어를 맹목적으로 숭배하지 않은 리처드 웨스턴 Richard Weston은 1775년에 영어로 《영국의 식물상 English Flora》을 출판했다. 북아메리카를 한 번도 가본 적이 없는데도 불구하고, 요한 라인홀트 포르스터 Johann Reinhold Forster라는 유명한 친구에게서 《북아메리카의 식물상 Flora Americae Septentrionalis》이라는 책을 받고 나서 4년 만에 이룬 성과였다. 80년 뒤, 월리스가 사라왁에서 우기가 끝나기를 기다리면서 '적절히 이용된 적이 없는' 방대한 사실들에 대해 생각할 때, 그가 염두에 둔 책들 중에는 이 책들이 있었다.

《북아메리카의 식물상》을 저술한 요한 라인홀트 포르스터는 시간이 지나면서 나머지 사람들보다 더 많은 주목을 받았다. 프로이센에서 태어난 포르스터는 아버지의 뜻에 따라 성직자 교육을 받았지만, 진짜 관심은 박물학에 있었다. 그는 몇 년 동안 단치히 근처에서 목사로 일하다가 결국 목사직을 떠났다. 1765년에 러시아를 방문하고 이듬해에는 학자로 자리를 잡길 기대하면서 영국으로 이주했다. 그는 월리스와 마찬가지로 먹고살기 위해 어떤 일이나 기회도 놓치지 않고 닥치는 대로 하는 사람이었다. 1770년에는 《영국의 곤충 목록 Catalogue of British Insects》을 출간했다. 그리고 랭커셔 주에 있는 '비국교도들의 학교'라는 거창한 이름이 붙은 학교에서 한동안 언어와 박물학을 가르쳤다. 그는 자신의 글로도 많이 알려졌지만, 칼름 Kalm과 오스벡을 비롯한 과학 여행자의 저서를 번역하거나 편집한 것으로도 유명했으며, 1772년에는 왕립학회 회원으로 선출되었다. 그리고 그해 말에 쿡 선장의 두 번째 세계 일주 항해에 운 좋게 뱅크스 대신 박물학자로 승선할 기회를 얻었다.

3년 동안 계속된 항해에서 포르스터는 남반구에서 생물학적으로 아주 풍부한 지역 일부를 둘러보았다. 그러나 개인적으로는 매우 힘든 여행이었다. 선원들과 잘 어울리지 못했으며, 쿡 선장의 눈 밖에 나기도 했다. 하기야 그는 프로이센 출신에다가 분류학자였으니까. 포르스터는 뱅크스처럼 유들유들하고 주색을 즐기는 성격이 아니었다. 한 역사학자는 그를 "사람들을 피곤하게 하며, 천박하게 학자연하고 고상한 체하는 사람"[18]이라고 묘사했다. 또 다른 사람은 그의 "잡다하면서도 깊이가 없는 과학적 글"[19]을 조롱했는데, 그것은 잘못된 평가였다. 얼어붙은 남극 대륙 가장자리를 따라 몇 주일 동안 힘겨운 탐사를 하다가 타히티 섬으로 돌아와 휴식과 회복을 위한 시간을 가지는 일이 반복되는 항해에서 혼자 고상한 체하는 행동은 다른 사람들 눈에 고깝게 비쳤을 것이다. 타히티 섬에서 선원들은 빨간 앵무새 깃털만 있으면 타히티 여자들과 섹스를 할 수 있었다. 포르스터는 타히티 섬에서 목격한 것을 싫어했고, 그렇다고 말했다. 그러나 그는 분별 없는 도덕주의 때문에 대가를 치러야 했다. 쿡 선장은 항해 동안에 포르스터가 보인 태도를 불쾌하게 여겨, 영국에 도착하자 해군 측에 포르스터가 책을 출판하지 못하게 하라고 요청했다. 그러면서 쿡은 자신의 항해기를 출판했다. 포르스터의 아들도 화가로 항해에 동참했는데, 아버지가 받은 출판 금지 제재를 피해 역시 책을 출판했다. 마침내 포르스터도 출판 금지 조치에서 풀려나《세계 일주 항해에서 관찰한 자연지리학, 박물학, 윤리철학 Observations Made During a Voyage Round the World, on Physical Geography, Natural History, and Ethic Philosophy》이란 제목의 책을 출간했다. '윤리 철학'을 제목에 집어넣은 것에 무슨 의도가 있었는지는 모르겠지만, 빨간 앵무새 깃털로 타히티 여자들과 성 거래를 한 이야기는 책에 담지 않았다.

그 당시에는 세계 일주 여행을 하려면 중간에 여러 섬에 들러 보급을 받아야 했다. 쿡은 여러 섬 중에서 뉴질랜드와 타히티 섬을 방문했지만, 아조레스 제도, 마데이라 제도, 카나리아 제도, 마스카렌 제도 등도 일찍부터 중요한 보급 기지로 유럽 항해가들에게(따라서 유럽 과학계에) 잘 알려져 있었다. 이들 섬은 모두 망망대해 한가운데에 있지만, 주요 항로에 위치했다. 태즈메이니아 섬, 케르겔렌 제도, 하와이 제도의 동물상은 큰 관심을 끌었다. 탐사 항해에 나선 사람들과 동행한 박물학자들은 유럽과 아시아로 떠난 육로 여행자들보다 세계 각지의 신기한 생물을 훨씬 많이 보는 기회를 누렸다. 경이로운 생물들 중 많은 종은 외딴 섬에만 고유하게 서식했기 때문이다. 그런데 포르스터는 항해에 나선 동시대의 박물학자들보다 선견지명이 있었다. 그는 다른 사람들이 보지 못하고 놓친 것을 보았다. 그것은 아주 당연해 보이면서도 중요한 사실이었다. 그는 이렇게 묘사했다.

섬은 그 둘레가 크냐 작으냐에 따라 존재하는 종의 수가 달라진다.[20]

큰 섬은 작은 섬보다 생물 다양성이 훨씬 풍부하다. 포르스터는 종과 면적 사이의 관계를 깨달았던 것이다. 그것은 오늘날의 생태계 붕괴에 대한 직관으로부터 논리적으로 단 두 단계 앞에 있는 생각이지만, 시간 상으로는 200년이나 앞선 생각이었다.

사라왁에서 쓴 논문

1855년 초에 우기를 맞아 사라왁에서 지내는 동안 월리스는 〈새로운 종의 도입을 조절한 법칙에 관하여〉라는 제목의 논문을 썼다. 지금은 별로 알려지지 않았고, 그 당시에도 거의 읽은 사람이 없는 이 논문은 진화생물학의 역사에서 기념비적 논문 중 하나로 평가받을 만한 가치가 있다. 제목에 포함된 '도입introduction'이란 단어는 특별한 의도가 없이 집어넣은 것처럼 보이지만, 실은 상당히 파괴적인 의미를 담고 있다.

월리스가 우편 배달선으로 런던에 보낸 그 논문은 그해 9월에 훌륭한 과학 학술지인 《박물학 연보 The Annals and Magazine of Natural History》에 실렸다. 월리스는 이론 생물학 분야에서 처음 쓴 자신의 논문에 상당한 자부심을 가지고 있었다. 그리고 젊은 작가나 과학자가 으레 그렇듯이 사람들의 반응을 초조하게 기다렸다. 한 친구가 편지를 보내왔는데, 핵심 개념이 아주 "간단명료"[21]해 보인다고 서투른 축하의 말을 했지만, 논문 제목조차 틀리게 인용했다. 그 밖에는 아무 반응도 없었다. 다윈은 영국에서 《박물학 연보》에 실린 그 논문을 읽으면서 여백에 글자를 끼적거리기도 하고, 공책에 필기도 했다. 그러나 다윈은 원래 어떤 글이든지 독서를 할 때 그렇게 하는 버릇이 있었다. 그래서 습관적인 관심을 보였는데도 불구하고 논문의 핵심을 파악하지 못했던 것 같다. 월리스는 새로운 종의 기원을 다루면서 '도입'이라는 단어뿐만 아니라 '창조

creation'라는 단어도 사용했는데, 다윈은 그것을 보고 월리스를 특별한 창조론을 믿는 사람쯤으로 평가절하한 것이 분명하다. 몇 년 뒤, 다윈은 그 논문을 다시 꼼꼼하게 읽어보고는 질투심으로 공황 상태에 빠진다.

월리스의 논문에 주목한 과학자가 몇 명 있었는데, 심지어 그중 두 사람은 다윈에게 그 이야기를 했다. 한 사람은 영국 최고의 지질학자인 찰스 라이엘Charles Lyell이었고, 또 한 사람은 인도에 머물면서 다윈과 서신을 주고받은 에드워드 블라이스Edward Blyth라는 영국인이었다. 하지만 두 사람 다 저자에게 직접 격려를 보내진 않았다. 그들이 보기에 월리스라는 젊은이는 이름도 들어본 적이 없을뿐더러 박제한 동물과 곤충을 채집하여 파는 사람이었다. 채집은 생물학에서 중요한 활동이지만, 채집한 표본을 내다 판다면(먹고살기 위해 월리스가 그런 것처럼) 그 사람은 낙오자로 취급받기 쉬웠다. 게다가 월리스는 말레이 제도에서 한곳에 머무르지 않고 여행을 계속했다. 그는 일정한 사회적 지위도, 정해진 주소도 없었다. 그에게 연락을 취할 방법을 아는 사람도 없고, 연락을 취하려고 하는 사람도 거의 없었다. 런던에 마지막으로 들렀을 때 월리스는 곤충학회 모임에 여러 번 참석했기 때문에 완전한 아웃사이더는 아니었지만, 그래도 생물학계 안에서보다는 밖에서 더 많이 활동했다. 그 당시 생물학은 아직 정식 학문으로 정립되지는 않았지만, 생물학을 연구하는 사람들의 모임은 준고급 클럽이었다. 구성원은 주로 다윈처럼 많은 유산을 물려받은 신사나 일요일에만 성직을 수행하고 평일에는 자유롭게 새를 관찰하거나 곤충 채집 활동에 종사하는 시골 성직자였다. 이 클럽은 런던, 파리, 에든버러, 케임브리지, 베를린을 비롯해 몇몇 장소에서 모임을 가졌는데, 그동안에 월리스는 지구 반대쪽에서 말라리아와 썩어가는 발 때문에 고생하고 있었다.

월리스의 채집품 거래를 대행하던 사람이 런던을 방문했을 때, 일부 박물학자는 "월리스라는 젊은이는 이론을 만드는 일은 그만두고 사실

수집에 전념하는 게 좋겠다"고 말했다. 그 말은 겉으로는 월리스를 생각해서 하는 말 같았지만, 이론을 만드는 것보다 사실을 수집하는 것이야말로 박물학자가 해야 할 본연의 임무라는 그들의 생각을 반영한 것이었다. 월리스의 이론에서 장점을 발견한 과학자도 일부 있었을 테지만, 속으로만 인정했을 뿐 겉으로 드러내 표현하지 않았다. 사라왁에서 쓴 논문이 발표되고 나서 두 달 뒤, 찰스 라이엘은 공책에 종의 변이에 관한 글을 쓰면서 첫 페이지 맨 위에 월리스의 이름을 적었다. 라이엘은 다윈이 아직 깨닫지 못한 것을 알아챘다. 앨프리드 월리스라는 무명의 젊은이가 뭔가 대단한 이론을 발견하기 직전에 있다는 사실을.

월리스가 쓴 논문의 핵심 내용은 이것이다.

모든 종은 이미 존재하고 있던 근연종과 동일한 공간과 시간에 출현했다.[22]

그는 이것을 법칙이라고 불렀지만, 사실은 기술記述에 지나지 않았다. 그렇지만 급진적인 의미를 잔뜩 포함한 도발적인 기술이었다. 그는 논문 서두에서 이 말을 언급했으며, 말미에서 한 번 더 반복했다. 더구나 이탤릭체로 표기했기 때문에 그 논문을 읽은 사람이라면 그 문장을 간과할 리 없었다. "모든 종은 이미 존재하고 있던 근연종과 동일한 공간과 시간에 출현했다." 기술이든 법칙이든 간에 이것은 특별한 창조론에 대한 도전이었으며, 세상을 뒤흔들면서 진화론 개념을 널리 알리는 표현이었다.

마다가스카르 섬의 텐렉

예를 들어, 텐렉과에 속하는 종들은 동일한 공간과 시간에 살고 있는 근연종(생물의 분류에서 유연 관계가 깊은 종류. 예를 들면, 물까치는 까마귀의 근연종이다)이다. 텐렉은 아주 특이한 포유류이다. 현재 살아 있는 종은 30여 종인데, 크기는 생쥐와 쥐 사이에 걸쳐 있고, 놀랄 만큼 다양한 생리적 적응을 보여준다. 텐렉과 가까운 한 포유류 아과(수달뒤쥐)가 서아프리카와 중앙아프리카에 살지만, 그 밖의 모든 텐렉 종은 마다가스카르 섬에만 살고 있다. 월리스는 많은 곳을 돌아다녔지만 마다가스카르 섬에는 가본 적이 없었다. 월리스보다 덜 용감하지만 운이 더 좋은 나는 마다가스카르 섬에 가보았다. 나는 마다가스카르의 수도인 안타나나리보 외곽에 위치한 침바자자 동식물원에서 자신의 텐렉을 보여주길 좋아하는 영국인 청년을 만났다.

그 청년의 이름은 스티븐슨P. J. Stephenson이었다. 그는 스코틀랜드의 애버딘 대학에서 박사 과정을 밟는 학생인데 연구를 위해 마다가스카르 섬에 왔다. 그는 때가 묻어 더 이상 흰색이 아닌 실험복을 입고서 졸린 듯한 미소를 지었다. 막 테라리엄(작은 동물 사육장)을 지은 참이라 손에 풀이 덕지덕지 엉겨 붙었다고 설명하면서 한 손으로 머리카락을 매만졌다. 밴드의 드러머에게 어울릴 만한 야성미 넘치는 긴 금발이다. 그는 갑자기 영어를 말하게 되어 적잖이 당황한 것처럼 보였다. 그의 실험 공간은 동식물원 건물 뒤쪽 차고에 만든 회색 방 두 개로, 사람들이 많이 찾아오지 않아 방해를 덜 받는 곳이었다.

"그러니까 텐렉에 관심이 있단 말이죠? 절 따라오세요."

나는 그의 뒤를 따라갔다.

"여길 보세요."

그는 테라리엄 뚜껑을 들어올렸다.

"이 작은 친구는 변덕이 아주 심해요."

우리는 안을 들여다보았다. 테라리엄 안에는 톱밥과 일종의 가구가 바닥에 깔려 있었다. 그게 없었다면 텅 비어 보였을 것이다.

스티븐슨은 작은 나뭇조각을 뒤집었다. 그 밑에는 아무것도 없었다. 이번에는 마분지 관을 집어올려 그 안을 들여다보았지만 역시 아무것도 없었다.

"기다려보세요. 어딘가 숨어 있을 거예요. 그렇지 않으면 탈출했겠죠. 그러지 않았길 바라지만요. 잠깐만요, 여기 있군요."

스티븐슨은 톱밥을 한 움큼 집어올렸다. 그리고 그것을 코 앞에 대고 손가락을 폈다. 손가락 사이로 톱밥이 흘러내렸다.

"없군요. 잠깐만요. 이번에는."

그는 다시 톱밥을 한 움큼 집었다. 그리고 마침내 성공했다. 손바닥에 아주 작은 포유류가 있었다.

당근처럼 생긴 얼굴과 검은색의 작은 눈, 회색 털빛은 마치 땃쥐를 닮았다. 그렇지만 이 녀석은 땃쥐가 아니다. 이 녀석은 큰귀텐렉 Geogale aurita이다.

"이 녀석은 흰개미 전문 사냥꾼입니다. 썩은 나무에 숨길 좋아하죠. 내가 이 녀석을 발견하는 요령도 썩은 나뭇조각이 바스락거리는 것을 살피는 데 있죠."

스티븐슨은 썩은 나뭇조각들을 들추고 텐렉을 더 많이 수집하고 그 생리적 특징을 연구하면서 마다가스카르 섬에서 2년 동안 머물 예정이다. 텐렉은 아주 흥미로운 의문을 던진다. 예컨대, 일부 텐렉 종은 왜 그렇게 성장 속도가 빠를까? 한 종은 태어난 지 40일이면 성적 성숙 단계에 이르지만, 어떤 종은 성장 속도가 다소 느리다. 또, 어떤 종은 새끼를 아주 많이 낳는다. 32마리까지 낳기도 하는데, 이것은 포유류에서는 보기 드문 일이다. 반면에, 어떤 종은 새끼를 한두 마리밖에 낳지 않는다. 어떤 종은 대사율이 아주 낮지만, 다른 종은 그렇지 않다. 어떤 종은 휴면 상태에 들어가 대사율을 낮춤으로써 에너지를 절약하지만, 다른 종은 그러지 않는다. 종에 따라 그 양상이 아주 다양하다. 휴면 상태에 들어가는 것을 조절하는 메커니즘은 무엇일까? 일부 종은 어떻게 번식 속도가 빠르면서도 대사율은 낮을까? 대사율과 체온 사이에는 어떤 관계가 있을까? 대사율과 먹이 사이에는 어떤 관계가 있을까? 흰개미를 먹고사는 이 작은 동물은 해부학적으로나 생태학적으로는 땃쥐와 아주 유사한데도 체내에서 연료를 태우는 데에서는 왜 그렇게 차이가 날까? 왜?

스티븐슨이 늘어놓는 의문들을 들으면서 나는 그 답도 듣게 되겠지 하고 기대했다. 그래서 텐렉의 생리학이 모든 생물학적 탐구 주제 중에서 가장 흥미진진하다는 서두를 한두 시간쯤 기꺼이 들어줄 용의까지 있었다. 그리고 그것은 무엇을 알려줄까? 그러나 스티븐슨은 이 의문들에 대한 답을 아직 얻지 못했다. 그가 지금 가진 것이라곤 호기심으로 가득 찬 머리, 동물들로 가득 찬 실험실, 끈적끈적한 손, 그리고 생각할 수 있는 2년의 시간뿐이다. 스티븐슨은 그 작은 흰개미 사냥꾼을 다시 우리 안에 내려놓았다. 녀석은 순식간에 시야에서 사라졌다.

스티븐슨은 상당히 많은 종을 키우고 있지만, 그의 동물원은 텐렉의 다양성에 비하면 초라한 표본에 지나지 않는다. 이러한 다양성은 텐렉이 큰 관심을 받는 이유 중 하나이다. 텐렉은 단지 특이한 동물이기만 한 것이 아니라 아주 다양한 방식으로 특이하다. 텐렉 분류 전문가들은 미크로갈레 Microgale 라는 하나의 속屬에만 *M. cowani*, *M. dobsoni*, *M. gracilis*, *M. principula*, *M. brevicaudata*를 비롯해 최소한 16종이 있다고 말한다.[23] 전문가들은 미크로갈레속에 속한 모든 종을 해부학적, 생태학적 특징에 따라 네 범주로 나눈다. 뛰는 데에는 재주가 없고 굴을 파고 살면서 꼬리가 짧은 종류, 꼬리가 짧고 잘 뛰지 못하지만 나무를 기어오르는 재주가 약간 있고 지상에서 사는 종류, 나무를 잘 타고 땅 위에서 먹이를 구하며 꼬리가 긴 종류, 꼬리가 아주 길고 나무를 잘 타며 심지어는 나뭇가지 사이를 날아다니는 종류가[24] 있다. 긴꼬리텐렉

Microgale longicaudata이라는 종은 이름 그대로 꼬리가 아주 긴 종류에 속한다. 그렇지만 이것들은 책 뒤의 퀴즈에 나오는 내용은 아니니 외우지 않아도 좋다.

그 밖의 다른 속屬에는 두더지를 닮은 종류, 고슴도치를 닮은 종류, 그리고 작은 강가에서 수달처럼 수생 생활을 하며 살아가는 림노갈레 메르쿨루스Limnogale mergulus(수생텐렉)라는 종이 있다. 수생텐렉은 눈에 잘 띄지 않게 살아가는 동물이라 야생에서 수생텐렉을 잠깐이라도 본 과학자는 극히 드문데, 스티븐슨이 그중 한 사람이다. 그는 동료와 함께 손전등을 들고 강둑에 앉아 모기에게 수없이 물어뜯기면서 하룻밤을 꼬박 새운 뒤에야 수생텐렉을 보았다고 한다.

스티븐슨은 다른 테라리엄에 있는 텐렉들을 보여주었다. 마분지 상자 안에 든 텐렉도 보여주었는데, 테라리엄을 더 만들 때까지 임시로 만든 거처라고 한다. 다른 방에는 나무 우리 안에 더 큰 텐렉들이 있다고 했다. 그리고 작은 잠수함 안에 들어 있는 텐렉도 보여주었다. 잠수함은 수조 속에 있는 밀폐된 방으로, 기체 측정 장비가 붙어 있어 텐렉이 소비하는 산소의 양을 측정할 수 있었다. 수조 옆에는 전자 제어 장치와 프린터가 놓여 있었다. 그때 갑자기 안타나나리보의 하늘에 천둥이 치더니 실험실의 전등이 깜빡거렸다. 프린터는 불안하게 찍찍거리다가 꺼져버렸다.

"날씨 탓이에요. 잠깐만요."

스티븐슨은 기계를 다시 조정한다.

"날씨가 문제를 일으킬 수 있어요. 폭풍이 몰아닥치면 모든 것이 꺼져버리곤 하죠. 데이터의 흐름에는 좋지 않은 현상이에요."

데이터의 흐름은 박사 과정 학생에게 아주 중요하다. 스티븐슨은 숨을 깊이 들이쉬며 한 손으로 헝클어진 머리카락을 가다듬었다.

스티븐슨은 내일 야생에서 살아가는 텐렉을 더 수집하러 갈 것이다.

"먹이를 가져오라고 사람을 보내야겠군요." 스티븐슨은 문득 생각난 듯이 말하고는 문을 향해 다가갔다.

"먹이가 무엇인데요?"

내가 큰 소리로 물었다. 잘하면 야외 탐사 여행에 동행할 수도 있겠다는 생각이 들었다.

"귀뚜라미요."

텐렉과는 식충목 Insectivora에 속한다. 모든 텐렉 종이 곤충만 먹고 사는 것은 아니다. 고지대줄무늬텐렉 Hemicentetes nigriceps은 지렁이를 먹고 살고, 물에서 생활하는 수생텐렉은 개구리와 갑각류를 먹고 산다.

식충목은 오늘날 살아 있는 포유류 중에서 원시적인 집단으로 간주되는데, 텐렉과는 식충목 중에서도 가장 원시적인 동물로 간주된다. '원시적'이라는 단어가 거슬릴 수 있지만(실제로 이의를 제기하는 생물학자도 있다), 그렇게 표현한 것은 다른 포유류 동물들이 진화 과정에서 버린 특성들을 아직 지니고 있기 때문이다. 텐렉은 공통적으로 시력이 나쁘고 체온도 일정하지 않다. 그리고 조류처럼 생식기와 소화관을 겸한 배설강이 있다. 수컷은 음낭이 따로 없고 고환이 뱃속에 들어 있다. 암컷은 눈도 뜨지 못하고 귀도 트이지 않은 무력한 새끼를 낳는다. 어떤 종은 새끼의 성장 과정이 매우 느려서 어미에게 의존하는 기간과 적에게 취약한 기간도 그만큼 길다. 이러한 특성은 경쟁 종이나 포식 동물과 싸우면서 살아가기에 아주 불리한 조건이다. 그런데 텐렉은 어떻게 살아남을 수 있었을까?

그 답은 의외로 간단하다. 그들은 마다가스카르 섬에 옴으로써 살아남을 수 있었다. 이곳은 육지만큼 경쟁이 치열하지 않고 포식 동물의 위험도 크지 않기 때문이다.

모든 텐렉 종(예외적인 아프리카수달땃쥐는 제외하고)은 마다가스카르 섬에 고유한 동물이다. 즉, 마다가스카르 섬 외의 다른 곳에는 살지 않는다. 이들의 조상은 포유류의 진화가 아직 초기 단계였고 공룡 시대가 끝나던 무렵인 6000만~7000만 년 전에 이곳에 온 것으로 추정된다. 마다가스카르 섬이 아프리카에서 분리될 때(오늘날의 모잠비크 해협을 넓히고 깊게 만든 지질학적 분열 과정을 통해) 마다가스카르 섬에 남은 다른 포유류는 여우원숭이, 설치류, 사향고양이, 피그미하마의 조상 등 극소수뿐이었다. 아프리카의 땅돼지도 지난 수백만 년 사이에 어떻게 마다가스카르 섬에 왔지만 계속 살아남지 못했다. 그리고 가끔 바람을 타고 박쥐 무리가 흘러들어 오기도 했다. 오늘날 아프리카 대륙에 사는 동물과 비교할 때 마다가스카르 섬에 사는 동물은 그 종류가 매우 적다. 포유류는 특히 더 적다. 아프리카 동물 집단 중 마다가스카르 섬에 살지 않는 것으로는(적어도 사람이 배를 타고 도착하여 가축과 애완 동물을 들여와 토착 동물을 멸종시키거나 생물지리학적 기록을 어지럽히기 전까지는) 고양이과 동물, 개과 동물, 코끼리, 얼룩말, 하마, 물소, 영양, 낙타, 토끼 등이 있다. 기린, 곰, 원숭이와 유인원, 수달, 바위너구리, 호저 등도 전혀 볼 수 없다. 텐렉은 경쟁자와 포식 동물이 거의 없는 상태로 오랫동안 격리된 이 낙원에서 살아남는 데 그치지 않고 크게 번성했다.

  텐렉은 그 수가 크게 불어나 섬 전체로 퍼져나갔다. 텐렉은 섬 동쪽 사면의 열대우림뿐만 아니라 중앙 고원과 서쪽의 더 건조한 숲 지대, 남쪽 사막 지대에도 둥지를 틀었다. 이들은 비어 있던 생태적 지위를 차지해나갔다. 이들은 원래 형태에서 다양하게 갈라져 제각각 독특한 특징을 지닌 30여 종으로 진화했다. 분화가 계속 일어나면서 종들 사이의 경쟁은 완화되었다. 이런 과정을 '적응 방산adaptive radiation'이라 부른다.

  스티븐슨은 연구 초기에 어느 심포지엄의 논문집을 들춰본 것이 기억난다고 했다.

  "적응 방산에 대한 이야기가 있었지요. 나는 그것을 읽으면서 속으로 생각했어요. '텐렉 이야기가 나오겠지. 말하려고 하는 게 텐렉 이야기겠지.' 하고요. 대표적인 적응 방산의 사례로서 말이에요. 그런데 대여섯 종의 이야기는 나왔지만 텐렉 이야기는 전혀 없었어요. 저는 텐렉이야 말로 내가 평생 본 것 중 가장 고전적인 적응 방산 사례라고 생각했어요. 조상이 물려준 자산을 가지고 섬에 도착한 텐렉 앞에는 모든 생태적 지위가 텅 비어 있었죠. 그다음에는 진화가 자연스럽게 일어났지요. 텐렉은 주어진 환경에 적응하면서 모든 생태적 지위를 채워나갔어요. 다시 말해서, 텐렉보다 더 좋은 사례는 찾기 힘들죠."

자신이 연구하는 동물을 사랑하는 박사 과정 학생은 행복할지어다.

"땃쥐 비슷한 것도 있고, 고슴도치 비슷한 것도 있고, 두더지 비슷한 것도 있어요. 심지어 제대로 기술할 수 없는 종도 있지요. 이 모든 것들이 진화한 것이에요. 도저히 맡기 힘든 일이죠."

마다가스카르 섬의 텐렉은 땃쥐텐렉아과 Oryzorictinae와 가시텐렉아과 Tenrecinae로 나뉜다. 가시텐렉아과에는 고슴도치처럼 바늘가시가 나 있고 몸집이 큰 종들이 모두 포함된다. 땃쥐텐렉아과에는 두더지나 땃쥐를 닮고 몸집이 작은 종들이 모두 포함된다. 이 두 집단 사이에 잃어버린 고리에 해당하는 크립토갈레 오스트랄리스 Cryptogale australis('숨어 사는 남쪽 텐렉'이란 뜻)란 종이 있다. 이 종은 두개골이 가시텐렉아과와 닮았으며, 몸크기와 이빨은 땃쥐텐렉아과와 가깝다. 이 종은 이미 멸종해서 골격만 남아 있다.

사라왁에서 월리스가 쓴 글을 다시 떠올려보자. "모든 종은 이미 존재하고 있던 근연종과 동일한 공간과 시간에 출현했다." 비록 월리스는 마다가스카르 섬에 가본 적이 없고 텐렉을 연구한 적도 없지만, 보르네오 섬의 나비들에서, 코카투앵무와 마코앵무에서, 그리고 세계 각지에서 수집한 동식물 분포에 관한 보고서에서 동일한 패턴을 발견했다. 명시적으로 표현하지는 않았지만 월리스의 '법칙' 뒤에는 근연종들은 서로의 '가까이에서'뿐만 아니라 '서로로부터' 출현한다는 주장이 숨어 있다. 특별한 창조론은 그런 패턴을 설득력 있게 설명할 수 없었다. 그렇지만 진화론은 설명할 수 있었다.

월리스가 사라왁에서 쓴 논문은 서곡이었다. 진화론을 암시하긴 했지만 그 과정이 어떻게 일어나는지는 제대로 설명하지 못했다. 그 당시 월리스는 그것을 설명할 이론을 아직 생각하지 못했다. 반면에, 다윈은 그런 이론을 생각했지만 아직 발표할 준비가 되어 있지 않았다.

"재미있는 걸 보여드릴게요. 이 녀석은 정말로 변덕스러워요."

스티븐슨은 뚜껑 하나를 열어 사향쥐만큼 큰 텐렉을 보여주었다. 스컹크처럼 검은색과 흰색 줄무늬가 나 있고, 호저처럼 날카로운 가시가 돋아 있으며, 주둥이는 개미핥기와 비슷하게 생긴 아주 화려한 녀석이다. 이 녀석은 지렁이 전문 사냥꾼으로 유명한 고지대줄무늬텐렉이라고 스티븐슨이 말했다. 이 종은 중앙 고원 가장자리와 동부 사면의 열대우림에 살며, 논 주위에서도 잘 살아간다. 미늘이 달려 있는 가시는 쉽게 빠져서 적의 주둥이에 잘 박힌다. 공격을 받으면 등을 구부린 채 가시를 곤추세우고, 주둥이에 가시가 잔뜩 박히는 고통을 당하고 싶으면 덤비라고 위협한다. 검은색과 흰색 줄무늬는 스컹크와 마찬가지로 "건드리기만 해봐! 크게 후회할 테니까!"라고 경고하는 시각적 경고색이다. 마다가스카르 섬에 포식 동물이 드물다고는 하지만 전혀 없는 것은 아니다. 특히 몽구스 비슷한 사향고양이과 동물을 만나면 텐렉은 즉각 방어 태세를 취한다. 고지대줄무늬텐렉에게서 볼 수 있는 또 다른 적응적 특징은 일부 가시가 마찰음을 내는 기관으로 변한 것이다. 마치 현악기 현을 활로 비비듯이 이 가시들을 서로 비비면 날카로운 마찰음이 나는데, 암컷은 이 소리로 새끼에게 신호를 보낸다. 이렇게 독자적으로 기묘한 진화 경로를 따라 크게 발전한 고지대줄무늬텐렉은 '원시적'이란 수식어를 무색하게 한다.

스티븐슨은 사랑스럽다는 듯이 손길을 뻗어 고지대줄무늬텐렉을 어루만진다.

　나도 손을 뻗어 어루만졌다. 스티븐슨의 행동은 전염성이 있다. 가시를 곧추세우지 않고 눕히고 있을 때에는 위험하지 않다. 나는 사랑이 담긴 손길로 고지대줄무늬텐렉에게 존경을 표시했다.

　그때 스티븐슨이 말했다.

　"실은 이 녀석들은 아프게 콱 무는 성질이 있어요."

라이엘의 연구

라이엘은 다윈에게 월리스가 쓴 논문을 꼭 읽어보라고 말했다. 사실, 다윈은 전에 이미 그것을 읽었다. 파란색 종이에 메모도 해서 그 학술지 뒷면에 붙여놓기까지 했다. 그 메모에는 "월리스의 논문: 지리학과 분포에 관한 법칙. 그다지 새로운 것은 없음."[25]이라고 적혀 있었다. 그러나 라이엘의 생각은 달랐다.

　라이엘이 한 지질학 연구는 혁명적인 것이었고 다윈과 월리스에게 큰 영향을 끼쳤으나, 1855년 당시 라이엘은 종의 기원에 대해서는 혁명적인 생각을 전혀 하지 않았다. 그는 여전히 특별한 창조론을 믿었다. 그런데 월리스의 논문을 읽고 나니 불안해졌다. 그해 11월에 라이엘은 공책에다 '월리스, 색인서 제1권'[26]이라는 제목 아래 종에 관한 글을 쓰기 시작했다. 처음에 적은 항목들은 월리스의 논문을 개인적으로 반박하기 위해 많은 노력을 기울인 것처럼 보인다. 특히 섬이라는 주제에 초점을 맞추어 아조레스 제도, 마데이라 제도, 카나리아 제도, 세인트헬레나 섬, 뉴질랜드, 갈라파고스 제도와 그 밖의 장소에 사는 동식물 분포에 관한 글을 100페이지 이상 썼다. 영국에서 발견되는 달팽이 종들이 유럽 본토의 종들과 얼마나 닮았을까 하는 질문도 던졌다. 또, 모로코 해안에서 640km나 떨어진 마데이라 제도의 달팽이하고는 얼마나 닮았을까? 마데이라 제도에 고유한 종은 몇 종이나 될까? 서로 40km 떨어져 있는 마데이라 제도의 두 섬 중 한 섬에만 살고 다른 섬에는 살지 않는 종은 몇 종이나 될까? 큰 섬에 사는 고유종의 수는 작은 섬보다 더 많은가? 만약 그렇다면 그것은 무엇을 의미하는가?

같은 무렵에 라이엘은 섬들의 패턴을 놓고 다윈과 토론을 했다. 사실 앞에서는 두 사람의 생각이 일치했다. 하지만 견해는 서로 어긋나는 부분이 많았다. 그렇지만 라이엘을 계속 앞으로 나아가도록 자극을 준 사람은 월리스였다.

월리스는 논문에서 만약 하느님이 정말로 특별한 창조를 하여 각각의 지역 특색에 맞춰 알맞은 종들을 계속 창조했다면, 하느님은 지질학적으로 오래된 섬들에 강한 편견을 가진 것이 분명하다고 흥미로운 지적을 했다. 오래된 섬에는 더 젊은 섬보다 고유종이 훨씬 많이 존재하기 때문이다. 면적당 비율로 따지면 오래된 섬에는 대륙보다 고유종이 훨씬 많이 존재한다. 물론 특별한 창조론을 완고하게 신봉하는 사람들은 어떤 섬이 다른 섬보다 나이가 상당히 많다는 사실 자체를 인정하지 않았다. 그들이 믿는 성서 연대기에 따르면, 지구 자체도 생겨난 지 겨우 6000년밖에 안 되기 때문이다. 그러나 과거에 흐른 시간이 아주 길다는 가정을 바탕으로 지질학 이론을 만든 라이엘은 오래된 섬과 젊은 섬이 존재한다는 사실을 알고 있었다. 그리고 오래된 섬들의 패턴은 그의 관심을 끌었다.

월리스는 "제한적이긴 하지만 독특한 식물상을 지닌 아주 오래된 섬"[27]의 예로 세인트헬레나 섬을 들었다. 그리고 이렇게 덧붙였다. "반면에, 지질학적으로 아주 최근(예컨대 제3기 말)에 생겨난 섬치고 그 섬에만 고유한 속이나 과 또는 종의 집단이 많이 존재하는 섬은 알려진 바가 없다."[28] 이 패턴은 두 가지로 설명이 가능하다. 하나는, 아주 먼 옛날에는 하느님이 섬들을 매우 사랑하여 신기한 동식물을 많이 만들었지만, 나중에는 하느님의 사랑이 식었거나 아니면 창조력이 감퇴했다는 설명이다. 만약 하느님의 능력이 시간에 따라 변하지 않았다면, 하느님은 변덕이 심하거나 기호가 시간에 따라 변했다고밖에 해석할 수 없다. 또 하나의 설명은 이보다 덜 불경스러운 것인데, 그것은 바로 종이 진화한다는 설명이다.

진화에 필요한 조건은 격리와 긴 시간이다. 오래된 섬들은 충분히 오랫동안 격리되었기 때문에 진화 과정을 통해 새로운 종이 많이 생겨났다.

라이엘은 빅토리아 시대의 정통 창조론자였지만 정직한 과학자이기도 했다. 몇 달 동안 공책에 달팽이의 분포와 그것과 지질사의 상관관계에 관한 자료를 분류했다. 어떤 종은 이곳에는 나타나지만 다른 곳에는 나타나지 않는다. 이 땅은 오래되었고 저 땅은 비교적 젊다. 라이엘은 이 모든 것이 무엇을 가리키는지 어렴풋이 짐작했지만, 이렇게 썼다. "유기 세계의 기원은 지구의 기원과 마찬가지로 인간 지식의 한계를 벗어난다. 결국에는 우리 지식으로 이 둘의 변화를 알아낼 수 있을지 모르지만, 그러려면 아주 오랜 세월에 걸친 사실과 사색의 축적이 필요할 것이다."[29] 그러나 과학적 냉정함과 판단 유보와 많은 달팽이 자료 이면에는 그의 절박한 심정이 숨어 있다.

격리 + 시간 = 분기

텐렉을 비롯해 기묘한 종들의 고향인 마다가스카르 섬은 오래된 섬이다. 너무 오래되어서 지질학자들조차 섬의 나이에 대한 추정치가 엇갈린다.

마다가스카르 섬은 먼 옛날에 곤드와나 대륙의 일부였다. 곤드와나 대륙은 아프리카, 인도, 오스트레일리아, 남아메리카, 남극 대륙이 하나로 붙어 있던 거대한 남쪽 대륙이었다. 판들이 움직이면서 대륙들이 갈라져나갈 때 마다가스카르 섬은 잠깐 동안 아프리카의 동해안에 붙어 있었던 것으로 추정된다. 아마도 모잠비크 옆이나 아니면 더 북쪽으로 케냐 옆에 붙어 있었을 것이다. 혹은, 아프리카 대륙에서는 일찍부터 떨어져나왔지만 인도하고는 여전히 붙어 있었을지 모른다. 두 번째 견해에 따르면, 마침내 마다가스카르 섬은 인도와 분리되었고, 인도가 아시아 대륙을 향해 이동해 충돌하는 동안 그냥 제자리에 머물러 있었다. 한편, 마다가스카르 섬과 아프리카 사이의 해저는 가라앉았다. 처음에는 바다가 여전히 얕아서 해수면이 약간만 내려가도(지구 냉각화와 극지방의 빙결로 바닷물이 줄어듦으로써) 마다가스카르 섬과 아프리카 대륙이 육교로 연결되었다. 기후와 해수면의 변화에 따라 수백만 년에 걸쳐 그러한 연결과 단절이 반복되었을 것이다. 그러나 해저가 계속 가라앉으면서 그곳은 마침내 깊은 바다로 변했다. 대륙과 완전히 갈라진 뒤에 마다가스카르 섬은 격리되어 독자적인 운명을 걷게 되었다.

여러 가지 가설에 대한 증거들은 해저 시추, 수심 측량, 퇴적물 비교, 고지자기 자료 등에서 얻을 수 있다. 여우원숭이의 뼈도 하나의 증거가 된다. 어쨌든 약 6000만 년 전에는 마다가스카르 섬이 분명히 분리되었다고 확신할 수 있다. 그리고 그 이후로 마다가스카르 섬은 영원히 격리된 상태로 남았다.

반면에 발리 섬은 젊은 섬이어서 젊은 섬의 지질학적, 생물학적 특징을 지니고 있다.

발리 섬과 자바 섬 사이의 해협은 깊이가 100여 m에 지나지 않는다. 자바 섬과 수마트라 섬 사이의 해협도 수심이 비슷하다. 수영이 서툰 사람이 낡은 나무배에 타고 있다면 수심 60m는 매우 깊어 보이겠지만, 땅과 바다와 시간의 큰 움직임 속에서 볼 때 그것은 아주 사소하고 일시적인 것에 지나지 않는다. 수마트라 섬과 말레이 반도 사이에 있는 믈라카 해협(옛 이름은 말라카 해협) 역시 수심이 얕다. 발리 섬을 말레이시아 본토와 분리시키는 바다는 바로 이 세 개의 해협뿐이다. 그래서 해수면이 100여 m만 낮아지면, 발리 섬은 다시 아시아 대륙의 일부가 될 것이다.

실제로 과거에 그런 일이 일어난 적이 있다. 인도네시아 군도 지괴가 현재의 모양을 갖춘 뒤로 빙하기가 닥칠 때마다 그런 일이 여러 번 일어났다. 가장 최근에 일어난 것은 약 1만 2000년 전인 플라이스토세(신생대 제4기의 첫 시기. 홍적세라고도 함)에 닥친 마지막 빙하기 때였다. 오늘날의 발리 섬은 얕은 바다와 순드라 대륙붕(자바 섬, 수마트라 섬, 보르네오 섬, 자바 해, 타이 만 등을 포함하는 대륙붕)으로 알려진 화산암 지역에 위치한 하나의 갑岬이었다. 해수면이 낮아졌던 마지막 시기에 순드라 대륙붕은 육지인 순드라 반도로 존재했을 것이다. 그곳은 열대림과 늪지가 사방에 널린 넓은 지역이었고, 호랑이 Panthera tigris도 그곳에 살던 동물 중 하나였다.

그곳에는 코끼리, 오랑우탄, 코뿔소, 맥, 멧돼지, 표범, 말레이곰, 문 랫, 천산갑도 살고 있었다. 많은 동물은 반도 남쪽 끝까지, 즉 발리 섬을 포함한 남쪽 지역까지 서식지를 넓혔다. 해수면이 다시 상승한 뒤에도 일부 동물은 그곳에 남았다. 그중에서 호랑이가 발리 섬에 계속 살아왔다는 사실은 20세기 초까지 그 섬에 호랑이가 살았다는 증거로 알 수 있다. 발리 섬에 격리되어 살아간 호랑이는 발리호랑이 Panthera tigris balica라는 별개의 아종으로 분류할 수 있을 만큼 분기分岐(공통 조상에서 유래한 생물이 서로 격리되어 다른 환경에서 살아가면서 서로 다른 종류의 생물로 갈라져 나가는 것)가 충분히 일어났다.

만약 발리 섬이 더 오래된 섬이었다면 그곳에 살던 호랑이 개체군은 분기가 훨씬 더 많이 진행되어 판테라 발리카 Panthera balica(발리표범)라는 완전히 별개의 종이 되었을 것이다. 그리고 그보다 더 많은 시간이 흘렀다면, 치타처럼 호랑이와는 완전히 다른 속屬으로 갈라져 나갔을지 모른다. 발리표범은 색이나 줄무늬 형태가 변하거나 섬의 화산 기슭에서 들소를 사냥할 때 특별한 습성이 발달했을 수도 있다. 그리고 나중에 설명하겠지만 섬이 지닌 특성 때문에 표범이나 퓨마처럼 몸집이 작아졌을 수도 있다. 그러한 가상의 종에 '발리난쟁이표범'이란 뜻으로 미크로판테라 발리카 *Micropanthera balica*라는 이름을 붙여주기로 하자. 비록 가상의 동물이긴 하지만, 섬에서 일어날 수 있는 진화를 고려하면 충분히 그럴듯한 시나리오이다.

가상의 시나리오를 계속 이어가 보자. 그다음 빙하기에 해수면이 다시 낮아지고, 미크로판테라 발리카 중 일부는 진창길의 지협을 건너 자바 섬으로 도로 건너갔을 수 있다. 이때쯤에는 발리난쟁이표범은 자바 섬의 호랑이와 교배하여 새끼를 낳는 것이 불가능해졌다고 가정하자. 그래서 자바 섬의 더 큰 호랑이를 무서워하고 피했을 것이다. 그래도 이들은 자바 섬의 숲에서 살아가고 토착종과 공존하는 방법을 터득했을 수 있다. 그때 해수면이 다시 상승하여 자바 섬과 발리 섬이 분리되었다. 그 후 100만 년 동안 격리와 분기가 계속되었다고 상상하자. 그러면 자바에 옮겨온 미크로판테라는 발리 섬에 살고 있는 조상과는 또 다른 종으로 진화한다. 이 새로운 종을 미크로판테라 자바니카 *Micropanthera javanica*(자바난쟁이표범)라고 부르자.

이쯤에서 정리를 해보자. 처음에는 두 아종으로 대표되는 하나의 종이 있었지만, 이제는 별개의 세 종 *Panthera tigris*, *Micropanthera balica*, *Micropanthera javanica*이 존재하게 되었다. 격리와 시간이 결합되면 분기를 낳는다. 섬이 종의 기원에 기여하는 과정은 이와 같다.

진화 과정은 느리게 일어난다. 1만 2000년이란 시간은 진화의 시간 척도에서 볼 때 딸꾹질 한 번 하는 정도에 지나지 않는다. 멸종은 훨씬 더 빨리 일어나는데, 섬은 멸종 과정에도 큰 영향을 미친다. 1만 2000년 전에 발리 섬은 순드라 반도의 엄지발가락에 해당했고, 그 비옥한 땅에 천산갑, 코뿔소, 말레이곰, 오랑우탄, 코끼리 등이 살고 있었다. 그렇지만 이 동물들 중 어떤 동물도, 그리고 호랑이도 지금은 발리 섬에 살지 않는다. 왜 살지 않을까?

그 답은 복잡하지만, 우리는 그 답에 아주 가까이 다가왔다.

대륙도와 대양도

섬의 나이가 많은가 적은가는 섬의 생물 풍부성을 좌우하는 척도 중 하나에 불과하다. 섬의 크기도 중요한 척도이다. 그리고 섬이 대륙도냐 대양도냐 하는 것도 중요한 척도가 된다. 이 세 가지 척도는 혼란스러운 세계의 질서를 잡는 데 도움을 준다.

마다가스카르 섬은 지구상에서 그린란드, 뉴기니 섬, 보르네오 섬 다음으로 넷째로 큰 섬이다. 면적은 약 58만 7,000km^{2}로 몬태나 주와 와이오밍 주를 합친 것과 비슷하다. 마다가스카르 섬은 심리적으로 나머지 세계와 아주 멀리 떨어져 있으며, 소를 숭배하는 문화가 있다. 발리 섬은 작은 섬이다. 그 면적은 5,600km^{2}로, 마다가스카르 섬의 100분의 1에 불과하다.

일반적으로 큰 섬에는 작은 섬보다 훨씬 많은 종의 생물이 산다. 예를 들면, 마다가스카르 섬에는 발리 섬보다 훨씬 많은 종이 살고 있다. 조류, 식물, 파충류, 곤충, 그리고 특히 포유류의 종수는 발리 섬보다 훨씬 많다(그렇다고 해서 마다가스카르 섬의 포유류 종수가 풍부하다고는 말할 수 없지만). 예를 들면, 영장류의 경우 마다가스카르 섬에는 현재 살고 있는 여우원숭이가 30여 종, 최근에 멸종한 종이 10여 종 있는 반면, 발리 섬에는 잎원숭이 1종과 필리핀원숭이(게잡이마카크) 1종만 있을 뿐이다.

마다가스카르 섬에 사는 종들은 대부분 이곳에만 사는 고유종이다. 이들은 마다가스카르 섬에서 진화했으며 다른 곳에서는 나타난 적이 없다. 식물 종 중 80%는 마다가스카르 섬의 고유종이다. 나무는 90%가 고유종이다. 그리고 파충류는 90% 이상, 양서류는 거의 대부분, 텐렉은 전부 다, 그리고(만약 근해의 작은 섬들도 마다가스카르 섬의 영역으로 간주한다면) 여우원숭이도 죄다 고유종이다. 확산 능력이 뛰어난 조류도 절반은 마다가스카르 섬에서만 산다.

반면에 발리 섬에 사는 종들은 대부분 고유종이 아니다. 많은 종은 자바 섬이나 수마트라 섬, 아시아 대륙에도 살고 있다. 발리 섬에는 거의 멸종 직전에 있는 발리흰찌르레기 *Leucopsar rothschildi*가 살고 있다. 그러나 발리흰찌르레기와 멸종한 호랑이 아종을 제외하고는 발리에만 고유한 종은 찾기 어렵다.

고유종의 수에 이러한 차이가 나타나는 요인은 여러 가지가 있다. 두 섬의 크기 차이와 섬이 격리된 후 경과한 시간도 중요한 요인이다. 또 다른 요인으로는 격리된 거리의 차이를 들 수 있다. 마다가스카르 섬은 아프리카 연안에서 400여 km나 떨어져 있지만, 발리 섬은 자바 섬 끄트머리에 위치한 하나의 갑에 불과하다. 섬의 크기 및 나이와 함께 육지와의 거리 때문에 마다가스카르 섬은 종 분화가 훨씬 잘 일어났고, 종의 고유성을 유지하는 데에도 유리했다.

이처럼 서로 아주 다른 섬들이지만, 발리 섬과 마다가스카르 섬은 중요한 공통점이 한 가지 있다. 그것은 두 섬 다 대륙도라는 사실이다. 즉, 두 섬은 원래는 이웃 대륙에 연결돼 있었다.

대륙도는 대륙에 가까운 반면, 대양도는 대륙에서 멀리 떨어져 있다. 대륙도는 대개 대륙붕에 위치하며, 주위의 바다가 얕아 해수면이 낮아지면 육교를 통해 대륙과 다시 연결된다. 이 때문에 대륙도는 육교섬 또는 육지섬이라 부르기도 한다.

대양도는 이전에 대륙과 연결된 적이 없고 앞으로도 연결될 가능성이 전혀 없는 섬을 말한다. 대양도는 어떤 지질학적 과정(대개 화산 분화)을 통해 깊은 해저에서 솟아올라 생겨난다. 이 섬은 비교적 짧은 생애를 보낸 뒤에 파도에 침식되어 다시 수면 아래로 사라진다. 갈라파고스 제도는 대양 한가운데에 있는 화산섬들이다. 하와이 제도 역시 화산섬이고, 모리셔스 섬과 레위니옹 섬도 화산섬이다. 최근에 새로 생겨난 화산섬으로 쉬르트세이 섬이 있는데, 이 섬은 1963년에 아이슬란드 남동쪽 연안에서 솟아올랐다. 산호가 암석을 만드는 작용이 대양도 탄생에 도움을 주는 경우가 있다. 산호가 만든 석회암이 수면 바로 밑에 쌓여 있다가 화산 활동이나 판의 활동을 통해 수면 위로 상승하는 것이다. 일부는 석회암, 일부는 용암으로 이루어진 괌 섬은 그렇게 해서 탄생한 대양도이다.

산호가 쌓여 생기든 용암이 분출되어 생기든, 대양도는 모두 수면 아래에 있다가 숨을 쉬기 위해 물 밖으로 솟아오르는 고래처럼 솟아오른다. 따라서 대양도에는 처음에는 육상 생물이 전혀 없다. 이 점은 대양도와 대륙도를 구분하는 기본적인 특징이다. 대양도에 사는 육상 동물과 식물은 모두 섬이 생긴 뒤에 바다를 건너 도착한 동물이나 식물에서 유래했다. 이와는 대조적으로, 대륙도인 발리 섬과 마다가스카르 섬은 격리가 시작되던 순간부터 이미 많은 육상 동식물 종이 살고 있었다.

대륙도는 모든 것을 가진 상태에서 시작하며, 잃을 것밖에 없다. 반면 대양도는 아무것도 없는 상태에서 시작하기 때문에 얻을 것밖에 없다.

진화의 수수께끼를 푸는 열쇠는 섬에 있다

"화산섬에서는 개구리를 볼 수 없다."[30] 1856년 5월, 라이엘은 공책에 이렇게 기록했다. 이것은 도대체 무슨 뜻일까?

그리고 이렇게 덧붙였다. "다윈은 개구리 알이 바닷물에서 쉽게 죽는다는 사실을 발견했다."[31] 다윈은 다양한 동식물 종이 넓은 바다를 건너갈 수 있는지 없는지 몇 년 동안 실험을 하고 있었다. 씨앗이 몇 주일 동안 바닷물에 잠겨도 살아남을 수 있을까? 다윈은 몇몇 식물 종에서 긍정적인 답을 얻었다. 그렇다면 개구리 알도 그런 조건에서 견뎌낼 수 있을까? 아니다. 다 자란 개구리는 살아남을 수 있을까? 역시 아니다. 창조자(그가 누구이건)가 육지에서 멀리 떨어진 섬들에 개구리를 만들지 않은 것은 우연의 일치일까? 그렇다고 보기는 어려웠다. 라이엘의 믿음이 흔들리기 시작했다.

라이엘은 몇 년 전에 아내와 함께 카나리아 제도와 마데이라 제도를 여행하면서 섬에 흥미를 느꼈다. 서로 가까이 위치한 동대서양의 이 두 제도는 그 당시 해상 교역로의 주요 기항지였으며, 빅토리아 시대의 신사 부부가 근사한 호텔에 투숙할 수 있는 문명화된 휴양지였다. 라이엘이 그곳에 간 주 목적은 화산 지질학을 연구하기 위해서였다. 거기서 라이엘은 동물상과 식물상에서 놀라운 종들과 패턴을 일부 발견했다. 마데이라 제도의 딱정벌레 중 많은 종은 고유종이었다. 그 고유종들 가운데 또 많은 종은 마데이라 제도 중 한 섬에만 살고 다른 섬에는 살지 않았다. 카나리아 제도의 달팽이들도 라이엘의 주목을 끌었다. 그리고 카나리아 제도 중 최소한 한 섬인 그란카나리아 섬에는 이상하게도 야생 포유류가 전혀 살지 않았다. 그란카나리아 섬에 대해 라이엘은 이렇게 기록했다. "나는 이렇게 유럽과 아주 다르고 특이한…… 식물 종들만 사는 곳은 본 적이 없다."[32]

라이엘은 영국으로 돌아가 자신이 채집한 생물 표본과 기록을 분류하면서 그 의미를 찾으려고 노력했다. 1855년 늦가을에 라이엘은 누이에게 보낸 편지에서 이렇게 털어놓았다. "많은 종은 섬이 육지와 단절되고 격리된 이후에 오로지 각각의 섬을 위해서 창조된 것처럼 보인다. 그렇지만 화산 활동으로 생겨난 섬들의 기원은 언제로 거슬러 올라가는지 증명할 수 있다."[33] 그러고는 그 증거를 자세히 이야기하지 않고 그냥 생략하고 말았다.

다윈에게 쓴 편지라면 그런 맥락의 이야기를 거리낌없이 계속했을 테지만, 누이에게 보낸 편지에서는 그렇게 할 수 없었다. "하지만 이 모든 이야기가 동일한 한 가지 이론, 즉 종이 처음에 어떻게 나타났는지를 다루는 이론과 어떤 관계가 있는지 설명하려면 너무 많은 지면이 필요하기 때문에 자세한 이야기는 생략하려고 한다."[34]

일주일 뒤 라이엘은 《박물학 연보》에서 '근연종'에 관해 쓴 월리스의 논문(사라왁에서 쓴)을 읽었다. 그는 즉각 공책에 새로운 종에 관한 글을 쓰기 시작했다. 카나리아 제도와 마데이라 제도에서 얻은 자료와 섬 생물지리학에 관한 독서와 서신 교류에서 얻은 자료를 적어넣기 시작했다. 거기에는 섬에 사는 달팽이와 딱정벌레와 식물, 그리고 같은 공간과 시간에 존재하는 근연종에 관한 자료가 잔뜩 포함되었다. 라이엘은 월리스가 얼마 전에 알아내고 다윈이 20년 전부터 알아온 사실을 막 깨닫기 시작했다. 즉, 진화의 수수께끼에 대한 답은 섬의 연구에 있다는 사실을.

월리스의 편지

사라왁에서 쓴 논문에서 월리스는 이렇게 주장했다. "갈라파고스 제도에는 고유한 동식물 집단은 거의 없고, 살고 있는 이들 대부분도 남아메리카의 동식물 집단과 아주 가까운 관계인 현상에 대해 지금까지 추측으로나마 설명이 제시된 적은 전혀 없다."[35] 그것은 갈라파고스 제도의 식물상과 동물상을 자세하게 묘사한 것으로, 유명한 다윈조차 그 의미를 제대로 파악하지 못했다는 사실을 점잖게 지적한 것이었다.

1855년 당시, 다윈은 여전히 《비글호 항해기》로 유명했다. 《비글호 항해기》는 원래 제목이 거추장스러울 만큼 긴데도 불구하고 여행기로서 큰 성공을 거두었다. 5년간에 걸친 비글호 항해 기간 중 갈라파고스 제도에 머문 기간은 극히 짧았지만, 다윈이 갈라파고스 제도를 문학적으로 아주 생생하게 잘 묘사했기 때문에 그 부분은 《비글호 항해기》에서 중요한 부분 중 하나로 꼽힌다. 게다가 다윈은 글로 묘사한 기록뿐만 아니라, 갈라파고스 제도의 표본(새 가죽, 파충류와 곤충, 식물 등)도 상당히 많이 영국으로 가져왔기 때문에 많은 전문가들이 그것을 가지고 몇 년 동안 계속 연구했다. 《비글호 항해기》는 1845년에 개정판이 나왔는데, 여기에는 전문가들이 표본을 연구한 결과를 바탕으로 갈라파고스 제도의 동물상을 설명한 내용이 추가되었다. "이 섬들의 자연사는 아주 흥미로워 큰 관심을 기울일 필요가 있다. 유기물 산물은 대부분 이곳에서 고유하게 생겨난 것으로, 다른 곳에서는 볼 수 없다. 각 섬에 사는 생물들 사이에도 차이점이 있다. 그런데도 이 생물들은 모두 넓은 바다를 사이에 두고 800~1,000km나 떨어진 아메리카 대륙에 사는 종들과 아주 가까운 관계에 있다."[36] 다윈은 갈라파고스 제도를 "자기만의 작은 세계"[37]라고 칭송했으며, 이 작은 세계에서 "우리는 굉장한 사실, 즉 이 땅에서 새로운 존재가 최초로 출현한 사건(불가사의 중의 불가사의라고 할 수 있는)에 더 가까이 다가갈 수 있을 것처럼 보인다."[38]라고 조심스럽게 말했다. 잔디 한 조각에 대해서도 권리를 주장하는 생물학자처럼 다윈은 갈라파고스 제도에 대한 권리를 주장했다. 그러나 갈라파고스 제도가 지닌 의미에 대한 해석은 제한적이고 너무 조심스러운 것이었다. 그래서 갈라파고스 제도가 보여주는 현상에 대해 "지금까지 추측으로나마 설명이 제시된 적은 전혀 없다"는 윌리스의 글을 읽었을 때, 다윈은 이를 악물었을 것이다. 그것은 정곡을 찌르는 말이었기 때문이다.

다윈은 '불가사의 중의 불가사의'를 어떻게 풀 수 있을지 아직 설명하지 않고 있었다. 20년이 지나고 나서도 그의 위대한 진화론 책은 아직 완성되지 않았다. 그런데 케임브리지나 옥스퍼드 대학을 한 학기도 다닌 적이 없고, 말레이 제도에서 딱정벌레나 채집해 파는 무명의 젊은이가 주제넘게도 그것을 설명하겠다고 위협하고 나선 것이다.

"갈라파고스 제도는 아주 오래된 화산섬 집단이다."[39] 갈라파고스 제도에는 가본 적도 없는 월리스는 이렇게 썼다. "그리고 현재보다 더 가까이 대륙에 연결된 적은 결코 없었을 것이다." 빅토리아 시대의 많은 사람들이 《비글호 항해기》를 읽었지만, 갈라파고스 제도를 다룬 장을 월리스처럼 하찮게 여긴 사람은 없었다. 월리스는 사라왁에서 쓴 논문에서 계속해서 이렇게 썼다. "새로 생겨나는 다른 섬들과 마찬가지로 그 섬들도 처음에는 바람과 해류에 실려 옮겨온 생물들이 자리를 잡고 살았을 것이다. 그리고 아주 오래 전에 최초의 종들은 모두 죽어 사라지고, 변형된 원형들만이 살아남았을 것이다."[40]

이 '변형된 원형들'은 다윈이 보고한 고유종(거북, 핀치, 앵무, 이구아나 등등)이었다. 특히 핀치는 월리스의 '법칙'이 성립하는 것을 보여주는 대표적 사례였다. 즉, 근연종들의 집단 전체가 동일한 공간과 시간에 존재했던 것이다. 월리스는 다윈이 발견한 사실들을 바탕으로 다윈이 감히 말하지 못했던 개념을 주장했다. 즉, 격리와 시간이 결합하면 진화의 자연적 과정을 통해 새로운 종이 생겨난다고 했다. 월리스는 그런 과정을 일어나게 하는 것이 무엇인지는 말할 수 없었다. 하지만 사라왁에서 쓴 논문은 자신이 바로 그것을 연구하고 있노라고 선언했다.

이 무렵에 월리스와 다윈은 편지를 주고받게 되었다. 월리스가 먼저 편지를 보냈는데, 자신의 논문에서 암시한 다듬어지지 않은 개념에 대해 대화를 나누길 원했다. 월리스는 수줍음이 많은 젊은이였지만, 유명한 사람의 반응을 알아볼 기회를 놓칠 만큼 소심하지는 않았다. 첫 번째 편지는 사라지고 말았다. 다윈은 그 편지를 받았지만 보관하지 않았다. 우리가 알고 있는 사실은 그 편지에는 1856년 10월 10일이라는 날짜가 적혀 있으며, 셀레베스 섬에서 부쳤다는 것뿐이다.

7개월 뒤에 보낸 답장에서 다윈은 이렇게 썼다. "당신의 편지와 일 년쯤 전에 《박물학 연보》에 실린 당신의 논문을 읽고, 우리가 서로 비슷한 생각을 가지고 있으며 어느 정도 비슷한 결론에 이르렀다는 사실을 알았습니다."[41] 그리고 이론의 핵심에 대해 두 과학자의 견해가 그렇게 비슷하게 일치하는 것은 보기 드문 일이라고 했다.

이 무렵에 다윈은 월리스의 논문을 좀 더 자세히 읽은 게 틀림없다. 다윈은 그 논문이 창조론자의 주장을 재탕한 것이라고 더 이상 평가 절하하지 않았다. 불가사의 중의 불가사의에 접근하는 월리스의 통찰력이 너무나도 뛰어나 다윈은 몹시 초조했다. 약간은 질투하듯이 그리고 약간은 자조하듯이 다윈은 이렇게 썼다. "올 여름이면 종과 변종이 어떻게 다른지 설명하는 글을 쓰기 시작한 지 20년(!)이 됩니다. 지금 나는 그동안 연구한 것을 발표하려고 준비하고 있는데, 주제가 너무나 방대하여 지금까지 많은 장을 끝내긴 했지만 2년 안에 출판할 수 있을 것 같지 않습니다."[42] 그것은 어떤 개념을 그것이 무엇인지 말하지도 않고서 넌지시 소유권을 주장하는 것과 같았다. 즉, 당신이 잠깐만 참아준다면 내가 우리 두 사람을 위해 이 과학적 수수께끼를 해결하겠다는 뜻이었다.

두 문단 뒤에 다윈은 이렇게 썼다. "자연 상태에서 일어나는 변이의 원인과 수단에 대한 내 견해를 편지에서 설명하기란 도저히 불가능합니다. 그렇지만 나는 서서히 독특하고 분명한 개념을 받아들이게 되었습니다. 이것이 옳은지 그른지는 다른 사람들이 판단해줄 겁니다." 그 개념은 독특하고 분명할지 모르지만, 다윈이 마침내 그것을 공개하기 전에는 월리스나 어느 누구도 그것이 옳은지 그른지 판단할 길이 없었다.

자신의 생각을 함께 나눌 의도가 없었다면, 다윈은 왜 월리스의 편지에 답장을 보냈을까? 물론 다윈은 정중한 사람이었다. 그는 편지 쓰는 것도 좋아해 동료 과학자(설사 무명의 까마득한 후배라 하더라도)에게 편지를 받으면 반드시 답장을 보내곤 했다.

그런데 그것 말고도 숨은 이유가 있었다. 편지에서 다윈은 이렇게 썼다. "나는 당신이 말레이 제도에서 얼마나 오래 머물 예정인지 듣지 못했습니다. 내 책을 출간하기 전에 당신이 그곳을 여행한 경험을 바탕으로 쓴 책이 출간돼 그것을 참고할 수 있기를 바랍니다. 틀림없이 당신은 그곳에서 많은 사실을 발견했을 테니까요."[43] 그리고 만약 월리스의 책이 출간되기까지 한참 기다려야 한다면, 그 전에 월리스가 발견한 사실들을 빌려달라고 했을 수도 있다. 다윈은 특히 대양도들에 종이 어떻게 분포하고 있는지에 관심이 컸다.

창조의 자연사적 흔적

월리스와 다윈이 섬의 연구에 눈을 돌린 데에는 우연의 역할이 컸다. 우연은 전체 이야기에서 중요한 부분을 차지하므로(앞으로 보게 되겠지만, 진화와 멸종 과정 모두에 우연은 아주 중요한 역할을 한다), 이 두 사람이 과학적 업적을 이루는 데 우연이 어떤 역할을 했는지 잠깐 살펴보고 넘어가자.

다윈이 1831년에 비글호를 타고 영국을 떠날 때 생물지리학이나 갈라파고스 제도는 그의 마음속에 전혀 없었다. 다윈이 생물지리학에 흥미를 느끼고 갈라파고스 제도를 방문하는 일이 일어난 것은 나약한 젊은이에게 닥친 상황과 운이 우연히 맞아 떨어진 결과였다. 다윈이 그 항해에 따라나서겠다고 서명한 주요 이유는 권태와 우유부단함을 치유하기 위해, 너무나도 싫지만 어쩔 수 없이 시골의 성직자가 되어 살아가야만 하는 운명을 미루기 위해, 그리고 그런 자신을 못마땅하게 여기는 부모님의 감시를 피하기 위해서였다. 비글호는 남아메리카 연안을 4년간 탐사하고 측량한 뒤에 세계 일주를 위해 서쪽으로 나아갔다. 갈라파고스 제도는 그 항로에 위치한 편리한 기항지였다. 그때까지만 해도 다윈은 생물학보다는 지질학에 관심이 더 컸기 때문에, 처음에는 화산섬인 갈라파고스 제도를 지질학 연구에 안성맞춤인 곳으로 생각했다.

월리스는 젊은 시절부터 생물학에 몰두했다. 월리스는 마음에 들지 않는 미래를 피하거나 새로운 자신을 발견하려고 여행에 나서지 않았다. 월리스는 그런 것보다는 좀 더 크고 흥미로운 것을 발견하려는 목적을 가지고 여행에 나섰는데, 그것은 바로 종의 기원에 관한 수수께끼를 푸는 것이었다. 처음부터 분명한 목적을 가지고 출발했는데도 월리스는 많은 우여곡절을 겪은 뒤에야 원하던 것을 겨우 이룰 수 있었다. 1848년에 처음 영국을 떠날 때 월리스는 말레이 제도로 향하지 않았다. 그는 나름의 목적을 갖고 아마존 강으로 향했다.

월리스의 아마존 강 여행 무용담은 과학사에서 재난과 불굴의 의지와 노력, 흥미진진한 모험, 아이러니 등을 좋아하는 사람들의 구미에 맞는 이야기이다. 그 여행은 청소년기의 환경에서 비롯되었다. 14세 때 가정 형편으로 학교를 그만둔 월리스는 런던에 잠깐 머무르면서 소목장이의 도제로 일하는 형을 따라다녔다. 10대 중반부터 후반까지 6년 동안은 측량기사로 일하고 있던 또 다른 형 밑에서 비공식적 도제로 일했다. 측량 일은 월리스의 마음에 들었다. 밖에서 자연 경치를 즐길 수 있을 뿐만 아니라 (특히 월리스가 좋아한 웨일스 지방에서) 수학과 지질학도 약간 배울 수 있었기 때문이다. 그 무렵에 월리스는 별다른 야심이 없었다. 그러다가 측량 사업이 잘 풀리지 않자 형은 월리스를 해고했다. 잠깐 동안 월리스는 레스터의 어느 학교에서 읽기와 쓰기, 수학, 그리고 측량과 그림도 약간 가르쳤다. 레스터는 월리스의 인생 진로를 바꿔놓은 장소가 되었다.

도서관에서 월리스는 알렉산더 폰 훔볼트Alexander von Humboldt가 쓴 《남아메리카 여행기 Personal Narrative of Travels in South America》를 읽었다. 이 책을 읽고 나서 월리스는 영국이라는 나라에 갇혀 사는 삶을 지긋지긋하게 여기게 되었다. 프레스콧 Prescott이 쓴 《멕시코와 페루 정복사 History of the Conquests of Mexico and Peru》와 로버트슨 Robertson이 쓴 《아메리카 역사 History of America》도 읽었다. 그리고 맬서스 Malthus의 《인구론 An Essay on the Principle of Population》도 읽었는데, 이 책은 훗날 다윈과 월리스에게 큰 영감을 주었다. 월리스는 레스터 도서관에서 헨리 월터 베이츠 Henry Walter Bates라는 동년배 친구도 사귀었다. 베이츠는 괴상한 취미가 하나 있었는데, 그것은 딱정벌레 채집이었다.

그 당시에 딱정벌레 채집은 자연에 호기심을 가진 소년들 사이에 유행했다. 딱정벌레는 아름답고 종류가 매우 다양하며 보존하기도 쉬웠다. 야심적이거나 경쟁적인 박물학자에게 딱정벌레는 점수를 딸 수 있는 좋은 연구 대상이었다. 다윈도 딱정벌레 채집으로 박물학에 발을 들여놓았다고 할 수 있다. 그 당시 월리스의 성장 단계에서 딱정벌레 채집은 아주 좋은 새 게임이었다. 월리스는 딱정벌레의 종류가 그렇게 많으리라고는 상상도 못 했다. 레스터 부근에만도 수백 종이 살고 있었고, 영국 제도 전체에는 3,000여 종이나 살았다. 새 친구 베이츠에게는 그런 수치들을 담은 두꺼운 참고 도서가 있었다. 월리스는 훗날 자서전에서 60여 년 전의 일을 이렇게 회상했다. "나는 베이츠에게서 딱정벌레를 발견할 수 있는 장소가 얼마나 다양한지도 배웠다. 또 어떤 종들은 일 년 내내 채집이 가능하다고 했다. 나는 즉시 채집을 시작하기로 결심했다."[44] 그는 학교 선생으로 일하면서 힘들게 번 돈 중 일부를 스티븐 Stephen의 《영국 딱정벌레목 안내서 Manual of British Coleoptera》를 사는 데 썼다. 윌리스와 베이츠는 죽이 맞아 레스터의 들판을 휘젓고 돌아다니는 딱정벌레 전문가가 되었다. "이 새로운 취미는 수요일과 토요일 오후에 시골을 산책하는 일에 새로운 흥미를 더해주었다."⁴⁵ 그것은 단지 정열적인 취미활동에 그치지 않았다. 윌리스는 다른 책들을 통해 새로운 개념들을 알게 되었는데, 그것도 큰 흥미를 자극했다.

그 책들 중 하나는 찰스 다윈의 《비글호 항해기》였고, 또 하나는 윌리엄 스와니슨William Swanison이 쓴 《동물 지리학과 분류A Treatise on the Geography and Classification of Animals》였다. 스와니슨은 종들의 분포 패턴을 기술하고, 그것을 설명하기 위해 제시된 이론을 몇 가지 언급했다. 그렇지만 그도 라이엘처럼 그 배후에 작용하는 과정에 대해서는 경건한 불가지론에 의지했다. 그는 이렇게 썼다. "지상의 서로 다른 지역에 서로 다른 동물들이 살게 된 일차적 이유와 그 확산을 조절하는 법칙은 인간의 탐구로는 결코 알아낼 수 없을 것이다."⁴⁶ 그러나 윌리스는 선뜻 동의할 수 없었다.

윌리스에게 가장 큰 영향을 준 책은 《창조의 자연사적 흔적 Vestiges of the Natural History of Creation》이란 악명 높은 책일 것이다. 이 책은 1844년에 익명으로 출간되었는데, 나중에 로버트 체임버스Robert Chambers가 쓴 것으로 밝혀졌다. 《창조의 자연사적 흔적》은 여러 가지 연구가 뒤섞인 책으로, 대중의 다양한 반응을 끌어냈다. 이 책은 생물 진화의 일반적 개념을 이야기하고, 도발적인 사실과 주장을 인용하면서 그 개념을 지지했다. 그렇지만 진화가 어떻게 일어나는지 합리적인 이론은 전혀 제시하지 못했으며, 얼핏 보기에는 그럴듯하지만 실상은 터무니없는 내용들로 가득 차 있었다. 예를 들면, 체임버스는 탄산칼륨규산염 용액에 전류를 통하면 곤충이 자연 발생적으로 생겨난다는 실험을 소개했다. 그리고 초파리의 일종인 오이노포타 셀라리스 Oinopota cellaris 유충이 포도주와 맥주 속에서만 산다고 주장했다. 그렇다면 이 종은 인간이 발효를 발명한 후에 생겨났다는 이야기가 된다. 그리고 부모가 거짓말을 하는 버릇이 있으면 그 자녀들도 같은 버릇을 타고나며(특히 가난한 계층에서), 중국어는 표의문자로 이루어져 있기 때문에 원시적인 형태의 커뮤니케이션이라는 주장도 펼쳤다. 게다가 만약 중국인이 좀 더 진화했더라면, r을 발음하는 데 그렇게 어려움을 겪지 않았을 것이라고 말했다.

이 책은 무비판적인 독자들 사이에서 큰 인기를 얻었으며, 진화는 빅토리아 시대의 UFO처럼 대중 사이에 자극적이고 흥미로운 주제가 되었다. 그러나 완고한 창조론자들과 신중한 과학자들은 《창조의 자연사적 흔적》을 자극적인 헛소리만 가득 찬 쓰레기로 취급했다. 다윈은 그 책을 단순히 쓰레기가 아니라 해로운 책으로 여겼는데, 그 책 때문에 진화라는 주제 자체가 터무니없는 것이란 인상을 주어 자신의 진화론을 주장하기가 더 어려워졌기 때문이다. 그렇지만 젊은 월리스에게 그 책은 촉매 역할을 했다. 그 당시 월리스의 사고는 다윈보다 덜 발달해 있었는데, 체임버스의 무모한 책은 월리스에게 중요한 문제 한 가지에 집중하도록 자극했다. 중요한 문제란, 만약 《창조의 자연사적 흔적》의 주장처럼 종이 자연적 변화를 통해 다른 종에서 생겨났다면, 그 일이 일어나는 메커니즘은 무엇일까 하는 것이었다.

이 무렵, 월리스는 레스터에서 교사직을 그만두고 측량 일을 다시 시작했다. 그는 베이츠에게 보낸 편지에서 이렇게 썼다.

나는 《창조의 자연사적 흔적》을 너보다 훨씬 호의적으로 평가해. 성급한 일반화라기보다는 일부 놀라운 사실과 추론을 바탕으로 한 독창적인 가설이라고 봐. 그렇지만 더 많은 사실과 추가적인 빛(더 많은 연구가 그 문제를 비춰줄)을 통해 입증하는 게 필요하겠지. 이 책은 모든 자연 관찰자가 관심을 가져야 할 주제를 제공하고 있어. 관찰된 모든 사실은 그것을 지지하거나 반대하는 증거가 될 테니. 이 책은 사실의 수집을 자극할 뿐만 아니라

그렇게 수집한 자료에 적용할 수 있는 목적을 제공하지.⁴⁷

이것은 사실 자신을 변호하는 이야기였다. 그는 이 책에서 정말로 큰 자극을 받았기 때문이다.

젊은이의 열정과 패기가 넘치던 월리스와 베이츠는 대담한 계획을 세우는 데 착수했다. 생물 채집을 위해 열대 지방으로 가기로 한 것이다. 여행 경비는 동물 채집을 해서 조달하려고 했다. 동물을 채집하면 연구에도 쓸 수 있지만 시장에 내다 팔 수 있었다. 새 가죽과 곤충 표본을 런던의 거래상에게 보내 박물관이나 부유한 개인 수집가들에게 팔기로 계획을 세웠다. 그 당시 개인 수집가들은 다른 사람들이 라파엘 전파(1848년에 런던에서 결성한 젊은 예술가들의 그룹. 윌리엄 헌트, 단테이 로세티, 존 밀레이 등 7명으로 결성되었다. 중세 이탈리아 화가 라파엘로 이전의 소박하고 성실한 작품을 이상으로 삼아 윤곽선의 명료함, 색채의 화려함, 세밀 묘사 등이 특색이다)의 작품을 구입해 전시하는 것처럼 박물학 표본을 구입해 소장하고 전시했다. 남는 표본을 부유하고 게으른 신사들한테 진귀한 물건으로 팔아 경비를 충당하는 한편, 자신들이 현장에서 연구한 것과 채집한 표본은 불가사의 중의 불가사의를 푸는 단서로 활용할 수 있으리라고 생각했다. 그랬다! 그들은 종의 기원을 밝혀내려고 마음먹었다. 성공하든 실패하든 어쨌든 시도를 해보기로 했다.

그런데 어디로 가야 할까? 말레이 제도? 아니었다. 그곳은 몇 년 뒤까지도 월리스의 관심을 끌지 못했다. 그렇다면 갈라파고스 제도? 역시 아니었다. 그곳은 아무런 후원도 받지 못하는 두 아마추어 젊은이가 가기에는 너무 멀었고, 게다가 이미 다른 사람이 다녀간 곳이었다. 그때 한 권의 책이 결정을 내리는 데 도움을 주었다. 1847년 말에 월리스는 미국의 에드워즈W. H. Edwards가 써서 막 출간된 《아마존 강 여행기 A Voyage up the Amazon》를 읽었다. 베이츠도 그 책을 읽었는데, 두 사람은 아마존 강에 푹 빠졌다. 그들은 즉시 여행 준비에 착수했으며, 표본을 팔아줄 중개상 새뮤얼 스티븐스Samuel Stevens도 수배했다. 넉 달 후, 그들은 리버풀에서 아마존 강 하구에 위치한 파라로 떠나는 배에 승선했다.

그들은 1848년 5월 26일에 브라질에 도착했다. 월리스는 그곳에서 4년 동안 머물고, 베이츠는 더 오래 머무른다. 그들 앞에 어떤 역경이 기다리고 있는지 그리고 얼마나 오랜 시간이 걸릴지는 전혀 짐작도 못했다.

아마존 탐사

두 사람은 브라질에 도착하자마자 파라 외곽에 집을 구하고, 요리사도 고용하고, 포르투갈 어를 배우기 시작했다. 그리고 숲 속으로 몇 차례 예비 탐사를 떠났다.

월리스는 자신이 그때 느꼈던 "열광적인 기대감"[48]을 훗날 이렇게 회고했다. "숲 속으로 처음 걸어 들어갔을 때 큰 기대를 품고 사방을 둘러보았다. 런던 동물원처럼 원숭이가 많이 있고, 벌새와 앵무새가 사방에 널려 있을 줄 알았다."[49] 그렇지만 며칠이 지나도 원숭이는 한 마리도 못 보고 새도 몇 마리밖에 보지 못하자, 월리스는 "이곳과 남아메리카의 다른 숲들도 여행자들의 이야기보다 훨씬 빈약한 것이 아닌가 하는 생각이 들었다." 화려한 자연 사진에서 본 이미지를 머리에 담고 열대우림에 들어가는 사람은 누구나 이와 같은 실망을 하게 된다. 다양성과 풍부성을 혼동했기 때문이다. 월리스는 곧 열대 지방에서 곤충이나 새를 채집하는 것이 생각처럼 쉬운 게 아니라는 사실을 깨달았다. 생물 다양성은 분명히 풍부했으나, 각 종의 풍부성은 그다지 크지 않았다. 그리고 대다수 동물은 사람의 눈에 띄지 않게 숨어 살기 때문에 그물이나 총으로 잡는 걸 기대하기란 더 어려웠다. 월리스는 숲이 텅 빈 것처럼 보이는 사실에 깜짝 놀랐다. 곤충도 기대했던 것처럼 많지 않았다. 장수풍뎅이는 전혀 보이지도 않았다. 월리스는 나비 몇 종, 사마귀 몇 종, 그리고 미갈레 Mygale 속의 커다란 새잡이거미 몇 마리를 잡는 것으로 만족해야 했다. 채집할 가치가 있는 절지동물을 발견하는 경우보다 모기나 진드기가 월리스를 발견하는 경우가 더 많았다. 새 역시 많지 않았고, 그다지 눈길을 끄는 종류도 없었다. 그렇지만 한 달이 지나기 전에 월리스는 조심스럽고 자세하게 숲을 관찰하는 비법을 터득하여 실제로 숲 속에 존재하는 것들을 볼 수 있었다. 그렇지만 다른 문제들은 그렇게 빨리 해결되지 않았다.

파라 근처에서 채집을 하며 두 달을 보낸 뒤에 첫 번째 채집 표본을 스티븐스에게 보냈다. 그 화물은 무사히 런던에 도착했으며, 그 후로도 몇 년 동안 월리스의 일을 계속 도와준 믿을 만한 중개상 스티븐스는 홍보 작업을 시작했다. 첫 번째 표본은 대부분 곤충이었다. 딱정벌레가 약 450종이었고, 나비도 그 정도 되었다. 두 사람은 북쪽으로 흘러가면서 아마존 강 본류와 합쳐지는 토칸틴스 강으로 여행한 뒤 10월에 두 번째 채집품을 보냈다. 이번에 보낸 것도 대부분 곤충이었지만, 새 가죽과 조가비도 일부 있었다. 동봉한 글에서 월리스는 자신들의 여행을 다음과 같이 묘사했다.

우리는 여행을 위해 돛이 두 개 달린 무거운 철선을 빌리고, 인디언 선원 네 명과 흑인 요리사 한 명을 고용했다. 이곳을 여행하는 사람들이 흔히 겪는 어려움이지만, 우리 역시 선원들이 도망가는 바람에 목적지에 도달하는 데 6~7일이 지체되었다. 과리바스에 도착하는 데 3주일이 걸렸고, 돌아오는 데 2주일이 걸렸다. 우리는 아로야 아래쪽 약 30km 지점에 도착했는데, 건기에는 큰 카누가 아로야 너머로 지나갈 수 없다. 여기서부터는 급류와 폭포와 소용돌이가 시작되어 이 거대한 강을 따라 수원지까지 항해하는 것을 방해한다. 우리는 할 수 없이 철선에서 내려 갑판이 없는 배를 타고 이틀 동안 여행을 계속했다. 그렇지만 아름다운 경치는 그러한 고생을 보상해주고도 남았다. 강(이곳에서는 폭이 약 1.6km)에는 온갖 크기의 바위섬과 모래섬이 널려 있고, 다양한 식물이 무성하다. 강기슭은 높고 기복이 심한 편인데, 울창한 숲이 그림처럼 펼쳐져 있다. 물은 어두운 색이지만 수정처럼 맑고, 무시무시한 급류를 타고 내려가는 짜릿한 기분은 그늘에서도 35°C를 가리키는 뜨거운 열대 태양 아래를 지나가는 여행에 좋은 자극제가 되었다.[50]

아마존 여행에 나선 처음 몇 달간은 월리스는 웅장하고 아름다운 경치와 급류를 타는 스릴에서 신체적 불편에 대한 보상을 얻을 수 있었다. "채집 활동은 주로 강 하류 쪽에서 벌였다."[51]라고 그는 덧붙였다. 스티븐스는 월리스가 보낸 표본으로 사람들의 관심을 끌려고 최선을 다했다. 그는 월리스의 편지를 《박물학 연보》에 보냈는데, 고맙게도 그 내용을 발췌해 실어주었다.

월리스의 글이 《박물학 연보》에 실린 것은 이것이 처음이었다. 훗날 《박물학 연보》는 사라왁에서 쓴 논문도 실어 라이엘과 다윈의 눈에 띄게 했다. 같은 호에서 스티븐스는 자신을 '박물학 중개상'으로 광고하면서 뉴질랜드, 인도, 희망봉 등에서 채집한 표본을 소개했다. 그리고 베이츠와 월리스가 보낸 〈아름다운 위탁 판매품 두 가지: 파라 근처에서 채집한 온갖 종류의 곤충. 보존 상태 극히 양호〉[52]를 가장 열성적으로 선전했다.

두 사람이 헤어진 뒤(각자 아마존 강의 다른 지역에서 다른 종들을 채집하기 위해), 월리스는 파라를 떠나 상류 쪽으로 나아갔다. 그다음 4년 동안 월리스는 카누를 타고 수많은 지류를 탐사했다. 먼저, 월리스는 본류를 거슬러올라 내륙 쪽으로 800km쯤 들어간 지점에 위치한 산타렘까지 갔다. 그곳에는 거대한 타파조스 강이 남쪽에서 흘러들었다. 월리스는 1849년 9월 12일에 스티븐스에게 보낸 편지에서 이렇게 썼다. "강을 한참 거슬러 올라오고 나서야 잠시 짬을 내 편지를 보냄. 비록 거리는 얼마 되지 않지만, 여기까지 오는 데 한 달이나 걸렸음."[53] 이제 월리스는 앞으로 계속 나아갈 예정이었지만, "단 며칠만이라도 일할 사람을 모으기가 무척 어려웠다." 산타렘 부근의 경관은 대체로 메마르고 잡목이 우거졌지만, 풍요로운 숲이 펼쳐진 곳도 일부 있었다. 그리고 그런 "숲에서 나비목Lepidoptera은 다소 풍부했고, 내가 처음 보는 아름다운 가재더부살이조개과 Erycinidae에 속한 종도 여럿 있었으며, 일반적인 곤충도 많았다. 헬리코니아 멜포메네Heliconia Melpomene(나비의 일종)와 아그라울리스 디도Agraulis Dido(나비의 일종)처럼 파라에서 보기 힘든 곤충도 풍부했다. 그렇지만 유감스럽게도 딱정벌레는 보기 드물었다."[54] 딱정벌레가 빈약했지만 아름다운 나비를 많이 채집할 수 있어 월리스는 기분이 좋았다. 그리고 상류 쪽의 몬탈레그레 근처에 있는 약 300m 높이의 산들에는 딱정벌레가 풍부할지도 모른다고 생각했다.

  월리스는 심지어 볼리비아까지, 가능하면 보고타나 키토까지 계속 올라갈까 고민했다. 그래서 스티븐스에게 조언을 구했다. 그곳들이 박물학 분야의 표본 거래 시장에서 미답의 장소로 남아 있는지 물었다. 초기의 탐사 여행 때 월리스는 이처럼 항상 시장을 생각하는 채집가였다. 그러지 않을 수가 없었다. "어떤 강綱이나 목目의 표본들이 필요한지, 그리고 어떤 장소의 표본들이 필요한지 정보를 얻는 대로 그때그때 알려주기 바람."[55]이라고 월리스는 썼다. 부유한 집안에서 태어난 다윈은 그렇게 힘든 노력을 기울일 필요가 전혀 없었다. 그렇지만 그러한 고생과 노력은 월리스에게 결국 큰 도움이 되었다. 화려하고 상품이 될 만한 표본을 많이 채집하려고 노력하면서 월리스는 저도 모르게 중요한 것을 터득했기 때문이다.

산타렘에서 월리스는 더할 나위 없는 행복을 느꼈다. "타파조스 강은 물이 아주 맑고, 강변에는 모래가 깔려 있어 여기서 목욕을 하는 것은 호사스러운 경험이다. 우리는 땀이 뚝뚝 떨어지는 한낮에 강에 몸을 담근다. 그러면 세상에 이것보다 더 호사스러운 것이 있을까 싶다."[56] 산타렘 시장에서는 맛있는 오렌지를 1부셸(약 36L)당 4펜스라는 싼 가격에 살 수 있었다. 파인애플도 있었다. 레스터에서 여기까지 먼 길을 왔지만, 월리스는 이제 새로운 세계에 적응하고 있었다. 스티븐스에게 보낸 편지에서 "이 나라를 더 많이 볼수록 더욱 더 많이 보고 싶은 생각이 든다."[57]라고 썼다.

산타렘 위쪽으로 800km를 더 올라가 교역 중심지인 바라에 도착했다. 바라는 네그루 강과 만나는 지점에 들어선 마을로, 진흙길과 자그마한 빨간 지붕 집들이 늘어서 있었다. 거기서 월리스는 네그루 강을 따라 올라가 그 수원지가 있는 베네수엘라까지 갔다. 습지가 많은 베네수엘라 고지대에 있는 분수령을 건너 훔볼트가 50년 전에 탐험했던 지역으로 들어섰다. 월리스는 네그루 강의 지류인 우아우페스 강도 두 번 올라가보았다. 이 강은 일련의 폭포와 가파른 급류가 뱃길을 막아 육로 여행을 해야 했다. 월리스는 이전에 어떤 유럽 인도 포충망을 휘둘러보지 못한 장소에 이르렀다. 월리스는 파리나(카사바로 만든 퍼석퍼석한 분말)와 물고기, 커피만으로 살아가는 방법을 터득했다. 가끔 먹을 게 파리나와 소금밖에 없을 때도 있었다. 월리스는 사탕수수를 증류해 만든 술인 카차사를 방부제로 갖고 다녔는데, 현지 마을에서 잠깐 일하러 온 사람들은 뱀을 보존하는 데 카차사를 사용하는 것을 못마땅하게 여겨 카차사를 마셔버리곤 했다. 카차사가 없으면 일꾼들은 가정에서 담근 칵시리를 마셨다. 칵시리는 카사바를 발효시켜 만든 일종의 맥주였다. 표본을 맥주에 보존했다는 이야기는 보고한 적이 없는 걸로 보아 월리스는 임기응변이 좀 모자랐던 것 같다.

  월리스는 해먹에서 자는 데 익숙해졌고, 거북 고기도 즐기게 되었다. 마을에서 잔치가 벌어질 때면 카차사를 함께 마시기도 했다. 때로는 시내에서 목욕하는 인디언 소녀의 몸매를 찬미했는데, 그가 낭만적인 열망이나 성적 감정을 나타낸 표현은 그것이 다였다. 모래벼룩이 발에 구멍을 뚫고 들어가는 바람에 그 자리가 곪아 다리를 절고 다닌 적도 있다. 한번은 이질에 걸려 '이제 죽는구나' 하는 생각이 든 적도 있었다. 말라리아에 걸린 적도 있었다. 이질에 걸렸을 때에는 아무것도 먹지 않고 굶으면서 회복되기만을 기다리는 것이 치료법이었고, 말라리아에는 키니네가 특효약이었다. 동생 허버트가 형과 함께 일하면서 생물 채집가의 생활을 배우려고 영국에서 왔는데, 허버트는 열대 야생 자연이 그다지 마음에 들지 않았고 몸도 허약했다. 정글 생활에 넌더리가 난 허버트는 다음 배편으로 영국으로 돌아가려고 하류 쪽의 파라로 갔다. 그러나 영국으로 떠나기 전에 허버트는 황열병에 걸려 죽고 말았다. 월리스는 그때 1,600여 km나 떨어진 곳에 있었다. 이 일 때문에 세월이 한참 지난 뒤에도 월리스는 동생에 대한 죄책감을 떨치지 못했다. 그 당시 파라에서 일어난 일을 까마득히 모른 채 네그루 강 상류에서 머물고 있던 월리스는 향수병에 시달렸다.

  영국의 긴 여름밤과 가족들이 불타는 난로 앞에 함께 모여 지내던 겨울밤이 눈앞에 생생하게 떠올랐다. 구운 플랜테인(바나나의 일종)을 먹고 포르투갈 어만 말하면서 지내다 보니, 때때로 걷잡을 수 없는 외로움에 휩싸여 홍역을 치르곤 했다. 일 년에 한 번씩 그는 멀리 바라까지 하류로 내려가 편지가 온 게 없는지 알아보았다. 어느 해에 그는 허버트가 매우 아프다는 이야기를 편지에서 읽었다. 그 전해에 허버트가 죽었다는 사실은 나중에 가서야 알았다. 모래벼룩과 각다귀, 그리고 밤에 오두막으로 날아 들어와 잠자는 사람의 코나 발가락에서 피를 빨아먹는 흡혈박쥐가 주는 고통도 월리스는 잘 견뎌냈다. 그리고 160여 종의 물고기를 채집하고 스케치했다.

어느 날, 월리스는 숲 속에서 검은색 재규어를 만났는데, 총을 겨누는 것도 잊고 놀라 입을 벌린 채 멍하니 서 있었다. 정상적인 재규어는 점무늬가 있는데, 이 재규어는 멜라닌 색소가 과다하게 분비된 변종이었다. 그는 훗날 이렇게 회상했다. "그 만남은 내게 큰 기쁨을 주었다. 너무나도 놀라고 경이로움에 사로잡힌 나머지 두려움을 느낄 여유조차 없었다. 나는 마침내 아메리카 대륙에서 가장 강하고 위험한 동물의 가장 희귀한 변종이 야생에서 살아가는 모습을 완전하게 본 것이다."[58] 검은색 재규어를 보고서 월리스는 한 종 내에서 어떻게 일부 개체가 정상적인 개체와 다른 변종이 될 수 있는지 어렴풋하게나마 짐작할 수 있었다. 그와 다른 사람들이 사용하던 '변종 variety'이란 단어 자체는 훗날 새로운 뜻을 지니게 된다.

월리스는 육로를 통해 수십 개의 폭포를 지나 우아우페스 강을 다시 거슬러 교역상들조차 가지 않은 지점까지 올라갔다. 그것은 소문으로 전해오는 새를 찾기 위해서였다. 정상적인 우산장식새 Cephalopterus ornatus는 검은색인데, 흰 우산장식새가 있다는 소문을 들었다. 흰 우산장식새는 발견되지 않은 별개의 종일까, 아니면 점박이 부모 사이에서 가끔 태어나는 검은색 재규어처럼 변이가 일어난 개체일까? 아니면 그저 전설에 불과한 가공의 새일까? 월리스는 흰 우산장식새를 발견하지 못했다. 그래서 표본을 수집하는 대신에 사람들의 증언을 모았다. 우아우페스 강에 사는 일부 원주민은 그런 새를 전혀 알지 못했다. 그렇지만 어떤 사람들은 그 새가 실제로 존재하며 아주 희귀하다고 말했다. 월리스는 아무 소득도 없이 돌아와야 했다. 그리고 "흰 우산장식새는 집에서 기르는 블랙버드(지빠귀 종류의 검은 새)나 찌르레기, 그리고 봉관조와 아구티 사이에서 가끔 나타나는 것과 같은 흰색 변종이라는 쪽으로 생각이 기울었다."⁵⁹ 그러나 소득이 전혀 없었던 것은 아니다. 이 일은 종 내에서 생겨나는 변이에 대한 지식을 넓혀주었다.

우리는 호모 사피엔스 개체들 사이에 다양한 변이가 나타난다는 사실을 알지만, 우산장식새와 재규어, 그 밖의 종에도 변이가 흔히 나타난다는 사실은 쉽게 잊어버린다. 유형학적 견해(종은 하나의 이상적인 모형으로 이루어져 있고, 그것을 정확하게 복제한 개체들이 그 종을 대표한다는 가정)가 지배하던 월리스의 시대에는 그것이 더욱 심했다. 유형학적 견해는 그럴듯해 보이지만, 틀린 것이다. 모든 종은 다양한 형질을 가진 개체들로 이루어져 있다. 어떤 사람이 다른 사람보다 키가 더 크듯이, 어떤 까마귀는 다른 까마귀보다 더 검고, 어떤 기린은 평균적인 기린들만큼 목이 길지 않다. 또, 어떤 푸른발부비는 친척이나 이웃이나 경쟁자만큼 발이 눈부시게 푸르지 않다. 월리스는 진화에 대해 생각하면 할수록 종 내부의 이러한 작은 변이, 개체 간의 사소한 차이의 축적이 아주 중요해 보였다.

월리스가 다른 박물학자들보다 그러한 변이에 주목한 데에는 그럴 만한 이유가 있다. 상업적 목적으로 채집을 하다 보니 표본을 아주 많이 수집했기 때문이다. 월리스는 어떤 종의 앵무새나 나비를 한 마리씩만 채집한 것이 아니라, 같은 종을 수십 마리씩 채집했다. 그리고 동물 표본은 아름다워야 상품 가치가 있기 때문에, 동물을 붙잡은 뒤에는 그것을 잘 보존하고 자세히 조사하고 꼼꼼하게 포장했다. 그래서 다른 야외 생물학자들이(다윈처럼 가장 부유한 야외 생물학자들조차) 보지 못한 종 내부의 변이를 볼 수 있었다. 그것은 월리스에게 큰 도움을 준 일련의 단서였다.

모든 표본을 보존하고 보호하는 데에는 항상 문제가 많았다. 우기에는 새 가죽이나 곤충을 말리는 것이 거의 불가능했다. 살점이 붙은 표본을 마룻바닥이나 탁자 위에 놓아두면 곧 개미들이 몰려왔다. 건조용 상자 속에 집어넣으면 곰팡이가 생겼다. 그리고 햇볕에 내놓으면 파리들이 날아와 알을 낳았고, 거기서 나온 구더기들이 표본을 먹어치웠다. 마침내 월리스는 새 가죽을 보존하는 유일한 방법은 햄을 훈제하듯이 매일 아침저녁마다 불 위에 올려놓는 것이란 사실을 발견했다. 이렇게 연기를 쐬어준 표본을 나무 상자에 넣고 밀봉했다.

또 다른 문제는 선적이었다. 아마존 강 하류 지역에서 표본을 채집할 때에는 물론 쉽지는 않았어도 어쨌든 표본을 영국의 스티븐스에게 보내는 게 가능했다. 하지만 이제는 그렇지 않았다. 네그루 강 상류에서 수집한 표본들은 바라로 보내 보관했다. 상자에 든 표본들은 아마존 강 하류로 가지 못했고, 월리스보다 먼저 영국에 도착하지도 못했다. 월리스가 직접 가서 신고를 하고 관세를 지불하기 전에는 세관원들이 통관을 시키지 않았기 때문이다. 그 무렵 월리스는 스티븐스에게서 추가로 돈을 받지 않아도 필요한 비용을 감당할 여유가 있었기 때문에, 그러한 지연은 큰 문제가 될 것 같지 않았다. 그러나 나중에 이것은 아주 큰 문제가 되고 만다.

마침내 월리스는 아마존에 넌더리가 났다. 더 머무르다간 죽을 것 같은 생각이 들었다. 바라에는 소중한 표본 상자가 여섯 개 보관되어 있었다. 또, 4년 동안 기록한 일기와 그림과 메모도 있었는데, 이것들도 아주 소중한 자료였다. 이제 월리스는 원숭이와 앵무새, 그 밖의 크고 작은 새를 비롯해 살아 있는 동물을 잔뜩 싣고 우아우페스 강 상류에서 아래로 내려왔다. 가능하면 많은 동물을 싣고 건강한 몸으로 영국으로 돌아가는 일만 남았다고 생각했다.

하지만 그렇게 많은 짐을 싣고 우아우페스 강을 내려가는 것은 쉬운 일이 아니었다. 강을 잘 알아 급류에서도 노를 잘 저을 줄 알면서도 백인의 어리석은 사업을 위해 백인의 어리석은 일정에 맞춰 일을 해줄 인디언을 구하기가 쉽지 않아 시일이 약간 지체되었다. 인디언에게는 그것보다 훨씬 가치 있는 일이 널려 있었기 때문이다. 그들은 집을 수리하거나 축제에 참석해 춤을 추거나 젊은 아내와 그냥 집에 있는 게 훨씬 가치 있다고 여겼다. 성급한 모험가가 흔히 그러듯이 월리스는 훌륭한 일꾼을 구하지 못할까 봐 불안해졌다. 결국 그 일을 자청하고 나선 사람들을 쓸 수밖에 없었지만 무사히 강을 내려왔다. "4월 1일, 우리는 많은 폭포를 지났다. 무서운 파도와 부서지며 흰 거품을 내는 파도를 통과했다."[60] 앞서 우아우페스 강 상류에서 내려올 때 월리스는 "폭포들을 지날 때 약간 공포를 느꼈는데, 카시리에 취해 완전히 멍해진 수로 안내인은 공포를 더는 데 아무 도움이 되지 않았다."[61] 그렇지만 이번에는 수로 안내인의 정신이 말짱했던 것 같다. 도중에 작은 사고가 여러 가지 있었는데, 월리스는 원숭이가 앵무새 두 마리를 먹어치웠다고 기록했다. 또, "폭포를 지날 때 가장 소중하고 아름다운 앵무새 한 마리를 잃고 말았다."[62] 그래도 아직 동물이 34마리나 남아 있었는데, "작은 카누에 그것들을 싣고 가는 것은 결코 쉬운 일이 아니었다."[63] 그 동물들은 원숭이 5마리, 마코앵무 2마리, 12종의 앵무새 및 잉꼬 20마리, 작은 새 5마리, 흰볏브라질공작 1마리, 큰부리새 1마리였다. 바라에서 세관원들을 잘 설득하여 이번에는 더 큰 카누를 타고 하류로 내려갔다. 바라를 떠난 지 얼마 안 돼 큰부리새가 물에 빠져 죽었다. 그렇지만 월리스와 나머지 보물들은 무사히 파라에 도착했다. 1848년에 도착했던 바로 그 아마존 강 하구로 돌아온 것이다.

7월 12일, 월리스는 헬렌호라는 브리그(가로돛을 단 쌍돛대 범선)를 타고 파라의 하얀 집들과 야자나무들을 마지막으로 보면서 영국으로 출발했다. 존 터너John Turner 선장이 지휘하는 헬렌호에는 고무, 코코아, 빗자루 섬유, 카피비나무에서 채취한 발삼 등이 실려 있었다. 발삼은 작은 통에 들어 있었다. 굴러다니면서 부서지는 것을 막기 위해 일부 통들은 모래나 쌀겨 위에 올려놓았다. 그러나 자연 발화 가능성을 감안하면 이것은 아주 위험한 생각이었다. 월리스는 발삼이 든 통을 쌀겨 위에 올려놓은 사실을 까마득히 몰랐다. 채집한 표본 상자들과 일기와 스케치, 그리고 모든 동물이 헬렌호에 실렸다.

3주일 동안은 바람이 좀 약한 것만 빼고는 날씨가 아주 좋았다. 월리스는 고열이 나면서 앓았다. 처음에는 허버트가 걸려 죽은 그 병이 아닐까 하고 덜컥 겁이 났지만, 얼마 후 무사히 회복했다. 그리고 아직 몸이 성치 않은 상태에서 책을 읽거나 선실에서 쉬면서 지냈다.

8월 6일, 헬렌호는 버뮤다 제도에서 동쪽으로 약 1,100km 떨어진 중앙 대서양 지역에 이르렀다. 그때, 터너 선장이 선실로 들어오더니 월리스에게 말했다. "배에 불이 난 것 같소. 나와서 보시겠소?"64 연기는 쌀겨 위에 발삼 통들도 올려놓은 창고의 선창에서 났다.

선원들이 불이 난 통에 물을 끼얹으려고 구멍을 뚫었다. 그것은 나쁜 생각이었다. 연기를 내뿜는 발삼에 산소를 공급해주었기 때문이다. 물통을 날라다 물을 끼얹고 우왕좌왕하면서 몇 시간이 흘렀지만, 사람들은 상황을 계속 오판했다. 물을 퍼올리는 것을 돕기 위해 목수가 선실 바닥에 구멍을 뚫었다. 침착하지만 자질이 부족한 터너 선장은 점점 비관적인 생각이 들었다. 마침내 선장이 크로노미터, 육분의, 나침반, 지도 등을 챙기는 순간이 왔다. 월리스는 온몸이 거의 마비된 채 상황을 지켜보고 있었다. 선장이 구명 보트를 내리라고 명령했다. 이제 선실은 연기로 가득 찼고, 참을 수 없을 정도로 뜨거웠으며, 화염에 휩싸이기 직전이었다. 그렇지만 월리스는 더듬으면서 나아가 자신의 옷이 들어 있는 작은 주석 상자를 붙잡았다. 불과 몇 미터 앞에서 발삼 상자들이 용암처럼 부글거렸다. 원숭이와 앵무새들은 비명을 지르고 몸부림치며 죽어갔다. 월리스는 주석 상자 속에다 손에 닿는 대로 그림과 그 밖의 종이들을 집어넣었다. 그렇게 해서 겨우 일기장 한 권, 야자나무와 물고기 스케치 약간, 네그루 강 상류의 지도를 위해 기록한 메모 다발을 건졌다. 그러고 나서 구명 보트로 뛰어내렸는데, 그 구명 보트는 낡고 구멍이 나 물이 샜다. 헬렌호를 타기로 결정하는 순간, 윌리스 앞에는 이런 운명이 기다리고 있었다.

잠시 후 헬렌호는 화염에 휩싸였다. 헬렌호가 불타는 동안 구멍 난 구명정 두 척으로 옮겨탄 윌리스와 터너 선장과 선원들은 쉴 새 없이 물을 퍼냈다. 그들은 헬렌호의 돛이 종이처럼 불타는 것을 지켜보았다. 돛대들도 쓰러졌다. 메인마스트가 먼저 쓰러졌다. 그렇지만 "앞돛대는 상당히 오랫동안 버텨 보는 사람들의 경탄을 자아냈다."[65] 윌리스는 즐거운 듯이 그때 일을 회상했다. 난파선에 남은 원숭이와 앵무새 몇 마리가 미친 듯이 아무 곳이나 기어 올라갔다. 윌리스는 동물들이 화염 속에서 사라져가는 것을 보았다. 앵무새 한 마리는 바다로 떨어져 윌리스가 탄 구명정에 구조되었다. 콜리지Coleridge(영국의 낭만파 시인. 〈늙은 뱃사람의 노래〉라는 장시로 유명함)가 이 이야기를 들었다면 아주 좋아했을 것이다.

열흘 동안 그들은 간신히 챙겨온 돼지고기 날것, 비스킷, 물과 그 밖의 몇 가지 음식만으로 연명했다. 생각이 깊은 요리사가 조리실에서 가져온 코르크가 있어 그것으로 물이 새는 곳을 막았다. 그들은 버뮤다 제도를 향해 나아갔다. 처음 하루 이틀은 바람이 제대로 불어 일주일이면 버뮤다 제도에 도착하거나 아니면 서인도 제도로 가는 다른 배에 구조될 줄 알았다. 그러나 바람의 방향이 바뀌면서 배가 북쪽을 향해 나아갔다. 다른 배는 흔적도 보이지 않았다. 윌리스는 얼굴과 손이 햇볕에 타 물집이 생겼으나, 타고난 쾌활한 성격을 잃지 않은 것으로 보인다. 훗날 그는 이렇게 썼다. "밤에는 유성을 보았다. 사실, 넓은 대서양에서 작은 보트에 등을 대고 누워 보는 것만큼 유성을 보기에 좋은 장소는 없을 것이다."[66] 물이 떨어지고 먹을 것도 거의 바닥났다. 윌리스는 곧 자신만의 위안거리를 찾았다. 그는 배 주위를 도는 파란색, 초록색, 황금색 돌고래들을 보고 감탄했다. 그는 어떤 순간에도 박물학자의 본능을 잃지 않왔다. "한 무리의 작은 새들이 꽥꽥거리며 날아가는 것을 보았다. 선원들은 그 새가 어떤 새인지 알지 못했다."[67] 선원들은 한가롭게 새나 감상하는 이 얼간이를 그냥 돼지고기로 만들어버릴까 생각했을지도 모른다.

열흘째 되던 날, 그들은 마침내 구조되었다. 넓은 바다의 위험에서 완전히 벗어난 것은 아니지만, 적어도 진퇴양난에 처한 구명정에서는 구조되었다. 그들을 구조한 배는 쿠바에서 영국으로 돌아가던 영국 상선 조디슨호였다. 조디슨호의 선장은 그들을 따뜻하게 맞이했다. 그들이 처음 누린 호사는 물이었다. 그리고 두 번째 호사는 차였다.

그날 밤, 월리스는 잠을 이루지 못했다. 영국과 가족 생각이 났다. 머릿속에서 희망과 새로운 두려움과 좌절이 교차했고, 운명의 장난에 이전보다 더 무력함을 느꼈다. 비록 잠깐이긴 했지만 조디슨호에 승선하고 나서 감정적으로 침울한 상태에 빠진 것은 충분히 그럴 만했다. 거의 죽음의 문턱에 다가갔다가 천행으로 구조된 것과 4년 동안 앓았던 향수병 외에 헬렌호와 함께 불타 가라앉은 채집품 문제도 있었다. "위험이 사라지고 나자 불현듯 내가 잃은 것이 얼마나 큰지 생생하게 떠올랐다. 희귀하고 신기한 곤충들을 채집할 때 나는 얼마나 황홀하게 그것들을 바라보았던가!"[68] 훗날 월리스는 그때를 회상하면서 탄식을 한참 늘어놓았다. 열병을 앓으면서도 새로운 종을 찾으려고 얼마나 열심히 숲을 헤치고 다녔던가! 힘든 나날을 얼마나 많이 보냈으며, 미답의 장소를 얼마나 많이 찾아다녔던가! 그 당시 월리스는 스스로에게 비명 요법을 사용했던 것 같다. 보기에 약간 거슬리는 구두점(수많은 느낌표)의 형태로. "그런데 이제 그 모든 것이 사라지고 만 것이다. 내가 걸어다녔던 그 미지의 땅들을 설명하거나 내가 보았던 그 야생 자연의 기억을 떠올리게 해줄 표본은 하나도 남지 않았다!"[69] 이러한 비탄은 자신의 불행한 모험을 서술한 350쪽짜리 책《아마존 강과 네그루 강 여행기 A Narrative of Travels on the Amazon and Rio Negro》의 끝부분에 한 페이지가 조금 못 되게 기술돼 있다. "그러나 이러한 회한은 아무 소용이 없다는 것을 나는 잘 알았다. 그래서 다르게 일어날 수도 있었던 일에 대해서는 되도록 생각하지 않고, 실제로 일어난 일만 생각하기로 마음먹었다." 이것은 월리스가 지닌 성격상의 장점 중 하나였다. 즉, 다르게 일어날 수도 있었던 일을 생각하기보다는 눈앞에 닥친 현실의 요구와 위안에 집중하는 것이다.

9월 초에 조디슨호가 강풍에 휘말려 거의 침몰할 뻔했을 때 월리스는 이 장점을 한 번 더 발휘한다. 돛이 찢겨나가고, 갑판은 거품으로 뒤덮였다. 물을 퍼내려고 밤새도록 펌프질을 계속했다. 큰 파도가 선실 천창을 덮치는 바람에 잠자고 있던 월리스는 물에 흠뻑 젖었다. 하지만 배와 월리스의 긍정적인 정신은 살아남았다. 몇 주일 뒤, 이번에는 영국 해협에서 또다시 강풍을 만나 배가 거의 침몰 직전에 이르렀다. 그렇지만 만신창이가 된 조디슨호는 이 난관 역시 간신히 헤쳐나갔다.

1852년 10월 1일, 월리스는 영국 남동 해안에 있는 소도시 딜에 상륙했다. 그는 일기장과 스케치가 든 주석 상자와 함께 무사히 살아남았으며, 많은 것을 깨달았다. 그는 부어오른 다리를 이끌고 침대로 갔다.

나흘 뒤, 아직 완전히 회복되지 않은 상태에서 월리스는 브라질에 있는 친구에게 편지를 보냈다. "파라를 떠난 뒤 나는 수십 번이나 맹세했어. 영국에 도착하면 다시는 바다로 나서지 않겠다고 말이야. 그렇지만 작심삼일이라고나 할까, 나는 이미 다음번 여행지를 안데스 산맥으로 할지 필리핀으로 할지 고민하고 있다네."[70] 결심과 마찬가지로 좌절과 절망도 금방 잊어버리고 만다. 최소한 어떤 사람들은 그런데, 월리스가 바로 그런 사람이었다. 불굴의 의지와 낙관주의의 화신이라고나 할까? 그리고 풀어야 할 불가사의 중의 불가사의가 아직 남아 있었다. 나흘 동안 휴식을 취하면서 몸이 회복되자, 월리스는 산과 섬에 대해 생각했다.

종들의 분포 경계

채집한 표본과 메모가 사라지긴 했지만, 월리스가 아마존에서 보낸 시간은 헛된 것이 아니었다. 관찰한 것 중 일부는 기억에서, 또 일부는 스티븐스에게 보낸 편지에서 되살릴 수 있었다. 그리고 표본을 풍부하게 채집하는 과정에서 종 내부의 변이를 간파하는 눈이 예리해졌다. 야외 생물학의 현장 기술과 열대 지방에서 살아남는 방법도 터득했다. 또 동물상과 식물상의 분포 패턴이 아주 중요하다는 직관을 얻었다.

분포의 경계는 일반적으로 어떤 종류의 지리적 장벽(산맥이라든가 넓은 강, 그리고 지질학적 기반의 불연속성을 반영한 식물상의 불연속성) 때문에 생긴다는 사실을 깨달았다. 월리스는 서로 비슷한 두 종의 동물이 그러한 경계의 양편에 살고 있는 경우가 많다는 사실에 주목했다. 이 패턴에는 뭔가 중요한 비밀이 숨어 있다는 직감이 들었다. 다만, 그것이 무엇인지는 아직 몰랐다.

이런 것들을 염두에 두고 월리스는 생물지리학 자료를 수집하기 시작했다. 즉, 수집하는 표본의 종류뿐만 아니라, 그것을 채집한 장소에도 관심을 기울이기 시작한 것이다. 그 당시의 박물학자들 중에 그런 생각을 한 사람은 거의 없었다. 박물관에 전시된 표본도 대개 채집 장소를 두루뭉술하게 표기했다. 새 가죽이나 곤충 또는 알코올에 담가놓은 파충류는 무슨 속의 무슨 종이라고 분류는 정확하게 해도 그 동물을 채집한 장소는 정확하게 표기하지 않은 경우가 많았다. 박제된 개미핥기는 겨우 '남아메리카', 장수풍뎅이는 '동남아시아' 정도로만 표기된 게 고작이었다. 월리스는 그것만으로는 충분치 않다고 생각했다. 거기에는 소중한 정보가 누락되었기 때문이다. 다윈 역시 갈라파고스 제도에 들렀을 때, 수집한 표본을 지리학적으로 분류하는 것을 게을리했다. 훗날 다윈은 각각의 핀치 표본을 갈라파고스 제도의 어느 섬에서 잡은 것인지 표시하지 않은 데 대해 몹시 후회했다. 어떤 핀치를 산크리스토발 섬에서 잡은 것인지 아니면 이사벨라 섬에서 잡은 것인지 알 수 없었다. 월리스는 다윈이 《비글호 항해기》에서 그 실수를 언급하며 심하게 자책하는 것을 읽고 주의를 기울였는지도 모른다. 어쨌든 월리스는 치밀하게 작업에 임했다. 헬렌호와 함께 사라진 표본들에는 그런 방식으로 자세하게 표기한 꼬리표가 붙어 있었다.

월리스는 특히 원숭이들의 분포 경계에 주목했다. 아마존 강 본류와 네그루 강은 모두 거대한 강이어서, 두 강이 합류하는 바라 근처에서는 폭이 몇 km에 이른다. 새라면 같은 종이 강 양쪽에 살 수 있다. 개체들이 강 양쪽을 왔다갔다할 수 있는 한, 이 조류 개체군은 유전적으로 갈라지지 않는다. 곤충도 강 양쪽에 같은 종이 살 수 있다. 그러나 원숭이는 그렇지 않다. 원숭이에게 아마존 강 본류는 넓은 대양과 같다. 파카는 헤엄을 치고, 캐피바라도 헤엄을 치고, 맥도 헤엄을 치고, 심지어 오실롯도 폭이 좁은 강은 건널 수 있다. 월리스는 "나는 원숭이가 강을 헤엄쳐 건넜다는 이야기를 들어본 적이 없다. 따라서 물속으로 쉽사리 뛰어드는 다른 네발동물과 달리, 원숭이에게는 이 경계가 건너기 어려운 장벽으로 보일 것이다."[71]라고 썼다. 원숭이는 헤엄 치지 않을 뿐 아니라, 땅 위로 잘 걸어다니지도 않는다. 원숭이는 땅 위에서 살아가는 대다수 동물 집단과는 달리 나뭇가지들이 서로 이어져 있는 임관林冠에서 주로 살아간다. 따라서 아마존 강이 설사 거대한 흙길이라 하더라도, 원숭이는 쉽사리 그 경계를 넘어가려 하지 않을 것이다.

조난에서 살아남아 런던으로 돌아온 월리스는 동물학회에서 아마존의 원숭이에 대한 논문을 낭독했다. 그는 고함원숭이, 거미원숭이, 양털원숭이, 꼬리감는원숭이, 우아카리원숭이, 마모셋원숭이(명주원숭이), 그리고 자신이 '나무늘보원숭이'[72]라고 부른 꼬리가 텁수룩하고 몸집이 작은 특별한 속屬의 원숭이 등 모두 21종의 원숭이를 목격했다. 나무늘보원숭이는 사키원숭이 Pithecia 속에 속하는데, 이 속에는 리오타파조스 사키 Pithecia irrorata와 새로 발견된 종을 합쳐 두 종이 있음을 알아냈다. 새로 발견된 종은 위가 좁고 아래는 둥글고 넓은 구레나룻과 선홍색 턱수염이 특징이었다.

동물학회에서 월리스는 이렇게 말했다. "아마존 지역에 머무르는 동안 나는 종들의 경계를 알아내려고 노력했다. 그 결과 아마존 강, 네그루 강, 마데이라 강이 그러한 경계를 이루며, 어떤 종들은 그 경계를 결코 넘어서지 못한다는 사실을 발견했다."[73] 이 거대한 세 강은 바라 근처의 합류 지점에서 닭발 형태를 이루며 아마존 분지 북부를 네 지역으로 나눈다. 월리스는 네 지역에 기아나 지역(아마존 강과 네그루 강의 합류 지점 북동부), 에콰도르 지역(그 합류 지점의 북서부), 페루 지역(아마존 강 남부와 마데이라 강 서부), 브라질 지역(아마존 강과 마데이라 강 남동부)이라는 이름을 붙였다. 그때 이미 그는 생물지리학 도식을 만들었다. 또한 아마존 분지를 하나의 군도, 즉 강물로 분리된 네 개의 큰 섬으로 보았다.

일부 원숭이 종들은 강 양쪽, 특히 강을 건너기 쉬운 상류 쪽에 살았다. 너무 간략하게 만든 것이긴 하지만 네 지역으로 분류한 도식은 많은 생물지리학 자료에서 의미 있는 패턴을 도출할 수 있다는 것을 보여주었다. 원숭이에 관해 월리스가 얻은 자료는 원숭이가 경계를 안다는 사실을 알려주었다.

한 거미원숭이 종은 아마존 강과 네그루 강의 합류 지점 북동부인 기아나 지역에만 살았고, 또 다른 거미원숭이 종은 아마존 강 남부와 마데이라 강 서부인 페루 지역에만 살았다. 마모셋원숭이 3종은 각자 한정된 지역 내에서만 살았는데, 월리스는 그 경계를 추적할 수 있었다. 분포에 관심을 가지자, 근연종들이 동일한 공간과 시간에 존재한다는 사실이 분명해지기 시작했다(사라왁 이전에 이미 이곳 아마존 강에서).

사키원숭이 2종은 강들에 의해 격리된 것처럼 보였다. 리오타파조스 사키는 아마존 강과 마데이라 강의 합류 지점 서쪽의 아마존 강 남부 강변에서만 발견되었다. 그리고 아직 이름이 붙지 않은, 붉은 수염을 가진 종은 아마존 강 북부와 네그루 강 서부에 살았다. 오늘날 전문가들은 붉은 수염을 가진 종이 수사사키 Pithecia monachus가 아니었을까 하고 추측한다. 월리스는 이 종이 그보다 더 동쪽으로 기아나 지역까지 넘어가서 살지 않는다는 사실에 주목했다. 정말로 그 너머 지역에는 전혀 살지 않을까? 그렇다면 왜 그럴까? 아마존 지역의 원숭이에 대한 월리스의 자료는 이 부분에 흥미로운 공백이 있다. 만약 붉은 수염을 가진 수사사키가 네그루 강 동쪽에는 전혀 살지 않는다면, 다른 종의 나무늘보원숭이가 그곳에 살고 있을까? 월리스는 사키원숭이에 대해서는 더 이상 언급하지 않았다. 그는 지칠 줄 모르는 철저한 젊은이였지만, 모든 것을 다 알 수는 없었다.

그리고 그 공백은 훗날 다른 사람들이 메웠다. 네그루 강 동쪽에는 세 번째 종의 나무늘보원숭이인 흰얼굴사키 Pithecia pithecia가 살고 있다. 네그루 강 동쪽 지역은 20세기가 되어서야 사람들이 들어가서 다시 조사했다.

파젠다 에스테이우의 흰얼굴사키

나무늘보원숭이는 오늘날 사키원숭이라 부른다. 얼굴이 흰 것도 있고, 황갈색인 것도 있고, 그 밖에 일반적인 이름이 붙여지지 않은 종도 여럿 있다. 포르투갈 어 속어로는 마카코스 벨호스 macacos velhos라 부르는데, '늙은 원숭이'라는 뜻으로, 어떤 종들은 털빛이 회색이어서 이런 이름이 붙었다. 콜롬비아에서는 에스파냐 어로 모노스 볼라도레스 monos voladores라고 부르는데, '하늘을 나는 원숭이'라는 뜻이다. 이름은 변하게 마련이고, 강은 계속 무심히 흐르고, 숲은 나름의 시간 척도를 가지고 있다. 아마존 강과 합류하는 지점에서 그리 멀지 않은 네그루 강 북동쪽 강변에 위치한 바라는 지금은 마나우스라는 크고 초라한 도시로 변했다.

월리스가 떠나고 나서 수십 년 후, 마나우스는 고무 거래 중심지로 흥청거리는 도시로 변했다. 큰돈을 번 사람들이 흥청망청 돈을 썼다. 황금 돔으로 장식된 오페라하우스 테아트로 아마조나스도 세워졌다. 그런데 강을 제외하고는 마나우스를 다른 도시와 연결해주는 도로가 하나도 없었다. 마나우스는 자기 세계의 중심지였다. 그러다가 브라질의 고무 시장이 붕괴하자 오페라하우스는 문을 닫았고, 밀림 속의 도시는 다른 살 길을 찾아야 했다. 그 생존 투쟁은 지금까지 계속되고 있다.

마나우스에서 북쪽으로 80km쯤 가면 열대우림으로 둘러싸인 지역에 넓은 목장들이 펼쳐져 있다. 브라질 사람들은 이를 파젠다 fazenda('농장'이란 뜻)라고 부른다. 이 넓은 구릉 지대에서 사람들은 열대우림을 전기톱으로 베어내고 건기 동안 나무들이 바싹 마르게 내버려두었다가 불태운다. 그러면 정글이 숯으로 변하고 만다. 재 밑에는 귀중한 토양이 조금밖에 없고 대부분 붉은 점토이지만, 그 넓은 땅 중 일부에 풀이 무성하게 자란다. 최소한 당분간은. 열대우림 지역에서 이질적인 존재인 이 풀은 사람이 손으로 심은 것이다. 그 밖의 땅, 특히 두 줄의 바퀴 자국이 나 있는 진입로 주변에서는 점토가 햇볕에 딱딱하게 구워져 거의 세라믹 벽돌처럼 변한다. 아마존 열대우림 심장부의 척박한 땅에서 톱으로 나무를 베어 불태우고 가축을 방목하는 경제 논리는 나도 많이 들었지만, 여전히 가슴에 와닿지 않는다. 이런 사태는 민간 사업을 장려하고 보조금을 지급하기 위해 세운 정부 기관인 마나우스 자유 지역청과 관계가 있다. 수십 년 전에 고무 산업의 붕괴를 보상하기 위해 정부가 관대한 지원 대책을 잇달아 내놓았다. 그러자 이익을 탐낸 투자자들이 몰려들었고, 벌목꾼과 화전민이 밀려와 숲을 죽였으며, 다른 곳의 목축업자들도 와서 마침내 소들이 풀밭에서 풀을 뜯기 시작했다. 정부의 대책은 최소한 어느 정도 그 목표를 달성한 것처럼 보였다. 최근에 테아트로 아마조나스가 새 단장을 했기 때문이다. 마나우스에 체류하는 동안 나는 여느 관광객과 마찬가지로 그 오페라하우스 앞에서 감탄을 금치 못했다. 그러나 오페라를 볼 여유는 없었다. 나는 북쪽의 파젠다 에스테이우-Fazenda Esteio를 향해 떠났다.

파젠다 에스테이우는 마나우스 자유 지역의 열대우림을 밀어내고 만든 목장 중 하나이다. 광활한 개활지 한가운데에는 아직 숲이 약간 남아 있다.

파젠다 에스테이우와 부근의 목장들에는 이러한 정사각형 모양의 숲들이 남아 있다. 나중에 다시 설명하겠지만, 이것들은 특별한 과학 연구를 위해 남겨둔 것이다. 각각 숫자가 붙어 있고, 나름의 역사를 지닌 이 정사각형 숲 지역들은 러브조이와 그 동료들이 생태계 붕괴 현상을 연구하는 거대한 야외 실험실이다. 이 거대한 계획은 러브조이의 구상에서 비롯되었다. 그의 강압적인 설득 능력과 앞을 멀리 내다보는 눈이 있는 일부 브라질 사람들의 협력이 결합해 이 작은 숲들은 정사각형 모양으로 살아남았고, 중요한 의미를 지니면서 벌목에 대한 보호(브라질 법에 따라)를 받게 되었다. 지금 내가 향하는 작은 숲은 이 예외적인 숲들 중에서도 예외적인 곳이다. 이 숲은 정사각형 모양이 아니고 불규칙한 모양(부메랑 비슷한 모양)이며, 작은 개천을 낀 덕분에 살아남았다.

사방이 목초지와 햇빛과 보조금 경제의 욕심으로 둘러싸인 이 숲에는 흰얼굴사키가 작은 무리를 이루어 살고 있다. 이 원숭이들은 엄밀하게는 흰얼굴사키의 아종인 황금얼굴사키 *Pithecia pithecia chrysocephala*이다. 나는 동이 튼 직후에 황금얼굴사키를 처음 목격했다.

이들은 나뭇가지 사이를 날아다니므로 '모노스 볼라도레스'라는 이름이 잘 어울린다. 이들은 나뭇가지에 매달려 몸을 그네처럼 흔들지도 않고, 나무를 기어오르지도 않으며, 그냥 나뭇가지에서 팔다리를 놓으면서 공중을 난다. 이들은 날아다니는 원숭이치고는 몸집이 무거워보인다. 몸에는 털이 촘촘하게 나 있고 발톱은 두꺼우며 머리털이 앞으로 길게 늘어진 머리통은 크다. 그렇지만 동작은 놀라울 정도로 날렵하다. 나는 한 녀석이 몸을 낮추고 수평 자세로 있다가 나뭇가지 사이에서 3m나 훌쩍 건너뛰는 것을 직접 보았다. 그것은 마치 숲 속에서 투석기로 오소리를 쏘아보내는 것 같았다.

"저것은 암놈이에요." 엘레오노레 세츠 Eleonore Setz가 알려주었다.

브라질의 생태학자인 세츠는 1985년부터 흰얼굴사키 무리를 연구하고 있다. 그녀는 원래 정사각형 보호 구역에서 연구를 하려고 했으나, 개천 주변의 숲에서 살아가는 이들 무리에 흥미를 느꼈다. 이제 세츠는 이들 원숭이를 일일이 구별할 수 있다. 현재 이 무리는 모두 6마리이다. 수컷 우두머리와 암컷 우두머리, 젊은 암컷 하나, 어린것 둘, 그리고 젖먹이 하나로 이루어져 있다. 세츠는 이들의 가계도도 그릴 수 있다. 세츠는 각 원숭이가 태어난 날, 죽은 날, 짝짓기한 날, 사라진 날 등등을 일일이 기록해두었다. 세츠는 이들이 작은 서식지에서 살아가기 위해 애쓰면서 시간과 에너지를 어떻게 사용하는지 자세하게 분석한다. 오늘 아침에 세츠는 내가 따라가도 좋다고 허락했다. 우리는 새벽 5시에 해먹에서 일어나 가스 랜턴 아래에서 구아바 젤리와 크래커, 진한 브라질 커피로 아침을 먹었다. 흰얼굴사키는 그보다 좀 늦게까지 잠을 잔다. 이제 그들은 막 잠에서 깨어나 몸을 뒤척거렸다.

"얼굴이 오렌지색인 검은 녀석이 수컷이에요."

흰얼굴사키는 몸 색깔이 다 같지 않다. 이것은 종 내부의 변이를 보여주는 하나의 사례이다. 만약 월리스가 그것을 알았더라면 놓치지 않았

을 것이다. 여기서 북동쪽으로 800km쯤 떨어진 수리남의 숲 속에 사는 같은 종의 수컷은 얼굴이 흰 털로 덮여 어두운 색의 몸 색깔과 대조를 이룬다. 흰얼굴사키라는 이름이 붙은 이유는 이 때문이다. 이곳 네그루 강가에 사는 같은 종의 수컷은 얼굴이 황갈색이나 노란색 또는 오렌지 색을 띠고 있다. 암컷은 수컷보다 더 칙칙한 색을 띠는데, 암컷들 사이에도 색의 차이가 있다. 우리 위쪽에 있는 암컷은 몸 색깔이 수컷처럼 어두운 색깔이 아닌 노르스름한 회색을 띠고 있다. 세츠의 눈에는 아구티와 비슷해 보이고, 내 눈에는 사향쥐와 비슷해 보인다. 암컷의 몸에 난 흰색 또는 노란색 줄무늬는 칙칙한 털빛을 더 도드라져 보이게 한다. 이 암컷은 정수리가 노르스름하고 몸집이 커서 적어도 이 작은 무리 안에서는 쉽게 알아볼 수 있다. 이 암컷은 인간 관찰자들 사이에서 윌자 카를라Wilza Carla라는 이름으로 알려져 있다. 브라질 텔레비전에 나오는 뚱뚱한 금발 여배우의 이름을 딴 것이다.

"이제 다 왔어요." 오늘 아침의 첫 번째 관찰 활동이 끝났다는 뜻이다. "원숭이들은 아침을 먹을 거예요."

원숭이들은 나무의 수관樹冠에 자리를 잡고 임관에 치렁치렁 얽혀 있는 리아나(열대산 칡의 일종) 열매 꼬투리를 까기 시작했다. 그들은 열매만 까먹고 경멸하듯이 꼬투리를 우리에게 던졌다. 새 지저귀는 소리, 우적우적 씹는 소리, 꼬투리가 떨어지면서 바스락거리는 소리 외에는 아무 소리도 들리지 않았다. 곤충들이 나타나기에는 아직 이른 시간이었다. 세츠는 공책과 시계, 쌍안경을 준비해왔을 뿐만 아니라 무한한 인내심과 호기심으로 무장하고 있었다. 이것들은 야외에서 일하는 생태학자가 갖추어야 할 필수 도구이다. 나는 편한 자세로 땅바닥에 앉았다. 그렇지만 위를 올려다보느라 목이 저렸다.

아마존 열대우림의 임관 아래에서 동물을 관찰하기 위해 숨을 죽이고 있으면 고요한 정적이 흐른다. 만약 모기가 물어뜯지 않고 비가 내리지 않는다면, 꿈꾸는 듯한 혹은 우주를 산책하는 듯한 시간이 무한히 흐를 것이다. 그러나 세츠가 관찰하는 이곳의 고요함은 거기에 훨씬 못 미친다. 아침은 광대한 숲의 환상을 파괴한다. 20m 밖의 개활지 가장자리에서 햇빛이 쏟아져 들어오고, 그 너머 인공 목초지 위로는 파란 하늘이 나타났다.

벌목은 목장 개발 지원 정책이 절정에 이르렀던 1980년에 일어났는데, 그 후 이곳의 사키원숭이들은 조각난 숲에 고립되었다. 이들이 처한 격리는 절대적인 것은 아니지만(바깥쪽 숲에서 간혹 젊은 수컷이 들판을 가로질러 오기도 하며, 월자의 무리에서도 몇몇이 이곳을 떠났다), 이들의 삶과 미래를 결정하기에 충분하다. 생태학적 측면에서 볼 때, 이들은 먹이를 찾을 수 있는 숲 면적이 작다는 점에서 제약을 받는다. 좋아하는 과일 중 일부는 이곳에 전혀 자라지 않는다. 행동학적 측면에서 볼 때, 이들은 이곳에서 구할 수 있는 먹이에 식성을 적응시키는 방법으로 좋아하는 먹이 부족 문제를 보완한다. 사회학적 측면에서 볼 때, 이들은 같은 종의 개체수가 적어서 어려움을 겪는다. 이웃도 없고, 경쟁자도 없으며, 외부에서 찾아와 무엇인가를 가르쳐줄 같은 종의 개체조차 없다. 유전학적 측면에서 볼 때, 이들은 불리한 처지에 놓여 있다. 근친 교배를 할 수밖에 없고, 그 결과 건강 문제가 나타날 수 있다. 이러한 여건들을 모두 감안할 때, 이들의 장래 전망은 어둡다. 흰얼굴사키 종 전체는 당장 위험에 처해 있지 않지만, 이 작은 개체군은 분명히 위험에 처해 있다.

이들이 살고 있는 서식지의 면적은 약 9.2헥타르이다. 여기에 중요한 정보가 담겨 있다.

헥타르는 열대우림의 면적을 나타내는 표준 측정 단위이다. 전 세계의 열대생물학자와 자연보호주의자는 모두 헥타르 단위를 사용한다. 혈기왕성하고 완고한 여느 미국인과 마찬가지로 나도 미터법 옹호론자들을 경멸하지만, 헥타르는 사용하기 편하고 환산하기도 쉽다. 1헥타르는 가로, 세로가 각각 100m인 정사각형의 면적을 말하며, 2.47에이커에 해당한다. 세츠의 조각숲은 면적이 9.2헥타르이니 25에이커가 조금 못 되는데, 구불구불한 워터 해저드가 사이로 지나가는 파 파이브 홀 골프 코스 두 개를 나란히 붙여놓은 것과 크기와 모양이 비슷하다. 여기서 워터 해저드는 작은 개천이다. 세츠의 흰얼굴사키들은 이렇게 좁은 세계에서 살고 있다.

어젯밤에 우리는 탁자를 사이에 두고 대화를 나누었다. 나는 세츠에게 이 조각숲에 이름이 있느냐고 물었다. 세츠는 "뭐 정식 이름이라고 하기에는 그렇지만……." 하면서 이름을 말해주었다. 포르투갈 어로 '아 마티냐 도 이가라페 도 아캄파멘토 콜로소 a matinha do igarape do acampamento Colosso'란다. 이름이 무척 긴데 무슨 뜻이냐고 물어보았다. 아캄파멘토 콜로소는 뭔지 알 것 같았다. 우리가 앉아 있는 이곳 야외 탐사 캠프 이름이 콜로소이기 때문이다. 해먹과 랜턴이 설치된 초가 지붕 오두막 몇 채가 전부라서 캠프라고 하기에는 초라하지만. 이가라페가 졸졸 흐르는 물방울이라는 건 알고 있었다. 그렇다면 이 이름은 '캠프 콜로소의 개울 주위의 마티냐'라는 뜻이 된다. 그런데 '마티냐'는 해석하기가 어려웠다.

세츠는 마티냐가 숲이란 뜻의 '마타 mata'의 지소형이라고 알려주었다. 그러니까 '작은 숲'이란 뜻이 된다. 그렇지만 그냥 작은 숲이라고 해서는 뉘앙스를 제대로 살릴 수 없다. 마티냐라고 해야 더 친근하게 와닿는다고 한다. 기어다니는 아이를 가리킬 때처럼.

그렇다면 "귀여운 작은 숲은 어때요?" 내가 물었다.

"맞아요, 바로 그런 뜻이죠."

따라서 '아 마티냐 도 이가라페 도 아캄파멘토 콜로소'는 아마존의 중심에 자리잡은 귀여운 작은 숲이다. 생태학적으로 이곳은 하나의 섬이다. 발리 섬처럼 이곳에도 한때는(섬으로 고립되기 시작할 무렵에) 많은 종이 풍부하게 살았으나, 그 후 종들은 사라져갔다. 이제 재규어도 사라지고, 페커리(남아메리카에 사는 멧돼지의 일종)도 사라지고, 맥도 사라졌다. 이곳은 격리되기만 했을 뿐 아니라 단순화되었다. 황금얼굴사키 가운데 오직 여섯 마리만 남아 있다. 이들이 계속 살아남을 가능성은 극히 적다. 얼마 지나지 않아 이들은 사라질 것이고, 그 뒤를 이어 다른 종들도 사라져갈 것이다. 이 조각숲은 크기는 줄어들지 않더라도 날이 갈수록 아마존 열대우림과는 다른 모습으로 변해갈 것이고, 생물 다양성을 잃어갈 것이다. 이것이 바로 우리가 '생태계 붕괴'라고 부르는 무서운 마술이다.

나는 세츠에게 포르투갈 어 단어를 한 번 더 반복해달라고 부탁했다. 이왕이면 철자까지 가르쳐달라고 했다. "여기, 공책에도 써주세요." 외국어는 배워도 금방 내 머릿속에서 빠져나간다. 그렇지만 마티냐matinha는 결코 잊어버리고 싶지 않은 단어였다. 세츠는 그 단어를 멋진 포르투갈 어 철자로 써주었다.

그것이 바로 어젯밤에 있었던 일이다. 이제 흰얼굴사키들의 아침 식사가 끝났다. 리아나 열매를 배불리 먹은 그들은 이제 움직이기 시작한다. 나뭇가지에서 수평 방향으로 건너뛰면서 다른 나뭇가지를 붙잡는 순간 나뭇가지들이 흔들거린다. 커다란 꼬리는 균형을 잡는 데 도움을 준다. 이들은 먼 거리를 재빨리 이동하다가도 때때로 얼어붙은 듯 동작을 멈춤으로써 높은 나뭇가지 그늘 속에서 모습이 사라진다. 나는 쌍안경을 이리저리 움직이면서 어디에 숨어 있는지 찾느라고 애를 먹는다. 나는 한 발자국쯤 뒤에서 세츠를 따라가면서 소리를 내거나 그들을 놀라게 하거나 너무 가까이 다가가지 않으려고 신경 쓴다. 세츠는 조용히 그들 뒤를 따라간다. 세츠는 그들을 놓치는 것에 대해서는 전혀 걱정하지 않는 것 같다. 세츠는 눈이 예리하며, 또 이 녀석들은 어차피 멀리 갈 수 없기 때문이다.

월리스의 직관

발리 섬, 롬복 섬, 마다가스카르 섬, 기아나 지역, 파젠다 에스테이우의 마티냐, 앨프리드 월리스, 사라왁. 이것들은 그냥 무작위로 나열한 단어들이 아니다. 이들 사이에는 우연 이상의 연관성이 존재한다. 이것들은 모두 섬 생물지리학의 기본적인 양과 음의 요소, 즉 진화와 멸종의 연구와 관계가 있다.

월리스는 평생 동안 그 연관성을 추적했다. 그가 이룬 가장 큰 과학 업적은 섬의 격리 상태가 초월적인 중요성을 지녔음을 발견하고 설명한 것이다. 그렇지만 불행하게도 월리스는 시대를 1세기나 앞서 태어나는 바람에 자신이 발견한 이 직관이 어디까지 이어지는지 보지 못했다.

그 직관이 월리스를 이끌어간 곳은 말레이 제도였다. 앞에서도 말했듯이 여기에는 어느 정도 우연이 작용했다. 만약 헬렌호에 불이 나지 않았더라면, 그래서 아마존에서 채집한 표본과 기록이 무사히 남았더라면, 첫 번째 탐사 여행에서 얻은 풍부한 자료를 성공적으로 이용했더라면, 월리스도 다윈이 비글호 탐사 여행 후에 그랬던 것처럼 평생 동안 영국에 머물렀을지 모른다. 그리고 병상에서 쓴 편지에서 밝힌 것처럼, 그 밖의 일들이 다르게 일어났더라면 그는 안데스 산맥으로 갔을지도 모른다. 그리고 평생을 본토의 식물상과 동물상만 관찰하고 채집하면서 빅토리아 시대의 유명한 박물학자가 되었을지 모른다. 하지만 결코 그 이상은 되지 못했을 것이다. 그럼으로써 그는 전통적인 권위를 상당히 누렸을지 모르지만, 심오한 패턴을 보지 못했을 테고, 섬들의 중요성도 간과했을 것이다.

그는 이렇게 될 수도 있었고, 저렇게 될 수도 있었다……. 그러나 역사는 가정이 아니고, 오직 실제로 일어난 일만 기록한다.

말레이 제도

월리스는 휴식보다는 돈과 모험이 필요했다. 생물학 자료도 필요했다. 그는 여전히 불가사의 중의 불가사의인 종의 기원에 대한 답을 찾고 있었다. 영국에 머무른 18개월 동안 월리스는 두 권의 책을 출간했다. 《아마존 강과 네그루 강 여행기》와 그것보다 조금 얇은 《아마존 강의 야자나무와 그 용도 Palm Trees of the Amazon and Their Uses》란 책으로, 헬렌호에서 건진 자료를 바탕으로 쓴 것이었다. 그럼에도 불구하고 그의 이름은 그다지 알려지지 않았다. 그러고 나서 월리스는 다시 채집 여행을 떠날 준비를 했다. 최악의 불행은 이제 끝났고, 새로운 목적지의 선택과 함께 행운이 시작되었다. 과학적 이유뿐만 아니라 박물학 표본 제공자가 받는 시장의 압력 때문에 월리스는 열대 지방의 섬들을 선택했다.

월리스는 일반적으로 섬은 희귀하고 독특한 생물들의 보고라는 사실을 잘 알고 있었지만, 이번에 선택한 일련의 섬들은 특히 그랬다. 훗날 그는 이렇게 썼다. "동물학회와 곤충학회 회의에 자주 참석하고 대영박물관의 곤충관과 조류관을 방문하면서 박물학자가 채집과 탐사 활동을 하기에 최적의 장소는 말레이 제도라는 정보를 얻었다."[74] 월리스는 왕립지리학회의 마음씨 좋은 선배를 통해 퍼닌슐러 앤 오리엔탈 증기선 회사의 배를 공짜로 타는 기회를 얻었다. 지브롤터를 경유해 알렉산드리아까지 배를 타고 간 다음, 그곳에서 수에즈까지 육상 여행을 한 뒤, 거기서 다른 배에 승선했다. 그리고 1854년 4월에 싱가포르에 도착했다.

싱가포르는 월리스가 말레이시아 본토에서 6개월 동안 채집 활동을 벌이는 근거지가 되었다. 본토에는 종이 풍부했다. 다만, 월리스가 원하는 색다른 패턴이나 지리적 장벽이라는 측면에서는 풍부함이 부족했다. 11월에 월리스는 보르네오 섬의 북서쪽 해안에 위치한 사라왁으로 갔다. 그리고 그 후 7년 동안 여러 섬을 배회했다.

지난번에 자신이 저지른 부주의와 다윈이 갈라파고스 제도에서 저지른 실수를 반복하지 않기 위해 이번에는 처음부터 결심을 단단히 했다. "동양에 도착하는 순간부터 나는 고국으로 돌아갔을 때 내 연구에 쓸 목적으로, 방문하는 모든 섬이나 특별한 장소에서 특정 집단의 생물을 완전히 구색을 갖춰 채집하기로 마음먹었다. 그렇게 하면 말레이 제도에 존재하는 동물들의 지리적 분포를 조사하는 데에도 귀중한 자료가 되지만, 그 밖의 다른 문제들에도 빛을 던져줄 것이라고 확신했기 때문이다."[75] 다른 문제들 중에서 가장 큰 문제는 바로 진화였다. 이제 그는 전보다 더 지혜롭고 신중했다. 그래서 채집한 장소를 표본에 표시했을 뿐 아니라, 표본들을 모아 쌓아두는 대신에 정기적으로 조금씩 영국으로 보냈다. 그렇지만 영국에 돌아가기도 전에 가장 큰 문제가 풀리리라고는(월리스 자신과 다윈에 의해) 예견하지 못했다.

사라왁에서는 성과가 좋았다. 딱정벌레류, 나비류, 조류를 수없이 채집했다. 오랑우탄도 총을 쏘아 몇 마리 잡았으며(전문 사냥꾼의 냉혹함으로), 부모를 잃은 새끼오랑우탄을 키우기도 했다(새끼는 잠깐 동안 살다 죽었다). 날개구리도 보았다. 한동안 내륙 지역의 디아크족 사람들 사이에서 함께 살기도 했다. 또, 근연종의 '법칙'에 관한 논문을 써서 영국으로 보냈다. 크리스마스에는 사라왁의 추장 제임스 브룩James Brooke의 손님으로 초대를 받아 오랫동안 일을 잊고 지내기도 했다. 제임스 브룩은 똑똑한 영국인 젊은이와 재미있는 대화를 나누는 것을 즐겼다. 1년 이상 머물다 보니 이제 사라왁이 고향처럼 느껴졌다. 그러나 고향이란 먼 훗날에나 찾아야 할 사치였다. 그래서 월리스는 그곳을 떠나기로 했다. 잠깐 싱가포르로 돌아갔다가 배편이 허락하는 대로 잘 알려지지 않은 말레이 제도의 먼 동쪽 끝을 향해 나아갔다.

배를 타고 발리 섬으로 갔다가 거기서 롬복 섬으로 건너갔다. 여기서 인접한 두 섬에 서식하는 조류의 종류가 아주 다르다는 사실을 발견했다. 그리고 거기서 셀레베스 섬의 교역항인 마카사르로 갔다.

 셀레베스 섬에서는 석 달간 머물면서 병과 우기, 빈약한 숲, 보급 문제 같은 악조건에도 불구하고 할 수 있는 데까지 채집 활동을 열심히 했다. 이번에도 말라리아에 걸렸던 것 같은데, 월리스는 오염된 물 탓으로 돌렸다. 셀레베스 섬에 서식하는 조류와 포유류와 곤충은 사라왁에서 본 것과는 많이 달랐는데, 바비루사 Babyrusa babirusa 라는 동물이 특히 눈길을 끌었다. 바비루사는 이곳의 토종 멧돼지로, (수컷의) 위송곳니가 아주 길게 구부러져 주둥이에서 삐죽 나와 이마를 넘어 한 쌍의 뿔처럼 돋아나 있었다. 그것은 아프리카의 혹멧돼지를 어렴풋이 떠오르게 했지만, 월리스는 "바비루사는 세계 어느 곳에 있는 어떤 돼지하고도 닮지 않은 완전히 고립된 종"[76]이라고 인정했다. 월리스는 바비루사가 먹이를 어떻게 먹을지 궁금했다. 괴물 같고 거추장스럽게만 보이는 엄니를 어떻게 사용할까? 이러한 해부학적 변형은 어떤 성장 요인이나 행동 요인으로 설명할 수 있을까? 월리스는 괴상한 이빨을 가진 셀레베스 섬의 돼지를 그저 하느님의 변덕쯤으로 여기고 넘어갈 사람이 아니었다. 월리스는 또한 이 섬에 고유한 코뿔새 2종과 아름다운 뻐꾸기 1마리, 그리고 새날개나비 표본 3마리를 채집했다. 새날개나비는 폭이 17cm나 되는 거대한 나비로, 검은색의 큰 날개는 반점과 흰 줄무늬와 노란색 광택으로 장식되어 있었다. 훗날 그는 그때의 상황을 이렇게 묘사했다. "첫 번째 표본을 포충망에서 꺼내는 순간 그것이 완벽한 상태라는 것을 확인하고서 나는 흥분에 겨워 몸을 떨었다."[77] 월리스는 이 세 표본을 동물학 논문에 실린 새날개나비의 일종인 오르니톱테라 레무스 Ornithoptera remus 와 비교했지만, 완전히 일치하지 않았다. 이들은 셀레베스 섬에만 사는 오르니톱테라 레무스의 변종이 아닐까 하는 의심이 들었다. 새날개나비와 몇몇 종을 제외하면 셀레베스 섬은 실망스러웠다.

 곤충과 조류의 다양성은 보르네오 섬과 말레이시아 본토에 비하면 빈약하기 짝이 없었다. 오색조나 비단날개새, 넓적부리, 때까치는 전혀 보이지 않았다. 월리스는 스티븐스에게 보낸 편지에서 불평을 토로했다. "이곳에는 모든 과와 속이 아예 존재하지 않으며, 그 대신에 공급할 만한 것도 보이지 않는다."[78] 말레이 제도의 중간쯤에 외따로 위치한 셀레베스 섬은 흥미로운 곳이긴 하지만 생산적인 곳은 아니었다. 그리고 이제 날씨가 변하고 있었다.

10월과 11월에는 마카사르에 따뜻하고 건조한 동풍이 강하게 불었는데, 이제 풍향이 오락가락하는 미풍으로 바뀌었다. 이것은 계절 변화를 알리는 신호였다. 서쪽에서 폭풍 구름이 밀려오기 시작했다. 서풍 계절풍(몬순)과 함께 엄청나게 많은 비가 쏟아지는 계절이 온 것이다. 이제 채집 활동은 불가능할 것이다. 때는 1856년 12월이었다. 마침내 비가 내리기 시작했다. 마카사르 주위의 편평한 해안 평야 지대에 말라붙은 채 넓게 펼쳐진 논들에 물이 가득 찼다. 도시 외곽 지역은 배를 이용하거나 밧줄을 잡고 논둑 위로 건너지 않으면 통행이 불가능했다. 이곳 셀레베스 섬 남부에 계속 있으면 다섯 달 동안은 이런 날씨 속에서 지낼 거라는 이야기를 듣고서, 월리스는 다음 장소로 이동하기로 했다. 몇 달 동안 집 안에 틀어박혀 지내느니 다가오는 계절풍보다 앞서서 여행하는 편이 낫겠다고 판단했다. 그래서 동쪽에 있는 아루 제도로 가는 프라우선에 승선했다.

아루 제도에 대한 이야기는 사전에 충분히 들었다. 아루 제도는 동쪽으로 1,600km쯤 떨어진 곳에 있는 작은 섬들인데, 해상 교역을 하는 셀레베스 섬의 부기족 사이에서는 그곳에서 나는 생물학적 산물이 유명했다. 그러한 산물 중에는 진주조개와 말린 해삼, 극락조 가죽을 비롯해 진귀한 것이 많았다. 부기족 뱃사람들은 아루 제도로 항해하는 것을 마치 이슬람교도가 메카로 순례를 떠나는 것처럼 일생에서 가장 중요한 사건으로 여겼다. 부기족과 중국인 이민자로 이루어진 마카사르의 상인들은 쌀이나 커피 같은 작물 외에도 보르네오 섬의 등나무 줄기, 플로레스 섬과 티모르 섬의 백단향과 밀랍, 카펀테리아 만의 해삼, 보우루 섬의 카유푸티 기름 등 말레이 제도 지역에서 생산되는 자연 산물을 광범위하게 취급했다. 부기족에게 아루 제도 항해는 상상할 수 있는 여행 중에서 가장 먼 여행이었다.

월리스는 이렇게 덧붙였다. "이 섬들은 유럽 인의 교역로에서 벗어나 있고, 더벅머리 흑인 야만인이 살지만, 가장 개화한 종족들의 고급 취향을 만족시켜준다. 진주, 진주층(조개 껍데기 안쪽 면에 있는, 진주 광택이 나는 얇은 층), 거북 딱지 등은 유럽으로 실려 가며, 제비집이나 해삼 등은 중국인의 식도락을 위해 배에 가득 실려 간다."[79]

월리스는 자신이 '더벅머리 흑인 야만인'이라고 부른 사람들을 포함해 자신이 방문한 섬에 살고 있는 원주민에게 빅토리아 시대의 다른 여행자들보다 더 동정심을 느꼈으나, 그가 기술한 이야기는 완전히 옳은 것은 아니며, 그가 사용한 언어에는 그 시대의 편견이 담겨 있다. '더벅머리 야만인'은 사실은 약 160km 떨어진 뉴기니 섬에서 건너와 아루 제도에 정착한 파푸아 인이었다. 셀레베스 섬에서 시작하여 지롤로 섬(할마헤라 섬), 보우루 섬, 티모르 섬, 세람 섬, 반다 섬, 케 섬에 이르기까지 광대한 말레이 제도의 동쪽 끝 부분에 위치한 섬들에 사는 원주민은 파푸아 인이 아니고 말레이 인이었다. 즉, 이들은 피부가 노란색이고, 몸이 호리호리하며, 머리카락이 곧다. 아루 제도에 파푸아 인이 살고 있다는 사실은 화려한 새 가죽과 진주조개와 함께 이 섬들이 아주 특이한 곳임을 시사하는 또 하나의 단서였다.

서풍 계절풍이 시작되는 12월이나 1월이 바람을 타고 아루 제도로 여행하기에 가장 좋은 계절이다. 7월이나 8월은 반대 방향의 바람을 타고 돌아가기에 좋은 계절이다. 그 밖의 시기는 위험하다기보다는 항해 자체가 아예 불가능했는데, 부기족의 프라우선은 바람을 거슬러 항해할 수 없었기 때문이다. 월리스는 계속해서 이렇게 썼다. "이들 섬으로 교역을 하러 가는 것은 먼 옛날부터 이어져온 일이다. 그리고 린네에게 알려진 2종의 극락조를 처음으로 가져온 곳도 바로 이 섬들이었다."[80]

그 2종의 극락조는 진홍색의 왕극락조 Cicinnurus regius 와 그보다 더 큰 큰극락조 Paradisaea apoda 였다.[81] 박물학자일 뿐만 아니라 동물 표본을 파는 장사꾼이기도 했던 월리스는 이 종들에 큰 관심이 있었다. 부유한 영국인 채집가들은 훌륭한 큰극락조 표본을 세상의 어떤 새나 곤충보다도 더 귀중하게 여길 것이다.

그러나 부기족 교역자라고 해서 누구나 아루 제도로 건너가겠다고 나서지는 않았다. 그것은 결코 만만한 여행이 아니었다.

"아루 제도 여행에 성공한 사람은 큰 존경을 받았다. 많은 사람에게 그것은 평생 동안 이루지 못한 꿈으로 남았다. 나 역시 동양의 이 '울티마 툴레 Ultima Thule(세계의 끝 또는 극북의 땅이란 뜻)'에 갈 수 있기를 희망했다. 그런데 마침내 나는 부기족의 프라우선을 타고 1,600km의 바다를 건너고 무법천지인 교역자들과 난폭한 야만인들 사이에서 6~7개월을 지낼 용기만 있다면, 실제로 거기에 갈 수 있다는 걸 알았다. 그걸 알았을 때의 기분은 초등학생 시절에 처음으로 역마차를 타고 동네를 벗어나, 어린이의 상상 속에서 아주 낯설고 새롭고 환상적인 장소였던 런던을 방문하도록 허락받았던 때 느낀 것과 비슷했다."[82]

월리스는 프라우선을 믿었다. 그 프라우선은 돛대가 두 개 달린 화물선으로 중국의 정크와 비슷하게 생겼는데, 등나무 줄기로 단단히 묶고 대나무와 야자 재료로 마무리한 목선이었다. 헬렌호나 조디슨호 때와는 달리 이번에는 바다의 신이 월리스에게 미소를 보내주었다. 1857년 1월 둘째 주에 월리스는 무사히 아루 제도에 도착했다.

그 전에 아루 제도를 본 박물학자나 유럽 인은 거의 없었다. 월리스는 자신의 말레이 제도 여행에서 동쪽으로는 더 이상 갈 수 없는 지점에 이르렀다. 아루 제도는 여러 측면에서 윌리스에게 중요한 전환점이 되었다.

아루 제도의 자연사에 대하여

섬 생물지리학을 다룬 과학 문헌은 상당히 많다. 그 대부분은 학술지에 발표된 것들이다. 얼마나 많냐고? 나로서는 알 수 없다. 그것은 1914년 이후 〈뉴욕타임스〉에 전쟁 관련 기사가 몇 번이나 실렸는가 하는 질문과 비슷하다. 그래도 그 양은 어느 정도나 될까? 이런 식으로 한번 생각해보자. 내가 사는 몬태나 주에서는 겨울철에 픽업트럭 뒤쪽에 모래 주머니나 돌을 바닥짐으로 싣고 다닌다. 텅 빈 트럭은 뒷바퀴에 하중이 적게 실리기 때문에 눈 위에서 바퀴의 접지력이 약해 미끄러지기 쉽다. 그런데 모래 주머니 대신에 섬 생물지리학을 사용할 수 있다. 즉, 책이나 잡지에 실린 내용을 복사한 종이를 끈으로 꽁꽁 묶어 실으면 된다. 지금 내 책상 위에는 신중하게 모은 문헌이 쌓여 있다. 이용 가능한 것 중에서 대충 추려 모은 것이다. 저울에 무게를 달아보니 약 8kg이 나간다.

이 문헌들에는 다음과 같은 것들이 포함돼 있다. 〈The Origin of Species Through Isolation〉(1905), 〈Biological Peculiarities of Oceanic Islands〉(1932), 〈Area and Number of Species〉(1943), 〈Pygmy Elephant and Giant Tortoise〉(1951), 〈Isolation as an Evolutionary Factor〉(1959), 〈Galápagos Tomatoes and Tortoises〉(1961), 〈Animal Evolution on Islands〉(1966), 〈Small Islands and Equilibrium Theory of Insular Biogeography〉(1969), 〈Mammals on Mountaintops〉(1971), 〈The Number of Species of Hummingbirds in the West Indies〉(1973), 〈The Main Problems Concerning Avian Evolution on Islands〉(1974), 〈Island

Colonization by Carnivorous and Herbivorous Coleoptera⟩(1975), ⟨Patch Dynamics and the Design of Nature Reserves⟩(1978), ⟨The Application of Insular Biogeographic Theory to the Conservation of Large Mammals in the Northern Rocky Mountains⟩(1979), ⟨The Statistics and Biology of the Species-Area Relationships⟩(1979), ⟨The Equilibrium Theory of Island Biogeography: Fact or Fiction?⟩(1980), ⟨Should Nature Reserve Be Large or Small?⟩(1980), ⟨The Virunga Gorillas: Decline of an 'Island' Population⟩(1981), ⟨Trees as Islands⟩(1983), ⟨The Evolution of Body Size in Mammals on Islands⟩(1985), ⟨Conservation Strategy: The Effects of Fragmentation on Extinction⟩(1985), ⟨Two Decades of Interactions Between the MacArthur-Wilson Model and the Complexities of Mammalian Distributions⟩(1986), ⟨Extinction of an Island Forest Avifauna by an Introduced Snake⟩(1987), ⟨Extinct Pygmy Hippopotamus and Early Man in Cyprus⟩(1988), ⟨An Environment-Metapopulation Approach to Population Viability Analysis for a Threatened Vertebrate⟩(1990), ⟨A Dynamic Analysis of Northern Spotted Owl Viability in a Fragmented Forest Landscape⟩(1992), ⟨A Population Viability Analysis for African Elephant(*Loxodonta africana*): How Big Should Reserves Be?⟩(1993), ⟨Conservation of Fragmented Populations⟩(1994). 이제 여러분도 건성으로 건너뛰며 훑어보고 있을 테니 이쯤에서 그치자.

책상 위에 있는 것만 열거했을 뿐이다. 파일 캐비닛에도 20kg이 넘는 자료가 들어 있다. 이것들은 모두 학술지에 실린 논문들인데, 내가 모은 것이 이게 다가 아니다. 게다가 책은 아예 언급도 하지 않았다. 이렇게 많은 자료를 어떻게 처리해야 할까? 내게는 픽업트럭이 없으며, 내가 하는 일은 이것들을 힘겹게 모두 읽는 것이다.

사실은, 조금씩 읽으면 아주 흥미롭다.

이 논문들이 대부분 1970년대와 그 이후에 나왔다는 사실을 눈치챘는지 모르겠다. 맥아서와 윌슨이 1967년에 《섬 생물지리학 이론》이라는 얇은 책을 출간한 후 섬에 관한 연구와 이야기, 섬을 기본으로 한 이론적 사고가 폭발적으로 늘어났다. 물론 어설픈 연구는 그 이전에도 있었다. 에른스트 마이어Ernst Mayr는 1930년대와 1940년대에 섬에 사는 새들에 특별한 관심을 보였다. 데이비드 랙David Lack은 갈라파고스핀치들을 연구했다. 1920년대에 여러 과학자는 섬에서 발견되는 종의 수와 면적 사이의 관계를 집중적으로 연구했다. 그보다 훨씬 전인 1858년에도 흥미로운 연구가 일부 있었다. 이 모든 연구의 조상 격에 해당하는 연구는 《박물학 연보》 1857년 12월호에 실린 글이다. 그 제목은 〈아루 제도의 자연사에 대하여〉이고, 저자는 바로 앨프리드 월리스이다.

월리스의 이 연구 결과는 마카사르에서 계절풍을 피해 원주민의 프라우선을 타고 동쪽으로 여행한 것에서 나왔다. 만약 이 글이 섬 생물지리학 분야에서 나온 최초의 위대한 업적이 아니라면, 그 이전에 나온 훌륭한 연구를 내가 보지 못한 탓으로 돌려야 할 것이다. 다윈은 이보다 앞서 갈라파고스 제도에 대해 기술했으나, 영국으로 돌아갈 때까지 섬의 격리 상태가 지닌 중요성을 깨닫지 못했으며, 갈라파고스 제도에서 관찰한 것을 기술한 글에는 진화론자가 되기 이전의 서투름과 혼란이 반영돼 있다. 그러나 월리스가 아루 제도에 대해 쓴 논문은 꼼꼼한 관찰과 건전한 분석이 결합된 것으로, 다윈의 글과는 큰 차이가 있다.

그러나 〈아루 제도의 자연사에 대하여〉라는 논문은 오늘날 과학 문헌 목록에서 찾아볼 수 없다. 현재 활동 중인 생물학자들은 이 논문의 존재를 알지 못하며, 역사학자들도 대부분 그것을 무시했다. 이 논문은 완전한 형태로 최근에 출판된 적이 없으므로, 그 글을 꼭 보고자 하는 사람은 그것이 발표된 원래 학술지를 찾아보는 수밖에 없다. 월리스의 연구는 이런 식으로 간과되고 무시되고 잊혔다. 아루 제도에 관한 논문은 영지주의 복음서처럼 망각의 동굴 속에 묻혀 있다.

월리스는 다윈이 갈라파고스 제도에서 뒤늦게 발견한 것을 아루 제도에서 발견했는데, 그것은 바로 제유법提喩法("인간은 빵만으로 살 수 없다."에서 '빵'이 '식량'을 나타내는 것처럼 사물의 한 부분으로 그 사물의 전체를 나타내는 수사법)이었다. 무슨 소리냐 하면, 몇 가지 작은 사실 속에 거대한 진리의 암시가 들어 있었다는 말이다.

프라우선을 타고 아루 제도로

1857년 1월 8일, 월리스가 탄 프라우선이 도보에 도착했다. 계절에 따라 아루 제도의 교역 정착촌이 들어서는 도보는 아루 제도의 상업적 수도나 다름없었다. 도보는 작은 섬 북쪽 끝에서 팔처럼 툭 튀어나온 지대가 낮은 베이지색 산호 모래 위에 세워진 마을이었다. 월리스는 "그 폭은 가옥이 겨우 세 줄로 늘어설 수 있을 정도로 좁았다."[83]라고 묘사했다. 훗날 그는 "얼핏 보기엔 그 위에 마을을 세우기에는 아주 이상하고 황량해 보이는 장소였지만, 여러 가지 이점이 있었다."라고 회상했다. 그곳은 산호초 사이로 난 맑은 수로를 통해 접근이 용이했고, 돌출부에서 바람이 불지 않는 쪽(이것은 계절풍이 부는 방향에 따라 달라졌다)은 고요한 정박 장소로 아주 좋았다. 그리고 바다 쪽에서 끊임없이 불어오는 바람은 모기를 쫓아주어 이 마을에는 말라리아가 잘 발생하지 않았다. 건물들은 모두 똑같은 기본 형태로 지은 초가집으로 주거 공간과 창고를 겸했는데, 중간에 칸막이를 해 생활 공간과 창고를 나누었다.

월리스가 탄 배는 교역상들이 나타나기 전인 이른 시간에 도착했다. 마을은 빈 집들이 여기저기 널린 채 사실상 텅 비어 있어 월리스는 빈

집 하나를 자신의 집으로 선택해 거기다 장비들을 늘어놓았다. 장비라고 해야 상자와 매트 몇 개, 탁자 하나, 등나무 의자, 총과 그물, 건조대가 다였다. 개미가 기어 올라오는 걸 막기 위해 건조대 다리는 물이 담긴 용기에 담가두었다. 마카사르에서 데려온 어린 조수도 몇 명 있었다. 한 소년은 요리를 담당했고, 다른 두 아이는 표본 채집과 보존을 도와주었다. 야자나무 잎으로 만든 벽에 구멍을 뚫어 창문을 만듦으로써 탁자에 빛이 비치게 했다. 집은 음침하고 초라했지만, 월리스는 "모든 것이 갖춰진 맨션을 얻은 것처럼 만족했고, 한 달 동안 충분히 만족스럽게 살 것이라고 생각했다."[84] 월리스는 다음 날 아침부터 당장 채집 활동에 나섰다.

첫 채집 활동은 큰 기대를 품게 했다. 첫날, 월리스는 나비를 30종 잡았다. 아마존을 떠난 뒤로 하루에 채집한 것으로는 최고의 성과였다. 그중 많은 것은 아름다우면서도 희귀한 종이었으며, 영국의 인시류鱗翅類(나비, 나방 무리) 전문가들도 뉴기니 섬에서 채집된 몇몇 표본을 통해서만 아는 것들이었다. 그는 헤스티아 두르빌레이 Hestia durvillei로 확인된 유령나비, 공작나비의 일종인 드루실라 카톱스 Drusilla catops를 비롯해 인시류를 여러 종 채집했다. 며칠 후, 월리스는 힘차게 날아다니는 아주 크고 날개 색깔이 영롱한 무지개색인 새날개나비를 발견했다. 오르니톱테라 Ornithoptera 속에 속하는 이 나비는 셀레베스 섬에서 채집한 세 마리와 비슷했지만 같은 종은 아니었다. 처음에는 뉴기니 섬에 사는 포세이돈새날개나비 Ornithoptera poseidon처럼 보였지만, 자세히 살펴보니 아루 제도의 고유종으로 밝혀졌다. 그 나비가 위엄 있게 자신을 향해 날아오는 것을 바라보면서 월리스는 그것이 자신의 이론을 발전시키는 데 어떤 역할을 할지 미처 짐작하지 못했다. 하지만 월리스는 그것을 보고 흥분에 사로잡혔으며, "포충망에서 꺼낼 때까지 그것을 잡는 데 성공했다는 사실을 믿을 수가 없었다. 그리고 17cm나 되는 검은색과 초록색 광채를 발하는 그 날개와 황금색 몸통과 진홍색 가슴을 홀린 듯이 경탄의 눈으로 바라보았다."[85] 그는 영국에 있을 때 포세이돈새날개나비 표본을 보았지만, "그런 것과 비슷한 것을 직접 잡고, 손가락 사이에서 파닥거리는 감촉을 느끼고, 생생하게 살아 있는 아름다움을 바라보는 것은 색다른 느낌이었다. 그것은 온갖 식물이 뒤엉킨 숲 속의 고요한 어둠 속에서 빛나는 밝은 보석과 같았다. 그날 저녁, 도보 마을에는 만족에 겨운 사람이 최소한 한 명 있었다."[86]

그러나 도보 부근은 새를 채집하기에 별로 좋은 장소가 아니라는 사실을 알고 나자, 만족감은 금방 식었다. 런던에서 비싼 값에 팔리거나 자신의 연구에 큰 도움이 될 진귀한 새들을 아루 제도에서 채집할 수 있을 것이라는 희망을 품었지만, 그런 진귀한 새들은 정작 그 부근에 없었다. 도보는 아루 제도의 주요 섬들 중 북서해안 앞바다에 위치한 작은 섬 왐마 섬에 있었는데, 바다에서 접근하기가 쉽고 정박 시설도 훌륭한 편이지만 왐마 섬의 크기가 너무 작아 생물 다양성이 빈약했다. 이 섬에는 아루 제도의 큰 섬들에 서식하는 종들 중 일부만 살고 있었다. 예를 들어 검은코카투앵무는 볼 수 없었다. 숲칠면조와 화식조도 볼 수 없었다. 게다가 두 종의 극락조조차 살지 않았다. 월리스는 "이 작은 섬에 새들이 별로 없다는 사실이 명백해지자, 되도록 빨리 큰 섬으로 가기로 결정했다."[87]라고 기록했다.

그가 '큰 섬'이라고 부른 것은 실제로는 맞춰놓은 퍼즐 조각처럼 늘어선 대여섯 개의 섬이었다. 섬들 사이에는 좁은 해협들이 대체로 동서 방향으로 뻗어 있었다. 해협은 기묘하게도 강처럼 보였지만, 거기에는 분명히 민물이 아니라 짠물이 흘렀고, 물이 흐르는 방향도 조수의 방향에 따라 변했다. 이 때문에 숲이 무성하게 자란 양쪽 기슭 사이로 짠물이 넘실거리는 해협이 구불구불 지나가는 독특한 경치가 펼쳐졌다. 월리스는 왐마 섬에서 출발해 그러한 해협 중 하나를 탐사하면서 생물 다양성이 더 풍부한 큰 섬들의 내륙 쪽으로 가려고 했다.

그러나 도보 근처에는 해적이 출몰했기 때문에, 왐마 섬 원주민은 아무도 그런 모험에 따라나서려고 하지 않았다. 그러한 두려움은 편집증적인 환상에서 나온 것이 아니라 실제 경험에 근거한 것이었다. 해적은 그 부근에서 배를 멈추게 한 뒤 재물을 약탈하고 선원을 살해한다고 알려져 있었다. 때로는 해안 마을을 습격해 방화와 살인을 일삼고, 여자와 아이들을 끌고 가기도 했다. "한동안 단 한 사람도 자기 마을을 떠나려 하지 않았다. 나는 꼼짝없이 도보에서 포로 신세가 될 수밖에 없었다."[88] 월리스는 배를 한 척 샀다. 그리고 두 달 동안 마을을 돌아다니면서 "많은 대화와 노력"[89] 끝에 마침내 두 사람을 안내인으로 구하는 데 성공했다.

그들은 왐마 섬에서 바다를 건너 맹그로브 습지 사이로 구불구불 뻗은 시내(해협이 아니라)를 따라 워칸 섬(아루 제도의 큰 섬들 중 가장 북쪽에 위치한 섬) 중심부로 들어갔다. 맹그로브 습지가 마침내 끝나고 마른 땅이 나타나는 곳에 원주민의 오두막집이 한 채 있었다. 황량한 분위기가 감도는 작은 오두막집 안은 여남은 명의 사람들로 꽉 차 있었고, 조리용 불이 두 군데 피워져 있었다. 월리스는 식칼을 하나 주고서 다른 사람들과 함께 섬 안쪽으로 더 들어가고 또 일주일 정도 머물 수 있도록 허락을 받았다. 월리스는 한쪽 끝에 자리를 정해 간이 침대를 펼치고 표본 선반을 매달았다. 잠자리는 불편했고, 피를 빨아먹는 모래파리들이 극성맞게 괴롭혔으며, 더군다나 처음 며칠은 비가 계속 내려 채집 활동도 할 수 없었다. 월리스는 실망이 컸다. 그때, 어린 조수 하나가 동물 표본을 하나 가져왔는데, 그것은 "몇 달 동안의 지연과 기대를 보상해주고도 남았다."[90]

그것은 지빠귀만큼 작은 새였지만, 색깔과 장식이 아주 화려했다. "깃털은 대부분 짙은 빨간색이었고 유리 같은 광택이 났다. 머리 깃털은 짧고 벨벳 같았으며 짙은 오렌지색이었다. 가슴 부분에서 그 아래쪽은 순백색 비단처럼 부드럽고 광택이 났으며, 가슴을 가로지르는 금속

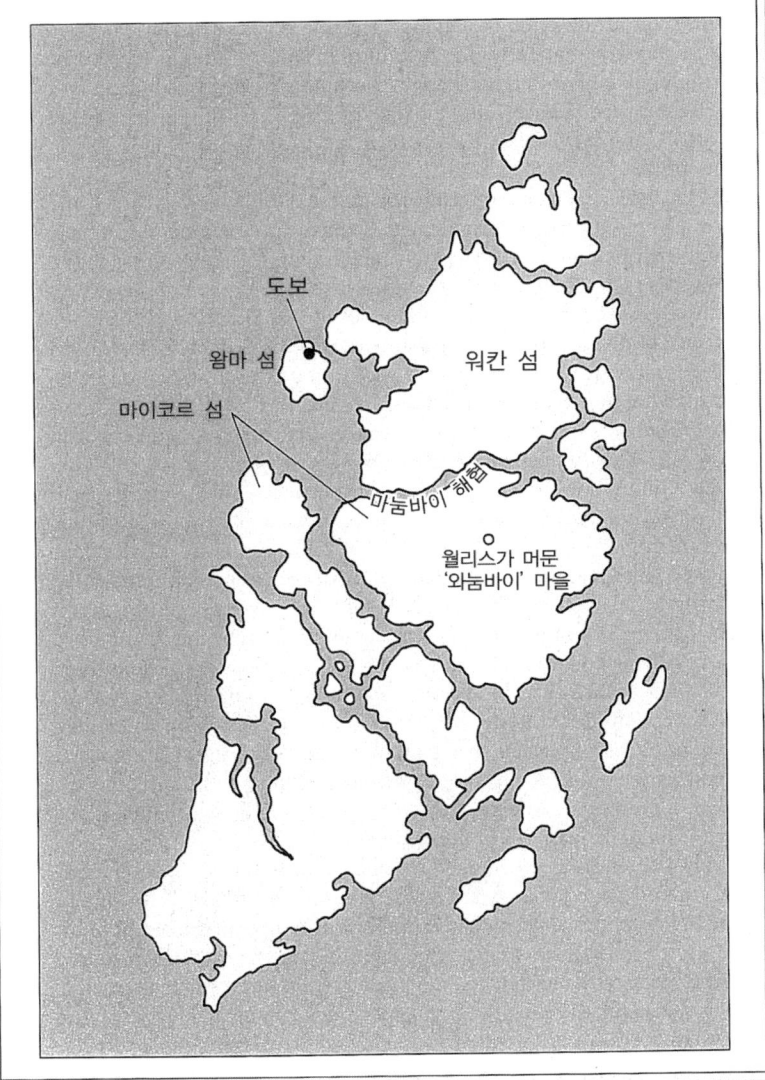

광택의 짙은 초록색 띠는 목 부위의 붉은색과 대조를 이루었다. 양 눈 위에는 가슴의 띠와 똑같이 금속 광택의 초록색 반점이 동그랗게 나 있었다. 부리는 노란색이고, 발과 다리는 아름다운 코발트블루로, 나머지 부분과 대조를 이루었다."[91] 날개 아래에는 기묘하게 생긴 회색과 초록색 부채꼴 깃털들이 붙어 있고, 꼬리의 다른 깃털들 위로 길고 가느다란 깃대 한 쌍이 솟아 있었다. 이 깃대들은 10cm쯤 아래에서 나선을 그리며 안쪽으로 촘촘하게 감겨 들어가 술로 장식된 한 쌍의 영롱한 초록색 단추 모양을 이루었다. "이 두 가지 장식물, 즉 가슴의 부채꼴 깃털과 나선형 꼬리 깃대는 지구상에 존재한다고 알려진 8,000종의 다른 새들에서는 볼 수 없는 특징이었다. 이것과 지극히 아름다운 깃털을 가진 이 새는 자연의 아름다운 피조물 중에서도 가장 완벽한 미를 갖춘 종 중 하나이다."[92] 월리스는 이 새의 정체가 왕극락조임을 확인했다. 아루 제도에서는 이 새를 고비고비goby-goby라고 불렀다. 원주민에게는 일상적으로 보는 흔한 새였다.

 2주일 뒤, 월리스는 자신이 '큰 수확'[93]이라고 부른 고비고비와 검은 코카투앵무를 채집했음에도 불구하고, 다른 곳으로 옮겨가기로 마음먹었다. 이곳에서 또 다른 극적인 표본을 채집하기는 어렵다고 판단했거나, 혼잡한 오두막집과 모래파리 때문에 견디기 힘들었는지 모른다. 모래파리는 특히 밤에 월리스를 못살게 괴롭혔다. "몸의 어느 부위든지 가리지 않고 물어뜯는데, 그 고통은 모기한테 물린 것보다 더 오래 지속되었다. 특히 많이 물어뜯긴 발과 발목은 부어오른 빨간 점들로 뒤덮여 극심한 고통을 주었다."[94] 또한, 도보에서 온 안내인 중 한 사람이 열병에 걸려 집으로 돌아가길 원했다. 월리스는 이런저런 사정을 감안하여 그만 철수할 때가 되었다고 판단했다.

 월리스는 환자를 대신할 사람을 새로 고용하여 맹그로브 습지를 지나왔던 길을 되돌아갔다. 그러다가 워칸 섬과 그 남쪽의 마이코르 섬 사이를 가로지르는 첫 번째 해협 입구에서 다시 섬 안쪽으로 들어갔다. 해협은 입구에서는 바다에 면한 강어귀처럼 아주 넓었으나, 조금 안쪽으로 들어가자 런던의 템스 강만큼 폭이 줄어들었다. 해협은 양쪽 기슭 사이에서 강처럼 구불구불 뻗어 있었는데, 물의 짠맛과 조수의 흐름만이 그것이 강이 아니고 해협임을 알려주었다. 배는 약한 바람의 도움을 받아 노를 별로 젓지 않아도 잘 나아갔다. 월리스 일행은 이틀 동안 동쪽으로 계속 나아갔다. 암초가 많은 여울을 빠져나가느라 애를 좀 먹은 뒤에 해협의 동쪽 입구를 빠져나와 다시 바다로 나갔다. 아루 제도의 한가운데를 관통하여 반대편 끝으로 나온 것이다.

그렇지만 아루 제도의 동쪽 연안은 월리스가 원하던 장소가 아니었다. 그는 내륙 지역을 원했다. 그래서 다시 방향을 돌렸는데, 이번에는 돌풍에 휘말려 앞바다로 밀려갈 위험에 처하는 바람에 젖 먹던 힘을 다해 노를 저어 간신히 해협으로 돌아올 수 있었다. 그다음 이틀 동안은 서쪽을 향해 왔던 길을 되돌아가다가 중간쯤에 이르러 남쪽에서 흘러들어오는 작은 시내로 접어들어 마이코르 섬의 중심부를 향해 나아갔다. 배가 더 이상 나아갈 수 없는 지점에 이르렀을 때, 눈앞에 "와눔바이라는 작은 마을이 나타났다. 그것은 아루 제도의 처녀림 한가운데에 자리 잡은 큰 집 두 채와 농장이 다였다."[95] 월리스는 그곳 풍경이 아주 마음에 들었다.

그곳에서 근사한 초가집 하나를 빌렸다. 그 대가로 옷감 9m, 도끼 하나, 구슬 몇 개, 담배 약간을 지불했다. 월리스는 그곳에 6주일이나 머물렀다. 주변 지역을 둘러보려고 나선 첫 번째 탐사에서 큰 나비를 발견했다. 검은색 바탕에 영롱한 파란색 네모 무늬들이 박혀 있는 그 나비는 아마존에서 보았던 나비를 떠오르게 했다. 월리스는 그것이 호랑나비의 일종인 율리시스나비 *Papilio ulysses*임을 알아챘다. 다양한 새 울음소리로 미루어 조류 채집도 기대할 만하다고 판단했다. 활 솜씨가 뛰어난 이곳 남자들과 소년들은 어디서 왔는지 모를 이 괴상한 흰둥이가 먹을 수 없는 것이라도 어떤 동물들을 잡아다주면 값을 후하게 지불한다는 사실을 알고 기뻐했다.
　이틀째 되는 날 저녁, 월리스는 뉴기니 섬에만 사는 것으로 알려진 한 호랑지빠귀 종을 손에 넣었다. 얼마 뒤에는 라켓꼬리물총새도 손에 넣었다. 이 물총새는 부리가 붉은색이고 몸은 밝은 파란색과 흰색인데, 길쭉한 꽁지깃 두 개가 끝 부분이 동그란 모양이어서 스쿼시 라켓처럼 생긴 것으로 보아 흰꼬리물총새 Tanysiptera 속으로 분류할 수 있었다. 그렇지만 이 물총새는 훨씬 서쪽의 몰루카 제도에 사는 흰꼬리물총새나 훨씬 동쪽의 뉴기니 섬에 사는 흰꼬리물총새와는 분명히 다른 새로운 종이었다. 처음부터 조짐이 좋았다. 와눔바이 마을과 주변의 숲은 아루 제도에 대한 기대를 충족시켜줄 것처럼 보였다. 원주민 사냥꾼은 계속해서 온갖 종류의 멋진 동물을 잡아 가지고 왔다. 월리스도 건강에 이상이 없는 한 매일 사냥에 나섰으며, 이제 활을 쏘거나 새 가죽을 벗기는 데 능숙해진 조수들도 큰 도움을 주었다. 일주일이 지나갈 무렵, 두 소년 중 더 부지런한 녀석이 큰극락조를 들고 의기양양하게 돌아왔다.
　와눔바이에서는 새 사냥은 성과가 좋았지만, 생활 환경이나 작업 환경은 여전히 열악했다. 집 안에는 온갖 종류의 벌레와 독충이 들끓었다. "이곳에는 쥐와 생쥐 대신에 비슷한 크기의 유대류 동물들이 밤중에 돌아다니면서 잘 덮어두지 않은 음식은 무엇이든 먹어치운다. 네댓 종의 개미는 물이라는 장애물이 없으면 무엇이든 공격하며, 심지어 한 종은 헤엄쳐서 물을 건너기까지 한다. 바구니와 상자 속에는 큰 거미가 숨어 있고, 심지어는 모기장이 접힌 부분에도 숨어 있다. 지네와 노래기는 없는 곳이 없어 베개 밑이나 내 머리 속에서도 나온다. 그리고 며칠 동안 내버려둔 상자나 판자 밑에는 틀림없이 작은 전갈이 자리를 잡고 있다가, 그것을 들추면 무시무시한 꼬리를 치켜들고 공격 자세를 취한다. 이러한 벌레들과 함께 사는 것은 섬뜩하고 위험한 일이지만, 이 모든 것을 합친다 해도 성가신 모기에 비하면 아무것도 아니다."[96] 모기는 특히 월리스가 낮에 걸어다니는 장소인 마을 주변의 사탕수수밭과 채소밭에 많이 들끓었다. 불행하게도, 이 모기들은 낮에 활동하는 종류라서 월리스와 활동 시간이 일치했다. 모기들은 그렇지 않아도 워칸 섬에서 모래파리들에게 뜯긴 상처가 가득한 월리스의 발을 특히 좋아했다. "한 달 동안 끊임없이 징벌을 받은 유용한 신체 부위들은 마침내 그런 대우를 참지 못하고 반기를 들었다. 발에 수많은 염증성 궤양이 생기는 바람에 고통스러워 걸을 수가 없었다. 나는 집에 처박혀 언제 다시 나다니게 될지 기약할 수 없는 신세가 되고 말았다. 날씨가 더우면 발에 난 상처나 염증이 잘 낫지 않는다. 그래서 어떤 질병보다 두려웠다."[97]

날씨가 화창해지자 곤충 채집을 하기에 더할 나위 없이 좋았다. 그러나 그것도 밖으로 나갈 수 있을 때 이야기이다. 그런 상황에서 집 안에 틀어박혀 있어야 하다니 정말 환장할 노릇이었다. "목욕을 하려고 기어서 강기슭까지 갔을 때 날개가 파란 율리시스나비를 비롯해 희귀한 곤충들이 보였다. 그렇지만 그것은 그림의 떡이었다. 나는 멍하니 바라보기만 하다가 조용히 돌아와서 새 가죽을 벗기거나 실내에서 할 만한 다른 일을 하는 수밖에 없었다."[98] 그래도 신체적 불편은 아무것도 아니었다. "힘들고 긴 여행 끝에 도착하여, 이 세기가 가기 전에 같은 목적으로 다시 찾아오기 힘들 이 숲 곳곳에서 진귀한 동물들을 만날 수 있는데도, 발에 난 상처 때문에 집 안에 틀어박혀 있어야 한다는 것은 박물학자에게는 너무나 가혹한 징벌이었다."[99] 그래도 두 소년이 큰극락조와 왕극락조를 비롯해 인상적인 표본들을 채집해오는 것에서 약간의 위안을 얻었다.

와눔바이에 온 지 거의 6주일이 지나갈 무렵, 월리스는 하루 중 절반 이상의 시간을 집 안에서 곪은 발을 돌보며 보냈다. 보급품은 거의 동이

났다. 행동은 제약을 받았지만, 표본 상자들은 가득 찼다. 이곳에서 야영 생활을 계속하는 한 발이 금방 나을 희망은 보이지 않았다. 게다가 그 무렵에는 새 사냥 성과도 눈에 띄게 줄어들었다. 월리스 일행이 새를 많이 잡아 죽인 탓도 있지만, 계절에 따른 새들의 행동 변화도 한 가지 원인이었다. 월리스는 이제 도보로 돌아갈 때가 되었다고 판단했다. 남은 소금과 담배를 마을 사람들에게 나누어주고, 집 주인에게는 야자 술이 담긴 병을 건네고 작별 인사를 했다. 그리고 배에 올라타 시내를 따라 내려가다가 해협에서 서쪽으로 부는 순풍을 만나 순조롭게 항해를 했다.

그렇게 풍요롭고 특별한 숲 속에 자리잡아 마음에 딱 드는 마을을 떠난다는 것은 쉬운 일이 아니었다. 말레이 제도에서 머문 8년 가운데 아루 제도에서 보낸 몇 달간이 가장 성과가 좋았으며, 그중에서도 와눔바이에서 보낸 몇 주일 동안에 가장 큰 수확을 거두었다. 훗날 월리스는 이렇게 썼다. "나는 나중에 다시 그곳으로 돌아갈 생각이었다. 그러나 여건이 허락하지 않으리란 걸 미리 알았더라면, 희귀하고 아름다운 생물이 그렇게 많이 사는 것을 처음 보았고, 운 좋게도 여태까지 전혀 탐험된 적이 없는 장소라는 사실이 박물학자의 마음을 기쁨으로 가득 채웠으며, 예상 밖의 새 보물을 날마다 얻을 수 있었던 그 장소를 떠난 것을 몹시 애석하게 여겼을 것이다."[100] 그곳은 이중으로 생산적인 성과를 낳았는데, 훌륭한 표본을 채집했을 뿐만 아니라 진화에 대한 개념을 발전시키는 데에도 중요한 계기가 되었기 때문이다. 그러나 월리스는 그곳을 다시 밟지 못했다.

도보로 돌아온 월리스는 발이 완전히 나을 때까지 6주일 동안 더 실내에 머물러야 했다. 그러자 6월 말이 되어 건기가 끝나고 숲이 물웅덩이로 변하자 왐마 섬은 종들이 이전보다 더 빈약해진 것처럼 보였다. 계절풍의 방향이 바뀌어 동쪽에서 바람과 비가 몰려왔다. "길에는 축축하게 물이 고이고, 곤충은 보기가 매우 어렵다."[101] 희귀한 딱정벌레 몇 종을 발견하는 데 그쳤지만, 그래도 그중에서 가장 나은 것을 골라 채집했다.

한편, 도보의 시장은 한창 절정에 이르렀지만 그러한 활기는 오래가지 않을 것이다. 다른 섬들에서 배로 실어 온 바나나와 사탕수수는 담배나 다른 사치품과 교환되었다. 말린 해삼은 자루에 채워졌다. 등나무 줄기로 묶은 진주조개 껍데기는 큰 프라우선에 실렸다. 마카사르로 돌아가려는 상인들은 마지막 준비로 바빴다. 동풍 계절풍이 부는 이 시기를 놓치면 이곳에 1년간 더 묶여 있어야 하기 때문이다. 만약 그렇게 된다면 매우 외로울 것이다. 장이 설 때에만 일시적으로 생기는 마을인 도보는 서커스가 끝난 뒤처럼 텅 빈 채 오두막집들만 덩그러니 남아 있을 것이다. "중국인들은 살찐 돼지를 잡아 마지막 향연을 벌였다. 그들은 친절하게도 내게 돼지고기와 제비집 수프를 나눠주었는데, 제비집 수프는 베르미첼리(스파게티보다 가는 이탈리아 파스타의 일종)보다 더 맛있다고 할 수 없었다."[102] 세심한 관찰자인 월리스는 모두가 부산하게 움직일 때에도 자기가 느낀 것을 열심히 기록했다. 월리스도 챙겨야 할 짐이 많았다. 가져가야 할 표본이 9,000여 점이나 되었다. 종수는 1,600여 종으로 그중 많은 것은 과학계에 처음 알려지는 것이었다.

월리스는 아루 제도에서 감행한 도박에 만족했다. "나는 거의 알려지지 않은 기이한 종족과 친해졌다. 세상에서 가장 놀랍고 아름다우면서도 전혀 알려지지 않은 새로운 동물상과 식물상을 탐사하는 즐거움에 푹 빠졌으며, 이 여행의 주요 목적을 달성하는 데 성공했다. 그 목적이란 바로 멋진 극락조의 훌륭한 표본을 얻고, 그들이 사는 야생 숲에서 그 모습을 관찰하는 것이었다. 이 성공에 고무되어 몰루카 제도와 뉴기니 섬에서 한 5년 더 연구를 계속해볼까 하는 생각이 든다."[103] 7월 2일, 월리스가 탄 프라우선이 도보를 떠났다.

그리고 열흘 뒤, 1,600km의 바다를 건너 마카사르에 도착했다. 얼마 후 월리스는 〈아루 제도의 자연사에 대하여〉라는 제목의 논문을 써서 우편선으로 스티븐스에게 보냈다. 그 논문은 그해 12월에 《박물학 연보》에 실렸다. 그러나 영국 사람들은 아무도 그 논문에 관심을 보이지 않았다. 아루 제도는 부기족 상인에게는 환상의 장소일지 모르지만, 영국 박물학자에게는 너무나도 멀고 이국적인 곳이라 상상의 대상조차 되지 못했다.

젊은 월리스가 생각한 개념도 마찬가지였다.

과거에 아루 제도는 뉴기니 섬과 연결돼 있었다

훗날 월리스는 아루 제도를 탐사한 이야기를 마치 개인적인 여행기처럼 서술했다. 극적인 장면과 고독 속에서 느꼈던 좌절, 환희의 순간이 가득한 이 이야기는 월리스의 가장 유명한 저서인 《말레이 제도》에 실려 있다.

앞서 발표한 짧은 논문 〈아루 제도의 자연사에 대하여〉는 이와는 달리 개인적인 감정이나 느낌을 배제하고 더 이론적으로 서술되었으며, 엄격하게는 아니지만 대체로 세 부분으로 나뉘어 있다. 첫 부분에서는 자신의 여행을 개략적으로 설명한다. 그다음에는 자신이 직접 관찰한 것을 기술하는데, 채집하거나 목격한 조류 및 포유류 종들의 명단뿐만 아니라 아루 제도의 특이한 지질학도 다룬다. 종들의 명단은 마지막 부분에서 어떤 패턴을 도출하는 데 중요한 경험적 근거를 제공한다.

아루 제도에는 어떤 생물들이 살고 있었을까? 왕극락조와 큰극락조 외에 월리스는 100종 이상의 조류를 언급했다. 거기에는 비둘기 12종, 매 4종, 꿀빨이새 9종, 솔딱새류 13종, 앵무 또는 앵무와 비슷한 종 10종, 숲제비 1종, 때까치 3종, 팔색조 2종, 태양새 5종, 그리고 물총새 11종이 포함돼 있다. 아루 제도에 사는 조류 중 많은 종은 뉴기니 섬에도 살고 있었다. 두 섬에 같은 종의 새들이 산다는 사실은 두 가지 점에서 주목을 끌었다. 뉴기니 섬과 아루 제도 사이의 거리가 다소 멀다는 점(160km나 되는 망망대해는 앵무새가 날아가기에는 너무 먼 거리이다)과, 말레이 제도에서 더 서쪽 지역으로 가면 같은 종들을 볼 수 없다는 점이 그것이었다. 월리스는 큰검은코카투앵무를 발견했는데, 이 종은 뉴기니 섬과 오스트레일리아에는 살지만, 서쪽으로 멀리 떨어진 셀레베스 섬에는 살지 않았다. 뉴기니 섬에 사는 황관앵무도 발견했다. 오스트레일리아에 사는, 날지 못하는 큰 새인 화식조도 보았다. 아루 제도가 동쪽과 연결 관계가 있음을 시사하는 증거는 조류뿐만이 아니었다. 월리스는 쿠스쿠스와 캥거루를 비롯해 대여섯 종의 유대류를 직접 잡거나 보거나 그 이야기를 들었다.

그리고 아루 제도에 살지 않는 동물들도 흥미로운 점이 있었다. 월리스는 자바 섬과 보르네오 섬, 셀레베스 섬을 비롯해 말레이 제도의 서쪽 끝 지역에는 많이 살지만 아루 제도에는 살지 않는 조류 6종(딱따구리, 비단날개새, 코뿔새, 넓적부리, 뻐꾸기새, 벌잡이새)을 언급했다. 포유류에서도 비슷한 패턴이 나타났다. 돼지(사람들을 통해 다른 섬으로 쉽게 이주가 가능한)와 박쥐(혼자 힘으로 바다를 잘 건널 수 있는)를 제외하고는, 말레이 제도의 양쪽 끝 지역에 공통적으로 살고 있는 주요 포유류 집단은 없었다. 아루 제도에는 육식 동물과 설치류와 영장류와 유제류(발굽이 있는 포유류)가 전혀 살지 않는다고 월리스는 보고했다. 아루 제도에 살고 있는 포유류는 박쥐와 돼지를 제외하고는 모두 유대류였다.

이러한 사실로부터 아루 제도가 나머지 말레이 제도에 속하는 것이 아니라 뉴기니 섬과 오스트레일리아에 속한다고 명백한 결론을 내릴 수 있었다. 월리스는 동쪽으로 배를 타고 여행하던 도중에 어느 지점에서 한 생물지리학적 영역을 벗어나 다른 영역으로 들어가는 것을 경험했다. 그 선을 넘어가는 순간, 주머니쥐가 원숭이를, 코카투앵무가 비단날개새를, 화식조가 바비루사를, 극락조가 다른 새를 대체하는 일이 일어났다. 롬복 섬에서 시작된 생물 군집의 변화는 이곳에서 절정에 이르렀으며, 그것은 아루 제도와 뉴기니 섬의 동물상이 놀라울 정도로 비슷하다는 사실에 잘 반영돼 있었다. 월리스는 "그토록 넓은 바다로 분리된 다른 곳에서는 이와 같은 일치 현상이 일어나는 경우가 없다고 알고 있다."[104]라고 썼다. 그리고 실론(스리랑카의 옛 이름)과 인도 사이의 거리는 아루 제도와 뉴기니 섬 사이의 거리보다 훨씬 가깝지만, 실론과 인도 사이의 동물상 차이가 아루 제도와 뉴기니 섬 사이의 차이보다 한층 크다고 지적했다. 태즈메이니아 섬도 오스트레일리아 본토와 그렇게 멀리 떨어져 있지 않지만, 태즈메이니아 섬에 사는 동물들은 오스트레일리아 본토와 큰 차이가 난다. 사르데냐 섬과 이탈리아 역시 그렇다. 발리 섬과 롬복 섬은 훨씬 더 가깝지만, 동물상은 아루 제도와 뉴기니 섬의 차이보다 더 큰 차이를 보인다. 월리스는 이것을 설명할 방법은 한 가지밖에 없다고 생각했다. 즉, 그다지 멀지 않은 과거에 아루 제도가 마른 땅으로 뉴기니 섬과 연결돼 있었을 것이다.

지리학적으로는 충분히 가능성이 있었다. 아루 제도 서쪽은 해저가 급격한 경사를 이루지만, 뉴기니 섬이 있는 동쪽은 바다가 얕다. 아루 제도는 뉴기니 섬에서 뻗어나온 대륙붕 가장자리에 자리하고 있다. 해저 지형 외에 아루 제도 자체에서 더 중요한 증거를 발견할 수 있는데, 그것은 바로 강처럼 아루 제도를 관통하는 세 해협이다. 그곳에는 바닷물이 조수의 흐름에 따라 들락날락하긴 했지만, 월리스는 그것이 강 같다는 느낌을 지울 수가 없었다.[105] 월리스가 아는 한, 지구상에서 이처럼 바닷물이 강처럼 섬들 사이를 관통하는 예는 없었다. 이것을 설명할 수 있는 유일한 방법은 "이 해협들이 한때 진짜 강이었다고 가정하는 것뿐이다. 즉, 이 강들은 뉴기니 섬의 높은 산에서 발원하여 흐르다가 지반

이 가라앉는 바람에 현재와 같은 모습이 되었다."[106] 월리스는 이 해협들이 옛날에 뉴기니 섬에서 흐르던 강들의 하류 끝부분에 해당하며, 지질학적 침강이 일어나면서 상류 쪽이 해수면 아래로 잠기고 아루 제도가 대륙붕 위의 섬으로 남게 되었다고 보았다. 만약 월리스의 추측이 옳다면, 과거의 어느 시점에 뉴기니 섬에서 아루 제도 쪽으로 강들이 흘렀을 것이다. 그러는 한편으로 숲을 통해 조류와 유대류가 자유로이 왕래했을 것이다.

어느 종이 어디에 사는지 자료를 수집하여 분류하고 나서, 월리스는 중요한 질문을 제기했다. 왜 그럴까? 그 당시에는 특별한 창조론이 아직도 널리 받아들여지고 있었으며, 그 밖의 견해들은 이단으로 간주되었다는 사실을 염두에 두어야 한다. 그렇지만 만약 정통 교리처럼 하느님이 단순히 특정 장소에는 특정 동물들만 살도록 설계했다면, 왜 아루 제도의 동물상은 나머지 말레이 제도의 동물상과 그렇게 차이가 날까? 지리와 기후가 비슷한데도 왜 서식하는 동물들은 그렇게 큰 차이가 날까? 코카투앵무와 주머니쥐는 왜 발리 섬에 살지 않을까? 원숭이와 딱따구리는 왜 아루 제도나 뉴기니 섬에 살지 않을까? 이것을 과학 이론으로 설명할 수 없을까? 아니면 정말로 신의 변덕에 불과한 것일까? 여기서 월리스가 쓴 아루 제도에 대한 논문은 아루 제도보다 훨씬 큰 개념과 패턴으로 방향을 돌린다.

종은 멸종한다

월리스가 실제로 표적으로 겨냥한 것은 특별한 창조론이었다.

월리스는 종은 멸종한다고 썼다. 종은 각자에게 주어진 시간, 대개 수백만 년 단위로 측정되는 시간 동안 살다가 사라진다. 이 사실은 화석 기록에 분명히 남아 있다. 긴 시간의 척도에서 보면 그것은 점진적인 과정이며, 어떤 종이 멸종한 자리는 다른 종이 출현해 메운다. 독실한 창조론자(최소한 찰스 라이엘처럼 과학적 사고를 가진 독실한 창조론자)도 오래된 종의 멸종과 새로운 종의 탄생 사이에 그러한 균형이 존재한다는 사실을 인정했다. 그렇다면 새로 태어나는 종의 기원은 무엇인가? 새로운 종이 출현하는 메커니즘은 무엇인가? 정통 견해는 그 메커니즘이 바로 특별한 창조라고 주장했다. 월리스는 이렇게 썼다. "일반적인 설명에 따르면, 오래된 종이 멸종하면 각 나라나 지역에서 그곳의 물리적 조건에 적응한 새로운 종이 창조된다."[107] 즉, 하느님의 직접 개입을 통해 종이 탄생한다는 것이다. 코카투앵무가 사는 바로 그 장소에 하느님이 코카투앵무를 창조했으며, 또 하느님은 현명한 판단을 통해 아루 제도는 딱따구리가 살기에 적당하지 않은 곳으로 결정했다. 하느님은 각 종을 사는 곳의 환경에 맞춰 적절한 모양으로 만들었으며, 신성한 생태학적 명령으로 전 세계의 동물상과 식물상을 만들어내고 배분했다. 특별한 창조론은 이런 식의 논리를 펼쳤다.

특별한 창조론을 바탕으로 한 추론에 따르면, 환경이 비슷한 장소들에는 비슷한 종들이 살아야 하고, 환경이 다른 장소들에는 서로 다른 종들이 살아야 한다고(각각의 환경이 어떤 종이 살기에 적절한지 결정하는 하느님의 판단에 일관성이 있다면) 월리스는 지적했다. 문제는 이 추론이 성립하지 않는다는 것이었다.

한 예로 월리스는 뉴기니 섬과 보르네오 섬을 들었다. 이 두 섬은 크기와 위치 및 물리적 특징, 기후 면에서 놀라울 만큼 조건이 비슷하다. "두 섬 모두 뚜렷한 건기가 없으며, 1년 내내 비가 지속적으로 내린다. 두 섬 모두 적도 가까이에 위치하며, 동풍 및 서풍 계절풍이 주기적으로 불고, 거의 모든 지역이 울창한 숲으로 덮여 있다. 또한, 두 섬 모두 편평한 습지 연안 지역이 넓게 뻗어 있고, 내륙 지역에는 산이 많다."[108] 이 모든 유사점에도 불구하고 두 섬의 동물상은 아주 다르다.

뉴기니 섬과 보르네오 섬의 차이를 부각시키기 위해 월리스는 뉴기니 섬과 오스트레일리아를 비교했다. 이번에는 비슷한 점과 차이점이 정반대로 나타난다. 두 곳의 지형 및 기후 조건은 아주 다르지만(뉴기니 섬은 경사가 급한 산지 지형이 많고 대부분 열대우림으로 뒤덮여 있는 반면, 오스트레일리아는 편평한 평지가 많고 대부분 사막과 사바나로 이루어져 있다), 동물상은 아주 비슷하다. 오스트레일리아와 뉴기니 섬에는 같은 종류의 조류 및 포유류 집단이 살고 있을 뿐만 아니라, 살지 않는 종류들도 비슷하다. 월리스는 "만약 캥거루가 오스트레일리아의 건조한 평원과 탁 트인 삼림 지대에서 살아가도록 특별히 적응했다면, 뉴기니 섬의 습기 차고 울창한 숲 속에서도 살아가는 이유로 뭔가 다른 것을 내놓아야 할 것이다."[109]라고 주장했다. 또, 만약 오스트레일리아의 건조한 유칼립투스 삼림 지대가 딱따구리가 살기에 부적당한 장소라면, 왜 뉴기니 섬에도 딱따구리가 살지 않는지 설명할 수 없다.

월리스는 생물지리학을 범위와 영향력이 아주 큰 개념적 도구로 사용했다. 그는 종들이 어떤 곳에는 살고 어떤 곳에는 살지 않는지 너무나도 많은 것을 알고 있었기 때문에 특별한 창조론을 도저히 받아들일 수 없었다. 관찰 자료가 기존의 이론과 어긋나는 현실 앞에서 월리스는 이론을 포기하는 쪽을 택했다. "따라서 종들의 분포를 결정하는 다른 법칙이 있다고 결론 내릴 수밖에 없다."[110] 그는 종들의 분포뿐만 아니라 그 기원에 대해서도 깊이 생각하고 있었다.

다른 법칙의 후보로 생각한 것은 사라왁에서 쓴 논문에서 주장한 것이었다. 월리스는 《박물학 연보》 독자들에게 그 사실을 상기시켰다. "이 간행물의 지난 호에서, 새로 생겨나는 모든 종은 같은 장소에 이미 존재하는 어떤 종과 밀접한 관계가 있다는 간단한 법칙이 이 모든 불일치를 설명해준다는 것을 보이려고 노력했다."[111] 월리스는 위대한 발견을 향해 다가가고 있었으나, 그곳에 도착했다고 주장하기에는 아직 일렀다. 사라왁에서 쓴 논문은 그러한 불일치들을 설명하지 못했으며, 단지 논리정연하게 일반화하는 데 그쳤다.

아루 제도에서 쓴 논문에서는 한 걸음 더 나아갔다. 그 논문에서는 기후는 서로 다르지만 과거에 서로 연결돼 있었던 거대한 두 섬 뉴기니 섬과 오스트레일리아를 비교 연구했다. 뉴기니 섬에는 가까운 관계이긴 하지만 오스트레일리아의 화식조(큰화식조)와는 다른 작은화식조가 살고 있다. 또, 오스트레일리아의 캥거루와는 다른 나무캥거루도 살고 있다. 왜 이런 차이가 나타날까? 월리스는 이렇게 설명했다.

> 오스트레일리아와 뉴기니 섬이 분리된 이후에 새로운 종들이 각 섬에 서서히 도입되었다. 그렇지만 이 종들은 이미 존재하고 있던 종들과 아주 가까운 관계였다. 그리고 그중 많은 종은 처음부터 두 장소에 공통으로 존재했다. 이 과정에서 현재처럼 많은 근연종이 존재하는(똑같은 종은 거의 없이) 두 가지 동물상이 생겨난 게 틀림없다.[112]

더 보자.

> 분리가 일어날 당시에 한곳에만 살던 종들은 근연종이 점진적으로 도입되면서 그곳만의 특별한 집단이 생겨났다.[113]

표현이 다소 모호하긴 하지만, 이 이야기는 정확하면서도 중요하다. 월리스는 사라왁의 논문에서 표현한 것처럼 동일한 시간과 공간에 함께 존재하는 근연종들의 패턴을 설명하는 데 한 발짝 더 다가갔다.

거기에 도달하기까지 이제 두 단계가 남아 있었다. '점진적 도입'이란 용어는 좀 더 명확하게 정의해야만 '진화'라는 단어로 탈바꿈할 수 있을 것이다. 그리고 월리스는 더 큰 질문에 대한 답을 얻어야 했다. 그것은 진화가 어떤 메커니즘을 통해 일어나는가 하는 것이었다. 이 두 번째 질문은 아직 풀리지 않은 불가사의 중의 불가사의였다.

다윈의 답장

그해, 그러니까 1857년 말에 다윈도 월리스의 주장을 진지하게 생각하기 시작했다. 그렇지만 아직도 월리스를 제대로 평가한 것은 아니었다.

월리스는 아루 제도 탐사에서 돌아온 뒤 마카사르에서 다윈에게 두 번째 편지를 보냈다. 첫 번째 편지와 마찬가지로 이 편지 역시 다윈의 문서 보관함에서 사라졌다. 이 편지의 내용에 대한 단서는 다윈의 답장에서 찾을 수 있을 뿐이다. 다윈은 첫 번째 편지에는 몇 달 동안 답장을 보내지 않았으나, 두 번째 편지에는 즉시 답장을 보냈다.

12월 22일의 편지에 다윈은 이렇게 썼다. "이론적 개념과 일치하는 분포에 관심을 기울였다는 소식을 듣고 무척 기뻤습니다. 나는 사색이 없으면 훌륭하고 독창적인 관찰도 없다고 믿습니다. 당신이 현재 관심을 가진 것에 눈을 돌린 사람은 여행가 중에 거의 없었지요. 사실, 동물 분포라는 분야 자체가 식물 분포보다 많이 뒤떨어져 있지요."[114]

월리스의 편지는 분포에 관한 연구 외에 앞서 발표한 사라왁의 논문이 철저히 무시당한 데 실망의 감정도 표현한 것으로 보인다. 다윈이 편지에서 다음과 같은 위로의 말을 했기 때문이다. "당신은 사람들이 《박물학 연보》에 실린 논문에 전혀 관심을 보이지 않은 것에 다소 놀랐다고 말했지요. 그렇지만 나는 그렇게 놀라지 않았습니다. 박물학자들은 대부분 종에 관한 기술 외에 다른 것에는 별로 관심이 없기 때문입니다. 그렇다고 해서 당신의 논문이 관심을 전혀 끌지 못했다고 생각하지는 마세요. 아주 훌륭한 과학자인 라이엘 경과 블라이스 경이 내게 특별히 당신의 논문을 읽어보라고 권했으니까요."[115] 이 마지막 한 마디는 아주 기쁜 소식이었을 것이다. 열대 지방의 뜨거운 태양 아래에서 좌절에 빠져 외롭게 앉아 있던 월리스는 위대한 라이엘 경이 자신의 연구에 관심을 보였다는 글을 읽고 큰 용기를 얻었을 것이다.

그것은 월리스에게 자신의 연구에 자신감을 갖게 해준 중요한 사건이었다. 또, 다윈이 자신과 라이엘을 연결하는 중개자 역할을 해 훗날 도움을 청할 수 있을 것이라는 기대를 품게 했다.

다윈은 이렇게 덧붙였다. "나는 아루 제도의 동물 분포에 관한 당신의 논문을 아직 보지 못했습니다."[116] 그 논문은 바로 얼마 전에 발표된 것이었다. 아마도 다윈은 그런 논문이 발표되었다는 사실을 몰랐다가 월리스의 편지를 보고서 알았을 가능성이 높다. 다윈은 정중하게 덧붙였다. "나는 각별한 관심을 갖고 그것을 읽어볼 작정입니다."

다윈의 좌절과 라이엘의 충고

다윈은 진작 경고를 들었다. 월리스가 바싹 추격하고 있음을 알리는 단서는 두 논문에도 있었지만, 라이엘이 더 분명하게 경고를 했다.

그 전해인 1856년 4월, 라이엘은 다윈의 집(런던 남동쪽에 위치한 다운 마을에 있던)에서 며칠을 보냈다. 어느 날 아침, 다윈은 지난 18년 동안 비밀리에 다듬어온 이론을 라이엘에게 설명했다. 개체군 안에서 다양한 개체의 각각 다른 생존 전략과 번식 능력 때문에 자연적 변이가 선택되고 증폭되는 과정을 통해 종이 다른 종으로 진화한다는 내용이었다. 다윈에게서 이 이단적인 이론을 일부나마 들은 사람은 라이엘이 처음은 아니었으며, 세 번째나 네 번째였을 것이다. 라이엘은 다윈의 이론에 놀라는 한편으로 의심도 들었지만, 훌륭한 과학적 자세와 지적 균형 감각을 견지하며 자신이 발행하는 과학 학술지에 다윈이 말한 내용을 그대로 소개했다.

라이엘은 다윈이 그 과정을 '자연 선택'이라는 용어로 표현했다고 소개했다. 그것은 라이엘이 잘 아는 섬들에도 적용할 수 있었다. "마데이라 제도로 옮겨간 종의 수는 지금 현재 그곳에 살고 있는 종의 수에 비하면 비율상으로 많은 것은 아니었다. 왜냐하면, 소수의 종이 많은 근연종의 조상이 될 수 있기 때문이다."[117]라고 라이엘은 다윈의 견해를 빌려 설명했다. '근연종'이라는 용어는 '자연 선택'과는 달리 라이엘이 직접 선택했거나 다윈이 아닌 다른 사람이 사용한 용어를 빌린 것으로 보인다. 이 글을 보면 라이엘은 다윈의 이론을 듣는 순간 월리스라는 젊은이가 '법칙'이라는 표현을 쓰면서 발표한 그 논문과 연결 지은 것이 분명하다.

라이엘은 다윈의 이론을 세 단락으로 요약해 소개한 뒤에 그 연결 관계를 분명하게 언급했다. 화석의 기록에서 드러나듯이 "월리스가 주장한, 시간적으로 바로 직전에 존재한 종과 밀접한 관계가 있는 종의 도입은 이제 자연 선택설로 설명이 가능한 것으로 보인다."[118]라고 썼기 때문이다.

라이엘 자신은 그 이론에 의심을 품었으나, 친구 사이인 다윈에게 중요한 조언을 해주었다. 즉, 다른 사람이 그 놀라운 이론을 발표하기 전에 먼저 발표하라고 충고했다. 만약 자연 선택설 연구가 완성되지 않았다면, 최소한 개략적인 내용이라도 발표해 우선권을 주장하라고 했다.

그런데 다윈은 아직 준비가 되어 있지 않았다. 비글호 항해 동안에 기록한 노트 외에도 20여 년 동안 모은 자료가 아주 많았다. 거기에는 따개비 분류법, 여러 가지 식물의 잡종, 바닷물에서 씨앗의 생존 여부 실험, 흔적 기관, 대양도에 포유류와 개구리가 살지 않는 이유, 집비둘기의 품종에 나타나는 변이처럼 서로 밀접한 관련이 있는 주제들이 포함돼 있었다. 게다가 결벽증에 가까울 만큼 지나치게 꼼꼼한 성격의 다윈은 쫓겨서 허겁지겁 일하는 걸 싫어했다. 라이엘의 조언이 일리가 있다고 느꼈지만, 자료들을 분석해 설득력 있는 이론으로 완성하려면 더 많은 시간이 필요하다고 생각했다. 다윈은 방대하면서도 철저하고 누가 봐도 이론의 여지가 없는 논문을 써서 이 주제에 관한 대작으로 발표하려고 했다. 발표를 서두르기 위해 간략한 개요를 먼저 쓴다면, 오히려 비판과 거부감만 부추길 것이라고 염려했다. 불쌍하게도 아주 신중한 성격의 다윈은 대담한 개념을 완성시켜야 하는 부담에 짓눌리다 보니 가끔 서로 모순되는 양면 감정에 사로잡혀 이러지도 저러지도 못하곤 했다. 비유를 하자면, 다윈은 엄청나게 큰 달걀을 낳길 원하는 닭과 같았다. 그것을 서둘러 낳으려고 하다간 죽고 말 것이다. 하지만 서두르지 않더라도 결국 죽을 것이다.

몇 주일 뒤에 다윈은 편지를 통해 라이엘에게 이렇게 말했다. "제 생각을 개략적으로 밝히라는 선생님 제안을 곰곰이 생각해보았습니다. 어떻게 해야 할지 잘 모르겠으나 그렇게 하는 걸 진지하게 고려해보려고 합니다."[119] 그러고 나서 즉시 덧붙였다. "하지만 그것은 저의 선입견에 반하는 것입니다." 짧으면서도 훌륭한 요약을 쓰는 것은 불가능하다고 다윈은 말했다. 왜냐하면, 자신의 이론은 많은 명제를 포함하고 있는데 각각의 명제는 풍부한 사실적 증거가 필요하기 때문이라고 했다. 물론 주요 메커니즘인 자연 선택만 설명할 수도 있다. 혹은 다른 내용을 여러 가지 언급하고서 어떤 비판이 나오는지 반응을 살펴볼 수도 있다. "하지만 어떻게 생각해야 할지 모르겠습니다. 우선권을 주장하기 위해 논문을 써야 한다는 생각은 너무나도 싫지만, 만약 누가 같은 이론을 나보다 먼저 발표한다면 틀림없이 분통이 터질 테니까요."

다윈은 또 다른 친구 과학자인 조지프 후커에게도 편지를 보내 "종에 관한 연구에 대해 라이엘과 좋은 대화를 나누었는데, 그는 내게 뭔가를 발표하라고 강하게 권했네."[120]라면서 조언을 구했다. 가장 가까운 친구인 후커는 다윈이 이미 진화론을 설명한 몇 사람 가운데 한 명이었다. "만약 내가 뭔가를 발표한다면, 내 견해와 여러 가지 문제를 간략하게 다룬 아주 얇고 적은 분량이 되겠지. 하지만 발표되지 않은 연구를 정확한 참고 문헌 표시도 없이 요약본을 발표한다는 것은 너무나도 비철학적인 것이라고 생각하네." '비철학적 unphilosophical'이란 표현은 학문적으로 조잡하다는 뜻으로 쓴 것이다. "하지만 라이엘은 친구들이 권유한다면 내가 그렇게 해야 할지도 모른다고 생각하는 것 같네." 다윈은 후커가 라이엘의 권유에 동조하길 은근히 종용했다.

그러나 후커는 그러지 않았다. 그는 라이엘의 조언에 동조하지 않았다. 후커는 다윈에게 대작을 완성하는 데 전력을 쏟아부으라고 조언했던 것 같다.

다윈은 갈피를 잡지 못하는 태도를 보였다. 다른 사람들에게도 같은 문제를 이야기했다. 사촌에게 보낸 편지에서 다윈은 라이엘이 자꾸 요약본을 쓰라고 권한다고 말했다. "그래서 나는 그 작업에 착수했지만, 그렇게 해서 나온 작품은 매우 불완전하고 오류도 많겠지. 그 생각만 하면 절로 몸서리가 쳐져."[121] 1856년 가을에 다윈은 다시 마음을 바꾸어 요약본을 쓰지 않기로 했다. 그는 라이엘의 경고를 무시하고 충분히 긴 글을 쓰기로 결정했다. 그는 자신의 이 작품이 자연 선택에 관한 결정적인 연구인 동시에 운이 좋으면 최초의 연구가 되리라는 데 도박을 걸기로 했다.

하지만 운은 다윈을 외면했다. 결국 라이엘의 충고가 옳았다.

종과 변종의 차이

월리스는 아루 제도 탐사에서 큰 성과를 거두었으나 육체적으로 탈진 상태에 이르렀다. 마카사르로 돌아온 월리스는 잠깐 동안 힘들고 외로운 야외 탐사 활동을 접고 휴식을 취했다. 그러면서 영국에서 오는 소식을 애타게 기다렸을 것이다. 네덜란드 우편 증기선이 마카사르에 들렀으므로 그곳은 반 년치의 편지를 받고 보낼 수 있는 장소였다. 월리스가 다윈에게 편지를 보낸 곳도 여기였다. 야외 탐사를 하지 않더라도 보급품을 보충하고, 총을 수리하고, 채집한 표본을 포장하여 배에 실어 보내고, 최근에 떠오른 생각을 글로 써서 우송하는 등 할 일이 많았다. 월리스는 아루 제도에 대해 쓴 글 외에도 여러 편의 글을 써 보냈는데, 그것들은 얼마 뒤 영국의 학술지에 실렸다. 그는 풍부한 현장 자료와 넘치는 아이디어로 무장한 야심만만하고 생산적인 젊은이였다.

한 논문은 아루 제도에서 채집한 기묘한 새날개나비에 대해 쓴 것이었다. 그것은 월리스가 검은색과 초록색 광채를 발하는 날개와 황금색 몸통과 진홍색 가슴을 "홀린 듯이 경탄의 눈으로"[122] 바라보았던 것과 같은 나비였다. 기존에 발표된 다른 종들의 생김새와 비교해봐도 확실하게 어떤 종이라고 단정할 수 없었다. 그것은 뉴기니 섬에 사는 종인 포세이돈새날개나비와 똑같지는 않았지만, 아주 다르다고 하기도 어려웠다. 모양과 크기는 같아 보였으나 색의 패턴이 약간 달랐다.

그것은 암보이나 섬에 사는 비슷한 종인 초록새날개나비 Ornithoptera priamus 일 가능성도 있었다. 그러나 월리스가 가진 인시류 도감에 따르면, 그것은 초록새날개나비와 일치하지 않았다. 초록새날개나비는 양쪽 초록색 뒷날개에 검은 점이 네 개씩 있는데, 포세이돈새날개나비는 검은 점이 두 개 있었다. 그런데 아루 제도에서 채집한 새날개나비는 점이 세 개였다.

이 사실은 몇 가지 의문을 낳았다. 아루 제도의 이 나비는 새로운 종일까? 월리스가 아루 제도에서 본 다른 동물들은 뉴기니 섬에 사는 종들과 차이가 없었다. 그런데 딱 한 종류의 나비만 다를 수 있을까? 실제로 그럴지도 모른다. 한편, 그것은 포세이돈새날개나비나 초록새날개나비의 변종에 불과한 것일지도 모른다. 만약 그렇다면 둘 중 어느 종의 변종일까? 그것은 두 종 사이의 중간에 해당하는 것처럼 보였다. 그렇다면 두 종 모두의 변종이라고 볼 수 있을까? 그러려면 변종과 종 사이의 분류학적 관계에 대해 새로운 이해가 필요할 것이다. 그 당시의 지식으로는, 한 아이가 두 어머니의 중간적 존재가 될 수 없듯이 한 변종이 두 종의 중간적 존재가 될 수는 없었다.

세 개의 반점을 가진 새날개나비는 윌리스를 미지의 이론 영역으로 나아가게 했다. 그것은 아루 제도에만 사는 새로운 종이거나(이것은 특별한 창조론을 다시 한 번 부정한다) 두 종 사이의 중간에 위치한 변종일 것이다(이것은 전통적인 종 자체의 개념을 뒤흔든다).

종은 무엇인가? 그 범주의 경계를 정의하는 것은 무엇인가? 종은 결코 변하지 않는가? 종의 경계는 들쭉날쭉한가? 반점이 세 개인 새날개나비는 이 질문들에 부정적인 답을 제시하는 것처럼 보였다.

윌리스가 마카사르에 머무는 동안에 쓴 또 하나의 짧은 논문은 〈영구적인 지리적 변종 이론에 대한 주석 Note on the Theory of Permanent and Geographical Varieties〉이라는 제목을 단 것이었다. 이것은 좀 더 추상적인 성격의 글로서, 새날개나비가 제기한 수수께끼(종과 변종의 범주 구분)를 다루지만 새날개나비를 명시적으로 언급하진 않는다. 박물학자들은 종과 변종을 근본적으로 다른 것으로 취급했다. 종은 영구불변의 존재로 고정돼 있는 반면, 변종은 정상에서 일시적으로 벗어난 존재로, 대개 지리적 격리로 인해 같은 종의 주요 개체군에서 분리된 소수 개체군에서 나타나는 것으로 생각했다. 그런데 윌리스는 종과 변종의 차이가 단지 정도의 차이임을 시사하는 자료를 얻은 것이다.

이 난해한 수수께끼는 풀 수 없는 것처럼 보였다. 그렇지만 최소한 그 수수께끼를 명백한 것으로 만들 수는 있을 것이다. 〈영구적인 지리적 변종 이론에 대한 주석〉이 천명한 목적이 그것이었다. 월리스는 종과 변종에 대해 생각할 때 좀 더 신중하고 논리적으로 접근하자고 제안했다.

두 범주 사이의 차이는 양적인 것일까? 그러니까 두 종 사이의 차이는 같은 종에 속한 두 변종의 차이보다 양적으로 더 클 뿐일까? 만약 그렇다면 어떤 경우에는 종 간의 차이와 변종 간의 차이 사이에 큰 차이가 없을 수 있고, 두 범주는 경계가 흐릿해져 합쳐질 수 있다. 만약 그 경계가 흐릿해진다면, 종은 신의 개입으로 탄생한 반면 변종은 그렇지 않다고 믿는 것은 "아주 비논리적"[123]이라고 월리스는 주장했다.

아니면, 두 범주 사이의 차이는 질적인 것일까? 만약 그렇다면 종을 더 높은 범주에 올려놓는 속성은 어떤 특별한 속성일까? 영속성일까? 천만에, 그럴 리가 없다. 일반 상식과 달리 변종이 늘 정상에서 일시적으로 벗어난 존재인 것은 아니다. 변종도 사실상 영구불변의 존재가 될 수 있다. 특히 아마존의 사키원숭이나 말레이 제도의 새날개나비처럼 영구적인 지리적 경계가 그 개체군을 계속 격리시킬 경우에는 더욱 그렇다. 영속성이 아니라면 또 무엇을 생각할 수 있을까? 다른 합리적인 답은 생각나지 않았다. 같은 종 내에서 변종은 보편적으로 그리고 아주 다양하게 나타났으며, 종과 종을 구별하는 데 사용되는 것과 똑같은 종류의 차이들을 모두 포함했다. 월리스는 그렇게 말할 자격이 충분히 있었다. 상업적 채집가로서 수많은 표본을 채취하는 동안 종 내에서 나타나는 변이를 다른 박물학자가 다섯 번의 생애를 살면서 볼 수 있는 것보다 더 많이 보았기 때문이다.

월리스는 이렇게 썼다. "〔종과 변종을 구분하는 질적인 요소가 없다면〕 이 사실은 종의 독립적 창조를 부정하는 강력한 근거가 된다. 왜냐하면, 기존의 법칙으로 만들어진 생물과 단지 정도의 차이만 나는 생물을 탄생시키는 데에는 굳이 특별한 창조 행위가 필요하지 않기 때문이다."[124]

당시에 우편 증기선의 속도는 느렸지만, 잡지의 리드 타임 lead time (기획에서 완성하기까지 준비 기간)은 짧았다. 6개월이 지나기 전에 월리스의 〈영구적인 지리적 변종 이론에 대한 주석〉은 《동물학자Zoologist》에 실렸다. 그 논문은 분량이 두 페이지에 불과했다. 방대한 저술 작업에 몰두하고 있던 다윈은 아마 그것을 보지 못했을 것이다. 월리스에게 그것은 또 하나의 작은 걸음이었다. 그렇지만 이제 크게 도약을 해야 할 때가 왔다.

그해 후반에 월리스는 마카사르를 떠났다. 이번에는 우편 증기선을 타고 다시 동쪽으로 향했다. 말레이 제도에서 동쪽 끝 지역으로 갔다. 그곳은 부기족 사람들과 네덜란드 인 무역상들에게는 알려졌지만, 영어권 박물학자들에게는 알려지지 않은 몰루카 제도 북부 지역이었다. 티모르 섬, 반다 섬, 암보이나 섬에 들러 잠깐씩 머문 뒤에 1858년 1월에 테르나테 섬에 도착했다.

다윈의 의심스러운 행동

그다음에 일어난 일들은 과학사를 연구하는 학자들도 분명하게 풀지 못한 수수께끼로 남아 있다. 이 수수께끼의 핵심 문제는 역사상 가장 위대한 과학 업적 가운데 하나를 누가 먼저 발견했느냐 하는 것이다. 그것은 종이 그냥 진화하는 게 아니라, 자연적 변이가 선택되고 서로 다른 생존 전략과 생식적 성공을 통해 증폭되는 아주 특별한 과정을 통해 진화한다는 이론으로, 다윈이 자연 선택이라고 부른 이론이다. 다윈은 이 이론에 대한 자신의 우선권을 보호하기 위해 부정 행위를 저지르고 거짓말을 했을까? 그리고 라이엘과 후커를 끌어들여 자신을 돕도록 일을 꾸몄을까? 또, 다윈은 유망한 젊은이가 자신의 영광을 가로채는 것을 막으려고 일부 문서를 변조하거나 파기했을까? 그리고 유망한 젊은이인 월리스는 그들의 고결함을 믿고 후원을 간절하게 바란 유명한 과학자들에게 부당한 대우를 받았을까? 일부 학자들은 그렇다고 생각한다. 존 랭던 브룩스John Langdon Brooks라는 강경한 연구자는 "이것은 과학에서 가장 심각한 이야기이며, 언젠가는 폭발하고 말 것이다."[125]라고 주장한다. 브룩스는 1984년에 출간한 저서 《종의 기원 바로 직전Just Before The Origin》에서 다윈의 행동을 아주 신랄하게 비판했다.

아니면, 각각 독자적으로 연구하던 두 과학자(한 사람은 런던 교외에 있는 자택에서, 또 한 사람은 말레이 제도에서)가 동시에 자연 선택설을 발견한 것은 순전히 우연의 일치였고, 결국은 행복한 결말로 마무리되었을까? 전통적인 견해는 그렇다고 본다. 이 견해에 따르면, 다윈과 윌리스는 모두 조심성이 많고 선량한 사람들이었으며, 위대한 이론을 같은 시기에 발견한 다음에 그것을 공동으로 발표하기로 서로 기분 좋게 합의했다. 이 견해를 따른다면, 다윈은 자신이 20여 년이나 쏟아부은 노력에 응분의 보상을 받으려고 집착하는 대신에 뒤늦게 뛰어든 사람과 그 공을 함께 나누려고 세심한 배려를 보여주었다.

그래서 그 이야기는 로렌 아이슬리Loren Eiseley의 견해에 따르면 '상호 고결성'[126]을 보여준 사례였고, 줄리언 헉슬리Julian Huxley의 견해에 따르면 "위대한 두 생물학자의 넓은 도량을 보여준 모범적 사례"[127]였다. 50년 뒤에 랭케스터 경Sir E. Ray Lankester은 어느 기념식의 한 헌사에서 "찰스 다윈이 그 일에서 보여준 겸손과 다른 사람의 연구에 대한 사심 없는 존경, 그리고 상대방도 독자적인 노고와 사고에 대해 합당한 인정을 받아야 한다고 신의 있는 결정을 내린 것은 유례를 찾기 힘들 만큼 아름다운 일화였다."[128]라고 과장되게 격찬했다. 랭케스터를 비롯한 다른 사람들이 일부 구절만 선택적으로 인용하면서 윤색한 이러한 정통 견해는 사람들을 현혹한다.

이 견해는 중요한 사실들을 빼먹거나 심지어 왜곡하고 있다. 이것은 뉴턴 머리에 사과가 떨어졌다는 이야기만큼이나 비현실적인 과학 동화이다. 진실은 덜 고상하며 훨씬 복잡하다.

문제가 복잡해진 이유 중 일부는 정확하게 어떤 일이 일어났는지 알기가 어려운 데 있다. 역사적 기록의 부족 때문에 우리는 다윈이 그릇된 행동을 했는지 아니면 그다지 문제가 되지 않는 행동을 했는지 알 수가 없다. 그러나 다윈이 어떤 행동을 취했든지 간에, 그것은 헉슬리의 주장처럼 '넓은 도량을 보여준 모범적 사례'는 분명히 아니었다. 다윈이 비열한 행동을 했느냐 하는 진짜 쟁점에 대한 의견은 더 부정적이다. 물론 어느 쪽이 옳다고 단정하기는 어렵다. 중요한 물증은 파기되거나 상실되었다. 관련 인물들의 증언은 단편적이고 불연속적이며 일관성이 없다. 오직 다윈만이 진실을 알고 있을 텐데, 그는 결코 진실을 밝히지 않았다.

월리스는 그 일에 관한 글을 대여섯 편 발표했다. 그렇지만 월리스의 견해는 그가 처한 상황 때문에 제약을 받았다. 그는 1만 6,000km나 떨어진 곳에 있었으며, 논란이 된 사건이 벌어질 당시에 사실상 연락이 불가능했다. 월리스의 이야기는 매번 조금씩 달라졌다. 내가 가장 신뢰하는 것은 그 사건이 있고 나서 30년 뒤에 나온 그의 과학 에세이 모음집 중에 들어 있는 주석이다. 그는 다윈과 공동 발견한 이론이 역사적 관심을 끌었으므로 "개인적으로 몇 마디 언급하는 것도 허용되리라고 본다."[129]라고 썼다.

월리스는 사라왁의 논문을 완성한 뒤에 종의 변화가 어떻게 일어났을까 하는 의문이 늘 마음에서 떠나지 않았다고 회고했다.[130] 그렇지만 그 의문 때문에 좌절에 빠졌다. 그의 글을 보자.

1959년 2월까지도 만족할 만한 결론을 얻지 못했다. 그때, 나는 몰루카 제도의 테르나테 섬에서 심한 간헐열로 고생하고 있었다. 그러던 어느 날, 온도계는 30℃를 가리켰지만 오한 때문에 담요를 덮고 침대에 누워 있던 나는 몇 년 전에 읽고 큰 감동을 받았던 맬서스의《인구론》에 나오는 '긍정적 억제'라는 용어가 떠올랐다.[131]

그 당시 월리스는 몰랐지만, 맬서스는 다윈의 사고에도 촉매 역할을 했다. 다윈과 마찬가지로 월리스도 맬서스의 글에 나오는 인구를 조절하는 '억제'는 인류 이외의 종에서도 그 사례를 찾을 수 있다는 사실을 깨달았다.

이러한 억제, 즉 전쟁, 질병, 기아와 같은 요소는 사람뿐만 아니라 동물에게도 작용한다는 생각이 떠올랐다. 그때 나는 동물은 번식 속도가 아주 빠르기 때문에 이러한 억제가 사람의 경우보다 훨씬 큰 영향을 끼칠 것이라고 생각했다. 이 사실을 어렴풋하게 생각하던 도중에 불현듯 적자생존 개념 — 이러한 억제들을 통해 도태된 개체는 살아남은 개체보다 전반적으로 열등할 것이라는 — 이 떠올랐다. 나는 오한이 가시기도 전에 두 시간 동안 이 이론을 거의 전부 생각했고, 그날 저녁에 논문 초고를 썼다. 그리고 그 다음 이틀 저녁 동안 그것을 완전하게 탈고하여 그다음 우편선으로 다윈에게 보냈다.[132]

그다음 우편선은 3월 9일에 테르나테 섬을 떠난 우편 증기선이었다. 그 배로 보낸 편지가 영국에 도착하려면 약 12주일이 걸렸을 것이다. 그런데 그 편지는 정확하게 12주일 뒤에 도착했을까? 14주일이 걸린 건 아니었을까? 아니면 단 10주일? 다윈의 비열한 행동을 의심하는 사람들에게 이 편지 전달에 걸린 시간은 중요한 쟁점이 되었다.

월리스는 이 논문에〈변종이 원래 유형에서 무한히 멀어지려는 경향에 대하여 On the Tendency of Varieties to Depart Indefinitely from the Original Type〉라는 제목을 붙였다. 그것은 자연 선택설을(비록 자연 선택이라는 용어를 사용하진 않았지만) 명쾌하고도 설득력 있게 요약한 것으로, 편지 봉투 속에 들어간 과학 논문 중 가장 혁명적인 것이었다. 월리스는 그것을 《동물학자》나 《박물학 연보》에 직접 보낼 수도 있었는데, 그랬더라면 월리스의 다른 논문들처럼 즉시 실렸을 것이다. 물론 이 논문은 너무 성급하고 사변적이고 지나친 주장이라는 이유로 거부되었을 가능성도 있다. 월리스도 그 점을 염려했다. 다른 생물학자들이 자신의 생각을 정신 나간 소리로 보지는 않을까? 그럴 수도 있었다. 그래서 그 논문을 직접 학술지에 보내는 대신에 믿을 수 있는 사람인 다윈에게 보내기로 결심한 것이다. 그 동안 편지를 주고받으며 쌓은 친분을 믿고 월리스는 다윈에게 부탁을 했다. 만약 기존의 견해를 뒤엎는 이 논문이 쓸 만하다고 생각한다면, 이전에 월리스가 발표한 논문을 호의적으로 평가한 라이엘에게 전해달라고 한 것이다.

정통 견해에 따르면, 우편 배달원이 다윈에게 그 나쁜 소식을 전한 것은 1858년 6월 18일이었고, 다윈은 월리스의 부탁을 들어주었다. 다윈은 그 논문을 라이엘에게 우송하면서 "동봉한 편지는 월리스가 오늘 보내온 것으로, 선생님에게 전해달라고 했습니다."[133]라고 설명했다. 즉, 다윈은 월리스의 편지를 받은 바로 그날 라이엘에게 전했다는 것이다. 다윈은 하소연하듯이 이렇게 덧붙였다. "그 원고를 꼭 제게 다시 돌려주십시오. 월리스는 제가 그것을 발표해주길 바란다고 하진 않았지만, 저는 즉시 어느 학술지엔가 실어달라고 부탁할 것입니다. 이제 제가 한 독창적인 연구는 그것이 무슨 가치가 있건 모두 수포로 돌아가겠군요."[134] 그리고 다윈이 그 이론에 대한 우선권을 주장한 사실을 라이엘이 혹시라도 기억하지 못할까 봐 그것을 환기시키려고 이렇게 덧붙였다. "누군가가 저보다 선수를 칠 것이라고 했던 선생님의 충고가 현실로 나타났습니다. 제가 선생님께 생존 투쟁에 따른 '자연 선택설'을 간략하게 설명했을 때 그렇게 말씀하셨죠."[135]

정통 견해는 또 이렇게 지나친 명예심에 사로잡혀 있는 다윈을 라이엘과 후커가 나서서 구원했다고 이야기한다. 그들은 다윈을 일단 진정시키고 나서 일말의 책임감을 느꼈다. 그들은 다윈의 독창적인 연구가 수포로 돌아간 게 아니라면서 자신들이 다윈의 우선권을 증언해주겠다고 했다. 그래서 라이엘과 후커는 고상한 과학적 중재자 역할을 하면서 절묘한 타협책을 내놓았다. 그들은 몇 주일 후에 열리는 린네 학회에서 월리스의 논문과 다윈의 자연 선택설 논문을 함께 발표하기로 했다. 그러면 다윈과 월리스를 동시에 기록에 남길 수 있고, 영예를 배분하는 문제는 훗날로 미루기로 했다. 이보다 더 공정한 처리를 생각할 수 있겠는가?

 그런데 다른 이야기(이것을 수정주의자의 견해라 부르자)에 따르면, 다윈은 편지가 도착한 날짜를 속였다고 한다. 라이엘에게 말한 6월 18일에 편지를 받은 것이 아니라, 편지를 받고 나서 수 주일 동안이나 숨겼다는 것이다. 다시 말해서, 그 몇 주일 동안 다윈은 월리스의 논문을 어떻게 처리해야 할지를 놓고 혼자 고민에 빠졌다. 월리스의 편지를 폐기하고 받은 적이 없다고 할까? 편지를 월리스에게 되돌려보낼까? 아니면, 어느 학술지에 보내고 자신이 평생 동안 해온 연구가 물거품이 되는 것을 감수해야 할까? 과학자들 사이의 명예 문제나 스스로에게 정직해야 하는 문제 외에도, 자신이 얻을 수 있는 것과 얻을 수 없는 것은 무엇인지 판단해야 하는 문제도 있었다. 다윈은 이 문제들을 놓고 얼마나 오랫동안 고민했을까?

 수정주의자 중에서도 가장 집요한 존 브룩스는 1858년 당시의 네덜란드 우편 증기선의 운행 날짜와 테르나테 섬과 런던을 연결하던 영국 우편 체계를 자세하게 조사했다. 그 결과, 월리스의 편지가 늦어도 5월 18일에는 도착했을 거라는 결론을 얻었다. 그것은 다윈이 편지를 받았다고 말한 것보다 한 달이나 앞선 날짜이다. 거기서 한발 더 나아가 브룩스는 다윈이 월리스의 논문을 이용해 자신의 작품에서 완성하지 못했던 부분을 보완했다고 추정한다. 그것은 분기의 원리, 즉 자연 선택이 잘 적응한 소수의 종 대신에 풍부한 생물 다양성을 낳을 수 있는지를 설명하는 핵심적인 절이었다. 어쨌거나 그 설명의 자세한 내용은 무시하고, 그것을 쓴 사람이 누구냐 하는 문제에만 초점을 맞추기로 하자. 브룩스의 주장에 따르면, 다윈은 그 개념을 월리스에게서 훔쳐 41쪽 분량의 원고를 만든 뒤에 6월 초에 자신의 작품에 끼워 넣었다고 한다.

정통 견해나 수정주의자의 견해나 모두 그럴듯하다. 한 사람이 아주 모호한 그 기록들을 세밀하게 추적하려면 몇 년이 걸릴 것이다. 실제로 몇몇 수정주의자가 그런 작업을 했다. 브룩스는 린네 학회와 대영박물관, 퍼닌슐러 앤 오리엔탈 증기선 해운 회사, 네덜란드 우편 박물관 등에 보관된 문서들을 샅샅이 뒤지며 조사를 한 끝에《종의 기원 바로 직전》을 썼다. 루이스 매키니 H. Lewis McKinney의《월리스와 자연 선택 Wallace and Natural Selection》은 무미건조한 문체와 작은 글자의 주석으로 수정주의자의 견해를 제시한 학문적 저서이다. 아널드 브랙먼 Arnold Brackman의《미묘한 타협 A Delicate Arrangement》은 제한된 증거에 구속받지 않고 멜로드라마처럼 거침없이 이야기를 전개한 책이다. 수정주의자의 글 가운데 가장 설득력이 있는 것은 역사학자 바버라 베델 Barbara G. Beddall이《생물학사 저널 Journal of the History of Biology》에 발표한〈월리스, 다윈, 그리고 자연 선택설 Wallace, Darwin, and the Theory of Natural Selection〉이란 60쪽짜리 글로, 가장 냉정하게 기술한 것이다.

이 네 저자는 몇 가지 점에서 일치된 주장을 펼친다. 거짓말이 있었고, 공모가 있었으며, 그러한 거짓말과 공모를 통해 다윈이 이익을 얻으려 했다고 주장하거나 암시한다. 실제로 일어난 일을 오도하는 다윈의 발언이 그런 의심을 불러일으킨다고 한다.

한 예를 들어보자. 세월이 흐른 뒤 다윈은 자서전에서 이렇게 썼다.

"나는 사람들이 이론을 먼저 발견한 사람으로 월리스를 인정하든 나를 인정하든 별로 신경을 쓰지 않았다."[136] 이것은 자기 자신이나 후세 사람들이 믿어주었으면 하고 바란 거짓말이었다. 6월 18일에 라이엘에게 보낸 한탄조의 편지는 이 주장을 정면으로 부정한다. 그는 별로 신경을 쓰지 않은 것이 아니라 굉장히 신경을 썼다. 또 다른 예를 살펴보자. 공동으로 논문을 발표하고 나서 몇 달 뒤, 다윈은 월리스에게 보낸 편지에서 이렇게 말했다. "나는 라이엘과 후커가 그들이 공정하다고 생각한 행동을 하도록 부추기는 일을 전혀 하지 않았습니다."[137] 이 거짓말은 6월 25일에 다윈이 라이엘에게 보낸 편지와 모순된다. 그 편지에서 다윈은 이렇게 썼다. "이제 와서는 저의 전반적인 생각을 요약해 10여 쪽의 글로라도 발표할 수 있다면 매우 만족할 것입니다. 그렇지만 아무리 생각해도 그것은 명예로운 일로 보이지 않는군요."[138] 라이엘은 다윈의 암시를 눈치 채고 다윈을 설득하러 나섰다.

이러한 사소한 모순은 다윈에게 불리한 심증에 불과하다. 런던 도착 소인이 찍힌 월리스의 편지가 있다면 결정적인 증거가 될 텐데, 그 편지는 사라지고 없다. 그것은 발표된 적도 없다. 역사학자들도 그것을 찾지 못했다. 편지 자체뿐만 아니라 소인이 찍힌 봉투도 없어졌다.

그 밖에 월리스가 보낸 다른 편지 여섯 통과 라이엘과 후커가 미묘한 타협책을 중재하는 동안에 보낸 편지들도 다윈의 문서 보관함에서 사라졌다. 다윈은 평소에 편지 보관에 각별한 신경을 썼다. 사라진 이 편지들 외에 나머지 문서들은 거의 완벽하게 보관되어 있다. 바버라 베덜은 "누가 문서 파일을 청소했다."[139]라고 말했다.

그러나 결정적 증거가 사라졌다고 해서 다윈의 유죄가 입증되는 것은 아니다. 브룩스의 정열적인 노력에도 불구하고, 네덜란드 우편 박물관에서 찾아낸 우편 배달 일지도 다윈의 유죄를 입증하지 못했다. 다윈의 개인적 행위와 동기는 알 길이 없기 때문에 이 사건의 진상은 확실히 밝히기 어려울 것이다. 우리에게 남은 것은 공식적인 기록뿐이기 때문이다.

1858년 7월 1일 저녁, 린네 학회 회의가 열렸다. 참석한 사람은 30여 명에 불과했다. 그들은 늘 하던 대로 일상적인 절차에 따라 회의를 진행했다. 라이엘과 후커가 보낸 편지가 낭독되었다. 그 편지에서 라이엘과 후커는 다윈과 월리스의 연구를 소개하고, 특별한 상황을 설명했다. 그다음에 다윈의 논문이 낭독되었는데, 먼저 쓴 것이라는 이유로 우선권이 주어졌다(미발표 원고와 서신에서 발췌한 내용들을 짜깁기한 것에 지나지 않았지만). 그리고 그다음에 월리스의 논문이 낭독되었다. 또 자연 선택과는 아무 관련이 없는 논문 다섯 편이 더 낭독되었다. 그것은 무더운 여름밤에 열린 상당히 긴 회의였다. 후커의 기억에 따르면, 그날 밤에 다윈과 월리스의 이론을 놓고 즉각 토론이 벌어지진 않았다. 그 이론이 지닌 혁명적 의미는 아직 사람들에게 충분하게 전달되지 않은 듯했다. 어쩌면 사람들은 얼른 시원한 바깥으로 나갈 시간이 오기만 기다렸는지도 모른다.

따라서 그날 밤 회의는 별 일 없이 아주 빨리 진행되었는데, 훗날에 가서 마치 굉장한 일이 있었던 것처럼 부풀려졌다. 아이슬리가 표현한 '상호 고결성' 같은 것은 공상에 지나지 않는다. 월리스는 고결한 행동을 약간 보였다. 그렇지만 그것은 훗날 그런 타협책이 행동에 옮겨졌음을 안 다음에 보인 행동이었으며, 그 후에 월리스가 평생 동안 다윈을 존경하고 신뢰하는 형태로 나타났다. 하지만 아무리 좋게 봐주더라도 다윈의 행동은 유약하고 이기적이었다. 최악의 경우를 가정할 경우, 다윈이 실제로 어떤 행동을 했는지 우리는 알 도리가 없다. 모든 불확실성과 부정적인 가정에도 불구하고, 정통 견해에서 한 가지만큼은 옳은데, 그것은 그 놀라운 우연의 일치가 초래한 여파였다.

두 사람은 지구의 정 반대쪽에 있었으면서도 위대한 이론을 비슷한 시기에 발견했다. 그리고 두 사람은 같은 언어, 답을 알아내야 할 같은 의문에 대한 생각, 여행 기회, 편지를 주고받으려는 적극성, 맬서스를 알고 있었다는 사실, 섬 생물지리학의 중요성에 대한 이해 등을 공유했다.

《종의 기원》

다윈은 린네 학회 회의에 참석하지 않았다. 그는 큰 병에 걸린 가족들 때문에 집에 머물고 있었다. 어쩌면 얼굴을 내비치지 않으려는 의도가 있었는지도 모른다.

월리스 역시 참석하지 못했다. 월리스는 그런 회의가 열린다는 소식조차 듣지 못했다. 정통 견해에서는 다윈과 공동으로 논문을 발표하는 데 월리스가 기꺼이 동의했다고 주장하지만[140] (거트루드 히멜파브 Gertrude Himmelfarb가 다른 측면에서는 신중하게 쓴 《다윈과 다위니즘 혁명 Darwin and the Darwinism Revolution》에서 무분별하게 주장한 것처럼), 그것은 터무니없는 주장이다. 월리스의 허락을 기다린 사람은 아무도 없었다. 1858년 7월 1일, 월리스는 자신의 논문이 영국에서 빚은 소동을 전혀 알지 못한 채 뉴기니 섬에서 새와 나비를 채집하고 있었다.

다윈은 방대한 저술 작업을 잠깐 제쳐놓고 다른 원고에 몰두했다. 그는 우물쭈물하다간 기회를 놓친다는 교훈을 뼈저리게 느꼈다. 그래서 이론과 증거를 완전히 갖춘 책을 완성하는 대신에 핵심 내용만 간략히 다룬 얇은 책을 쓰는 데 착수했다. 그는 이 새로운 노력을 요약본이라고 불렀지만, 오늘날의 사람들은 임시방편이라고 부를 수 있을 것이다. 그리고 열 달 만에 원고를 완성해 즉시 출판사에 보냈다. 그 짧은 책은 1859년 11월에 《자연 선택에 의한 종의 기원, 또는 생존 경쟁에서 유리한 종족의 보존에 대하여 On the Origin of Species by Means of Natural Selection, or the Preservation of Favoured Races in the Struggle for Life》라는 긴 제목으로 출간되었다. 우리는 오늘날 이 책을 간단히 《종의 기원》이라 부른다. 역사는 이 책을 진화생물학의 시초로 꼽지만, 역사는 경솔한 것으로 악명이 높다.

월리스는 1859년과 이듬해, 그리고 그 이듬해에도 말레이 제도에서 연구를 계속했다. 섬에서 배울 것이 여전히 많았기 때문이다.

섬에 사는 특이한 동물

섬 생물지리학의 양과 음

경치 좋은 작은 열대 섬의 우리 안에 커다란 황소거북(황소거북과에 속하는 육상 거북의 한 종류. 코끼리거북이라고도 함) 여덟 마리가 라마다(사방이 탁 트이거나 반쯤 트여 있고 나뭇가지나 관목으로 지붕을 엮은 움막. 주로 그늘을 만들려는 목적으로 짓는다) 아래에서 서로 뒤엉킨 채 휴식을 취하고 있다. 등딱지는 세월의 흐름과 함께 닳아 반질반질하게 변했다. 황소거북은 숨을 아주 천천히 내뱉고 아주 천천히 들이쉰다. 등딱지는 길이가 1m나 되며, 위로 둥글게 구부러져 높은 돔 모양을 이루고 있다. 이들은 오래 전에 사라진 거대 파충류 시대의 동물처럼 보인다. 오늘날에는 이렇게 몸집이 큰 동물은 대개 활기가 없다. 나는 순수한 시각적 이미지와 함께 어떤 의미를 찾으려고 애쓰면서 이들을 멍하니 바라본다.

 섬 생물지리학의 기본을 이루는 양과 음(즉, 진화와 멸종의 연구)에서 황소거북은 양의 상징, 즉 진화의 상징이다. 몸집의 크기에는 일어난 진화의 규모가 반영돼 있다. 오랜 세월을 묵묵히 견뎌온 고요함은 이들이 진화해 살아온 시간의 규모를 말해준다. 이 외딴 섬과 멀리 떨어진 몇몇 섬에 이들이 살고 있는 것은 공간적 범위를 말해준다. 자연 선택의 메커니즘이 황소거북처럼 상상하기 힘든 동물을 만들어낼 수 있다면, 다른 것도 얼마든지 만들어낼 수 있을 것이다. 남은 문제는 '어떻게' 만들어내는가 하는 것이다.

1858년에 린네 학회 회의에서 발표된 월리스와 다윈의 위대한 직관은 현대적 질문을 봇물처럼 터져나오게 하는 계기가 되었다. 불가사의 중의 불가사의는 비록 대략적인 설명이긴 해도 마침내 풀렸다. 남은 문제는 그것을 더 자세하게 설명하는 것이었다. 다윈과 월리스의 동료들과 후계자들은 그 일에 100년 이상 매달려왔는데, 가장 중요한 도구로 사용된 것이 생물지리학이었다. 종들의 분포 패턴은 종이 발생하고 변화하고 분화하는 방식에 단서를 제공했다. 그리고 '어떻게?'라는 질문은 '어디서?'라는 질문과 불가분의 관계에 있다. 황소거북은 단지 그 존재만으로도 '어떻게?'라는 질문을 생생하게 제기한다. 이 놀라운 동물은 도대체 어떻게 진화했을까? 그렇지만 이 질문은 두 번째 질문, 즉 '이 동물은 어디에서 발견되는가?'라는 질문에 대한 답을 얻지 않고서는 제대로 답할 수가 없다. 지리적 환경과 진화 사이의 연관관계는 '생물지리학'이라는 단어에 내포돼 있다.

이 두 질문에 대한 답은 흥미로울 뿐만 아니라 아주 중요하다. 양(진화)은 곧 음(멸종)의 형태를 빚어내기 때문이다. 이 말은 진화는 멸종과 비교해 연구할 때 가장 잘 이해할 수 있다는 뜻이다.(반대로, 멸종 역시 진화와 비교해 연구할 때 가장 잘 이해할 수 있다.) 특히 섬에서 일어난 기이한 종의 진화가 제대로 밝혀지기만 한다면, 그것은 이 책의 궁극적인 주제, 즉 갈기갈기 조각난 세계에서 일어나는 종의 멸종 문제에 빛을 던져줄 것이다.

진화가 눈길을 끄는 또 하나의 요인은, 멸종과 달리 장엄함과 환호가 넘치기 때문이다. 예를 들어 이들 황소거북은 비록 우리 안에 갇힌 신세이긴 하지만 나름의 장엄한 기품을 잃지 않았다. 그리고 이들이 20세기 말까지 살아남았다는 사실은 충분히 기뻐할 만한 일이다.

이들은 열대의 뜨거운 햇볕을 피하려고 라마다 아래에서 서로 엉켜 있다. 지금은 한낮이고 나도 땀을 뻘뻘 흘리고 있지만, 이들에게는 더위를 피하는 것보다 더 큰 문제가 있다. 황소거북은 땀을 흘리지도 않고, 헐떡거리지도 않으며, 신체 내부의 온도를 편리하게 조절하는 생리학적 메커니즘이 전혀 없다. 따라서 과열은 이들에게 치명적일 수 있다. 그래서 이들은 자기 보존을 위해 그늘을 찾는다. 설사 그것이 서로 몸을 겹치는 결과를 낳더라도 말이다.

이들 황소거북은 몸무게가 최소한 100kg은 나갈 것이다. 그러니까 미식 축구의 라인배커만큼 무겁다(라인배커보다 목이 더 길고 우아하긴 하지만). 평균 나이는 아마도 백 살이 넘을 것이다. 이들이 알에서 막 깨어났을 무렵에 다윈은 웨스트민스터 사원 묘지에 묻히고 있었을 것이다. 이들은 유명한 거대 동물의 혈통인 게오켈로네Geochelone속에 속한다. 그렇지만 이곳은 갈라파고스 제도가 아니다.

섬은 생물학적으로 특이한 곳

"트레 졸리Très jolies."

내가 황소거북을 바라보고 있을 때, 옆에서 하미드가 이렇게 말했다. 프랑스 어로 '참 멋지군요!'라는 뜻이다. 내 개인 가이드인 하미드는 아주 적극적인 친구다. 그는 황소거북이 실제로 멋지다고 생각하지는 않을 것이다. 다만 고객의 비위를 맞추려고 한 말일 것이다.

내가 서 있는 곳은 인도양에 위치한 모리셔스 섬의 팡플무스 식물원이다. 여기서 갈라파고스 제도까지 가려면 두 대륙과 두 대양을 건너야 한다. 내가 모리셔스 섬을 방문한 주 목적은 또 하나의 놀라운 생물인 도도를 찾기 위해서인데, 오후의 남는 시간을 보내려고 식물원을 찾았다. 여기서 황소거북을 보리라고는 전혀 기대하지 않았다. 하미드도 내가 그때까지 본 이국적인 식물, 즉 잔지바르 섬이 원산인 정향나무, 아시아가 원산인 빈랑나무, 브라질이 원산인 코르크나무, 육두구, 흙탕물 연못 위에 떠 있는 거대한 아마존수련보다 황소거북에 더 흥미를 느낀다는 사실을 알아챘다. 나는 황소거북이 있는 작은 우리 근처를 지나다가 걸음을 딱 멈추고는, 하미드가 더 보여주려고 하는 이국적인 식물(중국이나 다른 곳에서 가져온 녹나무나 그 밖의 식물) 쪽으로 걸음을 옮기려고 하지 않았다. 오, 하미드! 녹나무 따위는 이제 됐어요! 난 이 황소거북이랑 있고 싶어요.

"트레 졸리?"

"예스, 데이 아 Yes, they are."

나는 그렇다고 말했다. 황소거북들은 거의 움직이지 않았다. 그저 멀리서 육중한 몸뚱이가 어렴풋이 보일 뿐이고, 아주 느릿느릿 움직인다. 냉정한 관객이라면 동물로 여기고 그냥 지나칠 것이다. 그렇지만 나는 이들이 멋진 자태를 뽐내며 걷는 퓨마이기나 한 것처럼 넋을 잃고 바라본다.

살아 있는 황소거북을 보는 것은 백악기의 동물이 8000만 년 후에 다시 나타난 것을 보는 것과 같다. 황소거북의 존재는 지구에서 현재 우리가 사는 시대를 지배하는 모든 제약과 법칙을 비웃는 것처럼 보인다. 그러나 황소거북이 비웃는 제약과 법칙은 우리에게 익숙한 것, 그러니까 대륙에 사는 정상적인 생물들의 삶을 지배하는 제약과 법칙이다. 섬에서는 진화와 생존의 제약과 법칙이 약간 달라진다. 황소거북이 섬에서 사는 이유도 그 때문이다.

나는 이전에 황소거북을 본 적이 있지만, 지금 이곳에서 보는 여덟 마리의 황소거북은 특별히 내 마음을 사로잡았다. 이들은 어디에서 왔을까? 어떤 종에 속할까? 어떤 삶을 살아왔을까? 모리셔스 섬에는 한때 두 종의 황소거북이 살았으나, 19세기에 모두 멸종하고 말았다. 따라서 이곳에 갇힌 황소거북은 모리셔스 섬의 고유종이 아닐 것이다. 정향나무나 빈랑나무와 마찬가지로 이들 역시 어딘가에서 옮겨왔을 것이다.

"세이셸에서 왔어요." 하미드가 말한다.

세이셸은 인도양의 모리셔스 섬에서 북쪽으로 약 1,600km 떨어진 곳에 위치한 공화국으로, 115개의 작은 섬들로 이루어져 있다. 일부는 화강암 섬이고, 일부는 산호섬이다. 화강암 섬들에는 사람들이 살기 훨씬 이전부터 황소거북이 살았다. 따라서 하미드의 말이 맞을지도 모른다.

그러나 나중에 딴 사람에게서 다른 이야기를 들었다. 팡플무스의 황소거북은 모리셔스 섬 근처에 있는 로드리게스 섬에서 왔다는 것이다. 그리고 더 나중에 나는 과학과 역사 문헌을 조사하면서 이들 황소거북의 유래를 찾는 게 쉽지만은 않다는 사실을 발견했다. 유럽 인이 처음 탐험과 약탈을 하러 왔을 무렵에 인도양에 흩어져 있는 많은 섬에는 황소거북 개체군이 많이 살았다. 일부는 멸종했고, 일부는 어쩔 수 없이 서식지를 옮겼다. 잡종도 생겨났다. 사람들은 고기 생산을 위해 황소거북의 원산지가 아닌 섬들에 황소거북 사육장을 만들었다. 황소거북은 종종 100년이나 150년까지도 사니까 그 유래는 그것을 기억하는 사람보다 더 오래되었을 수 있다. 그래서 기록은 뒤죽박죽으로 섞여 있다.

비록 뒤죽박죽이라 하더라도 인도양의 황소거북에 대한 기록은 진화에 대해 말해주는 것이 있으므로 소중하다. 무엇보다도 갈라파고스 제도가 특별한 곳이 아니라는 것을 말해준다.

갈라파고스 제도의 생물들이 놀랍다는 사실은 지금은 텔레비전 프로그램 등을 통해 누구나 아는 진부한 이야기가 되었지만, 사실 사람들은 이곳의 핀치나 이구아나, 거북을 잘 알지도 못하면서 그저 유명한 동물들로 여긴다. 사람들은 갈라파고스 제도를 여타 지역과는(심지어는 다른 대양도와도) 아주 다른 신비한 곳으로 여기는 경향이 있다. 다윈과 비글호 항해에 관해 대중적인 책을 쓴 저자인 앨런 무어헤드 Alan Moorehead는 강렬한 표현을 사용해 갈라파고스 제도에 대해 잘못된 인상을 심어주었다. "이 섬들의 명성은 단 한 가지 사실에서 비롯되었다. 그것은 이 섬들이 세상의 어떤 섬들과도 다르다는, 즉 아주 독특한 곳이라는 사실이다."[1]

그러나 이것은 사실이 아니다. 갈라파고스 제도가 지닌 진짜 중요성은 오히려 정반대 사실에 있다. 즉, 갈라파고스 제도는 다른 섬들과 기본적으로 비슷하다. 갈라파고스 제도는 섬들을 대표한다. 갈라파고스 제도가 다윈과 우리에게 교훈을 준 것은, 다른 섬들이 독특해 보이는 것처럼 갈라파고스 제도 역시 독특해 보이기 때문이다.

일반적으로 섬은 생물학적으로 독특하다. 갈라파고스 제도 역시 생물학적으로 독특하기 때문에 그런 패턴에서 벗어나지 않는다. 갈라파고스 제도는 독특하기 때문에 정상이다.

이 사실을 명백하게 증명해주는 증거는 야생에서 살아가는 황소거북을 보려면 굳이 갈라파고스 제도로 가지 않아도 된다는 사실이다. 수 세기 전만 해도 황소거북을 볼 수 있는 섬은 갈라파고스 제도 외에도 모리셔스 섬, 로드리게스 섬, 세이셸 제도를 포함해 많았다. 그렇지만 지금은 알다브라 섬으로 가는 게 낫다.

황소거북의 수난

16세기 초만 해도 황소거북은 서로 다른 곳에서 각자 따로 살아가는 세 집단이 있었다. 이 세 집단에 속한 종의 수는 대여섯 종이 넘었다. 이들은 곰만큼이나 크게 자랐으며, 관계가 가까워 모두 게오켈로네속으로 분류할 수 있었다. 이 세 집단 외에 남아메리카 본토, 아프리카, 마다가스카르 섬, 남아시아 등지에 같은 속에 속하는 작은 거북이 많이 살았다. 황소거북이 작은 섬에만 산 이유는 우연의 일치 때문만은 아니다.

한 집단은 갈라파고스 제도에 살았다. 또 한 집단은 인도양의 마스카렌 제도(숲이 울창한 화산섬인 모리셔스 섬, 로드리게스 섬, 레위니옹 섬으로 이루어진 제도)에 살았다. 세 번째 집단은 같은 인도양이지만 마스카렌 제도에서 멀리 떨어진 곳에 살았으며, 마스카렌 제도에 사는 큰거북과는 차이가 많이 났다. 세 번째 집단의 황소거북들은 화강암 섬인 세이셸 제도에서 남서쪽으로 파카 제도와 코스몰레도 제도를 지나 작은 산호 환초섬인 알다브라 섬에 이르기까지 1,100km에 이르는 바다 지역에 흩어져 살았다. 알다브라 섬은 탄자니아 해안에서 멀리 외따로 떨어져 있다.

알다브라 섬은 망망대해에 홀로 떠 있는 섬으로, 사방 1,300km 안에는 다른 섬이나 육지가 존재하지 않는다. 그래서 알다브라 섬은 대양을 항해하는 배가 들르는 목적지나 기항지가 될 수 없었다. 얕은 초호 주위를 낮은 지대의 석회암과 산호질 모래, 약간의 덤불 숲이 고리 모양으로 둘러싸고 있다. 한낮의 태양은 매우 뜨겁고, 혹독한 건기가 오랫동안 계속된다. 그러다 보니 이곳에 사는 동물의 종류는 많지 않다. 지대가 높은 땅도 없고, 그럴듯한 안식처도 없으며, 항해자를 끌 만한 식량이나 식수, 목재도 거의 없다. 그래서 이곳은 거북이 서식하는 섬 중에서 가장 황량하고 접근하기 어려운 곳이다. 알다브라 섬을 탐낸 사람은 거의 없었고, 방문한 사람도 거의 없었다. 그 덕분에 이곳에 서식하는 거북들은 살아남았다. 20세기 초에 인도양의 다른 곳에 사는 황소거북은 사실상 거의 멸종했다. 그중 일부는 사육장이나 식물원에 잡종으로 남아 있을지 모르지만, 야생에서는 그 모습이 사라졌다. 그렇지만 알다브라 섬에는 야생 황소거북 개체군이 아직 살고 있다.

알다브라 섬의 황소거북 개체군은 알다브라황소거북 Geochelone gigantea 으로 분류된다. 이것은 아마도 화강암 섬인 세이셸 제도에서 사라진 집단과 같은 종일지도 모른다. 이와는 대조적으로, 마스카렌 제도 아래로 내려가면 각 섬마다 고유종이 살았던 것으로 보이며, 어떤 경우에는 한 섬에 두 종이 함께 살기도 했다.

모리셔스 섬에는 게오켈로네 이넵타 Geochelone inepta와 게오켈로네 트리세라타 Geochelone triserrata가 살았다. 두 종의 해부학적 차이는 미미했고, 생태학적 차이는 추측만 해볼 수 있을 뿐이다. 게오켈로네 이넵타는 건조한 연안 서식지에 잘 적응했던 것 같고, 게오켈로네 트리세라타는 습기가 많은 내륙 지역을 좋아했던 것 같다. 두 종은 모두 같은 조상에서 유래한 것으로 보이며, 서로 다른 이주 경로를 통해 모리셔스 섬에 도착했을 것이다. 이주는 몇몇 개체, 어쩌면 단 한 개체를 통해 일어났을 수 있다. 예컨대 알을 품은 암컷 한 마리가 로드리게스 섬 해안에서 파도에 휩쓸려 이곳까지 떠내려왔을 수 있다. 황소거북은 고무보트처럼 파도에 몸을 싣고서 며칠 또는 몇 주일 동안 고개를 꼿꼿하게 쳐든 채 대양을 건널 능력이 있다. 한편, 로드리게스 섬에 살던 개체군은 오래 전에 모리셔스 섬의 해안에서 흘러왔을 수도 있다. 이렇게 서로 왔다 갔다 하는 이주는 군도에서 일어난 진화 패턴을 복잡하게 만드는 한 요인이다.

그렇지만 모리셔스 섬, 로드리게스 섬, 레위니옹 섬의 거북들은 서로 가까운 관계에 있다고 볼 수 있다. 분류학자들은 이들을 모두 킬린드라스피스아속 亞屬 Cylindraspis으로 분류하지만, 내게는 단순히 마스카렌 제도의 사촌들로 생각하는 편이 나아보인다. 마스카렌 제도에서 이들이 진화할 수 있었던 요인은 많지만, 그중에서 가장 중요한 것은 사람의 발길이 닿지 않았다는 점이다. 수백 년 전까지만 해도 세 화산섬에는 호모 사피엔스의 발길이 닿은 적이 없었다. 폴리네시아나 멜라네시아의 섬들에는 신석기 문화 유물이 많이 남아 있고, 뉴질랜드와 하와이 제도, 이스터 섬 같은 곳에는 모험적인 사람들이 카누를 타고 방문했지만, 마스카렌 제도는 갈라파고스 제도와 마찬가지로 사람의 발길이 닿지 않았다. 무서운 두발 포식 동물이 존재하지 않았기 때문에 거북들이 살아남아 진화할 수 있었다.

그러나 그런 상황이 영원히 지속될 수는 없었다. 1507년, 포르투갈 인의 배가 모리셔스 섬에 들렀다. 1598년에는 네덜란드 탐사대가 상륙하여 빈번한 접촉 시대를 열었으며, 1638년에는 이 섬에 네덜란드 인 정착촌이 생겼다. 80년 뒤에는 프랑스 인이 모리셔스 섬을 점령했다. 프랑스 인, 네덜란드 인, 포르투갈 인은 모두 이곳을 긴 항해 도중에 들러 잠시 휴식을 취하고 육류를 보급하는 장소로 사용했다. 포르투갈 인은 염소, 돼지, 닭 등을 들여왔는데, 섬에 풀어놓으면 저절로 그 수가 크게 불어나리라 기대했다. 포르투갈 인이나 네덜란드 인은 의도한 것은 아니지만 섬에 쥐도 풀어놓았다. 나중에 네덜란드 인은 정착촌을 세운 뒤 쥐를 퇴치할 목적으로 고양이도 들여왔다. 원숭이는 누가 무슨 목적으로 데려왔는지 알 길이 없다. 한편, 네덜란드 인은 이곳에 사는 토착 동물을 많이 죽였는데, 특히 도도와 거북을 무자비하게 죽여 없앴다. 그 당시 항해자들은 아무 생각 없이 생태계 파괴 행위를 자행했으며, 눈에 띄는 것은 무엇이든 먹었다.

1630년에 이곳을 방문한 한 영국인은 거대한 거북에 깊은 인상을 받았던 것 같다. "이 거북은 등에 두 사람을 싣고서도 기어갈 수 있을 만큼 컸다."[2]라고 그는 기술했다. 그렇지만 그는 거북 요리는 별로 좋아하지 않았던 것 같다. 그는 그것을 "역겨운 요리"[3]라고 표현했는데, 아마도 자신이 알고 있던 영국의 역겨운 요리와 비교해서 그렇게 표현했을 것이다. 네덜란드 인은 거북 요리를 항해자의 식사로서는 참고 먹을 만한

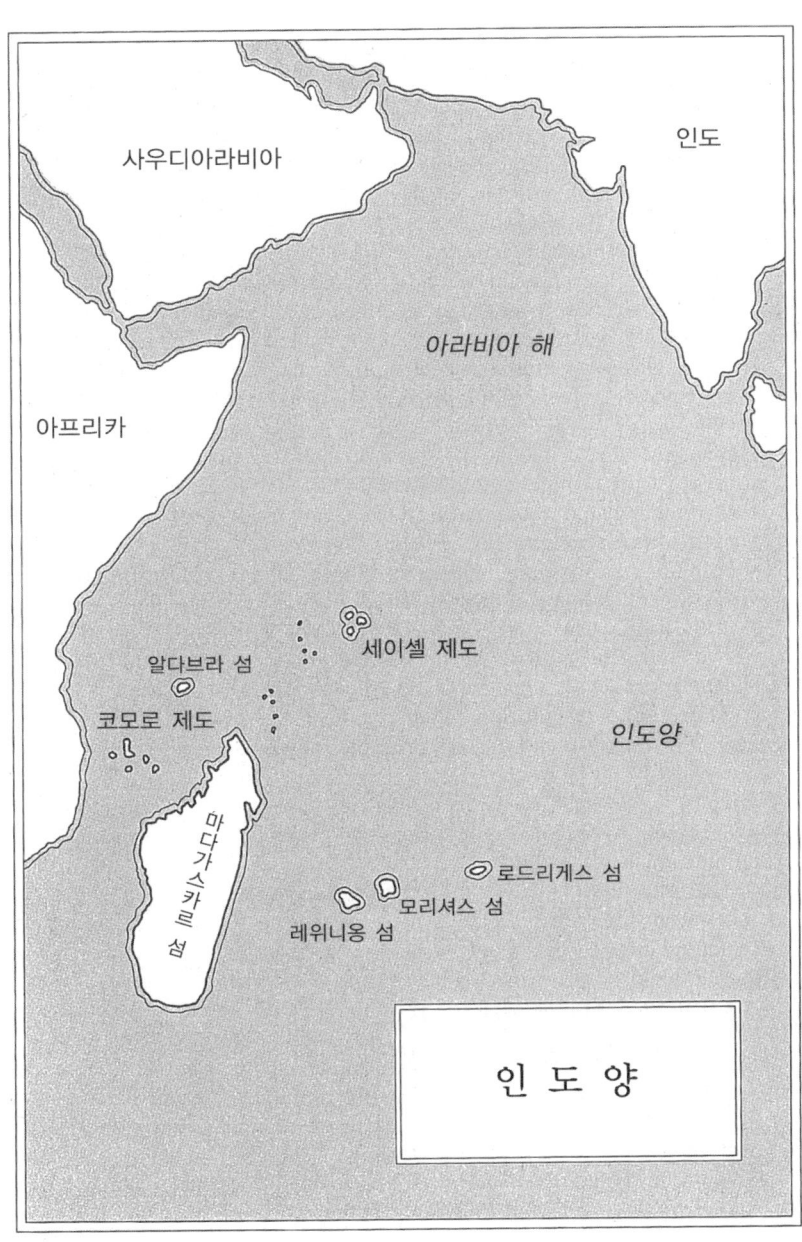

것으로 평가했다. 포르투갈 인은 그저 그런 것으로 여겼고 영국인은 싫어한 거북 고기로 프랑스 인은 진미를 만드는 조리법을 개발했다. 모리셔스 섬에 정착한 프랑스 인은 수만 마리의 거북을 살육하여 그 고기를 소금에 절이거나 기름으로 만들었다.

전 세계의 해군과 포경선단이 황소거북을 산 채로 저장하는 방법을 발견해 황소거북의 씨를 더 말리기 전에 이미 이런 일들이 일어나고 있었다. 파충류의 대사와 놀라운 지구력을 지닌 황소거북은 먹이나 물을 주지 않아도 화물칸에서 몇 달 동안 생존했다. 돌아다니는 것을 막으려면 뒤집어놓으면 되었다. 냉동고가 없던 시대에 황소거북이 지닌 생리학적 휴면 상태는 항해자들에게 고기를 보충하는 데 큰 도움이 되었다.

그렇지만 이러한 이용법은 먼 훗날의 이야기이다. 17세기에서 18세기에 이르기까지 직접적인 살육 행위는 모리셔스 섬뿐만 아니라 레위니옹 섬과 로드리게스 섬에서도 자행되었다. 레위니옹 섬을 방문한 한 여행가는 이렇게 보고했다. "땅거북은 이 섬의 풍부한 자원 중 하나이다. 그 수가 굉장히 많다. 고기는 맛이 아주 좋으며, 지방은 버터나 최고급 오일보다 훌륭해 온갖 종류의 소스에 사용할 수 있다."[4] 탐험 중에 로드리게스 섬에서 몇 주일을 보낸 한 프랑스 인은 "거북 수프, 거북 프리카세, 거북찜, 거북고기 만두, 거북 알, 거북 간"[5] 등의 요리를 기억했고, 자신이 먹은 음식이 모두 거북 고기뿐인 것에 불만을 표시했다. 1780년 무렵에 이르자 로드리게스 섬, 레위니옹 섬, 모리셔스 섬의 거북은 그 수가 크게 줄어들었다. 사라진 거북은 대부분 사람들의 뱃속으로 들어갔다. 그리고 그로부터 한 세대가 지나자 거북은 야생에서 모습이 사라졌으며, 사실상 멸종 상태에 이르렀다. 서식지를 옮겨 잡종 상태로 보존되던 마지막 게오켈로네 트리세라타의 운명이 어떻게 되었는지는 아무도 모른다. 1836년, 찰스 다윈은 비글호를 타고 고국으로 돌아가는 도중에 모리셔스 섬에 들렀다. 얼마 전에 갈라파고스 제도에 들렀던 다윈은 황소거북의 인상이 생생하게 남아 있었을 것이다. 만약 다윈이 모리셔스 섬에서 황소거북을 보았더라면, 반드시 그것을 언급했을 것이다. 그러나 《비글호 항해기》에는 모리셔스 섬의 황소거북에 대한 언급이 전혀 없다.

마스카렌 제도의 황소거북 사촌들은 서로 아주 가깝지만, 알다브라섬과 세이셸 제도에 사는 종인 알다브라황소거북은 마스카렌 제도의 사촌들과 그렇게 가까운 관계가 아니었다. 알다브라황소거북은 별개의 속에서 갈라져나왔을 가능성이 높은데, 오늘날 분류학자들은 그것을 독자적인 아속인 알다브라켈리스아속 Aldabrachelys으로 분류한다. 라틴어 학명이 너무 많이 나온다고 불평하는 독자들은 그때그때 보고 잊어버려도 무방하다. 이 아속에는 한때 마다가스카르 섬에 살았던 일부 황소거북도 포함된다. 마다가스카르 섬에 살던 이 종은 수백만 년 전에 멸종한 것으로 추정되며, 오늘날에는 그 등딱지만 남아 있는데, 알다브라황소거북의 등딱지와 아주 비슷하다. 따라서 이 종은 원래 마다가스카르 섬의 북쪽 해안에서 해류를 타고 건너와 알다브라 섬에 정착했는지도 모른다.

알다브라황소거북과 마스카렌 제도에 사는 황소거북 집단의 차이점은 두개골 구조에서 몇 가지를 찾아볼 수 있다. 알다브라황소거북은 주둥이가 더 뾰족하다. 그리고 콧속의 통로가 기묘한 모양을 하고 있는데, 플랩 모양의 능선은 콧구멍에서 식도까지 탁 트인 통로를 확보하면서 후각 기관이 있는 방을 보호하는 것으로 보인다. 이 능선은 살로 이루어진 판막을 지탱할 수 있으며(비록 알다브라황소거북을 실제로 해부해 이것을 확인한 과학자는 없지만), 황소거북은 이 판막을 여닫음으로써 후각 기관이 있는 방을 열었다 막았다 할 수 있다. 알다브라황소거북이 가끔 콧구멍을 통해 물을 빨아들인다는 관찰 결과와 이러한 구조적 특징을 합치면 흥미로운 가설을 생각할 수 있다. 즉, 이 종은 가뭄 때 좁고 깊게 파인 구멍 속에 머리를 집어넣고 코를 통해 물을 빨아들일 수 있도록 진화한 것이 아닐까? 그리고 알다브라 섬에 촘촘하게 널려 있는 산호 암석들에는 좁고 깊은 구멍이 많이 뚫려 있다.

가뭄은 진화를 하다가 반드시 겪는 사건이지만, 알다브라황소거북은 사람과 맞닥뜨렸을 때 어떻게 해야 살아남는지 전혀 준비가 되어 있지 않았다. 알다브라 섬은 인간 세계에서 멀리 떨어져 보호를 받았지만, 다른 곳들은 사람이 들르기가 쉬워 그곳에 사는 개체군들은 위험에 처했다. 1609년에 한 탐사대는 세이셸 제도의 화강암 섬들과 유난히 눈길을 끄는 종을 발견했다. 탐사대의 일원인 윌리엄 레벳William Revett은 이렇게 기록했다. "사람들은 그렇게 큰 땅거북이 있다는 사실을 믿으려 하지 않을 것이다. 그렇게 크고 흉하게 생긴 데다가 곰처럼 다섯 개의 발가락을 가진 짐승을 우리는 먹고 싶은 생각이 들지 않았다."[6] 레벳 역시 비위가 약한 영국인이어서 파충류 요리를 좋아하지 않았지만, 나중에 그곳을 방문한 사람들은 그렇지 않았다.

세이셸 제도에는 1778년에야 영구 정착촌이 들어섰지만, 18세기 말에 이르자 거북은 이 식민지의 최대 수출품이 되었다. 알다브라황소거북은 마스카렌 제도에 서식하는 종만큼이나 맛이 좋은 것으로 밝혀졌다. 사실, 수출된 거북 고기 중 상당량은 모리셔스 섬으로 갔다. 모리셔스 섬 주민이 전통적으로 거북 고기를 좋아하기도 했지만, 모리셔스 섬의 거북이 거의 고갈되었기 때문이다. 모리셔스 섬의 세관 기록이 이것을 잘 증언해준다. 거북 수입이 최고조에 이르렀을 때에는 세이셸 제도에서 5,000마리 이상의 거북을 여러 척의 배에 실어 날라왔다고 기록돼 있다. 또 해군 함정들도 세이셸 제도에서 수천 마리의 거북을 실어갔다. 사람들이 데리고 온 고양이와 쥐가 상황을 더욱 악화시켰다. 고양이와 쥐는 알과 알에서 막 깨어 나온 새끼를 잡아먹었다. 알다브라황소거북은 세이셸 제도에서 순식간에 사라져갔다(최소한 야생종과 순종은). 19세기 초에도 세이셸 제도에서 모리셔스 섬으로 많은 거북이 배로 실려갔다. 그러나 세이셸 제도에서 거북을 취급하는 상인들은 이젠 중간상에 불과했다. 세이셸 제도는 수입항으로 전락했으며, 수입되는 거북들은 알다브라 섬에서 왔다. 드넓은 대양에서 알다브라 섬 외에는 더 이상 거북을 잡을 데가 없었다.

1870년 무렵에 또 다른 위협이 닥쳤다. 누가 알다브라 섬을 벌목 장소로 개발할 생각을 한 것이다. 그러지 않아도 사냥과 심각한 생태계 훼손 때문에 알다브라 섬의 황소거북은 멸종하고 말았을 것이다. 벌목을 하지 않더라도 이 섬에 사는 알다브라황소거북은 이미 그 수가 크게 줄어 있었다. 1828년에 한 무리의 선원들이 이 섬에서 사흘 동안 사냥에 나섰지만 거북을 한 마리밖에 잡지 못했다는 사실이 이것을 뒷받침한다. 그러자 영국 과학자들이 이런 상황을 크게 우려하게 되었다. 찰스 다윈과 조지프 후커를 비롯한 유명한 과학자들이 모리셔스 총독에게 편지를 보내 알다브라황소거북을 보호하라고 촉구했다. 일련의 보호 조처가 취해졌지만, 거북 수는 계속 감소했다. 고양이와 쥐가 환초 곳곳에 출몰하면서 거북 알과 알에서 부화한 새끼의 사망률을 크게 높였기 때문이다. 고양이와 쥐가 없던 자연 상태에서도 그 사망률은 이미 높은 편이었는데 말이다. 제1차 세계대전 직전에 한 박물학자가 이곳을 방문하여 넉 달 동안 야영하면서 지냈는데, 그는 거북을 보기 어렵다는 사실에 주목하고, "알다브라 섬에서 몇 년간 살더라도 거북을 한 마리도 보지 못할 수 있다."[7]라고 결론 내렸다. 그는 그 이유가 거북이 사람들의 눈을 피하기 때문이라고 생각했다. 세이셸 총독의 견해는 그보다 덜 낙관적이었다. "어떤 조처를 취하더라도 자연 서식지에서 야생 상태로 살아가는 이 신기한 생존자들이 결국 멸종하는 것을 막지 못할 것이다."[8] 그러나 얼마 지나지 않아 총독의 생각이 틀렸음을 증명이라도 하듯이 거북 개체군은 그 수가 다시 불어나기 시작했다.

20세기에 들어와서도 이러한 추세는 계속되었다. 알다브라 섬의 거북 수는 역사상 가장 적은 수로 추락했다가 극적으로 증가 추세로 돌아섰다. 어떻게 그럴 수 있었을까? 고기를 노리는 사람들의 접근을 막음으로써 거북들은 대체로 방해를 받지 않고 살아갔고, 관목이 우거진 서식지 역시 그대로 보존되었기 때문이다. 또, 환초의 황량하고 혹독한 환경도 도움이 된 것으로 보이는데, 천적인 쥐나 고양이가 크게 번식하지 못했기 때문이다. 1960년대에 영국 정부가 알다브라 섬에 공군 기지를 건설하려는 계획을 세워 위기가 고조된 적이 있지만, 일반 대중이 앞서 다윈이 동참했던 것과 같은 종류의 반대 운동에 나서고, 왕립 학회까지 이 섬의 보호자로 나섰다. 그 결과로 알다브라 섬 연구 기지가 건설되었으며, 다른 개발 계획은 모두 취소되었다. 1976년, 알다브라 섬은 독립국이 된 세이셸 공화국 영토로 편입되었고, 세이셸 정부는 1981년에 알다브라 섬을 특별 보호 구역으로 지정했다. 최근의 보고에 따르면, 알다브라황소거북은 무사히 잘 살아가고 있다고 한다.

그런데 지금은 너무 잘 살아가서 문제가 되고 있다. 현재 알다브라 섬에는 거북이 약 15만 마리나 살고 있는데, 가까운 장래에 먹이 부족 사태가 발생해 자연적으로 개체수 감소가 일어날 가능성이 있다.

알다브라황소거북의 이야기는 다소 복잡했지만 우리가 주목해야 할 핵심 사실은 딱 한 가지, 지리적 격리이다. 알다브라 섬은 격리 상태가 아주 심했다. 격리는 단순히 거리로 측정할 수 있는 것이 아니다. 날로 좁아지는 지구촌 시대에도 알다브라 섬의 격리 수준은 감소하지 않았다. 접근의 어려움은 다른 곳에서 유례를 찾기 힘들 정도이다. 오늘날 우리는 마이애미에서 비행기를 빌려 몇 시간 만에 아마존 심장부에 내릴 수도 있고, 갈라파고스 제도로 날아가 그곳에서 여객선을 타고 가이드의 도움을 받으면서 각 섬을 돌아볼 수도 있다. 또는, 모험적인 여행 상품을 선택하여 남극 대륙이나 크라카타우 섬을 방문할 수도 있다. 그러나 알다브라 섬은 차원이 다르다. 알다브라 섬은 절대로 쉽게 갈 수 있는 곳이 아니다.

만약 당신이 과학자라면(또는 그럴듯한 과학 저널리스트라면) 스미스소니언 협회에서 2년마다 한 번씩 주관하는 알다브라 섬 탐사대에 신청해볼 수 있다. 여기에 합류하면 뜨거운 태양 아래 사람들이 구덩이에서 진지하게 다모류多毛類를 채집하는 것을 보면서 한 달을 보낼 수 있다. 아니면, 세이셸 군도에서 튼튼한 배를 한 척 빌려 1,100km 거리에 있는 알다브라 섬을 향해 모험에 나설 수도 있다. 운이 좋다면(첫 번째 시도에서 성공하긴 힘들겠지만) 세이셸 인 선장은 알다브라 섬에 당신을 데려다 줄 것이다. 배를 빌리는 데 드는 비용은 약 1만 달러라고 한다. 그리고 그 환초에 도착하더라도, 당신은 그곳에 상륙할 법적 권리가 없다는 사실을 명심해야 한다. 이 모든 점을 고려한 끝에 나는 내 운을 시험해보지 않는 쪽을 선택했다.

공식 기록은 모호한 구석이 있지만 실제 내용을 적어놓은 것이므로, 나는 그것을 신뢰하기로 했다. 그래서 나는 모리셔스 섬의 식물원에서 알다브라황소거북을 본 것으로 만족하기로 했다. 인도양의 야생 거북들은 충분히 괴롭힘을 당했다. 이제 그 작고 황량한 섬에서 그들끼리 조용히 살아가도록 내버려두자. 알다브라 섬이 격리의 중요성을 보여주는 상징이라면, 당장 나부터 접근을 삼가 그들을 보호하는 것이 옳지 않겠는가?

종 분화를 낳는 지리적 격리

지리적 격리는 진화의 수레바퀴이다. 이 사실은 논란이 되는 주제이기도 한데, 실제로 100년이 넘도록 많은 논란이 되었다. 그 논란은 생물학 자체의 발전과 발맞추어 함께 발전했는데, 생물학은 고전적인 다윈식 진화론이 고생물학과 20세기 유전학과 결합하여 현대적 종합으로 알려진 통합 이론으로 발전하고, 나중에는 분자생물학과 결합하면서 더 발전하는 과정을 거쳤다. 최근에 지리적 격리는 (1) 진화에 극도로 중요하거나 (2) 진화에 상당히 중요하거나 (3) 단지 필수적인 것 등으로 다양하게 간주된다. 논쟁을 펼치는 당사자들은 섬에서 얻은 자료를 늘어놓으면서 자신의 주장을 뒷받침하려고 많은 노력을 기울인다.

독일 출신의 조류학자이자 분류학자로 하버드 대학에서 연구하고 있는 에른스트 마이어 Ernst Mayr는 이 분야에서 최고 권위자로 꼽힌다. 마이어는 1904년에 태어나 1920년대 후반에 뉴기니 섬으로 첫 조류 탐사를 떠났다. 그는 오랫동안 광범위한 분야에서 경력을 쌓았다. 그는 큰 존경을 받는 현대 생물학자 중 한 사람이며,《계통분류학과 종의 기원 Systematics and the Origin of Species》(1942)이라는 책을 썼다. 그리고 유전학과 다윈의 진화론을 합쳐 현대적 종합을 만들어낸 공동 창시자이기도 하다. 지리적 격리에 관한 논쟁에서 마이어는 불공평하게 어느 누구보다도 유리한 입장에서 싸우는데, 그것은 그가 독자적인 강력한 견해를 가진 연구자이자 이론가인 동시에 과학사학자이기도 하기 때문이다. 불공평한 점이 한 가지 더 있는데, 그는 뛰어난 저술가이기까지 하다.

이처럼 많은 재능을 가진 마이어가 유리한 입장에 있는 것은 당연하다. 그는 펜을 한 번 휘두르는 것만으로 의견 일치를 선언할 수도 있고, 어느 학파의 주장이 옳다고 판정을 내릴 수도 있다. 역사학자로서 그는 엄정하고 확고하고 객관적인 자세를 취했으며, 자신이 기여한 부분에 대한 평가도 제3자적 입장에서 냉정하게 기술했다. 마이어가 여러 논문과 책에서 이야기한 것처럼, 지리적 격리가 진화에 중요한 요소라는 직관은 다윈이나 월리스보다 훨씬 이전으로 거슬러 올라간다.

그때에도 진화론을 생각한 이론가가 몇 명 있었다. 그중 한 사람은 《창조의 자연사적 흔적》이라는 책을 쓴 로버트 체임버스이다. 이 책은 다소 혼란스러운 내용이 들어 있지만 놀랄 만한 주장도 담고 있어 월리스는 이 책에서 큰 감명을 받았다. 또 한 사람은 찰스 다윈의 할아버지인 이래즈머스 다윈인데, 그는 자유로운 사고를 가진 의사였다. 그가 쓴 저서 《주노미아 Zoonomia》는 '삶과 건강의 법칙'[9]에 관한 의학 논문인데, 종의 변화를 암시하는 내용을 담고 있다.

다윈 이전의 진화론자 중에서 가장 유명하고 영향력이 컸던 사람은 장 바티스트 피에르 앙투안 드 모네 슈발리에 드 라마르크 Jean Baptiste Pierre Antoine de Monet, Chevalier de Lamarck였다. 보통은 마지막 이름인 라마르크로만 부른다. 라마르크는 진화에 관한 최초의 생각을 1800년 5월 11일에 대학 강의에서 발표했다. 그리고 9년 뒤에 발간된 저서 《동물 철학 Philosophie Zoologique》에서 그 이론을 완전하게 설명했다(비록 틀린 것이긴 했지만).

이들 초기의 이론가들(라마르크, 이래즈머스 다윈, 체임버스를 비롯해 그 밖의 몇몇 사람들)은 생물 진화의 실체를 최소한 어렴풋하게나마 이해했다. 그들은 비교해부학이나 화석들의 순서, 생물지리학 등에서 그 증거를 보았다. 그렇지만 종의 변화가 어떻게 일어나는지는 설명하지 못했다. 훗날 다윈과 월리스가 발견한 메커니즘인 자연 선택을 이들은 전혀 생각하지 못했다. 그렇지만 그들은 멍청이나 소경이 아니었으므로, 소중한 관찰과 개념을 일부 제시했다.

그중 한 사람인 레오폴트 폰 부흐 Leopold von Buch는 1825년에 다음과 같이 썼다.

어떤 속屬에 속한 개체들이 여러 대륙으로 퍼져나가면서 아주 멀리 떨어진 장소로 옮겨가 변종이 생긴다(장소나 먹이나 토양의 차이 때문에). 이렇게 생겨난 변종은 분리 때문에 다른 변종과 교배하지 못하며, 따라서 원래의 종류로 돌아가지 못한다. 결국 이들 변종은 더 이상 변하지 않는 일정한 상태에 이르러 별개의 종이 된다. 나중에 이들은 비슷한 방식으로 변한 다른 변종이 사는 장소에 갈 수도 있는데, 이 두 종은 이제 교배하여 자손을 낳을 수 없으며, 따라서 '서로 다른 두 종'처럼 살아갈 것이다.[10]

부흐가 카나리아 제도의 식물상과 동물상을 바탕으로 이러한 이론을 전개했다는 사실을 감안한다면, '아주 멀리 떨어진 장소'라는 단어는 중요한 의미를 지닌다.

부흐가 묘사한 과정은 오늘날 '이소적 종 분화allopatric speciation'라고 부른다. 이소적 종 분화를 간단하게 정의하면, 서로 분리된 두 집단의 개체들이 서로 다른 곳에서 살아가면서 한 종이 두 종으로 갈라지는 것이다. 이것은 두 집단의 개체들이 같은 곳에서 살아가면서 한 종이 두 종으로 나누어지는 '동소적 종 분화sympatric speciation'와 대조되는 개념이다.

부흐가 처음으로 언급한 후 150여 년이 지났지만 이소적 종 분화 개념은 아직도 유효하다. 사실상 새로운 종(최소한 유성 생식을 하는 새로운 종)은 이 방법으로 나타나는 것으로 여겨진다. 그런데 일부 식물은 좀 복잡한 생식 양상을 보인다. 처녀 생식이나 암수한몸 또는 무성 생식을 하는 동물도 복잡한 생식 양상을 보인다. 그렇지만 유성 생식을 하는 동물과 대다수 식물에서는 이소적 종 분화가 법칙이다. 동소적 종 분화는 아주 드문 예외가 아니면 환상이다. 둘 중 어느 쪽이냐 하는 것은 어떤 학파의 생물학자에게 묻느냐에 따라 달라진다. 그리고 부흐가 말한 것처럼, 이소적 종 분화의 전제 조건은 지리적 격리이다.

이제 여러분은 우리가 앞으로 어디를 향해 나아갈지 짐작할 것이다. 그것은 바로 지구 전체를 섬들로 이루어진 세계로 이해하고, 진화 자체를 격리에서 발생하는 결과로 이해하는 것이다.

다윈과 바그너의 논쟁

방금 내가 설명한 견해(지리적 격리를 진화의 수레바퀴로 보는)를 19세기에 가장 강력하게 주장한 사람은 다윈이나 월리스가 아니라, 독일 박물학자 모리츠 바그너 Moritz Wagner였다.

1813년에 태어난 바그너는 다윈과 월리스와 같은 경로를 통해 이 주제를 생각하게 되었다. 그는 젊은 시절을 여행하고, 표본을 채집하고, 종의 분포 패턴을 그리면서 보냈다. 그러한 패턴은 그의 머릿속에 경이로움과 과감한 개념을 떠오르게 했다. 다윈이나 월리스처럼 바그너도 특별한 창조론은 틀렸다고 생각했다. 다만 바그너는 아시아, 아메리카, 북아프리카 같은 대륙에 관심을 쏟았다는 점이 다윈이나 월리스와 달랐다. 그는 다윈이나 월리스처럼 섬들을 두루 여행하는 경험을 쌓지는 못했지만, 대륙에서도 충분히 지리적 격리 사례를 발견할 수 있었다. 바그너는 20대 초반에 3년 동안 알제리를 탐험했다. 알제리 북부 해안 지역도 포함돼 있었는데, 그곳에는 아틀라스 산맥에서 흘러내려오는 두 강이 일부 종의 분포 경계선을 이루었다.

예를 들면 딱정벌레 종들이 그랬다. 피멜리아속 Pimelia의 날지 못하는 일부 딱정벌레 종들에게 알제리의 이 두 강은 장벽이었다. 강 한쪽에는 피멜리아속의 한 딱정벌레 종이 살았고, 강 건너편에는 비슷하지만 그 종과는 다른 종이 살았다. 다른 동물들의 경우에도 산맥이 일종의 경계선이 되는 사례를 종종 발견할 수 있었다. 사막 역시 사막에 살지 못하는 종들을 분리하는 경계선이 되었다. 이러한 종류의 지리적 격리는 서로 가까운 종들의 분리를 도처에서 낳는 것처럼 보였다. 바그너는 이러한 관찰 결과를 정리하여 1841년에 논문으로 발표했다.

바그너는 1859년에 《종의 기원》을 읽고 열렬한 진화론자가 되었으며, 다윈과 편지를 주고받았다. 바그너는 자신의 생각을 대담하고도 비정통적인 이론 체계로 확장하여 격리설die Separationstheorie이라고 불렀다. 어떤 내용은 지나치게 대담하고 이상하여 다윈조차 받아들이기 어려웠다. 지리적 격리도 그중 하나였다. 바그너는 이렇게 썼다. "다윈이 발단종으로 간주하는 진정한 변종의 생성이 성공을 거두려면, 일부 개체가 반드시 자신이 살던 영역을 제한하는 경계를 벗어나 같은 종의 다른 개체들로부터 상당 기간 공간적으로 분리되어야만 가능하다."¹¹ 다시 말해서, 지리적 격리가 없이는 종 분화도 일어나지 않는다는 것이다. 바그너는 "이주자들이 같은 종의 다른 개체들로부터 장기간 계속적으로 분리되지 않으면 새로운 종류의 생성은 결코 성공하지 못할 것이다."¹²라고 덧붙였다. '반드시'나 '결코'와 같은 단정적 표현 때문에 이 주장은 다윈이 받아들이기에 너무 강렬한 것이 되고 말았다.

이 문제에 대해 다윈은 처음에 가졌던 견해를 바꾸었다. 초기의 공책이나 《종의 기원》을 쓰기 전에 자연 선택에 관해 쓴 미발표 논문 두 편에서는 지리적 격리를 아주 중요하게 간주했다. 한번은 후커에게 보낸 편지에서 이렇게 말했다. "새로운 형태가 최초로 만들어지거나 탄생하는 것에 대해 나는 격리가 가장 중요한 요인으로 보인다고 말해왔다."¹³ 갈라파고스 제도에서 목격한 사실(핀치와 거북, 그리고 특히 흉내지빠귀가 섬마다 다른 종이 산다는 사실)에서 영감을 얻어 다윈은 지리적 격리가 중요한 역할을 한다고 생각했다. 그러나 다른 곳에서 얻은 자료들은 이와는 다른 사실을 말해주는 것처럼 보였다.

남아메리카 대륙에서 다윈은 서로 다르지만 가까운 관계에 있는 두 종의 레아를 보았다. 두 종은 모두 파타고니아 평원에서 살고 있었다. 한 종은 다른 종보다 몸집이 작았다. 뿐만 아니라 두 종은 여러 가지 미묘한 점에서 차이가 있었다. 그러한 차이점이 무엇이든 간에, 두 종은 동소적 종 분화 과정을 통해 그러한 차이가 생긴 것처럼 보였다. 이들은 같은 서식지에서 살았는데, 항상 그렇게 살아오진 않았다고 생각할 만한 이유가 없었다. 자신이 목격한 이러한 증거(부분적이고 틀릴 수도 있는)를 감안한다면, 두 종의 레아가 분기한 것은 지리적 격리가 없이 일어났을지도 몰랐다. 훗날 다윈은 이렇게 썼다. "오래 전에 내가 갈피를 잡지 못하고 흔들렸던 적이 생각난다. 갈라파고스 제도의 동물상과 식물상을 생각하면 격리가 옳아 보였다. 그렇지만 남아메리카를 생각하면 그 판단에 의심이 들었다."14 《종의 기원》 초판이 출간된 후 다윈의 생각은 지리적 격리를 의심하는 쪽으로 기울었다.

이제 성숙해진 다윈은 지리적 격리가 때로는 진화에 기여한다는 생각을 받아들일 수도 있었다. 그러나 다윈은 지리적 격리는 필요 없다고 생각했다. 대륙의 광활한 땅에는 섬에 사는 것보다 훨씬 많은 종이 산다. 드러난 증거들은 어떤 종류의 격리는 진화의 요인이 될 수도 있지만, 행동학적 격리나 생태학적 격리 상황 역시 순전한 지리적 격리와 같은 효과가 있음을 시사했다.

다윈과 바그너는 이 점을 놓고 논쟁을 벌였다. 세월이 흐르면서 편지와 출판물을 통한 두 사람의 논쟁은 점점 더 격렬해졌다. 진화적 변화에 이주가 기여하는 역할을 두고 바그너의 격리설이 지지하기 힘든 내용을 포함한 게 한 가지 문제였다. 바그너는 이주 자체에 거의 마술적 힘이 있다고 주장했다. 종이 새로운 장소로 이주하지 않으면 진화도 결코 일어날 수 없으며, 지리적 격리는 이주가 촉발한 변화를 강화할 뿐이라고 했다. 하지만 다윈은 종이 한 장소에서 다른 장소로 이주하는 것에 마술적인 것이라고는 전혀 없다고 생각했다. 1875년, 다윈은 그 무렵에 발표된 바그너의 논문을 읽고 맨 앞면에 '형편없는 쓰레기'15라고 갈겨썼다.

또 다른 문제는 두 사람이 종종 상대방의 연구를 잘못 이해한 데서 발생했다. 그러한 오해는 용어와 개념의 혼동 때문에 더 악화되었다. 두 사람이 연구하던 분야는 당시로서는 아주 새로운 분야라서 그러한 혼동이 충분히 일어날 수 있었다. 진화론의 핵심 내용은 발견된 지 얼마 안

되었고, 제대로 모르는 것도 많던 시절이었기 때문이다. 예를 들면, 다윈과 바그너는 모두 유전자 개념을 전혀 생각지도 못한 채 유전 때문에 일어나는 변화를 이해하려고 애썼다. 명확한 정의가 필요한 그 밖의 미묘한 개념으로는 종 분화와 구별되는 '계통 진화 phyletic evolution'와, 지리적 격리와 구별되는 '생식적 격리'가 있었다. 이 두 가지에 대해서는 좀 있다가 자세히 설명하기로 하자.

그보다 먼저 "종은 무엇인가?"라는 질문에 답할 필요가 있다. 아루 제도의 새날개나비를 생각하면서 월리스가 고민했고, 다윈과 바그너 역시 고민에 빠뜨렸던 이 질문은 지금도 역시 많은 생물학자를 고민하게 만든다. 지금까지 제시된 답은 아주 다양하며, 각각의 답은 나름의 편향적 견해를 반영하고 있다. 사자나 호랑이나 표범을 분류할 때 일반적으로 사용하는 것과 같은 종의 정의를 식물이나 미생물, 수생 무척추동물에도 똑같이 적용할 수는 없다. 마찬가지로, 식물학자는 동물학자가 사용하는 종의 개념을 사용하려고 하지 않을 것이고, 유전학자나 고생물학자, 분류학자 역시 나름의 정의를 고집하려 할 것이다. 그렇지만 진화 문제를 다루는 여기서는 단순성을 위해 마이어가 1940년에 제안한 정의를 사용하는 게 최선이라고 나는 생각한다. 이 유명한 정의에 따르면, "종은 실제로 또는 잠재적으로 교배가 가능한 자연 개체군 집단으로, 다른 집단과 생식적으로 격리돼 있는 집단"[16]을 말한다. 이 정의에는 아주 미묘한 개념이 많이 들어 있다.

두 개체군이 서로 교배할 수 없거나 교배를 통해 그 사이에서 태어난 첫 번째 세대가 생식이 불가능하다면, 두 개체군은 생식적으로 격리돼 있다고 말할 수 있다. 말은 당나귀와 교배하여 노새를 낳을 수 있지만, 노새끼리는 교배해도 자손을 낳을 수 없다. 따라서 말과 당나귀는 각각 별개의 종이다. 마이어의 정의는 어떻게 두 집단이 생식적으로 격리될 수 있는가 하는 질문을 낳는다. 그것은 지리적 격리의 결과로 생겨나는

가, 아니면 다른 과정을 통해 일어나는가?

 계통 진화는 많은 사람들이 그 개념을 정확하게 알지 못하는 또 한 가지 기본 과정이다. 계통 진화는 한 종이 두 종으로 갈라지는 종 분화와는 분명히 구분되는 개념이다. 종 분화가 한 번 일어날 때마다 지구상에 존재하는 종의 수는 하나씩 늘어난다. 말과 동물 개체군이 생식적으로 서로 격리된 두 개체군으로 갈라지면, 한 종이던 조상 대신에 두 종의 후손, 예컨대 사바나얼룩말 Equus burchelli과 그레비얼룩말 Equus grevyi이 생기는데, 이런 것이 바로 종 분화이다. 종 분화에는 분명히 진화가 작용한다. 그러나 진화와 종 분화는 동의어가 아니다. 둘의 관계는 중첩된 범주와 같다. 종 분화는 전체의 한 측면에 불과하고, 계통 진화 역시 전체의 한 측면에 불과하다.

 계통 진화란, 오랜 시간이 지나는 동안 어떤 종의 모습이나 행동이 원래의 종과는 다르게 서서히 변해가는 과정이다. 즉, 한 종이 둘로 갈라지지 않고 변화한 환경에 적응해 변해간다.

 종 분화는 주로 공간 차원에서 일어난다. '이소적' 종 분화와 '동소적' 종 분화에 공간상의 위치를 가리키는 '지역'이란 말이 들어 있는 이유도 이 때문이다. 반면에, 계통 진화는 주로 시간 차원에서 일어난다. 즉, 어떤 종이 이전의 종과는 달라졌지만, 여전히 한 종으로 남아 있다. 종 분화가 일어나면 새로운 종들로 분리되지만, 계통 진화는 일단 종이 분리된 다음에도 두 종 사이의 차이가 점점 커지는 경향을 보인다. 사바나얼룩말과 그레비얼룩말 사이의 차이는 종 분화의 결과로 나타났다. 그렇지만 얼룩말과 코끼리 사이의 차이는 종 분화에다가 수백만 년에 걸친 계통 진화가 더해진 결과이다.

 다시 다윈과 바그너의 논쟁으로 돌아가서, 계통 진화에는 지리적 격리가 필요할까? 아니다. 얼룩말 계통이 코끼리 계통에서 계속 분기해나가려면 공간적으로 서로 분리되는 조건이 필요한가? 아니다. 같은 사바나에서 살더라도 얼룩말과 코끼리는 서로 교잡하지는 않을 것이다. 마찬가지로, 까마귀와 딱따구리도 같은 숲에서 살더라도 각자 다른 갈래로 계속 분기해갈 것이다. 이들은 환경의 다른 측면들에 서로 다르게 반응함으로써(즉, 서로 다른 생태적 지위에 자신을 적응시킴으로써) 각자의 길을 걸어간다. 그러나 바그너는 이 사실을 간과했다. 즉, 계통 진화를 생각하지 못했던 것이다.

계통 진화 문제를 제쳐놓는다면, 종 분화에는 지리적 격리가 필요한가 하는 더 어려운 질문을 좀 더 명확하게 다룰 수 있다. 이 문제는 지금도 의견 일치가 이루어지지 않고 있다. 마이어는 최소한 유성 생식을 하는 동물과 대다수 식물의 종 분화에는 지리적 격리가 필요하다는 주장을 설득력 있게 펼쳤다. 생식적 격리는 그 종이 독립적인 종임을 확인해 주는 보증서이지만, 생식적 격리는 자연 발생적으로 일어나지 않는다고 마이어는 말한다. 생식적 격리는 두 개체군이 물리적으로 분리되어 있을 때 두 개체군에 일어나는 유전적 돌연 변이와 그 밖의 차이점들을 통해서만 일어날 수 있다. 다윈은 이 사실을 알지 못했다. 내 말은 곧이곧대로 믿지 않아도 좋다. 나는 다윈을 전문적으로 연구한 학자가 아니니까. 하지만 마이어의 의견은 믿어도 되리라 생각한다. 마이어에 따르면, 다윈은 생식적 격리(최종 결과)와 지리적 격리(필요조건인 환경)를 혼동했다. 생식적 격리의 실제 원인은 무엇인가? 그 원인에는 유전자 차원에서 일어나는 돌연변이, 유전자 연관gene linkage(동일한 염색체상에 위치한 유전자들의 연관성) 패턴의 변화, 생태학이나 행동의 변화 등이 포함된다. 이러한 요인들은 생식적 격리를 직접 유발한다. 단도직입적으로 말하면, 돌연변이는 원인이고, 지리적 격리는 환경이며, 생식적 격리는 최종 결과이다. 종 분화는 바로 이러한 과정을 통해 일어난다. 오랜 시간과 경쟁, 생태학적 교란은 계통 진화를 부추긴다. 두 개체군 사이에 끼워넣은 쐐기의 뾰족한 끝부분이 종 분화이고, 반대쪽의 넓은 끝부분이 계통 진화에 해당한다.

다윈과 바그너의 논쟁에서 중요한 사실은 다윈이 승리를 거두었다는 것이다. 그러나 다윈은 논쟁의 핵심 주제와 명성에서 승리를 거두었을 뿐, 주장이 옳아서 승리한 것은 아니었으며, 그 승리는 생물학을 엉뚱한 길로 벗어나게 했다. 다윈은 동료들에게 지리적 격리는 진화에 필요하지 않다고 말했다. 월리스는 야외 현장에서 자신이 직접 경험하면서 확인한 사실에도 불구하고, 그리고 진화론의 주요 세부 내용에서 다윈과 의견이 항상 같은 것은 아니었는데도 불구하고, 다윈의 생각에 동조했다. 오히려 바그너가 진실에 더 가까이 다가갔지만, 그는 잘못된 이론 안에서 잘못된 이유를 바탕으로 진실에 다가갔기 때문에, 지리적 격리의 역할에 대한 주장의 신빙성을 오히려 떨어뜨렸는지도 모른다.

20세기 초에 그레고어 멘델Gregor Mendel이 했던 완두콩 유전 실험 연구가 재발견되면서 연못에서 개구리밥이 퍼져나가듯이 유전학이 활짝 만개했다. 유전학자들은 실험실에서 돌연변이 현상(같은 장소에서 갑자기 새로운 종이 출현할 수 있음을 말해주는 것처럼 보이는)에 몰두하면서 지리적 격리의 중요성을 간과하게 되었다. 지리적 격리라는 개념은 유행이 지난 것으로 취급되었다. 영국에서 활동하던 독일 출신의 곤충학자 카를 요르단Karl Jordan은 그러한 시대에 지리학을 강조한 소수의 과학자 중 한 명이었다. 그러나 시대의 흐름은 그에게 불리했다. 이론 과학자들이 동소적 종 분화 개념을 인정하고 나서 점점 더 많은 야외생물학자들이 실제로 그런 일이 일어난다는 증거를 발견하기(또는 발견했다고 믿기) 시작했다. 1880년대부터 1940년대까지 지리적 격리 개념은 완전히 찬밥 신세였다. 개체군 사이의 지리적 격리가 없어도 갑작스런 돌연변이나 생태계 분화를 통해 새로운 종이 출현할 수 있다는 생각이 지배적이었다. 유전학자들과 동소적 종 분화를 지지하는 학파가 큰소리를 내고 있었다. 이러한 상황에서 1942년에 에른스트 마이어가 첫 번째 위대한 저서인《계통분류학과 종의 기원》을 내놓았다.

마이어는 동소적 종 분화 개념을 의심했다. 그렇지만 그것이 당시에는 지배적인 개념이었기 때문에 동소적 종 분화가 일어나는 것으로 가정되던 사례들을 조사하는 데 각별히 많은 노력을 기울였다. 그리고 그것은 착각이라고 결론 내렸다. 겉으로 드러난 현상 뒤에는 이소적 종 분화가 숨어 있었다. 거기에는 아주 미묘하게 지리적 격리도 포함돼 있었다.

마이어는 바그너와 요르단의 주장이 옳음을 재확인했다. 즉, 지리적 격리는 다른 형태의 격리(생식적, 생태학적, 행동학적 격리)보다 우선한다는 것이다. 지리적 경계는 보이게 드러나지 않더라도 실제로 존재하는 게 틀림없었다. 두 집단 사이의 유전자 혼합을 막으려면 지리적 격리가 존재해야 했다(최소한 자체의 힘만으로 유전자 혼합을 막을 만큼 충분한 행동학적, 생태학적 차이가 나타나기 전까지는). 이 견해에 함축된 한 가지 사실은 동소적 종 분화가 일어난다고 알려진 사례를 야외생물학자들이 신중하게 재검토할 필요가 있다는 것이었다. 사바나얼룩말의 지리적 분포 범위와 그레비얼룩말의 지리적 분포 범위(종 분화가 일어날 당시에 두 종이 분포한 범위처럼) 사이 어딘가에 물리적 경계가 존재할 것이다. 두 종의 레아 사이 어딘가에도 두 종을 나누는 물리적 경계가 존재할 것이다.

마이어가 요약한 평가는 다음과 같다. "지리적 격리가 사라진 뒤에도 그 효과를 나타낼 수 있는 생물학적 격리 메커니즘의 발달을 수반하지 않는다면, 지리적 격리만으로는 새로운 종의 탄생을 낳는 게 불가능하다. 반면에, 최소한 일시적이라도 지리적 장벽이 생겨 잡혼 번식(집단 내 개체들의 무차별 교배)을 막지 않는다면, 일반적으로 생물학적 격리 메커니즘은 완성되지 않는다."[17] 잡혼 번식이란, 어떤 집단 내에서 유전자들이 제약 없이 혼합되는 것을 뜻한다. 마이어의 견해는 거의 바그너와 마찬가지로 단정적이었다. 즉, 지리적 격리가 없으면 종 분화도 없다는 것이다('일반적으로').

수십 년 뒤, 마이어는 마치 영혼이 육체에서 이탈한 것처럼 역사적 맥락에서 자신의 연구를 되돌아보면서 이렇게 썼다. "마이어가 쓴《계통분류학과 종의 기원》의 주요 주제 중 하나는 두 종류의 격리 요인 사이에 기본적인 차이점이 있으며, 바그너와 요르단이 앞서 주장한 것처럼 본질적인 격리 메커니즘을 만들어내는 데에는 지리적 격리가 전제 조건이라는 것이었다."[18] 역사적 맥락을 도외시하고 본다면, 지리적 격리를 놓고 벌어진 소동은 사소한 것처럼 보일 수도 있다. 그러나 현대 생물학의 대부 중 한 사람에게 그것은 큰 전투였다. 마이어는 이렇게 덧붙였다. "1942년 이후로는 박물학자들의 노력으로 정립된 지리적 종 분화의 중요성이 더 이상 부정되지 않았다."[19] 여기서 말한 박물학자들은 근시안적인 유전학자들과 동소적 종 분화에 매달린 과학자들과 정반대의 생각을 가진 마이어 같은 사람들을 가리킨다. 이러한 역사적 평가를 한 마이어 자신이 이해 당사자이긴 하지만, 오늘날의 생물학자들은 대부분 그의 의견에 동의할 것이다.

마이어에 관해 언급하고 넘어가야 할 사실이 또 하나 있다. 그는 권위 있는 역사학자, 생물철학자, 현대적 종합의 창시자가 되기 이전에 섬 생물지리학자였다. 종이 어떻게 생겨나고 진화가 어떻게 일어나는지를 간결하고도 엄밀하게 다룬 책인《계통분류학과 종의 기원》은 주로 휘트니 남태평양 탐사에서 수집한 조류 표본과 분포 자료를 바탕으로 쓴 것이다. 1921년부터 1934년까지 활동을 계속한 이 탐사대는 남태평양의 큰 섬들을 대부분 방문했다. 이 탐사에서 마이어는 솔로몬 제도와 뉴기니 섬에 초점을 맞추어 야외 연구를 했다.

자, 이제 결론을 내릴 때가 되었다. 만약 지리적 격리가 진화의 수레바퀴라면, 갈라파고스 제도는 "지구상의 어떤 섬들과도 다른 아주 독특한 곳"(앨런 무어헤드가 다윈과 비글호에 관해 쓴 저서에서 무분별하게 언급한 표현)이 아니다. 그리고 섬(모든 섬)에서 일어나는 진화가 전체 진화를 대표하지 못하는 것은 아니다. 오히려 섬에서 일어나는 진화를 패러다임으로 볼 수도 있다. 전체 진화를 대표하지 못하는 것처럼 보이는 것은 그것이 너무 기묘해 보이는 경향이 있기 때문이다.

섬에만 사는 특이한 동물들

어떤 동물들은 섬에만 산다. 그 명단을 나열하면 다음과 같다. 검정나무오름캥거루 Dendrolagus ursinus는 뉴기니 섬, 굿펠로나무오름캥거루 Dendrolagus goodfellowi는 뉴기니 섬의 다른 곳, 머리가 크고 날지 못하는 귀뚜라미 데이나크리다 메가케팔라 Deinacrida megacephala는 뉴질랜드, 최근에 발견된 황금대나무여우원숭이 Hapalemur aureus는 마다가스카르 섬, 태즈메이니아주머니곰 Sarcophilus barrisii은 한때 오스트레일리아 본토에도 살았지만 지금은 태즈메이니아 섬, 댕기흰찌르레기 Leucopsar rothschildi는 발리 섬, 난쟁이화식조 Casuarius bennetti는 뉴기니 섬, 앙헬섬척왈라 Sauromalus bispidus는 캘리포니아 만의 앙헬데라과르다 섬, 날지 못하는 큰 앵무 카카포 Strigops babroptilus(올빼미앵무라고도 함)는 뉴질랜드, 자이언트점핑들쥐 Hypogeomys antimena는 마다가스카르 섬, 흰귀자이언트들쥐 Hyomys goliath는 뉴기니 섬, 코가 빨갛고 쥐처럼 생겼지만 쥐가 아닌 독특한 종인 쿠바솔레노돈 Solenodon cubanus은 쿠바, 코모도왕도마뱀 Varanus komodoensis은 코모도 섬과 플로레스 섬 그리고 중앙 인도네시아의 몇몇 작은 섬, 오리너구리 Ornithorhynchus anatinus는 오스트레일리아, 서부긴코가시두더지 Zaglossus bruijni는 뉴기니 섬, 주머니고양이 Dasyurus viverrinus는 태즈메이니아 섬, 1930년대 이후 멸종한 것으로 추정되는 주머니늑대 Thylacinus cynocephalus는 태즈메이니아 섬, 노랑머리발발이앵무 Micropsitta keiensis는 아루 제도와 케이 제도와 뉴기니 섬, 큰알락키위 Apteryx haasti는 뉴질랜드, 역시 날지 못하는 키위 두 종인 남섬갈색키위 Apteryx australis와 쇠알락키위 Apteryx owenii도 뉴질랜드, 헤라클레스집게벌레 Labidura herculeana는 세인트헬레나 섬, 방울 소리를 내지 않는 산타카탈리나방울뱀은 캘리포니아 만의 산타카탈리나 섬, 날지 못하는 메뚜기 할메누스 로부스투스 Halmenus robustus는 갈라파고스 제도, 양을 뜯어먹는 육식성 앵무인 케아 Nestor notabilis는 뉴질랜드, 다리가 없는 도마뱀 브라키멜레스 부르크시 Brachymeles burksi는 필리핀, 흔히 날지 못하는 가마우지라고 부르는 갈라파고스가마우지 Nannopterum harrisi는 갈라파고스 제도, 섬에 살면서 날지 못하는 많은 흰눈썹뜸부기 중 하나인 괌흰눈썹뜸부기 Rallus owstoni는 괌 섬, 날지 못하는 오리인 갈색오리 Anas aucklandica는 오클랜드 섬, 날지 못하는 나방 디모르피녹투아 쿠나엔시스 Dimorphinoctua cunhaensis는 트리스탄다쿠나 섬, 활강할 때 날개처럼 펼치는 막을 가진 주머니날다람쥐 Schoinobates volans와 하늘을 나는 큰유대하늘다람쥐 Petaurus australis는 오스트레일리아.

또, 지금은 멸종했지만 몸무게가 500kg이나 나갔던 코끼리새는 마다가스카르 섬, 역시 멸종한 피그미하마 Hippopotamus lemerlei도 마다가스카르 섬, 알다브라황소거북은 현재 알다브라 섬에 서식하고 있다. 또 다른 황소거북인 갈라파고스황소거북 Geochelone elephantopus은 현재 갈라파고스 제도에 산다. 흰색긴꼬리극락조 Astrapia mayeri는 주로 뉴기니 섬에 살며, 스티븐슨이 키우던 고지대줄무니텐렉은 마다가스카르 섬에 살고 있다. 지금은 멸종한 새로 유명한, 날지 못하고 뚱뚱하고 우스꽝스럽게 생긴 도도는 모리셔스 섬에 살았다.

이 모든 기묘한 동물들에서 일부 패턴을 발견할 수 있다. 위에서 언급한 섬들은 작은 섬보다는 큰 섬이 많다. 위에서 언급한 동물 중 조류와 파충류는 큰 섬과 작은 섬 모두에 사는 반면, 포유류는 큰 섬에만 산다.

위에서 바닷새는 가마우지 한 종만 언급했다.(섬에는 바닷새가 많이 살지만, 바닷새는 큰 날개와 뛰어난 지구력을 갖고 있고 바다 위에 떠서 한참 쉴 수 있어서 국지적인 종 분화가 일어날 만큼 한 지역에 격리되는 경우는 드물다.)

그리고 육식 포유류도 태즈메이니아 섬에 사는 종류를 제외하고는 언급하지 않았다. 태즈메이니아 섬에는 뭔가 특별한 점이라도 있는가? 태즈메이니아 섬은 오스트레일리아에서 비교적 가까운 거리에 있고, 그리 멀지 않은 과거에 육교로 연결돼 있었으며, 오스트레일리아는 진화에서 대체 현실을 가장 많이 그리고 극적으로 보여주는 곳이다. 태즈메이니아 섬보다 크지 않은 섬들에서는 육식 포유류를 보기 어렵다. 그 이유는 나중에 설명할 것이다.

그 밖에 또 다른 패턴은 없는가? 나는 온대 지방의 섬보다는 열대 지방의 섬을 많이 언급했다. 그리고 개구리나 도롱뇽은 전혀 언급하지 않았다. 또 거대화, 왜소화, 비행 능력 상실 등 본토의 조상 종과는 다른 특징을 반복해서 언급했다. 따라서 우리는 혼돈 속에서 질서가 어렴풋이 나타나는 것을 보고 있다.

섬에 사는 종은 대륙의 종과는 다른 특징을 보인다. 섬의 군집도 대륙의 군집과 다른 경향을 보인다. 그러나 전 세계에서 그 차이는 몇 가지 비슷한 방식으로 나타난다.

종의 특성과 군집의 특성

섬들은 저마다 독특하다는 점에서 서로 닮았다. 무슨 소리냐고? 섬들은 대륙에서 일어난 진화 과정이 아주 단순화되거나 과장된 형태로 나타난다는 점에서 대륙과 차이가 있다. 그렇다, 우리는 지금 역설의 영역에 들어섰다. 정도의 차이는 서서히 종류의 차이로 변해가고, 개념의 경계선이 희미해진다.

어떤 과학자들은 섬 생물학을 특징짓는 현상들의 명단을 제시했다. 거대화, 왜소화, 비행 능력 상실 등은 가장 명백한 현상에 속한다. 하지만 이러한 명단은 종의 특성과 군집의 특성이라는 두 가지 현상 범주를 섞을 때 문제를 더 혼란스럽게 만드는 경향이 있다. 혼란을 정리하고 다양한 현상을 명확하게 보려면 범주들을 섞는 행위를 그만둘 필요가 있다.

첫 번째 범주인 종의 특성에는 종과 계통에 영향을 미치는 진화의 힘이 반영돼 있다. 두 번째 범주인 군집의 특성에는 군집이 만들어지는 방식에 영향을 미치는 생태학적 힘이 반영돼 있다. 마다가스카르 섬의 코끼리새가 큰 몸집을 가진 것은 종의 특성이다. 갈라파고스 제도의 갈라파고스가마우지가 날지 못하는 것은 종의 특성이다. 마다가스카르 섬에 토착 고양이과 동물이 살지 않는다는 사실은 군집의 특성이다. 갈라파고스 제도처럼 작은 섬들에는 큰 육식동물과 포유류와 양서류가 존재하지 않는다. 이 사실은 군집의 특성이다. 모든 종의 특성과 군집의 특성은 각각 생물학적 설명이 있으며, 어느 지점에서는 그 설명들이 서로 연결된다. 그렇지만 우리는 이 두 범주를 따로 살펴보는 것으로 시작하는 게 좋다.

섬 생물지리학의 특징을 논의하면서 전문가들은 다음과 같은 명단을 제시했다.

확산 능력
몸크기 변화
확산 능력 상실
지역 고유성
부조화
잔존성

방어 적응 능력 상실
　　　종의 빈곤화
　　　군도 종 분화
　　　적응 방산

　편의상 이것을 '섬의 메뉴'라고 부르자. 각각의 항목은 특히 섬에 사는 종이나 군집에 잘 들어맞는다. 그러나 종의 특성과 군집의 특성은 건포도와 땅콩처럼 서로 섞여 있다. 그러니 다음과 같이 분리해 생각하는 것이 낫다.

　　1. 종의 특성
　　　확산 능력
　　　몸크기 변화
　　　확산 능력 상실
　　　고유성
　　　잔존성
　　　방어 적응 능력 상실
　　　군도 종 분화
　　　적응 방산

　　2. 군집의 특성
　　　부조화
　　　종의 빈곤화

　여기서는 군집의 특성을 무시하기로 하자. 섬의 진화를 이해하려면 종의 단계부터 시작하는 게 좋다.

종은 몸크기가 변한다. 종은 확산한다. 종은 확산 능력이나 방어 적응 능력을 상실한다. 종은 고유종이거나 이전의 개체군 중에서 살아남은 (잔존한) 개체들로 이루어졌다. 근연종 집단은(전체 군집이 아니라) 적응방산을 나타낸다.

확산 능력은 나머지 항목들의 전제 조건이다. 뻔한 이야기를 한다고 핀잔받을지 모르지만, 나는 최초의 생물이 도착하기 전에는 진화가 시작되지 않는다는 사실을 지적하고 싶다. 그 생물이 어떻게 도착하고, 언제 도착하고, 어떤 종류의 생물이 다른 종류의 생물보다 먼저 나타나고 더 자주 나타났는가 하는 것들은 섬의 생물사를 결정짓는 중요한 요소들이다.

새로 태어난 섬

생물이 전혀 살지 않는 섬을 상상해보라. 그 섬은 바다로 둘러싸인 황량한 암석 덩어리에 지나지 않을 것이다.

이 섬에는 왜 생물이 살지 않을까? 생각해볼 수 있는 한 가지 이유는 최근에 새로 태어난 화산섬일 가능성이다. 연기를 뿜어내며 생명이 전혀 살지 않는 이 섬은 최근에 마우나로아 섬에서 남동쪽으로 70~80km 떨어진 하와이 제도에 생겨난 새로운 섬일 수도 있고, 1963년 11월에 아이슬란드 근처에 새로 생겨난 쉬르트세이 섬일 수도 있다. 또는 수백만 년 전에 막 태어나 아직 아무 생물도 살지 않던 갈라파고스 제도의 한 섬일 수도 있다.

또 다른 가능성도 있다. 크라카타우 섬처럼 태어난 지는 오래되었지만 최근에 생물이 살 수 없게 변해버린 섬일 수도 있다.

섬 생물지리학자들은 크라카타우 섬을 일종의 성지로 생각한다. 왜냐하면, 과학자들은 이 섬의 생태계가 완전히 파괴된 뒤에 다시 새롭게 태어나는 것을 목격했기 때문이다. 이 사실 때문에 크라카타우 섬은 재정착의 역학을 보여주는 광대한 자연 실험실이라는 중요한 의미를 지닌다. 물론 크라카타우 섬의 재정착 과정은 이상적인 실험 조건처럼 정밀하게 통제하거나 철저하게 감시할 수는 없다. 그러나 진화생물학과 섬생물지리학은 실험 과학이라기보다는 기술 과학記述科學이기 때문에, 그리고 기술 과학자들도 실험이 제공하는 확실한 증거를 부러워하기 때문에, 크라카타우 섬의 사례는 아주 소중하다.

재앙은 1883년 8월 말에 일련의 폭발과 함께 시작되었다. 말레이 제도 상공에 부피 24km³의 화산암 파편이 날아올랐다. 점점 강도가 세지던 폭발은 8월 27일 아침에 일어난 엄청난 폭발과 함께 절정에 이르렀다. 그 폭발음은 오스트레일리아 퍼스에서도 들릴 정도였다. 하늘은 어두워졌고, 전 세계의 기압계가 흔들렸다. 태양도 그 색이 기묘하게 변했다(처음에는 초록색으로 변했다가 나중에는 파란색으로). 3만 6,000여 명이 사망했는데, 대부분 수마트라 섬과 자바 섬 연안에 밀려온 해일에 희생되었다. 가장 높은 파도는 파고가 30m나 되었으며, 기관차처럼 빨리 움직였다. 실론(스리랑카의 옛 이름)에서는 배들이 해변 위로 밀려갔으며, 해수면의 변화는 알래스카에까지 미쳤다. 미국 코네티컷 주의 항구 도시인 뉴헤이븐과 뉴욕 주의 포킵시처럼 아주 멀리 떨어진 장소에서도 잘못된 경보가 울리는 바람에 소방차가 출동하는 소동이 빚어졌다. 그리고 기묘한 석양을 비롯해 대기권에 미친 그 밖의 효과가 몇 달 동안 계속되었다. 대기 중의 짙은 화산 먼지는 지구를 냉각시키는 효과를 가져왔고, 이 때문에 지구의 기온은 5년 동안 정상으로 돌아가지 않았다.

자바 섬 서해안에서 50km쯤 떨어진 크라카타우 섬의 화산 폭발 현장에서 연기와 공포가 마침내 물러가자, 원래의 섬은 흔적도 없이 사라지고 그 자리에는 작은 초승달 모양으로 불에 그을린 암석 덩어리만 남았다. 이 암석 덩어리에는 라카타Rakata 섬이라는 이름이 붙었다. 그 이름은 원래 이름인 K-rakata-u에서 맨 앞과 뒤의 문자를 잘라낸 것으로, 섬이 잘려나간 것을 상징적으로 나타냈다. 크라카타우 섬의 일부는 아니지만 근처에 있던 작은 섬 두 개도 불에 심하게 그을렸다. 비록 아무도 확신하지는 못했지만, 화산 폭발 뒤에 라카타 섬이나 나머지 두 섬에서는 어떤 생물도(식물이나 동물은 물론이고, 알, 씨앗, 포자도) 살아남지 못했다는 게 과학계의 일치된 의견이다. 9개월 뒤, 라카타 섬을 방문한 프랑스 탐사대는 거미 한 마리를 제외하고는 살아 있는 생물을 하나도 발견하지 못했다.

라카타 섬의 거미는 거미가 확산 능력이 뛰어난 동물이라는 사실을 잘 보여준다. 교활한 동물인 거미는 날개가 없어도 어느 정도 날 수 있다. 꽁무니에서 나오는 가느다란 거미줄은 굽이치면서 공중으로 날아오르기도 하는데, 상승 기류를 타면 거미를 공중으로 붕 띄워올려 행글라이더처럼 날려보내기도 한다. 이러한 묘기는 작은 것에 작용하는 힘 때문에 가능하다. 다 자란 타란툴라가 애리조나 주의 하늘을 떠다니는 것은 불가능하다. 하지만 더 우아한 거미들은 바람을 타고 한 장소에서 다른 장소로 이동할 수 있다. 나는 양귀비 씨만 한 검은과부거미 새끼가 텐서 라이트(조명 위치를 자유롭게 바꿀 수 있는 탁상 조명 기구)에서 생긴 상승 기류를 타고 날아다니는 것을 본 적이 있다. 라카타 섬의 거미는 아마도 미풍을 타고 자바 섬에서 날아왔을 것이다.

1886년, 트뢰브Treube 교수가 이끄는 첫 식물 탐사대가 라카타 섬에 도착했다. 탐사대는 이끼류와 남조류, 꽃식물, 그리고 11종의 양치류를 발견했다. 어두운 색의 끈적끈적한 점액성 물질로 이루어진 남조류는 한천과 비슷한 젤라틴질 모체로 지면을 덮어 양치류 포자와 꽃식물 씨가 자라기에 좋은 환경을 제공했을 것이다. 양치류는 특히 생장 상태가 좋고 다양했다. 꽃식물 중에서 네 종은 국화과(민들레를 포함하여 바람을 타고 멀리까지 확산되는 집단)에 속했고, 두 종은 잡초였다. 국화과 식물과 양치류는 바람을 타고 라카타 섬에 왔을 가능성이 높다. 일부 종의 씨는 파도를 타고 해변에 도착했다.

다른 생물들도 속속 도착했다. 1887년이 되자 라카타 섬에는 풀이 무성하게 자라고, 양치류가 번성했을 뿐만 아니라 어린 나무들도 자랐다. 1889년에는 거미 외에 나비, 딱정벌레, 파리, 그리고 코모도왕도마뱀과 가까운 물왕도마뱀 Varanus salvator이 한 마리 살았다.

물왕도마뱀은 양치류나 국화과와 마찬가지로 멀리까지 옮겨가 새로운 서식지를 개척하는 능력이 뛰어난 것으로 유명하다. 물왕도마뱀은 헤엄을 잘 치고, 땅 위에서도 잘 달리며, 나무도 기어오르고, 땅굴도 판다. 또 필요한 경우에는 눈에 띄지 않게 몸을 숨기기도 하는 등 다재다능한 기회주의자이다. 물왕도마뱀은 게, 개구리, 물고기, 쥐, 썩은 고기, 알, 새, 그리고 가끔은 경비가 허술한 농가에서 닭도 잡아먹는다. 육식동물은 작은 섬이나 새로운 섬에서는 먹이를 찾기가 힘들어 잘 살아가지 못하지만, 라카타 섬의 물왕도마뱀은 두 가지 장점이 있다. 식성이 까다롭지 않다는 점과 파충류라는 점이 그것이다. 식성이 까다롭지 않으니 아무거나 닥치는 대로 잘 먹으며, 또 파충류여서 먹이를 자주 먹지 않아도 된다.

그렇지만 물왕도마뱀도 살아가려면 다른 동물이 필요하다. 그리고 다른 동물들이 살아가려면 식물이 필요하다. 1906년에 이르자, 라카타 섬에는 100여 종의 관다발식물이 자랐으며, 꼭대기 부분이 초록색으로 물들었고, 해안을 따라 작은 숲이 생겼다. 열대 바다를 잘 건너는 위성류와 비슷한 종인 목마황 Casuarina equisetifolia과 운치 있는 해변이면 어디든 출현하는 코코넛나무 Cocos nucifera도 있었다. 역시 해변을 좋아하는 식물인 부채갯메꽃 Ipomoea pes-caprae도 나타났다. 몇 년이 지나자 무화과나무를 비롯해 2차림의 대표종도 일부 나타났다. 먼저 출현했지만 햇빛을 좋아하는 양치류는 이제 잡초와 나무 그늘에 밀려 낮은 지대에서 높은 지대로 옮겨갔다.

새 출발을 시작한 지 50년이 지난 1934년에는 라카타 섬과 그에 딸린 섬들에 모두 271종의 식물이 살았다. 한 식물학자는 근거 있는 자료를 바탕으로 이 식물들이 어떻게 도착했는지 추정했다. 약 40%는 바람에 실려왔고, 약 30%는 바다를 건너왔으며, 나머지는 동물을 통해 옮겨왔다고 했다. 이 식물들은 모두 확산 능력이 뛰어나지만, 그 방법은 다양했다.

양치류는 포자(홀씨)의 형태로 여행을 한다. 포자는 식물의 씨에 해당하는 단세포 생식 세포이다. 포자는 내구성이 뛰어난 유전 물질 다발로, 새 생명으로 자라는 데 필요한 것을 모두 갖추고 있고, 건조한 날씨에도 잘 견디며, 크기가 작아 재채기에도 쉽게 날아간다. 바람을 타고 사방으로 날아가는 포자의 능력을 감안한다면, 양치류가 도처에 퍼져 있는 것은 놀라운 일이 아니다. 열매 크기가 양치류의 포자와는 비교할 수 없이 큰 코코넛이 아주 멀리까지 확산할 수 있는 것은 열매가 바닷물에서 잘 견디는 능력이 있기 때문이다. 일부 식물 종('바다콩'이란 별명이 있는 열대 덩굴 식물인 엔타다 Entada 처럼)은 배젖과 씨껍질 사이에 공기가 들어찬 공간이 있어 멀리까지 떠내려가는 데 유리하다. 다윈은 《종의 기원》을 쓰기 전에 많은 식물 종의 확산 능력을 비교하는 실험을 다년간 했다. 씨나 열매나 말린 줄기를 바닷물에 집어넣고 각 종이 얼마나 오래 떠 있으며 그 후에도 생명력이 계속 남아 있는지 알아보았다. "놀랍게도, 28일 동안 바닷물에 담가둔 87종 중 64종이 발아했고, 137일 동안 담근 뒤에도 일부 종이 살아남았다."[20] 다윈은 다 익은 개암은 물에 넣자마자 가라앉으며, 아스파라거스는 말린 다음에 집어넣으면 훨씬 잘 뜬다는 사실도 발견했다.

새로운 섬에 정착하는 과정은 도착했다고 해서 끝나는 게 아니다. 확산은 결정적인 두 단계 중 첫 단계에 불과하다. 두 번째 단계는 생태학자들이 확립establishment이라 부르는 단계이다. 이것은 특히 유성 생식을 하는 생물에게 중요하다. 해변에 안전하게 도착한 다음에도 거미나 왕도마뱀은 자기 지속적 개체군을 확립해야 하는 문제가 남아 있다. 먹이와 은신처, 그리고 (임신한 암컷이 아니라면) 짝을 찾아야 하는 문제를 해결해야 한다. 여기에는 적응 능력과 함께 운도 따라야 한다. 척추동물 중에서 파충류는 비교적 굶주림에 잘 견딜 수 있어 유리하다. 또 어떤 파충류 종(예컨대 서태평양의 작은 섬들에 널리 분포하는 도마뱀붙이 레피도닥틸루스 루구브리스Lepidodactylus lugubris처럼)은 처녀 생식 전략을 선택한다. 고독한 개척자로 새로운 섬에 도착한 종에게 처녀 생식은 적막한 땅에서 짝을 찾아야 하는 문제를 해결할 수 있는 방법이다.

육상 생물이 확산을 하는 또 하나의 방법은 우연히 자연적인 표류물을 타고 이동하는 것이다. 운송 수단이 되는 표류물은 강어귀에서 바다로 떠내려가거나 태풍 때문에 해안으로 밀려온 통나무나 뿌리째 뽑힌 나무, 심지어는 뒤엉킨 나뭇가지나 덩굴 더미가 될 수도 있다. 이러한 표류물은 흰개미 집단이나 난초 구근, 도마뱀붙이 알, 뱀 또는 공포에 질린 쥐 등을 태울 수 있다. 만약 이 표류물이 다른 해안에 무사히 도착하기만 한다면, 거기에 탄 승객은 확산에 성공하게 된다. 어떤 생물학자는 이것을 스윕스테이크sweepstake(승자가 판돈을 전부 차지하는 내기) 확산이라고 불렀는데, 성공 확률이 극히 낮기 때문에 붙인 이름이다. 그러나 긴 지질학적 시간에서 보면 이런 일은 충분히 자주 일어날 수 있다.

드물긴 하지만 식물이 그 위에서 충분히 자랄 수 있을 만큼 크고 튼튼한 표류물도 있다. 엘우드 지머만Elwood Zimmerman이라는 생물지리학자는 바다로 씻겨 내려간 식물이 술라웨시 섬(월리스가 살던 시대에는 셀레베스 섬으로 알려져 있었다)과 보르네오 섬 사이의 푸른 광야에서 '떠다니는 섬들'[21]로 표류하는 것을 본 증언을 수집했다. "이들 식물 매트는 무성하고 푸르렀으며, 떠다니는 덩어리 위에 6~9m나 되는 야자나무가 자라기도 했다. 이 뗏목들을 조사해보면 수많은 식물과 동물이 거기에 타고 있음이 밝혀질 것이다."[22] 월리스 자신도 《섬의 생물》에서 몰루카 제도에서 떠다니는 섬들을 목격했다고 썼다. 그리고 필리핀 주변 바다에서 본 것에 대해 다음과 같이 덧붙였다.

> 태풍이 지나간 뒤, 그 위에 나무가 자라는 뗏목들이 목격되었다. 바다가 비교적 고요하다면, 이러한 뗏목이 해류를 타고서, 그리고 나무를 미는 바람의 도움을 받아 몇 주일 뒤에 출발점에서 수백 km나 떨어진 육지 해변에 무사히 도착하는 것은 충분히 가능하다. 다람쥐나 들쥐 같은 작은 동물은 그런 뗏목의 일부인 나무에 실려 이동함으로써 새로운 섬에 정착할 수 있다. 다만, 그러려면 같은 종 한 쌍이 동시에 뗏목을 타야 하는데, 그런 우연은 아주 드물게 일어난다.[23]

동물이 그런 방식으로 이동하는 것을 직접 목격한 증언도 간혹 있다. 월리스는 커다란 보아가 뗏목을 타고 남아메리카 해안에서 약 300km 떨어진 서인도 제도의 세인트빈센트 섬으로 이동한 사례를 언급했다. 이 뱀은 "서양삼나무 줄기에 몸을 친친 감은 채 도착했으며, 항해 동안에 전혀 상처를 입지 않았고, 양을 몇 마리 잡아먹은 뒤에 사람들에게 잡혀 죽었다."[24] 이것은 확산에는 성공했지만 확립에는 실패한 사례이다.

자연적 표류물이 식물이 아니라 광물인 경우도 간혹 있다. 크라카타우 섬 이야기로 다시 돌아가보자. 화산 폭발 과정에서 분출된 여러 가지 파편 중에 스펀지처럼 속에 빈 구멍이 많은 부석浮石(속돌)이 있다. 부석은 이름 그대로 물 위에 뜰 수 있는데, 이러한 부석 뗏목들이 크라카타우 화산 폭발이 있고 나서 2년 뒤까지 남태평양 바다 위를 떠다녔다. 그 중 일부는 떠다니다가 서로 뭉쳐 수마트라 섬 해안에 도착해 작은 만을 꽉 메웠으며, 일부는 서쪽으로 8,000km나 떨어진 남아프리카 해변까지 흘러갔고, 동쪽으로는 괌 섬 너머까지 흘러갔다. 한 여행가는 자바 섬 연안에서 부석 덩어리들이 뭉쳐 바다를 몇 에이커나 덮고 있는 것을 보았다고 말했다. 각 덩어리의 크기는 석탄 자루만 했다. 찰스 리브스Charles Reeves라는 선장은 인도양에서 부석이 떠다니는 것을 보고 보트를 내려 자세히 관찰한 뒤에 이렇게 보고했다. "동물과 하등 생물이 그곳을 서식지 및 번식지로 삼아 살아간다는 사실이 매우 흥미로웠다. 각각의 덩어리마다 기어다니거나 꼬물거리는 생물이 수없이 많았다."[25] 리브스는 그것들의 이름을 다 기록할 만큼 자신이 박식하지 않다고 인정했지만, 여러 종류의 게와 따개비는 분명히 확인했고, 그 아래에 먹이를 찾아 모여든 작은 물고기들도 보았다. 게와 따개비와 그 밖의 '하등 생물'은 하늘로 날아오른 부석 덩어리가 물에 떨어진 이후에 승선한 것이 분명했다. 씨와 알, 다양한 육상 동물은 바람에 실려오거나 날개로 날아오거나 혹은 뗏목이 해안선과 닿았을 때 그 밖의 방법으로 올라탄 게 틀림없었다. 최근에 크라카타우 화산 폭발을 연구한 결과, 과거에 이와 비슷하게 많은 부석을 뿜어낸 화산 분화 사건들이 종 확산에 중요한 역할을 한 것으로 보인다.

더 분명한 확산 방법은 장거리 비행이다. 그렇지만 이것도 말처럼 그렇게 간단한 것이 아니다. 많은 조류와 곤충 종은 짧은 거리라고 해도 바다를 잘 건너려 하지 않는다. 숲에서는 어디든지 날아가지만, 바다 쪽으로는 멀리 가려고 하지 않는다. 예를 들어 솔로몬 제도에서는 동박새 3종과 몇몇 아종이 서로 가까운 이웃 섬들에서 격리된 채 살아간다. 뉴기니 섬 서단 앞바다에 있는 작은 섬 살라와티 섬과 바탄타 섬은 3km밖에 떨어져 있지 않지만, 조류 17종의 확산을 막을 만큼 충분히 먼 거리로 보인다. 뉴기니 섬 본섬과 뉴브리튼 섬 사이의 거리는 그보다 더 먼 6km이다. 이것은 뉴기니 섬에 사는 조류 10종이 뉴브리튼 섬으로 이주하는 것을 막는 장벽으로 작용한다. 발리 섬과 롬복 섬도 마찬가지이다. 월리스는 일부 조류는 그 짧은 거리를 건너지만, 많은 종은 그러지 못한다는 사실을 관찰했다.

비행 능력이 뛰어나다고 해서 반드시 바다를 잘 건너는 것은 아니다. 생태학적 요인과 행동학적 요인도 변수가 된다. 앨버트로스, 슴새, 군함새, 펠리컨 같은 바닷새는 장거리 바다 여행을 할 수 있다. 이들은 힘들이지 않고 몇 km를 솟아오를 수 있고 바닷물 위에서 휴식을 취할 수도 있어서 근처에 육지가 없더라도 크게 구애받지 않는다. 육지에 사는 새들은 사정이 좀 복잡하다. 일부 종이나 종들의 집단은 무모하거나 우연한 바다 여행에 잘 적응한다. 비둘기과는 뛰어난 여행자 명단에서 위쪽에 위치한다.

전형적인 비둘기는 약간 오동통한 체격에 작은 머리와 강한 날개를 가진 새로, 열매와 과일을 먹고 살기 때문에 철이 바뀌면 적당한 서식지를 찾아 이동하는 철새이다. 비둘기는 대양 횡단 여행 능력이 뛰어난 것으로 보인다. 비둘기와 비둘기 후손들은 육지에서 아주 멀리 떨어진 일부 섬들에서도 예외적으로 잘 살아간다. 서아프리카 앞바다에 있는 상투메 섬에는 비둘기 5종이 살고 있다. 마다가스카르 섬 북쪽의 인도양에 위치한 앙주앙 섬(코모로 제도에 위치한 섬. 응주아니 섬이라고도 함)에도 다른 비둘기 5종이 산다. 사모아 제도에는 큰부리비둘기와 흰목비둘기가 살고, 팔라우 섬에는 니코바르비둘기와 팔라우땅비둘기가 산다. 뉴기니 섬과 그 주변 섬에는 전 세계 비둘기 종의 6분의 1에 해당하는 45종의 비둘기가 살고 있다. 마스카렌 제도에도 많은 종류의 비둘기 및 비둘기 비슷한 새들이 사는데, 그중에서 가장 유명한 종이 도도였다. 모리셔스 섬에는 아름다운 모리셔스청비둘기*Alectroenas nitidissima*가 살았는데, 도도의 뒤를 따라 1815년 무렵에 멸종했다. 그리고 분홍비둘기*Nesoenas mayeri*는 현재 멸종 위기에 처해 있다. 마스카렌 제도의 다른 섬인 레위니옹 섬과 로드리게스 섬에는 몸집이 크고 날지 못하는 솔리테어 종이 살았다.(이 두 종의 솔리테어는 도도와 함께 도도과로 분류하기도 한다. 레위니옹 섬에 살던 라푸스 솔리타리우스 *Raphus solitarius*는 1746년에, 로드리게스 섬에 살던 페조파프스 솔리타리아 *Pezophaps solitaria*는 1790년 무렵에 멸종했다.)

 이렇게 다양한 토착 비둘기 종의 명단에서 눈길을 끄는 것은 확산 범위뿐만 아니라 다양성 범위도 아주 넓다는 사실이다. 비둘기 조상들은 여행 능력이 뛰어나 많은 섬에 정착해 살아갔다. 그러나 아주 멀리 여행하는 경우는 드물어, 일단 어느 섬에 정착하면 그곳에서 격리된 채 독자적인 진화의 길을 걸어갔다. 그런데 거기서 분기한 종은 확산 능력을 잃는 경우가 많았다.

 도도가 가장 대표적인 예이다. 섬에서 일어난 진화는 모험적이고 뛰어난 비행 능력을 가진 조상을 지상에서만 살아가는 종으로 변화시켰고, 결국에는 다른 곳으로 옮겨가지 못하고 멸종의 길을 걷게 했다. 섬에서 일어나는 진화는 놀라운 점을 많이 보여주지만, 멸종을 향해 나아가는 일방통행길이라는 사실을 상기시켜준다.

크라카타우의 아이

전에 크라카타우 섬이 있던 자리에 불에 그을린 채 남은 라카타 섬을 처음으로 방문한 생물은 슴새, 바다제비, 펠리컨, 부비, 열대사다새, 군함새, 제비갈매기, 검은제비갈매기 같은 바닷새들이었을 것이다. 그러나 반드시 그렇다고 확신할 수는 없다. 그랬을 것이라고 추측만 할 수 있을 뿐이다.

 그런데 바닷새는 홀로 오지 않았을 것이다. 날아다니는 동물은 표류 뗏목과 마찬가지로 승객을 실어 나를 수 있다. 무임승차한 생물은 새의 깃털이나 피부에 들러붙거나, 말라붙은 진흙과 함께 발에 붙거나, 새의 내장 속으로 들어가는 방법 등을 사용한다. 양치류나 곰팡이의 포자, 이끼류나 조류의 포자, 꽃식물의 씨, 이와 진드기, 그리고 달팽이·물게·지네류·지렁이·곤충 등의 끈적끈적한 알 등이 새와 함께 이동할 수 있다. 그러므로 새로운 섬을 방문하는 새는 생태계를 이식하는 데 크게 기여하는 셈이다.

육조陸鳥(육지에 사는 새)와 뗏목을 타고 온 파충류 그리고 큰 절지동물은 더 나중에 도착했을 것이다. 최초로 체계적 조사를 한 1908년에 라카타 섬에는 육조가 모두 13종 살고 있었다. 1921년에 그 명단은 최소한 27종으로 늘어났다. 이러한 증가 추세는 새로운 섬에서 볼 수 있는 전형적인 현상이다. 초기에는 이주해오는 종수가 많은데, 그것은 많은 생태적 지위가 비어 있기 때문이다. 1934년경에 이르자 육조의 종수는 더 이상 증가세를 보이지 않았다.(한 조사에서는 여전히 27종이라고 보고했고, 다른 조사에서는 그보다 조금 적은 종수를 보고했다.[26]) 이것은 보충 과정이 정체 단계에 이르렀다는 것을 시사한다.

이것 역시 새로운 섬에서 볼 수 있는 전형적인 현상으로, 생태적 지위들이 채워짐에 따라 이주해오는 새로운 종이 감소한다. 새들은 개별적으로는 계속 날아왔지만, 종수에는 변함이 없었다. 라카타 섬은 비교적 작은 섬이기 때문에 수용할 수 있는 조류의 다양성에 한계가 있을 것이다. 이곳은 이미 만원 상태인지 모른다. 혹은 일종의 평형 상태에 도달했을 수도 있다.

맥아서와 윌슨이 선구적인 저서에서 설명한 것처럼, 생물이 이주해오는 비율은 섬의 생태학적 운명을 결정하는 핵심 요인이다. 그들의 연구에서는 평형(주어진 생태계 내에서 종의 다양성을 증가시키는 요인과 감소시키는 요인이 동적 균형을 이루는 것) 개념이 핵심으로 자리잡고 있다. 이 개념은 나중에 다시 자세히 설명할 것이다. 여기서는 그저 맥아서와 윌슨이 17종의 조류가 살고 있는 라카타 섬을 아주 높이 평가했다는 사실만 언급하고 넘어가자.

한편, 크라카타우 섬의 사건 파일에는 그 뒤에 일어난 지질학적 사건이 추가되었다. 1930년 말에 물 밑에 잠겨 있던 화산 자락에서 새로운 섬이 솟아올랐다. 이 갑작스런 용암 분출은 라카타 섬에서 멀지 않은 곳에서 일어났다. 증기를 내뿜으면서 암석으로 굳은 이 섬에는 '아낙크라카타우'라는 이름이 붙었다. 인도네시아 어로 '크라카타우의 아이'[27]라는 뜻이다. 오늘날 이 섬은 시커멓게 그을린 원뿔 모양으로 약 180m 높이로 우뚝 솟아 있는데, 검은색 사이에 점점이 초록색이 섞여 있다. 전 세계에서 가장 어린 열대 섬 중 하나인 이 섬은 생물지리학의 기초적인 질문 몇 가지를 검증할 수 있는 중요한 기회를 제공한다. 그 질문은 다음과 같은 것들이다. 종은 어떻게 확산하는가? 어떤 종이 더 잘 확산하는가? 새로운 생태계가 생물들로 채워질 때 생태계에는 어떤 일이 일어나는가? 그곳에 서식하는 종들의 수는 정말로 평형을 향해 나아가는가? 만약 그렇다면 종의 다양성을 증가시키거나 감소시키는 요인은 무엇인가?

1952년에 다시 화산 분화가 일어나 아낙크라카타우 섬에 살고 있던 모든(혹은 거의 모든) 생물이 죽음으로써 생물 이주 과정은 원점으로 돌아갔다. 그 후 소수의 열성적인 생물지리학자들이 가끔 그곳을 방문하여 새로 생기는 종과 사라지는 종을 유심히 관찰하고 있다. 그렇지만 대부분의 과학자에게 아낙크라카타우 섬은 여전히 잘 알려지지 않은 머나먼 땅이다. 그곳에는 연구 기지도 없으며, 정부에서 설치한 전초 기지도 없다. 더구나 그곳은 일반적인 관광 코스도 아니다. 부두도 없고 낡은 오두막집도 없다. 바스 판 발렌과 내가 바다를 건너 상륙했을 때, 봉우리는 아직도 뜨거운 가스를 내뿜고 있었으며, 산비탈에는 화산 분출물이 수북이 쌓여 시커멓고 황량했다.

섬에 포유류가 살지 않는 이유

우리가 해변을 걸어 올라갈 때 길이가 1.5m쯤 되는 왕도마뱀이 눈에 띄지 않으려고 조심하면서 모래 위로 뛰어가는 게 보였다. 길이가 1.5m나 되는 왕도마뱀이 눈에 띄지 않으려고 조심해봐야 별 소용은 없겠지만.

해변 지역은 대양 횡단 여행 능력이 뛰어나고 위성류와 비슷한 목마황이 지배하고 있었다. 어린 무화과나무가 딱 한 그루 자라고 있었는데, 아마도 무화과 열매를 먹은 새의 창자 속에 든 채 이곳으로 옮겨왔을 것이다. 이 무화과나무가 군락을 이룰 가능성은 극히 적다. 무화과나무는 유성 생식을 통해 번식하는데, 무화과말벌과 Agaonidae에 속한 작은 말벌류가 있어야만 수분이 가능하기 때문이다. 근처에 다른 무화과나무나 수분을 매개해줄 말벌류가 없기 때문에 이 어린 무화과나무의 미래는 어둡다. 물론 무화과를 먹은 새가 다시 무화과나무 씨를 옮겨와 이 어린 무화과나무가 늙어 죽기 전에 수분을 할 무화과나무가 자랄 수는 있겠지만, 말벌류가 없이는 수분을 하기 힘들 것이다. 내가 목마황 덤불을 헤치면서 공책에 그 잎들을 그리는 한편으로 무화과나무 한 그루만 서 있는 낭만적이고 쓸쓸한 장면을 생각하는 동안, 바스는 날카로운 조류학자의 감각으로 새들을 확인했다.

그는 흰목도리물총새 Halcyon chloris가 이곳에 살고 있다고 말했다. 바스는 머릿속에 조류 도감이 들어 있는 사람이다. 흰목도리물총새는 인도에서 사모아 제도에 이르기까지 맹그로브나 목마황 등의 열대 해안 숲이 있는 곳이면 어디든지 나타나는 것으로 유명한 떠돌이새이다. 맹그로브때까치딱새 Pachycephala cinerea도 저기에 있다고 한다. 내게는 언뜻 갈색 물체로만 보였다. 그리고 파리잡이새의 일종인 게리고네 술푸레아 Gerygone sulphurea도 있다고 한다. 어디에 있느냐고 묻자, 앞의 나무들 사이에 있다고 대답한다. 그는 울음소리만 들었을 뿐, 직접 보지는 못한 것이다. 그는 종종 새의 울음소리만으로도 무슨 종인지 아는데, 무성한 열대 숲에서는 아주 편리한 방법이다. 아낙크라카타우 섬의 숲은 아주 작고 그다지 울창하지도 않으며, 후터파 교도의 수염처럼 듬성듬성한 초승달 모양으로 해변 가장자리에 늘어서 있다. 그래서 백과사전 뺨 치는 바스의 새 울음소리 기억력도 별로 써먹을 데가 없다. 우리는 금세 숲을 지나 검은 화산재로 덮인 산비탈을 올라갔다.

산비탈에서 우리는 우곡雨谷(빗물에 패어 생긴 골짜기. 평소에는 물이 말라 있고, 비가 올 때에만 물이 흐른다) 한쪽에서 자라고 있는 양치류를 발견했다. 양치류는 100년 전에 라카타 섬에서 그랬던 것처럼 이주 과정 초기 단계에 옮겨왔지만, 목마황이 해변을 지배하면서 높은 곳으로 밀려난 것이 분명하다. 우곡은 생물이 살 수 없는 산비탈에 가끔 물을 공급하고, 하루에 몇 시간씩 그늘을 제공한다. 그래도 일부 양치류는 시들어 녹슨 철제 세공품처럼 적갈색을 띠고 있다. 우리는 날씨가 궂은 날에 이곳에 왔지만(조지프 터너Joseph Turner의 풍경화처럼 안개가 자욱하게 끼고, 작은 폭풍 구름이 발달하고, 따뜻한 비가 내리는 날씨에), 태양이 모습을 드러낼 때면 햇살이 무척 뜨겁다. 그늘진 바위 틈에서 이끼를 발견했다. 시커먼 산비탈에도 일부 용감한 풀이 덩어리져 자라고 있다. 바스는 여전히 자신의 전문 분야에 집중한다. "사바나쏙독새?" 그는 묻듯이 불쑥 내뱉었다. 그 새의 모습을 언뜻 보았거나 아니면 모호한 울음소리를 들었나 보다. 그리고 생각을 소리를 내면서 하고 있는 것이다. 나에게 물어봤자 무슨 소용이 있겠는가? 꼼꼼한 전문가다운 솜씨로 바스는 공책에다 *Caprimulgus affinis*(사바나쏙독새의 학명)라고 적었다. 불확실하다는 표시를 곁들여.

우리는 계속 위로 올라갔다. 위쪽 산비탈은 부스러지기 쉬운 용암으로 덮여 있었다. 걸음을 옮길 때마다 땅콩 바서지는 소리가 났다. 마침내 봉우리에 도착했는데, 그곳은 쌍봉낙타의 혹처럼 솟아 있는 아낙크라카타우 섬의 두 봉우리 중 낮은 곳이었다. 더 높은 봉우리는 화산 활동을 계속하는 분화구 언저리에 있다. 우리는 그곳으로 가려고 두 봉우리 사이의 계곡으로 내려갔다.

계곡을 깊이 내려간 곳에서 우리는 발걸음을 멈추었다. 기묘한 느낌이 들었기 때문이다. 섬의 다른 곳과 달리 이곳에는 생명이 전혀 살지 않는 것 같았다. 나는 이처럼 적막하고 황량한 곳을 본 적이 거의 없다. 새소리도 들리지 않고, 곤충, 목마황, 풀, 무화과나무를 비롯해 아무것도 없었다. 금속성 잿빛을 띤 암석들만 발밑에서 삐거덕거리는 소리를 냈다. 닐 암스트롱이 달에서 느낀 것이 바로 이런 것이 아닐까?

그러다가 작은 양치류가 조금 눈에 띄었다. 바위 아래에서 반쯤 펼쳐진 머리를 내민 양치류만이 죽음의 적막을 깨뜨리고 있었다. 모험심이 강한 이 식물들은 어떤 생물도 원치 않는 이 땅의 개척에 나선 것이다. 그곳을 잠깐 둘러본 뒤에 우리는 오래 머물 장소가 아니라고 판단했다.

산비탈을 다시 오르기 시작했다. 분화구 가장자리로 올라가는 중간쯤에서 동물 뼈를 발견했다.

열대의 뜨거운 압력솥에서 오랜 세월을 보내면서 깨끗해지고 햇빛을 받아 하얗게 탈색된 뼈들은 검은색 용암을 배경으로 아주 선명하게 보였다. 일본식 정원의 정물처럼 우아한 모습으로 놓여 있었다. 한때는 어느 포유류 동물의 몸속에 들어 있었을 텐데…….

섬에 생물이 이주해 정착하는 과정을 이야기하면서 포유류는 별로 언급하지 않았는데, 그것은 이야기할 게 거의 없기 때문이다. 포유류는 대부분의 척추동물과 마찬가지로 멀리 여행하지 않는다. 포유류가 바다를 건너 확산하는 능력은 일반적으로 낮은 편이다. 포유류는 생리적으로 충족시켜야 할 조건이 많을뿐더러 지구력도 약하다. 굶주림이나 가뭄은 포유류를 금방 죽인다. 물에 빠져도 금방 죽는다. 설사 무사히 바다를 건넌다 하더라도, 새 땅에서 정착할 전망 역시 매우 낮다. 포유류는 유성 생식을 하고, 어린 새끼를 낳으며, 그 새끼에게 젖을 먹여야 하므로, 식물이나 곤충, 파충류처럼 적응 능력이 뛰어나지 않다. 다 자란 포유류는 짝이 필요하고, 어린 포유류는 어미가 필요하다. 이 모든 요인은 포유류의 정착 가능성을 크게 떨어뜨린다. 포유류 종이 섬에 도착해 정착해 살아가는 경우가 아주 드물게 있긴 하지만, 세월이 한참 흘러도 섬에는 포유류가 전혀 살지 않는 게 일반적이다. 파충류와 양치류와 비둘기류는 섬에 아주 많이 사는 반면, 포유류는 찾아보기 힘들다.

그렇지만 모든 생물지리학적 패턴에는 예외가 있게 마련이다.

그 포유류 동물의 뼈를 보면서 나는 바스에게 물었다. "이 동물은 무엇일까요? 뼈가 섬세하고, 몇 개는 가늘고 길군요. 이 작은 짐승이 어떻게 여기까지 올 수 있었을까 궁금해요."

"박쥐로군요."

예외적인 포유류 – 박쥐

그것은 박쥐가 분명했다. 박쥐는 못 가는 곳이 없다. 심지어는 뉴질랜드에도 박쥐가 산다.

오스트레일리아에서 남동쪽으로 1,600km쯤 떨어진 곳에 외따로 위치한 뉴질랜드는 지구상의 큰 땅덩어리 중에서는 격리가 가장 심한 곳이다. 이 사실을 증언해주는 증거 하나는 포유류 결핍이다. 사람이 오기 전까지만 해도 뉴질랜드에는 날지 못하는 포유류는 설치류를 비롯해 단 한 종도 살지 않았다. 하지만 최초의 배가 도착하기 전에도 박쥐는 살고 있었다. 귀가 길고 꼬리가 짧은 작은짧은꼬리박쥐 Mystaciana tuberculata 는 4000만~5000만 년 전에 큰 폭풍에 휩쓸려 오스트레일리아에서 이곳에 도착한 조상으로부터 진화한 것으로 보인다. 귀가 짧고 꼬리가 긴 긴꼬리박쥐Chalinolobus tuberculatus는 비교적 최근에 정착한 종이다. 이것과 가장 가까운 종은 오스트레일리아와 누벨칼레도니 섬(북쪽으로 1,600km쯤 떨어진 곳에 위치한 또 하나의 큰 섬)에 살고 있다. 뉴질랜드는 일반적 가정이 옳음을 확인시켜주는 사례이다. 그 가정은, 곤충과 과일이 풍부하게 존재하는 섬이라면 박쥐는 아무리 먼 곳이라 하더라도 결국 그곳을 찾아내고야 만다는 것이다.

쥐와 생쥐는 원래 뉴질랜드에 살지 않았지만, 대부분의 섬에 살고 있다. 이들은 우연히 자연적 표류물을 뗏목처럼 타고 바다를 건너는 경우가 많으며, 또한 사람이 물 위에 띄운 모든 종류의 배에도 잘 올라탄다. 갈라파고스 제도에는 유럽의 배들이 악명 높은 곰쥐Rattus rattus를 싣고 오기 전에도 쌀쥐속Oryzomys의 쥐들이 살고 있었다. 필리핀에는 크라테로미스속Crateromys의 구름쥐를 비롯해 40여 종의 토착 설치류가 살고 있다. 술라웨시 섬에는 다른 쥐들 외에 연약한모피쥐와 마르가레타쥐가 산다. 태즈메이니아 섬에는 넓적이빨쥐가 살고, 오스트레일리아에는 캥거루쥐가 많이 산다. 플로레스 섬에는 뉴기니 섬과 마다가스카르 섬과 마찬가지로 고유한 큰쥐 종이 살고 있다. 코모도 섬 근처에 있는 작은 섬 링카 섬에는 섬과 같은 이름이 붙은 생쥐가 살고 있다. 태평양에는 폴리네시아쥐로 알려진 태평양쥐Rattus exulans 개체군이 도처에 살고 있으며, 카리브 해에는 사람의 발길이 닿기 이전에 이미 쥐와 비슷한 후티아 종이 많이 살았다.

쥐와 생쥐가 뗏목을 통해 확산하는 것은 박쥐가 날개로 확산하는 것과 마찬가지로 굳이 따로 설명하지 않아도 될 것이다. 그런데 포유류가 확산을 하는 방법 중 아주 독특한 게 한 가지 있는데, 그것은 바로 헤엄이다. 특히 코끼리가 헤엄을 쳐 바다를 건넌다는 사실은 아주 놀랍다.

바다를 헤엄쳐 건넌 코끼리

하마, 사슴, 코끼리는 육상 포유류 중 헤엄을 가장 잘 치는 동물들이다. 이들은 헤엄을 쳐서 새로운 땅으로 옮겨가는 것으로 유명한 육상 동물 집단이다. 물론 그렇다고 뉴질랜드나 하와이 제도나 갈라파고스 제도까지 헤엄쳐 간 것은 아니고, 육지에서 비교적 가까운 섬까지 헤엄쳐 건너갔다. 이 점에서는 과학자들 사이에 이견이 없다. 진지한 과학자들이 하마와 사슴과 코끼리가 바다를 헤엄쳐 건너는 사실을 다룬 논문들이 유력한 학술 잡지에 발표된 바 있다.

먼저 도널드 리 존슨Donald Lee Johnson이 몇 년 전에 《생물지리학 저널 Journal of Biogeography》을 비롯해 여러 학술지에 발표한 논문을 보는 것이 좋을 것이다. 대다수 생물지리학자들은 그 사실을 맹목적으로 무시했지만, 존슨은 코끼리의 장거리 수영 능력을 근거가 있는 사실이라고 생각했다. 그는 화석 코끼리(더 정확하게는 매머드를 포함한 코끼리류)의 분포와 현존하는 코끼리들의 수생 생활에 대해 흥미로운 자료를 수집했다. 화석의 증거는 코끼리들이 한때 지중해의 몰타 섬, 사르데냐 섬, 시칠리아 섬, 크레타 섬, 키프로스 섬, 로도스 섬, 델로스 섬과 인도네시아의 술라웨시 섬, 티모르 섬, 플로레스 섬, 필리핀의 민다나오 섬, 루손 섬, 그리고 그 밖에도 세계 여러 곳의 작은 섬들에 살았음을 보여주었다. 코끼리 뼈들이 발굴되었고, 코끼리들이 실제로 그곳에 살았음이 명백히 밝혀졌다. 그렇다면 코끼리는 어떻게 그곳에 갔을까?

전통적인 가설은 해수면이 낮아졌을 때 육교를 건너서 갔다는 것이다. 코끼리가 바다를 헤엄쳐 건너간 게 아니라면, 달리 무슨 방법이 있겠는가?

그러나 최근에 밝혀진 행동학적 증거들은 전통적인 가설이 틀렸음을 시사한다. 존슨의 주장에 따르면, 코끼리는 가끔 바다를 헤엄쳐 건넌다.

존슨은 그것을 목격한 사람들의 증언과 설득력 있는 사진들을 제시했다.

1958년 1월 17일 오후, 실론 앞바다에 있는 소베르 섬에서 코끼리 한 마리가 바닷속으로 걸어 들어가더니 실론을 향해 헤엄치기 시작했다. 바다는 깊은 곳은 약 60m였고, 거리는 약 800m였다. 코끼리는 17분 동안 헤엄쳤으며, 가끔 코를 물 위로 들어올려 숨을 쉬었다. 찰스 로Charles Rowe와 세실 후퍼Cecil Hooper라는 사람이 코끼리가 헤엄치는 것을 목격하고, 시간을 재면서 사진을 찍었다. 로는 이렇게 증언했다. "코끼리가 발에 땅이 닿는 것을 알고는 잠깐 동작을 멈추더니 세실과 나를 한 번 쳐다보고 니컬슨 후미 쪽으로 느릿느릿 걸어갔다."[28]

몇 년 뒤, 이번에는 다른 코끼리가 새끼를 데리고 반대 방향으로 헤엄쳐 바다를 건넜다. 이것 역시 목격되었으며 사진도 찍혔다. 사진 중 하나는 턱과 얼굴이 물에 잠긴 채 코와 머리 윗부분만 내놓고 숨을 쉬는 코끼리의 모습을 보여준다. 실론(1948년에 독립하면서 국호가 스리랑카로 바뀌었다)의 그 지방에서는 코끼리가 가까이 있는 작은 섬으로 헤엄쳐 건너는 것을 봤다는 목격담을 많이 들을 수 있다. 1970년에는 코끼리 한 마리가 소베르 섬에서 해군 부두까지 헤엄치기도 했다. 사람들이 쫓는 소리에 그 코끼리는 방향을 틀더니 섬으로 돌아갔다.

이와 비슷한 이야기는 인도, 캄보디아, 케냐와 그 연안 섬들에서도 보고되었다. 존슨은 19세기에 한 영국인이 오늘날의 방글라데시 지역에서 겪은 경험담을 인용했다.

"다 자란 코끼리는 어떤 육상 동물보다 헤엄을 잘 친다. 1875년 11월에 다카에서 캘커타 근처의 바락푸르까지 코끼리 79마리를 보낸 일이 있었는데, 도중에 갠지스 강을 포함해 건너야 할 지류가 여러 개 있었다. 가장 오래 헤엄을 칠 때에는 발이 바닥에 닿지 않은 채 여섯 시간 동안 계속 헤엄쳤다. 코끼리들은 모랫둑에서 잠깐 휴식을 취한 뒤 그런 강을 세 개나 더 건넜다. 낙오한 코끼리는 한 마리도 없었다."[29]

짧은 거리를 헤엄쳐 건너는 것이 흔한 일이라면, 더 먼 거리를 건너는 것도 충분히 가능하다. 존슨이 인용한 신문 기사에 따르면, 1856년에 사우스캐롤라이나 주에 접근하던 배가 폭풍을 만나 갑판에 있던 코끼리가 바다에 떨어졌다고 한다. 그 당시 배는 해안에서 50km나 떨어져 있었지만, 코끼리는 근처 항구까지 무사히 헤엄쳐 갔다고 한다. 당시 신문은 "폭풍 속에서 헤엄쳐 나온 그 묘기는 동물의 힘과 지구력을 보여주는 가장 놀라운 사례로 보인다."[30]라고 전했다. 신문의 속성을 감안할 때, 이 일화를 액면 그대로 믿기는 힘들다. 그렇지만 존슨이 제시한 자료는 이것만큼 극적이진 않아도 근거가 확실한 것들이다.

존슨은 캘리포니아 주 남해안에서 30km쯤 떨어진 채널 제도의 세 섬에서 발견된 화석들의 사례를 조사했다. 이 화석들은 콜롬비아매머드 *Mammuthus columbi*에서 유래한 채널제도피그미매머드 *Mammuthus exilis*인데, 이들은 지난 100만 년 동안 북아메리카를 휘젓고 다닌 여러 종의 매머드 중 하나였다. 본토에서 멀리 떨어진 이곳에 피그미매머드가 살았다는 사실은 채널 제도 북부가 한때 캘리포니아 주와 육교로 연결되었다는 증거로 간주돼왔다고 존슨은 썼다. 이 가상의 육교는 그 후에 나온 채널 제도의 생물학 연구에도 계속 인용되었다. 그러나 존슨이 지질학 자료와 측심학 자료를 검토한 결과, 피그미매머드 화석 말고는 육교가 존재했다고 가정할 근거를 전혀 찾을 수 없었다. 존슨은 샌타바버라 해협의 바다 폭이 6.4km 이하로 줄어든 적이 결코 없다고 평가했다. 더구나 채널 제도 북부에는 곰이나 나무늘보, 검치호, 퓨마, 살쾡이, 코요테, 미국너구리, 오소리, 숲쥐, 다람쥐, 치프멍크(등에 줄무늬가 있는 다람쥐), 토끼, 두꺼비 등의 화석이 전혀 없다. 이 동물들은 플라이스토세에 캘리포니아 주 남서부에 살았으므로, 이곳에서도 살았어야 한다. 존슨은 "랜초라브레아 아스팔트 퇴적층에서 발견된 38종의 멸종 포유류 및 파충류 중에서 헤엄을 잘 치는 코끼리 말고는 단 한 종도 채널 제도에서 발견되지 않는 이유는 무엇일까?"[31]라고 반문했다(캘리포니아 주 남부에 있는 랜초라브레아에는 타르 웅덩이가 있는데, 1만 년 전에서 4만 년 전까지 마지막 빙하기 때 많은 동물들이 이곳에 빠져 그 뼈가 화석으로 보존되었다. 검치호, 다이어늑대, 매머드 등 멸종한 동물의 화석도 다수 포함돼 있다. ─옮긴이). 그 까닭은 바로 코끼리가 헤엄을 쳐 그곳으로 갔기 때문이라고 존슨은 주장했다.

다른 과학자들이 코끼리가 헤엄친다는 이야기를 잘 받아들이려 하지 않는다는 존슨의 생각은 옳았다. 티모르 섬과 플로레스 섬이 좋은 사례이다. 과학자들은 스테고돈속 Stegodon에 속하는 두 종의 코끼리류 화석을 발견했는데, 두 섬에 모두 스테고돈이 산 것으로 미루어 두 섬이 전에 육교로 연결되었을 것이라고 가정했다. 이러한 가정에 정면으로 도전장을 내민 존슨의 주장을 이해하려면 육교를 좀 더 자세히 알 필요가 있다.

대륙도를 가까운 본토와 연결하는 육교는 시간이 지나면서 생겨났다가 사라지길 반복한다. 이러한 현상이 일어나는 한 가지 원인은 빙하기가 시작되고 끝남에 따라 일어나는 해수면 변화이다. 최근에는 플라이스토세(약 200만 년 전부터 1만 2000년 전까지)에 그런 일이 여러 차례 일어났다. 빙하기가 도래할 때마다 엄청난 양의 바닷물이 빙하나 만년설에 갇히면서 해수면이 낮아졌다. 그러자 얕은 바다 지역이 뭍으로 변해 육교가 드러났다. 영국도 육교를 통해 유럽 대륙과 연결되었고, 시칠리아 섬도 이탈리아와 연결되었다. 또 발리 섬은 자바 섬과, 자바 섬은 수마트라 섬과, 수마트라 섬은 아시아 대륙과 연결되었다. 플라이스토세에 일어난 주요 빙하기에 해수면은 얼마나 내려갔을까? 신중한 지질학자들은 130m라는 수치를 제시한다.

이것은 플라이스토세에 티모르 섬과 플로레스 섬 사이에 육교가 생겼다는 가정을 뒷받침하기에는 턱없이 모자란다. 두 섬 사이에 있는 사부

해는 그보다 열 배는 깊기 때문이다.

그럼에도 불구하고, 플라이스토세의 결빙이 큰 도움이 되었을 수 있다. 해수면 하강으로 인해 옴바이 해협이라는 장소에서는 티모르 섬과 플로레스 섬 사이의 거리가 8~16km 정도로 줄어들었을 것이다. 물론 이것은 육교 가설을 주장하는 사람들의 생각처럼 스테고돈이 발에 물을 묻히지 않고 건너기에는 턱없이 모자란다. 그렇지만 이제 그 간격은 스테고돈이 헤엄을 쳐 건널 수 있을 정도가 되었다. 스테고돈이 헤엄을 친다는 개념은 존슨이 주장하기 전까지는 아무도 감히 생각지 못했던 것이다.

20년 전, 존슨이 이 대담한 가설을 주장하기 직전에 유명한 스테고돈 전문가 두 사람이 다음과 같이 선언했다. "코끼리가(그리고 필시 스테고돈도) 사부 해와 옴바이 해협을 헤엄쳐 건널 수는 없으므로 플라이스토세에 플로레스 섬과 티모르 섬 사이를 연결하는 육지가 있었다고 가정해야 한다."[32] 그들의 입장에서는 코끼리가 헤엄을 친다는 증거를 받아들이는 것보다는 바다 깊이가 2,700m나 된다는 사실을 무시하는 쪽이 더 쉬웠다.

그런데 왜 코끼리는 바다에 뛰어들어 헤엄을 치려고 할까? 존슨은 코끼리가 그렇게 행동할 수밖에 없는 상황을 세 가지 가정했다. 첫째, 살고 있던 곳에 기근이나 가뭄이 들면 일부 동물은 과감하게 새로운 서식지를 찾아 나선다. 둘째, 먼 거리를 잘 보는 코끼리는 수평선상에 있는 섬을 볼 수 있을 것이다. 셋째, 코끼리는 불어오는 바람의 냄새를 맡고 어떤 섬에 먹음직한 초목이 있다는 사실을 알 수 있다. 그리고 만약 코끼리가 6.4km(플라이스토세 때 캘리포니아 주와 채널 제도 북쪽 사이의 거리)를 헤엄칠 수 있다면, 특별하고 우연한 상황에서 16km(플라이스토세 때 플로레스 섬과 티모르 섬 사이의 거리)를 헤엄쳤을 수도 있다. 다른 방법으로는 결코 섬에 도착할 수 없는 새나 거북을 섬으로 데려다주는 스윕

스테이크 확산 개념은 바로 이와 같은 우연한 사건을 바탕으로 한다.
　존슨이 확실한 증거를 제시한 것은 아니지만, 그의 가설은 지금 아주 깊은 바다가 있는 지역에 한때 육교가 드러났다고 가정하는 것보다 더 설득력이 있어 보인다. 코끼리, 하마, 사슴 등의 세계적인 분포 패턴을 감안하면 존슨의 가설은 더욱 설득력이 커진다.
　분포 패턴에 주목한 과학자들은 존슨 외에도 많다. 하마 화석은 마다가스카르 섬뿐만 아니라 지중해의 시칠리아 섬, 크레타 섬, 몰타 섬, 키프로스 섬 등에서도 발견된다. 사슴 화석은 사르데냐 섬, 코르시카 섬, 시칠리아 섬, 크레타 섬, 몰타 섬, 에게 해의 작은 섬들, 그리고 멀리 떨어진 일본의 이시가키 섬, 미야코 섬, 오키나와 섬에서도 발견된다. 코끼리 화석 역시 이들 섬 대부분에 남아 있다. 다른 대형 포유류 화석이 발견되지 않기 때문에 코끼리 화석의 의미가 더욱 커진다. 만약 육교가 정말로 존재했다면 다른 네발짐승들도 이들 섬에 갔을 것이다. 그렇지만 이 세 집단을 제외한 나머지 포유류는 전혀 존재하지 않는다. 이 사실은 하마와 사슴 역시 코끼리와 마찬가지로 모험을 좋아하고 헤엄을 잘 친다는 것을 시사한다.
　이러한 분포 패턴이 눈길을 끄는 이유가 또 하나 있다. 그것은 바로 왜소화 패턴과 일치하기 때문이다. 대륙도의 지리적 격리는 하마와 사슴, 코끼리에게 특별한 영향을 미친다. 시간이 지나면서 이들은 계통 진화를 통해 몸크기가 작아졌다.

섬에서는 왜 몸크기가 작아지는가?

플라이스토세에 시칠리아에 살던 시칠리아피그미코끼리 *Elephas falconeri* 의 사례를 살펴보자. 이 종은 오늘날의 코끼리와 크기가 비슷한 대륙의 조상 코끼리에서 진화했다. 그러나 시칠리아에 살던 이 코끼리는 몸크기가 약 3분의 1로 줄어들었다. 두개골은 조상의 두개골보다 더 둥글어지면서 뇌가 들어설 공간이 넓어지고, 큰 근육이 들러붙는 뼈 면적은 줄어들었다. 시칠리아피그미코끼리는 체형도 더 땅딸막했다. 다리가 짧아지고 몸집이 작아져서 섰을 때 크기가 조랑말 정도에 불과했다. 섬에 적응해 살아가는 과정에서 난쟁이로 변해간 것이다.

다른 섬에 사는 큰 포유류에서도 이와 비슷한 현상을 볼 수 있다. 어깨까지의 키가 4m나 되던 대륙의 매머드에서 진화해 채널 제도에 살던 피그미매머드는 키가 1.8m밖에 되지 않았다. 티모르 섬과 플로레스 섬에 살던 코끼리들도 몸크기가 아주 작았다. 크레타 섬, 몰타 섬, 키프로스 섬에 살던 코끼리들도 난쟁이였다. 에게 해의 카소스 섬과 카르파토스 섬에 살던 사슴 역시 몸집이 아주 작았다. 지중해에 살던 하마는 큰 돼지만 한 크기에 불과했다.

진화에서 나타난 이러한 왜소화 현상을 두고 여러 가지 설명이 제시되었다. 섬에 갇힌 코끼리는 먹을 것이 줄어든다거나 섬에 갇힌 사슴은 육식 동물의 위협에서 해방된다는 설명도 있었다. 이런 환경은 왜소화를 낳는 데 기여할 수 있다. 하지만 이런 추세는 과연 일관성 있게 나타날까? 다시 말해서, 서식지 면적이 줄어들면 항상 동물의 몸크기가 작아질까? 그렇지는 않다. 이러한 패턴을 더욱 불가사의하게 만드는 사실이 있는데, 섬에서 일어나는 진화는 어떤 종은 작아지게 만드는 반면 어떤 종은 아주 커지게 만든다.

섬에 사는 동물 중 포유류는 몸크기가 줄어드는 경향을 보이는 반면, 파충류는 커지는 경향을 보인다. 몸크기가 커지는 경향을 보이는 동물 명단에는 대형 거북부터 시작해 갈라파고스 제도에 고유하게 서식하는 두 이구아나 집단인 바다이구아나 *Amblyrhynchus cristatus*와 코놀로푸스속 *Conolophus*의 육지이구아나가 포함된다. 도마뱀붙이, 스킹크도마뱀, 밤도마뱀, 장지도마뱀을 비롯한 여러 종류의 도마뱀도 섬에서 몸크기가 커지는 경향을 보인다. 채널 제도 남부에 위치한 세 섬에서 발견되는 섬밤도마뱀 Xantusia riversiana은 가장 가까운 대륙에 사는 친척보다 몸집이 훨씬 더 길고 굵다. 오스트레일리아에는 아주 큰 스킹크도마뱀 종들이 살며, 카보베르데 제도에는 마크로스킨쿠스 Macroscincus('큰 스킹크도마뱀'이란 뜻)속의 스킹크도마뱀이 살고 있다. 자메이카에 고유하게 서식하는 무족도마뱀 종인 켈레스투스 오키두스 Celestus occiduus는 다른 무족도마뱀 종보다 비정상적으로 크다. 전에 모리셔스 섬에서 발견되었으나 지금은 그곳에서 사라지고 근처의 작은 섬인 라운드 섬에만 사는 도마뱀붙이 종인 황금도마뱀붙이 Phelsuma guentheri와 스킹크도마뱀 종인 텔페어스킹크도마뱀 Leiolopisma telfairii은 둘 다 몸길이가 30cm 정도로 큰 편이다. 다른 스킹크도마뱀과 비교하면 상당히 큰 편인 텔페어스킹크도마뱀도 누벨칼레도니 섬에 사는 종인 리오파 보코우르티 Riopa bocourtri와 견주면 절반 크기밖에 되지 않는다.

크기는 상대적이다. 이렇게 몸집이 커진 종들조차 거대화가 일어난 파충류 명단에서는 아래쪽에 위치한다. 몸길이가 57cm나 되는 누벨칼레도니 섬의 스킹크도마뱀도 코모도 섬에 데려다놓으면 난쟁이에 지나지 않는다.

코모도왕도마뱀

나는 플로레스 섬의 서쪽 항구 도시에서 25달러를 주고 빌린 낡은 화물선을 타고 코모도 섬에 도착했다. 1년 중 계절풍이 불지 않아 바다가 잔잔한 이 무렵에 적당한 속도로 달리면, 플로레스 섬 서해안에서 코모도 섬까지 네 시간이면 갈 수 있다. 술탄 선장은 키가 작고 강인한 인상을 풍기는 사람인데, 삐죽삐죽한 이를 드러내며 순박한 미소를 지었다. 승무원이 두 사람 더 있는데, 선장의 아들들인 것 같다. 술탄은 사롱(말레이 제도 사람들이 허리에 두르는 천)과 가죽 끈으로 묶은 속옷을 걸쳤고, 신발은 신지 않았다. 그가 할 줄 아는 영어는 내가 할 줄 아는 그들의 말보다 더 적었다. 발리 섬의 재단사 니오만을 데려오지 않았더라면 의사소통에 큰 어려움을 겪었을 것이다. 플로레스 섬을 출발해 바다를 건너는 동안 니오만은 트랜지스터 라디오의 이어폰을 귀에 꽂은 채 갑판 위에서 태평하게 잠을 잤다. 나는 바다를 구경하면서 서툰 인도네시아 어로 술탄 선장에게 이것저것 물었다. 우리는 오후 중반에 코모도 섬에 도착했다.

우리가 정박한 만의 바다는 광채가 나는 파란색 산호초 물빛이었다. 코모도 섬의 화산 봉우리는 검드롭gumdrop(딱딱하고 투명한 젤리 같은 드롭스. 딸기 비슷한 모양임)처럼 생겨 꼭대기가 둥글고 사면은 경사가 가파르다. 부두 끝에 'TAMAN NASIONAL KOMODO'라는 표지판이 서 있다. '코모도 국립공원'이라는 뜻이다. 해변 뒤쪽 고지대로 뻗어 있는, 숲이 울창한 계곡 지역은 로리앙이라 부른다.

'코모도드래곤Komodo dragon'은 만화에 나오는 이름처럼 들린다. 영어권 사람들은 흔히 이 별명으로 부르지만, 정식 명칭은 코모도왕도마뱀이다. 코모도왕도마뱀은 코모도 섬과 플로레스 섬의 서해안 지역, 그리고 근처의 더 작은 섬 몇 군데에만 산다. 현지에서 쓰는 망가라이 방언으로는 '오라'라고 부른다. 그렇지만 이 지역에 몰아친 새로운 문화의 물결 영향으로 현지 사람들도 지금은 흔히 '코모도'라고 부른다. 따라서 코모도왕도마뱀은 사는 장소와 이름이 일치하는 종이다.

다른 왕도마뱀 종들은 아프리카, 아시아, 오스트레일리아에 각각 고유하게 서식하는데, 그중 몇 종(특히 물왕도마뱀)은 몸집이 매우 크지만, 코모도왕도마뱀에 비하면 아무것도 아니다. 아주 큰 코모도는 몸길이가

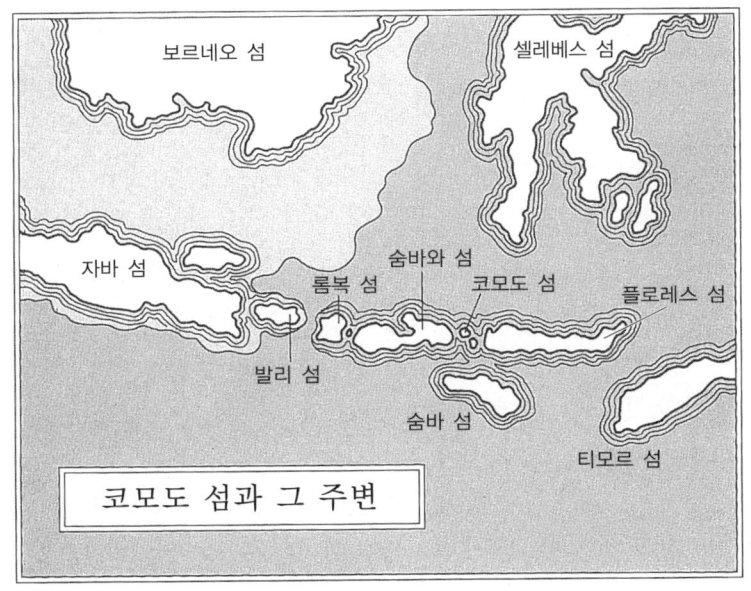

코모도 섬과 그 주변

3m나 되고, 몸무게는 220kg이나 나간다. 반면에, 몸집이 홀쭉하고 길이가 2.7m 정도인 코모도는 몸무게가 55kg밖에 안 나간다. 악어류와 달리 코모도는 육지에서 살아간다. 그리고 알다브라황소거북과 달리 코모도는 어떤 상황에서만 느리게 움직이고, 그 밖의 경우에는 놀랍도록 빨리 달린다. 코모도가 큰 거북들과 다른 점 또 한 가지는 육식을 한다는 점이다. 코모도를 더욱 놀라운 동물로 보이게 만드는 생태학적 특징은 아주 많다. 나일악어 같은 큰 악어류(무거운 몸무게를 지탱해주는 물속에서 생활하는)와 황소거북류(매우 느리게 이동하고 대사가 느린)는 큰 몸집 때문에 발생하는 문제점을 완화하려고 특별한 적응 능력이 발달했다. 하지만 코모도는 그런 능력이 전혀 발달하지 않았다. 대신에 힘든 방법을 사용해 큰 몸집을 유지하는데, 땅 위에서 흉포하게 행동하면서 고기를

아주 많이 섭취하는 것이다.

　보통 사람들은 코모도왕도마뱀이 코모도 섬뿐만 아니라 근처의 링카 섬, 길리모탕 섬, 그리고 플로레스 섬 서단에도 산다는 사실을 잘 모를 것이다. 보통 사람들은 코모도왕도마뱀을 덩치가 매우 큰 파충류에다, 날고기를 게걸스럽게 먹어치우는 무시무시한 육식 동물로 알고 있을 것이다. 이 두 가지는 아주 정확한 것은 아니지만 대체로 옳다.

　니오만과 나는 공원 관리 사무실에 들러 1,000루피아(약 50센트)를 지불하고 입장권을 샀다. 이 가격이라면 국제 관광 코스로는 아주 싼 것이다. 책임을 맡은 관리인은 파란색 유니폼을 입은 남자로, 공손하지만 매우 뻣뻣해보였다. 그는 자신이 맡은 임무에 심리적으로 큰 부담을 느끼는 것 같았다. 내가 마구 쏟아낸 질문이 귀찮았는지도 모른다. 아니면, 내일 아침에 관광객이 한 배 가득 도착한다는 사실 때문에 그런지도 몰랐다. 관광객은 일주일에 두 차례 코모도에게 먹이를 주는 것을 구경하러 오는데, 그 몇 시간 동안이 관리인에게는 가장 긴장되는 순간이다. 염소를 죽여 던져놓으면 근처 숲에서 코모도들이 몰려나와 염소를 먹어치운다. 조그마한 빈터는 순식간에 염소를 물어뜯는 파충류와 멍청한 관광객들, 법석을 떨며 셔터를 누르는 아마추어 사진사들로 열기가 달아오르며, 자칫하면 사고가 일어날 수도 있다. 아이가 그곳에 잘못 들어가 코모도에게 잡아먹힐 수도 있다. 파란 머리의 미국인 여성이 코모도에게 바나나를 주려고 손을 뻗었다가 팔이 잘려나갈 수도 있다.

　무뚝뚝한 관리인의 머릿속은 자신의 일자리를 앗아갈지도 모를 그런 걱정들로 가득 차 있을 것이다. 그는 턱은 까딱도 하지 않은 채 안경 너머로 눈을 치켜뜨듯이 우리를 쳐다보았다. 하지만 그는 안경을 쓰지 않았다. 이 사람에게는 코모도에게 먹이를 주는 일요일과 수요일이 일주일 중 가장 힘든 날일 것이다. 오늘은 토요일이다. 먹이는 내일 아침 9시에 줄 것이라고 한다. 그리고 여기 방 열쇠가 있으니, 숙박부에 사인하라고 말했다. 그러고 나서 얼른 자기 눈앞에서 사라지길 바라는 것 같았다.

나는 방에 짐을 두고 나온 뒤에 '잘란잘란(하이킹)'을 해도 되느냐고 물었다. 그는 또다시 턱도 들지 않은 채 눈을 치켜떴다.

"예, 잘란잘란은 괜찮습니다. 그렇지만 해변에서만 해야 합니다. 숲에는 들어가지 마세요."

해변은 안전하지만, 숲은 안전하지 않다. 코모도는 매복해 있다가 기습을 하는 포식 동물이기 때문이다. 코모도는 덤불이나 오솔길 주변의 잡목림 또는 사바나의 키 큰 풀숲에 숨어 있다가 방심한 먹이 동물을 기습한다. 코모도는 장거리 추격은 못 하지만, 단거리는 아주 빨리 달릴 수 있다. 가끔 사람에게 덤벼들 때도 있다. 그래서 니오만과 나는 해변을 따라 잘란잘란을 했다. 그곳은 시야가 탁 트여 매복 공격을 당할 염려가 적었다. 나는 숲이 우거진 계곡은 나중에 탐사할 기회가 있을 것이라고 기대했다.

이 계곡 지역인 로리앙은 파충류학 문헌에서 자주 언급되는 유명한 장소이다. 관광객을 위한 캠프가 들어서기 전인 20여 년 전에 코모도왕도마뱀 생태학 연구가 로리앙에서 최초로 진행되었다. 그 연구를 한 사람은 미국의 월터 오펜버그 Walter Auffenberg 이다. 오늘날 이 종과 그 서식지에 대해 알려진 사실 중 많은 것은 오펜버그의 저서 《코모도왕도마뱀의 행동생태학 The Behavioral Ecology of the Komodo Monitor》에 나온다. 이 책은 일반 서점에서 구하기 어렵고 아주 두껍지만, 코모도왕도마뱀에 관한 소문과 사실을 명쾌하고 흥미진진하고 분명하게 밝혀놓았으며, 이 주제에 대해 백과사전과 같은 지식을 제공해 아주 유익한 책이다. 오펜버그의 책은 모기장, 헤드램프, 말라리아 치료제, 쌍안경, 머큐로크롬, 샌들과 함께 내가 이 긴 여행 동안 늘 가지고 다니는 것이기도 하다. 저녁 늦게 여행자 숙소에서 땀을 뻘뻘 흘리고 모기들의 공격을 받으면서도 《코모도왕도마뱀의 행동생태학》을 다시 한 번 훑어보았다.

"코모도왕도마뱀에 붙어다니는 악명은 이 동물이 현재 살아 있는 파충류 중에서 가장 크다는 사실과 밀접한 관계가 있다."[33] 오펜버그는 그렇게 썼다. "충분히 예상할 수 있듯이, 이러한 상황은 혼동과 과장, 잘못된 정보를 낳았다." 야외 현장에서 1년 넘게 지내며 코모도의 행동을 관찰했을 뿐만 아니라 직접 크기까지 측정한 오펜버그는 그러한 오해 중 일부를 바로잡았다.

이 종은 1910년에야 과학계에 처음으로 알려졌다. 판 헨스브룩Van Hensbroek이라는 네덜란드 인 식민지 관리가 코모도 섬을 방문하여 처음으로 표본을 채집했는데, 그것이 생물학자에게 전달되었다. 판 헨스브룩은 몸길이가 7m나 되는 엄청나게 큰 코모도왕도마뱀이 있다는 소문을 들었으나, 그가 직접 보고 잡은 것은 3m 정도에 지나지 않았다. 1923년, 모험을 좋아하는 한 독일 공작이 몸길이가 3.6m나 되는 코모도왕도마뱀을 사살했다고 주장했다. 그렇지만 베를린동물학박물관에서 그 가죽을 받아 길이를 재보았더니 2.2m에 불과했다. 가죽은 마르는 과정에서 크기가 줄어들 수도 있다. 오펜버그에 따르면, 기록상 가장 큰 코모도왕도마뱀 표본은 사로잡힌 뒤에 세인트루이스동물원에 있던 수컷이라고 하는데, 주둥이 끝에서 꼬리 끝까지의 길이가 3.5m였다. 혹은 오펜버그의 조심스러운 표현에 따르면, 그만큼 길었다는 '소문'이 있다고 한다.[34] 다른 출처에 따르면 그 수컷은 체중이 163kg이었는데, 오펜버그 자신은 이 수치를 언급하지 않았다. 이 수컷은 1933년에 죽은 뒤 박제되었으며, 지금은 캘리포니아 주의 어느 공원에 혀를 바비큐 포크처럼 쑥 내민 채 전시되어 있다.

코모도왕도마뱀의 크기는 일상생활에서 코모도왕도마뱀을 자주 보는 코모도 섬이나 플로레스 섬의 원주민보다 서양인 여행객들이 더 많이 과장하는 경향이 있다. 예컨대 7m라는 주장은 남의 말을 쉽게 믿는 판 헨스브룩이 두 네덜란드 인 진주 채집자에게 들은 것이다. 생물학자들이 직접 눈으로 목격한 추정치도 신뢰할 수 없는 것으로 밝혀졌다. 오펜버그는 코모도왕도마뱀이 동물 시체를 뜯어먹는 현장을 관찰한 생물학자의 예를 들었다. 그들은 코모도왕도마뱀의 크기를 4.2m로 추정했는데, 나중에 실제로 재보니 1.2m나 모자랐다. 그들은 "코모도의 강한 힘과 체력 때문에 그런 착각이 일어난 것 같다."[35]라고 인정했다. 송어 낚시꾼들은 이런 현상에 익숙하다. 송어가 낚싯줄 끝에서 퍼덕거릴 때에는 아주 큰 놈이 걸렸구나 하고 생각하지만, 나중에 건져올려 실제로 재보면 신기하게도 생각했던 것보다 훨씬 작다. 7m 길이의 코모도왕도마뱀 역시 그렇게 해서 생겨났을 것이다.

오펜버그가 제기한 생태학적 질문 중에서 한 가지는 얼핏 보기보다는 까다롭다. 그것은 코모도왕도마뱀은 왜 그렇게 큰가 하는 것이다. 이 질문이 까다롭다고 한 이유는 서로 정반대되는 두 가지 질문을 포함하고 있기 때문이다. (1) 코모도왕도마뱀은 왜 다른 도마뱀처럼 작지 않은가? (2) 코모도왕도마뱀은 왜 그보다 더 커지지 않았는가? 두 번째 질문은 쓸데없어 보일지 모르지만, 곧 살펴볼 많은 사실들을 감안하면 생각해 볼 만한 가치가 있다.

오펜버그는 "몸크기가 포식 습성과 관계가 있다는 것은 명백하다."라고 썼다. "거의 모든 생물에서 포식자의 최적 몸크기는 대체로 크기가 다른 먹이들의 풍부성과 포식자가 그 먹이들로부터 얻을 수 있는 상대적 에너지의 상호작용을 통해 결정된다."[36] 이것을 더 알기 쉽게 대충 해석하면 다음과 같다. 진화는 효율성을 추구한다. 따라서 큰 포식자일수록 큰 먹이를 잡아먹을 수 있고, 작은 포식자가 작은 먹이를 잡아먹는 것보다 더 효율적이라면, 진화는 어느 단계까지는 거대화를 향해 나아갈 것이다. 그런데 정확하게 어느 단계까지 나아갈까? 그것은 포식자의 몸집이 과도하게 커져 효율성이 다시 감소하는 단계까지일 것이다. 거대화의 정도는 다양한 먹이 동물들의 크기와 풍부성에 따라, 그리고 이

동물들이 포식자의 위협에 어떻게 대응하느냐에 따라 결정된다.

오펜버그의 연구에 따르면, 어른이 된 코모도왕도마뱀은 주로 사슴과 멧돼지를 잡아먹고 산다. 그 밖에도 뱀이나 지상에 둥지를 트는 새, 다른 코모도왕도마뱀, 쥐, 개, 염소, 물소, 말, 사람도 먹는 것으로 알려졌다. 코모도왕도마뱀은 자기 몸무게의 2배가 넘는 동물도 흔히 공격하며, 다 자란 물소는 자기 체중의 10배가 넘는다. 그것은 매복 기습 전술을 사용하기 때문에 가능하다. 인도네시아 중부의 건조 지대에 서식하는 루사사슴 Cervus timorensis이 현재 코모도왕도마뱀의 주요 먹이이다. 루사사슴은 작은 무리를 이루어 이동하므로 매복 기습을 하는 코모도왕도마뱀에게 좋은 표적이 된다. 첫 번째 루사사슴이 자신들이 다니는 오솔길을 따라 깡충거리며 지나가고, 그 뒤를 따라 두 번째 루사사슴이 지나가면, 숨어 있던 코모도왕도마뱀은 기습 공격을 할 만반의 태세를 갖추었다가 세 번째나 네 번째 또는 느리게 지나가거나 방심한 루사사슴을 덮칠 수 있다.

루사사슴의 무리 행동과 관련해 오펜버그는 다음과 같이 기술했다. "매복 기습 공격을 하는 포식자의 몸크기 진화는 이러한 먹이의 분포 패턴에 큰 영향을 받는다."37 무리를 지어 다니는 사슴들은 대형 포식자가 매복 기습 공격을 하기가 좋다. 반면에, 외따로 다니는 사슴이 여기저기 흩어져 다닌다면, 매복 기습 공격 전술을 택한 포식자의 인내심은 충분한 보상을 받기 힘들 것이다. 이 주장은 상당히 논리적이지 않은가? 다만, 이것이 코모도의 몸크기가 거대해지는 쪽으로 진화한 것을 설명해주느냐 하는 것은 다른 문제이다.

그런데 오펜버그는 수천 년 전까지만 해도 루사사슴이 코모도 섬에 살지 않았을 가능성이 있다고 지적한다. 물소와 멧돼지도 마찬가지였을 것이다. 화석의 증거에 따르면, 사슴과 물소와 멧돼지는 불과 수천 년 전에 사람들이 코모도 섬에 들여온 것으로 보인다. 따라서 이들의 존재로 코모도왕도마뱀의 진화를 설명하는 것은 시간상 맞지 않는다.
 그렇다면 코모도왕도마뱀은 어떻게 해서 거대 육식 동물로 진화했을까? 현재 주식으로 삼는 동물들이 섬에 오기 전부터 수만 년 이상 코모도 섬에 살아왔다면, 코모도왕도마뱀은 무엇을 먹고 살았을까? 오펜버그는 섬뜩한 답을 제시했다. "따라서 코모도왕도마뱀이 몸크기가 커지는 쪽으로 진화를 한 것(필시 큰 먹이에서 얻는 에너지 혜택에 힘입어)은 그 당시에 그곳에서 발견할 수 있는 먹이를 섭취함으로써 가능했다. 그러한 먹이로는 예컨대 작은 코끼리 2종을 들 수 있다."[38]

캄프 코모도의 코모도왕도마뱀 쇼

이튿날 아침 9시 무렵, 여객선이 도착하자 갑자기 나이, 경제적 지위, 문화적 배경, 피부색이 다양한 미국인, 영국인, 오스트레일리아 인, 캐나다 인, 네덜란드 인, 일본인 관광객이 몰려나왔다. 그 가운데에는 인도네시아 인도 일부 있을 것이다. 물론 내가 말하는 인도네시아 인은 니오만을 제외한 사람들을 말한다. 내가 사준 모자를 쓰고 있는 니오만은 관리처럼 보이는데, 모자에 'TAMAN NASIONAL KOMODO'라는 기장이 붙어 있기 때문이다. 심지어 일부 백인은 그에게 길을 묻기까지 한다. 우리와 이 사람들은 모두 거대한 도마뱀이 염소를 잡아먹는 것을 구경하러 온 것이다.
 뚱한 표정의 관리인이 관광객을 불러모으더니 사무실 계단에 서서 영어로 이야기하기 시작했다. 그는 코모도왕도마뱀의 학명, 식성, 세상에서 가장 큰 도마뱀이라는 것 등등 기초적인 사실을 설명했다. 코모도왕도마뱀은 그 수가 많은 것은 아니라고 한다. 야생에 살고 있는 것은 5,000마리 정도에 불과하며, 사육되는 수도 극소수라고 했다. 그리고 코모도왕도마뱀은 오직 인도네시아에만 사는 고유종이라고 자랑스럽게 말했다. 최근에 자기 부서 연구자들이 현장 조사를 한 결과, 이곳 코모도 섬에는 2,571마리가 살고 있는 것으로 밝혀졌다고 한다. 그리고 링카 섬에 795마리, 작은 섬인 길리모탕 섬에 100마리가 살며, 플로레스 섬 서부에 만든 보호 구역인 와에울에서 129마리가 발견되었다고 했다. 이 관리인은 정직한 사람이고, 그가 인용한 수치는 정확하다. 지난 3~4년 동안 새끼 코모도가 몇 마리 더 태어났는지, 또 늙은 코모도가 몇 마리 사망했는지에 대해서는 들은 바가 없다고 했다.

이 종은 현재 인도네시아 법으로 보호받으며, 이 공원 안에 있는 그 밖의 모든 것도 보호받고 있다고 한다. 그러니 산호 하나라도 줍지 말라고 당부했다. "우리는 이 섬을 어린이들이 즐길 수 있도록 유지하고 있습니다." 그는 열정적으로 덧붙였다. 그리고 염소 값은 70명이 각자 750루피아씩 내는 것으로 충당할 테니, 길 옆에 서 있는 사람에게 그 금액을 지불하라고 했다.

"먹이를 주는 곳까지는 약 2km입니다. 걷기 편한 신발을 신으셨나요? 대열에서 이탈하지 마세요. 좋아요, 그럼 출발합시다."

나는 관리인의 진지한 자세가 마음에 들기 시작했다. 그렇지만 더 밝은 표정을 지으면 훨씬 좋을 텐데……. 관광객을 위해 코모도왕도마뱀에게 죽은 염소를 먹이는 것은 그리 유쾌한 일이 아닐 것이다. 그러나 세상에는 이보다 더 어렵고 불쾌한 일도 얼마든지 많다.

먹이를 주는 곳은 말라붙은 우곡이 내려다보이는 곳에 자리잡은 우리였는데, 우리 주위는 쇠사슬로 둘러쳐 있었다. 처음에 나는 그 우리를 세운 목적을 잘못 이해했다. 코모도왕도마뱀을 그곳으로 유인하고, 구경꾼들은 쇠사슬 주위에서 그 광경을 구경하리라고 생각했다. 그런데 관리인은 우리를 그 쇠사슬 우리 안으로 몰아넣는 것이 아닌가! 이것은 자연에 속하는 존재와 그렇지 않은 존재를 상징적으로 구분하는 것처럼 보였지만, 물론 현실적인 이유는 안전이다. 사람들이 우리 안에 모이자, 코모도왕도마뱀들이 은신처에서 나타나기 시작했다. 염소 냄새를 맡았거나 아니면 사람들이 웅성거리는 소리를 듣고 나타났을 것이다. 그것도 아니면, 반복을 통해 형성된 나름의 달력 감각에 따라 조건 반사적으로 나타나는지도 모른다. "오늘은 일요일이니 염소 먹으러 가야지!" 하고.

한 마리가 덤불 아래로 부스럭거리며 나타나더니, 곧이어 또 한 마리가 나타났고, 잠시 후 사방에서 우글거리며 나타났다. 가장 큰 녀석은 길이가 2.7m에 체중은 90kg 정도 나간다. 녀석들은 다리를 쭉 뻗은 자세로 몸을 높이 세우고 당당하게 걸었다. 코모도왕도마뱀들이 우리를 에워쌌다. 무엇을 기대하는 듯한 표정으로 조용히 모든 사람의 카메라에 포즈를 잡아준다. 강아지처럼 울타리 위쪽으로 코를 들이밀기도 한다. 조용한 태도와 유쾌한 할머니 같은 얼굴만 보면 위험한 동물이 아니라 친근한 동물로 오해하기 쉽다. 샛노란 혀를 천천히 쑥 내밀었다가 다시 집어넣곤 하는데, 이것은 공기 중의 냄새를 맡는 것이다. 이때, 갑자기 염소 시체가 머리 위로 휙 날았다. 울타리 안에 있던 관리인 두 사람이 집어던진 것이다. 염소는 우곡 바닥에 철썩 하고 떨어졌다. 그러자 이들 파충류는 갑자기 무시무시한 짐승으로 변했다. 마치 미식 축구 선수들이 땅에 떨어진 공을 서로 잡으려고 달려드는 것처럼 염소를 향해 돌진했다.

이들은 고기를 우적우적 씹고 게걸스럽게 쩝쩝거리며 먹는다. 버둥거리고 서로 밀치고 비틀기도 한다. 그곳은 순식간에 아수라장으로 변했다. 잠시 후, 이들은 우리의 눈에 보이지 않는 염소를 한가운데에 두고 서로 앞다리가 맞닿은 채 방사상으로 빙 둘러섰다. 턱을 고기에 처박고 꼬리를 흔드는 모습이 팔이 아홉 개 달린 괴물 불가사리 같다. 조금 전만 해도 바셋하운드(다리가 짧은 사냥개)처럼 얌전해 보이던 이들의 주둥이는 온통 피범벅이 되었다. 염소가 둘로 쪼개지자, 코모도왕도마뱀들은 두 무리로 나뉘어 각자 반 토막을 물고 매달려 밀고 당기는 드잡이를 계속했다. 각자 한 입씩 물어뜯지만, 입속에 들어간 고기는 뼈와 힘줄을 통해 큰 덩어리에 여전히 들러붙어 있다. 그래서 고기를 뜯어내려고 아등바등 기를 쓴다. 그러다가 새로운 곳을 물어뜯고는 엉망으로 짓이겨진 염소 고기를 뜯어내려고 탐욕스럽게 매달린다.

이 모든 일이 순식간에 일어났다. 운이 좋은 녀석은 큰 살점을 뜯어 삼키고는 더 뜯어먹으려고 달려든다. 한 입 더 먹으려고 다른 녀석의 몸 위로 올라가기도 한다. 코모도왕도마뱀의 이빨은 작은 나이프처럼 가늘면서 톱니 모양의 날이 서서 고기를 잘라내기에 적합하다. 그렇지만 이 무서운 아수라장 속에서도 서로를 해치지 않는 것을 보면 신기하다. 이들은 미친 듯이 경쟁하지만, 서로 싸우지는 않는다. 머리 위에서 폭죽처럼 터지는 60여 개의 니콘이나 미놀타 카메라 소리에는 전혀 신경 쓰지 않는 것 같다. 이들은 염소를 햄버거인 양 재빨리 깨끗하게 먹어치운다(고기뿐만 아니라 내장, 두개골, 등뼈, 가죽, 발굽까지도). 10분쯤(어쩌면 15분쯤) 지났을까, 이제 마지막 뼈 한 조각을 놓고 가장 끈질긴 두 녀석이 다투고 있고, 나머지 녀석들은 그늘진 우곡의 시원한 진흙 위에 배를 깔고 휴식을 취한다. 이 녀석들은 배불리 먹은 것은 아니지만, 가벼운 간식에 만족한 것처럼 보인다. 평화는 깨지는 것도 순식간이었지만, 다시 돌아오는 것도 순식간이다.

비록 인위적이긴 하지만 이 극적인 광경은 사람들의 기대를 충분히 만족시켜주었다. 그와 동시에 코모도왕도마뱀의 해부학과 생리학 및 행동에 대해 중요한 사실을 여러 가지 알려주었다. 즉, 이들은 매우 사납고 강하며, 마음만 먹으면 얼마든지 빨리 움직일 수 있고, 날카로운 이빨과 유연한 턱 구조로 큰 고깃덩어리를 쉽게 찢어내 삼킬 수 있으며, 먹이를 두고 모일 때에는 상어 무리와 같은 사회적 행동을 보이고, 못 먹는 것이 없으며, 소화관은 발굽마저도 소화한다는 사실을 알 수 있었다.

코모도왕도마뱀들이 휴식을 취하면서 소화를 시키는 동안 사람들은 흥미를 잃고서 하나 둘 떠나갔다. 우리 안은 곧 텅 비고, 나 혼자만 남아 관찰을 계속했다. 몇 분 뒤에는 코모도왕도마뱀들도 모두 흩어지고, 한 마리만 남아서 햇볕을 쬐었다. 마침내 관리인들이 다가오더니 내 손을 쇠사슬에서 떼어냈다. 그들은 정중한 인도네시아 어로 쇼가 끝났다고 알려주었다. 그들은 나를 데리고 내려감으로써 얼른 오전 일과를 마치고 싶은 것이다. 그들은 손잡이가 구부러진 양치기 지팡이처럼 끝이 갈라진 막대를 들고 있었는데, 풀숲에 숨어 있을지도 모르는 코모도왕도마뱀에 대비하기 위한 무기이다. 그러나 우리가 걷는 동안 코모도왕도마뱀은 한 마리도 나타나지 않았다. 지금은 공격하기에 적절한 때가 아니라고 판단했는지도 모른다.

우리가 캄프 코모도Kamp Komodo에 도착했을 때, 관광객들은 섬을 떠나려고 부산하게 움직이고 있었다. 이 섬과 큰 도마뱀을 실컷 본 관광객들은 이제 여객선을 향해 몰려갔다. 얼마 뒤 여객선이 떠났다. 무뚝뚝한 관리인은 배가 떠나는 게 기뻤을 것이다. 나도 마찬가지였다.

이제 캠프는 적막해졌다. 나와 니오만, 관리인들 그리고 캠프 직원들만 남았다. 나는 야외 카페테리아의 테이블에 앉아 탁한 인도네시아 커피를 마시면서 다음 한 시간을 과학 문헌을 훑어보면서 보내기로 했다. 오펜버그의 책 속에는 몇 년 전에 《네이처》에 실린 한 페이지짜리 글을 복사한 것이 끼여 있는데, 나는 지금 그것을 읽어보려고 한다. 그것은 제레드 다이아몬드Jared Diamond라는 생태학자가 쓴 글로, 〈코모도왕도마뱀은 피그미코끼리를 잡아먹도록 진화했는가?〉라는 제목이 붙어 있었다.

코끼리를 잡아먹은 코모도왕도마뱀

다이아몬드는 코모도왕도마뱀이 실제로 코끼리를 잡아먹도록 진화했다고 주장했다. 이 가설을 오펜버그가 먼저 주장했다는 점은 다이아몬드도 인정했다.

다이아몬드가 근거로 제시한 자료는 고생물학 자료와 정황 자료였다. (1) 플로레스 섬의 플라이스토세 지층에서 나온 소형 코끼리 두 종의 화석, (2) 코모도왕도마뱀이 현재 코모도 섬뿐만 아니라 플로레스 섬에도 살고 있다는 사실, (3) 먹이가 될 만한 다른 화석이 없다는 사실. 만약 코모도왕도마뱀 조상이 코끼리를 먹지 않았다면, 대신 무엇을 먹었는지 알려주는 증거가 전혀 없다. 화석 코끼리류 중 더 작은 종인 스테고돈 솜포엔시스 Stegodon sompoensis는 키가 1.5m 정도에다 체중은 물소 정도에 불과했다. 어린 것은 훨씬 더 작고 포식자의 공격에 취약했을 것이다. 코모도왕도마뱀 조상들은 이들 피그미코끼리, 그중에서도 특히 새끼를 잡아먹었을 것이라고 다이아몬드는 추측했다. 그것 말고는 적당한 먹이가 없었으므로 그럴 수밖에 없었을 것이다. 사슴, 멧돼지, 물소 그리고 사람은 아직 그곳에 도착하지 않았던 시절이다.

코모도왕도마뱀의 거대한 몸집은 정확하게 언제쯤 완성되었을까? 그것은 아무도 모른다. 피그미코끼리가 아직 플로레스 섬에 살고 있을 때 이들을 공격하도록 몸집이 커졌을까? 이것 역시 아무도 모른다. 두 섬에서 나온 화석 기록은 코모도왕도마뱀의 진화 단계를 충분히 알려주지 않으며, 다이아몬드 역시 이 점을 충분히 언급하지 않았다. 코끼리와는 달리 코모도왕도마뱀의 조상들은 이 시기의 화석 기록에 남아 있지 않다. 그런데 다이아몬드는 무심코 한 가지 사실을 언급했고, 나는 눈이 번쩍 뜨였다. "플로레스 섬에 오라 ora(코모도왕도마뱀을 현지어로 부르는 말)의 진화에 대한 단서가 하나 있다. 그것은 그보다 앞서 오스트레일리아에 훨씬 더 큰 도마뱀인 메갈라니아 Megalania prisca가 살고 있었다는 사실이다. 메갈라니아는 몸길이가 6m나 되고, 체중은 2,000kg이나 나갔다."[39] 다시 말해서, 이 거대한 도마뱀은 현재 살고 있는 코모도왕도마뱀보다 10배나 무거웠다!

이 종은 플라이스토세 때 살았다. 그것은 공룡도 악어류도 아니고, 도마뱀이었다. 그리고 코모도왕도마뱀처럼 육지에서 살면서 빨리 달릴 수 있는 포식 동물이었다. 메갈라니아는 무엇을 먹고 살았을까? 자이언트캥거루, 자이언트웜뱃을 비롯해 원하는 것은 무엇이건 잡아먹었을 것이다. 캠프 코모도의 카페테리아에서 다이아몬드가 쓴 그 구절을 다시 읽으면서, 나는 미터법 단위를 미국 사람들이 흔히 쓰는 피트와 파운드 단위로 대충 환산해보았다. 메갈라니아가 얼마나 큰 동물인지 감을 잡는 데에는 그렇게 오랜 시간이 걸리지 않았다.

코모도왕도마뱀에게 희생된 사람들

니오만이 좋은 소식을 갖고 돌아왔다. 오지 관리인과 함께 산을 넘어 먼 곳에 있는 계곡까지 하이킹할 수 있는 허락을 받아온 것이다. 그곳에는 인위적으로 꾸민 장면도 쇠사슬로 둘러친 울타리도 관광객도 없고, 대신에 코모도왕도마뱀이 많이 있다. 동행에 나선 관리인은 다비드 하우라는 플로레스 섬 출신의 친절한 젊은이였다. 우리가 가고자 하는 계곡은 로사비타였다. 우리는 한 시간 안에 카페테리아에서 산 보급품을 챙긴 다음 길을 떠났다. 안전상 어두워지기 전에 로사비타에 도착하길 바랐다.

큰 오솔길을 따라 1.5km쯤 가다가 코모도에게 먹이를 줬던 우리에서 별로 멀지 않은 곳에서 작은 오솔길로 접어들어 북쪽으로 향했다. 길 양 옆으로 무성하게 자란 수풀은 매복하기에 안성맞춤이었다. 만약 내가 코모도라면 멍청한 미국인을 공격하기에 좋은 바로 이곳에 매복할 텐데 하는 생각이 들었다. 다비드는 끝이 갈라진 막대도 들고 있지 않았다. 그렇지만 자신이 하는 일을 잘 아는 것처럼 보였다. 울창한 관목 지역에서 벗어나 숲으로 들어가자 조금 안심이 되었는데, 숲의 하층은 나무와 식물이 듬성듬성하여 비교적 멀리까지 잘 보였기 때문이다. 말라붙은 강바닥을 지나갈 때, 동물이 꼬리를 끌며 구불구불 지나간 자국이 진흙 위에 있었고, 그 양 옆에 발톱 모양의 자국이 보였다.

"코모도인가요?"

"예." 다비드가 대답했다.

"케실 Kecil?"

"예."

케실은 인도네시아 말로 작다는 뜻이다. 특히 코모도 섬에서는 사람 다리를 물어뜯기에는 너무 작다는 뜻이다. 우리는 거대한 개미집처럼 보이는 흙더미 옆을 지나갔다. 이것은 발이 크고 땅에서 사는 새가 알을 부화할 목적으로 진흙과 거름을 쌓아 만든 둔덕이다. 그런데 이 둥지는 알을 먹어치우는 짐승이 부순 것처럼 부서져 있었다.

"코모도인가요?"

"예."

"케실?"

이번에는 다비드가 대답을 하지 않았다. 내 말을 못 들었는지도 모른다.

우리는 숲에서 나와 풀이 자란 산비탈을 따라 두 계곡 사이에 안장 모양으로 솟은 산등성이를 올라가기 시작했다. 그다지 많이 올라가지는 않았지만, 쨍쨍 내리쬐는 햇볕이 몹시 뜨거웠다. 셔츠는 땀에 흠뻑 젖고, 도시에서 살아온 니오만도 몹시 힘들어하는 기색이다. 우리는 산마루에서 잠깐 휴식을 취하면서 로리앙 유역과 캄프 코모도 주변의 경치를 둘러보았다. 그러다가 그곳에서 돌무더기 위에 흰 나무 십자가가 세워져 있는 것을 보았다. 팻말에는 다음과 같이 쓰여 있었다.

비베레그의 루돌프 폰 레딩 남작을 기리며.
1895년 8월 8일 스위스에서 태어나
1974년 7월 18일 이 섬에서 실종되다.
"그는 평생 동안 자연을 사랑했다."

나도 이 남작에 관한 기사를 읽은 적이 있다. 동료들이 하이킹을 계속하는 동안 그는 이 근처 어딘가에서 휴식을 취했다. 두 시간 뒤 사람들이 돌아왔을 때, 그곳에는 끈이 끊어진 핫셀블라드 카메라만 놓여 있었다. 그는 굶주린 코모도왕도마뱀에게 희생된 것으로 추정되었다.

우리는 산등성이를 넘어 사바나를 지나 로사비타 계곡으로 내려갔다. 이곳은 사슴이 길들여지지 않았고, 병에 담긴 물도 없고, 염소 시체가 하늘에서 떨어지지도 않으며, 코모도왕도마뱀이 타고난 포식 동물의 기술을 이용해 살아가는 곳이다.

관리인들이 로사비타에 지어놓은 초소는 지붕을 짚으로 이은 오두막 두 채, 옥외 부엌, 나무 탁자, 등잔불이 전부였고, 가까이에 샘이 있었다. 오두막집 앞에는 널따란 강어귀 개펄이 저 멀리 맹그로브 숲 가장자리까지 뻗어 있었다. 우리는 어둠이 깔리기 직전에 그곳에 도착했다. 멀리 보이는 수목의 생장 한계선이 어두워지기 시작하고, 잠잘 곳을 찾아 움직이는 코카투앵무도 잿빛을 띤 분홍빛으로 보였다. 다비드의 세 동료 이스마일, 조하네스, 도미니쿠스가 우리를 따뜻하게 맞아주며 저녁을 같이 먹자고 권했다. 말린 생선과 쌀밥이 이보다 더 맛있게 느껴진 적은 없었다.

식사가 끝난 뒤에 도미니쿠스가 차를 내왔다. 모기향을 피우고 나서 그들은 정향 담배를 말아 피우며 대화를 나누었다. 나도 내가 아는 40여 마디의 인도네시아 어를 구사하며 대화를 하려고 최선을 다했다. 이스마일의 친구가 2주일 전에 자기 마을에서 코모도왕도마뱀에게 공격을 받았다고 했다. 그 친구는 살아남았고, 지금은 플로레스 섬의 병원에 있다고 한다.

그러한 공격은 드문 편이지만, 가끔 일어난다고 한다. 오펜버그는 그런 사례를 여럿 인용했는데, 그중에는 14세의 소년이 숲에서 성질 사나운 코모도왕도마뱀과 마주친 일화도 있었다. 오펜버그는 그 소년의 아버지에게서 그 이야기를 들었다. 소년은 달아나려고 하다가 그만 덩굴에 얽히고 말았다. "덩굴 때문에 소년은 잠깐 동안 움직일 수가 없었고, 그때 코모도왕도마뱀이 소년의 엉덩이를 물어뜯는 바람에 살점이 떨어져나갔어요. 피가 용솟음쳤고, 소년은 한 시간도 안 되어 출혈 과다로 죽었지요."[40] 설사 직접적인 공격으로 중상을 입지 않았다 하더라도, 그 후유증이 치명적일 수 있다. 일부 희생자는 코모도왕도마뱀의 입속에 우글거리는 병균에 감염되어 죽었다.

다비드가 다른 사례를 들려주었다. 그것은 7년 전에 링카 섬의 파사르판장 마을에서 일어난 사건이었다. 어느 가족이 점심 식사를 마친 뒤, 여섯 살짜리 아이가 밖으로 뛰어나갔다. 그런데 마을로 숨어 들어온 코모도왕도마뱀 한 마리가 그 집 계단 밑에 숨어 있었다. 코모도왕도마뱀은 어떻게 해서(아마도 꼬리로 때린 것으로 추정된다) 아이를 멈추게 한 뒤에 와락 덮쳤다. 사람들이 달려왔을 때 코모도왕도마뱀은 이미 아이를 반쯤 삼킨 뒤였다. 마을 전체가 발칵 뒤집혔다. 사람들은 코모도왕도마뱀의 입을 벌려 아이를 구출하고, 코모도왕도마뱀을 죽였다. 그러나 아이는 이미 죽어 있었다고 한다.

저녁 식사 후의 담소가 끝난 뒤, 나는 배는 쌀밥으로 가득 차고 머리는 무시무시한 코모도왕도마뱀 생각으로 가득 찬 채 잠자리로 갔다. 푹 자면서 달콤한 휴식을 취하고 나서 다음 날에 비슷한 이야기를 또 들었다. 근처에서 고기를 잡던 사람들이 물을 얻으려고 이곳 샘으로 왔는데, 물을 준 데 대해 감사의 표시로 여자들이 우리에게 점심을 해주겠다고 했다. 여자들 중 한 사람이 코모도왕도마뱀에게 습격을 당한 사람의 이야기를 알고 있다고 했다. 하지만 그 여자는 수줍음이 많아 미국인 저널리스트에게 쉽게 그 이야기를 털어놓으려고 하지 않았다. 그 여자의 이름은 사우기라고 했다. 오렌지색 사롱을 입은 사우기는 수줍은 미소를 지었다. 사우기가 불 뒤에 몸을 숨긴 채 생선을 씻고 튀기는 동안 도미니쿠스가 그녀를 달래 이야기를 하게 했고, 니오만이 조금씩 통역해주었다. 코모도왕도마뱀의 습격을 받은 사람은 사우기의 어머니였다.

어머니는 짚을 베고 있었다고 한다.

"그때 갑자기 코모도왕도마뱀이 언덕에서 나타났어요."

니오만이 이렇게 통역했다. 어머니는 코모도왕도마뱀이 근처에서 놀고 있던 강아지를 공격하려는 것으로 생각했단다.

"그렇지만 개는 동작이 아주 빠르지요. 코모도왕도마뱀은 화가 났거나 실망했을 겁니다."

코모도왕도마뱀은 별안간 표적을 바꾸어 어머니를 향해 달려들더니 팔을 꽉 물고 늘어졌다. 어머니는 필사적으로 저항했다. 사우기는 부엌 구석에서 열심히 생선을 다듬으며 말을 이었다.

"코모도왕도마뱀의 입은 이미 팔을 꽉 문 채 꼼짝도 안 했어요."

니오만이 말했다. 어머니는 빠져나오려고 애쓰면서 바로 옆에서 섬뜩한 눈초리로 바라보는 코모도의 눈을 사롱으로 덮어씌웠다. 그래도 턱은 열릴 기미가 보이지 않았다. 어머니는 몸을 빼내 나무 위로 기어 올라가려고 애썼다.

"그러니까 이렇게요. 홱!"

니오만은 모자 속에서 토끼를 꺼내는 것처럼 팔을 뒤로 휙 빼내면서 눈을 크게 뜨고 질문을 던지는 듯한 표정을 지었다. '왜? 왜 이 끔찍한 이야기를 다시 하게 해야 하죠? 왜 이 여인에게 고통을 주어야 합니까?' 아마도 감수성 예민한 이 발리 인은 이렇게 말하고 싶었을 것이다.

"어머니의 살점은 이미 코모도왕도마뱀의 입속에 들어가 있었어요." 팔의 살점 중 약 절반이 떨어져나갔다.

그렇지만 사우기의 어머니는 다른 희생자들보다는 운이 좋았다. 적어도 목숨은 건졌으니까. 그녀는 병원에 한 달 동안 입원해 치료를 받았고, 심지어 팔을 정상적으로 움직일 수 있게 되었다. 어느 정도는 니오만이 이 마지막 말을 내게 통역해주고 나서 사우기는 침묵에 잠겼다. 그렇지만 냉혹한 외국인은 들은 이야기를 공책에 받아 적으면서 통역자에게 뭔가 더 요구하는 표정을 지어보였다. '더 없어요? 그 밖에 또 무슨 말을 했나요?'

"지금도 보여요······."

니오만이 머뭇거리면서 통역했다.

"지금도 볼 수 있어요······. 그걸 뭐라고 하죠? 상처가 났을 때, 나중에 거기에 남는 것 말이에요."

"아, 흉터요!"

사우기는 하던 일을 마치고, 손을 씻고 나서 사롱 한쪽 끝을 터번처럼 머리에 감고 떠났다.

위기일발의 순간

그날, 다비드와 나는 코모도왕도마뱀의 서식지를 향해 출발했다. 우리는 숲을 지나가는 강바닥에 남아 있는 코모도왕도마뱀의 발자국을 따라갔다. 말라붙은 강바닥은 계곡 꼭대기를 향해 뻗어 있었다. 우리는 나무들 위로 우뚝 솟은 절벽 수직면 앞에 다다랐다. 절벽 아랫부분에서 다비드는 코모도왕도마뱀이 파놓은 작은 동굴을 여러 개 보여주었다. 코모도왕도마뱀의 배설물도 가리켰는데, 회백색은 소화된 뼈가 많이 섞여 있음을 말해준다. 주위에 널려 있는 다른 배설물로 미루어 이곳에 코모도왕도마뱀이 많이 살고 있음을 알 수 있었다. 우리는 절벽을 빙 돌아 숲에서 햇볕이 내리쬐는 사바나로 나갔다. 그리고 거기서 그 위에 있는 편평한 장소로 올라갔다. 그곳에서 우리는 넓적다리뼈인지 앞다리뼈인지 모르겠지만 씹혀서 반쯤 부서지고 바싹 말라붙은 뼛조각들이 여기저기 널려 있는 것을 발견했다.

"사슴이군요. 코모도가 여기 왔다 갔어요."

다비드가 뼛조각 하나를 들어올리면서 말했다.

"코모도는 뭐든지 다 먹을 수 있어요."

정적 속에서 내가 뼈들을 살펴보는 동안 다비드는 내 쌍안경으로 계곡 반대편 비탈을 훑어보았다.

"아, 코모도!"

다비드가 갑자기 흥분한 목소리로 외쳤다.

"코모도!"

그가 가리키는 쪽을 한참 쳐다본 뒤에야 눈에 뭔가가 들어왔다. 800m쯤 떨어진 곳에 어두운 색의 기다란 물체 하나가 밝은 색의 진흙 위에 있었다. 그 녀석은 꼼짝도 하지 않고 햇볕을 쬐고 있었다. 아니면 내가 쌍안경을 코모도왕도마뱀처럼 생긴 통나무로 향했는지도 모른다. 뭐 그래도 '오지에 사는 코모도왕도마뱀을 멀리서나마 보는 게 아무것도 못 본 것보다야 낫잖아' 하고 스스로를 위로했다. 우리에서 염소를 던져주면서 인위적으로 만들어낸 긴박성을 이곳에서 기대할 수는 없다. 코모도왕도마뱀이 야생 자연에서 살아가는 이곳 로사비타에서는 그런 걸 기대하긴 어렵다. 우리는 바위 위로 기어올라 또 다른 절벽을 향해 올라갔다.

그때 바로 앞의 수풀에서 어떤 기척이 났다. 그러더니 아주 큰 코모도왕도마뱀 한 마리가 눈앞에 나타났다! 아마도 우리의 침입에 놀라 절벽의 수직면을 기어오르는 것 같았는데, 마치 앨리게이터가 4층 건물을 기어올라가는 것처럼 보였다. 돌덩어리들이 떨어져내렸다. 나는 입을 떡 벌리고 쳐다보았다.

우리는 코모도왕도마뱀이 사라져가는 것을 지켜보았다. 크기는 얼마나 될까? 정확하게는 알 수 없었다. 내가 코모도왕도마뱀의 강한 힘과 공포 분위기에 압도당한 게 아니라면, 길이는 3m에서 4m, 체중은 200kg 정도 나간다고 말할 것이다. 하지만 자신은 없다. 오펜버그가 내게 허용하는 최대 크기는 2.7m에 90kg이기 때문이다. 그렇다면 그 녀석의 크기가 2.7m에 90kg이라고 해두자. 하지만 그 녀석은 절벽을 뛰어올라갔다!

잠시 후 쌍안경으로 코모도왕도마뱀이 절벽 꼭대기에 올라간 것을 보았다. 푸른 하늘을 배경으로 실루엣으로 보이는 그 녀석은 잠시 그곳에 멈춰 있었다. 그러더니 시야에서 사라졌다. 그 순간, 다비드가 다급하게 비명을 질렀다. 바로 우리 뒤에 숨어 있던 코모도왕도마뱀이 달려나온 것이다.

끄아악! 우리는 혼비백산하여 그 자리에 얼어붙었다.

그런데 이 녀석은 순간 우리를 공격하지 않기로 마음먹은 것 같았다. 아마 배가 고프지 않은지도 모른다. 우리가 맛이 없어 보였을 수도 있다. 이 녀석은 모든 코모도왕도마뱀이 원하는 바로 그 기회, 즉 매복해 있다가 지나가는 고깃덩어리를 홱 덮치는 기회를 잡았으나, 무슨 이유에서인지 공격하지 않는 쪽을 선택했다. 코모도왕도마뱀은 내 엉덩이나 다비드의 장딴지를 한 입 물어뜯는 대신에 획 돌아서서 코뿔소처럼 천천히 언덕 아래로 내려갔다. 우리는 멀찌감치 거리를 두고 조심스럽게 그 뒤를 쫓아갔다. 우리는 그 녀석이 우곡으로 내려가는 것을 보고서야 추격을 멈췄다.

놀란 가슴이 진정되고 호흡이 정상으로 돌아오자, 우리는 풀이 무성한 언덕에서 빠져나가려고 했다. 숲 가장자리 근처의 또 다른 강바닥에 이르렀을 때, 다비드는 걸음을 멈추더니 뼛조각 하나를 집어 올렸다. 그것은 바싹 말라붙은 뼈가 아니었다. 말라붙은 피와 침이 끈적끈적하게 붙어 있는 신선한 뼛조각이었다.

"투 레이트. 레이트 원 데이. 이팅 인 더 나이트Too late. Late one day. Eating in the night."

서툰 영어로 떠듬떠듬 말하는 다비드의 말을 새겨서 해석하면, 이것은 얼마 전에 죽었고, 코모도왕도마뱀이 식사를 막 끝내고 갔다는 뜻이다. 하지만 코모도왕도마뱀은 식사를 완전히 끝내지 않았는지도 모른다. 아주 강한 악취가 오후의 공기 속에 머물러 있었다.

스무 발자국쯤 갔을 때, 우리는 절단된 루사사슴의 머리와 목 주위에 수많은 파리 떼가 들끓고 있는 것을 보았다. 몸통은 어깨뼈 부위에서 잘려나가고, 척추에 위쪽 갈비뼈가 대롱대롱 붙어 있었다. 사슴의 눈은 끈적끈적하고 새카맸다. 몸통은 어디론가 사라지고 없었다. 마치 기차에 치인 것 같았다. 아니, 플라이스토세에 살았던 괴물 메갈라니아의 습격을 받은 것 같았다.

조금 전에 다비드가 한 말이 생각났다. "코모도는 뭐든지 다 먹을 수 있어요." 코끼리든 염소 발굽이든 물소 뼈이든 사람이든 간에 무엇이든지. 그리고 지금 이 앞에 남아 있는 시체도. 그렇다면 코모도왕도마뱀이 다시 돌아올 가능성이 높다. 설사 이 사슴을 죽인 바로 그 녀석이 아니더라도 다른 녀석들이 냄새를 맡고 달려올 수 있다. 우리는 파리가 들끓는 사슴 머리를 뒤로 하고 서둘러 그곳을 떠났다.

섬의 법칙

섬의 법칙

특별한 조건에서 진화는 생존을 위해 특별한 적응 능력을 만들어낸다. 그리고 섬은 특별한 조건을 제공한다. 섬에 사는 종에게 일어나는 몸크기 변화가 한 가지 예이다. 그 밖에도 다른 예가 많지만, 다른 예들은 잘 드러나지 않는 반면 몸크기는 눈에 띄게 드러난다. 몸크기 변화는 커지든가 작아지든가 양 방향 중 어느 한쪽을 향해 거의 직선적으로 일어난다. 이렇게 말하면 너무 단순해 보이지만 사실은 상당히 복잡하며, 연구를 하면 할수록 더욱 복잡해진다.

 관찰 자료는 두 집단으로 분류할 수 있다. 하나는 커지는 쪽으로 진화한 집단이고, 또 하나는 작아지는 쪽으로 진화한 집단이다. 코끼리는 작아지는 쪽으로 진화했다. 하마 역시 작아지는 쪽으로 진화하는 경향을 보인다. 토끼와 사슴, 돼지, 여우, 미국너구리 역시 섬에서 작아지는 쪽으로 진화하는 경향을 보인다. 뱀 역시 흥미로운 예외가 일부 있긴 하지만, 대체로 작아지는 쪽으로 진화했다. 반면에 설치류는 이구아나, 거북, 도마뱀붙이, 스킨크도마뱀, 왕도마뱀과 마찬가지로 커지는 쪽으로 진화했다. 조류는 섬에서 몸집이 더 커지는 경향을 보이지만, 더 작아지는 사례도 일부 있다. 날지 못하는 큰 새들(뉴질랜드의 모아, 오스트레일리아의 에뮤, 오스트레일리아와 뉴기니 섬의 화식조, 마다가스카르 섬의 코끼리새, 그리고 도도)이 전 세계 각지의 섬들에 살았지만, 섬에 사는 오리류는 육지에 사는 오리류보다 작다. 지금까지 섬에서 일어난 진화는 날지 못하는 큰 오리를 만들어내지 못한 것처럼 보인다. 왜 그럴까? 이것은 고민이 더 필요한 질문이다.

곤충은 커지는 쪽으로 진화한 경향이 뚜렷하다. 오스트레일리아에는 거대한 바퀴가 살고 있으며, 뉴기니 섬에는 아바나 시가만큼이나 큰 대벌레가 있다. 내가 사례로 들기 좋아하는 세인트헬레나집게벌레는 길이가 약 8cm나 된다. 그러나 곤충도 조류와 마찬가지로 작아진 사례가 있다. 갈라파고스 제도의 박각시나방은 대륙에 사는 비슷한 종보다 훨씬 작다.

혼란스럽게도 난쟁이와 거인은 뒤죽박죽 뒤섞여 있다. 이 사실을 상징적으로 보여주는 사례는 플라이스토세에 채널 제도 북부에 살았던 코끼리류인 피그미매머드 Mammuthus exilis 이다. 매머드 자체가 큰 코끼리란 뜻을 포함하므로, 피그미매머드란 이름은 모순 어법처럼 보인다. 이렇게 혼란스러운 자료를 질서 있게 정리하려고 한 사람은 없을까?

그런 시도를 한 생물학자 중에 브리스틀 포스터 J. Bristol Foster 가 있는데, 1964년에 그가 한 연구는 지금도 중요한 연구로 간주된다. 포스터는 포유류 자료만 설명하는 데 초점을 맞추었다. 그는 섬에 사는 포유류와 본토에 사는 그 조상의 몸크기 차이를 비교한 사례 100여 건을 분석하여 도표와 함께 짧은 논문으로 써서 학술지에 발표했다. 포스터의 연구 결과에 따르면, 섬에 사는 설치류는 작아지는 경우보다는 커지는 경우가 훨씬 많으며, 육식 동물은 그것과 반대 경향을 보이며, 우제류偶蹄類

(유제류 가운데 발굽이 짝수인 동물. 하마, 사슴, 돼지 등이 있다)는 대개 작아지는 경향을 보인다. 큰 포유류는 섬에서 작아지는 경향을 보이는 반면, 작은 포유류는 커지는 경향을 보인다. 포스터가 시도한 일반화는 설득력이 있고 흥미로웠기 때문에 생물학자들은 그것을 '섬의 법칙'이라고 불렀다. 하지만 섬 생물학에는 눈에 띄는 패턴과 경향이 아주 많으며, 그중에서 법칙으로 내세울 수 있는 것도 많기 때문에, 차라리 '포스터의 법칙'이라고 부르는 편이 나을 것 같다.

 법칙 자체보다 더 중요한 것은 그것을 만들어낸 원인이 무엇인지 설명하는 것이다. 양 방향으로 일어나는 몸크기 변화에 대해서 포스터는 명백한 원인 두 가지를 들었다. 포식자가 감소하고 이종 간 경쟁이 줄어든 상황에서는 설치류 같은 작은 포유류는 몸집이 커지는 쪽으로 진화할 수 있다고 보았다. 몸집이 커진 설치류는 지방과 물을 잘 저장할 수 있어 먹이가 모자라는 시기도 잘 견딜 수 있고, 체온을 유지하는 데에도 유리하고, 더 큰 새끼를 낳을 수 있고, 더 오래 살 수 있고, 같은 종의 다른 개체들과의 경쟁에서 유리할 수 있다. 결과적으로, 각 세대에 태어나는 새끼들 중 가장 큰 개체들이 후손을 남길 확률이 높아진다. 따라서 몸집이 커진 것은 진화의 결과일 것이다.

 반면에 몸집이 작아진 이유는 다른 것을 찾아봐야 할 것이다. 설치류는 개체수가 많아지면 자동적으로 번식률이 감소하지만, 우제류는 일반적으로 그렇지 않다고 포스터는 주장했다. 그래서 사슴과 하마를 비롯한 우제류는 "특히 먹이 공급이 한계에 이르는 상황에 처하기 쉬우며, 그 결과 새끼는 영양 부족으로 발육 부진이 나타나게 된다."[1] 내부적인 개체수 조절 메커니즘이 작용하지 않는 상황에서 어떤 종의 개체수가 크게 늘어나면 발육 부진이 나타날 수 있다. 기아로 인한 발육 부진은 왜소화와 같은 것은 아니지만, 여러 세대에 걸쳐 기아가 거듭될 경우 작은 개체가 큰 개체보다 번식에 유리하다면 이 역시 왜소화를 초래할 수 있다.

자신의 법칙을 설명하기 위해 포스터가 제시한 설명은 이렇게 별개의 두 가지 메커니즘을 포함하고 있다. 이 두 가지를 종합하면 포스터의 도표에 나타난 양 방향 변화 패턴이 나타난다. 그것은 간단하고 논리적이며 경험적 자료와 대체로 일치한다.

포스터는 흥미로운 사실을 한 가지 더 지적했다. "섬에서 적응은 더 빨리 그리고 더 명확하게 일어날 가능성이 높은데, 그것은 유전자 풀의 규모가 작고, 유전자가 다른 개체군으로 흘러가는 데 제약이 있기 때문이다."[2] 이것은 명백하다. 대륙에서 일어나는 진화를 어떻게 말하든 간에, 우리가 그것을 빠르다거나 명확하다고 말하는 경우는 드물다. 빠른 속도와 명확성은 섬의 진화가 지닌 특별한 매력 중 하나이다.

포스터 자신이 직접 한 야외 연구는 캐나다 브리티시컬럼비아 주 해안에서 60km쯤 떨어진 퀸샬럿 제도에 사는 흰발생쥐 두 종 사이의 몸 크기 차이에 초점을 맞춘 것이었다. 하지만 그는 더 큰 맥락에서 세계의 형태에 대한 글을 썼다.

맥아서와 윌슨의 혁명

포스터의 논문은 지난 30년 동안 섬에서 일어나는 몸크기 변화를 중요한 문제로 생각하는 생물학자들이 자주 인용했다. 일반적으로 그들은 포스터의 주장을 비판하거나 개선하거나 출발점으로 삼기 위해 "Forster"(1964)를 언급했다. 그러나 생태학 및 진화생물학 분야에서 발견된 많은 법칙과 마찬가지로, 포스터의 법칙도 너무 단순하여 전문가들을 오래 만족시킬 수는 없었다. 그것은 혁명 이전의 순수한 마음과 같은 것으로, 지각 변동이 일어나는 장소에서 멀찌감치 떨어진 곳에 있었다. 그 지각 변동은 1967년에 맥아서와 윌슨이 《섬 생물지리학 이론》을 발표하면서 일어났으며, 그 후로 모든 것이 달라졌다.

새로운 세대의 생태학자와 생물지리학자는 맥아서와 윌슨이 걸어간 길을 따라갔다. 새 연구자들은 아주 똑똑하고 젊은 대학원생들과 조교수들이었는데, 그들은 생물학에서 주요 연구 방법으로 쓰이는 박물학적 전통과 기술記述에 의존하는 방법에 만족하지 못했다. 젊은 과학자들은 더 정교한 수학적 방법을 사용할 줄 알았으며, 기술을 계량화로 대체하려고 했다. 그들은 생물학 이론을 엄격한 통계와 엄밀한 공식으로 무장한 새로운 차원으로 끌어올리려고 했다. 그들은 포스터가 제기한 것과 같은 질문(예컨대 코끼리는 왜 섬에서 몸집이 작아지는 반면, 설치류는 커지는 경향이 나타나는가?)에 미분방정식과 매개변수 다섯 개가 포함된 이론 모형, 그리고 궁극적으로는 애플 컴퓨터를 사용해 답을 얻으려고 했다. 아인슈타인 세대의 물리학자들이 상대성 이론을 향해 나아가고, 그다음에는 양자역학을 향해 나아가고, 그다음에는 통일장 이론을 향해 나아간 것처럼, 새로운 세대의 이론 생태학자들은 계량화된 관찰을 수학적으로 엄밀하게 분석함으로써 자연의 심오한 진리(이 경우에는 종과 군집의 성격에 대한 심오한 진리)를 발견할 수 있다고 믿었다. 맥아서는 그런 사람들 중에서 최초로 나선 사람이자 가장 위대한 예언자였다.

작지만 엄청난 파장을 몰고 온 연구를 남기고 1972년에 요절한 맥아서는 이론 생태학계의 제임스 딘이었다. 그가 살았더라면 얼마나 위대한 업적을 더 남겼을지는 아무도 알 수 없지만, 살아남은 사람들은 정말로 대단한 업적을 남겼을 것이라고 후하게 평가한다. 맥아서는 짧은 경력 동안 아주 구체적이면서도 큰 영향력을 떨친 업적을 남겼다. 생태학에 수학을 도입하려고 노력한 것 외에도 수리생태학을 생물지리학과 결합하려고 노력했다. 죽어가면서 급하게 저술한 그의 마지막 저서는 불완전하지만 숭고한 노력의 결정체였다. 그것은 《지리생태학 *Geographical*

Ecology》이라는 제목의 기념비적 연구로, '종의 분포 패턴Patterns in the Distribution of Species'이라는 부제가 붙어 있었다. 월리스나 다윈 같은 위대한 이론 박물학자들과 마찬가지로, 맥아서는 사실 자료에 의미를 부여하는 것은 패턴이라는 사실을 알고 있었다. 그래서 서문에서 이렇게 말했다.

"과학을 하는 것은 단순히 사실을 축적하는 것이 아니라 반복되는 패턴을 찾는 것이다. 그리고 지리생태학을 과학적으로 연구하는 것은 지도상에 나타낼 수 있는 식물과 동물의 패턴을 찾는 것이다."[3]

새로운 접근 방법을 택한 선구적인 사람들 중에는 맥아서의 학생이었거나 동료였거나 협력자 또는 협력자의 협력자였던 사람이 많다. 맥아서와 직접적 또는 간접적으로 안다는 것은 그 세계에서는 일종의 신임장과 같았다. 그것은 마치 여러분이 취리히에서 러시아 인 망명자 블라디미르 레닌Vladimir Lenin과 커피를 마시며 정치적 논쟁을 벌인 적이 있다고 내세우는 것과 비슷했다. 그러나 사람들은 맥아서를 기억할 때 레닌과 달리 존경뿐만 아니라 애정까지 느낀다. 교수나 동료로서 그가 보여 준 인간적 매력 때문에 생태학에 수학을 적용한 그의 개인적 천재성을 사람들이 다소 과장하는(애정과 향수를 통해 증폭되어) 측면도 없지 않다. 그러니 그의 진면목을 보려면 과장된 부분을 에누리하고 바라볼 필요가 있다. 그렇다 하더라도 그의 방법론이 과학에 미친 영향은 결코 무시할 수 없다. 그는 생태학자들의 사고방식을 완전히 바꿔놓았다. 또, 생태학자들이 질문을 던지고 질문에 답하는 방식도 바꿔놓았다. 그는 새로운 절차를 확립했다. 그 후 지금까지 20여 년 동안 맥아서의 뒤를 따르는 사람들은 생태학, 진화생물학, 생물지리학 분야에서 아주 흥미진진한 연구를 했다. 그러한 혁명 후 세대 과학자 중에 테드 케이스Ted. J. case가 있다. 케이스는 누구보다도 총명하고 직관력이 뛰어나며 또한 무모한 사람이다.

케이스는 캘리포니아 만의 섬들에서 큰 도마뱀들을 연구하고 있다. 하지만 이 말을 곧이곧대로 믿어서는 안 된다. 그가 실제로 연구하는 주제는 세상의 모습이다.

케이스는 경력을 막 시작한 1970년대 후반에 《생태학 Ecology》이라는 학술지에 섬에 사는 동물들의 몸크기 변화에 대해 명료하면서도 복잡한 논문을 발표했다. 그 논문은 포스터가 자신의 법칙을 설명한 것을 개선한 것이었다. 케이스는 그 논문에 〈섬에 사는 육상 척추동물에 나타나는 몸크기 변화 경향에 대한 일반적 설명〉이라는 제목을 붙였지만, 제목에서 약속한 일반적 설명과 달리 실제 내용은 복잡한 세부 사실로 가득 차 있다. 18쪽에 이르는 이 논문에는 경험적 자료 조사와 몸크기를 결정하는 요인들을 기술하는 다양한 이론적 모형과 수학적 모형에 대한 논의, 이들 모형이 본토 상황과 섬 환경을 어떻게 구별하는지에 대한 논의, 각 모형의 예측을 검증하는 절, 케이스 자신이 제안한 모형에 예외적인 것으로 보이는 사례들에 대한 절, 'A Further Corollary(추가 따름정리)'란 부제가 붙은 절, 3쪽에 걸친 인용 문헌 목록 뒤에 열정적인 독자를 위해 수학적 내용을 다룬 부록 등이 실려 있다. 이것은 혁명 후 시대에 이론 생태학이 어떤 모습을 띠게 되었는지 보여주는 모범 사례였다. 포스터의 짧은 논문이 아래와 같은 상식적인 것들을 서술한 반면,[4]

	더 작아진 것	똑같은 것	더 커진 것
유대류	0	1	3
식충류	4	4	1
토끼목	6	1	1
설치류	6	3	60
육식 동물	13	1	1
우제류	9	2	0

케이스가 쓴 논문은 다음과 같은 것들을 서술했다.[5]

모형 1:
1A) $dR/dt = rR(1-R/K) - WRC/(M+R)$
1B) $dc/dt = -dC + WRC/(M+R)$

모델3:
3A) $dR/dt = F - WRC/(M+R)$
3B) $dC/dt = sC(1-C/JR)$

여기서 R은 섬의 식량 자원을, C는 이 식량 자원을 소비하는 종을, dR/dt은 여러분과 내가 미분을 이해하기에는 인생이 너무 짧다는 것을 나타낸다.

케이스는 논문에서 섬에 사는 종들에 나타나는 몸크기 변화에서 패턴을 발견하는 것이 가능하며, 그러한 패턴 뒤에 숨어 있는 생물학적 원인을 발견하는 것도 가능하다고 선언했다. 작은 동물이 커지거나 큰 동물이 작아지는 현상은 포스터가 생각한 것처럼 모두 분명한 이유 때문에 일어나며, 중간 크기에 어떤 마법적 속성이 있어서 그런 게 아니다. 많은 동물은 섬에서 몸집이 더 커지는 경향이 있다. 하지만 예외적인 상황에서는 몸집이 더 작아진다. 그러나 예외적인 상황에도 예외가 있으며, 그러면 다시 몸집이 커진다. 케이스의 법칙은 포스터의 법칙과는 달리 결코 간단하지 않다. 그는 이 모든 것을 일어나게 하는 가장 중요한 요인은 특정 종의 한 개체가 주어진 시간에 얻을 수 있는 순 에너지 양이라고 주장했다.

이 결정적 요인을 측정하려면 몇 가지 질문에 대한 답을 얻는 것이 필요하다. 먹이는 얼마나 획득할 수 있는가? 먹이를 얻으려고 할 때 방해하는 포식자와 경쟁자 수는 얼마나 되는가? 그 동물은 얼마나 효율적으로 먹이를 획득하고 섭취할 수 있는가?

포식자와 경쟁자가 존재하지 않는 섬에서 각 개체에 할당되는 순 에너지 양은 높을 수 있고, 그렇다면 그 종은 몸집이 커지는 쪽으로 진화할 수 있다. 다만 여기에는 단서가 하나 있는데, 포식자와 경쟁자가 존재하지 않는 상황에서 그 종의 개체수가 폭발 수준에 이르지 않는다는 조건에서만 그렇다고 케이스는 지적한다. 개체수가 급격히 증가한다면 각 개체에 할당되는 순 에너지 양은 본토보다 더 적을 것이고, 그럴 경우 그 종은 오히려 몸크기가 작아지는 쪽으로 진화할 것이다. 다만 여기에도 단서가 있는데, 그 종이 세력권을 형성하고 사는 종이어서, 각 개체가 일정 면적을 자신의 세력권으로 차지하여 다른 개체에게 먹이를 빼앗기지 않는다는 조건에서만 그렇다. 만약 그럴 경우, 그 종은 여전히 많은 먹이를 확보하여 몸집이 커지는 쪽으로 진화할 것이다. 다만 또 단서가 있는데, 몸집이 커지는 것이 살아가는 데 불리한 신체 조건으로 작용하지 않아야 한다.(몸집이 너무 큰 새는 날 수가 없고, 너무 큰 도마뱀붙이는 수직면을 기어오를 수 없다. 또, 너무 큰 설치류는 적당한 크기의 땅굴을 팔 수 없다. 지름이 너무 큰 땅굴은 무너지기 쉽기 때문이다.) 또, 그 종이 본토에서 큰 개체만 집중적으로 공격하는 습성을 가진 포식자에게 일상적으로 공격을 받지 않아야 한다. 그럴 경우, 몸집이 커지는 것을 구속하는 조건에서 벗어난 섬의 개체군은 몸집이 커지는 쪽으로 자유롭게 진화할 수 있다. 다만, 이 경우에도 예외적인 여러 가지 단서에 걸리지 않을 때에만 그렇다. 이런 식으로 예외에 대한 예외는 계속된다. 앙헬데라과르다 섬의 방울뱀을 예로 들어보자.

앙헬데라과르다 섬은 캘리포니아 만에 있는 섬이다. 이 섬에는 멕시코 본토에도 사는 방울뱀 두 종이 살고 있다. 붉은방울뱀 *Crotalus ruber*은 미첼방울뱀 *Crotalus mitchelli* (얼룩방울뱀 또는 흰방울뱀이라고도 함)보다 두 배 정도 크다. 그런데 섬에서는 그 관계가 역전된다. 미첼방울뱀은 커지고 붉은방울뱀은 작아져, 여기서는 '작은' 종이 '큰' 종보다 2배 정도 크다. 왜 이런 일이 일어났을까? 케이스는 본토에서 몸집이 더 작은 미첼방울뱀이 붉은방울뱀보다 더 일찍 앙헬데라과르다 섬에 건너왔다고 가정했다. 그 순서는 단순히 우연이었을지 모르지만, 그것은 엄청난 결과를 낳았다. 일찍 도착한 미첼방울뱀은 거칠 것 없이 몸크기가 커지는 쪽으로 진화했지만, 나중에 도착한 붉은방울뱀은 그 반대의 길을 걸어갈 수밖에 없었다. 다시 말해서, 큰 방울뱀이 살 수 있는 생태적 지위를 이미 미첼방울뱀이 차지한 상황에서 붉은방울뱀은 작은 방울뱀이 살 수 있는 생태적 지위를 찾을 수밖에 없었다는 것이다.

케이스의 논문 〈섬에 사는 육상 척추동물에 나타나는 몸크기 변화 경향에 대한 일반적 설명〉은 뛰어난 과학적 종합이다. 이것을 읽는 사람은 누구나 저자가 매우 진지하고 훌륭한 방법론을 사용하고 머리가 뛰어난 사람이라고 생각할 것이다. 이러한 인상은 대체로 옳다. 하지만 다른 일반론과 마찬가지로 여기에도 예외가 있다.

앙헬데라과르다 섬의 거대한 척왈라

그다지 미덥지 않은 트레일러로 테드 케이스의 보트를 끌고 고속도로를 달리던 우리는 멕시코 국경을 15km쯤 지난 곳에서 마르가리타(데킬라를 바탕으로 만든 칵테일)와 바닷가재를 맛보기 위해 잠시 멈췄다. 무더운 5월 오후에 케이스 박사는 샌디에이고에 있는 캘리포니아 대학 사무실과 대학 관계자들에게서 이제 막 탈출한 참이었다. 새로운 야외 탐사에 나선 이 순간, 어찌 신나게 건배를 하지 않고 갈 수 있겠는가! 케이스는 이곳 마르가리타가 아주 일품이라고 말했다. 새 보트는 멕시코의 상업용 어선으로 설계된 것인데, 케이스는 특별히 맥아서호라는 이름을 붙였다. 전에 타던 배는 창피하게도 지난해에 사고로 잃고 말았는데, 그때 케이스와 레이 래트키Ray Radtkey라는 대학원생은 앙헬데라과르다 섬에서 여러 날 동안 오도 가도 못하고 갇혀 지냈다.

외딴 곳에서 야외 탐사를 하다 보면 종종 사고가 일어나게 마련인데, 케이스는 비용이나 위험에 대해서는 초연한 태도를 보인다. 하지만 올해에는 더 훌륭한 장비를 마련하겠다고 다짐했고, 마침내 더 나은 장비를 마련해 출발에 나선 것이다. 우리는 마르가리타와 바닷가재를 실컷 먹은 뒤에 다시 출발했다. 그러나 엔세나다에서 트레일러의 판스프링(스프링강으로 만든 판 모양의 스프링)이 부러지고 말았다.

수리할 사람을 찾느라 엔세나다에서 하룻밤과 이틀날 낮을 허비했다. 바하칼리포르니아 반도(줄여서 흔히 바하 반도라고 함)와 캘리포니아 만의 섬들을 20여 회나 탐사한 경험이 있는 케이스는 에스파냐 어를 훌륭하게 구사하며, 사람들을 설득해가며 일을 잘 처리하는 능력이 있다. 우리는 선박 수리소 직공장인 티토와 그의 조수인 트레일러 용접공 토고에게 부탁했지만, 너무 바빠서 도와줄 수 없다고 했다. 거리를 하나 더 내려와서 우리는 U자형 볼트를 모루 위에 놓고 두들기는 스프링 전문가 테모를 발견했다. 그는 숯불 화로의 열을 이용해 똑바른 모양의 볼트를 물렁물렁하게 한 다음, 망치로 두들겨 원하는 모양으로 만들었다. 나는 그 작업 과정에 매료되어 테모가 일하는 것을 한참 지켜보았다. 망치 하나만으로 그 일을 하리라고 누가 상상이나 했겠는가? 철기 시대는 아직 끝나지 않은 것 같다. 나는 에스파냐 어를 전혀 못하므로 트레일러 수리에 관한 대화를 구경만 하면서 즐기기로 했다. 그런데 테모 역시 오늘 오후 늦게까지 우리를 도울 시간이 없다는 게 아닌가! 하지만 멀지 않은 다른 대장간에서 일하는 동생은 아마도 시간이 있을 것이라고 한다. 이 거리를 따라 내려가다가 또 다른 거리로 접어들어 골목으로 들어가면 무슨 간판이 있고 어쩌고 하며 길을 가르쳐주었다. "노 에스 디피실No es dificil." 그의 말대로 찾는 게 어렵진 않을 것이다. 케이스는 그가 가리키는 방향을 기억해 걸어가고 우리는 그 뒤를 따른다. 엘 에르마노 데 템포는 아주 친절하게 우리의 부탁을 들어주었다. 그러고 나서 두 시간도 안 돼 고철 부스러기가 트레일러 스프링으로 변해 나오는 걸 보고 나는 깜짝 놀랐다. 어쨌거나 섬 생물지리학자들의 새로운 탐사 시즌을 엔세나다 시내에서 마냥 흘려보낼 수는 없다. 우리는 다시 목적지를 향해 길을 나섰다.

다음 날 동틀 무렵, 우리는 바하 반도 동해안에 위치한 바이아데로스 앙헬레스 마을의 한 모텔에 도착했다. 이곳이 바로 우리의 베이스캠프이다. 앙헬데라과르다 섬은 작은 섬 여러 개 너머로 30km쯤 떨어진 곳에 가물가물하게 보인다.

다른 작은 섬들과 마찬가지로 앙헬데라과르다 섬도 햇볕에 바싹 말라붙은 암석 덩어리 섬으로, 소노라 사막에서 볼 수 있는 극소수 식물과 일부 파충류, 그보다 더 적은 수의 조류가 살고 있고, 정착해 살아가는 사람은 전혀 없다. 이 섬은 해저 확장의 결과로 약 100만 년 전에 바하 반도 동해안에서 떨어져나와 분리되었다. 이 섬은 판의 움직임과 함께 반도에서 미끄러져 나오면서 일부 동물과 식물도 함께 싣고 나왔다. 다른 종들은 그 후 수천 년에 걸쳐 바다를 건너는 확산을 통해 도착했을 것이다.

앙헬데라과르다 섬은 자연 환경이 열악해(민물은 전혀 없고, 기온은 매우 무더우며, 그늘과 토양도 사실상 전무한) 사람들의 침입을 막을 수 있었다. 샌디에이고에서 직선 거리로 500km밖에 안 되지만, 지구에서 원시 자연을 그대로 간직하고 있는 섬 중 하나이다. 100만 년 동안 격리되어 있다가 19세기에 와서야 극소수 사람들이 가끔 방문했기 때문에, 섬에서 일어나는 과정을 연구하기에 아주 안성맞춤이다. 특히 파충류와 뜨거운 태양을 좋아하는 사람에게는 최적의 장소이다. 케이스는 둘 다 좋아한다.

케이스가 해마다 앙헬데라과르다 섬에 탐사를 오는 주 목적은 거대한 척왈라인 앙헬섬척왈라(앙헬 섬을 영어식으로 발음해 엔젤아일랜드척왈라라고 부르기도 하지만, 멕시코 섬이므로 앙헬 섬이라고 불러야 한다)의 개체수와 생태를 장기적으로 연구하기 위해서이다. 앙헬섬척왈라는 이구아나를 닮은 큰 파충류로, 몸무게가 1kg쯤 나간다. 그러나 케이스의 성장 배경과 기질을 알고 나자, 케이스가 매년 여기에 오는 것은 땀을 실컷 흘리고 선탠을 하기 위한 것이 아닌가 하는 의심이 들었다.

"여기가 앙헬 섬이야."

가상의 지도 위에 토르티야 조각을 놓으면서 케이스가 말했다. 지금 우리는 바이아데로스앙헬레스의 한 일류 레스토랑(콩과 쌀, 차가운 맥주밖에 없는 초라한 곳이지만)의 야외 테이블에 앉아 있고, 케이스는 캘리포니아 만의 지리에 대해 브리핑을 하고 있다. 그는 새로 튀긴 토르티야 조각들을 섬들을 나타내는 데 사용했다. 앙헬데라과르다 섬 자리에는 큰 조각이 놓였다.

"여기가 산에스테반 섬이야."

섬을 하나 설명할 때마다 토르티야 조각이 하나씩 놓인다.

"그리고 이것들이 산로렌소 섬이고, 이것은 파르티다 섬이야."

산로렌소 섬은 그가 야외 탐사를 한 적이 있는 두 섬이다. 우리는 토르티야 조각으로 나타낸 섬 다섯 개를 물끄러미 바라보았다. 테이블은 파도치는 바다인 셈이다. 맥주병들은 어선쯤으로 생각할 수 있다.

"문제는 이 섬들이 그 사이로 지나가는 조류와 바람의 패턴을 어지럽게 만든다는 거야. 조류와 바람의 방향이 종잡을 수 없이 변할 수 있거든."

"이 토르티야는 임무가 끝났나요?"

이번 탐사에 동행한 큰 체격의 대학원생이 배가 고픈 듯 물었다. 케이스가 그렇다고 대답하자, 그 학생은 앙헬데라과르다 섬 조각을 살사에 찍어 입 안으로 쏙 집어넣었다.

종잡을 수 없는 조류와 바람은 다른 형태의 폭풍이나 악천후와 함께 캘리포니아 만에서 연구하는 생물지리학자들이 감수해야 하는 직업적 위험이다. 평소 기온은 따뜻하고 하늘은 맑은 편이지만, 폭이 좁고 길이가 긴 캘리포니아 만을 작은 배로 항해하는 것은 위험할 수 있다. 케이스는 풍향이 돌변하는 바다에서 산에스테반 섬까지 100km를 가다가 조지프 콘래드Joseph Conrad의 해양 소설에나 나올 법한 사투를 일곱 시간 동안 벌인 적이 있다. 또 갑자기 안개가 낀 바다에서 항해를 하다가 파르티다 섬 절벽에 충돌할 뻔한 적도 있다. 한번은 암석투성이 섬들에 안전하게 상륙하지 못해 사흘 동안 표류한 적도 있었다. 연료까지 떨어져 난파할 경우를 대비해 구명조끼를 식수통 위에 올려놓은 채 양동이를 변기로 사용하면서 보트에 갇혀 지냈다. 결국 그는 척왈라는 구경도 못한 채(이것은 그에게는 두 번째로 참을 수 없는 굴욕이었다) 겨우 바이아로 돌아왔다. 야외 현장에서 산전수전을 다 겪은 불굴의 연구자인 케이스에게는 파충류 자료야말로 연구 성과를 말해주는 현금과 같은 것이다. 난파 직전 상황에서 사흘 동안 악몽을 겪은 뒤 케이스는 바이아에서 하루 이틀 휴식을 취했다. 샤워를 하고 파시피코 맥주를 마시고 나서는 이렇게 선언했다.

"자료를 얻기 전까지는 집으로 돌아가지 않겠어!"

그리고 월리스가 헬렌호 사고를 겪고 나서 다시 항해에 나선 것처럼 그 역시 배를 타고 다시 항해에 나섰다. 척왈라의 자료를 얻지 못한 채 돌아가는 것보다 더 참을 수 없는 굴욕은 물론 죽음이다.

하지만 케이스는 지금까지 위험을 잘 피해왔다. 그는 치명적인 독을 지닌 노랑가오리에게 쏘인 첫 번째 부상에서 살아남았다. 기분만 좀 불쾌한 정도에 지나지 않았다. 두 번째 부상에서도 죽지 않았다. 하지만 이번에는 다리가 엄청나게 부어올랐으며, 의사는 가오리 독에 대한 후천성 감작을 경고했다. 다시 말해서, 또 한 번 가오리 독에 노출되면 무슨 일이 일어날지 장담할 수 없다는 것이었다. 작년에는 레이와 함께 낡은 배를 잃고 앙헬데라과르다 섬에 나흘 동안 고립되는 사고를 당했는데, 물론 그때에도 살아남았다.

그들이 무모한 짓을 해서 섬에 고립된 것은 아니었다. 이번에도 원인은 예측할 수 없는 바다 때문이었다. 그들은 섬 북서단 앞바다를 항해하다가 악명 높은 푼타디아블로에서 얼마 떨어지지 않은 곳에서 폭풍을 만나 근처에 있는 작은 후미로 피신했다. 케이스는 그곳을 잘 알고 있었는데, 장기간 척왈라를 연구한 장소인 카논데라스팔마스로 가는 상륙지점이었기 때문이다. 보트를 해변으로 올리고, 보급품을 동굴 안의 피난처로 옮기기 시작했다. 그런데 등을 돌린 사이에 보트가 그만 바람에 밀려 바다로 떠내려가고 말았다. 너무 빨리 멀어져가는 바람에 수영 실력이 뛰어난 케이스도 붙잡지 못했다. 식량도 거의 없었다. 남은 것은 7일분의 물과 진, 알루미늄 접의자 두 개뿐이었다. 그들은 앉아서 생존 가능성을 생각하기 시작했다.

두 사람은 물과 진, 그리고 주위에서 구한 식량으로 4일을 버텼다. 후미에서 홍합을 채취했고, 방울뱀도 몇 마리 잡아먹었다. 척왈라도 먹으려고 해보았지만, 차라리 굶었으면 굶었지 그 고기는 너무 역겨워 먹을 수가 없었다. 잠은 동굴에서 잤다. 그리고 시간을 때우기 위해 읽을 수 있는 책이 두 권 있었는데, 도리스 레싱Doris Lessing이 쓴 《지옥행 안내 Briefing for a Descent into Hell》와 비극적인 남극 탐험을 다룬 《인듀어런스호 The Endurance》(한국에서는 《섀클턴의 위대한 항해》라는 제목으로 소개됨)라는 책이었다. 케이스는 남극 탐험 책이 더 재미있다고 느꼈는데, 자신들의 처지는 그만큼 절박하지는 않다고 위안이 되었기 때문이다. 다행히 깃

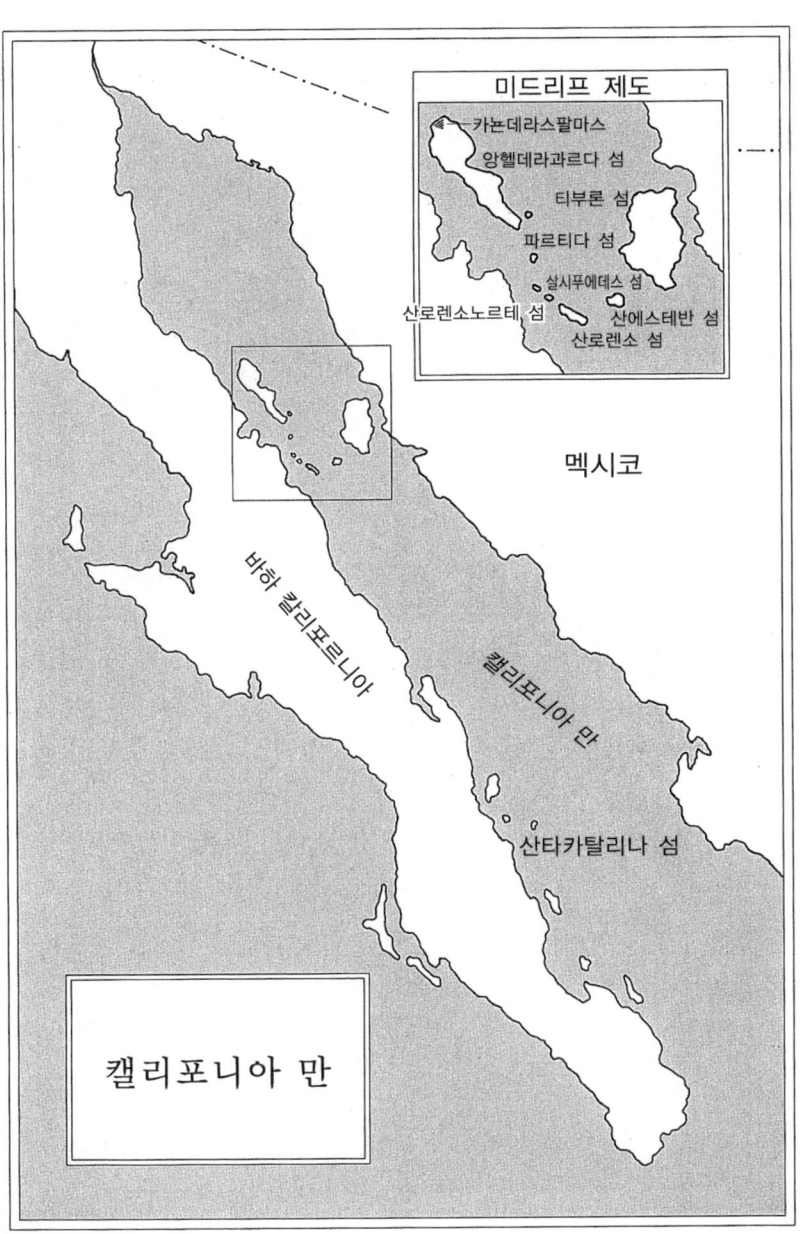

발을 흔들어 지나가던 배를 부를 수 있었는데, 그 배는 바이아데로스앙 헬레스 항구로 가지 않았다. 그래도 그 구조선을 타고 좀 더 먼 섬으로 가 그곳에서 다시 구조선이 오길 기다렸다. 두 번째 구조선은 바이아로 돌아갔다. 케이스는 이번에는 새 배와 함께 큰 닻을 주문했다. 내셔널지오그래픽 협회에서 대준 지원금으로 필요한 자금을 충당할 수 있었다.

케이스는 파도가 심한 바다를 항해하는 데에는 새 배가 훨씬 나을 것이라고 믿었다. 새우잡이에 알맞게 설계한 배라면 섬 생물지리학 연구에도 안성맞춤일 것이다. 앞으로 날씨는 어떻게 변할지 알 수 없지만, 레이와 케이스와 나는 맑은 날 아침 6시에 맥아서호에 올라탔다. 배는 거울 같은 바다를 가르며 앙헬데라과르다 섬을 향해 나아갔다.

날씨가 쾌청할 때에는 목적지까지 그렇게 먼 거리가 아니다. 아침 공기가 아직 서늘할 때 우리는 앙헬데라과르다 섬 남단에 도착해 거기서 섬 동쪽 연안을 따라 북쪽으로 계속 올라갔다. 갑자기 공기가 더워지기 시작했다. 우리는 해안에서 800m나 떨어져 있었지만, 마치 불이 꺼진 뒤에도 벽돌 오븐에서 열이 나오는 것처럼 섬의 동쪽 면이 어제 받은 태양 에너지를 저장했다가 내뿜어 앙헬데라과르다 섬의 열기를 느낄 수 있었다. 아직 날씨가 맑을 때 푼타디아블로를 지났다. 앙헬데라과르다 섬은 남북 방향으로 약 80km나 길게 뻗어 있다. 섬은 대부분 황량한 바위로 이루어졌으며, 불그스름한 점토로 뒤덮인 벌거숭이 산들과 관목이 자라는 계곡과 절벽이 사방에 널려 있다. 케이스도 이 장소에는 가본 적이 없다. 바이아를 떠난 지 세 시간 뒤, 우리는 케이스와 레이가 갇혔던 그 후미에 도착했다.

우리는 그 동굴 근처에 캠프를 세웠다. 카뇬데라스팔마스 입구부터 내륙 쪽으로는 편평한 모래 평원이 펼쳐져 있는데, 평원에는 여기저기 무륜주武倫柱라는 큰 선인장, 촐라 선인장, 안개나무, 용설란, 코끼리나무, 팔로베르데 등이 자란다. 평원은 아주 드물게 내리는 비에 계곡에서 씻겨 내려온 작은 입자의 퇴적물로 이루어진 충적 평야이고, 바다 쪽으로 약간 경사져 있다. 앙헬데라과르다 섬에는 이런 장소가 많지 않다. 나머지 장소는 지형이 너무 가팔라서 가뭄에 잘 견디는 식물조차 살기 어렵다. 케이스가 묘한 웃음을 지으며 말했다. "이곳이 바로 우리 정원이야." 그는 이곳에서 12년 동안 여름마다 척왈라 개체군을 조사했다.

지난 3년 동안 케이스는 이 지역에 심한 가뭄이 몰아닥치는 것을 목격했다. 그러지 않아도 늘 부족했던 강수량은 사실상 0에 가까웠다. 사막 환경에 적응해 살아가는 동물과 식물도 심한 피해를 입었다. 나무들은 죽어가고 있었다. 파충류도 죽어가고 있었다. 계곡 입구 근처에 자라는 종려나무 중 한 그루는 얼마 전에 열매를 맺으려고 했지만 실패했다. 우리가 이곳에 온 목적은 가뭄이 척왈라에게 미치는 효과를 조사하기 위한 것이다. 이전 탐사 때 케이스는 바하다bajada(개울 물에 실려온 돌 부스러기가 산 아래에 넓게 펼쳐진 완만한 경사 지대. 충적 선상지가 여러 개 합쳐져 만들어질 때가 많다)에 격자 모양으로 구역들을 나누어놓았다. 격자의 점에 해당하는 지점은 나뭇가지에 파란색 테이프를 붙여 표시했다. 각각의 격자는 대략 정사각형 모양으로, 전체 면적은 75에이커였다. 전과 마찬가지로, 케이스와 레이는 바하다에서 작업을 시작했다. 뜨거운 태양 아래에서 한 지점에서 다른 지점으로 걸어가면서 척왈라의 수를 세고 크기를 측정한 뒤에 그것을 공책에 적었다. 이전 해들과 마찬가지로 그들은 몸집이 큰 종인 앙헬섬척왈라 표본 수십 마리를 발견했다. 다만, 올해의 표본들은 달라진 점이 한 가지 있었는데, 대부분 죽어 있다.

케이스는 살아 있는 척왈라보다는 죽은 척왈라를 세는 것이 더 편하다고 말한다. 어떤 동물은 죽을 때 굴을 파고 들어가 숨는 경향이 있다. 굴 속에 몸을 숨긴 채 혼자서 조용히 죽어간다. 이 경우에는 시체를 발견하기가 매우 어렵다. 굴을 파지 않고 죽어가는 동물은 포식자에게 잡아먹히기 쉽다(최소한 본토에서는). 그러나 포유류 포식자가 전혀 존재하지 않는 앙헬데라과르다 섬에서는 상황이 전혀 다르다. 척왈라는 프라이버시 침해나 죽기 직전이나 죽자마자 포식자에게 먹힐 염려 없이 탁 트인 장소에서 죽어가며, 시체는 나중에 갈까마귀들이 처리한다. 갈까마귀들은 무륜주 꼭대기에 올라앉아 쉰다. 이 녀석들은 척왈라의 시체를 그곳까지 날라다 배 부위의 고기를 몇 점 뜯어먹고는 아래로 버린다. 이 바하다의 무륜주 아래에는 가뭄으로 죽어간 척왈라 시체들이 잔뜩 쌓여 있다. 이 풍경은 이곳을 방문하는 파충류학자에게는 섬뜩한 광경이지만, 편리한 측면도 있다.

죽은 척왈라 중 일부는 등에 숫자가 적혀 있다. 이전 탐사 때 케이스가 페인트로 적어놓은 것이다.

"12년 전에 처음 번호를 적어준 이래 죽은 놈을 재포획하기는 이번이 처음이야."

표본 상태를 감안하면 '재포획'이라는 단어는 적절치 않아 보인다. 케이스는 재포획된 동물의 역사(성장 속도, 신체 조건의 변화, 최소 수명 등)를 자신의 공책에서 찾아볼 수 있다. 이제 여기다가 사망 연도를 추가할 수 있다. 사망 원인도 가뭄이라고 적어넣을 수 있을 것이다.

그는 앙헬섬척왈라를 하나의 종으로서는 좋아하는 것처럼 보이지만, 각각의 개체에게는 지나친 감정을 느끼지 않으려고 한다. 과거에 한 마리 한 마리와 맺은 상호작용은 아주 짧은 것이었다. 척왈라를 잡으면 몸무게를 달고 몸크기를 측정하고 성별을 확인하고 나서, 등에 숫자를 적은 뒤에 다시 놓아주었다. 현재의 살인적인 가뭄은 척왈라 개체군에게는 큰 불행이지만, 파충류학자에게는 아주 흥미로운 상황이다. 이러한 자연 환경의 변동은 일련의 자연적 결과들을 낳는다. 절호의 기회를 맞이한 케이스가 하는 일은 그 결과를 기록하는 것이다. 다만 염려되는 점이 있다면, 앙헬섬척왈라가 이 가뭄으로 그 수가 감소하는 데 그치지 않고 멸종하지나 않을까 하는 점이다. 그렇지만 그마저도 하나의 훌륭한 생물학적 사건으로 생생히 기록할 가치가 있다. 사막에서의 죽음은 삭막하다.

앙헬데라과르다 섬에서 내가 맡은 일은 개미의 다양성과 풍부성을 조사하는 것이다. 케이스는 자신과 레이가 죽은 척왈라를 조사하는 동안 내게 그 실험을 해달라고 부탁했다. 나는 이렇게 바싹 말라붙은 섬에서 개미를 채집하는 일이 얼마나 따분한 일인지 예상하지 못하고 좋다고 대답했다.

케이스의 지시대로 격자의 여러 지점에 작은 플라스틱 병(개미에게는 함정이지만)을 가장자리만 내놓고 땅속에 묻었다. 병 밑바닥에는 에탄올을 조금 부어놓았다. 에탄올은 그 속으로 떨어지는 개미를 죽일 뿐만 아니라 보존까지 한다. 그리고 각각의 병 주위 네 곳에 개미를 유인하는 미끼로 케이스가 구상한 먹이를 쌓아놓았다. 한곳에는 씨들을, 또 한곳에는 코코넛 부스러기를, 그다음에는 고양이 먹이를, 마지막에는 과자 부스러기를 쌓아놓았다. 그러나 개미들은 이 먹이들에 별로 흥미를 느끼지 않았다.

이곳 바하다에서 한낮 기온은 43°C까지 올라갔다. 습도는 0이다. 며칠 동안 나는 병들과 에탄올 및 개미 유인 먹이를 담은 가방을 멘 채 성실하게 격자 위의 지점들을 걸어다녔다. 열린 통조림에 든 고양이 먹이 냄새가 어땠을지는 여러분의 상상에 맡기겠다. 과학을 위해서라면 이 정도 고생은 감수해야지 어쩌겠는가? 이런 고생 끝에 붙잡은 개미는 고작 대여섯 마리뿐이었다. 나는 섬 개미생태학자로서는 완전한 실패작인 셈이다. 물론 케이스는 내 잘못이 아니라는 걸 잘 안다. 앙헬데라과르다 섬에는 개미가 드물기 때문이다.

시원해진 저녁 늦게 우리는 알루미늄 접의자에 앉아 포도주를 마셨다. 예예네스jejenes가 우리를 실컷 물어뜯었다. 예예네스는 작은 흡혈파리를 말한다. 예예네스는 보이지 않게 몰래 다가와 콱 물고는 피를 빨다. 그렇지만 케이스는 조금도 개의치 않는 것처럼 보인다. 그는 포도주를 한 모금 마시고 나서 예예네스를 찰싹 때리고는 로스앤젤레스 낚시 클럽 모자 밑으로 흡족한 미소를 지으면서 이야기를 계속한다. 지나가는 말로 집단생물학과 분자생물학 사이의 분열에 대해 언급했다. 그는 샌디에이고에 있는 캘리포니아 대학 생물학부 신임 학과장으로서 중재자 역할을 해야 하기 때문에 이 문제에 신경을 쓰지 않을 수 없다. 앙헬 섬척왈라의 생태에 대해서도 몇 가지를 이야기했다. 작은 개체군에서 일어나는 시련과 개체수 감소 주기에 대해서도 이야기했다. 아주 힘들게 일한 것은 아니지만 피곤한 하루를 보낸 뒤 저녁 시간은 대체로 편안하게 휴식을 취하는 시간이었고, 대화 내용도 심각하지는 않았다. 그 시간에 나는 〈섬에 사는 육상 척추동물에 나타나는 몸크기 변화 경향에 대한 일반적 설명〉을 쓴 논문 저자와는 다른 모습을 보았다. 케이스는 캘리포니아 주 남부 해안에서 자랐는데, 서프보드를 타느라고 소년 시절을 낭비했으면서도 결코 그것을 후회하지 않았다. 결국 유명한 과학자가 되었지만, 그의 가슴속에는 여전히 열아홉 살 소년의 열정적인 심장이 뛰고 있다.

10대 시절에 케이스는 뜨거운 해변에서 서핑을 즐기기 위해 여행을 떠났으며, 그 결과 고등학교 성적은 형편없었다. "그도 그럴 것이 서핑을 즐기느라 학교 수업을 절반은 빼먹었으니까." 케이스는 그때의 기억을 떠올리면서 만족스러운 웃음을 지었다. 그것은 스포츠가 아니라 하나의 하위 문화였다고 케이스는 주장한다. 음악은 요란했고 태양은 황금빛이었으며, 여자들은 풋풋한 소녀들이었고, 하루하루가 신나는 날의 연속이었다. 그런 하위 문화를 열정적으로 연구하는 역사학자라면 오래된 《서퍼 surfer》 잡지에서 젊은 시절의 케이스 사진을 발견할 수 있을 것이다. 나는 케이스에게 아직도 서핑을 하느냐고 물었다. 수영이 그의 일과 중 하나이며, 캘리포니아 대학 연구실 한 구석에 10단 변속 자전거가 있다는 걸 나는 안다. 게다가 그의 몸에 붙어 있는 중년의 지방은 햄버거 한 개 분량도 안 되는 것처럼 보인다.

"내 몸은 이제 서핑을 하기에는 늙었어. 마지막으로 서프보드를 탄 게 3년 전인데, 그때 내가 늙었다는 걸 느꼈지. 나는 아직 몸 상태도 좋고, 힘든 운동도 할 수 있어. 그렇지만 민첩성이 떨어져. 빠르기와 균형 감각이 떨어지는 거지. 서핑을 하러 갔다가 생각과는 달리 몸이 말을 듣지 않는 걸 발견하곤 좌절했지."

성적은 형편없었지만 간신히 고등학교를 졸업한 케이스는 연기와 모델 활동에 약간 재주를 보여 레들랜즈 대학 연극과에 장학금을 받고 입학했다. 레들랜즈 대학에 들어가고 나서 케이스는 정신이 번쩍 들었다.

"그곳에 있는 사람들은 모두 나보다 무엇이든 더 많이 알고 있었어. 기가 꺾였지. 나도 남보다 잘하는 게 있어야 한다고 생각했어. 그래서 생물학에 관심을 가졌고 죽어라고 열심히 공부했지."

졸업할 무렵에 케이스는 미국과학재단 장학금과 우드로 윌슨 장학금을 받게 되어 가고 싶은 대학원은 어디든지 갈 수 있었다. 그는 롱아일랜드에 있는 스토니브룩 대학을 선택했다. 하지만 그것은 실수였다. 캘리포니아 주에서 파도를 타던 그에게 그곳은 아주 따분한 곳이었다. 몇 달 뒤, 그는 교환 대학원생 프로그램을 신청하여 그곳을 떠나 태평양 연안으로 돌아갔고, 결국 다른 삶을 살게 되었다. 롱아일랜드는 그가 원하던 종류의 섬이 아니었다.

이곳 앙헬데라과르다 섬은 그에게 딱 어울리는 곳이다. 하루가 지날 때마다 그는 입는 옷이 점점 적어지고, 살갗이 점점 더 새카맣게 탔다. 만약 섬 지리생물학의 연구 대상이 그린란드나 스피츠베르겐 섬과 포클랜드 제도뿐이었다면, 케이스는 아마도 다른 분야를 선택했을 것이다.

매일 아침 우리는 격자 구역을 걸어다녔다. 그다음엔 점심을 먹고, 동굴 그늘에서 낮잠을 즐긴 뒤, 늦은 오후에 다시 그곳을 걸어다녔다. 나는 햇볕에 익은 고양이 먹이 냄새를 맡으면서 깃발들을 따라 한 지점에서 다음 지점까지 열심히 걸어다녔다. 내가 일하는 곳은 케이스와 레이의 말소리가 들리는 거리 안에 있었다. 이곳 바하다의 공기는 아주 건조하고 순수해서 200m 밖에서도 그들이 헛기침하는 소리가 들렸다. 나는 거의 한 시간마다 그들과 합류할 구실을 찾았는데, 따분한 내 임무에 비해 그들의 따분한 일은 뭔가 극적이고 중요한 것처럼 보였기 때문이다.

그들은 한 무륜주에서 다음 무륜주로 옮겨가면서 조사하고, 갈까마귀의 뒤를 쫓아갔다. 가뭄에 말라붙은 덤불 아래와 바위 아래도 살펴보았다. 죽은 척왈라의 수는 꾸준히 증가했고, 각각의 사체는 케이스의 공책에 사망 통계 수치로 기록되었다. 살아 있는 척왈라를 잡았다가 풀어준 수는 매우 적었다. 살아 있는 척왈라 한 마리당 시체는 약 열 마리가 발견되었다. 자료에 나타난 한 가지 추세는 개체군 붕괴의 심각성을 더욱 고조시켰다.

"우리는 지금 개체수 파국을 목격하고 있어요. 우리가 발견한 척왈라 중 살아 있는 것은 수컷뿐이거든요."

레이가 이렇게 설명했다. 즉, 암컷의 사망률이 훨씬 높다는 이야기인데, 암수 사이에 자유롭게 짝짓기가 일어나는 종의 경우 암컷이 수컷보다 훨씬 소중하다. 만약 암컷의 수가 급격하게 감소한다면, 수컷은 아무리 많아도 무용지물이기 때문이다. 만약 이 가뭄에 암컷이 모두 죽어버린다면, 남아 있는 수컷들은 걸어다니는 시체, 즉 멸종할 운명에 놓인 군집으로 전락하고 만다.

척왈라의 사망률은 심각한 수준이지만, 우리에게도 위급한 일이 발생했다. 캠프로 돌아갔다가 닻줄이 풀어진 사실을 발견한 것이다. 케이스의 멋진 새 배는 우리가 정박해둔 장소에서 떠내려가고 없었다. 다행히도 케이스가 묶어둔 기다란 보조줄이 미치는 거리까지만 떠내려가 파도에 이리저리 흔들리고 있었다. 닻은 잃어버렸지만, 그래도 섬에 고립되진 않았다. 레이는 안도의 한숨을 내쉬었다.

"하마터면 또 방울뱀을 먹을 뻔했군요!"

더구나 이번에는 진도 없다. 케이스는 헤엄을 쳐 맥아서호를 끌고 왔다. 그런 다음, 바다 밑으로 잠수를 하여 마침내 닻을 찾아가지고 나왔다. 그렇지만 한쪽 콧구멍에서 피가 흐르고 있었다. 우리는 그를 물 밖으로 나오도록 도왔다. 그는 종이 타월로 콧구멍을 막고는 빨간색 하와이 셔츠로 갈아입어 옷에 떨어진 핏방울이 보이지 않게 했다. 나는 케이스가 불운을 타고난 사람인지, 아니면 단지 위험한 분야의 최전선에서 일하고 있는 것뿐인지 궁금해졌다. 이번 탐사에는 내가 개미를 조사한 것을 빼고는 조용하게 넘어가는 일 없이 늘 무슨 사건이나 사고가 일어났다.

개미에 대해 내가 얻은 결론은 다음과 같다. (a) 개미는 앙헬데라과르다 섬에 거의 살지 않는 것으로 보이며, (b) 사는 개미들은 코코넛 부스러기보다는 고양이 먹이를 더 좋아한다.

그 뒤로는 심각한 불운이나 중요한 발견은 더 없었다. 하루는 우리가 자리를 뜬 사이에 갈까마귀들이 보급품을 공격해 이틀치 빵과 햄을 먹어치웠다. 그러나 케이스는 갈까마귀들에게 관대하다. 외로운 섬에서 벗이 되기도 하며, 척왈라의 시체를 찾는 데 도움을 주기 때문이다. 앙헬데라과르다 섬에서 보낸 사흘은 금방 지나갔다. 시간이 천천히 흐른다는 느낌을 준 것은 오직 뜨거운 열기뿐이었다. 우리는 작은 방울뱀이 섬에서 몸크기가 커진 미첼방울뱀과 큰 방울뱀이 섬에서 몸크기가 작아진 붉은방울뱀을 만났지만, 다행히도 운이 좋아(닻줄을 잃은 일과 갈까마귀의 습격이 있긴 했지만) 방울뱀을 잡아먹어야 할 일은 없었다. 전갈을 밟은 사람도 없었다. 노랑가오리에게 쏘인 사람도 없었다. 기묘하게도 케이스의 코피는 몇 시간에 한 번씩 출혈이 반복되면서 오래 계속되었지만, 출혈량은 생명을 위협할 정도는 아니었다. 배가 우리를 남겨둔 채 떠내려가는 일도 다시 일어나지 않았다. 바하다를 걸어다니며 사흘 오전과 사흘 오후를 보낸 뒤에 마침내 떠날 시간이 다가왔다.

마지막 날 저녁, 우리는 남아 있던 얼음 찌꺼기 속에서 마지막 맥주 캔을 건져올렸다. 내가 건배를 외쳤다.

"앙헬데라과르다 섬과 우리의 성공적인 방문을 위하여!"

그리고 나서 금방 정정했다.

"최소한 성공적이라고 생각해요."

"맞아, 성공적이었지. 자료를 얻었으니까."

케이스가 동의하면서 맥주 캔을 내 캔에 부딪쳤다. 이제 코피도 완전히 멎었다. 그는 빨간색 하와이 셔츠와 노란색 스웨트팬츠 차림에 고무 슬리퍼를 신었으며, 턱수염은 사흘 동안 깎지 않아 지저분하고, 로스앤젤레스 낚시 클럽 모자를 썼다. 그 모습은 마치 새해 첫날 아침의 추레한 말레이시아 술집 주인과 비슷하다.

"이게 바로 우리 게임의 이름이야. 자료를 갖고 돌아가기!" 케이스가 덧붙였다.

어떤 의미에서 그 게임의 이름은 다윈과 월리스 시대 이후로 변하지 않았다. 섬 생물지리학은 여전히 위험한 일이다.

"너무 큰 위험을 감수하면 집으로 못 돌아가지. 그렇지만 위험이 작으면 자료를 얻을 수 없어." 케이스가 말했다.

비극은 늘 일어나는 것

우리가 얻은 자료는 다음과 같다. 케이스와 레이는 갈까마귀의 도움을 받아, 그리고 작긴 하지만 나의 도움도 받아 죽은 척왈라를 108마리 발견했다. 또한 살아 있는 척왈라 12마리를 붙잡아 여러 가지를 측정한 다음 풀어주었다. 살아 있는 척왈라 가운데 암컷은 1마리밖에 없었다. 따라서 올해의 비율은 죽음과 불임 쪽으로 크게 쏠려 있다. 너무 과도하게 쏠려 케이스도 깜짝 놀라 이렇게 말했다.

"사망률이 굉장한 수준이야. 성경에 나오는 세계 종말이나 제3차 세계대전이 일어난 것과 같아."

이러한 수치는 멸종 문제를 생각하게 만든다. 케이스가 죽은 척왈라의 수를 세는 것이 중요하다고 생각하는 이유이기도 하다.

앙헬섬척왈라는 신중한 생태학자가 연구를 위해 선택한 여느 종과 마찬가지로 하나의 제유법이다. 즉, 그 자체 이상의 의미를 지닌 구체적 현실이다. 그 생활사를 이루는 세부 사실들은 독특한데, 어느 순간에 멸종할 통계적 확률은 지역적 가뭄 같은 외부 사건뿐만 아니라 그러한 세부 사실들과 밀접한 관계가 있다. 그렇지만 아주 특별한 세부 사실에서도 일반적인 패턴이 나타나는 것을 볼 수 있다. 따라서 앙헬섬척왈라에 관한 추가적인 사실 몇 가지는 우리가 더 큰 관심을 가진 문제와 관계가 있다. 즉, 섬 생물지리학의 양과 음인 진화와 멸종이란 문제와 관계가 있다.

앙헬섬척왈라는 앙헬데라과르다 섬과 근방의 몇몇 작은 섬에만 사는 고유종이다. 앙헬섬척왈라는 본토에 사는 가까운 종보다 몸크기가 3배나 큰 것 외에도 차이점이 여러 가지 있다. 앙헬섬척왈라는 본토의 친척 종보다 수명이 더 길지만, 출산 횟수와 한 배에 낳는 새끼 수가 적다. 경쟁자와 포식자 부족에 힘입어 커진 몸크기는 지구력과 수명 연장에 도움을 준다. 몸집이 클수록 오랜 기근이나 가뭄에서 살아남는 데 유리하기 때문이다. 몸집이 큰 파충류일수록 물과 먹이를 저장하는 능력과 어려운 시기를 견디는 능력이 뛰어나다. 하지만 때로는 몸집이 크고 지구력이 뛰어난 파충류도 견뎌내기 힘든 기후가 닥친다. 그때에는 척왈라도 죽는다. 일부가 아니라 상당히 많은 수가. 특별히 긴 가뭄으로 인해 개체수가 크게 줄어들면, 번식률이 낮은 종은 회복하기 힘든 타격을 받는다. 생식을 위한 노력도 물과 먹이가 풍부한 시절의 이야기이다. 심한 가뭄은 개체들을 죽일 뿐만 아니라, 살아남은 개체들이 번식을 하는 것도 방해한다. 오랜 가뭄이나 다른 불행(바이러스성 질병이 돌거나 다른 곳에서 외래종 포식자가 침입하거나 바하의 어부들이 국제적인 애완동물 거래 시장에 내다 팔려고 갑자기 척왈라 사냥에 열을 올리는 것 등)이 닥쳐 앙헬섬척왈라가 살아가기 힘들어 그 수가 크게 줄어들면, 결국엔 멸종에 이를 수도 있다.

다음 해나 그 이듬해, 혹은 여러분이 이 책을 읽고 있을 때쯤에는 앙헬데라과르다 섬에 척왈라는 갈까마귀가 뜯어먹고 무륜주 아래에 버린 시체나 바싹 말라붙은 것 외에는 단 한 마리도 남아 있지 않을지도 모른다. 이 이야기는 매우 섬뜩하게 들릴지 모른다. 그러나 이러한 비극은 섬에서는 늘 일어나는 일이다.

만약 이곳에서 척왈라가 사라진다면, 그것을 맨 먼저 알아챌 사람은 테드 케이스일 것이다. 그는 라욜라 해변에서 선탠을 즐기면서 살고 싶겠지만, 세상의 모습에 더 큰 관심이 있다.

비행 능력을 잃은 새들

세상의 모습은 몸크기가 크거나 작은 것 외에도 여러 가지 요소들 때문에 아주 복잡하다. 특히 거대화는 섬의 메뉴 중 또 하나의 요소인 '확산 능력 상실'과 결합해 나타날 때가 가끔 있다.

확산 능력 상실은 비행 능력 상실과 동의어로 쓰일 때가 많다. 넓은 바다를 건너 이동할 때, 파충류는 날개의 힘보다는 인내력에 의존한다.

인내력은 신체 크기에 비례해 커지므로 거대화는 파충류의 확산 능력을 높일 수 있다. 이 사실은 파도를 타고 알다브라 섬에 도착한 창시자 거북들에게서 잘 드러난다. 상자거북만 한 크기의 거북은 그 먼 여행에 성공하기 어렵다. 그러나 비행 능력에 의존해 확산하는 곤충과 조류에서는 그 반대의 상관관계가 성립한다. 큰 날개는 확산 능력을 높이지만(앨버트로스는 참새보다 바다를 더 쉽게 건널 수 있다), 몸집이 크면 장거리 비행에 오히려 방해가 된다. 공기역학과 규모의 원리는 하늘을 통해 세상을 돌아다니는 종의 몸크기를 제약한다. 곤충이 대체로 몸이 작고, 조류가 대부분 가냘픈 몸집과 속이 빈 뼈를 가진 것은 우연이 아니다.

진화는 그러한 제약에 도전하는 방향으로 일어날 수도 있지만, 그러한 도전은 과감한 실험을 하더라도 즉각 심각한 처벌을 받지 않는 환경에서만 일어난다. 즉, 경쟁자와 포식자가 거의 없는 환경, 다시 말해서 섬에서만 일어난다.

일단 곤충이나 조류가 새로운 섬에 도착하여 개체군을 형성하면, 거대화를 향한 진화는 지방 저장, 안정적인 체온 유지, 포식자에 대한 방어 등에서 이점을 제공한다. 그러나 거대화는 또한 비행 능력을 상실하는 길이기도 하며, 그것은 섬에 격리되는 결과를 초래한다. 이러한 진화 경향은 일종의 순환 논리를 보여준다. 섬에 사는 큰 곤충이나 조류는 섬에 갇혀 격리되었기 때문에 몸집이 커졌을 수도 있지만, 몸집이 크기 때문에 섬을 떠나지 못하고 묶여 살 수도 있다. 어느 쪽이 먼저 일어났든 간에 결과는 확산 능력 상실로 나타난다.

몸집이 큰 오스트레일리아바퀴는 날지 못한다. 뉴질랜드의 큰귀뚜라미도 날지 못한다. 가마우지 중 몸집이 가장 큰 갈라파고스가마우지는 가마우지 중에서 유일하게 날지 못하는 종이다. 어떤 앵무보다도 몸집이 큰 뉴질랜드의 올빼미앵무 역시 날지 못한다. 추운 남대서양의 트리스탄다쿠나 섬에는 날지 못하는 나방인 디모르피녹투아 쿠나엔시스가 살고 있다. 이 나방 역시 대륙에 사는 친척 종들보다 훨씬 크다. 지금은 멸종한 큰바다오리는 퍼핀과 바다쇠오리와 같은 바다오리과에 속한다. 북대서양의 섬들에 고유하게 서식하던 큰바다오리는 날 수만 있었더라면 사람들의 손에 완전히 멸종되는 비극을 맞지 않았을 것이다. 쿠바에는 날지 못하는 쿠바큰올빼미 Ornimegalonyx oteroi가 살았지만, 지금은 멸종하고 없다. 마다가스카르 섬에는 코끼리새로 알려진 종 가운데 가장 큰 아이피오르니스 막시무스 Aepyornis maximus가 살았다. 아라비아의 전설에는 코끼리새가 하늘을 날아다니는 이야기가 있지만, 코끼리새는 아무리 날개를 퍼덕여도 날지 못했다. 뉴질랜드에는 비록 더 가냘프긴 하지만 크기가 코끼리새만 한 모아 디노르니스 막시무스 Dinornis maximus가 살았다. 뉴질랜드에 살던 모아는 디노르니스 막시무스 외에도 최소한 12종이 더 있었다.

  콜로라도 주보다 작은 섬에 날지 못하는 대형 조류가 13종이나 살았다는 사실은 놀랍다. 그중 많은 종은 폴리네시아에서 온 마오리족이 1000년경에 뉴질랜드에 처음 정착할 당시에도 살고 있었다. 마오리족과 그 후에 도착한 유럽 인에게 박해를 받으면서도 몇몇 종은 18세기까지 살아남았다. 준화석(아직 완전히 돌로 변하지 않은 옛날의 뼈)과 화석으로 남아 있는 이들 멸종 조류의 증거로 볼 때, 기본 모형에 상당히 많은 변이가 존재했다고 추측할 수 있다. 디노르니스 Dinornis속의 아주 큰 모아 종들, 작지만 다리가 더 두꺼운 파키오르니스 Pachyornis속의 모아 종들, 에우리압테릭스 Euryapteryx속의 중간 크기의 모아 종들, 아노말롭테릭스 Anomalopteryx속의 피그미모아 종들이 존재했다. 왜 그렇게 많은 종이 존재했을까? 멸종 조류에 관한 한 가지 설명은 두 가지 요인을 든다.

  "첫째, 모든 종이 동시에 살지는 않았다. 수백만 년이 넘는 세월에 걸쳐 여러 형태를 가진 종들이 진화하고 사라져갔다. 둘째, 그 수와 종류는 면적과 기후가 비슷한 다른 장소에는 적용되지 않고 뉴질랜드에만 적용되는 특별한 상황에 영향을 받았다. 뉴질랜드에서 새들은 보통은 포유류가 차지하는 생태적 지위를 차지하고 살아갔는데, 경쟁자인 네발 온혈 동물이 없었기 때문이다."⁶

뉴질랜드는 전체 역사를 통틀어 육상 포유류가 존재한 적이 거의 없다. 그래서 모아류는 마다가스카르 섬의 텐렉과 마찬가지로, 적응 방산에 아주 적합한 환경에서 살아갔다.

마다가스카르 섬에서도 이와 유사한 조류의 적응 방산을 볼 수 있다. 사람들이 침입해오기 전에 수천 년 동안 마다가스카르 섬에는 아이피오르니스 막시무스뿐만 아니라 약간 더 작은 코끼리새가 몇 종 더 살았다.

뉴질랜드의 모아와 마다가스카르 섬의 코끼리새는 섬에서 일어나는 거대화와 비행 능력 상실 패턴을 명백하게 보여주는 예이다. 그러나 사실은 그렇게 명백한 것이 아니다. 이들의 계통발생학은 아주 복잡하다. 이 두 집단은 아주 희귀하고 예외적인 범주인 주금류走禽類(날개가 불완전하여 날지는 못하고, 다리가 길고 튼튼하여 걷고 달리기를 잘하는 새를 통틀어 이르는 말. 타조, 레아, 키위 따위가 있다)에 속한다. 이들은 특이한 종들 중에서도 특히 괴상한 부류로 꼽힌다.

주금류의 수수께끼

주금류는 큰 몸집, 비행 능력 상실, 걷거나 달리기에 적합한 강한 다리, 용골돌기가 없는 흉골 등 여러 가지 특징을 가지고 있다. 흉골은 복장뼈를 말하며, 용골돌기는 날개를 움직이는 근육이 붙어 있는 뼈이다. 날개를 움직이는 근육이 별로 없는 새에겐 용골돌기가 없다. 따라서 소수의 준화석으로만 그 존재가 알려진 새의 경우, 흉골은 그 새가 비행 능력이 있는지 없는지 한눈에 파악할 수 있는 중요한 단서이다.

쓸모없을 정도로 작은 날개에다가 용골돌기가 없는 흉골을 가진 오늘날의 주금류는 모두 몸집이 크다. 멸종한 주금류와 마찬가지로 이들도 대부분 섬에서 살지만, 타조는 예외적으로 아프리카 대륙에 살고 있다. 남아메리카의 고유종인 레아는 예외라고 말할 수 없다. 파나마 육교가 융기하기 전에는 남아메리카도 섬이었기 때문이다. 오늘날 살아 있는 그 밖의 주금류로는 오스트레일리아와 뉴기니 섬의 화식조, 오스트레일리아의 에뮤, 뉴질랜드의 키위 등이 있다.

주금류의 불가사의한 수수께끼 하나는 거대화의 결과로 비행 능력을 상실한 것인지, 아니면 비행 능력을 상실한 것에 대한 보상으로 몸집이 커진 것인지 알 수 없다는 점이다. 키위의 작은 몸집은 괜히 오해만 불러일으키는 단서가 될 뿐이다. 키위는 처음에 컸던 몸집이 나중에 진화적 변화를 거쳐 작아진 것이기 때문이다. 다시 말해서 키위는 날지 못하는 큰 새가 작아진 경우이다. 풀리지 않은 채 남아 있는 또 하나의 의문은 주금류에 속하는 종들이 정말로 서로 친척인지, 즉 진화상 그 기원이 같은지, 아니면 그저 몸집이 크고 날지 못하는 특성을 공유할 뿐 아무 관계가 없는 종들의 집단인지 알 수 없다는 점이다. 이 의문은 또 다른 의문을 내포한다. 초기의 주금류는 뉴질랜드나 마다가스카르 섬, 오스트레일리아에 도착할 때 날아서 왔을까, 아니면 걸어서 왔을까?

만약 날아서 왔다면 모아와 키위, 코끼리새, 에뮤, 화식조는 모두 개별적으로 확산 능력을 상실했다는 이야기가 된다. 이 시나리오에 따르면, 확산 능력의 상실은 1000만 년 전에서 500만 년 전 사이에 일어났을 것이다. 만약 걸어서 왔다면, 남반구에 있던 곤드와나 대륙이 분열되기 전 아주 먼 옛날에 도착했을 것이다. 그런데 걸어서 왔다는 시나리오가 날아서 왔다는 시나리오보다 좀 더 유리하다. 우선, 이 시나리오에서는 주금류가 날지 못하는 특징을 우연하게도 각자 개별적으로 획득한 것이 아니라, 공통 조상에게서 물려받았다는 가정이 가능하기 때문이다. 그러나 이 시나리오는 대륙 이동설이 나오기 이전에 살았던 생물지리학자들에게는 받아들이기 어려운 것이었다. 커다란 새가 어떻게 걸어서 아프리카에서 뉴질랜드까지 갈 수 있단 말인가?

19세기의 박물학자 중에서 주금류의 수수께끼에 대한 답을 깨달은 사람은 극소수에 불과했다. 그중 한 사람이 월리스였다. 월리스는 이미 1876년에《동물들의 지리적 분포 The Geographical Distribution of Animals》라는 책에서 뉴질랜드, 마다가스카르 섬, 아프리카, 남아메리카의 큰 새들이 모두 공통 조상에서 유래했다고 추측했다. 그는 이 주금류들이 "육식성 포유류가 출현하기 이전 시대에 진화한 아주 오래된 종류의 새로서, 그러한 위험한 적들의 공격에서 오랫동안 벗어난 지역에만 보존된"7 것으로 생각했다. 그러나 날지 못하는 큰 새들이 어떻게 멀리 떨어진 섬까지 가서 정착했는지는 월리스도 설명하지 못했다. 여기에 빠진 중요한 퍼즐 조각은 바로 대륙 이동이었다.

중생대에 날지 못하는 큰 새들이 아프리카에서 뉴질랜드로 걸어갔다는 주장은 지금은 충분히 일리가 있는 가설이다. 그렇다면 어떤 방법으로 그곳까지 갈 수 있었을까? 그야 물론 남극 대륙을 가로질러 갔다. 그것은 단순히 곤드와나 대륙의 한 지점에서 다른 지점으로 옮겨가는 것에 지나지 않았다. 이 큰 대륙은 약 1억 3000만 년 전에 분열하기 시작했다. 초기의 새들은 이미 조상인 공룡으로부터 충분히 진화한 뒤였다. 남아메리카가 아프리카에서 분리된 약 9000만 년 전에 초기의 주금류는 아마도 곤드와나 대륙 전체에 확산되어 있었을 것이고, 따라서 남아메리카에도 일부가 실려갔을 것이다. 거의 같은 시기에 마다가스카르 섬도 동아프리카에서 떨어져나오고, 뉴질랜드는 남극 대륙 서쪽에서 떨어져나왔다. 그러면서 일부 주금류도 데리고 왔을 것이다. 오스트레일리아는 그보다 뒤에 남극 대륙에서 분리되어 북쪽으로 이동하면서 뉴기니 섬과 거의 맞닿게 되었다. 이 모든 이야기는 추측에 불과하지만, 믿을 만한 지질학자들이 근거 있는 증거 자료를 바탕으로 추정한 것이다.

주금류는 좋은 정보를 제공하지만, 우리를 엉뚱한 길로 이끌 수도 있다. 주금류는 섬의 생태학에 대해 많은 것을 알려주지만, 섬의 진화에 대해서는 기대만큼 많은 것을 알려주지 않는다. 주금류는 생존 과정에 대해서는 정보를 제공하지만, 혁신 과정에 대해서는 별로 알려주는 게 없다. 지금 내가 언급한 것은 고유성과 잔존성의 차이이다.

고유종은 현재 그 종이 발견되는 장소(예컨대 섬)에서 진화해 나타난 종을 말한다. 잔존종은 다른 곳에서는 모두 사라지고 어느 장소에서만 살아남은 종을 말한다. 이 이분법은 종에만 적용할 수 있는 것이 아니다. 더 큰 분류 집단인 속이나 과 역시 고유하거나 잔존한 것일 수 있다. 주금류는 집단으로서 존재한 지 아주 오래되었고, 예전에는 지금보다 훨씬 광범위하게 분포했지만, 계속해서 새로운 종이 나타났다. 따라서 주금류는 고유성과 잔존성을 모두 지니고 있다. 고유성은 종의 차원에서, 잔존성은 집단의 차원에서. 코끼리새인 아이피오르니스 막시무스는 바로 그 조상 종에서 진화해 마다가스카르 섬에서 살아간 고유종이다. 하지만 주금류는 일반적으로 오스트레일리아, 뉴기니 섬, 뉴질랜드에 (그리고 얼마 전까지만 해도 마다가스카르 섬에) 잔존한 종들이다. 대륙에서는 오래 전에 사라지고 이 장소들에서만 살아남은 것이다.

주금류는 미미하게나마 아프리카에서도 살아남았다. 현재 유일하게 남은 타조 종인 스트루티오 카멜루스 Struthio camelus 는 얼핏 보기에는 아주 어려운 환경, 사자·자칼·하이에나를 비롯한 포식자뿐만 아니라 초식성 포유류 경쟁자가 들끓는 대륙에서 살아남았다. 날지 못하는 이 큰 새는 어떻게 멸종을 피할 수 있었을까? 물론 상당한 어려움이 따랐다. 타조과 자체도 현재의 분포 지역에서는 잔존 생물인 셈인데, 한때 유럽과 아시아에도 살았기 때문이다. 타조는 넓은 초원에서 빠른 발을 가지고 살아가는 생활 방식에 적응함으로써 아프리카에서 살아남았다. 타조의 다리뼈는 코끼리새의 다리뼈와는 아주 다르다. 타조의 다리뼈는 빨리 달리기에 더 적합하다. 달리는 속도, 발을 차는 능력 그리고 그 밖의 여러 가지 특성을 갖춘 덕분에 대륙 생활에 적응해나갈 수 있었다.

코끼리새의 가까운 조상들이 한때 아프리카 대륙에 산 것으로 보인다. 그러나 초식성 포유류가 풍부해지자 육식성 포유류도 늘어났고, 기후 변화로 숲이 건조해지고 초원이 더 넓어짐에 따라 코끼리새의 조상들은 경쟁력을 잃었다. 그래서 아프리카 대륙에서 코끼리새가 멸종했다. 그렇지만 그러한 불리한 조건들이 없던 마다가스카르 섬에서는 살아남았다.

그곳과 그 밖의 피난처에서 주금류는 진화를 계속했다. 각 지역에 고유한 종들이 새로 생겨났다. 설사 적이 있었다 하더라도 견뎌낼 만했다. 그래서 날지 못하는 큰 새들은 최소한 사람이 오기 전까지는 곤드와나 대륙에서 갈라져나온 대부분의 조각들(오스트레일리아, 뉴기니 섬, 남아메리카, 아프리카, 마다가스카르 섬)에서 계속 살아남았다. 곤드와나 대륙에서 쪼개진 조각 중 유일하게 주금류가 오래 살아남지 못한 조각은 남극 대륙인데, 그 이유는 아마 기후 때문일 것이다.

타조를 예외적인 주금류라고 본다면, 주금류 자체는 딱 한 가지만 빼고는 거의 모든 규칙에서 예외적인 존재라 할 수 있다. 그 한 가지 규칙은 섬들이 생물학적으로 가능한 것에 대해 새롭고도 기발한 정의를 보여준다는 것이다. 하지만 나는 그 특이함을 음미하기만 하고 그러고 나서는 그냥 잊어버리라고 충고하고 싶다. 주금류를 제쳐놓는다면, 섬의 진화에서 나타나는 한 가지 특성인 비행 능력 상실을 더 명확하고 광범위하게 이해할 수 있다. 전 세계 섬들에 살고 있는 날지 못하는 새나 곤충은 대부분 남극 대륙을 가로질러 걸어서 현재의 장소에 가지는 않았다.

쿠바큰올빼미는 곤드와나 대륙에서 걸어서 그곳으로 가지 않았다. 날지 못하는 가마우지도 걸어서 갈라파고스 제도까지 가지 않았다. 괌 섬의 괌횐눈썹뜸부기도 괌 섬에 도착했을 때 날지 못한 것이 아니다. 마데이라 제도의 날지 못하는 딱정벌레는 날개의 힘으로 그 섬으로 확산해 간 종에서 유래했다.

우리는 마데이라 섬의 딱정벌레를 신뢰할 수 있다. 마데이라 섬의 딱정벌레는 이 점에서 다른 집단만큼 믿을 수 있게 판단에 도움을 주는 근거를 제공한다. 왜 섬에 사는 이 딱정벌레 종들은 날개를 상실했을까? 다윈도 이 문제에 큰 흥미를 느꼈으며, 경솔하게도 자신이 그 답을 알아낼 수 있다고 생각했다.

날지 못하는 마데이라 섬의 딱정벌레

마데이라 제도의 날지 못하는 딱정벌레는 《종의 기원》에서 흥미로운 역할을 담당한다. 딱정벌레는 다윈의 가장 좋은 면과 가장 나쁜 면을 모두 보여준다. 다윈이 사용한 연구 방법의 위력은 사소하고 불확실한 사실들을 많이 모아 정리하여 훌륭한 주장으로 만드는 능력에 있는데, 마데이라 섬의 딱정벌레에 대해서도 같은 방법을 사용했다. 딱정벌레는 분명히 사소하고 불확실한 존재였지만, 뭔가 중요한 의미를 품고 있는 것처럼 보였다. 그렇지만 다윈이 딱정벌레가 증명했다고 주장한 사실을 딱정벌레가 실제로 증명했느냐 아니냐 하는 것은 별개의 문제이다.

모로코에서 서쪽으로 약 600km 떨어진 동대서양에 위치한 마데이라 제도는 포르토산토 섬과 마데이라 섬이라는 두 작은 섬으로 이루어져 있다. 둘 중에서 마데이라 섬이 포르토산토 섬보다 더 크고 생태학적으로도 더 풍부하다. 마데이라 섬은 1,800m 높이까지 가파르게 솟아 있는 화산섬이다. 중앙의 높은 봉우리는 열대 미풍과 폭풍에 그대로 노출돼 있고, 봉우리 양 옆으로는 일련의 산등성이들이 마치 여윈 말의 등뼈에서 드러난 갈비뼈들처럼 점점 낮아지면서 쭉 뻗어 있다. 이렇게 구획이 나누어진 지형은 이 작은 섬에 아주 다양한 종(최소한 일부 곤충 집단은)이 사는 이유를 설명해준다. 무역풍이 부는 길목에 위치한 마데이라 섬은 대서양을 서쪽으로 횡단하는 유럽의 범선들이 마지막으로 들르는 장소 중 하나였다. 대양도치고는 비교적 접근이 용이했기 때문에 마데이라 섬은 일찍부터 과학자들의 주목을 받았다. 찰스 라이엘이 1854년에 이곳을 방문했으며, 마데이라 섬의 딱정벌레들 사이에 고유종이 아주 많다는 사실을 발견했다는 이야기는 앞에서 한 적이 있다. 다윈의 동료인 버넌 울러스턴 T. Vernon Wollaston은 마데이라 섬의 곤충들을 더 철저하게 연구했고, 1856년에 자신이 발견한 사실들을 책으로 출판하여 다윈에게 헌정했다.

울러스턴은 마데이라 섬에 사는 550종의 딱정벌레 고유종 중 200종은 날지 못한다는 놀라운 사실을 발견했다. 이 딱정벌레들의 날개는 아무 쓸모가 없을 만큼 작았다. 심한 경우에는 날개가 작은 혹처럼 돋은 데 불과했다. 속屬의 범주에서는 날지 못하는 딱정벌레속의 비율이 더 높았다. 마데이라 섬에 고유하게 서식하는 딱정벌레 29속 가운데 23속이 날지 못했다. 울러스턴은 특히 대륙에서 보편적으로 볼 수 있는, 비행에 의존해 살아가는 일부 딱정벌레 집단이 마데이라 섬에 전혀 존재하지 않는다는 사실도 발견했다.

친구인 다윈은 이 사실들에 주목해 두 가지 주장을 뒷받침하는 데 사용했다. 두 가지 주장이란 자연 선택에 의한 진화와 용불용(사용과 불사용)이 진화에 미치는 효과에 관한 것이었다. 용불용에 관한 주장에서 다윈이 펼친 논리는 대체로 틀린 것으로 밝혀졌다. 그리고 자연 선택에 관한 주장에서도 사소한 부분에서 틀린 게 있다.

'변이의 법칙'이란 제목이 붙은《종의 기원》제5장에 다윈이 잘못된 주장을 펼친 부분이 나온다. "우리가 기르는 가축들에서 사용은 어떤 부분을 강화하고 확대시키고, 불사용은 어떤 부분을 위축시키며, 이러한 변화가 후손에게 전해진다는 사실은 조금도 의심의 여지가 없다고 생각한다."[8] 개, 비둘기, 경주마 등의 연구를 통해 다윈은 한 세대가 획득한 형질(예컨대 힘든 훈련이나 근육을 강화하는 운동 등을 통해)이 다음 세대에 생물학적으로 전해진다고 믿었다. 만약 가축에서 이러한 일이 일어난다면, 강한 바람이 부는 섬에 사는 딱정벌레에게는 왜 일어나지 않겠는가? 다윈의 논리는 세 가지 합리적 전제를 바탕으로 했다. 첫째, 마데이라 섬의 딱정벌레들은 바람에 바다로 날려가지 않기 위해 땅에 몸을 숨기는 경향이 있으며, 둘째, 이렇게 몸을 숨기는 버릇은 날개의 위축을 가져오고, 셋째, 날개가 위축된 암컷에게서 태어난 새끼는 날 때부터 날개가 축소돼 있을 것이다. 마데이라 섬의 딱정벌레들에게서 볼 수 있는 위축된 날개는 획득 형질이 유전된다는 사실을 증명하는 데 도움이 된다고 다윈은 생각했다.

그렇지만 오늘날 우리는 그렇지 않다는 사실을 잘 알고 있다. 일생을 살아가는 동안 어떤 형질을 획득할 수 있고, 그것이 유전을 통해 후손에게 전달된다는 개념은 현대 유전학의 신성한 법칙에 어긋나는 것이다. 만약 어떤 여성이 자동차 사고로 팔이 절단되었다면, 그 여성이 낳는 아이는 외팔이로 태어날까? 그리고 보디빌더에게서 태어나는 아이는 날 때부터 이두박근이 발달해 있을까? 만약 획득 형질이 유전된다면 실제로 그런 일이 일어나야 하지만, 현실에서는 그런 일이 일어나지 않는다. 다윈을 진정한 예언자로 받드는 일부 현대 생물학자들은 이 개념을 '라마르크의 이단적 학설'이라 부른다. 잘못된 개념인 용불용설은 다윈보다 앞선 시기에 활동한 진화론자 장 바티스트 라마르크에게 책임을 돌리는 것이다. 그렇지만 《종의 기원》 제5장에 그것과 똑같은 개념이 나온다. 만약 그것을 이단적 학설이라 부른다면, 그것은 다윈의 진화론과 모순되는 다윈의 이단적 학설이라고 부를 수도 있을 것이다.

그렇지만 다윈은 불사용과 그것이 유전되는 효과가 울러스턴의 자료를 설명해주는 유일한 요인이라고 주장하지는 않았다. 더 중요한 것은 자연 선택이라고 생각했다.

전형적인 대륙 환경에서는 자연 선택은 강한 개체를 선호할 것이다. 딱정벌레의 경우, 강한 능력을 보여주는 하나의 기준은 비행 능력이다. 먹이나 짝을 찾거나 포식자의 공격을 피하는 데 비행 능력이 유리하다면, 비행을 잘 하는 딱정벌레는 그렇지 못한 딱정벌레보다 후손을 더 많이 남길 것이다. 그렇다면 그 종의 비행 능력은 점점 발달할 것이다. 그러나 마데이라 섬과 같은 섬 환경에서는 자연 선택은 큰 날개로 잘 나는 딱정벌레를 도태시킨다. 어떻게 그럴 수 있을까? 잘 나는 딱정벌레는 바람에 휩쓸려 바다 쪽으로 날아가버릴 확률이 높기 때문이다. 그 결과, 비행 능력이 뛰어난 유전자는 그 섬의 유전자 풀에서 사라진다. 잘 날지 못하는 딱정벌레나 간혹 돌연변이로 비행 능력을 상실한 채 태어난 딱정벌레만 계속 살아남아 번식한다. 다윈은 획득 형질에 관한 모호한 가설과 함께 이 가설을 받아들여, "마데이라 섬의 많은 딱정벌레들이 날개가 없는 것은 주로 자연 선택의 작용 때문이다."[9]라고 결론 내렸는데, 여기까지는 옳았다. 그러나 "그렇지만 불사용의 효과도 결합되었을 것이다."라고 덧붙인 것은 틀렸다.

그리고 나서 다윈은 불사용이란 개념을 제쳐놓고 자신의 주요 가설인 자연 선택에 초점을 맞추었다. 다윈은 자연 선택이 섬에 사는 곤충 집단들에게 어떻게 비행 능력의 상실을 가져올 수 있는지 설명했다. "수천 세대가 지나는 동안 날개가 완전하게 발달하지 않았거나 게으른 습성 때문에 잘 날지 않는 딱정벌레들은 바다 쪽으로 날려가지 않고 살아남을 확률이 더 높았다. 반면에 잘 나는 딱정벌레들은 바다 쪽으로 자주 날려가 사라졌다."[10] 뒷받침하는 증거가 있건 없건 다윈이 주장했다는 사실만으로도 이 주장은 옳은 것으로 간주할 만한 권위가 있다. 이 주장은 불사용 개념을 사용한 설명보다는 분명히 더 설득력이 있어 보인다. 하지만 가설이 그럴듯해 보인다거나 가설을 주장한 사람이 권위 있는 사람이라고 해서 가설이 무조건 옳다고 보장할 수는 없다.

《종의 기원》은 백과사전적인 풍부한 내용과 함께 상당한 편향성을 지닌 책으로, 독자들이 원하는 모든 주장과 사실(라마르크의 용불용설, 축산학, 지질학, 행동생물학, 실험식물학, 섬 생물지리학을 비롯해 생각할 수 있는 그 밖의 많은 것)이 실려 있다. 그러나 다윈은 모든 문제에 답을 제시하지는 않았으며, 또 그가 제시한 답이 모두 옳은 것도 아니다. 20세기의 진화생물학자들은 불사용의 효과가 유전된다는 개념이 틀렸다고 입증했다. 그리고 현대의 연구자들 중 필립 달링턴 Philip Darlington은 마데이라 섬의 많은 딱정벌레 종이 날지 못하는 이유에 대해 다윈의 견해에 이의를 제기했다.

달링턴의 딱정벌레 연구

달링턴은 박물관의 큐레이터이자 딱정벌레목 딱정벌레과를 전문으로 연구한 분류학자였다. 비행 능력을 상실한 딱정벌레를 주제로 한 그의 논문은 1943년의 어려운 상황에서 발표되었다. 달링턴은 제2차 세계대전 때 육군 곤충학자로 오스트레일리아, 뉴기니 섬, 필리핀, 일본으로 옮겨다니며 일했다. 아마도 그는 전쟁의 참혹한 현실에서 마음을 돌리기 위해 이 논문을 썼는지도 모른다. 내 눈앞에는 정글 속 텐트에서 기름이 밴 종이 위에 글을 쓰는 그의 모습이 떠오른다. 그리고 한창 바빠 죽겠는데, 딴 일에 몰두하는 장교를 보고 볼멘소리를 하는 하사관의 모습도 떠오른다.

"달링턴 중위님! 무슨 일을 그렇게 열심히 하십니까? 지금 우리 앞에는 죽여 없애야 할 모기와 이가 수없이 널려 있습니다. 그리고 소독해야 할 미군 병사도 300명이나 있고요."

아마도 딱정벌레에 관한 그의 논문에는 DDT와 지독한 군화 냄새가 배었을 것이다. 그는 그 논문을 《생태학 논문 Ecological Monographs》에 우송했는데, 그것은 결국 〈산과 섬의 딱정벌레과: 격리된 동물상의 진화와 날개의 위축에 관한 자료 Carabidae of Mountains and Islands: Data on the Evolution of Isolated Faunas, and on Atrophy of Wings〉라는 제목으로 실렸다. 전 세계에 서식하는 딱정벌레를 조사한 자료를 바탕으로 달링턴은 다윈과는 다른 주장을 펼쳤다.

딱정벌레과는 알려진 것만 해도 약 2만 종이나 되는데, 대부분 특별히 분화하지 않은 종들로, 육식성이고 남극 대륙을 제외한 모든 대륙과 거의 모든 섬에 풍부하게 존재한다. 많은 종은 광택이 나는 어두운 색을 띠며 몸이 납작하다. 많은 종은 돌이나 식물 부스러기 사이에 몸을 숨기고 산다. 놀라면 정상적인 날개를 가진 딱정벌레조차 날아가기보다는 발로 달리는 경향을 보인다. 전형적인 딱정벌레는 비행 능력이 있지만, 일상적인 이동이나 탈출을 위한 목적으로는 사용하지 않는 것 같다. 딱정벌레과 전체는 정상적인 날개를 가진 조상에서 진화했지만, 오늘날에는 날개의 기능을 상실한 종이 많다. 북아메리카 동부에 사는 딱정벌레과 전체 종 가운데 5분의 1과 남아메리카에 사는 전체 종 가운데 7분의 1, 그리고 오스트레일리아에 사는 전체 종 가운데 약 절반은 날개가 퇴화했다. 딱정벌레과는 비행 능력 상실을 연구하는 데 좋은 사례를 제공한다. 비행 능력 상실은 이 과에서 반복적으로 계속 일어나는 전통이기 때문이다.

달링턴은 단순히 날지 못한다는 사실에 초점을 맞추기보다는 관찰 가능한 날개의 해부학에 분석의 초점을 맞추려고 했다. 왜냐하면, 날지 못하는 것은 증명하기가 어려운 부정적 사실(결백이나 무지, 처녀성, 엄격한 채식주의처럼)이기 때문이다. 그렇지만 날개가 극단적으로 위축된 경우에는 날 수 없다고 확실하게 결론 내릴 수 있다. 달링턴은 날개 형태를 기호를 사용해 나타냈지만(정상적인 날개에는 + 기호를, 위축된 날개에는 − 기호를), 이 책에서 우리의 목적을 위해서는 완전한 날개를 가진 종과 위축된 날개를 가진 종으로 나누는 것이 편리하다. 완전한 날개를 가진 종은 난 것으로(일상적으로 또는 가끔, 아니면 적어도 절박하게 필요한 경우에) 가정하자. 그리고 위축된 날개를 가진 종은 분명히 날지 못할 것이다. 마데이라 섬에서 달링턴은 딱정벌레과의 모든 종 중에서 약 3분의 2는 위축된 날개를 가졌다고 추정했다.

달링턴은 대륙에서도 산꼭대기에 사는 딱정벌레와 저지대에 사는 딱정벌레 사이에 비슷한 경향이 나타난다는 사실을 발견했다. 날개 위축은 저지대보다는 산꼭대기에서 더 흔히 나타났다. 산꼭대기에는 종종 섬처럼 생태학적으로 고립되고 바람에 날려가기 쉬운 서식지가 있어서 다윈의 설명(잘 나는 딱정벌레는 바람에 날려가고 잘 날지 못하는 딱정벌레만 살아남는다는)이 논리적인 것처럼 보였다. 그러나 달링턴은 그 설명이 옳지 않다고 주장했다. "다윈의 설명은 너무 단순하다. 그 문제는 일반적인 생각으로 풀 수 없는 복잡한 문제이며, 오직 정확한 자료를 정밀하게 분석해야만 풀 수 있다."[11] 그래서 그는 뉴햄프셔 주의 화이트 산맥, 노스캐롤라이나 주의 애팔래치아 산맥, 콜롬비아의 시에라네바다데산타마르타 산맥, 자메이카의 블루 산맥, 하와이 제도, 세인트헬레나 섬, 세이셸 제도, 버뮤다 제도 등지에서 정확한 딱정벌레 자료를 약간 수집했다. 날개가 위축된 종, 날개가 완전한 종, 날개가 위축된 종, 날개가 완전한 종, 비율, 비율, 비율……. 이 자료를 제대로 이해하려면 딱정벌레의 생태도 이해하는 게 필요하다고 달링턴은 주장했다.

어떤 종은 거의 전적으로 지상에서만 생활하는데, 달링턴은 그런 종을 친지성親地性 딱정벌레라 불렀다. 어떤 종은 개울의 둑 근처나 유속이 느린 강 또는 연못에서 사는데, 이런 종은 친수성 딱정벌레라 불렀다. 또 한 부류는 나무에서 생활한다. 이렇게 딱정벌레과를 세 범주로 분류하자, 비행 능력 상실 패턴을 정리하는 데 큰 도움이 되었다.

대륙의 산악 지역에 사는 딱정벌레 종들은 대부분 지면 가까이에서 살아가고 위축된 날개를 갖고 있다. 이 두 가지 경향(친지성과 날개 위축)은 상관관계가 있지만, 바람에 노출된 것과는 아무 상관관계가 없다. 산악 지역이라고 해서 반드시 바람이 많이 부는 것은 아니기 때문이다. 산에 사는 딱정벌레과 중 많은 종은 습기가 많은 산비탈의 울창하고 안정한 숲에서 살아 바람의 영향을 크게 받지 않았다. 날개를 위축시키는 자연 선택의 메커니즘에 바람이 큰 역할을 한 것이 아니라면, 무엇이 그런 역할을 했을까?

안정한 숲에서 사는 친지성 딱정벌레 종은 날개가 필요 없다는 사실이 부분적인 답을 제공하는 것처럼 보인다. 좁은 지역에 많은 수가 몰려 살아서 짝을 찾는 문제를 쉽게 해결할 수 있고, 먹이도 한정된 지역에 몰려 있으므로 멀리 돌아다닐 필요가 없다. 게다가 이 종들은 천적도 적었다. 그러니 굳이 날아다닐 필요가 있겠는가? 이들에게 난다는 것은 불필요한 일이었다. 자연 선택의 압력을 받는 생존 경쟁은 자원을 최대한 경제적으로 사용할 것을 요구하므로 날개를 발달시키는 데 배정되었던 에너지 자원은 점점 다른 목적에 전용되었다. 날개가 위축된 딱정벌레는 대신에 달리거나 굴을 파는 데 편리한 튼튼한 다리, 먹이를 붙잡는 데 유리한 강한 턱을 발달시킬 수 있다. 이들의 생활 방식을 감안하면, 날개는 아무 쓸데없는 사치품에 지나지 않는다.

이것은 다윈이 주장한 불사용 개념과 다르다. 불사용만으로는 어떤 기관을 유전을 통해 사라지게 할 수 없다. 그렇지만 자연 선택은 자원의 잘못된 배정을 가혹하게 심판함으로써 그럴 수가 있다.

대륙의 산꼭대기와 마찬가지로 섬에서 나타나는 패턴도 다윈이 생각했던 것보다 훨씬 복잡했다. 달링턴은 혼란스러워 보이는 사실들을 정리했다. 첫째, 섬에 사는 딱정벌레 종들은 주로 친지성 집단에 속했다. 이와는 대조적으로 물이나 나무를 좋아하는 종들은 거의 없었다. 둘째, 산악 지형이 펼쳐진 섬(화산섬인 마데이라 섬처럼)에는 날개가 위축된 종이 많이 살고, 반대로 지대가 낮은 섬(환상 산호섬이나 작은 섬)에는 완전한 날개를 가진 종이 많이 사는 경향이 나타났다. 셋째, 추운 지방의 섬보다는 따뜻한 열대 지방의 섬에 완전한 날개를 가진 종이 더 많이 산다. 추운 지방의 섬에는 날개가 위축된 종이 더 많이 살았다.

달링턴은 날개와 근육의 생리학, 개체군 밀도, 서식지 불안정과 같은 요소들을 사용해 딱정벌레과의 패턴을 설명했다. 그 자세한 내용은 생략하고, 달링턴이 섬 생물지리학의 근본적인 양과 음을 향해 한 걸음 나아갔다는 점만 이야기하고 넘어가자. 그리고 그는 앞에서 내가 이야기한 바 있는 중요한 경험적 진리, 즉 제한된 서식지 면적과 종의 다양성 제한 사이의 상관관계를 언급했다. 달링턴의 딱정벌레 연구는 '종과 면적의 관계'라는 개념을 뒷받침하는 또 하나의 증거였다. 이 개념은 나중에 섬 생물지리학의 음, 즉 멸종을 다룰 때 자세히 이야기할 것이다.

여러분은 주금류를 아직 기억하는가? 잊어버렸다고? 좋다. 이젠 친지성 딱정벌레도 잊어버려라. 솔직하게 말하면, 땅을 좋아하는 딱정벌레라는 개념은 쓸모없는 것처럼 보인다. 그렇지만 필립 달링턴의 이름과 그가 1943년에 섬에 사는 딱정벌레가 날지 못하는 이유에 대해 다윈이 제시한 설명을 비판하면서 "면적의 제약은 종종 격리된 동물상에서 동물 종의 수와 종류를 제한한다."[12] 라고 주장했다는 사실은 기억해두는 게 좋다. 다시 말해서, 면적이 작은 곳은 면적이 큰 곳보다 서식하는 종의 수가 적다는 것이다. 그는 이것이 마데이라 섬의 딱정벌레에만 적용되는 게 아니라는 사실을 알고 있었다.

방어 적응 능력 상실

섬의 메뉴 중 하나인 방어 적응 능력 상실은 논리적으로 확산 능력 상실과 약간 겹친다. 확산 능력은 기동력을 뜻하는데, 기동력은 하나의 방어 수단이기 때문이다. 날지 못하는 딱정벌레는 광대한 바다를 건널 수 없는 것은 물론이고, 위험을 피해 달아나는 데에도 불리하다. 날지 못하는 새 역시 그렇다. 그러나 2차적으로 습득한 방어 능력 상실에는 비행 능력 상실만 있는 것은 아니다. 보호색 상실이나 경보 메커니즘 상실, 요람기 연장, 경계심 상실도 있다. 이 중에서 경계심 상실은 섬에 사는 일부 종이 사람의 존재를 편하게 받아들이는 반응으로 나타난다.

　보호색 상실의 대표적인 예는 클라리온옆줄무늬도마뱀 Uta clarionensis에서 볼 수 있다. 이 도마뱀은 밝은 청색 무늬를 띠는데, 고유 서식지인 멕시코 서안의 클라리온 섬에서는 이 때문에 어두운 현무암을 배경으로 눈에 아주 잘 띈다. 경보 메커니즘 상실은 산타카탈리나 섬에 사는 산타카탈리나방울뱀 Crotalus catalinensis에서 볼 수 있다. 요람기 연장은 뉴질랜드에 사는 키위에서 볼 수 있는데, 알이 부화하는 데 걸리는 시간이 75일이나 된다.

　경계심 상실은 가끔 둥지를 부주의하게 만드는 행동으로 나타난다. 갈라파고스 제도에 사는 푸른발부비는 알을 은폐하지도 않은 채, 심지어는 풀이나 짚으로 둥지를 만들지도 않은 채 맨땅에 낳는다. 눈에 잘 띄는 굵은 나뭇가지에 둥지를 만드는 것도 이와 비슷한 행동인데, 나무를 기어오르는 포식자에게 공격받기 쉽다. 마리아나까마귀는 괌 섬에서 이러한 종류의 무모한 행동을 태연히 저지른다. 조심스러운 새라면 둥지를 눈에 띄지 않게 감추거나, 가느다란 가지 끝에 둥지를 만들어 포식자가 접근하지 못하게 하거나, 열대 지방에 사는 오로펜돌라처럼 둥지를 정교하게 짠 주머니 모양으로 만들어 나뭇가지에 매달아둘 것이다.

하지만 오로펜돌라는 본토에 사는 종이며, 포식자에 둘러싸여 살아가기 때문에 경계심이 많다. 섬에 사는 부비는 포식자를 경계할 필요 없이 살아갈 수 있다. 섬에 사는 많은 동물들 사이에는 일반적으로 경계심을 상실한 경향이 나타난다.

포클랜드 제도에는 한때 이곳에 고유한 여우 종이 살았다. 그렇지만 포클랜드여우는 "구제 불가능할 정도로 사람을 의심하지 않았고"[13] 결국 멸종하고 말았다. 20세기 초에 알다브라 섬에는 황소거북뿐만 아니라 "온순하고 어리석고 호기심이 엄청 많은"[14] 따오기 종이 살았다. 이 종이 지금도 살고 있는지 멸종했는지는 불확실하다. 갈라파고스매 역시 온순하다는 인상을 준다.

갈라파고스부비도 온순해 보인다. 갈라파고스땅거북도 온순해 보인다. 갈라파고스 제도의 왜가리와 워블러도 온순해 보인다. 사실은, 갈라파고스 제도에 사는 동물은 모두 온순해 보인다. 갈라파고스 제도를 찾는 사람들은 이것을 보고 깜짝 놀란다. 다윈도 예외가 아니었다. 《비글호 항해기》에서 다윈은 갈라파고스 제도에 관한 이야기가 끝날 무렵에 자신이 본 새들의 '극도의 온순함'[15]을 언급했다.

다윈은 지상에서 생활하는 모든 조류(핀치, 딱새, 비둘기 한 종, 흉내지빠귀 등)에게서 이러한 경향을 발견했다. "나뭇가지로, 때로는 내가 직접 해본 것처럼 모자로 죽일 만큼 충분히 가까이 접근하지 못할 종은 하나도 없었다."[16] 이것은 남아메리카 대륙의 열대 숲에 사는 조류와는 엄청나게 다른 점이다. 열대 숲에서는 모자로 새를 잡는다는 것은 생각지도 못할 일이다. 다윈은 "이곳에서는 총이 필요 없다. 나는 총 끝으로 매를 떠밀고서야 겨우 나뭇가지에서 날아가게 할 수 있었다."[17]라고 기록했다. 한번은 흉내지빠귀 한 마리가 다윈이 든 물컵 위에 내려앉아 물을 마시려고 했다. "나는 종종 새 다리를 붙잡으려고 시도했는데, 거의 성공할 뻔했다."[18] 경계심이 전혀 없는 새들의 행동에 놀란 다윈은 새들이 옛날에는 경계심이 더 없었을 것이라고 믿었다. 그는 카울리Cowley란 이름만 남긴 한 여행가의 말을 인용했다. 그는 1684년에 갈라파고스 제도를 방문한 이야기를 글로 남겼다. "멧비둘기는 아주 온순해서 가끔 모자나 팔에 와서 앉곤 했기 때문에 우리는 그것을 산 채로 잡을 수 있었다. 이 녀석들은 사람을 전혀 두려워하지 않는데, 일행 중 한 사람이 총을 쏜 뒤로는 우리를 피하게 되었다."[19] 계속해서 사람을 피할 줄 모르는 새들은 죽음을 당했다.

그런데 영어권 사람들은 이 동물들의 온순한 성질을 흔히 'tameness (길들여짐, 온순함)'란 단어로 표현하는데, 이 단어는 경험을 통해 사람들에게 온순한 태도를 보이도록 조건화되었다는 뜻을 내포하므로 잘못된 용어라 할 수 있다. 현실은 전혀 다르다. 이 동물들은 개별적인 경험을 통해서가 아니라 진화를 통해 경계심을 잃었기 때문이다. 갈라파고스 제도의 '온순한' 동물들은 그저 경계심이 없을 뿐이며, 사람에게만 그런 게 아니라 잠재적 적에게도 경계심을 보이지 않는다. 다윈에게 약점을 보인 갈라파고스 제도의 매는 몽구스에게도 약점을 보였을 것이다. 다윈을 믿은 흉내지빠귀는 나무뱀에게도 같은 행동을 보였을 것이다. 왜 그럴까? 갈라파고스 제도의 매와 흉내지빠귀는 바보들의 낙원에서 진화했기 때문이다. 약 100만 년에 걸친 진화의 역사를 통해 이들의 조상은 몽구스나 나무뱀, 머리가 벗겨진 영국인 박물학자가 전혀 존재하지 않는 섬에서 살아왔다.

따라서 'tameness'보다 더 적절한 용어를 사용할 필요가 있다. 그러면 '방어 적응 능력 상실'보다 더 나은 용어를 사용할 수 있을 것이다. 이러한 모든 특징(보호색 상실, 경고 메커니즘 상실, 요람기 연장, 경계심 상실을 포함해)을 나타내는 데 내가 선호하는 용어는 '생태학적 순진성 ecological naïveté'이다. 이 동물들은 어리석은 것이 아니다. 다만, 큰 세계보다 더 단순하고 더 순진한 작은 세계에서 살아가는 데 알맞게 진화했을 뿐이다.

다윈과 운 나쁜 바다이구아나

다윈은 갈라파고스 제도에 머무는 동안 바다이구아나에 큰 관심을 쏟은 적이 있다. 바다이구아나는 섬의 기준에서 보더라도 독특한 동물이었다. 먹이를 구하려고 바다로 뛰어드는 도마뱀은 세계를 통틀어 이 종뿐이다. 이 종은 이구아나치고는 상당히 크며(몸길이가 최대 1.2m까지 자란다), 근육질 꼬리로 헤엄을 잘 친다. 이 종이 갈라파고스 제도 전체에 아주 많이 서식하고, 암석 해안을 따라 항상 물가에 머물며, 육지 쪽으로는 10m 이상 올라가는 일이 드물다는 사실을 다윈은 알아냈다. 다윈은 바다이구아나를 혹평했다. "섬뜩해 보이는 이 동물은 몸 색깔이 더러운 검은색이고, 멍청하고 움직임이 느리다."[20] 하지만 헤엄은 우아하게 친다고 인정했다.

다윈은 여러 마리를 붙잡아 배를 갈라보았는데, 밝은 초록색과 칙칙한 붉은색의 "잘게 잘린 해초"밖에 없었다. "이러한 해초는 해안의 바위에서 본 적이 없으므로, 해안에서 가까운 바다 밑에 자라는 종류라고 생각할 수밖에 없었다. 만약 이 생각이 옳다면, 바다이구아나가 종종 바다로 나가는 목적이 무엇인지 알 수 있다."[21] 통찰력이 예리한 박물학자였던 다윈의 생각은 옳았다. 바다이구아나는 썰물 때 수심이 얕아지면서 노출된 바위에 붙어 있는 조류藻類를 뜯어먹고, 수심이 깊을 때에는 물속으로 잠수해 조류를 뜯어먹는다. 수심 12~15m의 해저 목장에서 해조를 뜯어먹는 바다이구아나도 발견할 수 있다. 보통은 한 번 잠수하면 몇 분 동안 있지만, 30분까지 머물 때도 있다. 몸집이 큰 녀석은 웬만한 파도를 헤치고 헤엄칠 수 있으며, 해안에서 800m쯤 떨어진 곳에서 목격되는 경우도 종종 있다. 하지만 "이 점과 관련해 이상한 점이 한 가지 있다. 바다이구아나는 두려움을 느낄 때에도 바다로 뛰어들지 않는다."²² 다윈은 이 사실을 소문으로 들은 것이 아니었다. 그는 바다이구아나 한 마리를 구석으로 몰아 붙잡은 다음, 썰물 때 바닷가에 남은 넓은 조수 웅덩이 속으로 던졌다.

앞에서도 말했듯이, 진화생물학은 일반적으로 실험 과학과 거리가 멀다. 그렇지만 역사적으로 가끔 예외가 있다.

다윈과 운 나쁜 바다이구아나의 만남은 《비글호 항해기》에 나온다. 거칠게 내팽개쳤는데도 불구하고, 바다이구아나는 헤엄쳐서 곧장 다윈이 서 있는 곳으로 돌아왔다. 다윈은 바다이구아나를 다시 집어던졌다. 녀석은 또다시 돌아왔다. "바다이구아나는 아주 우아하고 민첩한 동작으로 바다 근처에서 헤엄쳤고, 울퉁불퉁한 바닥을 지날 때에는 가끔 발을 사용하기도 했다. 가장자리 근처에 이르자마자 여전히 물속에 머물면서 해초 사이에 몸을 숨기거나 바위 틈으로 들어가려고 했다. 그리고 위험이 지나갔다고 판단하자, 마른 바위 위로 기어나오더니 재빨리 달아났다."²³

그러나 운 나쁜 바다이구아나는 한가한 시골뜨기나 잠깐 흥미를 느낀 가학적인 어린이를 만난 게 아니었다. 앞에 있는 사람은 바로 호기심 많은 박물학자 찰스 다윈이었다. "나는 그 녀석을 여러 차례 붙잡아 다시 던져보냈지만, 녀석은 뛰어난 잠수 능력과 수영 능력이 있는데도 결코 물속으로 들어가려 하지 않았다. 내가 집어던질 때마다 앞에서 말한 대로 항상 되돌아왔다."²⁴ 다윈은 가끔 도덕적 일탈을 보여주긴 했지만(특히 23년 뒤에 월리스의 논문을 받았을 때), 전반적으로는 위대한 과학자일 뿐만 아니라 존경할 만하고 허세를 부리지 않는 사람이었다. 나는 이구아나와 만난 이 일화가 그의 그런 모습을 보여주는 대표적 사례라고 꼽고 싶다. 그는 호기심이 왕성했고 주의력이 뛰어났다. 또 친절하지만 단호하고 영리했다. 그리고 미치광이처럼 보이는 짓도 두려워하지 않았다.

그래서 다윈은 무엇을 알아냈을까? "이 어리석어 보이는 특징은 환경 탓으로 돌릴 수 있다. 이 파충류는 해변에는 적이 하나도 없는 반면, 바닷속에서는 종종 다양한 종류의 상어에게 잡아먹혔다. 그래서 해변을 안전한 장소로 여기는 유전적 본능이 생겨 어떤 비상 사태에도 해변 쪽으로 달려가려고 하는 것이다."[25]

진화는 바다이구아나에게 오직 한 가지 방어 본능만 제공했다. 위협이나 공격을 받으면 무조건 해변 쪽으로 달아나는 것이다. 그러나 진화는 변화한 환경에 적절히 대응할 수 있는 임기응변은 제공하지 않았다.

바다이구아나의 생태

찰스 다윈 연구 기지는 오늘날 갈라파고스 제도의 한 섬인 산타크루스 섬 남쪽 해안에 있다. 아카데미 만의 정착촌에서 흙길을 따라 올라가면 바로 보이는데, 소규모 국제 생물학자 공동체가 이곳을 사용하고 있다. 한 건물은 도서관으로, 장서들은 주로 갈라파고스 제도에 관한 전문 서적이지만, 지구 반대편에 위치한 쌍둥이 생태계인 알다브라 섬에 사는 황소거북에 관한 보고서도 훌륭하게 보관돼 있다. 기지에서 걸어서 갈 만한 거리에 작은 호텔이 하나 있다. 호텔 바깥의 해안선에는 이구아나들이 우글거린다.

이구아나들은 암석과 부유물 위에서 햇볕을 쬐고 있다. 이 녀석들은 바다 쪽을 응시한다. 어두운 색을 띠어 사나워 보이는 얼굴은 온순한 본성을 가린다. 가끔 좋은 자리를 차지하려고 서로 몸싸움을 벌이기도 한다. 나는 이구아나 무리 가운데 자리를 잡고 앉아 젊은 시절의 다윈을 생각하고, 그가 바다이구아나를 집어던지는 모습과 바다이구아나의 생태학적 순진성에 대해 생각했다.

다윈이 바다이구아나를 평가한 것은 공정하지 않다고 생각한다. 실제로는 그렇게 '섬뜩해' 보이지 않으며, '더러운 검은색'은 풍부한 몸 색깔을 제대로 묘사하지 못했다. 크기와 색조가 다양한 바다이구아나 무리가 이곳 해안의 좁은 장소에 모여 햇볕을 쬐거나 먹이를 먹거나 장난을 치고 있다. 완전히 자란 수컷은 가시처럼 생긴 돌기가 머리에서 등까지 돋아나 있다. 암컷의 돌기는 더 우아하게 생겼다. 일반적으로 바다이구아나는 다른 이구아나보다 코가 더 뭉툭한데, 바위에 붙어 있는 조류를 뜯어먹기에 적합하도록 적응한 결과로 보인다. 이빨은 먹이를 자르고 씹는 데 적합하다. 몸에는 소금이 덕지덕지 붙어 있다. 콧구멍에서는 소금 반죽 같은 것이 개구쟁이 아이의 콧물처럼 흘러나온다. 먹이를 먹을 때 과도하게 섭취한 염분을 이렇게 배출하는 것이다. 어떤 녀석들은 배를 깔고 축 늘어져 뜨거운 태양과 햇볕에 달궈진 용암에서 열기를 흡수하고 있다. 여러분이 이 모습을 본다면 평화롭다는 느낌을 받을 것이다. '섬뜩해' 보인다는 표현은 지나치다.

짝짓기 철이 되면 수컷들은 세력권 싸움을 벌인다. 한 녀석은 자신의 세력권을 확보하고서 다른 수컷이 침입하지 못하게 위협한다. 돌기를 곤두세우고 몸속에 공기를 집어넣어 몸을 잔뜩 부풀린다. "나는 이만큼이나 커!" 하고 과시하는 것이다. 목도 부풀리고 입을 쩍 벌려 그 안의 빨간 부분을 드러낸다. 그리고 머리를 위아래로 흔든다. 침입자는 이 무서운 위협에 굴복해 물러서든가 아니면 자신의 호르몬에 사로잡혀 물러서지 않는다. 침입자가 물러서지 않으면, 세력권 주인은 침입자에게 돌진하여 머리 윗부분으로 쿵 하고 박치기를 하면서 격투를 벌인다. 이것은 궁극적인 모욕이자 도전이다. 수컷의 머리에는 원뿔 모양의 비늘들이 리벳처럼 돋아나 있어 부딪칠 때 충격을 높인다. 침입자도 머리를 낮추고 박치기로 반격한다. 이제 두 녀석은 세력권을 놓고 결투를 벌인다.

동태평양

하와이 제도

갈라파고스 제도

핀타 섬
제노베사 섬
마르체나 섬
이사벨라 섬
산티아고 섬
발트라 섬
핀손 섬
산타크루스 섬
페르난디나 섬
아카데미 만
산크리스토발 섬
플로레아나 섬
에스파뇰라 섬

박치기를 하고 몸을 밀치고 하다가 지쳐서는 잠깐 휴식을 취한다. 그러다가 다시 머리로 받기 시작한다. 경멸하듯이 콧구멍으로 소금을 내뿜기도 한다. 이 우스꽝스러운 싸움은 길게는 다섯 시간을 끌기도 한다. 그러면 도대체 누가 승자가 될까? 그래도 이 싸움은 토요일 밤에 테네시 주의 길가 술집에서 벌어지는 것만큼 난장판은 아니다. 최소한 당구 큐로 상대방을 후려치지는 않으니까.

대개는 침입자가 물러난다. 그리고 더 쉬운 상대를 찾아 기어간다. 어느 쪽도 상처를 입지는 않는다.

승리를 거둔 수컷은 자신의 세력권에 들어오길 선택한 모든 암컷과 짝짓기를 할 특권을 얻는다. 어떤 과학자들은 이 무리를 하렘harem이라고 부르는데, 하렘이란 단어는 암컷에 대한 통제력을 지닌다는 의미를 담고 있다. 그렇지만 세력권을 차지한 수컷은 그러한 통제력을 행사하지 않는다. 비유를 하자면 수컷은 제비족에 가깝고, 암컷은 스스로 신중하게 판단해 수컷을 선택할 뿐이다.

나는 때마침 짝짓기 철에 도착했다. 그래서 이구아나들은 자신의 세력권과 지위가 침범당할까 봐 다소 신경질적인 반응을 보인다. 몸집이 큰 수컷 한 마리는 난파한 목선에서 흘러온 것으로 보이는 큰 목재 위에 자리를 잡았다. 암컷 세 마리가 일광욕하기 좋은 그 목재 위에서 수컷을 둘러싸고 있고, 다른 녀석들은 근처의 용암 위에 축 늘어져 있다. 어린 녀석들은 어른들의 구애 전쟁에는 관심 없이 이리저리 마음대로 오간다. 내가 살그머니 그렇지만 너무 가까이 다가가자, 수컷은 머리를 까닥이는 제스처를 보였다. 마치 "저리 가! 이 아가씨들은 내 거야!"라고 말하는 것 같았다. 나는 뒤로 물러섰다. 그 녀석은 지나친 것을 요구하지 않았다. 목재에서 3m 거리를 유지하는 정도로 사생활을 충분히 보장받았다고 여기는 것 같았다. 나는 그만큼 떨어진 거리에 자리를 잡고 앉았다. 녀석은 이제 내게는 신경 쓰지 않고, 다른 경쟁자들을 경계했다. 하지만 내가 관찰하는 시간에는 아무도 짝짓기를 하지 않았고, 머리를 서로 부딪치지도 않았다. 그래서 나는 그곳을 떠나 아카데미 만 반대편에 있는 카를 앙거마이어Karl Angermeyer의 기묘한 이구아나들을 보러 갔다.

나는 앙거마이어를 개인적으로 아는 가이드와 함께 배를 타고 그곳으로 건너갔다. 전혀 예상 밖의 외딴 곳에 위치한 개인 은신처인 그곳은 초대받지 않은 이방인이라면 들어가고 싶은 마음이 전혀 들지 않는 곳이었다. 만이 내려다보이는 절벽 가장자리에 용암으로 지은 집 자체도 작은 요새처럼 보였다. 그 지붕은 살아 있는 이구아나들로 덮여 있었다.

앙거마이어는 가슴이 두툼한 일흔 살 가량의 노인으로, 오늘은 반바지만 입었다. 상체와 다리는 그을린 버터처럼 새카맣다. 그는 우리를 반갑게 맞이했다. 그는 리비에라 해안에서 흔히 볼 수 있는, 젊은 마누라를 거느린 늙은 유럽 인 난봉꾼처럼 보였다. 직업은 화가인데, 주로 갈라파고스 제도를 그린다. 이곳에서 50년 동안 살아온 그는 갈라파고스 제도를 숭배한다. 또한 이 섬들의 비경을 알고 있는 큐레이터로, 모든 초호礁湖를 머릿속에 담고 있으며 빛에 대해서도 잘 안다. 그는 들어와서 스튜디오를 둘러보라고 권했다. 지붕과 마찬가지로 베란다에도 이구아나가 들끓었다. 에어데일 종 혈통이 섞인 잡종개도 돌아다니는데, 침입자에게는 으르렁대지만 고양이와 함께 자란 사냥개처럼 이구아나에게는 신경 쓰지 않도록 조건화된 것 같다. 집 바깥쪽 담장에도 이구아나 몇 마리가 수직 방향으로 붙어 있다. 몸무게가 4~5kg이나 되는 파충류가 담장에 수직으로 붙어 있는 것은 쉬운 일이 아니지만, 바다이구아나는 강한 다리와 날카로운 발톱을 가졌고, 화산암에는 작은 틈이 많다.

"어서 들어와요."

앙거마이어가 또 한 번 권한다.

스튜디오 안에는 캔버스, 물감 튜브가 담긴 담배 상자, 팔레트, 깡통과 병, 테레빈유, 넝마 조각들, 성냥을 비롯해 온갖 잡동사니가 널려 있다. 붓만 빼고는 화가에게 필요한 것은 다 있다. 그런데 붓이 없다고? 앙거마이어는 붓을 쓰지 않는다. 그는 그림을 빨리 그리길 좋아하는데, 붓을 쓰면 속도가 느려 쓰지 않는다고 한다. 대신에 그는 손가락으로 그림을 그린다. 정교한 선을 그릴 때에는 손톱을 사용한다. 그의 손은 굴착기 운전 기사나 기타리스트인 안드레스 세고비아 Andrés Segovia의 손처럼 커다랗고 능숙하다.

"그림 그리는 것을 보여드리지요."

그는 반쯤 빈 물감 튜브를 붙잡더니, 채 2분도 안 돼 마분지 상자 뚜껑에다 작은 풍경화를 그렸다. 그것은 누가 봐도 부채선인장(손바닥선인장이라고도 함)과 함께 석양 무렵의 용암 해변을 묘사한 갈라파고스 제도의 풍경이었다. 그는 그 그림을 옆으로 던져놓고 손을 닦았다. 스튜디오의 벽은 나무선인장, 맹그로브 초호, 화산 분화, 황혼녘의 어스름한 빛을 배경으로 한 바다이구아나 그림 등으로 도배되어 있었다. 그의 작품은 일관되게 같은 소재를 다루는데, 특히 붉은 석양과 그것을 배경으로 한 부채선인장 숲에 강한 애착을 보인다. 화풍은 모네 Monet의 그림과 검은색 벨벳 사이의 넓은 영역 어디쯤에 속한다고나 할까? 일부 그림은 아름답고 심지어 섬세하기까지 하다. 어떤 것은 참신하고 진지하다. 나머지 그림들은 붓을 사용하지 않고 20~30분 만에 그린 것치고는 나름대로 인상적이다. 그림들을 감상하고 있을 때 지붕에서 쿵쿵거리는 소리가 들려왔다.

"짝짓기 철이라서요."

앙거마이어가 설명했다. 그것은 이구아나가 낸 소리였다. 수컷들이 서로 싸움을 벌이고 있는 것이다.

"짝짓기 철은 2월 12일에 끝납니다."

앙거마이어는 오랫동안 관찰한 사람에게서 나오는 자신감으로 말했다. 그 뒤에는 다시 온순해진다고 한다. 하지만 지금은 지붕을 박살낼 것처럼 소란을 피우고 있다.

단도직입적인 성격의 앙거마이어는 파충류와 예술을 사랑하는 사람으로서 자신의 기묘한 인생 역정을 들려주길 좋아한다. 그는 1937년에 형제들과 함께 갈라파고스 제도에 도착해 처음에는 어부와 농부로 일했다. 나중에 그들은 섬 관광용 보트 대여 사업을 시작했다. 그 시절에 갈라파고스 제도에 정착한 사람들은 다재다능해야 했다. 그러다가 앙거마이어는 수십 년 전에 이곳 해변에 집을 지었다. 그곳에는 이미 이구아나가 많이 살고 있었는데, 자기들이 살던 곳을 떠나려 하지 않았다. 앙거마이어는 개의치 않았다. 모두가 함께 살 만큼 공간은 충분했으니까. 이제 앙거마이어는 이구아나를 사랑하며, 신성한 닭을 대하듯이 먹이도 준다. 그렇지만 짝짓기 철이 되면 이구아나들이 자신의 인내심을 시험한다고 했다.

앙거마이어의 바다이구아나는 필요할 때에는 해초를 먹지만, 이제는 빵과 쌀밥을 더 좋아한다. 처음에 염치없이 먹을 것을 구걸한 녀석은 늙은 수컷 한 마리뿐이었다. 그 뒤를 이어 다른 녀석들도 따라왔고, 지금은 100마리 이상이 집 근처와 마당에서 어슬렁거리며 그가 나누어주는 음식을 기다린다. 몸집이 큰 수컷 세 마리가 지붕을 각자의 세력권으로 나누어 차지했고, 두 녀석이 베란다를 차지하고 있다고 한다. 이구아나에게 간식거리를 주려고 앙거마이어가 소리를 질렀다. "아네이, 아네이!" 그러자 이구아나들이 쿵쿵거리며 몰려오는 소리가 들려왔다. 벽을 타고 내려오는 녀석도 있고, 베란다 구석에서 부리나케 달려오는 녀석도 있다. 그는 모든 녀석들에게 빵 조각을 던져주고, 지붕에 있는 녀석들에게도 던져주었다. 나중에는 밥도 줄 것이다. 처음에는 먹고 남는 음식을 주는 정도에 그쳤지만, 이제는 100여 마리로 늘어난 무리의 배를 채워주어야 하는 게 큰 문제가 되고 말았다. 그는 가정부가 그만두겠다고 했다고 힘없이 말했다. 가정부도 나이가 그와 비슷한데, 다루기 힘든 파충류 무리에게 밥을 해 먹이는 일을 힘들어 한다고 했다.

"아네이, 아네이, 아네이!"

앙거마이어는 이구아나들을 불러 빵 조각을 나눠준다. 손에 하나도 남지 않을 때까지. 이제 손에 남은 게 하나도 없다. 미안, 이게 다야.

그는 큰 이구아나 한 마리의 꼬리를 잡아 들어올리더니, 재빨리 목 뒤쪽을 붙잡았다. 그리고 내게 그 귓구멍을 들여다보라고 했다. 이구아나는 그의 손을 발톱으로 꽉 붙잡았는데, 내가 말해줄 때까지 그는 피가 나는 줄도 몰랐다. 그렇지만 그는 아무것도 아니라는 표정을 지었다. 자신의 왼쪽 팔에 난 흰색 흉터들을 자랑스러운 듯이 보여주면서 "다 이구아나 때문에 생긴 것이라오."라고 말했다.

나는 '아네이, 아네이, 아네이'를 번역하면 무슨 뜻인지 물었다.

"번역할 수 없어요. 아무 뜻도 없으니까요." 그것은 그저 이구아나에게 먹이와 관련이 있는 소리로 학습시킨 것에 불과하다고 했다.

개는 휴식을 취하는 이구아나들에게 둘러싸인 채 평화롭게 쉬고 있다. 나는 내일 다시 와서 앙거마이어의 그림을 하나 살 것이다. 베란다 바로 아래에 있는 용암 절벽에서 불쑥 튀어나와 있는 앙거마이어의 전용 부두를 통해 배에 올라탔다. 그가 손을 흔들었다. 아카데미 만에서 멀리 떨어진 곳에서도 앙거마이어의 지붕 위에서 편안하게 쉬고 있는 이구아나들이 보였다. 앙거마이어의 이구아나들은 이 섬들에 고유하게 살고 있는 대부분의 바다이구아나와는 다르다는 생각이 들었다. 앙거마이어의 이구아나들은 생태학적으로만 순진한 것이 아니다. 그들은 문자 그대로 길들여졌다.

군도 종 분화

섬의 메뉴 중 또 하나의 항목인 '군도 종 분화'는 섬의 동물상과 식물상을 기묘함이 더 커지는 쪽으로, 그리고 다양성이 더 커지는 쪽으로 몰고 가는 과정이다. 처음에는 군도 중 한 섬에 동물 또는 식물 한 종이 정착하는 것으로 시작하여, 그 뒤를 이어 짧은 거리를 이동하는 이주 과정이 일어나며, 결국에는 섬에 따라 서로 차이가 나는 개체군들이 살게 된다. 이 개체군들은 시간이 지나면 유전학적으로 분기하여 결국 각 섬에는 다른 섬의 종들과 가까운 관계에 있는 고유종이 살게 된다. 이러한 과정은 군도에서 일어나는데, 특히 섬들 사이에 이주가 일어나면서도 드물게 일어나도록 섬 사이의 간격이 적당히 떨어진 군도에서 일어난다. 섬들이 너무 가까이 있으면 왕래가 계속되기 때문에 유전적 분기가 일어나지 않는다.

갈라파고스 제도의 바다이구아나는 군도 종 분화의 초기 단계를 보여주는 사례이다. 각각의 섬에 사는 개체군들은 아직 종 분화가 완전히 일어날 정도로 분기하지 않았기 때문이다. 7개의 섬에 살고 있는 7개의 바다이구아나 개체군은 각자 유전학적으로 약간 차이가 있지만, 완전히 별개의 종으로 분류할 만큼 차이가 있는 것은 아니다. 이들을 섞어놓으면 아마도 서로 짝짓기를 해서 생식할 수 있을 것이다.

최근에 수정된 분류에서는 이들 개체군을 같은 종 안에 있는 7개의 아종으로 인정한다. 산타크루스 섬에 고유한 아종(앙거마이어의 지붕에 있던 녀석들과 내가 묵은 호텔 밖 해안에 있던 녀석들을 포함해)은 *A. cristatus hassi*이다. 이 아종은 갈라파고스 제도 가장자리에 위치한 섬들에 사는 아종들보다 몸집이 더 크며, 가까이 있는 섬인 페르난디나 섬과 이사벨라 섬에 사는 몸집이 큰 아종들과 비슷하다. 갈라파고스 제도 남동쪽 가장자리에 위치한 에스파뇰라 섬에 사는 *A. cristatus* *venustissimus*는 밝은 몸 색깔로 유명하다. 북동쪽 가장자리에 위치한 제노베사 섬에 사는 *A. cristatus nanus*는 몸집이 작고 어두운 색이다. 이들 바다이구아나 개체군들 사이에 일어난 분기는 극단적인 사례가 아니다. 서로 확연히 구별되는 13종의 갈라파고스핀치나 트리스탄다쿠나 섬에 사는 16종의 바구미, 또는 필리핀에 사는 설치류의 종 분화처럼 극단적인 사례는 분명히 아니다. 이것은 지구상의 섬 집단들에서 종 분화가 보편적으로 일어나며, 때로는 미묘하게 일어난다는 사실을 상기시키는 하나의 사례일 뿐이다.

마스카렌 제도나 하와이 제도나 갈라파고스 제도처럼 수심이 깊은 곳에 자리잡은 화산섬 군도는 군도 종 분화를 촉진하는 물리적 간격을 제공한다. 섬들이 모여 있으되 서로 어느 정도 떨어져 있는 조건은 격리와 이주의 균형을 제공함으로써 개체군의 분리와 분기를 촉진한다. 바다이구아나가 7아종으로 분기한 것은 전형적인 결과이다. 전형적인 결과의 예로는 그 밖에도 갈라파고스 제도의 고유종인 필로닥틸루스 *Phyllodactylus*속 도마뱀붙이 5종, 트로피두루스 *Tropidurus*속 용암도마뱀 7종, 오푼티아 *Opuntia*속 부채선인장 6종, 갈라파고스땅거북 14아종 등이 있다. 이 모든 국지적 다양성 패턴은 현대 진화론을 바탕으로 바라보면 훨씬 쉽게 이해할 수 있다. 다윈은 거북들 사이에서 군도 종 분화의 증거를 보았지만, 그것을 어떻게 생각해야 할지 몰랐다.

다윈의 실수

다윈은 《비글호 항해기》에서 갈라파고스 제도의 자연사에서 가장 놀라운 측면은 "대체로 섬마다 각기 다른 생물 집단이 산다는 점"[26]이라고 썼다. 이 애매한 표현이 실제로 의미하는 것은 섬마다 같은 계통에 속하긴 하지만 서로 구별되는 종과 아종이 살고 있다는 것이다. "로슨Lawson 부총독이 각 섬마다 사는 거북의 종류가 다르며 자신은 거북을 보면 어느 섬에서 잡은 것인지 정확하게 알아맞힐 수 있다고 하는 말을 듣고 나는 이 사실에 관심을 갖게 되었다."27 로슨의 말은 아마도 다윈이 평생 동안 들은 말 중에서 가장 중요한 힌트였을 테지만, 그 당시에는 약간 흥미로운 이야기로만 듣고 넘겼던 것 같다. 로슨은 자신도 모르게 군도 종 분화에 대한 힌트를 주었지만, 다윈은 그것을 즉각 알아차리지 못했다.

등딱지 모양은 갈라파고스땅거북들 사이의 차이를 보여주는 가장 분명한 예였다. 에스파뇰라 섬에 사는 거북은 등딱지가 안장 모양이면서 앞쪽이 아치 모양으로 휘어져 키 큰 식물을 향해 머리를 세울 수 있었다. 산타크루스 섬에 사는 거북의 등딱지는 돔 모양이고 앞쪽 가장자리가 낮다. 이러한 차이는 서로 다른 두 섬의 환경에 적응한 결과가 분명했다. 메마른 에스파뇰라 섬에서는 거북이 부채선인장에서 아래로 처진 가지를 뜯어먹고 살지만, 산타크루스 섬의 습기 찬 고지대는 풀과 그 밖의 지상 식물이 풍부해 거북은 머리를 낮추고 먹이를 먹을 수 있다. 큰 섬인 이사벨라 섬에는 화산 봉우리가 다섯 개 있는데, 각 화산마다 등딱지 모양이 각각 다른 거북이 살고 있다. 풀이 많은 남쪽 지역에 사는 거북 개체군은 등딱지가 일반적으로 돔 모양에 가까운 반면, 북쪽 지역에 사는 개체군은 안장 모양에 가깝다.

등딱지 모양 외에 다른 단서들도 있었다. 다윈에 따르면, 산티아고 섬의 거북들은 모양이 더 둥글 뿐만 아니라 색깔이 더 검고, "요리했을 때 맛도 더 있었다."28 오늘날의 거북 분류학자들은 맛에 대한 증거는 무시한다.

훗날 다윈은 로슨 부총독의 말을 흘려들은 것을 후회했다. "나는 한동안 그 말에 충분히 주의를 기울이지 않았으며, 두 섬에서 채집한 표본 중 일부를 아무 생각 없이 뒤섞어버렸다."29 다윈은 물리적 조건이 아주 비슷하고 또 서로 가까이 있는 섬들에 다른 종류의 동물이 살 수 있다는 생각을 미처 하지 못했던 것이다.

다윈이 저지른 방법론적 실수는 앞에서 언급했다시피 거북에 국한된 것이 아니다. 조류 표본들도 어느 섬에서 채집한 것인지 표시하지 않고 뒤섞는 실수를 저질렀다. 그는 《비글호 항해기》의 수정판에서 "불행하게도 핀치 표본들은 대부분 서로 뒤섞이고 말았다."[30]라고 인정했다. 하지만 《비글호 항해기》 초판조차 다윈이 영국으로 돌아오고 나서 한참 뒤에 나왔다는 사실을 염두에 두어야 한다. 《비글호 항해기》는 항해하면서 쓴 일기와 현장 조사 기록을 바탕으로 문학적으로 꾸며 쓴 책이었다. 실제 야외 현장에서 조사할 때의 관점은 책을 쓸 때와는 달랐다. 열정은 넘쳤지만 깊이 생각할 시간과 거리가 부족했던 다윈은 부주의하게 표본들을 섞어버렸고, 군도 종 분화 패턴을 시사하는 단서들을 무시해 버렸다. 영국에 돌아와 분류 전문가들의 도움을 받고 나서야 자신이 저지른 실수를 후회했고, 충분히 수집하지 못한 자료를 바탕으로 그 의미를 상상해야 했다. 《비글호 항해기》(특히 수정판)가 항해 일기와 크게 다른 점 중 하나는 바로 이처럼 뒤늦게 깨달은 직관이 추가된 것이다.

다윈이 갈라파고스핀치(지금은 흔히 다윈핀치라고 부르는, 부리 모양과 생태적 지위가 제각각 다른 13종의 작은 새)를 보고서 진화론이라는 위대한 영감을 얻었다는 이야기가 사실처럼 널리 퍼져 있는데, 흥을 깨긴 싫지만 다윈에게 영감을 준 것은 핀치가 아니라 흉내지빠귀였다는 게 엄연한 역사적 사실이다.

《비글호 항해기》에서 다윈은 흉내지빠귀의 역할을 인정했다. "내가 처음으로 깊은 관심을 가진 것은, 나와 다른 사람들이 잡은 흉내지빠귀 표본들을 비교하다가 이런 사실을 발견했을 때였다. 놀랍게도 찰스 섬에서 잡은 것들은 모두 미무스 트리파스키아투스*Mimus trifasciatus* 종이고, 알베마를레 섬에서 잡은 것은 모두 미무스 파르불루스*Mimus* *parvulus* 종이며, 제임스 섬과 채텀 섬(이 두 섬 사이에는 연결 고리 역할을 하는 다른 두 섬이 있다)에서 잡은 것은 모두 미무스 멜라노티스*Mimus melanotis* 종이었다."[31] (갈라파고스 제도에 속한 섬들은 공식적으로 에스파냐어 이름을 쓰는데, 옛날 영어 이름, 특히 다윈이 방문했을 당시의 이름을 쓰는 경우도 더러 있다. 다윈이 말한 찰스 섬은 플로레아나 섬, 알베마를레 섬은 이사벨라 섬, 제임스 섬은 산티아고 섬, 채텀 섬은 산크리스토발 섬이다. —옮긴이)

오늘날 사용하는 흉내지빠귀의 학명은 다윈이 언급한 것과는 조금 다르고(*Mimus*는 *Nesomimus*로 바뀌었다), 섬들의 이름도 바뀌었지만(예컨대 제임스 섬은 산티아고 섬이 되었다), 그래도 다윈이 말한 의미는 큰 차이가 없다. 갈라파고스 제도에 사는 흉내지빠귀 4종은 같은 조상에서 갈라져나왔다. 1종에 속하는 7아종은 일곱 개의 섬에 각각 고유하게 서식하고 있다. 이것은 군도 종 분화가 진행되고 있는 것을 생생하게 보여주는 예이다. 다윈은 그 패턴을 보았고, 어떤 일이 일어나고 있다는 것을 알았다.

그 패턴은 비교적 단순했다. 한 섬에는 오직 1종의 흉내지빠귀만 살 뿐, 2종이 사는 경우는 없었다. 이것은 얽힌 실 같은 핀치의 분포 패턴과는 대조적이었다. 핀치는 이 섬에서 저 섬으로 다중적으로 이주하면서 정착해 현재 일부 섬에는 최대 10종의 핀치가 공존한다. 그런데 왜 흉내지빠귀의 분포 패턴은 그렇게 단순할까? 아마도 흉내지빠귀는 핀치보다 모험심이 약해 섬에서 섬으로 여행하는 데에 소극적이기 때문일지도 모른다. 어쩌면 이들은 갈라파고스 제도에 도착한 지 얼마 안 돼 시간이 충분히 지나지 않았을 수도 있다. 이유야 무엇이건 간에 흉내지빠귀의 분기는 아직 초기 단계에서 벗어나지 못했다. 서로 다른 종들과 아종들이 각각의 섬에 격리된 채 살아가고 있으며, 경쟁의 압력을 받아 서로가 새로운 역할을 맡아 분기해나가지도 못했다. 흉내지빠귀와 핀치의 대조적인 차이는 군도 종 분화와 섬의 메뉴 중 또 하나의 항목인 적응 방산 사이의 미묘한 차이를 보여주는 좋은 예이다.

적응 방산

여러분은 적응 방산에 대해 약간 알고 있을 것이다. 마다가스카르 섬의 텐렉을 이야기할 때 언급한 적이 있다. 하지만 그것만으로는 충분하지 않다. 적응 방산은 넓게 해석할 수도 있고 좁게 해석할 수도 있다. 넓게 해석한다면, 적응 방산 개념은 사실상 진화의 모든 측면에 적용된다. 콘도르가 박새와 다른 것은 적응 방산 때문이다. 코요테가 웜뱃과 다른 것도 적응 방산 때문이다. 웜뱃이 콘도르와 다른 것도 적응 방산 때문이다……. 적응 방산은 지난 40억 년 동안 지구 위에서 계속 일어난 일이다. 하지만 이러한 견해는 범위가 너무 넓어서 유용한 개념을 진부한 사실로 변질시켜버린다. 그래서 나는 좁게 해석하는 쪽을 권한다.

교과서에 나오는 적응 방산의 정의는 다음과 같다.

적응 방산은 공통 조상에서 유래한 종들이 다양한 생태적 지위들을 채우기 위해 갈라져가는 현상이다. 적응 방산은 한 종이 반복적인 종 분화 사건을 통해 다양한 종류의 후손을 낳고, 이 후손들이 작은 지리적 장소에서 동소적 서식을 할 때 일어난다. 공존하는 종들은 이종간 경쟁을 줄이기 위해 생태계의 자원을 사용하는 방법을 서로 달리하는 경향이 있다.[32]

생태적 지위, 동소적 서식, 경쟁……. 이것들이 핵심 단어이다. 위의 정의는 아주 신중하고 간결하게 표현한 것이기 때문에 약간의 해설이 필요하다.

동소적이란 단어는 들어보았을 것이다. 근연종들이 같은 지리적 장소에 사는 것을 동소적 서식이라고 한다. 생태적 지위란 단어도 들어보았을 테지만, 아주 중요한 단어이니만큼 여기서 정확한 과학적 정의를 알아보고 넘어가자. 생태적 지위란, 어떤 생물 개체군이 생태계에서 이용할 수 있는 자원과 물리적 조건과 가능한 행동을 모두 뭉뚱그린 것을 말한다. 모든 종은 각자 고유한 생태적 지위가 있다. 일부 사전에서는 생태적 지위를 장소처럼 설명하고 있으나, 그것은 잘못이다. 생태적 지위는 장소라기보다는 그 종이 생태계에서 차지하는 위치나 역할을 의미한다. 그리고 이종간 경쟁은 문자 그대로 한정된 자원을 놓고 벌이는 종들 사이의 경쟁을 말한다.

경쟁과 동소적 서식은 적응 능력의 차이에 따라 근연종이나 근연아종을 서로 갈라져나가게 하는데, 이 점에서 적응 방산은 군도 종 분화와 차이가 난다. 이 기준을 흉내지빠귀에 적용하기 전에 거북의 경우를 다시 한 번 살펴보자.

갈라파고스땅거북 14아종은 서로 다른 열네 군데 서식지에 산다(뭐 전문 용어를 좋아한다면 동소적 분기라고 불러도 좋다).[33] 9아종은 9개의 섬에 각각 살며, 나머지 5아종은 이사벨라 섬에 있는 5개의 화산 지역에 산다. 그중 3아종은 최근 수백 년 사이에 멸종했으며, 살아남은 11아종은 이사벨라 섬에 사는 다섯 아종과, 산타크루스 섬, 산크리스토발 섬, 산티아고 섬, 에스파뇰라 섬, 핀 섬, 핀타 섬에 각각 고유하게 살고 있다. 각 아종 안에서도 개체 간에 등딱지 모양에 약간의 변이가 나타나지만, 일반적으로 같은 아종에 속한 개체들은 그 아종에 고유한 등딱지 모양이 있다.

살아남은 11아종은 대부분 그 등딱지 모양이 앞에서 언급한 두 가지 형태(안장 모양과 돔 모양) 중 한쪽에 속한다. 그런데 등딱지 모양이 적응 능력과 중요한 관계가 있는가? 이 질문에는 적절한 답과 별도의 답 두 가지가 있다. 지나친 안장 모양(그래서 거북이 머리를 높이 쳐들 수 있는)은 어떤 환경에서는 돔 모양(높은 곳의 먹이를 먹기에는 불리하지만 방어에는 안전한)보다 적응에 이로울 수 있지만, 다른 환경에서는 불리할 수도 있다. 불모지에 가까운 섬에서는 안장 모양의 등딱지를 가진 거북이 돔 모양의 등딱지를 가진 거북보다 더 잘 적응할 것이다. 반면에 산타크루스 섬에 사는 돔 모양의 등딱지를 가진 거북은 안장 모양의 등딱지를 가진 거북보다 그 섬의 푸른 초지에서 더 잘 살아갈 수 있을 것이다. 따라서 이 양 극단의 두 가지 등딱지 모양은 적응에서 비롯된 것이라고 답할 수 있다.

그러나 11아종 사이의 미묘한 등딱지 모양 차이도 모두 적응에서 비롯된 것일까? 반드시 그렇지는 않다.

이것은 아주 중요한 사실이지만, 진화 과정을 단순하게 설명하는 이야기에서는 대개 누락된다. 즉, 근연종 사이나 근연아종 사이의 유전적 차이는 모두 다 적응에서 비롯된 것은 아니다. 그 차이는 우연에서 비롯될 수도 있다. 또한, 창시자 집단과 기본 집단 사이의 무작위적 유전자 빈도 차이에서 비롯될 수도 있다. 갈라파고스땅거북 아종들은 이 경우에 해당하는 것으로 보인다.

그러한 무작위적 유전자 빈도 차이는 두 가지 원인에서 비롯될 수 있다. 하나는 1942년에 에른스트 마이어가 설명한 '창시자 원리founder principle'이다. 격리된 장소에 새로 도착한 창시자 집단은 대개 그 수가 적다(몇몇 고독한 개체나 단 한 쌍, 심지어는 임신한 암컷 한 마리). 소수의 창시자에서 유래한 새 집단에는 기본 집단의 유전자 풀 중 일부 표본만 포함된다. 그 표본은 전체 유전자 풀에 비해 유전적 다양성이 훨씬 빈약할 가능성이 높다. 이 효과는 다양성이 큰 전체 집단에서 소수의 표본을 선택할 때 늘 일어나는 일이다. 전체 집단이 유전자이건, 여러 가지 색깔의 풍선껌이건, M&M이건, 한 벌의 카드이건, 그 밖의 어떤 것이건 간에 거기서 소수의 표본을 선택하면 대개 그 다양성은 전체 집단보다 훨씬 줄어든다. 서랍에 양말이 가득 들어 있는 경우를 생각해보자.

여러분에게 검은 양말이 10켤레, 갈색 양말이 9켤레, 핑크색 양말이 1켤레 있다고 하자. 그렇다면 핑크색 양말의 비율은 5%이다. 새벽에 어둠 속에서 서랍을 뒤적여 양말 네 켤레를 무작위로 꺼내 여행 가방에 넣어야 하는 일이 생겼다고 하자. 커피도 안 마셨는데, 비행기는 한 시간 뒤에 떠난다. 손에 잡히는 대로 양말 4켤레를 꺼내 여행 가방에 집어넣는다. 자, 그러면 여러분이 꺼낸 양말들은 전체 양말의 비율을 정확하게 대표할까? 그렇지 않을 것이다. 여행 가방에는 핑크색 양말이 하나라도 들어 있을까? 없을 가능성이 높다. 창시자 원리도 이와 같은 방식으로 작용한다. 소수 집단인 창시자 집단이 지닌 유전자 표본은 전체 유전자 풀을 정확하게 대표하지 않는다. 가끔은 전체 집단을 대표하는 것에서 크게 벗어날 수도 있다.

집단 사이에 무작위적 유전자 빈도 차이를 일으키는 또 다른 원인은 '유전자 부동genetic drift'이다. 이것은 창시자 집단이 생식을 시작한 뒤에 작용한다. 이미 기본 집단과 지리적으로 격리된 창시자 집단은 유전적으로 기본 집단에서 부동浮動하기 시작한다. 즉, 달라지기 시작한다. 세대가 지남에 따라 그 유전자 풀은 기본 집단의 유전자 풀과 점점 더 달라진다. 대립 유전자의 배열(즉, 주어진 유전자의 변이 형태)과 각 대립 유전자의 보편성이 모두에서 달라진다. 부동이라는 단어를 사용한 이유는, 이 변화가 자연 선택뿐만 아니라 우연을 통해서도 어느 정도 일어나기 때문이다. 이 사실을 더 분명하게 설명하려면 대립 유전자의 정의를 좀 더 명확하게 할 필요가 있다.

양말과 구두와 장갑이 모두 어떤 형질을 나타내는 유전자라고 생각해보자. 그런데 양말이 쌍으로 존재하듯이 어떤 형질을 나타내는 유전자도 쌍으로 존재한다. 이러한 한 쌍의 유전자를 대립 유전자라고 하는데, 우성과 열성 관계에 있는 것이 보통이며, 해당 염색체 위에서 같은 위치에 존재한다. 대립 유전자는 양쪽 부모로부터 하나씩 물려받아 짝을 이루어 하나의 유전자가 된다. 왜냐고? 유성 생식을 하는 생물은 일반적으로 모든 유전자가 한 쌍의 대립 유전자로 이루어져 있으며, 각각의 부모로부터는 대립 유전자를 하나씩만 물려받기 때문이다. 두 대립 유전자가 동일하다면, 그 개체는 그 형질에 대해 '동형 접합체'라고 한다. 반면에 마치 짝짝이 양말을 신은 것처럼 그 형질에 대해 서로 다른 대립 유전자를 가지고 있을 경우에는 '이형 접합체'라고 한다.

생물학과 유전학에서 흔히 쓰는 용어를 사용해 설명했지만, 보통 사람들이 일상생활에서 잘 사용하는 용어들이 아니라서 설명이 어렵게 느껴질지 모르겠다. 생물학 시간에 누구나 들어보았을 테지만 많은 사람이 잊고 지내는 '감수 분열'이라는 용어도 있는데, 이것은 각각의 난자와 정자 속으로 한 쌍의 대립 유전자가 절반씩 무작위로 나누어지는 생식 세포 분열 과정을 말한다. 부모가 되려면 무작위로 나누어진 그 절반씩의 대립 유전자들을 다음 세대에 전달해야 한다.

하지만 한 가지 문제가 있다. 어떤 대립 유전자는 한 개체군 내에 보편적으로 존재하지만, 어떤 대립 유전자는 희귀하다. 만약 개체군의 크기가 아주 커서 수천만의 부모가 수천만의 자손을 낳는다면, 보편적인 대립 유전자뿐만 아니라 희귀한 대립 유전자도 함께 전달될 것이다. 확률은 시행 횟수가 많을수록 안정적인 결과를 낳는 경향이 있으므로, 보편적인 대립 유전자와 희귀한 대립 유전자의 비율은 일정하게 유지될 것이다. 하지만 개체군의 크기가 작으면, 희귀한 대립 유전자는 감수 분열과 수정 과정에서 사라질 가능성이 높다. 적은 시행 횟수에서 작용하는 확률은 통계적 확률에서 벗어나기 쉽고, 조금만 벗어나더라도 희귀한 대립 유전자를 영영 잃을 수 있기 때문이다. 따라서 무작위적 표본 추출 과정은 희귀한 대립 유전자의 상실을 낳는 경향이 있어 그 유전자가 후손에게 전달되지 않게 된다.(무작위적 표본 추출 과정이 희귀한 대립 유전자를 더 보편적으로 만들 가능성도 있지만, 그 확률은 극히 낮다.) 희귀한 대립 유전자들을 중도에 상실함에 따라 소수의 창시자 집단은 기본 집단과 점점 달라질 것이다. 이형 접합체의 비율도 감소할 것이다. 남아 있는 개체들 중 상당수는 전체 유전자 중 동형 접합체로 이루어진 비율이 높을 것이다. 이것이 바로 유전자 부동이다. 양말을 사용한 비유는 더 이상 하기 어려운데, 여행 가방으로는 감수 분열을 비유할 방법이 없기 때문이다.

갈라파고스 제도의 흉내지빠귀는 갈라파고스땅거북과 마찬가지로 적응과 유전자 부동의 징후를 모두 보여준다. 흉내지빠귀 4종은 서로 아주 비슷하다. 대담하고 육식성이며, 크기는 개똥지빠귀만 하고, 양 눈 뒤에 검은 반점이 있으며, 흰색 가슴과 검은색 날개, 긴 꼬리, 가늘고 굽은 부리가 있다. 부리와 다리는 아주 가까운 근연종인 남아메리카 대륙의 흉내지빠귀보다 더 길다. 육식성도 대륙에 사는 근연종보다 더 강하다. 이 흉내지빠귀들은 곤충, 지네류, 용암도마뱀뿐만 아니라 어린 핀치도 잡아먹는다.

4종의 흉내지빠귀 중에서도 에스파뇰라 섬에 사는 에스파뇰라흉내지빠귀 Nesomimus macdonaldi 는 독특하다. 이 종은 부리가 예외적으로 크고, 행동도 예외적으로 공격적이며, 알도 먹는다. 나머지 세 종도 가끔 알을 먹지만, 에스파뇰라흉내지빠귀처럼 아무 때나 알을 먹지는 않는다. 에스파뇰라흉내지빠귀는 앨버트로스나 가마우지, 갈매기, 이구아나 알을 비롯해 눈에 띄기만 하면 어떤 알이건 종류를 가리지 않고 먹어치운다. 일부 생물학자는 이 종의 부리가 큰 것은 알을 깨기 편하도록 적응한 결과라고 주장한다. 나머지 3종은 살아가기에 편하도록 적응한 이런 종류의 분화가 일어나지 않았다. 플로레아나흉내지빠귀 Nesomimus trifasciatus 와 산크리스토발흉내지빠귀 Nesomimus melanotis 와 갈라파고스흉내지빠귀 Nesomimus parvulus 사이의 차이는 적응보다는 우연의 요인이 더 큰 것으로 보인다. 추가 연구가 없는 상태에서 그 차이는 창시자 원리와 유전자 부동으로 가장 잘 설명할 수 있다.

갈라파고스 제도의 흉내지빠귀들은 군도 종 분화의 예를 보여주지만, 적응 방산의 예를 보여주지는 않는다. 군도 종 분화는 적응 방산의 전제조건이다. 다시 말해서, 군도 종 분화는 적응 방산을 시작하게 하는 차이를 만들어낸다. 군도 종 분화를 통해 지리적으로 격리된 개체군은 생식적으로도 격리된다. 적응 방산은 지리적 격리가 깨질 때(예컨대 첫 번째 창시자 집단이 점령하고 있는 섬에 두 번째 창시자 집단이 도착했을 때) 일어난다. 서로 오랫동안 격리된 두 집단이 그 사이에 상당한 유전적 차이가 누적되었다면, 생식적 격리로 인해 두 집단은 교잡이 불가능할 것이다. 그래서 이들은 짝짓기를 하는 대신에 서로 경쟁할 것이다.

이제 경쟁과 동소적 서식 문제로 돌아가자. 드디어 갈라파고스핀치를 자세히 살펴볼 때가 되었다.

갈라파고스핀치

갈라파고스핀치의 분포 패턴은 메테르니히Metternich(19세기에 유럽의 정치 및 외교를 주무른 오스트리아의 재상)가 좋아할 만한 퍼즐이다. 그것은 집합과 부집합, 연합과 배제가 마구 뒤엉킨 난장판의 모습으로 나타난다. 지도 위에 색을 칠함으로써 그 분포 패턴을 나타낼 수도 없는데, 너무 많은 지역이 여러 색으로 뒤섞여 검자주색으로 나타날 것이기 때문이다.

계통발생학 패턴은 더 심하다. 같은 조상에서 유래한 변화무쌍한 핀치들이 섬들 사이를 건너다니며 종 분화가 일어나고, 다시 돌아와 경쟁하면서 분기해나가고, 다시 섬들을 건너면서 경쟁하는 과정이 반복되었기 때문이다. 분기와 이동을 거듭하면서 그들은 아주 복잡하게 갈라지며 퍼져갔다. 오늘날 갈라파고스 제도에는 게오스피지나이아과 Geospizinae 에 속하는 핀치가 13종 살고 있다.(갈라파고스 제도와 중앙아메리카 사이의 중간쯤에 위치한 코코스 섬에는 같은 아과에 속하는 열네 번째 종이 살고 있다.) 이들이 갈라파고스 제도에 처음 정착한 이래 수천 년이 흐르는 동안 이들 13종 외에도 나타났다가 사라져간 종들이 다수 있을 것이다. 자세한 내용은 갈라파고스 제도의 선사 시대 안개 속에서 실종되고 말았지만, 남아 있는 증거들만 해도 다윈뿐 아니라 다른 생물학자들의 주목을 끌기에 충분하다. 1947년에 데이비드 랙David Lack이라는 조류학자가 《다윈핀치Darwin's Finches》라는 얇은 책을 출판했다. 더 최근에는 피터 그랜트 Peter R. Grant가 야외 현장에서 수십 년 동안 핀치를 연구한 결과를 바탕으로 쓴 《생태학과 다윈핀치의 진화 Ecology and Evolution of Darwin's Finches》라는 책도 나왔다. 과학 학술지에서 같은 주제를 다룬 논문도 상당히 많다.

 몇몇 섬에는 각각 10종의 핀치가 살고 있는데, 각 섬에 사는 10종이 다른 섬에 사는 10종과 정확하게 똑같지는 않다. 몇몇 종은 12개의 섬에 살고 있지만, 모두가 똑같은 12개의 섬에 사는 것은 아니다. 13종의 핀치 각각이 갈라파고스 제도의 주요 섬 17개에 살거나 살지 않을 수학적 확률을 생각해보면 그 분포 패턴이 얼마나 복잡해질지 감이 잡힐 것이다. 설상가상으로 종뿐만 아니라 아종까지 있다. 내가 정말 눈치가 없어서 여러분이 이러한 세세한 사항까지 자세히 알고 싶어할 것이라고 생각했다면, x축에는 섬들을 배열하고 y축에는 종들을 배열하고 참고 박스에는 아종의 존재를 나타내는 알파벳 기호를 첨부하는 식으로 이 모든 것을 정교하고 복잡한 도표로 만들어 제시했을 것이다. 그랬다면 여러분은 전체 분포 패턴을 한눈에 볼 수 있을 것이다. 하지만 필시 여러분은 금방 다른 데로 눈길을 돌리고 말 것이다.

 눈에 띄는 몇 가지 특징은 간단하게 기술할 수 있다. 첫째, 핀치의 분포 패턴이 거북이나 흉내지빠귀의 분포 패턴과 결정적으로 차이가 나는 점은 근연종들이 같은 지역에 살고 있다는(동소적 서식) 사실이다. 게오스피자속 Geospiza의 땅핀치 4종은 산타크루스 섬에 함께 살고 있다. 이 4종은 마르체나 섬에도 서식한다. 카마린쿠스속 Camarhynchus의 나무핀치 3종은 플로레아나 섬에 함께 살고 있다.

둘째, 핀치는 다른 조류가 차지할 장소들을 포함해 광범위한 생태적 지위들을 차지하고 있다. 갈라파고스 제도에 처음 도착했을 때 핀치들은 텅 비어 있던 생태적 지위들을 채워갔다. 핀치들은 땅과 나무 위, 맹그로브 숲을 모두 차지했으며, 1종은 딱따구리가 지닌 습성과 기술까지 발달했다. 그리고 각자 새로운 식성도 발달하게 되었다. 데이비드 랙은 다음과 같은 사실을 지적하면서 책을 시작한다. "영국의 정원에서는 종류와 크기가 다른 핀치들이 열매와 과일을 먹고, 크기가 제각각 다른 박새들은 나뭇가지와 잔가지를 살펴보며, 여러 종류의 워블러는 나뭇잎에 붙은 벌레들을 잡아먹고, 지빠귀들은 땅 위를 샅샅이 살피며, 딱따구리들은 나무 줄기 위로 올라간다."³⁴ 그가 말하고자 한 요지는 갈라파고스 제도에는 어느 한 핀치 종이나 다른 핀치 종이 이 모든 일을 다 한다는 것이다. 땅핀치, 나무핀치, 선인장땅핀치, 딱따구리핀치, 워블러핀치, 채식핀치, 맹그로브핀치 등등과 같이 핀치들에 붙여진 일반적인 이름은 이들의 생태학적 역할을 잘 표현한다. 이들은 텅 비어 있던 생태적 지위들을 채우면서 분기해갔다.

셋째, 동소적 서식은 경쟁을 수반하고, 경쟁은 분기를 촉진한다. 이것이 곧 적응 방산이다. 한 섬에 함께 사는 근연종들(산타크루스 섬에 사는 땅핀치들이나 플로레아나 섬에 사는 나무핀치들처럼)은 서로 차별화할 방법을 찾지 않으면 오래 공존할 수 없다. 두 종이 너무 비슷하면 한 종은 멸종하거나 다른 장소로 쫓겨나고 남은 종이 그 생태적 지위를 배타적으로 차지한다. 같은 장소에서 공존하려면 가용 자원을 쪼개 쓸 수 있어야 하며, 더 세밀하게 나누어진 생태적 지위에 적응해야 한다. 근연종들이 같은 서식지에서 살아가려면 서로 다른 종류의 먹이를 먹고 사는 방법이 있다. 만약 같은 종류의 먹이를 먹고 산다면, 먹이를 구하는 장소를 달리하는 방법이 있다. 또 한 가지 차별화 방법은 크기의 차이이다. 몸 크기나 부리 크기, 그리고 먹을 수 있는 먹이의 크기가 다르면 된다. 그래서 비슷한 종 사이에서 크기에 따라 다시 종들이 구분된다. 땅핀치는 몸크기에 따라 큰땅핀치, 중간땅핀치, 작은땅핀치가 있고, 나무핀치도 큰나무핀치, 중간나무핀치, 작은나무핀치가 있다. 또, 부리도 워블러처럼 작고 세밀한 것에서부터 앵무처럼 크고 무거운 것까지 다양하다.

넷째, 큰 섬들(산타크루스 섬, 이사벨라 섬, 페르난디나 섬)에는 작은 섬들(산타페 섬, 에스파뇰라 섬, 제노베사 섬)보다 서식하는 종의 수가 더 많다. 이것은 종과 면적의 관계로, 게오스피지나이아과에 속한 종들이 이 사실을 분명히 보여준다. 큰 면적에는 작은 면적에 사는 것보다 더 많은 핀치 종이 산다. 이것은 놀라운 사실은 아니지만 겉보기보다 복잡하다. 이 점은 이 책이 끝날 때까지 계속 강조될 것이다.

다윈핀치에 대한 잘못된 전설

갈라파고스핀치와 그들이 다윈에게 준 영향은 과학사에서 흥미진진한 전설이 되었다. 그 전설의 대략적인 줄거리는 다윈이 갈라파고스 제도에서 핀치를 관찰하면서 적응 방산의 흔적을 보았고, 그 결과 진화론을 생각했다는 것이다. 생물 교과서나 조류에 관한 책, 다윈의 전기, 과학 연대기, 심지어 진화를 주제로 다룬 진지한 연구들도 이 전설을 마치 사실인 양 인용했다. 데이비드 랙의 책도 그런 분위기에 일조했다.

랙은 서문에 이렇게 썼다. "100년도 더 전인 1835년에 찰스 다윈은 갈라파고스 제도에서 칙칙한 색깔의 핀치 몇 마리를 채집했다. 그런데 이들은 새로운 조류 집단으로 밝혀졌고, 황소거북과 그 밖의 갈라파고스 제도 동물들과 함께 결국 《종의 기원》을 탄생시키고 전 세계를 뒤흔들어놓은 일련의 사고 과정을 촉발시켰다."[35] 《다윈핀치》라는 책 제목은 진화론자 다윈과 진화의 증거인 갈라파고스핀치 사이에 밀접한 관계가 있음을 시사한다.

그러나 진실을 말한다면, 양자 사이에는 밀접한 관계가 없다. 많은 전설이 그렇듯이, 이 전설 역시 이야기하기에 편리하고 듣는 사람에게 만족을 주지만, 그 내용은 대부분 상상으로 지어낸 것이다. 이 전설은 적응 방산의 고전적 사례를 발견에 얽힌 역사적 이야기와 결합한 것이어서 교과서에 써먹기에 편리하다. 또, 갈라파고스 제도에서 새를 관찰하고 이구아나를 집어던지는 다윈의 이야기는 흥미로운 젊은 천재의 이미지를 전달하므로 일반 독자에게도 만족을 준다. 그러나 편리하건 편리하지 않건, 만족을 주건 주지 않건, 이 전설은 잘못된 것이므로 바로잡을 필요가 있다. 1982년, 프랭크 설로웨이Frank J. Sulloway라는 과학사학자는 《생물학사 저널 Journal of the History of Biology》에 〈다윈과 핀치: 전설의 진화 Darwin and His Finches : The Evolution of a Legend〉라는 제목의 신중한 논문을 발표하여 사실과 거짓을 구분했다.

그 후 스티븐 제이 굴드와 다윈의 전기 작가인 피터 볼러, 로널드 클라크를 비롯한 다른 역사학자들도 설로웨이의 수정주의 견해를 옳다고 인정했다. 그러나 아직도 대다수 사람들은 다윈과 핀치에 대해 잘못 알고 있다.

그 전설을 조금 상세하게 소개하면 다음과 같다. 젊은 다윈은 갈라파고스 제도에 머무는 동안 서로 가까운 조류 종들의 집단에서 흥미로운 차이점을 발견했다. 다윈은 그 새들의 종류가 핀치임을 확인했고, 몸크기와 부리 모양에 차이가 있음을 발견했으며, 표본을 채집했다. 처음에 다윈은 채집 장소에 따라 표본을 분류하지 않는 실수를 저질렀지만, 이내 그 정보가 중요하다는 것을 깨닫고는(부총독이 거북에 대해 한 이야기에서 힌트를 얻어) 표본에 채집 장소를 적은 꼬리표를 붙이기 시작했다. 다윈은 이 핀치 집단이 해부학적으로나 생태학적으로 서로 구별되는 열두세 종으로 이루어져 있다는 사실을 발견했다. 그리고 이것이 무엇을 의미할까 하고 고민에 빠졌다. 영국으로 돌아온 다윈은 핀치 표본들을 조류학자인 존 굴드John Gould에게 넘겨주었고, 굴드는 표본들을 분류하고 기술했다. 굴드의 분류 작업이 끝나자, 다윈은 다른 채집 표본과 기록한 노트와 함께 핀치를 다시 검토했다. 그러다가 어느 순간 놀라운 생각이 떠올랐는데, 그것은 특별한 창조론이 틀렸다는 깨달음이었다. 그러자 갑자기 전 세계의 동물상과 식물상이 아주 명료하게 보였다. 종들은 끊임없이 미세 조종하는 하느님이나 어떤 신이 창조한 것이 아니라, 자연 속에서 끊임없이 일어나는 유기적 변화 과정을 통해 나타났다는 사실을 깨달은 것이다. 그리고 종들은 진화했다. 어떻게 진화하는지는 다윈도 아직 알지 못했다. 1837년에 다윈은 일기에 종의 변형에 관한 글을 쓰기 시작했다고 기록했다. 그 전해 3월부터 남아메리카에서 발견한 화석들과 갈라파고스 제도에 고유하게 서식하는 종들이 지닌 특징에 큰 충격을 받았다고 썼다. 그리고 "이 사실들은 내가 생각한(특히 나중에 생각한) 모든 견해의 기원"[36]이라고 기록했다. 기원이 된 그 사실 중 가장 중요한 것은 누구나 당연히 핀치에 관한 거라고 생각할 것이다. 과연 그럴까?

그렇지 않다. 그것은 재미있는 이야기이긴 하지만, 사실이 아니다.

설로웨이의 주도면밀한 추적에 따르면, 이 전설은 《진화론 입문》, 《과정으로 본 진화》, 《다윈과 비글호》, 《다윈의 세기》, 《생리심리학 개론》, 《그르지멕의 동물 백과사전》, 그리고 단순히 《생물학》이라는 제목을 단 많은 교과서에 단편적으로 등장한다. 이 전설은 다윈 자신이 쓴 글에 어느 정도 근거를 두고 있다. 1845년에 발간된 《비글호 항해기》 재판에는 핀치에 대한 묘사와 펜으로 그린 그림이 실려 있다. 그 그림은 새 머리 4개를 묘사한 것인데, 부리 모양이 서로 다르다. 다윈은 이 새들이 "아주 특이한 핀치 집단으로, 부리 구조, 짧은 꽁지, 몸의 형태, 깃털 등으로 볼 때 아주 가까운 관계가 분명하다."[37]라고 썼다. 그리고 가장 주목할 점은 종에 따라 부리의 크기가 서로 다른 점이라고 지적했다. 일부 부리는 모양도 달랐다. "서로 밀접한 관계에 있는 작은 조류 집단에서 이러한 구조상의 차이와 다양성이 나타나는 것을 볼 때, 처음에 조류가 전혀 존재하지 않았던 이 군도에 한 종이 들어와 여러 가지 목적으로 변형된 것이 아닌가 하는 생각이 든다."[38] 정확한 역사적 맥락을 고려해서 본다면, 이 말은 실로 큰 반향을 일으킬 만한 발언이다. 즉, 그것은 14년 뒤인 1859년에 세상을 깜짝 놀라게 할 사건을 암시하는 것이었다. 다시 말해서, 이 이야기는 다윈이 《종의 기원》을 출판하기 14년 전에 자신이 어디를 향해 나아가는지 분명히 알고 있었음을 보여준다.

그러나 핀치 이야기를 무분별하게 반복하다 보니 이 발언이 그것을 넘어서서 다른 것까지 입증하는 것처럼 여겨지게 되었다. 즉, 사람들은 그보다 10년이나 앞선 1835년에 다윈이 갈라파고스 제도에서 채집을 할 때 핀치들이 적응 방산을 보여주는 사례임을 이미 알아챘다고 믿게 된 것이다. 사실 다윈은 그런 것을 전혀 알아채지 못했다. 1845년의 《비글호 항해기》 개정판에서 다윈은 겸손한 어투로 "그런 게 아닌가 하는 생각이 든다."라고 말했지만, 처음부터 그렇게 생각한 것은 아니었다. 개정판에서 핀치에 대해 언급한 내용은 시간이 한참 지난 뒤에 생각한 것이다.

1839년에 출판된 초판에는 갈라파고스핀치에 대한 언급이 아주 간략하게만 나온다. 펜화도 없었다. "여러 가지 목적으로 변형된" 종에 대한 이야기도 전혀 없었다. 초판은 다윈이 진화론을 처음 생각한 시점과 거의 비슷한, 항해에서 돌아온 직후에 쓴 것이다. 따라서 1845년의 개정판보다는 1839년의 초판이 진화에 대해 다윈이 처음에 했던 생각을 더 정확하게 반영하고 있을 것이다. 하지만 초판에서는 핀치를 그다지 중요하게 다루지 않았다.

핀치에 관한 전설은, 설로웨이가 철저히 조사해 밝혀낸 것처럼, 중요한 내용을 두 가지 담고 있다. 첫째는 설로웨이가 썼듯이 "다윈은 갈라파고스 제도에 있을 때 거북과 흉내지빠귀와 함께 형태가 서로 다른 핀치들을 보고서 종이 변한다는 사실을 처음으로 확신하게 되었다는 주장이다."[39] 이것은 시간적 문제이다. 둘째는, 역시 설로웨이에 따르면, "다윈이 관찰한 핀치는 진화가 실제로 일어난다는 결정적 사례를 제공함으로써 훗날의 모든 이론을 형성하는 데 영감을 주었다고 주장한다. 특히 핀치는 지리적 격리와 적응 방산이 진화적 변화의 메커니즘으로 결정적 역할을 한다는 사실을 명확하게 밝혀주었다고 흔히 이야기한다."[40] 두 가지 주제의 순서를 바꾸어 질문 형태로 표현하면 이렇게 된다. "찰스 다윈에게 영감을 준 것은 무엇이며, 그때는 정확하게 언제였는가?"

설로웨이의 논문은 53쪽에 이르는 복잡한 논쟁과 인용으로 이루어져 있다. 이 논문은 발표되지 않은 다윈의 일기와 항해에서 가지고 돌아온 표본 목록, 조류 관찰 기록, 최초의 조류 표본들(대영박물관에 지금도 보관돼 있는 핀치를 비롯해), 꼬리표를 다는 다윈의 습관, 훗날에 쓴 공책들(영국으로 돌아와 이론을 만들 때 작성한), 진화론의 초기 원고, 《비글호 항해기》 초판과 재판, 더 전문적인 내용을 다룬 《비글호 항해의 동물학》, 다윈의 편지들과 자서전, 1837년에 열린 동물학회 회의의 세부 내용(존 굴드가 다윈의 표본을 분석한 결과를 처음으로 발표했던), 그리고 150여 년 동안 무시되어온 것들을 포함해 다른 형태의 역사적 단서들을 바탕으로 쓴 것이다. 설로웨이가 발견한 것들이 어떤 것인지 대충 감을 잡으려면, 다음 두 가지 주요 내용을 살펴보면 된다.

첫째, 시간적 문제. 다윈은 갈라파고스 제도에 있을 때 핀치의 중요성을 알아채고 표본을 채집한 섬을 표시한 꼬리표를 붙이기 시작했을까? 랙은 자신의 저서에서 다윈이 그랬다고 주장한다. 하지만 설로웨이는 다윈이 그러지 않았다고 말한다. 그리고 랙과 다른 사람들이 간과한 증거를 제시했다. 다윈이 영국으로 가지고 온 표본들에는 채집 장소를 표시한 꼬리표가 붙어 있었지만, 그 글씨는 다윈이 쓴 것이 아니었다. 그것은 나중에 큐레이터들이 적어넣은 것이었다. 이것은 결정적 증거가 될 수는 없다. 큐레이터들은 보편적인 절차에 따라 다윈이 적은 꼬리표를 떼어내고 표준화된 형식의 꼬리표로 대체했을지도 모른다. 그러면서 다윈이 미리 적어놓았던 표본 채집 장소를 그대로 옮겨적었을 가능성도 있다. 이런 가정에 대해 설로웨이는 사라졌다가 나중에 다시 발견된 표본을 증거로 제시한다. 그 표본이 다른 조류 집단 속에 섞여 있던 것을 설로웨이가 다시 발견했는데, 거기에는 맨 처음에 붙인 꼬리표가 그대로 붙어 있었다. 재발견된 표본(갈라파고스 제도를 방문하는 철새인 쌀먹이새 Dolichonyx oryzivorus)은 갈라파고스 제도를 떠날 무렵까지도 다윈이 꼬리표를 기록할 때 채집 장소를 포함시키지 않았음을 보여준다. 이 쌀먹이새는 다윈이 마지막에 채집해 꼬리표를 붙인 표본 중 하나이지만, 그 꼬리표에는 어디에서 잡은 것인지 아무 정보가 없다.

설로웨이는 다윈이 영국으로 돌아와 자료를 분류하면서 진화에 대해 생각할 때까지도 핀치 표본을 채집한 섬에 따라 분류할 필요성을 깨닫지 못했다는 주장을 강력하게 제기한다. 나중에 그것을 깨닫긴 했지만, 너무 늦은 것이 아니었을까? 그는 상실된 정보를 어떻게 재구성할 수 있었을까? 운 좋게도 비글호에 함께 있던 사람들 중 핀치를 채집한 사람이 다윈 말고도 세 명 더 있었는데, 그들은 모두 핀치를 채집한 장소에 신경을 썼다. 비글호 선장인 피츠로이도 상당히 많은 표본을 채집했는데, 그것들을 모두 대영박물관으로 보냈다(다윈의 표본도 결국 그렇게 되었지만). 그리고 해리 풀러Harry Fuller라는 선원과 다윈의 하인이었던

심스 코빙턴Syms Covington도 표본을 약간 채집했다.

다윈은 이론 작업에 착수한 직후 각각의 핀치가 어느 섬에서 채집한 것인지 알면 큰 도움이 된다는 사실을 알게 되었다. 자신이 잡은 표본과 목록은 불충분했으므로, 피츠로이와 풀러와 코빙턴이 채집한 표본을 참고하여 유추와 추론을 통해 자료를 재구성했다. 남의 채집 표본을 보고 다윈의 필체로 적은 이 기록은 케임브리지 대학 도서관에 보관돼 있다. 설로웨이의 논문에는 그것을 복사한 것이 실려 있다.

갈라파고스 제도에 머무는 동안 다윈은 핀치 표본의 채집 장소를 꼼꼼히 기록하는 데 전혀 주의를 기울이지 않은 것으로 보아 핀치들의 분포 패턴에 그다지 신경을 쓰지 않은 게 분명하다. 그는 영국에 돌아오고 나서도 게오스피지나이아과에 속하는 13종의 핀치가 무엇을 알려주는지 전혀 몰랐다.

설로웨이의 논문이 다룬 두 번째 주제는 인과 관계이다. 과연 다윈은 핀치 표본에서 영감을 얻었을까? 설로웨이는 아니라고 말한다. 그는 다윈이 1837년에 쓴 일기 중 다음 구절을 지적한다. "그 전해 3월부터 남아메리카에서 발견된 화석들과 갈라파고스 제도에 고유하게 서식하는 종들이 지닌 특징에 큰 충격을 받았다. 이 사실들은 내가 생각한(특히 나중에 생각한) 모든 견해의 기원."[41] 여기서 다윈이 언급한 사실들은 구체적으로 무엇을 말할까? 그 중요한 사실들은 주로 존 굴드에게서 나온 것이라고 설로웨이는 주장한다.

그해 3월, 다윈은 런던에서 굴드를 만나 갈라파고스 제도에서 가져온 표본들에 대한 조류학자의 전문적 분석을 들었다. 굴드가 내린 결론은 놀라운 것이었다. 흉내지빠귀 네 마리 중 세 마리는 모두 새로운 종이라는 것이었다. 또한, 갈라파고스 제도에서 땅에 사는 조류 26종 중 25종은 지구상의 다른 곳에서는 알려진 적이 없는 새로운 종이라고 했다. 땅에 사는 조류 외에도 갈매기 1종, 왜가리 1종, 꼬까도요 1종을 비롯해 다른 조류 집단에서도 새로운 종을 발견했다고 굴드는 생각했다. 다윈은 흉내지빠귀에 대한 굴드의 견해에 놀랐을 뿐만 아니라, 갈라파고스 제도에 사는 이 독특한 종들이 아메리카 대륙에 사는 종들과 근연종이라는 사실(다윈 자신은 전혀 눈치채지 못한)에도 놀랐다고 설로웨이는 말한다.

그것은 우연의 일치라고 보기에는 너무나도 놀라운 현상으로, 나중에 월리스는 그것을 법칙이라고 표현했다. "모든 종은 이미 존재하고 있던 근연종과 동일한 공간과 시간에 출현했다." 이것은 특별한 창조론을 부정하는 주장이었다. 나중에 월리스가 그랬듯이 다윈도 이것이 옳다고 받아들였다.

다윈이 이러한 깨달음을 얻는 단계에서 핀치 표본들은 아무런 역할도 하지 않았다고 설로웨이는 주장한다. 흉내지빠귀와 달리 핀치는 아메리카 대륙에 사는 종들과 눈에 띄는 유연 관계를 보여주지 않았다. 핀치는 다윈의 생각이나 다윈이 공책에 "이 사실들은 내가 생각한(특히 나중에 생각한) 모든 견해의 기원."이라고 쓸 무렵에 거의 아무 영향도 미치지 않았다.

설로웨이의 논문은 다윈을 공격한 것이 아니다. 그것은 이야기의 편리함을 위해 기록을 조작한 사람들의 모호한 생각을 비판한 것이다. 설로웨이가 주는 교훈은 다른 분야의 영웅들과 마찬가지로 과학의 영웅들에 대해서도 전설이 만들어지기 쉬우며, 전설은 과학이나 역사하고는 아무 상관이 없다는 사실이다.

밝혀진 바와 같이, 다윈은 갈라파고스 제도에 머무는 동안 핀치들을 서식하는 섬에 따라 분류하려는 노력을 전혀 기울이지 않았다. 나중에 그가 발표한 채집 장소 정보는 영국으로 돌아온 뒤에, 다른 동료들이 신중하게 채집 장소를 기록한 표본들을 바탕으로 재구성한 것이다.[42]

설로웨이는 또 이렇게 덧붙였다.

다윈이 갈라파고스 제도에 머무는 동안에 적응 방산을 통해 진화가 일어난다는 개념을 깨달았다는 주장에 대해 말한다면, 그 당시 다윈은 다양한 핀치 종들에서 이 놀라운 현상이 더 많이 나타날수록 그것을 핀치들끼리 흉내내는 형태라고 오해했다. 영국에 돌아온 뒤에도 존 굴드가 이 특이한 조류 집단의 유연 관계를 명확하게 설명했을 때, 다윈은 갈라파고스핀치들이 어떻게 진화했는지 즉시 이해하지 못했다. 특히 다윈은 핀치의 식성과 지리적 분포(핀치의 진화를 제대로 설명하는 데 중요한 정보)에 대해 제한적이고 대체로 틀린 개념만 알고 있었다. 마지막으로, 전설이 우리에게 믿으라고 하는 것과는 반대로, 핀치는 다윈의 진화론에 중요한 역할을 담당하기는커녕 《종의 기원》에 언급조차 되지 않았다.

다윈이 처음 발견한 게오스피지나이아과는 혼동만 일으키고 그다지 주목을 끌지 못한 새였다. 채집하던 당시에 다윈은 그 새가 과연 핀치인지조차 확신하지 못했다. 어떤 것은 밀화부리류처럼 보였고, 어떤 것은 굴뚝새처럼 보였다. 초원종다리나 블랙버드처럼 보이는 것도 있었다. 다윈은 적응 방산을 보여주는 증거들을 보았지만, 자신이 무엇을 보고 있는지 전혀 몰랐다. 종들은 각각 다른 생태적 지위를 차지했고, 생태적 지위는 주로 식성으로 정해졌지만, 다윈은 그것도 알아채지 못했다. 다윈의 눈에는 모든 핀치가 같은 종류의 먹이를 먹는 것으로 보였다. 나중에 부리의 형태학과 서식지 분포, 습성 연구에서 나온 결론, 즉 갈라파고스핀치들이 이종간 경쟁을 통해 서로 분기해나갔다는 사실은 다윈이 갈라파고스 제도에 머물 당시에는 전혀 떠오르지 않았다. 다윈은 부리 크기나 모양보다는 깃털 색깔에 더 큰 관심을 보였다. 그러나 깃털 색깔은 대체로 칙칙했고, 어떤 색조의 갈색을 다른 색조의 갈색과 구별한다고 해서 그것이 무슨 유용한 정보를 제공하지는 않았다.

다윈은 수수께끼의 핀치 표본 31마리를 영국으로 가져왔으나, 그것을 가지고 어떻게 해야 할지 몰라 존 굴드의 실험실로 보내고 말았다. 이 핀치들은 100여 년 뒤에 '다윈핀치'로 불리게 되었다.

적응 방산을 보여주는 극적인 사례

적응 방산의 사례는 갈라파고스핀치에게서만 볼 수 있는 게 아니다. 갈라파고스핀치는 단지 다윈과의 인연 때문에 교과서 및 일반인을 위한 과학사 책에서 유명해진 상징적 사례에 불과하다. 명성의 기준을 버리고 과학의 기준에서 본다면, 다른 장소들에서 갈라파고스핀치보다 더 극적인 사례를 얼마든지 찾을 수 있다.

특히 하와이 제도에서는 꽃식물, 달팽이류, 곤충, 꿀빨이새 등에서 종분화와 적응 방산의 극적인 사례를 많이 찾아볼 수 있다. 하와이 제도에서 이런 현상이 많이 나타나는 원인은 무엇일까? 그것은 복합적이다. 하와이 제도는 지구상에서 격리 수준이 가장 심한 군도이고, 대양도치고는 비교적 나이가 많다. 전체 면적이 대다수 군도보다 넓고, 주요 섬들(하와이 섬, 마우이 섬, 오아후 섬, 카우아이 섬)도 대다수 대양도보다 더 넓다. 또 기후가 따뜻하고 강우량이 많으며 지형이 가파른데, 이것은 생물의 풍부성을 높이는 세 가지 조건이다. 마지막으로, 계곡과 용암류, 산등성이가 지나가면서 산기슭을 여러 조각으로 나누어 격리된 소규모 서식지가 아주 많다. 다윈은 하와이 제도를 본 적이 없다. 만약 그가 하와이 제도를 보았다면, 갈라파고스 제도를 보잘것없는 곳으로 생각했을 것이다.

하와이 제도에서 일어난 진화를 가장 생생하게 보여주는 사례는 꿀빨이새이다. 하와이꿀빨이새는 하와이꿀빨이새아과 Drepanidinae로 분류되는 하와이의 고유종들이다. 하와이 원주민은 이 새들을 마모, 오우, 이위, 푸울리, 아코헤코헤 등으로 부른다. 다윈핀치와 마찬가지로 하와이꿀빨이새도 핀치와 비슷한 조상에서 유래했지만, 다윈핀치와는 달리 갈 수 있는 데까지 분기해갔다. 진화는 이들에게 밝은 색과 눈에 띄는 형태를 선물했다. 꿀빨이새는 30여 종 있는데, 현재 몇 종이 살아 있는지는 정확하게 말하기 어렵다. 분류학자들의 의견이 엇갈리는 이유도 있고, 멸종으로 사라진 종도 있기 때문이다.

긴 부리에 몸 색깔이 검은 종도 있고, 굽은 부리에 검은색과 빨간색이 섞인 종, 언월도처럼 굽은 부리에 초록색인 종, 올리브색 날개와 노란색 눈썹에 앵무 같은 부리를 가진 종, 파란색 부리와 검은색 얼굴을 제외하고는 황금핀치를 꼭 닮은 종 등 이렇게 다양한 특징을 지닌 종이 30여 종이나 있다. 일부 종은 꽃꿀을 빨아먹고 살도록 진화했으나, 일부 종은 곤충을 먹고 살도록, 일부 종은 부리로 꼬투리를 까서 씨를 먹고 살도록 진화했다. 특별한 먹이를 먹고 살도록 적응이 덜 일어난 일부 종은 곤충과 열매, 씨앗은 물론 다른 바닷새의 알까지 먹고 살아간다. 하와이꿀빨이새는 "적응 방산이라 부르는 과정을 보여주는 가장 훌륭한 사례"[43]라고 일컬어졌으나, 이것은 편견을 가진 일부 조류학자들이 한 말이다. 왜냐하면, 곤충학자라면 드로소필라 Drosophila를 무시하지 못할 것이기 때문이다.

드로소필라는 놀라울 정도로 다양한 초파리속屬을 말한다. 초파리는 유전학 실험에 사용된 이래 유전학의 역사에 큰 명성을 남겼다. 특히 노랑초파리 Drosophila melanogaster를 비롯해 일부 종은 번식이 빠르고, 사육 상태에서도 잘 살아갈 뿐만 아니라, 침샘에 아주 큰 염색체가 있어서 유전학 실험을 하기에 아주 편리하다. 거대한 염색체는 잘라내 유전 암호를 해독하기가 쉽다.

현미경을 들여다보며 염색체 수를 세는 일 같은 건 절대로 하지 않는 평범한 사람들도 초파리를 오로지 실험실 생물로만 생각하는 경향이 있다. 초파리는 플라스틱 용기 안의 서식지에서 으깬 바나나를 먹고 살면서 유전학의 큰 의문에 답을 금방 제공한다. 그러나 일부 초파리는 사실은 야생 동물이다. 초파리속은 전 세계에 약 1,500종이 사는 것으로 추정되는데, 그중에서 약 500종이 하와이 제도에 고유하게 서식한다.

초파리는 하와이 제도에서 적응 방산을 통해 퍼져나갔다. 날개의 힘과 운으로 섬에 도착한 창시자 조상들은 그곳에서 과일과 텅 빈 생태적 지위와 격리된 지역 그리고 풍부한 시간을 발견했다. 격리된 채 살아간 다양한 집단은 유전적으로 분기해(창시자 원리, 유전자 부동, 국지적 적응을 통해) 결국 종 분화가 일어났다. 그러고 나서 다시 다른 지역으로 확산해갔다. 새로 진화한 종들은 카우아이 섬에서 오아후 섬으로, 오아후 섬에서 마우이 섬으로, 마우이 섬에서 그 밖의 곳들로 옮겨갔으며, 그 과정에서 가까운(그렇지만 이제는 생식적으로 교잡이 불가능한) 친척들을 다시 만났다. 그들은 서로 경쟁했다. 먹이 부족과 과밀 상태 때문에 힘든 시기를 겪기도 했다. 일부 종은 멸종하고 일부 종은 살아남아 경쟁의 압력을 받으면서 계속 분기해나가 결국 약 500종의 초파리가 존재하게 되었다.

집단생물학자 마크 윌리엄슨Mark Williamson은 "식물이든 동물이든 섬에서 연구할 수 있는 생물 집단 중에서 최고는 하와이 제도의 초파리이다."44라고 주장했다. 그의 정열은 충분히 이해할 만하지만, 윌리엄슨도 약간의 편견에 사로잡혔을지 모른다. 그렇지만 엄청나게 복잡한 초파리속의 다양성을 완전히 파악하기 위해 많은 노력을 기울인 그는 그런 최상급 표현을 쓸 자격이 충분히 있다.

하와이 제도와 비교한다면 동아프리카의 큰 호수들은 적응 방산이 일어날 장소로는 빈약해 보인다. 그러나 생물학자들은 지난 수십만 년 동안 이곳에서도 극적인 일들이 일어났다고 말한다. 시클리드과에 속한 물고기들 사이에서 기묘한 적응 방산이 일어났다.

이 거대한 아프리카 호수들은 아프리카 대륙의 동쪽을 지나가는 그레이트리프트밸리를 따라 늘어서 있다. 가장 큰 호수는 케냐 고원 지대의 서쪽에 있는 빅토리아 호로, 연못처럼 둥근 모양을 하고 있지만 크기는 아일랜드만 하다. 그레이트리프트밸리에서 더 남쪽으로 내려가면 탕가니카 호가 있다. 길고 좁은 띠를 이루며 뻗어 있는 이 호수는 탄자니아와 자이르의 국경선을 이룬다. 탕가니카 호는 수심이 깊은 것으로 유명하다. 남쪽으로 더 내려가면 말라위 호가 있다. 이 세 호수는 수로를 통해 연결돼 있지 않다. 세 호수는 모두 판들의 움직임에서 생긴 압력으로 아프리카 대륙의 일부가 융기하고 꺾이고 갈라지는 바람에 이전의 강들이 새로운 분지에 갇히면서 생겨났다. 강들과 함께 거기에 살던 물고기들 역시 분지에 갇혔다. 그중에 시클리드과에 속한 물고기가 몇 종 있는데, 이들은 진화에서 탁월한 유연성을 발휘했다.

시클리드는 번성하면서 빅토리아 호와 말라위 호, 탕가니카 호에 물고기를 풍부하게 했을 뿐 아니라 종도 풍부하게 했다. 폭발적인 다양성 증가를 낳은 결정적 변수는 각 호수가 지닌 자연지리적 이질성이었다. 부채꼴 가장자리 모양의 연안선, 수심과 경사의 불규칙한 패턴, 가뭄과 저수위가 찾아오는 주기 등 이 모든 요인은 일부 소규모 서식지를 항구적 또는 일시적으로 격리된 상태로 유지했다. 예를 들면, 수심이 깊은 두 지역에 각각 시클리드가 살고 있고 그 사이에 얕은 물이 가로지르고 있다면, 깊은 곳에 사는 시클리드는 얕은 물에서는 살지 못하므로 얕은 물을 건널 수가 없어, 건너편의 깊은 곳에 사는 시클리드와 교배하지 못한다. 그리고 이러한 각각의 격리 지역 안에서도 시클리드들은 분기하고 종 분화를 일으켰다.

세월이 흐르면서 많은 서식지들이 일시적으로 연결되는 일도 일어났다. 그러면 물고기 개체군들이 유전적으로는 섞이지 않는다 하더라도 최소한 공간적으로는 서로 섞인다. 비록 서로 가까운 관계이긴 하지만 생식적으로 교잡할 수 없는 개체군들은 서로 경쟁하게 되었고, 적응 방산을 하거나 멸종하거나 어느 한쪽 길을 걸어갈 수밖에 없었다. 많은 개체군은 멸종하지 않았다.

이들 아프리카 호수에서 시클리드는 단지 풍부해지는 데 그치지 않고 화려해지기까지 했다. 많은 종은 특별한 해부학적 도구와 행동이 발달했다. 특히 입의 구조가 식성에 맞추어 변형되었다. 시클리드는 호수를 잘게 쪼개 작은 생태적 지위들을 아주 많이 만들어냈다. 형태가 변해갔을 뿐만 아니라 생태계에서 담당하는 역할도 더 작은 것으로 축소돼갔다. 몇 가지 예를 들면, 바위를 갉아먹는 프세우도트로페오스 트로페옵스 *Pseudotropheus tropheops*, 식물을 갉아먹는 헤미틸라피아 옥시린쿠스 *Hemitilapia oxyrhynchus*, 모래를 파고 곤충을 잡아먹는 레트리놉스 브레비스 *Lethrinops brevis*, 비늘을 먹는 게니오크로미스 멘토 *Genyochromis mento*, 다른 물고기의 지느러미를 뜯어먹고 사는 도키모두스 존스토니 *Docimodus johnstoni*, 나뭇잎을 먹는 하플로크로미스 시밀리스 *Haplochromis similis*, 바위 틈을 살피면서 곤충을 잡아먹는 하플로크로미스 에우킬루스 *Haplochromis euchilus*, 물고기를 잡아먹는 하플로크로미스 파르달리스 *Haplochromis pardalis*, 그리고 내가 개인적으로 좋아하는 종이자 눈알을 파먹는 것으로 유명한 하플로크로미스 콤프레시켑스 *Haplochromis compressiceps* 등이 있다. 이것들은 모두 시클리드과에 속하며, 기본적인 속성은 비슷하지만 각자 독특한 특징을 지니고 있다.

위에 예로 든 시클리드는 모두 말라위 호에 사는 것들이다. 고요한 말라위 호 속에는 시클리드가 200종 이상 숨어 있는데, 4종만 제외하고 나머지는 모두 이 호수의 고유종이다. 분자유전학자들은 이 모든 종이 하나의 조상 종에서 갈라져나왔다고 생각한다. 시클리드가 200종이나 살다

보니 다른 물고기들이 살 수 있는 생태학적 공간은 제약을 받는다. 시클리드는 이곳에 일찍 도착하여 물고기가 살아갈 수 있는 생태적 지위를 대부분 차지해버렸다. 탕가니카 호에는 시클리드가 최소한 116종 살고 있는데, 모두 이 호수의 고유종이다. 빅토리아 호에는 한때 시클리드가 200여 종이나 살았으나, 사람이 초래한 멸종 때문에 많은 종이 사라졌다.

말라위 호의 시클리드, 갈라파고스핀치, 하와이 제도의 꿀빨이새와 초파리. 이 동물들은 모두 교과서에 실린 적응 방산 사례이다. 또 다른 예는 마다가스카르 섬에서 찾아볼 수 있는데, 유일하게 남아 있는 열대우림 지역에 대나무여우원숭이 3종이 함께 살고 있다. 아마 여러분도 이 사례는 교과서에서 보지 못했을 것이다.

3종은 다른 사례와 비교하면 수적으로 매우 빈약해 보인다. 그렇지만 대나무를 먹고 사는 이들 여우원숭이는 나름대로 극적인 요소를 지니고 있다.

마다가스카르 섬의 여우원숭이

1986년, 41세의 영장류학자 퍼트리셔 라이트 Patricia Wright는 소규모 탐사대를 이끌고 마다가스카르 섬의 동남부 지역으로 갔다. 그것은 성공확률이 아주 낮은 과학적 모험이었다. 그녀는 큰대나무여우원숭이 *Hapalemur simus*를 찾아 조사하려는 목적으로 이 탐사에 나섰다. 살아 있는 큰대나무여우원숭이를 본 사람은 거의 없었다.

큰대나무여우원숭이는 대나무를 먹고 사는 여우원숭이 2종 중 하나로, 마다가스카르 섬의 열대우림에만 서식하는 고유종이다. 20세기에 들어 큰대나무여우원숭이는 멸종한 것으로 추정되었다. 그러나 1960년대 중반에 한 프랑스 인 곤충학자가 시골 시장에서 살아 있는 큰대나무여우원숭이를 샀는데, 그 녀석은 나중에 도망가버렸다. 1972년, 커피 농장으로 둘러싸인 작은 숲에서 큰대나무여우원숭이 한 쌍이 잡혔다. 이들은 안타나나리보에 있는 침바자자 동식물원으로 옮겨져 그곳에서 몇 년 살았다. 새끼도 두 마리 낳았지만, 부모가 죽자 새끼도 곧 죽고 말았다. 큰대나무여우원숭이는 다시 보기 힘든 동물이 되었고, 영영 멸종한 것으로 여겨졌다.

이 종이 발견된 두 장소인 키안자바토의 커피 농장과 본드로조 인근의 마을 시장은 마다가스카르 섬 남동부, 중앙 고원 지대에서 가파르게 경사가 진 거대한 단층애(단층 운동으로 생긴 절벽) 근처에 있다. 단층애 지형은 산이 많고 빗물의 침식이 심하며 진흙탕이 많아 벌목이나 벼농사 또는 방목에 불편하다. 그래서 일부 장소에는 오래된 열대우림이 남아 있다. 마다가스카르 섬의 나머지 장소들은 사람들의 지나친 개발로 자연이 거의 황폐화되었다. 동쪽 연안 평야의 습지 삼림은 대부분 잘려나갔고, 고원 지대의 사바나는 반복적으로 불탔다. 땅은 척박하고 사람들은 가난하며, 여우원숭이의 서식지도 극히 드물다. 그러나 남동부 산비탈에는 아직도 숲이 많이 남아 있다. 퍼트리셔 라이트는 만약 큰대나무여우원숭이가 살아 있다면, 바로 그곳에서 발견될 것이라고 생각했다.

라이트는 대나무 숲을 찾았다. 큰대나무여우원숭이의 생태나 행동은 대나무를 먹는다는 것 외에는 알려진 게 거의 없었다. 초기의 관찰자들은 큰대나무여우원숭이가 죽순을 먹고 살며, 죽순을 구하기 힘들 때에는 대나무 줄기를 갉아먹는다고 보고했다. 마다가스카르 섬에 고유하게 서식하는 대나무는 여러 종류가 있었다. 그중에서 케팔로스타키움 비구이에리 *Cephalostachyum viguieri*라는 큰 대나무는 여우원숭이의 몸무게를 충분히 지탱할 만큼 굵고, 빽빽한 숲을 이루며 자랐다. 그러나 나름의 생태학적 한계와 전반적인 식물 서식지 파괴 때문에 이 큰 대나무 숲은 이

제 보기 힘들어졌다.

무명의 조교수였던 라이트는 야외 연구 경력을 뒤늦게 시작했다. 1966년에 대학을 졸업한 그녀는 뉴욕 시의 빈민가에서 린든 존슨의 지역사회 개발을 위한 사회 복지 활동원으로 자원해 일했다. 그녀의 성장 배경에서 훗날의 운명을 조금이나마 암시하는 단서를 굳이 찾는다면, 뉴욕 주 서부에서 나무를 좋아하는 말괄량이로 성장했다는 점과 도시 정글에서 첫해를 보낼 때 남아메리카에서 온 원숭이를 입양했다는 점을 들 수 있다. 그 원숭이는 불우한 처지에 놓인 꼬리감는원숭이였는데, 라이트의 친구가 이스트빌리지의 애완동물 가게에서 샀다가 키울 수 없게 되자 라이트에게 키워달라고 부탁한 것이었다.

"친구는 어머니와 함께 살았는데, 원숭이를 집으로 데려갔더니 어머니가 원숭이를 당장 내쫓지 않으면 사흘 안에 자기가 암에 걸릴 거라고 했다지 뭐예요."라고 라이트는 설명했다.

라이트와 그녀의 남편은 원숭이를 데리고 살기로 결정했다. 그러다가 나중에는 다른 원숭이들도 더 기르게 되었다. 일단 원숭이와 살아본 사람은 원숭이가 없으면 외로움을 느끼게 된다고 라이트는 말한다. 그녀는 10년 동안 브루클린에서 살다가(몇 년 동안은 사회 복지 활동원으로, 그 다음엔 어린 딸과 함께 항상 한두 마리의 원숭이를 기르는 어머니이자 아내로) 학교로 돌아가 자연인류학 박사 과정을 밟았다.

라이트는 남편이 대학원 과정을 마칠 때까지 뒷바라지를 했지만, 남편은 얼마 뒤 그녀를 떠났다. 라이트는 이해한다는 투로 이렇게 말했다.

"남자에게 자신의 인생을 바치는 여자랑 사는 것과, 완전히 미치광이처럼 되어 과학의 질문에 푹 빠져 사는 여자랑 사는 것은 전혀 다르니까요."

미치광이이건 아니건, 라이트는 열대 영장류의 생태학과 행동에 관련된 질문에 푹 빠져 있다.

다행히도 딸은 신체적으로나 정신적으로 강한 아이여서 야외 캠프 생활에 잘 적응했다. 라이트는 박사 학위 논문을 쓰기 위해 페루의 아마존 지역에 사는 야행성 원숭이를 연구했다. 그다음에는 말레이시아와 필리핀의 안경원숭이를 연구했다. 마다가스카르 섬은 1984년에 처음 방문했다. 나이로비에서 열린 학회에 참석하러 왔다가 과학적 관광의 일환으로 비행기를 타고 안타나나리보로 날아갔다. 비행기가 마다가스카르 섬 상공을 나는 동안 불에 그을리고 곳곳이 침식되어 토사가 섞인 붉은 강이 인도양으로 흘러드는 광경을 보고 그녀는 눈물을 흘렸다.

"불에 탄 산들을 보고서 얼마나 비통했던지 다시는 오지 않겠다고 다짐했지요."

그러나 여우원숭이들 사이에서 며칠을 보내면서 마음이 변했다. 이 원숭이들은 대단히 흥미로운 대상이어서 그냥 돌아설 수 없었다.

라이트는 1985년에 동부작은대나무여우원숭이 *Hapalemur griseus*를 연구하러 마다가스카르 섬으로 돌아갔다. 연구 장소로 선택한 곳은 동부 단층애에 위치한 조그마한 숲으로, 1년 전에 방문했다가 홀딱 반한 장소였다. 그곳은 아날라마자오트라 야생 동물 특별 보호 구역이었다. 이곳은 라이트의 삶에 전문 경력으로나 감정적으로나 지울 수 없는 흔적을 남긴다. 탐사 기간 내내 이곳에서 동부작은대나무여우원숭이를 관찰했다. 그 결과, 동부작은대나무여우원숭이는 주로 대나무만 먹고 살도록 적응한 동물이라는 사실을 알아냈다. 이전 연구자들이 동부작은대나무여우원숭이와 대나무의 관련성을 언급하긴 했지만, 이처럼 철저한 자료를 수집한 사람은 일찍이 없었다. 라이트는 또한 동부작은대나무여우원숭이의 일부일처제 짝짓기 방식과 수컷과 암컷의 양육 역할에도 흥미를 느꼈다. 수컷은 새끼의 양육 과정에서 수컷 인간보다도 더 중요한 역할을 담당하는 것처럼 보였다. 마다가스카르 섬의 격리된 장소에 사는 영장류의 대체 세계에서 양 성의 역할에 일대 변화가 일어났다는 이 관찰은 큰 반향을 불러일으켰다. 그러나 나중에 라이트가 세계야생생물기금WWF에서 일하던 보수적인 영장류학자 러스 미터마이어Russ Mittermeier에게 연구 결과를 설명하자, 미터마이어는 라이트에게 다른 종을 집중적으로 연구해보라고 제안했다. 동부작은대나무여우원숭이는 동부 열대우림 지역에서는 비교적 흔한 종이라면서, 그보다는 멸종 위기에 처한 종을 연구하면 WWF의 기금을 지원해줄 수 있다고 했다.

"저는 그 제안을 생각하다가 물었죠. '그렇다면 큰대나무여우원숭이를 찾아보라는 말인가요?'" 미터마이어도 라이트와 마찬가지로 그 종이 1970년대 초 이후로는 목격된 적이 없다는 것을 알고 있었다. "그는 그렇다고 말했어요. 그래서 내가 말했죠. '그것은 필시 멸종했을 거예요. 멸종한 동물을 연구하는 사람에게는 아무도 돈을 대주려 하지 않을 텐데요?' 그러자 그는 '내가 돈을 대주겠소.'라고 하더군요."

그래서 라이트는 큰대나무여우원숭이를 찾아나섰다. 단층애 남쪽 끝부근에 있는 열대우림에 탐사 활동 노력을 집중했는데, 그곳은 10여 년 전에 마지막으로 한 쌍이 붙잡힌 커피 농장에서 그리 멀지 않은 곳이었다. 라이트는 모든 것을 운에 맡기고 승부를 걸었다. 더 이상 존재하지 않을 가능성이 높은 종의 생태학적 자료를 얻는 데 뛰어든 것이다. 하지만 이전에도 운에 맡기고 승부를 건 적이 여러 번 있었다.

이번에는 소규모 탐사팀이 동행했다. 탐사팀은 미국인 학생 두 명과 다른 곳에서 함께 일한 적이 있는 탐사 활동 기획 조정관, 그리고 조제프 라베송Joseph Rabeson이라는 마다가스카르 섬 출신의 10대 박물학자가 다였다. '베도'라는 별명으로 불리는 라베송은 훨씬 북쪽에 있는 아날라마자오트라 보호 구역 근처에서 자랐는데, 그 전해에 그곳에서 일하던 라이트와 친해졌다. 베도는 자기가 자란 곳의 나무나 동물에 대해서는 환히 알았지만, 이곳 남동부 지방은 베도뿐만 아니라 모두에게 낯선 곳이었다.

준비된 탐사 차량은 구형 도요타 랜드크루저였다. 라이트는 그때를 즐거운 듯이 회상하며 말했다.

"우리는 끔찍한 길을 따라 올라갔다 내려갔다 하며 달렸어요. 그렇게 험악한 도로는 난생처음이었죠. 대나무 숲을 발견하면 차를 멈추고, 사람들에게 여기에 큰대나무여우원숭이가 사느냐고 물었어요. 차에서 내려 조사도 했지요. 길을 벗어나 며칠 동안 걷기도 했는데, 아주 즐거운 경험이었어요. 우린 그 무엇에 대해서도 아는 게 없었으니까요."

어느 날, 피아나란트소아에서 지저분한 2차선 도로를 타고 해안 쪽을 향해 동쪽으로 달렸다. 그 길은 단층애 아래로 폭포가 되어 떨어지는 나모로나 강을 따라 지그재그를 그리며 뻗어 있었다. 피아나란트소아에서 멀어질수록 산중턱은 습기가 많고 푸른 식물이 무성하게 자라 있었다. 그중 일부는 사람 손길이 전혀 닿지 않은 열대우림처럼 보였다. 라노마파나라는 작은 읍 외곽에서 강 건너 산비탈에 큰 대나무들이 촘촘한 숲을 이룬 게 보였다.

"만약 큰대나무여우원숭이가 아직 살아 있다면, 바로 저런 곳에 살고 있을 것이란 생각이 들었지요."

그들은 산 위로 올라가 텐트를 쳤다. 비가 내리기 시작했다. 건기인데도 비는 닷새 동안 계속 내렸다. 일행은 비에 젖고 진흙투성이가 되었지만, 미끄러운 산비탈을 오르고 안개 낀 능선을 가로질러 한 대나무 숲에서 다음 대나무 숲으로 이동하며 큰대나무여우원숭이를 찾는 탐사 작업을 강행했다. 넘어지고 구르기도 했지만, 쌍안경만큼은 빗물에 젖지 않도록 조심했다. 운 좋게도 그곳 숲을 잘 아는 마을 사람 두 명을 만났는데, 에밀과 로레라는 이름의 두 남자는 기꺼이 안내인으로 나섰다. 그들은 베도만큼 해박하지는 않았지만, 옛날에 마을 사람들과 육체적으로나 정신적으로 연결되었던 숲에 관한 전통 지식을 많이 알고 있었다. 그러한 지식은 마다가스카르 섬 전체 지역에서 숲과 함께 사라져갔다. 하지만 라노마파나는 아직 원시적인 자연이 정착 농업으로 넘어가는 중간

단계에 있었다. 에밀과 로레의 도움과 숲에서 시력이 아주 좋은 베도의 활약에 힘입어 라이트 일행은 붉은배여우원숭이, 갈색여우원숭이, 눈길을 끄는 검은색 여우원숭이 종인 왕관시파카 Propithecus diadema를 비롯해 많은 야생 동물을 보았다.

심지어 라이트가 북쪽에서 연구한 것과 같은 종인 동부작은대나무여우원숭이도 보았다. 그들은 동부작은대나무여우원숭이가 대나무 잎을 뜯어먹는 것을 보았다. 그들은 이 특별한 대나무(훗날 케팔로스타키움 페리에리 Cephalostachyum perrieri로 확인되었다)는 큰 대나무 종과는 다르다는 사실을 확인했다. 이러한 사소한 사실들도 나중에 모두 중요한 의미가 있는 것으로 드러난다.

남동부 지역의 숲에서 동부작은대나무여우원숭이가 목격되었다는 사실은 불안한 의문을 던졌다. 대나무를 먹고 사는 여우원숭이의 생태적 지위를 어느 종이 선점하는 것은 아닐까? 즉, 동부작은대나무여우원숭이가 이곳에 살고 있다면, 희귀한 종인 큰대나무여우원숭이는 살지 않는 것이 아닐까? 라이트 일행은 관찰을 계속했다. 일부 큰 대나무에서 동부작은대나무여우원숭이보다 더 큰 동물이 씹은 것으로 보이는 흔적을 발견했다. 하지만 살아서 움직이는 큰대나무여우원숭이는 목격하지 못했다.

얼마 뒤에 발표한 논문에서 라이트는 이렇게 기술했다. "나는 거의 희망을 포기한 상태였다. 그런데 으슬으슬 춥고 안개 낀 어느 날 아침, 여우원숭이 한 마리가 줄기에 매달려 기다란 붉은 꼬리를 풍차처럼 빙빙 돌리면서 무엇을 쿵쿵 두드리는 듯이 크게 소리를 지르는 것을 보았다. 그 여우원숭이는 금빛이 도는 빨간색 털에 주둥이는 짧고 귀는 털로 덮여서 동부작은대나무여우원숭이가 아닐까 생각했지만, 몸크기가 그 두 배는 되었다."[45] 라이트는 무아지경에 빠졌다. 그것이 큰대나무여우원숭이일지 모른다는 생각이 퍼뜩 들었기 때문이다.

하지만 라이트는 큰대나무여우원숭이의 몸 색깔이 짙은 회색일 거라고 예상했다. 단지 몇몇 개체를 목격한 보고에 기초한 이전의 기술에서는 금빛이 도는 빨간색 털에 대한 언급은 전혀 없었다. 그러나 그 차이점은 큰 문제로 여겨지지 않았는데, 같은 여우원숭이 종 안에서 색깔 차이가 나타나는 것은 흔한 일이기 때문이다. 예를 들면 왕관시파카 종 안에는 얼굴에 주름 칼라 모양의 흰색 털이 나고 몸 색깔이 갈색을 띤 회색인 아종과, 몸 색깔이 순백색인 아종, 그리고 검은색인 아종이 최소한 셋이나 있다. 몸 색깔이 회색인 큰대나무여우원숭이와 지금 이곳에서 목격한 개체 사이의 차이도 그와 같은 종류의 것일 수 있다고 라이트는 생각했다. 즉, 같은 종에 속한 아종의 차이에 불과할지 모른다. 다른 곳에는 몸 색깔이 회색인 큰대나무여우원숭이가 살고, 어떤 지리적 경계 때문에 그곳과 분리된 이곳에는 금빛이 도는 빨간색인 큰대나무여우원숭이가 살지도 모른다.

그 순간, 금빛이 도는 빨간색 털을 가진 짐승은 사라져버렸다. 탐사를 계속했지만 다시 볼 수 없었다. 마침내 그들은 캠프를 철거하고 랜드크루저로 돌아갔다. 그리고 자동차로 약간 이동하여 키안자바토의 커피 농장에 둘러싸인 그 숲으로 갔다. 불과 50km 이동한 그곳에서 그들은 마침내 탐사대의 원래 목표를 달성했다. 그곳에서 살아 있는 큰대나무원숭이를 여남은 마리나 발견한 것이다. 이 종은 아직 살아남아 있었다! 미터마이어가 제공한 자금 지원은 성과를 거두었다.

그런데 이 발견은 큰 기쁨을 가져다주긴 했지만, 지역에 따라 색깔이 다른 큰대나무여우원숭이 변종들이 살지도 모른다는 가설을 무너뜨렸다. 이곳에서 발견된 개체들은 죄다 짙은 회색이었기 때문이다. 라이트는 다소 헷갈렸다. 키안자바토와 라노마파나는 서로 가깝고 생태학적으로 아주 비슷하므로 그렇게 확연히 차이가 나는 두 아종이 함께 살고 있다고 보기는 어려웠다. 그렇다면 질문을 바꾸어 제기해야 했다. 만약 라노마파나에서 본 그 여우원숭이가 큰대나무여우원숭이나 동부작은대나무여우원숭이가 아니라면, 그 정체는 도대체 무엇일까? 이전의 야외 연구자들이 대나무를 먹는 제3의 여우원숭이 종을 언급한 사례는 전혀 없었다.

라이트 팀은 탐사를 조금 더 계속했다. 그들은 차를 타고 남쪽에 있는 본드로조까지 갔다. 그곳은 20년 전에 큰대나무여우원숭이가 마을 시장에서 팔렸던 곳이다. 그곳 자연은 황량했다. 숲은 대부분 벌목되거나 경작을 위해 불타 사라졌고, 눈앞에는 헐벗은 언덕들이 펼쳐져 있었다. 높은 산봉우리와 산등성이에만 원시 상태의 식물이 남아 있었다. 한때는 강 주변에 큰 대나무 숲이 무성하게 자랐을지 모르지만, 지금은 그 모습을 전혀 찾아볼 수 없다. 그와 함께 큰대나무여우원숭이도 사라져갔을 것이다. 하지만 라이트는 완전히 포기하는 대신에 그곳 노인들과 이야기를 나눠보기로 했다. 노인들은 커다란 회색 여우원숭이를 기억하고 있었다. 그 여우원숭이들은 숲과 함께 사라졌다고 했다. 그런데 노인들은 다른 동물 이야기를 했는데, 그것은 바로 빨간색 대나무여우원숭이였다. 하지만 그 동물 역시 10여 년 전에 사라졌다고 한다.

라이트와 동료들은 금빛이 나는 빨간색 여우원숭이에 대한 호기심이 커진 채 라노마파나로 돌아왔다. 그때, 베른하르트 마이어Bernhard Meier라는 독일인이 그곳에 도착했다. 마이어는 남동부 숲에서 미확인 여우원숭이 종에 대한 정보를 듣고 온 것이었다. 라이트 팀이 다른 곳에 가 있는 동안에 마이어도 그 금빛이 나는 빨간색 여우원숭이를 목격했다. 처음 목격한 뒤에 마이어는 더 많은 개체와 더 많은 집단을 찾기 위해 숲을 샅샅이 훑었고, 수색을 한 대나무 숲을 지도에 표시했다. 이제 라이트 팀과 마이어는 모두 금빛이 나는 빨간색 여우원숭이를 찾아나섰다. 그들은 경쟁을 하진 않았으나(적어도 겉으로는) 따로 행동했다. 가끔 만나서 의견을 나누기도 했다. 이 여우원숭이는 유난히 낯을 가려 추적하기가 무척 힘들었다.

라이트 팀은 한 여우원숭이 집단에 초점을 맞추었다. 그 집단이 사람의 존재에 익숙해지도록 노력하느라 두 달을 보냈다. 하지만 여우원숭이들은 경계심을 늦추지 않았고, 먼 거리에서 조심스레 접근하는 것조차 허락하지 않았다. 마이어는 자기 스타일대로 밀고 나갔다. 그는 한 집단에서 다른 집단으로 옮겨가면서 더 넓은 지역을 조사했다. 한편 금빛이 나는 빨간색 여우원숭이의 정체를 확인하는 문제가 여전히 수수께끼로 남아 있었다.

"마이어와 나는 이 문제를 놓고 토론을 많이 했어요. 별개의 두 종이 존재하는지 아니면 같은 종인지요."

결국 두 사람은 금빛이 나는 빨간색 여우원숭이는 지금까지 과학계에 알려지지 않은, 대나무를 먹고 사는 새로운 여우원숭이 종이라는 데 합의했다. 울음소리가 큰대나무여우원숭이와 달랐으며, 몸 색깔 패턴도 독특했기 때문이다. 그리고 행동이나 형태학적 증거 외에 생태학적 이유도 있었다.

라이트는 그때를 이렇게 기억한다.

"분명한 확신이 든 날은 그들이 이곳에서 동소적 서식을 한다는 사실을 발견한 날이었어요. 똑같은 장소에서 말이죠. 그건 의문의 여지가 없었죠."

회색의 큰대나무여우원숭이와 금빛이 나는 빨간색의 새로운 동물이 같은 장소에서 살아간다는 사실은 그들이 서로 다른 종임을 강하게 시사했다. 라이트 팀은 새로운 종을 황금대나무여우원숭이라고 불렀다. 나중에 마이어와 라이트와 그 밖의 사람들은 이 종에게 하팔레무르 아우레우스 *Hapalemur aureus*라는 정식 학명을 붙여주었다.

탐사 시즌이 끝나 라노마파나에서 캠프를 철수하기 전에 라이트는 증거를 한 가지 더 확보해야 했는데, 그것은 바로 사진이었다. 새로운 종이라는 주장을 뒷받침하려면 사진이 절대적으로 필요했다. 그러나 비와 희미한 빛, 동물의 경계심, 장비 부족 등의 이유 때문에 라이트 팀은 사진을 한 장도 찍지 못했다. 라이트는 거의 체념 상태에 이르렀다. 그러나 숲을 잘 아는 베도는 포기하지 않았다.

라이트는 그때의 일을 이렇게 회상한다.

"마지막 날, 갑자기 베도가 캠프로 뛰어오면서 소리쳤어요. '발견했어요! 지금 조용히 앉아 있어요. 직사광선이 내리쬐는 곳에요!'"

처음에 라이트는 베도의 말을 믿지 않았다. 비범한 박물학자의 자질이 있긴 했지만, 농담을 좋아하는 장난꾸러기 소년이었기 때문이다. 하지만 라이트와 다른 사람들은 베도를 따라 숲으로 갔다.

"바로 거기에 그들이 있었어요. 거기에 앉아 있었지요. 우리는 살금살금 다가가 사진을 아주 많이 찍었어요."

그중 한 장이 황금대나무여우원숭이를 공식적으로 발표하는 최초의 사진이 되었다.

여우원숭이의 적응 방산

장식이 달린 크리스마스 트리를 상상해보라. 꼭대기 근처의 가느다란 가지에 유리 장식물 세 개(작은 회색 유리 장식물, 커다란 회색 유리 장식물, 불그스름한 황금색 유리 장식물)가 서로 닿을 만큼 가까이 붙어 있다. 이들은 같은 장소에 살고 있는 동부작은대나무여우원숭이, 큰대나무여우원숭이, 황금대나무여우원숭이를 각각 나타낸다. 이것은 비록 규모는 작지만 적응 방산을 나타내는 고전적 사례이다. 나무는 마다가스카르 섬이고, 밑에서 꼭대기까지 장식된 많은 장식물은 여우원숭이들이다.

여우원숭이는 원원아목原猿亞目, Strepsirhini에 속한다. 부시베이비, 포토

원숭이, 로리스(늘보원숭이)도 같은 아목에 속한다. 여우원숭이는 몸집이 작고 눈이 크고 코가 길며, 곤충을 잡아먹고 사는 야행성 영장류이다. 이들은 침팬지와 고릴라와 우리를 포함하는 진원아목眞猿亞目, Haplorhini과는 분명히 구별된다.(영장목은 크게 원원아목과 진원아목으로 나뉜다.) 어떤 생물학자는 원원아목을 영장류 계통에서 가장 원시적인 종류라고 이야기한다. 그러나 다른 생물학자들은 '원시적'이란 단어를 괜히 오해를 불러일으키는 차별적인 용어라고 생각한다. 이 단어는 여우원숭이가 수천만 년 이상 환경에 적응하면서 진화의 길을 성공적으로 걸어왔다는 사실을 가리는 경향이 있기 때문이다. 오늘날 이들은 마다가스카르 섬과 그 북서쪽 바다에 위치한 코모로 제도에만 산다.

  마다가스카르 지괴가 아프리카 대륙에서 떨어져나오던 무렵은 영장류가 출현하기 이전이었으므로 영장류가 전혀 살지 않았다. 마다가스카르 섬이 분리된 시점은 불확실하지만, 아마도 약 1억 년 전(공룡의 전성시대인 중생대 중기)에 일어났을 것이다. 여우원숭이 조상의 초기 화석은 유럽과 북아메리카의 에오세 지층에서 발견되는데, 그 시기는 약 6000만 년 전으로 추정된다. 이들 중 일부는 분명히 아프리카에도 살았을 것이다. 그리고 마다가스카르 섬에도 이주해 정착했다. 어떻게? 아프리카 대륙과 섬 사이의 바다는 아직 폭이 좁았기 때문에 일부 여우원숭이가 부유물을 타고 옮겨갈 수 있었을 것이다. 그러나 그 후에 마다가스카르 섬이 점점 더 멀어짐에 따라 바다의 폭도 점점 넓어졌다. 진화를 통해 진원아목(사람과 유인원과 원숭이를 포함하는 계통)이 출현할 무렵에 바다의 폭은 너무 넓어져서 영장류가 건너갈 수 없게 되었다. 그래서 여우원숭이류는 홀로 마다가스카르 섬에 갇혀 살게 되었다. 진원아목에 속한 먼 친척들은 나중에 출현했기 때문에 마다가스카르 섬으로 건너올 수 없었다.

  세월이 더 흐르자, 여우원숭이류는 아프리카 본토와 유럽과 북아메리카에서 사라져갔다. 그 이유는 추측만 할 수 있을 뿐이다. 원숭이들과의 경쟁에서 밀려났을지도 모른다. 혹은 대륙에 출현한 날카로운 송곳니를 가진 고양이과 육식 동물의 공격에 속수무책으로 당했는지도 모른다. 원원아목에 속한 친척들(부시베이비와 포토원숭이의 조상들)은 아프리카에서 간신히 살아남았지만, 행동의 폭을 크게 좁히는 대가를 치러야 했다. 야행성에다가 곤충을 잡아먹으면서 복잡한 사회적 행동을 전혀 발달시키지 못한 채 살아야 했다. 반면에 마다가스카르 섬에서는 여우원숭이들이 마음껏 번성할 수 있었다.

그들은 풍부한 숲이 있고 생태적 지위들이 텅 비어 있는 새로운 세계로 탈출한 것이다. 원숭이와 경쟁할 필요도 없었고, 자칼이나 하이에나, 표범에게 잡아먹힐 염려도 없었다. 그래서 여우원숭이들은 크게 번성하면서 다양하게 분화해갔다. 이 안락한 환경에서 주행성과 초식성의 생활 습성을 유지하며 작은 가족 집단이나 그보다 더 큰 집단을 이루어 살아갈 수 있었다. 또 복잡한 형태의 사회적 상호작용도 발달시킬 수 있었다. 그들은 아프리카 본토에서 원숭이와 유인원이 발달시킨 것과 똑같은 일부 생태학적, 형태학적, 행동학적 적응을 독자적으로 발달시켰다. 또한 원숭이나 유인원과 마찬가지로, 뇌 용량 증가와 같은 일부 중요한 적응 능력은 발달하지 않았다. 그리고 원숭이와 유인원 집단에서 보기 힘든 가능성을 일부 시도했는데, 암컷이 무리를 지배하는 방식 같은 게 그런 예이다. 여우원숭이류는 일반적인 영장류의 진화 방향과는 아주 다른 갈래를 보여준다.

현재 알려진 마다가스카르 섬의 여우원숭이 명단에는 살아 있는 종이 약 30종, 그리고 준화석의 증거로 알아낸 멸종한 종이 최소한 10여 종 포함돼 있다. 그러나 제법 긴 이 명단은 전체 역사를 통해 나타난 여우원숭이의 다양성을 짐작하는 하나의 단서에 불과하다. 왜냐하면, 준화석은 대부분 최근의 것들이라서 1000~2000년 전까지 살아남았던 종들만 알려주기 때문이다. 우리가 그 형태를 추측만 할 수 있는 초기의 여우원숭이류, 그러니까 1000만~2000만 년 전에 살았던 조상들의 흔적은 아직까지 발견되지 않았다. 준화석 중에서 눈길을 끄는 종이 일부 있다. 메갈라다피스 에드워드시 Megaladapis edwardsi는 오늘날의 여우원숭이에 비해 몸집이 3배나 컸다. 팔라이오프로피테쿠스 인겐스 Palaeopropithecus ingens는 그보다는 작지만, 오늘날의 여우원숭이보다는 훨씬 크다. 이 종은 오랑우탄처럼 팔이 길고 다리가 짧다. 이 종은 나무늘보처럼 배를 위로 한 채 네 다리로 나뭇가지에 매달려 이동했을 것으로 추정된다.

메갈라다피스 에드워드시와 팔라이오프로피테쿠스 인겐스가 멸종한 이유가 무엇이건 간에(그 무렵에 마다가스카르 섬으로 이주한 호모 사피엔스가 유력한 용의자로 생각되지만), 그것은 특히 몸집이 큰 종들에게 매우 불리하게 작용했던 것으로 보인다. 몸집이 큰 여우원숭이 종들은 모두 멸종하고 말았다.

살아남은 여우원숭이들의 지리적 분포 패턴도 눈길을 끈다. 그들은 가느다란 반지 모양으로 섬을 빙 둘러싼 폭이 좁은 숲에 퍼져 사는데, 어떤 종들은 같은 장소에 함께 살지만, 나머지 종들은 지리적 장벽으로 완전히 분리되어 살아간다. 마다가스카르 섬 중앙부는 한때 숲으로 덮여 있었던 것으로 보이지만, 지금은 반지 모양의 삼림 지역으로 둘러싸여 마치 중세 수도사의 대머리처럼 우뚝 솟아 있다. 이곳은 풀로 덮인 고원 지대로, 강수량이 적고 겨울에는 춥다. 현재의 조건으로는 나무 위에서 생활하는 여우원숭이가 살 수 없다. 반지 모양의 숲은 여러 종류의 숲으로 나누어져 있는데, 동부 단층애와 북부에는 열대우림이, 서부에는 바오바브나무를 비롯해 건조한 기후에 잘 견디는 수종으로 이루어진 숲이, 남부에는 선인장 비슷하게 가시가 난 식물들로 이루어진 유자수림이 자라고 있다.(실제 숲의 종류는 더 많고 식물 종의 분포는 훨씬 복잡하지만 크게 신경 쓸 필요는 없다. 우리는 자세한 사실보다는 전체적인 패턴만 알면 되니까.) 반지 중 일부 지역에서는 숲의 종류가 변하는 양상이 점진적으로 나타나지만, 어떤 곳은 생태학적 장벽과 일치하는 형태로 급격하게 나타난다. 예를 들면, 남동부 끝부분에는 방사상 형태로 늘어선 일련의 산들이 동부 영역과 남부 영역을 나누고 있다. 고원에서 바다 쪽으로 흘러내려가는 넓은 강은 또 다른 종류의 장벽 역할을 한다. 이렇게 여러 구역으로 나누어진 반지 모양의 숲은 숲에 적응해 살아가는 종들 사이에 종 분화를 촉진한다. 여우원숭이 전문가 세 사람은 이렇게 썼다. "사실상 마다가스카르 섬의 습기가 많은 숲과 건조한 숲으로 이루어진 반지는 군도처럼 작용한다. 이곳에서는 서로 완전히 분리된 섬이나 서로 연결된 본토에서보다 진화가 훨씬 빨리 일어난다. 마다가스카르 섬에 여우원숭이뿐만 아니라 그 밖의 생물들도 새로운 종류가 풍부하게 존재하는 이유 한 가지는 여기서 찾을 수 있다."[46] 군도 종 분화는 두 단계 과정 중 첫 번째 단계였다. 두 번째 단계는 적응 방산(엄밀하게는 경쟁까지 포함한)이다.

1970년에 마틴R. D. Martin이라는 인류학자가 여우원숭이들 사이에서 일어난 적응 방산에 대해 강연을 했다. 마틴이 그렇게 많은 정보를 청중에게 어떻게 전달했는지는 쉽게 상상이 가지 않지만, 강연 내용을 담은 60쪽짜리 소책자에는 지금까지 내가 설명한 것과 일치하는 핵심 내용 두 가지가 담겨 있다. 마틴은 마다가스카르 섬을 7개의 서식지 구역(중심에 위치한 중앙 고원 구역과 그 주위를 둘러싼 6개 구역)으로 분류했다. 중앙 고원 구역은 불확실한 점이 많은데, 한때 여우원숭이들이 풍부하게 살다가 숲과 함께 사라져간 곳이다. 나머지 6개 구역에는 다양한 종이 섞여 살았다. 마틴은 북동부 구역과 남동부 구역 사이의 경계선을 망고로 강 바로 아래쪽(남쪽)에 그었다. 망고로 강은 아날라마자오트라와 라노마파나 사이의 중간 지점에서 단층애를 지나 동쪽으로 흘러간다. 남서부 구역과 중서부 구역, 북서부 구역, 북부 구역(섬의 북부 끝 부분)을 나누는 경계선도 그었다. 그리고 어떤 여우원숭이 종이 어떤 구역에 사는지 도표로 나타냈다. + 기호와 - 기호를 써서 각각의 구역에 어떤 종이 사는지 살지 않는지 나타냈다.

예를 들어 살찐꼬리난쟁이여우원숭이 Cheirogaleus medius는 북부 구역과 서부의 세 구역에 사는 반면, 동부의 두 구역에는 살지 않는다. 동부양털여우원숭이 Avahi laniger는 여섯 구역에서 +로 나타나 서식 분포가 광범위하다는 것을 알 수 있다. 왕관시파카는 동부의 두 구역에만 살고 다른 곳에는 살지 않는다. 마틴의 도표에 따르면, 서부 구역과 북부 구역에는 왕관시파카 대신에 그 가까운 친척인 베록스시파카 Propithecus verreauxi가 살고 있다. 날씬한 너구리를 약간 닮았고 동물원 표본과 귀여운 사진을 통해 우리에게 잘 알려진 알락꼬리여우원숭이는 남서부 구역에만 산다. 살아 있는 여우원숭이 중에서 몸집이 가장 크고, 털 색깔이 자이언트판다처럼 검은색과 흰색이 섞여 있으며, 머리가 아프간하운드 비슷하게 생긴 인드리(인드리원숭이)는 아날라마자오트라를 포함해 북동부 구역에만 산다. 손가락이 긴 야행성 여우원숭이 아이아이 역시 북동부 구역에만 산다. 흰발족제비여우원숭이 Lepilemur leucopus는 동부양털여우원숭이와 마찬가지로 여섯 구역에 살고 있다.

그렇지만 이것은 아주 간략하게 나타낸 것이다. 마틴 자신도 네 베록스시파카 개체군은 각각 별개의 종으로 분류될 수도 있다고 인정했다. 다른 전문가들도 비슷한 종류의 단서를 추가했고, 더 정교한 분류 작업이 아직도 진행되고 있고, 수정이 일어나고, 논의가 벌어지고 있다. 그래서 마틴이 강연을 하고 난 이후에 전체 그림은 훨씬 복잡해졌다.

처음에 작성한 마틴의 도표도 완전히 명확한 것은 아니었다. 지위가 불확실한 종에는 +나 - 기호 대신에 물음표(?)를 사용했다. 인드리는 중앙 고원 구역의 조사되지 않은 일부 삼림 지대에 살고 있을지 모른다.

흰발족제비여우원숭이도 그렇다. 큰대나무여우원숭이의 경우, 마틴은 각각의 구역에 물음표를 7개씩(???????) 표시했다.⁴⁷ 그것은 각별한 주의를 촉구하는 것일 뿐만 아니라 절망감을 나타낸 것이었다. 그 무렵에 이 종은 모든 곳에서 멸종한 것으로 추정되었다. 물론 황금대나무여우원숭이는 도표에 이름조차 실리지 않았다. 이 종의 존재는 그 뒤에야 밝혀졌기 때문이다.

요약하면, 마틴은 다음과 같이 판단했다. "마다가스카르 섬의 상황은, 이주를 가로막는 장벽이 (넓은 바다가 아니라) 강과 기후 요소라는 점과, 닫힌 계의 상태가 훨씬 더 오래 지속되었다는 점을 제외한다면, 갈라파고스 제도와 매우 흡사하다."⁴⁸

숲 구역들 사이의 자연적 경계는 여우원숭이 개체군 사이에 유전적 분기가 되돌릴 수 없는 수준으로 일어나게 하는 데 일조했다. 분할된 반지 모양의 숲은 종 분화의 만다라가 되었다. 훗날 최소한 몇몇 모험적인 개체들을 통해 처음의 경계선이 뚫렸다. 새로운 형태의 여우원숭이들이 이웃 구역을 침범하여 가까운 친척들과 서식지를 공유하며 살아가게 되었다. 마틴은 그러한 동소적 서식 환경이 "새로운 종의 종 분화를 일으키는 기반"⁴⁹이 되었다고 주장했다.

마틴은 전문가 청중을 대상으로 강연을 했기 때문에 자세한 설명을 많이 생략했다. 여기서 마틴이 말한 '기반'은 경쟁을 염두에 둔 말이다. 서로 가까운 종들이 갑자기 같은 서식지를 공유하면서 자원을 놓고 경쟁하면, 적응 방산과 멸종이라는 두 갈래 운명 중 하나를 걸어갈 수밖에 없다.

마틴은 "여우원숭이의 경우, 생태학적 경쟁이 이 고립된 영장류 집단의 광범위한 방산을 촉진하는 한 가지 주요 요인이었다."⁵⁰라고 주장했다. 그는 그것에 대해 길게 이야기하지 않았다. 강연은 그러지 않아도 이미 충분히 길었다. 그는 이 주제에 관해 더 많은 것을 알고 싶으면 다

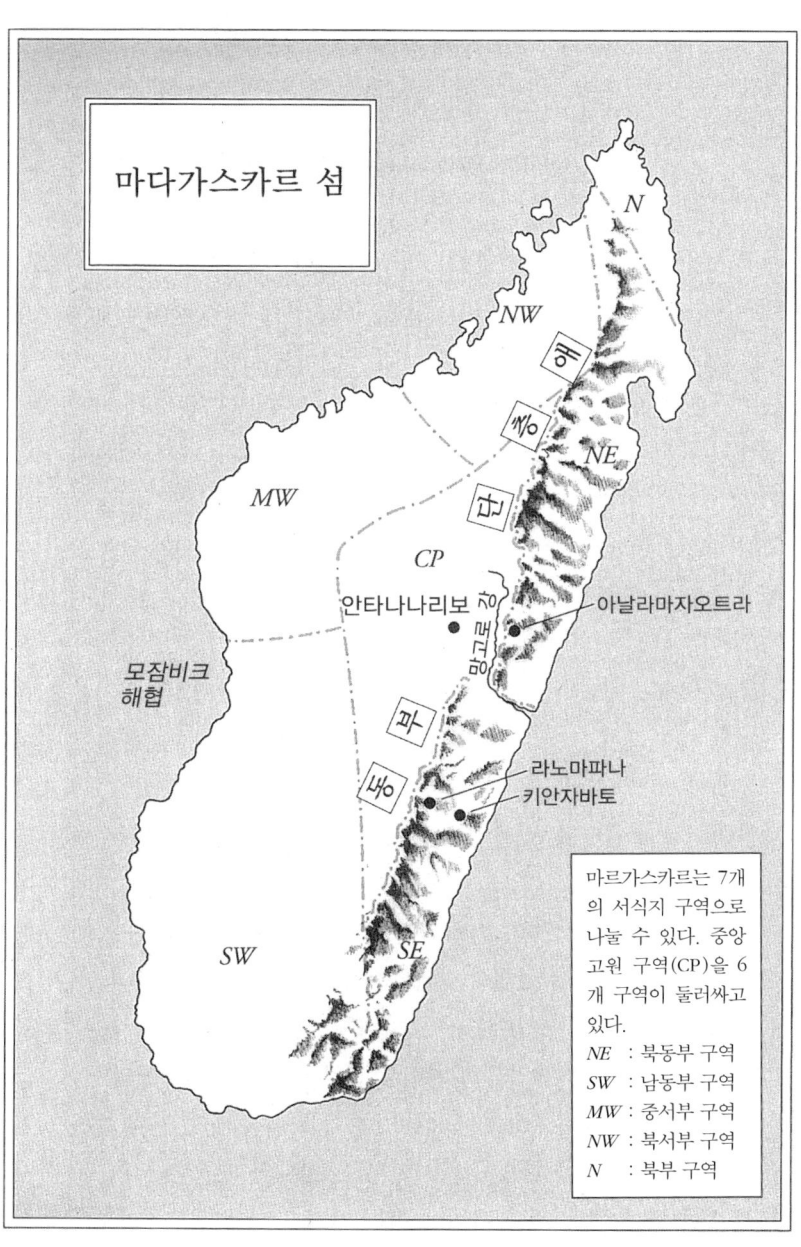

윈핀치를 다룬 데이비드 랙의 책을 참고하라고 말했다.

황금대나무여우원숭이의 수수께끼

적응 방산이 미묘하게 일어나는 경우도 있다. 외형적인 해부학 구조는 거의 아무런 단서도 제공하지 않는다. 행동학적 차이도 사소하여 결정적 단서가 되지 못한다. 라노마파나의 숲에서는 근연종인 대나무여우원숭이 3종이 같은 서식지에서 살지만, 각자 역할을 분담하여 서로 다른 생태적 지위를 차지하고 있다. 라이트는 어떻게 그럴 수 있었는지 궁금했다.

라이트는 황금대나무여우원숭이를 발견하고 나서 몇 년 동안 식성 문제에 특별한 관심을 갖고 야외 현장에서 조사를 진행했다. 몇 명의 협력자로 이루어진 팀과 함께 일했는데, 그중에는 미국 일리노이 주에서 온 식물화학자도 있었다. 그들은 함께 혹은 개별적으로 많은 시간을 들여 정확한 행동학적 관찰 자료를 수집했고, 몇몇 여우원숭이를 사로잡아 몸무게와 그 밖의 것들을 측정하고, 대나무 시료를 수집하고, 그 시료를 화학적으로 분석했다. 식물 시료를 잘게 빻아 뜨거운 알코올에 넣은 뒤 끓이고 냉각하고 따라내는 과정을 거쳐 용액을 얻었고, 그 용액에 색이 변하는 시험지를 담갔다. 그 시험지는 시료에 시안화물(청산염)이 포함돼 있으면 암청색으로 변한다. 시안화물은 일부 대나무에 들어 있다. 그런데 여우원숭이는 시안화물을 얼마까지 섭취해도 아무 이상이 없을까? 1종은 상당히 많은 양을 섭취해도 괜찮은 것으로 밝혀졌다.

라이트와 동료들은 행동생태학과 생화학을 결합해 두 가지 결론을 얻었다. 첫 번째 결론은 특별히 극적인 것은 아니었다. 첫째, 대나무를 먹는 방식은 다 똑같은 것이 아니라 여러 가지가 있었다. 3종의 대나무여우원숭이는 각각 다른 종류의 대나무를 먹거나 같은 종류를 먹더라도 서로 다른 부위를 먹었다. 동부작은대나무여우원숭이는 케팔로스타키움 페리에리라는 대나무 잎을 먹었고, 큰대나무여우원숭이는 큰 대나무인 케팔로스타키움 비구이에리 줄기에 들어 있는 고갱이를 먹었다. 황금대나무여우원숭이도 큰 대나무를 먹었으나, 다 자란 대나무의 고갱이를 먹지는 않았으며, 죽순이나 잎자루 또는 가느다란 줄기의 고갱이를 먹었다.

큰대나무여우원숭이와 황금대나무여우원숭이는 특히 식성 차이가 컸다. 큰대나무여우원숭이는 고갱이를 먹기 위해 줄기에서 두꺼운 섬유질로 된 부분을 뜯어내 버렸다. 반면에 황금대나무여우원숭이는 부드러운 죽순이나 잎 밑동(엽각)이나 작은 줄기를 선택했다. 왜 큰대나무여우원숭이는 더 부드러운 부분을 먹지 않을까? 이것은 화학적 분석이 끝나기 전까지는 수수께끼로 남았다.

화학 분석 결과, 죽순과 잎 밑동, 작은 줄기 속에는 시안화물이 많이 포함돼 있는 것으로 밝혀졌다. 반면에 큰대나무여우원숭이가 먹는 줄기에는 시안화물이 전혀 들어 있지 않았다. 동부작은대나무여우원숭이가 좋아하는 케팔로스타키움 페리에리의 잎에도 시안화물이 전혀 들어 있지 않았다. 큰대나무여우원숭이와 동부작은대나무여우원숭이는 여느 분별 있는 동물과 마찬가지로 시안화물 섭취를 피했다. 그러나 새로 발견되어 아직도 수수께끼에 싸여 있는 황금대나무여우원숭이는 무분별하게 시안화물을 섭취했다.

시안화물은 보통은 포유류에게 치명적인 독성을 나타낸다. 개의 경우 치사량은 체중 1kg당 4mg이고, 고양이는 1mg이다. 쥐는 저항력이 좀 강하여 치사량이 체중 1kg당 10mg이다. 다양한 포유류의 평균 치사량은 체중 1kg당 4.3mg이다. 황금대나무여우원숭이는 체중이 1.5kg 정도이므로, 시안화물을 6.5mg만 섭취해도 치명적이라는 이야기가 된다.

그러나 현실은 그렇지 않다. 라이트와 동료들이 관찰한 결과를 바탕으로 추정할 때, 황금대나무여우원숭이는 매일 치사량의 약 12배에 해당하는 시안화물을 섭취했다.

그들은 "황금대나무여우원숭이가 어떻게 시안화물에 중독되지 않는지 알 수 없지만, 가능한 설명은 여러 가지가 있다."[51]라고 보고했다. 하나는 일부 아미노산의 도움으로 시안화물의 독성을 해독하는 것이다. 그러나 그러한 아미노산은 대나무를 먹는 여우원숭이들이 섭취하거나 자체 생산할 가능성이 거의 없기 때문에 이 가설은 설득력이 떨어진다. 또 하나는 황금대나무여우원숭이의 위액이 강산성일 가능성이다. 그러면 시안화물이 체내에 흡수되는 것을 억제할 수 있다. 과연 황금대나무여우원숭이가 그러한 위를 가지고 있을까? 그것은 라이트를 비롯해 아무도 모른다. 그 소화계를 연구해본 사람이 없기 때문이다.

같은 지역에 서식하는 이 3종의 대나무여우원숭이는 식성과 생리의 차이에 따라 생태적 지위를 나누어 차지하므로 적응 방산의 전형적인 사례로 꼽을 수 있으며, 적응 방산에 대해 다윈핀치보다 더 많은 것을 알려준다. 그러나 아직 풀리지 않은 의문들이 남아 있다. 처음에 이들은 어떤 생태학적 조건에서 출현했을까? 알 수 없다. 어떤 생물지리학적 사건이 이들을 라노마파나에 함께 모이게 했을까? 알 수 없다. 이들의 계통발생학적 역사는 어떤가? 역시 알 수 없다. 대나무여우원숭이의 진화 시나리오를 만드는 작업은 많은 것을 추측에 의존할 수밖에 없는데, 과학자들은 추측을 꺼리고 경계한다. 물론 과학자들도 추측을 하긴 하지만, 대개 개인적 차원에 그친다. 공식 연구에서 추측을 바탕으로 한 주장을 펼쳤다간 이상한 사람으로 취급받기 십상이다. 과학자(특히 정글 속으로 탐사를 떠났다가 몇 달 뒤에 거머리에 물린 상처와 진흙으로 범벅이 된 채 나타나 새로운 영장류 종을 발견했다고 발표하는 팻 라이트 같은 사람)는 동료들 사이에서 진지한 평가를 받길 원한다.

하지만 나는 정식 과학자가 아니라서 거기에 구애받을 이유가 없으므로 추측을 좀 해도 괜찮다. 마다가스카르 섬에 광범위하게 퍼져 사는 동부작은대나무여우원숭이가 같은 속의 여우원숭이 중에서 라노마파나의 숲을 최초로 차지한 종이라고 가정해보자. 이 종은 그곳에서 주로 케팔로스타키움 페리에리를 먹고 살면서 크게 불어났다. 어쩌면 이 종은 1종의 대나무만 먹고 산 게 아니라 다른 식물의 잎과 열매도 먹었을지 모른다. 어쨌든 이 종은 라노마파나에서 자신의 생태적 지위를 확실하게 굳혔다. 이번에는 큰대나무여우원숭이가 섬의 다른 곳에서 출현한 뒤에 이곳에 도착했다고 가정해보자. 큰대나무여우원숭이는 동부작은대나무여우원숭이보다 몸집이 크지만, 늦게 도착했기 때문에 라노마파나에서 살아가는 데 불리한 점이 많았다. 맛있는 케팔로스타키움 페리에리 숲을 차지하고 있는 동부작은대나무여우원숭이를 그곳에서 내쫓을 수는 없었다. 하지만 강한 턱과 이빨 그리고 튼튼한 체격을 가진 큰대나무여우원숭이는 다른 선택을 했다. 큰 대나무인 케팔로스타키움 비구이에리를 먹고 사는 쪽을 선택한 것이다. 이렇게 하여 동부작은대나무여우원숭이와 큰대나무여우원숭이는 각각 다른 종의 대나무를 먹고 사는 방법으로 대나무 자원을 나눔으로써 같은 지역에서 함께 살아갔다고 가정하자.

여기서 논리적으로 약간 비약해보자. 동물과 마찬가지로 식물도 포식자의 공격에 적응한다는 사실을 기억하는가? 케팔로스타키움 비구이에리가 큰대나무여우원숭이의 공격에 적응하여 취약한 부분에 시안화물을 농축시키게 되었다고 상상해보자. 이러한 적응은 여우원숭이의 공격을 약화시키는 효과는 어느 정도 있었겠지만, 완전히 막지는 못했다. 큰대나무여우원숭이는 독성 물질이 농축된 부분 대신에 다 자란 줄기를 씹어 그 고갱이를 먹는 방법으로 계속해서 케팔로스타키움 비구이에리를 먹고 살 수 있었다.

그때, 황금대나무여우원숭이가 도착했다고 하자. 이 종은 어쩌면 라이트의 생각처럼 동부작은대나무여우원숭이에서 진화했을지 모르는데, 이 종이 먹이를 구할 수 있는 숲의 모든 대나무에는 시안화물이 포함돼 있었다. 이 종은 아마도 독성 물질이 함유된 먹이를 먹고 살도록 적응함으로써 동부작은대나무여우원숭이에서 분기해나왔을지 모른다. 나중에 서식 지역을 라노마파나까지 확장하면서 황금대나무여우원숭이는 독뿐만 아니라 경쟁이라는 또 다른 종류의 도전에 직면하게 되었고, 할 수 없이 새로운 생태적 지위를 찾아야 했다. 그래서 황금대나무여우원숭이는 다른 대나무여우원숭이가 소화시킬 수 없는 부분을 먹음으로써 살아남았다.

황금대나무여우원숭이를 만나다

라노마파나에 있는 라이트의 캠프는 창고 겸 사무실로 사용하는 목제 건물, 식당으로 쓰이는 차양이 달린 베란다, 화장실, 그리고 근처의 숲에 흩어져 있는 텐트들로 이루어져 있다. 현재의 연구 장소는 나모로나 강 위쪽의 산비탈을 따라 퍼져 있다. 산비탈에는 불규칙하게 뻗은 오솔길들이 어지럽게 얽혀 있다. 우기에는 오솔길이 진흙탕으로 변한다. 생물학자나 방문객의 야외 활동에 적합한 패션은 긴 고무 장화에 우의, 방수 바지, 냄새 고약한 폴리프로필렌 속옷이다. 여우원숭이를 좋아하고 깨끗하고 건조한 것을 유난히 따지지 않는 사람에게는 이곳 캠프 생활이 아주 즐거울 것이다.

나는 한 오솔길 위의 편평한 곳에 텐트를 치고, 물이 새어 올라오는 걸 막으려고 빌려온 방수 천과 나뭇가지를 바닥에 깔았다. 그곳에서 라이트와 그 동료들과 함께 쌀밥과 콩을 먹고, 오솔길을 터벅터벅 거닐고,

동물들을 조사하는 생물학자들을 살펴보고, 강에서 양말을 빨고, 석양에는 사람들과 함께 마다가스카르 럼주를 마시고, 밤에는 전조등 아래에서 필기하는 생활을 하면서 2주일을 보냈다. 시간이 지나다 보니 나도 어느 정도 거기에 적응했다.

어느 날 아침, 나는 말수는 적지만 유능한 마다가스카르 인 안내인 피에르를 데리고 황금대나무여우원숭이를 보러 갔다. 우리는 강 쪽을 향해 가다가 산 위쪽으로 방향을 틀어 산등성이를 하나 넘었다. 그러고는 좁은 오솔길을 따라 개울 바닥으로 내려간 뒤, 개울 바닥을 따라가다가 무성한 대나무 숲을 지나갔다. 대나무 줄기들은 빗물의 무게를 견디지 못한 것처럼 활 모양으로 휘어 있었다. 우리는 휘어진 대나무 줄기들이 만들어낸 돔 모양의 임관林冠 아래로 지나갔다. 훌륭한 추적자의 자질인 뛰어난 주의력을 가진 피에르가 허리를 숙여 잘려나간 대나무 줄기 하나를 집어들더니 말했다. "일 망주 이시. 푀테르트 이에르Ils mangent ice. Peut-être hier." 피에르는 대나무 줄기를 보고 여우원숭이들이 여기서 식사를 했으며, 그 시간은 아마 어제일 거라고 추정한 것이다.

다시 한 시간 동안 산비탈을 오르락내리락 하면서 숲의 하층과 대나무 숲을 살펴보다가 피에르가 다시 말했다. "아, 이시Ah, ici." '아, 여기!'란 뜻이다.

하지만 내 눈에는 아무것도 보이지 않는다.

"어디?"

그러다가 나는 10미터쯤 위쪽에서 아래로 처진 대나무 임관 위에 창백한 잿빛 하늘을 배경으로 여우원숭이 한 쌍이 있는 것을 보았다. 크기는 고양이만 했다.

"아우레우스?"

내가 황금대나무여우원숭이냐고 물어보았다.

"위. 아우레우스Oui. Aureus."

피에르가 자랑스러운 듯이 확신에 찬 어조로 대답했다.

이날 아침은 비가 부슬부슬 내리고 서늘해 여우원숭이들은 먹이를 먹고 싶은 생각이 없는 것 같았다. 아니면, 이미 식사를 마쳐 배가 고프지 않은지도 모른다. 어쨌든 청산염이 들어 있는 먹음직한 잎 밑동과 줄기가 주변에 널려 있는데도 별로 관심을 보이지 않았다. 그들은 서로 체온을 나누려고 꼭 붙어 있는 것처럼 보였다. 거의 꼼짝도 하지 않았다. 객관적으로 말해서 그것은 그다지 극적인 광경은 아니었다. 그저 불그스름한 갈색 털북숭이 물체 두 개로밖에 보이지 않았다. 그렇지만 나는 이들을 보려고 먼 길을 왔고, 많은 이야기를 들었으며, 게다가 이들은 세상에서 아주 희귀한 영장류이다. 나는 그곳에 앉아 한참 동안 그들을 관찰했다.

비가 더 세차게 내려 나는 외투의 모자를 올려 썼다. 엉덩이 주변의 땅이 질척질척해졌다. 나는 쪼그린 자세로 앉았다. 황금대나무여우원숭이들도 쪼그려 앉았다. 나는 그들을 감탄의 시선으로 쳐다보고, 그들은 가끔 측은한 듯한 눈길로 나를 내려다보았다. 그렇게 한 시간이 흘렀다. 비는 그치지 않았고 여우원숭이들은 별다른 행동을 보이지 않았다. 거머리 몇 마리가 내 다리로 기어올라 피를 빨려고 했다. 나는 아무런 악의 없이 거머리를 찰싹 때려 떼어냈다. 나는 이렇게 또 하루를 열대우림 속에서 낭만적으로 보냈다.

유전자 혁명

적응 방산은 섬의 메뉴에 나오는 종의 특성 중에서 맨 마지막 항목이었다. 섬의 메뉴는 다음과 같다고 했다.

확산 능력

몸크기 변화

확산 능력 상실

고유성

잔존성

방어 적응 능력 상실

군도 종 분화

적응 방산

위의 여덟 가지 항목을 이해하면 여러분은 섬뿐만 아니라 대륙에도 적용할 수 있는 진화생물학에 대해 상당히 많이 이해한 셈이다.

만약 이 책이 순전히 진화생물학을 위해 쓴 것이라면, 여러분과 나는 더 많은 것을 이해할 필요가 있다. 그것은 단지 시계탑뿐만 아니라 많은 톱니바퀴와 래칫ratchet(한쪽 방향으로만 회전하고 반대 방향으로는 회전하지 못하는 톱니바퀴)까지 포함하는 방대한 분야이다. 많은 래칫 중 하나는 에른스트 마이어의 유전자 혁명 이론이다. 이것은 좁은 장소에서 일어나는 큰일에 관한 것이므로 특별한 관심을 가지고 살펴볼 필요가 있다.

마이어의 유전자 혁명 이론은 《계통분류학과 종의 기원》에서 기술한 창시자 원리를 더 발전시킨 것이다. 《계통분류학과 종의 기원》에서 마이어는 큰 개체군보다는 작은 개체군에서 진화가 더 빨리 일어난다고 주장했다. 그 예로 뉴기니 섬 본토와 그 주변의 섬들에 사는 극락물총새 집단을 들었다. 머리가 유난히 크고, 일반적인 물총새와 마찬가지로 부리가 흙손처럼 생긴 극락물총새 *Tanysiptera galatea* 는 매력적인 새이다. 큰 머리 아래에 있는 왜소한 몸의 색깔은 파란색과 흰색이 섞여 있고, 한 쌍의 긴 꽁지깃은 흰색인데 가느다란 끝부분이 술로 장식되어 마치 찻숟가락 같다.

마이어는 초기의 야외 연구를 뉴기니 섬에서 하면서 극락물총새와 그 근연종들의 분포를 조사했다. 극락물총새는 뉴기니 섬 본토에서는 이용 가능한 서식지의 이질성이 다양한데도 3아종으로만 갈라져나갔다. 그렇지만 부근의 작은 섬들에서는 타니십테라속 *Tanysiptera*은 6종류로 갈라져나갔는데, 그 대부분은 별개의 종으로 간주된다. 진화는 뉴기니 섬 본토에서는 느리게 진행되는 반면, 그 위성 섬들에서는 빠르게 진행되는 것처럼 보였다. 마이어는 작은 창시자 집단이 격리돼 살아가는 환경에서는 새로운 종이 더 빨리 출현할 수 있다고 추측했다.

이것은 봄부스속 *Bombus*의 뒤영벌(뒝벌)과 키닙스속 *Cynips*의 혹벌 사이에서 성립하는 것처럼 보였다. 서인도 제도, 솔로몬 제도, 하와이 제도의 다양한 종 사이에서도 성립하는 것처럼 보였다. 마이어는 이렇게 결론 내렸다. "작은 개체군에서 분기 진화가 급격하게 일어날 잠재성은, 몸집이 더 크거나 더 작은 종, 특별한 색의 특징(색소 결핍증, 색소 과다증)을 지닌 종, 특별한 구조(새의 경우 긴 부리 같은)를 가진 종, 그 밖의 기묘한 특징(새의 경우 수컷의 화려한 깃털 상실 같은)을 지닌 종이 왜 섬에 그렇게 많이 존재하는지 설명해준다."[52] 그는 알다브라 섬의 거북, 앙헬데라과르다 섬의 척왈라, 마다가스카르 섬의 하마, 마데이라 섬의 딱정벌레, 티모르 섬의 코끼리류, 갈라파고스 제도의 이구아나, 다윈과 랙의 핀치, 세인트헬레나 섬의 집게벌레, 모리셔스 섬의 도도도 쉽게 인용할 수 있었을 것이다. 그는 이 모든 것을 암시적으로 언급했다.

왜 그렇게 특이한 것들이 작은 개체군에서 그렇게 빨리 나타나는가? 유전자 부동도 한몫을 담당하지만, 유전자 부동은 그렇게 빨리 일어나지 않는다. 자연 선택도 한몫을 담당하지만, 자연 선택은 유전자 부동보다도 더 느리게 일어난다. 마이어는 《계통분류학과 종의 기원》에서 섬에서 진화가 빨리 일어나는 주요 원인은 창시자 원리 때문이라고 주장했다. 작은 창시자 집단은 조상 집단에서 빨리 분기하는 경향이 있는데,

그것은 그 유전자 풀이 전체 유전자 풀에서 아주 작은 부분에 불과하기 때문이다.

하지만 마이어는 창시자 원리에 만족하지 않았다. 분기 진화가 일어나는 속도는 너무 빠른 것처럼 보였다. 이 차이는 오랫동안 마이어에게 '큰 수수께끼'[53]로 남아 있었다. 그러다가 마이어는 1954년에 더 대담한 설명을 제시했는데, 바로 '유전자 혁명'이라고 부르는 개념이었다. 마이어는 나중에 그것을 "내가 만든 이론 중에서 아마도 가장 독창적인 것"[54]이라고 말했다.

그는 그것을 〈유전자 환경의 변화와 진화 Change of Genetic Environment and Evolution〉라는 제목의 논문에서 발표했다. 그 핵심 내용은 '유전자 환경'[55]이라는 개념인데, 이 용어는 마이어가 주어진 유전자 풀의 대립 유전자들을 서로 연결시키는 상호 의존 효과의 기반을 표현하기 위해 모순 어법으로 쓴 것이다. 유전자 환경에 갑작스런 변화가 일어나면, 각 대립 유전자가 다른 대립 유전자와 상호작용하는 방식에 추가적인 변화를 연쇄적으로 촉발할 수 있다고 주장했다. 그러한 연쇄 변화를 촉발하는 방아쇠 역할을 할 수 있는 용의자 중 하나가 창시자 원리이다. 어떤 동물 또는 식물 종의 작은 개체군이 격리되어 조상의 대립 유전자 중 일부 표본만 남아 있다면, 새로운 유전자 환경은 큰 개체군의 유전자 환경과 극적으로 다를 수 있다. 그럴 경우, 작은 개체군이 새로운 환경에 적응함에 따라 유전자 혁명이 일어날 수 있다.

이것을 이해하려면 대립 유전자가 절대적 가치를 가진 게 아니라는 사실을 기억할 필요가 있다. 적응 자체는 상대적 개념이며, 어떤 대립 유전자의 적응적(혹은 비적응적) 가치는 상황에 따라 유동적이다. 비록 어떤 대립 유전자가 한 환경에서 도움이 되더라도(혹은 해가 되거나 중립적이라도), 환경이 달라지면 그 가치가 달라진다. 예를 들어 어떤 조류 종에서 거대화에 기여하는 대립 유전자는 섬에서는 도움이 되더라도 본토에서는 해로울 수 있다.

  환경의 한 측면, 즉 서식지의 물리적, 생물학적 조건은 외부적인 것이다. 또 다른 측면은, 마이어의 견해에 따르면 유전적인 것으로, 한 개체 내에 존재하는 상호 의존적인 대립 유전자들의 기반과 한 개체군 내에 존재하는 더 광범위한 대립 유전자들의 기반이 그것이다. 마이어는 대립 유전자를 오자미 속에 아주 많이 들어 있는 콩으로 생각해서는 안 된다고 주장했다. 대립 유전자는 통합 시스템의 일부로 기능하는데, 시스템이 변하면 특정 대립 유전자의 가치 역시 변할 수 있다. 한 유전적 환경에서 도움이 되었던 대립 유전자는 다른 환경에서는 치명적인 것이 될 수도 있다. 또, 한 유전적 환경에서 전혀 힘을 쓰지 못했던 대립 유전자가 다른 환경에서는 두드러진 효과를 나타낼 수도 있다. 한 개체군 내에서 희귀할 때에는 아주 약간만 도움을 주던 대립 유전자가 전체 개체군이 그것을 가질 때에는 큰 도움을 줄 수도 있다. 한 유전자의 대립 유전자가 같은 동물에게 있는 많은 유전자의 대립 유전자와 상호작용하고, 또 생식을 하는 개체군의 유전자 풀과도 상호작용한다고 가정하면, 유전자 환경의 변화에서 비롯되는 연쇄적 변화는 아주 극적으로 일어날 수 있다. 마이어는 이렇게 표현했다. "실로 그것은 진정한 '유전자 혁명'의 성격을 지닐 수 있다."[56]

  1954년 논문에서 마이어는 앞서 출간한 저서에 소개한 예를 다시 들었는데, 그것은 바로 뉴기니 섬에 사는 극락물총새였다. 이번에는 뉴기니 섬의 북서해안에서 80km도 떨어지지 않은 작은 섬 눔포르 섬에 초점을 맞추었다. 눔포르 섬에는 극락물총새 집단 내에서 독특한 종인 눔포르극락물총새 *Tanysiptera carolinae*가 살고 있다. 마이어는 먼 옛날 어느 시점에 극락물총새 몇 쌍이 우연히 뉴기니 섬에서 이곳으로 왔을 거라고 추측했다. 그들은 계속 번식하며 수가 불어나 작은 개체군을 이루게 되었다. 시간이 지나자 새로운 환경에서 살게 된 이 개체군의 성격이 변했다. 이들은 가슴 색깔이 극락물총새의 흰색 대신에 파란색으로 변했고, 발뿐만 아니라 다리도 밝은 노란색으로 변해 극락물총새와는 분명히 다른 눔포르극락물총새가 되었다. 행동학적 차이도 일부 나타났을 것이다. 그러면 이러한 변화를 일으킨 원인은 무엇일까?

눔포르 섬의 기후는 가까운 뉴기니 섬 연안과 아주 비슷하다. 눔포르 섬의 식물상과 동물상은 뉴기니 섬과 약간 차이가 나지만, 크게 차이가 나는 것은 아니다. 뉴기니 섬 연안에서 물총새를 잡아먹고 사는 참매는 눔포르 섬에도 살고 있다. 마이어는 "따라서 이 두 장소의 물리적, 생물학적 환경은 거의 비슷하다. 그러나 세 번째 환경인 유전자 환경은 큰 차이가 난다."[57]라고 지적했다. 그러한 유전자 환경의 차이는 극적인 결과를 초래할 수 있다. 대립 유전자들이 새로운 방식으로 작용하고, 다른 대립 유전자들과 새로운 시너지 효과를 일으키면서 물총새의 생식적 성공을 위한 노력에 새로운 이점과 단점을 만들어냈을 것이다.

그것은 불안정한 상황이었을 수도 있다. 보편적이던 일부 대립 유전자들이 가치가 없어져서 금방 희귀해지고, 일부 희귀한 대립 유전자들은 갑자기 큰 도움이 되어 보편적으로 퍼졌을 수 있다. 자연 선택은 효율성과 경제성을 강요했을 것이다. 그리고 진화적 변화의 속도가 갑자기 빨라졌을 것이다. 그러다가 결국 그 시스템은 새로운 평형에 도달했을 것이다. 새로운 평형에 도달했을 때, 낡은 것에서 새로 태어난 종, 파란 가슴과 노란 발, 그리고 눈에 보이지 않아 조류학자들이 아직 파악하지 못한 특징을 지닌 눔포르극락물총새가 남았다.

이러한 유전자 혁명은 해부학적 구조, 몸크기, 생리, 습성 등에 변화를 가져올 수 있다. 이것은 거인을 난쟁이로, 육식성을 초식성으로, 날아다니는 동물을 땅에서 뒤뚱거리며 사는 뚱뚱한 동물로, 땅에서 뒤뚱거리며 사는 동물을 물속에서 헤엄치며 사는 동물로 변화시킬 수 있다. 마이어는 지구상에서 그러한 격변 결과를 가장 잘 볼 수 있는 곳이 대양의 군도라고 말했다.

그러나 그곳이 유일한 장소는 아니다. 마이어는 이렇게 덧붙였다. "나는 진화에서 새로 생겨나는 주요 변화는 모두 비슷한 방식으로 일어난다고 생각한다."[58]

부조화와 종의 빈곤화

유전자 재편이 잘 일어나는 장소인 섬이 에른스트 마이어를 비롯해 진화생물학자에게 많은 것을 알려주는 야외 실험실이 되었다는 사실은 전혀 놀라운 일이 아니다. 그러나 섬의 메뉴 중에서 마지막 두 항목은 엄밀하게는 진화에 관련된 것이라기보다는 생물지리학에 관련된 것이다. 그래서 나는 이 두 항목을 독립적인 범주로 분류했다.

    II. 군집의 속성

        부조화
        종의 빈곤화

이 두 항목은 종의 고유한 특성뿐만 아니라 더 넓은 패턴을 포함한다. 이것들은 생물지리학의 가장 기본적인 질문들과 관련이 있다. 그 질문들이란, '어떤 동물은 어느 장소에 존재하고, 또 어떤 동물은 어느 장소에 존재하지 않는가, 그리고 왜 그런가' 하는 것이다.

부조화와 종의 빈곤화는 둘 다 지구상에서 종의 다양성이 균일하게 분포돼 있지 않다는 사실을 가리킨다. 종의 빈곤화는 어느 장소에 종들이 얼마 존재하지 않는 상태를 가리키며, 부조화는 종들이나 종의 집단들이 장소에 따라 불균일하게 존재하는 것을 가리킨다. 논리적으로 두 개념은 중첩된다. 종의 빈곤화는 특히 섬에서 두드러지게 나타나는 일종의 부조화이기 때문이다.

일반적으로 섬은 근처의 대륙보다 종의 다양성이 빈약하다. 다시 말해서, 같은 면적의 대륙 서식지보다 섬 서식지에 존재하는 종의 수가 더 적다. 이것이 바로 종의 빈곤화이다. 부조화는 정의하기가 조금 더 어렵다. 부조화는 섬에 사는 종들과 그 이웃 대륙에 사는 종들의 차이를 포함하는 개념이다. 섬에 사는 동식물은 그 종수가 대륙보다 적지만, 대륙에서 볼 수 없는 희귀종이 더 많이 산다. 예를 들면, 마다가스카르 섬에는 전 세계에 존재하는 모든 종류의 여우원숭이가 다 살고 있지만, 아프리카 대륙에는 여우원숭이가 단 1종도 살지 않는다. 따라서 적어도 여우원숭이 집단만큼은 마다가스카르 섬이 아프리카 대륙보다 종의 다양성이 훨씬 풍부하다고 말할 수 있다. 갈라파고스 제도는 핀치의 다양성에서(적어도 단위 면적당 종수에서는) 이웃 대륙인 남아메리카를 훨씬 능가한다. 이것이 바로 부조화이다.

확산 능력의 차이는 부조화를 초래하는 한 가지 요인이다. 대양을 횡단 여행하는 능력이 뛰어난 동물 집단은 섬에서 보기가 쉽다. 반면에 대양 횡단 여행 능력이 뛰어나지 못한 동물은 섬에서 보기 어렵다. 섬은 대개 이웃 대륙보다 포유류와 양서류와 민물고기의 종수가 적다. 파충류의 종수도 더 적은 경우가 많다. 조류도 큰 차이는 아니지만 대체로 종수가 더 적다. 그렇지만 섬에서는 종 분화를 촉진하는 환경 때문에 특정 동물 집단 내에서 다른 종의 수가 이웃 대륙보다 더 많을 수 있다. 부조화와 종의 빈곤화는 바로 이러한 규모 면에서 차이가 있다.

섬이 얼마나 외딴 곳에 있는가와 섬이 얼마나 오래되었는가도 부조화가 나타나는 데 중요한 변수가 된다. 마지막 빙하 시대에 인도에 붙어 있었던 스리랑카에 사는 종들은 인도에 사는 종들과 큰 차이가 없다. 그러나 동아프리카에서 멀리 떨어져 있고 나이가 오래된 마다가스카르 섬은 동아프리카와 비교할 때 여우원숭이와 텐렉 집단뿐만 아니라 모든 종에서 심한 부조화를 보인다.

확산 능력의 차이, 대륙과 떨어진 거리, 시간 경과 외에 부조화에 기여하는 요인이 최소한 한 가지 더 있다. 그것은 바로 섬의 크기이다. 작은 섬은 큰 섬보다 이주를 통해 정착하는 종의 수가 더 적다. 그리고 작은 섬에서는 멸종을 통해 더 많은 종을 잃는다. 이 사실을 잘 기억해두기 바란다. "작은 섬은 멸종을 통해 더 많은 종을 잃는다." 이것은 나중에도 종종 언급될 것이다.

섬에서 나타나는 부조화 패턴은 어떤 종이 존재하지 않는다는 식으로 부정문으로 표현할 때가 많다. 예를 들면, 하와이 제도에는 고유한 떡갈나무 종이 하나도 없다. 단풍나무, 버드나무, 느릅나무도 마찬가지다. 하와이 제도에는 고유한 곤충 종이 6,000여 종이나 있지만, 그중에 개미는 단 한 종도 없다.

마다가스카르 섬에는 이웃 아프리카 대륙과 달리 고유한 고양이 종이나 영양 종이 하나도 없다.

트리스탄다쿠나 섬에는 맹금류가 하나도 없다.

뉴기니 섬에는 딱따구리와 독수리가 전혀 존재하지 않는다.

뉴질랜드는 유칼립투스가 풍부하게 서식하는 오스트레일리아 옆에 있는데도, 유칼립투스 고유종이 하나도 없다. 유대류 역시 고유종은 하나도 없다.

아주 작은 섬에는 일반적으로 뱀이 살지 않는다.

앞에서 이야기했듯이, 개구리가 섬에 사는 경우는 극히 드물다. 갈라파고스 제도에는 파충류가 풍부하게 존재해도, 양서류는 전혀 존재하지 않는다.

포유류 역시 빈약하다. 또 섬에 서식하는 포유류 중에서 몸집이 큰 것은 거의 없다. 그중 상당 비율은 박쥐와 쥐로 이루어져 있다.

태즈메이니아 섬에 사는 비둘기류와 메추라기류의 종수는 오스트레일리아 본토만큼 많지만, 올빼미류의 종수는 절반밖에 되지 않는다.

알다브라 섬에는 거북, 침파리(해변에 많이 사는), 후새류, 다모류 동물 외에 다른 종의 동물은 거의 살지 않는다.

모리셔스 섬은 사람이 도착하기 전에는 육상 포유류가 전혀 살지 않았다. 심지어 쥐조차 얼씬하지 못했다. 그러다가 배가 도착했고, 그때부터 부조화는 새로운 의미를 지니게 되었다.

섬은 종들이 멸종해가는 곳

다윈도 《종의 기원》에서 종의 빈곤화라는 주제를 다루었다. "대양도에 서식하는 모든 종류의 종은 같은 면적의 대륙에 서식하는 종에 비해 그 수가 아주 적다."[59]라고 썼다.

물론 다윈은 이 사실을 최초로 발견한 사람도 아니고, 그 중요성을 마지막으로 알아챈 사람도 아니다. 하지만 이 단순한 사실의 원인은 매우 복잡하며, 그 의미는 상당히 광범위하고 논란의 여지가 많다. 20세기 초에 다른 생물학자들이 다윈의 무미건조한 표현을 가다듬어 다음과 같이 고쳤다. "섬은 본토에 비해 종의 빈곤화가 아주 심할 뿐만 아니라, 작은 섬은 큰 섬보다 종의 빈곤화가 더욱 심하다." 이것은 '종과 면적의 관계'로 유명해졌다. 여러분과 내가 살아가는 동안 생태학은 이 법칙에 바다와 늑대가 달에 반응하는 것과 같은 반응을 보였다.

종과 면적의 관계는 경험적으로 알게 된 사실이지만, 그 해석을 놓고 지적 전쟁이 일어났다. 뉴기니 섬이나 인도네시아 또는 앤틸리스 제도에서 연구한 생물지리학자나 집단생물학자나 이론생태학자나 조류학자에게 이 말을 해보면, 그것이 무슨 뜻인지는 명확하게 전달된다. 아무도 무슨 관계를 말하는 것이냐고 되묻지 않는다. 그리고 대화가 종의 빈곤화가 초래하는 4단계 결과쯤에 이르면, 관련 자료와 개념이 수많이 쏟아져 나올 것이다. '종의 빈곤화'라는 단어 자체는 그다지 자주 언급되지 않는다. 그것은 너무 기본적인 개념이기 때문이다. 해가 동쪽에서 뜨고, 교황이 가톨릭교도인 것처럼, 섬에서는 종의 빈곤화가 나타난다.

그런데 섬에서는 왜 종의 빈곤화가 일어나는가? 기본 이유가 두 가지 있다. 첫째는 많은 종이 아예 섬에 도착하지 못하기 때문이다. 둘째는 도착하여 정착에 성공한 종들 중에서도 일부는 계속 살아남는 데 실패하기 때문이다. 첫째 이유는 격리와 거리, 바다, 확산과 이주를 방해하는 그 밖의 장벽들과 관련이 있다. 둘째 이유는 멸종과 관련이 있다.

이것이야말로 내가 마지막에 다루려고 남겨놓은 핵심이다. 확산 능력, 몸크기 변화, 확산 능력 상실, 고유성, 잔존성, 군도 종 분화, 부조화, 그리고 기타 등등······. 이것들은 모두 섬에서 일어나는 진화와 섬 생태계의 특징이지만, 이 중에서 멸종만큼 큰 특징은 없다. 멸종 위험은 장소와 관련이 있다. 섬은 종들이 멸종해가는 곳이다.

희귀한 것에서 멸종으로

사라진 도도의 노래

라푸스 쿠쿨라투스Raphus cucullatus라는 학명이 붙은, 볼품없이 몸집만 크고 비둘기 비슷하게 생긴 새(실제로 도도는 비둘기목에 속한다)는 사람들에게 도도dodo라는 이름으로 더 잘 알려져 있다. 도도는 모리셔스 섬에서 오랫동안 살았다. 얼마나 오래 살았는지는 아무도 모른다. 아마도 수만 년은 넉넉히 살았을 것이다. 도도는 진화에 성공한 사례였다. 도도는 모리셔스 섬의 환경에 잘 적응했고, 다른 곳에서는 전혀 살지 않았다.

  도도는 땅에 떨어진 열매를 먹고 산 것으로 보인다. 가끔은 씨앗이나 알뿌리도 먹었을 것이다. 진짜 비둘기라면 도저히 할 수 없을 정도로 지방을 많이 축적함으로써 몸집이 아주 비대해진 도도는 뚱뚱한 두 다리로 숲 속을 뛰어다녔다. 필시 빨리 뛰진 못했을 테고, 뛰는 모습도 우아하다고는 말하기 힘들었겠지만, 도도가 살아가는 환경에서는 그 정도면 충분했다. 몸집은 점점 더 커지는 방향으로 진화했지만, 날개는 그만큼 커지지 않아서 어느 순간부터 도도는 날지 못하게 되었다. 이것은 손해보다 이익이 많은 수지맞는 장사였다. 육중한 몸집의 이 새는 커다란 머리와 크게 벌릴 수 있는 부리로 큰 열매도 통째로 삼킬 수 있었다. 먹이가 풍부한 계절에 이런 식으로 몸속에 영양분을 효과적으로 저장함으로써 몸무게를 늘린 도도는 먹이를 구하기 힘든 계절에도 살아남을 수 있었다. 똑같이 열매를 먹고 살지만 몸집이 작은 새는 몸무게를 쉽게 늘리고 줄이지 못하므로 경쟁에서 불리했을 것이다.

  물론 적의 공격을 피해 도망칠 수 있는 방법인 비행 능력을 포기한 것은 부정적 측면이다. 그러나 도도는 포식자가 존재하지 않는 생태계에서 진화했기 때문에 그것은 큰 대가가 아니었다. 원시 상태의 모리셔스 섬에는 육상 포유류가 전혀 없었다. 설치류도 육식 동물도 사람도 없었다. 큰 파충류가 몇 종류 있긴 했지만, 몸무게가 14kg이나 나가는 큰 덩치에다가 노루발장도리처럼 생긴 부리를 가진 도도에게는 큰 위협이 되지 않았다. 날지 못하는 도도는 땅 위에다 둥지를 만들었다. 이것 역시 큰 문제가 되지 않았는데, 그 생태계에서는 땅 위에 둥지를 짓는 것이 안전하고 경제적이었기 때문이다. 한 역사 문헌에 따르면, 도도는 풀을 물어다가 알을 품는 둥지를 만든 것으로 보인다. 같은 문헌은 또 도도가 하얀 알을 한 번에 하나만 낳았으며, 알의 크기는 배만 했다고 한다. 도도는 모래주머니에서 음식물을 잘게 가는 걸 돕기 위해 조약돌을 삼킨 것으로 보인다. 날카롭게 구부러진 부리는 큰 열매를 발톱으로 땅에다 꽉 누른 채 쪼아 먹는 데 사용했을 것이다. 최근에 한 역사학자는 도도는 물을 무서워하지 않아 마음껏 물을 마시고 목욕도 했지만, 헤엄은 치지 못했을 것이라고 추측했다.

  우리가 도도의 생태나 행동, 생물지리학에 대해 아는 것은 고작 이 정도이다. 그 밖의 모든 것은 확인되지 않은 소문에 불과하다.

  도도의 노래는(만약 도도가 소리를 낼 수 있었다면) 우리의 기억에 남아 있지 않다. 1638년에 모리셔스 섬을 찾았던 한 사람은 훗날 도도의 울음소리가 거위 새끼가 꽥꽥거리는 소리와 비슷했다고 말했다. 1662년에 난파를 당해 모리셔스 섬에 상륙한 네덜란드 인 선원은 "한 녀석의 다리를 붙잡자 그 녀석은 큰 소리로 울어댔다. 그러자 다른 도도들이 동료를 구하려고 우르르 몰려왔고, 그 녀석들도 몽땅 붙잡혔다."[1] 라고 말했다. 하지만 위급한 상황에서 새가 우는 소리를 평상시의 노랫소리와 혼동해서는 안 될 것이다. 더 최근에는 에럴 풀러Errol Puller가 《멸종한 새들*Extinct Birds*》이라는 저서에서 "도도의 울음소리를 정확하게 기술한 기록은 전혀 없다. 하지만 일부 학자들은 '도도'라는 단어(필시 포르투갈 인 선원들이 만들어낸 것으로 보이는)가 도도의 울음소리를 표현한 것이라고 생각한다."[2] 라고 했다. 그러고 나서 풀러는 그 이름의 어원을 살펴보는 데 초점을 옮겼고, 도도의 울음소리에 대해서는 더 이상 언급하지 않았다. 도도를 다룬 현대의 다른 문헌들도 도도의 울음소리는 전혀 다루지 않았다. 도도에 관한 증언을 해준 사람들 중에 모리셔스 섬의 숲 속으로 들어가 조용히 앉아 도도의 울음소리를 들으려고 한 사람은 하나도 없기 때문에 도도의 울음소리가 어떤 것인지는 영원히 알 수 없다.

도도는 뼈들을 꿰어맞춰 만든 골격 서너 개가 박물관에 보존돼 있고, 여러 가지 뼈들을 모아놓은 것이 하나, 잘려서 말라붙은 발뼈가 하나, 새의 모습을 기술한 기록이 약간, 1600년에 제작된 그림과 판화가 다수 있기 때문에 해부학 구조를 충분히 짐작할 수 있다. 몇몇 박물관에는 입체적으로 복원한 도도가 박제 모형처럼 전시돼 있는데, 이것은 석고와 철사, 다른 가금의 깃털을 접착제로 붙여 만든 가짜 모형이다. 그림과 판화도 후대의 화가들이 이전의 작품을 어설프게 베끼는 과정이 반복되면서 변형과 왜곡이 일어났다. 그래도 공통적인 이미지는 몸집이 비대하고, 부리 끝은 혹처럼 뭉툭하며, 얼굴에는 깃털이 없고, 깃털이 난 머리 뒤쪽은 운동복에 달린 후드처럼 보이는, 수수한 동물이다. 깃털이 없는 얼굴, 깃털이 난 머리 뒤쪽이 후드처럼 보이는 괴상한 모습, 혹 같은 것이 달린 부리, 거대한 몸집은 도도를 비현실적인 동물로 보이게 했다. 하지만 도도는 비현실적인 동물이 아니다. 엉터리 복원 모형이나 상상력이 가미된 그림을 무시한다 하더라도, 실제로 얼굴에 깃털이 없는 새가 살았던 것이 분명하다. 그림을 신뢰한다면, 도도의 몸에 난 깃털은 회색이고, 너무 작아서 쓸모없는 날개는 노란색을 띤 흰색이 아니면 검은색이다. 몇몇 판화와 그림에 묘사된 도도는 실제로 살아 있는 동물처럼 생생한 모습이어서 아주 그럴듯하지만, 나머지는 만화로 그려졌다. 그리고 야생 자연에서 도도를 실제로 보고 그린 작품은 하나도 없는 것으로 보인다.

이렇게 도도의 이야기는 불확실성의 안개에 싸여 있다. 그래도 몇몇 사실은 확실하다. 도도는 분명히 존재했다. 도도는 모리셔스 섬에만 살았다. 그 모습은 남은 골격과 일치한다. 도도는 오랫동안 번성을 누리다가 갑자기 파멸을 맞이했다. 직접적이건 간접적이건 그 파멸을 가져온 장본인은 바로 우리 인간이었다. 수백 년 전에 사라진 동물에 대해 그래도 이나마 알고 있는 게 대단하지 않은가? 그렇지 않다. 참고로 약 7000만 년 전에 멸종한 하드로사우루스류 공룡인 마이아사우라와 비교해보자. 멸종한 이 공룡에 대해 고생물학자들이 확보한 자료는 도도에 대해 조류학자들이 확보한 자료보다 더 많다. 마이아사우라의 경우에는 알 화석과 알 속에서 자라다 만 새끼 화석도 남아 있다. 그러나 확인된 도도의 알이나 알 속의 새끼는 세계 어느 박물관에서도 찾아볼 수 없다. 도도가 조류라는 건 알고 있다. 도도가 온혈 동물이며, 땅 위에서 살아갔다는 사실도 알고 있다. 또, 도도는 살이 뒤룩뒤룩 쪘는데, 결국은 이것이 치명적인 약점이 되었다. 1600년 무렵부터 사람과 돼지, 원숭이가 섬에 들어오면서 치열한 생존 경쟁에 직면하게 되었다는 사실도 알고 있다. 하지만 이런 사실들 말고 우리가 아는 것이라곤 거의 없다. 가장 확실하게 말할 수 있는 것은 1690년 무렵에 도도가 지상에서 영원히 사라졌다는 사실이다.

멸종은 왜 주로 섬에서 일어나는가?

도도의 멸종은 여러 측면에서 근대성을 대표하는 사건인데, 그 사건이 작은 섬에서 일어났다는 것도 그중 하나이다. 모리셔스 섬이 작고 아주 외딴 곳에 위치하여 별로 주목할 만한 곳이 아닌 것처럼 보일 수 있지만, 그런 인상은 잘못된 것이다. 종의 멸종이 호모 사피엔스가 세상에 어떤 영향을 미치느냐 하는 문제에서 핵심을 차지하는 것처럼, 작은 섬은 종의 멸종 문제에서 핵심을 차지한다. 지난 400년 동안 인류가 세계 곳곳으로 퍼져나가면서 지배 영역을 확장할 때 멸종은 대체로 섬에서 일어났다. 섬에서 일어나는 이 현상을 인식하고 이해하는 것이야말로 현재 본토에서 일어나는 멸종 위기를 이해하는 최선의 길이다.

섬에서 일어나는 멸종 패턴 가운데 가장 분명한 것은 조류의 멸종이다. 조류에 관한 기록이 다른 동물 집단에 비해 더 완전하다는 게 일부 원인이다. 조류는 더 자세하게 관찰되고 확인되었을 뿐만 아니라, 정서적으로도 친밀감을 더 주기 때문이다. 포유류와 파충류는 증거가 복잡하고 자료가 잘 기록돼 있지 않지만, 그래도 조류와 똑같은 사실을 뒷받침하는 경향을 보인다. 조류에 관한 자료는 섬뜩하다. 몇몇 과학자들이 독자적으로 조사를 했는데, 서로 약간의 차이는 있지만 모두 멸종이 섬 환경과 특별한 연관이 있음을 보여준다.

그 가운데 제레드 다이아몬드(옛날에 코모도왕도마뱀 조상이 피그미코끼리를 잡아먹었다는 가설을 세운 그 생태학자)가 제시한 수치가 가장 신뢰할 만하다. 그 수치들은 〈역사 시대의 멸종: 선사 시대에 일어난 멸종의 이

해를 돕는 로제타석 Historic Extinctions: A Rosetta Stone for Understanding Prehistoric Extinctions〉이라는 제목의 논문에 실렸다. 이 논문에서 다이아몬드는 최근에 사라져간 종들을 더 넓은 고생물학적 맥락에서 논의했다. 여기서는 더 넓은 맥락은 무시하고, 최근에 일어난 구체적 사례들만 살펴보자. 다이아몬드의 평가에 따르면, 1600년 이후에 멸종한 조류 종과 아종은 모두 171개이다. 그중에서 가장 먼저 멸종하고 또 가장 유명한 종이 도도이다. 전체 171개 종과 아종 중 155개가 섬에서 살다가 멸종했다. 이것은 전체의 90%가 넘는 수치이다.

하와이 제도에서 24개 종과 아종이 사라졌고, 바하칼리포르니아 부근의 섬들에서 8개가 사라졌다. 모리셔스 섬, 레위니옹 섬, 로드리게스 섬을 포함한 마스카렌 제도에서는 도도 외에 13개가 멸종했다. 서인도 제도에서는 15개가, 오스트레일리아와 뉴질랜드의 중간에 외따로 떠 있는 작은 섬 로드하우 섬에서는 아프리카와 아시아와 유럽에서 사라진 조류를 모두 합친 것보다 더 많은 종이 사라졌다.

섬에만 사는 조류가 전 세계에 서식하는 조류의 20%밖에 안 된다는 사실을 고려하면 이 수치가 지니는 의미는 더욱 크다. 역사 시대에 일어난 조류의 멸종 가운데 90%가 전체 조류 중 20%만 사는 섬들에서 일어난 것이다. 이것은 섬에 사는 조류가 멸종할 확률이 대륙에서 사는 조류보다 50배나 높다는 것을 의미한다. 게다가, 섬에서 멸종을 맞이한 조류 중 4분의 3은 작은 섬에서 멸종했다. 새들에게는 큰 섬이 더 안전한 셈이다. 따라서 모리셔스 섬처럼 작은 섬에 사는 새는 큰 섬에 사는 새보다 멸종을 맞이할 확률이 훨씬 더 높다. 왜 그럴까?

그 답은 다소 복잡하다.

도도와 인간의 첫 만남

포르투갈 인 선원들이 모리셔스 섬에 처음 도착한 것은 1507년인데, 그 당시는 포르투갈의 배들이 세계를 누비던 무렵이었다. 알폰소 데 알부케르케Alfonso de Albuquerque가 이끄는 탐사대는 레위니옹 섬과 로드리게스 섬에도 들렀던 것으로 보인다. 이것은 유럽 인이 마스카렌 제도를 처음 발견한 사건으로 간주되지만, 인도양 주변을 돌아다니던 아랍의 해상 교역자들은 이미 그 전부터 마스카렌 제도를 알고 있었다. 알부케르케 탐사대가 마스카렌 제도에 도착했을 때, 섬에는 사람이 살지 않았다. 그 후 1512년에 또 다른 포르투갈 인 항해가 페드루 마스카레냐스Pedro Mascarenhas가 이 제도를 방문했지만, 제도에 남은 자신의 이름 말고는 아무것도 남기지 않고 떠났다. 그 후 16세기가 끝날 때까지 포르투갈 인은 모리셔스 섬에 특별한 관심을 보이지 않았다. 다만, 일설에 따르면 그들이 가축 몇 종을 섬에 들여왔다고 한다. 포르투갈 인은 뒤에 섬을 찾은 다른 유럽 인보다 더 가볍게 섬에 들렀다 가곤 했다. 포르투갈 인은 도도를 보았다 하더라도, 그 사실을 후대에 전하지 않은 것으로 보인다.

그러나 16세기 말에 온 네덜란드 인은 달랐다. 야코프 코르넬리위스 판 넥Jacob Cornelius van Neck이 이끄는 탐사대가 1598년에 모리셔스 섬에 당도했다. 그해 이후로 인도양을 횡단하는 네덜란드 인 선원들은 모리셔스 섬을 가축을 방목하고 야생 고기를 공급받는 장소로 생각했다. 앞에서 언급했듯이, 그들은 이곳에 고유하게 서식하는 거북을 마구 먹어치웠다. 그들은 도도도 먹었다.

도도를 잡아먹은 최초 기록은 1601년에 출판된 판 넥의 항해기에 나온다. 그 당시에 도도는 들어본 적도 없는 동물이었기 때문에 판 넥은 요리에 대한 감상을 말하기 전에 도도의 생김새부터 설명했다.

그곳에는 회색앵무가 아주 많고, 아주 큰 종류 외에도 많은 새를 흔히 볼 수 있다. 네덜란드의 백조보다 몸집이 크고 머리가 아주 크며, 그 절반은 후드 같은 피부로 덮여 있는 다른 새도 흔했다. 이 새는 날개가 있어야 할 자리에 날개는 없고 거무스름한 색의 깃털만 몇 개 나 있었다. 꽁지깃은 가늘고 구부러진 회색 깃털 몇 개가 다였다. 우리는 이 새를 발크뵈헬 Walckvögel이라고 불렀는데, 오래 끓일수록 고기가 질겨져서 먹기가 힘들었 기 때문이다.³

아마도 이것이 유럽 인이 도도를 최초로 언급한 기록일 것이다. 그러나 도도를 모욕적으로 취급하는 풍조는 이때부터 생겨났는데, 발크뵈헬은 네덜란드 어로 '역겨운 새'⁴라는 뜻이기 때문이다.

그 후로도 도도를 비하하는 이 별명은 Walgh-voghel, walg-vogel, waldtvögel, wallighvogel, walyvogel 등으로 철자가 다양하게 바뀌면서 관습적인 모욕으로 계속 사용되었다. 전형적인 불만은 "아무리 오래 끓여도 비교적 맛이 괜찮은 가슴과 배 부위를 제외하고는 고기가 연해지지 않고 질기고 단단하다."⁵는 것이었다. 모리셔스 섬을 방문한 한 영국 귀족은 같은 맥락에서 도도를 이렇게 평했다. "음식보다는 신기한 것으로 더 유명하다. 기름이 잔뜩 낀 위를 가진 사람이라면 모를까, 섬세한 미각을 가진 사람에게 도도는 비위에 거슬리고 영양가도 없다."⁶ 적어도 그의 고상한 미각에는 도도가 아무런 영양분도 없는 것으로 보였을지 모르지만, 모리셔스 섬을 방문한 초기의 여행자들에게는 가리고 자시고 할 게 없었다. 질기든 연하든 도도 고기 맛은 그렇게 역겨운 것은 아니었다.

판 넥 일행이 다녀가고 몇 년 뒤에 배 한 척이 모리셔스 섬에 당도했다. 이 배의 선장이 쓴 일기에는 해변으로 식량을 구하러 간 사람들이 눈길을 끌 정도로 살이 통통하게 찐 도도를 잡아가지고 왔다고 적혀 있다. "도도 서너 마리를 요리했더니 선원 전원이 배불리 먹고도 일부가 남았다."⁷ 열흘 후 식량을 구하러 간 사람들이 다시 20여 마리를 잡아왔다. 이 이야기로 보건대 그들의 도도 사냥 기술이 빠르게 향상했거나 아니면 도도를 잡는 게 별로 어렵지 않았던 것 같다. 잡아온 도도들은 아주 커서 두 마리만으로도 전 선원이 먹고 남을 정도였고, "남은 것들은 모두 소금에 절여 저장"⁸했다. 나중에는 "다섯 사람이 막대기, 그물, 머스킷총과 그 밖의 사냥 도구로 무장하고 해변에 상륙했다. 그들은 산과 언덕을 오르고 숲과 계곡을 돌아다니면서 사흘 동안 새를 50여 마리 잡았는데, 그중에 도도가 20마리 포함돼 있었다. 그것들을 모조리 배로 가져와 소금에 절였다."⁹ 그들은 도도를 거북처럼 줍다시피 했던 것 같다.

이 일기에는 몸집이 크고 날개가 없는 이 새를 가리키는 이름이 세 가지 등장하는데, 발리흐보헬wallich-vogel 외에 드론텐dronten과 도드아르센dod-aarsen이 그것이다. 이 이름들은 도도의 첫 인상을 반영하고 있다는 점에서 중요하다. 그런데 이 이름들의 어원에 대해서는 의견이 구구하다. dronten이 네덜란드 어에 없는 단어라고 주장하는 학자가 있는가 하면, 또 다른 학자는 이 단어가 지금은 사어가 되었지만 '부풀다'¹⁰라는 뜻을 지닌 네덜란드 어 동사라고 주장했다. dod-aarsen이라는 이름도 도도의 불룩하게 살찐 모습을 빗댄 것이라고 주장하는데, dod는 '둥글고 무거운 혹'¹¹이라는 뜻의 네덜란드 어에서 유래했고, aarsen은 '엉덩이'라는 뜻의 영어 단어 'arse'와 같은 어원에서 유래했다는 것이다. 그러면 둥근 엉덩이, 살찐 엉덩이, 부푼 혹 같은 엉덩이를 가진 새라는 뜻이 된다. 이에 대해 첫 번째 학자는 dod-aarsen이 '게으름뱅이'¹²란 뜻의 네덜란드 어 도도르dodoor에서 유래했다고 주장했다. 이렇게 논란이 계속되는 가운데 수백 년이 흘렀고, 이제는 이런 단어들이 나오는 사전도 참고하기 어렵게 되었다. 게다가 dod-aarsen이란 단어도 수많은 변형이 있어 초기 문헌에 dodaersen, dottaerssen, dodderse, dodars,

심지어 totersten까지 나타나 문제를 더 복잡하게 만든다. 이런 상황에서 나는 여러분에게 뭐라고 말해야 할까? 구텐베르크의 혁명은 시작된 지 얼마 안 되었고, 철자법에는 아무도 큰 신경을 쓰지 않던 시절이었다. 첫 번째 학자의 의견을 따른다면, doddor가 dodars로, dodars가 다시 dodo로 변했다. 게으름뱅이 새, 느리고 게으른 새. 그런데 앞에서 고상한 미각을 가졌다고 뻐기던 영국인이 주장한 세 번째 견해도 있다. 그는 dodo가 '멍청한' 또는 '단순한' [13]이라는 뜻을 지닌 포르투갈 어 도도 doudo에서 유래했다고 주장했다. 그 영국인의 이름은 토머스 허버트 Thomas Herbert로, 그는 1634년에 여행기를 출판했다. 허버트는 논란의 여지는 있지만 도도라는 단어를 처음으로 활자화한 사람이므로 어느 정도 신빙성을 인정받을 자격이 있다. 네 번째 견해는 풀러가 자신의 저서 《멸종된 새들》에서 주장한 것으로, 그 출처는 초기 문헌들에서도 찾을 수 있는데, 'dodo'가 비둘기의 울음소리를 두 음절로 흉내 낸 '두두 doo-doo' [14]처럼 도도의 울음소리를 흉내 낸 의성어라는 주장이다.

 이 다양한 추측들은 결국에는 공통된 개념, 즉 엉덩이가 크고 멍청하고 살찐 느림뱅이 새로 수렴된다. 도도를 이렇게 묘사하는 것은 조류학적으로 정확하거나 공정한 평가가 아닐 수 있다. 하지만 전설의 새인 도도가 대충 어떤 모습이었는지 알려준다.

 유럽 인 목격자에게 어리석고 게으르게 비쳤던 도도의 특성은 이 새가 오랜 기간 편안한 환경에 적응해 살다 보니 순진성이 몸에 배어 나타난 결과로 해석할 수 있다. 앞에서 사용한 용어를 쓴다면, 도도는 생태학적으로 순진한 동물이었다. 1631년에 도도를 목격한 네덜란드 인 선원의 증언은 더 구체적인 정보를 제공한다. "도도는 매우 차분하고 당당하다. 얼굴이 아주 검은 도도는 부리를 벌린 채 산뜻하고 과감한 걸음걸이로 우리 앞에 나타났고, 우리를 피해 달아나려고 하지 않았다." [15] 이러한 관찰은 매우 호의적이며, '차분하고'나 '당당하다'는 형용사들은 이름과 연관된 모욕적인 형용사들보다 생물학적으로 훨씬 정당하다('산뜻하다'는 표현은 별개의 문제이지만). 도도는 바다이구아나나 황소거북, 다윈의 물컵 위에 앉았던 흉내지빠귀, 갈라파고스 제도나 그 밖의 섬에 서식하는 온순해 보이는 다른 동물들보다 더 멍청하거나 단순하거나 게으르지 않았다.

도도가 모리셔스 섬의 다른 새들에 비해 생태학적으로 특별히 더 순진한 동물은 아니었다. 다른 새들 역시 위험할 정도로 경계심을 보이지 않는 경향이 있었다(심지어 비행 능력을 상실하지 않은 작고 민첩한 종들도 포함해). 판 넥의 연대기 작가는 해안에 상륙한 정찰대가 사람은 전혀 보지 못하고 "쇠멧비둘기와 회색앵무와 그 밖의 새들만 많이 발견했다. 그들에게 위협적인 존재가 아무도 없었기 때문에 새들은 우리를 전혀 겁내지 않고 그대로 서 있어서 쉽게 잡아 죽일 수 있었다."[16]라고 기록했다. 1607년에 기록된 또 다른 항해 이야기에는 "숲에서 거북과 도도, 비둘기, 쇠멧비둘기, 회색앵무 등을 손으로 잡아서 식량으로 사용했다."[17]라고 기술돼 있다. 1611년에 또 다른 항해의 연대기 작가는 풍부한 야생동물의 수와 그 동물들을 잡아 죽이기가 너무 쉬운 것에 놀라움을 표시했다. 이 목격자는 특히 도도에게 큰 관심을 보였다.

몸 색깔은 회색이다. 사람들은 도도를 토테르스텐 또는 발크뵈헬이라고 불렀다. 도도는 그 수가 아주 많아서 네덜란드 인은 날마다 도도를 잡아먹었다. 도도뿐만 아니라 그곳에 사는 새들은 모두 대체로 온순해, 비둘기나 앵무새는 말할 것도 없고 쇠멧비둘기도 나무 막대기만으로 죽이거나 맨손으로 잡을 수 있었다. 사람들은 토테르스텐, 즉 발크뵈헬도 손으로 잡았다. 다만, 아주 튼튼하고 두껍고 구부러진 부리에 팔이나 다리를 물리지 않도록 조심했다. 도도는 세게 무는 버릇이 있기 때문이다.[18]

도도가 우스꽝스러운 동물로 널리 알려지긴 했지만, 완전히 무방비 상태의 온순한 동물은 아니었다니 그나마 위안이 된다. 그러나 그 정도의 방어 능력으로는 자신의 생명을 지킬 수 없었다.

풀러는 역사적 기록들을 이렇게 요약했다. "도도는 유럽 인과 접촉한 짧은 기간에 무자비하게 사냥당했다. 그리고 인도양을 항해하는 사람들에게 반 세기 이상 신선한 고기의 공급원이 되었다."[19] 산 채로 배에 실려 몇 주일에서 몇 달을 휴면 상태로 쌓여 있어야 했던 황소거북과 달리 도도는 산 채로 배에 실리지 않았다. 공급이 넘칠 경우에는 일부는 소금에 절이거나 훈제하여 저장했고, 일부는 살아 있는 것을 요리하여 온 배의 사람들이 실컷 먹고, 남은 것도 보관했다가 먹었다. 그 당시 선상 메뉴는 아마도 이런 것이 아니었을까? 삶은 도도 고기, 로스트 도도, 도도 피클, 훈제 도도, 도도 해시 등등. 도도 고기의 맛이 역겹다는 이야기는 어쩌면 물리도록 포식한 사람들의 입에서 나온 것인지 모른다.

도도 남획은 수십 년 동안 계속되었지만, 언제까지나 계속될 수는 없었다. 몸집이 크고 한 번에 알을 한 개만 낳는 새에게 이런 상황은 치명적이었다. 인간의 직접적인 살육 행위는 도도의 수를 심각하게 감소시켰다. 그러나 그게 다가 아니었다.

더 미묘하고 간접적인 이야기가 또 있다. 모리셔스 섬을 발견한 초기 시절에 포르투갈 인은 섬에 돼지를 들여왔다. 그리고 수십 년이 지나기 전에 알 수 없는 경로를 통해 들어온 원숭이들이 모리셔스 섬에 들끓게 되었다.

인간이 가져온 재앙

돼지와 원숭이는 포르투갈 인과 네덜란드 인이 섬에 들여온 염소, 닭,

소, 사슴, 고양이, 개보다 도도에게 더 위험한 존재였다. 염소하고는 먹이를 놓고 경쟁해야 했고, 고양이도 위험한 존재였지만, 돼지와 원숭이는 날지 못하는 도도에게 치명적인 포식자였다. 적어도 어린 도도와 둥지 속의 새끼들에게는 그랬다. 새로운 적들은 처음에는 수가 적었지만, 곧 숲을 장악하고 급속도로 번식했다.

돼지와 원숭이는 잡식성 동물이어서 한 가지 먹이 공급이 줄어든다고 해서 개체수가 줄어들 만큼 영향을 크게 받지는 않는다. 17세기 후반의 기록에 따르면, 돼지가 알을 하도 많이 먹어치우는 바람에 땅거북과 바다거북의 생식이 멈췄다. 1709년에는 야생 돼지의 수가 크게 불어나 그 파괴 행위가 도를 지나치자, 80명의 무장 보안대가 소탕 작전에 나서 하루 동안 1,000마리 이상을 잡아 죽였다. 그러나 이 소탕 작전도 돼지 개체수를 줄이는 데에는 지속적인 효과가 없었다. 그리고 어차피 도도에게는 어떤 조처도 이미 때가 늦은 것이었다.

원숭이의 경우는 수수께끼가 많다. 모리셔스 섬의 숲과 길가에 출몰하던 원숭이는 마카크원숭이의 일종인 필리핀원숭이 *Macaca fascicularis*로, 게잡이마카크라고도 부른다. 이 원숭이는 환경에 잘 적응하는 영장류로 유명한데, 원산지가 미얀마에서 인도차이나와 말레이 반도를 거쳐 필리핀과 인도네시아의 외딴 섬에까지 걸쳐 있다. 필리핀원숭이는 마치 비시고트족처럼 열대 대륙을 가로지르며 퍼져가는 능력이 있지만, 다른 도움이 없이는 대양도로 건너갈 수 없다. 그리고《오즈의 마법사》에 나오는 원숭이와는 달리 하늘을 날지 못한다. 이 원숭이가 처음에 어떻게 그리고 왜 모리셔스 섬에 왔는지는 아무도 모른다. 한때는 16세기에 포르투갈 인이 들여왔다고 생각했다. 이 가설을 뒷받침하는 증거로 네덜란드 인이 초기에 남긴 기록 가운데 원숭이가 섬에 산다는 언급이 최소한 한 군데 나온다는 사실과, 포르투갈 인 선원들이 원숭이 고기를 좋아했다는 사실을 들 수 있다. 그러나 두 번째 주장은 네덜란드 인이 포르투갈 인을 비하하려고 만들어낸 유언비어일 수도 있다. 게다가 포르투갈 인은 마스카렌 제도로 가는 기항지로 모리셔스 섬보다 레위니옹 섬을 선호했지만, 레위니옹 섬은 원숭이가 들끓는 저주를 받지 않았다. 또, 포르투갈 인이 다른 섬에 필리핀원숭이를 이주시켰다는 기록은 어디서도 찾아볼 수 없다. 그래야 할 이유도 없었다. 필리핀원숭이는 영리하고 호리호리한 야생종이지, 쉽게 키워서 고기를 얻을 수 있는 지방질이 많고 순한 가축이 아니다. 포르투갈 인의 혐의를 입증할 증거가 부족하다 보니 오히려 네덜란드 인에게 의혹의 눈길이 쏠린다. 더군다나 현재 모리셔스 섬에 남아 있는 필리핀원숭이의 조상을 추적한 결과 자바 섬에서 온 것으로 밝혀졌는데, 자바 섬은 1596년부터 네덜란드 인의 주요 연락 기지였다.

네덜란드 인이 그랬다 하더라도, 왜 그랬는지 그 이유는 전혀 알 길이 없다. 몰래 원숭이를 먹는 관습이 있었는지도 모른다. 아니면, 마스코트로 태운 한 쌍의 원숭이가 모리셔스 섬에 정박했을 때 도망쳤을 수도 있고, 한 마리만 탈출했는데 공교롭게도 그것이 새끼를 밴 암컷이었을 수도 있다. 그것도 아니라면, 뉴욕의 하수구에 버려진 애완용 악어에 관한 전설처럼 배에 태운 원숭이들이 골칫거리가 되자 모리셔스 섬에 버렸을 수도 있다. 경위야 어쨌건, 이 새로운 섬의 조건은 필리핀원숭이가 살아가기에 환상적이었고, 그 결과 필리핀원숭이의 수가 크게 늘어났다. 1709년의 돼지 소탕 작전에 대한 기록을 남긴 여행자는 "근처의 정원에서 4,000마리 이상의 원숭이를 보는 즐거움을 누렸다."[20] 라고 썼다.

4,000마리라면 엄청난 숫자이다. 그 광경이 그에게는 즐거움이었을지 모르지만, 이것은 영악하고 미친 듯이 날뛰는 잡식성 동물이 들끓었다는 것을 의미한다. 그런 상황은 땅에 둥지를 짓는 새의 생존을 불가능하게(적어도 생식을 불가능하게) 만들었을 것이다. 따라서 누가 무슨 이유로 필리핀원숭이를 들여왔든지 간에 그것은 결정적인 결과를 초래했다. 도

도의 멸종을 가져온 요인들 중에서 원숭이의 역할은 지금까지 과소평가된 것이 아닌가 나는 생각한다.

칼 존스의 조류 구조 활동

리비에르데장귀유 Rivière des Anguilles 는 뱀장어강이란 뜻인데, 모리셔스 섬 남해안에 있는 휴양 도시로, 내가 묵고 있는 리비에르누아르의 호텔에서 서쪽으로 자동차로 두 시간이면 갈 수 있다. 칼 존스 Carl Jones 라는 친구가 리비에르데장귀유로 놀러 가자고 초대했다. 내가 이곳에 온 이유는 포트루이스 시의 모리셔스연구소에 전시돼 있는 도도의 뼈를 보기 위해서였다. 그런데 존스를 만난 것은 기대 밖의 성과를 안겨주었는데, 이제 또 다른 성과를 기대해도 될 것 같다. 뱀장어강을 볼 수 있다는 생각에 나는 기뻤다. 이 여행에서 나는 단순히 조수에 지나지 않겠지만, 악어와 원숭이 무리를 보여준다는 제안에 흔쾌히 따라나섰다.

헤어스타일이 목양견 비슷한 존스는 비꼬는 농담을 좋아하는 웨일스 사람으로, 모리셔스 섬에 고유한 야생 동물, 그중에서도 특히 조류에 광적인 열정을 갖고 있다. 그의 명성은 모리셔스 섬 남서부까지 자자했지만, 나는 그를 이번에 처음 만났는데, 앞으로 어떤 일이 기다리고 있을지 알 수 없다. 그는 이 섬에서 12년 동안 살아왔으며, 리비에르누아르 인근의 가파른 계곡과 화강암 절벽이 늘어선 지역인 블랙리버 협곡 입구에서 조류 구조 활동을 벌이고 있다. 블랙리버 협곡은 사탕수수밭과 도시 팽창 지역과 현재 모리셔스 섬에서 한창 붐을 타고 있는 해변 관광 개발 지역 사이에 작지만 소중한 숲과 야생 자연이 남아 있는 곳이다. 존스가 기울이는 노력 중 하나는 매과의 작은 새인 모리셔스황조롱이를 구하는 것인데, 존스가 처음 섬에 도착했을 당시 모리셔스황조롱이는 금방이라도 멸종할 위기에 처해 있었다. 존스는 과학자로서 훈련을 받았지만, 비둘기를 사랑하는 소년의 열정과 이상을 품고 있었다.

만난 지 나흘이 지나고 나서도 나는 여전히 그의 전문 영역과 취미가 겹치는 영역을 알려고 애썼고, 그의 짓궂은 장난 영역과 진지한 성격 영역 사이의 경계선이 어딘지 파악하는 데 애를 먹었다. 그가 날 보고 일요일에 뱀장어강에 갈 건데, 원한다면 데려가겠다고 말했다.

"거기에 뭐가 있는데요?"

"오언의 악어가 있지요."

존스는 짧게 끝낼 수 있는 말을 길게 설명하는 것을 좋아하지 않았다. 그래서 우리는 그의 친구 오언 그리피스Owen Griffiths의 집을 방문했다. 오언은 정규 과정을 밟은 달팽이 분류학자로, 달팽이 분류학이 비록 재미는 있다 하더라도 돈이 되지 않아서 원숭이와 악어 농장을 운영했다. 달팽이 분류학은 시를 쓰는 것처럼 직업이 아니라 사명감으로 해야 하는 천직이다.

뜻밖의 행운을 잡으려면 상황에 몸을 내맡길 필요가 있다. 나는 원숭이를 포함해 모리셔스 섬 전체에 대해 알고 싶은 게 많았다. 이렇게 나오지 않았다면, 호텔에 남아 해먼드오르간 연주나 들으면서 노닥거리는 일밖에 달리 할 일도 없었다.

오스트레일리아 출신인 오언은 존스와 친한 친구인데도 불구하고, 진지하면서도 마음이 따뜻하고 예의가 바르다. 오언은 아내와 함께 1985년부터 원숭이를 길렀는데, 이제 그 수가 2,000마리에 육박했다. 그는 우리에게 농장을 구경시켜 주었다.

오언이 기르는 가축 중에는 필리핀원숭이도 있는데, 그는 필리핀원숭이를 여러 집단으로 나누어 크고 작은 우리에 따로 길렀다. 큰 우리들에는 필리핀원숭이가 수십 마리나 들어 있어 소란스러웠다. 우리가 다가가자, 원숭이들은 우르르 몰려와서는 손가락으로 철창을 붙잡고 호기심에 찬 눈으로 우리를 쳐다보았다. 작은 우리들에는 오언이 소중하게 여기는 종축種畜(우수한 새끼를 낳게 하려고 기르는 우량 품종의 가축. 씨수컷과 씨암컷이 있다)들이 들어 있다. 오언은 원숭이 마케팅과 관련된 경제학, 그리고 위생 문제와 의료 기록 작성에 꼼꼼한 신경을 써야 하는 것에 대해 잠깐 설명했다.

"이 녀석은 생물의학 연구용 원숭이지요."

생물의학 실험에 사용되는 필리핀원숭이 가격은 미국에서는 한 마리당 1,500달러나 하는데, 그것은 야생에서 붙잡은 원숭이 값이다. 이렇게 야생에서 붙잡아 사육한 원숭이는 나이 및 건강 상태에 대한 소중한 기록이 있어서 값이 더 나간다.

"실험실에서는 잡동사니 원숭이를 원치 않아요. 오늘날의 원숭이 시장은 질을 요구하지요."

오언의 아내 메리 앤은 미모의 모리셔스 크리올creole(본래 유럽 인의 자손으로 식민지 지역에서 태어난 사람을 부르는 말이었으나, 오늘날에는 보통 유럽계와 현지인의 혼혈을 부르는 말로 쓰인다)로, 미생물학자이다. 그녀는 농장을 기술적으로 관리하는 일을 담당한다. 사육한 마카크원숭이 중에는 오언과 메리가 공급하는 것보다 더 건강한 원숭이는 없을 것 같다. 그들은 원숭이를 100마리 단위로 선적하는데, 사업은 호황을 누린다. 원숭이 사업에서 벌어들인 수입 덕분에 오언은 더 투기성이 강하고 장기 투자가 필요한 악어 가죽 사업에도 손을 댈 수 있었다.

이 모든 과학적 원숭이 사육 사업은 모리셔스 섬 숲에서 시작된 사업이 2단계로 접어든 것이다. 오늘날 원숭이 시장에서는 야생에서 붙잡아 사육한 원숭이 중에서 건강 상태가 좋은 원숭이를 원하지만, 처음에 사업을 시작할 때만 해도 오언은 야생에서 사로잡은 원숭이를 곧장 공급했다. 그러다가 사업가의 비전을 가진 달팽이 분류학자의 눈에 무한한 자원(섬에 널려 있는 필리핀원숭이)이 낭비되는 게 보였고, 공급과 수요를 연결시키는 방법을 생각해냈다. 그러자 갈퀴로 낙엽을 긁듯이 돈이 굴러들어왔다. 아마도 지난 300년 동안 계속 그랬겠지만, 필리핀원숭이는 지금도 모리셔스 섬에서 골칫덩어리이다. 필리핀원숭이는 보호해야 할 야생 동물로 간주되지 않는다. 2차선 고속도로로 달리다 보면, 길가에서 지나가는 자동차들을 겁도 없이 바라보며 어슬렁거리는 필리핀원숭이를 볼 수 있다. 이들은 위스콘신 주의 고슴도치나 텍사스 주 동부의 아르마딜로보다 더 흔한 것처럼 보인다. 오언이 원숭이를 잡기 위해 처음에 덫을 놓았던 장소 중 하나는 존스가 멸종 위기에 처한 황조롱이를 구하려고 애쓰는 블랙리버 협곡이었다. 그곳에 덫을 놓은 첫해에 오언은 필리핀원숭이를 1,500마리나 잡았다. 그렇게 많은 원숭이를 계속해서 잡을 수 있으리라고는 기대하지 않았다. 그러나 이듬해에도 바로 그 지역에서 다시 1,500마리를 잡았고, 그 이듬해에도 역시 그만큼의 원숭이를 잡았다. 오언은 "그러고도 전체 개체수가 줄어들지 않았어요."라고 말한다. 오늘날 모리셔스 섬에 살고 있는 필리핀원숭이의 수와 그 회복력은 상상하기조차 어렵다.

그리고 이 외래종이 토착 야생 동물에게 미친 영향 역시 상상하기 어렵다. 예컨대, 존스가 구조 작업을 벌이고 있는 황조롱이는 1970년대 중반에 그 수가 겨우 대여섯 마리로 심각하게 줄어들어 멸종은 돌이킬 수 없는 것처럼 보였다. 황조롱이는 블랙리버 협곡 지역뿐만 아니라 모리셔스 산맥의 용암 절벽 곳곳에 파인 작은 동굴 같은 구멍에 둥지를 튼다. 알을 좋아하고 절벽을 민첩하게 기어오를 수 있는 포식 동물은 둥지를 공격함으로써 황조롱이를 멸종에 이르게 할 수 있다. 어른 황조롱이는 포식 동물에게 잡아먹히지 않는다 하더라도, 후손을 남기지 못한 채 늙어서 죽거나 그 밖의 원인으로 죽어갈 것이다. 이것이 바로 문제 혹은 문제의 일부였는데, 바로 그때 존스가 황조롱이를 보호하기 위해 뛰어든 것이다. 황조롱이의 수가 감소하는 것은 분명했지만, 그 이유는 수수께끼였다. 황조롱이를 보호하기 시작한 지 10여 년이 지났지만, 지금도 존스는 이 수수께끼를 풀기 위해 노력하고 있다.

"알 가진 거 있나?"

존스가 오언에게 물었다.

"알?"

"그래, 달걀. 우리가 흔히 먹는 날달걀 말이야."

존스는 달걀을 몇 개 가져와 작은 실험을 해볼 생각이었는데, 그만 깜빡 잊고 온 것이다. 그래서 오언에게 달걀이 있는지 물었다.

다행히 달걀이 있었다. 존스의 독단적인 상상력에 익숙한 오언은 부엌으로 가 날달걀 두 개를 가지고 왔다. 우리는 원숭이 우리로 되돌아갔다. 원숭이들이 딴 데 정신을 팔고 있을 때, 존스는 원숭이 우리의 한쪽 바닥에 달걀을 살그머니 내려놓았다. 그리고 멀찌감치 물러나서 시선을 다른 데로 돌리고 침착하게 기다린다. 존스가 즉석에서 하는 이 실험에서 알고자 하는 것은, 야생에서 붙잡아 사육하여 다른 먹이에 익숙해진 필리핀원숭이가 본능적으로 알을 먹는가 하는 것이었다. 잠시 후에 돌아봤더니, 원숭이 여섯 마리가 깨진 달걀 껍데기를 놓고 다투고 있었다.

마지막 도도

살아 있는 도도를 마지막으로 목격했다는 믿을 만한 이야기에 따르면, 그 일은 1662년에 일어났다. 네덜란드 인 볼퀴아르트 이베르센Volquard Iversen 일행은 폭풍 때문에 배가 조난되는 바람에 모리셔스 섬에 한동안 갇혀 지냈다. 최초의 네덜란드 인이 다녀가고 나서 한 사람의 일생에 해당하는 세월이 흘렀고, 소수의 사람들로 이루어진 정착촌도 몇 년 전에 사라진 뒤라, 이베르센 일행이 해안에 상륙했을 때에는 섬에 아무도 살고 있지 않았다. 그들은 먹을 것을 찾아 섬 부근을 샅샅이 뒤졌다. 먹을 만한 것을 눈을 씻고 찾았지만, 모리셔스 본섬에서는 도도를 한 마리도 찾을 수 없었다. 하지만 가까이에 있는 작은 섬에서 도도를 몇 마리 발견했는데, 그 섬은 썰물일 때 걸어서 건널 수 있을 만큼 충분히 가까웠다. 이베르센은 이렇게 기록했다. "여러 종류의 새들 사이에 인도양 사람들이 도다에르센이라고 부르는 새가 있었다. 그 새는 거위보다 컸으며 날지 못했다. 날개 대신에 작은 플랩 같은 게 나 있었다. 하지만 빨리 달릴 수 있었다."[21] 이베르센의 설명은 자세하진 않지만 생태학적으로 충분히 일리가 있다. 섬과 섬 사이의 얕은 물은 돼지와 원숭이의 공격을 막기에 충분했을 것이다.

이베르센 일행은 작은 섬에서 도도를 적어도 몇 마리는 잡았다. 그 이야기는 이미 앞에서 인용한 바 있다. "한 녀석의 다리를 붙잡자 그 녀석은 큰 소리로 울어댔다. 그러자 다른 도도들이 동료를 구하려고 우르르 몰려왔고, 그 녀석들도 몽땅 붙잡혔다." 물론 난파한 네덜란드 인은 심심풀이로 도도를 잡은 것이 아니었다. 나이프와 모닥불, 고기 굽는 꼬챙이로 쓸 튼튼한 막대기도 준비했을 것이다. 자세한 상황은 상상에 맡길 수밖에 없지만, 이베르센이 도도를 몇 마리 잡아 그 고기를 먹었다는 사실은 의심의 여지가 없는데, 그것들이 살아남은 마지막 도도였을 수도 있고 아닐 수도 있다. 어쨌든 난파선의 생존자들에게 발크뵈헬은 그렇게 역겨운 맛은 아니었던 것 같다. 여기서 난파를 당한 사람들이 저지른 식인 행위를 묘사한 오래된 시가 생각난다. 식인 행위에 마지막으로 희생당한(시를 쓴 사람에게) 사람은 요리사였다.

그 요리사를 먹은 게 일주일쯤 되었을까.
마지막 한 점을 막 먹으려다가
그만 그것을 떨어뜨릴 뻔했지.

저 멀리서 배 한 척이 나타났기 때문이었지.

이베르센 일행은 운이 좋았다. 그들은 난파된 지 5일 만에 지나가던 배에 구조되었다. 그 후로 살아 있는 도도를 본 사람은 아무도 없다.

멸종의 전주곡

이베르센의 생생한 묘사는 오해를 불러일으키는 측면이 있다. 멸종(도도이건 다른 종이건) 문제의 핵심은 누가, 혹은 무엇이 그 종의 마지막 동물을 죽였느냐 하는 것이 아니다. 마지막 개체의 죽음을 초래한 원인은 멸종의 궁극적인 원인에 가까운 한 가지 원인일 뿐이다. 궁극적인 원인은 아주 다른 것일 수 있다. 어떤 종의 마지막 개체가 죽을 때쯤이면 그 종은 이미 생존 경쟁의 많은 전쟁에서 패배를 겪은 뒤이다. 그 종은 이미 비탄의 소용돌이 속으로 휘말려들었고, 진화의 적응 능력을 거의 상실했다. 생태학적으로 소멸 직전의 상태에 이른 것이다. 이때, 여러 가지 요인 중에서 운까지 불리하게 작용하면, 마침내 그 종의 운명은 끝나고 만다.

멸종의 원인은 대개 복합적이며, 여러 가지 원인이 서로 결합해 상승 작용을 일으킨다. 하지만 멸종의 전제 조건은 희귀성이라는 한 마디로 요약할 수 있다. 일반적으로 종은 완전히 사라지기 전에 희귀종으로 전락한다. 희귀성은 멸종의 전주곡이다. 원래부터 희귀한 종은 본질적으로 멸종할 위험이 더 크다. 희귀성이 멸종으로 이어진다는 말은 뻔한 이야기로 들릴 수 있다. 그러나 이 뻔한 이야기는 중요한 사실을 내포하고 있다. 멸종 현상에 대한 과학적 연구는 기본적인 질문 세 가지를 던진다. (1) 왜 어떤 종은 본래부터 그 수가 적은가? (2) 희귀종이 아니었던 종은 어떻게 해서 희귀종이 되는가? (3) 희귀종이 겪는 어려움은 구체적으로 어떤 것인가?

　희귀종이 된다는 것은 총체적 파국에 이르는 문턱이 낮아진다는 이야기와 같다. 절대적 기준에서 보면 사소해 보이는 불운도 희귀종에게는 치명적인 불운이 되기 쉽다. 평범한 재난도 희귀종을 세상에서 사라지게 만들 수 있다. 그리고 결국 마지막 개체는 그 종을 멸종 상태로 몰아넣은 진짜 요인들과는 관계 없는 우연한 사고로 죽어갈 수 있다.

　예를 들어 마지막 도도가 이베르센이 들렀던 작은 섬에서 죽은 게 아니라고 가정해보자. 이 마지막 도도는 17세기 말에 모리셔스 본섬에서만 살았다고 상상해보자. 이 외로운 생존자는 암컷이었다고 상상해보자. 몸집이 크고 날지 못하는 데다가 어려운 상황을 맞아 혼란에 빠졌겠지만, 다른 도도와 달리 위험을 피하는 재주가 있어 살아남았다. 아니면, 그저 운이 좋았을 수도 있다.

　아마도 마지막 도도는 인간이 초래한 온갖 종류의 위협이 비교적 천천히 밀려온 남동부 해안의 밤부스 산맥에서 평생 동안 살았을 것이다. 아니면, 블랙리버 협곡의 시내가 흘러내려가는 곳에 숨어 살았을지도 모른다. 하지만 마침내 이 마지막 도도에게도 운명의 시간이 다가왔다. 마지막으로 알에서 깬 새끼는 멧돼지가 먹어버렸고, 마지막 알은 원숭이가 먹어치웠다. 배우자였던 수컷은 굶주린 네덜란드 인 선원의 몽둥이에 맞아 죽었고, 다른 짝을 찾을 희망은 전혀 없다. 새가 기억할 수 있는 시간보다 훨씬 긴 마지막 몇 년이 지나는 동안 도도는 자신 외에 다른 도도를 한 마리도 보지 못했다.

　도도는 희귀종에서 멸종 상태로 내몰렸다. 하지만 이 마지막 한 마리가 아직 살아 있었다. 이 도도의 나이가 30~35세였다고 하자. 대다수 조류에겐 너무 많은 나이이지만, 도도처럼 덩치가 큰 종에게는 아주 불가능한 일은 아니다. 도도는 더 이상 달리지 못하고 뒤뚱뒤뚱 걸었다.

얼마 전에는 눈까지 멀었다. 소화계 기능도 크게 떨어졌다. 비바람이 거세게 몰아치던 1667년(예컨대)의 어느 날 새벽, 마지막 도도는 블랙리버 협곡의 차가운 바위턱 아래에서 비바람을 피하고 있었다. 도도는 힘없이 고개를 떨구고, 조금이라도 온기를 얻으려고 깃털을 세웠다. 힘겨운 고통을 간신히 견뎌내며 눈을 가늘게 뜨고 앞을 응시했다. 그리고 묵묵히 기다렸다. 도도는 자신이 이 세상에 유일하게 남은 마지막 도도라는 사실을 몰랐다. 그것은 아무도 몰랐다. 이윽고 비바람이 그쳤을 때, 도도는 다시 눈을 뜨지 못했다. 그와 함께 도도는 멸종했다.

도도가 남긴 교훈

칼 존스는 리비에르누아르의 방파제 위에 앉아 있다. 리비에르누아르는 존스가 블랙리버 협곡에서 벌이는 조류 구조 활동의 본거지로 삼고 있는 작은 마을이다. 오후 늦은 시간이었다. 해안가의 얕은 바다는 해가 서쪽으로 기울어감에 따라 하늘색에서 암회색으로 변해갔다. 우리 앞에는 인도양이 서쪽으로 넓게 뻗어 있다. 이곳에서 마다가스카르 섬은 800km쯤 떨어져 있고, 거기서 수백 km를 더 가면 아프리카 동해안이 나온다. 방파제 주변은 조용하다. 조류 사육장에서 일상적으로 해야 하는 귀찮은 일에서 잠깐 벗어나기 위해 이야기를 나누다가 여기까지 걸어왔다.

그런데 오늘은 일상적인 일 외에 골치아픈 일이 있었다. 존스의 여자 친구인 식물생태학자 웬디 스트람 Wendy Strahm 이 존스에게 발끈했던 것이다. 그럴 만도 했다. 존스는 몸은 어른이지만 그 속에는 철없는 어린아이가 들어앉아 있는데, 이 철없는 어린아이가 웬디의 컴퓨터 포장 상자를 가져가 임시 비둘기 우리로 사용한 것이다. 때마침 웬디의 컴퓨터가 고장나는 바람에 수리를 위해 포장해서 보내야 할 일이 생겼다. 포장 상자를 찾느라 사방을 돌아다니던 웬디는 비둘기들이 똥을 잔뜩 싸놓은 상자를 발견했다. 그래서 존스가 그 대가를 치러야 했던 것이다. 그렇게 심각한 일도 아니고, 화해가 불가능한 상황도 아니었지만, 그동안 존스가 저지른 죄가 많았다. 웬디가 비둘기 우리 앞에서 한바탕 고함을 지르는 동안 존스는 그저 죄스런 표정으로 고개를 푹 숙이고 있었다. 그리고 나서 애써 웃음을 지으며 내게 해변으로 산책하자고 제안했다.

그래서 해변에 도착했는데, 해변은 아주 맑고 깨끗했다.

존스는 자기가 선택한 이곳 고향의 모습이 인간이 도착하기 전에는 어떠했을지 이야기했다.

"이 섬을 묘사한 초기의 그림이나 네덜란드 인이 남긴 기록을 보면 이곳은 낙원 같았어요. 초호에는 듀공이 살았고, 형형색색의 조개와 물고기가 도처에 있었고, 바다거북과 거대한 땅거북도 있었지요. 땅거북은 무리를 지어 살았지요. 군함새, 부비, 흰제비갈매기, 검은등제비갈매기, 검은제비갈매기 등 바닷새들도 큰 군집을 이루어 살았어요. 앵무도 그 종류가 다양했어요. 사람들은 아직도 이곳에 얼마나 많은 종의 앵무가 살았고, 어떤 종들이 살았는지를 놓고 논쟁을 벌이고 있습니다. 땅에서 살던 아주 큰 앵무도 있었어요. 지금까지 알려진 앵무 중에서 가장 큰 종으로 보이는데, 아마 날지 못했을 겁니다. 넓적부리앵무 *Lophopsittacus mauritianus*라고 부르죠. 그 밖에도 왜가리, 백로, 플라밍고, 가마우지를 비롯해 온갖 종류의 새들이 살았지요. 유감스럽게도, 그중 많은 종이 멸종했어요."

존스는 뱀, 도마뱀붙이, 스킹크도마뱀도 마찬가지 운명을 겪었다고 말했다.

"알려진 스킹크도마뱀 중 가장 큰 종인 디디오사우루스 마우리티아누스 *Didiosaurus mauritianus*도 이 섬에서 살았죠."

이 섬에 고유하게 서식하던 파충류도 조류와 마찬가지로 대부분 멸종했다. 존스는 죽음과 멸종에 관한 이야기를 기도문을 외듯이 열정적으로 읊었다. 그것을 생각하면서 슬픔과 분노와 좌절을 느끼는 것 같았다. 그러더니 갑자기 도도 이야기로 초점을 옮겼다.

"지금도 도도가 실제로 언제 멸종했느냐를 놓고 의견이 분분해요. 그렇지만 아마도 1660년대에 완전히 사라졌을 거예요. 도도는 멸종한 전설의 새가 되었지요. 그리고 아주 중요한 상징이 되었지요. 그 전에도 멸종은 일어났고, 그 후에도 멸종 사례는 계속 있었지만, 인류 역사상 처음으로 자신이 어떤 종을 사라지게 했다는 사실을 깨달은 최초의 사건이었으니까요."

여기서 '자신'이란 호모 사피엔스를 가리키며, 더 확대하면 우리 자신을 가리킨다. 내 녹음기가 돌아가는 소리에 자극을 받았는지 존스는 감동적인 연설을 시작했다.

"바로 그 순간, 즉 도도가 사라졌다는 사실을 깨달은 바로 그 순간에 인류는 이 세상도 사라질 수 있는 장소라는 사실을 깨달았습니다. 우리가 이런 식으로 영원히 자연을 약탈하고 유린할 수는 없다는 걸 알게 된 거죠. 따라서 도도의 멸종은 아주 중요한 순간이었어요."

존스는 잠시 멈추었다가 말을 이었다.

"누가 그런 생각을 처음 했는지는 모릅니다. 어쨌건 누군가가 구체적으로 그런 생각을 했습니다. 그것은 인간의 의식이 막 깨어나던 여명기에서 아주 중요한 순간이었어요."

우리는 마다가스카르 섬이 있는 쪽으로 해가 지는 모습을 바라보았다. 지금 호텔에서는 사람들이 뷔페 식탁을 준비하고 해먼드오르간을 시험 연주하고 있을 것이다.

존스는 아주 낙천적인데, 그래서 나는 그를 좋아한다. 그의 돛은 믿음을 가득 품은 채 거세게 불어오는 바람을 맞받으며 나아간다. 한때 세상에서 가장 희귀한 종이던 모리셔스황조롱이는 살아남을 수 있을 것이다. 그가 사랑하는 웬디도 결국 그를 용서할 것이다. 포장 상자야 다른 데서 얼마든지 구할 수 있을 테니까. 그리고 호모 사피엔스도 마침내 깨달음을 얻을 것이다.

타스만의 항해

모리셔스 섬은 1642년에 네덜란드의 유명한 항해가 아벨 타스만 Abel Tasman이 항해 도중에 들른 기항지였다. 타스만은 자바 섬의 바타비아 Batavia(현재의 자카르타)를 출발해 서쪽으로 가다가 물과 식량을 구하려고 모리셔스 섬에 잠깐 들렀다. 그 후, 타스만은 다시 동남쪽을 향해 긴 탐사 여행에 나섰다. 역사 기록에는 타스만의 항로와 그의 임무가 "지구상에서 알려지지 않은 채 남아 있는 곳들"[22]의 지도를 작성하는 것이었다고 나와 있지만, 그가 모리셔스 섬에 들렀을 때 도도를 소금에 절여 떠났는지에 대한 언급은 없다.

   그 당시 바타비아는 네덜란드 동인도 회사 본부가 있는 곳이었는데, 남쪽 바다를 탐사하라고 타스만을 보낸 사람은 동인도 회사의 안토니 판 디멘 Anthony van Diemen 총독이었다. 그보다 앞서 항해를 했던 네덜란드 인 항해가들이 저 멀리 어딘가에 큰 육지(발견되지 않은 대륙 혹은 큰 섬)가 있다고 말했기 때문이다. 그들이 말한 그 육지는 나중에 오스트레일리아로 밝혀졌다. 통상 영역을 확장하려는 야심에 차 있던 동인도 회사에게 이 소문은 중요한 정보였다. 동인도 회사의 입장에서는 동남쪽에 있다는 이 거대한 육지는 발견하여 지도를 작성할 만한 가치가 충분히 있었다. 그곳에는 거대한 거북이나 날지 못하는 살찐 새보다 더 소중한 것이 있을지도 몰랐다. 이미 동양의 다른 곳에서 발견되어 막대한 이익을 안겨준 육두구나 정향 같은 귀한 자원이 있을지도 모르는 일이었다.

타스만 탐사대는 모리셔스 섬에 들른 뒤에 남위 54°까지 남쪽으로 내려갔다가 그 위선을 따라 수수께끼의 육지가 나올 때까지 동쪽으로 계속 나아가기로 계획을 세웠다. 남위 54°는 오스트레일리아와 남극 사이의 중간 지점을 지나가는 위선이어서 이 계획은 애초부터 문제가 있었다. 실행 단계에서도 일이 제대로 되지 않아 타스만은 계획만큼 남쪽으로 멀리 내려가지 못했다. 타스만은 따뜻한 곳에서 항해하길 원했는지도 모른다. 혹은 로어링 포티스Roaring Forties(남위 40°와 50° 사이에서 편서풍이 가장 강하게 부는 지역)에서 편서풍의 유혹을 뿌리치지 못하고 그것을 타고 항해했는지도 모른다. 어쨌든 타스만은 오스트레일리아 본토를 보지 못하고 그냥 지나쳤고, 대신에 그 아래쪽에 있던 섬을 발견했다.

그 섬은 너무 남쪽에 위치해 열대 기후가 나타나지 않았다. 따뜻한 해변도 없었고, 오스트레일리아 서부에서 볼 수 있는 내륙 사막도 없었다. 날씨는 서늘하고 습도가 높았으며, 온대 기후대에 사는 식물들이 울창한 숲을 이루고 있었다. 충성스러운 부하였던 타스만은 자신을 그곳으로 보낸 총독의 이름을 따 그 섬을 안토네이 판 디멘스란트Anthoonij van Diemenslandt라고 불렀는데, 나중에 영국이 이 섬을 식민지로 삼으면서 유럽에는 반디멘스랜드Van Diemen's Land로 알려지게 되었다. 하지만 훗날의 지도 제작자들은 발견자인 타스만의 이름을 따 태즈메이니아Tasmania라고 불렀다.

타스만은 그 섬에 별로 큰 흥미를 느끼지 못했다. 어느 정도 발전한 인류 문화나 귀한 산물 같은 것은 전혀 없는 황무지로 보였기 때문이다. 한 기록은 "새긴 자국이 있는 나무와 불을 피워 요리를 한 흔적은 있었지만, 원주민은 코빼기도 보이지 않았다."[23]라고 보고했다. 또 다른 기록에는 타스만이 "호랑이 발톱과 비슷한 발자국"[24]을 보고했다고 나와 있다. 이것은 다소 부정확한 이야기였는데, 고양이과 동물의 발자국에는 일반적으로 발톱 자국이 나타나지 않으며, 가장 가까운 곳에 살던 호랑이도 5,000km나 떨어진 발리 섬에 살았기 때문이다(타스만은 이 사실을 몰랐을 것이다). 그러나 타스만이 언급한 발자국은 사실이고, 실제로 발톱 자국까지 있었을 가능성이 높다. 개나 늑대 또는 늑대 비슷한 유대류의 발자국에는 발톱 자국이 나타나기 때문이다. 타스만이 초기의 보고서에서 호랑이를 언급한 것은 나중에까지 큰 영향을 미쳤다. 미지의 이 섬에 잠깐 들른 타스만은 섬에 살던 육식 동물을 발견했는데, 이 동물은 훗날 '태즈메이니아호랑이'라는 잘못된 이름이 붙었기 때문이다.

네덜란드 동인도 회사는 특이한 동물을 조사하라고 타스만을 보낸 것이 아니었기 때문에 타스만은 그곳에 오래 머물지 않았다. 타스만은 남쪽 바다를 가로질러 동쪽으로 항해를 계속해 뉴질랜드에 도착했으며, 통가 섬과 피지 제도까지 갔다. 나중에 타스만은 오스트레일리아 북쪽 해안을 탐험하는 데 성공했지만, 정향이나 육두구는 발견하지 못해 동인도 회사에 아무런 이득도 주지 못했다. 타스만은 그 이상한 동물의 발자국을 발견한 남쪽 섬으로 다시 돌아가지 않았다. 결국 그 섬에 타스만의 이름이 붙게 되었다는 사실을 빼고는 타스만과 그 섬의 관계는 일시적이고 하찮은 것이었다.

태즈메이니아호랑이의 비극

태즈메이니아 섬에는 최소한 2만 년 전부터 사람이 살았다. 최초의 정착민은 오스트레일리아 남동부에서 이주해왔는데, 빙하기에 해수면이 낮아지면서 태즈메이니아 섬과 오스트레일리아가 육교로 연결되었을 때 걸어서 건너왔을 것이다. 그들은 캥거루, 주머니쥐, 갑각류, 야생 식물을 먹고 살았고, 황토로 몸을 치장했다.

1803년에 영국인 침입자들이 태즈메이니아 섬에 상륙했다. 자유 정착민과 군인 그리고 24명의 죄수로 이루어진 무리를 이끈 사람은 23세의 중위였다. 배에서 내린 화물 중에는 장차 섬을 정복하는 데 큰 역할을 하게 될 양 32마리도 있었다. 영국인은 자연 환경의 강요로 어쩔 수 없이 그렇게 행동해야 하는 경우를 제외하고도 원주민과 공통점이 거의 없었다. 그들은 어쩔 수 없는 경우에는 캥거루 고기를 먹었고, 이용 가능할 때에는 배로 실어온 보급 물자에 의존했으며, 밀도 약간 길렀다. 또, 그들은 양고기 모양의 구레나룻(턱에는 기르지 않고 양쪽 볼에만 기르는 구레나룻. 위는 좁고 아래는 넓은 삼각형을 이룸)과, 조끼와 황동 단추로 몸을 장식했다. 족쇄를 찬 사람도 몇 명 있었다. 영국인이 반디멘스랜드라 부른 이곳은 얼마 안 가 가혹하기로 유명한 오스트레일리아 죄수 유형지 중에서도 가장 힘든 곳으로 악명을 떨쳤다. 악마의 섬 Ile du Diable(프랑스령 기아나 앞바다에 있는 섬)이나 앨커트래즈도 비교가 되지 않을 정도였다. 훗날 섬의 이름을 태즈메이니아로 바꾼 데에는 그런 악명을 감추려는 정치적 의도도 있었을 것이다.

영국인이 섬에 도착하고 나서 수십 년이 지나기도 전에 양 축산업이 자연 경관과 경제, 정치 문화를 지배하기 시작했다. 당시에 태즈메이니아 섬은 경험이 있건 없건 개척 정신만 있으면 목양업자에게 장래가 보장된 약속의 땅이었다. 푸른 목초지가 끝없이 펼쳐져 있고, 정부가 싼 가격에 죄수 노동력을 공급했기 때문이다. 태즈메이니아 섬은 황량한 식민지 기준에 비춰보더라도 아주 색다른 곳이었다. 요새화된 작은 정착촌 밖에 있는 숲에는 탈출한 죄수들이 산적 생활을 하며 살아갔고, 분노와 공포에 사로잡힌 원주민도 여기저기 흩어져 살고 있었다. 원주민은 백인이 자신들의 땅을 빼앗고 목숨까지 위협할 것이라는 사실을 제대로 알고 있었다. 또 괴상한 동물들도 있었다. 1805년, 호바트타운이

서태평양

아시아

오스트레일리아

태즈메이니아 섬

뉴질랜드

라는 정착촌에 살던 놉우드Knopwood 목사는 일기에 이렇게 썼다.

아침 내내 바빴다. 숲으로 일하러 간 죄수 다섯 명을 감독하는 일을 했다. 죄수들은 5월 2일에 숲에서 큰 호랑이를 봤다고 했다. 데리고 간 개가 바로 그 앞까지 다가갔는데, 호랑이는 100m쯤 떨어져 있는 사람들을 보고는 달아나버렸다. 이곳에는 우리가 본 적이 없는 야생 동물이 많이 있는 게 틀림없다.[25]

거의 같은 시기에 패터슨Paterson이라는 식민지 관리가 "개들이 아주 특이하게 생긴 새로운 종류의 동물을 죽였다."[26]라고 보고했다. 패터슨의 눈에는 죽은 동물이 "여태까지 알려진 동물과는 완전히 다른 종으로, 오스트레일리아 본토와 태즈메이니아 섬에서 발견된, 식욕이 왕성한 육식 동물 중 유일하게 강하고 무시무시한 종"[27]처럼 보였다. 그의 추측은 옳았다. 죽은 동물은 포식 습성을 가진 유대류였다. 패터슨과 놉우드의 보고는 여러 가지 사실을 알려주는데, 특히 이 섬에 이미 개가 도입되었을 뿐만 아니라, 개들이 '강하고 무시무시한' 호랑이를 포함해 야생 동물을 많이 죽였다는 사실을 알려준다.

몇 년 뒤, 한 식민지 관리가 이 미지의 동물에 대한 과학적 기술을 최초로 남겼다. 캥거루를 잡으려고 설치한 덫에 붙잡힌 표본 두 마리를 바탕으로 한 것이었다. 그는 이 동물에 디델피스 키노케팔루스 *Didelphis cynocephalus*라는 학명을 붙였는데, '개의 머리를 가진 주머니쥐'라는 뜻이다.

긴 주둥이와 강한 턱, 고기를 찢는 날카로운 이빨, 새끼를 담고 다니는 주머니를 가진 그 동물은 공상 속에나 나올 법한 동물로 보였다. 나중에 유대류 분류가 더 정확해지자 이 동물은 그 정체가 무엇이건 주머니쥐는 절대로 아니라는 사실이 밝혀져 학명이 바뀌었다. 이 동물은 큰 포유류를 잡아먹었고, 다 자라면 크기가 래브라도레트리버만 했다. 해부학적으로는 개과 동물과 많이 닮았지만(친척 관계라서 그런 게 아니라 수렴 진화 때문에), 등에 수직 방향으로 그어진 16개 가량의 어두운 색 줄무늬 때문에 한눈에 구별할 수 있다. 꼬리는 밑동 부분이 두껍고 뻣뻣한 편이었다. 주머니는 캥거루와는 달리 뒤쪽으로 열려 있었다. 이 동물에게 새로 붙은 학명은 틸라키누스 키노케팔루스 Thylacinus cynocephalus이다.

비공식적으로 부르는 이름으로는 태즈메이니아늑대, 유대류늑대, 얼룩말주머니쥐, 개머리주머니쥐, 주머니쥐하이에나, 줄무늬늑대 등이 있었다. 영어 이름 가운데 가장 유명한 것은 태즈메이니아호랑이인데, 가장 부정확한 이름이기도 하다. 태즈메이니아 원주민은 먼 옛날부터 이 동물을 알고 있었으며, 부르는 이름은 부족에 따라 카누나, 라군타, 코리나 등 여러 가지가 있었다. 일반적으로 사용하는 정식 이름은 태즈메이니아주머니늑대이고, 영어로는 사일러사인 thylacine이라고 하는데, 여기서는 줄여서 주머니늑대라고 부르기로 하자.

주머니늑대는 다른 곳에 사는 어떤 종의 변종이 아니다. 그 자체가 하나의 독립적인 종인 주머니늑대는 턱이 툭 튀어나온 육식 유대류 동물이다.

태즈메이니아 섬에 살았던 주머니늑대는 그 개체수가 많았던 적이 한 번도 없었던 것으로 보인다. 육식 동물은 먹이 사슬의 에너지 경제학 때문에 낮은 개체수 밀도를 유지하는 게 보통이다. 일반적으로 육식 동물의 개체수는 먹이 동물에 비해 10분의 1 미만이다. 주머니늑대는 그것보다 더 적게 존재했을 것이다. 주머니늑대는 눈에 띄길 싫어하는 야행성 동물이다. 영국인이 태즈메이니아 섬에 도착하고 나서 처음 수십 년 동안 주머니늑대는 사람과 마주치는 것을 피하면서 숲 속에서 살았다. 한 조사 자료에 따르면, 영국인이 도착하고 나서 1820년이 될 때까지 주머니늑대를 목격한 사례가 보고된 것은 네 건밖에 없었다.

그 후부터 변화가 일어나기 시작했다. 주머니늑대가 양을 잡아먹게 된 것이다.

1824년에 한 정착민은 "퓨마 비슷한 동물이 양을 닥치는 대로 잡아먹어 큰 손해를 끼친다."[28]라고 불평했다. 양고기 맛을 안 주머니늑대는 행동에 약간의 변화가 생겼다. 사람들이 모여 사는 곳이나 탁 트인 장소는 여전히 피했지만, 양을 방목하는 사람들이 양을 후미진 곳으로 몰고 오면, 주머니늑대는 이게 웬 떡이냐며 양을 사냥했다. 그러자 목장 주인들의 행동에도 변화가 생겼다. 그들은 여전히 들에 양을 방목했지만, 양을 잃은 것에 분노했고, 주머니늑대에게 심한 증오심을 품었다. 그들의 불평은 점점 잦아졌고 그 대상은 주머니늑대로 집중되었다. 그들은 '호랑이'가 양을 너무 많이 죽인다고 말했다. 그런데 영국인이 데려온 개들도 탈출해 야생에서 살아가면서 양을 많이 죽였다. 또, 숲 속에서 살아가는 사람들이나 도망친 죄수들도 양을 훔쳐갔다. 하지만 이국적인 짐승으로 보이는(엄밀하게는 주머니늑대가 토착종이고 양이 외래종이지만) 주머니늑대는 가장 편리한 증오의 대상이었다. "양이 큰 무리를 지어 다니는 산 근처에서 이 동물들은 많은 양을 죽인다."[29] 주머니늑대는 자신이 죽인 양뿐만 아니라 자신이 죽이지 않은 양에 대해서까지 비난을 받았다. 마침내 1830년에 포상금 사냥이 시작되었다.

최초의 포상금 사냥은 민간 회사인 반디멘스랜드 회사가 시작했다. 반디멘스랜드 회사는 태즈메이니아 섬 북서부에 넓은 땅을 취득하여 양과 소를 방목하던 회사였다. 들개와 주머니곰도 사냥 대상이었지만, 주요 표적은 주머니늑대(이 회사가 사용한 용어는 '하이에나')였다. 반디멘스랜드 회사는 "수컷 하이에나 한 마리에 5실링, 새끼가 딸렸거나 딸리지 않은 암컷 하이에나 한 마리에 7실링, 주머니곰과 들개는 하이에나의 절반에 해당하는 포상금"[30]을 내걸었다. 그것은 제법 두둑한 액수로, 그 당시 노동자의 하루 일당에 해당했다. 그런데 주머니늑대 전체 개체군에 더 큰 위협이 된 것은 누진 포상금제 조항이었다. "하이에나 20마리가 잡힌 뒤에 그다음 20마리에 대해서는 포상금을 각각 6실링과 8실링씩 지불하며, 그다음에는 일곱 마리가 더 잡힐 때마다 포상금을 1실링씩 인상한다. 이런 식으로 포상금은 수컷과 암컷 한 마리당 최대 12실링이 될 때까지 계속 인상한다."[31] 회사 경영자들은 현명했다. 누진 포상금제는 사냥을 할수록 주머니늑대의 수가 줄어들어 그만큼 사냥이 힘들어질 테니 그 수고를 보상해주려는 취지였다. 그렇지 않아도 사라져가는 종에게 이것은 심한 압력을 지속적으로 가중시켜 결국 완전한 멸종으로 몰아가기에 아주 좋은 방법이었다.

반디멘스랜드 회사는 공개적으로 포상금 사냥을 개시하는 데 그치지 않고, 섬 북서단 곳에 회사가 소유한 사유지 울노스에서는 '타이거 맨'[32]이라는 직책을 만들었다. 타이거 맨이 하는 일은 포식 동물, 그중에서도 특히 주머니늑대를 죽이는 것이었다. 타이거 맨은 음식과 거처를 제공받았고, 포식 동물을 한 마리 죽일 때마다 포상금도 받았다. 1830년대와 1840년대에 타이거 맨과 그 밖의 사람들이 주머니늑대를 얼마나 많이 죽였는지 알려주는 기록은 하나도 남아 있지 않지만, 수백 마리는 죽였을 것이다. 19세기 중반에 과학적 또는 역사적 관심에서 주머니늑대를 관찰하던 일부 사람들이 개체수 감소를 보고하기 시작했다. 한 작가는 주머니늑대가 "매우 희귀해졌다"면서 "동물학자에게 큰 흥미를 끄는 이 동물은 몇 년 안에 멸종할 것"이라고 예언했다.[33] 또 다른 사람은 이렇게 썼다. "비교적 작은 섬인 태즈메이니아 섬에 사람들이 많아지고, 동해안에서 서해안까지 도로가 건설되면서 원시림이 잘려나감에 따라 이 특이한 동물의 수는 빠른 속도로 감소할 것이고, 박멸 작전이 결정타가 되어 영국과 스코틀랜드의 늑대처럼 과거의 동물로 기록될 것이다."[34] 이것은 1863년에 나온 발언치고는 보기 드물게 분별 있는 예측이었지만, 그것을 예상하는 데에는 마법의 예지력 같은 것은 필요 없었다.

주머니늑대의 수가 감소한다는 보고에도 불구하고, 태즈메이니아 섬 동부의 땅 소유주들은 주머니늑대의 공격이 도를 넘었으니 정부가 획기적인 조처를 취해야 한다고 주장했다. 그들은 식민지 수도가 된 호바트의 의회로 몰려가 아우성을 쳤다. 한 사람은 매년 동해안에서만 양 3만~4만 마리가 주머니늑대에게 희생되고 있다고 주장했다. 나중에 그는 그 숫자를 5만 마리로 정정했다. 또 한 사람은 산에서 방목하던 양 중 20%를 잃었다고 호소했다. 의원들 중에도 양 목장을 운영하는 사람들이 다수 있었다. 몇몇 사람은 개인적으로 포상금을 지불한다고 말했다. 그들은 이제 정부가 그 비용을 부담하길 원했다. 그 목적으로 제안한 법안이 통과되었다. 정부가 포상금을 내건 사냥은 1888년에 시작돼 주머니늑대가 한 마리도 잡히지 않은 1912년까지 계속되었다.

기록을 살펴보면 흥미로운 패턴을 발견할 수 있다. 첫해에는 주머니늑대 시체 81마리에 대해 포상금을 지불했다. 이듬해에는 100마리를 넘어섰다. 그 후 10년 동안은 그 수가 일정한 수준을 유지했다. 19세기가 끝날 무렵에 그 수는 증가하기 시작해 1900년에 153마리로 최고 기록을 세웠고, 그 후로는 크게 줄어들었다. 100마리 이상을 잡은 마지막 해는 1905년이었다. 1908년에는 17마리로 줄어들었고, 1909년에 지불된 포상금은 단 두 마리분뿐이었다. 그리고 1910년에는 한 마리도 잡지 못했다. 그 후로는 한 마리도 잡히지 않았다. 이러한 기록으로 판단할 때, 1905년부터 1909년 사이에 주머니늑대의 수는 곤두박질친 게 분명하다.

그 수가 갑자기 크게 줄어든 원인은 무엇일까? 반디멘스랜드 회사의 기록도 울노스 지역에서 똑같이 주머니늑대의 수가 크게 줄어든 것을 보여준다. 왜 그런 일이 일어났을까?

동물학자이자 역사학자이면서 주머니늑대 전문가인 에릭 가일러 Eric Guiler는 이렇게 설명했다. "섬 전체에서 거의 동시에 일어난 이 급격한 감소 현상은 사냥 때문에 멸종에 이른 종에게 나타나는 전형적인 현상이 아니다."[35] 물론 사냥이 중요한 원인이었다는 사실은 의심의 여지가 없다. 그러나 동시에 다른 치명적인 요인들까지 복합적으로 작용했을 거라고 가일러는 추측했다.

그러한 요인들은 어떤 것이었을까? 먼저 서식지 상실을 들 수 있다. 19세기 중반까지 살기에 좋은 땅들(동해안 지역, 호바트에서 더웬트 강을 따라 상류 쪽으로 뻗은 지역, 중부 지역, 북서부 지역)은 개인 정착민이나 반디멘스랜드 회사에 양도되거나 매각되었다. 계곡 지역은 벌목되었고, 울타리가 세워졌으며, 수많은 양과 소가 방목되었는데, 이 모든 것은 태즈메이니아 섬의 많은 땅을 주머니늑대가 살아갈 수 없는 곳으로 변화시켰다. 게다가 들개하고도 경쟁해야 했다. 들개는 양만 잡아먹은 것이 아니라, 주머니늑대의 먹이인 왈라비와 숲왈라비(캥거루와 비슷하게 생긴 소형 초식 동물)도 잡아먹었다. 그리고 포상금 사냥이 시작되었다. 정부는 1909년까지 주머니늑대 2,000마리 이상에 대해 포상금을 지불했다. 게다가 무두질 공장의 자료에 따르면, 한창 번창하던 가죽 수출 산업을 위해 그 외에도 수천 마리가 더 희생된 것으로 보인다. 이 세 가지 주요 요인(서식지 상실, 외래종과의 경쟁, 사냥) 외에 전염병이라는 한 가지 요인이 더 있지 않았을까 하고 가일러는 의심한다.

1910년경에 디스템퍼(개가 잘 걸리는 급성 전염병) 비슷한 질병이 소형 포식 동물 여러 종 사이에 퍼졌는데, 유대류 중에서는 주머니고양이와 점박이꼬리주머니고양이 사이에 퍼졌다. 주머니늑대 사이에도 이 전염병이 퍼졌을 가능성이 있다. 이 전염병으로 주머니고양이와 점박이꼬리주머니고양이가 하도 많이 죽어나가는 바람에 이 두 종은 멸종할 것처럼 보였다. 나중에 이 두 종은 개체수가 다시 늘어났다. 그렇지만 두 종의 주머니고양이는 유리한 점이 있었다. 생태학적으로 필요한 것이 주머니늑대보다 많지 않고, 번식률도 높으며, 외래종과의 경쟁이나 사냥으로 큰 피해를 입지 않았다. 하지만 그렇지 않아도 이미 위기 상황에 놓여 있던 주머니늑대에게 같은 전염병이나 비슷한 전염병이 닥쳤다면, 그것은 주머니늑대를 멸종 직전의 상태로 내몰아 개체수 회복이 불가능했을 것이다.

이상은 가일러의 가설이다. 그는 이렇게 썼다. "이러한 모든 요인들이 복합적으로 작용하여 주머니늑대의 개체수를 만족할 만한 생식 문턱값 아래로 감소시켰다. 이러한 요인들은 또 이전 같으면 주기적 변화에 그칠 상태에서 회복하지 못하게 방해했다."³⁶ "만족할 만한 생식 문턱값"이라는 표현은 복잡한 사정과 섬뜩한 의미를 많이 포함하고 있는데, 이것은 나중에 부메랑처럼 우리에게 돌아올 것이다. 가일러의 주장에서 눈길을 끄는 것은 주머니늑대의 멸종을 그다지 비통하게 여기는 것 같지 않다는 점이다. 그는 멸종에 대해 무감각해진 것일까? 그렇지 않다. 그는 다만 주머니늑대가 멸종했다고 생각하지 않았을 뿐이다. 그는 아직 완전히 멸종한 것은 아니라고 생각했다.

가일러는 1985년에 출판된 《주머니늑대: 태즈메이니아호랑이의 비극 *Thylacine: The Tragedy of the Tasmanian Tiger*》이란 책에서 이 주제를 다루었다. 가일러는 진짜 비극은 이 종이 멸종한 것이 아니라, 모두가 너무 성급하게 이 종이 멸종했다고 단정한 데 있다고 주장했다. 그는 주머니늑대가 한계 상황에 처하긴 했지만 태즈메이니아 섬의 숲 속 어딘가에 살아 있다고 믿었다.

정통 견해에 따르면, 가일러의 주장은 틀렸다. 주머니늑대는 수십 년 전에 멸종했다. 이 문제를 검토한 생물학자들은 대부분 그렇게 믿는다. 많이 거론되는 연도는 포획 사육되던 마지막 주머니늑대가 죽은 1936년이다. 하지만 도도와 마찬가지로 야생 자연 속에서 이 종이 완전히 멸종한 시점과 상황은 오리무중이다. 1936년 이후에도 외로운 생존자가 몇 마리 살아남았을까? 그럴 가능성은 있다. 얼마나 오래 살았을까? 그것은 알 수 없다. 우리는 포상금 지불, 가죽 수출, 목격담, 사진, 포획 사육되어 살다가 죽은 개체 등의 증거가 있어야 어떤 주장을 펼칠 수 있다. 그리고 사라진 종이 다시 목격되지 않은 세월이 많이 흐를수록 멸종했다는 반증이 그만큼 더 커진다고 말할 수 있다.

  1930년에 월프 배티 Wilf Batty라는 농부가 주머니늑대를 총으로 쏘아 잡은 뒤, 울타리 기둥 위에 똑바로 세워놓고 한 손에 총을 든 채 미소를 지으면서 찍은 사진이 있다. 배티의 사진에 나타난 주머니늑대는 기묘하게 뻣뻣하고 평온해 보인다는 점만 제외하고는 거의 살아 있는 것처럼 보인다. 야생에서 살아가는 주머니늑대를 죽인 사례로 보고된 것은 이것이 마지막이다. 런던 동물원에는 태즈메이니아 섬에서 150파운드라는 비싼 값으로 사들인 주머니늑대 한 마리가 살아 있었다. 포상금 사냥 시기가 끝난 뒤에 주머니늑대는 동물학계에서 아주 희귀한 존재가 되었으므로 살아 있는 주머니늑대는 그만큼 가치가 높았다. 그러나 런던 동물원에서 살아가던 주머니늑대는 1931년에 죽었다. 호바트 동물원에는 아직 두 마리가 살아 있었다. 그 두 마리는 1924년에 그 어미와 함께 사들인 것이었다. 두 마리는 거기서 늙을 때까지 살았는데, 한 마리는 1935년에 죽고, 다른 한 마리는 1936년 9월 7일에 죽었다. 이 마지막 주머니늑대의 죽음은 일주일 뒤에 열린 호바트 시의회의 한 위원회 의사록에 기록돼 있다. 그 위원회는 인색하게도 "한 마리당 최고 30파운드에 다른 호랑이를 구입하도록"37 노력하라고 결정했다. 그들은 꿈을 꾸고 있었다. 그 가격이 아니라 아무리 비싼 값을 치르더라도 주머니늑대를 구입할 방법은 영영 없었다. 그 후로 생포한 주머니늑대는 물론이고 주머니늑대가 살아 있다는 것을 뒷받침해주는 사진이나 그 밖의 물증은 전혀 나타나지 않았다. 1936년 7월, 마지막 주머니늑대가 죽기 두 달 전에 태즈메이니아 주 정부는 주머니늑대를 보호종으로 지정했다.

주머니늑대는 어떻게 태즈메이니아 섬으로 왔을까?

태즈메이니아 섬은 오늘날 정치적으로 오스트레일리아의 일부로 편입돼 있다. 퀸즐랜드 주, 빅토리아 주, 뉴사우스웨일스 주와 함께 태즈메이니아 섬은 1901년에 오스트레일리아 연방의 가장 작은 주이자 가장 남쪽에 위치한 주로 편입되었다. 하지만 지질학적으로는 훨씬 오래 전부터 오스트레일리아와 연결돼 있었다.

태즈메이니아 섬은 대양도가 아니라 대륙도이다. 즉, 태즈메이니아 섬은 육교를 통해 오스트레일리아 본토와 연결돼 있었다. 앞에서도 설명했듯이 대양도와 대륙도는 아주 큰 차이가 있다. 대양도는 수면 아래에서 솟아올라 섬으로 탄생한다(환상 산호섬으로 천천히 솟아오르거나 아낙크라카타우 섬처럼 해저에서 돌연히 분출한 불모의 용암섬으로). 대양도는 아무것도 없는 상태에서 확산과 확립이라는 느린 과정을 통해 육상 생태계를 만들어간다. 반면에 육교섬, 즉 대륙도는 본토에서 옮겨온 생태계를 지닌 채 섬의 생애를 시작한다.

1만 3000년에서 1만 4000년 전, 플라이스토세의 마지막 빙하기에 해수면이 지금보다 100m 이상 낮았을 때, 태즈메이니아는 혹처럼 돌출한 반도 끝부분에 위치한 지대가 높은 지역이었다. 태즈메이니아는 반도 육교를 통해 오스트레일리아와 연결돼 있었기 때문에, 그 동물상과 식물상은 오스트레일리아 남동부 지역의 동물상과 식물상과 비슷했다. 그러다가 기후가 따뜻해지자 빙하와 만년설이 녹으면서 해수면이 상승했다. 육교는 바다 밑으로 잠기고 반도가 분리되면서 태즈메이니아는 섬이 되고 말았다. 반도 지역에서 이주해와 정착한 동물과 식물은 이제 섬에 고립되었다. 그 동물들 중에는 사람과 주머니늑대도 있었다.

주머니늑대가 비교적 최근까지 살아남을 수 있었던 이유는 그 서식지 분포가 오스트레일리아 본토에서 태즈메이니아 섬까지 넓게 퍼져 있었기 때문이다. 오스트레일리아 본토에서는 주머니늑대가 오래 전에 멸종했다. 오스트레일리아 본토에서 주머니늑대가 사라져갈 때, 태즈메이니아 섬에 고립된 주머니늑대는 그러한 운명을 최소한 일시적으로 피할 수 있었다. 이베르센이 들렀던 작은 섬에서 도도가 한동안 살아남았던 것처럼. 북쪽에서 주머니늑대를 죽인 원인들은 육교를 건너진 못한 것으로 보인다.

우비르의 주머니늑대 암벽화

오스트레일리아 노던 준주에 있는 카카두 국립공원에 가면, 붉은 사암 절벽 사이에 원주민들이 신성한 장소로 여기는 우비르가 있다. 가이드가 "당신이 찾는 주머니늑대가 저기 있어요."라고 말한다.

우비르는 암벽화로 유명하다. 나는 15m 정도 높이의 사암 절벽에 그려진 그림의 형태를 분명히 알아볼 수 있었다. 호리호리한 개처럼 생긴 동물을 그려놓았는데, 등에는 세로 방향으로 어두운 색의 줄무늬가 있다. 우비르는 거북이나 물고기를 X선 사진처럼 묘사한 암벽화로 유명한데, 이 그림은 그것만큼 예술적으로 훌륭하진 않았다. 나는 그림을 알아채지도 못하고 그냥 지나쳤을지도 모른다. 하지만 일단 관심을 가지고 바라보자, 그 그림은 아주 놀랍게 보였다. 얼마나 오래된 것이냐고 묻자, 가이드는 겨우 추측만 할 뿐이었다. 5000년이나 1만 년쯤, 어쩌면 그보다 더 오래되었을지도 모른다고 한다. X선 사진 같은 그림들 중 몇 개는 지난 수천 년 동안 이 지역에 살던 원주민이 전통 문화를 계승한다는 차원에서 그 위에 덧칠을 해 다시 그렸는데, 수십 년 전까지도 그랬다고 한다. 그러나 원시적인 양식으로 그려진 주머니늑대는 아주 오래돼 보이고, 다시 손질한 흔적이 전혀 보이지 않았다. 그것은 붉은 황토로 주머니늑대의 2차원 윤곽을 묘사한 것에 지나지 않았다. 뒷다리는 기후의 영향으로 탈색되었다. 함께 온 다른 여행객들은 이리저리 돌아다녔지만, 나는 그곳에 머물러 공책에 스케치를 했다.

줄무늬. 슥삭슥삭. 다시 줄무늬……. 줄무늬는 살아 있는 동물에서도 식별 표지가 되지만, 암벽화에서도 훌륭한 식별 표지가 된다. 나는 내 기억을 위해 기록을 남기길 원했다. 그랬다! 우비르의 그 그림에는 분명히 줄무늬가 있었다. 들개는 그런 줄무늬가 없다. 딩고 Canis dingo(선사 시대부터 오스트레일리아에서 살아온 야생 개과 동물)도 세로 방향의 줄무늬는 없다. 이 그림을 그린 화가는 주머니늑대의 특징을 알고 있었던 게 틀림없다.

등에 줄무늬가 있는 암벽화는 노던 준주와 웨스턴오스트레일리아 주에서도 발견되며, 그것을 그린 사람들은 같은 특징을 강조했다. 본토에 살던 오스트레일리아 원주민은 수천 년 동안 주머니늑대를 보면서 살아갔을 것이다. 준화석에 남은 기록은 암벽화의 기록을 뒷받침해준다. 널러버 평원의 한 동굴에서 주머니늑대의 뼈가 발견되었는데, 방사성 탄소 연대 측정을 해보았더니 그 연대가 기원전 1000년 무렵으로 나왔다. 그때부터 유럽 인이 도착하기 전의 어느 시기에 주머니늑대는 오스트레일리아 본토에서 완전히 사라졌다.

사라진 원인을 알아내는 것은 거의 불가능하지만, 추측은 해볼 수 있다. 먼저, 원주민에게 사냥을 당해 멸종했을 가능성이 있다. 원주민은 주머니늑대를 중요한 식량으로 여겼거나 우비르의 암벽화로 장식된 것처럼 토템 동물로 여겼을지도 모른다. 그리고 주머니늑대는 약 1만 년 전에 아시아에서 이주민을 따라 함께 들어온 들개들과 경쟁했을 것이다. 들개뿐만 아니라 원래 오스트레일리아에서 살아온 딩고도 위협적이었다.

주머니늑대와 딩고는 모두 개처럼 생긴 육식성 포유류이지만, 주머니늑대가 유대류인 데 반해 딩고는 유태반 포유류이다. 둘은 생활 습성이 매우 비슷해 충돌하지 않고 살아가기가 어려웠을 것이다. 딩고는 오스트레일리아 본토에서 먼 옛날부터 살아왔고, 환경에 잘 적응했다. 유태반 포유류인 딩고는 주머니늑대보다 경쟁에서 더 유리하여 점차 주머니늑대의 생태적 지위를 잠식했다. 이 가설을 뒷받침해주는 반증이 하나 있는데, 그것은 딩고가 태즈메이니아 섬으로 건너가지 않았다는 사실이다. 이것은 딩고가 본토에 출현한 시기가 너무 늦었거나 남쪽으로 확산한 속도가 너무 느렸다고밖에 달리 설명할 방법이 없다. 남쪽 끝 지역으로 밀려난 주머니늑대를 따라가기 전에 마지막 빙하기가 끝나고 말았다. 빙하가 녹아 육교가 물에 잠기자, 태즈메이니아 섬에 자리를 잡은 주머니늑대들은 경쟁자가 없는 환경에서 오래 살아남을 수 있었다.

배스 해협의 섬들과 국지적 멸종

배스 해협은 태즈메이니아 섬을 오스트레일리아 본토와 갈라놓고 있는 바다이다. 이전에 육교였던 지역의 동쪽과 서쪽 가장자리를 따라 지대가 높은 땅이 몇 군데 있다. 그중에서 현재의 해수면 위로 머리를 삐죽 내민 땅들은 섬이 되었다. 그중에서 최소한 네 섬은 웬만한 지도에 표시될 만큼 크다. 가장 큰 섬인 플린더스 섬은 해협의 동쪽 가장자리에 있고, 케이프배런 섬과 클라크 섬은 바로 그 아래쪽에 늘어서 있다. 킹 섬은 서쪽 가장자리에 있으며, 플린더스 섬보다 지대는 낮지만 기후는 더 습하다. 그 주변에 작은 섬이 수십 개 흩어져 있는데, 어떤 섬은 보통 크기의 주차장보다도 작다. 큰 섬 네 개와 작은 섬 대부분에는 일부 유대류가 살아가기에 적합한 서식지가 최소한 몇 군데 있다.

이 전체 지역은 한때 서로 연결돼 있었기 때문에(이 지역을 배스메이니아 반도라고 부르자) 오늘날 태즈메이니아 섬에서 볼 수 있는 종들 중 상당수는 이전에 이곳에서도 살았을 것이다. 지구의 기온이 따뜻해지고 해수면이 상승하면서 이곳은 섬으로 변했다. 각 섬에는 작은 개체군밖에 살 수 없었으므로 이때 일부 종의 멸종이 일어났을 가능성이 있다. 그 후 1만~1만 2000년이 지나는 동안 어떤 섬에서는 많은 종이 살아남은 반면, 어떤 섬에서는 극소수의 종만 살아남았다. 그 결과, 배스메이니아 산꼭대기에서 살아간 생물들의 역사는 섬에 사는 개체군의 멸종을 알려주는 자연 속의 실험이 되었다.

  호프J. H. Hope라는 생물지리학자가 이 자연 속의 실험에 대한 자료를 수집했다. 호프가 오스트레일리아 대학의 박사 학위 논문으로 제출할 목적으로 쓴 흥미로운 논문 말고는 나는 호프에 대해 아는 것이 아무것도 없다. 호프는 초식성 유대류 10종을 집중적으로 조사했다. 그중에는 몸집이 크고 굼뜬 종도 있었고, 작은 쥐처럼 생긴 종도 있었다. 10종의 이름은 숲캥거루, 붉은목왈라비, 숲왈라비, 긴코쥐캥거루, 가이마르디발톱꼬리왈라비, 웜뱃, 주머니여우, 반지꼬리주머니쥐, 갈색반디쿠트, 동부줄무늬반디쿠트이다. 궁금한 사람을 위해 설명하자면, 반디쿠트는 큰 뒤쥐처럼 생긴 유대류이다. 가이마르디발톱꼬리왈라비는 긴코쥐캥거루와 비슷하게 생겼지만 좀 더 뚱뚱하다. 호프는 이 종들을 도표 위에 배열하고, 다른 축에는 배스 해협의 섬 25개를 크기순으로 배열하여 상호 참조할 수 있게 했다. 호프는 섬의 크기가 중요한 변수가 되리라고 믿었다.

  역사적 자료와 약간의 준화석 증거를 바탕으로 호프는 지난 1만 2000년 사이에 어떤 종이 어느 섬에서 개체군을 유지했는지 조사했다. 육식성 유대류가 존재했는지 존재하지 않았는지에 대한 단서도 몇 가지 참고했다. 그러자 도표에 분명한 패턴이 나타났다. 각 섬에 생존한 종의 수와 섬의 크기 사이에는 비례 관계가 성립했다.

가장 큰 섬인 플린더스 섬에는 초식 동물 10종 중 7종이 살았다. 살지 않은 종은 숲캥거루, 가이마르디발톱꼬리왈라비, 동부줄무늬반디쿠트였다. 킹 섬과 케이프배런 섬에는 각각 6종이 살았다. 플린더스 섬에 살지 않은 3종이 두 섬에도 살지 않았으며, 살지 않은 나머지 한 종은 서로 다른 종이었다. 킹 섬이나 케이프배런 섬보다 훨씬 면적이 작은 클라크 섬에는 4종만 살았다. 이런 식으로 큰 섬에서 작은 섬으로 갈수록 종수가 계속 줄어들었다. 클라크 섬에 비해 면적이 10분의 1밖에 안 되는 배저 섬에는 2종만 살았다. 배저 섬에 비해 면적이 10분의 1밖에 안 되는 캥거루 섬에는 1종만 살았다. 25개의 섬 중 가장 작은 리틀그린 섬에는 단 1종도 살지 않았다. 적응력이 뛰어나 생태학적 요구 조건이 많지 않은 숲왈라비조차 살지 않았다. 리틀그린 섬은 숲왈라비가 살아가기에도 너무 작은 것이 분명했다. 전체적인 경향은 명백했다. 섬은 면적이 작을수록 국지적 멸종이 일어날 가능성이 크다.

여기서 '국지적 멸종'을 명확하게 정의하고 넘어갈 필요가 있다. 국지적 멸종은 어떤 종이나 아종이 완전히 멸종하는 것과는 달리, 다른 장소에서는 같은 종이나 아종의 개체군이 살아가더라도 특정 지리적 장소에서 독립적으로 살아가던 개체군은 멸종하는 것을 말한다. 케이프배런 섬에서 마지막 숲캥거루가 죽은 것은 국지적 멸종이다. 태즈메이니아 섬의 다른 곳에서는 숲캥거루가 계속 살아갔기 때문이다. 킹 섬에서 가이마르디발톱꼬리왈라비가 사라진 것이나 플린더스 섬에서 동부줄무늬밴디쿠트가 사라진 것도 국지적 멸종이다.

호프는 자신이 얻은 배스 해협 자료의 이론적 의미에는 크게 신경쓰지 않았다. 하지만 훗날 다이아몬드가 그 이론적 의미를 높이 평가했다. 1983년에 멸종을 주제로 열린 심포지엄에서 다이아몬드는 논문을 발표하면서 호프의 연구를 인용했다. 호프의 연구를 "차등 멸종에 관한 아주 명쾌한 연구"[38]라고 추켜세우면서 다이아몬드는 호프가 발견한 사실들

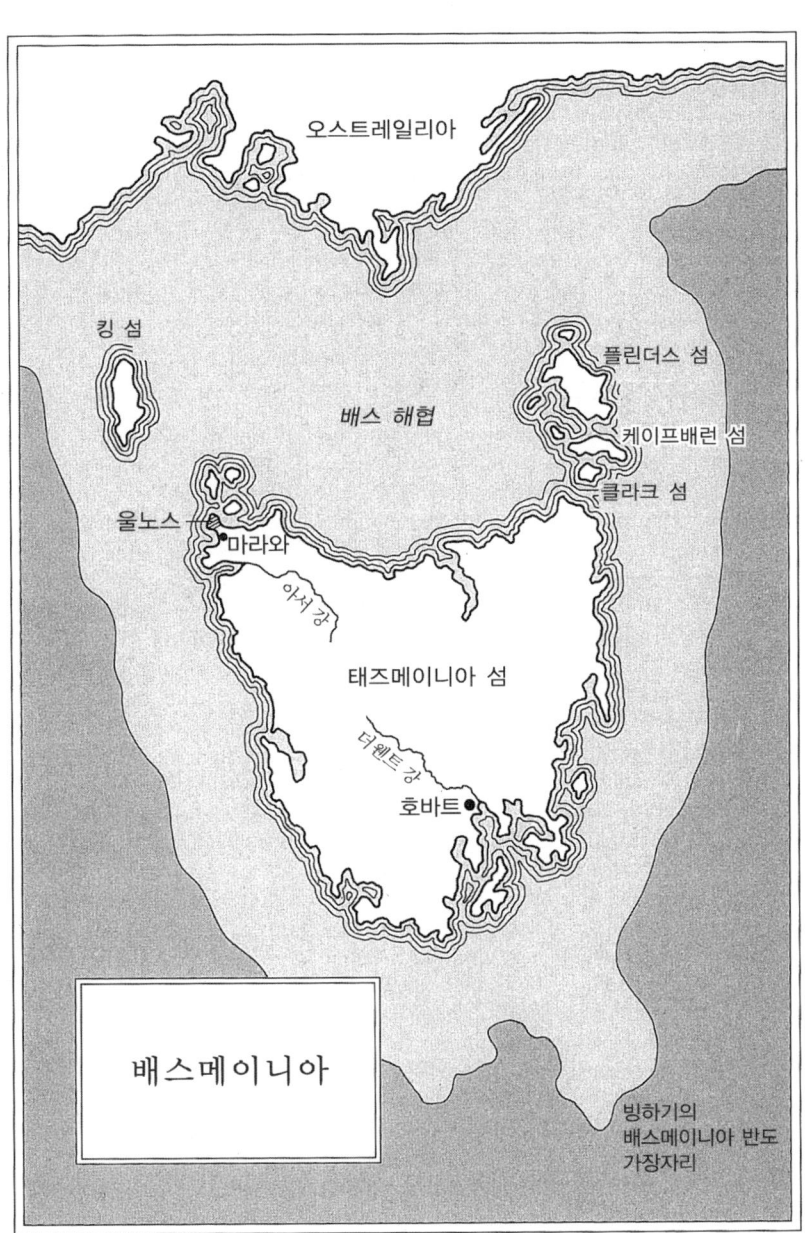

을 요약하여 소개한 뒤에 자신의 결론을 덧붙였다. "서식지 분열에 따른 멸종 위협에 대항하는 능력에는 종에 따라 큰 차이가 있다."[39]

태즈메이니아 섬, 플린더스 섬, 킹 섬을 비롯해 그 밖의 섬들은 옛날 배스메이니아 반도의 마른 땅 조각들을 대표한다. 그런데 이 땅 조각들에서 살아간 동물들의 역사가 왜 그토록 큰 반향을 불러일으켰을까? 그것은 다이아몬드가 논문을 낭독할 당시에 전 세계 대륙에서 서식지 파괴와 분열 현상이 심각한 문제로 떠오르고 있었기 때문이다. 만약 배스메이니아뿐만 아니라 다른 곳에서도 종들이 비슷한 상황에서 국지적 멸종에 대항하는 능력에 큰 차이가 있다면, 다이아몬드는 왜 그런지 그 이유를 알고 싶었다.

그는 호프의 자료에서 일반적인 결론 세 가지를 도출했다.

첫째, "육식 동물은 초식 동물보다 국지적 멸종에 더 취약하다."[40] 주머니늑대는 플린더스 섬과 킹 섬 그리고 배스 해협의 다른 섬들에서도 살아남는 데 실패했다. 태즈메이니아데블(주머니곰)과 동부주머니고양이도 마찬가지로 모든 장소에서 사라져버렸다. 큰 육식 동물 4종 가운데 오직 점박이꼬리주머니고양이만이 배스 해협의 일부 섬에서 살아갔다. 이와는 대조적으로, 크기가 비슷한 초식 동물들은 대부분 많은 섬에서 살아남았다.

둘째, "큰 육식 동물은 작은 육식 동물보다 국지적 멸종에 더 취약하다."[41] 주머니늑대, 주머니곰, 동부주머니고양이는 이 섬들에서 모두 사라진 반면, 몸집이 작은 2종(흰발더나트와 안테키누스는 둘 다 쥐를 닮은 육식성 유대류이다)은 일부 작은 섬에 살아남았다. 그리고 앞에서 말한 것처럼 점박이꼬리주머니고양이는 주머니늑대와 주머니곰이 살아남지 못한 섬들에서 살아남았을 가능성이 높다. 최소한 육식성 유대류 사이에서는 몸집이 큰 것이 결정적으로 불리한 조건이다.

셋째, "서식지 조건에 까다로운 종은 너그러운 종보다 국지적 멸종에 더 취약하다."⁴² 배스메이니아의 서식지 조건을 모두 갖춘 섬은 얼마 없었다. 작은 섬일수록 서식지 다양성은 빈약하다. 적응 능력이 뛰어난 초식 동물(어떤 먹이라도 먹을 수 있고 어떤 곳에서도 살아갈 수 있는)은 빈약한 서식지 조건에서도 살아남을 수 있다. 그러나 모든 종이 다 적응 능력이 뛰어난 것은 아니다. 태즈메이니아 섬의 설치류 중 몸집이 작은 2종(긴꼬리쥐와 넓적이빨쥐)은 배스 해협의 어느 섬에서도 살아남지 못했다. 왜 그랬을까? 이 종들은 특별한 종류의 습윤림과 고지대 관목 서식지에서만 살 수 있기 때문이다. 오리너구리 역시 서식지 조건이 까다로운 종이다. 오리너구리는 민물 호수와 개천에서만 사는데, 태즈메이니아 섬에는 그러한 서식지가 풍부하지만, 배스 해협의 섬들은 그런 조건을 갖춘 곳이 드물다. 서식지 조건이 까다로운 이 종들은 배스메이니아가 조각나면서 큰 타격을 입었다.

　이상의 일반적인 결론 세 가지 외에 다이아몬드는 더 포괄적인 결론 한 가지를 덧붙였다. 자료에서 중요한 패턴 한 가지를 확인할 수 있었는데, 그것은 "멸종 위험은 추정 개체군 크기에 반비례한다는 것"⁴³이었다. 일정한 면적에서 살아가는 육식 동물은 초식 동물보다 개체수가 적게 마련이다. 또, 큰 육식 동물은 작은 육식 동물보다 개체수가 적다. 그리고 서식지 조건에 까다로운 종은 그렇지 않은 종보다 개체수가 적다. 따라서 서식지 조건에 까다로울수록, 육식 동물일수록, 특히 큰 육식 동물일수록 멸종 위험이 더 크다. 개체군이 큰 종은 쉽게 멸종하지 않는다. 개체군이 작은 종은 쉽게 멸종한다. 이것은 놀라운 사실은 아니지만, 중요한 사실이다.

　달리 표현하면, 희귀성은 위험하다.

결정론적 요인과 확률적 요인

왜 희귀성은 위험한가? 왜 작은 개체군은 멸종하는가? 그 답은 개략적으로 살펴볼 때에는 단순해 보이지만, 세부적으로 파고들면 매우 복잡하다. 여기서는 개략적인 답을 집중적으로 살펴보자. 작은 개체군이 멸종하는 이유는 (1) 모든 개체군은 때때로 생태학자들이 결정론적 요인과 확률적 요인이라 부르는 두 가지 요인 때문에 크기에 요동이 생기고, (2) 큰 개체군과 달리 작은 개체군은 요동이 일어나면 0에 접근하기가 쉽기 때문이다(0에 가까이 위치하므로).

  결정론적 요인이란 무엇을 말할까? 직접적인 인과 관계를 포함하고 있어 어느 정도 예측과 제어가 가능한 요인을 말한다. 본질적으로 그것은 인간 활동을 의미한다. 사냥이나 덫, 서식지 파괴, 외래종 도입, 살충제 사용, 새나 거북의 알을 훔치는 행위, 송어나 장어의 회유 길목 차단, 직간접으로 부정적 영향을 초래하는 그 밖의 의도적 행위가 모두 이에 해당한다. 이러한 것들은 예측이 가능하고, 합리적이고(논란의 여지는 있지만), 제어가 가능하다. 따라서 우리가 진정으로 원하기만 한다면, 이러한 요인을 제거할 수 있고, 지금까지 일어난 손상을 회복할 수 있다.

  그렇다면 확률적 요인이란 무엇일까? 우리의 예측과 제어를 벗어난 영역에서 작용하는 요인을 말한다. 이것은 실제로 임의적으로 일어나거나, 지구물리학적 또는 생물학적 원인과 알 수 없게 복잡한 방식으로 연관되어 임의적으로 일어나는 것처럼 보인다. 편의상 확률적 요인은 우연한 사건으로 간주할 수 있다. 날씨 패턴이 그런 예이다. 예년과 달리 혹독한 추위가 몰아닥친 겨울 날씨는 우연한 사건이다. 가뭄 역시 그렇다. 벼락이 떨어져 발생한 숲의 화재 역시 그렇다. 이러한 요인들은 일부 종의 개체수를 감소시키는 요동을 초래한다. 혹독한 겨울 뒤에 가뭄이 닥치고, 그 뒤에 화재가 발생하고, 다시 혹독한 겨울이 찾아온다면 아래로 향하는 요동은 더욱 크게 나타날 것이다. 그 밖의 우연한 사건에는 어떤 것이 있을까? 허리케인이나 태풍은 서식지를 파괴하고, 번식기의 짝짓기 활동을 방해하고, 둥지를 부순다. 일부 포식자 종의 개체수가 갑자기 크게 늘어나면 그 먹이 동물들의 개체수가 급격히 줄어들 것이다. 전염병이나 기생충의 창궐 역시 개체군을 크게 줄이는 요인이다. 긴 시간 척도에서 보면 빙하기도 확률적 요인이 될 수 있다. 어떤 동식물 종의 개체군 크기는 이러한 우연한 사건의 발생에 따라 자연적으로 그리고 일상적으로 요동한다.

요동의 크기는 작을 수도 있지만, 클 수도 있다. 어떤 경우에는 줄어든 개체수 자체는 적더라도 그 영향력은 매우 클 수가 있다.

2종의 개체군이 작은 섬에 살고 있는 상황을 생각해보자. 1종은 전체 개체수가 1만 마리인 쥐이고, 다른 종은 전체 개체수가 80마리인 올빼미이다. 올빼미는 사납고 쥐를 잘 잡아먹는 동물이다. 쥐는 겁이 많고 약하며, 올빼미에게 손쉬운 먹이이다. 그렇지만 쥐는 개체수가 많기 때문에 전체적으로는 안정을 유지한다.

이 섬에 3년 연속 가뭄이 닥쳤다고 가정해보자. 그리고 벼락이 떨어져 숲에 화재가 일어났다. 이 우연한 사건들은 2종 모두에게 치명적인 영향을 미친다. 쥐의 개체수는 5,000마리로 감소하고, 올빼미의 개체수는 40마리로 감소한다. 다음 번식기에 태풍이 불어닥쳐 나무들을 사정없이 훑고 지나가는 바람에 어린 올빼미들이 모두 죽는다. 그다음 1년은 비교적 평화로운 시기가 이어졌는데, 이 기간에 쥐와 올빼미 개체군은 나이가 들거나 개별적인 사고로 죽은 개체수와 새로 태어난 개체수가 평형을 이루어 현상을 유지한다. 그런데 다음에 쥐들 사이에 전염병이 돌아 그 수가 수십 년 동안 최저 수준인 1,000마리로 줄어든다. 이것은 올빼미에게도 큰 영향을 미쳐 먹이를 구하지 못한 올빼미들이 굶주린다.

굶주림에 허약해진 올빼미들에게 이번에는 치명적인 바이러스성 전염병이 퍼진다. 그 결과, 14마리만 살아남는다. 그중에서 암컷은 6마리뿐이고, 그나마 3마리는 너무 늙어서 새끼를 낳을 수 없다. 그러다가 젊은 암컷 1마리가 쥐를 잡아먹다가 목이 막혀 죽고 만다. 이제 새끼를 낳을 수 있는 암컷은 2마리뿐이다. 그중 1마리가 낳은 알들을 뱀이 삼켜버린다. 다른 1마리는 무사히 알을 품어 새끼 4마리가 태어나지만, 4마리 모두 수컷이다. 이제 올빼미 집단은 매우 위험한 수준으로 축소되었다. 새끼를 낳을 수 있는 암컷 2마리와 늙은 암컷 몇 마리, 수컷 10여 마리가 다이다. 전체적으로 볼 때, 이들은 앞으로 계속 닥칠 어려움에 적응할 만큼 유전적 다양성이 충분하지 못하며, 어미와 새끼 사이에 근친 교배가 일어날 가능성도 높다. 근친 교배의 결과로 태어나는 후손은 유전적 결함이 나타날 가능성이 높다. 한편, 쥐 개체군도 원래보다 훨씬 줄어들었다.

그 후 10년이 흘러갔다. 올빼미 개체군은 근친 교배의 결과로 점점 허약해졌다. 암컷이 몇 마리 더 태어나 성비의 균형을 이루는 데에는 큰 도움이 되었지만, 그중 일부는 알을 낳을 수 없다. 같은 기간에 쥐 개체군은 그 수가 크게 증가했다. 날씨가 좋았고, 먹이도 풍부했으며, 전염병도 돌지 않았고, 유전적으로도 문제가 없었다. 그래서 쥐 개체군은 곧 예전 수준을 회복했다.

그러다가 다시 들불이 일어나 어른 올빼미 4마리와 쥐 6,000마리가 죽었다. 공교롭게도 죽은 올빼미는 모두 번식기에 있는 암컷이어서 가뜩이나 궁지에 몰린 개체군에게 치명타가 되었다. 6,000마리의 쥐가 죽은 것은 개체수통계학적으로 그렇게 심각한 문제가 아니다. 이제 올빼미 개체군에는 알을 낳을 수 있는 젊은 암컷이 단 1마리밖에 남지 않았다. 그러나 조상들 사이에 일어난 근친 교배의 결과로 이 암컷은 난소암에 걸렸다. 그래서 후손을 남기지 못하고 죽고 만다. 올빼미 개체군에는 비극적인 소식이다.

공평을 기하기 위해 쥐 개체군에도 전염병이라는 재앙이 닥쳤다고 하자. 치명적인 호흡기 질환으로 쥐 800마리가 죽는다. 이 이야기들은 모두 충분히 일어날 수 있는 일이다. 올빼미 개체군(수컷 10여 마리와 늙은 암컷 몇 마리로만 이루어지고, 후손을 낳을 수 있는 암컷은 1마리도 없는 개체군)은 멸종의 길로 접어들었다. 수컷들과 늙은 암컷들은 후손을 남기지 못한 채 하나씩 죽어갈 것이다. 올빼미가 멸종하면 쥐 개체군은 크게 불어난다. 포식자가 없어져 살아가기가 더 쉬워졌기 때문이다. 1만 2,000마리, 1만 5,000마리, 2만 마리⋯⋯. 그러나 개체수가 너무 많아지면 먹이가 부족해져 결국에는 다시 개체수가 감소하기 시작한다. 그러다가 다시 증가 쪽으로 돌아섰다가 감소 쪽으로 되돌아오길 반복한다.

쥐 개체군은 긴 끈에 매달린 요요와 같다. 우연하게 일어난 여러 가지 재앙에도 불구하고, 증가와 감소의 반복에도 불구하고, 쥐 개체군은 멸종하지 않는다. 그 이유는 쥐 개체군이 희귀하지 않기 때문이다. 하지만 올빼미 개체군은 멸종했다. 왜 그럴까? 삶이란 불확실성의 시련을 겪으며 살아가는 것인데, 가장 좋은 시절의 올빼미 개체군의 수는 가장 나쁜 시절의 시련을 견뎌낼 만큼 충분히 많지 않았기 때문이다.

주머니늑대는 아직 살아 있을까?

1936년에 태즈메이니아 섬의 주머니늑대 개체군은 전혀 존재하지 않는 수준으로 크게 줄어들었다. 100년 넘게 주머니늑대가 겪어왔던 고초(사냥, 들개와의 경쟁, 서식지 상실, 질병)는 주머니늑대 개체군의 수를 감소시켜 결국 지상에서 사라지게 만들었다. 그런데 주머니늑대는 과연 멸종했을까? 태즈메이니아 섬의 오지에서 몇 마리가 숨어 살고 있진 않을까? 주머니늑대가 멸종했을 가능성이 매우 높은데도 불구하고, 주머니늑대를 목격했다는 이야기가 계속 흘러나왔다.

1936년 이후에 주머니늑대를 목격했다는 보고는 300건이 넘는다. 많은 표와 그래프를 곁들여 〈최근에 태즈메이니아 섬에서 주머니늑대를 목격했다는 주장들〉[44]이란 제목의 과학 논문도 발표되었다. 그 주장들 중 대부분은 구체적 증거나 근거가 없는 일방적 주장에 불과했다. 목격자 중 일부는 숲 속에서 주머니늑대를 보지 않았다면, 식료품 가게에서 엘비스 프레슬리를 보았다고 주장했을 사람들이다. 하지만 그럴듯한 주장들도 있었다. 신뢰할 만한 인격을 가진 사람이 좋은 조건에서 목격하고, 그 묘사가 주머니늑대의 특징과 일치하는 경우도 있었다. 이들이 진술한 주머니늑대의 신체 모양과 크기는 사실과 일치했고, 줄무늬의 위치도 정확하게 있어야 할 곳을 제대로 지적했다. 주머니늑대의 특징인 뻣뻣한 꼬리를 언급한 사람도 있었다. 그중에서 1982년에 한 사람이 보고한 내용은 특히 그럴듯하다. 그 보고를 한 사람은 국립공원 야생 동물 관리국에서 근무하는 관리인이었다. 그는 호바트의 동료들 사이에 박식하고 꼼꼼한 사람으로 알려져 있다. 그가 한 이야기를 아래에 그대로 인용한다.

나는 태즈메이니아 주 북서부의 외딴 삼림 지대에 위치한 교차로에 차를 주차해놓고 뒷좌석에서 잠을 잤습니다. 비가 세차게 쏟아지고 있었지요. 새벽 2시에 잠이 깬 나는 늘 하던 버릇대로 불빛을 비추며 사방을 살펴보았습니다. 그러다가 6~7m 거리 앞에서 커다란 주머니늑대를 발견하고는 불빛을 멈췄지요. 사진기가 든 가방이 손에 닿지 않았으므로 나는 움직이는 모험을 하는 대신에 그 녀석을 조심스럽게 관찰하기로 했습니다. 다 자란 수컷이었는데 체격이 아주 좋았고, 모래색 가죽에 검은색 줄무늬가 열두 개 그어져 있었습니다. 눈에서는 창백한 노란 빛이 반사되었지요. 그 녀석은 딱 한 번만 움직임을 보였는데, 턱을 벌리고 이빨을 드러냈지요. 그렇게 몇 분이 지난 뒤, 나는 손을 뻗어 가방에서 사진기를 꺼내려고 했습니다. 그러자 그 움직임을 눈치챘는지 주머니늑대는 덤불 속으로 사라지고 말았어요. 차에서 내려 주머니늑대가 사라진 곳으로 달려가보았지만, 강한 냄새만 남아 있었습니다. 주변을 샅샅이 뒤졌지만, 다시는 볼 수 없었지요.[45]

이 관리인은 사람들의 관심을 받고 싶어서 그런 이야기를 하는 사람이 아니었다. 그는 자신의 이야기를 《내셔널 인콰이어러 National Enquirer》에 팔아넘기지도 않았고, 자신의 이름이 알려지는 것도 원치 않았다.

이 사람의 이야기를 듣고서 야생 동물 관리국은 수색 담당관을 배정했다. 그리고 상당한 돈과 인력을 투입해 수색 작업을 벌였다. 똥 표본을 채취하여 화학 분석을 했고, 주머니늑대가 모래 구덩이에 남긴 발자국이 없는지 자세히 조사했다. 그것은 일시적인 수색에 그치지 않았다. 만약 주머니늑대가 한 마리라도 살아 있다면, 태즈메이니아 주 국립공원 야생 동물 관리국은 보호해야 할 법적 책임이 있었다. 2년 동안 2주일에 한 번씩 수색 담당관은 관리인이 목격했다는 그 장소로 가 주머니늑대가 다시 나타나길 기다렸다. 그러나 행운은 다시 찾아오지 않았다.

호바트에서 나는 고집 센 젊은 생물학자와 이 이야기로 대화를 나누었다. 이 젊은이는 박사 학위 논문을 위해 육식성 유대류인 주머니곰에 대한 자료를 얻으려고 태즈메이니아 섬의 숲 속에서 몇 달을 보낸 적이 있다. 주머니곰은 비교적 흔한 편이라 많이 목격할 수 있었다. 그는 신뢰할 수 있는 목격담과 그저 호기심만 자극하는 목격담의 차이를 안다. 나는 관리인이 주머니늑대를 목격했다는 이야기가 믿을 만한 것인지 물어보았다.

그는 "나는 믿어요."라고 말했다.

목격 장소가 어디인지 묻자, 북서부의 외딴 삼림 지역이라고 대답했다.

"그건 나도 알아요. 정확하게 어딘가요?"
"아서리버 위쪽이죠."

마라와의 주점

태즈메이니아 섬 북서부를 지나가는 2차선 아스팔트 도로가 끝나는 지점에 마라와라는 작은 마을이 있다. 주민 수십 명과 건지종 젖소 수백 마리가 살고 있다. 이 마을은 반디멘스랜드 회사 소유의 땅인 울노스 바로 남쪽에 위치하고 있다. 이곳에서는 축산 가축으로 양보다 젖소를 더 선호한다. 적어도 넓은 땅을 무상 불하받은 조상을 두지 않은 소축산농들 사이에서는 그렇다. 마라와는 중심부라고 해야 집 몇 채, 가게 하나, 침례교 교회 하나, 읍 사무소, 주점 하나가 전부이다. 이 주점은 퍼브 pub 대신에 태번 tavern이라고 부르는데, 의미상 뭔가 좀 다른 것을 나타내는 것 같지만, 그게 뭔지는 모르겠다. 간판에는 THE MARRAWAH TAVERN, PROP. BUCK AND PETER BENSON이라고 적혀 있다. 대중적인 술집을 뜻하는 '퍼브'는 아직도 영국적인 분위기를 풍기는 단어이고, 태즈메이니아 주의 많은 곳은 마을 호텔에서 도싯차 Dorset Teas를 내놓는 등 영국 문화의 잔재가 많이 남아 있지만, 마라와는 영국적 분위기와는 사뭇 다른 곳이다. 오히려 몬태나 주 북서부의 벌목촌을 연상시키는 거칠고 강한 변두리 세계 같은 분위기를 풍긴다. 토요일 밤에 도착한 나는 맥주를 한잔 마시려고 주점에 들렀다. 호바트의 주머니곰 전문 생물학자가 마라와에 가면 이 주점에 꼭 가보라고 권했기 때문이다.

텔레비전이 켜져 있었지만, 주크박스 소리가 훨씬 시끄럽다. 전자 오락 게임기도 있었다. 여기저기에 장난스러운 술집 농담("와이셔츠와 신발은 꼭 착용해야 함. 단, 브래지어와 팬티는 선택 사항임.")을 담은 글귀가 붙어 있다. 주점 뒤편 벽 높은 곳에는 옛날 개척 시대의 골동품 라이플과 황소 뿔, 표백된 암소 두개골, 부서진 서프보드가 걸려 있다. 이 주점에서 제공하는 맥주는 보그스 라거와 포스터스이다. 보그스는 이 부근 지역의 브랜드 맥주로, 다른 사람들과 어울리고 싶을 때 선택하는 맥주이다.

주점에는 손님 몇 명이 여기저기 앉아 있었다. 주점 장식물 중에는 다트보드와 크리킷 팀 사진도 여러 장 있다. 그렇다면 문화적 유산을 대하는 이 주점의 태도에 대해 내가 품었던 선입견이 틀렸는지도 모르겠다. 주크박스에서는 '와일드 씽 Wild thing'이 흘러나오는데, 트로그스 the Troggs(1960년대부터 활동한 영국의 록 밴드)가 부른 것 같았다. 팔다리가 가늘고 긴 젊은이 하나가 술에 잔뜩 취해 당구대 앞에 서서 큐를 기타처럼 쥐고 연주하면서 주크박스에서 흘러나오는 노래를 립싱크로 흉내내고 있다. "마이크, 얼른 공이나 쳐!" 누군가가 소리친다. 주변에서 지르는 소리나 뒤룩거리는 눈알 모습으로 판단할 때, 마이크라는 젊은이는 매우 피곤한 성격인 것 같다. 사람들에게 별로 사랑받지는 못하더라도 유명한 젊은이일 것이다. 마이크는 공을 치지 않았다. 그는 무대 위에 선 것처럼 무아지경에 빠져 공연을 하고 있었다.

그는 바빴다. 그러면서 큐를 핥았다. 또 누군가가 공을 빨리 치라고 소리쳤다. 그러나 그런 원성은 오히려 마이크의 기분을 북돋워주는 것 같았다. 연기 본능이 분출한 그는 얼굴을 찡그렸다. 공을 칠 생각은 하지 않고, 깡충거리며 뛰어다녔다. 발이 마치 작업화를 신은 말의 발처럼 보였다. 그는 크로치를 붙잡고 한껏 폼을 재며 노래를 불렀다.

다시 주위에서 얼른 공을 치라고 소리를 지르고, 마이크는 또다시 크로치를 붙잡는다. 나는 구석진 곳에 앉아 보그스 맥주를 마시면서 태즈메이니아식 싸움이 한판 벌어지는 걸 보지 않을까 기대했다. 그럴 경우, 큐로 마이크를 때려눕힐 용사는 누구일까?

그때, 멀리 떨어진 벽에 다이아몬드 모양의 장식판이 고속도로 표지판처럼 걸려 있는 것이 보였다. 거기에는 "TASMANIAN TIGER, NEXT? KM(다음은 태즈메이니아호랑이?)"이라고 쓰여 있었다. 그림의 동물은 분명히 주머니늑대였다. 개의 입처럼 생긴 주둥이, 등의 줄무늬, 뻣뻣한 꼬리…….

다음 날, 나는 이것을 좋은 징조로 여기면서 마라와를 떠나 아서리버가 있는 남쪽으로 차를 몰았다.

주머니늑대를 찾아서

이곳은 구릉 지대인데, 식물은 해안 지역에 잘 자라는 관목이 많다. 공기에도 짠 소금 냄새가 배어 있다. 토양은 척박한데, 모래 가루 같은 흙은 빗물을 붙들어두지 못한다. 주종을 이루는 식물은 석회암 언덕에서도 잘 자라는 차나무이다. 아서리버 주변의 이 관목 지대는 생물 다양성이 풍부하지 않고 볼 만한 경치도 없다. 자연은 초라하고 거칠며, 비포장 도로도 드문드문 뻗어 있고, 농사 짓기에 부적합해 사람들이 살고 싶어하지 않는 곳이다. 하지만 토착 식물이 충분히 자라고 있어 초식성 유대류인 왈라비, 웜뱃, 주머니쥐 등이 살아가기에는 아주 좋은 곳이다. 이러한 조건은 주머니늑대에게도 훌륭한 서식지가 될 것이다.

어쨌거나 잠재적 서식지로는 훌륭한 곳이 분명하다. 전성기에는 이곳에도 주머니늑대가 많이 살았을 것이다.

이곳의 상주 인구는 극소수이다. 다른 사람들은 북쪽 해안에 위치한 버니나 스미스턴 같은 소도시에서 찾아오는 소수의 방문객뿐인데, 이들에게 아서리버 지역은 가난한 사람들의 해변 휴양지 노릇을 한다. 방문객은 초라한 방갈로 또는 편의 시설을 제공하는 모텔에서 주말이나 휴가를 보낸다. 프라이버시가 보장되는 조용한 이곳에서 맥주를 마시거나, 낚시를 하거나, 해변을 따라 레크리에이션 차량을 몰고 달리거나, 의자에 앉아 발가락을 꼼지락거리며 시간을 보내는 것이다. 그러나 모텔과 방갈로는 많지 않으며, 해안 도로를 따라 남쪽으로 갈수록 그 수는 더욱 적다. 아서 강을 가로지르는 낡은 목제 다리 북쪽 끝에 오래된 집들이 옹기종기 모여 있는 작은 마을이 있는데, 이곳이 바로 아서리버이다. 마을이 하도 작아 마라와도 이에 비하면 번잡한 마을로 보일 정도이다. 나는 차를 몰고 마을로 들어가면서 경적을 한 번 울린 뒤에 다리를 건넜다. 건물이 더 있나 둘러보았지만 아무것도 발견하지 못하고 결국 다시 돌아나왔다. 그랬다, 아서리버 마을 중심부는 그게 다였다. 카페라도 있을 거라고 기대했던 내가 민망했다.

죽은 듯이 고요한 오후의 적막 속에서 움직이는 사람이라곤 한 명도 눈에 띄지 않는다. 마침내 모텔 하나가 눈에 들어왔다. 식료품 가게를 겸한 모텔 사무실은 사방 수 km 안에서 유일하게 식품을 살 수 있는 장소 같았다.

카운터 뒤에는 키가 작고 머리가 붉은 남자가 수심에 가득 찬 표정으로 앉아 있었다. 인생이 잘 풀리지 않은 그는 외부에서 온 낯선 사람과 시시콜콜한 이야기를 나누는 데서 위안을 얻는 것 같았다. 그가 나를 알아보고 말을 걸기 시작할 때, 나는 냉장고와 선반을 훑어보았다. 오래 보관할 수 있고 잘 변질되지 않는 식품(먼지 쌓인 통조림과 상자들)이 대부분이었다. 하지만 너무 기대에 찼거나 어리석어서 출발하기 전에 보급품을 제대로 챙기지 않은 자신을 탓해야지 누굴 탓하겠는가?

붉은 머리의 남자는 이런저런 이야기를 했다. 그는 전에 트럭 운전사로 일했는데, 버니에서 호바트로, 그리고 그 밖의 지역으로 먼 거리를 운전하며 돌아다녔다고 한다.

"저거, 맛있나요?" 한참 뜸을 들이며 콩이 든 봉지나 베지마이트

Vegemite(토스트나 비스킷에 발라 먹는 오스트레일리아의 혼합 스프레드)를 고르는 내 행동은 사교적 배려로 보일 것이다.
"음······. 그거 괜찮아요."
그는 이곳이 마음에 든다고 했다. 조용히 앉아서 한가롭게 지내는 게 좋으며, 트럭 운전을 그만둔 게 만족스럽단다. 아내와 딸은 버니에 살고 있다. 그들은 아서리버에서 살길 원치 않아요. 흥! 그깟 버니! 그곳은 또 하나의 지긋지긋한 세계지요. 그는 아내가 갑자기 변했다고 털어놓았다. 그는 '변했다'라는 단어를 사용했다. 그것은 짧지만 불길한 단어였다. 아내가 변한 것은 그에게는 블랙박스의 미스터리처럼 보였다. 나는 무게중심을 옮겨 문 쪽을 흘끗 쳐다보고는 그 아내에게 무슨 일이 일어났을까 궁금한 생각이 들었다. 불쌍한 이 남자, 분노에 찬 이 불행한 영혼은 시간과 운명에 찢기며 상처를 입었다. 나이는 쉰 살 정도밖에 안돼 보이지만, 그는 늙고 지쳤으며 회복할 수 없는 비통한 상처를 입었다. 딸들은 자신을 무시한다고 했다. 그는 이제 자기 가족을 모조리 총으로 쏘아죽인 남자의 심정이 이해가 된다고 말한다. 그는 사람이 어떻게 그 지경에 이를 수 있는지 이해한다고 반복했다. 나를 믿고 속내를 털어놓는 이야기에 나는 고개를 살짝 끄덕였다. 음음······. 정중한 끄덕임이긴 하지만, 확실한 의사 표현을 유보한 태도였다. 그러고 나서 나는 소고기와 누들이 섞인 통조림을 손에 들고 밖으로 나섰다. 나는 붉은 머리의 전직 트럭 운전사에게서 몇 km 떨어진 지점에 야영 장소를 정했다.
저녁을 먹고 나서 초저녁에 잠깐 눈을 붙인 뒤에 야간 작업을 위해 한밤중에 일어났다. 나는 차를 몰고 외로운 비포장 도로를 달려 구릉 지대로 더 깊숙이 들어갔다. 지도에 펜으로 타이거크릭Tiger Creek이라고 갈겨 쓴 지점을 향해 달려갔다. 태즈메이니아호랑이를 찾으려면 아서리버의 타이거크릭보다 더 좋은 곳은 없을 거라고 생각했기 때문이다.
그곳에 도착하기까지 약 30분이 걸렸는데, 도중에 나는 오스트레일리아 국영 라디오 방송에서 흘러나오는 청취자 전화 참가 프로그램에 푹 빠졌다. 그 방송은 먼 도시를 통해 중계되었다. 나는 태즈메이니아 섬의 오지가 지닌 긍정적 측면, 즉 라디오 수신 상태가 양호하며 특히 밤에는 더 좋다는 사실을 이미 발견했다. 호바트는 섬의 어느 지역에서도 그리 멀지 않으며(최소한 직선 거리로는), 배스 해협 건너편에 위치한 멜버른과 이곳 오지 사이의 지형은 거의 편평하기 때문에 신호가 아주 잘 잡힌다. 프로그램도 아주 훌륭해 오스트레일리아방송공사에 감사를 표시하고 싶었다. 어느 날 밤에는 지미 도시 Jimmy Dorsey(스윙 시대에 활약한 미국의 밴드 리더이자 가수)를 회고하는 프로그램을 내보냈고, 그 이튿날 밤에는 런던의 한 오페라를 들려주었다. 그리고 오늘 밤에는 청취자 전화 참가 프로그램을 진행하는데, 최근에 일어난 사해 문서의 해석(이것은 사실상 누구라도 무식한 의견을 제시할 수 있는 흥미진진한 주제이다)을 주제로 다루면서 대담하고 위험한 가설을 많이 알고 있는 성서학자가 주요 진행자로 나섰다. 이 고문서를 남긴 에세네파(유대교의 한 종파), 극단적인 금욕 생활, 세례자 요한의 진짜 역할, 사해 문서에 나오는 '사악한 사제'의 정체 등등에 관한 이야기가 나왔다. 교활한 인간인 예수는 십자가에 못박혀 처형되고도 살아남을 수 있었을까? 이런 맥락의 이야기는 새로운 게 아니지만, 새로운 증거가 일부 있는 것처럼 들렸다.

   나는 타이거크릭 근처에서 도로가 덤불 속으로 들어가는 지점의 도로변에 주차했다. 차에 머물면서 사해 문서에 관한 이야기를 더 듣고 싶었지만, 내가 이곳에 온 작은 목적을 상기하면서 라디오를 껐다.

   밤 공기는 따뜻했다. 달은 아직 낮게 걸려 있다. 하지만 어두컴컴해진 식물들 사이로 뚫린 창백한 모래길이 별빛만으로도 잘 보였다. 나는 헤드램프와 밝은 손전등을 가져왔지만, 꼭 필요할 때에만 사용할 참이다. 동물을 발견하려면 어둠 속에서 조용히 걷는 편이 훨씬 낫다. 무슨 이유에서인지 그 순간 태즈메이니아 섬에 위험한 뱀이 사는 것은 아닌지 궁금해졌다. 그러고 보니 성질이 사납고 맹독을 가진 것으로 유명한 호랑뱀 Notechis scutatus이라는 독사가 살고 있지 않은가? 악명 높은 이 킬러 뱀은 채찍뱀처럼 어두운 색이라 어두운 덤불 사이에서는 전혀 보이지 않는다! 최소한 오스트레일리아 본토에는 세상에서 치명적인 독사 중 하나인 호랑뱀이 분명히 살고 있다. 하지만 생물지리학의 세부 지식에 대한 내 기억이 짧아 호랑뱀이 플라이스토세의 육교를 건넜는지는 확실치 않다. 만약 건넜다면, 타이거크릭이란 이름은 주머니늑대하고 아무 관계가 없을지도 모른다! 호랑뱀의 영어 이름이 타이거스네이크이니 말이다.

나도 모르게 발걸음을 조심조심 뗀다. 헤드램프도 켜지 않은 채 싸구려 운동화를 신고 한밤중에 오지에서 하이킹을 할 만큼 어리석은 사람 치고는 최대한 조심하면서 걸음을 옮겼다.

발밑에 밟히는 오솔길은 가루처럼 부드럽다. 오솔길은 구부러지면서 위쪽으로 언덕 마루로 이어졌다가 아래로 내려가면서 움푹 파인 땅을 지나 다시 언덕 하나를 넘고, 또 하나를 넘어 지그재그를 그리며 나아가다가 두 갈래 길이 나타났다. 나는 오른쪽 길을 택해 자동차에서 점점 멀어지는 쪽으로 걸어갔다. 오솔길은 구불구불 나아가다가 또다시 올라갔다가 지그재그를 그리고 언덕을 넘어 다시 두 갈래 길에 이르렀다. 나는 길을 잃지 않도록 조심하면서 공책에다가 양 갈래 길들을 기록했다. 그리고 계속 앞으로 나아갔다. 한 언덕 마루에서 나는 눈앞에 펼쳐진 어두운 경치를 바라보았다. 차나무와 숲이 무성한 구릉 지대가 수십 km나 뻗어 있는데, 전깃불은 단 하나도 보이지 않았다. 이제 달이 높이 솟았다. 조각 구름 사이로 간간이 그 모습을 드러내는 달은 크긴 하지만 보름달은 아니다. 보름달을 막 지나 반달이 되기 전의 달이었다. 저 멀리 아서 강이 굽이진 곳에 달빛이 비쳤다. 어둠 속에서 그것은 마치 녹은 납처럼 빛났다. 달이 구름 뒤로 숨으면 공기는 따뜻한 안개비로 가득 찬다. 나는 어디로 가는지도 모르고 계속 오솔길을 따라 걸었다. 그리고 소리를 들으려고 귀를 기울였다.

나는 태즈메이니아 섬에 꽤 오래 있었기 때문에 자연의 소리를 일부 분간할 줄 안다. 예를 들면, 왈라비가 달려갈 때 나는 쿵쿵거리는 소리는 두 사람이 야구 방망이로 개미를 때려죽이는 소리와 비슷하다. 주머니여우의 울음소리는 목구멍에서 나오는 낮은 음의 칙칙거리는 소리로 들린다. 반지꼬리주머니쥐는 높은 음으로 경박스럽게 지저귀는 소리를 내며, 아비(바닷새의 일종)가 내는 소리와 닮았다. 주머니여우와 반지꼬리주머니쥐는 둘 다 나무에 숨어 있다가 사람이 침입하면 가지와 잎을 흔들고 목청껏 소리를 지르며 난리를 피운다. 나는 귀로 들을 수 있는 소리뿐만 아니라, 눈으로 보이는 신호도 몇 가지 발견했다. 웜뱃은 어린 곰처럼 어깨가 둥글고 몸집이 육중한 동물로 털은 어두운 색인데, 밤중에 길에서 사람을 마주치면 주저하다가 조용히 방향을 바꾸어 달아난다. 주머니곰 역시 어두워진 뒤에 오솔길을 따라 돌아다니며, 뒷발 발자국이 특색이 있다. 발바닥은 직사각형 모양이고, 앞쪽 가장자리를 따라 네 발가락이 나란히 늘어서 있다. 주머니곰은 웜뱃보다 작고 민첩하며, 검은색 가슴에는 흰색 줄무늬가 멍에처럼 가로지르고 있다. 정면에서 마주치면 가슴의 흰색 줄무늬가 선명하게 드러난다. 밤중에 오솔길에서 맞닥뜨렸을 때, 주머니곰은 죄를 지은 듯 단호한 행동을 보이는 반면, 웜뱃은 부끄러움을 느낀 것처럼 행동한다. 주머니늑대의 발자국은 박물관에 전시된 표본을 통해 잘 알려져 있다. 그 윤곽도 잘 알려져 있다. 하지만 주머니늑대의 울음소리는 알 길이 없다. 그것은 역사의 메아리 속에서 사라지고 말았다.

늑대처럼 울부짖는 소리일까? 아니다. 개처럼 짖는 소리일까? 아니다. 노래하는 소리일까? 정통 견해에 따르면 그럴 리가 없다. 일부 문헌에는 주머니늑대의 울음소리가 기침하는 소리와 비슷하다고 묘사되어 있다. 어떤 문헌은 콧소리가 섞여 사납게 짖는 소리라고 묘사한다. 한 전문가는 화가 나면 낮게 으르렁거리는 소리를 내고, 기분이 좋을 때면 목이 쉰 듯이 쉿쉿거리는 소리를 낸다고 했다. 포획 사육된 주머니늑대는 대개 소리를 내지 않고 조용하게 지냈다. 야생에서는 그보다 좀 더 소리를 많이 냈을 것이다. 그리고 인간의 상상 속에서는 온갖 종류의 괴상한 소리를 냈다. 나는 오늘 밤 다섯 시간 동안 숲 속을 걸으면서 주머니쥐와 웜뱃, 왈라비, 주머니곰 등의 소리를 듣고, 직접 그 모습을 보고, 불빛을 비추며 그들이 지나간 자국을 확인했다. 그러면서 줄곧 모습을 드러내지 않고 침묵을 지키고 있는 주머니늑대를 생각했다.

이전에 주머니늑대를 추적했던 사람들도 생각했다. 포상금을 노린 사냥꾼도 있었지만, 많은 사람들은 호기심에 이끌려 주머니늑대를 찾으려고 했다. 호바트 동물원에서 포획 사육되던 마지막 주머니늑대가 죽고 나서 1년이 지나기 전인 1937년 초에 야생 동물국은 야생 주머니늑대를 찾기 위해 소규모 탐사대를 보냈다. 그 탐사대는 태즈메이니아 주 경찰청에서 파견한 서머스Summers 경사와 또 한 명의 경찰관 그리고 경험이 많은 동물 추적자 한 명으로 이루어져 있었다. 그들은 이곳 아서리버로 와서, 드물긴 하지만 주머니늑대가 살아 있다는 훌륭한 증거를 발견했다. 그것은 주머니늑대가 지나다닌 흔적과 목격담이었다. 서머스 경사는 이 지역에 보호 구역을 설치할 것을 건의했으나, 받아들여지지 않았다.

그해 후반과 이듬해에 다른 탐사대들이 태즈메이니아 섬에서 관목 숲이 야생 상태로 가장 잘 보존된 남서부 지역을 수색하다가 발자국을 발견했다. 1938년의 탐사대는 서머스 경사와 마찬가지로 보호 구역 설치를 건의했지만, 이번에도 묵살되었다. 그러다가 전쟁이 일어났다. 이제는 육식성 유대류보다는 히틀러와 일본이 더 심각한 문제였다. 그래서 탐사대 파견은 일본이 항복할 때까지 중단되었다. 1945년 11월, 데이비드 플리David Fleay 라는 박물학자가 탐사대를 이끌고 남서부 지역으로 갔다. 몇 달 동안 수색을 했지만, 애매한 발자국 외에는 주머니늑대의 존재를 알려주는 증거를 전혀 찾지 못했다. 베이컨과 살아 있는 새를 미끼로 사용해 큰 철제 덫을 설치했으나, 주머니곰을 비롯해 원치 않는 유대류들만 잡혔다. 플리는 고기 조각을 덤불 사이에 뿌렸지만, 주머니늑대를 유인하는 데 실패했다. 어느 날 밤, 일행은 괴상한 울음소리를 들었다. 주머니늑대의 울음소리 같기도 하고 아닌 것 같기도 했다. 1946년 초에 플리는 마침내 포기했다. 그는 주머니늑대가 아직 살아 있다는 확신을 갖고 본토로 돌아갔지만, 그것을 뒷받침할 만한 증거는 하나도 없었다. 플리의 탐사 이후 지금까지 단서는 더 찾기가 힘들어진 것처럼 보이며, 증거는 더 약해지고 의심스러워졌다.

주머니늑대에게는 1930년대와 1940년대가 결정적 시기였던 것 같다. 마지막까지 살아남아 있던 개체들(야생 자연 속에서 서로 분리된 채 여기저기 흩어져 살던 주머니늑대들은 그 수가 너무 적어 개체수통계학적으로나 유전학적으로 건강하지 못했다)은 돌이킬 수 없을 정도로 희귀한 상태에 이르렀다가 결국 완전히 사라졌다. 하지만 확실한 것은 알 수 없다. 나중에 주머니늑대의 생존 상태에 대한 구체적 연구와 작은 개체군에 대한 일반적인 연구가 더 나와야만 이러한 추측이 옳다고 이야기할 수 있을 것이다.

1957년, 전 세계 신문들이 극적인 뉴스를 전했다. 헬리콥터를 타고 날던 두 사람이 태즈메이니아 섬 남서해안의 외딴 해변에서 주머니늑대로 추정되는 괴상한 동물을 발견했다는 것이었다. 두 사람은 헬리콥터를 타고 그 동물 주위를 선회하며 사진을 찍었다. 그러나 그 사진은 설득력이 떨어졌다. 그 동물은 몸 색깔이 어둡고 꼬리가 텁수룩했는데, 인근에 살던 어부가 몇 주일 전에 개를 잃어버렸다는 사실이 추가 조사에서 드러났다(이 사실은 전 세계의 신문에 실리지 않았다).

1963년 말부터 동물학자이자 역사학자인 에릭 가일러는 야생 동물국과 태즈메이니아 주지사의 후원을 받아 서해안 지역에서 수색 작업을 시작했다. 주지사는 주머니늑대가 다시 발견된다면 주의 경제나 명예를 위해 좋을 것이라고 생각한 게 분명하다. 과학 연구 저서의 저자일 뿐만 아니라 이전 탐사 활동에 참여한 경험이 있는 가일러는 태즈메이니아 주에서 첫 손가락으로 꼽히는 주머니늑대 전문가였다. 가일러가 이끄는 탐사대는 랜드로버를 타고 덤불 사이로 난 길을 달리고, 도보로 먼 거리를 걸으며, 4,000여 개의 덫을 설치하고 감시하면서 여덟 달 동안 활동을 계속했다. 그 결과, 수많은 동물을 잡았다. 숲왈라비 338마리, 주머니곰 132마리, 왈라비 70마리, 웜뱃 46마리, 점박이꼬리주머니고양이 13마리, 주머니여우 9마리, 가시두더지 2마리, 까마귀 2마리, 흰꼬리수리 1마리가 잡혔다. 그러나 주머니늑대는 잡히지 않았다. 가일러는 "우리가 들인 노력을 봐서라도 행운이 찾아올 것"[46] 이라고 믿었다. 그의 계획은 과학이라기보다는 믿음에 가까웠다. 그리고 진정한 믿음이 일반적으로 그렇듯이, 가일러의 믿음은 실망스러운 결과에도 불구하고 꺾이지 않았다. 믿음이란 그런 것이다. 믿음은 자료를 초월한다.

 믿음은 위로를 주지만, 자료는 사람들을 설득한다. 가일러도 다른 사람들을 설득하고 싶은 마음이 간절했기 때문에 주머니늑대가 살아 있다는 구체적 증거가 다시 나타날 것이라고 기대했다. 1960년대와 1970년대에 가일러와 다른 사람들이 탐사를 계속했지만, 구체적 증거는 전혀 발견되지 않았다. 구체적 흔적이 마지막으로 발견된 지 30년이 지나자, 주머니늑대를 찾는 일은 신비적인 활동으로 변했고, 신문을 읽는 대중을 즐겁게 하기 위해 간간이 터져나오는, 살짝 미친 것처럼 보이지만 자부심 강한 태즈메이니아의 문화 의식이 되었다. 어떤 곳들에서 주머니늑대는 산타클로스나 UFO, 케네디 암살 음모, 네스 호 괴물, 전설적인 하이재커인 쿠퍼 D. B. Cooper 와 같은 지위를 누리게 되었다. 즉, 진실보다는 화려한 이야기로 대중의 흥미를 돋우는 그런 전설이 된 것이다.

1966년, 주머니늑대의 굴로 추정되는 장소에서 털 표본을 채집했다. 한 전문가는 그 표본이 보존된 주머니늑대의 표본과 일치한다고 말했다. 그러나 다른 전문가는 일치하지 않는다는 의견을 내놓았다. 1972년에는 먹이 미끼에 철사 덫으로 연결한 자동 카메라를 스물네 군데 설치했다. 사진에는 깜짝 놀란 왈라비만 찍혔다. 1973년에는 미국의 한 박물학자가 나무 위에서 몇 날 밤을 보내면서 들짐승을 부르는 악기로 연주를 했다. 1979년에는 세계야생생물기금이 5만 5,000달러의 예산을 들여 야심 찬 계획을 두 갈래로 추진했다. 하나는 에릭 가일러가 자동으로 작동되는 무비카메라를 사용해 추진했고, 또 하나는 다른 동물학자가 역사적 연구와 이전 목격담의 분석, 그리고 자동으로 촬영되는 스틸 카메라를 사용해 추진했다. 가일러가 촬영한 필름은 주머니쥐가 매우 풍부하다는 사실을 알려주었다.[47] 스틸 카메라는 주머니곰도 풍부하게 존재하는 종이며, 숲왈라비도 가끔 고기에 유혹을 느낀다는 사실을 알려주었다. 이번에도 아무 증거를 얻지 못했지만, 가일러의 믿음은 흔들리지 않았다. 다른 동물학자는 완벽하고도 명백한 보고서에서 주머니늑대가 "필시 멸종했을 것"[48]이라고 결론 내렸다. 하지만 멸종하지 않았을지도 모른다.

나는 아서리버 지역을 밤중에 걷는 동안 시간이 충분히 남아 이 모든 생각을 했다. 가일러가 기울인 노력과 그의 믿음과 실망에 대해서도 생각했다. 국제미확인동물학협회 회원들도 생각했다. 이 단체 회원들은 있을 법하지 않은 동물에 관한 일화적 증거를 찾으려고 여행을 하고 꿈을 꾸고 조심스럽게 수집하는 열정적인 취미가 있는데, 이 회원들 사이에서는 주머니늑대가 상징 동물이다. 네시와 빅풋에 대해서도 생각했다. 호모 사피엔스들 사이에서 불타오르는 낭만적인 상상에 대해서도 생각했다. 우리 모두에게 미확인동물학자의 경향이 얼마나 있을까에 대해서도 생각했다. 사해 문서도 생각했다. "주머니늑대는 더 이상 존재하지 않는다."라는 명제의 논리적 형식에 대해서도 생각했다. 그리고 부정 명제를 증명할 수 없다는 사실에 대해서도 생각했다. 희귀성, 근친 교배 문제, 지난 60년 동안 작은 주머니늑대 개체군이 필연적으로 겪었을 다양한 종류의 우연한 좌절에 대해서도 생각했다. 그렇게 오랫동안 0에 가까이 다가간 개체군이 치명적인 아래 방향의 요동에 휩쓸리지 않을 수 있었을까? 나는 의심한다. 이 모든 생각은 연역 논리나 일관성 있는 견해가 아니라, 그저 하룻밤 동안에 떠올린 무질서한 몽상에 지나지 않는다. 나는 이미 16km나 걸었다. 밤 늦은 시간에 타이거크릭 위의 언덕을 돌아다니면서 이런저런 생각을 하게 된 것은 주머니늑대의 흔적을 전혀 발견하지 못했기 때문이다.

자동차로 돌아오니 새벽 3시 무렵이었다. 라디오의 청취자 전화 참여 프로그램은 이미 끝났다. 사악한 사제의 정체에 대해 충격적이면서 설득력 있는 사실이 드러났다 하더라도, 나는 그것을 놓치고 말았다. ABC 방송에서는 로큰롤이 흘러나왔다.

이튿날 아침, 나는 차를 몰고 마라와로 돌아갔다. 그 주점에 들러 커피를 한 잔 시켰다. 카운터 뒤에 있던 여자는 방해받기가 싫은지 커피를 갖다주고는 나를 혼자 내버려두었다. 월요일 아침의 밝은 빛 아래에서 나는 "TASMANIAN TIGER, NEXT? KM"이라는 글귀를 달고 높이 붙어 있는 다이아몬드 모양의 장식판을 보았다. 그런데 바로 그 밑에는 토요일 밤에 보지 못했던 글이 작은 글씨로 쓰여 있었다. "EVERYONE NEEDS SOMETHING TO BELIEVE IN(사람은 누구나 뭔가 믿을 게 필요하다)." 자세히 살펴보니, 거품이 넘치는 머그잔이 그려져 있고, 그 밑에 작은 글씨로 "나는 맥주 한 잔을 더 마실 거라고 믿는다."라고 적혀 있었다.

나그네비둘기의 멸종

희귀성과 멸종의 연관관계를 살펴보려면, 나그네비둘기 Ectopistes migratorius(여행비둘기라고도 함) 이야기를 빼놓을 수 없다. 지금은 멸종한 나그네비둘기는 한때 세상에서 그 개체수가 아주 많은 조류 가운데 하나였다.

200년 전만 해도 나그네비둘기는 상상할 수 없을 만큼 그 수가 많았다. 나그네비둘기는 섬에 사는 종이 아니었고, 대륙 전체를 뒤덮을 만큼 풍부했다. 동서 방향으로는 매사추세츠 주 연안에서 그레이트플레인스까지, 남북 방향으로는 미시시피 주 북부에서 캐나다의 노바스코샤 주까지, 북아메리카의 동쪽 절반을 차지하며 주로 거대한 낙엽수림에서 살았다. 그런데 짧은 기간에 그 개체수는 약 30억 마리에서 0마리로 급전직하했다. 전성기 때 나그네비둘기는 대표적인 성공 사례로 꼽히는 종이었지만, 멸종은 순식간에 그리고 철저하게 일어났다. 가장 명백한 첫 번째 원인은 사람들이 탐욕에서 저지른 학살이었다. 하지만 마지막 원인은 종류가 좀 달랐다. 얼핏 보면 나그네비둘기는 과도하게 풍부한 단계에서 희귀한 단계를 거치지 않고(혹은 희귀성의 조건에 영향을 받지 않고) 곧장 멸종으로 치달은 사례처럼 보인다. 하지만 이러한 인상은 잘못된 것이다. 사람들이 나그네비둘기를 희귀한 종으로 만들었고, 나그네비둘기는 희귀성 때문에 복합적인 문제들에 취약해졌다.

희귀성은 상대적 개념이다. 태즈메이니아 섬에서는 5,000마리의 주머니늑대가 충분히 큰 개체군이지만, 북아메리카에서는 500만 마리의 나그네비둘기가 희귀한 개체군이 될 수 있다. 왜 그럴까? 종마다 사회적 구조와 생태학적 상관관계가 서로 달라 개체군 안정의 문턱도 각각 다르기 때문이다. 나그네비둘기는 독특한 사회적, 생태학적 특징 때문에 개체군 안정의 문턱이 예외적으로 아주 높았다. 그런데 사람들이 나그네비둘기를 대량으로 잡아 죽여 개체수가 문턱 아래로 내려가자, 그다음에는 멸종의 역학이 미묘하고도 복잡하게 작용하기 시작했다.

나그네비둘기는 아주 큰 무리를 지어 사는 동물이다. 우리는 나그네비둘기의 습성에 대해 아는 게 많지 않지만, 이 점만은 분명히 알고 있다. 진화 과정에서 이들은 과도할 정도로 큰 무리를 지어 사는 습성이 발달했다. 나그네비둘기는 다른 종이라면 참기 어려울 만큼 거대하고 빽빽한 무리를 지어 삶으로써 서로 위안을 얻고 포식 동물의 기습에 대비하고 짝도 쉽게 찾았다. 나그네비둘기는 어느 지역에 많이 집중된 먹이를 먹고 살았는데, 그런 먹이 자원은 전체 지역에 균일하게 분포하지 않고 시간과 공간상에 띄엄띄엄 분포했다. 도토리와 너도밤나무 열매 혹은 그것과 비슷한 열매가 주요 먹이였지만, 산벚나무, 뽕나무, 딱총나무, 은행나무, 느릅나무 열매와 운 나쁜 농부의 밭도 중요한 먹이 공급원이었다. 이들은 엄청난 무리를 이루어 이동하면서 수백만 개 이상의 눈들이 서로 협조하여 넓은 지역에 흩어져 있는 먹이를 찾았다. 나그네비둘기 떼는 최대 500km²에 이르는 아주 넓은 지역에 무리를 지어 둥지를 만들고 지냈다. 먹이나 살 곳을 찾아 새 거주지로 이동할 때에는 문자 그대로 하늘을 새카맣게 뒤덮었다.

1614년 무렵에 버지니아 식민지에서는 한 남자가 "상상을 초월하는 엄청난 수의 비둘기"[49]를 보았다고 보고하면서 "서너 시간 동안 그 무리가 하늘을 날아가는 것을 구경했는데, 온 하늘을 뒤덮어 하늘이 보이지 않았다."라고 덧붙였다. 맨해튼에 살던 한 네덜란드 인 정착민은 1625년에 "가장 흔한 새는 야생 비둘기이다. 그 수가 너무 많아서 햇빛을 차단할 정도이다."[50]라고 썼다. 펜실베이니아 식민지에서 1729년에 쓴 시에는 이런 구절이 있다. "이곳에서는 가을이 되면 비둘기들이 큰 무리를 지어 난다./그 수가 하도 많아서 온 하늘을 캄캄하게 뒤덮는다."[51] 이러한 증언은 역사 기록에서 계속 반복되어 표준 공식처럼 여겨지기까지

했는데, 그러다가 새로운 목격자가 관찰된 나그네비둘기의 실체에 무게를 더해주었다. 1760년 무렵에 일리노이 식민지에 도착한 프랑스 인 탐험가 보쉬Bossu는 "산비둘기 또는 야생 비둘기 종류로 보이는 비둘기 구름"[52]에 깊은 인상을 받았으며, "믿기 힘든 사실은 비둘기 때문에 햇빛이 어두워졌다는 것이다."라고 보고했다. 보쉬는 또 사냥꾼이 총을 한 번 쏘아 나그네비둘기 80마리를 죽일 수 있다는 이야기도 했다. 1810년 무렵에 알렉산더 윌슨Alexander Wilson이라는 조류학자는 한 무리의 나그네비둘기 수를 대략 세어 22억 3,027만 2,000마리라는 믿기 힘든 수치를 내놓았다.(그리고 이들이 하루 동안 먹어치우는 먹이는 도토리 약 1,700만 부셸에 해당할 것이라고 추정했다.) 설사 윌슨이 반올림하여 '20억 마리'라는 더 적은 수를 제시했더라도, 우리는 지나치게 과대평가했다고 생각할 것이다. 같은 무렵에 존 제임스 오듀본John James Audubon은 켄터키 주를 횡단하면서 계속 목격한 새 떼를 언급했다. 오듀본이 본 새 떼는 머리 위로 지나가는 데만 사흘이 걸렸다.

이렇게 풍부한 상태에서 희귀한 상태로 전락하는 과정은 순식간에 일어났는데, 그 과정이 일어난 시기는 1880년대였다. 1880년대 초만 해도 나그네비둘기는 수천만 마리가 무리를 지어 둥지를 틀었지만, 1888년에 이르러서는 목격된 사례 중 큰 무리라고 해봤자 175마리가 고작이었다. 하늘이 나그네비둘기 때문에 어두워지는 일은 더 이상 없었다. 야생에서 목격된 마지막 나그네비둘기는 1900년 3월 24일에 오하이오 주 사전츠에서 총에 맞아 죽었다. 그리고 마지막으로 살아남은 마사라는 이름의 나그네비둘기는 신시내티 동물원에서 1914년까지 살았다. 마사는 프란츠 페르디난트Franz Ferdinand 대공과 같은 해 여름에 죽었다. 마사의 시체는 연구를 위해 얼음덩어리 속에 냉동되어 스미스소니언 박물관으로 보내졌다. 이미 수십억 마리나 되는 나그네비둘기를 잡아 죽였지만, 그동안 이 새의 해부학적 구조나 행동이나 생태를 연구하려는 노력은 없었다. 그래서 이제 희소성의 원리에 따라 마사의 작은 시체가 매우 소중한 자료가 되었다. 마사의 가죽은 박제되어 전시되었다. 마사는 절대로 멸종하지 않을 것처럼 풍부하게 존재하다가 갑자기 멸종해버린 종을 대표하게 되었다.

사람들은 어떻게 그런 일이 일어났는지 아직도 의아하게 여긴다. 19세기에는 온갖 종류의 기괴한 가설들이 제시되었다. 예를 들면, 한 프랑스계 캐나다 인 목사가 자신의 교구를 더럽힌다는 이유로 나그네비둘기에 저주를 내렸다는 보고도 있다. 쇼저A. W. Schorger라는 역사가는 이렇게 썼다. "그 비둘기의 멸종에 대해 생각할 수 있는 원인은 전부 다 나왔다. 큰 인기를 끈 설명 하나는 나그네비둘기가 집단으로 멕시코 만이나 대서양에 빠져 죽었다는 것이다. 심지어 러시아 해안에 물에 빠져 죽은 나그네비둘기 시체가 밀려왔다는 보고도 있다. 또 다른 가설은 비둘기들이 박해를 견디다 못해 칠레나 페루로 이주했다고 주장한다. 1939년까지만 해도 나그네비둘기는 볼리비아에서 목격되었다고 생각하는 사람들이 있다."[53] 나그네비둘기가 그곳에서 요제프 멩겔레Josef Mengele와 마르틴 보어만Martin Bormann과 함께 숨어서 오래 살았을지 누가 알겠는가?

1955년에 출간된 쇼저의 《나그네비둘기: 그 자연사와 멸종 The Passenger Pigeon: Its Natural History and Extinction》은 그 주제를 역사적으로 완벽하게 다룬 연구서였다.(하지만 지금은 과학적으로는 진부한 것이다.) 이 책에서 쇼저는 사람들의 책임을 면제해주는 집단 익사나 볼리비아 탈출, 신의 개입 같은 가설을 일축했다. 쇼저는 나그네비둘기의 멸종 원인으로 제시된 다른 요인들(산불, 전염병, 벌목, 서식지 상실로 인해 북쪽으로 이동해간 새들에게 닥친 혹한 등)도 언급했다. 쇼저는 인간이 직접 저지른 대규모 학살 행위도 자세히 기술했다.

큰 무리를 지어 사는 것은 야생 포식자들의 공격을 막는 데에는 도움이 되었지만, 사람들의 공격에는 오히려 약점이 되었다. 나그네비둘기는 사회적 응집 본능이 너무 강해 수천 마리가 옆에서 죽어가더라도 도망가려 하지 않았다. 대량 학살은 남북전쟁 직후에 절정에 이르렀다. 전문 사냥꾼들이 집단으로 나그네비둘기 떼를 사냥했다. 사냥꾼들은 전신과 철도의 도움도 받았는데, 전신은 둥지를 튼 장소를 알려주었고, 철도는 잡은 고기를 빨리 수송해주었다. 현지 주민도 남자뿐만 아니라 온 가족이 나그네비둘기를 잡는 데 달려들었다. 그들은 나그네비둘기를 과수원에서 사과를 따듯이 잡았으며, 땅바닥에는 수백 마리의 시체가 썩어갔다. 그러한 조직적이고 손쉬운 학살은 '사냥'이라고 부르기도 부적절해 보였다. 동물에게 쓰기에는 다소 완곡한 표현처럼 보이지만 '추수'라고 부르는 게 더 적절해 보였다. 추수에는 총뿐만 아니라 그물, 덫, 황훈증, 몽둥이, 긴 작대기도 동원되었다. 매사추세츠 주의 한 가족은 작대기로 둥지에 있는 새들을 때리는 방법으로 하룻밤 사이에 1,200마리를 죽였다. 어떤 덫은 한 번에 1,000마리를 잡기도 했다. 잡은 비둘기는 소금에 절이거나 얼음으로 덮어 통에 담은 뒤 동부 도시들로 보냈는데, 마리당 단돈 1니켈(5센트)에 팔려나갔다. 공급 과잉이 일어날 때에는 가격이 더 떨어져 공짜로 주거나 돼지에게 먹이기도 했다.

1878년에도 미시간 주 페토스키 근처의 서식지에서 최소한 110만 마리가 붙잡혀 시장으로 실려갔다. 1930년대에 에타 윌슨Etta S. Wilson이라는 노부인은 자신이 어렸을 때 미시간 주의 다른 서식지에서 목격한 일을 생생하게 증언했다.

그 끔찍한 일은 밤낮을 가리지 않고 계속되었다. 새 잡는 끈끈이가 온갖 곳을 뒤덮으며 땅 위에 설치되었다. 여기저기서 황을 태우는 항아리들이 죽음의 연기를 토해내 새들을 질식시켰다. 낡은 옷을 입고 삼베 두건을 뒤집어쓰고 낡은 구두나 고무장화를 신은 사람 형상의 도깨비들이 몽둥이나 작대기를 들고 둥지를 부수면서 돌아다녔다. 다른 사람들은 나무를 베거나 길게 늘어진 나뭇가지를 부러뜨리면서 새끼들을 잡았다."[54]

그녀는 눈으로 보고 냄새를 맡은 것 외에 소리까지 기억했다.

그 모든 아우성에다가 땅에 떨어진 새들을 먹어치우려고 둥지로 달려드는 돼지들이 서로 밟거나 부딪치며 내는 꽥꽥거리는 소리와 공포에 질린 비둘기들의 자지러지는 비명 소리가 합쳐져 누구도 들어본 적이 없는 기괴한 함성을 만들어냈는데, 그 소리는 최소한 1마일 밖에까지 들렸다.

그것은 학살의 고통에 울부짖는 나그네비둘기들의 비명 소리였다. 윌슨 부인은 이렇게 덧붙였다.

다치고 부러지고 땅에 떨어진 수많은 새 중에서 극소수만 살아남았다. 짐을 싣고 떠나는 마차 행렬이 끝없이 이어지는 가운데 땅바닥은 아직 살아 있는 새, 죽어가는 새, 이미 죽은 새, 썩어가는 새들로 뒤덮였다.

이 사건은 1870년 무렵에 그랜드트래버스 만 바로 서쪽에 위치한 릴라노 카운티에서 일어났다. 에타 윌슨은 60년 뒤에 미국조류학회 회의에서 어린 시절의 기억을 발표했다. 그녀의 논문에는 자기 고백적 내용도 담겨 있었다. "어릴 때 나는 나그네비둘기의 거래에 관한 모든 과정에 참여했다. 처음에는 죽은 비둘기를 주워오는 일부터 시작하여, 그다음에는 분류하고 포장하는 일을 했고, 털을 뽑고 깨끗이 씻은 뒤에 조리하여 최종적으로 그것을 먹는 일까지 했다."[55] 그러나 그녀는 선교사인 할아버지가 현지 인디언들로부터 나그네비둘기들을 그렇게 무자비하게 학살하다가는 "얼마 후에는 하나도 남아나지 않을 것"[56]이라는 경고를 들었다고 말했다. 할아버지는 상업적 사냥꾼들을 설득하려고 노력했지만, 사냥꾼들의 생각은 달랐다. 그들은 "세상이 망하지 않는 한 비둘기들도 영원히 존재할 것"[57]이라고 믿었다.

보통 사람들은 인디언과 할아버지의 혜안을 무시했다. 여러 주에서는 비둘기 거래를 규제하는 법안을 통과시켰지만, 그 법을 철저하게 시행하려는 의지가 없었고, 또 시행했다 하더라도 이미 때가 늦었을 것이다. 20년만 더 일찍, 그러니까 남북전쟁이 일어나기 이전, 그리고 철도가 사방으로 뻗어나가기 이전에 제대로 법적 보호 조처를 취했더라면, 나그네비둘기를 구할 기회가 있었을 것이다. 그러나 그 무렵에 사람들의 생각은 대체로 1857년에 오하이오 주 의회의 한 위원회가 제시한 의견과 같았다. "나그네비둘기는 보호할 필요가 없다. 그 수가 엄청나게 많고, 북아메리카의 광대한 숲을 번식지로 삼으며, 먹이를 찾아 수백 km를 여행한다. 오늘은 이곳에 있다가 내일은 다른 곳으로 간다. 따라서 웬만한 파괴로는 그 수가 줄어들거나 매년 태어나는 수많은 새끼들이 축나지 않을 것이다."[58] 오늘은 이곳, 내일은 다른 곳……. 그러나 그 뒤에(5년 후나 10년 후 혹은 사람의 한평생이 지난 후에) 그 종이 어떻게 될지는 예측하기 어렵다. 그것은 세월이 지나 나그네비둘기가 멸종한 지금에 와서 생각해도 이해하기가 쉽지 않다.

나그네비둘기의 멸종을 가져온 궁극적인 원인은 불분명하다. 단지 사람들의 사냥만으로 30억 마리의 새가 완전히 사라질 수 있을까? 사람이 그토록 혹독하게 효율적일 수 있을까? 쇼저는 가능하다고 생각한다. "야생에 남아 있던 마지막 새가 사라질 때까지 박해가 계속되었다."[59]라고 그는 주장했다. 그러나 쇼저의 견해는 수확 체감의 법칙에 위배되는 것처럼 보인다. 종이 희귀해짐에 따라 무리의 크기가 작아지고 둥지들이 더 드문드문 흩어져 분포하면, 대량 수확 방법은 효율성이 떨어지고, 노력 대비 수익도 크게 줄어들 수밖에 없다. 산탄총이나 덫, 그물을 사용하여 잡는 나그네비둘기의 수는 크게 줄어든다. 결국 나그네비둘기는 더 맛있고 덜 희귀한 종보다 상업적 사냥감으로서 매력을 잃게 된다. 그렇다면 실제로 어떤 일이 일어났을까?

과학적 증거는 거의 없다. 어느 정도 근거가 있는 추측만 할 수 있을 뿐이다. 1980년에 핼리데이 T. R. Halliday 라는 생물학자가 한 가지 추측을 내놓았다. "나그네비둘기의 멸종에 얽힌 수수께끼는 나그네비둘기가 존재하던 마지막 몇 년 동안 그 수가 사람들의 사냥만으로는 설명되지 않는 속도로 계속 감소했다는 사실이다."[60] 그는 페토스키에 광대한 보금자리가 있던 때부터 마사가 죽을 때까지 36년밖에 걸리지 않았다는 사실을 지적했다. 이것은 너무나도 빠른 속도라 상업적 추수만으로 그런 결과가 나타났다고 보기 어렵다. 수확 체감의 법칙을 적용할 자리마저 없었다. 서식지 파괴 역시 만족할 만한 답이 되지 못했다. 나그네비둘기 수가 격감할 무렵에도 너도밤나무 숲과 떡갈나무 숲이 광대한 면적을 덮고 있었기 때문이다.

핼리데이는 이론생태학 방법(그래프와 가상의 곡선, 그리고 '임계 군집 크기'와 '임계 새끼 성장 비율' 같은 용어)을 사용해 개체군 붕괴를 설명하려고 시도했다. 그는 나그네비둘기가 큰 무리를 지어 살아가도록 진화했기 때문에, 많은 수가 무리를 지어 살아가지 않으면 제대로 살아갈 수 없다고 주장했다. 나그네비둘기는 먹이를 찾거나 천적의 공격을 막아내려면 수백만 개의 눈이 필요하다. 알이 부화하고, 새끼가 깃털이 나 날 수 있을 때까지 성장하려면, 수많은 개체가 모여 자궁 역할을 해주는 보호가 필요하다. 무리의 크기가 문턱 아래로 떨어지면, 먹이를 찾는 비행은 비생산적이 되고, 짝짓기를 하고 둥지를 만드는 리듬도 깨진다. 그러면 무리는 자력으로 살아갈 능력을 잃게 되고, 종 전체가 붕괴하기 시작한다. 핼리데이는 말했다. "사회적 요인, 즉 군집의 크기와 생식적 성공은 그런 방식으로 상호 연관돼 있어서, 종은 겉보기에는 상당히 흔한 것처럼 보이더라도 번식률은 사망률을 상쇄할 만큼 충분하지 않게 된다."[61] '겉보기'란 단어를 쓴 것은 겉으로 보이는 모습은 종종 우리를 잘못된 판단으로 이끌며, 희귀성은 상대적일 수 있다는 사실을 일깨우기 위해서였다.

살아남은 수백만 마리가 작은 무리들로 나뉘어 여러 곳에 흩어져 살아가는 것을 보고 우리는 이 종이 충분히 살아남을 것이라고 생각했지만, 실제로는 그렇지 않았다. 이 종은 생태학적 필수 자산인 풍부성을 상실했다. 핼리데이의 견해를 받아들인다면, 나그네비둘기는 사람들의 사냥으로 희귀해졌기(어쨌든 상대적으로는) 때문에, 그리고 그러한 수준의 희귀성은 나그네비둘기의 사회생태학과 양립할 수 없기 때문에 멸종했다.

하와이 제도에서 멸종한 조류

나그네비둘기의 대강의 줄거리는 우리에게 익숙한 것이고 인간의 야만 행위가 흥미를 더해주지만, 실제로는 큰 줄기에서 벗어나는 이야기이다. 나그네비둘기는 본토에서 살아간 종이기 때문이다. 큰 줄기를 대표하는 사례로는 하와이 제도의 새들이 더 적절하다.

앞에서 언급한 다이아몬드의 '로제타석' 셈에 따르면, 최근의 역사에서 일어난 조류 멸종 사건 중 대륙에서 멸종한 사건은 전체의 10분의 1도 안 된다(총 171건 중 16건). 다이아몬드의 자료에 따르면, 북아메리카 대륙에서 살아가다가 멸종한 조류는 8종에 불과한 반면, 그것의 3배에 해당하는 조류가 하와이 제도에서 멸종했다. 마스카렌 제도에서 멸종한 조류 역시 북아메리카보다 더 많다. 뉴질랜드와 서인도 제도 역시 마찬가지다. 하지만 이 섬들도 유럽 인의 정복이 시작된 이래 세상에서 가장 많은 조류가 멸종해간 하와이 제도를 능가하진 못한다.

멸종을 낳는 요인 중 거리와 면적도 중요하다. 가장 가까운 대륙에서

5,000km나 떨어져 있고 다른 큰 섬에서도 3,000km나 떨어져 있는 하와이 제도는 아주 먼 곳에 외따로 있는 섬들이다. 하와이 제도는 크고 작은 주요 섬 8개가 무리를 지어 모여 있고, 아주 작은 섬 10여 개가 혜성 꼬리처럼 북서쪽으로 뻗어 있다. 함께 모여 있는 주요 섬들(오아후 섬, 마우이 섬, 카우아이 섬, 몰로카이 섬, 라나이 섬, 카호올라웨 섬, 니하우 섬, 흔히 빅 아일랜드라고 부르는 하와이 섬)은 군도 종 분화가 일어나기에 충분할 만큼 섬들 사이의 바다 간격이 넓다. 오아후 섬, 마우이 섬, 카우아이 섬, 하와이 섬은 대다수 화산섬보다 크며, 하와이 제도 전체도 멀리 떨어진 대다수 군도보다 육지 면적이 훨씬 크다. 개개의 섬이 크면 지형과 기후의 다양성이 나타나 서식지의 다양성도 커지며, 이것은 종 분화를 더욱 촉진한다. 이러한 조건들 때문에 하와이 제도는 사람들이 도착할 무렵에 종이 상당히 풍부했다(초파리와 꿀빨이새를 비롯해 그 밖의 동물 집단 사이에서).

그렇지만 하와이 제도는 고립 수준이 아주 높고, 지난 1000만 년 동안 고립 상태를 유지해왔기 때문에 외부 침입자가 일으키는 혼란에 매우 취약하다. 최초로 정착한 사람들은 폴리네시아 인으로, 500년 무렵에 카누를 타고 왔다. 쿡 선장은 1778년에 상륙했다. 그 후 유럽 인 이주민과 선교사가 가축과 총과 성경과 도끼와 쟁기를 가지고 도착했다. 그런 상황에서 하와이 제도에서 수십 종 이상의 생물이 곧 멸종하리라는 것은 불 보듯 뻔했다. 그런데 하와이 제도의 사례가 흥미로운 것은 그런 예측 가능한 맥락에서 독특한 변화들이 나타났기 때문이다.

한 가지 변화는 외래종인 쿨렉스속 *Culex* 모기가 도착하면서 나타났다. 만약 과학적 의심이 옳다면, 이 모기는 다른 섬들에 침입한 어떤 생물보다도 큰 피해를 초래한 종이었다. 모기는 딩고보다도, 돼지보다도, 쥐보다도, 게잡이마카크보다도, 그리고 심지어 호모 사피엔스보다도 더 큰 피해를 초래했다. 1822년에 하와이 제도에 도착한 두 선교사는 "이곳에는 모기가 하나도 없다."⁶² 라고 보고했다. 그러나 그것은 금방 뒤집히고 말았다.

훗날의 한 역사 문헌에 불길한 징조가 나타난 순간이 기록돼 있다. "저드 Judd 의사는 그때까지 알려진 바가 없는 종류의 가려움증을 치료해달라는 요청을 받았는데, 그 가려움증은 '귓가에서 윙윙대는' 새로운 종류의 날로 nalo(파리)에게 물려 생겼다고 했다. 이 가려움증이 최초로 보고된 시기는 1927년 초로, 라하이나의 내륙 안쪽 개울 주변이나 고여 있는 웅덩이 근처에 살던 주민들 사이에서 나타났다."⁶³ 현지 자료를 더 자세히 추적해 보았더니, 1년 전에 영국 배 웰링턴호가 열대 지역인 멕시코를 거쳐 라하이나(마우이 섬의 서해안에 위치한)에 들렀고, 선원들이 식수를 구하러 상륙했다는 사실이 밝혀졌다. 그들은 물통을 채우기 전에 그 안에 들어 있던 찌꺼기를 개울에 버렸다. 물통에 남아 있던 오래된 물에는 멕시코 서해안에 서식하는 열대집모기 Culex pipiens fatigans 유충이 들끓고 있었다. 운 나쁜 우연의 일치로 이 아종은 라하이나 근처에 있는 개울과 같은 서식지를 아주 좋아한다. 그로부터 10년이 지나기도 전에 모기들은 마우이 섬과 오아후 섬, 카우아이 섬에 자리를 잡았고, 결국에는 하와이 제도의 모든 주요 섬들로 퍼져갔다. 열대집모기는 사람에게도 성가신 동물이지만, 조류말라리아를 옮기는 주요 매개체여서 특히 새들에게 위험한 존재였다.

쿨렉스 모기는 사람에게 뇌염을 옮기고, 개에게는 심장사상충을 옮기며, 가금에게는 조류수두라는 바이러스성 질병도 옮긴다. 유일하게 위안으로 삼을 만한 사실은 열대 기후에 적응한 아종인 열대집모기는 하와이 제도의 서늘한 고지대에서는 서식하지 못한다는 점이었다. 그러나 많은 토착종 새들이 살고 있는 저지대에서는 모기들이 잘 번식했다.

조류말라리아는 사람이 걸리는 말라리아와 비슷하다. 말라리아를 옮기는 병원충은 열원충속 Plasmodium 기생충인데, 이것은 모기의 침을 통

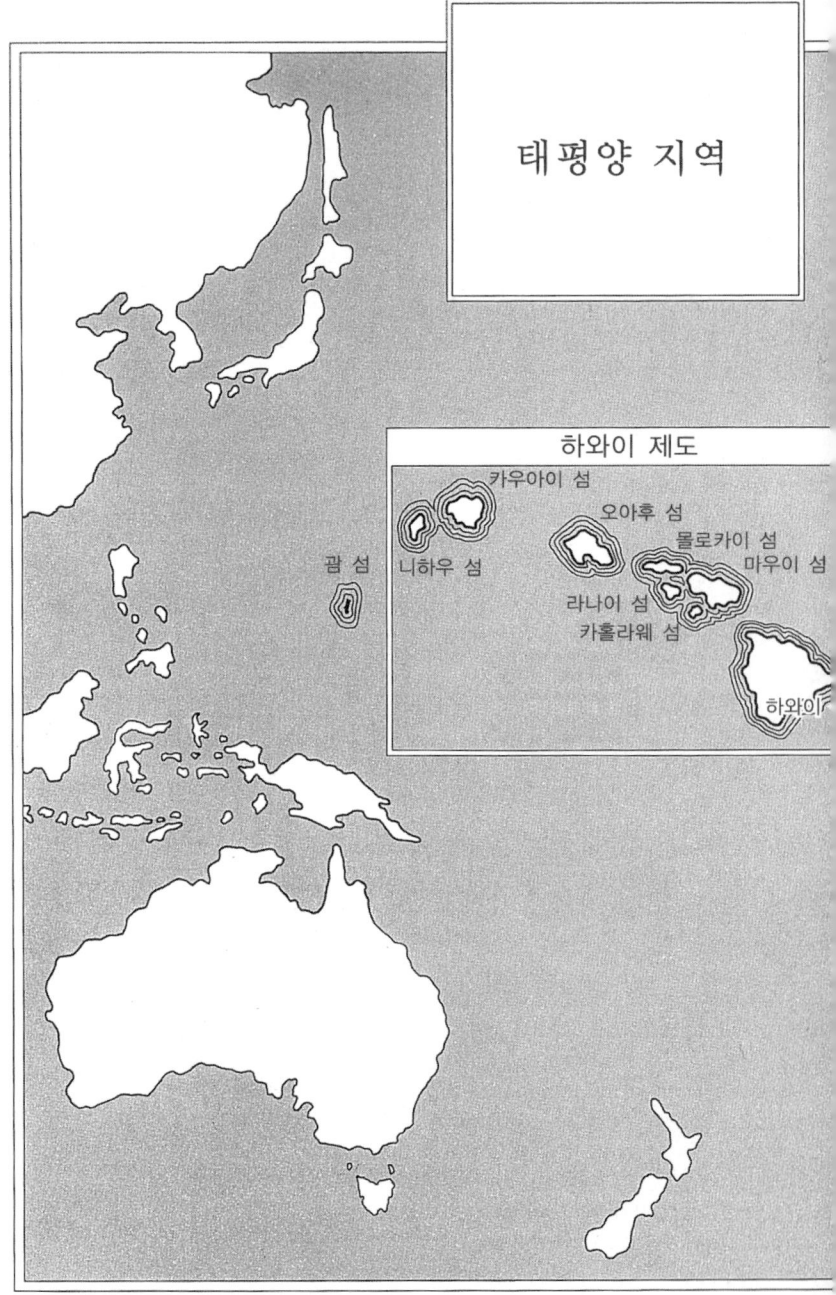

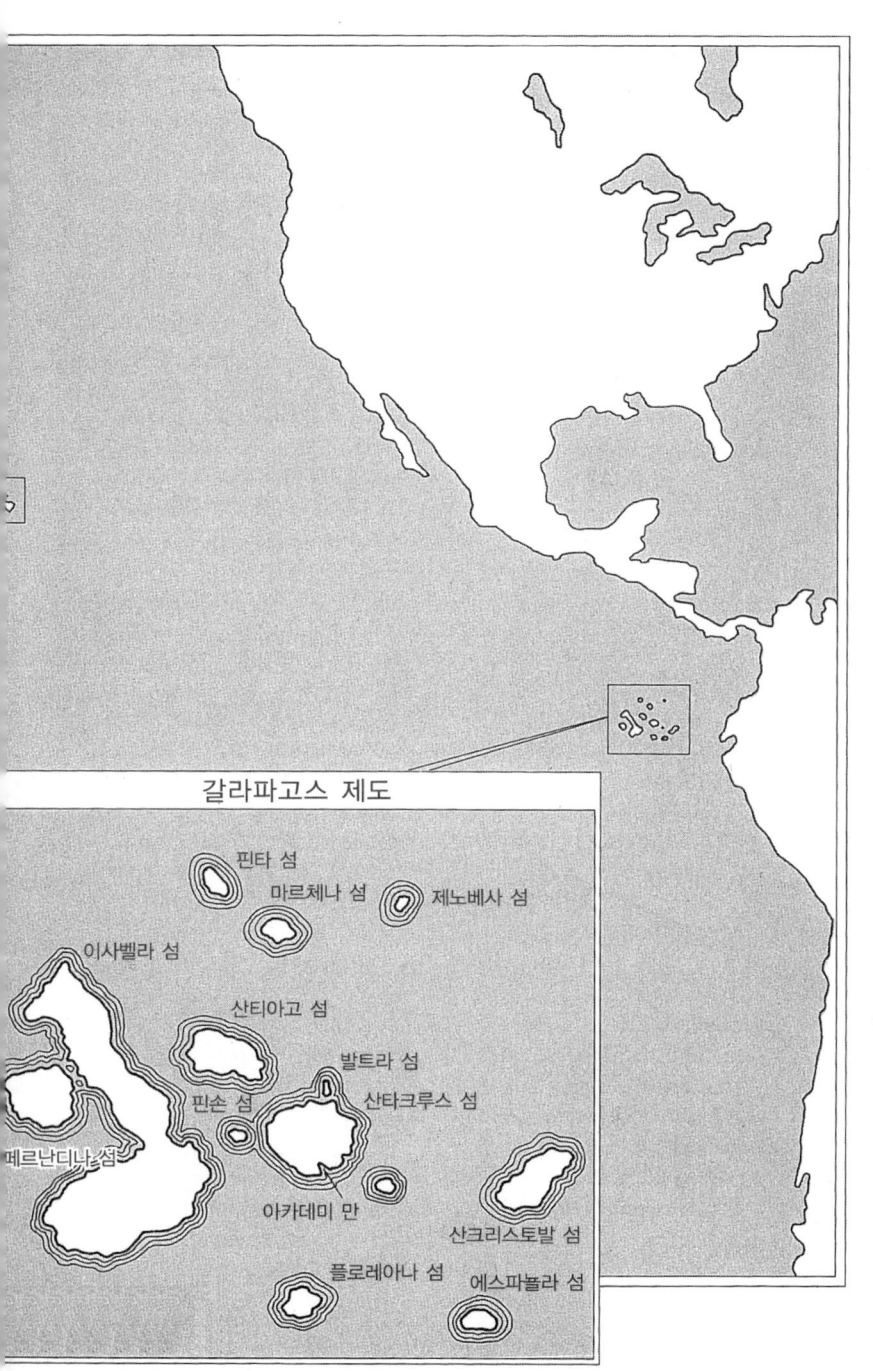

해 환자에게서 다른 사람으로 옮겨진다. 사람의 말라리아와 마찬가지로 조류말라리아 역시 전에 이 병에 노출된 적이 없는(따라서 후천적 내성이 발달하지 않은) 개체군에게는 특히 치명적이다.

말라리아 병원충은 아메리카 대륙에서 이주해온 물떼새나 오리를 통해 지난 수천 년 동안 간간이 하와이 제도에 존재했다. 하지만 말라리아 병원충을 옮겨주는 모기가 없었기 때문에 질병이 전파되지 않아 하와이 제도의 토착종 새들은 말라리아에 걸리지 않고 안전하게 살아왔다. 치명적이지만 말라리아만큼 진행 속도가 빠르지 않은 조류수두 바이러스는 이주민이 데려온 가금과 함께 하와이 제도에 들어온 것으로 추정된다. 조류수두 역시 하와이 제도의 새들에게 별다른 위협이 되지 않았다. 그것을 매개해줄 모기가 들어오기 전까지는 그랬다. 그런데 웰링턴호가 모기 유충이 들끓는 오수를 버리자, 질병이 퍼져나갈 모든 조건이 갖추어졌다.

하와이 제도의 토착종 새들은 그 이전에도 사람들이 초래한 여러 가지 혼란 때문에 많은 어려움을 겪고 있었다. 쿡 선장은 염소와 돼지를 하와이 제도에 들여왔다. 그보다 앞서 조지 밴쿠버George Vancouver 선장은 소와 양을 들여왔다. 수십 년이 지나기 전에 이 네 종의 가축은 야생에서 살아가면서 숲에서 풀과 식물을 마구 먹어치워 서식지의 물리적 구조를 변화시키고 식물 종들 사이의 균형을 깨뜨렸다. 정착민은 목재를 얻기 위해 나무를 베어냈고, 사탕수수를 재배하려고 저지대의 넓은 숲을 불태웠다. 사탕수수 다음에는 파인애플도 경작했다. 남아 있는 숲에도 외래종 잡초들이 침입해 자랐다. 몽구스나 고양이 같은 외래종 포식 동물들이 여러 섬의 야생 자연에서 자리를 잡고 살아갔다. 인도에서 들여온 악시스사슴이 너무 많이 번식하면서 숲을 파괴하는 바람에 그 수를 줄이기 위해 전문 사냥꾼을 고용해야 할 지경에 이르렀다. 하와이 제도의 생태계는 아주 유순하여 온갖 종류의 외래종이 편하게 적응해 살아갈 수 있었다. 1916년, 오아후 섬에 갇혀 있던 왈라비 한 쌍이 탈출하여 야생에서 살아가는 개체군을 이루었는데, 지금도 호놀룰루 뒤쪽 산에서 살아가고 있다고 한다.

새들에게는 직접적으로 치명적인 위협이 하나 더 있었는데, 그것은 바로 사냥이었다. 화려한 색깔의 깃털은 상업적 사냥꾼들 사이에 큰 인기를 끌었고, 연구를 위해 채집을 하는 사람들도 상당히 많은 새들을 사냥했다. 새들의 수가 줄어들면서 사냥에 수확 체감의 법칙이 나타나기 시작했지만, 그러한 희소성 때문에 오히려 새들의 수요가 더 늘어났다.

유럽 인의 이주가 가져온 이 모든 결과는 약 1000년 전에 시작된 과정의 두 번째 단계에 지나지 않았다. 처음에 이곳에 온 폴리네시아 인 정착민도 개와 닭, 몸집이 작은 폴리네시아 혈통의 돼지, 그리고 태평양쥐(필시 폴리네시아 인의 카누에 밀항하여)를 비롯해 많은 외래종을 들여왔다. 이들은 타로토란과 고구마를 재배하기 위해 땅을 개간했고 숲도 불태웠다. 그 밖에도 환경을 손상시키는 행위를 많이 저질렀다. 그러다가 그들의 후손인 하와이 원주민은 마침내 사람과 자연이 긴밀하게 연결돼 있다는 감각이 발달하게 되었는데, 자연을 나타내는 단어 아이나 aina(땅, 토지라는 뜻)에도 그런 존중의 느낌이 담겨 있다. 그러나 아이나는 학대에 면역력이 없었다. 원주민 문화의 지도자들을 알리 alii 라고 부르는데, 한 섬의 최고 지도자는 알리아이모쿠 alii-ai-moku 라고 한다. 알리아이모쿠는 '섬을 먹는 추장'[64]이란 뜻인데, 이 이름은 신성한 관리자보다는 권력과 부를 탐하는 지배자의 성격을 암시한다.

원주민도 토착종 새들을 많이 잡아 죽였다. 하와이 추장들의 지위를 나타내는 케이프와 모자는 화려한 깃털로 장식하는데, 카힐리스 kahilis 라는 의식용 깃털 의상을 만드는 데에는 새 수천 마리의 깃털이 필요하다. 하와이 제도에 사람이 살기 시작한 초기 역사 시대에 보통 사람들은 알리에게 깃털 화폐로 공물을 바쳤다. 한 종에게서 반짝이는 검은색 깃털을, 다른 종에게서는 주홍색 깃털을, 또 다른 종에게서는 초록색 깃털을 뽑아 화폐로 사용했다. 노란색 깃털이 가장 가치가 높았기 때문에 마모 Drepanis pacifica라는 꿀빨이새가 많이 희생되었다.

두 차례에 걸친 인간의 침입(폴리네시아 인의 침입과 유럽 인의 침입) 물결에도 불구하고, 하와이 제도에서 조류는 종의 풍부성을 유지했다. 오아후 섬과 하와이 섬의 저지대 서식지 일부는 아무런 영향도 받지 않은 채 남아 있었다. 라나이 섬처럼 일부 작은 섬들에 정착한 사람의 수는 비교적 적었다. 19세기가 다 지나갈 때까지도 조류가 급격하게 감소하는 조짐은 전혀 나타나지 않았다. 그러나 1890년대에 들어 새로운 조짐이 나타났다. 오아후 섬과 하와이 섬의 코나 지역에서 야외 조사를 하던 박물학자들은 일부 새들에게 '심각한 재앙'[65]이 일어난 것을 발견했다. 일부 새들의 얼굴 주위와 다리와 발에 병터(병원균이 모여 조직에 병적 변화를 일으키는 자리)나 종양이 생겼다. 그것은 조류수두 증상이었다. 거의 같은 시기에 박물학자들은 아무 손상을 입지 않은 숲에서조차 일반적으로 새들이 눈에 띄게 줄어들었다는 사실을 발견했다. 새들의 울음소리가 멈췄다. 하와이 제도의 숲들은 조용해졌다.

헨쇼 H. W. Henshaw라는 조류학자는 1902년에 그러한 숲들을 다음과 같이 묘사했다.

> 숲 속에서 몇 시간을 돌아다녀도 토착종 새의 울음소리를 전혀 들을 수 없다. 몇 년 전만 해도 같은 지역에 토착종 새가 아주 많았고, 오오, 아마키히, 이위, 아카카니, 오마오, 엘레파이오를 비롯해 많은 새의 울음소리가 사방에서 들려왔다.[66]

무엇보다 의아한 것은 서식지에는 아무 변화가 없었다는 점이다. 헨쇼는 이 새들이 의존해 살아가는 식물 종들을 알고 있었고, 새들과 마찬가지로 하와이 제도 현지에서 부르는 이름까지 알고 있었다. 그런데 새들이 의존하는 자원은 아무런 영향도 받지 않은 채 그대로 남아 있었다.

오히아는 늘 그런 것처럼 자유롭게 꽃을 피우고 이위와 아카카니와 아마키히를 위해 꽃꿀을 풍부하게 생산했다. 이에이에는 여전히 열매를 맺고, 옛날과 마찬가지로 오우에게 심홍색 열매 자루를 제공한다. 우리의 눈에 새들의 옛날 보금자리는 이전과 마찬가지로 모든 것을 새들에게 제공하지만, 새들은 더 이상 이곳에 없다.[67]

그렇다면 새들이 사라진 원인은 서식지 파괴 때문이 아닌 게 분명한데, 사냥도 그 원인일 리가 없었다. 사라진 종들 중 일부는 깃털 때문에 수난을 당한 적이 없는 종들이었다.

오아후 섬에서는 유난히 갑작스럽게 새들이 사라졌다. 얼마 전까지만 해도 토착종 새가 11종 살았는데, 1900년까지 그중 6종이 사라졌다. 사라진 종 중 하나는 부리가 두껍고 몸집이 작은 꿀빨이새 오우 *Psittirostra psittacea*였다. 헨쇼는 20세기 초에 이렇게 썼다.

오아후 섬에서 오우가 멸종한 원인은 불분명하다. 이 새의 주요 먹이는 이에이에 ieie라는 덩굴식물 열매인데, 이 섬의 산등성이에는 이에이에가 무성한 숲이 여전히 널찍하게 남아 있다. 또 외래종인 구아바와 마마키가 자라는 곳도 많으며, 오우는 이 식물들의 과일과 열매를 좋아한다. 오우가 숲 면적이 훨씬 적은 다른 섬들에서는 아직 살아 있으면서도, 먹이와 보금자리가 전혀 부족하지 않은 오아후 섬에서는 사라진 이유는 무엇일까?[68]

헨쇼가 간과한 것으로 보이는 한 가지 설명은, 오아후 섬이 마우이 섬이나 하와이 섬, 카우아이 섬에 비해 지대가 낮다는 점이다. 마우이 섬과 하와이 섬에는 넓은 고원 지대가 있고 높은 산봉우리는 3,000m를 넘으며, 카우아이 섬에도 900m를 넘는 고지대가 많다. 그러나 오아후 섬에는 낮은 산봉우리만 몇 개 있을 뿐, 고지대가 거의 없다. 지형학적 특징을 생태학적으로 해석하면, 오아후 섬의 거의 모든 지역에는 열대 저지대에서 활동하는 모기가 접근할 수 있다. 오아후 섬에는 열대집모기의 공격에서 벗어날 수 있는 장소가 거의 없다.

헨쇼가 경종을 울리고 나서 12년 뒤, 또 다른 조류학자가 말했다. "오아후 섬은 섬에 존재하는 전체 종수와 비교한 멸종 조류의 명단이 이 세상의 어떤 지역보다 많다고 별로 자랑스럽지 않은 자랑을 할 수 있다."[69]

하와이 제도의 나머지 섬들에서도 오아후 섬만큼 큰 규모나 급속하게는 아니지만 새들이 사라져갔다. 오아후 섬처럼 지대가 낮고 면적이 더 작은 라나이 섬은 초기에 유럽 인이 많이 정착하지 않아 나중에 정착민이 몰려오기 전까지는 조류 멸종이 거의 일어나지 않았다. 1920년까지만 해도 라나이 섬의 조류 개체군들은 건강한 상태에 있었다. 조지 먼로 George Munro 라는 조류 연구가가 라나이 섬에 서식하는 조류의 상태를 세심하게 관찰하고 있었다. 1923년에 라나이시티를 중심으로 파인애플 산업 붐이 일어나기 시작했다. 파인애플 농장에서 일하는 노동자와 함께 닭도 들어왔다. 닭이 들어오자 문제가 생기기 시작했다. 먼로는 노동자들이 "닭과 함께 조류 질병을 들여왔으며, 모기가 옮기는 이 질병들은 이 섬의 토착 조류 개체군에게 치명적이었다."[70] 라고 추측했다.

먼로는 이러한 가설을 최초로 제기한 사람들 중 한 명이다. 더 최근에 리처드 워너 Richard E. Warner 는 실험 자료를 역사 기록과 결합해 포괄적인 설명을 제시했다. 조류수두에 대한 증거는 감염된 새들을 직접 관찰한 기록에서 얻을 수 있었다. 조류말라리아에 대한 증거는 정황 증거에 가깝지만, 그래도 상당히 설득력이 있다. 예를 들면, 쿨렉스 모기는 해발 600m 이하 지역에서만 사는데, 살아남은 토착종 조류는 대부분 그보다 높은 곳에서 산다. 하와이 제도에서 마지막까지 살아남은 꿀빨이새들은 왜 그렇게 높은 곳까지 올라갔을까? 워너는 낮은 지대에서 감염되는 조류말라리아 때문에 그랬다는 가설을 제시했는데, 실험 자료는 이 가설을 뒷받침한다. 워너가 고지대에 사는 새들을 데려와 저지대의 모기에게 물리게 해보았더니, 새들은 금방 말라리아에 걸렸다. 워너는 이렇게 결론 내렸다. "저지대의 모기가 서식하는 곳에 조금이라도 오래 머물면 말라리아 병원충에 감염되어 금방 죽고 만다. 설사 말라리아에서 살아남는다 하더라도, 그다음에 기다리고 있는 조류수두에 희생된다."[71]

고지대에 사는 종은 별로 많지 않았지만, 산속의 피난처에서 살아남았다. 넓은 지역에 적응해 살아가던 일부 종은 그러한 안전 지대로 옮겨감으로써 살아남았다. 하지만 하와이 제도에만 고유하게 서식하는 많은 조류 종과 아종은 그런 선택을 할 수 없었다. 그들은 높은 지대로 서식지를 옮기지 못해 멸종해갔다. 그런 종 중에는 가장 화려한 꿀빨이새도 있었다. 마모가 마지막으로 목격된 것은 1899년이었다. 검은마모 *Drepanis funerea*는 1907년 무렵에 사라졌다. 빨간색, 검은색, 회색 반점이 있고 핀치 비슷하게 생긴 작은 꿀빨이새인 키리돕스 안나 *Ciridops anna* 역시 그 무렵에 사라졌다. 하와이 원주민은 이 새를 울라아이하와네 ula-ai-hawane라고 불렀다. 레이산꿀빨이새, 작은코아핀치, 큰코아핀치, 코나밀화부리, 하와이뜸부기, 큰아마키히, 오아후누쿠푸, 아마우이, 키오에아, 오아후오오(오우와 혼동하지 말 것), 그리고 아키알로아의 4아종 중 최소한 3아종도 멸종했다. 네 번째 아키알로아 아종은 카우아이 섬 습지에서 마지막으로 목격된 것이 30년 전이니, 지금은 멸종한 게 거의 확실하다. 카카와히 역시 멸종했을 가능성이 매우 크며, 올로마우는 마우이 섬과 라나이 섬에서 사라졌다. 하와이말 이름을 알아야만 이러한 상실의 규모를 이해할 수 있는 것은 아니지만, 그래도 알면 도움이 되리라고 생각한다.

괌 섬에서 일어난 생태계 학살 미스터리

하와이 제도에서 서쪽으로 약 6,000km 떨어진 괌 섬에서도 최근에 이와 비슷한 전반적인 생태계 붕괴가 일어났다. 괌 섬의 숲이 갑자기 조용해졌다. 그 원인이 무엇인지 누가 짐작하기도 전에 괌 섬에 고유하게 서식하던 조류 개체군들이 갑자기 멸종 직전에 이르렀다. 1960년까지만 해도 아무 이상이 없어 보였으나, 1983년에 이르자 많은 조류가 보이지 않는 학살에 희생되어갔다. 나는 1985년에 신문 기사에서 이 이야기를 읽었는데, 그 당시만 해도 이것은 긴급 뉴스였다.

새들은 어디로 간 것일까? 무엇이 그들을 죽였을까? 하와이 제도에서와 마찬가지로 외래 질병에 희생된 것일까? 축적된 DDT에 중독된 것일까? 야생 고양이나 나무를 기어오르는 돼지나 항복하지 않고 숨어 지내던 일본 병사에게 잡아먹혔을까? 누군가가 중성자 폭탄을 폭발시켰을까? 마크 재프Mark Jaffe라는 필라델피아의 기자가 쓴 신문 기사의 제목은 "생태계 학살 미스터리를 파헤치다"였다.

그 기사에서는 필라델피아 동물원의 조류 큐레이터인 래리 셸턴Larry Shleton의 견해를 인용했다. 셸턴은 포획 사육 방법을 통해 일부 조류를 구출하려는 노력을 기울이면서 괌 섬의 상황에 관여했다. 셸턴은 "이와 같은 상황은 일찍이 본 적이 없다."[72] 라고 말했다. 어쨌든 헨쇼가 오아후 섬에서 목격한 이래 아무도 그런 것을 본 적이 없었다. "조류 동물상이 이런 식으로 완전히 붕괴하는 일은 전례가 없다." 비록 이 말은 하와이 제도의 사례를 간과한 것이긴 하지만, 셸턴이 이런 반응을 보인 것은 충분히 이해할 만하다.

괌 섬은 마리아나 제도에서 가장 크고 가장 남쪽에 위치한 섬이다. 서태평양의 마리아나 제도는 도쿄에서 거의 정남쪽으로 뉴기니 섬을 향해 그은 선상에 위치한 작은 섬들의 집단이다. 어떤 사람들은 마리아나 제도를 지구에서 가장 높은 산맥이라고 생각하는데, 마리아나 해구 바닥에서 무려 11km 이상 치솟아 있기 때문이다. 그렇지만 수면 위로 나와 있는 부분은 낮은 산 높이 정도에 지나지 않는다. 괌 섬은 길이가 약 48km, 폭은 6~19km, 면적은 549km²이다.

일부 대양도와 달리 괌 섬은 순수한 화산섬이 아니다. 북쪽 끝 지역에는 다공질 석회암 고원 지대가 있다. 이것은 오랜 세월에 걸쳐 산호 시체가 쌓여 생긴 탄산칼슘으로 이루어졌다. 서로 들러붙고 압축되었다가 전체 덩어리가 마침내 아래에서 작용한 압력을 받아 위로 치솟아올라 고원 지대가 된 것이다. 북부 고원 지대 중 일부 지역에는 울창한 숲이 있다. 이 숲들은 이곳의 주요 토지 소유주인 미 공군이 활주로나 탄약고나 군인 주택을 건설하지 않고 남겨둔 곳이다. 숲은 무성한 열대림이지만, 숲 사이에는 개천이나 호수가 전혀 없다. 석회암이 빗물을 스펀지처럼 빨아들이기 때문이다. 땅바닥은 딱딱하고 울퉁불퉁하고 날카롭다. 그 위를 걸어다니다 보면 신발이 금방 해어지고 만다. 만약 그 위로 기어가기라도 한다면 날카로운 석회암에 바지 무릎과 손바닥이 베여나갈 것이다. 섬의 남반부 모습은 북반부와는 영 딴판이다. 갈색 소똥 같은 오래된 용암으로 뒤덮여 있는데, 이 화산암은 침식을 받아 부석부석하기 때문에 토양이 훨씬 부드럽다. 경치도 탁 트여 있다. 남부 지역에서 주택 용지나 상업용 또는 군사용으로 아직 완전히 개발되지 않은 고지대는 풀로 뒤덮여 있다. 또, 남해안으로 흘러가는 작은 협곡들을 따라 가느다란 띠를 이루며 숲이 늘어서 있다. 북부 지역은 미 공군이 관할하고, 남부 지역 중 많은 땅은 미 해군이 소유하고 있다. 그런데 새들은 남쪽 사바나에서 시작하여 점차 북쪽으로 이동하는 불가사의한 물결을 이루며 죽어갔다.

얼마 전까지만 해도 괌 섬의 숲에는 토착 조류 종이나 아종이 11종류 살고 있었다. 그중 다섯은 괌 섬에만 서식하는 종 또는 아종이었다. 괌

딱새 Myiagra freycineti는 괌 섬 이외의 다른 곳에서는 발견된 적이 없다. 마리아나동박새 Zosterops conspicillatus는 마리아나 제도의 고유한 종이고, 괌 섬에 사는 개체군은 괌 섬의 고유한 아종이다. 붉은부채꼬리딱새 Rhipidura rufifrons와 미크로네시아호반새 Halcyon cinnamomina도 괌 섬의 고유한 아종이다. 날아가는 능력을 상실해 섬에 머물게 된 괌흰눈썹뜸부기도 괌의 고유종이다. 또, 마리아나까마귀 Corvus kubaryi는 괌 섬과 근처의 작은 섬 로타 섬에서만 살았다.

제2차 세계대전이 끝난 뒤 어느 시점부터 이 6종류와 나머지 거의 모든 새들의 개체수가 심각하게 감소하기 시작했다. 이 사실은 한동안 아무도 눈치채지 못했다. 1960년대 후반에 가서야 사람들은 비로소 그것을 눈치채기 시작했다. 그 무렵에 남부 지역 협곡 주변의 숲에서 새들이 사실상 사라져버렸다. 귀신이 곡할 노릇이었다. 괌 섬 남부 지역에서 토착종 새들이 소리도 없이 사라졌지만, 아무도 그 원인을 알 수 없었다. 1970년대에는 보이지 않는 죽음의 그림자가 섬 북쪽으로 이동하기 시작했다. 북부 지역에 남아 있던 숲은 대부분 전시에 황폐해졌다가 다시 자라난 2차림이었지만, 고원 지대 북단 절벽면 아래쪽에는 다 자란 열대림이 약간 남아 있었다. 1983년 무렵에 이 작은 숲 지역은 괌 섬에 고유한 조류 종들이 온전한 군집(괌 섬에 사는 것으로 추정되는 종들이 모두 통상적인 수준의 풍부성을 유지한 채 살아가는)을 이룬 마지막 장소였다. 섬 전체로 볼 때 각 종의 서식 범위는 0에 가까울 정도로 축소되었다. 각 개체군의 크기도 크게 줄어들어 매우 취약한 상태였다.

그러다가 괌딱새가 멸종했다. 마리아나동박새도 사라졌다. 붉은부채꼬리딱새, 흰목땅비둘기, 마리아나과일비둘기, 미크로네시아꿀빨이새도 사라졌다⋯⋯. 숲에 사는 11종 가운데 이들 6종이 1980년대 중반에 모조리 사라졌다.

사람들은 다른 종에도 같은 운명이 닥치는 것을 막기 위해 괌흰눈썹뜸부기와 미크로네시아호반새 중에서 살아남은 개체들을 사로잡아 다른 장소로 옮겼다. 이 새들은 본토의 동물원에서 필라델피아의 래리 셸턴처럼 보존에 큰 관심을 기울이는 큐레이터의 세심한 배려를 받으며 포획 사육 상태로 살아갔다. 이러한 긴급 공수 작전은 큰 유전자 풀에서 유전적 다양성의 일부 표본을 보존하는 데에는 성공했지만, 생태학적 패배를 인정하는 것이기도 했다. 이제 괌흰눈썹뜸부기와 미크로네시아호반새는 설사 완전히 멸종하지는 않았다 하더라도, 야생에서는 그 모습이 사라졌다. 이제 괌 섬에서 숲을 지배하는 동물이 무엇이건 간에, 그것은 이전의 토착 조류는 아니다.

한편, 숲에서는 섬뜩한 일이 또 한 가지 벌어지고 있었다. 바로 거미들이 엄청나게 늘어난 것이었다. 많은 종은 왕거미과 Araneidae에 속하는 조망성(거미줄을 치는) 거미였다. 새들에게 치명적 결과를 가져온 원인이 무엇이건, 그것은 거미에게는 큰 혜택으로 돌아간 것 같았다. 거미들은 함께 모여 거대한 공동의 거미집을 만들었는데, 반짝이는 입체 거미집은 크리스털 샹들리에를 연상시켰다. 각 거미집에는 완전히 자란 거미와 새끼를 포함해 수십 마리가 거주했다. 거미들은 나무들 사이의 빈 틈을 정교한 격자 모양의 거미줄로 채우고 가만히 앉아서 먹이가 걸리기만 기다렸다. 거미들은 동물이 지나다니는 통로를 막고 탈출로를 봉쇄했다. 거미줄은 마치 기관지의 점액처럼 숲 하층 전체에 엉겨붙어 있었다. 거미들은 그렇게 숨어서 8개의 눈을 굴리며 조용히 신경을 곤두세우고 다리에 감촉이 전해지길 기다렸다.

하지만 거미들이 새들을 잡아먹은 것은 아니다. 거미의 수가 엄청나게 늘어난 것은 생태계가 입은 더 큰 외상 중에서 겉으로 드러난 하나의 증상일 뿐이었다.

학살자의 정체

이 미스터리는 오래도록 풀리지 않았다. 1980년대 초까지도 조류학자들은 최소한 다섯 가지 가설을 놓고 논의를 거듭했지만, 과학적 자료 부족으로 확실한 결론을 내리지 못했다. 다섯 가지 가설은 살충제 중독, 포식 동물 유입, 외래 질병 유입, 사람의 활동으로 인한 서식지 파괴, 태풍이었다.

가장 의심을 받은 살충제는 DDT였다. DDT는 미군과 농부들이 대량으로 살포했다. 하와이 제도에서 워너가 조류말라리아와 조류수두를 연구한 결과로 제시한 패러다임 때문에 외래 질병도 유력한 용의자로 보였다. 태풍은 2차적 원인으로 제시되었다. 괌 섬에는 매년 태풍이 몇 차례 찾아오지만, 위력이 매우 강한 태풍은 10년에 한 번 정도 찾아온다. 1976년에 괌 섬을 강타한 태풍 파멜라호는 풍속이 시속 300km를 넘었고, 개체수가 크게 감소하여 매우 취약한 상태에 있던 일부 조류 개체군에게 큰 타격을 입혔다. 외래 포식 동물의 명단에는 왕도마뱀, 쥐 4종, 뒤쥐 1종, 야생에서 살아가는 고양이와 들개와 돼지, 그리고 뱀의 한 종류인 보이가 이레귤라리스 *Boiga irregularis* 가 포함돼 있었다. 이들 외래 포식 동물은 그다지 이로운 점이 없지만, 호의적인 동물학자들은 뱀은 쥐의 수를 줄이는 데 도움을 준다고 말한다.

그런데 시간적으로 볼 때 포식 동물 유입 가설은 의심스럽다. 쥐 4종과 왕도마뱀과 야생 포유류는 1890년대 이후부터 괌 섬에서 계속 살아왔기 때문이다. 조류 개체군 감소는 그보다 훨씬 이후에 일어났다. 다만, 보이가 이레귤라리스는 1940년대 후반에 괌 섬에 자리를 잡았다. 아마도 제2차 세계대전이 끝난 뒤에 동남아시아를 경유해 괌 섬에 온 함정이나 비행기에 몰래 숨어 들어왔을 것이다. 그런데 그 뱀의 정체는 잘못 알려졌다. 조사를 담당한 사람들이 조류학자였는데, 조류학자는 파충류 종을 정확하게 구분할 만한 지식이 없었기 때문이다. 그들은 보이가 이레굴라리스를 '필리핀구렁이'[73]라고 불렀다. 그러다가 1983년에 누군가가 이 뱀의 사진을 파충류학자에게 보여주었다. 그러자 그 전문가는 이 뱀은 필리핀구렁이가 아니라, 솔로몬 제도에서 새를 잡아먹고 사는 나무뱀이라고 알려주었다.

보이가 이레굴라리스의 일반명은 갈색나무뱀이다. 이 종은 뉴기니 섬과 오스트레일리아 열대 지역, 인도네시아, 비스마르크 제도, 솔로몬 제도 등에 서식한다. 귀찮게 하면 성질이 사납게 변하는 독사이지만, 사람에게 그렇게 위험한 뱀은 아니다. 독니가 입 뒤쪽에 있어 방울뱀처럼 독을 재빨리 주입하는 능력은 없다. 대신에 먹이를 친친 감아 씹는 과정에서 자연스럽게 독이 먹이의 몸속으로 들어간다. 우아하고 눈에 띄지 않게 움직이는 갈색나무뱀은 숲의 임관에서 천천히 이동하며, 밤에 사냥을 하고, 새와 새알을 포함해 식성이 다양하다. 몸은 아주 호리호리하며 근육 긴장도가 좋아 나뭇가지 사이에서 수평 방향으로 이동할 수 있다. 깃털이 갓 난 어린 새나 아직 깃털이 나지 않고 둥지 안에 있는 새끼새에게는 악몽과 같은 존재이며, 심지어 차가운 밤 공기 속에서 알을 품느라 둥지 위에 앉아 있는 어미새에게도 공포의 대상이다.

그러나 이 뱀의 정체를 확인한 파충류학자조차 괌 섬에서 일어난 학살 미스터리의 범인이 이 뱀이라는 사실을 쉽게 믿으려 하지 않았다. 한 종의 뱀이 전체 조류를 파멸 상태로 몰고 간다는 이야기는 직관적으로 받아들이기 어려웠기 때문이다. 포식 동물은 일반적으로 먹이 개체군을 완전히 멸종시키지 않는다. 오히려 먹이가 줄어들면 포식 동물의 수도 줄어드는 경향이 나타나며, 그 틈을 타 먹이 개체군은 회복할 수 있는 기회를 얻는다. 이 때문에 포식 동물과 먹이 동물 사이의 관계는 불안정한 평형 상태를 이룬다. 만약 괌 섬의 조류 개체군 붕괴가 정말로 포식 동물 때문에 일어났다면, 이것은 실로 예외적인 사례라고 할 수 있었다.

1981년 여름 미국어류야생생물국은 괌 섬의 수생생물야생생물자원국과 합동으로 괌 섬에서 두 가지 조사를 실시했다. 하나는 살충제 문제를 평가하기 위한 것이었고, 또 하나는 조류 개체군의 개체수를 파악하기 위한 것이었다. 수생생물야생생물자원국은 그해 여름에 줄리 새비지 Julie Savidge라는 젊은 동물학자를 기용해 미국어류야생생물국 과학자들과 함께 일하게 했다. 일리노이 대학에서 박사 과정을 밟고 있던 새비지는 박사 학위 논문을 쓸 만한 야외 조사 현장을 찾던 참이었다. 그해 여름에 그녀는 괌 섬에 큰 호기심을 느꼈으며, 사라지는 새들의 미스터리는 마음을 강하게 끌어당겼다. 1년 뒤에 새비지는 다시 괌 섬으로 돌아와 수생생물야생생물자원국에 합류해 정규직에 가까운 자격으로 일을 시작했다. 그때부터 새비지는 새들이 사라지는 원인을 조사하는 주요 연구자가 되었다. 질병 가설을 검증하기 위해 새들의 시체를 채취해 냉동시킨 뒤 위스콘신 대학의 야생 동물 연구실로 보냈다. 연구실에서는 괌 섬에서 전염병이 퍼진 흔적을 찾지 못했다. 새비지는 워너가 하와이 제도에서 조류말라리아를 확인하기 위해 했던 것과 같은 방법을 써보았다. 즉, 갇힌 새들을 모기 같은 잠재적 질병 매개체에 노출시키고 그 상태를 관찰했다. 매개체에 노출된 새들은 이상한 열병 같은 것에 걸려 죽을까? 머리에 종양이 생기거나 발에 병처가 나타날까? 같은 조건에 놓되 모기에 노출시키지 않은 새들은 건강한 상태를 유지할까? 새비지가 실험에 사용한 새 중에는 마리아나 제도의 다른 섬에서 잡은 마리아나동박새가 몇 마리 있었다(그 섬에서는 마리아나동박새가 아직 많이 살고 있었다). 마리아나동박새는 초록색과 노란색이 섞인 우아한 새로, 양 눈 주위를 둘러싼 흰색 고리가 특징이다. 괌 섬에 사는 마리아나동박새 아종은 괌 섬의 숲에 사는 새들 중 가장 작은 새였는데, 무슨 이유에서인지 가장 취약한 새이기도 했다. 조류가 사라져갈 때 각 서식지에서 가장 먼저 사라져간 새가 바로 이 동박새 아종이었다. 그런데 어느 날 밤, 작은 갈색나무뱀 한 마리가 에어컨 환기구를 통해 새비지의 실험실로 들어왔다. 아침까지 그 녀석은 동박새 세 마리를 잡아먹고, 네 번째 동박새를 죽였다.

여기서 단서를 얻은 새비지는 갈색나무뱀에 초점을 맞추어 조사를 하기 시작했다. 수생생물야생생물자원국에 보관된 현장 조사 보고서와 발표된 이야기 또는 괌 섬 주민을 대상으로 한 설문 조사를 검토한 새비지는 괌 섬에서 조류가 감소하기 시작한 것과 같은 시기에 갈색나무뱀이 크게 증가했다는 사실을 알아냈다. 게다가 새들이 사라져가는 것과 지리적으로 정확하게 일치하는 흐름을 이루며 갈색나무뱀 개체군이 북상하고 있었다. 1950년대에 남부 지역의 사바나에서부터 시작하여 1960년대에는 중부 지역을 지나 1980년 무렵에는 북부 지역의 숲으로 뻗어가고 있었다. 메추라기를 미끼로 덫을 놓아 조사했더니, 밤 동안에 취약한 상태에 노출된 새는 갈색나무뱀에게 잡아먹힐 확률이 매우 높았다. 그렇지 않아도 갈색나무뱀은 이미 괌 섬에서 골칫거리로 떠오르고 있었다. 닭장에 침입하는 것은 물론이고, 집이나 가게에도 들어오고, 조명 기구나 캐비닛, 화장실, 침대에까지 침입했다. 울타리와 케이블, 전선으로 기어올라 정전을 일으키는가 하면, 때로는 아기 침대 속에서 아기와 뒤엉켰다가 아기를 무는 일도 있었다. 큰 갈색나무뱀은 어린 돼지나 사육장 안에 있는 토끼도 죽였고, 심지어 새끼 셰퍼드까지 죽였다. 이제 괌 주민들은 모두 갈색나무뱀 때문에 골머리를 앓고 있었다. 새비지는 갈색나무뱀을 채집해 속을 갈라보았다. 일부 갈색나무뱀의 뱃속에서 새와 새알이 발견되었다. 새비지는 박사 학위 논문을 1986년에 완성했는데, 그 전에 괌 섬의 생태계에서 일어난 학살 미스터리의 범인이 바로 갈색나무뱀이라고 결론 내렸다.

그동안 새비지 외에도 많은 과학자가 조사에 참여했다. 그중에 평생을 조류 관찰자로 활동한 생물학자 밥 벡Bob Beck이 있다. 그는 새비지와 거의 같은 무렵에 수생생물야생생물자원국에 합류했다. 그가 원래 맡은 임무는 감소하는 개체군들의 지위를 관찰하고, 가능하면 그것을 방지할 방법을 찾아내는 것이었다. 새비지가 문제의 원인을 분명히 밝혀내자 벡이 해야 할 일도 분명해졌다. 갈색나무뱀의 위협에서 새를 구하기 위해 야생 서식지에서 보호 조처를 취하거나 새들을 안전한 곳으로 옮기는 것이었다. 같은 부서에서 책임이 겹치는 다른 생물학자들도 그를 도와 여러 종을 구하는 일을 했다. 하지만 동박새와 붉은부채꼬리딱새, 괌딱새를 구하기에는 이미 때가 늦었다. 그래도 그들은 괌흰눈썹뜸부기 중에서 마지막까지 살아남은 것들을 사로잡아 괌 섬의 사육장이나 본토의 동물원으로 보냈다. 미크로네시아호반새 30마리(아마도 괌 섬에 남아 있던 개체 중 거의 다)도 사로잡아 본토로 보냈다. 1984년에 괌 섬에서 뉴욕으로 살아남은 동물을 비행기로 실어나르는 일련의 공수 작전 중 미크로네시아호반새 여섯 쌍을 먼저 보낼 때 벡도 동행하여 객실에서 도마뱀붙이를 먹이로 주면서 새들을 돌봤다. 다시 괌 섬으로 돌아온 벡과 동료들은 갈색나무뱀이 마리아나까마귀 둥지에 접근하지 못하게 막는 물리적 장애물(나무 줄기 주위에 끈적끈적한 물질을 칠하는 방법 등)을 설치했다. 그들은 미크로네시아찌르레기, 바니코로칼새, 괌에 고유한 쇠물닭 아종을 비롯해 위기에 처한 그 밖의 토착종 조류들도 보호하려고 감시 활동을 강화했다. 심지어 필리핀멧비둘기(에스파냐가 괌 섬을 지배하던 시절에 도입된 외래종)도 둥지에서 뱀에게 잡아먹히는 비율이 아주 높은 것으로 드러났다. 그들은 논문과 보고서를 썼으며, 현장에서 할 수 있는 방법을 다 동원했다. 하지만 그 모든 노력도 갈색나무뱀이 섬에서 계속 번식하는 한 필사적이고 임시적인 방편에 불과했다.

이 일에서 중요한 역할을 한 사람으로 톰 프리츠Tom Fritts를 빼놓을 수 없다. 미국어류야생생물국과 함께 일한 프리츠는 야외 조사 경험이 풍부한 파충류학자로, 1984년에 괌 섬에 왔다. 프리츠는 단 한 종의 뱀이 그렇게 풍부해지고, 그렇게 심각한 문제의 원인이라는 사실을 처음에는 의심했다. 그는 괌 섬에 뱀이 들끓으면서 재앙을 초래한다는 이야기를 듣고서 직접 자기 눈으로 확인하기로 했다. 도착한 다음 날 아침, 프리츠는 묵고 있던 호텔 밖 도로에서 죽어 있는 뱀을 발견했다. 그것은 아무 의미가 없는 일일 수도 있지만, 프리츠는 흥미로운 조짐이라고 느꼈다. 조사를 약간 해보자 죽은 뱀과 산 뱀을 포함해 뱀을 아주 많이 발견할 수 있었다. 뱀은 도시 지역과 숲을 비롯해 모든 곳에서 발견되었다. 이것은 과연 무엇을 의미할까?

프리츠 같은 전문 파충류학자에게 갈색나무뱀 개체군의 폭발적 증가는 아주 놀라운 현상이었다. 괌 섬에는 뱀이 얼마나 많이 살고 있을까? 다른 파충류학자가 최소한 100만 마리는 있을 것이라고 대충 추측한 바 있었다. 프리츠는 뱀을 포획한 자료를 바탕으로 계산하여, 뱀이 평방마일당 약 1만 3,000마리 존재한다는 결과를 얻었다. 괌 섬의 면적은 약 200평방마일이므로, 단순히 계산하면 뱀이 약 300만 마리 존재한다는 결론이 나온다. 프리츠가 사용한 뱀의 서식 밀도는 숲 지역을 기준으로 한 것이므로 도시 지역에도 일률적으로 적용할 수는 없다. 그렇지만 두 가지 추정치가 주는 메시지는 명백했다. 즉, 괌 섬에는 뱀이 엄청나게 많이 산다는 것이다. 뱀이 이미 토착종 새들을 거의 다 먹어치웠다면, 지금은 설치류나 외래 조류, 도마뱀, 그리고 그 밖에 우리가 모르는 동물을 비롯해 다른 먹이 공급원으로 방향을 돌렸을 것이다. 설사 다른 먹이를 찾았다 하더라도, 뱀이 이렇게 많이 존재한다는 것은 실로 놀라운 일이었다. 대다수 포식 동물과 마찬가지로 뱀도 정상적인 상황에서는 자기네끼리만 높은 밀도를 유지하면서 살아갈 수 없다. 괌 섬의 상황은 정상적인 것이 아니었다.

갈색나무뱀의 개체군 밀도를 파악하는 다른 기준이 또 하나 있다. 이것은 프리츠가 보고서에서 언급한 것으로, 경험 많은 땅꾼이 하룻밤 동안 잡는 뱀의 수를 기준으로 한다. 프리츠와 동료들이 조사한 결과에 따르면, 괌 섬에서는 아마존 강 상류에 위치한 열대우림 지역보다 8배나 많은 뱀이 잡혔다. 에콰도르 동부에 위치한 그 열대우림 지역에는 51종의 뱀이 서식했다. 이와는 대조적으로, 괌 섬에는 갈색나무뱀과 작은 장님뱀만 살고 있었다. 하룻밤 동안 잡힌 뱀들 중에서 토착종인 장님뱀의 수는 거의 무시할 만한 수준이었다. 따라서 괌 섬에서 갈색나무뱀은 아마존 강의 대표 지역에 서식하는 뱀의 평균적인 수보다 무려 400배나 더 많이 존재한다는 계산이 나온다.

이렇게 엄청난 생태학적 불균형을 제대로 이해하기란 쉽지 않다. 8배와 400배. 경험 많은 채집자에게도 놀랄 만한 숫자인데, 아마추어에게는 어떻게 보일까?

갈색나무뱀은 수가 줄어들고 있을까?

내가 탄 비행기는 저녁에 도착했다. 미국어류야생생물국에서 톰 프리츠와 함께 일하는 젊은 파충류학자 고든 로다Gordon Rodda가 마중을 나왔다. 로다는 파충류를 사랑하는 사람이라면 큰 행복을 느끼며 지낼 수 있는 애리조나 주 남부에서 1년 중 대부분을 보낸다. 그의 관점에서 볼 때 괌 섬의 상황은 불행하지만 과학적으로 무척 흥미로운 상황이다. 전문 파충류학자에게는 아주 좋은 기회를 제공하니까. 나는 여러 사람, 특히 테드 케이스를 만나고 나서 파충류학자는 대체로 나와 죽이 잘 맞는다는 걸 느꼈는데, 로다 역시 에너지가 넘치고 형식적인 것을 싫어하는 게 나와 죽이 잘 맞았다.

"자, 그러면 뱀 잡으러 갈까요? 뱀은 이런 식으로 잡은 뒤에 여기다 집어넣으면 돼요."

로다는 이렇게 말하면서 내게 헤드램프와 전지를 건네주었다. 그리고 자신은 얇은 원예용 장갑을 오른손에 낀다.
"전 뱀에 물리는 게 싫거든요."
이렇게 설명했지만, 전문가가 그렇게 말하니 변명처럼 들렸다. 우리는 차를 몰고 초소를 지나 해군 항공대 기지로 들어갔다. 주택 단지와 넓은 잔디밭, 태풍을 막기 위해 세운 울타리와 그 주변에 자라는 덤불로 이루어진 이 작은 은둔 세계는 교외 지역의 평온한 세계를 군사적으로 흉내낸 것이라 할 수 있다. 울타리 바깥쪽에는 2차림인 열대 숲이 자라지만, 울타리 안쪽에는 잔디 깎는 기계와 갈퀴가 놓여 있고, 왕바랭이 (잔디밭에 자라는 잡초)와 끝없는 전쟁이 벌어지는 속된 인간 세계의 땅이 펼쳐져 있다. 집들은 대부분 캄캄하다. 모두 잠들었거나 아니면 장교 클럽에서 브리지 게임을 하고 있을 것이다. 포장 도로에서 벗어난 우리는 조용히 차를 몰고 주택들의 뒷마당과 잔디와 호스와 잔디밭에 놓인 접의자와 안뜰을 지나가면서 불빛을 비추며 뱀이 있는지 살폈다. 실제 세계에서 이런 일을 한다는 것은 생각하기 어렵다. 하지만 지금은 딱 알맞은 시간인 한밤중이고, 로다는 뱀을 찾기에 좋은 장소가 어디인지 안다. 무장 초병이나 울타리는 갈색나무뱀이나 로다에게는 장애물이 되지 않는다. 로다에게는 미국 정부 기관 신분증과 이곳을 돌아다닐 수 있는 출입증이 있다. 나는 내 모텔 방으로 돌아가기 전에 뱀을 15마리 보았다.
"괌 섬의 상황이 이 지경이 될 때까지 아무도 뱀에 신경을 쓰지 않았다는 게 이상해 보일 겁니다. 하지만 이 섬에 뱀이 그렇게 많이 살리라고는 아무도 생각하지 못했을 거예요. 보이지 않으니까요. 밤에 손전등을 들고 밖으로 나가보지 않는 한, 뱀이 많다는 것을 알기 어렵거든요."
우리는 두 시간 동안 장교 막사 뒤뜰을 수색했다. 로다는 간간이 재미있는 이야기로 나를 즐겁게 해주었다. 그는 한 지점에서 이렇게 말했다.

"이게 바로 그 유명한 84번 고압 송전탑입니다." 그것은 미송처럼 굵고 거대한 철탑으로, 두 가닥의 고압 송전선을 지탱하고 있었다. 위쪽 전선에는 11만 5,000볼트의 전기가 흐르고, 아래쪽 전선에는 그보다 전압이 낮은 전기가 흐른다. 간혹 운수 나쁜 뱀이 아래쪽 전선에 몸이 닿으면서 땅속으로 들어가는 접지선과 연결될 때가 있다. 그러면 뱀은 맹렬한 불꽃과 함께 타버리고, 대규모 합선이 일어난다.

"때로는 거대한 불덩어리와 함께 합선이 일어나지요. 그것은 몇 km 밖에서도 보여요. 가끔 불덩어리가 위쪽 송전선까지 미치기도 해요. 괌 섬에서 가장 큰 송전선인 이게 나가면 섬 전체가 암흑 천지로 변하죠."

지난 10년 동안 뱀 때문에 일어난 전력 사고는 500번이 넘는다고 한다. 그리고 뱀들이 들끓는 해군 장교들의 주택 뒷마당에 서 있는 이 84번 송전탑은 사고가 17번이나 일어났다고 한다. 잦은 전력 사고로 수백만 달러의 손실이 발생하자 전력 당국은 마침내 대책을 세우기로 했다.

잘못된 생각을 바탕으로 전력 당국은 취약한 송전탑을 금속으로 둘러쌌다. 취약한 송전탑 주위를 높이 2m 높이의 미끄러운 스테인리스강 원통으로 둘러싼 것이다. 그것은 다람쥐가 날카로운 발톱을 사용해 기어오르는 것을 막기 위해 새 모이 주는 기둥 주위를 주석으로 둘러싸는 방법과 비슷한 것이었다. 인상적이고 값비싼 대응책이었지만, 로다는 쓸데없는 짓이었다고 말한다.

"하지만 그렇게 보강한 송전탑을 뱀이 기어올라갈 수 있는지 생물학자에게 물어본 사람은 아무도 없었지요. 물론 뱀은 그리로 기어올라가지 않아요. 대신에 접지선을 타고 올라가지요."

파충류학자에게 물어보았더라면, 나무뱀은 다람쥐와 달리 발톱이 없어 몸으로 물체를 감싸면서 기어올라가며, 송전탑 주기둥은 너무 두꺼워서 나무뱀이 몸으로 감쌀 수 없다고 알려주었을 것이다. 뒤늦게 이 사실을 안 당국은 이번에는 접지선에도 뱀의 접근을 막는 장벽을 설치했다. 배를 육지에 매어둘 때 육지에서 쥐가 들어오는 것을 막기 위해 굵은 밧줄에 다는 원반 모양의 랫가드rat guard 비슷한 금속 원반을 접지선에 달았다.

"원반은 금속 원통보다야 낫겠지만, 그 크기와 방사상 살 때문에 큰 뱀은 힘을 실을 수 있는 부분을 찾아내 기어올라갈 수 있어요."

한편, 전력 당국은 11만 5,000볼트의 고압 송전선을 보호하기에 더 좋은 방법을 생각해냈다. 해가 진 직후부터 해가 뜰 때까지 전기를 차단하는 것이었다. 밤은 적에게 양보한다는 전략이었다.

로다는 정전 사고는 많은 불편과 비용을 초래하지만, 그래도 뱀의 다른 측면에 대해 호들갑에 가까운 반응을 보이는 것과 같은 감정적 동요를 초래하지는 않는다고 말했다.

"사람들이 정말로 불안하게 여기는 것은 혹시라도 변기에 앉아 있다가 뱀에게 중요한 부분을 물리지 않을까 하는 걱정이에요. 혹은 이번 주에 일어난 것처럼 생후 6개월 된 아이가 심장마비를 일으키는 일 같은 것이지요."

그 사건은 지방 신문에 보도되었다. 길이 1.5m의 뱀이 한 공군 하사관 아기의 팔을 삼키려고 한 일이 있었다. 아기는 급히 병원으로 옮겨져 호흡이 일시 멈추는 위험한 순간을 맞이했지만, 무사히 살아남았다. 아기는 아직도 병원에서 치료를 받고 있다. 괌 섬에서 뱀에 물려 죽은 사람은 아직까지 한 명도 없다. 그렇지만 이 아기를 비롯해 여러 사람이 죽을 뻔한 일이 있었다. 로다는 객관적으로 보면 사람에 대한 위험은 크지 않다고 말한다. 응급실로 실려오는 사람은 갈색나무뱀보다는 벌에 쏘인 사람이 더 많다고 한다.

"하지만 사람들은 뱀 생각만 해도 몸서리를 치거든요."

그때, 뱀 한 마리가 눈에 띄는 바람에 대화가 중단되었다. 뱀을 발견할 때마다 로다는 브레이크를 밟고 밖으로 뛰쳐나간다. 그는 원예용 장갑을 끼고 태풍 피해 방지 울타리까지 달려가 뱀을 손으로 붙잡는다. 그리고 나머지 손과 입을 사용해 자루 주둥이를 묶은 매듭을 풀고 그 안에 뱀을 재빨리 집어넣는다. 독사를 자루 안으로 집어넣고, 그 독사나 다른 뱀이 나오려고 하기 전에 자루를 빙빙 돌려 꽉 묶는 것은 전문 파충류학자가 익혀야 할 기술 중 하나이다. 로다는 공책에 뱀의 길이와 그 밖의 사항을 기입한다. 그는 몇 달 전부터 매일 밤 계속해서 이런 식으로 자료를 수집하고 있다. 미국 정부와 계약을 맺고 열대 섬에서 뱀을 수집하는 삶은 소년이 꿈꿀 만한 행복이다.

다시 차를 몰고 달리면서 나는 로다에게 박사 학위 논문을 쓰기 위해 했던 앨리게이터 연구에 대해 물었다. 밤은 고요하고 우리에게는 시간이 넉넉했다. 그는 플로리다 주에서 야외 조사를 했다고 한다. 그가 알아내고자 했던 것은 앨리게이터가 여행할 때 어떤 방법으로 길을 찾느냐 하는 것이었다. 조사 결과, 앨리게이터는 정교한 항행 감각이 있는 것으로 드러났다. 그런데 크로커다일은 그 감각이 더 뛰어나다고 한다. 하지만 그 메커니즘이 정확하게 어떤 것인지 궁금했다. 지구 자기장을 감지하는 일종의 나침반이 몸속에 있는 것일까? 냄새를 사용할까? 기억은 얼마나 중요한 역할을 할까? 앨리게이터이건 사람이건 혹은 어떤 동물이건 간에, 항행을 할 때 정말로 중요한 것은 자신이 있는 곳의 위치를 아는 것이라고 로다는 설명했다. 그 순간에 자신이 있는 곳의 위치를 정확하게 아는 것이 첫 번째 필요 조건이다. 이렇게 말하면서 그는 차를 보도 위로, 약간 경사진 잔디 위로, 몇몇 침실 창문 앞으로, 가파른 풀밭 언덕 아래로, 그리고 또 다른 송전탑 주위로 몰고 가면서 뱀이 있는지 살핀다.

"울타리를 보면서 차를 몰다가 송전탑에 충돌한 적은 없나요?"

"그런 적은 없어요. 하지만 구덩이 속으로 들어간 적은 있지요."

그때까지 우리가 잡은 뱀은 모두 14마리였다. 뱀들은 뒷좌석에 놓인 자루 속에 얌전히 있다. 하룻밤 동안 잡은 것치고는 그렇게 많은 것은 아니라고 한다. 건기가 시작되고, 해군 관리인이 울타리 주변에 자란 식물을 쳐내자, 최근에 이곳에서는 갈색나무뱀이 지난 몇 달만큼 많이 발견되지 않는다고 한다. 그는 이것이 무엇을 의미하는지 평가하는 데 신중한 태도를 보였다. 그럴 수밖에 없다. 그는 어디까지나 과학자니까. 하지만 내가 짊어진 책무는 그와 다르며, 남들이 보지 않는 어두운 차 안에서 그를 추측에 빠져들게 유도하는 것에 아무런 양심의 가책도 느끼지 않는다. 로다는 이곳에서 발견되는 갈색나무뱀 수가 줄어든 것은 중요할 수도 있지만, 그렇지 않을 수도 있다고 인정한다. 서태평양 지역의 날씨처럼 뱀의 개체수가 자연적 주기에 따라 양 극단 사이에서 오르락내리락할지 모른다. 그것이 로다가 채집하는 지역에서 밤중에 활동하는 뱀의 수에 반영돼 나타나는지도 모른다. 혹은 이곳 해군 항공대 기지 주변만 개체군 밀도가 낮아지고, 북부 숲에서는 여전히 밀도가 높아지는지도 모른다. 혹은 먹이가 되는 새가 사라지면서 섬 전체에서 뱀들도 굶어 죽어가고 있는지 모른다. 갈색나무뱀은 새뿐만 아니라 도마뱀과 쥐도 잡아먹으니 마지막 가정은 가능성이 적어 보인다. 하지만 도마뱀과 쥐 개체군도 크게 줄어들었을지 모른다. 그렇다면 굶주림 때문에 뱀 개체군이 실제로 감소했을 가능성이 있다. 1평방마일의 면적에서 뱀 1만 3,000마리가 살아가려면 엄청나게 많은 먹이가 필요할 것이기 때문이다.

  갈색나무뱀의 원래 서식지에서는 상황이 아주 다르다. 예컨대, 뉴기니 섬의 숲에서는 갈색나무뱀이 나무를 기어오르는 많은 뱀 중 한 종에 지나지 않으며, 다른 포식자나 경쟁자와 싸우며 살아가야 하고, 기생충과 질병에도 시달린다. 따라서 개체군 크기가 급격히 커지거나 작아지는 일이 일어나더라도, 생태학적 상호작용이 그것을 완화시킨다. 그러나 이곳 괌 섬으로 건너오면서 갈색나무뱀은 전부 다는 아니더라도 거의 모든 포식자나 경쟁자, 기생충, 질병에서 해방되었다. 이름과 헤어스타일을 새 것으로 바꾸고 달아난 범죄자처럼 갈색나무뱀은 상황의 구속에서 벗어나 자신의 역할을 재창조했다. 이곳에서 갈색나무뱀은 급증에서 급락까지 훨씬 넓은 범위의 가능성 사이에서 요동할 수 있다. 지금은 급락 국면으로 접어들었는지도 모른다. 이것은 갈색나무뱀 개체군이 위험한 희귀성의 문턱 아래로 감소했다는 것을 뜻할까? 아마도 그렇진 않을 것이다. 괌 섬에서 완전히 사라질 가능성이 있을까? 그런 일은 결코 없을 것이다. 급증과 급락이 반복되는 주기에서 잊지 말아야 할 것은 이것이 어디까지나 주기라는 사실이다. 급락 시기가 지나면 갈색나무뱀의 밀도는 다시 평방마일당 1만 3,000마리로 복원될 것이다. 대체 먹이인 쥐, 스킹크도마뱀, 아놀도마뱀, 도마뱀붙이가 괌딱새의 뒤를 따라 멸종하지 않는 한, 뱀의 먹이가 사라지는 일은 없을 것이다. 하지만 이러한 추측 중 확실한 것은 하나도 없다. 이러한 이야기는 과학이 아니라 그럴듯한 과학적 이야기일 뿐이다. 갈색나무뱀이 생태계에 미치는 장기적 영향을 말할 것도 없고, 갈색나무뱀의 자연사와 괌 섬에서 사는 개체군의 동역학은 아직도 대체로 알려지지 않은 상태로 남아 있다. 확실한 것은 괌 섬에 이들이 수십만 마리, 어쩌면 수천만 마리 존재한다는 사실과 또 로다가 되도록 많은 뱀을 잡을 필요가 있다는 것뿐이다.

"저기 또 있어요!"

로다가 브레이크를 밟고 다시 차 밖으로 뛰쳐나간다. 그리고 원예용 장갑을 낀 채 울타리 쪽으로 달려간다.

거미와 도마뱀붙이

괌 섬에서 머문 2주일 동안 나는 고든 로다와 톰 프리츠와 함께 숲 속을 걷거나 울타리 근처를 수색하거나 밤중에 골프장의 잔디밭을 거닐면서 갈색나무뱀을 찾느라 거의 모든 시간을 보냈다.

로다와 프리츠는 더 많은 자료를 원했다. 구체적으로 말하면, 더 많은 뱀을 잡는 게 필요했다. 그들의 궁극적인 임무는 뱀 개체군을 제어할 방법을 찾아내 토착 야생 동물들이 살아남게 하는 것이다. 그들은 크게 불어난 뱀의 수를 줄일 수 있는 아이디어가 몇 가지 있지만, 괌 섬에서 갈색나무뱀을 완전히 박멸하는 것은 불가능하다는 사실을 잘 안다. 일단 도착해 확실하게 자리를 잡은 갈색나무뱀은 이제 없앨 수 없는 현지 생물상의 일부가 되었다. 괌 섬은 또 너무 크고 복잡하며, 갈색나무뱀은 눈에 잘 띄지 않게 살아가고 생명력과 번식력이 강해 완전히 박멸하는 것은 기대하기 어렵다. 이곳을 구하려면 이곳을 파괴해야 할지 모르는데, 그런 전략은 베트남에서도 이미 실패를 맛보았다. 그렇지만 완전한 승리를 거둘 필요는 없다. 약간의 운과 약간의 창의성만 있으면, 갈색나무뱀의 지위를 조금 해로운 동물 수준으로 낮출 수 있다. 그러나 그 전에 갈색나무뱀을 정확히 이해하는 게 필요하다. 생식 방법, 성장 속도, 감각 기관의 생리학, 개체수, 사냥 습성, 활동기와 휴면기의 주기, 좋아하는 먹이, 덫에 취약한 정도, 종류가 다른 미끼에 대한 반응 등을 모두 기술하고 도표로 만들어야 한다. 로다와 프리츠가 맡은 임무가 바로 이것이다. 괌 섬 주민은 대부분 갈색나무뱀을 싫어하지만, 로다와 프리츠는 사랑의 관심에 가까운 감정을 가지고 갈색나무뱀을 연구한다.

갈색나무뱀은 결코 악한 동물이 아니다. 갈색나무뱀은 도덕과는 무관한 동물이며, 다만 잘못된 장소에 살게 된 어리석은 동물일 뿐이다. 갈색나무뱀이 이곳 괌 섬에서 저지른 일은 호모 사피엔스가 지구 곳곳에서 저지른 일과 똑같은 것이다. 즉, 두 종은 다른 종들의 희생을 바탕으로 번성했다. 뉴기니 섬, 퀸즐랜드 주, 술라웨시 섬, 과달카날 섬에서 마주치는 갈색나무뱀은 아름답고 매끈한 파충류로, 자신이 사는 곳의 자연적 경계에 제약을 받으며 살아간다. 프리츠와 로다도 그 점을 잘 안다. 그들의 눈에는 갈색나무뱀이 생태계의 지옥에서 온 악마가 아니라 엉뚱한 장소로 옮겨온 야생 동물 종일 뿐이다. 그들은 뱀을 잡고, 죽이고, 방부 처리하고, 해부하고, 전체 개체군을 대상으로 전쟁을 벌이지만, 혐오와 분노의 감정으로 그러는 게 아니라, 과학적 임무라는 건전한 감각을 가지고 그렇게 한다.

  매일 아침, 나는 그들과 함께 덫을 설치해놓은 선을 따라 걷는다.

  섬 북쪽의 2차림 지역에 로다가 설치한 덫들은 직사각형 격자를 이루고 있으며, 앤더슨 공군 기지 주변의 큰 방어선 안쪽에 위치한다. 접근이 제한된 이곳은 굉음을 내며 머리 위로 낮게 지나가는 B-52s와 가끔 지나가는 헬리콥터 외에는 방해하는 게 거의 없다. 로다는 2헥타르의 면적에 특별히 설계한 뱀잡이용 철망 덫 80개를 놓았다. 덫은 4개씩 20열로 설치했다. 덫이 설치된 장소에는 테드 케이스가 앙헬데라과르다 섬의 바하다에서 사용했던 것과 같은 종류의 측량용 플라스틱 테이프가 표지로 붙어 있다. 차이점이 있다면, 이곳은 숲이 울창하며, 덫을 설치한 각각의 장소는 칼로 나무를 쳐내 만든 오솔길을 통해 연결돼 있다는 점이다. 야자수와 판다누스와 탕간탕간나무가 그 통로 위로 낮게 아치를 그리며 늘어져 오솔길을 터널처럼 만들었다. 어두운 색의 호랑나비가 간간이 새어들어오는 빛 사이로 날아다닌다. 공중에서 뻗어내린 판다누스 뿌리에 흰개미집이 거대한 갈색 갑상선종처럼 매달려 있다. 사람 머리 높이에 쳐져 있는 괴물 같은 거미집들이 오솔길의 통행을 방해한다. 각각의 거미집은 여러 거미들이 공동으로 만든 것으로, 10여 마리의 주요 거미와 그보다 더 많은 작은 거미들이 우글거리고 있다. 딱지처럼 붉은색의 뚱뚱한 거미도 있고, 노란색 반점이 섞인 검은 거미도 있고, 새카만 거미도 있다. 검은색 거미 중에 특별히 눈길을 끄는 녀석이 하나 있다. 다리가 아주 우아하게 길고 배가 자두만 한 녀석이다.

한 가지 고백할 것이 있는데, 나는 거미를 끔찍하게 무서워한다. 보기만 해도 오싹하다. 물론 합리적인 이유는 없으며, 단지 개인적인 심리와 취향의 문제일 뿐이다. 이 끔찍한 동물은 나를 겁에 질리게 만든다. 눈도 너무 많고 다리도 너무 많으며, 침을 질질 흘리는 턱을 가지고 보이지 않게 살금살금 다가오는 그 움직임은 정말 오싹하다. 내가 꾸는 최악의 악몽은 오소리만 한 크기의 타란툴라가 나오는 꿈이다. 내가 여러분에게 이런 고백을 털어놓는 이유는, 로다와 프리츠의 뒤를 따라 덤불을 헤치고 나아가면서 내가 거미 개체군에게서 받는 느낌이 극도로 예민한 상태에 있다는 것을 설명하기 위해서이다.

나는 위험에 대비해 경계심을 늦추지 않으려고 노력한다. 발밑의 지형은 산호가 쌓여 생긴 거친 석회암으로 이루어져 있다. 날카롭고 부서지기 쉬우며, 오래된 참호와 분화구 때문에 여기저기 파인 곳이 많다. 또 콜라 병과 녹슨 전쟁 무기 파편이 곳곳에 널려 있다. 프리츠는 1944년에 미군이 괌 섬을 재탈환할 때 일본군이 마지막으로 격렬한 저항을 펼친 곳이 이곳에서 멀지 않다고 말한다. 폭탄과 박격포탄, 수류탄이 온 사방으로 날아다녔다. 일부 도랑은 일본군이 탄약과 포탄을 보관하려고 판 것인지도 모른다. 그러니 불발탄을 조심하라고 프리츠가 당부했다. 나는 '불발탄과 커다란 흑거미를 조심해야겠구나' 하고 속으로 되뇐다.

프리츠도 거미들을 보지만, 그는 운 좋게도 냉정한 성격을 타고났다.

"어떤 날은 막대기를 갖고 가지요. 길을 가로막은 거미줄을 치우느라 전체 시간의 절반을 쓰기도 해요."

그는 거미가 이렇게 번성한 간접적 이유가 갈색나무뱀 때문이 아닐까 생각한다. 뱀이 새와 도마뱀을 다 먹어치우는 바람에 거미의 포식자나 경쟁자가 사라져서 거미가 크게 불어났을지 모른다. 그리고 뱀은 더 큰 먹이를 선호하지, 거미에게는 관심을 보이지 않는다.

프리츠의 이 생각은 추측에 불과하지만, 어쨌든 비정상적인 일이 일어났다는 것만큼은 분명해 보였다. 나는 이렇게 많은 거미가 우글거리는 것을 어떤 열대 숲에서도 본 적이 없다. 거미는 아주 큰 거미집을 지어 숲의 하층을 가득 채우고 있으며, 많은 거미집은 덫을 놓은 지점 위에 있다. 그래서 우리는 많은 거미가 우글거리는 거미줄을 걷어내거나 피하면서 나아간다. 어느 거미집에 부주의한 파충류학자가 피부만 남은 채 매달려 있다 해도 이상하지 않을 것 같았다.

로다는 조심스럽게 각각의 덫을 살펴본다. 붙잡힌 뱀이 있을까? 그 덫에는 없었다. 그다음 덫에도 없었다. 오늘은 잡힌 뱀이 없다. 그는 문이 닫히는 장치가 제대로 작동하는지 덫을 만지면서 시험을 해본다. 미끼 동물이 오래 노출되어 거의 다 죽은 것은 아닐까? 미끼로는 살아 있는 도마뱀붙이를 사용하는데, 뱀은 팔팔한 먹이를 좋아하기 때문에 로다는 교체할 새 미끼들을 늘 가지고 다닌다. 미끼가 사라지진 않았는가? 가끔 뱀이 먹이만 먹어치우고 덫에 걸리지 않을 때도 있다. 나는 거미에 신경을 쓰면서 로다의 뒤를 따라다니며 자질구레한 일들을 도왔다.

일을 하면서 로다는 도마뱀붙이 이야기를 했다. 미끼로 주로 사용하는 종은 집도마뱀붙이 *Hemidactylus frenatus*이다. 집도마뱀붙이란 이름은 인공 구조물을 좋아하기 때문에 붙었다. 서태평양 전역에서 잘 떠돌아다니는 종으로 악명이 높은 집도마뱀붙이는 최근 수백 년 동안 대양을 오가는 배들에 무임 승선하여 많은 섬에 이주하여 정착했다. 괌 섬에도 상륙하여 뱀들에게 잡아먹히면서도 번성했다. 남태평양큰도마뱀붙이 *Gehyra oceanica*는 몸집이 큰 괌 섬의 토착종으로 몸무게가 집도마뱀붙이보다 8배나 많이 나가며, 서식지는 숲으로 한정돼 있다. 살이 많은 남태평양큰도마뱀붙이는 몸크기나 사는 장소로 보아 갈색나무뱀이 좋아할 만한 이상적인 먹이이다. 남태평양큰도마뱀붙이는 한때 괌 섬에서 크게 번성했지만, 지금은 희귀하다.

다른 4종의 토착 도마뱀붙이 역시 그 개체수가 줄어들었는데, 그 원인은 갈색나무뱀 때문으로 추정된다. 레피도닥틸루스 루구브리스는 몸집이 작은 종으로 전에는 흔했으나, 지금은 뱀이 없는 부근의 섬보다 그 개체수가 훨씬 적다. 게히라 무틸라타 Gehyra mutilata는 중간 크기의 종으로, 포식 동물에게 붙잡히면 피부 껍질을 벗어던지고 분홍색 맨살로 도망가는 속임수로 유명하다. 하지만 이 속임수가 늘 통하는 것은 아니며, 갈색나무뱀에게는 아무 소용이 없을지 모른다. 게히라 무틸라타 개체군은 크게 줄어들었다. 몸집이 약간 큰 낙투스 펠라기쿠스 Nactus pelagicus는 완전히 사라져버렸다. 페로키루스 아텔레스 Perochirus ateles 역시 사라진 것으로 추정되는데, 지난 10년 동안 목격된 적이 없다.

지구 반대편의 신문들이 사라지는 새들에 대해서만 경종을 울리는 가운데 도마뱀과 도마뱀붙이도 사라져가고 있었다. 로다는 "하지만 도마뱀붙이에게 사람들의 관심을 돌리기란 어렵지요."라고 말한다. 어떤 도마뱀붙이 종이 작은 초록색 새만큼 사람들의 동정심을 자극할 리가 없기 때문이다.

도마뱀의 한 종류인 스킹크도마뱀도 큰 타격을 입었다. 스킹크도마뱀은 몇 가지 점에서 도마뱀붙이와 분명한 차이가 있다. 몸이 더 부드럽고 둥글며, 발은 나무를 기어오르기에 덜 적합하고, 도마뱀붙이처럼 계속해서 소리를 지르지 않으며, 일반적으로 낮에 활동한다. 도마뱀붙이와 새가 사라진 것과 거의 같은 시기에 스킹크도마뱀도 여러 종이 완전히 혹은 거의 다 괌 섬의 숲에서 사라져갔다. 에모이아 슬레비니 Emoia slevini는 완전히 사라진 것이 확실하다. 에모이아 카이룰레오카우다 Emoia caeruleocauda는 아주 희귀해졌다. 에모이아 아트로코스타타 Emoia atrocostata는 연안의 작은 섬에는 많이 살지만, 괌 섬에서는 사라진 것으로 보인다. 갈색나무뱀이 이들을 모두 잡아먹어서 이런 일이 일어났을까? 로다는 무모한 주장을 하는 것을 좋아하지 않는다. 구체적인 자료가 전혀 없다고 한다. 나는 좀 천천히 말하면서 모든 종의 철자를 정확히 알려달라고 간청했다. '카이룰레오카우다'는 한 단어인지 두 단어인지, 피부 껍질을 벗어던지고 도망가는 종이 어떤 종인지 다시 묻는다.

다른 생태학 문제들과 마찬가지로 이 문제 역시 상당히 복잡하다. 갈색나무뱀은 토착 조류와 도마뱀의 전체 개체군들을 제거함으로써 폭력적인 방식으로 단순화를 가져왔다. 하지만 그것은 여전히 복잡하다. 극단적인 생태계 혼란은 모든 방향으로 가지를 뻗어나가면서 경쟁과 서식지 이용, 개체군 크기, 포식 행위 패턴에 영향을 미치는 경향이 있다. 그 결과들은 당구공이 충돌하는 것처럼 계속 꼬리에 꼬리를 물고 이어진다.

예를 들어 괌 섬의 미크로네시아호반새를 생각해보자. 포식성 조류인 미크로네시아호반새는 스킹크도마뱀도 잡아먹었을 것이다. 나는 이 점에 대해 로다에게 구체적인 세부 사실을 몇 가지 알려달라고 졸랐다. 스킹크도마뱀 중에서도 특별히 좋아하는 종이 있는가? 입속에 쏙 들어오는 작은 종과 한입 가득 잘라 먹을 수 있는 큰 종 중 어느 쪽을 더 좋아했을까? 지상에서 숨어 지내는 종보다 나무를 기어오르는 종을 잡아먹길 더 좋아했는가? 로다는 그런 건 자기에게 묻지 말라고 한다. 호반새가 무엇을 좋아하고 싫어하는지 알고 싶다면, 호반새에게 직접 물어보란다. 갑자기 나는 괌 섬에 사는 미크로네시아호반새 아종의 행동을 관찰하고 싶은 욕구가 솟아올랐다. 하지만 이 아종은 지금은 동물원에만 살기 때문에, 그것은 이룰 수 없는 꿈이다. 미크로네시아호반새는 야생에서 먹이를 어떻게 잡아먹었을까? 나뭇가지에서 아래로 강하하면서 먹이를 덮쳤을까, 아니면 탁 트인 장소에서 먹이를 사냥했을까? 두꺼운 비늘이 난 큰 스킹크도마뱀보다 섬세한 비늘이 난 작은 스킹크도마뱀을 더 좋아했을까? 만약 미크로네시아호반새가 일종의 차등적 포식자 압력을 미쳤다면, 서로 경쟁 관계에 있는 스킹크도마뱀 개체군들 사이의 균형을 유지하는 데 중요한 역할을 했을지도 모른다.

미크로네시아호반새가 사라진 상황에서 우연의 일치인지 다른 원인 때문인지는 모르겠지만, 최소한 1종의 스킹크도마뱀은 이전보다 그 수가 크게 늘어났다. 1960년대에 뉴기니 섬과 그 밖의 장소에서 카를리아 푸스카 Carlia fusca 는 크게 번성하고 있다.

이 모든 사실들은 실제로 어떤 관계가 있을까? 그것은 말하기 어렵다. 다음에는 어떤 일이 일어날까? 그것을 예측하는 것은 불가능하다. 크게 늘어난 카를리아 푸스카가 일부 희귀한 토착 곤충 종 가운데 마지막으로 남아 있는 극소수 개체를 잡아먹을 수도 있다. 야외 생태학 조사는 고든 로다와 톰 프리츠가 하는 것처럼 아주 제한적인 방법을 사용해 천천히 힘들게 수행해야 하는 무한한 과제이며, 그 때문에 현장을 방문한 작가는 많은 것을 추측에 의존할 수밖에 없다.

우리가 걷기 시작할 때만 해도 80개의 덫은 상당히 많은 것처럼 보였다. 그러나 두 시간이 지난 뒤에도 우리는 뱀을 한 마리도 잡지 못했다. 가뭄 때문일지도 모른다. 아니면, 이곳 북부 지역에서도 남부 지역처럼 뱀 개체군이 변화 주기에서 급증 국면을 지나 급감 국면으로 접어들었는지 모른다. 혹은 덫의 설계가 나빴거나 미끼를 잘못 썼는지도 모른다. 이유가 무엇이건, 일단 갈색나무뱀은 모습을 감추었다. 하지만 갈색나무뱀이 존재한 결과는 거미집처럼 우리를 둘러싸고 있다.

곤충 전문가의 의견

나는 거미들에 큰 호기심을 느꼈다. 많은 질문과 추천을 통해 나는 괌 대학 캠퍼스의 곤충학과 건물에 있는 작고 혼란스러운 연구실로 들어갔다. 연구실 안에는 박제 표본, 핀, 현미경, 먼지, 고치, 구아노가 들어 있는 병, 떨어진 번데기, 전문 서적 더미, 곤충의 몸에서 떨어져나온 조각들이 널려 있었다. 공기는 닭장 안처럼 먼지가 날리고 습도가 높고 시큼

했다. 돈 네이퍼스Don Nafus와 일스 슈레이너Ilse Schreiner라는 두 곤충학자가 이곳에서 연구한다. 이렇게 무질서하고 혼란스러운 연구실 안에서 두 사람은 잘난 체하지 않고 연구에만 집중하고 있는데, 자기 분야에 대한 열정은 전염성이 있는 것 같다. 하지만 이 방 안에 전염성이 있는 게 있다면, 나는 거기에 전염되고 싶은 생각이 전혀 없다.

나는 내가 알고자 하는 것을 제대로 설명하지도 않고 두 사람에게 최근에 외래 절지동물이 침입하거나 토착종 개체군이 폭발한 적이 있는지 물어보았다. 내가 곤충이라고 하지 않고 절지동물이라고 한 이유는 절지동물이 더 넓은 범주이기 때문이다. 절지동물에는 곤충뿐만 아니라, 진드기와 지네, 노래기, 거미처럼 곤충이 아닌 무척추동물까지 포함된다. 전문 곤충학자에게 절지동물에 대해(그냥 벌레라고 하지 않고) 묻는 것은 내가 이 방면에 약간의 지식이 있음을 알리는 것이기도 하다. 네이퍼스는 의자를 뒤로 젖혔다가 내 멍청한 질문에 몸을 앞으로 세우면서 대답했다.

"침입이나 개체군의 폭발적 증가는 늘 일어나는 일이지요."

파충류나 조류와 마찬가지로 절지동물에게도 괌 섬은 토착종과 침입해온 외래종 사이에 끝없는 전투가 벌어지는 생태계의 전장이다. 네이퍼스와 슈레이너는 구체적인 예를 얼마든지 들 수 있다고 했다. 귤가시가루이도 외래종이고, 필리핀무당벌레, 귤과실파리, 중국차색풍뎅이, 타이완흰개미, 코코넛붉은깍지벌레도 외래종이다. 또, 굴파리, 불꽃나무자벌레나방, 바나나팔랑나비, 이집트히비스커스깍지벌레, 오이잎벌레, 호리병벌, 밑빠진벌레과 딱정벌레 1종, 이세리아깍지벌레과 1종, 나무이과 1종, 도롱이벌레 1종도 있다. 이름만으로도 이국적이지 않은가? 모기만 해도 1945년 이후에 침입한 외래종이 14종이나 된다고 한다. 그런데 침입이 일어난 적이 있느냐고? 그들에게는 얼마나 웃기는 질문이었겠는가!

그래서 이번에는 질문을 조금 바꾸어 다시 물었다.

"그렇다면 멸종은요? 토착 절지동물 중에 멸종한 종이 있나요?"

이 질문은 먼젓번 질문보다 웃음을 덜 자아낸 것 같다. 네이퍼스는 조심스럽게 그렇다고 대답했다. 새들이 사라진 것과 거의 같은 시기에 많은 나비가 멸종한 증거가 일부 있다고 했다. 네이퍼스와 슈레이너가 연구에서 다룬 사례들도 그런 게 많지만, 이러한 사례들의 공통 주제는 토착종과 외래종 사이의 싸움이다.

예컨대 호랑나비의 일종인 파필리오 크수투스 Papilio xuthus 는 1950년대 이후로 그 수가 크게 줄어들었다. 이전에는 풍부하게 존재했지만, 지금은 멸종하진 않았다 하더라도 매우 희귀해졌다. 마리아나 제도의 고유종인 마리아나까마귀나비 Euploea eleutho 역시 지난 수십 년 동안 괌 섬에서 자취를 감추었다. 슈레이너는 두 사람이 함께 저술하고 있는 곤충 개론 원고에서 그 사진을 보여주었다. 바그란스 에기스티나 Vagrans egistina 라는 나비 역시 마리아나 제도의 고유종으로 지금은 괌 섬에서 사라진 종이다. 슈레이너가 사진을 보여주었다. 그러고 나서 대화 주제는 결코 풍부한 적이 없이 늘 희귀했던 한 인시류로 넘어갔는데, 그것은 비공식적으로 구아노나방이라고 부르는 종이다.

구아노나방은 그 애벌레가 바니코로칼새가 남긴 똥더미 속에서만 발견되기 때문에 붙은 이름이다. 바니코로칼새는 동굴에서 새끼를 키우는데, 둥지를 침으로 동굴 천장에 들러붙게 한다. 다른 토착종 새와 마찬가지로 바니코로칼새 역시 멸종 위기에 처해 있다. 둥지를 이렇게 조심스럽게 짓는 습성에도 불구하고, 여러 가지 요인(필시 뱀을 포함해)의 작용으로 바니코로칼새는 개체수가 수백 마리로 줄어들었고, 그 대부분은 현재 한 동굴 안에서 군집을 이루어 살고 있다. 그 동굴은 괌 섬 남부 지역의 공용 도로에서 몇 km 떨어진 오지에 있다. 괌 섬의 야생 동물국 담당자들은 사람들의 방해를 염려해 그 장소를 비밀에 부치고 있지만, 한 생물학자가 나를 그곳으로 안내한 적이 있다. 그때 그는 나에게 희귀한 나방을 해칠 수 있으니 구아노를 밟지 않도록 조심하라고 말했다.

구아노나방 이야기가 나오자, 슈레이너는 갑자기 활기가 살아났다.

"구아노나방이라면 바로 여기에 있어요."

그녀는 자랑스럽게 말하며 회색을 띤 검은색 가루가 가득 든 병을 탁자에 내려놓았다. 그것은 소중한 칼새 구아노 표본으로, 내게 동굴을 보여준 바로 그 생물학자가 두 사람에게 보낸 것이었다. 슈레이너는 깨끗한 컴퓨터 용지 위에 가루를 쭉 펴놓은 다음, 세심한 주의를 기울이면서 가위로 헤집기 시작했다. 그러면서 말했다.

"칼새 구아노는 현미경으로 보면 정말 흥미로워요. 머리, 다리, 그 밖의 신체 부위 등등 곤충의 작은 파편들이 가득하지요."

그리고 가위로 해바라기 씨만 한 크기의 갈색 부스러기를 가리켰다. 그것이 구아노나방 애벌레가 들어 있는 일종의 껍데기 같은 케이스라고 말했다. 어떤 종류의 케이스냐고 묻자, 모른다고 한다. 그것은 애벌레와 성충 사이의 중간 단계인 고치나 번데기일 리는 없다. 왜냐하면, 그녀와 네이퍼스는 온갖 크기의 케이스를 다 보았기 때문이다. 따라서 그것은 애벌레가 자라면서 몸이 커질 때마다 옮겨가는 장소인 휴대용 은신처가 분명하다. 케이스는 어떤 물질로 만들어졌나요? 아마도 실크와 부스러기로 만들어졌을 거예요. 애벌레는 그것을 어떻게 만드나요? 몰라요. 슈레이너와 네이퍼스도 이 곤충의 습성은 추측만 할 수 있을 뿐이다. 그 정체조차 정확하게 밝혀지지 않았다. '구아노나방'은 정식 이름이 정해질 때까지 임시로 부르는 이름일 뿐이다. 구아노나방은 괌 섬에만 사나요? 아마도. 한 동굴에만 갇혀서요? 그럴 거예요. 네이퍼스는 이 종은 지금까지 과학계에서 이름도 붙여진 적이 없고 기술된 적도 없는 새로운 종일 거라고 생각한다.

"저기 성충이 있네요."

슈레이너가 말하면서 가위로 작은 시체를 푹 찌른다.

"하와이에서 동굴 동물을 전문으로 연구하는 사람에게 보낼 거예요. 그는 아마도 그 정체를 확인할 수 있을 거예요. 하지만 속명만이라도 알아낸다면 운이 좋은 거겠죠."

분류학적으로 정확한 정체를 확인하는(혹은 새로운 종이라면 그 종의 정체를 판단하는) 일은 시간을 두고 기다릴 수밖에 없다. 슈레이너와 네이퍼스는 다른 일들 때문에 무척 바쁜데, 대부분 경제적으로 중요한 의미가 있는 외래 해충들에 관한 일이다. 곤충학 연구 비용을 대주는 분야가 대체로 농업이기 때문에, 괌 섬의 고유종일 수도 있고 아닐 수도 있는 별 볼일 없는 구아노나방보다는 귤과실파리와 바나나팔랑나비를 더 시급한 연구 과제로 여기는 것은 놀라운 일이 아니다.

거기서 나는 거미 이야기를 꺼냈다.

"거미가 비정상적으로 풍부한 게 아닌가요? 뱀이 도마뱀을 많이 먹어치우는 바람에 그 간접적 영향으로 거미 개체군이 폭발적으로 증가하는 것이 가능한가요?"

"네, 가능하지요."

하지만 네이퍼스와 슈레이너는 더 깊이 이야기해줄 수 없었다. 그들은 그 문제를 연구한 적이 없기 때문이다. 괌 섬에서 이 문제에 대답해줄 사람은 아무도 없다. 하지만 몇 년 전에 카리브 해에서 이 문제의 답을 얻기 위해 실험을 한 적이 있었다. 두 과학자가 한 섬의 고립된 서식지에서 도마뱀을 모조리 없앴다. 그러자 거미 개체군이 엄청나게 증가했다.

나는 두 사람에게 자두만큼 큰 검은 거미의 이름을 아느냐고 물었다. 그들은 거미는 자신들의 전공 분야 밖이라 모른다고 했다. 대신에 다른 사람을 소개해줄 수 있다고 했다. 그는 알렉스 커 Alex Kerr 라는 이름의 젊은이로, 이제 겨우 대학생이지만 거미에 푹 빠져 살기 때문에 많은 것을 안다고 했다. 나는 해양 연구소에서 일한다는 그의 정보를 공책에 메모했다.

그때 돈 네이퍼스는 딴 데 정신을 팔았다. 하던 말을 잠시 멈추고 사마귀 한 마리가 자기 손 위로 기어오르는 것을 바라보았다. 알에서 깨어난 지 얼마 안 돼 개미처럼 작고 섬세한 사마귀였다. 사마귀는 변태를 하며, 자라더라도 나비나 딱정벌레만큼 그 모습이 크게 변하지 않는다. 네 뒷다리로 상체를 똑바로 세우고 권투 선수처럼 두 앞다리를 치켜든 채 위압적인 자세를 취하고 있는 새끼는 어른 사마귀의 축소판이다. 다 자란 사마귀는 무서운 포식 동물로, 그 턱은 사람의 손가락 살 속으로 파고들 정도로 강하지만, 이 새끼사마귀는 손등 위를 순진하게 거닐면서 새로운 세상을 발견하고 있었다. 네이퍼스는 상체를 숙이더니 그 녀석을 붙잡아 내 손 위에 올려놓았다. 마치 내가 사마귀를 어르고 싶다고 부탁이나 한 것처럼.

나는 새끼사마귀를 상냥하게 대했다. 몇 가지 질문을 계속 던지는 동안 나는 그 녀석이 내 손 위에서 마음대로 기어다니도록 내버려두었다. 나는 그 녀석을 놀라게 하지 않으려고 애썼다. 그리고 잠시 뒤, 이제 그만하면 됐다고 판단하여 녀석이 네이퍼스의 무릎 위로 돌아가도록 유도했고, 그 녀석은 그렇게 했다.

그러자 네이퍼스는 그 녀석을 두 손가락 사이에 넣고 꾹 눌러버리더니, 시체를 쓰레기통으로 휙 던졌다. 그러면서 이렇게 말했다.

"외래종이거든요!"

거미 전문가

며칠 뒤, 나는 로다와 함께 덫을 놓은 곳을 살펴보다가 발을 잘못 디뎌

샹들리에 같은 거미집에 얼굴을 파묻고 말았다.

나는 질겁하여 몸이 얼어붙었다. 털구멍들이 괄약근처럼 움찔거렸다. 거미의 몸에서 뿜어나온 분비물로 끈적끈적한 질기고 가는 거미줄이 이마와 뺨에 들러붙으며 팽팽해지는 것을 느꼈다. 나는 짐짓 태연한 척하며 뒷걸음질쳤다. 자세히 살펴보았더니 기다란 다리를 가진 검은 거미 한 마리가 바로 눈앞에 있었다. 바로 눈앞에서 보니 그 거미는 자두만 한 게 아니라 거의 가지만 해 보였다.

그 녀석은 거미줄 반대편에서 경계 자세를 취한 채 움직이지 않았다. 그 녀석도 깜짝 놀라서 몸이 얼어붙었는지 모른다. 하지만 나처럼 심장 박동이 빨리 뛴다 하더라도, 거미는 전혀 내색하지 않았다. 그 녀석은 내가 거미줄에서 머리를 떼어내고 물러나기까지 참고 기다렸다. 거미가 나를 공격하려는 의도가 없음을 어렴풋하게 느낄 수 있었다. 거미가 잘 알고 있는 적이나 먹이의 윤곽은 내 모습과 일치하지 않는다. 나는 거미에게 고질라처럼 기괴한 존재로 보일 것이다.

이 사건이 내게 삶을 확 바꾸는 계기가 되었다고 말하고 싶지는 않다. 그것은 괌 섬에 머물면서 겪었던 기억에 남을 만한 두 차례의 거미 사건 중 하나에 지나지 않는다. 두 번째 사건은 그날 오후에 일어났다. 나는 한참 걸은 뒤에야 네이퍼스와 슈레이너가 추천한 거미 전문가 대학생 알렉스 커를 만날 수 있었다.

그를 찾느라 애쓴 노력은 헛되지 않았다. 3차원 거미집을 짓는 자두만 한 크기의 거미를 이야기하자 알렉스는 내가 말하는 것이 무엇인지 정확하게 파악했다. 그 종은 천막거미의 일종인 키르토포라 몰루켄시스 *Cyrtophora moluccensis*로, 조망성 거미인 왕거미과에 속한다고 했다. 이 종은 태평양의 거의 모든 섬에서 발견된다. 나는 이 종이 괌 섬의 숲에 비정상적으로 많은 것 같다고 말했다.

그의 답변은 과학적 방법론이나 언어에 입각한 것은 아니지만, 나름대로 권위가 있었다. 그는 유쾌한 목소리로 이렇게 대답했다.

"맞아요. 나는 거미 폭발이 일어나고 있다고 생각해요."

영양 단계 연쇄 반응

내가 거미에 관심을 보인 데에는 그럴 만한 이유가 있다. 그 이유는 거미 공포증보다는 더 건전하고, 곰 섬보다는 더 큰 것이다. 키르토포라 몰루켄시스는 제레드 다이아몬드와 여러 사람이 '영양 단계 연쇄 반응 trophic cascade'이라고 부른 현상에 관심을 갖게 한다. 우리가 멸종을 제대로 이해하기 시작한 것은 이 현상을 이해하고 나서부터였다.

이 용어는 영양 단계들 사이에서, 즉 생태계 내의 에너지 전달 서열에서 상호 연관된 생물들의 범주들 사이에서, 혼란이 폭포처럼 연쇄적으로 전달되는 현상을 가리킨다. 생태계는 그저 동식물 종만 가득 차 있는 곳이 아니다. 생태계는 수많은 관계들이 복잡하게 얽힌 네트워크이며, 그러한 관계에는 포식자와 피식자, 꽃식물과 수분 매개자, 열매를 맺는 식물과 그 씨를 확산시키는 동물 사이의 관계 등이 포함된다. 각각의 관계는 영양 단계들을 연결한다. 다이아몬드가 '로제타석' 논문에서 정의한 영양 단계 연쇄 반응이란, 한 멸종 사건으로 발생한 부차적 효과가 한 영양 단계에서 다음 영양 단계로 계속 가지를 치며 전달되는 것을 말한다.

다이아몬드의 글을 직접 인용해보자. "종의 풍부성은 다양한 방법으로 다른 종의 풍부성에 상호 의존하고 있기 때문에, 한 종이 멸종하면 그 종을 먹이나 수분 매개자 또는 열매 확산자로 사용하는 다른 종들의 풍부성에도 연쇄 파급 효과가 미칠 가능성이 높다."[74] 풍부성이 아주 빈곤한 경우, 그 종은 희귀종에서 멸종의 운명을 맞이하게 된다.

그 예로 다이아몬드는 말라리아에서 부차적 타격을 입은 식물 집단을 들었다. "하와이 제도에 고유한 히비스카델푸스속 Hibiscadelphus 식물 다섯 종은 모두 수분 매개자가 사라지면서 거의 멸종하거나 완전히 멸종했다. 수분 매개자는 하와이꿀빨이새인데, 이 새의 길게 구부러진 부리는 좁은 관 모양으로 구부러진 꽃의 구조와 딱 들어맞았다."[75] 이 식물들의 꽃이 특별한 모양을 하고 있는 것은 식물과 수분 매개자 사이에 독점적 관계가 존재함을 의미한다. 상호 적응하는 긴 역사를 통해 일부 꿀빨이새의 부리 모양은 특정 히비스카델푸스속 식물 종의 꽃과 일치하게 되었으며, 꿀을 빠는 다른 동물(꿀벌이나 나방, 박쥐)은 이 과정에서 배제되었다. 그래서 말라리아 때문에 그 꿀빨이새들이 다 죽어버리면, 히비스카델푸스속 식물은 수분을 할 수 없게 된다. 늙은 식물이 죽어가도, 그것을 대체할 새 식물이 발아하지 못한다. 그래서 결국 멸종으로 치닫게 된다. 꿀빨이새가 멸종하자 그 부차적 결과로 히비스카델푸스속 식물이 멸종한 것이다. 이러한 메커니즘이 바로 영양 단계 연쇄 반응이다.

또 다른 열대 숲에서 살아가는 일단의 종들과 그 관계를 생각해보자. 이 숲은 올빼미와 생쥐가 살던 섬처럼 가상의 숲이지만, 그 세부 사항은 현실과 흡사하다. 이 숲에는 페커리 1종, 개구리 1종, 모기 1종, 미생물 기생충 1종, 원숭이 1종, 망고나무 1종, 가위개미 1종, 도마뱀 1종, 말벌 1종, 올빼미 1종(이번에는 작은 구멍에 둥지를 짓고 살아가도록 적응한 작은 종)이 살고 있다고 하자. 이 종들은 예측하기 어려운 다양한 방법으로 상호작용하지만, 일부 상호작용은 명확하게 확인할 수 있다.

페커리는 숲을 지나가는 개울가 주변의 부드러운 흙을 파헤치며 식물 먹이를 찾는데, 그 과정에서 진흙 웅덩이들이 생긴다. 개구리와 모기는 그 웅덩이에 알을 낳는다. 거기서 부화한 올챙이는 모기 유충인 장구벌레를 잡아먹는다. 다 자란 모기의 침 속에는 미생물 기생충이 사는데,

이 기생충은 원숭이에게 질병을 일으킨다. 원숭이에게는 다행스럽게도 모기 개체군이 작은 편이어서 원숭이 사이에서 그 질병의 발병률은 높지 않다. 원숭이는 다양한 식물을 먹고 사는데, 특히 과즙이 많고 달콤한 것을 좋아한다. 망고나무에 열매가 열리면 원숭이는 그것을 따 먹는다. 망고 열매는 작은 편이어서 원숭이는 가끔 열매를 통째로 삼킨다. 그러면 망고 씨는 소화되지 않고 원숭이 창자를 통과해 다른 곳으로 옮겨갈 수 있다. 가위개미는 망고나무 잎을 식량으로 삼는다. 이 개미는 특수하게 분화하여 망고나무 이외의 다른 나무 잎은 먹지 않는다. 도마뱀은 식성이 그다지 까다롭지 않아 개미, 파리, 말벌 등을 잡아먹는다. 말벌은 딱따구리가 살던 나무 구멍 속에 벌집을 만든다. 피그미올빼미도 말벌과 마찬가지로 딱따구리가 살다 버린 나무 구멍 속에 둥지를 만든다.

이제 이 생태계에서 한 종이 멸종하면 어떤 일이 일어날지 상상해보자. 사람들에게 사냥을 당하다가 페커리가 멸종했다고 가정해보자.

이제 개울가를 파헤치는 페커리가 사라져 개울 물은 맑게 흐르고, 시간이 더 지나면 진흙 웅덩이가 모두 사라진다. 그러면 알을 낳는 장소를 잃은 개구리도 페커리의 뒤를 따라 멸종한다. 그러나 개구리보다 알을 낳는 장소가 까다롭지 않은 모기는 계속 살아남는다. 모기는 대신에 낙엽 위에 빗물이 고여 생긴 작은 웅덩이에 알을 낳는다. 모기는 살아남는 데 그치지 않고 번성하기까지 하는데, 장구벌레를 잡아먹던 올챙이가 사라졌기 때문이다. 허기진 모기들은 숲 속을 휘젓고 다니면서 모든 온혈 동물을 공격하고, 모든 원숭이에게 기생충을 감염시킨다. 페커리와 마찬가지로 사냥 때문에 그 수가 이미 줄어든 원숭이 개체군에게 모기가 옮기는 질병은 결정타가 된다. 그래서 원숭이도 멸종한다. 하지만 모기는 원숭이가 사라지건 말건 개의치 않는다. 피를 빨 수 있는 다른 포유류나 조류가 많기 때문이다. 하지만 망고나무는 원숭이의 멸종으로 큰 타격을 받는다. 열매를 삼켜서 그 씨를 일종의 거름과 함께 땅에 옮겨주던 원숭이가 사라지자 망고나무는 더 이상 번식할 수 없다. 원숭이가 멸종한 이후 망고나무는 새싹이 하나도 돋아나지 않는다. 그렇게 자손을 하나도 남기지 못하고 200년쯤 지나자 마지막으로 남은 늙은 망고나무도 죽고 만다.

결과를 정리해보자. 개구리 멸종, 원숭이 멸종, 망고나무 멸종. 모기는 번성. 그리고 미생물 기생충은 망고나무와 마찬가지로 원숭이의 뒤를 따라 멸종. 이 기생충은 적응 능력이 뛰어나지 않아 모기가 피를 빠는 다른 포유류를 새로운 감염 동물로 활용하지 못했다.

연쇄 파급 효과는 계속 이어진다. 가위개미도 좋아하던 나무가 사라지자 그 뒤를 따라 멸종한다. 개미가 사라지자 도마뱀도 그 수가 급격하게 줄어든다. 도마뱀이 줄어든 것은 말벌에게는 축복인데, 자신을 잡아먹던 포식자가 그만큼 줄어들었기 때문이다. 일부 도마뱀은 조심성 없는 말벌을 잡아먹으면서 계속 살아가겠지만 그 수는 현저하게 줄어들 것이고, 말벌 개체군은 크게 번성한다. 말벌은 딱따구리가 남긴 구멍을 차지해 새끼를 키우면서 더 많은 후손을 낳는다. 이 경쟁에서 피그미올빼미는 패배자가 된다. 말벌이 맹렬하게 영토를 확장하는 데 비해 온순한 올빼미의 대응은 무기력하기 짝이 없어 둥지를 잃고 만다. 번식 장소인 둥지를 잃은 올빼미도 멸종한다.

이처럼 생태계는 영양 단계 연쇄 반응을 통해 크게 변했다.

바로콜로라도 섬의 자연 실험실

같은 논문에서 다이아몬드는 영양 단계 연쇄 반응으로 간주할 수 있는 주목할 만한 사례를 두 가지 더 들었다. 그중에서 파나마 운하에 갇힌 바로콜로라도 섬에서 새가 멸종한 사례는 적절한 사례로 보인다. 하지만 모리셔스 섬의 칼바리아나무 Calvaria major를 다룬 다른 사례는 잘못된 사례로 보인다. 칼바리아나무는 다이아몬드 같은 저명한 이론 과학자조차 잘못된 현장 보고 때문에 실수를 저지를 수 있음을 보여준다. 그런데 이 사례는 옳든 그르든 아주 흥미로운데, 그 까닭은 도도가 등장하기 때문이다. 하지만 그 전에 적절한 사례부터 먼저 살펴보기로 하자.

바로콜로라도 섬은 태즈메이니아 섬이나 발리 섬과 마찬가지로 육교섬이다. 한 가지 중요한 차이점은 나이이다. 대부분의 육교섬은 플라이스토세가 끝나던 무렵인 약 1만 2000년 전에 격리된 반면, 바로콜로라도 섬은 최근에 격리되었다. 바로콜로라도 섬은 러브조이가 아마존 지역에 생태 실험을 위해 만든 보호 구역만큼 나이가 젊다. 20세기로 막 넘어올 무렵, 현재의 바로콜로라도 섬이 있는 곳은 파나마 내륙에서 숲이 우거진 언덕 꼭대기였다. 근처에는 차그레스 강이 흘렀다. 그러다가 운하가 반도를 가로지르며 개통되었고, 차그레스 강에 댐이 건설되면서 가툰 호가 생겼다. 가툰 호는 새로운 수로에 물을 공급하는 데 도움을 주었다. 호수의 수위가 점점 높아지자 언덕 꼭대기 부분이 섬으로 변했다.

이 섬은 면적이 15km²에 불과하지만, 과학계에서 주목받는 대상이 되었다. 열대우림이 여전히 정글을 이루고 있었지만 그것을 소중한 자원으로 간주하는 사람들이 거의 없었던 1923년에 바로콜로라도 섬은 생물 보호 구역으로 지정되었다. 조류학자들이 이곳에 와서 새들을 연구했으며, 식물학자들도 와서 식물을 연구했다. 그리고 1946년부터는 스미스소니언 협회가 이곳을 연구 장소로 삼고 있다. 이 섬은 아메리카 대륙의 열대 지방에서 70년 이상 자세히 관찰된 곳 중 하나이다. 이 점 역시 태즈메이니아 섬이나 발리 섬을 비롯해 그 밖의 육교섬과 다른 점이다. 이 섬들의 초기 생태계 환경은 단지 추측만 할 수 있을 뿐인데, 바로

콜로라도 섬의 초기 환경은 직접적인 관찰을 통해 알려져 있기 때문이다. 섬이 된 그 순간부터 지금까지 그 역사를 생물학자들이 계속 관찰해 왔다.

그동안 생물학자들은 이 섬에서 일어난 변화를 목격했다. 보호 구역으로 지정되기 전에 숲 일부가 목재 생산이나 농사를 위해 잘려나갔다. 1923년 이후부터는 벌목된 지역에 2차림이 자라도록 관리했다. 가끔 폭풍이 불어와 숲의 나무들을 쓰러뜨리곤 했는데, 쓰러진 나무들은 일부 동물에게 새로운 서식지를 제공했다. 1959년, 산사태가 일어나 지형이 가파른 곳에 자라던 식물이 쓸려갔다. 폭풍, 산사태, 벌목한 장소에 새로 자란 2차림은 더 큰 생태계 군집에 큰 영향을 미쳤다. 하지만 무엇보다 극적인 변화는 동물의 멸종이었다. 섬이 격리되고 나서 얼마 후 일부 포유류와 조류 개체군이 사라졌다.

가장 먼저 사라진 종 중에 퓨마도 있었다. 큰 육식 동물인 퓨마는 살아가는 데 필요한 게 많은데, 바로콜로라도 섬은 그것을 충족시키기에는 너무 좁았다. 재규어도 같은 이유로 사라졌다. 마지막 재규어가 물이 차 올라오기 전에 언덕 꼭대기를 떠났는지, 아니면 그 후에 헤엄을 쳐서 떠났는지, 혹은 섬에 갇혔다가 외롭게 죽어갔는지는 아무도 모른다. 그러나 어찌 되었건 결과는 똑같다. 부채머리독수리도 더 이상 바로콜로라도 섬에 둥지를 틀지 않는다. 이러한 대형 육식 동물들이 사라져간 것은 시작에 불과했다.

1970년까지 45종의 조류가 사라졌다. 작은 면적의 숲치고는 심각한 수준의 감소였다. 아니, 어떤 면적의 숲이라 하더라도 그것은 심각한 수준의 감소였다. 한 연구자는 이렇게 썼다. "바로콜로라도 섬은 소중한 자연 실험실을 제공하지만, 동물 보호 구역으로서는 명백한 실패작이다. 멸종 속도가 지나치게 빠르다."[76]

새들이 멸종한 원인은 무엇일까? 그것은 알아내기 어렵지만, 생태학자들은 여러 가지 가능성을 생각했다. 그 목록에는 경쟁, 포식, 부족한 땅, 적절한 서식지 부족, 강수량 부족, 작은 개체군을 멸종에 이르게 할 수 있는 우연한 종류의 불행 등이 있다. 사라진 종은 대부분 목초지나 숲 가장자리, 어린 2차림 식생에 살던 새들이었다. 따라서 숲이 성숙림으로 다시 자라는 과정에서 이 새들이 서식지를 잃었을 가능성이 있다. 하지만 10종 이상은 성숙림에서 살아가는 종이었다. 따라서 서식지 변화만으로는 이 새들에게 일어난 일을 제대로 설명할 수 없다.

성숙림에 살던 종 가운데 대부분은 땅 위에서 둥지를 틀고 먹이를 구하면서 숲 하층에서 살아가는 새들이었다. 예를 들어 큰봉관조(칠면조 비슷한 중남미 새), 알락나무메추라기, 붉은꼬리땅뻐꾸기, 검은얼굴개미지빠귀 등이 모조리 사라졌다. 왜 사라졌을까? 1980년에 존 터보그John Terbogh와 블레어 윈터Blair Winter라는 두 연구자가 그럴듯한 설명을 내놓았다(증명된 것은 아니지만).

터보그와 윈터의 가설에서는 중간 크기의 포유류들이 중요한 역할을 한다. 그중 일부 포유류의 영양 단계는 큰 고양이과 동물과 조류의 중간에 걸쳐 있다. 바로콜로라도 섬에 사는 그런 중간 크기의 포유류로는 페커리, 주머니쥐, 아르마딜로, 긴코너구리, 파카, 아구티, 고함원숭이, 나무늘보가 있었다. 페커리, 주머니쥐, 긴코너구리, 파카, 아구티는 모두 땅 위에서 먹이를 찾는다. 정상적인 환경이라면 이들은 퓨마와 재규어의 먹이가 된다. 그렇지만 큰 포식 동물들이 사라지고 나자, 이들 중간 크기의 포식 동물이 크게 번성하게 되었다. 이들의 개체군은 커져갔다. 어느 정도나 커졌을까? 커보그와 윈터는 '과도한 밀도'[77]라고만 언급했으나, 뒤에 나온 논문에서 터보그는 긴코너구리와 파카, 아구티가 비슷한 본토 지역에 비해 10배나 더 풍부하다고 보고했다. 주머니쥐와 아르마딜로 개체군 역시 비정상적으로 커졌다. 최소 2배에서 최고 10배까지 증가했다고 터보그는 다른 논문에서 밝혔다. 페커리와 원숭이 역시 크게 늘어났는데, 터보그는 이들 개체군에 대해서는 구체적인 수치를 제시하지 않았다.

이러한 개체군 증가는 주변 생태계에 큰 영향을 미치지 않을 수 없다. 잡식성 동물인 긴코너구리는 작은 무리를 이루어 숲의 하층을 기웃거리면서 새알과 새끼새를 비롯해 붙잡히거나 눈에 띄는 것은 무엇이든 먹어치운다. 긴코너구리의 수가 10배로 늘어났다면, 땅 위에 둥지를 짓고 살아가는 새는 재앙과 같은 타격을 받을 수밖에 없다. 페커리와 주머니쥐 역시 어린 새와 새알을 먹어치운다. 다이아몬드가 영양 단계 연쇄 반응의 예를 보여주기 위해 되풀이했던 터보그와 윈터의 가설은, 바로콜로라도 섬의 땅 위에서 살아가던 새들은 중간 크기의 포식자가 지나치게 늘어나는 바람에 사라졌다고 설명한다.

이것은 아주 그럴듯한 시나리오로 보인다. 이 작은 숲 지역에서 봉관조와 나무메추라기와 땅뻐꾸기가 사라졌다. 왜? 그 알과 새끼가 모두 잡아먹혔기 때문이다. 왜? 긴코너구리와 그 비슷한 동물들의 수가 크게 늘어났기 때문이다. 왜? 퓨마와 재규어가 사라졌기 때문이다. 왜? 작은 숲 지역 내에서 퓨마와 재규어가 견뎌낼 수 없이 희귀해졌고, 작은 숲 지역이 격리되었기 때문이다. 왜? 호수의 수위가 높아지면서 그 지역이 섬으로 변했기 때문이다. 섬으로 변해 격리된 것이 첫 번째 원인이었고, 그 뒤에는 한 영양 단계에서 다음 영양 단계로 멸종이 폭포처럼 연쇄적으로 전달되며 일어났다. 너무 그럴듯해 보여서 오히려 믿기가 어렵지만, 실제로 이런 일이 일어났을 가능성이 높다.

칼바리아나무와 도도

칼바리아나무와 도도의 이야기도 이에 못지않게 그럴듯한 시나리오로 보이지만, 의심할 만한 구석이 조금 더 많다. 이 이야기는 스탠리 템플 Stanley Temple 이라는 생태학자가 1977년에 《사이언스》에 발표한 것이다.

템플은 1970년대 초에 모리셔스 섬에서 몇 년 동안 머물면서 멸종 위기에 처한 조류 개체군을 연구했다. 식물생태학은 곁다리로 한 연구였다. 칼바리아나무는 불가사의하게도 생식 능력을 잃고 멸종을 향해 나아가고 있었다. 여기서도 의문은 그런 일이 왜 일어났느냐 하는 것이었다. 템플이 내놓은 답은 간단하면서도 정곡을 찔렀다. 템플은 생태계에서 불가분의 파트너인 도도가 사라졌기 때문에 칼바리아나무가 서서히 죽음을 향해 나아가고 있다고 설명했다.

칼바리아나무는 모리셔스 섬의 고유종이다. 역사 기록에 따르면, 이 나무들은 한때 모리셔스 섬의 고지대 숲에서 흔히 볼 수 있었으며, 종종 땔감으로 벌목되었다고 한다. 템플은 《사이언스》에 발표한 글에서 "그러나 1973년에는 모리셔스 섬에 남아 있던 자생림 속에서 다 늙어 죽어가는 나무 열세 그루만 살아남아 있었다."[78]라고 썼다. 경험 많은 산림관리인들은 템플에게 그 열세 그루의 나무는 나이가 모두 300년이 넘었다고 알려주었다. 템플은 그것보다 더 젊은 표본을 발견하지 못했는데, 더 젊은 나무는 아무도 보지 못했을 것이라고 가정했다. 늙은 나무들은 여전히 생식 능력이 있는 것처럼 보이는 열매를 맺었으나, 열매에 든 씨는 땅에 떨어져도 싹을 틔우지 못했다. 젊은 나무가 전혀 존재하지 않고, 씨가 싹을 틔우지 못하는 상황을 보고 템플은 위험한 논리적 비약을 함으로써 인식론적 간극을 뛰어넘었다. 즉, "칼바리아나무의 씨는 수백 년 동안 발아한 적이 없다."[79]라고 결론 내린 것이다. 이 대담한 정언적 명제는 자신의 주장을 펼치는 데 꼭 필요한 것이었다.

칼바리아나무는 공 모양의 열매가 열리는 열대 및 아열대 과실수인 산람과 Sapotaceae(진달래목에 속하는 속씨식물의 한 과)에 속한다. 열매의 크기는 복숭아만 하고, 큰 복숭아 씨처럼 단단한 핵(과실의 종자를 보호하는 단단한 부분. 과실의 내과피가 굳어진 것으로 매실, 복숭아 따위에 있다)이 있다. 그리고 핵 속에는 씨가 딱 한 개만 들어 있다. 핵은 매우 두껍고 단단하여, 부드러운 싹이 그것을 뚫고 나오기는 매우 어려워 보인다. 템플이 보기에 그것은 큰 문제로 보였다. 그는 칼바리아나무 씨가 발아를 하지 못하는 이유는 단단한 핵 속에 들어 있기 때문이 아닐까 생각했다. 그런데 과거에는 문제가 되지 않았던 것이 왜 지금은 문제가 되는 것일까? 그것은 칼바리아나무가 살아가던 환경 중에서 뭔가 변한 게 있기 때문일 것이다. 생식하는 데 꼭 필요한 도움을 주던 뭔가가 사라졌기 때문일 것이다.

"300년 전에 도도가 멸종한 것과 칼바리아나무의 씨가 자연적으로 발아를 한 마지막 순간이 시간적으로 일치한다는 사실을 바탕으로 나는 칼바리아나무와 도도 사이에 다음과 같은 공생 관계가 있다는 가설을 세웠다."[80]라고 템플은 썼다. 그 관계는 템플의 표현에 따르면 '의무적 공생 관계'였다. 그는 그것을 다음과 같이 설명했다.

> 도도가 자신의 열매를 지나치게 먹어치우는 것에 대응해 칼바리아나무는 씨를 보호하기 위해 두꺼운 핵을 발달시켰다. 핵이 얇으면 그 속에 든 씨는 도도의 모래주머니 속에서 부서지고 만다. 두꺼운 핵은 씨가 뱃속에서 소화되지 않게 해주었지만, 대신에 핵이 도도의 모래주머니 속에서 닳지 않으면 그 속에 든 씨는 발아할 수 없었다.[81]

매우 그럴듯한 주장이지만, 과연 실제로도 그랬을까?

템플이 사용한 '의무적 공생 관계'라는 용어는 조금 잘못된 것이다. 의무적 공생 관계는 서로 상대방이 꼭 필요한 상호 의존 관계가 성립할 때 쓰는 용어이다. 그러나 도도가 칼바리아나무 열매에 절실히 의존했다는 증거는 전혀 없다. 템플조차 그런 주장은 하지 않았다. 그가 주장한 것은 그것보다 훨씬 폭이 좁은 것으로, 칼바리아나무가 도도에게 절실히 의존했다는 것뿐이다. 이것은 검증과 반증이 가능한 가설이므로 과학적으로 정당하게 기술된 합리적인 가설이었다.

그런데 템플은 이 가설이 자신이 처음으로 창안한 것이 아니라는 사실을 언급하지 않았다. 1941년에 모리셔스 섬에서 활동하던 두 식물학자가 《생태학 저널Journal of Ecology》에 발표한 논문에서, 모리셔스 섬 고지대 숲의 구조와 발달을 설명하면서 도도가 칼바리아나무의 생활사에 중요한 역할을 했을지도 모른다는 가설을 내놓았다. 그들은 "이 놀라운 목질 씨앗이 발아되고 확산되는 데 도도의 소화관을 지나는 과정이 도움을 주었는지도 모른다."[82]라고 썼다. "그리고 이 종의 어린 씨들이 도도의 시체와 함께 발견되었다." 두 식물학자 중 한 사람은 말수가 적고 신중한 본 R. E. Vaughan이었다. 본과 공동 저자인 위이 P. O. Wiehe는 도도와 칼바리아나무 사이에 어떤 관계가 있을 가능성은 고려할 만한 가치가 충분히 있다고 생각했다. 하지만 두 사람은 그 관계가 반드시 '의무적 공생 관계'일 거라고는 주장하지 않았다. 그들은 한 문장에서만 그 개념을 언급하고는 다시는 언급하지 않았다.

템플이 《사이언스》에 발표한 짧고도 극적인 논문은 그 개념을 되살렸다. 템플이 제시한 개념은 더욱 그럴듯해 보였으며, 심지어 시적 아이러니라는 슬픈 분위기마저 자아냈다. 단단한 핵은 한때는 도도의 위 속에서 씨가 분해되는 것을 막아주는 훌륭한 적응이었지만, 도도가 사라지고 나자 치명적인 족쇄로 변하고 말았다.

이 가설을 뒷받침하는 직접적 증거는 하나도 없었지만, 템플은 자신의 주장에 신빙성을 약간 더하기 위해 그럴듯한 정보를 몇 가지 제시했다. 다른 새들에게서 얻은 실험 자료를 토대로 도도의 모래주머니가 짓누르는 힘을 $1m^2$당 1만 1,300kg으로 평가했다. 그리고 스무싱 기계를 사용해 칼바리아나무의 핵이 짓누르는 힘에 견딜 수 있는 정도를 측정했다. 한편으로는 히커리 열매를 사용해 얻은 결과로 스무싱 기계의 상대적 힘을 측정하고, 다른 한편으로는 모래주머니가 짓누르는 힘을 측정했다. 그 결과로부터 칼바리아나무 씨가 도도의 소화관을 무사히 통과할 수 있다는 결론을 얻었다. 그는 칼바리아나무 열매를 칠면조에게 먹여보았다. 그중 상당수는 분해되었으나, 씨 10개는 껍데기가 좀 벗겨져나가거나 깎여나가긴 했어도 온전한 상태로 칠면조의 입이나 항문으로 나왔다.

10개의 씨를 땅에 심었더니 그중 3개가 싹을 틔웠다. 그것은 템플이 이 연구에서 거둔 최고의 승리였다. "이것들은 지난 300년 동안 처음으로 싹이 튼 칼바리아나무 씨일 것이다."[83] 그는 흥분한 어조로 이렇게 선포했다.

템플의 논문은 《사이언스》에 실리는 보통 논문들보다 훨씬 광범위한 관심을 받았다. 런던의 〈선데이 타임스〉도 그 내용을 기사로 다루었다. 스티븐 제이 굴드는 《내추럴 히스토리》에서 템플의 가설을 자세히 소개했다. 다른 생물학자들도 공생의 교과서적 사례로, 그리고 종의 멸종이 가지를 치며 전파되는 사례로 다루었다. 다이아몬드는 영양 단계 연쇄 반응을 설명하는 글에 이 사례를 인용했다. 증거는 부족하지만 직관적으로 아주 그럴듯한 도도와 칼바리아나무의 이야기는 세계적으로 유명해졌다. 템플은 자신의 논문이 발표될 즈음 모리셔스 섬을 떠나 위스콘신 대학에 있었다.

칼바리아나무와 무화과나무도 구별할 줄 모르면서 모리셔스 섬을 싸돌아다닌 나는 다른 측면에서 이 이야기에 흥미를 느꼈다. 그래서 나는 블랙리버 협곡에서 조류 구조 활동을 벌이고 있는 칼 존스에게 템플의 논문을 어떻게 생각하느냐고 물어보았다.

존스는 특유의 무뚝뚝한 말투로 대답했다.

"도도와 칼바리아나무 이야기 말입니까? 터무니없는 소리지요! 마스카렌 제도의 생태학자 중에 템플의 가설을 받아들이는 사람은 한 사람도 없어요."

도도와 칼바리아나무의 관계에 관한 가설은 과연 옳은가?

존스에게는 템플의 주장을 무시할 만한 이유가 있었다. 그의 여자 친구 웬디 스트람 박사가 템플의 주장을 반박할 수 있는 전문가이기 때문이다.

현재 살아 있는 사람 중 어느 누구보다도 모리셔스 섬의 식물생태학을 잘 아는 스트람은 현재 살아 있는 칼바리아나무 개체군의 지위에 대한 템플의 기본적인 주장부터 부정한다. 칼바리아나무는 어린 나무가 많지는 않지만 계속 생식을 해왔다고 말한다. 템플이 자신의 가설로 설명하려고 했던 상황 자체가 존재하지 않는다는 것이다.

템플은 모리셔스 섬의 자생림에서 다 늙어 죽어가는 나무 열세 그루밖에 발견하지 못했지만, 스트람은 그 수가 수백 그루는 된다고 한다. 그중 많은 나무는 수령이 300년보다 훨씬 적다. 따라서 이 나무들은 도도가 멸종한 후에 싹이 터 자란 게 분명하다. 이 사실 하나만으로도 템플의 의무적 공생 관계 개념을 부정하기에 충분하다. 어린 칼바리아나무는 가까운 관계에 있는 종과 비슷하기 때문에 비전문가는 혼동하기 쉽다. 조류학자인 템플도 그런 비전문가 중 한 사람이었다. 반면에 스트람은 1941년 논문에서 도도와 칼바리아나무의 관계에 대한 가설을 위이와 함께 처음 제기한 본이 스승이었기 때문에 칼바리아나무를 다년간 연구해왔다.

마스카렌 제도의 생태학 전문가인 앤서니 치크 Anthony S. Cheke도 템플의 주장을 반박하고 나섰다.[84] 그는 칼바리아나무의 씨가 더 이상 발아하지 않았다는 주장은 사실이 아니라고 반박했다. 지난 50년 이상의 원예 연구에서 나온 증거들은 이에 반하는 것이었다. 핵에는 원주를 지나는 봉합선이 있어 발아하는 핵은 그 선을 따라 쪼개진다. 대부분은 자연적으로 쪼개지지 않지만, 쪼개지는 것도 일부 있다. 최근 수백 년 동안 발아 비율은 낮았지만, 수명이 긴 나무의 개체군 안정을 유지하지 못할 정도로 극히 낮았던 것은 아니다. 설사 발아 비율이 아무리 낮다 하더라도, 자연적 발아가 가능하다는 사실은 도도의 도움이 없이는 발아 자체가 불가능하다는 템플의 정언적 명제를 논박하기에 충분하다.

그런데 만약 템플의 가설이 옳지 않다면, 어떤 가설로 그것을 대체할 수 있을까? 어떤 원인 때문인지는 모르지만, 어쨌든 칼바리아나무는 멸종을 향해 나아가고 있다. 스트람의 평가를 따르더라도, 이 종은 위태로울 정도로 희귀하다. 그 진짜 원인은 도도와 관련된 상호 공생 관계보다 덜 단순하고 덜 극적일지 모른다.

칼 존스는 이 문제를 해결할 수 있는 방법을 생각했다. 칼바리아나무 문제에 올바르게 접근하는 방법은, 칼바리아나무를 도도와 유일한 공생 관계로 고립된 채 살아간 종으로 간주하는 대신에, 사람들이 섬을 망쳐 놓기 전에 모리셔스 섬의 생태계에 적응하면서 살아간 비슷한 종의 많은 나무 중 하나로 생각하는 것이다.

그중 많은 나무는 단단한 핵으로 둘러싸 씨를 보호했다. "그것은 앵무에게 먹히는 것을 막기 위한 방법이었을 겁니다."라고 존스는 말한다. 존스의 이야기는 단지 추측일 뿐이지만, 그의 추측은 템플보다 훨씬 더 오랫동안 모리셔스 섬의 생태계와 접한 경험을 바탕으로 한 것이다. 사람들이 정착하기 전에 모리셔스 섬에는 4종의 앵무가 살았을 것이라고 존스는 추측했다. 그중에서 지금까지 살아남아 있는 것은 극히 희귀한 모리셔스목도리앵무뿐이다. 사라져간 앵무 종 중에 모리셔스넓적부리앵무 *Lophopsittacus mauritianus*가 있는데, 이 종은 아마도 모든 앵무 중에서 몸집이 가장 클 것이다. 앵무 외에는 큰박쥐속 *Pteropus*의 초식성 박쥐 2종이 살고 있었다고 한다. 1종은 멸종했고, 나머지 1종은 그 수가 크게 줄어들었다. 멸종한 앵무와 박쥐는 현재 살아남아 있는 친척 종들과 크게 다르지 않았다면, 과일을 먹고 살았을 것이다. 따라서 과실수들은 모두 날카로운 부리와 이빨을 가진 포식자들과 맞서 싸워야 했다.

　과일의 핵이 새의 부리와 소화관을 무사히 통과할 수만 있다면, 그 씨는 새를 통해 새로운 서식지까지 옮겨갈 수 있는 혜택을 얻는다. 사실, 과일의 생태학적 목적은 바로 여기에 있는데, 과일을 먹고 사는 동물을 유인하여 씨를 전파시키는 것이다. 그러나 씹거나 갉아먹을 때 핵이 쉽게 부서지고 만다면, 그 나무는 어려운 상황에 빠진다. 씨를 싹 틔우는 데 실패하여 그 종은 개체군 감소를 겪을 것이다. 존스는 오랜 진화 과정을 통해 모리셔스 섬의 일부 나무 종이 단단한 핵을 가진 과일을 맺게 되었다고 추측한다. 칼바리아나무도 그러한 종 중 하나이다.

　"칼바리아나무 열매는 큰박쥐와 모리셔스목도리앵무가 먹습니다."

　지금 그는 칼바리아나무의 생태학을 현재 시제로 설명하고 있다. 그는 이 사실을 어떻게 알까?

　"그야 직접 보았기 때문이지요."

　칼바리아나무 열매의 핵이 단단한 것은 이 때문이라고 그는 자신있게 말한다.

　"도도하고는 아무 관계가 없어요. 앵무하고만 관계가 있지요."

　앵무와 박쥐 외에도 균류 감염, 외래종 식물과의 경쟁, 씨를 먹는 쥐, 어린 나무를 뜯어먹는 사슴, 땅을 파헤치는 돼지, 심지어 악마 같은 원숭이를 비롯해 고려해야 할 요인들이 더 있다. 이런 요인들 중 어느 하나가 혹은 여러 가지가 합쳐져 칼바리아나무를 사라지게 하는지도 모른다. 존스가 템플의 가설을 싫어하는 이유는 그것이 알려진 사실과 어긋날 뿐만 아니라, 그 가설이 너무나도 아귀가 잘 들어맞기 때문이다.

"나는 진실은 그것보다 훨씬 더 흥미로울 거라고 생각합니다."

그러나 실제 진실(토착종 나무들과 큰박쥐, 멸종한 앵무들, 씨를 죽이는 균류, 외래종 식물, 외래종 동물 사이의 복잡한 관계)은 아주 복잡하며,《사이언스》에 두 페이지 분량으로 간단히 설명할 수 있는 게 아니다. 그 진실은 웬디 스트람 같은 정통 생태학자 10여 명이 세 사람의 생애에 맞먹는 오랜 연구를 한 결과로 밝혀졌다. 그동안에 극적이긴 하지만 잘못된 가설이 과학계에서 흥미를 잔뜩 부추기는 전설이 되었다.

그럴듯한 전설이 반복해서 이야기되는 동안 혼란스럽고 까다롭지만 중요한 현실이 무시되는 일이 일어난다. 우리는 다윈핀치에서 그것을 보았고, 도도와 칼바리아나무에서도 그것을 본다. 게다가 일부 전설은 약간의 가치가 있는 경우도 있지만, 모두 나름의 대가를 치러야 한다. 현실을 무시하면 나쁜 결과를 초래한다. 멸종한 개체군에 관한 전설 중에서 도도와 칼바리아나무 가설이나 다윈핀치에 얽힌 전설보다 더 값비싼 대가를 치른 것이 하나 있다. 그것은 바로 마지막 태즈메이니아 원주민에 관한 전설이다.

마지막 태즈메이니아 원주민

이 전설에 따르면, 태즈메이니아 원주민 중 마지막 생존자는 트루가니니Truganini라는 이름의 늙은 여인이다. 성질이 사납고 키가 작은 그녀는 1876년에 죽었다.

트루가니니의 사진이 여러 장 남아 있다. 흐릿한 흑백 사진 속의 그녀는 분노와 고독한 투지를 뿜어내는 것처럼 보인다. 말년에 붉은색 터번에 서지 드레스 복장으로 거니는 그녀의 모습을 호바트 거리에서 자주 볼 수 있었다. 낳은 자녀가 있었는지 모르겠지만, 낳았다 하더라도 그 아이들은 살아남지 못했다. 그녀는 개를 길렀다. 트루가니니는 자기가 죽은 뒤에 과학자라고 부르는 악마처럼 호기심 많은 백인들이 자기 몸을 토막낼까 봐 몹시 두려워했다고 한다. 그녀의 두려움은 훗날 근거가 전혀 없는 게 아닌 것으로 드러났다. 오늘날 그녀의 초상화는 태즈메이니아 박물관에 걸려 있다. 그리고 그녀의 골격도 몇 년 동안 그곳에 전시되었다. 1876년 5월 8일 오후 2시에 찾아온 트루가니니의 죽음은 1만 2000년에 걸친 태즈메이니아 섬 원주민의 전설에 종지부를 찍었다. 그것은 비록 가짜 대단원으로 종결되긴 했지만, 비애와 교훈을 가득 담은 중요한 이야기이다.

트루가니니는 평생 동안 변화와 전쟁, 이주, 박해, 파멸적인 가부장주의, 집단 학살과 맞먹는 제도적 학대를 목격했다. 그녀는 동족들이 질병과 백인으로 인해 그리고 절망에 빠져 죽어가는 것을 지켜보았다. 이 종족이 겪은 고난에 관한 전설(겉으로는 동정하는 것처럼 보이지만, 실제로는 잔인한 경멸을 나타낸)에 따르면, 그 고난의 결과로 태즈메이니아 원주민은 완전히 사라졌고, 그 대단원을 장식한 것이 트루가니니의 죽음이다. 이 전설은 19세기에 기록된 태즈메이니아 역사 문헌을 지배했다. 예를 들면, "속임수와 원시적인 무기 외에는 아무런 방어 수단이 없던 원주민은 칼과 총으로 무장한 세련된 개인주의자에게 상대가 되지 않았다. 1876년에 마지막 생존자가 죽었고, 이로써 종족 전체가 사라졌다."[85] 라는 기술이 있다. 또, 존경받던 한 학자는 이렇게 말했다. "태즈메이니아 원주민은 멸종한 종족이다."[86] 이 전설은 여러 측면에서 심금을 울린다. 그 이야기는 슬프고 극적이고 단순하고 최종적이며, 비록 진심에서 우러나오는 후회를 요구하지만 엎질러진 물처럼 돌이킬 수 없다. 이 전설은 태즈메이니아의 백인 주민에게 원주민 생존자와 토지 반환 협상을 할 의무를 지우지 않는다. 이 전설에 따르면, 원주민 생존자는 한 명도 없기 때문이다.

그러나 최근에 이 전설은 수정되었다. 트루가니니가 사망한 날짜나 그녀가 태즈메이니아 원주민이었다는 사실을 의심하는 사람은 없다. 다만, 그녀가 정말로 마지막 원주민이었는가에 대해 의문이 제기된다.

이것은 국지적 멸종 연구와 밀접한 관계가 있는 문제이다. 왜냐하면, 태즈메이니아 원주민은 호미니드 중에서 우리와 다른 별개의 '종'은 아니지만, 분명히 별개의 개체군(심지어 오스트레일리아 본토에서 살아간 원주민과도 다른)이었기 때문이다. 그들의 역사는 전설로 전해지는 것이건 수정된 것이건, 섬에 격리돼 살아가는 상태가 초래하는 생물학적 재앙의 고전적 사례를 대표한다.

백인들의 대원주민 정책

태즈메이니아 원주민은 1만 2000년 동안 한 섬에 갇혀 살면서 유전적으로나 문화적으로 분기해나갔다. 머리카락은 오스트레일리아 원주민보다 곱슬곱슬하고, 피부는 검은색이 아니라 불그스름한 갈색이었다. 유럽인이 처음 도착했을 무렵, 태즈메이니아 원주민은 오스트레일리아 원주민과는 달리 금속 가공 기술이 전혀 없었고, 모서리를 간 석기나 나무 손잡이가 달린 석기도 쓰지 않았으며, 나무 그릇조차 사용하지 않았다. 부메랑도 없었다. X선 사진 같은 그림으로 거북이나 주머니늑대를 묘사한 암벽화도 오스트레일리아 본토에 남겨진 우비르처럼 정교한 그림에는 한참 못 미치는 단순한 수준이었다.

약 4000년 전부터 생긴 이해하기 힘든 금기 혹은 선호를 지키면서 살아온 태즈메이니아 원주민은 물고기를 먹지 않았다. 고고학자들은 그 이유를 아직까지도 궁금하게 여긴다. 그들은 수지獸脂와 황토를 머리에 기름처럼 발랐다. 그것이 가능할 때에는 불을 가지고 다녔지만, 불을 피울 줄은 몰랐던 것 같다. 도구로는 단순한 광주리, 땅을 파는 막대, 돌로 만든 창끝이 달리지 않은 창, 와디waddy라는 가벼운 곤봉 등을 사용했다. 또, 나무 껍질을 묶어 카누를 만들었는데, 이것은 가까운 연안 섬까지는 노를 저어 갈 수 있었겠지만, 대양 항해에는 부적합했다. 그들은 다양한 수렵 및 채집 생활을 하면서 살아갔는데, 음식 중에서는 특히 캥거루 고기가 중요했다. 문자는 없었다. 그들의 형이상학적인 믿음과 의식은 단편적인 구전을 통해서만 전한다. 하지만 종종 열정적으로 춤을 추고 노래를 부른 것으로 알려져 있다.

전체 인구는 적었다. 유럽 인과 접촉하기 직전에 이들의 인구는 3,000~4,000명에 불과했던 것으로 보인다. 원래 출산율이 낮았거나 아니면 그들이 살던 땅이 많은 사람을 먹여 살리기 어려웠을 것이다.

태즈메이니아 원주민에 대해 가장 신뢰할 만한 기록을 남긴 사람은 린들 라이언Lyndall Ryan이다. 그녀의 세심한 연구는 1981년에 출간된 저서 《태즈메이니아 원주민 The Aboriginal Tasmanians》에 담겨 있다. 라이언은 유럽 인이 정복하기 전에 태즈메이니아 섬은 아홉 부족의 땅으로 나뉘어 있었다고 설명한다. 일상생활을 영위하는 기본 사회 단위가 되는 무리는 부족당 대여섯 개가 있었다. 한 무리의 구성원은 약 40명이었고, 이들은 함께 식량을 구하고, 함께 야영하고, 함께 이동하고, 모두 같은 집단 이름으로 서로를 불렀다. 무리들의 이름은 우리 귀에 아주 낯설게 들린다. 토메지너 무리, 펜머키어 무리, 러거마이러너페어러 무리, 트롤울웨이 무리 등이 있었다. 동해안의 오이스터 만 근처에는 룬티테타마이럴레호이너 무리가 살았다. 트루가니니는 남동부 지역에 살던 부족의 릴류코니 무리에서 태어났다. 아버지는 그 무리의 추장이었다. 트루가니니는 아버지의 강인한 기질을 타고난 것 같다.

그녀가 태어나 1812년 무렵에는 이미 영국인의 침략과 약탈이 일어나고 있었다. 물범 사냥꾼들은 배스 해협의 섬들에 자리를 잡고서 물범을 몽둥이로 때려잡아 1년에 물범 가죽을 수천 벌이나 수확했다. 최초의 영국 죄수 식민지는 1803년에 더웬트 강 동안에 들어섰는데, 그곳은 나중에 호바트가 건설된 장소에서 멀지 않았다. 시드니에서 더 많은 사람들이 실려오고 죄수 식민지가 두 군데 더 생기면서 죄수와 그들을 감시하는 군인의 수가 빠른 속도로 증가했다. 일부 죄수는 도망쳐 오지에서 산적으로 살아갔다. 1807년에는 농사 지을 땅과 가축 키울 땅을 찾아 자유 정착민도 수백 명씩 도착하기 시작했다. 태즈메이니아 섬에서 살아가는 유럽 인의 수는 급속도로 증가해 곧 원주민의 수와 비슷해졌고, 트루가니니가 어렸던 시절의 어느 시점에 원주민의 수를 추월했다. 개간되는 땅 면적과 강 유역을 따라 건설되는 정착촌의 면적은 물론이고, 소와 양의 수도 급속도로 증가했다. 그러자 유럽 인과 원주민 사이에 충돌이 일어날 것은 불을 보듯 뻔했다.

영국의 물범 사냥꾼들은 자유분방하고 음란한 기질을 가진 사람들이어서 북부 연안에 살던 원주민 부족들과 나름의 방식으로 접촉했으며, 원주민 여자들을 사서(어떤 경우에는 납치해서) 첩으로 삼고 물범 가죽을 벗기는 일을 시켰다. 정착촌의 군대와 민간인 관리들은 원주민에게 좀 더 온화하고 무관심한 태도를 보였다. 적어도 처음에는 그런 척했다. 호바트의 지휘관은 "원주민과 교류를 하고 호의를 얻도록 노력하라"[87]는 지시를 받았으며, 또 자신의 관리하에 있는 정착민에게 원주민과 "우호적이고 친절하게 지내라"고 지시했다. 그러한 권고에도 불구하고, 영국 정부는 태즈메이니아 원주민을 '문화 민족'[88]으로 여기지 않았으며, 그들에게 어떤 법적 지위도, 심지어 피정복민의 지위조차 부여하지 않았다. "그들은 영국 시민의 권리를 전혀 누리지 못하는 영국 신민이 되었다."[89]라고 라이언은 썼다. "따라서 원주민은 토지의 원 소유자라는 권리도 주장할 수 없었으며, 자신의 토지를 지키기 위해 취하는 시도는 어떤 것이건 영국 법에 따라 범죄 의도를 지닌 것으로 간주되었다." 원주

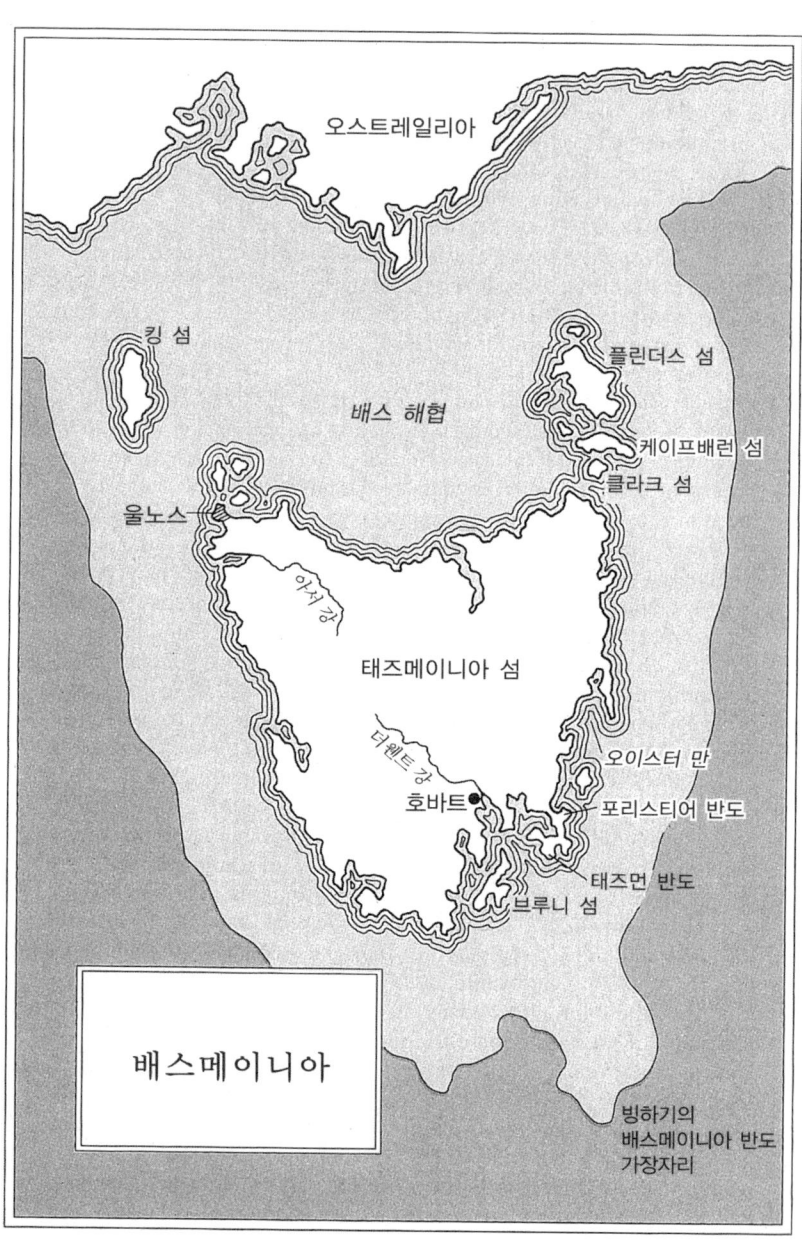

민은 실제로 그러한 시도를 했다. 1807년, 영국인이 최초로 살해되는 사건이 일어났다. 그리고 1년도 안 돼 잇달아 벌어진 격렬한 충돌 사건에서 유럽 인 20여 명과 원주민 100여 명이 사망했다.

원주민이 생각하는 토지 소유권 개념은 유럽 인과 달랐지만, 토지 소유권 문제는 이 분쟁을 개념적으로 해석하는 한 가지 방법이다. 또 다른 방법은 캥거루를 둘러싼 문제로 보는 것이다. 원주민은 먼 옛날부터 캥거루에 의존해 살아왔는데, 외지에서 굴러들어온 흰둥이들이 좋은 사냥터에 마을과 농장을 세울 뿐만 아니라, 탐욕스럽게 캥거루를 지나치게 많이 사냥했다. 초기 식민지 시대에 캥거루 고기는 정착민에게 주요 단백질 공급원이었다. 상업적으로 캥거루를 사냥하는 사람들은 큰돈을 벌었는데, 정착촌 근처에서 캥거루 수가 줄어들면서 더 넓은 지역으로 사냥 영역을 확대하더라도 충분히 수지가 맞았다. 오지의 산적도 캥거루를 잡아죽였다. 이처럼 유럽 인은 한동안 캥거루 고기에 크게 의존했지만, 그것은 일시적이고 유동적인 것이었다. 토착 초식 동물들이 양과 소에 밀려남에 따라 유럽 인의 식성도 변했다. 그렇지만 캥거루 고기에 의존해온 원주민의 식성은 그만큼 유연하지 못했다.

하지만 원주민이 갖고 있던 토지 개념은 상당히 유연한 것이었는데, 그것은 유럽 인 정착민이 생각하는 부동산 개념과 충돌했다. 유럽 인 정착민이 새로 긋는 선들은 원주민 무리들이 전통적인 길을 따라 떠돌이 생활을 하는 것을 방해했다. 섬에는 백인이 점점 늘어났고, 갈수록 많은 땅이 농장과 목장으로 변해갔다. 1810년대와 1820년대에 많은 자유 정착민이 태즈메이니아 섬으로 몰려들었는데, 런던에 약간의 연줄이 있는 사람(퇴역한 장교라든가 지방 세력가의 둘째 아들처럼)이라면 추천장만으로 토지와 함께 노예 임금으로 토지 개간을 도와줄 죄수 노동자 한 사람을 할당받을 수 있었다. 1830년에 유럽 인의 수는 2만 3,500명으로 늘어났다. 그리고 식민지 정부는 그럴 권리가 전혀 없는데도 100만 에이커의 토지를 정착민들에게 나눠주었다. 이전에 캥거루들이 뛰어다니던 풀밭 위에서 100만 마리의 양이 풀을 뜯었다.

그 무렵에 소녀였던 트루가니니는 백인들의 '우호와 친절'이 어떤 것인지 직접 겪었다. 그녀는 세월이 한참 지난 뒤에 그때의 일을 털어놓았는데, 그 이야기는 50여 년 전에 클라이브 턴벌 Clive Turnbull이 쓴 《블랙 전쟁 Black War》이라는 책에 실렸다.(블랙 전쟁은 태즈메이니아 섬에서 1804년부터 1830년까지 원주민과 유럽 인 사이에 벌어진 전쟁을 일컫는다. 1804년 5월에 한 분견대가 사냥을 나온 원주민 무리에게 발포를 하면서 전쟁이 시작되었다. 전쟁의 결과로 원주민은 사실상 절멸했다. 때로는 1830년 전투만 블랙 전쟁이라 부르기도 한다. ― 옮긴이) 트루가니니는 자기 부족 영토인 휴언 강 하구에서 약혼자 파라위나와 또 다른 원주민 한 사람과 함께 해안에서 몇 km 떨어진 브루니 섬(역시 남동부 부족의 영토인)으로 건너가려고 했다. 그때 두 백인(잊을 수 없는 트루가니니의 기억에 따르면 그 이름은 와트킨 로와 패디 네웰이었다)이 그들을 배로 건네다주겠다고 제의했다. 그런데 중간쯤 왔을 때, 로와 네웰은 원주민 남자들을 배 밖으로 던져버렸다. 파라위나와 친구가 헤엄을 쳐 다시 배로 기어오르려고 하자, 로와 네웰은 손도끼로 그들의 손목을 잘라버렸다. 턴벌이 책에 쓴 품위 있는 표현에 따르면, "손목이 잘린 원주민들은 그대로 익사하도록 방치되었으며, 유럽 인 남자들은 여자에게 하고 싶은 짓을 마음대로 했다."[90]

1820년대 초에 원주민과 정착민의 관계는 새로운 국면으로 접어들었다. 라이언의 글에 따르면, 그때까지 유럽 인은 원주민을 "겁이 많고 온순한 사람들이라 정착촌의 목장을 확장하는 데 아무런 장애가 되지 않을 것"[91]이라고 생각했다. 이 온순한 사람들은 수도 많지 않았고, 마을도 세우지 않았다. 그들은 땅에 많은 것을 요구하지 않으면서 이곳 저곳을 옮겨 다니며 살았고, 땅에 대한 소유권도 주장하지 않았다. 그들은 보이지 않는 사람들이나 마찬가지였다. 오히려 숲 속에 숨어 사는 백인

산적이 공공의 안전과 상업에 더 큰 위협으로 간주되었다. 그러다가 1823년에 북동부의 오이스터 만에 살던 부족 중에서 라레마이르메너 무리가 목축업자 두 명을 죽였다. 넉 달 뒤에 역시 같은 무리가 습격을 가해 백인 두 명을 더 죽였다. 이 습격을 선동한 라레마이르메너 지도자들은 붙잡혀 재판에 회부되었다. 이들은 기독교인이 아니라는 이유로 재판에서 증언을 하는 게 허용되지 않았으며, 교수형을 선고받았다. 1826년에 유럽 인 세 명이 다시 창에 찔려 죽는 사건이 발생하자, 원주민 두 명이 체포되어 교수형을 당했다. 그들의 이름은 잭Jack과 딕Dick 으로 알려져 있다.

  잭과 딕은 오이스터 만 부족의 한 무리에 속했는데, 그 무리는 강 건너편에 호바트가 보이는 캥거루포인트에 야영지를 세우고 살아갔다. 캥거루포인트에 살던 원주민은 정착촌의 백인들이 거저 주는 물건을 받아 쓰는 데 익숙해졌다. 그렇게 백인과 친숙해진 것이 그들을 숲에서 살아가는 원주민보다 더 위험한 존재로 만들었다는 주장도 있다. 또 문제는 원주민 자체에 있는 게 아니라, 백인과 접촉하면서 타락한 원주민에게 있다는 주장도 있다. 잭과 딕이 처형되던 날, 부총독(런던으로부터 직접 지시를 받던 태즈메이니아 식민지의 최고 통치자)은 처형이 "추가적인 잔학 행위를 방지"할 뿐만 아니라 "회유적 행동 노선"으로 이어질 것이라고 낙관적인 성명을 발표했다.⁹² 회유 조처라는 꿈 같은 주문은 영국 식민지 관리자들 사이에 크게 유행했으며, 그 뒤에 더 많이 사용되었다. '회유'는 장차 많은 억압적 조처를 내포하는 표준적인 완곡 어법이 된다. 그것은 실제로는 "우리는 너희 땅을 빼앗고, 너희에게 우리의 종교와 언어와 질병을 주겠다. 그러면 너희와 너희 문화는 철판 위의 눈처럼 녹아 없어질 것이다."라는 뜻이었다. 교수대에 오른 잭과 딕은 비모범적인 배교자로 간주되었다. 그것은 행복한 착각이었다. 식민지 사람들은 그것이 전쟁이라는 것을 아직 깨닫지 못했다.

그다음 몇 달 동안 유럽 인이 여섯 명 더 살해되자, 그제야 백인들도 사태를 심각하게 느끼기 시작했다. 1827년에는 유럽 인이 30명 살해되었다. 어떤 지역의 목축업자들은 자경단을 조직해 원주민에 대한 보복 공격에 나섰다. 〈콜로니얼 타임스 Colonial Times〉의 논설을 비롯해 일부 사람들은 이 전쟁이 끝까지 간다면 태즈메이니아 원주민이 전멸할 것이라고 주장했고(이 주장은 비록 완전히 들어맞지는 않았지만, 그 당시로서는 예리한 선견지명이었다), 또 어떤 사람들은 남아 있는 원주민을 모두 작은 섬으로 이주시키는 것이 더 인도적이라고 주장했다. 현재 수십 명의 물범 사냥꾼과 그들에게 딸린 원주민 여자들만이 살고 있는, 바람이 거세게 몰아치는 배스 해협의 한 장소로 이주시키면 어떨까? 식민지 부총독인 조지 아서 George Arthur 는 양면 가치 때문에 갈등을 느끼던 유화적 성격을 가진 사람이 인도주의를 표방한 그 방안에 솔깃했을 것이다. 하지만 그러한 아서도 런던의 상급자들에게 다음과 같이 보고할 정도였다. "그들은 이미 백인이 자신들의 영토를 빼앗고, 사냥터를 침범하고, 자연의 식량인 캥거루를 죽였다고 불평하고 있습니다. 그래서 자신들이 좋아하는 장소에서 추방당한다면 극도의 분노를 느낄 게 틀림없습니다."[93]

부총독은 난처한 입장에 놓였다. 만약 다른 섬으로 추방하는 것이 해결책이 되지 못한다면, 어떤 방법이 있단 말인가?

아서가 통치한 그다음 몇 년 동안 세 가지 조처가 실행에 옮겨졌다. 첫 번째 조처로 그는 조지 오거스터스 로빈슨 George Augustus Robinson 이라는 독실한 사업가에게 남동부 연안의 브루니 섬에서 살아가던 한 온순한 원주민 집단을 대상으로 선교 사업을 벌이게 했다. 이미 나눠주고 있던 담요와 유럽식 의복, 식량 배급(하루치에 해당하는 비스킷, 소금에 절인 고기, 감자, 빵, 차) 외에 로빈슨은 기독교의 가르침을 전파하라는 임무를 부여받았다. 아서는 그렇게 하면 그 소문을 듣고 다른 지역과 부족의 원주민이 모여들 것이라고 기대했다.

두 번째 조처는 원주민을 사로잡아오면 포상금을 지불하는 제도였다. 이 제도는 주머니늑대 시체에 포상금을 지불하기 시작한 1830년에 시작되었다. 두 시기가 일치한 것은 영국 정착민이 태즈메이니아 원주민과 주머니늑대를 동격으로 간주했다는 사실을 말해준다. 원주민에 대한 포상금은 주머니늑대보다 약간 더 많아 어른은 한 명당 5파운드, 어린이는 2파운드였다. 포상금을 노리는 사람들은 '검둥이 사냥'[94]으로 불린 이 사업에서 큰돈을 벌 수 있었다. 원주민 포상금 지불 장부는 주머니늑대 포상금 지불 장부만큼 꼼꼼하게 기록되지 않아, 이 계획이 얼마나 큰 성과를 거두었는지는 알기 어렵다. 아서 부총독은 정착민 거주 지역에서 유럽 인과 친하게 지내는 원주민을 잡아오면 포상금을 지불하지 않는다고 명시했으며, 이유 없는 살해 행위를 막으려고 노력했다.

빅 강과 오이스터 만 부족 구성원들이 호바트 주변 지역에서 게릴라 공격을 계속하자, 아서는 세 번째 조처를 취했다. '블랙 라인Black Line'이라는 군사 작전을 승인한 것이다.

계획만 놓고 본다면, 블랙 라인은 대담하고도 결정적인 작전이었다. 군인, 경찰, 죄수 및 민간인 자원자로 이루어진 인간 사슬이 작전 지역을 훑고 지나가면서 도중에 마주치는 원주민을 모조리 사로잡거나 죽인다는 계획이었다. 그 선은 호바트 북쪽 60km쯤 되는 지점에서 시작했는데, 서쪽 끝은 산맥과 맞닿는 곳까지, 동쪽 끝은 동해안까지 뻗었다. 이 선은 거기서 동남쪽으로 수백 km^2의 시골 지역을 지나면서 가차없이 진격하여 포리스티어 반도로 연결되는 좁은 병목 지역까지 갈 예정이었다. 포리스티어 반도는 또 다른 좁은 병목 지역을 지나 태즈먼 반도로 연결되었다. 점점 가까이 다가오는 블랙 라인을 피해 달아나는 원주민은 결국 섬 끝 부분에 있는 반도에 갇힐 것이다. 그러면 그 땅을 보호 구역으로 설정하여 원주민에게 그곳에서 살아가도록 할 것이라고 아서는 선언했다. 작전을 담당한 지휘관의 평가에 따르면, 사로잡히거나 달아난 빅 강과 오이스터 만 원주민은 약 500명이었다.

블랙 라인은 1830년 10월 7일에 움직이기 시작했다. 작전에 참가한 사람은 2,000여 명으로 1,000정의 총과 넉넉한 탄약으로 무장했고, 수갑도 300벌을 준비했다. 그들은 격렬한 작전 수행과 큰 성공을 기대했다. 라이언은 다음과 같이 묘사했다.

> 3주일 동안 그들은 덤불을 뒤지고, 숨어 있는 적을 공격하려고 방어용 임시 막사를 지었으며, 시골 지역을 정찰하고, 빗속에서 길을 잃기도 하면서 막대한 양의 정부 보급품을 소모했다. 명백하게 무질서한 작전에도 불구하고, 블랙 라인은 동부 해안에서 오이스터 만 원주민을 쫓아내는 데 성공했으며, 10월 24일에 두 명을 사로잡고, 프로서 평원에서 두 명을 사살했다. 나머지 예닐곱 명은 선을 뚫고 북동쪽으로 달아났다. 목숨을 건진 것을 행운으로 여기면서.[95]

두 명 생포, 두 명 사살……. 요란한 작전에 비해 부끄러울 정도로 형편없는 소득이었다. 10월 말에 민간인들은 집으로 돌아갔고, 죄수들도 철수했다. 군인과 경찰만이 계속 남아서 무리에서 낙오한 원주민 사냥을 계속했으나, 원주민은 한 명도 보이지 않았다. 블랙 라인이 500여 명의 원주민을 쫓아냈다는 지휘관의 평가는 크게 과장된 것임이 분명했다. 그 지역에는 불과 10여 명의 도망자가 있었던 것으로 추정되는데, 그 대부분은 시끄러운 백인들의 진군 행렬을 충분히 빠져나갈 수 있을 만큼 민첩했다.

식민지 언론은 블랙 라인 작전의 비효율성을 조롱했다. 하지만 이 작전은 어느 정도 소기의 목적을 달성했는데, 이 지역에서 살아온 원주민들은 이제 조상에게서 물려받은 땅을 상실했다는 사실을 깨달았기 때문이다. 오이스터 만 부족과 빅 강 부족 중 살아남은 사람들은 자기 고향으로 다시 돌아가려는 노력을 적극적으로 보이지 않았다. 게릴라전도 점점 뜸해졌다. 오이스터 만 부족민은 대부분 죽거나 뿔뿔이 흩어졌다. 빅 강 부족민 중 최후로 남은 사람들은 서쪽 고원 지대로 옮겨갔다.

트루가니니는 브루니 섬에서 영국인이 제공한 거처와 식량을 받아들인 평화로운 집단에 속했다. 그곳에는 또 한 사람의 역사적 인물이 있었는데, 그는 아내와 세 자녀를 거느린 원주민 전사 우래디Woorraddy였다. 우래디는 위엄이 있으면서도 유연한 사람으로, 원주민 생활 방식을 완전히 포기하지 않으면서 백인 정복자에게도 도움을 주는, 두 문화 사이에 양다리를 걸치는 방법을 터득했다. 선의를 가지긴 했지만 우둔한 로빈슨이 브루니 섬 원주민을 개종시키겠다는 임무를 띠고 도착했을 때, 그는 우래디와 그 가족, 그리고 트루가니니를 비롯해 나머지 13명의 원주민만 발견했다. 얼마 전만 해도 160명이나 되던 남동부 부족에서 살아남은 사람은 이들이 전부였다.

아서 부총독의 승인을 받은 로빈슨의 계획은 원주민이 기독교인과 문명인이 되어 살아가는 시범촌을 만드는 것이었다. 이리저리 돌아다니면서 사냥하는 생활을 그만두고 정착해 농사를 짓게 하고, 캥거루 가죽 옷 대신에 유럽식 옷을 입히고, 트루가니니와 그 밖의 여성들이 영국인 하층민인 물범 사냥꾼이나 고래 사냥꾼들에게 몸을 파는 행위를 그만두게 하려고 했다. 로빈슨은 원주민을 영국의 착실한 농촌 가족과 같은 모습으로 변모시킬 작정이었다. 그런데 로빈슨이 맨 먼저 취한 조처 중에는 아이들을 부모에게서 떼놓아 어릴 때부터 철저하게 세뇌 교육을 시키는 것도 포함돼 있었다.

그러나 그러한 사회적 조처는 건강에 좋지 않았던 것으로 보이며, 배급된 식량도 원주민의 전통 식사에 비하면 단백질이 적어 건강에 악영향을 끼쳤다. 유럽 인이 가져온 외래 질병에 노출된 것도 문제였다. 로빈슨의 선교 사업 대상이 된 원주민은 곧 감기로 추정되는 병에 걸렸다.

면역력이 없는 사람에게 감기는 치명적일 수 있다. 우래디의 아내가 죽고, 세 사람이 더 죽었다. 살아남은 어른들은 그 장소의 나쁜 공기와 나쁜 관계와 나쁜 기운을 피해 다른 곳으로 흩어져 갔다. 로빈슨에게 설명한 것처럼 생활 장소를 바꾸는 것이 치명적인 질병에 대처하는 그들의 전통 방법이었다. 물론 로빈슨은 기분이 좋을 리 없었다. 그들은 사냥과 채집 생활을 하면서 살아갈 수 있는 브루니 섬 남부 지역으로 이동했다. 그곳에는 아직 캥거루가 풍부했으며, 캥거루 고기는 선교단이 제공한 비스킷과 소금에 절인 고기보다 훨씬 나았다. 트루가니니와 여러 여성은 로빈슨이 보기에는 혐오스럽게도 근처의 고래잡이 기지에서 많은 시간을 보냈다. 로빈슨은 자신의 선교 노력이 실패로 돌아갔음을 깨달았다. 하지만 그는 절망하지 않았다. 대신에 그는 훨씬 야심적이지만 터무니없는 계획을 세웠다. 브루니 섬의 원주민을 이용하여 태즈메이니아 섬 전역의 원주민을 회유하겠다는 것이었다.

그는 자신의 선교단을 축제 행렬처럼 거리에 내세우고 자신이 직접 축제의 주연으로 나서려고 생각했다. 반쯤 개종된 원주민을 데리고 그렇게 섬 전체를 순회하면서 변경과 황야에 사는 원주민에게 기독교 문명의 혜택을 받아들이라고 설득할 참이었다. 그는 그들을 어둠과 추위의 세계에서 해방시킬 것이다. 그리고 그들을 신뢰할 수 있고 복종적이고 신을 두려워하는 3등 식민지 신민으로 개조할 것이다. 로빈슨은 이것이 두 가지 목적을 달성시켜줄 위대한 계획이라고 생각했다. 두 가지 목적이란, 원주민을 야만 상태에서 벗어나게 하는 것과 멸종에서 구하는 것이었다.

아서 부총독은 이 계획을 공식적으로 승인했다. 1830년 2월 3일, 로빈슨과 그 일행이 임무를 달성하기 위해 출발했다. 그들은 태즈메이니아 섬에서 아주 거친 지역을 향해 서쪽으로 갔다. 우래디도 일행에 동참하여 길 안내와 비우호적인 부족과 연락을 취하는 일을 맡았다. 트루가니니도 동행했다. 그녀는 로빈슨의 자산이었으며, 지금은 우래디의 새 아내가 되어 있었다.

그들은 8개월 동안 여행을 계속했다. 서해안의 지블린 강 근처에서 원주민을 조우한 사건이 전형적인 사례였다. 와디(사냥할 때 쓰는 곤봉 비슷한 무기)를 들고 캥거루 가죽 옷을 입은 그들은 로빈슨을 경계했다. 나머지 사람들이 덤불 뒤에 숨어 있는 가운데 두 남자만 나타났다. 하지만 로빈슨이 약간의 감언이설로 그들을 안심시키자, 그들은 다가와 악수까지 나누었다. 로빈슨은 통역을 통해 자신은 그들의 적이 아니며, 그들을 도우러 왔다고 말했다. 그는 많은 것을 설명하고 싶었겠지만, 의도만큼 많은 것을 전달하지는 못했다. 원한다면 여행에 합류해도 좋고, 싫으면 오지 않아도 된다고 했다. 남서부 부족은 로빈슨 일행에 합류하기로 했으며, 그날 밤 야영지에서 밤늦게까지 춤을 추고 노래를 불렀다. 그들은 로빈슨과 4일 동안 동행했다. 그러다가 밤중에 사라져버렸다. 고맙지만 그만 사양하겠다는 것이었다.

회유 작업은 처음에 로빈슨이 예상했던 것보다 어려웠다. 남서부 연안에서 로빈슨은 원주민의 전통 생활을 그대로 유지하고 있는 부족을 만났다. 그들은 로빈슨이 제시하는 그 어떤 것보다도 자신들의 문화를 선호했다. 북쪽에서는 호전적인 무리를 만났다. 그들은 물범 사냥꾼, 현상금 사냥꾼, 정착민, 반디멘스랜드 회사와 싸운 적이 있기 때문에 원한을 품고 있었다. 로빈슨은 일기에 이렇게 썼다.

아이들은 부모와 친척들이 이 무자비한 침략자들에게 붙잡혀 학살당하고, 자신들의 땅을 빼앗기고, 그들의 주요 식량인 캥거루가 돈 몇 푼 때문에 마구 살해되는 것을 목격했다. 그러니 이들이 백인을 극도로 증오한다 해도 놀랄 게 없다.[96]

그리고 이렇게 덧붙였다. "우리는 그들을 구원하는 데 나서야 한다. 우리가 이 땅의 원주민에게 초래한 불행을 보상하지 않으면 안 된다."97 그는 실제로 그렇게 하자고 제안했다. 그는 훌륭한 양심과 정열을 가진 사람으로 보이지만, 역사적 통찰력은 보잘것없었다. 그의 부단한 노력은 오히려 장기적으로 사태를 악화시키는 결과를 가져왔기 때문이다.

1830년의 여행은 첫 번째 시도에 불과했다. 여행을 하는 동안 로빈슨은 많은 무리(그를 따르기를 거부한)와 우호적 관계를 맺고, 죄수를 몇 사람 체포했으며(나중에 석방했지만), 원주민의 말을 약간 배우고, 숲에서 살아가는 기술도 약간 터득했다. 하지만 그의 꿈은 어디까지나 꿈에 지나지 않았고, 백인과 원주민 모두 거기에 공감하지 않았다. 원주민은 전통 생활 방식에서 구원받는 것을 달갑게 여기지 않았다. 물범 사냥꾼, 목축업자, 농부는 원주민이 그 어떤 것에서도 구원받는 것을 원치 않았다. 로빈슨이 태즈메이니아 섬을 순회하고 호바트 근처의 정착민 거주 지역으로 돌아왔을 때, 마침 블랙 라인 작전이 시작되어 거기에 참여해 달라는 요청을 받았다.

로빈슨은 참여하지 않았다. 만약 우래디와 트루가니니를 비롯해 자신을 따라다니는 원주민들을 데리고 작전에 참여했다간 방아쇠를 당기고 싶어 손이 근질근질한 군인이나 정착민이 이들에게 총을 쏘지 않을까 염려했기 때문이다. 게다가, 그는 이 작전이 오히려 상황을 악화시킬 것이라고 생각했다. 그의 생각은 옳았다. 용두사미격으로 끝났는데도 불구하고, 블랙 라인은 불만을 품은 백인 정착민 사이에 원주민 문제를 해결하는 최종적인 방법으로 '박멸주의'98가 최선이라는 분위기를 부채질한 것으로 보인다. 로빈슨은 박멸주의자들의 불만에 크게 놀라 태즈메이니아 원주민이 더 이상 태즈메이니아 섬에서 안전하지 못할 것이라고 결론 내렸다.

그래서 그는 앞서 다른 사람들이 주장한 것과 같은 생각을 하게 되었다. 즉, 원주민에게 연안의 어느 섬에 그들끼리 살아갈 수 있는 은신처를 마련해주자는 것이었다. 지금 시점에서 바라보면 '은신처'란 '최종 유배지'를 의미한다는 것을 알 수 있다. 그러나 그 당시에 이것은 좋은 아이디어로 보였다. 로빈슨의 상처받은 자비심을 일부 공유한 아서 부총독은 이번에도 동의했다.

1831년 3월, 로빈슨은 태즈메이니아 섬 북동부 끝부분에서 50km쯤 떨어진 건캐리지 섬에 원주민 51명을 이주시켰다. 건캐리지 섬은 케이프배런 섬과 플린더스 섬 사이에 위치한 작은 섬이었다. 이들의 도착으로 태즈메이니아 원주민 정착촌이 들어섰다. 이것은 공식적인 원주민 보호 구역으로, 1847년까지 한 섬이나 다른 섬에서 계속 유지되었다. 하지만 비공식적으로는 죄수 식민지였다. 건캐리지 섬은 면적이 8km²밖에 되지 않아 외부에서 식량을 공급받지 않는 한, 로빈슨이 계획한 수백 명은 말할 것도 없고 최초에 도착한 수십 명을 부양하기에도 턱없이 좁았다. 그것은 그냥 조용히 살아갈 만한 공간은 되었지만, 진짜 원주민처럼 살아갈 수 있는 공간은 못 되었다.

로빈슨은 2년 전에 브루니 섬에서 실행에 옮겼던 잘못된 계획을 다시 추진했다. 오두막집과 채소밭을 제공함으로써 떠돌이 생활을 하던 원주민이 농사를 짓고 살아가길 기대한 것이다. 그러고 나서 원주민 여성들을 물범 사냥꾼에게서 구하겠다는 신성한 임무를 띠고 다른 섬들로 떠났다. 한 달 뒤에 돌아왔더니 섬에 데려다놓은 원주민들이 병들어 죽어가고 있었다. 정착촌에 파견된 의사는 혹독한 기후와 나쁜 거주 환경, 깨끗한 식수 부족 탓으로 돌렸다. 라이언은 "강제 이주, 강제 수용, 자신의 삶에 대한 통제력 상실"[99]도 중요한 원인이었다고 지적한다. 라이언 자신은 외래 병원균 감염의 치명적 영향을 과소평가했던 것 같다. 태즈메이니아 원주민은 섬에 격리돼 수천 년 이상 살아왔기 때문에 더 넓은 세계의 사람들이 경험한 다양한 질병과 면역 체계의 적응과도 격리돼 있었다는 사실을 감안해야 한다.

1년이 안 돼 원주민 정착촌은 약간 더 나은 장소인 플린더스 섬으로 옮겨졌지만, 사람들은 계속 죽어갔다. 1832년 초에 살아남은 사람은 겨우 20명뿐이었다.

로빈슨은 1830년대 초에는 태즈메이니아 섬 본토에 남아 있던 원주민을 모으려고 여행을 계속했으며, '회유자'라는 명성을 얻었다. 사람들의 입에 자주 오르내린 '회유'라는 단어는 전형적인 오웰식 더블스피크doublespeak(거짓을 진실처럼 들리게 하는 정치적 언어, 혹은 겉과 속이 다른 말의 기교. 조지 오웰의 《1984》에서 유래한 단어라고 널리 알려져 있지만, 정작 이 소설에는 이 단어가 나오지 않는다. ─ 옮긴이)로, 정복자들의 집단 양심을 마취시키는 목적으로 쓰였다. 한편, 로빈슨의 전술은 이제 회유에서 강압으로 변했다. 그러한 변화의 계기가 된 사건은 1832년 8월 아서 강 근처의 서해안 지역에서 돌발적으로 일어났다. 그곳은 내가 마지막 주머니늑대를 찾으려고 밤중에 하이킹에 나섰다가 실패한 지점에서 멀지 않다.

로빈슨은 협력적인 원주민(언제나처럼 트루가니니를 포함해)을 대동한 채 해안을 따라 남쪽으로 가다가 뗏목을 타고 아서 강을 건넜다. 얼마 후 많은 원주민이 그들의 야영지에 나타났다. 그들은 서로 다른 세 무리에서 살아남은 사람들로, 창을 들고 있었다. 로빈슨은 그들에게 빵을 주었다. 구슬도 약간 주었다. 그러나 그것은 별 효과가 없었다. 원주민이 보인 어떤 행동에 로빈슨은 기분이 상했다. 나중에 그는 일기에 이렇게 기록했다. "그들은 낯을 가리고 시무룩했지만, 대담하고 용감했다."[100] 시무룩하고 용감한 그 사람들은 사냥을 하러 갔고, 로빈슨은 혹시 불의의 습격을 당하지나 않을까 염려하며 불안한 밤을 보냈다. 새벽에 로빈슨은 서둘러 짐을 챙겼다. 그리고 동행한 원주민 통역인에게 그 사람들 보고 자신을 따라나서든지 아니면 자기들 가고 싶은 데로 가라고 말하라고 했다. 그들을 위협하고 싶지 않았기 때문이다. 라이언은 그다음에 일어난 일을 생생하게 묘사했다.

그 말이 끝나자마자 낯선 원주민들은 창을 들고 로빈슨을 에워쌌다. 동행했던 원주민들은 달아나버렸다. 로빈슨도 간신히 도망쳤다. 덤불 사이로 달아나면서 로빈슨은 트루가니니를 따라잡았다. 트루가니니는 그 원주민들이 자신을 잡아갈까 봐 두려워했는데, 그중에 자신의 친척들이 있었으며, 또 그들에게 여자가 부족했기 때문이다. 강에 이르자, 로빈슨은 둥근 목재 두 개를 양말대님으로 묶어 조잡한 뗏목을 만들었다. 나중에 양말대님이 끊어지자 이번에는 넥타이로 묶었다. 그리고 자신은 뗏목 위에 눕고 트루가니니에게 그것을 밀게 했다. 로빈슨은 수영을 할 줄 몰랐기 때문이다.[101]

강 건너편에 도착했을 때, 로빈슨은 자신의 회유 능력에 의심이 들었다. 트루가니니가 그에게 품고 있던 존경심에도 금이 갔을 것이다. 겁에 질리고 혼란에 빠져 원주민이 저항한 이유를 이해하지 못한 로빈슨은 "다음에는 총으로 무장하고 폭력적 방법으로 원주민을 굴복시키는 방법을 사용"[102]하게 되었다고 라이언은 설명한다.

그 후에도 약 3년 동안 로빈슨은 모순 어법처럼 들리는 임무를 계속 수행했다. 총구로 원주민을 '회유해' 플린더스 섬의 정착촌으로 실어 보내 합류시켰다. 그중 대부분은 플린더스 섬에 도착하기도 전에 죽었다. 그리고 나머지 사람들은 플린더스 섬에 도착한 뒤에 죽었다. 절망과 부실한 음식이 경험하지 못한 질병의 치사율을 높임으로써 사망률을 그렇게 높인 게 틀림없다. 진단을 엄밀하게 하지 않아 정확한 것은 알 수 없지만, 주로 독감, 결핵, 폐렴으로 죽어갔을 것이다. 로빈슨이 붙잡지 못한 원주민 중 많은 수가 총에 맞아 죽었고, 일부는 백인과 접촉하면서 감염된 병으로 숲 속에서 죽어갔다. 많은 아이들은 정착민 가정에 맡겨졌으며(사실상 가사를 돕는 노예로), 일부 여성은 물범 사냥꾼과 동거 생활을 계속했다. 1835년 2월 3일, 로빈슨은 한 식민지 관리에게 의기양양하게 보고했다. "이제 원주민 집단은 완전히 이주했습니다."[103]

그것은 거의 맞는 말이었으나 완전히 맞는 말은 아니었다. 최소한 한 가족은 여전히 태즈메이니아 섬의 오지에 살고 있었다.

트루가니니의 죽음

숲 사이로 여행하는 데 넌더리가 난 로빈슨은 이제 좀 더 편한 일을 하고 싶었다. 그래서 원주민 정착촌 최고 관리자 직을 받아들였으며, 원주민을 사냥하는 일은 자신의 아들들이 이끄는 수색대에 맡겼다. 1836년 11월, 수색대는 추운 내륙 고지대 황야에 위치한 크레이들 산 근처에서 한 원주민 가족을 만났다.

그 가족은 플린더스 섬으로 가길 거부했다. 그들은 수색대를 따돌리고 사라졌고, 그 후 몇 년 동안 보이지 않았다. 그러다가 1842년에 한 원주민 부부(역사적 자료는 확실하지 않지만 아마도 크레이들 산에 살던 그 가족일 것이다)가 다섯 아들을 데리고 아서 강 근처에 나타났다. 그들은 이번에는 도망치지 않았다. 그들은 물범 사냥꾼들에게 붙잡혀 북해안으로 이송되었으며, 그곳에서 배로 플린더스 섬으로 실려 갔다. 이들은 자신들의 땅과 문화에서 강제로 분리된 마지막 태즈메이니아 원주민이었다. 다섯 아들 중에는 훗날 윌리엄 래니William Lanney란 이름으로 알려진 일곱 살짜리 아이가 있었다.

윌리엄 래니의 생애는 더 큰 전체 이야기에서 트루가니니 다음으로 측은하고 섬뜩한 장식 그림으로 자리잡고 있다. 25년 뒤, 래니는 유일하게 살아남은 태즈메이니아 원주민 남자로 추앙받는다. 그러나 1842년에는 많은 원주민 소년 중 그다지 눈길을 끌지 않는 한 소년에 불과했다. 배를 타고 플린더스 섬에 도착하면서 그의 인생 경로는 트루가니니의 인생 경로와 겹치게 되었다.

그때, 트루가니니는 오스트레일리아에서 불미스러운 일을 저지른 후 플린더스 섬으로 막 실려온 참이었다. 3년 전에 로빈슨은 오스트레일리아 남부 지역의 원주민 '보호자'[104]로 임명되면서, 트루가니니를 포트필립(오스트레일리아 남해안에 위치한 항구 도시. 지금의 멜버른)으로 데려갔다. 포트필립의 백인들이 가장 큰 관심을 기울인 문제는 물론 자신들의 안전이었다. 그들은 로빈슨의 특별한 방법과 순화시킨 태즈메이니아 원주민 일행을 활용해 다루기 까다로운 오스트레일리아 원주민을 꾀어낸 뒤에 플린더스 섬과 비슷한 수용소에 가두려는 복안을 품고 있었다. 로빈슨은 트루가니니 외에 우래디와 원주민 10여 명을 데려갔다. 그중에 티미Timmy와 피베이Pevay라는 두 남자가 있었다. 로빈슨은 오스트레일리아 본토에서 별다른 성과를 거두지 못했으나, 트루가니니와 태즈메이니아 원주민 몇 명은 사람들을 깜짝 놀라게 하는 일을 저질렀다. 1841년 어느 날, 티미와 피베이는 트루가니니와 또 다른 여성 두 명과 함께 로빈슨과의 관계를 끊고 반란을 일으켰다. 그들은 무법의 약탈자 무리가 되어 포트필립 남동부 지역에서 양치기의 오두막집을 습격했다. 이것이 야말로 그들이 태즈메이니아 섬에서 살아가는 방식이라는 것을 보여주는 것 같았다. 그들은 양치기 네 명에게 부상을 입혔다. "그들의 전술은 백인 정착민을 상대로 벌였던 지속적인 게릴라식 저항의 특징을 모두 지니고 있었다."[105]라고 라이언은 묘사했다. 그들은 플린더스 섬에 다시 갇힌다는 생각에 이성을 잃었는지도 모른다. 이미 심각한 상태에 이른 그들의 반란은 10월 6일에 극단으로 치달아 고래잡이 배 선원 두 사람을 죽였다. 이들은 체포되어 재판을 받았고, 티미와 피베이가 살인에 대한 책임을 모두 졌다. 두 사람은 교수형을 당했다. 트루가니니를 포함한 세 여자는 풀려났다. 포트필립 주민들은 이들을 즉각 추방했다.

비록 나쁜 짓을 저지르진 않았지만 백인 정착민을 불안하게 한 나머지 태즈메이니아 원주민도 쫓겨났다. 로빈슨은 남아서 새로 맡은 임무를 수행했다. 어쨌든 태즈메이니아 원주민은 그에게서 풀려났다.

하지만 그들 앞에는 계속 고난이 닥쳤다. 우래디는 플린더스 섬에 도착하기 직전에 배에서 죽었다. 중병에 걸렸거나 아니면 병과 피로가 겹쳐서 죽었을 것이다. 라이언은 우래디를 이렇게 묘사했다. "50세인 그는 마지막 정통 태즈메이니아 원주민을 대표했다. 그는 읽기나 쓰기를 배우지 않았고, 유럽식 의복을 입지 않았으며, 유럽 음식도 먹지 않았다. 오랜 세월 동안 자기 땅에서 쫓겨나고 재산을 빼앗기는 수난을 겪으면서도 원주민의 정체성에 대한 신념은 흔들림이 없었다."[106]

같은 무렵에 플린더스 섬으로 보내진 윌리엄 래니 가족도 그곳 생활에 잘 적응하지 못했다. 몇 년 지나지 않아 부모와 다섯 아이 중 두 명이 죽었다. 그 밖에도 정착촌이 세워지고 나서 몇 년 사이에 59명의 원주민이 죽었다. 트루가니니는 이렇게 많은 사람들이 죽어가는 것을 보고서 "새 집에서 살아가는 검은 친구들은 모두 사라질 것"[107]이라고 예언했다. 로빈슨 역시 트루가니니와 같은 비관적인 생각을 하게 되었는데, 한 보고서에서 조건을 어떻게든 개선하지 않는다면 "이 종족은 아주 짧은 시간 안에 멸종하고 말 것"[108]이라고 인정했다. 그러나 조건은 계속 나빠지기만 했다.

트루가니니가 포트필립에서 돌아온 뒤 1840년대 중반에는 남아 있던 원주민 60여 명 사이에서 출생률보다 사망률이 더 높았다. 소중한 아이 몇몇이 유아기를 무사히 넘겼지만, 대부분은 호바트에 있는 고아 학교로 보내져 원주민의 문화적 정체성이 머릿속에서 사라졌다. 1847년에 플린더스 섬에서 포로처럼 살아가던 어른과 어린이는 50명도 채 안 되었다. 그때, 여러 가지 이유로(그중 하나는 그렇게 작은 집단을 위해 플린더스 섬에 별도의 정착촌을 유지하는 데 드는 비용 문제였다) 호바트와 런던의 식민지 관리들은 원주민 집단을 태즈메이니아 섬 본토로 다시 옮기기로 결정했다. 호바트에서 남쪽으로 30km쯤 떨어진 오이스터코브에 죄수 수용소가 하나 비어 원주민을 그리로 옮기기로 결정한 것이다.

트루가니니는 큰 원을 그리며 돌아다니다가 출발점으로 돌아왔다. 오이스터코브는 그녀가 속한 남동부 부족이 원래 살던 영토에 속한 브루니 섬 바로 건너편에 있었다. 트루가니니는 그곳으로 다시 돌아간다니 매우 기뻤다. 다른 생존자들도 그곳으로 옮겨가는 것을 반겼으며(어떤 곳이라도 플린더스 섬보다는 좋을 것이라는 생각에서), 도착하는 날 축제의 춤을 추며 즐거워했다. 그러나 오이스터코브의 수용소는 황량한 개펄 위에 서 있는 낡은 목제 건물들에 불과했다. 주변에는 우기에 물웅덩이로 변하는 곳들이 널려 있었다. 죄수 수용소로 사용하지 않게 된 이유도 죄수들에게 너무 비위생적이라고 판단했기 때문이었다. 새로 도착하면서 느꼈던 환희는 오래가지 않았다. 어린이는 모두 고아 학교로 보내졌고, 어른 37명만 남았다.

오이스터코브는 지저분하고 바람이 세고 추웠다. 숙소는 축축하고 해충이 들끓었다. 식사도 형편없었고, 매일 배급을 받아 연명했다. 고기 약간과 차와 설탕, 담배 조금이 다였다. 일부 여성은 수용소에 하릴없이 앉아 지내면서 따분하게 타락하느니 차라리 근처의 물범 사냥꾼에게 접근하여 타락하는 쪽을 택했다. 매춘을 하면 적어도 술은 얻을 수 있었다. 남자 몇 사람은 호바트의 술집으로 흘러들어갔다. 이러니 인구 증가율이 마이너스가 되는 것은 너무나도 당연한 일이었다. 오이스터코브에 수용된 원주민 중에서 아이를 임신하거나 키우는 사람은 거의 없었다. 태즈메이니아 원주민 종족의 역사는 소수의 생존자와 부고를 알리는 북소리로 쪼그라들고 말았다.

1851년 4월, 로빈슨이 작별 인사를 하려고 방문할 때까지 13명이 더 죽었다. 사망자 중에는 유진이라는 남자가 포함돼 있었다. 해나와 루이자(이전에 드러머너루너라는 이름으로 알려진)라는 여자도 죽었다. 낸시와 올드 마리아도 죽었다. 와일드 메리와 넵튠, 크랭키 딕도 죽었다. 우래디의 아들인 데이비드 브루니도 죽었다. 바너비 러지라는 젊은이도 죽고, 그 동생 윌리엄 래니는 살아남았다. 트루가니니의 두 번째 남편인 알폰소도 죽었다. 강인한 트루가니니는 살아남았다. 로빈슨은 그녀와 생존자들에게 작별 인사를 했으나, 그들이 자신을 반기지 않는다는 사실을 금방 알아챘다. 로빈슨은 패니 코크레인이라는 16세 소녀와 그 여동생에게서 조가비 목걸이를 받았다. 이 자매의 아버지는 물범 사냥꾼이었다. 그러고 나서 로빈슨은 영국으로 건너갔으며, 그 후로 다시는 태즈메이니아 원주민을 만나지 않았다.

북소리는 계속 울렸다. 알렉산더(빅 강 부족과 함께 여행할 당시의 진짜 이름은 드루에머터퍼너)가 죽었고, 아멜리아(북서부 부족 출신으로, 예전 이름은 키테위), 찰리(드룬테허니터), 프레더릭(팔루럭), 해리엇(워테카위다이어), 워싱턴(매커미), 모리아티도 죽었다. 패니 코크레인의 어머니도 죽었으며, 윌리엄 래니의 마지막 형제도 죽었다.

식민지 정부로서는 오이스터코브에 수용된 원주민이 죽어가는 것이 이중으로 환영할 만한 일이었다. 사람들이 죽어 생존자가 줄자 유지 비용이 줄어들었을뿐더러, 원주민 종족이 사라지는 것은 영국령 태즈메이니아가 대영 제국 식민지로 완성돼간다는 지표로 간주되었다. 식량 배급은 더 줄어들었다. 건물을 보수 유지하는 데에도 신경을 쓰지 않았다. 1859년의 오이스터코브 수용소는 유리창이 깨지고, 지붕은 새고, 방은 가구 하나 없는 폐허였다. 이제 생존자는 14명뿐으로, 여자가 9명, 남자가 5명이었다. 라이언은 그들을 한 사람 한 사람 묘사했다.

소피아는 거의 모든 시간을 눈물에 젖어 보냈으며, 캐롤라인은 개하고만 이야기를 했다. 나머지 여자들은 아직 자신의 생명을 완전히 끊지 않은 폐병을 앓고 있었다. 잭 앨런과 오거스터스(이 백인 이름은 화유자에게서 얻은 것일까?)는 알코올 중독자였고, 티포 사이브는 노망에다가 거의 장님이었다. 이와는 대조적으로 윌리엄 래니는 키가 크고 건장한 24세의 청년으로, 여자들은 그를 "턱수염이 더부룩하게 나고 잘 웃는 훌륭한 젊은이"[109]로 칭송했다.

래니는 길잡이 양이었다. 그가 고난을 이겨내고 혈통을 잇지 못한다면, 어느 누가 할 수 있겠는가?

윌리엄 래니는 어깨가 둥근 건장한 체격에 온화하면서 슬퍼 보이는 눈을 갖고 있다. 육체적으로는 아주 강해 보이지만, 친절하고 수줍음을 잘 타는 성격인 것 같다. 그는 다른 사람들보다 운이 좋았다. 숲 속에서 전통적 방식으로 살아가던 부모 밑에서 일곱 살 때까지 자랐으며, 그다음에는 플린더스 섬으로 옮겨갔다가 고아 학교로 보내졌다. 그는 적응력이 뛰어나 금방 영어를 습득했고, 자신의 우주를 지배하는 백인들의 기대를 만족시켰다. 16세가 되었을 때 바다로 가 포경선을 탔다. 래니는 근면한 선원이었던 것 같으며, 존경까지는 아니더라도 최소한 인정은 받았다. 친구도 몇 명 사귀었다. 한 이야기에 따르면, 훗날 그는 배가 항구에 정박할 때마다 술독에 빠져 돈이 다 떨어질 때까지 취했다고 한다. 하지만 그것은 포경선을 타는 다른 선원들도 마찬가지였다. 호바트에서 농담을 즐기는 냉혹한 사람들은 래니에게 그의 허세부리지 않는 성격뿐만 아니라 원주민 종족 중 최고의 남자라는 사실을 조롱하는 별명을 지어주었다. 그들은 래니를 킹 빌리 King Billy 라고 불렀다. 에든버러 공작이 방문했을 때 래니는 '태즈메이니아 왕'[110]으로 소개되기도 했다.

역사학자 클라이브 턴벌은 래니가 그를 아는 거의 모든 사람에게 "불쌍한 주정뱅이 부랑자"[111]로 조롱당했다고 묘사했다. 라이언은 좀 더 호의적으로 묘사했는데, 1864년까지 래니는 순수한 원주민 혈통을 가진 사람 중 유일하게 살아남은 남자로, 책임감을 느끼면서 그 역할을 받아들였다고 보고했다. 오이스터코브에 사는 원주민 여자들이 적절한 배급을 받지 못하자, 래니는 공식적으로 항의를 했다. "나는 내 종족 중에서 살아남은 마지막 남자로서, 내 종족을 돌봐야 한다."112라고 선언할 만큼 고결한 정신을 지녔다. 결혼은 한 번도 하지 않았다.

1869년, 래니는 호바트에 상륙해 휴가를 보내다가 알 수 없는 병에 걸려 도그 앤드 파트리지 호텔 객실에서 숨을 거두었다. 그때 그의 나이는 34세였다.

그의 시체는 표면상으로는 보호 목적으로 콜로니얼 병원의 시체 보관소로 옮겨졌다. 그러나 '불쌍한 주정뱅이 부랑자'는 갑자기 모든 사람이 탐을 내는 표본이 되었다. 콜로니얼 병원의 두 외과 의사는 서로 시체를 해부하길 원했다. 두 사람의 이름은 스토켈Stokell과 크로서Crowther였다. 그들은 존경받는 전문가였지만, 서로 다른 파벌에 속했으며, 개인적으로 경쟁 관계에 있었다. 스토켈은 태즈메이니아 왕립학회의 저명 인사였으며, 크로서는 왕립외과의사회 소속이었다. 두 사람은 래니의 시체가 원주민과 유럽 인의 해부학적 차이를 알려주는 중요한 자료가 될 것이라고 믿었다. 크로서는 스토켈을 병원 밖으로 꾀어낸 뒤에 시체 보관소로 들어가 한 이발사의 도움을 받아 시체를 절단하기 시작했다. 그날 밤 9시 무렵에 크로서는 꾸러미 하나를 들고 시체 보관소를 빠져나갔다. 꾸러미 안에는 래니의 두개골이 들어 있었다. 그는 절도 행위를 숨기기 위해 다른 두개골을 그 자리에 끼워넣고 래니의 머리 가죽과 얼굴 중 남은 부분으로 그것을 얼기설기 덮어두었다. 나중에 돌아온 스토켈은 크로서가 저지른 짓을 발견했다. 그는 즉시 왕립학회 동료들과 상의하여 더 이상 선수를 빼앗기는 것을 막기 위해 래니의 손과 발을 잘라냈다.

다음 날, 래니의 시체는 크게 손상된 채 관 속에 들어가 묘지로 운반

되었다. 조문객이 아주 많이 왔다. 래니와 같은 배를 탔던 선원들도 많이 참석했는데, 호바트에서 19세기 후반의 포경선원들은 외과 의사들보다 인도주의 의식이 더 높았음을 말해준다. 래니의 관이 무덤 속으로 들어가고 그 위에 흙이 덮였다. 그날 밤 자정 무렵, 스토켈이 무덤으로 와 관을 파냈다. 그는 마음이 바뀌어 손과 발만으로는 만족하지 못했던 것이다.

얼마 안 되는 시간이었지만 스토켈과 왕립학회 동료들은 호기심이 충족될 때까지 시체를 쑤시고 자르길 거듭했다. 그런 다음, 그것을 둘둘 말아 시체 보관소에 갖다버렸다. 한 목격자의 진술에 따르면, "피와 지방 덩어리가 바닥에 온통 널브러진 것"[113] 외에는 아무것도 남아 있지 않았다. 이번에는 다시 크로서가 나섰다. 래니의 시체가 아직 남아 있다는 이야기를 들은 그는 서둘러 시체 보관소로 달려가 잠긴 문을 도끼로 부수고 들어갔다. 그러나 남은 것은 엉망이 된 덩어리들뿐이었다. 신체 부위 중 대부분은 어떻게 되었는지 분명치 않다. 어쨌거나 남은 시신 일부는 통 속에 들어가 마침내 영구 매장되었다. 라이언의 글을 보자. "스토켈은 피부로 만든 담배 주머니를 가졌고, 다른 과학자들은 귀나 코 또는 팔 일부를 가졌다. 손과 발은 나중에 아가일 거리에 있는 왕립학회의 방에서 발견되었지만, 머리는 결코 나타나지 않았다."[114]

트루가니니가 말년에 불안에 떨며 살아간 이유는 이 때문이다. 1876년 임종을 맞이할 무렵에 그녀는 로빈슨이 회유한 원주민 중에서 순수 혈통을 가진 마지막 생존자였다. 그녀는 자신의 종족이 파멸해가는 과정을 처음부터 끝까지 목격했다. 그녀가 태어난 해인 1812년에 태즈메이니아 섬에는 이미 최초의 유럽 인이 도착하여 변화가 일어나고 있었지만, 원주민 부족들과 주머니늑대 그리고 셀 수 없이 많은 캥거루가 살면서 풍요로운 야생 자연을 유지하고 있었다. 그로부터 몇 년 지나지 않아 트루가니니의 어머니는 물범 사냥꾼의 칼에 찔려 죽고, 여동생은 물범 사냥꾼에게 납치되어 나중에 총에 맞아 죽고, 약혼자는 백인들에게 손목이 잘려 살해되었다. 트루가니니는 1829년에 브루니 섬에 온 로빈슨을 만났다. 그녀는 로빈슨을 믿고 따랐고, 그의 일을 도왔으며, 많은 것을 참으며 너그럽게 대해주었고, 나중에는 그가 떠나가는 것을 지켜보았다. 조상 대대로 내려온 문화가 파괴되는 것을 지켜보았고, 두 남편이 이질적인 질병과 절망으로 죽어가는 것도 지켜보았다. 종족이 위축되고, 친구들이 죽어가는 것도 목격했다. 오이스터코브가 외롭고 텅 빈 장소로 변해가는 것도 보았다. 오래 살아남은 덕분에 그녀는 민족적으로 희귀한 인물이 되었다. 마침내 그녀는 호바트로 옮겨가 연금을 받으며 살았다.

임종 때 그녀는 윌리엄 래니를 떠올리면서 의사에게 말했다. "제 몸이 난도질되지 않게 해주세요." 그러고는 덧붙였다. "제 시신은 산 뒤쪽에 묻어주세요."[115]

그러나 트루가니니는 여자 죄수 수용소가 있던 산 앞쪽에 묻혔으며, 그곳에 묻힌 것도 일시적이었다. 그녀의 시체도 래니와 마찬가지로 파헤쳐졌다. 벌레들에게 뜯어먹히게 내버려두기엔 너무나도 소중한 자료로 간주되었기 때문이다. 벌레들 대신에 태즈메이니아 왕립학회가 그녀의 시신을 맡았다. 그들은 그녀의 골격을 깨끗이 한 뒤에 박물관에 전시했다. 트루가니니는 그런 모습으로 순회 전시물이 되어 멜버른을 다시 방문하기도 했다. 그러다가 고국으로 돌아가 1947년까지 태즈메이니아 박물관에 전시되었다.

논란의 여지는 있지만 과학적 목적보다는 정치적 목적으로 더 소중하게 여겨진 이 뼈들은 뭔가 중요한 의미를 지닌 것으로 간주되었다. 그 의미는 이것이다. "영국인의 혈통을 이어받아 현재 태즈메이니아 섬을 차지하고 있는 우리 정착민은 자부심을 느끼는 많은 민족과 마찬가지로 잘못을 저지른 과거가 있다. 우리는 우리보다 앞서 이곳에서 살아온 종족을 절멸시켰다. 여기 있는 이 사람, 트루가니니는 마지막 태즈메이니아 원주민이었다. 이제 그들은 멸종했다. 몹시 애석한 일이지만 돌이킬 수 없다." 트루가니니의 골격이 소중하게 여겨진 것은 이 편리한 거짓말을 뒷받침하는 증거로 내세울 수 있었기 때문이다.

태즈메이니아 원주민의 후예

그러나 사실은 트루가니니가 마지막 태즈메이니아 원주민은 아니었다. 오스트레일리아 남해 연안의 캥거루 섬에 살던 물범 사냥꾼들과 그들의 아내 및 자식들 중에 수크Suke라는 이름을 가진 여자가 살아남아 있었다. 그녀는 순수 혈통을 가진 태즈메이니아 원주민이었다. 어린 나이에 자신의 부족에서 따로 떨어져나와 살아간 수크는 로빈슨의 '회유'를 받지 않아 다른 사람들과 함께 플린더스 섬과 오이스터코브에 갇혀 사는 운명을 피할 수 있었다. 그녀는 트루가니니가 죽은 지 12년 뒤인 1888년까지 살았다.

로빈슨이 영국으로 떠날 때 조가비 목걸이를 선물로 준 상냥한 소녀 패니 코크레인도 살아남았다. 멸종 장부에서 코크레인이 제외된 것은 아버지가 백인이었기 때문이다. 그렇지만 1903년에 찍은 사진을 보면, 그녀는 건강하고 잘생긴 원주민의 모습을 하고 있다. 코크레인은 윌리엄 스미스라는 백인 톱질꾼과 결혼하여 아들 여섯과 딸 다섯을 낳았다. 코크레인과 스미스는 호바트에서 잠시 동안 하숙집을 운영했다. 그녀는 완전히는 아니더라도 식민지 문화에 잘 적응했으며, "독실한 감리교 신자이자 훌륭한 요리사이며 뛰어난 가수"[116]로 널리 존경받았다고 한다. 하지만 그녀가 어린 시절에 플린더스 섬에서 배운 원주민 노래들은 기억에서 지워지지 않았다. 1899년과 1903년 두 차례에 걸쳐 호레이스 왓슨Horace Watson(래니의 손과 발을 훔친 이전의 왕립학회 회원들보다는 과학적으로 약탈적 성향을 덜 지닌 것으로 보이는)을 포함해 몇몇 태즈메이니아 왕립학회 회원들이 그녀가 부른 노래를 녹음했다. 1903년에 찍은 사진을 보면, 패니 코크레인 스미스가 RCA 개RCA dog(축음기의 기다란 나팔 앞에 고개를 갸웃한 자세로 앉아 있는 개. 개의 이름은 '니퍼'이며, 광고를 통해 세계에서 가장 유명한 개가 되었다.—옮긴이)처럼 축음기 나팔 앞에서 포즈를 취하고 있고, 호레이스 왓슨은 원통을 왁스로 칠하고 있다. 그녀는 원주민 말로 노래를 불렀다. 한 곡은 다음과 같이 번역되었다.

> 보라! 사나이가 힘차게 달리네.
> 내 발뒤꿈치는 불처럼 날래다네.
> 내 발뒤꿈치는 정말로 불처럼 날래다네.
> 그대도 와서 사나이처럼 달려보라.
> 위대한 사나이, 위대한 사나이,
> 그대는 진정한 영웅!
> 만세![117]

시적 느낌과 멜로디가 빠진 채 이렇게 번역된 내용만 가지고 원주민의 음악을 완전히 나타낼 수는 없겠지만, 트루가니니의 골격이 태즈메이니아 원주민을 대표하는 것처럼 대략적으로 원주민의 음악을 대표하는 것으로 볼 수 있다.

또 다른 노래는 훨씬 풍부하고(최소한 내 취향에는), 태즈메이니아 원주민의 특색을 더 강하게 풍긴다. 사실 빨리 달리는 영웅적인 남자는 설사 발뒤꿈치가 불처럼 날래다 하더라도, 어떤 문화에서도 칭송할 수 있는 진부한 타입이다. 내가 더 좋아하는 노래는 대충 다음과 같이 번역된다.

결혼한 여자는 캥거루와 왈라비를 사냥하지요.
에뮤는 숲 속에서 달리고요.
수컷 캥거루도 숲 속에서 달리지요.
어린 에뮤, 작은 캥거루,
작은 새끼캥거루, 반디쿠트,
작은 캥거루쥐, 흰 캥거루쥐,
작은 주머니쥐, 호랑고양이,
개 얼굴 주머니쥐……[118]

이들은 모두 숲 속에서 달렸다. 어쨌든 한때는 그랬다. 원래 형태와 원래 시간에서 이것은 태즈메이니아를 태즈메이니아답게 만든 것들을 찬양하는 음악적인 생물지리학이었다. 개 얼굴 주머니쥐는 물론 주머니늑대를 가리킨다.

패니 코크레인은 1905년에 죽었다. 그런데 그때에도 살아남은 원주민이 있었다. 물범 사냥꾼이 납치하거나 기타 방법으로 함께 산 원주민 여성이 낳은 혼혈아가 그들이었다. 그들은 배스 해협의 일부 섬들에 형성된 작은 공동체에서 주류 식민지 문화와는 분리되어 버림받은 부랑자처럼 살아갔다. 영국령(나중엔 오스트레일리아령) 태즈메이니아의 법적, 사회적 통치자들은 이들을 존재하지 않는 사람처럼 취급했다. 섬의 토지를 차지하고 사는 것은 마지못해 허용했지만 그 소유권은 인정하지 않았으며, 이들을 경멸하는 투로 '혼혈아 half-castes'[119] 또는 모호하게 '섬사람들 the Islanders'[120]이라고 불렀다. 이들은 옛 원주민 문화를 많이 물려받았고, 원주민의 정체성도 상당히 지니고 있었다. 하지만 이들은 백인으로도 받아들여지지 않고 '진정한' 원주민으로도 인정받지 못하는 이중의 고통을 겪었다.

공식 견해에 따르면 트루가니니가 순수 원주민 종족에서 마지막으로 살아남은 사람이었고, 나머지 사람들은 모두 혼혈아, 즉 섬사람들이었다. 그들이 진정한 원주민이 아니라면, 윌리엄 래니처럼 피부색이 검고 머리카락이 곱슬곱슬하지 않다면, 어떻게 그들이 태즈메이니아 섬 본토에 대한 조상들의 소유권을 물려받았다고 주장할 수 있겠는가 하는 것이 공식(물론 비논리적이지만) 견해였다. 그러니 배상을 주장할 권리도 없고, 부동산 소유를 증명하는 법적 증서 없이 그냥 눌러사는 배스 해협의 섬들에 소유권을 주장할 수도 없다는 것이 백인들의 논리였다.

태즈메이니아 의회는 유화적 제스처로 1912년에 섬사람들에게 케이프배런 섬에 있는 보호 구역에 대한 사용권(소유권이 아니라)을 인정하는 법을 통과시켰다. 하지만 1951년에 이 법은 폐지되었다. 그 무렵에 케이프배런 섬의 부동산 수요가 폭발했기 때문이다. 본토에서 온 백인들은 그곳이 소를 키우기에 좋은 곳임을 알아차렸다. 개인적으로 땅을 임대받을 자격이 없는 섬사람들은 섬을 떠나 본토의 호바트나 론서스턴의 빈민가에서 살면서 적응하려고 애쓰다가 결국은 사라져갈 것으로 예상되었다. 실제로도 그렇게 되었다.

1951년 이래 수십 년이 흐르는 동안에도 상황은 전혀 개선되지 않았다. 라이언에 따르면, "백인들은 의도적인 학살 정책의 희생자인 원주민 공동체 문제에 정면으로 대처하기보다는 원주민을 죽은 사람들로 간주하는 편이 여전히 더 편리했다."[121] 최근의 인구 조사에 따르면, 태즈메이니아 주 전체에서 자신을 원주민이라고 생각하는 사람은 약 7,000명이나 되는 것으로 나타났다. 데니스 가드너Denise Gardner도 그중 한 사람이다. 불그스름한 갈색 곱슬머리에 격렬한 지성을 가진 가드너는 원주민 권리 찾기 운동을 이끄는 지도자이다.

가드너는 호바트에 살고 있다. 내가 전화를 걸자, 그녀는 마지못해하면서 만나주겠다고 수락했다. 그녀는 엄청나게 바쁘지만 내게 30분을 할애하겠다고 했다.

가드너는 바닷가에서 가까운 낡은 집에 살고 있었다. 집에는 어수선한 사무실도 있는데, 태즈메이니아 원주민 센터라고 한다. 한쪽 벽에는 검정, 빨강, 노랑의 원주민 깃발이 걸려 있었다. 마르고 홀쭉한 체격에 헐렁한 스웨터와 청바지 차림인 가드너는 담배를 연신 빨아댔다. 마치 1960년대의 평화 운동가 또는 사회노동당 활동가 같은 모습이었다.

"많은 사람들은 원주민이라면 부족 생활을 해야 한다고 생각하지요."

그러니까 야생 자연 속에서 사냥과 채집 생활을 하면서 옛날 방식대로 살아야 한다는 것이다.

"우리는 부족민이라고 이야기한 적이 없어요. 우리는 도시에 사는 흑인이에요. 우리는 집에서 살고, 다른 사람들이 먹는 것과 똑같은 음식을 먹어요."

센터의 주요 직원인 그녀는 법적 지원, 가족 지원, 원주민 공동체의 물질 남용 문제 등으로 매일 작은 전투를 치를 뿐만 아니라 토지 소유권을 둘러싼 장기전도 벌이고 있다. 혈기왕성하고 분노에 찬 그녀는 '순수 혈통'의 태즈메이니아 원주민이냐 아니냐에 대한 사소한 시비를 참지 못한다.

"내 부모 중 한 분은 흑인이고 한 분은 백인이에요. 하지만 나는 아버지의 가족조차 몰라요. 나는 흑인 가족 사이에서, 그 문화 속에서 자랐어요."

인종적, 문화적 정체성은 그녀의 주장처럼 흑인의 피가 4분의 1이 섞였느냐 8분의 1이 섞였느냐 하는 기준으로 판단할 수 없다. 그녀는 말한다. "모든 사람의 피는 다 똑같아요. 피는 모두 붉지요."

태즈메이니아 원주민의 피를 물려받은 듯한 특징을 지닌 사람은 한때 많은 불이익을 받았다. 하지만 최근에 와서 사람들은 오히려 그것에 자부심을 느끼게 되었다. 태즈메이니아 원주민 센터는 1970년대 중반에 설립되었는데, 그 이후로 정체성에 대한 집단 자각이 일어났고, 토지의 권리를 되찾기 위한 정치적 노력도 기울이게 되었다. 그러나 멸종의 전설, 즉 트루가니니가 마지막 태즈메이니아 원주민이었다는 전설은 그러한 노력에 찬물을 끼얹었다.

"우리는 우리가 존재하지 않는다는 불명예스러운 견해와 오랫동안 맞서 싸워야 했어요."

그 전설은 왜 그렇게 오랫동안 지속되었을까? 왜 그 전설은 단순히 반짝 인기를 끈 개념에 그치지 않고, 진지한 역사학자들 사이에서도 옳은 것으로 통했을까?

"자신들이 믿고 싶은 것만 쓰기 때문이겠죠." 가드너는 말한다.

혹은 드러나지 않은 이유가 있을지도 모른다. 가드너는 역사 문헌을 뒤질 시간이나 여유가 없다면서 그 문제를 무시한다.

"그렇다고 우리가 지금 여기에 존재한다는 사실이 바뀌지는 않아요."

태즈메이니아 원주민의 멸종 원인

플롬리 N. J. B. Plomley 는 사실을 제대로 파악해야 하는 역사학자였지만 오히려 전설을 널리 퍼뜨리는 역할을 했다. 그는 1977년에 자비 출판한 소책자에서 "태즈메이니아 원주민은 멸종한 종족"[122] 이라고 단언했다. 태즈메이니아 원주민 권리 찾기 운동이 막 투쟁을 시작할 무렵이었다.

플롬리는 이렇게 덧붙였다. "태즈메이니아 원주민이 멸종한 원인은 여러 가지가 있다. 너무 뻔한 이야기 같지만, 가장 근본적인 원인은 유럽 인과 접촉이 일어난 이후에 사망률이 출생률을 넘어선 데 있다."[123] 플롬리는 로빈슨이 '회유책'을 사용한 시기에 쓴 일기와 신문 등을 수집한 자료를 바탕으로 한 방대한 연구에서 좀 더 복잡한 설명을 제시했다.

플롬리는 그 저서에 《우호적인 사명 Friendly Mission》이라는 제목을 붙였는데, 약간의 아이러니가 섞인 제목이지만, 자신이 원주민의 비극을 우호적으로 기술하는 사람이라고 생각한 게 분명하다. 책 말미에 '태즈메이니아 원주민의 멸종 원인'이라는 부록이 붙어 있는데, 플롬리는 다섯 가지 원인을 열거했다.

- 외래 질병
- 백인에 의한 원주민의 사냥 및 채집 생활 터전 강탈
- 백인들이 저지른 직접적인 살상
- 매춘부나 노예로 삼기 위한 원주민 여성 납치
- 원주민 생활 방식과 문화 파괴

그리고 다섯 번째 원인 아래에 세부 요인을 몇 가지 열거했다.

- 식량 공급 붕괴
- 한 부족의 이주에 따른 다른 부족의 영토 잠식
- 가족 생활 붕괴
- 어린이 유괴
- 출산율 감소

독감, 결핵, 강요된 회유, 납치, 매독, 아노미, 절망, 경쟁, 약탈, 서식지 상실, 블랙 라인, 캥거루 남획…… 이 모든 것이 플롬리가 꼽은 멸종 요인의 범주에 포함된다. 그리고 이 요인들은 상호 연결 관계가 있어 다른 요인들을 악화시키는 원인이 된다.

플롬리가 태즈메이니아 원주민 멸종의 전설을 조장했다는 사실은 잠깐 덮어두자. 섬사람들을 잊혀진 존재로 무시한 그의 주장에 대한 판단

도 잠깐 유보하자. 그리고 멸종을 낳는 요인들을 명쾌하게 밝힌 그의 분석만 살펴보기로 하자. 플롬리 자신은 의식하지 못했을지 모르지만, 태즈메이니아 원주민의 사례(유전적으로 분리된 채 수천 년 동안 섬에 격리돼 살아왔고, 익숙한 환경에는 잘 적응했지만 유능하고 공격적인 침입자 개체군이 자신들의 서식지에 들어오면서 새로 맞닥뜨린 환경에는 제대로 대처할 수 없었던 개체군)는 섬에 격리된 개체군(또는 종)이 멸종 직전에 이르렀을 때 전형적으로 나타나는 특징을 많이 보여준다.

플롬리는 "태즈메이니아 원주민은 그 수가 많았던 적이 한 번도 없었을 것"[124]이라는 사실도 예리하게 지적했다. 그는 일견 뻔해 보이면서도 복잡하고도 중요한 진실을 파악한 것처럼 보인다. 즉, 개체군을 멸종 위험으로 몰아가는 주요 요인은 애초의 희귀성 자체에 있다는 것이다.

섬에서 멸종해간 종들

태즈메이니아 섬, 괌 섬, 모리셔스 섬, 하와이 제도에서 일어난 이러한 멸종 사례는 몇 가지 표본에 불과하다. 각 섬에 고유하게 서식하다가 최근 몇 세기 사이에 멸종해간 종이나 아종 또는 유전적으로 독특한 개체군은 그 밖에도 수십 개나 있다.

뉴질랜드에서는 웃는올빼미가 멸종했다. 뉴질랜드메추라기와 북섬덤불굴뚝새, 뉴질랜드빙어도 멸종했다. 자메이카에서는 마코앵무 2종과 자메이카이구아나가 멸종했다. 쿠바에서는 설치류 3종과 네소폰트 nesophont(카리브 해에 사는 뒤쥐 비슷한 원시적인 동물로, 곤충을 잡아먹고 삶) 2종이 사라졌다. 쿠바에서는 노란박쥐가 멸종했다. 자바 섬 남서쪽에 있는 크리스마스 섬에서는 불도그쥐와 크리스마스섬쥐(일명 매클리어선

장쥐)와 크리스마스섬사향뒤쥐가 사라졌다. 3종 모두 크리스마스 섬의 고유종이었다. 포클랜드 제도에는 흔히 남극늑대라고 부르는 와라 warrah 가 살았다. 1833년에 비글호를 타고 포클랜드 제도에 들른 다윈도 몇 마리를 표본으로 잡았다. 그러나 이제 와라는 멸종했다.

일본늑대도 멸종했다. 태즈메이니아에뮤도 멸종했다. 푸에르토리코 아구티 2종도 멸종했다.

마스카렌 제도에서는 지난 300년 사이에 최소한 조류 14종이 멸종했다. 이것은 같은 기간에 아시아, 아프리카, 북아메리카 본토에서 멸종한 조류 종의 수와 비슷하다. 서인도 제도에서는 포유류 35종이 멸종했다. 이것은 아프리카, 아시아, 유럽에서 멸종한 종들을 모두 합한 것보다 많다. 하와이 제도에서는 지구상의 나머지 모든 대륙에서 멸종한 것보다 더 많은 종의 조류가 멸종했다.

사모아 섬에서는 사모아숲뜸부기가 멸종했다. 맥쿼리 섬에서는 맥쿼리섬앵무가 멸종했다. 트리스탄다쿠냐 섬에서는 트리스탄쇠물닭이 멸종했다. 카보베르데 섬에서는 카보베르데큰스킹크도마뱀이 멸종했다. 웨이크 섬에서는 웨이크섬뜸부기가 멸종했다. 과달루페 섬에서는 과달루페딱따구리가 멸종했다. 상투메 섬에서는 상투메콩새가 멸종했다. 오클랜드 섬에서는 오클랜드섬비오리가 멸종했다. 이오지마 섬에서는 이오지마뜸부기가 멸종했다. 류큐 섬에서는 류큐물총새가 멸종했다. 태평양에 있는 작은 섬 로드하우 섬에서는 로드하우섬비둘기, 로드하우섬동박새, 로드하우섬부채비둘기, 로드하우섬딱새가 멸종했다. 모리셔스 섬에서 멀지 않은 레위니옹 섬에서는 고유종 조류가 다수 멸종했다. 히스파니올라 섬에서는 많은 포유류가 멸종했다. 소시에테 제도에서는 신비한 찌르레기로 불리던 새가 멸종했다. 노르웨이와 뉴펀들랜드 섬 사이에 있는 북대서양의 섬들에서는 큰바다오리가 멸종했다. 그리고 스티븐스 섬에서는 스티븐스섬굴뚝새가 멸종했다.

스티븐스 섬은 뉴질랜드의 북섬과 남섬 사이에 위치한 작은 섬이다. 이곳의 고유종인 굴뚝새 스티븐스섬굴뚝새 Xenicus lyalli의 멸종은 많은 멸종 사례 중 하나에 지나지 않고 멸종 규모도 그 자체로는 사소한 편이지만, 상징적인 의미를 띤다. 이 새는 날개가 짧고 꽁지깃이 거의 없으며, 전혀 날지 못하거나 거의 날지 못한 작은 새였고, 바위 사이로 숨어 다니면서 곤충을 잡아먹고 살았다. 조건이 좋던 시절에도 이 종의 개체수는 위태로울 정도로 적었다. 이렇게 불리한 여러 가지 점 외에 생태학적 순진성도 멸종을 초래한 주요 원인이 된 것으로 보인다. 상대방을 경계하지 않고 쉽게 믿는 경향이 있었던 것이다. 이 새가 전혀 날지 못했는지 그리고 얼마나 상대방을 경계하지 않았는지는 알 길이 없는데, 이 새를 살아 있는 상태로 본 사람이 아무도 없기 때문이다.

　스티븐스섬굴뚝새는 1894년에 라이얼 Lyall이라는 등대지기가 처음 발견했다. 더 정확하게 말하면, 그가 기르던 고양이가 처음 발견했다. 고양이는 새 한 마리를 죽인 뒤 의기양양하게 주인에게 가져왔다. 조류 관찰에 약간 조예가 있던 라이얼은 날개가 짧은 그 새가 특이한 종류임을 알아채고 뉴질랜드 조류를 잘 아는 전문가에게 보냈다. 그 전문가는 표본을 영국의 조류 학술지에 보냈으며, 이 새로운 종에 대해 기술한 원고도 동봉했다. 거기서 그는 이 종의 학명을 등대지기의 이름을 따 크세니쿠스 리알리 Xenicus lyalli라고 지었다.

　이 굴뚝새가 국제적으로 유명해지자 많은 채집가가 스티븐스 섬으로 몰려들었다. 그로부터 얼마 지나지 않아 여러 가지 요인(채집 활동, 목초지를 만들기 위한 벌목으로 인한 서식지 파괴, 등대지기가 기른 고양이들의 공격)이 복합적으로 작용하여 섬에 살던 굴뚝새 개체군 전체가 멸종하고 말았다.

　스티븐스섬굴뚝새는 이제 표본 12점으로만 박물관에 남아 있다. 스티븐스 섬에서는 그 후 다시는 이 새를 볼 수 없었다.

멸종에 기여하는 요인

마이클 술레Michael Soulé라는 생태학자는 "섬에서 일어난 사례를 제외하고는, 우리는 자연적 멸종 과정에 대해 아는 것이 거의 없다."[125]라고 말했다. 술레는 이런 말을 할 자격이 있는데, 세상에서 어느 누구보다도 그 과정을 깊이 연구한 사람이기 때문이다.

술레는 과학자로서 경력을 쌓던 초기에 캘리포니아 만의 섬들에 서식하는 도마뱀의 진화 경향을 연구했다. 술레는 도마뱀의 생물지리학적 분포 패턴과 도마뱀의 유전적 기반에 흥미를 느꼈다. 그는 에른스트 마이어가 1954년에 쓴 유전자 혁명에 관한 논문에 주목하여 그것과 관련된 연구를 계속했다. 그리고 훗날 테드 케이스가 선호하게 된 것과 똑같은 불모의 섬들에서 야외 연구를 했다. 그 후 멸종 문제에 점점 큰 관심을 기울이게 되었다. 종 전체의 멸종, 국지적 개체군의 멸종, 섬에서 일어나는 멸종, 다른 장소에서 일어나는 멸종 등에 대해 정확하게 무엇이 사라졌으며, 그리고 왜 사라졌는지 의문을 품었다. 그의 연구 범위와 영향력은 점점 확대되었다.

결국 술레는 멸종의 생태학적, 유전적 측면을 다루는 새로운 방법을 만들어내는 데 크게 기여했는데, 그것은 생물 다양성 보존에 좀 더 과학적으로 접근하는 방법이었다. 이러한 이유 때문에 술레는 나중에 중요한 인물로 다시 등장한다. 하지만 여기서 잠시 등장한 이유는 플롬리와 마찬가지로 개체군의 멸종에 기여하는 요인 명단을 만들었기 때문이다.

술레의 명단은 플롬리의 명단처럼 특정 사례를 사후에 분석한 것이 아니라 일반적인 경고이다. 이것은 1983년에 유전학 분야와 보전 분야의 통합을 모색하기 위해 여러 저자의 논문을 모아 출간된 책에 함께 실렸다. 술레가 쓴 장의 제목은 "우리가 멸종에 대해 정말로 아는 것은 무엇인가? What Do We Really Know About Extinctions?"였다. 그는 우리가 필요한 만큼 충분히 알지는 못하지만, 우리가 알고 있는 적은 지식만 해도 충분히 흥미롭고 중요하다고 답했다.

예를 들면, 우리는 섬이 특별히 취약한 장소라는 사실을 알고 있다. 생태학적 격리(바다로 인한 것이건 다른 종류의 경계로 인한 것이건)는 멸종 위험과 강한 상관관계가 있다는 사실도 안다. 어떤 경우에는 포식 위험과 경쟁이 한 개체군을 멸종시킬 수 있으며, 특히 포식자나 경쟁자가 외래종일 경우 그 위험이 더 크다는 사실도 알고 있다. 서식지 파괴는 또 하나의 매우 효과적인 멸종 요인이라는 사실도 알고 있다. 이런 것들 외에도 멸종을 낳는 요인은 더 있다. 술레는 멸종에 기여하는 요인 열여덟 가지를 들었다.

1. 희귀성(낮은 개체군 밀도)
2. 희귀성(작고 희귀한 서식지)
3. 확산 능력 제한
4. 근친 교배
5. 이형 접합 상실
6. 창시자 효과
7. 교잡
8. 연속적인 서식지 상실
9. 환경 변화
10. 장기적 환경 추세
11. 천재지변
12. 공생 개체군의 멸종 또는 감소
13. 경쟁
14. 포식

15. 질병
16. 사냥과 채집
17. 서식지 교란
18. 서식지 파괴

긴장할 것 없다. 이번에는 별도로 주석을 달아 긴 설명을 하지 않을 테니까. 나는 여러분이 이러한 생물학적 위험들을 한번 훑어보길 바랄 뿐이다.

그 책에 실린 글에서 술레는 조용하지만 불길한 사실을 강조했다.

"지난 100년 동안 수십 종의 조류, 포유류, 꽃식물이 갑자기 멸종했는데, 특히 대양도에서 많이 멸종했다. 마치 이들 종 사이에 어떤 전염병이 번져가는 것 같았다."[126]

여기서 여러분은 술레가 그다음에 한 말을 충분히 짐작할 수 있을 것이다.

"그 전염병은 이제 대륙으로 번져가는 것처럼 보인다."[127]

Chapter 5

프레스턴의 종

종과 면적의 관계

종과 면적의 관계는 생태학에서 아주 오래되었으면서도 아주 심오한 일반화 개념이다. 정확하게 얼마나 오래되었고 정확하게 얼마나 심오한지는 아직도 논란이 되고 있다. 그러한 논란은 결코 한가한 논쟁이 아니다. 그것은 해마다 야생 자연의 전체 면적이 축소되고 조각나고 있는 지구의 생물 다양성이 보전될까 상실될까 하는 문제와 직접 관련이 있기 때문이다.

생태학자들 사이에서 이 논쟁은 헨리 앨런 글리슨Henry Allan Gleason이 《이콜로지Ecology》에 〈종과 면적의 관계에 대하여On the Relation Between Species and Area〉라는 논문을 쓴 1922년에 시작되었다. 글리슨이 이 논문을 쓰기로 마음먹은 것은 그 전해에 스웨덴의 식물학자 올로프 아레니우스Olof Arrhenius가 발표한 논문이 하나의 계기가 되었다. 아레니우스가 쓴 논문 제목은 단순히 〈종과 면적Species and Area〉이었는데, 이 짤막한 제목은 이 주제가 아직 초보 단계에 머물러 있었다는 사실을 반영한다.

그런데 아레니우스와 글리슨보다 더 앞선 선구자들이 있었다. 재커드 Jaccard라는 연구자는 이미 1908년에 종과 면적의 관계를 다루었는데, 그것은 왓슨H. G. Watson이 영국의 식물상에서 적절한 증거를 일부 발견하기 50년 전이었다. 왓슨은 서리 주 북부 시골 1평방마일의 면적에서 자라는 식물 종의 수가 서리 주 전체에서 발견되는 모든 식물 종수의 절반에 해당한다는 사실을 발견했다. 그것은 극적인 발견은 아니었지만, 빅토리아 시대의 식물학자로서는 상상도 못 할 의미를 담고 있었다. 하지만 왓슨의 연구도 요한 라인홀트 포르스터가 한 말에서 이미 예견되었던 것이다. 포르스터는 쿡 선장과 함께 남태평양을 탐험한 프로이센의 생물지리학자이다. 앞서 소개한 포르스터의 그 말을 다시 반복해보자. "섬은 그 둘레가 크냐 작으냐에 따라 존재하는 종의 수가 더 많거나 더 적다."[1]

둘레가 작으면 면적도 작다. 이것은 논리적으로 명백하다. 더 작은 면적에는 당연히 더 적은 종이 살 것이다. 이것은 포르스터가 두 눈으로 똑똑히 목격한 경험적 현실이다.

글리슨과 아레니우스처럼, 그리고 재커드와 왓슨처럼 포르스터는 식물 종을 언급했다. 식물은 이런 종류의 자료 수집이 비교적 용이한데, 식물은 어떤 곳에 자리를 잡으면 그곳에 고정돼 살아가므로 조사하기가 쉽기 때문이다. 동물은 이동하기 때문에 서식 지역을 파악하기가 훨씬 어렵다. 그러나 글리슨과 아레니우스는 식물 자료를 사용해 포르스터의 모델을 따르긴 했지만, 종과 면적의 관계가 포르스터가 기술한 것보다 도처에서 훨씬 보편적으로 나타나는 현상임을 깨달았다. 글리슨과 아레니우스는 단지 섬에 사는 종들의 수에만 관심을 두지 않았다. 그들은 어디에 존재하는 것이건, 방형구方形區(동식물 분포 조사용으로 구획한 네모꼴 토지) 안에 존재하는 종의 수에 초점을 맞추었다.

방형구란 정확하게 무엇일까? 그것은 대표적인 표본으로 삼기 위해 선택한 정사각형 모양의 땅이다. 방형구는 섬과 달리 생태학적으로 격리돼 있지 않다. 여러분 집 뒤뜰의 땅 일부를 천막 말뚝과 끈을 사용해 표시하면, 그것은 하나의 방형구가 된다. 이 방형구가 뒤뜰 전체를 대표하는 전형적인 땅이라고 하자. 방형구에서 면적 $1m^2$의 땅에 민들레 일곱 송이가 자라고, 바랭이가 $900cm^2$의 면적을 차지한다면, 거기다가 뒤뜰의 전체 면적을 곱해주면 어떤 식물이 뒤뜰에서 얼마만 한 면적을 차지하는지 알 수 있다. 물론 이 결과는 추정치에 불과하지만, 전체 땅을 일일이 조사해야 하는 노고를 덜 수 있다. 글리슨과 아레니우스가 종의 다양성을 조사할 때 사용한 면적 단위는 이런 의미에서 방형구였다. 즉, 아주 큰 면적에서 인위적으로 경계를 그어 정한 하나의 구획이었다.

글리슨은 사시나무가 주종인 미시간 주 북부의 잡목 숲에서 자료를 수집했다. 그 잡목 숲 속에 면적이 각각 $1m^2$인 구획 240개를 설정했다. 그런 다음, 각 구획에 살고 있는 식물 종을 조사했다. 각 구획에 사는 종수는 평균적으로 4종이 조금 넘었다. $240m^2$에 이르는 전체 생태계에 사는 식물은 27종이었다. 그것은 아주 풍부한 식물 군집이라고 말할 수는 없지만, 그 정도면 충분했다. 상대적으로 빈약한 종수는 글리슨의 연구 목적을 위해 처리 가능한 수준이었다.

구획들을 다양한 크기의 집단들(즉, 연속된 구획들로 이루어진 집단들)로 묶고, 각각의 집단에 존재하는 종의 수를 세어 얻은 결과를 배열하고 재배열하자, 규모에 따른 차이가 드러났다. 예를 들면, $10m^2$의 면적에는 약 10종이 살고 있었다. 그리고 $20m^2$에는 13종이, $40m^2$에는 16종이, $80m^2$에는 전체 생태계의 약 4분의 3에 해당하는 20종이 살고 있었다. 이 수치들이 눈길을 끄는 이유는 어떤 패턴을 보여주기 때문이다. 그 패턴이란 바로 면적이 넓은 땅일수록 더 많은 종이 산다는 것이다. 이것은 미시간 주의 식물 군집에서 분명하게 드러난 종과 면적의 관계였다.

글리슨의 야외 조사 결과는 훌륭한 것이었고, 통계 자료도 흥미로웠다. 적어도 식물생태학자에게는 그랬다. 그는 그 패턴을 분명하게 드러내 보여주었다. 하지만 글리슨 자신은 그것을 순전히 순수 과학의 영역에서만 다루었다. 더 넓은 세계에서 그것이 의미하는 것은 훗날에 가서야 논의 대상이 되었다.

섬의 패턴

그것이 무엇을 의미하건 간에, 종과 면적의 관계는 식물 사이에서만 나타나는 현상이 아니었다. 필립 달링턴은 1943년에 비행 능력을 상실한 딱정벌레를 다룬 논문에서 똑같은 패턴을 언급했다. "면적의 제약은 종종 격리된 동물상에서 동물 종의 수와 종류를 제한한다."[2]

그는 쿠바, 히스파니올라 섬, 자메이카, 푸에르토리코, 이렇게 네 섬을 조사 대상으로 선택했다. 그는 각 섬에서 직접 딱정벌레를 채집했다. 네 섬은 면적은 각각 다르지만 생태학이나 기후는 서로 비슷하다. 가장 큰 섬인 쿠바는 면적이 약 10만 km^2나 된다. 그렇게 큰 섬에는 딱정벌레 종이 얼마나 많이 존재할까? 달링턴의 조사 결과에서는 163종으로 나왔다. 히스파니올라 섬은 면적이 약 7만 5,000 km^2로 쿠바보다 약간 작은데, 딱정벌레의 다양성도 쿠바보다 약간 빈약하다. 그다음 크기의 자메이카는 종수가 더 적었다. 푸에르토리코는 면적이 쿠바의 10분의 1에 약간 못 미치는데, 딱정벌레의 종수는 쿠바의 절반에 못 미쳤다.

달링턴은 가장 큰 섬인 쿠바와 가장 작은 섬인 푸에르토리코 사이의 면적 비율에 착안해 이렇게 결론 내렸다. "면적이 10분의 1로 줄어들면 딱정벌레의 종수는 2분의 1로 줄어든다."[3] 그것은 1943년에 쓴 논문에서 잠깐 언급하고 지나간 것에 불과했으며, 비행 능력을 상실한 딱정벌레에 관한 분석에 묻혀 주목을 끌지 못했다. 그러나 달링턴은 나중에 이 주장을 다시 펼쳤는데, 사람들의 기억에 그의 이름을 가장 강하게 남긴 저서에서 더 많은 자료와 함께 강조했다.

그 책은 1957년에 출간된 《동물지리학 Zoogeography》이었다. 이 책은 지구상의 모든 곳에 사는 모든 동물의 분포를 백과사전식으로 저술한 방대한 책으로, 포르스터에서 시작된 전통에 따라 기술한 구시대 생물지리학의 마지막 기념비적 작품이다. 이 책은 그 직후부터 유행한 새로운 경향의 생물지리학 연구보다는 80년 전에 출판된 월리스의 《섬의 생물》이나 《동물들의 지리적 분포》와 더 비슷하다. 달링턴의 《동물지리학》은 그 뒤에 나온 연구들과 여러 차이점이 있다. 가장 두드러진 차이는 평범한 영어 산문체로 쓴 기술적인 책이라는 점이다. 간단한 도표와 지도가 몇 개 들어 있긴 하지만, 복잡한 통계 수치 나열이나 상형 문자 같은 미적분 계산을 비롯해 어려운 수학은 전혀 없다. 비교적 경미한 한 가지 예외는 484쪽에 나온다. '섬의 패턴'이라는 제목이 붙은 장에서 달링턴은 종과 면적의 관계를 다시 언급한다. 여기서 그는 글리슨이 했던 것처럼 숫자들이 나열된 표를 소개한다.

숫자가 전혀 보이지 않다가 갑자기 숫자가 나타나면, 그것도 얼마 안 되는 양이라 뭔가 확실한 것으로 보이면, 독자들은 그 페이지를 상당히 중요한 것으로 여기게 된다. 실제로 그 페이지는 모든 현대 생태학자들이 《동물지리학》에 대해 알고 있는 부분 중 하나이다.

앞서 발표한 논문과 마찬가지로 달링턴은 그 자료를 앤틸리스 제도에서 수집했다. 다만, 이번에는 딱정벌레 대신에 파충류와 양서류를 조사했다. 쿠바(면적 약 10만km^2)에는 도마뱀과 뱀, 개구리, 두꺼비가 각각 몇 종이 사는지 조사했다. 개별적인 종수에는 크게 신경쓰지 않아도 된다. 어쨌든 이들 집단을 모두 합한 전체 종수는 약 80종이었다. 마찬가지로, 푸에르토리코에서도 도마뱀, 뱀, 개구리, 두꺼비의 종수를 조사했다. 전체 종수는 40종이었다. 크기순으로 볼 때 푸에르토리코와 그다음으로 작은 섬 사이에는 큰 간극이 존재하는데, 그것은 달링턴이 앤틸리스 제도에서 면적이 1,000km²쯤 되는 섬에 대해서는 자료를 얻지 못했기 때문이다. 그렇지만 작은 섬 몬트세랫(면적이 100km²로 푸에르토리코의 100분의 1)에는 파충류와 양서류가 9종 산다고 보고했다. 면적이 10km²밖에 안 되는 사바 섬에는 파충류가 5종만 살았다. 이 자료에서 달링턴은 딱정벌레에서 보았던 것과 똑같은 패턴을 보았으며, "면적이 10분의 1로 줄어들면 양서류와 파충류의 종수는 2분의 1로 줄어든다."[4] 라고 말함으로써 앞서 제기했던 규칙을 반복했다.

달링턴은 이렇게 일반화한 규칙을 경험 법칙으로 삼아 자신이 얻은 자료에 남아 있던 간극을 채웠다. 그 가상의 섬은 면적이 1,000km²로 푸에르토리코의 10분의 1이고, 거기에 존재하는 파충류의 종수는 푸에르토리코의 절반, 즉 20종이라고 채워넣었다. 달링턴은 이 작업을 하면서 이론생태학이라는 새로운 분야에 첫발을 내디뎠다.

통계 수치에 논리적 형태를 부여하기 위해 그는 산뜻한 피라미드 모양의 표를 만들었다.

면적(km²)	종수(추정치)	종수(실제)
100,000	80	76–84
10,000	40	39–40
1,000	20	–
100	10	9
10	5	5

이것은 그 당시 어떤 생물학자라도 할 수 있었던 과감한 도식적 주장이었다. 그러나 이것은 시작에 불과했다.

아직 수수께끼가 한 가지 남아 있었다. 무엇이 이러한 종과 면적의 관계를 만들어낼까? 면적의 제약이 종의 다양성을 제약한다면, 그러한 제약은 어떻게 작용하는가? 면적이 작은 곳의 다양성을 면적이 큰 곳보다 빈약하게 만드는 근본적인 과정은 무엇인가?

프레스턴의 종

프랭크 프레스턴Frank Preston은 종과 면적의 문제와 밀접한 관련이 있는 주제를 독자적으로 연구하고 있었다. 그 주제는 보편성과 희귀성에 관한 문제였다. 종과 면적의 관계와 마찬가지로 이것을 연구하는 데에도 패턴을 인식하고 해석하는 것이 필요했다.

어떤 생물 군집 내에서 어떤 종은 보편적인 반면, 어떤 종은 아주 희귀하고, 또 어떤 종은 풍부하지도 희귀하지도 않다. 한 군집 내에 희귀 종은 얼마나 많이 포함돼 있는가? 그리고 보편적인 종은 얼마나 많이 포함돼 있는가? 이 범주들에서 종들의 분포 양상에는 어떤 패턴이 있는가? 즉, 다른 생태계에도 일반적으로 적용할 수 있는 패턴이 나타나는가? 프레스턴은 특정 조류와 곤충 군집에서 보편성과 희귀성을 조사한 자료를 분석한 결과를 바탕으로 그런 패턴이 있다고 결론 내렸다. 그는 이 패턴을 보편성과 희귀성의 '정준 분포 正準分布, canonical distribution'라고 불렀는데, 이것이 규범이나 법규와 같은 힘을 지닌다고 생각했기 때문이다. 그것은 거의 자연 법칙처럼 보였다.

프레스턴의 정준 분포 패턴은 '대수 정규 분포'라고 부르는 더 일반적인 통계 분포의 한 변형이다. 직교좌표계에 나타낸 대수 정규 분포는 왼쪽에서부터 가파르게 상승하다가 금방 정점에 도달한 다음, 오른쪽을 향해 서서히 하강하는 궤적을 그린다. 전체적인 모습은 마치 지브롤터의 바위(지브롤터 해협 어귀의 낭떠러지에 있는 바위 기둥. '헤라클레스의 기둥'이라고 부른다.―옮긴이) 윤곽과 비슷하다. 프레스턴은 한 축의 수치들을 로그 값으로 바꾸는 일반적인 수학적 처리 과정을 거쳐 자신의 대수 정규 분포를 약간 다른 그래프 형태로 나타내는 쪽을 선호했다. 그렇게 하자 똑같은 자료들이 이전과는 다른 형태의 선을 그리며 나타났다. 그것은 왼쪽에서부터 우아하게 솟아올라 가운데에서 둥근 돔을 이룬 다음 아치를 그리며 오른쪽으로 계속 내려간다. 이것은 종의 윤곽처럼 보이므로, 수학자들은 이 곡선을 종형 곡선이라 부른다.

프레스턴의 종형 곡선은 다른 종형 곡선과 마찬가지로 말쑥하고 대칭적이다. 이 곡선이 나타내는 것은 아주 희귀한 종은 약간 적당히, 풍부한 종은 아주 많이, 그리고 아주 풍부한 종은 약간 포함한 생물 군집이다. 만약 보편성과 희귀성의 분포가 프레스턴의 주장처럼 법칙적이라면, 이 곡선은 일부 상황에만 적용되는 것이 아니라 거의 모든 생물 개체군에 적용될 것이다. 프레스턴은 한 가지를 더 명기했다. 완전한 생물 군집에서 가장 풍부한 극소수 종들이(적당히 풍부한 많은 종들보다) 군집을 이루는 전체 개체 중 대부분을 차지한다는 것이다.

프레스턴은 경험적 증거를 바탕으로 하여 수학의 마술을 가미해 중요한 의미를 부여한 이 전제들로부터 강력한 따름정리(어떤 명제나 정리로부터 옳다는 것이 쉽게 밝혀지는 다른 명제나 정리)를 몇 가지 도출했다. 한 예로 "만약 지금까지 이야기한 것이 옳다면, 훨씬 큰 면적에 존재하는 동물상과 식물상을 완전히 똑같이 주립공원이나 국립공원에 작은 규모로 보존하는 것은 불가능하다."[5]는 것이 있다. 여기서 중요한 단어는 '완전히'와 '작은 규모로'이다. 그것은 예언적인 통찰력이었다. 프레스턴의 법칙적 가설은 맥아서와 윌슨의 《섬 생물지리학 이론》을 낳는 촉매가 되었다. 프레스턴의 종은 혁명을 알리는 종소리처럼 널리 울려 퍼졌다.

프레스턴은 생태학의 역사에서 흥미로운 인물이다. 영국에서 태어난 그는 옥스퍼드 대학의 장학금을 거절하고 토목 기사 밑에서 도제로 일했으며, 혼자서 화학과 물리학을 공부한 다음 1916년에 런던 대학에서 학위를 받고 광학 회사에 들어가 일했다. 9년 뒤, 그는 다시 대학으로 돌아가 금방 박사 학위를 땄는데, 이미 발표한 논문들이 큰 도움이 되었다. 박사 학위 취득을 축하하는 의미에서 그는 조류 관찰을 위한 세계 일주 여행에 나섰다. 펜실베이니아 주에 자리를 잡은 뒤에 유리를 전문으로 다루는 공학 회사를 차렸다. 최근에 밝혀진 이야기에 따르면, 그는 "그 산업 분야에서 크게 성공했으며, 고체물리학 학술지에 60편 이상의 논문을 썼고, 산업 특허를 20여 개나 땄다."[6] 조류 연구는 취미삼아 하는 일이었다. 그 연구를 바탕으로 학술지에 발표한 논문들에서 프레스턴은 자신의 소속을 "펜실베이니아 주 버틀러에 있는 프레스턴 연구소"[7]라고 밝혔는데, 이 이름만 놓고 보면 마치 생물학 연구와 뭔가 관련이 있는 곳 같은 느낌을 받는다. 하지만 한 논문에 달린 주석에서 이전의 프레스턴 연구소가 '미국유리연구회사'[8]로 이름이 바뀌었다고 밝힘으로써 그러한 인상에 찬물을 끼얹었다. 그러나 프레스턴이 설사 이론생태학을 취미삼아 했다 하더라도, 그것은 상당한 열정과 노력을 쏟아부은 취미 활동이었다.

프레스턴은 보편성과 희귀성 문제에 관한 최초의 논문을 1948년에 발표했다. 그리고 1960년에 다시 그 후속 논문을 발표했고, 〈보편성과 희귀성의 정준 분포〉라는 제목이 붙은 긴 논문을 1·2부로 나누어 1961년 봄과 여름에 《이콜로지》에 발표했다. 그는 1989년까지 살았지만, 이것이 생태학 연구에 남긴 마지막 주요 업적이었다.

프레스턴의 논문에는 많은 개념과 수학이 등장하는데, 그중에서 두 가지는 시간을 초월해 중요성을 인정받고 있다. 첫째는 '아레니우스 방정식'[9]인데, 이것은 프레스턴보다 앞서서 선구적인 연구를 한 사람 이름을 딴 것이다. "이 방정식은 아레니우스가 직접 제시한 것은 아니지만,

그의 연구에 함축돼 있다."[10]라고 프레스턴은 설명했다. 방정식이라면 질겁할 사람도 있겠지만, 그 후에 일어난 섬 생물지리학의 발전에 관심을 가진 사람은 이 방정식을 피해갈 수 없다. 자, 내가 그 방정식을 재빨리 휘갈겨 쓰는 동안 잠깐 두 눈을 감고 있기 바란다.

$$S = cA^z$$

이제 눈을 떠도 좋다.

이 방정식은 주어진 면적 안에 존재하는 종의 수(S)는 두 상수 c와 z로 결정되는 수학적 비율에 따라 그 면적(A)과 비례 관계가 있음을 나타낸다. 그런데 두 상수는 사실은 일정한 값을 가진 상수가 아니다. 무슨 말인지 이해가 가지 않는다고? 상수가 일정한 값을 가진 게 아니라니, 이게 도대체 무슨 말일까? 어쨌거나 여기서 말하는 상수의 개념은 일반적으로 이야기하는 상수와 다르다. 여기서 상수 c는 분류학적 집단과 지리적 지역에 따라 각각 고유한 값을 가진다. 즉, 앤틸리스 제도의 딱정벌레에 적용되는 값과 갈라파고스 제도의 조류에 적용되는 값이 서로 다르다. 상수 z는 환경에 따라서도 그 값이 달라진다.

z는 어느 땅의 면적이 줄어들 때 그 땅의 각 구역에 사는 종의 수가 급격하게 감소하는지 서서히 감소하는지 그 정도를 나타낸다. 만약 갈라파고스 제도에서는 미시간 주의 잡목림 지역에서보다 면적이 더 결정적인 요인이라면, 갈라파고스 제도에서는 z 값이 높고 미시간 주의 잡목림 지대에서는 낮을 것이다. 지수 z는 종과 면적의 관계 기울기라고 부른다. 자, 조심하라! 방정식이 또 한 번 나타날 테니까. $S = cA^z$. 애매모호하면서도 중요한 이 방정식은 현실 세계의 자료를 바탕으로 귀납적 방법으로 도출한 것이다. 다시 말해서, 이 방정식은 과학자들이 현장에서 직접 관찰한 종과 면적의 관계를 나타낼 뿐이다.

이 방정식에 실제 수치들을 대입하고 이중 로그 도표에 나타내면, 프레스턴과 그 후의 연구자들이 '종-면적 곡선'이라고 부른 그래프 형태가 나타난다. 종-면적 곡선은 단계적으로 선택한 서식지 구역들 내에서 종과 면적 사이의 상관관계를 나타낸다.

전문 용어가 계속 나오는데, 불명확한 것을 피하려면 전문 용어의 꼼꼼한 해석이 필요하다. 그래서 종과 면적 관계는 오직 한 가지(즉, 면적이 작을수록 거기에 사는 종들의 수도 적다는 일반적인 사실)만 존재하지만, 가능한 종-면적 곡선은 얼마든지 있다는 것을 추가로 설명할 필요가 있다. 종과 면적 관계를 알아내기 위한 야외 현장 조사가 서로 다른 상황에서 일어난다면, 각 조사마다 나름의 종-면적 곡선이 나온다. 섬들의 집단에서 파충류와 양서류의 종수를 조사한다면, 섬들의 집단을 어떻게 묶었느냐에 따라 나름의 고유한 종-면적 곡선이 나온다. 식물의 다양성을 조사한 방형구들의 집단 역시 마찬가지다. 프레스턴은 1962년에 쓴 논문에 많은 예를 실었다. 동인도 제도의 새들에 대한 종-면적 곡선, 미시간 호의 섬들에 사는 육상 척추동물들에 대한 종-면적 곡선, 그리고 영국 목초지의 방형구들에 서식하는 식물 다양성에 대한 종-면적 곡선을 비롯해 여러 가지 예들이 있었다. 그런데 여기서 여러분이 상식적으로 알고 있는 개념을 또 한 번 뒤집어야 한다. 측정값들을 양 축을 따라 로그값으로 바꾸면, 종-면적 곡선은 곡선이 아니라 직선으로 나타난다.

그런데 굳이 곡선을 직선으로 만들려고 귀찮게 로그값으로 변환할 필요가 있을까? 그래프상에서 직선으로 나타나는 자료 집단은 과학자가 관찰하거나 측정한 사실로부터 이론을 만드는 데 큰 도움을 줄 수 있다. 그것은 경험적으로는 알 수 없는 영역으로 직관을 확장하는 방법을 제공한다. 그리고 구불구불한 곡선보다는 직선이 다루기가 훨씬 수월하기 때문에 과학자들은 직선을 선호한다. 주어진 종-면적 계에서 z 값은 직선의 기울기를 나타낸다. 곡선은 지점에 따라 다양한 기울기 값을 가지고 구부러지며 나아가지만, 직선은 편리하게도 오직 한 가지 기울기만 가진다. 국자 모양인 북두칠성의 한쪽 변이 북극성을 찾는 안내자 역할을 하는 것처럼, 종-면적 곡선의 기울기는 이론적 추론에 유용한 안내자 역할을 한다.

여기까지 이해하며 따라오는 데 어려움은 없는지? 골치아픈 로그 이야기를 꺼낸 것은 죄송하지만, 설명을 위해 어쩔 수 없었으니 부디 용서하기 바란다.

표본과 격리 집단

프레스턴의 연구에서 또 한 가지 주목할 것은 표본 sample과 격리 집단 isolate을 구별한 것이다. 이것은 어떤 생물계에서 보편종과 희귀종이 각각 얼마나 많이 대표되는가 하는 문제로 되돌아가게 한다.

프레스턴에 따르면, 표본은 더 큰 전체의 일부로 존재하는 종들의 집단 혹은 한 구획의 땅을 말한다. 다시 말해서, 표본은 더 큰 전체 지역 안에 있는 대표적인 땅덩어리나 더 긴 명단에 포함된 대표적인 일부 명단이다. 미시간 주와 스웨덴의 야생 자연에서 식물 군집 사이에 경계를 표시한 방형구들에서 조사를 한 글리슨과 아레니우스는 표본을 조사한 것이다. 여러분의 정원에서 민들레와 바랭이가 자라고 있는 땅에 끈으로 경계를 표시한 구역은 표본이다. 어느 여름 밤에 테네시 주의 숲에서 현관 불빛을 보고 나타나는 나방들은 테네시 주의 그 지역에 사는 나방 동물상의 표본이다. 중앙 아마존 지역의 열대우림 어느 1헥타르 주위에 그와 비슷한 열대우림이 방대하게 연속적으로 뻗어 있다면, 그 1헥타르도 표본이다.

반면에, 격리 집단은 격리된 종들의 집단이나 격리된 땅덩어리(예컨대 섬)를 가리킨다.

　이 구별이 중요한 이유는, 표본은 보편종과 희귀종 사이의 균형이 어느 정도 반영된 반면, 격리 집단은 그와는 다른 종류의 균형이 반영돼 있기 때문이다. 표본은 격리 집단보다 희귀종을 더 많이 포함한다. 왜 그럴까? 프레스턴은 "그 까닭은 격리된 섬에서는 내부 평형에 가까운 결과, 어쩌면 자기 충족적인 정준 분포에 가까운 결과가 나오기 때문이다. 그리고 섬은 제한된 수의 개체만 수용할 수 있으므로 종의 수가 매우 적을 것이다."[11]라고 설명했다. 여기서 '내부 평형'은, 격리 집단 내에서 희귀종은 외부에서 흘러들어오는 같은 종의 다른 개체를 통해 보충이 결코 일어나지 않는다는 걸 뜻한다. 그 수가 얼마 되지 않는 희귀종 개체들은 순전히 자신들에게만 의존해 살아가야 한다. 자기들끼리 알아서 살아남아 번식해야 하며, 이것에 성공하지 못하면 섬에서 사라지고 만다. "하지만 본토에서는 면적이 작은 지역이라도 내부 평형 상태에 놓여 있지 않다. 그 지역은 자신의 경계를 넘어선 다른 지역들과 평형 상태에 있으며, 따라서 훨씬 넓은 지역의 표본이 되는 셈이다."[12] 따라서 본토의 표본 지역에는 희귀성의 문턱이 낮은 종들이 더 많이 포함돼 있다. 한 표본 지역 내에서 국지적으로 희귀한 이 종들은 더 넓은 땅에서 배회하다가 흘러들어오는 개체들을 통해 (간신히라도) 계속 보충되는 경향이 있다.

　넓은 땅을 치우면, 즉 표본을 격리 집단으로 바꾸면 균형이 이동한다. 배회하는 개체들이 더 이상 흘러들어오지 않는다. 많은 희귀종은 자체 능력만으로 지속할 수가 없다. 그런 종은 격리 집단에서 사라진다.

　프레스턴은 조심스럽게 덧붙였다. "종과 면적의 관계에 대한 이전의 연구에서는 이런 문제를 고려한 적이 없었던 것으로 보인다."[13] 그가 이 말을 할 당시인 1962년에는 실제로 그랬다. 하지만 이제 서서히 그 시기가 무르익고 있었다.

코모도랜드

내가 발리 섬 출신의 재단사 니오만과 함께 술탄 선장이 모는 배를 타고 코모도 섬을 떠날 때 두 가지 생각이 머릿속에서 맴돌았다. 하나는 코모도왕도마뱀에게 엉덩이를 물어뜯기지 않고 로사비타 계곡을 무사히 떠나 다행이라는 생각이었고, 또 하나는 $S = cA^z$였다.

날씨는 줄곧 화창하고, 바다는 호수처럼 잔잔하다. 이 상태로 계속 동쪽으로 직진한다면, 네댓 시간 안에 플로레스 섬의 서해안에 있는 항구에 도착할 것이다. 우리는 깨끗한 숙소를 잡아 잠을 자고, 식당에서 생선구이와 차가운 맥주를 즐기고, 아침에 비행기를 타고 떠날 수 있을 것이다. 그러나 그것은 내 계획이 아니다. 나는 니오만에게 플로레스 섬으로 곧장 돌아가지 않겠다고 말했다. 그 전에 중간에 있는 작은 섬들을 조사하고 싶었다. 코모도왕도마뱀의 경우 종과 면적 사이의 관계가 어떤지 직접 확인하고 싶었다.

그래서 우리는 식수 10병과 맥아 비스킷을 배에 실었다. 술탄 선장은 우리가 며칠 동안 먹을 수 있게 쌀과 커피도 충분히 실었다. 신선한 생선과 오징어는 바다에서 가끔 만나는 고기잡이배인 프라우선에서 살 수 있다. 코모도 섬에서 일하는 안내 요원 조하네스(로사비타에서 우리를 환영한 사람들 중 하나)가 마침 비번이라 주말을 즐길 겸 우리 일행에 합류했다. 우리는 오로지 나의 호기심과 술탄의 머릿속에 든 해도에만 의존해 코모도 섬에서 동쪽으로 일반 여객선이 다니지 않는 곳을 향해 나아갔다.

코모도 섬과 플로레스 섬 사이의 이 지역은 아주 정밀한 지도에도 텅 빈 바다로 표시돼 있지만, 실은 아주 작은 섬들이 점점이 널려 있는 곳이다. 이 섬들은 그중 한 섬에서 보면 마치 한 무리의 빙산들처럼 어렴풋하게 보인다. 관광객도 찾지 않고, 인도네시아 사람들조차 거의 들어

보지 못한 이 작은 섬들은 파다르 섬, 링차 섬, 세바유르 섬, 시아바 섬, 파파가란 섬, 퐁고 섬, 길모탕 섬을 비롯해 아주 많다. 이 섬들은 주변 바다를 이안류離岸流(한두 시간 정도의 짧은 시간에 매우 빠른 속도로 해안에서 바다 쪽으로 흐르는 폭이 좁은 표면 해류. 밀려오는 파도와 바람이 해안에 높은 파도를 이루고, 바다로 되돌아가는 물이 소용돌이치는 현상이다)와 크게 굽이치는 파도의 선, 깊은 수로, 배 밑바닥을 긁는 산호초가 펼쳐진 미로로 만든다. 크기도 다양하다. 면적이 280km²로 코모도 섬과 비슷한 링차 섬부터 이름을 붙이기도 민망한 작은 암석 덩어리까지 있다. 면적이 250m²인 누사핀다 섬이 대표적인 예이다. 링차 섬을 제외한 나머지 섬들은 대부분 사람이 살지 않는다. 땅이 척박하고 환경이 열악하여 아무도 살려고 하지 않기 때문이다. 테드 케이스가 캘리포니아 만에서 조사한 섬들처럼 이곳 섬들 역시 주로 서식하는 동물은 파충류와 조류이다. 나는 이 지역을 소小코모도랜드라고 부른다. 이곳이 코모도왕도마뱀의 분포 지역에 속하기 때문이다. 그리고 코모도왕도마뱀의 전체 서식 지역인 대大코모도랜드는 코모도 섬을 포함해 플로레스 섬 서해안을 따라 띠 모양으로 뻗은 서식 지역을 가리킨다. 하지만 이 지역들의 경계선 안이라 하더라도, 코모도왕도마뱀은 모든 곳에 존재하는 것이 아니라 드문드문 존재한다는 사실을 명심해야 한다. 소코모도랜드의 모든 섬에 코모도왕도마뱀이 사는 것은 아니다.

　링차 섬과 길모탕 섬에는 코모도왕도마뱀이 살지만, 나머지 섬 대부분에는 살지 않는다. 왜 그럴까?

　한 가지 요인은 면적 때문일 것이다. 링차 섬은 비교적 큰 섬이고, 길모탕 섬은 작은 섬이긴 해도 아주 작은 섬은 아니다. 세바유르 섬은 길모탕 섬보다 훨씬 작은데, 코모도왕도마뱀이 한 마리도 살지 않는다. 누사핀다 섬은 아주 작은 섬이라 코모도왕도마뱀이 살 수 없다. 섬의 면적과 코모도왕도마뱀의 유무 관계는 쉽게 확인할 수 있다. 하지만 그 밖의 요인들은 확인하기가 그리 쉽지 않다.

우리는 맨 먼저 파다르 섬에 상륙했다. 파다르 섬은 면적이 $13.5km^2$이다. 이 정보는 내 가방에 들어 있는 월터 오펜버그의 《코모도왕도마뱀의 행동생태학》에 나오는 지도에서 얻었다. 파다르 섬의 자연 지형은 대부분 옅은 갈색 풀로 촘촘하게 덮이고, 화산 봉우리가 몇 개 솟아 있지만, 산봉우리가 높지 않아 비가 많이 내리지 않고 큰 숲이 생기지 못하는 것 같다. 그래서 척박한 사바나 생태계가 나타나는 건조한 장소이다. 이 섬에는 인간 정착촌도 없고 큰 동물도 거의 없다. 파다르 섬은 척박한 환경에도 불구하고 오펜버그가 직접 현장 조사를 하다가 코모도왕도마뱀을 발견한 섬이지만, 그 조사는 20년 전에 한 것이다. 그 당시에도 코모도왕도마뱀의 개체군은 작았던 것으로 보이는데, 작은 개체군의 위험을 감안한다면 20년은 상당히 긴 시간이다. 술탄은 미리 내게 큰 기대를 하지 말라고 했다. "오라? 티닥 아다." 코모도는 이곳에 없다는 뜻이다. 어쨌든 지금은 없다.

나는 이런 문제에서는 술탄의 견해를 존중한다. 그는 코모도랜드의 길을 제대로 아는 극소수 사람들 중 한 명이며, 관찰력이 예리하기 때문이다. 조하네스도 술탄의 견해에 동의했는데, 니오만이 통역해주었다.

"1991년에 불이 났어요. 이곳만 빼고 섬 전체가 불탔답니다. 조하네스는 사람들과 함께 불 끄는 것을 도왔대요. 그 전에는 사슴과 코모도가 있었어요. 하지만 불이 난 뒤로 다시는 볼 수 없게 되었대요."

이 이야기는 그럴듯하다. 큰 화재는 격리된 서식지에서 살아가는 작은 개체군을 절멸시킬 수 있는 사건이기 때문이다. 내 눈에는 화재가 일어났다는 증거가 전혀 보이지 않지만, 건조한 사바나는 종이처럼 쉽게 불탔다가 금방 다시 자랄 수 있다.

우리는 파다르 섬에 상륙해 한 시간 가량 걸어다녔다. 서쪽 상륙 지점에서 경사가 완만한 비탈을 올라 산등성이로 올라간 다음, 반대편 비탈

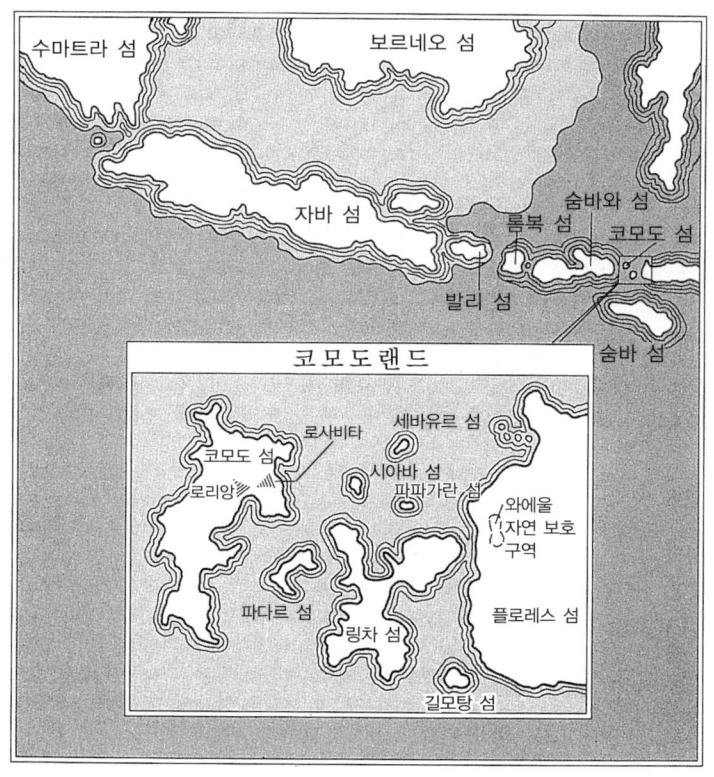

을 따라 동쪽의 저습지를 향해 내려갔다. 나무는 초지 여기저기에 조금씩 무리를 지어 듬성듬성 나 있을 뿐이다. 초지는 사방이 확 트여 햇살이 밝게 비친다. 매복했다가 기습하는 공격 습성을 가진 포식 동물에겐 매우 불리한 환경이다. 하지만 몸집이 큰 먹이 동물 역시 숨을 곳이 없어 불리하기는 마찬가지다. 하지만 둘 다 화재 때문에 이곳에서 사라져버렸다면, 탁 트인 지형이 포식 동물에게 유리한지, 아니면 먹이 동물에게 유리한지는 논란의 대상이 될 수 있는 질문처럼 보인다. 풀은 허리춤까지 자랐다. 우리는 잠시 걸음을 멈추고 몸에 들러붙은 진드기를 털어냈다.

다시 걸어가다가 건강한 수사슴 두 마리가 작은 덤불에서 나와 높은 곳으로 걸어가는 것을 발견했다. 조하네스가 뭐라고 중얼거리자, 니오만이 통역을 해주었다.

"놀랍군요. 지난번에 조사했을 때에는 동물이 한 마리도 없었거든요. 그런데 지금은 사슴이 두 마리 있군요. 그는 이 사실을 관청에 보고하겠대요."

사슴은 무모하게 바다로 뛰어들어 헤엄을 쳐 반대편 해안에 무사히 도착하는 일이 종종 있기 때문에, 화재가 일어난 뒤에 코모도 섬에서 수사슴 두 마리가 헤엄쳐 건너왔을 가능성은 충분히 있다. 하지만 암사슴이 함께 오지 않았다면, 이들은 독신으로 살다가 후손을 남기지 못하고 사라질 것이다. 앞으로 적절한 시간 안에 암사슴이 건너오는 사건이 일어나지 않는다면 말이다. 코모도왕도마뱀도 가끔 헤엄을 친다. 따라서 결국에는 코모도왕도마뱀도 파다르 섬에서 다시 살아가게 될 것이다. 하지만 지금은 코모도왕도마뱀의 흔적(발자국이나 배설물, 반쯤 씹힌 뼈 등)을 전혀 찾아볼 수 없다.

멧돼지나 염소의 흔적도 보이지 않는다. 작은 면적 때문에 혹은 그 밖의 다른 요인들 때문에 파다르 섬에는 대형 척추동물이 살지 않는다. 가장 많이 사는 동물은 진드기로 보인다. 우리는 배로 돌아가기 전에 바지에 붙은 진드기를 수십 마리나 떼어내야 했다. 이곳에는 붉은 피를 가진 숙주가 얼마 없으니 진드기들은 그동안 많이 굶주린 게 분명하다. 술탄이 작대기로 밀어 배가 얕은 여울을 빠져나가는 순간, 나는 파다르 섬을 떠나는 것이 조금도 아쉽지 않았다. 작은 흡혈귀들이 대규모 공격을 해오기 전에 굶주린 진드기의 섬을 얼른 떠나는 것이 기뻤다.

코모도랜드 북쪽 가장자리에 위치한 시아바 섬은 파다르 섬보다 작다. 지도의 정보에 따르면, 면적은 3.6km^{2}에 불과하다. 우리는 해변에 상륙하여 맹그로브나무들을 지나 드문드문 풀이 난 편평한 모래밭 위로 걸어갔다. 20년 전에 오펜버그는 시아바 섬에 코모도왕도마뱀이 살지 않음을 확인했다. 지금 조하네스도 똑같이 말한다.

"디시니, 티닥 아다 오라. 티닥 아다 루사. 아다 캄빙, 야."

코모도는 여기에 없다. 사슴도 없다. 단지 염소 몇 마리만 있다는 뜻이다.

우리는 단서가 될 만한 것이 없나 살피면서 모래밭 위로 걸어갔다. 시아바 섬의 염소들은 한계 상황에서 살아가고 있다. 배설물의 양도 아주 적은데, 건포도처럼 우아하게 말라붙은 동글동글한 똥을 눈다.

"코모도가 살지 않는다면, 이건 뭔가요?"

나는 어떤 동물이 모래밭 위에 꼬리를 끌고 가면서 남긴 듯한 자국을 가리키며 물었다. 꼬리 자국 옆에 발톱이 달린 발자국이 있는 것으로 보아 몸집은 작지만 파충류가 남긴 게 분명했다.

"아, 티닥 오라. 바라누스 살바토르."

코모도가 아니다, 물왕도마뱀이라는 뜻이다. 물왕도마뱀은 몸집이 작은 왕도마뱀 종으로, 코모도왕도마뱀의 사촌격이다.

모래밭을 조금 더 걸어가다가 탈색된 턱뼈와 파충류 발자국을 발견했다. 그 턱뼈는 캄빙, 즉 염소의 턱뼈라고 조하네스가 말했다. 나는 이 염소가 자연사한 게 아니라고 믿고 싶었다. 나는 발자국을 가리키면서 물었다. "이니, 살바토르?" 이것 역시 물왕도마뱀이냐고 물은 것이다. 나는 코모도왕도마뱀보다는 헤엄을 잘 치고 인도네시아의 대다수 섬에 서식하는 물왕도마뱀일 가능성이 더 높다는 사실을 독서와 경험을 통해 알고 있다. 하지만 오펜버그가 방문한 뒤에 코모도왕도마뱀이 시아바 섬으로 이주해 염소를 잡아먹으면서 살고 있지 않을까 하고 기대했다. 그러나 조하네스는 자신이 하는 말에 확신을 가진 사람의 완고함을 보이며 내 생각을 강하게 부정했다.

"티닥 오라?"

"티닥. 티닥 오라."

발자국을 흘끗 보는 것만으로 그는 그것이 코모도왕도마뱀이 아니라고 확신했다. 니오만이 그 이유를 통역해주었다.

"코모도가 이곳에 사는 것은 불가능합니다. 먹을 만한 동물이 없기 때문이죠."

"하지만 염소가 있잖아요?"

"염소는 누군가 소유하는 것입니다. 여기에 놓아 기르는 것이지요."

"누군가의 소유라고 해도 코모도는 염소를 잡아먹을 수 있지 않나요?"

"아니지요. 코모도가 있다는 것을 안다면 사람들이 염소를 놓아 기르리가 없지요."

그의 논리는 순환논법이긴 하지만, 나는 그의 의견을 받아들이기로 했다. 논리는 좀 약하더라도, 조하네스는 사실을 정확하게 알고 있을 가능성이 높다. 시아바 섬은 너무 작고 환경이 나빠 먹잇감인 큰 포유류 동물이 살기에 적합하지 않으므로 코모도왕도마뱀은 일시적이라도 살기가 힘들 것이다. 우리는 배로 돌아갔다.

오후 늦게 우리는 파파가란 섬으로 다가갔다. 그런데 마침 썰물 때라 청록색 산호초가 수면 가까이 드러나는 바람에 해변에서 200m 떨어진 지점에서 더 이상 다가갈 수 없었다. 물가를 따라 50여 채의 작은 집들이 말뚝 위에 세워져 있는 어촌이 바로 눈앞에 있었지만, 부두도 없고, 산호초 사이로 지나갈 수로도 없었다. 이곳 어부들은 물이 얕은 곳에서도 잘 다니는 카누를 타고 다니므로 부두나 수로를 만들 필요성을 전혀 느끼지 못했다. 최소한 파파가란 섬을 밟았다는 경험이라도 남기기 위해 나는 헤엄을 쳐서라도 해변으로 가려고 했다. 그러자 다른 사람들이 무슨 짓이냐며 말렸다. 대다수 뱃사람들과 마찬가지로 술탄 역시 수영은 얼간이나 하는 짓이라고 생각한다. 술탄은 나의 노고와 위험을 덜어주려고 카누를 타고 가던 소년을 불렀다.

　소년은 내가 카누를 뒤집지만 않는다면 해변까지 데려다주겠다고 했다. 내가 카누에 타자 수면과 뱃전 사이의 거리가 3cm밖에 안 될 정도로 아슬아슬했지만, 무사히 해변에 도착했다.

　파파가란 섬은 황량한 장소였다. 전체적인 지형은 붉은색 돌들이 낮게 쌓여 있고, 그 사이로 작은 골짜기들이 지나가며, 땅 위에는 풀 비슷한 갈색 식물이 드문드문 나 있다. 마을은 아주 작지만, 주석 돔 모스크가 서 있을 만큼 자부심이 강하거나 신앙심이 깊은 것 같다. 이 섬에는 샘이나 우물이 없어서 민물은 모두 외부에서 들여와야 한다. 물 공급이 끊어지면 이곳 사람들의 운명은 어떻게 될까? 아마도 염소 젖을 마시며 연명할 것이다. 이 섬에는 염소가 아주 많다. 염소는 햇살이 뜨겁게 내리쬐는 황량한 장소에서도 잘 살아간다. 바위투성이 협곡을 올라가자 암염소 서너 마리가 길을 비키며 달아난다. 암석투성이의 붉은색 토양, 건조하고 뜨거운 기후, 빈약한 나무, 민물이 없는 마을……. 파파가란 섬은 갈릴리와 화성의 가장 황량한 특징을 합쳐놓은 곳 같다.

　파파가란 섬의 면적은 $1.5km^2$이다. 오펜버그는 이 섬에는 코모도왕도마뱀이 살지 않는다고 보고했다. 지금도 살지 않는다는 것은 의심할 여지가 없다.

　우리는 남쪽으로 향했다. 코모도랜드에서는 일몰이 일찍 찾아온다. 술탄은 어둠 속에서 위험한 바다를 항해할 생각이 전혀 없다. 그는 다른 섬 해안의 어촌 근처에 닻을 내리고 밤을 보내자고 제안했다. 갑판 위에서 잠을 자고 새벽에 다시 항해를 하자는 것이다.

　으스름 속에서 서둘러 정박할 곳을 향해 가는데, 갑자기 하늘이 이 세상의 것이 아닌 듯한 풍경으로 변했다. 1,000마리쯤 될까, 갈까마귀만 한 큰박쥐가 먹을 것을 찾아 무리를 지어 플로레스 섬으로 이동한다. 석양의 마지막 빛이 복숭아색으로 빛나는 가운데 서쪽 하늘에서 조용히 그리고 우아하게 나타난 박쥐 떼는 부채 모양의 커다란 날개를 천천히 퍼덕이며 날아간다. 하늘에는 초승달이 떴다. 희미해지는 석양을 배경으로 달 앞을 지나가면서 실루엣으로 비치는 박쥐들의 행렬은 마치 겁많은 아이가 꾸는 할로윈 꿈 같다. 괴기스러울 만큼 아름다운 이 광경에 홀딱 반한 나는 공책에 박쥐를 스케치했다. 그래야만 나중에 이것이 현실임을 믿을 수 있을 것 같았다. 수평선 부근에 있는 대여섯 개의 섬도 실루엣으로 보이기 시작했다. 우리는 마침내 닻을 내렸다.

등잔불 아래에서 쌀밥과 생선을 먹었다. 식사가 끝나자 등잔불도 꺼졌다. 바다 공기는 아늑할 정도로 시원했다. 술탄이 낡은 매트리스를 몇 개 꺼냈고, 나는 사롱을 시트 대신 덮었다. 일생에서 가장 장엄한 일몰을 목격했으니 이제 장엄할 정도로 고요한 밤이 찾아오겠지 하고 기대했다. 그러나 어촌에는 수탉과 시끄러운 개가 많았다. 우리는 해가 뜨기 전에 출발했다.

술탄은 앞일을 예견하고 미리 대비책을 세웠다. 길모탕 섬으로 가려면 섬들 사이에 있는 좁은 해협을 지나가야 하는데, 그곳은 파도와 소용돌이가 심하며 바닥에는 침몰한 배들이 널려 있다. 그래서 그는 밀물 때 그곳을 통과하려고 했다. 시간을 잘 맞추어 그곳에 도착한 우리는 밀물 때 해협을 안전하게 통과할 수 있었다. 무섭게 소용돌이치는 물만 위협적으로 보였을 뿐이다.

길모탕 섬이 시야에 들어오는 순간, 나는 이 섬이 파파가란 섬이나 시아바 섬이나 파다르 섬과 아주 다르다는 것을 알아차렸다. 생긴 모양도 납작한 팬케이크 모양이 아니라 높은 크로켓croquette(다진 고기나 채소를 짓이긴 감자로 싼 뒤, 원통이나 원반 모양으로 튀긴 음식) 모양이고, 다른 섬들처럼 황량하지 않으며, 식물이 풍부했다. 면적은 10km^{2}에 불과하여 파다르 섬보다 작다. 하지만 해안선에서 산꼭대기까지 나무들로 뒤덮였고, 숲을 가로지르며 사바나가 몇 군데 펼쳐져 있다. 오펜버그가 책에서 이야기한 것처럼 사슴과 멧돼지도 살고 있다. 사슴은 탁 트인 사바나에서 안전하게 먹이를 찾는다. 사바나와 숲이 이렇게 섞여 있어 두 종류의 식물 군락 사이에 풍부한 주변 지역이 있는데, 이것은 코모도왕도마뱀에게 최적의 서식지 조건이다. 코모도왕도마뱀은 사슴이 지나다니는 길에서 세 걸음쯤 떨어진 숲에 숨어 있다가 공격할 수 있기 때문이다.

최근에 인도네시아 인 연구자들이 한 조사에 따르면, 길모탕 섬에는 코모도왕도마뱀이 약 100마리 살고 있다고 한다. 이것은 아주 많은 수는 아니지만, 이만한 크기의 섬에서는 상당히 높은 밀도에 해당한다. 적어도 그렇게 큰 포식 동물에게는 그렇다. 섬에 발을 디디는 순간, 해변에 꼬리를 끌고 간 흔적과 그 옆에 발톱 자국이 선명한 발자국이 있었다.

"코모도."

조하네스가 선언하듯이 말했다.

그런데 이것은 아까 시아바 섬에서 봤던 것과 거의 똑같은 발자국이 아닌가? 나는 조하네스에게 이 발자국이 물왕도마뱀 중에서 큰 녀석이 아니라고 어떻게 확신할 수 있느냐고 물었다.

니오만은 내 질문을 조하네스에게 전달하고 나서 그의 말에 귀를 기울였다가 물왕도마뱀과 코모도왕도마뱀의 발자국을 구별하는 데 단서로 삼는 미묘한 비율에 대한 이야기를 통역해준다. 하지만 니오만의 영어 실력이나 내 이해력으로는 그 미묘한 내용을 알아들을 수가 없다. 조하네스는 전에 이곳에 조사하러 온 적이 있다고 한다.

"그는 작년에 조사를 여러 번 했답니다. 염소를 여기에 놓아두고요. 그때마다 코모도가 와서 먹어치웠대요."

그렇다면 좋다. 숲 속에서 코모도왕도마뱀이 튀어나와 염소를 먹어치웠다면, 그것은 코모도왕도마뱀의 존재를 뒷받침하는 확실한 증거이다.

우리는 길게 뻗은 사바나 지역을 지나 한 시간 동안 산 위쪽으로 걸어

올라갔다. 우리는 조심스럽게 숲 가장자리를 탐색했다. 그리고 숨어 있는 코모도왕도마뱀 한 마리를 발견하고는 안전한 거리를 유지하면서 그 녀석이 숲 속으로 사라질 때까지 뒤를 따라갔다. 나는 망원경으로 사슴 네 마리가 건너편 산등성이를 천천히 걸어 올라가는 것을 보았다. 몇 분 동안 후안무치하게 코모도왕도마뱀이 사슴에게 달려들길 기대하면서 사슴을 계속 추적했다. 사슴 네 마리가 시야에서 사라진 뒤, 또 다른 암사슴이 한 마리 나타났고, 두 마리가 더 보였다. 이것으로 보아 길모탕 섬에서는 먹이 걱정은 없을 것 같다. 서식지 구조도 아주 훌륭해 보인다. 더군다나 이 섬에는 정착해 사는 사람이 없다. 여객선 항로에서도 멀리 떨어져 있으며, 나처럼 특별히 호기심이 많은 사람을 빼고는 찾아오는 사람도 거의 없다. 이 섬은 크기가 작다는 점만 제외하고는 코모도왕도마뱀이 살아가기에 아주 이상적이다.

하지만 면적이 $10km^2$밖에 안 된다는 사실은 장기적 안전을 보장하기에는 부족하다. 그리고 100마리라는 개체군도 희귀성의 위험을 피하기에 충분하지 않을지 모른다. 돌발 변수(파다르 섬을 불태운 화재처럼)나 작은 개체군에 내재하는 통계적 취약성은 길모탕 섬의 코모도왕도마뱀을 멸종 위험으로 내몰지도 모른다.

이 문제에 대해 더 말할 것이 많지만, 마침 위험 이야기가 나왔으니 하는 말인데, 술탄은 길모탕 섬에 너무 오래 머물지 말라고 경고했다. 우리는 썰물을 피해야 하며, 돌아갈 때 해협을 통과해야 하기 때문이다.

그래서 산비탈을 내려올 때 술탄이 손뼉을 치며 고함을 지르는 것을 보고 우리가 너무 지체했다며 빨리 서두르라고 하는 줄 알았다. 그런데 그게 아니었다. 그가 가리키는 곳을 보니 길이가 1.5m 정도 되는 코모도왕도마뱀이 우리와 배 사이에 떡 버티고 서 있었다. 길모탕 섬에서는 개체수 밀도가 높아서 수시로 해변에도 출몰한다. 나는 사진을 찍으려고 가까이 다가갔다. 그러나 이 녀석은 몸을 들어올리더니 재빨리 달아나버렸다. 아주 매끄럽게 달아나 모래 위에 꼬리 자국도 남기지 않았다.

지금까지 우리는 작은 섬 4개를 방문했다. 네 섬은 기후와 위치는 비슷하지만, 크기에서 차이가 났다. 우리는 종과 면적의 관계가 실제로 성립하는 것을 보았다. 그 관계는 완벽하게 직선적으로 성립하는 것은 아니지만, 어쨌든 실제로 성립했다. 네 섬 중에서 상대적으로 큰 섬인 길모탕 섬에는 작은 섬인 시아바 섬과 파파가란 섬에 살지 않는 종들(코모도왕도마뱀, 사슴, 돼지)이 살고 있다. 파다르 섬에는 화재가 일어난 후에도 사슴이 살고 있다. 코모도왕도마뱀이 살 수 있는 섬의 최소 면적은 $10km^2$(길모탕 섬)에서 $3.6km^2$(시아바 섬) 사이인 것으로 보인다. 면적 외에 나머지 모든 변수를 감안할 때 이런 수치를 과감하게 이야기하는 것은 신중하지 못하지만, 그래도 현장에서 얻은 자료는 참고할 만하다.

이제 더 지체할 시간이 없다. 우리는 허겁지겁 배에 올라탔다. 썰물이 시작되고 있어 빨리 빠져나가지 않으면 끝장이다. 우리가 본 섬 4개는 각각 하나의 격리 집단이다. 이제 나는 표본을 보고 싶었다. 그래서 와에울 Wae Wuul이란 장소를 향해 북쪽으로 출발했다. 이곳은 플로레스 섬 서쪽의 오지에 위치한 자연 보호 구역으로, 인간과 코모도왕도마뱀이 마치 둘 다 위기에 처한 종인 양 불안한 친밀감과 상호 위험 속에서 자연을 공유하며 살아가는 곳이다.

와에울 자연 보호 구역

이 보호 구역은 전에는 차가르 알람 와에울이라고 불렸다. 번역하면 와에울 자연 보호 구역이란 뜻이다. 와에울의 면적은 약 $28km^2$로 파다르 섬의 두 배이지만, 와에울은 파다르 섬과 달리 경계선이 해변과 바다로 이루어져 있지 않다. 와에울의 경계선은 지도에서 아메바 모양의 외곽선으로 표시돼 있는데, 이 경계선은 보호 구역의 이상적인 경계선을 나타낸다. 최근의 조사에 따르면, 이 구역에는 코모도왕도마뱀 129마리가 살고 있다. 보호 구역 바로 바깥쪽에 있는 숲과 사바나에는 코모도왕도마뱀이 더 많이 살고 있다. 거기에는 울타리도 출입문도 없다. 아메바 모양의 윤곽은 땅 위에서는 보이지 않는다. 그리고 그 경계선은 와에울 자연 보호 구역을 그 바깥의 더 넓은 땅과 격리시키지도 않는다. 그것은 단지 한 표본의 윤곽을 표시할 뿐이다.

와에울 주변 지역에는 황야가 펼쳐져 있고, 사람들은 드문드문 살고 있을 뿐이다. 작은 마을은 있지만 군이나 도시는 없으며, 오솔길은 있어도 도로는 없다. 보호 구역은 높은 계곡과 숲이 우거진 산비탈을 지나며 내륙 쪽으로 3km 가량 뻗어 있어 차나 배로는 접근이 불가능하다.

술탄은 우리를 해변의 작은 어촌에 내려다주었다. 니오만과 조하네스와 나는 오솔길을 따라 작은 산을 하나 넘어 내려가다가 숲을 지나고 마침내 구릉진 초지에 이르렀다. 무성한 덤불 사이로 구불구불 제멋대로 뻗어 있는 오솔길을 걷노라니 마치 갈색곰이 출몰하는 지역을 걷는 것과 같은 초조와 불안이 느껴진다. 로사비타 계곡에서 이미 위협을 느낀 적이 있는지라, 갑자기 코모도왕도마뱀이 숲 속에서 뛰쳐나와 엉덩이를 물어뜯지 않을까 하는 생각이 머리를 떠나지 않았다.

정오가 막 지났을 때 와에울의 감시 초소에 도착했다. 조하네스의 동료들이 물과 잡담으로 우리를 환영했다. 그들은 하루 중 지금 이 시간에는 코모도왕도마뱀을 찾으려고 해봐야 아무 소용이 없다고 일러주었다. 아무리 파충류라도 조금만 생각이 있는 동물이라면, 뜨거운 열기를 피해 그늘에서 휴식을 취하고 있을 것이다. 할 일 없이 시간을 보내는 동안 나는 머릿속에 맴돌던 궁금한 것들을 물어보았다. 보호 구역에 있는 코모도왕도마뱀들은 주변의 마을 사람들에게 위협적인 존재인지, 그리고 최근에 코모도왕도마뱀의 공격을 받은 사람이 있다는데 사실인지 물어보았다.

"야, 야."

3년 전에 음부훙이라는 마을 근처에서 그런 사고가 일어났다고 한다. 불행한 사건이었지만, 공격받은 사람은 살아남았다고 한다. 자세한 이야기를 해달라고 하자, 한 감시 요원이 먼지 덮인 캐비닛을 열었다. 찻잔과 쌍안경과 등잔불이 달그락거리는 소리를 내는 가운데 그는 타자기로 친 보고서 한 장을 꺼냈다.

내가 그것을 니오만에게 건네주자, 니오만이 읽고 통역해주었다.

그 보고서는 공격이 일어난 다음 날에 이 지역의 소장이 작성한 것이었다. 보고서에 적힌 내용은 다음과 같다. 돈 라무라는 남자가 물소를 몰고 목초지로 가다가 "코모도왕도마뱀의 습격을 받아 중상을 입었으며, 장기간 치료를 받았다." 그때는 건기가 끝날 무렵인 9월이었다. 진흙탕에서 물소를 몰고 나오던 돈 라무와 그의 친구는 개가 짖는 소리를 들었다. 개가 멧돼지를 공격하나 보다 생각하여 그곳으로 달려가 보았으나 멧돼지 같은 것은 없었다. 그들은 잠시 방심하여 경계심을 풀었다. "그때, 갑자기 코모도왕도마뱀이 두 사람 사이에 나타났다. 친구는 달아났으나, 돈 라무는 코모도왕도마뱀과의 거리가 50cm밖에 되지 않아 어떻게 할 도리가 없었다." 50cm라는 거리가 좀 기묘하게 들리긴 하지만 (너무 짧은 거리일 뿐만 아니라 정확하게 50cm라고 명기한 것도), 요점은 전혀 생각지도 않은 곳에서 코모도왕도마뱀이 나타나 아주 가까운 거리에서 공격해왔다는 것이다. 돈 라무는 발로 차려고 했지만, 코모도왕도마뱀은 "돈 라무의 무릎 뒤쪽을 물고 늘어져 심한 중상을 입혔다." 돈 라무는 다른 쪽 다리로 코모도왕도마뱀을 찼다. "그러나 그 녀석은 이빨로 응수하여 왼쪽 다리까지 물어뜯었다." 두 번째 공격 뒤에 코모도왕도마뱀은 완전히 주도권을 잡았다. 여기서 보고서는 로사비타에서 사우기 어머니가 공격받았던 이야기에서 들었던 것과 똑같은, 포식 동물과 희생자 사이의 고독한 친밀감을 연상시키는 문장을 덧붙였다. "그러자 돈 라무는 주저앉아 코모도왕도마뱀의 입을 붙잡고는, 도와달라고 소리를 질렀다."

친구가 칼을 가지고 돌아와 코모도왕도마뱀이 턱을 열 때까지 칼로 마구 내리쳤다. 그는 돈 라무를 코모도왕도마뱀에게서 떼어내 몇 미터 끌고 갔다. 그때 코모도왕도마뱀이 다시 공격했다. 보고서에는 "돈 라무의 친구는 분노했고, 둘 사이에 싸움이 벌어졌다."라고 적혀 있다. 익명의 그 친구는 영웅적인 행동을 보여주었는데, 보고서를 작성할 무렵에 돈 라무가 중태에 빠져 보고서에 기록된 진술을 한 유일한 목격자가 그 친구였다는 사실이 부분적인 이유일 것이다. 그 친구는 칼 한 자루만 가지고 용감하게 싸워 코모도왕도마뱀을 잡아 죽였다.

소장의 보고서는 밋밋하면서도 애절한 호소로 끝을 맺었다. "데미키 안 할 이니 카미 삼파이칸 디바다판 바팍 운툭 베르사마 메미키르카냐." 번역하면 "보고서는 이와 같다. 모두가 문제를 해결할 방법을 찾도록 노력하기 바란다." 겉으로 드러나진 않았지만 이 문장 뒤에 숨은 의미는 "알라의 자비로 이 육식 괴물을 물리치도록 도와주소서."일 것이다.

와에울의 감시 초소에는 복사기가 없다. 감시 요원들이 참을성 있게 앉아 정향 담배를 피우면서 조하네스와 니오만과 농담을 주고받는 동안 나는 인도네시아 어로 된 그 보고서를 공책에 옮겨적었다. 그러고 나서 원본은 다시 캐비닛 속으로 들어갔다.

그것은 중요한 내용을 담은 보고서로, 와에울까지 하이킹을 한 보람이 있었다. 왜냐고? 소장이 암시한 문제는 이 작은 보호 구역 주변의 숲과 들에서 개와 염소, 물소, 사슴, 말, 남자, 여자, 아이를 잡아먹는 왕도마뱀 종의 문제보다 훨씬 크고 보편적이기 때문이다. 세계 곳곳에서 사람들은 다른 종들과 거친 야생 자연과 자연의 붉은 이빨과 발톱에 맞서 싸우고 있다. 결국엔 사람들이 이길 것이다. 유일한 쟁점은 평화가 가져올 혹독한 결과이다. 플로레스 섬 서부에서 야생 자연이 장차 어떻게 변할지 예측하는 것은 어렵지 않다. 불과 수십 년 안에 인구 증가와 사람들의 필요와 욕구 때문에 엄청난 변화가 돌이킬 수 없게 일어날 것이다. 숲은 목초지로 바뀌고, 목초지는 경작지로 바뀌고, 마을과 오솔길은 도시와 도로로 바뀌고, 서식지는 사라지고, 정상적인 포식자와 먹이 동물의 관계도 무너지고, 보호 구역 밖으로 나와 말썽을 일으키는 코모도왕도마뱀은 모조리 죽임을 당할 것이다. 그리고 근처에는 생태 관광을 위한 근사한 호텔이 들어서고 에어컨이 가동되는 승용차가 몰려올 것이다. 또 다른 불행이 닥치지 않는다면, 돈 라무도 살아서 그것을 보게 될 것이다.

 인도네시아 법으로 보호받는 와에울 자연 보호 구역은 이러한 변화들에 직접적으로 영향을 받지 않을지도 모른다. 그 경계선은 그대로 유지될 것이다. 도시와 경작지와 도로를 비롯해 다른 형태의 변화들은 모두 아메바 모양의 경계선을 넘지 않고 그 주변에서 일어날 것이다. 코모도왕도마뱀은 그 보호 구역 안에서 살아남을 수 있을 것이다. 최소한 얼마 동안은, 그리고 최소한 작은 개체군으로 말이다.

 그러나 주변의 자연이 변하면 와에울은 자신보다 더 크고 풍부한 연속적인 생태계의 일부로 남아 존재할 수 없다. 즉, 더 이상 표본이 아니라 하나의 격리 집단으로 전락할 것이다. 코모도왕도마뱀에게는 하나의 작은 섬이 되고 마는 것이다.

생태학 혁명

《섬 생물지리학 이론》

1967년, 프린스턴 대학은 부피는 작지만 내용이 알차고 수식이 많이 포함된 책인 《섬 생물지리학 이론》을 출판했다. 앞에서도 여러 차례 언급한 이 책은 프린스턴 대학이 집단생물학 연구 총서 시리즈의 첫 권으로 내놓은 것이다. 이 책을 시리즈의 첫 권으로 내놓은 것은 짧고 단조로운 이 책이 단순히 섬이나 생물지리학만 다룬 게 아니라는 사실을 암시한다.

그 당시만 해도 집단생물학은 여러 과학 분야와 견해를 합친 분야에 새로 붙인 이름이었다. 집단생물학은 이전까지 서로 별개의 분야로 간주되던 진화생물학, 분류학, 생물지리학, 생태학, 동식물 종의 개체수통계학, 유전학 등을 망라한 분야였다. 1930년대와 1940년대에 진화생물학(다윈과 월리스에게서 유래한)은 마침내 유전학(다윈과 월리스가 전혀 몰랐던 그레고어 멘델에게서 유래한)과 통합되었는데, 그런 일이 일어나기까지는 수얼 라이트Sewall Wright, 피셔R. A. Fisher, 홀데인J. B. S. Haldane, 테오

도시우스 도브잔스키Theodosius Dobzhansky 등의 노력이 큰 역할을 했다. 같은 시기에 에른스트 마이어, 조지 게일로드 심프슨George Gaylord Simpson 등의 노력에 크게 힘입어 분류학도 그 종합에 동참했다.

1950년대에 영국 출신이지만 나중에 예일 대학에 자리를 잡은 에블린 허친슨G. Evelyn Hutchinson이라는 위대한 생태학자가 생태학의 수학적 요소를 다른 요소들과 결합시키기 시작했다. 허친슨 자신이 전공한 분야는 호수를 연구하는 호소학湖沼學이었다. 호수는 경계가 분명하고 크기가 비교적 작으며 종의 다양성이 빈약한 생태계라서 비교적 완벽한 생태학적 조사가 가능하다는 점을 감안한다면, 허친슨 같은 성향의 생태학자로서는 현명한 선택을 했다고 볼 수 있다. 호수 생태계의 특징은 섬과 비슷한데, 호수는 뭍과 물이 섬과 반대인 거울상이므로 놀라운 일은 아니다. 그러나 허친슨이 이 이야기에 등장하는 것은 호수와 섬의 생태계가 비슷하기 때문이 아니다. 훌륭한 스승으로서 그의 명성을 빛내준 대학원생이 여럿 있는데, 그중에 로버트 맥아서라는 젊은이가 있었다.

1930년에 태어난 맥아서는 수학 석사 학위를 받은 뒤에 생태학으로 진로를 바꿔 1953년에 예일 대학에 왔는데, 허친슨의 지도를 받으며 박사 과정을 밟았다. 1955년에 맥아서는 《이콜로지》에 논문을 한 편 발표했다. 1957년 무렵에는 큰 논란을 불러일으킨 이론적 연구를 했는데, 그것은 《미국국립과학원회보 Proceedings of the National Academy of Sciences》에 실렸다. 또, 박사 학위 논문을 쓰기 위해 휘파람새 종들 사이에 나타나는 군집의 구조와 생태적 지위의 분할에 대해 연구했는데, 그 결과로 나온 한 논문은 1958년에 《이콜로지》에 실렸고, 비중은 좀 떨어지지만 고전적 연구로 평가받았다. 이처럼 맥아서는 젊은 시절부터 촉망 받는 과학자였고, 특정 시기에 특정 분야에서 큰 영향력을 미치기에 딱 알맞은 재능과 야심을 겸비하고 있었다. 그는 아주 총명하고, 가만히 있지 못했으며, 호기심이 충만했고, 혁신적이었고, 수학에도 뛰어난 재능이 있었다.

그는 자연을 사랑했고, 그중에서도 특히 새들을 사랑했지만, 야외에서 관찰하고 기술하면서 일생을 보내는 생물학자가 되고 싶지는 않았다. 그는 동물과 자연에만 흥미를 느꼈던 게 아니라, 개념과 깊은 메커니즘, 즉 질서와 설명에도 큰 흥미를 느꼈다.

맥아서는 생태계 과학은 기술記述 차원을 넘어선 영역을 탐구해야 한다고 생각했다. 사실을 수집하고 분류하는 데 그쳐서는 안 된다고 생각한 것이다. 자연계에서 더 광범위한 패턴을 찾아내야 하며, 그러한 패턴으로부터 일반적인 원리를 도출해야 한다고 믿었다. 측정과 계량화와 수학적 추상화를 통해 부수적인 것들 사이에서 본질적인 것을 밝혀내야 한다. 계산자처럼 유용하게 쓸 수 있는 수학적 모형도 만들어야 한다. 수학적 모형은 예측도 할 수 있을 만큼 강력하고 과감한 것이어야 한다. 그리고 이론을 제시해야 한다. 아레니우스와 글리슨을 비롯해 일부 생태학자들이 그런 방향으로 나름의 노력을 기울였다. 허친슨 자신도 그 길에 뛰어들었다. 맥아서가 과학적으로 성숙한 단계에 이를 무렵, 프레스턴이 정준 분포라는 종을 울렸다. 하지만 생태학은 여러 분야의 협력이 잘 이루어지지 않은 채 여전히 기술적이고 비계량적이고 비이론적인 분야로 남아 있었다.

맥아서는 대학에서 강의를 하면서 흥미로운 논문을 계속 발표했다. 그는 명성이 점점 높아져 1965년에는 몇 년간 근무한 펜실베이니아 대학에서 프린스턴 대학으로 옮겨갔다. 그곳에서 그가 맡은 일 중에 집단 생물학 연구 총서 시리즈의 책임 편집도 있었다. 이 연구 총서는 새롭게 떠오르는 분야이자 맥아서가 좋아하는 생태학을 널리 알리는 기회를 제공했다. 맥아서는 그 첫 번째 책을 다른 저자와 함께 공동 저술했다. 그 무렵에 맥아서는 에드워드 윌슨이라는 젊은 과학자를 만나 의견을 교환하기 시작했다.

윌슨은 개미의 생물학을 연구하는 개미학자였다. 미국 남부 출신인 윌슨은 소년 시절에 앨라배마 주와 플로리다 주 북부의 숲과 습지에서 혼자 곤충을 채집하고 뱀을 잡으며 놀길 좋아했다. 윌슨은 아홉 살 때부터 개미에 관심을 가졌으며, 그때부터 이미 진지한 개미학 연구라고 부를 만한 수준의 야외 관찰 활동을 시작했다. 그런데 왜 하필이면 개미였을까? 개미 자체가 지닌 매력도 있었지만, 한편으로는 불가피한 선택이기도 했다. 훗날 출간한 자전적 에세이에서 윌슨은 이렇게 설명했다. "나는 왼쪽 눈만 쓸 수 있었다. 오른쪽 눈은 일곱 살 때 물고기를 만지다가 지느러미가 눈을 찌르는 바람에 외상성 백내장이 생겨 시력을 거의 잃었다."[1] 한쪽 눈으로만 보아야 하기 때문에 야외에서 조류나 포유류를 관찰하기가 불편했다. 그러나 왼쪽 눈은 아주 예리했으며, 특히 가까운 거리에서 세부적인 것을 관찰하는 데 뛰어났다. "나는 나무 위에 앉아 있는 매를 발견하는 데에는 서툴렀지만, 확대경 없이도 곤충의 몸에 난 털이나 윤곽 곡선을 볼 수 있었다."[2] 많은 아이들이 곤충을 채집했지만, 이 외눈박이 소년은 어릴 때부터 진지한 과학을 했다.

   13세 때 윌슨은 모빌 지역에서 특정 개미 집단을 엄밀하게 조사하기 시작하여 공식적으로 첫 발표를 할 만한 관찰 결과를 얻었다. 몇 년 뒤, 윌슨은 소년의 끓는 열정에 사로잡혀 곤충학을 전공하기로 결정했다. 도전의 보람과 거기서 얻을 수 있는 기회를 따져 윌슨은 개미 대신에 파리를 연구하기로 선택했다. 그러나 그때는 전시인 1945년이라 주로 체코슬로바키아에서 수입되던 곤충 표본용 핀 공급이 부족했다. 개미는 핀으로 고정시키기보다는 알코올 병 속에 담가두는 편이 보존하는 데 훨씬 낫기 때문에 윌슨은 다시 개미 연구 쪽으로 방향을 틀었으며, 그 결정을 결코 후회하지 않았다. 윌슨은 "어떤 의미에서, 개미는 내게 모든 것을 주었다."[3]라고 말했다. 그 나이에 그가 갈망한 최선의 경력은 정부 소속의 곤충학자가 되어 "미국 농림부의 초록색 픽업트럭을 타고 돌아다니면서" 해충과 싸우는 농부들을 돕는 것이었다. 그러나 과학적

머리가 뛰어났던 그는 앨라배마 대학에서 테네시 대학으로, 그리고 다시 하버드 대학으로 옮겨갔다. 하버드 대학에는 특히 세계 최대 규모의 개미 표본이 보관된 박물관이 있었다. 그의 선배는 "세계적인 시각을 가져야 하네. 좁은 범위의 연구에만 집착하지 말게."[4]라고 충고해주었다. 1959년 말에 맥아서와 만났을 때, 윌슨은 열대 지방에서 오랫동안 야외 조사 연구를 하고 막 돌아온 참이었다.

윌슨의 재능과 관심 분야는 맥아서에게 모자라는 부분을 완전히 보완했다. 맥아서가 수학에서 수리생태학으로 전공을 바꾼 반면, 윌슨은 분류학자 겸 동물지리학자였다. 윌슨은 뉴기니 섬, 오스트레일리아, 누벨칼레도니, 뉴헤브리디스 제도, 피지 제도 등에서 광범위한 채집 활동을 했다. 그는 멜라네시아에 서식하는 배잘록침개미아과 Cerapachyinae와 침개미아과 Ponerinae 개미들이 어떻게 생겼고, 어떻게 살아가며, 어떤 섬에 어떤 종이 사는지에 대해 세상의 어느 누구보다도 많은 것을 알았다. 하지만 그도 맥아서처럼 자연사적 현상을 기술하는 것을 넘어 그 이상의 것에 관심이 있었다. 머릿속과 야외 조사 공책에 개미 자료가 채워지면서 윌슨의 눈에 패턴이 보이기 시작했다. 예컨대, 섬에 사는 개미의 종수는 섬의 크기와 상관관계가 있었다.

머릿속에 가득 찬 순전히 기술적인 자료는 그에게 두통의 원인이 된 것으로 보인다. 1961년, 약간 우울한 데다가 불확실한 장래 전망에 불안을 느낀 윌슨은 안식년 휴가를 얻었다. 하버드 대학에서 벗어난 그는 남아메리카로 갔다. 그는 언제나처럼 야외 탐사를 좋아했으며, 수리남의 열대우림에는 행복하게도 이전에 조사된 적이 없는 개미가 풍부했다. 윌슨은 베네수엘라 연안에 위치한 트리니다드 섬과 토바고 섬도 방문했다. 트리니다드 섬은 큰 섬이고, 토바고 섬은 작은 섬이다. 토바고 섬보다는 트리니다드 섬에 더 많은 개미 종이 살았다.

자신이 그때까지 해온 기술적 연구에 대해 곰곰이 생각하면서 윌슨은 그 이상의 연구를 하고 싶었다. 그는 짧은 회고록에서 이렇게 털어놓았다. "개미의 자연사와 생물지리학을 계속 확대하는 것만으로는 성에 차지 않았다. 그 도전은 그 당시 생물학계를 움직이고 뒤흔들던 힘에 필적하지 못했다."5 얼마 전에 맥아서를 비롯해 젊은 수리생태학자들과 만나고 허친슨의 연구를 접하면서 윌슨은 "전체 집단생물학 영역 중 대부분이 이제 종합되고, 실험 연구에 급속한 발전이 일어날 시기가 무르익었다고 느꼈다. 그러나 그 일은 뛰어난 상상력을 겸비한 논리적 사고에 수학적 모형을 보강해야만 가능했다."6 스스로의 표현에 따르면, 그는 대수학과 통계학 외에는 수학에 뛰어나지 않았다. 그래서 트리니다드 섬과 토바고 섬에서 여름을 보내는 동안 혼자서 교과서를 보면서 미적분과 확률론을 공부했다. 하버드로 돌아가서도 윌슨은 부교수이면서도 수학 과목을 수강 신청해 대학생들과 함께 작은 책상에 앉아 열심히 수업을 들었다. 약간의 보충 수업을 더 받은 뒤에 마침내 만족할 만큼 충분한 수학 실력을 갖추게 되었다. 한편, 윌슨은 단순한 기술적 연구를 넘어 그 이상의 영역으로 나아가게 해줄 협력 연구를 시작했다. 윌슨은 그 시절을 이렇게 회상했다.

"1962년에 둘 다 30대이던 맥아서와 나는 생물지리학 분야에서 새로운 것을 시도해보기로 결정했다. 전 세계의 동식물 분포를 연구하는 이 분야는 이론적 연구를 하기에 아주 이상적이었다. 생물지리학은 지적으로 아주 중요한 분야였지만, 제대로 조직되지 않은 정보가 잔뜩 널려 있고, 연구하는 사람도 적으며, 계량적 모형도 거의 없었다. 생물지리학이 생태학이나 유전학과 경계가 겹치는 부분은 지도 위에서 텅 비어 있는 부분이었다."7

윌슨은 맥아서에게 생물지리학을 엄밀한 분석 과학으로 만들 수 있다고 생각한다고 말했다.

방대한 자료에서 놀랄 만한 규칙성이 나타났지만, 그것을 설명한 사람은 아무도 없었다. 예컨대 종과 면적의 관계가 그랬다. 또, 필립 달링턴이 사람들의 주목을 끈 반복적인 비율도 있다. 면적이 10분의 1로 줄어들 때마다 종의 다양성은 약 절반으로 줄어든다는 관계 말이다. 윌슨은 아시아와 태평양의 섬에 사는 개미 종들 사이에서 또 다른 패턴을 발견했다. 새로 진화한 종은 아시아나 오스트레일리아의 넓은 땅에서 생겨난 다음, 거기서 모험적인 이주를 통해 멀리 떨어진 섬까지 확산하는 것처럼 보였다. 이렇게 확산해가는 종이 피지 제도처럼 작고 멀리 떨어진 장소로 이주하면, 그곳에서 오래 전부터 살아온 토착종을 대체하는 것처럼 보였다. 새로운 종은 계속해서 도착했고, 오래된 종은 끊임없이 멸종해가기 때문에 순 효과는 개미의 전체 종수가 증가하지도 감소하지도 않는 것으로 나타났다. 윌슨의 눈에 그것은 일종의 자연적인 균형처럼 보였다.

"그래, 맞아. 이것은 평형이야." 맥아서가 말했다.

평형 이론

"그는 중간 키에 마른 편이었고, 잘생긴 각진 얼굴을 갖고 있었다."[8] 윌슨은 맥아서가 죽고 나서 10년 후에 쓴 글에서 맥아서의 모습을 이렇게 묘사했다. "그는 사람을 볼 때 눈을 크게 뜨고 똑바로 바라보면서 아이러니한 미소를 지었다. 말을 할 때에는 가냘픈 바리톤 목소리로 완전한 문장과 문단을 구사했고, 중요한 말을 강조하고자 할 때에는 얼굴을 약간 위로 치켜올리고 침을 꿀꺽 삼켰다."

맥아서가 '평형equilibrium'이란 단어를 윌슨에게 처음 말했을 때에는 완전한 문장을 구사하진 않았을 테지만, 고개는 위로 치켜올렸을 것이다. "그는 침착하고 절제된 태도로 말했다. 지식인의 경우, 그런 태도는 철저히 억제된 힘을 시사한다. 전문 학자들 중에서 완전한 확신이 들 때까지 충분히 오랫동안 입을 꾹 다무는 사람은 드물기 때문에, 맥아서의 절제된 태도는 의도한 것은 아니었지만 자신의 말에 최종적 성격을 부여했다. 실제로 그는 기본적으로 수줍음이 많고 과묵한 편이었다." 주관과 호의가 깃든 이 초상화에 윌슨은 정확한 평을 하나 덧붙인다. "맥아서가 자기 세대의 생태학자들 중에서 가장 중요한 인물이었다는 데에는 모두가 동의한다."9

두 사람은 1961년과 1962년에 생물지리학적 균형이라는 개념에 대해 브레인스토밍을 했다. 그들은 윌슨이 멜라네시아에서 얻은 개미 자료를 검토했다. 필리핀, 인도네시아, 뉴기니 섬에 서식하는 조류 종들의 분포 패턴(에른스트 마이어와 여러 사람이 발표한 연구를 참고해)도 살펴보았다. 앤틸리스 제도의 여러 섬에 사는 딱정벌레와 파충류 종들을 조사한 달링턴의 명단도 참고했으며, 화산 폭발 후 동물들이 재이주한 역사적 기록이 남아 있는 크라카타우 섬의 사례도 살펴보았다. 보편성과 희귀성의 정준 분포를 다룬 프레스턴의 논문도 읽었으며, 그 내용이 본질적으로 자신들의 견해와 일치한다는 사실을 발견했다. 그들은 보통 조건에서 같은 시간 간격에 한 섬에서 사라지는 종의 수가 새로 생겨나는 종의 수와 거의 같다고 확신하게 되었다. 섬이 아주 최근에 생겨났거나 돌발적인 혼란을 겪지 않았다면, 잃는 종과 새로 얻는 종은 상쇄된다. 그 결과는 동적 안정이다. 섬에 사는 종의 수는 일정한 수준을 유지하지만, 새로운 종이 다른 종을 대체하면서 명부에 실린 이름은 끊임없이 변한다.

그런데 섬에서 종은 어떻게 사라져가는가? 국지적 멸종을 통해 사라진다. 그렇다면 새로운 종은 어떻게 생기는가? 그것은 두 가지 방법이 있다. 첫째는 종 분화를 통해 한 종이 새로운 두 종으로 갈라지는 것이다. 둘째는 이주를 통한 방법이다. 즉, 새로운 종이 다른 곳에서 이주해와 정착하는 것이다. 맥아서와 윌슨은 둘째 경우가 첫째 경우보다 훨씬 더 자주 일어난다고 생각했다. 그렇다면 종 분화는 무시할 수 있으며, 그들이 생각한 평형은 이주와 멸종 사이의 균형으로 나타낼 수 있다. 여기서 말하는 멸종은 지구상에서 한 종이 완전히 사라지는 것이 아니라, 어떤 개체군이 국지적으로 멸종하는 것을 가리킨다. 바다를 통한 이주의 물결을 제공해온 이웃의 본토나 섬들은 멸종이 일어나면 더 많은 개체를 공급한다.

맥아서와 윌슨은 두 직선이 X자 모양으로 교차하는 단순한 그래프를 그렸다. 유입을 나타내는 선은 왼쪽에서 오른쪽으로 갈수록 아래로 처지고, 멸종을 나타내는 선은 왼쪽에서 오른쪽으로 올라간다. 아래로 향하는 선은 섬에 종의 수가 많아지면 유입 사건의 빈도가 줄어드는 경향이 나타남을 말해준다. 그리고 위로 향하는 선은 그 반대를 말해준다. 즉, 섬에 종의 수가 많아지면 멸종 사건이 증가하는 경향이 나타난다는 것을 뜻한다. 두 선은 모두 약간 오목하게 휘어져 있는데, 이것은 섬이 종들로 포화돼감에 따라 유입 비율과 멸종 비율에 미묘한 변화가 일어남을 시사한다. 두 선은 그래프 중앙 부분에서 교차한다. 교차점은 평형을 나타낸다. 이 교차점이 나타내는 종의 수는 정상적인 조건에서 섬에 최대한 존재하는 종의 수를 나타내며, 기간이 흘러도 거의 일정하게 유지된다. 어쨌거나 두 사람이 만든 가설의 윤곽은 대충 이렇다.

그들은 복잡한 수학적 모형도 만들었다. 그것은 일련의 긴 미분방정식으로 이루어진 것으로, 피클 공장의 통조림 제조 라인처럼 한쪽 끝에서는 수치 자료를 받아들이고, 반대쪽 끝에서는 편리하게 변형된 산물을 토해냈다. 이 통조림 제조 라인의 산물은 예측이었다. 이 모형은 어떤 섬에 대해 평형의 세부 내용(시간은 얼마나 경과했으며, 종의 수는 얼마인가 등)을 예측하게 해주었다.

그 후, 맥아서와 윌슨은 논문을 함께 써서 1963년에 《에벌루션

Evolution》에 발표했다. 〈섬 동물지리학의 평형 이론 An Equilibrium Theory of Insular Zoogeography〉이란 제목의 이 논문은 그들이 생각한 개념의 핵심을 담아 명쾌하게 서술되었으나, 이런저런 이유로 생태학 전체를 뒤흔드는 충격을 즉각 주지는 못했다. 그 일은 나중에 가서야 일어난다.

그들은 그 이론을 만드는 것으로 일을 끝낸 것이 아니다. 동물뿐만 아니라 식물 종까지 추가하여 이론을 뒷받침하는 자료 범위를 확대했다. 또, 그것과 연관된 주제 몇 가지(이주와 정착 과정, 섬의 군집이 새로운 종의 유입에 저항하는 과정, 그리고 섬에서 진행되는 진화에 관한 것)도 추가했다. 4년 뒤, 이렇게 확대한 연구 결과는 프린스턴 대학의 집단생물학 연구 총서 중 한 권으로 《섬 생물지리학 이론》이란 제목을 달고 출간되었다. 논문을 책으로 바꾸어 내면서 제목이 약간 바뀐 것은 자신감과 규모가 아주 커졌음을 시사한다.

새로운 제목은 약간 주제넘어 보이기까지 한다. 섬 생물지리학 분야에서 나온 '하나의' 평형 이론이 섬 생물지리학 이론으로 둔갑했기 때문이다. 사실, 섬 생물지리학에 관한 이론은 이것만 있는 게 아니다. 과학 문헌에는 이미 섬 생물지리학을 다루는 이론적 개념들이 다수 나와 있었다. 그러나 두 사람의 이론만큼 인상적이고 자세하게 서술된 것은 없었으며, 또 그것만큼 큰 영향을 끼친 것도 없었다. 그 제목은 주제넘은 것이 아님이 곧 입증되었다. 이 책은 모든 것을 바꾸어놓았다.

에드워드 윌슨을 만나다

일부 사람들(극소수이긴 하지만 말 많은 사람들)은 윌슨을 사회생물학 분야를 주도한 것으로 악명 높은 괴물로 기억한다. 하지만 다른 사람들은 같은 이유로 윌슨을 유명한 사람으로 기억하며 존경한다. 그렇다, 에드워드 윌슨은 1975년에 《사회생물학: 새로운 종합 Sociobiology: The New Synthesis》이란 책을 출판한 바로 그 사람이다. 이 책에서 윌슨은 과감하게도 사람의 사회적 행동 중 일부는 진화유전학을 통해 생겨났다고 주장했다.

그 당시 그의 삶과 경력은 인종 차별적이고 성 차별적인 현실을 정당화하는 의사과학적 견해를 만들어냈다고 비난받은 이야기, 좌파 지식인들한테서는 글을 통해 그리고 분노한 젊은이 시위대한테서는 플래카드를 통해 비난을 받은 이야기, 미국과학진흥협회에서 연설을 하던 도중에 시위대 중 한 사람에게서 물 세례를 받은 이야기 등등 그 자체로도 흥미진진한 이야기가 많지만, 여기서 내가 하려는 이야기는 그런 것이 아니다. 하지만 더 최근에 와서 다른 사람들에게 윌슨은 박학다식한 과학자이자 뛰어난 저자, 세계적인 생물 다양성 상실에 대해 정치인처럼 경고의 목소리를 높이는 자연 보호 운동의 지혜로운 원로로 간주되고 있다. 또 동료 곤충학자들 사이에서는 개미의 분류학 및 행동 분야에서 막강한 권위를 누리고 있다.

나는 윌슨의 이 모든 면면을 잘 알지만, 정작 관심을 가진 부분은 딴 데 있다. 그는 맥아서와 자신의 협력 관계에서 유일하게 살아남은 사람이고, 자기 분야에서 역사를 만든 사람이다. 현재 살아 있는 사람 중에서 비공식적이고 비주류 과학 분야로 간주되던 섬 생물지리학이 어떻게 생태학에서 핵심적인 정식 학문으로 발전했는지 그 과정을 자세히 설명해줄 사람으로는 윌슨이 가장 적격이다. 또 막상 만나고 보니, 그는 관대하고 상냥하며 잘난 체하지 않는 사람이었다. 그는 바쁜 근무일인데도 내게 세 시간이나 내주었으며, 마음씨 좋은 감리교 목사가 환자를 방문한 것처럼 나를 차분하게 대했다. 그는 나를 보자마자 이렇게 말했다.

"에드 Ed라 부르게나. 괜찮다면 나도 자네를 데이비드라 부르겠네."

그의 연구실은 하버드 대학의 비교동물학 박물관 2층에 있는데, 활기가 넘치는 큰 방은 중요한 기사들과 개미들로 가득 장식돼 있다. 내 사무실에서 이리저리 기어다니는 개미들과 달리 이 방의 개미들은 상자 안에 갇혀 있다. 상자들은 깨끗한 플라스틱 상자이며, 기다란 실험실 탁자 위에 늘어서 있다. 그중 일부 상자는 빨간색 전구로 열을 가해주고 있는데, 그 안에 있는 개미는 필시 열대 지방에 사는 종일 것이다. 상장이 새겨진 대 위에는 바닷가재만 한 개미 청동상이 놓여 있다. 낡은 조지아 주 자동차 번호판은 편지로 보낸 선물처럼 실없는 기념품으로, HIANTS(안녕, 개미)라고 적혀 있다. 탁자 위에 놓인 검치호 두개골(혹은 그것을 복제한 모형)은 온통 개미로 가득 찬 방에서 대조를 이루며 눈길을 끈다.

왼쪽 벽 높은 곳에는 검은색 액자에 든 인상적인 사진들이 걸려 있다. 이들은 이곳 비교동물학 박물관에서 윌슨의 전임자로 일했던 사람들일까? 어디까지나 내 추측일 뿐이다. 그중에 아는 사람이 하나 눈에 띄었다. 20세기 초에 미국의 개미 전문가로 이름을 날린 윌리엄 모턴 휠러 William Morton Wheeler였다. 나머지 사람들은 알아볼 수 없었다. 기품이 넘치는 다섯 원로는 거기서 엄숙한 눈초리로 내려다보고 있다. 하버드 대학 행정과는 우체국에서 번질번질한 우체국장 사진을 걸어놓는 것처럼 이 사진들을 의무적으로 걸도록 강요했을까? 아이러니하게도 반대편 벽에는 똑같은 검은색 액자 속에서 개미 다섯 마리가 노려보고 있다.

조금 더 멀리 떨어진 윌슨의 작은 책상 옆에도 눈에 잘 띄지 않는 사진이 한 장 붙어 있는데, 그것은 젊은 시절의 맥아서였다.

섬에 대해 진지한 대화를 나누기 전에 윌슨은 내게 점심을 대접했다. 냉장고에서 칠면조 샌드위치와 월귤 주스, 종이로 싼 바클라바 조각을 꺼냈다. 아마도 윌슨이 직접 식료품 가게에서 사온 것 같았다. 유명하고 공손하기 이를 데 없는 과학자는 초라한 음식을 대접해 미안하다고 사과한다. 하지만 칠면조고기는 맛이 훌륭했으며, 월귤 주스도 핀란드에서 수입해온 것이었다. 음식을 먹으면서 우리는 과학 후원금 지원 제도의 정치에 대해(특히 분자생물학에 비해 생태학에는 지원이 턱없이 미흡한 것에 대해), 그리고 생물 다양성을 보호하기 위한 사회정치학적 과제에 대해 두서없이 대화를 나누었다. 윌슨은 서로 연관된 두 가지 주제에 관심이 큰 것 같았다. 우리는 핀란드 주스를 마시다가 화제를 스칸디나비아식 성으로 옮겼다. 윌슨은 내 성에 관심을 보였다.

내 성인 쾀멘Quammen은 노르웨이에서 유래한 것이라고 대답했다. 우리 선조가 엘리스 섬으로 입국하기 이전에 사용하던 원래 성은 대충 '소 치는 사람'으로 번역된다. 사람의 취향에 따라서는 카우보이로 생각할 수도 있겠지만, 나는 개인적으로 카우보이가 마음에 들지 않는다고 했다. 게다가 끝이 뾰족한 구두를 신고 담배를 질경질경 씹으면서 말을 타고 으스대며 활보하는 것은 노르웨이 사람의 정서에 맞지 않는다고 설명했다. 윌슨도 내 수다에 동조하여 자기 성이 너무 평범한 것이 늘 불만이었다고 털어놓았다. 굳이 WASP(앵글로색슨계 백인 신교도)임을 강조하려고 했다면, 어감이 더 강한 이름으로 정해야 했다는 것이다. 예컨대 스톤브레이커Stonebreaker 같은 성이 좋지 않겠느냐고 한다. 그는 입을 오므리면서 잔잔한 미소를 짓더니 허공을 응시하며 중얼거렸다. "스톤브레이커." 나는 마음속으로 다음과 같은 장면을 상상해보았다.

'저명한 개미 전문가이자 사회생물학자인 에드워드 스톤브레이커 박사가 오늘 하버드에서 윌슨이라는 성을 더 이상 쓰지 않겠다고 발표했다. 그리고 다시는 멍청한 마르크스주의자가 자기 머리에 물을 끼얹는 일이 있어서는 안 된다고 주장했다.'

하지만 윌슨은 원한을 품거나 자신을 대단하게 여기는 사람은 아닌 것 같다. 이름을 사용한 이 농담은 스스로에게 던진 것이다. 그는 자신의 성으로 스톤브레이커가 좋다고 결정한다. 그 성은 근육이 우람하게 발달하고 둔감한 조상 세대를 연상시킨다. 그중에는 발목에 쇠고랑을 찬 사람도 있을지 모른다. 생각만 해도 재미있는지 그는 혼자서 낄낄거린다.

바클라바를 먹은 뒤 우리는 커피 잔을 들고 복도로 나와 옆에 있는 세미나실로 자리를 옮겼다. 내가 던질 질문의 핵심 내용을 미리 예상했는지 그는 슬라이드를 보여주겠다고 제안했다. 그의 의도가 맥아서-윌슨 이론의 기원과 발전 과정을 개인적으로 강의하려는 것임을 나는 금방 알아챘다. 환등기는 이미 준비돼 있었다. 윌슨은 첫 번째 슬라이드를 비쳤다. 그 화면을 보자 과학적, 개인적 추억이 왈칵 솟아오르는지 다음 화면으로 넘어가기 전에 약 한 시간이나 이야기를 했다.

그 화면에는 두 젊은이가 나왔다. 두 젊은이는 열대 지역 탐사에 적절한 차림으로 하얀 모래가 펼쳐진 작은 섬에 서 있었다. 각진 얼굴에 깡마른 체격인 사람은 치노 바지를 입고 덱 슈즈를 신었으며, 빨간색과 흰색이 섞인 야구 모자를 사흘쯤 기른 턱수염만 겨우 드러날 정도로 꾹 눌러썼다.

"맥아서는 늘 사진 찍는 걸 싫어했지." 윌슨이 말했다.

맥아서와 윌슨의 만남

허친슨은 1940년대 후반과 1950년대에 예일 대학에서 비범한 대학원생을 몇 명 모아 진화론을 가르쳤다고 윌슨은 이야기했다.

"생태학은 진화론적 전환이 필요하다고 몇 번이나 강조했지."

그 당시만 해도 그것은 전통적인 방식에서 벗어난 것이었다. 생태학과 진화론은 여전히 별개의 학문으로 간주되었고, 집단생물학의 통합적 시각은 이제 막 형성되기 시작하던 무렵이었다. 허친슨과 비범한 학생들은 진화적 적응이 복잡한 군집의 역학에 어떤 역할을 하는지 다른 사람들보다 더 깊이 탐구했다. 학생들 중에 래리 슬로보드킨 Larry Slobodkin 이 있었는데, 그는 얼마 전에 쓴 얄팍한 생태학 교과서에서 진화 문제에 계량적 모형을 만들어 접근하는 방법을 자세히 설명했다.

윌슨은 하버드 대학에 있었기 때문에 허친슨의 서클에 속하지 않았다. 맥아서도 아직 만나기 전이었고, 남아메리카로 안식년 휴가를 떠나기도 전이었다. 하지만 그는 슬로보드킨을 알았고, 사이가 좋았다. 윌슨은 슬로보드킨과 함께 공동 프로젝트를 진행하기로 했다.

슬로보드킨은 생태학 이론의 기초가 튼튼할 뿐만 아니라, 윌슨에게 부족한 수학적 재능도 약간 있었다. 윌슨은 개미학, 생물지리학, 종 분화 이론에 강했다.

"슬로보드킨과 나는 우리의 서로 다른 지식과 접근 방법을 종합하면 집단생물학에 관한 책을 쓸 수 있지 않을까 생각했지."

그들은 출판사와 그 문제를 협의하기까지 했다.

"그런데 슬로보드킨이 주저했지. 그리고 이렇게 말하더군. '우린 세 번째 저자가 꼭 필요해.' 슬로보드킨은 수학 실력이 뛰어난 특별한 친구를 염두에 두었던 거야. '왜냐하면, 그는 정말 뛰어난 천재니까. 그는 아주 똑똑한 생태학계의 샛별이고, 아이디어가 넘치지. 로버트 맥아서라는 친구를 한번 만나보게.'"

그들은 1959년 12월에 열린 어느 회의에서 만났다.

"맥아서와 나는 만나자마자 금방 죽이 맞았지."

나는 지금은 유명하지만 더 이상 이 세상 사람이 아닌, 야구 모자를 쓴 젊은이를 물끄러미 쳐다보았다. 그의 모습은 윌슨의 화면에서 얼어붙은 채 남아 있다.

맥아서는 옥스퍼드 대학에서 박사 후 연구 과정을 보내고 막 돌아온 참이었다. 윌슨에게 맥아서의 첫인상은 "다소 초연하고 섬세하고 약간 영국화된 미국인처럼 보였지만, 이 분야들에 대해 아주 진지하게 생각하는 게 분명해" 보였다. 그리고 집단생물학 분야에서 뭔가 흥미롭고 극적인 업적을 이루고 싶은 야심이 있는 것도 분명했다. 그것은 윌슨도 마찬가지였다. 그들은 금방 친구가 되었으며, 편지를 통해 대화를 나누기 시작했고, 세 사람이 공동 저술하기로 한 책에 대한 생각을 교환했다. 윌슨은 몇 장의 초고를 쓰기까지 했다. 그런데 어떤 이유로 슬로보드킨과 맥아서의 사이가 틀어졌다. 윌슨은 슬로보드킨이 맥아서를 싫어했으며, 그 때문에 맥아서는 상처를 입었다고 기억한다. 그래서 함께 책을 내려던 계획은 수포로 돌아갔다. 윌슨은 안식년 휴가를 떠났고, 수학 보충 교육을 받기 시작했다.

남아메리카에서 돌아온 윌슨은 계량적 방법론에 더 강한 매력을 느꼈으며, 맥아서와 접촉을 재개했다. 그들은 학회에 참석할 때나, 윌슨이 펜실베이니아 대학에 강연을 하러 갈 때나, 버몬트 주의 말버러에 있는 맥아서의 여름 별장에 윌슨이 초대를 받을 때 등 기회가 닿을 때마다 만났다. 두 사람은 "집단생물학의 미래에 관한 이야기를 포함해 생물학 전반에 대해 거침없는 대화"를 나눴다. 혈기왕성한 젊은이였던 그들은 젊은이만이 할 수 있는 대담한 계획을 꿈꿨다. 하지만 두 사람은 젊고 혈기왕성하기만 한 것이 아니었다. 윌슨이 자기 입으로 그렇게 말한 것은 아니지만, 두 사람은 훌륭한 교육을 받았고, 해박한 과학 지식을 갖고 있었으며, 머리도 아주 비상했다.

그들은 어떤 연구 프로젝트에 함께 참여해 일하기를 갈망했다.

"나는 그런 협력은 주로 생물지리학에서 일어나야 할 거라고 생각했지. 내가 큰 열정을 쏟아붓던 분야였으니까."

윌슨은 자신이 직접 열대 지방의 개미를 조사한 자료에서 발견한 것과, 달링턴과 마이어와 기타 사람들의 연구에서 읽은 생물지리학 패턴에 푹 빠져들었다. 특히 종-면적 곡선에 매료되었다.

"나는 그것에 점점 더 관심이 커졌는데, 내 눈에는 그것이 평형을 나타내는 것으로 보였기 때문이야. 그것은 일종의 법칙을 나타내는 것이었지."

그는 맥아서와 함께 자신들의 눈에 '자연의 균형'으로 보이는 것에 대해 많은 토론을 나누었다.

맥아서의 옛 사진은 아직도 우리 앞에서 환하게 비치고 있다. 환등기에 훌륭한 팬이 달려 있지 않았더라면, 이 소중한 슬라이드는 이미 오래 전에 녹아 없어지고 말았을 것이다.

"음, 이제 결정적인 순간에 이르렀군."

윌슨은 이 이야기를 이전에 강의에서 말한 적이 있었지만, 적은 청중 앞에서나 큰 관심을 가진 청중 앞에서 말한 적은 없었다.

"슬로보드킨이 우리에게서 떨어져나간 뒤, 맥아서와 나는 더욱 긴밀한 사이가 되었지. 우리는 생물지리학에서 뭔가 정말로 중요한 것을 할 수 있다는 생각에 사로잡혔어. 그래서 나는 계속 반복해서 말했지. '생물지리학은 미래의 분야야.' 자연의 균형, 평형, 기타 등등. 우리는 그 곡선을 쳐다보고 있었어. 그러다가 1962년, 정확하게는 그해 여름이었지. 펜실베이니아 대학과 말버러와 그의 여름 별장에서 대화를 나눈 뒤에 나는 맥아서가 보낸 편지를 받았어. 두세 장짜리 편지에는 교차하는 선들과 함께 평형 모형이 들어 있었지. '나는 이것이 전체 이야기에 접근할 수 있는 방법이라고 생각해.'라는 그의 편지. 나도 그것을 보고 말했지. '그래. 바로 이거야.'"

면적 효과와 거리 효과

섬 생물지리학의 평형 이론은 개념 예술의 일부가 아니다. 그것은 하나의 도구이다. 맥아서와 윌슨은 두 가지 이유에서 그것을 개발했다. 그것은 바로 설명과 예측을 위해서였다.

이 이론의 수학적 세부 내용은 아주 복잡하지만, 핵심 내용은 간단하다. 그 이론을 여러분의 손목에 찬 디지털 시계와 비슷한 것이라고 생각해보자. 지금 시각이 몇 시인지 알려면 실리콘 칩의 회로를 이해해야 할 필요는 없다. 여러분은 정해진 시간에 알람이 울리게 하거나 스톱워치 기능을 발휘하게 하는 방법도 익혔을 것이다. 실리콘 칩에 관해서는 아무것도 몰라도 괜찮다. 그렇지 않은가? 평형 이론도 마찬가지다. 평형 이론을 처음 소개한 맥아서와 윌슨의 1963년 논문에는 난해한 수학적 회로가 약간 포함돼 있었다. 그리고 1967년부터 출간된 그들의 책에는 엄청나게 많은 수학적 회로가 포함돼 있다. 하지만 여러분과 나는 그것을 싹 무시할 것이다. 우리는 그저 시각이 몇 시인지 알고, 정해진 시간에 알람이 울리도록 시계를 만질 줄만 알면 되니까.

평형 이론의 출발점이 된 것은 현실 세계의 자료에 나타난 두 가지 패턴이었다. 평형 이론은 그 두 가지 패턴을 설명하기 위해 만든 것이었다.

첫 번째 패턴은 종과 면적의 관계이다. 서태평양의 섬들에 사는 개미들에서는 그 관계가 규칙적으로 나타났다. 큰 섬일수록 더 많은 종이 살았고, 작은 섬일수록 더 적은 종이 살았다. 달링턴은 앤틸리스 제도의 딱정벌레, 파충류, 양서류에서도 종과 면적의 관계가 잘 나타난다고 보고했다. 인도네시아의 일부 섬들에 사는 날지 못하는 새들에서도 그런 패턴이 나타났다. 각각의 경우에 큰 섬은 작은 섬보다 종이 더 많았으며, 섬의 면적에 대한 종의 수를 그래프로 나타내면, 그래프상의 점들은 로그 값으로 바꾸었을 때 직선으로 나타났다. 비록 직선의 형태를 하고 있더라도 과학자들은 그것을 곡선이라고 부른다고 앞에서 이야기한 적이 있다. 종-면적 곡선의 기울기는 소수로 나타낼 수 있는데, 그 값은 각각의 섬 집단에 따라 달랐다.

기울기에 관한 내용을 좀 더 쉬운 말로 바꾸어보자. 일부 섬 집단들에서는 큰 섬에 작은 섬보다 훨씬 많은 종이 사는 반면, 다른 섬 집단들에서는 작은 섬보다 큰 섬에 조금 더 많은 종이 살았다. 맥아서와 윌슨이 인정한 것처럼 프레스턴은 1962년에 쓴 논문에서 이 점을 충분히 언급했다.(다만, 프레스턴은 고립 집단이 아닌 표본 지역에 대해서만 주로 이야기했다.) 맥아서와 윌슨이 제시한 종과 면적 관계 방정식은 프레스턴이 아레니우스의 이름을 붙인 것과 똑같은 방정식이었다. 즉, $S = cA^z$였다. 지수 z는 곡선의 기울기를 나타낸다. 즉, 각 섬 집단 내에서 종의 수와 섬의 면적 사이의 상관관계가 얼마나 강하게 성립하느냐를 나타낸다. z의 값은 앤틸리스 제도의 딱정벌레에 대한 값과 인도네시아의 새들에 대한 값, 그리고 서태평양의 개미들에 대한 값이 제각각 달랐다. 섬 집단마다 그 값이 모두 달랐지만, 아주 다르지는 않았다. 큰 섬이 작은 섬보다 종의 수가 더 많은 성질은 어느 정도 일관성 있게 나타났다. 맥아서와 윌슨이 제시한 사례들에서 기울기 값의 평균은 대략 0.3이었다. 이것은 여러분이나 나에게는 그냥 하나의 숫자이지만, 종의 다양성과 면적 사이의 상호작용을 연구하는 사람들에게는 하나의 척도가 된다.

맥아서와 윌슨이 내놓은 이론의 바탕을 이루는 두 번째 패턴은 첫 번째 패턴과 마찬가지로 이미 오래 전부터 생물지리학자들에게 잘 알려진 것이었다. 그것은 바로 더 외딴 곳에 있는 섬일수록 종의 수가 더 적다는 것이다.

이 패턴은 여러 가지 방식으로 나타난다. 같은 크기의 섬이라도 본토에 가까이 있는 섬에는 멀리 떨어져 있는 섬보다 더 많은 종이 산다. 또, 큰 섬에 가까이 있는 작은 섬에는 가까이에 큰 섬이 없는 작은 섬보다 일반적으로 더 많은 종이 산다. 마지막으로, 본토나 큰 섬에서 아주 멀리 떨어져 있다 하더라도, 작은 섬들로 이루어진 군도에 속한 섬에는 외따로 있는 섬보다 일반적으로 더 많은 종이 산다. 각각의 경우에 종의 풍부성은 격리 정도와 반비례 관계가 성립한다.

맥아서와 윌슨 이전의 과학자들은 이 패턴을 대개 역사적 이유로 설명했다. 외딴 곳에 격리된 상태는 오직 오랜 세월을 통해서만 극복할 수 있는 장애 요인이었다. 외딴 곳에 격리된 데다가 종까지 빈약하다면, 그것은 섬의 역사가 비교적 짧다는 것을 말해주었다. 새로 생긴 대양도에 생물이 이주해 정착하기까지는 시간이(만약 섬이 아주 멀리 떨어져 있다면 엄청나게 많은 시간이) 걸리기 때문에, 먼 곳에 외따로 떨어진 섬들은 일반적으로 종이 풍부하게 존재할 만큼 나이가 충분히 오래되지 않았다. 역사적 가설은 이렇게 설명했다.

그러나 맥아서와 윌슨은 역사는 정답이 아닐 거라고 생각했다. 그들은 새로 생겨난 대양도에서 시간은 오직 초기에만 제약 요소가 된다고 믿었다. 그리고 전 세계의 섬 생태계들은 대부분 그 이후에 성숙해져 균형 상태와 평형에 도달했으며, 각 섬에 존재하는 종의 수는 역사적 상황이 아니라 진행되고 있는 과정이 반영된 것이라고 믿었다. 또, 그러한 균형을 빚어내는 데 주도적인 역할을 하는 진행 과정은 이주와 멸종이라고 주장했다.

맥아서와 윌슨은 이 비역사적 이론을 설명하기 위해 공동 저서 21페이지에서 예의 그 X 그래프를 다시 소개했다. 유입 곡선은 왼쪽에서 오른쪽으로 갈수록 하강했다. 멸종 곡선은 왼쪽에서 오른쪽으로 갈수록 상승했다. 유입 비율 감소와 멸종 비율 증가는 경과한 시간이 아니라 그 섬에 존재하는 종의 수에 대해 나타냈다. 섬이 종들로 채워져감에 따라 유입은 감소하고 멸종은 증가해, 결국에는 어느 평형 수준에서 상쇄된다. 그 지점에서는 유입 속도와 멸종 속도가 정확히 상쇄되어 종은 늘어나지도 않고 줄어들지도 않는다. 증가분과 감소분이 상쇄되는 이 현상(종의 명단에서 이름만 바뀌는 현상)을 교체라고 부른다. 새로운 나비가 한 종 도착하면 다른 나비 한 종이 멸종해, 결과적으로 섬에 존재하는 전체 나비의 종수는 이전과 똑같다. 교체를 통한 평형이 유지되는 것이다.

이 X 곡선은 생태학 문헌에서 가장 유명하면서도 큰 논란을 불러일으킨 그래프가 되었다. 이 그래프나 그것을 약간 변형시킨 그래프가 곧 수많은 책과 논문에 실렸다. 많은 생태학자들이 이 그래프를 열렬히 환영했지만, 격렬한 비판을 쏟아낸 이들도 많았다. 프레스턴의 정준 분포 곡선이 변화를 알리는 종 소리였다면, 맥아서와 윌슨의 평형 그래프는 반란의 깃발이었다.

그들의 개념 모형은 실제 세계의 자료에 나타나는 두 가지 패턴을 설명해주는데, 이 모형이 강력한 위력을 떨친 것은 설명의 힘이 뛰어났기 때문이다. 작은 섬에는 큰 섬보다 종이 더 적다. 왜? 작은 섬에서는 멸종하는 종보다 이주해오는 종이 더 적기 때문이다. 맥아서와 윌슨의 체계에서는 이것을 '면적 효과'라 부른다. 본토에 가까운 섬보다 멀리 떨어진 섬은 종이 더 적다. 왜? 멀리 떨어진 섬에서는 멸종하는 종보다 이주해오는 생물이 더 적기 때문이다. 이것을 '거리 효과'라 부른다. 이렇게 면적과 거리가 결합하여 유입과 멸종 사이의 균형을 조절하는 효과를 나타낸다. 이렇게 설명하니 모든 것이 절묘하게 맞아떨어졌다.

책에 실린 X 곡선은 개개의 섬에 대해 그릴 수 있는 특정 평형 그래프들을 일반화한 것이다. 어떤 섬은 다른 섬보다 곡선의 기울기가 더 가파를 수 있다. 곡선의 기울기가 변함에 따라 교차점도 아래나 위로(평형점에서 교체 비율이 낮거나 높은 것에 해당하는), 또는 왼쪽으로나 오른쪽으로(평형점에서 종의 수가 적거나 많은 것에 해당하는) 변하게 된다. 둘 중 어느 한 곡선의 기울기가 특히 가파르다면(유입 비율이 급격하게 감소하거나 멸종 비율이 급격하게 증가하는 것에 해당하는), 그 교차점은 왼쪽으로 원점을 향해 이동할 것이다. 이러한 이동은 이 특별한 환경 조건에서는 평형점에서 존재하는 종의 수가 비교적 적다는 것을 의미한다.

다시 말해서, 높은 멸종 비율과 낮은 유입 비율은 빈곤한 생태계를 낳는다. 여러분과 나에게 그것은 직교좌표계에서 하나의 점으로 보이지만, 섬에게는 바로 운명 자체이다.

이론과 현실의 일치

몇 주일이 지나갔다. 맥아서는 윌슨에게 두 곡선이 교차하는 그림을 편지로 보냈고, 윌슨은 유레카를 외쳤다. 하지만 그것을 뒷받침하는 논증과 수학까지 포함한 완전한 이론을 논문으로 쓴 것은 아니었다. 그러던 어느 날, 두 사람은 맥아서의 거실에서 커피 테이블 위에 메모와 그래프를 펼쳐놓고 벽난로 가까이에 앉아 있었다. 그때는 1962년 후반이었다. 그들은 평형 모형이 실제 세계의 두 가지 패턴을 훌륭하게 설명한다는 사실에 흡족했다. 그러나 그것만으로는 부족했다. 두 가지 패턴(거리 효과와 면적 효과를 반영한)은 비교적 복잡하지 않은 것이어서 다른 대체 이론으로도 충분히 설명이 가능할 수 있었다. 맥아서와 윌슨은 구체적인 증거가 더 필요했다. 이론과 현실이 아주 잘 맞아떨어진다는 것을 증명해야 했다.

  맥아서가 한 가지 방법을 제안했다. 이론에 포함된 수학적 장치를 사용하면, 새로 태어난 섬이 얼마나 빨리 평형에 도달하는지, 그리고 그 속도가 어떻게 그 섬의 최종 교체 비율과 상응하는지를 계산할 수 있었다. 그 수치는 새로 태어난 섬마다 제각각 다를 것이다. 그러니 그러한 섬 중 하나를 선택하여 시험해보면 될 것 같았다. 선택한 섬의 실제 면적과 본토와 떨어진 거리를 바탕으로 계산한 다음, 이론에서 얻은 결과를 실제로 측정한 자료와 일치하는지 비교해보면 된다. 그러면 이론이 맞는지 틀린지 판가름날 것이다. 이것은 좋은 제안이었지만, 현실적으로 한 가지 문제가 있었다. 바로 새로 태어나는 섬이 드물다는 사실이었다. 게다가 종들이 평형을 향해 다가가는 동안 그러한 섬을 과학적으로 조사한 사례도 많지 않았다. 즉, 사용할 만한 경험적 자료가 얼마 없었다. 생태학자들은 망망대해에서 용암이 끓어오르면서 새로 생긴 작은 섬이 서서히 식어가는 것에 별로 큰 관심을 보이지 않는다.

그때, 윌슨에게 좋은 생각이 떠올랐다. "크라카타우 섬을 조사해보는 게 어떨까?"

윌슨은 크라카타우 섬에 가본 적이 없었고, 그곳에 가자고 제안하지도 않았지만, 문헌을 통해 잘 알고 있었다. 1883년에 대폭발이 일어나 섬에 살던 생물이 죄다 죽고 불에 그을린 땅만 남았으며, 화산재가 쌓여 안정한 상태가 되고 나서야 거미와 곤충과 양치류 포자가 도착해 생태계의 진공을 채우기 시작했다. 윌슨은 불에 그을린 그 작은 섬이 사실상 새로 태어난 섬이나 다름없다는 것을 알고 있었다. 라카타라는 새로운 이름이 붙은 그 섬은 평형을 향해 다가가는 섬에서 일어나는 일이 잘 기록된 사례를 제공할 것이다. 그것은 열정적인 두 젊은 생물지리학자가 얻을 수 있는 것 중에서 이론을 검증할 수 있는 실험에 아주 가까운 것이었다.

그래서 맥아서와 윌슨은 계산에 착수했다. 그들은 조류에 초점을 맞추었다. 아시아의 다른 섬들에 사는 조류에 대한 종-면적 곡선에서 유추하여 평형점에서 라카타 섬에 살 수 있는 종의 수를 계산했다. 그리고 대폭발이 일어난 뒤에 라카타 섬이 평형에 이르는 데 걸리는 시간도 계산했다. 평형점에서 교체 비율이 얼마인지도 계산했다. 그들이 계산한 추정치는 대략 다음과 같았다.

- 평형점에서 존재하는 종의 수: 30종
- 평형에 이르는 시간: 40년

- 교체 비율: 연간 1종

그러고 나서 경험적 자료를 찾기 시작했다.

트뢰브 교수가 이끄는 최초의 생물 탐사대가 1886년에 다녀간 이래 많은 탐사대가 라카타 섬을 방문해 조사 활동을 펼쳤다. 특히 1908년과 1921년, 1934년에 대대적인 조사가 이루어졌다. 이 조사들에서 얻은 자료를 요약한 것이 1948년에 네덜란드의 한 학술지에 발표되었다. 맥아서와 윌슨은 그것을 참고하여 1908년에 라카타 섬에 조류가 13종만 살았다는 사실을 알아냈다. 재이주는 이제 막 시작된 참이었다. 1908년부터 1921년 사이에 조류의 종수는 27종으로 늘어났다. 그 후로는 그 상태를 그대로 유지해 1921년부터 1934년까지 종수에 아무 변화가 없었다. 이것은 일종의 안정 상태에 이르렀다는 것을 시사했다. 다만 1934년에 확인된 27종 가운데 5종은 새로운 종이고, 이전에 존재했던 5종은 사라지고 없었다. 교체가 일어난 것이다. 평형에 이르기까지는 약 40년이 걸린 것으로 보이며, 평형점에서 종의 수는 약 30종으로 예측한 것과 일치했다. 교체 비율이 예상보다 약간 적긴 했지만, 실망할 만큼 큰 차이는 아니었다.

"우린 무척 흥분했지. 우리는 '오, 이럴 수가! 평형에 도달한 상태가 어떤 모습인지 보여주는 이런 모형이 만들어진 것은 처음이고, 평형과 교체를 측정할 수 있는 사례도 얻었어! 그리고 이 둘은 서로 딱 맞아떨어져!'라고 외쳤지."

그로부터 30년이 지난 지금 크라카타우 섬의 자료가 과연 맥아서와 윌슨의 모형과 일치하는지는 계속해서 중요한 논쟁의 대상이 되고 있다. 그것은 견강부회한 것일까, 아니면 정말로 잘 맞아떨어지는 모형일까? 지금도 생태학자들은 라카타 섬에 탐사대를 파견하여 조류를 조사하고, 그 전체 종수를 세고, 교체 비율을 파악하고, 그 결과를 맥아서와 윌슨이 커피 테이블 위에서 계산한 것과 비교한다. 다른 생태학자들이 왜 이런 법석을 떠는 것일까?

그것은 섬 생물지리학의 평형 이론이 그들의 마음을 사로잡았기 때문이다. 지난 30년 동안 평형 이론은 생태학계 내에서 연구와 논쟁의 중요한 틀로 자리잡았다.

그리고 크라카타우 섬의 실제 사례는 평형 이론이 성공을 거두는 데 중요한 역할을 했다. 크라카타우 섬의 자료를 살펴보자는 윌슨의 아이디어가 큰 성과를 낳은 것이다.

"그러나 나는 거기에 만족하지 않았어. 우리에게 필요한 것은 크라카타우 섬의 전체 생태계였으니까." 윌슨은 덧붙여 말했다.

맹그로브 섬에서 평형 이론을 검증하다

"섬 생물지리학만큼 낭만적인 것은 없지."

윌슨이 열정적인 분위기로 이렇게 말했을 때, 나는 순간의 분위기에 휩쓸려 그 말을 곧이곧대로 믿을 뻔했다.

낭만의 분위기는 윌슨이 일찍이 하버드에서 역할 모델의 하나로 삼았던 필립 달링턴 같은 과학자가 물씬 풍겼다. 달링턴은 딱정벌레 분류학자 겸 큐레이터로 틀어박혀 지내는 생활을 하지 않을 때에는 "아주 거친 인물로, 진정한 마초 야외 생물학자"였다고 윌슨은 기억한다. 달링턴은 딱정벌레를 채집하려고 울창한 열대 숲 속에서 오로지 나침반이 가리키는 방향을 따라 오솔길에서 벗어나기도 하고, 산을 올라갔다 내려갔다 하면서 직선으로 전진하곤 했다. 그는 윌슨에게 진정한 동물상, 깊은 숲 속의 동물상을 얻으려면 그렇게 해야 한다고 충고했다. 또 한 사람의 강력한 선배는 윌리엄 딜러 매튜 William Diller Matthew였다. 그는 미국자연사

박물관 AMNH에서 일하는 고생물학자로, 멸종한 포유류의 생물지리학을 연구했고, 자바 섬, 몽골, 와이오밍 주 같은 장소를 탐사했다. 매튜와 달링턴보다 더 이전에는 윌슨이 키플링 유형의 영웅적인 박물학자였다고 묘사하는 사람들이 많이 있었다. 비록 앨프리드 월리스의 이름을 말하진 않았지만, 굳이 말할 필요까지도 없다. 우리는 '키플링 유형의 영웅적인'이라는 수식어가 월리스보다 더 잘 어울리는 사람은 없다는 걸 아니까.

윌슨의 찬가는 우리를 어느 지점으로 이끌고 간다. 그렇다, 생물지리학은 늘 낭만적이고, 육체의 한계를 시험하며, 이국적인 장소로 모험적인 야외 탐사 여행을 떠나는 즐거움이 있었다. 그러나 지적으로는 뒤죽박죽이었다. 정해진 형태가 없고 무질서했다. 계량적 엄격성도 결여돼 있었다. 실험적 방법도 사용하지 않았다. 하지만 1960년대 초에 윌슨은 그것을 바꿀 수 있다고 믿었다.

맥아서와 함께 평형 이론을 연구하는 동안 윌슨은 생물지리학을 실험 과학으로 재정립할 수 있다는 강한 신념을 갖게 되었다. 낭만은 유지하되 혼란은 걷어낸다. 수학적 엄격성을 도입한다. 기술하고 설명하는 것에만 그치는 것이 아니라 예측까지 할 수 있는 능력을 겸비한다. 그 잠재성은 무한했다. 그렇지만 한 가지 문제가 있었다. 자신이 매사추세츠 주의 도시 지역을 떠나지 않는 한, 그러한 변화에서 어떤 실질적 역할을 담당할 수 없다는 사실을 윌슨은 잘 알고 있었다.

"그래서 나는 말했지. 야외 현장으로 가야겠다고."

이제 그는 멜라네시아에서 야외 조사 활동을 하던 때처럼 젊지도 않고 자유로운 상태도 아니었다. 가족도 있고 하버드 대학의 교수직도 수행해야 했다. 그냥 가벼운 마음으로 몇 달 예정으로 훌쩍 열대의 군도로 떠났다가 내키면 몇 년 동안 눌러앉을 처지가 못 되었다. 그렇지만 그는 생물지리학의 평형에 관해 야외 현장에서 중요한 실험을 하고 싶었다.

그는 그것이 가능하다는 걸 알고 있었다.

"단, 적당한 장소를 찾기만 한다면 말이지. 나는 미국 지도를 펴놓고 샅샅이 훑어보았어. 금방 찾아갈 수 있는 곳을 찾으려고 말이야. 그러다가 플로리다 주 남부에서 바로 그런 곳을 찾아냈지."

1965년 여름 방학 때 그는 가족을 데리고 키웨스트로 갔다. 그는 선외 모터가 달린 길이 4.2m의 모터보트를 몰았다. 그리고 에버글레이즈 습지 남쪽의 얕은 바다 위에 점점이 떠 있는 맹그로브 섬들의 세계를 탐사하기 시작했다.

맹그로브 섬은 수천 개나 되어 그 이름을 일일이 지도에 표시하고 싶은 의욕을 느낄 지도 제작자는 하나도 없을 것이다. 플로리다 만에는 맹그로브 섬이 가득 널려 있는데, 더 남쪽으로 내려간 키웨스트 지역에도 맹그로브 섬이 많았다. 보카치카 너머, 슈거로프키 너머, 스나이프키즈와 스쿼럴키와 존스턴키 연안, 밥앨런키즈와 칼루사키즈 사이, 크롤키 북쪽, 피에스타키 북쪽, 거기서 다시 키라르고로 돌아가기까지 편평한 바닷물 위에 작은 초록색 다발들이 점점이 떠 있었다. 이 섬들은 서리로 덮인 초원에서 풀을 뜯는 들소처럼 밝은 수평선을 배경으로 어두운 색의 점들로 불룩 솟아 있었다. 윌슨은 모터보트를 몰고 이 섬들 사이를 돌아다녔다.

많은 섬은 순전히 식물로만 이루어져 있었는데, 그것들은 얕은 물에 무릎 깊이만큼 잠긴 채 서 있는 맹그로브나무 집단이었다. 붉은맹그로브 Rhizophora mangle 는 물을 좋아하고 염분에 잘 견디는 종이라 이런 환경에서도 잘 자란다. 맹그로브는 단 하나의 줄기와 계속 뻗어나가는 지주근支柱根(땅위줄기에서 나온 막뿌리의 하나. 땅속으로 뻗어 들어가 줄기를 버틴다)의 망으로 몸체를 지탱하며, 수면 아래의 진흙에 뿌리를 박아 줄기를 똑바로 세우고 바깥쪽으로 뻗어나가면서 점차 넓은 지역을 차지해간다. 작은 맹그로브 섬은 단 한 그루의 나무만으로 이루어진 경우도 있으며,

붉은맹그로브와 검은맹그로브 여러 그루가 서로 단단히 얽혀 있는 경우도 있다. 그 전체 덩어리는 기껏해야 해변의 파라솔만 한 크기에 지나지 않을 수도 있다.

그렇게 작고 마른 땅이 없는 섬에는 몸집이 큰 육상 동물이 살 수 없다. 포유류는 당연히 없고, 심지어 파충류조차 보기 어렵다. 그렇지만 나무에서 살아가는 절지동물(주로 곤충과 거미류, 그리고 어쩌면 지네, 노래기, 등각류, 전갈, 의갈류, 진드기 등)은 살 수 있다. 이렇게 작고 단순한 생태계에서는 생물 다양성이 빈약하고 개체군 크기도 작을 수밖에 없다. 종의 수는 기껏해야 수십 종, 개체수도 모두 합해 수천 마리를 넘지 않을 것이다. 단호한 의지를 가진 과학자라면 모든 생물을 채집해 확인할 수 있을 것이다.

윌슨은 바로 그러한 의지를 가진 과학자였다.

그는 1966년에 댄 심벌로프Dan Simberloff라는 대학원생을 데리고 다시 그곳을 찾았다. 심벌로프는 수학 실력이 뛰어난 윌슨의 협력자 중 한 사람이었다. 두 사람은 훗날 평형 이론을 실험적으로 검증한 최초의 사례로 인정받을 계획을 세웠다. 사실, 그것은 실험 생물지리학에서 일어난 최초의 시도이기도 했다. 이 실험 계획은 논리적 우아함과 그 결과, 그리고 특이한 방법 때문에 큰 주목을 끌었다. 계획의 기본 개념은, 우선 작은 섬 몇 개를 선택해 거기에 사는 모든 절지동물의 종류와 수를 조사한 다음, 화산 폭발이 일어난 라카타 섬처럼 그곳에 사는 동물을 모조리 없앤다. 그리고 그 후에 무슨 일이 일어나는지 관찰하는 것이었다.

재이주가 일어날까? 그야 당연히! 날개의 힘을 이용하거나 바람을 타고 모험적인 절지동물이 다시 돌아와 텅 빈 생태계를 채울 것이다.

그것은 빨리 일어날까, 서서히 일어날까? 그 속도는 섬이 얼마나 외딴 곳에 멀리 떨어져 있느냐와 상관관계가 있을까? 각 섬에 서식하는 종의 수는 결국 평형에 이를까? 만약 그렇게 된다면, 그 새로운 평형점에서 종의 수는 윌슨과 심벌로프가 처음에 조사한 결과와 대략 비슷할까? 교체도 일어날까? 일어난다면 그 비율은 어느 정도일까? 이 모든 결과는 이론이 예측하는 바와 일치할까? 이러한 것들이 실험에서 그 답을 찾고자 한 궁극적인 질문이었다.

당장 발등에 떨어진 문제는 어떻게 하면 섬에 사는 동물을 모조리 없앨 수 있나 하는 것이었다.

이를 위해 그들은 마이애미의 내셔널해충방제회사 직원들을 고용했다. 그들은 이 일에 큰 흥미를 느껴 기꺼이 협조했다. 그들은 얕은 바다의 진흙 바닥 위에 비계와 탑을 세웠다. 서식하는 동물들의 개체수 조사가 끝난 뒤, 그들은 각각의 섬을 거대한 나일론 텐트로 둘러쌌다.(아방가르드 예술가 크리스토 Christo는 훗날 섬을 포함해 자연 풍경을 둘러싸는 방법으로 명성을 얻었지만, 예술사학자들은 크리스토가 윌슨과 심벌로프, 내셔널해충방제회사에게 빚을 졌다는 사실을 일반적으로 지적하지 않는다.) 그리고 텐트 안을 페스트마스터 토양 훈증 소독제 1번(주성분이 브롬화메틸인 살충 가스)으로 가득 채웠다. 브롬화메틸은 절지동물에게 치명적인 독가스이다. 어떤 조건에서는 붉은맹그로브에게도 해를 입힐 수 있다. 그래서 윌슨과 심벌로프는 살충 가스를 석당한 농도로 기온이 낮은 밤중에 살포하도록 하여 나무에 피해가 가지 않도록 신경 썼다. 훈증은 몇 시간 동안 계속되었다. 곤충과 거미가 모두 죽어 떨어지자, 텐트를 벗겨내 남은 가스가 날아가게 했다. 이제 섬은 순식간에 동물이 전혀 살지 않는 장소로 변했지만, 그 밖의 조건은 달라진 것이 없었다.

"심벌로프가 궂은 일을 대부분 도맡아했지. 해충방제회사를 상대하고, 현장에 가서 훈증 작업을 감독하고, 그 후에 각각의 섬에서 어떤 일이 일어나는지 계속 관찰해야 했거든."

우리가 있던 세미나실에서 환등기가 다시 움직이기 시작했다. 사진기를 싫어하는 젊은이가 화면에서 사라지고, 새로운 사진들이 나타났다.

찰각. 맹그로브 섬. 찰각. 텐트로 둘러싼 섬. 찰각. 딱정벌레를 확대한 모습. 우리는 이제 최소한 시각적으로는 맥아서를 떠났다.

플로리다 주에서 한 이 연구에서는 좀 특이한 문제들도 생겼다. 거기서 작업하던 윌슨과 심벌로프에게 시끄러운 헬리콥터 소리가 들려왔는데, 그것은 해안경비대 소속의 헬리콥터였다.

"그 지역에는 반카스트로 활동을 펼치는 쿠바 인이 많았는데, 그들이 이 섬들을 무기를 은닉하는 장소로 사용하고 있었던 거지."

해안경비대는 어부처럼 보이지 않는 사람이 그곳에 나타나면 일단 경계했다. 하버드에서 온 카키복 차림의 두 남자가 맹그로브 섬 주위를 서성거리는가 하면, 커다란 검은색 텐트로 섬을 덮어씌우기도 했으니 당연히 의심할 만했다. 또 한 가지 문제는 진흙이었다. 발목은 진흙 속으로 깊이 빠져 들어갔고, 그렇게 발목이 진흙 속에 빠지면 움직일 수가 없었다. 심벌로프가 한 가지 아이디어를 냈는데, 커다란 합판 조각을 눈신처럼 발 밑에 붙이고 다니자고 했다.

"그렇지만 그런 걸 신고서는 걸을 수가 없었어. 나는 그 신을 심벌로프라고 불렀지. 그러면서 '오, 이런! 이 심벌로프는 우리를 아무 데도 데려다주질 못하는군!' 하고 농담하곤 했지. 심벌로프는 그 농담을 별로 좋아하지 않았지만, 어쨌든 최선을 다해 일했어."

훈증 작업 후에 윌슨은 하버드와 그곳에서 나왔다 들어갔다 했지만, 심벌로프는 그곳에 1년 동안 머물면서 재이주가 일어나는 과정을 관찰했다. 그는 정말 소처럼 열심히 일했다. 새로 이주해오는 개체군이 워낙 작은 것 외에도 생태계가 복원되는 과정을 살아 있는 그대로 관찰하는 게 핵심이었으므로, 그냥 절지동물을 채집해 조사하는 것은 문제가 있었다. 각각의 개체를 그냥 눈으로 관찰하거나 사진으로 찍은 다음 원래 자리에 그대로 놓아두어야 했다. 나무 기어오르기, 진흙, 기후, 개체군 확인 등의 문제를 헤쳐나가야 하는 그 일은 뜨거운 햇볕과 좌절에 면역력이 있고, 사진기를 능숙하게 다루고, 발이 큰 곡예사 같은 곤충 분류학자를 요구했다. 심벌로프의 신발 사이즈는 역사 기록에 남아 있지 않지만, 그는 어려운 난관을 극복하며 잘해나갔다. 윌슨은 이 실험을 하는 동안 심벌로프가 도시 출신의 수학자에서 훌륭한 야외 생물학자로 변신했다고 말한다. 결과도 만족스러웠다.

"나도 매우 만족했지만, 그것을 박사 학위 논문으로 쓸 예정이던 심벌로프도 만족할 만한 결과를 얻었어. 우리는 약 1년 만에 종의 수가 명백히 평형인 수준까지 올라가는 것을 관찰했거든."

어쨌든 세 섬에서는 그런 결과가 나왔다. 세 섬은 재이주가 금방 일어났다. 각 섬에서 종의 다양성은 일시적으로 최고 수준에 이르렀다가 조금 감소하여 그보다 낮은 수준에서 안정되었다. 안정된 상태에서 종의 수는 훈증을 하기 전에 살았던 종의 수와 비슷했다. 이것은 평형 이론을 강력하게 뒷받침하는 사례였다.

한편, 네 번째 섬에서는 재이주 과정이 더 천천히 일어났다. 이 섬은 가장 멀리 떨어져 있었다. 이 섬도 결국에는 평형에 도달했지만, 그 상태에서 종의 수는 가까이 위치한 섬들에 비해 더 적었다. 따라서 거리 효과 역시 확인되었다.

2년 뒤에 네 섬을 다시 조사했다. 각 섬에 살고 있는 종의 수는 지난번 조사 때와 거의 똑같았다. 다만, 새로운 종이 일부 추가되고, 기존의 종이 일부 사라지는 일이 일어났다. 이주가 계속 일어났으며, 그것은 멸종과 상쇄되었다. 교체가 일어난 것이다.

이것은 아주 훌륭한 과학 연구였고, 심벌로프는 그것으로 박사 학위를 받았다. 그리고 두 사람은 함께 이 프로젝트에 관한 논문을 세 편 써서 《이콜로지》에 발표했으며, 이 논문 덕분에 미국생태학회가 주는 상까지 받았다. 이 연구는 금방 생태학자와 생물지리학자 사이에서 유명해졌다. 평형 이론의 검증이 절실하던 시기에 실험으로 그것을 검증한 사례였기 때문이다. 맹그로브 실험 논문은 맥아서와 윌슨의 논문(1967)과 함께 다른 과학자들이 발표하는 논문에 자주 인용되기 시작했다. 그 논문들을 가리키는 과학계의 암호는 무미건조하게 Wilson and Simberloff(1969), Simberloff and Wilson(1969), Simberloff and Wilson(1970)이다. 맹그로브 섬에 적용한 사례를 통해 평형 이론은 신뢰를 얻었으며, 이 이론을 신봉하는 사람들은 적용이 가능한 사례들을 더 넓은 분야, 특히 자연 보전 계획 분야에서 찾기 시작했다. 그렇지만 이제 와서 돌이켜보면, 이 모든 일은 심벌로프가 나중에 한 일과 비교해 볼 때 아이러니처럼 보인다. 그는 평형 이론을 자연 보전 문제에 적용하는 것에 반대하는 데 앞장섰기 때문이다.

과학은 반복되는 패턴을 찾는 것

맥아서는 1967년에 《섬 생물지리학 이론》을 출간하고 나서 5년 뒤에 죽었다. 그는 프린스턴 대학에서 강의를 계속했고, 논문을 15편 더 썼다. 《이론집단생물학 Theoretical Populaton Biology》이란 학술지를 창간하는 일도 도왔다. 집단생물학 총서 시리즈의 편집도 맡았다. 1968년, 그는 키즈로 가서 윌슨을 만났다. 윌슨은 또다시 안식년 휴가를 얻어 그곳에서 일하고 있었다. 윌슨은 맥아서를 맹그로브 섬들로 데려가 보여주었다. 심벌로프가 아직 그곳에서 작업하고 있었다. 맥아서와 윌슨은 섬 생물지리학이 계량적 패러다임으로 쓰일 가능성에 대해, 그리고 그것이 어떤 결과를 낳을 것인가에 대해 열렬히 토론을 나누었다. 맥아서는 늘 이야기를 아주 잘했으며, 학생이나 동료와 대화를 나누는 것은 자신의 마술적 영향력을 발휘하는 주요 방법이었다. 가끔 대화를 하다가 방정식을 갈겨쓰기도 했는데, 그것은 막 생각난 아이디어를 무미건조한 수학 언어로 표현하려는 시도였다. 수학 실력에서 그를 따라갈 만한 생태학자는 드물었다. 그러나 맥아서에게 수학은 더 큰 목표를 향해 나아가는 수단에 지나지 않았다. 더 큰 목표란, 진화 과정과 생태학적 긴장이 어떤 식으로 결합하여 생물 군집을 결정짓는지 이해하는 것이었다.

그가 한 연구 대부분을 관통하는 주제가 한 가지 있다. 그것은 지금은 너무나도 자명하고 당연한 것으로 보이지만, 맥아서 자신은 그것을 말로 표현할 가치가 있다고 여겼다. 그것은 바로 패턴을 찾는 것이었다. 맥아서는 패턴과 평형과 진행 과정을 강조한 반면, 역사적 설명에서 중요하게 간주하는 일회적이고 우발적인 사건을 중시하지 않았다. 과정을 중시하는 설명과 역사적 설명, 이 두 종류의 설명을 구분하는 경계선은 어디일까? 역사학자는 현상들 사이의 차이에 특별한 관심을 보인다. 그것이 역사적 우연에 빛을 던져주기 때문이다. 맥아서는 "왜 신세계 열대지방에는 큰부리새와 벌새가 있고, 구세계 일부 지역에는 코뿔새와 태양새가 있는가 하고 물을 수 있다."[10]라고 썼다. 아프리카와 아시아에 사는 코뿔새는 몸집이 큰 잡식성 새로, 큰 부리 덕분에 아메리카 열대지방에 사는 큰부리새와 대체로 동일한 생태적 지위를 차지한다. 마찬가지로 아프리카와 아시아의 태양새는 꽃꿀을 빨아먹고 사는 몸집이 작고 밝은 색깔의 새인데, 아메리카에 사는 벌새와 거의 비슷한 생태적 지위를 차지한다. 역사적 설명에 집착하는 생물지리학자는 어떤 대륙에서 왜 태양새가 아니라 벌새가 그러한 생태적 지위를 차지하고 있는지 궁금하게 여긴다. 맥아서는 현상들 사이의 유사성에 더 관심을 보였는데, 유사성은 정상적인 과정이 작용하는 방식을 드러내기 때문이다. 그는 벌새와 태양새는 조상도 다르고 지구상의 서로 다른 두 지역에서 각자 독자적인 역사를 가지고 살아왔는데도 왜 그렇게 비슷한지 궁금하게 여겼다. 나는 앞에서 맥아서가 과학을 하는 것은 "단순히 사실을 축적하는 것이 아니라 반복되는 패턴을 찾는 것"[11]이라고 한 말을 인용한 바 있다.

그가 특히 관심을 가진 패턴은 생물지리학의 패턴이었다.

무엇보다도 동식물 종의 지리적 분포가 큰 관심을 끌었다. 그 주제는 아주 흥미로운 질문이 많았다. 왜 그 군집에는 이 종들은 있고 저 종들은 없을까? 왜 그 종들은 여기에는 사는데 저기에는 살지 않을까? 그 답들은 이미 있었다. 맥아서는 그것을 알고 있었고, 그 답들이 중요하다고 믿었다. 물론 초기의 최고 생물지리학자였던 다윈과 월리스도 반복되는 패턴을 찾아나섰고, 그러한 패턴이 제기하는 아주 흥미로운 질문들에 대한 답을 찾으려고 했다. 다만 맥아서는 새로운 방법을 사용하여 그 전통을 이어나갔을 뿐이다. 과학자로서 경력을 시작한 초기에 그는 수학자였고 나중에는 스스로를 생태학자로 내세웠지만, 말년에는 자신을 생물지리학자로 부르길 더 좋아했다고 윌슨은 말한다. 20세기 내내 생물지리학은 대체로 이론적 학문이라기보다는 기술적 학문에 머물러 있었다. 생물지리학은 월리스와 다윈이 세운 심한 도발이라는 기준을 유지하지 못했다. 맥아서는 빅토리아 시대의 유명한 선구자들처럼 이론에 강한 갈증을 느낀 생물지리학자였다. 그가 마지막으로 한 야외 조사 계획은 파나마 남해 연안에 위치한 푸에르코스 섬에 사는 새들 사이의 생태적 지위 범위와 전체적인 풍부성을 조사하는 것이었다. 푸에르코스 섬의 새들 자체는 그렇게 중요한 게 아니었다. 하지만 그 새들은 패턴을 드러냈고, 그 패턴은 중요한 것을 알려주었다.

1972년 어느 날, 맥아서가 앓던 병에 대한 진단이 나왔다. 그리고 낭만은 끝났다.

신장에 생긴 암은 빠르게 진행되었다. 그는 버몬트 주에 있는 집으로 갔다. 거기서 도서관에 가지 못하면서도 시간과 싸우며 《지리생태학: 종의 분포 패턴 Geographical Ecology: Patterns in the Distribution of Species》이란 얇은 책을 저술했다. 이 책은 생태학에서 가장 중요한 주제에 대해 자신의 마지막 생각을 요약한 것이었다. 그는 서문에서 윌슨에게 특별한 감사를 표시했다. "윌슨은 내게 생물지리학이 얼마나 흥미진진할 수 있는지 보여주었고, 섬에 대해 공동 저술한 책에서 대부분의 글을 썼다."[12]

그해 늦가을에 맥아서는 다시 프린스턴으로 돌아왔다. 그와 윌슨은 처음에 협력 연구를 한 뒤로는 각자 다른 프로젝트에 몰두했지만, 둘 사이의 우정은 지속되었다. 윌슨은 내게 두 사람이 나눈 마지막 대화를 들려주었다. 그는 맥아서의 기분이 울적하다는 소식을 듣고 전화를 걸었다고 한다.

"나는 그가 죽어가고 있다는 것을 알았어. 하지만 그의 수명이 단 몇 시간밖에 남아 있지 않다는 건 전혀 몰랐지."

"무슨 이야기를 나누었나요?"

이전에 자주 나눈 것과 같은 종류의 잡담이었다고 한다. 그들은 생태학에 대해 토론했다. 전망, 답을 얻지 못한 질문들, 그리고 사람들에 관한 이야기 등등.

"우리는 최근에 이 분야에서 일어난 발전에 대해 이야기를 나누고, 어떤 사람이 똑똑한지 잡담을 나눴어."

맥아서는 마치 100년은 더 살 것처럼 자신의 병은 무시한 채 거의 언급하지 않았으며, 다른 문제들에 대해 이야기를 늘어놓았다. 전화 동화는 약 30분간 계속되었다. 그 직후에 윌슨은 전화로 나눈 대화를 메모했다. 역사적인 인물이 죽기 전에 남긴 말을 기록한다는 생각보다는 나중에 돌아볼 자신의 감정을 위해서였다고 한다. 그는 메모한 것을 폴더 사이에 끼워넣고는 20년 동안 들춰보지 않았다고 한다. 그는 자신의 기억력을 더 믿는 것처럼 보인다. 하긴 기억에는 기록으로는 남길 수 없는 것까지 남아 있으니까.

"나는 우리가 나눈 대화를 기록해놓았어. 어떤 사람들을 어떻게 생각하는지를 비롯해 이런저런 이야기였지. 그게 다였어. 그러니까 우리의 대화에는 그게 없었어……. 우리는 감정을 전혀 섞지 않았지."

그가 말하고 싶은 요지는 진짜 감정은 충분히 차고 넘쳐도 말이 전혀 필요치 않을 때가 있다는 뜻이리라.

"또 작별 인사도 하지 않았지. 나는 그 순간이 그렇게 빨리 오리라고는 전혀 예상치 못했으니까. 그게 마지막이었어."

윌슨이 맥아서의 죽음에 대해 느낀 것은 그게 다가 아닐 것이다. 거기에는 분명히 하고 싶은 이야기가 더 많을 것이다. 사소한 인간적인 이야기이지만 우연하면서도 아주 생생하고 가슴에 사무쳐 차마 기억하고 싶지 않은 것들이 분명히 있을 것이다. 나는 이렇게 말하고 싶었다. "메모한 것을 한번 봐요. 혹시라도 선생님이 잊어버린 것이 없는지 보자고요." 물론 실제로는 그렇게 하지 않았다.

나는 윌슨의 하루 일과 중 가장 중요한 시간을 빼앗았다. 이제는 그를 현실로 돌려보내야 할 때가 왔다. 나는 이미 그를 충분히 현실에서 벗어나 딴 생각에 빠지게 했다. 특히 메모 폴더를 떠올리게 한 영향이 크다. 그 메모는 어딘가에 있을 것이다. 아마도 개미로 가득 찬 사무실의 맥아서 사진이 성화처럼 걸려 있는 곳 부근 어딘가에 말이다.

"언젠가는 그것을 꺼내 읽어볼 거야. 그러고는 다른 견해를 갖게 될지도 모르지. 난 그렇게 할 수도 있어. 그렇게 할 거라고 생각해. 그렇잖아도 언젠가 그것을 꺼내 읽으려고 생각하고 있었어."

그는 덧붙였다. "그것을 읽는다고 다치지는 않을 거야." 하지만 과연 그럴지는 그는 물론이고 나도 확신할 수 없다.

생태학 혁명

맥아서는 죽었지만 이론은 살아남았다. 그 이론은 생태학자들과 유전학자들 사이에서 영향력이 점점 커져갔다. 보통 사람들은 그 당시에 그런

낌새를 전혀 눈치채지 못했지만,《이콜로지》,《에벌루션》,《아메리칸 내추럴리스트 American Naturalist》 같은 과학 전문 학술지에는 그 이론에 관한 논문이 넘쳐났다. 생태학에 혁명이 일어나고 있다고 말하는 사람까지 있었다. 수학적 모형을 만드는 새로운 기술에서 활기를 얻고, 개념적 소심함에서 벗어나고, 박물학의 세부 사실을 단순히 분류하는 데 얽매인 상태에서 해방되면서 생태학에 지각 변동이 일어났다. 그리하여 마침내 생태학은 예측 능력을 갖춘 이론 과학으로 변했다. 그 혁명을 주도한 사람이 바로 로버트 맥아서였으며, 전투를 독려하려고 그가 지른 함성 중 가장 멀리 울려퍼진 것이《섬 생물지리학 이론》이었다. 물론 모든 생물학자가 이 책이 천재적이고 설득력이 있고 유용하다는 데 동의한 것은 아니지만, 동의하지 않은 사람들조차 맥아서와 윌슨의 평형 이론은 무시하기 어려웠다. 그것은 장래가 매우 유망한 이론이었다.

이 이론의 영향력이 얼마나 커져갔는지 평가하는 한 가지 방법은 다른 과학자들이 그것을 인용한 기록을 살펴보는 것이다. 인용 기록은《야구 백과사전 The Baseball Encyclopedia》에 실린 통계 자료처럼 난해하고 암호화된 항목들이지만, 제대로 읽을 줄만 알면 어떤 이론이나 논문의 성패를 쉽게 알 수 있다. 다른 분야도 마찬가지지만 생태학 학술지에 실리는 모든 논문 뒤에는 반드시 '참고 문헌'이나 '인용 문헌'이 붙어 있다. 이러한 인용 표시는 과학적 논의를 통합하고 논의 초점을 집중시키는 데 도움이 된다. 그것은 새로운 연구 논문의 개념과 자료에 적절한 배경을 제공한 개념과 자료가 어떤 것인지 명확하게 밝힌다. 따라서 어떤 과학 저서나 논문이 얼마나 자주 인용되는가 하는 것은 그 영향력을 가늠하는 척도가 된다. 인용 기록은 점수를 얻는 데 아주 좋은 방법이며, 과학자들은 점수를 얻으려고 노력한다.

야구 통계 자료와 마찬가지로 과학계에서도 인용 기록이 백과사전식으로 저장된다. 그것은《과학 인용 색인 Science Citation Index》이라는 두꺼운 책들로, 웬만한 대학 도서관에는 다 보관돼 있다. 이 책에는 최근 수십 년 동안 발간된 거의 모든 과학 책과 논문에 인용된 문헌이 실리며, 매년 증보된다. 따라서 맥아서와 윌슨의 이론이 얼마나 큰 영향을 미쳤는지도 《과학 인용 색인》을 통해 평가할 수 있다.

먼저 1963년에 발표된 〈섬 동물지리학의 평형 이론〉부터 살펴보자. 이 논문은 거의 관심을 끌지 못했다. 1964년에 겨우 두 논문에 인용되었을 뿐이다. 다음 해에는 겨우 여섯 번, 또 그다음 해에는 겨우 일곱 번 인용되었다. 이 논문은 그다지 성공할 싹수가 보이지 않았다.

그리고 1967년에 책이 출간되었다. 1968년에 전 세계는 과학 혁명이 아니라 학생 혁명에 더 큰 관심을 보였다. 디트로이트 타이거즈 팀의 투수 데니 맥레인Denny McLain이 31승을 거두는 동안 《섬 생물지리학 이론》은 겨우 다섯 번 인용되었다.

그러나 그 후부터 마력을 발휘하기 시작했다. 인용 횟수가 급증하고, 한동안 높은 수준을 이어가다가 거기서 더 높이 치솟았다. 1969년에는 20번 이상 인용되었다. 생태학에 관한 책이나 논문이 그렇게 높은 주목을 받은 경우는 거의 없었다. 1970년에는 29번 인용되었다. 그다음 몇 년 동안은 약 30번 인용되다가 1974년에는 79번으로 치솟았다. 소문이 널리 퍼지기 시작했다. 생태학자들은 섬의 평형, 이주 대멸종, 면적 효과, 거리 효과, 교체 등의 단어를 사용하기 시작했다. 1976년에는 94번 인용되었다. 1977년에는 100번을 넘어섰다. 1978년에도 그 수는 계속 증가했다. 그 무렵은 맥아서와 윌슨의 모형에게는 영광의 세월이었다. 섬 생물지리학은 이제 괴상한 딱정벌레 분류학자들만 관심을 가지는 부수적인 주제가 아니었다. 그것은 생태학의 핵심 패러다임으로 자리잡았다. 1979년에는 153번이나 인용되었는데, 이것은 아주 예외적인 기록이었다. 하지만 아직도 그 영향력이 최고조에 이른 것은 아니었다. 맥아서가 죽은 지 10년이 되던 바로 그해에 《섬 생물지리학 이론》은 161번 인용되었다.

대륙에 존재하는 섬

왜 그 책은 생태학과 집단생물학에 그렇게 큰 영향을 미쳤던 것일까? 그것은 섬이 중요해서가 아니라, 《섬 생물지리학 이론》이 섬 생물지리학의 패러다임을 대륙에까지 적용할 수 있게 했기 때문이다.

맥아서와 윌슨은 그 책 첫 페이지에서 이 점을 분명히 밝혔다. 그들은 "군도의 동물을 자세히 조사할 필요가 있다."[13]라고 한 다윈의 직감을 인용했다. 그들은 섬에서 종의 분포 패턴이 다윈 시대 이후에 진화론을 발전시키는 데 중요한 역할을 했다는 사실을 지적했다. 그리고 중요한 사실을 덧붙였다.

게다가 섬의 격리 상태는 생물지리학의 보편적 특징이다. 갈라파고스 제도와 그 밖의 외딴 군도들에서 분명하게 드러나는 많은 원리는 정도의 차이는 있지만 모든 자연 서식지에 적용된다.[14]

그들은 문자 그대로의 섬, 즉 물로 둘러싸인 섬은 격리 상태를 보여주는 한 종류의 예에 불과하다고 말했다. 그리고 나른 종류의 장벽으로 둘러싸인 실질적인 섬도 고려해야 한다고 주장했다.

"예를 들어 강이나 동굴, 대상림帶狀林(대초원의 강을 따라 생긴 띠 모양의 숲), 조수 웅덩이, 툰드라에서 분리된 타이가, 타이가에서 분리된 툰드라를 생각해보자."[15]라고 맥아서와 윌슨은 썼다. 타이가는 냉대 기후 지역에 자라는 침엽수림이다. 툰드라는 나무가 자라지 않는 평원이다. 북극에 가까운 지역에서 타이가와 툰드라는 서로 경계가 뒤엉켜 페이즐리 같은 정교한 무늬나 물방울 무늬를 이루고 있다. 툰드라에 둘러싸인 좁은 타이가 지역에서 수상생활을 하는 동물 종은 사실상 섬에 격리돼 사는 셈이다. 호수에 사는 어류나 양서류, 주변 계곡보다 더 춥고 습해 종류가 완전히 다른 식물과 동물이 살고 있는 산꼭대기도 마찬가지이다. 평형 이론은 이러한 상황들을 모두 겨냥한 것이었다.

새로운 사고방식이 널리 퍼지기 시작했다. 1968년에 생태학자 대니얼 잰젠Daniel H. Janzen은 《아메리칸 내추럴리스트》에 〈진화의 시대와 현 시대에서 섬의 역할을 하는 숙주 식물Host Plants as Islands in Evolutionary and Contemporary Time〉이란 제목의 짧은 논문을 실었다. 개개 식물은 초식 곤충에게 섬과 같은 서식지라고 잰젠은 지적했다. 잰젠은 맥아서와 윌슨의 글을 읽고 어떤 사람보다도 그 내용을 빨리 이해하고 받아들였다.

1970년에 데이비드 컬버David C. Culver는 "섬 역할을 하는 동굴Caves as Islands"이란 부제가 달린 논문을 발표했다. 컬버는 웨스트버지니아 주에 있는 일부 동굴의 생물상을 분석하면서 평형 이론을 적용했다. 같은 해에 프랑수아 빌뢰미에François Vuilleumier는 안데스 산맥 북부의 '파라모 섬들'에 사는 조류를 조사한 연구 결과를 발표했다. 파라모는 고원 지역에 펼쳐진 목초지와 관목 식생 지대로, 안데스 산맥에서는 해발 3,000m 이상의 설선雪線(만년설의 하한선)과 수목 한계선 사이에 나타난다. 파라모에는 독특한 식물 군집이 자라기 때문에, 거기서 사는 새들은 고도가 낮은 숲에 사는 새들과 차이가 있다. 빌뢰미에는 파라모에 관한 자료를 면적 효과, 거리 효과, 종-면적 곡선의 기울기 같은 섬 생물지리학의 개념을 사용해 분석해보기로 했다. 그 결과, 그 곡선의 기울기는 맥아서와 윌슨이 수집한 사례에서 기술한 좁은 범위의 기울기 값과 일치한다고 보고했다. 거의 같은 시기에 데이비드 웨브S. David Webb도 맥아서와 윌슨의 연구를 인정하는 고생물학 연구 논문을 발표했다. 웨브는 북아메리카 전체(베링 해협과 파나마 육교가 물 밑으로 가라앉아 완전히 분리되었을 때)를 하나의 거대한 섬으로 간주했다. 그 결과, 과거 1000만 년 동안 북아메리카에서 육상 포유류의 다양성은 교체가 계속 일어나면서 대략 평형 상태를 유지했다는 사실을 발견했다.

웨브와 컬버, 빌뢰미에, 잰젠의 연구는 새로운 사고방식이 대세로 자리잡고 있음을 암암리에 알렸다. 그런데 정반대 결과로 큰 주목을 받은 연구도 있었다. 그것은 제임스 브라운James H. Brown이 1971년에 발표한 〈산꼭대기의 포유류: 비평형적 섬 생물지리학Mammals on Mountaintops: Nonequilibrium Insular Biogeography〉이란 제목의 논문이었다. 브라운은 자신의 연구 결과가 평형 이론과 일치하지 않는다고 정중하면서도 단호하게 선언했다.

브라운이 조사한 '섬'들은 그레이트베이슨(워새치 산맥과 시에라네바다 산맥 사이에 위치한 미국의 건조한 분지)에 우뚝 솟은 산꼭대기들이었다. 그레이트베이슨은 지대가 낮고 편평하며 건조한 지역으로, 산쑥 sagebrush(국화과 쑥속의 관목) 바다가 라스베이거스, 휘트니 산, 리노, 보이시, 포커텔로, 솔트레이크시티를 경계로 하는 미국 서부의 광대한 지역에 펼쳐져 있다. 보라색 산쑥 평원 위로는 꼭대기가 숲으로 덮인 산들이 솟아 있다. 해발 고도 2,200m 이상의 높은 곳에는 기온이 낮고 비가 충분히 내려 피논소나무와 노간주나무 삼림 지대가 펼쳐져 있다. 그리고 그 아래의 평원에서는 살 수 없는, 몸집이 작은 포유류 종도 일부 산다. 예를 들면, 미국물뾰족뒤쥐Sorex palustris는 네바다 주 중부의 저지대에는 살지 않지만, 토이야베 산맥의 습한 고원 지역에서는 격리된 개체군으로 살아가고 있다. 우는토끼Ochotona princeps는 아고산 기후와 영양분이 많은 고산 지역의 풀, 그리고 보금자리로 테일러스(가파른 낭떠러지 밑이나 경사진 산허리에 고깔 모양으로 쌓인 흙모래나 돌 부스러기) 비탈이 필요하다. 산쑥 평원에서는 그런 조건을 찾을 수 없지만, 엘코 남동쪽에 있는 루비 산맥에서는 그런 조건을 찾을 수 있다. 브라운은 그레이트베이슨 지역 내의 산꼭대기들에서 미국물뾰족뒤쥐와 우는토끼 외에도 어민족제비, 우인타줄무늬다람쥐, 노란배마멋, 붓꼬리숲쥐와 그 밖의 작은 포유류 종을 아홉 종 더 발견했다. 이 동물들은 모두 나무 위에서 살아가는 종으로, 보통은 북쪽의 추운 지역 숲에 서식한다.

브라운은 이러한 산꼭대기 섬 17개의 경계선을 표시했다. 산꼭대기 대부분은 네바다 주에 있으며, 캘리포니아 주의 시에라네바다 산맥에서 유타 주의 로키 산맥 사이에 펼쳐진 광대한 산쑥 바다에서 저마다 우뚝 솟아 있다. 수상생활을 하는 포유류에게 넓은 고산 서식지와 개체군 공급원을 제공하는 시에라네바다 산맥과 로키 산맥은 격리된 산꼭대기들에 대해 본토에 해당한다. 브라운은 이 각각의 섬에 대해 면적, 본토와의 거리, 서식하는 종들의 명단 같은 자료를 수집했다. 그리고 다른 연구자들과 마찬가지로 도표를 만들고, 종-면적 곡선을 그렸다. 거기서 패턴을 보았고, 그 패턴에서 의미를 해석했다. 그러나 브라운이 얻은 패턴과 의미는 전혀 다른 것이었다.

이 산꼭대기에 사는 포유류 동물들은 산쑥 바다를 건너 이주한 동물들에서 유래한 것이 아니라고 브라운은 결론 내렸다. 이들은 주변의 서식지가 서서히 고갈되면서 그곳에 남은 잔존 생물이었다.

이들의 조상은 아마 1만 4000년 전인 플라이오세나 그보다 더 이전의 어느 시기에 도착했을 것이다. 그때는 빙하기가 닥쳐 기후가 더 추워지고 습해지면서 피논소나무와 노간주나무 삼림 지대가 더 낮은 고도까지 내려간 시기였다. 저지대 삼림 지대는 시에라네바다 산맥에서 로키 산맥의 고립된 산꼭대기들을 연결하면서 일종의 서식지 네트워크를 만들었다. 추운 기후가 계속되는 동안 수상생활을 하는 작은 포유류 동물들은 이 서식지에서 광범위하게 분포해 살아갔다. 그러다가 마지막 빙하기가 끝나면서 기후가 변했다. 네트워크는 해체되어 조각들로 분열되었다. 수상생활을 하는 포유류는 저지대에서 사라졌지만, 고지대의 고립된 서식지에서는 살아남았다(최소한 한동안은). 거의 같은 시기에 오스트레일리아 본토와 태즈메이니아 섬 사이의 육교섬들에 갈색반디쿠트와 웜뱃이 고립된 것처럼, 우는토끼와 붓꼬리숲쥐, 미국물뾰족뒤쥐는 산꼭대기의 섬에 갇히고 말았다.

면적 효과는 브라운의 자료에서도 강하게 나타났다. 산꼭대기 서식지 면적이 더 넓은 곳에는 좁은 곳보다 더 많은 종이 살고 있었다. 브라운의 종-면적 곡선은 아주 깔끔해 보였다. 하지만 그 기울기는 비정상적으로 가팔라 맥아서와 윌슨이 기술한 범위의 상한선을 벗어났다. 이것은 브라운의 산꼭대기 섬들에서는 종과 면적의 상관관계가 정확하게 성립하지 않는다는 것을 뜻했다. 면적이 넓은 산꼭대기에는 면적이 좁은 산꼭대기보다 포유류 종이 단지 더 많이 사는 게 아니라, 훨씬 많이 살고 있었다.

반면에 거리 효과는 전혀 나타나지 않았다. 각 서식지가 본토에 해당하는 로키 산맥이나 시에라네바다 산맥과 얼마나 가까운가 하는 것은 아무 의미가 없었다. 평형 이론에 따르면 거리와 종의 수 사이에 반비례 관계가 나타나야 하지만, 그런 관계는 전혀 나타나지 않았다. 로키 산맥에서 서쪽으로 불과 60여 km 떨어진 곳에 있는 스탠스베리 산맥(유타 주)에는 단 세 종만 살고 있었다. 시에라네바다 산맥에서 동쪽으로 80km 떨어진 파나민트 산맥(캘리포니아 주 남동부)에는 단 한 종만 살고 있었다. 더 멀리 떨어진 비슷한 크기의 일부 섬들에는 가까이 위치한 이 섬들보다 더 많은 종이 살았다. 따라서 거리는 다양성과는 아무 상관관계가 없었다. 이것은 무엇을 의미할까?

이것은 이 섬들 중 어느 곳에서도 이주는 종의 풍부성에 아무런 영향을 미치지 않는다는 것을 뜻한다. 몸집이 작은 포유류가 그레이트베이슨을 횡단하여 새로운 서식지에 정착하는 일은 전혀 일어나지 않았다. 우는토끼와 미국물뾰족뒤쥐, 줄무늬다람쥐, 붓꼬리숲쥐는 파충류나 조류처럼 이동을 잘 하거나 모험심이 강하지 않았다. 이 동물들은 대사 요구량이 많고, 보폭이 좁고, 스트레스와 포식자의 공격에 취약해 60km 정도 되는 산쑥 바다를 무사히 건너갈 가망이 전혀 없었다. 확산과 확립을 가로막는 장벽은 결코 건널 수 없는 종류의 것이었다. 브라운은 이것을 "현재 수상생활을 하는 포유류가 격리된 산꼭대기 지역으로 옮겨가는 이주 비율은 사실상 0이다."[16]라고 명확하게 표현했다.

맥아서와 윌슨은 생태학을 역사적 설명에서 해방시키려고 노력했지만, 브라운의 연구 결과는 역사를 결코 무시할 수 없는 사례를 보여주었다. 분포 패턴은 시간을 초월한 과정들의 산물이라기보다는 역사적 상황의 산물로 보였다. 이주 및 정착은 플라이스토세에 일어났는데, 이것은 역사적 사실이다. 그 후에 기후가 변하고 서식지가 분열되었으며, 산꼭대기에 살던 개체군들은 갇히고 말았다. 이것 역시 역사적 사실이다. 그리고 이주는 중단되었다. 이것 역시 역사적 사실이다. 그다음 1만 년 동안에는 단순히 생존(일부 개체군에게는)이나 멸종(나머지 개체군에게는)이냐 하는 두 갈래 길만 있었을 것이라고 브라운은 추측했다.

이주가 없으면, 이주와 멸종의 평형도 있을 수 없다. 브라운이 자신의 논문에 섬 생물지리학의 '비평형적' 사례란 제목을 붙인 것은 이 때문이다. 그는 맥아서와 윌슨의 모형을 논박하기보다는 오히려 그것을 이용하여 다른 상황이 존재한다는 것을 부각시켰다.

브라운은 자신의 사례에서 교체 대신 오직 멸종만 일어났다는 사실을 발견했다. 서서히, 되돌릴 수 없는 방식으로 각각의 섬에서 종들이 하나씩 사라져갔으며, 종의 상실은 새로운 종의 유입으로 보충되지 않았다. 스탠스베리 산맥에서 마지막 어민족제비가 사라졌을 때, 우인타줄무늬다람쥐가 이주해와 그것을 보충하는 일 같은 것은 일어나지 않았다. 파나민트 산맥에서 마지막 노란배마멋이 사라졌을 때에도 우는토끼가 이주해와 상실된 종을 보충하진 않았다. 각 섬에 서식하는 종의 수는 평형 근처에 머물지 않고 줄어들기만 할 뿐이었다. 그레이트베이슨의 산꼭대기에 사는 군집의 경우에 섬의 격리는 가혹한 다양성 감소를 초래했다.

이 이야기가 불길하게 들리지 않는가? 그리고 어디서 많이 듣던 소리가 아닌가? 이 현상은 결국 여러 가지 이름으로 알려지는데, 그중 하나는 '생태계 붕괴'이다.

서식지 분열과 생태계 붕괴

브라운이 1971년에 발표한 논문은 얼마 후 중요한 추세로 자리잡을 연구 방법을 예고했다. 그것은 바로 대륙에서 일어나는 서식지 분열과 멸종 문제를 평형 이론으로 설명하려는 시도였다.

맥아서와 윌슨은 자신들의 저서 1장에서 장차 유행할 그런 경향을 예언했다.

> 이 원리들은 전에는 연속적인 자연 서식지였지만 지금은 문명의 침범으로 분열되고 있는 장소들에 적용되며, 장래에는 더욱 많이 적용될 것이다.[17]

그들은 "위스콘신 주의 삼림 지대 변화를 나타낸 커티스의 지도가 이 분열 과정을 생생하게 잘 보여준다."라고 덧붙였는데, 그 지도들은 그들의 저서에서 인용했다. 커티스의 지도는 섬에 관한 이 이론이 섬에만 적용되는 게 아니라는 사실을 시각적으로 생생하게 보여주었다.

위스콘신 대학의 식물학 교수 존 커티스 John T. Cutis는 백인 정착민이 미국 중서부 지방을 침범한 뒤 수십 년에 걸쳐 원시림과 초원이 점진적으로 파괴된 과정을 조사했다. 그의 연구 결과는 1956년 《지표면 변화에 인간이 담당하는 역할 Man's Role in Changing the Face of the Earth》이란 책에 하나의 장으로 실렸다. 이 책은 전 지구를 다루었지만, 커티스는 위스콘신 주 그린 카운티의 카디즈 타운십township(군이나 시에 해당하는 카운티 아래의 행정 구역)이라는 아주 작은 땅에 초점을 맞추었다. 그곳은 한 변이 약 10km인 정사각형 땅이었다. 커티스는 이곳의 식물상 변화를 1831년, 1882년, 1902년, 1950년의 네 시기에 작성한 지도로 나타냈다.

백인 정착민이 숲을 베어내 개간하기 전인 1831년에는 이 지역에 참피나무, 느릅나무, 사탕단풍나무, 떡갈나무, 히커리 등이 주종을 이룬 낙엽수림이 울창하게 우거져 있었다. 나중에 카디즈 타운십이 들어선 자리는 이 무렵에는 대니얼 분Daniel Boone(미국의 서부 개척자, 사냥꾼, 탐험가)이나 존 뮤어John Muir(미국의 박물학자, 탐험가, 저술가)가 좋아했을 법한, 경목硬木이 무성한 황야였다. 1882년에 이 지역은 격자 모양으로 구획된 거대한 경작지 안에 여기저기 흩어져 있는 직사각형 모양의 작은 숲들로 변했다. 커티스가 역사 기록들을 참고해 작성한 지도에 따르면, 1902년에 이르러 그 숲들은 크기가 더 작아지고 수도 줄어들었다. 1950년에는 그보다 더 줄어들었다. 20세기 중반에 카디즈 타운십에 남아 있던 마지막 숲 조각들은 텅 빈 쟁반 위에 흩뿌려놓은 후춧가루처럼 보였다. 재채기 한 번이면 몽땅 날아갈 것처럼.

커티스의 지도는 주목을 끌었다. 그 지도들은 긴 시간 간격으로 높은 곳에서 찍은 사진처럼, 광대한 본토의 땅이 큰 섬들로 잘려나가고, 그다음에는 그 섬들이 더 작게 축소돼가는 과정을 보여준다. 남은 것들은 크기가 너무 작아서 숲에 의존해 살아가는 몸집이 큰 포유류에게는 불충분하다. 이 지도들은 인간이 멀쩡한 야생 자연을 어떻게 기능을 상실한 파편들로 만드는지 생생하게 보여주었다. 위스콘신 주 그린 카운티의 카디즈 타운십은 세계를 보여주는 하나의 축소 모형일 뿐이다.

평형을 향한 완화

제레드 다이아몬드는 커티즈가 위스콘신 주에서 기록한 것과 같은 패턴을 더 넓은 범위에 적용해 생각해보았다. 다이아몬드는 그런 일이 일어나고 있는 장소 중 하나가 뉴기니 섬이라고 보고 그곳에 특별한 관심을 기울였다.

코끼리를 잡아먹는 코모도왕도마뱀과 조류 멸종에 대한 조사 연구로 이미 소개한 바 있는 다이아몬드는 불굴의 야외 생태학자로, 1964년에 조류 탐사를 하러 뉴기니 섬으로 떠났다. 그 무렵에 그는 생리학 박사 학위를 따고 대학원을 막 졸업한 참이었다. 그런데 자신이 전공한 분야인 생리학 연구자로 실험실에서 연구에만 전념할 수 있는 전망이 그다지 밝아보이지 않았다. 그에게는 그것 말고도 다른 열망과 재능이 있었다. 그는 소년 시절부터 아주 진지한 조류 관찰자였다. 강한 체력과 새의 울음소리를 구분하는 좋은 귀를 가지고 태어났는데, 이것은 열대 지방에서 조류학 연구를 하려면 꼭 필요한 두 가지 조건이다. 다이아몬드는 뉴기니 섬처럼 울창하고 험한 숲에서도 걸어다니면서 들은 새의 울음소리를 머릿속에 저장된 소리와 비교하는 것만으로 그 숲의 조류상을 파악할 수 있었다. 뉴기니 섬을 처음 방문하는 순간, 다이아몬드는 그곳이 평생을 바쳐 조사할 가치가 있다는 느낌이 들었다.

다이아몬드는 "뉴기니 섬은 내 지식의 뿌리"라고 말한다. 자신이 마치 그곳에서 태어난 것 같다고 한다. "내 감정적인 삶 중 절반은 뉴기니 섬이 차지하고 있어요. 뉴기니 섬과 분리된다면, 나는 러시아에서 추방된 라흐마니노프Rachmaninoff(러시아의 작곡가, 피아니스트)와 같은 감정을 느낄 겁니다."

1970년대 초에 다이아몬드는 사람들이 열대우림을 파괴하는 속도에 경악했다. 파괴는 자신이 사랑하는 뉴기니 섬뿐만 아니라 아마존, 말레이시아, 마다가스카르 섬, 중앙아메리카, 서아프리카, 필리핀을 비롯해 세계 도처에서 일어나고 있었다. 열대우림 파괴의 기본 형태는 크게 두 가지였는데, 기업들이 벌이는 대규모 벌목 작업과 가난한 사람들이 벌이는 소규모 화전 농업이었다. 두 가지는 사회경제적 성격은 아주 달랐지만 초래하는 결과는 비슷했다.

다이아몬드는 조류의 다양성에 적용한 평형 이론을 다룬 난해한 논문(1972) 말미에서 이 문제를 언급했다. 전체 열대 지역에서 열대우림은 "아주 빠른 속도로 파괴되고 있어 수십 년이 지나면 남은 게 거의 없을 것이다. 열대우림에 사는 많은 종은 다른 서식지에서는 살 수 없으므로 열대우림 파괴는 지구상의 수많은 종을 멸종시키고 진화의 경로마저 돌이킬 수 없게 바꾸어놓을 것이다."[18]라고 썼다. 이러한 우려를 표명한 생물학자는 그가 최초는 아니지만, 다이아몬드는 맥아서와 윌슨의 연구를 확장하여 불길한 예언을 덧붙였다.

> 뉴기니 섬을 포함해 일부 열대 나라의 정부들은 이제 일부 열대우림을 보존하기 위해 따로 떼어내 보호하려고 한다. 만약 이 계획이 성공한다면, 열대우림은 완전히 사라지는 대신에 숲의 종들이 살아갈 수 없는 맨땅의 '바다'로 둘러싸인 '섬들'로 쪼개져나갈 것이다.[19]

그러한 보호 구역을 설정하면 반도 지역이 육교섬으로 고립될 때와 비슷한 결과가 나타날 가능성이 높다고 경고한 것이다. 즉, 희귀종은 멸종할 것이고, 전반적으로 종의 다양성이 감소하는 결과가 나타날 것이다. 배스 해협의 플린더스 섬과 킹 섬, 그리고 그레이트베이슨의 산꼭대기 섬들에서 그런 일이 일어났다. 파나마의 바로콜로라도 섬에서도 그런 일이 일어났다. 다이아몬드는 격리된 생태계 조각이라면 어디서도 그런 일이 일어날 수 있다고 주장했다.

다이아몬드가 프레스턴의 글을 인용한 것은 아니지만, 이미 프레스턴은 10년 전에 표본과 격리 집단을 이야기할 때 똑같은 주장을 펼쳤다. 여러분의 기억을 상기시키기 위해 다시 한 번 그의 주장을 인용한다.

"만약 지금까지 이야기한 것이 옳다면, 훨씬 큰 면적에 존재하는 동물상과 식물상을 완전히 똑같이 주립공원이나 국립공원에 작은 규모로 보존한다는 것은 불가능하다."[20]

다이아몬드가 이 현상을 가리키는 데 사용한 용어는 '평형을 향한 완화relaxation to equilibrium'이다. 물론 그가 말한 평형은 맥아서와 윌슨의 이론에 나오는 평형을 말하며, 완화는 실제로는 종의 상실을 의미한다. 종의 수는 작은 면적의 섬으로 격리된 새로운 땅조각에 맞추어 더 줄어든 수준에서 새로 평형에 도달하기 때문이다. 이것은 생태계 붕괴를 달리 표현한 것이다. 다이아몬드가 사용한 용어는 냉정한 무관심을 내비친 것으로 오해하기 쉽지만('완화'는 뭔가 기백이 없고 진정시키는 느낌을 주므로), 그의 본심은 무관심과 거리가 멀다.

섬의 딜레마

맥아서와 윌슨이 일으킨 지각 변동은 1974년에 새로운 단계로 접어들었다. 이 무렵에 평형 이론은 이미 발표되어 널리 알려지고 경험적 방법으로 검증되었다. 그리고 다양한 자연 상황(잰젠의 식물 섬들, 컬버의 동굴 섬들, 뷜뢰미에의 파라모 섬들)에 적용되어 그런 상황들을 설명하는 데 도움을 주었다. 이 이론은 학문적으로 성공을 거두었다. 다음 단계는 더 실용적인 응용생물지리학에 적용하는 것이었다. 평형 이론은 실제 세계의 문제를 해결하는 데에도 도움을 줄까?

몇몇 과학자는 그럴 수 있다고 개인적 의견을 피력했다. 그들의 의견에 따르면, 평형 이론은 전 세계의 자연이나 야생 동물의 운명과 딱 들어맞는다. 사람들이 빠른 속도로 숲을 베어내고 사바나를 갈아엎고, 도처의 서식지들이 분열되고 섬처럼 격리돼가는 시대에 평형 이론은 무서운 진실을 분명하게 알려주었다. 그것은 흥미로운 개념에 불과한 게 아니라 아주 중요하다. 충분히 주의를 기울이고 잘 적용한다면, 평형 이론은 종들을 멸종에서 구하는 데 도움을 줄 수 있다. 이런 견해를 주장한 사람들 가운데 대표적인 인물이 댄 심벌로프이다.

심벌로프는 맥아서와 윌슨의 연구가 잘 알려지지 않은 프레스턴의 논문과 함께 동적 평형을 제시함으로써 생물지리학에 '혁명'[21]을 가져왔다고 선언했다. "섬 생물지리학은 10년 사이에 체계적으로 조직하려는 원리가 전혀 없는 개별 기술적 분야에서 예측 능력이 있는 일반 법칙들로 무장한 법칙 정립적 과학으로 변모했다."[22] 총명한 젊은이였던 그는 어휘력도 풍부했다. '개별 기술적 idiographic' 분야에서 '법칙 정립적 nomethetic' 과학으로 변모했다는 말은 맥아서와 윌슨이 자신들이 바라는 대로, 기술에 전념하던 생물지리학을 자연을 지배하는 일부 법칙을 명확하게 드러내는 과학으로 변화시키는 데 성공했다는 뜻이다. 실제로 그 이론은 섬 생태학에 새로운 직관을 제공했다. 하지만 더 중요한 것은 그 이론이 본토에서 섬처럼 격리된 서식지에도 적용된다는 점이라고 심벌로프는 덧붙였다. "따라서 우리는 섬 생물 지리학 이론을 이용하여 다양한 진화 및 생태학 현상의 이해를 더 넓힐 수 있으며, 사람들이 생태계를 파괴하는 현실 앞에서 지구의 생물 다양성을 보존하는 노력에도 도움을 줄 수 있다."

심벌로프는 1974년에 그렇게 말했다. 다이아몬드도 거의 같은 이야기를 했다. 곧 이야기하겠지만, 두 사람의 의견 일치는 주목할 만한 의견 수렴이었지만 일시적인 것에 그쳤다.

다음 해에 다이아몬드는 한 학술지에 〈섬의 딜레마: 현대 생물지리학 연구가 자연 보호 구역 설계에 주는 교훈 The Island Dilemma: Lessons of Modern Biogeographic Studies for the Design of Natural Reserves〉이라는 제목의 논문을 발표했다. 이것은 다이아몬드의 가장 훌륭한 논문 중 하나로 꼽힌다. 이 논문은 이 개념들의 발전이 절정에 이른 단계를 대표하는 것이고, 아주 격렬한 반응을 불러일으켰기에 자세히 살펴볼 필요가 있다.

심벌로프와 마찬가지로 다이아몬드는 맥아서와 윌슨이 '과학 혁명'[23]의 불길을 당겼다고 믿었다. 그 혁명의 한 측면은 섬과 같은 격리 상태가 산꼭대기, 호수, 목초지로 둘러싸인 작은 숲처럼 본토의 자연 환경에서도 일어날 수 있다는 인식이 커진 점이다. 사람들이 세계 각지의 자연을 작은 조각들로 쪼개는 바람에 그러한 조각들은 섬으로 변해갔다. 자연 보호 구역은 정의상 위험과 변화가 휘몰아치는 바다 한가운데에서 보호와 상대적 안정을 제공하는 섬이다. 따라서 공원과 보호 구역은 평형 이론으로 기술하고 예측할 수 있다. 다이아몬드는 평형 이론에서 중요한 의미를 여러 가지 도출할 수 있다고 말했다.

그 의미들을 알아내기 위해 다이아몬드는 종-면적 방정식과 달링턴의 10대 2 비율을 포함해 평형 이론의 논리적, 경험적 토대가 되는 몇 가지 사실을 다시 검토했다. 그는 빌로미에가 연구한 안데스 산맥의 파라모 섬들과 브라운이 연구한 그레이트베이슨의 산꼭대기에 사는 포유류를 다시 돌아보았다. 그는 크라카타우 섬에서 일어난 과정과 심벌로프와 윌슨이 한 맹그로브 섬 실험도 기술했다. 또한, 뉴기니 섬 주변의 위성 섬들에 대해 자신이 직접 연구한 '완화 시간'도 언급했다. 바로콜로라도 섬의 높은 멸종 비율도 지적했다. 이러한 증거들과 이론들을 바탕으로 분석하면, 격리된 보호 구역에서 종들이 살아남을 전망에 대해 몇 가지 결론을 얻을 수 있다. 그것들을 소개하면 다음과 같다.

- 새로 격리된 보호 구역에는 평형 상태보다 '일시적으로' 더 많은 종이 살 것이다. 그러나 평형을 향한 완화가 일어나면서 여분의 종들은 결국 사라진다.
- 완화의 속도는 큰 보호 구역보다 작은 보호 구역이 더 빠르다.

- 종의 종류에 따라 영속적인 개체군을 유지하는 데 필요한 최소 면적이 다르다.

논문 말미에서 다이아몬드는 자연 보호 구역 시스템을 위한 일련의 '설계 원리'를 제시했다. 그중에는 다음과 같은 것들이 포함돼 있다.

- 큰 보호 구역에는 작은 보호 구역보다 평형 상태에서 더 많은 종이 살 수 있다.
- 다른 보호 구역과 가까이 위치한 보호 구역에는 멀리 떨어진 보호 구역보다 더 많은 종이 살 수 있다.
- 서로 분리돼 있거나 직선으로 배열된 보호 구역들의 집단보다 미약하게 서로 연결돼 있는(또는 가까이 모여 있는) 보호 구역들의 집단에 더 많은 종이 산다.
- 길쭉한 보호 구역보다 둥근 모양의 보호 구역에 더 많은 종이 산다.

다이아몬드는 설계 원리들을 말로써 기술하는 데 그치지 않고 도표로도 보여주었다. 도표는 다양한 크기의 원들을 공간적으로 다양하게 배열해놓은 것으로, 각 항목마다 두 가지 중 하나를 선택할 수 있다. 각 쌍에는 원리 A, 원리 B, …, 원리 F라는 이름이 붙어 있다. 시각적 도표가 분명한 메시지는, 추상적으로나 현실적으로나 어떤 격리 패턴으로 다른 격리 패턴보다 훨씬 더 위험하다는 것이었다.

다이아몬드는 자신의 설계 원리에 대해 두 가지를 주장했다. 하나는 설계 원리를 자연 보전 계획에 적용할 수 있다는 것이었고, 또 하나는 그 원리들이 맥아서와 윌슨의 이론에서 나왔다는 것이었다. 두 가지 주장은 모두 논란의 여지가 있지만, 첫 번째 주장은 특히 강한 비판에 직면했다. 일부 생태학자들은 아주 다양한 상황에 추상적 해결책을 일괄적으로 적용하는 개념 자체를 거부했다. 또 어떤 생태학자들은 일부 원리는 받아들이더라도 전체를 받아들이는 데에는 거부 반응을 보였다. 원리 F는 매서운 비판을 받았고, 원리 E는 유보적 입장을 나타내는 생태학자들이 많았으며, 원리 C는 약간의 수정이 추가되어야 한다는 의견이 있었지만, 원리 B만큼 뜨거운 논쟁이 오랫동안 이어진 것은 없었다.

다이아몬드의 도표에는 작은 원 4개가 큰 원 1개보다 나쁜 것으로 표현돼 있다. 그러나 실제 세계에서 작은 보호 구역 4개가 큰 보호 구역 1개보다 반드시 나쁘다고 할 수 있을까? 이 문제는 10년 동안 치열한 논쟁거리가 되었고, 나중에는 인신 공격으로까지 비화했다. 이 논쟁에는 SLOSS라는 이름이 붙게 되었다. SLOSS는 'single large or several small'의 머리글자를 딴 것으로, '큰 것 하나냐, 작은 것 여럿이냐'란 뜻이다. 1970년대 후반에 SLOSS 논쟁은 생태학의 참호전이라 부를 수 있을 만큼 격렬해졌다.

평형 이론을 보호 구역에 적용할 수 있을까?

응용생물지리학에서 의견 일치의 합창은 1975년에 절정에 이르렀다. 다이아몬드의 논문 외에도 존 터보그와 로버트 메이를 비롯해 여러 사람이 주목할 만한 논문을 발표했다.

메이의 논문은 《네이처》에 〈섬 생물지리학과 야생 생물 보호 구역의 설계Island Biogeography and the Design of Wildlife Preserves〉라는 제목으로 실렸다. 그는 SLOSS 논쟁에서 다이아몬드와 동맹을 맺었다. 메이는 "큰 면적 하나를 만드는 것이 현실적으로 불가능할 경우, 전체 면적은 같더라도 작은 면적 여러 개는 생물지리학적으로 큰 면적 하나와 같지 않다는 사실을 알아야 한다."[24]라고 썼다. 같기는커녕 작은 면적들은 큰 면적보다 "전체 종수가 더 적은 경향이 있다."

다이아몬드의 오랜 단짝 친구이자 동료인 터보그도 이에 동의했다. 그는 바로콜로라도 섬의 상황을 관찰한 경험과 다른 열대 숲들에서 야외 조사 연구를 벌인 경험을 바탕으로 평형 이론은 과학적으로 타당하며 자연 보전 계획에 적용할 수 있다고 결론 내렸다. 그는 "그들이 발전시킨 방법과 사고방식은 동물 보호 구역 설계를 포함해 더 광범위한 상황에 확대 적용하는 게 가능하다."[25]라고 주장하면서 맥아서와 윌슨에게 경의를 나타냈다. 터보그는 SLOSS 논쟁에서 메이만큼 구체적인 주장을 펴지는 않았지만, 평형 이론은 보호 구역들 사이를 연결하기 위해 서식지 통로를 남겨두어야 할 필요성을 강조한다고 주장했다(다이아몬드가 다른 설계 원리에서 경고한 것처럼). 또, 만약 보호 구역 설계자들이 큰 포식 동물 종을 구하길 원한다면, 보호 구역을 크게 만들어야 할 것이라고 지적했다.

윌슨도 합창 대열에 가세했다. 윌슨은 동료인 에드윈 윌리스 Edwin O. Willis(윌리스는 바로콜로라도 섬에서 오랫동안 조류를 연구했는데, 이 연구는 터보그의 생각에도 중요한 영향을 미쳤다)와 함께 응용생물지리학 논문을 썼는데, 거기서 다이아몬드가 제시한 원리들과 같은 것을 많이 주장했다. 윌슨과 윌리스의 이 논문은 1973년 11월 프린스턴에서 열린 역사적인 심포지움의 결과로 나온 공동 저서에서 맨 마지막 장에 실렸다.

그 심포지움의 개최 장소인 프린스턴과 개최 날짜는 중요한 의미를 띤다. 그 모임은 맥아서 사망 1주기를 맞이해 열린 것이었다. 참석자 중에는 제레드 다이아몬드, 제임스 브라운, 로버트 메이, 에드윈 윌리스, 존 터보그, 에벌린 허친슨, 에드워드 윌슨뿐만 아니라 새로운 세대의 생태학자들도 포함돼 있었다. 그들은 모두 맥아서에게 경의를 표하기 위해 참석했다. 그 책은 몇 년 뒤에 《생태학과 군집의 진화 Ecology and Evolutions of Communities》라는 제목으로 출간되었으며, 맥아서에게 헌정되었다.

Chapter 7

아마존의 고슴도치

거대한 실험

우리는 하늘의 티끌 하나처럼 정글 중의 정글 위에 떠 있다. 저 아래에 있는 임관은 어디 한 군데도 끊어진 곳 없이 사방으로 끝없이 펼쳐져 있다. 저곳은 바로 아마존 숲이다. 오늘 하늘은 낮고 회색을 띠고 있으며 아래의 지형은 매우 황량하다. 우리가 탄 시끄러운 소형 쌍발 비행기는 150m 상공을 용감하게 날아가고 있지만, 상한 우유처럼 걸쭉한 공기 속에서 비행하는 것은 상당히 위험한 일이다. 우리는 마나우스에서 북쪽으로 날아가고 있다. 가끔 비행기는 갑자기 10m 위로 솟구치기도 하고, 아래로 푹 떨어지기도 한다. 우리가 지상을 자세히 보려고 애쓰는 동안 비행기는 연처럼 요동친다. 나는 이런 상태로 한 시간만 비행한다면 내 위장이 더 이상 견뎌내지 못한다는 사실을 경험으로 잘 안다.

러브조이가 웅웅거리는 엔진 소리보다 더 큰 목소리로 외쳤다.

"만약 파일럿이 길을 잃는다면 우리는 베네수엘라에 착륙할 수도 있어요."

그러면서 줄무늬다람쥐 같은 미소를 씩 짓는다.

바로 위에서 바라본 숲의 모습은 편평함과 엽록소를 장엄한 추상화로 그려놓은 것처럼 보인다. 신비하고 단조로운 초록색이다. 하지만 그것은 첫인상에 지나지 않는다. 두 번 세 번 다시 보면 그 초록색은 수백 가지 명암으로 나누어지며, 이는 수백 종의 나무를 대표한다. 여기저기에서 증기가 깃털 모양의 연기처럼 솟아오르는데, 이것은 식물들이 증산 작용으로 수증기를 하늘로 내보내는 것이다. 옆에서 러브조이가 설명한다. "아마존 지역에 내리는 강수량 중 50%는 숲 자체가 만들어내죠." 이토록 복잡하고 유기적인 생태계가 스스로 호흡한다는 사실은 논리적으로 당연한 것처럼 보인다.

나는 얼굴을 창 쪽으로 갖다댔다. 경치는 분당 78회전의 속도로 바흐의 푸가fuga(하나의 성부가 주제를 나타내면 다른 성부가 그것을 모방하면서 대위법에 따라 좇아가는 악곡 형식)처럼 돌아간다. 턱뼈 밑에서 구토 경보를 발하는 분비샘이 간질거린다. 저공 비행을 하는 소형 비행기가 심하게 흔들려서 그런 것은 아니다. 내가 지상을 너무 오랫동안 내려다보았기 때문이다. 안정을 취하고 숨을 깊이 들이쉰다면, 아침에 먹은 브라질 음식을 러브조이 박사의 구두에 토하는 불상사는 막을 수 있을 것이다.

몸집이 큰 파란색 마코앵무 다섯 마리가 나무들 위로 대열을 지어 날아가는 것이 보였다. 그 외에 다른 야생 동물은 보이지 않고, 무성한 나뭇잎과 증기만 보였다. 숲의 임관이 마치 천막처럼 모든 것을 뒤덮고 있고, 그 사이로 단 하나의 틈도 보이지 않는다. 숲 속의 빈터나 사바나 연못 같은 것은 전혀 없다. 초록색 장막에 가려 숲 사이로 흐르는 갈색 물이나 검은색 강조차 그 자취가 보이지 않는다. 어쨌거나 이 부근에서는 그런 것을 볼 수 없다. 네그루 강과 아마존 강 본류의 합류점은 우리 뒤쪽으로 멀찌감치 떨어져 있다. 심지어 공항에서 출발한 뒤 우리가 최초의 길잡이로 삼았던, 마나우스에서 뻗어나온 붉은 진흙길도 제 갈 길로 사라지고, 우리는 좀 더 추상적인 경로를 따라 우리의 길을 날아왔다. 아래에는 상상할 수 없을 정도로 많은 동물과 식물 외에 아무것도 없다. 그리고 러브조이가 말한 것처럼 앞에도 더 많은 동물과 식물 그리고 베네수엘라 외에는 아무것도 없다.

비행기가 한쪽 옆으로 기울어졌다. 한쪽 옆의 땅이 갑자기 우리를 향해 솟구친다. 비행기는 마치 폭격하듯이 급강하하더니 다시 자세를 바로 하고는 낮은 고도로 날았다. 새로운 광경에 정신이 팔리지 않았더라면, 이것은 내 위장에 참을 수 없는 고문이었을 것이다. 내가 지켜보는 눈앞에서 갑자기 임관 끝자락이 나타났다. 그리고 숲이 홀연히 사라지더니 다른 풍경이 펼쳐졌다. 우리는 방금 생태계의 경계선을 건넌 것이다.

비행기는 개활지 위를 날고 있었다. 거의 벌거벗은 아마존의 점토 땅 위에는 잡초만 조금 자랄 뿐이었다. 풍요로운 열대 지역의 땅이 마치 털 깎인 양처럼 벌거숭이로 변한 것이다.

나무 그루터기들이 여기저기 보였다. 숯으로 변한 통나무도 여기저기 널려 있었다. 나무를 베고 불을 지른 사람들은 작업을 완벽하게 완수했다. 그런데 그들은 나무만 파괴하고 그친 것이 아니었다. 그들은 열대우림뿐만 아니라 열대우림을 만드는 조건들마저 파괴했다. 즉, 어둠, 습한 환경, 그늘을 좋아하는 하층 식물, 날아다니거나 나무를 기어오르는 다양한 동물, 몸집이 큰 포식 동물, 먹이 동물, 바람과 침식을 막아주는 보호막, 균근균菌根菌, 영양 물질, 생태학적 상호작용의 맥박마저 파괴했다. 숲의 촉촉한 숨결이 영영 사라져버린 것이다.

비행기가 다시 옆으로 기울더니, 창문 밖으로 독특한 광경이 눈에 들어왔다. 불에 그을린 개활지 가운데 정사각형 모양의 작은 숲이 온전하게 남아 있었다. 그것은 마치 보풀이 인 융단 조각을 흙바닥에 던져놓은 것 같았다.

"저것은 10헥타르의 보호 구역입니다." 러브조이가 말했다.

우리는 파젠다 에스테이우 상공을 날고 있다. 파젠다 에스테이우는 척박한 목장인데, 이 목장 안쪽의 보호 구역에서 나는 엘레오노레 세츠와 함께 작은 숲 조각에 갇혀 살아가는 흰얼굴사키를 추적할 것이다. 나는 지금 비슷한 땅 조각에서 아주 다른 풍경을 보고 있다. 10헥타르 면적의 이 땅을 러브조이는 1202번 보호 구역이라 부른다. 간단히 말하자면, 이 땅은 완전히 격리된 25에이커 면적의 열대우림 지역이다. 이 지역은 1979년에 러브조이가 생태계 붕괴의 동역학을 조사하기 위해 시작한 거대한 연구 계획에 포함된 하나의 단위이다. 그가 나를 이곳에 데려온 목적은 섬 생물지리학의 원리와 의미를 연구하는 세계 최대의 실험 장소를 보여주기 위해서이다.

1202번 보호 구역은 많은 보호 구역 중 하나에 지나지 않는다. 그 밖에도 파젠다 에스테이우의 개활지와 이웃 목장들에도 곳곳에 산재해 있다. 각 구역은 사각형 모양이고, 크기는 1헥타르, 10헥타르, 100헥타르, 1,000헥타르 등으로 질서정연하게 정해져 있다. 10헥타르의 이 보호 구역은 대략 도시 블록 4개 정도의 크기에 해당하며, 인간들이 만든 거대한 목장 한가운데에 고립된 밀림의 섬이다. 그을린 황무지 한가운데에 보존되면서 처음 격리된 시기는 1980년인데, 그 후 집중적으로 관찰되었다. 그 주위를 따라 잘 다져진 오솔길이 보였다.

비행기가 다시 한 번 기울더니 같은 지역을 다른 각도에서 보여주었다. 그리고 1202번보다 작은 두 번째 섬이 눈에 들어왔다. 그런데 이번 구역은 그저 나무들이 옹기종기 모여 있는 것에 지나지 않았다. 첫 번째 보호 구역처럼 그 주위에는 정사각형 모양의 오솔길이 나 있지만, 보호 구역 자체는 정사각형이 아니었다. 마치 낡은 깃발처럼 여기저기가 찢겨나간 모양이었다. 햇볕에 그을리고 바람에 침식된 흔적을 도처에서 볼 수 있었다. 나무들도 여기저기 쓰러져 있었다. 열대 지방의 키 큰 나무들은 둥치는 굵지만 뿌리가 얕아 그러한 노출을 견디지 못했다. 임관에는 듬성듬성 틈이 나 있었다. 그늘을 좋아하는 하층 식물도 많이 사라졌다.

비행기가 아래로 내려가 좀 더 가까운 곳에서 그곳을 지나갈 때, 보호 구역 바깥쪽에서 뭔가 움직이는 무리가 보였다. '아하, 아마존의 동물인가 보다!' 나는 생각했다. 원숭이나 맥 혹은 운이 좋으면 재규어를 볼 수 있겠거니 기대했다. 그러나 그것은 착각이었다. 내가 본 것은 암소들이었다.

소들은 뼈처럼 새하얀 색이었다. 열대우림의 토착 초식 동물은 보호색이 필요하기 때문에 몸 색깔이 흰색인 것이 없지만, 소는 토착종이 아니다. 소들은 비행기 엔진 소리에 놀라 황망히 달아난다.

"이것은 1헥타르의 보호 구역이지요."

이렇게 높은 곳에서도 나는 1헥타르의 보호 구역이 앞서의 보호 구역에 비하면 빈 껍데기만 남은 것임을 알 수 있었다. 무엇이 그렇게 변화시켰을까? 그것은 동력톱도 아니고, 불도 아니고, 소 떼도 아니었다. 이 땅을 그렇게 변화시킨 것은 바로 격리 상태였다.

이 두 보호 구역에 대한 세부 사실보다 더 중요한 질문이 있다. 그것은 격리 상태와 멸종 사이에 계량화할 수 있고 예측 가능한 상관관계가 존재하느냐 하는 것이다.

생태계 붕괴가 시작되는 문턱은 어디일까? 생태학적 응집성을 유지할 수 있는 하한선은 어디일까? 만약 1헥타르의 땅이 독립적으로 유지하기에 너무 작다면, 만약 10헥타르의 땅 역시 너무 작다면, 어느 정도의 크기면 충분한가? 러브조이의 말을 빌려 달리 표현하면, 아마존의 열대우림 한 조각이 스스로 유지해나갈 수 있는 최소 임계 면적은 얼마인가?

최소 임계 면적

초기에, 그러니까 1979년부터 러브조이와 그 밖의 연구자들은 그것을 '생태계 최소 임계 면적 계획 Minimum Critical Size of Ecosystem Project'이라고 불렀다. 브라질에서는 이를 포르투갈 어로 Projeto Dinâmica Bioólgica de Fragmentos Florestais라고 불렀다. 번역하면 대충 '숲 조각 생물동역학 계획'이란 뜻이다. 이것은 여러 가지를 의미할 수 있다.

실제로 이것은 많은 것을 의미한다. 러브조이의 계획에는 많은 부계획과 세부 연구가 포함돼 있었다. 그러한 부계획과 세부 연구 대상에는 그 지역에 사는 뱀들의 동물상, 박쥐, 영장류, 설치류, 독립적으로 살아가는 벌들, 사회생활을 하는 거미들, 야자수의 분포와 생태학, 오예과 Lecythidaceae(진달래목에 속하는 속씨식물의 한 과)와 산람과 같은 중요한 나무들, 교살무화과의 생식 생물학, 토양 질소, 보호 구역 내의 미微기후와 식물-물 관계, 보호 구역 가장자리 지역의 묘목 재생, 도마뱀, 개구리, 딱정벌레의 다양성, 개미와 식물 사이의 공생 관계, 하천의 동역학, 썩어가는 잎에서 균류가 담당하는 역할, 조류상의 다양한 측면 등이 포함되었다. 흰얼굴사키 개체군에 대한 세츠의 연구는 별도로 이루어진 많은 연구 중 하나이다. 최근에 나온 보고서에는 연구 주제의 종류가 30가지나 실려 있다. '생태계 붕괴'와 '최소 임계 면적' 같은 용어는 그 명단 어디에서도 찾아볼 수 없지만, 이것들은 근본적이고 초월적인 의제를 대표한다.

1980년대 후반에 특별 조사 위원회의 압력을 받아 이 계획의 영어 명칭이 바뀌었는데, 더 넓은 목적을 나타내는 동시에 브라질에서 쓰는 용어와 일치시키기 위해서였다. 이렇게 변한 공식 명칭은 Biological Dynamics of Forest Fragments Project(숲 조각 생물동역학 계획)이다. 러브조이는 이전 이름을 더 좋아하는데, 나도 그렇다. 이전 이름은 의미의 범위가 좀 좁긴 하지만, 더 명확하고 계획의 이론적 뿌리를 잘 나타내기 때문이다. 그러한 이론적 뿌리에는 종과 면적의 관계, 평형 이론, 다이아몬드를 포함한 여러 사람들이 섬 생물지리학을 자연 보호 구역에 적용하기 위해 초기에 기울인 노력, SLOSS 논쟁으로 알려진 수수께끼 등이 포함된다. SLOSS는 끝없는 논쟁의 대상이 되었고, 결국에는 논리적 교착 상태에 이르렀다. 그때, 러브조이에게 거대한 실험을 통해 그것을 해결하자는 생각이 떠올랐다.

아마존의 고슴도치

"여우는 많은 재주를 알지만, 고슴도치는 큰 재주 하나만 안다."

기원전 7세기에 활동했던 그리스 시인 아르킬로코스Archilochos는 이렇게 말했다. 고슴도치가 아는 한 가지 큰 재주는 물론 가시를 세우는 것이다. 여우는 이빨, 발톱, 민첩함, 꾀로 무장한 포식 동물이지만, 몸집이 작고 체격이 연약하기 때문에 많은 재주가 있어야만 살아갈 수 있다.

40여 년 전에 역사학자 아이제이아 벌린Isaiah Berlin은 〈고슴도치와 여우〉라는 에세이를 썼다. 여기서 그는 소설가 톨스토이의 내면에서 일어난 분기라고 생각하는 것을 두 동물에 빗대어 설명했다. 벌린은 톨스토이의 작품들이 작가의 자연적 성향과 의식적 신념 사이의 갈등이 반영된 일종의 심리적 이중성을 보여준다고 주장했다. 한편에는 관찰과 발명의 놀라운 능력을 부여받은 창조적인 천재가 있는 반면, 다른 한편에는 궁극적인 하나의 답을 추구하는 철학자가 있다. 인류의 역사를 특수적이고 다원적으로 보는 톨스토이의 견해는 그의 이론적이고 일원론적인 신념과 배치되었다. 톨스토이의 일부는 세계를 일자一者로 본 반면, 다른 부분은 다자多者로 보았다. 벌린은 아르킬로코스의 범주를 빌려,

톨스토이가 고슴도치이기도 하고 동시에 여우이기도 했다고 표현했다. 벌린은 아르킬로코스의 범주를 톨스토이뿐만 아니라 다른 사람들에게도 광범위하게 적용했다. 예를 들면, 지적으로 역사적 특수주의자인 발자크는 여우로 분류되었다. 푸슈킨, 헤로도토스, 조이스도 여우였다. 단테, 도스토예프스키, 니체 같이 한 가지 목표에만 집착하는 공상가들은 고슴도치로 분류되었다. 고슴도치가 현실과 경험의 다양성을 보지 못한다는 뜻은 아니다. 다만, 《안나 카레니나》를 쓸 때의 톨스토이처럼 하나의 큰 개념을 바탕으로 세상을 바라본다.

이 기준을 따른다면, 러브조이는 열대생태학계의 고슴도치라고 할 수 있다. 말씨가 부드러운 40대 초반 남성인 러브조이는 외모만 보면 청년으로 착각하기 쉬우며, 아주 태평해 보인다. 겉으로 봐서는 대단한 생각에 매달리고 있는 사람으로 보이지 않는다. 그는 인디애나폴리스 출신의 순진한 대학원생처럼 보이지만, 실은 맨해튼의 부유층 자제로 아이비리그 명문 대학 출신이다. 그는 현재 스미스소니언 협회 사무총장의 고문을 맡고 있다. 이 덕분에 러브조이는 큰 권한과 영향력을 행사하는 과학계의 거물이다. 그는 워싱턴의 사무실이나 회의실에서는 나비넥타이를 맨다. 길게 늘어진 넥타이는 국물이 묻기 쉽고 귀찮다는 이유에서이다. 나비넥타이를 선호하는 사람은 괴상한 면은 있어도 똑똑하고 자신감이 넘치며 유행에 신경 쓰지 않는 성격이며, 뉴잉글랜드 지역 출신 중에 많다는 사실을 아는 사람은 다 아는데, 러브조이도 그런 사람 중 하나이다. 마나우스 거리에서 아마존의 폭우가 쏟아질 때면 러브조이는 접는 우산을 펼쳐든다. 하지만 숲으로 하이킹을 떠날 때면 바랜 카키복과 낡은 부츠 차림으로 나선다. 그는 포르투갈 어를 유창하게 구사하며, 현지에 서식하는 새들의 울음소리를 구분하는 실력도 전문가급이다. 러브조이는 1965년부터 아마존을 들락거리기 시작했다. 대학을 막 졸업하고 아직 박사 과정에 들어가기 전이었다.

러브조이는 맥아서와 마찬가지로 예일 대학의 허친슨 교수 밑에서 배웠다. 하지만 러브조이는 맥아서보다 11세 적었기 때문에, 맥아서가 예일 대학을 떠난 뒤에 왔다. 맥아서와 마찬가지로 러브조이 역시 조류학의 엄밀한 경험적 기초를 바탕으로 이론생태학에 접근했다. 박사 학위 논문을 준비하기 위해 러브조이는 아마존 강 하구에 위치한 벨렘(예전의 지명은 월리스가 최초의 기지를 세웠던 브라질의 해안 도시인 파라였다) 근처의 숲에서 새들을 그물로 붙잡고, 발목에 고리를 붙이며 몇 년을 보냈다. 그가 기록한 것에 따르면, 그렇게 붙잡은 새의 수가 무려 7만 마리나 되었다. 그는 숲의 군집들 내에서 조류 종 사이의 다양성과 풍부성의 패턴을 찾으려고 했다. 이 주제는 그 뿌리가 맥아서를 넘어 프랭크 프레스턴까지 거슬러 올라간다.

그 밖에도 러브조이의 초기 경력과 맥아서의 연구 사이에는 일치하는 게 한 가지 더 있다. 러브조이는 브라질을 방문하여 그곳에 푹 빠지기 전에 동아프리카로 떠난 조류 탐사대에 참여했다. 그는 동아프리카에서 격리된 산의 숲들이 초원 위로 우뚝 솟은 생태학적 섬처럼 보인다고 생각했다. 그는 박사 학위 논문 주제로 그것을 선택할까 잠깐 동안 고민했다. 하지만 그 당시에는 그것에 대해 강한 충동을 느끼지 못했으며, 그다지 큰 관심을 끌 만한 주제 같지도 않았다. 맥아서와 윌슨이 생태학의 개념적 틀을 변화시키기 전이었고, 섬이 아직 지배적인 패러다임으로 떠오르지 않았던 시기였다.

"내가 섬 생물지리학에 눈을 뜬 것은 1967년인가 1968년에 벨렘에 있을 때였어요. 그때, 이 하버드 대학원생이 그 책을 썼지요." 러브조이는 그때를 이렇게 회상했다.

그 책이 바로 《섬 생물지리학 이론》이었다.

"출간되자마자 산 책이었어요. 그때 일은 결코 잊을 수가 없어요. 너무나도 흥미진진한 내용이 담겨 있었지요. 하지만 내가 연구하던 일에 특별히 적용할 수 있는 건 없었습니다." 그 당시에는 그랬다. 하지만 나중에는 사정이 달라졌다.

1973년에 러브조이는 세계야생생물기금 World Wildlife Fund(지금은 세계자연보호기금 World Wide Fund for Nature 으로 이름이 바뀌었음) 미국 지부의 프로그램 기획자가 되었다. 오늘날 WWF-US는 방대한 법인 조직으로, 많은 일을 하지만 무엇보다도 전 세계의 소규모 자연 보전 계획에 기금을 지원하는 일을 한다. 러브조이가 그 자리를 맡을 당시에는 아직 소규모 조직이긴 했지만, 그래도 지원금을 분배하는 일을 했다. 러브조이가 맡은 일 중에는 지원금 신청서를 읽고 평가하는 일도 있었다. 비서 한 명이 일을 보조했다. 기금 지원 여부는 오로지 그의 판단에 달려 있었다. 제안된 계획 중 많은 것은 법적으로 서식지를 따로 떼어내 보호하자는 내용이었다. 즉, 서식지 일부를 국립 공원이나 보호 구역으로 지정하자는 것이다. 30세를 갓 넘은 나이의 러브조이가 지구상의 풍부한 생태계 중 어떤 것을 보호하고 어떤 것을 방치해야 하는지 결정적인 판단을 내리는 위치에 있었던 것이다. 그는 그때 그런 보호 구역에 대해 기본적인 질문 두 가지를 던졌다고 한다. 보호 구역을 어디에 설정해야 하는가? 그리고 얼마만한 크기여야 하는가? 러브조이는 얻을 수 있는 최선의 과학적 정보를 바탕으로 권고를 하려고 했다. 그래서 응용생물지리학에 대한 초기의 학술지들을 읽었다. 그때, SLOSS라는 개념이 나왔다.

"보호 구역을 어떻게 설계해야 하느냐에 대해 다소 심각한 문제가 있다는 사실을 깨닫기 시작했지요."

심벌로프와 아벨의 반론

SLOSS 논쟁은 1976년에 댄 심벌로프와 로렌스 아벨 Lawrence Abele 이 《사이언스》에 발표한 논문에서 응용생물지리학이 크게 유행하는 것에 대한 우려를 표명하면서 공론화되었다. 그들이 우려한 것은 맥아서와 윌슨의 이론으로부터 자연 보전 계획의 원리들을 도출하는 행동이었다. 두 사람은 다이아몬드의 〈섬의 딜레마〉란 논문을 인용하면서 《네이처》에 로버트 메이가 쓴 짧지만 유명한 논문 〈섬 생물지리학과 야생 생물 보호 구역의 설계〉도 함께 인용했다. 심벌로프와 아벨은 작은 보호 구역 여러 개에는 같은 면적의 큰 보호 구역 하나보다 "전체 종수가 더 적은 경향이 있다."는 메이의 주장을 들면서, 그것은 너무 성급한 결론이라고 말했다.

두 사람은 그 이론 자체는 그렇게 확신을 가지고 적용할 수 있을 만큼 충분히 광범위하게 증명된 것은 아니라고 경고했다. 메이와 다이아몬드를 비롯해 여러 사람이 주장한 가장 기본적인 원리(자연 보호 구역은 가능하면 서로 연결돼 있는 면적을 최대한으로 해야 한다는)조차 옳지 않을 수 있다고 했다. 그 원리는 평형 이론에서 필연적으로 도출된 것이 아니었다. 하나의 큰 면적을 지지하기 위해 인용한 증거들 중 일부는 작은 면적 여러 개를 지지하는 데에도 인용할 수 있었다. 보호 구역의 설계를 결정하는 복잡한 과정을 몇 가지 말끔한 원리로 축소해서는 안 된다고 심벌로프와 아벨은 주장했다.

심벌로프가 이러한 주장을 편 것은 흥미롭다. 1960년대 후반에 윌슨 밑에서 대학원생으로 연구한 심벌로프는 평형 이론이 탄생한 바로 그 현장에 있었다. 플로리다 주의 맹그로브 섬들에서 평형 이론을 지지하는 실험적 자료를 수집하는 일을 도왔다. 그 당시에 그는 평형 이론의 기술적 가치뿐만 아니라 예측 능력의 가치도 믿은 것처럼 보였다. 그런데 1976년에 와서 평형 이론을 적용하는 것을 비판했다면 자신이 처음에 믿었던 견해를 부정한 것일까? 반드시 그렇지는 않다. 하지만 과학적 신념은 변하지 않았다 하더라도 초점은 변한 것처럼 보였다. 그의 태도는 섬 생물지리학 이론이 지구의 생물 다양성을 보존하는 데 도움을 줄지도 모른다고 주장했던 2년 전의 입장과는 미묘하면서도 확연히 달랐다. 심벌로프는 평형 이론 자체를 논박하진 않았다. 다만 그것이 플로리다 주의 맹그로브 섬에 적용되는 것처럼 모든 섬의 생태계에 잘 적용되지 않을 수도 있으며, 자연 보전 계획에 단순한 지침을 제공하는 것도 아니라고 주의를 촉구했을 뿐이다.

다른 사람들이 무분별하게 서두르는 것을 보고 거기에 반감을 느낀 측면도 일부 있었을 것이다. 또 한 가지 요인은 새로운 자료였다. 심벌로프와 아벨은 얼마 전에 각자 야외 조사에 참여했는데, 거기서 보호 구역은 클수록 좋다는 개념에 의문을 제기하는 결과가 나왔다.

심벌로프는 이전에 조사했던 맹그로브 섬들로 돌아갔다. 그저 같은 지역이 아니라, 윌슨과 함께 훈증 살충을 했던 바로 그 섬들을 조사했다. 처음에 했던 실험이 끝난 뒤인 1971년 후반에 심벌로프는 뒤엉킨 뿌리와 임관을 통한 통로를 차단함으로써 그 섬들 중 일부에 변화를 주었다. 그 결과 전체 면적은 아주 약간만 줄어들었을 뿐이지만, 새로운 차원의 분열을 도입할 수 있었다. 각각의 맹그로브 섬은 이제는 작은 섬들로 이루어진 작은 군도로 변했다. 서식지 분열은 한 군도 내에서 살아가는 전체 절지동물 종의 수에 어떤 영향을 미칠까? 심벌로프는 작은 섬들이 평형에 이를 때까지 3년을 더 기다렸다. 그리고 1975년 봄에 다시 돌아가 종의 수를 조사했다. 그 결과는 애매했다. 작은 섬 여러 개보다 큰 섬 하나에 항상 더 많은 종이 사는 것은 아니었다. 분열되지 않은 원래의 섬보다 4개로 분열된 작은 섬들에 더 많은 종이 사는 사례도 있었다. 또 2개로 분열된 작은 섬들에 사는 종이, 분리되지 않은 하나의 섬에 사는 종보다 더 적은 사례도 있었다. 심벌로프는 아벨과 함께 발표한 1976년 논문에서 이렇게 뒤섞인 결과를 발표했다.

아벨은 수중 생태계를 조사했는데, 그 결과도 심벌로프가 얻은 것과 비슷하게 나타났다. 그가 섬으로 선택한 것은 산호초 머리 부분이었는데, 그곳에 서식하는 종은 한 산호초 머리 부분에서 살아가는 해양 절지동물이었다. 아벨은 일관성 있는 패턴을 발견했다. 작은 산호초 2개에는 면적이 같은 큰 산호초 하나보다 더 많은 절지동물 종이 살고 있었다. 아벨의 조사 결과 역시 심벌로프의 조사 결과와 마찬가지로 복잡하고 애매했다. 하지만 그 결과들은 큰 섬 하나가 작은 섬 2개보다 종의 다양성이 더 풍부하다는 단정적 가정에 의문을 제기했다.

종과 면적 관계에 대한 연구의 역사가 아주 오래되었고 그 무렵에 평형 이론이 열광적인 인기를 누리고 있었다는 점을 감안하면, 이들의 주장은 이단적으로 보였다. 그것은 마치 교황은 가톨릭교도가 아니라는 주장과 같았다.

그런데 예상과 어긋나는 결과가 나온 이유는 무엇일까? 심벌로프와 아벨은 (1) 본토에 사는 종의 수, (2) 본토에 사는 종들 사이에 확산 능력의 차이가 없는 점, (3) 종들 사이의 경쟁을 꼽았다. 이 각각의 요인은 큰 섬 하나보다 작은 섬 2개에 더 많은 종이 사는 상황을 만들어내는 데 기여할 수 있다.

심벌로프와 아벨이 1967년의 논문에서 언급하진 않았지만, SLOSS 논쟁에서 결국 표출된 또 하나의 잠재적 요인은 서식지 다양성이다. 만약 작은 섬 2개가 세 가지 서식지를 제공하는 데 비해 큰 섬 하나가 두 가지 서식지만 제공한다면, 작은 섬 2개에 더 많은 종이 살 것이다.

물론 그렇지 않을 수도 있다. 큰 섬 하나가 작은 섬 2개보다 더 많은 서식지를 제공할 수도 있다. 주어진 상황에서 서식지 요인과 그 밖의 요인들이 큰 면적과 분열이 일어나지 않은 조건이 실제로 종의 다양성을 더 풍부하게 만들 가능성도 있다. 심벌로프와 아벨은 그러한 가능성을 인정했다. 현실 세계에서 섬들은 아주 다양하다. 반면에 다이아몬드가 주장한 보호 구역 설계의 원리는 섬들의 균일성을 가정하고 있다. 심벌로프와 아벨의 주장은 작은 보호 구역 여러 개가 큰 보호 구역 하나보다 반드시 더 낫다는 것이 아니다. 종과 면적 관계(맥아서와 윌슨의 이론에 포함된)는 어느 쪽이 더 나은지 아무런 지침도 제공하지 않으며, 각각의 상황은 그 특수한 조건을 고려해 판단해야 한다는 것이었다.

심벌로프와 아벨은 다음과 같이 결론 내렸다.

"요컨대, 지금까지 보고된 광범위한 일반화는 제한적이고 불충분하게 검증된 이론과 특이한 것일 수도 있는 분류군의 야외 조사를 바탕으로 한 것이었다."[1]

공식적인 과학적 논의라는 맥락 속에서 한 발언이라 하더라도, 이것은 아주 심한 발언 같아 보이지는 않는다. 그러나 이 논문은 사방에 불을 지르는 효과를 발휘했다.

불붙은 SLOSS 논쟁

"그 논문이 발표되었을 때, 그것은 마치 마른 부싯깃에 성냥불을 던진 것과 같았지요. 그것에 대한 반박이 폭발하듯이 일어났다고 해도 과언이 아닙니다."

이것은 어느 생물학자가 내게 한 말이다.

심벌로프와 아벨의 논문은 1976년 1월에 발표되었다. 9월에 《사이언스》는 저자 여섯 명의 반응을 실었는데, 그중에 제레드 다이아몬드와 존 터보그도 포함돼 있었다. 맨 처음에 실린 것은 다이아몬드의 반론이었다. 다이아몬드는 심벌로프와 아벨이 성급한 행동과 불충분하게 검증된 이론과 특이한 야외 조사 자료를 비판한 것을 지적했다. 심벌로프와 아벨이 예시한 작은 보호 구역 여러 개가 큰 보호 구역 하나보다 더 나은 것처럼 보이는 사례는 다이아몬드도 인정했다. 하지만 다이아몬드는 이렇게 주장했다.

"그러한 가정으로부터 그들이 추론한 것은 옳지만, 훨씬 더 중요한 자연 보전 문제를 최소화하거나 무시하고 있다. 생물의 보존에 대해 무관심한 사람들은 심벌로프와 아벨의 보고서를 큰 보호 구역이 필요하지 않다는 주장을 뒷받침하는 과학적 증거로 활용할 염려가 있다. 그러니 이들의 추론에 어떤 결함이 있는지 이해하는 게 중요하다."[2]

본격적으로 논쟁에 불이 붙었다.

다이아몬드는 결함 중 하나는 작은 섬 2개가 큰 섬 하나보다 더 많은 종이 살 때가 가끔 있다는 사실을 강조한 데 있다고 지적했다. 물론 어떤 상황에서는 그럴 수 있지만, 그것은 부적절한 지적이라고 주장했다. 왜냐고? 어떤 섬이나 섬들의 집단 또는 보호 구역이나 보호 구역들의 집단에 사는 종의 수 자체는 정말로 중요한 문제가 아니기 때문이다. 정말로 중요한 문제는 섬이나 보호 구역이 더 큰 맥락에서 특정 종의 멸종이나 보존에 어떤 영향을 미치느냐 하는 것이다. 더 큰 맥락에서 보면, 모든 종이 똑같지 않기 때문이다.

왜 똑같지 않은가? 어떤 종은 다른 종보다 더 심각한 멸종 위기에 처해 있기 때문이다. 희귀종이나 생존 조건이 까다로운 종, 경쟁력이 떨어지는 종, 확산이나 이주 능력이 부족한 종은 보호 구역을 많이 만들더라도 각각의 면적이 작다면 거기서 사라질 수 있다. 반면에 보편종과 생존 조건이 까다롭지 않은 종, 경쟁력이 뛰어난 종, 모험적인 종은 그런 곳에서도 잘 살아갈 수 있다. 다이아몬드는 작은 보호 구역 여러 곳에도 많은 종이 살아갈 수 있다고 인정했지만, 그 대부분은 두 번째 범주에 속하는 종들, 즉 여행 능력이나 경쟁력이 뛰어나거나 어떤 상황에서도 잘 살아가는 종들일 거라고 주장했다. 이런 종들은 별도의 보호 조처가 필요 없는 종들이다. 이 종들은 생존 능력이 뛰어나 서식지 교란에도 잘 견뎌낸다. 그래서 모든 종류의 자연 환경에 풍부하게 존재하며, 멸종에 저항력이 강하다. 이 종들은 따로 보호 구역을 만들지 않더라도 충분히 살아남을 수 있을지 모른다. 보호가 가장 필요한 종들은 첫 번째 범주에 속하는 종들, 즉 생존 조건이 까다로운 종, 경쟁력이 떨어지는 종, 여행에 잘 나서지 않는 종이다. 다이아몬드는 "찌르레기나 집쥐 같은 종은 많이 살더라도, 흰부리딱따구리나 회색늑대 같은 몇몇 종이 사라진 보호 구역은 실패작이 될 것"[3]이라고 주장했다.

그는 심벌로프와 아벨이 자신의 설계 원리에 이의를 제기한 것에 강한 반론을 펼쳤다. "특이하다고? 터무니없는 소리! 성급하다고? 말도 안 되는 소리!" 물론 다이아몬드가 이런 말을 사용하진 않았지만, 분위기는 그랬다. 다이아몬드는 생물학자들이 이러한 섬의 딜레마에 대해 스스로를 경계해야 할 것이라고 결론지었다.

터보그와 다른 저자들도 비슷한 맥락의 주장을 펼쳤다. 터보그는 심지어 심벌로프와 아벨의 논리를 무비판적으로 수용하면 "멸종 위기에 처한 야생 동물을 보호하려는 노력에 해로운 결과를 낳을 것"[4]이라고까지 단언했다. 이 말은 상대방을 크게 도발했을 것이다.

《사이언스》는 같은 호에서 심벌로프와 아벨에게 마무리 발언 기회를 주었다. 그들은 불충분한 자료에 대한 공격과, 종과 면적 관계는 어떤 일반적인 지침도 제공하지 않는다는 주장을 반복했다. 그리고 이번에는 서식지 다양성이라는 요인을 언급했다. 심벌로프와 아벨은 자신들의 주장에 반론을 펴는 사람들과 그들이 떠안게 된 섬의 딜레마에 조소를 보냈다.

그들은 터보그의 도발적인 발언에 대해서도 "우리가 자연 보전 운동의 방해꾼처럼 비치게 된 데 대해 유감스럽게 생각한다."[5]라고 응수했다. 하지만 그들은 물러서지 않았다. "우리의 결론은 여전히 변함이 없다. 섬 생물지리학의 종과 면적 관계는 큰 보호 구역 하나와 작은 보호 구역 여러 개 중 양자택일하는 문제에 대해 중립적이다."

이 논쟁의 청중은 다른 생물학자들이었다. 그중에서 러브조이는 특별히 관심을 기울일 만한 이유가 있었다.

러브조이의 아이디어

"나는 그 논문들을 읽고, 다른 사람들과 논쟁을 했지요. 논쟁은 점점 가열되었어요. 어떤 면에서는 어처구니없는 논쟁이었지요. 왜냐하면, 어떤 종이 살아가는 데 큰 면적이 필요하다는 것은 직관적으로 명백하고, 따라서 그 종을 보호하려면 당연히 큰 보호 구역이 필요하니까요."

예컨대 몸집이 큰 포식성 포유류 동물이 그렇다. 재규어나 늑대 또는 호랑이 개체군은 좁은 면적에서는 지속적으로 살아남을 수 없다.

한편, 큰 보호 구역이 반드시 더 좋다는 가정을 뒷받침하는 논리적 근거를 섬 생물지리학 이론이 제공하는 것은 아니라는 심벌로프와 아벨의 지적은 옳다고 러브조이도 인정했다.

"그 이론은 모든 종을 똑같은 것으로 취급하기 때문이지요."

섬 생물지리학 이론은 양적 평가만 할 뿐, 질적 평가는 하지 않는다. 평형 상태에서 종의 수는 큰 보호 구역이 작은 보호 구역보다 더 많다고 예측하지만, 보편종이 많은 큰 보호 구역과 희귀종이 많은 큰 보호 구역을 구별하진 않는다. 한 보호 구역에 살고 있는 어떤 종이 나머지 세계에서는 심각한 위기 상황에 놓여 있는지 그렇지 않은지도 고려하지 않는다. 큰 섬과 작은 섬은 구별하지만, 흰부리딱따구리와 찌르레기는 구별하지 않는다.

SLOSS 논쟁은 서로 밀접한 관련이 있는 두 가지 문제를 제기하면서 더욱 복잡해졌다. 두 가지 문제란, (1) 자연 보호 구역을 설계하는 최선의 전략은 무엇인가, (2) 자연 보호 구역을 설계하는 최선의 전략에 대해 평형 이론이 알려주는 게 있다면 그것은 무엇인가 하는 것이다. 첫 번째 문제는 대체로 현실적인 문제이지만, 두 번째 문제는 대체로 지적인 문제이다. 러브조이는 실용적인 보존주의자이기 때문에 첫 번째 문제에 더 관심이 많았다.

"나는 동료 과학자들과 함께 그것에 대해 여러 차례 토론하고 고민했지요."

그리고 그는 자기처럼 자연 보전 계획을 세우는 사람들은 이론이나 논쟁보다 그 이상의 것이 필요하다고 믿게 되었다. 그들에게는 자료가 필요했다. 특히 그들은 생태계 군집의 구조와 다이아몬드가 '평형을 향한 완화'라 부른 해로운 현상에 대한 자료가 필요했다. 그리고 몇 가지 중요한 질문에 대한 답도 필요했다. 그 질문은 다음과 같은 것들이었다.

- 새로 격리된 한 서식지 표본이 완화되어 평형 상태가 될 때 정확하게 어떤 일이 일어나는가? 종의 상실이 일어나는 것은 확실하지만, 어떤 종이 상실되는가?
- 그러한 종의 상실은 무작위적으로 일어나는가, 아니면 그 생태계의 군집 구조가 지닌 특징에 따라 결정되는가?
- 특정 자연 보호 구역이 가장 심각한 멸종 위기에 처한 종들에게 장기적 보호를 제공할 수 있을까? 아니면, 보호가 그다지 필요치 않은 종들의 개체군은 유지되지만, 위기에 처한 종들이 짧은 시간 안에 사라지고 마는가?
- 비슷한 서식지를 제공하는 여러 개의 작은 보호 구역들에서는 똑같은 종들이 사라지고, 똑같은 종들이 살아남을까? 아니면, 사라지는 종과 살아남는 종의 종류가 무작위적으로 달라, 각각의 보호 구역에 사는 종들이 서로 다르고 보완적일까?

이 질문들에 대한 답은 아직 나오지 않은 상태였다. 맹그로브 섬에서 한 심벌로프의 연구에서도, 그레이트베이슨의 산꼭대기에서 한 브라운의 연구에서도, 그 밖의 어떤 경험적 조사 연구에서도, SLOSS 논쟁의 초기 단계에서는 그 답이 전혀 나오지 않았다.

러브조이는 SLOSS 논쟁을 약간의 경계심을 갖고 바라보았다.

"내 정치적 성향 때문인지도 모르지만, 나는 그 싸움 속으로 뛰어들지 않았어요. 거기에 무엇을 추가해야 할지 몰랐기 때문이지요. 나는 차라리 야외 현장으로 가서 자료를 수집하는 게 낫겠다고 판단했어요."

하지만 그런 자료를 어떻게 얻을 수 있을까?

그러다가 1976년 크리스마스 직전에 러브조이는 미국과학재단에서 개최한 브레인스토밍 회의에 일부 생물학자들과 함께 초청을 받았다. 그중에는 댄 심벌로프도 있었다. 러브조이는 그때를 회상하며 이렇게 말했다.

"우리는 빙 둘러앉아 이 문제에 대해 토론을 했지요. 그러다가 불현듯이 계획이 내 머릿속에 떠올랐어요."

마나우스 자유 지역

"그것은 아주 단순한 아이디어였지요."

리처드 비에르가드Richard Bierregaard는 이렇게 말했다. 러브조이보다 몇 살 아래인 비에르가드는 러브조이가 생태계 최소 임계 면적 계획을 위해 맨 처음 고용한 생물학자였다.

비에르가드는 러브조이를 1969년부터 알았다. 그들은 몇 년 간격으로 같은 고등학교에 입학했고, 그곳에서 둘 다 프랭크 트레버Frank Trevor라는 과학 교사에게 큰 영향을 받았다. 비에르가드가 예일 대학에 입학했을 때 대학원생이던 러브조이를 만난 것도 트레버 선생님의 추천 덕분이었다. 한편, 러브조이는 비에르가드를 맥아서의 스승인 허친슨에게 소개했다. 비에르가드는 대학생 시절에 허친슨에게 생태학을 배웠다. 허친슨과 맥아서, 러브조이, 비에르가드를 잇는 연결 관계는 과학계에서 학연을 넘어서는 *끈끈한* 관계를 형성했다. 이들은 선구적인 이론에서부터 응용에 이르기까지 현대 생태학의 역사에서 중요한 영향력을 행사하는 과학자 집단이 되었다.

예일 대학에서 비에르가드를 처음 만났을 때, 러브조이는 박사 학위 논문 준비를 위한 2년간의 야외 조사 활동에서 막 돌아온 참이었다. 러브조이는 비에르가드를 박사 학위 논문 자료를 컴퓨터로 정리하는 작업을 도와줄 조수로 고용했다. 그리고 박사 과정을 마친 뒤에도 그를 다시 고용했는데, 이번 직장은 워싱턴에 있던 세계야생생물기금이었다. 비에르가드는 500달러의 월급을 받으면서 러브조이의 집 지하실에서 월세 없이 살았다. 비에르가드는 러브조이의 훌륭한 오른팔이 되었으며, 결국 러브조이의 아마존 계획에서 야외 현장 책임자로 8년 동안 일했다. 비에르가드는 생태계 최소 임계 면적 계획 아이디어가 단순하다고 말할 자격이 있다. 그는 그것을 매일 실행하는 복잡한 일에서 중요한 역할을 했기 때문이다.

"누군가가 현장에 가 분열된 서식지에서 생태계 붕괴 과정이 실제로 어떻게 일어나는지 알아내야 했지요."

비에르가드는 이렇게 말한다. 1976년 말에 러브조이의 머리에서 그것을 실행에 옮길 아이디어가 나왔다.

그 계획은 그 당시 가장 중요한 질문들에 마침내 초점을 맞추었다. 그 계획에서 어려운 부분은 실험 구조를 실행 가능하면서도 충분히 큰 규모로 고안하는 것이었다. 심벌로프와 윌슨이 맹그로브 섬에서 한 실험보다 훨씬 규모가 큰 것이어야 했고, 더 큰 땅 조각들과 더 풍부한 생태계 군집, 더 긴 시간 척도를 고려해야 했다. 그리고 플라이오세의 안개 속에서 육교섬이 격리되기 이전에 그곳에 어떤 종들이 살았을지 추측하는 것에 그치지 않고, 각각의 땅 조각에서 이전에 살던 종들과 이후에 살고 있는 종들을 정확히 조사해야 했다. 이 새로운 계획은 이전에 이루어진 생태학 야외 현장 실험과는 다른 종류의 것이어야 했다. 또한 아주 야심적이면서도 경제적이어야 했다. 이론 교육을 제대로 받은 실용적인 보존주의자인 러브조이는 그러한 요구 조건들을 분명하게 인식했다. 게다가 마침 브라질의 국내법에 유리한 조항이 있다는 것도 알게 되었다.

그 조항(이것을 50% 조항이라 부르기로 하자)은 파젠다 에스테이우 같은 목장이 여러 개 있는 '마나우스 자유 지역'을 포함한 아마존 지역의 세금과 토지 소유권에 관련된 것이었다. 파젠다 에스테이우에서는 자유 지역에 주어진 특혜에 따라 소를 키우는 목초지를 만들 목적으로 넓은 면적의 열대우림을 베어낼 수 있었다. 그러나 50% 조항은 어떤 파젠다에 있는 숲 중 50%를 반드시 보존하도록 명시했다. 사실상 이 조항은 여기저기 흩어져 있는 열대우림 조각들을 섬처럼 격리하도록 한 것이나 다름없었다. 러브조이가 낸 아이디어는 이러한 법적 조건을 과학을 위해 최대한 이용하자는 것이었다. 목장주들의 동의를 얻어내는 일은 별로 어렵지 않을 것이고, 그러면 의무적으로 격리해야 하는 숲들을 실험을 위해 적절한 모양으로 만들 수 있을 것이다.

이 생각은 떠올리기가 그다지 어려운 게 아니었다. 다만, 단순하면서도 기발한 여느 아이디어와 마찬가지로, 이것 역시 그 전에는 아무도 떠올리지 못했을 뿐이다.

다음 단계는 목장주들을 찾아가 일일이 설득하는 작업이었다. 러브조이는 마나우스로 날아가 열심히 설득 작업에 매달렸다. 그는 브라질의 국립아마존연구소(포르투갈 어의 머리글자를 따 INPA란 약칭으로 표기함) 과학자들, 그중에서도 특히 에르베르트 슈바르트 Herbert Schubart 와 대화를 나눴다. 슈바르트는 러브조이의 아이디어에 큰 흥미를 보여 적극적인 협력자가 되었다. 또, 브라질의 보존주의자들과도 대화를 나눴다. 그 중에는 브라질 국립공원들의 관리 책임을 맡고 있던 마리아 테레자 조르즈 데 파두아Maria Tereza Jorge de Padua도 있었다. 슈바르트와 조르즈 데 파두아는 러브조이가 다른 사람들과 접촉하도록 도와주었다.

러브조이는 마나우스 자유 지역청 담당 공무원들에게 자신의 아이디어를 설명했다. 목장주도 여러 명 만났다. 유창한 포르투갈 어를 구사하며 외교적 매력을 지닌 러브조이는 사람들에게 자신의 구상을 전염시키는 데 성공했고, 광범위한 협력 관계를 이끌어냈다. 결국 여러 가지 사항에 대한 합의를 이끌어고, 불가피하게 숲을 파괴해야 할 때에는 특정 패턴을 따르기로 했다. 여기에 약간의 숲을 남기고, 저기에도 약간의 숲을 남기고, 그리고 그 너머에는 더 큰 숲을 남기고, 나머지는 모두 베어 없애는 식으로.

이렇게 남긴 숲 중 일부는 그 모양이 정사각형이어야 하고, 가장자리는 직선으로 싹둑 잘라낸 모양이어야 한다. 각 숲의 크기는 1헥타르, 10헥타르, 100헥타르, 1,000헥타르로 10의 배수 단위로 단계적으로 커져야 한다. 그리고 사람의 발길이 미치지 않는 각각의 숲 주위에는 소만이 쾌적하게 살아갈 수 있는 넓은 인공 목초지로 둘러싼다. 이 숲들은 격리가 일어나기 전과 후에 러브조이, 비에르가드, 슈바르트를 비롯한 과학자들이 대대적으로 조사할 것이다. 비교 목적으로 이것과 똑같은 숲들을 여러 군데에 만든다. 그래서 10헥타르의 숲에서 얻은 결과를 1헥타르나 100헥타르의 숲에서 얻은 결과와 비교할 뿐만 아니라, 다른 곳에 마련한 또 다른 10헥타르의 숲에서 얻은 결과와도 비교할 수 있다. 20~30년에 걸쳐 이 숲들은 생태계 붕괴 현상에 대해 귀중한 정보를 제공할 것이다.

개념의 윤곽은 다루어야 할 쟁점의 크기를 반영해 아주 방대했지만,

실행 단계는 러브조이가 이용할 수 있는 자원의 크기를 반영해 비교적 소박하게 시작되었다. 처음에 이 계획을 위해 현장에 파견된 사람은 비에르가드 한 사람뿐이었고, 배정된 예산도 미미했다.

"계획을 처음 실행 단계에 옮겼을 때, 나는 비에르가드를 데려와서 사람들에게 소개하고는, '바로 여기가 자네가 일할 곳이네. 알아서 잘 해보게.'라고 말했지요."

러브조이는 그때 일을 회상하며 이렇게 말했다. 비에르가드는 더 노골적으로 말했다.

"선생님은 나를 그냥 그곳에 버리고 떠났어요. 우리는 벨렘으로 가 그곳에서 몇 사람을 만났지요. 그러고 나서 선생님은 이렇게 말했죠. '자, 이제 비행기를 타고 마나우스로 돌아가게. 거기서 비행기를 빌려 그 위로 지나가면서 살펴보도록 해. 그리고 슈바르트와 함께 일하게.'"

비에르가드는 정부의 승인을 얻기 위해 계획 신청서를 고쳐썼고, 슈바르트가 그것을 포르투갈 어로 번역했다. 그리고 그 신청서를 제출했다.

"그 무렵은 카니발 기간이었지요. 마나우스의 카니발 테마는 디즈니랜드였어요. 처음으로 외국에 나갔는데 브라질에서 카니발을 맞이했으니 라틴아메리카의 문화를 맛보겠구나 하고 기대가 컸죠. 그런데 도로를 행진하는 것은 미키마우스들의 행렬이었어요! 그때는 우기가 절정에 이른 때이기도 했죠. 어쨌거나 나는 비행기를 빌려야 했고, 목장주들과 대화를 해야 했어요. 포르투갈 어라곤 겨우 두 달 동안 테이프를 통해 배운 게 전부였지요. 그나마 과거형 시제를 시작하기도 전에 끝났고요. 정말 난감한 상황이었어요."

하지만 카니발이 끝나고 미키마우스들이 깡충깡충 뛰어다니길 멈추자, 문제들이 조금씩 풀리기 시작했다. 정부의 승인은 반 년쯤 뒤에 났다. 결국 비에르가드는 그 힘들었던 초창기 시절을 회상할 수 있게 되었다(그것도 포르투갈 어로 과거형 시제를 사용하면서).

비에르가드는 1979년 9월에 비로소 실험 현장에 자리를 잡았다. 그 달에 그는 245달러를 사용했는데, 왜 그렇게 많은 비용을 썼는지 첫 번째 회계 보고서에서 장황한 설명을 했다. 마나우스에 작은 사무실을 하나 얻었고, 10월에는 차량도 한 대 구입했다. 보호 구역 장소 측량은 이미 시작되었지만, 숲의 벌목은 아직 시작되지 않았다. 보호 구역들은 플라이오세에 해수면이 마지막으로 크게 내려갔을 때 수면 위로 드러난 배스메이니아 반도의 산꼭대기들과 같았다. 즉, 장차 섬이 될 지역이었다. 하지만 이번에는 섬으로 변하는 일이 일어날 때 생태학자들이 그것을 지켜볼 것이다.

몇 달 뒤에 러브조이가 워싱턴에서 날아왔다. 러브조이는 현장을 보고 크게 고무되었다. 비에르가드는 현장에 빨리 적응했고, 일은 착착 진행되었다. 출발은 비록 초라했지만, 그 계획의 규모는 금방 거대하게 확대될 것이다. 연 예산 70만 달러와 수많은 과학자, 지원팀, 인턴 직원(미국과 브라질, 그리고 그 밖의 나라에서 올 젊은 자원 봉사자들)이 투입될 것이다. 하지만 무엇보다도 자신의 꿈이 현실로 바뀐 것이 기뻤다. 러브조이는 비에르가드와 함께 숲으로 들어갔다. 그들은 오솔길을 따라 한참 걸어가 나중에 격리된 보호 구역이 될 곳에 이르렀다.

러브조이는 그 순간을 이렇게 회상했다.

"그곳은 정말 아름다웠어요. 우리가 다가가자 땅에서 사는 큰 새들이 오솔길에서 푸드덕거리며 도망갔어요. 마침내 우리는 걸음을 멈췄어요. 비에르가드가 작은 모닥불을 피웠지요. 밀림에서 사람들이 흔히 그렇게 하듯이 폐타이어 쪼가리를 불쏘시개로 삼아 축축한 나무에 불을 피운 거죠."

비에르가드는 콩이 많이 섞인 어두운 색깔의 브라질식 스튜인 페이조아다 캔 두 개를 가열했다. 그리고 마지막으로 탔던 비행기에서 받아 간직해두었던 작은 포도주병을 꺼냈다.

"우리는 그곳에 앉아 고교 시절의 생물 선생님을 위해 건배를 했지요." 러브조이가 말했다. 고등학교 시절의 선생 프랭크 트레버는 몇 년 전에 세상을 떠나고 없었다. 그는 늘 아마존을 방문하길 꿈꾸었다.

1202번 보호 구역

"나는 일을 벌이는 경향이 있어요. 그러고는 뒤치다꺼리는 다른 사람들에게 맡기지요." 이렇게 말하고 나서 러브조이는 다른 협력자들과 국가적 자존심에 신경이 쓰였는지 이렇게 정정했다. "그 뒤의 일은 다른 사람들의 도움을 받아 해결하지요."

우리가 소형 비행기를 타고 생태계 최소 임계 면적 계획 지역 상공을 난 지 며칠이 지났을 때이다. 그동안에 우리는 두 발로 걸으면서 그곳을 다시 살펴보았다. 길을 따라 내려가다가 개활지에서 벗어나 사람의 발길이 미치지 않은 숲 속으로 깊이 들어갔다. 나는 숲에서 세세한 것들의 풍부성을 아주 가까이에서 감상하는 기회를 얻었다. 우리는 나무 사이로 초록색 빛이 새어 들어오고 옅은 습기가 가득한 야생 자연을 걸었다. 깊은 침묵을 배경으로 웅웅거리고 우우거리는 소리들이 들려왔다. 임관에서는 큰부리새가 바스락거리고, 햇살이 비치는 빈터에는 벌새와 푸른색 날개의 모르포나비가 날아다니고, 하층에는 장식새, 스크리밍피하(장식새과의 새), 착생 식물, 리아나, 하층에서 긴 행렬을 이루어 진군하는 가위개미, 조심스럽게 움직이는 도마뱀, 지의류, 밝은 파스텔 색조의 균류 등이 널려 있었다. 우리는 야영지에서 해먹을 치고 잠을 잤는데, 밤중에 고함원숭이가 지르는 소리가 하피(그리스 신화에 나오는, 얼굴과 몸은 여자 모양이고 새의 날개와 발톱을 가진 탐욕스런 괴물)들의 합창처럼 울려퍼졌다. 저녁과 아침 식사로는 민물고기에 고수를 곁들여 만든 향

이 짙은 브라질식 차우더(조개 또는 생선과 야채류로 만든 진한 수프)인 칼데이라다를 먹었다. 러브조이는 칼데이라다뿐만 아니라 내가 소화할 수 있는 정보를 최대한 쏟아냈다. 그러다가 잠깐 한숨 돌릴 여유를 주었다.

"어린 시절에 나는 말썽쟁이로 악명이 높았지요. 늘 무슨 일을 벌이고 말썽을 빚곤 했으니까요." 러브조이는 잠깐 말을 멈추더니, 옛 기억이 떠오르는 듯 미소를 지었다. "그런데 그 버릇은 어른이 되고 나서도 없어지지 않은 것 같아요."

비에르가드가 현장 책임자로 가면서 생태계 최소 임계 면적 계획이 본격적으로 시작되었다. 다른 과학자들도 속속 도착했다. 러브조이는 주로 워싱턴의 세계야생생물기금 사무실에 머물면서 실행 지침과 지원을 제공했다. 마나우스 북쪽의 파젠다들에서는 아직 숲이 자리잡고 있는 한가운데에 보호 구역이 20개 이상 설정되었다. 간단한 야영지들이 들어서고, 생태학 조사가 시작되었다. 맨 먼저, 격리가 일어나기 전에 경계가 정해진 사각형 지역 안에 어떤 동식물이 살고 있느냐 하는 질문에 대한 답을 얻어야 했다. 이를 위해 연구자들은 새를 잡는 데 쓰는 안개 그물, 포유류 동물을 잡기 위한 덫, 영장류를 관찰하기 위한 쌍안경을 비롯해 동식물을 채집하고 확인하는 데 필요한 온갖 도구와 기술을 동원했다. 계획에 배정된 예산은 점점 늘어났고, 그에 따라 자료 수집을 돕기 위한 지원 인력과 벌목공, 인턴 직원이 더 많이 도착했다. 1980년 건기 때 최초의 격리 집단이 만들어졌다. 그것은 각 1헥타르와 10헥타르의 땅이었다.

경계선 밖에 있는 하층은 칼로 베어냈다. 벌목공들은 동력톱으로 나무를 쓰러뜨렸다. 톱밥과 부스러기는 몇 달 동안 방치해 바싹 말린 뒤에 불태웠다. 불길이 활활 타다가 꺼지자, 시커먼 잿더미 바다 가운데에 초록색 정사각형 섬 2개가 남았다. 그중 하나가 1202번 보호 구역으로, 러브조이가 비행기에서 내게 보여준 10헥타르의 정사각형이었다. 그때에는 속이 몹시 불편했던 터라, 그것을 보면서도 그런 과학사적 배경이 있는 줄은 미처 생각하지 못했다.

야외 현장 조사 2단계가 곧 시작되었다. 비에르가드와 다른 사람들은 다시 안개 그물과 덫을 가지고 나섰다. 이번에는 격리의 결과를 조사하기 위해서였다. 초기에 얻은 일부 결과는 1983년과 1984년에 러브조이와 비에르가드와 몇몇 동료의 이름으로 발표되었다. 그 결과는 극적이었지만 놀라운 것은 아니었다.

첫째, 당연한 일이지만 두 보호 구역 모두 많은 포식 동물이 사라졌다. 재규어, 퓨마, 마게이(중앙아메리카와 남아메리카 원산인 점박이 야생 고양이)는 더 이상 살지 않았다. 왜냐고? 동력톱과 불길의 소란에 겁을 먹고 멀리 도망가기도 했겠지만, 생태학적 이유도 있었다. 보호 구역은 너무 좁아 큰 포식 동물에게 충분한 보호와 먹이를 제공하지 못하기 때문이다.

파카, 사슴, 흰입페커리를 비롯해 몸집이 큰 다른 먹이 동물들도 사라졌다. 먹이 부족, 은신처 부족, 그 밖의 이러저러한 것들의 부족이 그 이유일 것이다. 정확한 생태학적 이유는 밝혀지지 않았다. 하지만 그 종들이 필요한 것을 얻지 못했다는 사실만큼은 확실하다.

영장류도 영향을 받았다. 10헥타르의 보호 구역에는 격리가 일어나기 전에 붉은손타마린 Saguinus midas 무리가 살고 있었다. 그렇지만 격리가 일어난 후 얼마 지나지 않아 이들은 나무에서 내려와 개활지를 지나 다른 곳으로 가버렸다. 검은수염사키 Chiropotes satanus 2마리가 이곳에 격리되었는데, 이들은 타마린과 달리 주로 임관에서 살아가므로 땅 위를 걷는 데 익숙하지 않아서일 것이다. 하지만 이렇게 좁은 공간에 격리돼 살아가는 것은 큰 시련을 안겨줄 것이다. 검은수염사키는 흔히 큰 무리를 지어 살며, 숲에서 멀리 돌아다니면서 과일이나 씨를 먹고 살기 때문이다. 그러나 남은 2마리는 그렇게 살아갈 수 없었다. 보호 구역 내에서 과일이 열린 나무는 단 한 그루였고, 얼마 지나지 않아 과일은 바닥나고 말았다. 얼마 뒤, 검은수염사키들은 사라졌다. 1마리가 먼저 사라졌고, 곧이어 남은 1마리마저 사라졌다. 굶어죽었을지도 모른다. 어쩌면 한계 상황에 몰린 나머지 나무에서 내려와 다른 데로 옮겨가는 모험에 나섰는지도 모른다. 실제로 어떤 일이 일어났는지는 아무도 모른다.

이곳에 살던 세 번째 영장류는 붉은고함원숭이 Alouatta seniculus였다. 이 종은 잎을 먹고 살기 때문에 생존하기에 비교적 유리했다. 소와 마찬가지로 잎을 먹고 사는 동물들은 먹이를 쉽게 발견할 수 있다. 하지만 붉은고함원숭이도 시련을 겪었다. 처음에 그 수는 8마리였지만, 1983년에는 5마리로 줄어들었고, 어린 수컷의 해골이 숲 바닥에서 발견되었다.

조류 사이에서도 특별한 현상이 나타났다. 그물에 잡히는 새의 수가 더 많아졌는데, 이것은 보호 구역 내에서 새의 밀도가 높아졌음을 뜻한다. 그 이유는 보호 구역의 숲이 사라진 숲에서 쫓겨난 새들에게 일시적인 구명정이 되었기 때문일 것이다. 그렇다면 새의 밀도가 높아진 현상은 오래가지 않을 것이다. 보호 구역 내의 서식지가 그 새들을 모두 먹여 살릴 수 없기 때문이다. 실제로 그것은 오래가지 않았다. 1년이 채 지나기 전에 10헥타르의 보호 구역에서 새의 밀도는 평상시 수준으로 감소했으며, 1헥타르의 보호 구역에서는 평상시 수준 이하로 감소했다.

그리고 두 보호 구역에서 조류상은 계속 감소했다. 조류상의 감소는 개체수 감소로만 나타나지 않고 종수의 감소로도 나타났다. 특히 개미를 따라다니는 새들이 많이 사라졌다. 이 새들은 숲의 하층에 사는 종들로, 군대개미 떼가 지나갈 때 놀라 달아나는 곤충을 잡아먹는다. 개미를 따라다니는 새들 중 일부는 다양한 재주가 있어 여러 가지 방법으로 먹이를 찾지만, 어떤 종들(흰깃털개미새 Pithys albifrons와 붉은목개미새 Gymnopithys rufigula)은 순전히 군대개미에 의존해 먹이를 찾는다. 개미새는 개미를 전혀 먹지 않는다. 흰깃털개미새나 붉은목개미새는 먹이를 구하는 데 아주 넓은 지역이 필요한 것처럼 보인다. 매일 군대개미 떼를 행진시키는 개미 군집이 최소한 2개 이상 존재하는 서식지를 개미들과 공유해야 하기 때문이다. 개미 군집 하나가 살아가는 데에도 상당히 넓은 면적이 필요하다. 약 50만 마리를 먹여 살리려면 1헥타르는 턱없이 부족하다. 격리가 일어난 후 6개월이 지나자, 1헥타르의 보호 구역에서 군대개미들은 사라지고 말았고, 그와 함께 흰깃털개미새와 붉은목개미새도 사라졌다. 그리고 1년이 지나자, 개미를 따라다니는 다른 새 3종도 사라졌다. 이 새들은 개미의 뒤를 따라 망각의 그늘로 사라지고 말았다.

나비 중에서는 깊은 숲 속의 그늘을 좋아하는 종들은 희귀종으로 전락했고, 어떤 종들은 완전히 사라졌다. 반면에 빛을 좋아하는 종들(숲의 빈틈이나 가장자리에서 살아가도록 적응한 푸른모르포나비처럼)은 증가했다. 이것은 맥아서와 윌슨이 이야기한 교체를 보여주었다.

그런 변화는 식물에서도 나타났다. 보호 구역 가장자리에 위치한 나무들은 전에는 경험하지 못한 햇빛과 건조한 공기와 바람에 노출되었다. 잎이 시들고 원래부터 허약한 뿌리 구조가 비정상적인 스트레스에 노출되면서 식물들은 죽어가고 쓰러져갔다. 나무 한 그루가 쓰러지면 그 옆의 나무도 함께 쓰러지고, 그렇게 해서 새로 생기는 틈은 햇빛과 바람이 침투하는 통로를 계속 만들어낸다. 그리고 목초지에서 온 잡초를 비롯해 빛에 강한 종들이 침입했다. 뜨거운 산들바람은 보호 구역 내의 습도를 낮추고 온도를 높여 숲 바닥의 부엽토를 말라붙게 했다. 10헥타르의 보호 구역 중심부 근처에서는 선 채로 죽어가는 나무의 수가 크게 늘어났다. 그리고 스트레스를 받는 것 외에 일부 식물은 큰 혼란을 일으켰다. 스클레로네마 미크란툼 *Scleronema micranthum*이란 나무 종은 같은 종 사이에서도 꽃이 피는 시기가 6개월이나 차이가 났다. 먹이가 부족한 시절에 꽃을 피운 나무는 대부분의 씨를 동물에게 먹이로 바치고 말았다. 숲은 와해되기 시작했다.

 숲의 생태계는 붕괴 과정에 접어들었다. 종들은 사라지고 있었고, 종들 간의 관계도 파탄에 이르렀으며, 심지어 기후 조건마저 나쁜 쪽으로 변했다. 초기에 얻은 자료가 주는 교훈은 명백했다. 아마존 열대우림의 작은 땅 조각(1헥타르나 심지어 10헥타르도)은 격리 상태에서 스스로 지속해나갈 수 없다. 자급자족할 만큼 충분히 크지 않기 때문이다.

 그렇다면 최소 임계 면적은 얼마인가? 설사 의미 있는 답이 있다 하더라도, 그 답을 빠른 시일 안에 얻거나 쉽게 알기는 어려울 것이다.

끝없는 논쟁

러브조이가 거대한 실험을 하고 있는 동안에도 SLOSS 논쟁은 계속되었다. 한 진영의 대표 인물은 다이아몬드였고, 반대 진영의 대표 인물은 심벌로프였다.

 1976년에 《사이언스》에서 한바탕 대결을 벌인 뒤 10년 동안 그것과 유사한 논쟁이 반복되었고, 거기다 일부 새로운 논쟁도 추가되었다. 양측은 열렬한 지지자를 끌어모았다. 쟁점은 큰 것 하나가 좋은가, 작은 것 여러 개가 좋은가를 둘러싼 보호 구역 설계 전략에 관한 것뿐만이 아니었다. 종과 면적 관계는 정말로 유익한 도움이 되는가, 평형 이론은 과학적으로 타당한가 그렇지 않은가, 이 두 가지 개념은 자연 보전 문제와 관계가 있는가와 같은 광범위한 문제들도 쟁점이 되었다.

 논문들이 학술지에 잇달아 발표되었다. 전문 생태학자들이 쉽게 알아보고 기억할 수 있는 축약된 형식으로 인용한다 하더라도 그 명단은 아주 길다: Gilpin and Diamond(1976), Abele and Patton(1976), Brown and Kodric-Brown(1977), Simberloff(1978), Diamond(1978), Abele and Connor(1979), Connor and Simberloff(1979), Gilpin and Diamond(1980), Simberloff and Connor(1981)······. 그러고도 수십 편이 더 있었다. 각각의 논문은 정교한 논리와 신념이 넘쳤다. 많은 논문은 수학이 많이 섞여 있었다. 어떤 논문들은 구체적인 사실도 담고 있었다. 과학자들은 보통 학술지에 발표하는 논문들을 불화살처럼 주고받으면서 싸움을 벌이는데, SLOSS 논쟁도 그런 방식으로 진행되었다. 그 싸움은 장미전쟁만큼 오래 지속되진 않았고 또 많은 피를 흘리지도 않았지만, 동료 과학자들끼리 다정하게 벌이는 토론보다 훨씬 격렬한 것이었다.

구체적인 내용은 복잡하고 선전적 성격을 띤 것이었다. 불면증이 있는 사람에게는 그것을 읽어보라고 권하고 싶다. 어지럽게 뒤엉킨 목소리들 사이에서 눈길을 끄는 주제 몇 가지가 나타났는데, 그것들은 언급할 만한 가치가 있다. 그중 하나는 서식지 다양성이었다.

심벌로프 진영을 대표하는 사람들은 어떤 보호 구역 내에 얼마나 많은 종이 살 수 있는지 결정하는 변수로는 면적보다 서식지 다양성이 훨씬 중요하다고 주장했다. 그들은 크지만 균일한 하나의 서식지보다는 작지만 서로 다른 서식지 여러 곳에 더 많은 종이 살 수 있다고 주장했다.

다이아몬드 진영을 대표하는 사람들은 여기에 동의하지 않았다. 하지만 그들은 정면으로 반대한 것이 아니라, 살짝 옆으로 비켜나면서 반대했다. 그들도 서식지 다양성의 중요성을 부정하지는 않았다. 사실, 다이아몬드 자신도 몇 년 전에 채널 제도에서 조류 종의 교체를 연구하면서 서식지 다양성을 강조한 바 있다. 그러나 지금은 다이아몬드와 그 동료들은 실용적 목적을 위해서는 서식지 다양성을 번거롭게 조사하는 작업을 무시하는 게 합리적이라고 생각했다. 인간 활동 때문에 생태계 파괴가 급속도로 진행되는 현실 세계에서는 번잡한 과정을 생략한 단순한 자연 보전 방법이 정당화될 수 있으며, 심지어는 필요하다고까지 주장했다. 그들은 불완전한 생태계 자료를 바탕으로 중대한 결정을 내려야 하는 러브조이와 같은 자연 보전 계획 설계자들을 염두에 두었다. 그런 상황에서는 보호 구역의 면적 자체가 아주 중요한 자료라고 주장했다. 그것은 종의 풍부성과 서식지 다양성을 나타내는 대략적인 척도로 간주할 수 있다.

심벌로프 진영은 그렇지 않다고 반박했다. 그것을 같다고 간주하는 것은 생태학적 현실의 질감을 무시하는 거나 다름없다고 주장했다.

논쟁의 세부 내용은 《아메리칸 내추럴리스트》,《바이올로지컬 컨서베이션 Biological Conservation》,《저널 오브 바이오지오그래피》를 비롯해 여러 학술지에서 수십 페이지를 채우며 실렸다. 과연 어느 쪽이 옳았을까? 그것은 주장하기 나름이다. 양측의 견해는 '서식지 다양성 가설'과 '면적 자체 가설'이란 이름으로 알려지게 되었다. 물론 다이아몬드 진영 사람들은 '면적 자체'라는 이름이 자신들의 입장을 정확하게 대변하는 용어라는 데 아무도 동의하지 않았을 것이다.

심벌로프 진영은 어떤 형태의 재난에는 작은 보호 구역을 여러 개 만드는 편이 효과적이라고 주장하면서 또 다른 쟁점을 제기했다. 여러 곳에 분산된 작은 보호 구역 중 한 곳에 태풍이나 산불이 닥친다면, 나머지 보호 구역들은 무사할 수 있다. 반면에 같은 태풍이나 산불이 큰 보호 구역에 닥친다면, 전체 동식물 개체군들이 일거에 큰 피해를 입을 것이다. 만약 전염성이 강한 질병이 큰 보호 구역에서 발생한다면, 전체 지역으로 광범위하게 퍼져갈 것이다. 반면에 여러 곳에 분산된 작은 보호 구역들은 격리 덕분에 보호를 받을 수 있다. 괌 섬의 갈색나무뱀 같은 외래 포식 동물도 큰 보호 구역에서 훨씬 큰 피해를 초래할 수 있다. 반면에 외래 포식 동물이 작은 보호 구역 여러 곳 전부에서 큰 피해를 입히려면 격리된 공간 사이를 건너 정착하는 과정을 여러 번 반복해야 하는데, 각각의 시도마다 성공할 확률은 아주 낮다. 심벌로프 진영의 주장은 기본적으로 달걀을 모두 다 한 광주리에 담지 말라는 것이었다.

다이아몬드 진영은 큰 보호 구역 하나는 그 경계선 안에서 더 큰 안전을 제공하는 반면, 작은 보호 구역들은 그 경계선을 따라 심한 교란에 시달릴 것이라고 지적했다. 또한, 아마존의 재규어나 퓨마처럼 몸집이 크고 활동 영역이 넓은 포식 동물을 구하려면 큰 보호 구역이 필요하다. 큰 보호 구역은 기후 변화에도 상대적으로 안전하다. 보호 구역 중 한 지역이 어떤 종이 살아가기에 너무 건조해지거나 너무 더워지면, 그 종은 어렵게 경계선을 건너는 대신에 그냥 다른 지역으로 쉽사리 이동할 수 있다. 작은 보호 구역에서는 그런 이동의 자유가 불가능하다.

찬성과 반대, 상대방의 논리를 재반박하는 논리가 잇달아 나오면서 논쟁은 끝없이 계속되었다. 좁은 서식지에서 국지적으로 살아가는 열대 곤충과 희귀 식물을 구하는 데에는 작은 보호 구역을 선택하는 편이 비용 효율 면에서 더 나았다. 그리고 작은 서식지들을 신중하게 잘 선택하면 큰 서식지 하나보다 더 많은 종이 살게 할 수도 있고, 또 연속된 하나의 보호 구역보다 분산된 보호 구역 여러 곳을 만들고 관리하는 게 비용이 덜 들 수 있다. 반면에 작은 보호 구역에서 사는 많은 동식물 종은 보편종이고 광범위한 곳에서 살아가는 종들이라서 별다른 보호가 필요하지 않다. 큰 보호 구역에는 전체 종수는 적더라도 희귀종이나 위기에 처한 종이 훨씬 많이 살 수 있다. 반면에 작은 보호 구역은…… 또 반면에 큰 보호 구역은……. 이런 식으로 논쟁은 끝없이 이어졌다.

이 모든 주장은 주로 가정법으로 표현되었는데, SLOSS 논쟁은 본질적으로 가설을 바탕으로 벌어졌기 때문이다. 그리고 가설을 바탕으로 한 주장들의 깊은 뿌리에는 맥아서와 윌슨의 평형 이론이 있었다.

다이아몬드 진영의 논리에 따르면, 큰 보호 구역은 더 많은 유입 생물을 받아들일 수 있고, 멸종되는 종의 수도 더 적다. 왜? 보호 구역이 넓을수록 확산하는 개체들에게 큰 과녁이 되므로 유입 비율이 높다. 그리고 큰 보호 구역은 큰 개체군을 수용할 수 있어 각 종이 희귀종으로 추락할 위험을 막아주므로 멸종 비율도 낮다. 물론 높은 유입 비율과 낮은 멸종 비율은 합쳐져 평형 상태에서 종의 수를 증가시키는 결과를 초래한다. 다이아몬드 진영은 이걸로 증명은 끝났다고 주장했다.

하지만 심벌로프 진영은 맥아서와 윌슨이 주장한 내용을 반복하는 것이라며 허튼 소리라고 일축했다.

귀무가설 논쟁

양 진영의 싸움은 좀처럼 승부가 나지 않았다. 싸움이 계속되고 내 편과 네 편이 분명하게 갈리자, 논쟁은 더욱 격렬해지고 난해해졌다. 그 치열함에도 불구하고, 러브조이가 '쓸데없는 이전투구'라고 부른 논쟁의 모든 부분이 우리가 관심을 가진 문제에 중요했던 것은 아니다. 그런데 중요한 한 부분에 마이클 길핀Michael Gilpin이라는 생물학자가 관여했다.

캘리포니아 대학 샌디에이고 캠퍼스에서 연구한 길핀은 테드 케이스와 친구 사이로, 두 사람은 강인한 개성 면에서 닮은 점이 있다. 길핀을 보는 순간 기업 변호사로 착각하는 사람은 아무도 없을 것이다. 그보다는 고등학교 육상 코치 같다는 인상을 받을 것이다. 케이스와 마찬가지로 길핀 역시 늙어가는 운동 선수라서, 굳어가는 관절과 콜레스테롤, 47세라는 나이를 생각해 과격한 활동을 삼가야 한다는 이야기에 코웃음을 친다. 마음껏 크게 웃어대는 그의 웃음소리는 고음의 나팔 소리처럼 시끄럽다. 그는 독서도 많이 하고 운동도 많이 하고, 빠르면서도 깊이 생각한다. 그의 과학 세계는 아주 큰 편이지만 그의 세계는 과학 세계보다 늘 더 크다. 나는 몇 년에 걸쳐 그와 인터뷰를 여러 번 했는데, 인터뷰를 한 장소는 카약, 스키 리프트, 조깅을 하는 도시 거리, 밤중에 네바다 주를 횡단하는 낡은 트럭 운전석, 몬태나 주의 오지에 마련한 야영지 등 다양했고, 맥주를 들이켜면서 한 적도 있다. 길핀은 트라이애슬론 triathlon(일반적으로 세 종목의 스포츠를 함께하는 경기를 말하며, 보통은 수영과 사이클, 달리기로 이루어진다) 경기에도 참가하는데, 이 어리석은 행동만큼은 혼자서 한다.

길핀은 원래 물리학을 전공했으며, 1960년대에는 휴즈 항공사에서 '베트콩의 눈을 멀게 하는 레이저를 개발'하는 일을 하기도 했다. 그렇지만 그 생활에 싫증을 느껴 평화봉사단에 자원했다. 중동에서 몇 년을 보내고 미국으로 돌아와, 어느 날 밤 텔레비전에서 〈투나잇 쇼〉에 출연한 폴 얼리크 Paul Ehrlich를 보고 나서 생태학을 공부하기로 마음먹었다. 얼리크는 인구 증가와 종의 멸종 그리고 생태계 붕괴에 관한 이야기를 했다. 길핀은 그것을 감명 깊게 들었다. 그는 대학원에서 생태학을 공부했으며, 금방 박사 학위를 받았다.

생태학자로 다시 태어난 그는 컴퓨터 모형을 만드는 데 뛰어난 재능을 보였다. 그는 다른 생태학자들과 협력 연구도 잘해냈다. 집단유전학 분야에서 난해한 이론적 연구를 몇 가지 했고, 포식자와 피식자 간의 상호작용 역학과 비슷한 종들 사이의 경쟁을 연구했다. 그런데 '정말로 훌륭한 섬 생물지리학자 두 사람'을 만나고 나서 관심 분야를 그쪽으로 돌리게 되었다. 그 두 사람은 바로 테드 케이스와 제레드 다이아몬드였다. 수학을 잘하고 컴퓨터 프로그래머로서도 훌륭한 길핀은 SLOSS 논쟁 때 다이아몬드의 훌륭한 파트너가 되었으며, 심벌로프에게 만만치 않은 적수였다.

길핀이 심벌로프에 대항해 다이아몬드와 함께한 연구는 결국 '귀무가설 歸無假說, null hypothesis(통계학에서 처음부터 버릴 것을 예상하고 세운 가설. 이것이 맞거나 맞지 않다는 것을 통계학적 증거를 통해 증명하려는 가설이다.

그것이 부정되면 그 반대 가설이 옳은 것이 된다)'에 초점을 맞추었다. 작은 전투가 치열해지면서 큰 전쟁으로 확대되었다.

귀무가설 논쟁은 SLOSS에 관한 문제라기보다는 순수한 과학 문제에 가까웠다. 이것은 추론 절차와 그 철학적 기반을 다루는 것이었다. 하지만 나름의 실용적 의미도 약간 포함하고 있었다. 1975년에 다이아몬드가 발표한 연구가 이 논쟁의 출발점이 되었는데, 그 연구는 뉴기니 섬 동쪽에 위치한 비스마르크 제도의 50여 개 섬에 서식하는 조류의 분포와 군집 구조를 다룬 것이었다.

비스마르크 제도의 조류 분포는 아주 불규칙해 각 섬에 서식하는 새들의 명단은 혼란스러울 만큼 서로 달랐다. 그러나 그 혼란의 와중에 질서를 시사하는 단서들이 있었다. 특정 종들 혹은 종의 집단들은 서로 배타적인 것처럼 보였다. 다이아몬드는 이 사실에 중요한 의미가 있다고 생각했다. 그리고 이곳에서 조류의 분포를 결정하는 요인 중 하나가 이 종 간 경쟁이라고 결론 내렸다. 즉, 어떤 종은 다른 종과 공존할 수 없다는 것이다. 경쟁 때문에 이 종들은 같은 장소에서 함께 살 수 없다. 이 새들은 경쟁 상대인 다른 종이 자기 섬에 정착하지 못하게 했다.

하지만 그렇지 않을지도 몰랐다. 1978년에 발표한 논문에서 심벌로프는 다이아몬드의 방법과 결론을 둘 다 공격했다. 경쟁 가설을 받아들이기 전에 귀무가설을 먼저 받아들이는 것이 더 신중한 태도였을 것이라고 심벌로프는 주장했다. 여기서 말하는 귀무가설이란 무엇인가? 그것은 임의성이었다. 경쟁을 반영한 것처럼 보이는 비스마르크 제도의 조류 분포는 실제로는 우연 외에는 아무것도 반영된 게 없는지도 모른다. 사람의 마음은 늘 뭔가 의미 있는 패턴을 보려는 경향이 있다. 심지어 그런 패턴이 실제로 존재하지 않을 때조차. 그래서 우리는 밤 하늘의 별들을 보고서 곰이니 국자니 하는 별자리들을 만들어내고, 구름을 보고서 동물의 형상을 떠올리며, 습지에서 솟아오르는 가스를 보고 UFO를 보았다고 믿으며, 암살 사건 뒤에는 음모가 숨어 있다고 생각하고, 찻잎이 미래를 알려준다고 믿는다. 심벌로프는 다이아몬드가 같은 종류의 착각을 한 것이 아닌가 의심했다. 그래서 의심을 해보라고 촉구했다. 순전히 우연만으로 새들의 분포를 설명할 수 있다면, 그 자료가 인과 과정(즉, 경쟁)을 반영한 것이라는 다이아몬드의 주장은 근거를 잃으며, 논리적으로 성립할 수 없다고 주장했다.

그때부터 귀무가설 논쟁은 학술지를 통해 오랫동안 가열되었다. 길핀은 다이아몬드 편에 가세했고, 에드워드 코너 Edward F. Connor 라는 생물학자는 심벌로프와 함께 공동으로 논문을 발표했다.

조류생태학자인 다이아몬드는 뉴기니 섬 지역에서 야외 조사 활동을 벌일 때 비스마르크 제도의 자료를 많이 수집했다. 첫 번째 분석은 경험과 직감에 의존해 자신이 직접 했는데, 길핀이 협력하자 거기서 더 나아갈 수 있었다. 수학 천재이자 뛰어난 프로그래머인 길핀은 집에 틀어박혀 1,000행에 이르는 훌륭한 컴퓨터 코드를 만들었다. 그는 백스 컴퓨터 초기 모델을 사용해 다이아몬드가 비스마르크 제도의 분포 자료를 분석한 것을 통계적 정교성 측면에서 새로운 차원으로 올려놓았다.

심벌로프와 코너 역시 호흡이 잘 맞는 파트너라 시너지 효과를 십분 발휘했다. 2대 2로 펼쳐진 이 대결에서 이들은 논문을 불화살처럼 쏘아대며 상대방을 공격했다. 코너와 심벌로프가 논문을 통해 다이아몬드가 처음 발표한 연구에 대해 신랄한 공격을 가하면, 다이아몬드와 길핀도 논문 발표를 통해 반격을 가했고, 그러면 다시 심벌로프와 코너가 거기에 응수하고, 다시 거기에 다이아몬드와 길핀이 응수를 하는 식의 논쟁이 계속되었다. 그들은 갈수록 인내심과 평정심을 잃었고, 상대방의 수학적 자질을 비웃었다. 과학 문헌에서 보기 드물고 파격적이기까지 한, 느낌표를 남발하는 행동까지 불사했다. 심벌로프와 코너는 귀무가설을 먼저 부정하지 않고서 경쟁 가설을 수용하는 것은 무분별하고 비논리적이라고 주장했다. 길핀과 다이아몬드는 그렇지 않다고 응수했다. 오히려 상대방의 귀무가설이 완전치 않으며, 그 가설에는 생태학적 편견을 도입하는 가정이 숨어 있다고 역공했다. 코너와 심벌로프는 그렇지 않다고 주장했다.

이 치열한 싸움에는 생태학적 추론과 컴퓨터를 이용한 통계 처리 묘기뿐만 아니라, 반복적인 말다툼도 동원되었다. 신학적 논쟁에 비유한다면, 다이아몬드와 길핀은 합리적인 유니테어리언 교도(삼위일체설을 부인하고, 예수를 신격화하지 않으며, 하느님은 하나뿐이라고 주장한다)에 해당하고, 심벌로프와 코너는 독실한 불가지론자에 해당한다.

혹시 여러분은 누가 무슨 주장을 펼쳤고, 상대편은 어떻게 응수했는지 자세한 것을 알고 싶은가? 내 생각에는 그렇지 않을 것 같지만, 그런데도 내가 이 이야기를 이렇게 언급하는 이유는 두 가지가 있다. 하나는 나중에 길핀이 섬에 격리된 개체군의 멸종 문제에 직접 관여하는 상황에 다시 등장하기 때문이다. 또 하나는, 귀무가설 논쟁을 좀 알아두면, 내가 댄 심벌로프의 연구실 문을 두드렸을 때 일어난 일들을 이해하는데 도움이 되기 때문이다.

토르티야에 나타난 예수

심벌로프의 연구실은 플로리다 주립대학 탤러해시 캠퍼스에서 눈에 잘 띄지 않는 건물에 있다. 연구실은 콘크리트 블록 복도 끝 가까이에 있다. 주변 환경은 칙칙하지만, 연구실 문은 신문에서 오려낸 기사들로 장식돼 있다. 그중에서 한 헤드라인이 눈길을 끌었다.

토르티야에 나타난 예수의 모습—이달고의 한 집에 군중 몰려 그리고 그 아래에 소개된 기사에는 이렇게 적혀 있다.

그들은 혼자서 혹은 무리를 지어 이 집의 제단 위에 놓인 은박지를 싼 컵에 담긴 토르티야를 보러 온다. 촛불이 깜빡이는 가운데 사람들은 이 소동의 진상을 확인하려고 어두컴컴한 응접실에서 자기 차례가 오기를 기다린다.

이달고는 리오그란데 강에서 멕시코 쪽에 있는 작은 읍이다. 이 소동은 자극적인 패턴에 관한 문제로 보인다. 신문 기자는 그 패턴이 의미가 있느냐 하는 질문에 대한 답은 사람들에게 맡긴 것 같다.

그들은 먼저 그 이야기가 사실인지, 즉 이달고의 가정 주부 파울라 리베라가 2월 28일에 만든 마지막 토르티야에 예수의 모습이 기적처럼 나타났는지 확인하려고 했다.

어떤 학자들은 연구실 문을 게리 라슨Gary Larson 의 만화로 장식하길 좋아한다. 심벌로프의 유머는 다소 무미건조하면서도 뭔가를 겨냥하는 것처럼 보인다. 물론 이 신문 기사는 귀무가설 논쟁을 다른 방식으로 전개한 것이다.

문에는 이것 외에도 같은 맥락의 기사가 대여섯 개 더 붙어 있었다. "포스토리아에 예수의 모습이 나타나다"라는 헤드라인 밑에는 오하이오 주의 콩기름 저장 탱크 옆에 기름이 배어 어두운 색으로 나타난 형상에 대한 기사가 있다. "성모 마리아 상에 독실한 신자들 몰려"라는 헤드라인의 기사는 애리조나 주의 한 여성이 유카 식물에서 과달루페의 성모를 발견한 이야기이다. "GE의 예수를 옮긴 여인"이란 헤드라인에 달린 기사에는 자신이 하느님에게서 임무를 부여받았다고 주장한 테네시

주 여성이 등장한다. 그 임무란 바로 자신의 집에 있는 제너럴일렉트릭 사의 냉장고를 옮기는 것이었다. 그녀는 이 냉장고에서 예수의 얼굴 모습을 발견하여 그것을 대중이 편리하게 경배할 수 있는 장소로 옮기려고 한 것이다. "알렌 가드너는 하느님이 예수의 얼굴을 나타나게 하려고 그녀의 냉장고를 선택했다고 주장한다. 하지만 최근 몇 주일 동안 그것을 본 3,000여 명 가운데 일부는 그 모습이 컨트리음악 가수인 윌리 넬슨을 더 닮았다고 말했다." 마지막 문장은 특히 이 이야기의 신빙성을 떨어뜨린다. 왜 하느님은 굳이 윌리 넬슨의 얼굴을 냉장고에 나타내려고 그런 애를 썼단 말인가?

노파심에서 말하는데, 이 이야기는 절대로 내가 지어낸 게 아니다. 우리는 엄격하게 사실만 다루고 있다. 좀 더 정확하게 말한다면, 현실 세계의 신문에 실린 기사를 다루고 있다. 이것은 심벌로프의 연구실 문에 붙어 있는 자료들이다. 헤드라인 중 최고의 걸작은 "음낭에 나타난 불가사의한 얼굴! 전문가들은 기적이라고 말한다!"가 아닌가 싶다. 그 자세한 내용은 여러분의 풍부한 상상에 맡기겠다. 심벌로프는 또 영국에 사는 한 이슬람교도가 가지 속에 적힌 알라의 이름을 발견했다는 이야기도 게시해놓았다. 서아시아 어딘가에서는 틀림없이 무함마드(마호메트)의 얼굴이 차파티(쌀가루를 물로 되게 반죽하여 팬케이크처럼 얇게 펴서 철판에 구운 것)에 나타났을 테지만, 심벌로프는 그 소문은 아직까지 듣지 못한 것 같다. 하지만 예수가 자신이 좋아하는 매개물을 통해 모습을 나타낸 이야기가 또 있다. "마리아 루비오는 작년 가을에 남편의 저녁 식사를 위해 토르티야를 만들고 있었는데, 토르티야에서 검게 탄 부분이 면류관을 쓰고 슬픔에 잠긴 예수 얼굴처럼 보였다. 그 후, 8,000여 명이나 되는 순례자들이 그것을 보려고 뉴멕시코 주의 시골 지역인 레이크아서에 위치한 루비오의 집을 찾아왔다. 대부분 멕시코계 미국인인 그들은 그것을 신성한 성상이라고 여겼다."

심벌로프의 연구실 문 앞에서 내 머릿속에는 여러 가지 의문이 떠올랐다. 예컨대, 토르티야는 옥수수 가루로 만들었을까, 밀가루로 만들었을까 하는 의문도 떠올랐다. 나는 문에 붙어 있는 글을 다 읽어보고 싶었지만, 이미 약속 시간도 늦었는데 거기에 머뭇거리고 있다가 심벌로프에게 딱 걸리지나 않을까 염려되었다. 그래서 문을 두드렸다.

댄 심벌로프와의 면담

튀긴 토르티야는 자료이다. 기름이 묻고 타서 생긴 타원형 얼룩은 패턴을 나타낸다. 그 패턴이 의미가 있다고 가정하는 것(즉, 그것이 얼굴이라고, 다시 말해서 기적의 메시지로 나타난 예수의 얼굴이라고 가정하는 것)은 자료에 나타난 패턴을 이론으로 받아들이는 것이다. 심벌로프는 이론이라는 일반적인 주제에 대해 강한 확신을 가지고 있다.

"난 충분히 단호하지 않았는지도 몰라."

그는 내게 이렇게 말했다. SLOSS 논쟁에 관한 자신의 글, 귀무가설 논쟁에서 자신이 담당한 역할, 맥아서와 윌슨의 이론을 지나치게 적용한 사례를 공개적으로 비판한 것에 대한 이야기이다. 그는 이렇게 덧붙였다.

"내가 충분히 단호하지 않았다고는 믿지 않지만, 이론은 많은 문제를 야기할 수 있지."

심벌로프는 이론은 종종 재앙에 가까운 실수를 초래한다고 말한다. 실제로 일어난 재앙 외에 재앙에 아주 가까이 다가간 사례도 많았다. 그리고 그는 지배적인 이론의 문제점을 지적하는 데 성공하고 나서야 나쁜 자연 보전 계획 결정을 간신히 피할 수 있었던 사례를 몇 가지 들려주었다. 예를 들면, 코스타리카의 공무원들은 종의 희귀성이 어느 수준

(50마리 미만)에 이르면 그 종은 멸종할 수밖에 없다는 글을 어디선가 읽고서 재규어와 부채머리독수리를 포기하려고 했다. 이 종들이 이미 그만큼 희귀해졌기 때문에 희망을 버리려고 했던 것이다. 오스트레일리아에서도 비슷한 상황이 일어났다. 주 정부들은 어떤 종들이 돌이킬 수 없을 정도로 희귀해졌음을 시사하는 이론적 개념을 바탕으로 그 종들을 보호하는 조처를 포기하려고 했다.

잘못된 이론이 승리를 거둔 또 하나의 대표적 사례는 UN환경계획 UNEP과 국제자연보호연합과 세계야생생물기금이 1980년에 공동으로 채택한 '세계 자연 보전 전략' 문서에서 다이아몬드가 "섬의 딜레마"에서 제안한 보호 구역 설계 원리들을 채택한 일이라고 심벌로프는 말했다. 그리고 이스라엘의 사례도 들었다.

"나는 이스라엘에서 잎에 구멍을 뚫는 곤충을 연구한 적이 있지. 1985년 무렵이었는데, 내가 거기 있을 때 자연보호구역청 공무원이 날 찾아왔더군. 그 공무원은 아주 절박한 처지에 놓여 있었지. 이스라엘은 자연 보호 구역을 유지하기가 힘든 나라인데도 훌륭한 자연 보호 구역 체계를 갖추고 있거든."

이스라엘은 미국의 메릴랜드 주보다 면적이 작지만, 자연 보호 구역이 200여 개나 설정돼 있다. 이스라엘 시민들은 대부분 자연을 아끼는 마음이 유달리 강하며, 영국인처럼 고유 동물 종이나 식물 종에 대한 애착이 아주 강하다. 보호 구역은 대부분 수변에 위치해 있는데, 그곳은 생태계의 군집이 풍부한 장소이기 때문이다. 많은 보호 구역은 이스라엘이 건국한 직후인 수십 년 전에 설정되었다. 그리고 상당 기간 자연보호구역청과 두 이익 집단 사이에 보호 구역의 해제 문제를 놓고 많은 마찰이 있었다. 두 이익 집단은 농림부와 군부였다. 농림부는 수자원 확보를 위해 그 땅을 탐냈고, 군부는 전략적 이유로 그 땅을 원했다. 그러나 이러한 정치적 압력에도 굴하지 않고 보호 구역은 그대로 유지되었다.

그런데 심벌로프가 이스라엘을 방문했을 때, 새로운 요인이 등장해 균형을 깨뜨리려고 했다.

"군부와 농림부의 이익 집단이 작은 보호 구역은 자생 능력을 갖춘 생물 개체군을 보전할 수 없다는 글을 읽었던 거야. 이스라엘에 있는 보호 구역은 거의 다 규모가 아주 작아. 그래서 장관급 회의에서 그런 보호 구역들이 아무 쓸모가 없다는 과학적 증거가 나왔으니, 유지할 필요가 있느냐는 의견이 나왔지. 그들은 나에게 자신들의 보호 구역을 살펴보고 자신들의 주장을 뒷받침해줄 과학적 증거를 찾아달라고 부탁했어. 하지만 그건 터무니없는 주장이었지."

이스라엘 사람들도 SLOSS 논쟁에 대한 소문을 들었다. 그들은 작은 보호 구역 여러 개가 큰 보호 구역 하나보다 못하다는 주장에 큰 영향을 받았다. 하지만 심벌로프는 그 주장 자체를 "과학의 옷을 입혀 껍데기만 번지르르하게 포장한 개념"이라고 일축했다.

나는 그가 한 말 중에서 한 가지만큼은 동의하고 싶다. 즉, 심벌로프가 충분히 단호하지 못했을 가능성은 아주 희박하다.

"다른 사례도 얼마든지 들 수 있어. 튼튼한 경험적 지지를 받지 못한 이론은 매우 위험할 수 있어."

그리고 그는 위험한 이론들에 다이아몬드의 보호 구역 설계 원리뿐만 아니라 평형 이론 자체도 포함시켰다. 어떤 과학 분야이건 이론이 현실과 동떨어질 수 있는 위험이 있지만, 생태학처럼 다방면에 걸친 분야에서는 특히 그 위험이 크다. 만약 그 이론이 전 세계의 자연을 어떻게 다루어야 할지 결정하는 과정에 영향을 미친다면, 그것이 초래하는 위험과 결과는 훨씬 클 것이다.

"최악의 경우는 단지 중립적인 것에 그치지 않아. 이는 나쁜 결과를 초래하지."

자연 보전 계획에 과학을 적용할 때 적절한 방법은 무슨 거창한 이론을 적용하는 것이 아니라, 특정 장소에 존재하는 특정 종들을 생태학적으로 자세히 조사하는 것이다. 심벌로프가 좋아하는 용어는 개체생태학 autecology으로, 이것은 종 자체에 관한 정보뿐만 아니라 종을 장소와 연결시키는 직접적인 관계를 조사한 뒤에 그 동물이 속한 군집의 전체 구조에 대한 결론을 내려야 할 필요성을 강조한다. 이것은 비스마르크 제도의 조류 사이에서 다이아몬드가 본 것과 같은 종류의 조직 원리와 군집 단계에 더 신경 쓰는 군집생태학 synecology과 대조적인 개념이다. 양자 사이의 차이는 강조점을 어디에 두느냐의 차이에 불과하지만, 그 차이는 중요한 의미를 빚어내기에 충분하다. 심벌로프가 선호하는 접근 방법인 개체생태학은 이론적이라기보다 기술적인 경향이 더 강한데, 기술적인 생태학은 낡은 것으로 취급받는다. 아직도 거기에 매달리는 사람들이 일부 있지만, 그런 사람들은 동료 과학자들에게 충분한 신뢰를 받지 못하며, 자연 보전 정책에 충분한 영향력도 행사하지 못한다고 심벌로프는 말한다. 반면에 많은 생태학자는 일반화에 성급하게 뛰어든다. 그리고 최신 이론들은 많은 관심을 받는다.

"그것은 슬픈 일이야. 여기에는 물리학을 선망하는 심리가 많이 작용하고 있어. 이것이야말로 심각한 문제야. 자연 보전주의자들과 자연 보전 과학자들은 어떤 이론, 그게 계량적인 것일수록 더 좋은데, 그런 이론을 내세우지 못하면 사람들에게 자신의 견해와 생각을 존중받지 못한다고 생각해."

그런 존중을 이끌어내야 할 사람들에는 동료 과학자뿐만 아니라, 정부 관료, 자연 보전을 담당하는 행정 공무원, 정치인이 있다. 일부 생태학자들은 정책을 결정하는 위원회에서 주목을 받으려면 간결한 수식의 형태로 연역적 결론을 제시해야 한다고 믿는다.

"이것은 정말로 유감스러운 일이야. 생태학은 그런 종류의 과학이 아니거든."

"이것은 로버트 맥아서의 유물인가요?" 내가 물었다.

"아니. 그렇진 않아."

심벌로프는 그 설명은 지나치게 단순하다고 생각한다. 맥아서는 제때 등장한 아주 뛰어난 친구였지만, 생태학을 수학으로 포장하려는 열망은 그 전부터 이미 있었다고 한다. 그것은 맥아서가 아니더라도 누군가가 해냈을 것이다.

"선생님은 어떻게 해서 평형 이론과 결별하게 되었나요?"

"음, 그것은…… 오래 전으로 거슬러 올라가는데, 그러니까…….."

그러고 나서 그는 멀리 빙 돌아가는 답을 하려고 딴 이야기로 빠졌다. 나는 어디로 거슬러 올라간다는 것인지 몹시 궁금했다. 아마도 최초의 순간이겠지. 어쨌거나 심벌로프는 윌슨과 맥아서가 이 특별한 우주를 만들 당시 윌슨의 오른팔로 있다가 타락한 대천사이니까. 다소 멜로드라마 같은 이야기지만, 이것도 그것을 바라보는 한 가지 방법이다. 심벌로프 자신은 멜로드라마를 별로 좋아하지 않는다. 그의 마음은 면도날처럼 예리하고 자처럼 똑바르다. 과거에 대한 그리움이 있다 하더라도, 찾아오는 모든 저널리스트에게 그것을 내비치진 않는다. 그는 과거의 기억을 떨쳐내고 다시 이야기를 시작했다.

"사람들은 날 괴짜로 여겼지. 난 군집생태학 중 많은 것을 받아들이지 않았어. 내가 평형 이론을 멀리하게 된 것도 같은 이유 때문이었지. 그러니까 모형을 만드는 것은 재미있고, 때로는 모형이 아주 우아한 구조를 만들어내기도 하지만, 사람들은 모형을 실제 현실로 착각하는 경향이 있기 때문이야. 모형은 그저 자연을 추상화한 개념일 뿐인데도 그걸 진짜 자연이라고 믿는 거야. 나는 어떤 논문이나 글이 자연보다는 모형 자체를 바탕으로 논리를 전개해나가면 우려의 시선으로 바라보지."

생태학 학술지에 그렇게 실체 없는 이론에 집중한 논문들이 실린 예는 그 역사가 오래되었다고 한다. 실제 관찰 자료는 턱없이 부족하면서 공허한 이론만 읊조린다는 것이다.

"평형 이론 역시 내가 보기에 갈수록 그런 괴물로 변해갔어. 그래서 윌슨과 나는 그것을 직접 검증하려고 실험을 한 거야."

그들은 맹그로브 섬으로 갔다. 그리고 플로리다 주의 태양 아래에서 진짜 섬들에 살고 있는 진짜 절지동물을 조사했다. 그들은 이론을 현실과 비교하여 검증하는 데 그치지 않고, 엄격하게 통제하고 초점을 맞추고 잘 조절한 상황에서 자료를 얻어 실제로 살아 있는 작은 생태계를 엄격한 실험으로 전환하는 방법을 발견했다.

"그렇게 한 사람은 별로 없었지."

거기서 대화가 자연히 아마존에서 러브조이가 한 실험으로 옮겨갔다. 심벌로프는 조심스러운 입장을 견지하면서 그 실험을 존중했다. 원래의 아이디어는 아주 훌륭한 것이었다고 말한다. 하지만 실제 실험 과정에 대해서는 찬반이 섞인 평가를 내렸다. 실험 조건을 더 엄밀하게 통제하지 못하고 같은 조건의 땅들을 더 많이 확보해 실험하지 못한 것이 아쉽다고 했다.

"하지만 이전에 이와 비슷한 일을 추진한 사람은 아무도 없었으니까 아주 훌륭한 실험이라고 말할 수 있지."

그리고 거기에서 의미 있는 결과도 일부 나왔다. 그는 바버라 지머만 Barbara Zimmerman이라는 파충류학자의 이름을 언급했다. 마침 그녀는 심벌로프 밑에서 박사 과정을 밟고 있는 학생이었다. 지머만은 그 보호 구역들에서 개구리 종들을 연구했는데, 그 결과에서는 면적보다는 서식지 다양성이 더 중요한 것으로 나타났다고 한다. 지머만은 이 결과와 그 밖의 여러 결과를 보고 평형 이론에 의심을 품게 되었다. 평형 이론을 자연 보전 계획에 적용하려는 시도와, 어떤 상황에서도 큰 보호 구역이 작은 보호 구역 여러 개보다 낫다는 개념은 틀렸다는 생각이 들었다. 하지만 지머만이 얻은 이 결과는 러브조이의 거대한 실험에서 나온 것이므로 러브조이의 실험은 성과가 있었다고 심벌로프는 말했다.
 우리는 이런저런 이야기를 약 두 시간 동안 나누었다. 도중에 나는 그가 복잡한 과학 개념을 너무 간단하게 이야기하는 바람에 제대로 알아듣지 못할 때도 있었는데, 심벌로프는 나의 우둔함에 신경질을 내기도 했다. 맥아서와 마찬가지로 심벌로프 역시 뛰어난 천재임이 틀림없다. 자신도 그것을 알고 있다. 그는 아주 친절하고 협조적이지만, 윌슨과는 달리 잘 모르는 사람에게 자신의 매력을 함부로 발산하지 않는다. 그래서 사람들에게 오해를 받기도 쉬울 것이다. 그는 남들에게 미움을 사기 쉬운 비판적 지성을 갖고 있으며, 단호하기까지 하다. 잘못된 개념을 보면 즉각 달려들어 그 목을 베려고 하며, 실수로 잘못 튀어나온 발언마저 파리처럼 찰싹 때려잡으려고 한다. 그리고 다른 사람들이 자신을 어떻게 생각하는지에 대해서는 개의치 않는다. 그는 생태학에서 무책임하게 이론화를 시도하는 것을 경멸하는데, 그의 견해에 따르면 거의 대다수 연구가 그렇다. 그는 야외 탐사와 개체생태학과 실험을 높이 평가한다. 겉보기에는 무뚝뚝하고 감정이 없는 사람처럼 보인다. 그를 보고 자연계보다는 말쑥한 과학의 엄격함을 훨씬 좋아하는 사람이라고 결론 내리기 쉬운데, 실제로 일부 동료들은 그렇게 생각한다. 나 자신도 그런 결론에 이를 뻔했다. 하지만 이런저런 이야기를 하다가 우리의 대화는 그가 맹그로브 섬에서 한 연구로 흘러갔다. 그는 1970년대 이후에 그곳에 여러 번 갔다고 한다. 그곳은 탤러해시에서 멀지 않은 곳이다. 그는 지금도 그곳 실험 환경에서 실험해보고 싶은 아이디어가 몇 가지 있다. 하지만 그곳에 가지 않은 지 5년이나 되었다고 한다.
 "왜 거기에서 연구를 중단했는지 궁금하지 않은가?"
 내가 묻지 않았는데도 심벌로프가 입을 열었다. 그곳을 방문할 때마다 심벌로프는 식당이나 트레일러 파크를 비롯해 그 밖의 인공 시설이 들어서서 자연을 망치는 것을 보았다.

"그곳에서 일하는 것은 몹시 슬픈 일이 되었어. 주위에 있는 플로리다 키즈가 그렇게 망가져가는 것을 봐야 했으니까."

그러다가 다시 초창기에 윌슨과 함께 일한 이야기를 들려주었다.

"그때가 아마 1965년인가 1966년인데, 그곳에서 내가 무슨 일을 해야 하는지 대충 결론이 난 뒤에 그곳으로 내려가 플로리다키즈에 한동안 머물렀지. 그곳 생태계를 파악하고, 실험에 사용할 섬들을 찾는 일 등을 하면서 보냈어. 그 당시에는 세븐마일브리지 근처에 오하이오키라는 섬이 있었어. 그 섬은 세븐마일브리지에서 서쪽으로 세 번째에 위치한 섬이었고, 실질적으로 최초의 섬이었지. 오하이오키라는 이름은 뭔가 사연이 있겠지만 그것까진 모르겠고. 어쨌거나 그 섬은 숲이 무성했고 아무도 살지 않았지. 그 주변에 맹그로브 습지가 있었어. 습지 바깥쪽에 또 섬이 두 개 있었는데, 내 기억이 정확하다면 우리의 실험 공책에는 E4와 E5로 기록했지. 나는 그 섬들도 조사했어. 그중 한 섬에서 훈증 살충 작업을 했을지 모르는데, 그건 확실치 않아."

그는 윌슨과 함께 두 섬에서 고둥도 채집했다. 윌슨은 아직도 그 고둥 껍데기들을 상자 안에 보관하고 있으며, 진화를 가르칠 때 어떤 사실을 설명하고자 할 때 그것들을 사용한다고 한다. 상징적이고 감상적인 측면에서 오하이오키 부근에 있는 이 두 섬은 특별한 존재였다. 심벌로프는 이 두 섬에 친근감을 느끼게 되었다.

"두 섬은 내가 처음으로 실험한 맹그로브 섬이었지. 두 섬의 크기는 우리가 훈증 살충 작업을 한 섬들에 비하면 3분의 1쯤이었어. 그리고 각 섬에는 대략 25종이 살고 있었어."

두 섬은 오하이오키 바로 옆에, 그러니까 여기서 저 문까지 거리밖에 안 될 정도로 가까이 있었다고 한다. 두 섬과 그렇게 가까이 있다는 사실 때문에 오하이오키도 약간 특별해 보였다. E4와 E5에게 그것은 본토에 해당하니까.

"그러다가 1970년대 중반에…… 정확한 연도는 기억이 안 나지만, 나는 또 실험을 위해 그곳 부근의 어느 장소로 차를 몰고 갔어. 세븐마일 브리지를 지나고, 리틀덕키라는 첫 번째 키key(모래톱이나 암초 또는 산호초를 뜻함)를 지나 두 번째 키인 미주리키에 도착했어. 평소에는 미주리키에서 오하이오키의 나무들이 보였지. 그런데 오하이오키가 보이지 않는 거야. 나는 미주리키 끝까지 가고 나서야 그 이유를 알았어. 나무는 모조리 사라져버리고, 4에이커에 달하는 키 전체가 편평한 땅으로 개간된 거야. 산호초는 완전히 파괴되고, 트레일러 파크로 변해 있었어."

이름도 홀리데이키즈로 바뀌어 있었다고 심벌로프는 냉담하게 말했다. "생긴 지 얼마 안 된 터라 주차된 트레일러조차 없었지. 그 한가운데에 가게로 쓰이는 트레일러가 한 대 있고, 기둥이 여기저기 박혀 있더군. 트레일러들을 고정시킬 용도로 말이야. 이렇게 괴물처럼 변한 산호초 옆에 나의 두 섬 E4와 E5가 있었어. 두 섬은 여전히 그 자리에 있었어."

그제야 나는 이 이야기가 어디로 흘러가는지 알아차렸다. 나는 속으로 경계심을 품으면서도 심벌로프에게 호감이 가기 시작했다. 그는 코브라처럼 영리하기만 한 것이 아니었다. 그 역시 내면은 복잡한 사람이었다. 그의 과학적 엄격함과 단호한 경험주의는 자연에 대한 깊은 사랑과 양립할 수 없을 것이라고 생각하기 쉽다. 하지만 그것은 또 하나의 가설에 불과할 뿐이다.

"나는 너무나도……."

거기서 그는 말을 잇지 못하고 멈췄다. 그리고 잠시 뒤에 말을 이었다.

"나는 곧바로 다음 키로 차를 몰고 갔어. 그곳은 바이아혼다 주립공원이었지. 그곳에서 차를 세운 나는 엉엉 울었다네. 어떻게 억제할 수가 없었어. 너무나도 슬펐거든. 그것은 플로리다키즈에서 일어나는 일을 상징적으로 보여주는 것이었으니까."

심벌로프는 그와 같은 일이 전 세계의 섬들과 본토에서 벌어지고 있다는 사실을 어느 누구보다도 잘 안다. 하지만 때로는 자신이 잘 알던 것을 잃을 때 더할 수 없는 슬픔을 느끼게 된다.

"내가 그곳에서 연구를 중단한 것은 그 때문이었어."

개구리가 준 교훈

아마존의 개구리를 다룬 바버라 지머만의 논문에는 러브조이의 야외 현장 실험 책임자 롭 비에르가드가 공동 저자로 참여했다. 1986년에 발표된 이 논문은 여러 가지 점에서 논란을 불러일으켰다. 내가 가진 논문 사본에는 몇 년 동안 대여섯 번 읽으면서 적어넣은 메모가 주렁주렁 붙어 있다. 비에르가드도 공동 저자로 이름이 오르긴 했지만, 이 논문의 주 저자는 지머만이고, 개구리 자료도 그녀가 직접 조사해서 얻은 것이다. 실은 이 논문은 두 논문을 하나로 합친 것이었다. 하나는 개구리 39종의 서식지에 필요한 조건들이 무엇인지 분석한 것이고, 다른 하나는 평형 이론은 어떤 자연 보전 계획에도 아무 도움이 되지 않는다는 주장을 담고 있다.

스승인 심벌로프와 마찬가지로, 지머만도 골수 개체생태학자였다. 그녀는 개구리를 보호하는 방법을 찾는 최선의 길은 야외 현장에서 진흙에 발을 담가가면서 열심히 개구리를 연구하는 것이라고 믿는다. 이론적인 지름길 같은 것은 전혀 믿지 않는다. 지머만은 3년 동안의 야외 조사를 통해 아마존 보호 구역에서 개구리 개체군이 생존하는 데에는 보호 구역의 크기보다는 번식할 수 있는 서식지의 세부 조건이 중요하다고 확신하게 되었다. 그녀는 세 종류의 중요한 서식지를 알아냈는데, 각각의 서식지에는 서로 다른 개구리 종들이 살고 있었다. 세 종류의 서식지는 큰 하천, 작지만 영구적인 웅덩이, 일시적인 웅덩이였다. 다양한 보호 구역에서 서식지가 종류별로 모두 존재하는지 조사한 결과, 그것은 보호 구역의 면적과 상관이 없는 것으로 나타났다. 다시 말해서, 생태계 최소 임계 면적 계획에 참여한 지머만은 아이러니하게도 최소 임계 면적은 무의미하다는 결론을 얻었다.

어쩌면 그것은 아이러니가 아닐 수도 있다. 그것은 과학 연구를 제대로 한 결과인지도 모른다. 과학에서는 경험적 자료를 바탕으로 한 결론이 처음에 한 가정과 일치하지 않는 일이 종종 일어나기 때문이다.

지머만은 면적에만 매달리는 짓은 그만두라고 주장했다. 번식에 유리한 서식지를 풍부하게 포함한 100헥타르의 보호 구역은 적당한 서식지가 부족한 500헥타르의 보호 구역보다 자연 보전의 가치가 더 크다. 그녀는 양서류를 보호하려고 한다면 종-면적 곡선과 $S = cA^z$, 그리고 보호 구역은 클수록 좋다는 개념 따위는 다 잊어버리고 큰 보호 구역 대신에 하천과 웅덩이를 보호하도록 노력하라고 주장했다.

이상은 개구리가 준 교훈이다. 논문의 다른 부분에서 지머만과 비에르가드는 더 광범위한 주장을 펼쳤다. 비탄조로 쓴 그 글은 구슬프게까지 들린다. "섬과 자연 보호 구역의 유사성 때문에 섬 생물지리학의 평형 이론이 자연 보호 구역 설계에 유익한 지침을 제공할 것이라는 기대가 높아진 적이 있었다."[6] 그런데 그런 기대는 어떻게 되었는가? 구멍나고, 바람이 빠지고, 찌그러지고 말았다. 응용 생물지리학은 어떻게 되었는가? 아무것도 되지 못했다. 평형 이론 자체는 어떻게 되었는가? 생태학자들은 그것을 읽는 걸 지겨워한다. 지머만과 비에르가드는 맥아서와 윌슨의 이론이 "실제 장소에서 실제 보호 구역을 설계하는 데 실질적인 도움을 준 게 거의 없다고 결론을 내릴 수밖에 없다."[7]라고 주장했다.

심벌로프는 이것을 읽고서 매우 흡족했을 것이다. 하지만 다이아몬드는 틀림없이 그렇지 않을 것이다. 러브조이는 언제나처럼 이전투구의 논쟁에서 한 발 물러서서 무심한 태도를 취했다. 그의 계획은 실행에 옮긴 지 얼마 되지 않았고, 앞으로 더 많은 자료가 나올 예정이었다. 개구리가 주는 교훈이 반드시 새나 원숭이나 딱정벌레가 주는 교훈과 일치하지는 않을 것이다. 하지만 지머만과 비에르가드의 논문은 엄밀한 실험 결과를 바탕으로 했고, 더 광범위한 주장을 감동적인 표현으로 펼쳤으므로 일부 생물학자들에게는 매우 설득력 있게 비쳤을 것이다. 그렇다면 이제 SLOSS 논쟁은 끝났을까?

그렇지 않다. 아마도 SLOSS 논쟁은 영영 끝나지 않을 것이며, 단지 논쟁의 틀만 새롭게 변해갈 것이다. 그런데 흥미로운 주장이 또 한 가지 있다. 윌리엄 뉴마크William Newmark라는 젊은이가 그 논쟁에 뛰어들었다.

국립공원에서 사라져간 동물들

뉴마크는 러브조이의 계획에는 관여하지 않았다. 그의 과학적 아이디어는 플로리다 주의 맹그로브 섬이나 뉴기니 섬의 새나 아마존의 개구리에서 나온 것도 아니다. 그는 더 추운 장소에서 연구했다.

1970년대 중반에 뉴마크는 콜로라도 대학에서 정치학과를 졸업했다. 정치학을 전공하던 대학 시절에 그는 수박 겉핥기로 생태학 강의를 들었는데, 그중 한 강의에서 생태학적 격리라는 개념을 처음 알게 되었다. "그때는 1974년이었어요. 그 강의는 지금도 분명히 기억나요. 그것은 섬 생물지리학에 관한 것이었고, 그것을 자연 보호 구역 설계에 응용할 수 있을 것이라는 이야기까지 들었지요." 뉴마크는 이렇게 말했다.

필시 그 강의에서는 지나가는 길에 맥아서와 윌슨의 평형 이론도 언급했을 것이다. 어쨌거나 그 후에 뉴마크는 전공을 생물학으로 바꾸어 학사 학위를 다시 땄다. 그리고 미시간 대학에 들어가 대학원 과정을 시작했다. 옐로스톤 생태계 내에서의 자료 수집에 관한 평범한 주제로 석사 학위 논문을 준비하던 그는 옐로스톤 국립공원의 문서를 조사하다가 공원이 지정되던 시절부터 시작해 그동안 목격된 동물들의 기록을 발견했다. 그 기록에는 어떤 동물이 언제 발견되었는지 적혀 있었다. 그 기록은 어떤 종이 언제부터 보이지 않게 되었는지도 간접적으로 알려주었다. 그것은 잠재적 가치가 아주 높은 정보였다.

뉴마크는 다른 공원에도 그런 기록이 있다는 사실을 알게 되었다. 역사적으로 동물을 목격한 기록은 연대기나 보고서, 대조표 등 다양한 기록에 섞여 있었다. 뉴마크는 이들 자료를 바탕으로 어떤 공원이 지정될 때 그 공원에 어떤 동물 종들이 살고 있었으며, 그리고 그 이후의 다양한 시기에도 계속 살고 있었는지 알려주는 더 완전한 대조표를 작성할 수 있을 것이라고 생각했다. 예를 들면, 1976년에 옐로스톤에 말코손바닥사슴, 와피티사슴(엘크), 아메리카들소, 사슴 2종, 갈까마귀, 대머리수리, 북아메리카잣까마귀, 퓨마, 스라소니, 살쾡이, 아메리카오소리, 흑곰, 갈색곰, 오소리, 코요테, 어민족제비 등이 살고 있었다는 사실은 기록만 들춰보면 알 수 있다. 그런데 이 명단은 예컨대 그보다 60년 이전의 명단과 얼마나 일치할까? 1916년에도 말코손바닥사슴, 와피티사슴, 아메리카들소 등이 살고 있었지만, 1종의 이름이 더 있었다. 그때에는 늑대가 살고 있었다. 그렇지만 지금은 사라지고 없다.

옐로스톤에서 늑대가 사라져간 슬픈 이야기는 섬 생물지리학과 아무 관계가 없지만(대신에 심지어 국립공원국마저 실행에 옮긴 '포식 동물 구제'라는 무식한 야생 동물 관리 방법과 밀접한 관계가 있다), 미국의 국립공원들에서 살아가는 동물들의 명단이 계속 변해왔다는 기본적인 사실을 보여주는 단적인 예이다. 일부 종들은 한때는 존재했지만, 나중에는 사라졌다. 단지 사람들의 적극적인 구제(해로운 동물을 몰아내 없애는 것) 활동 때문에 사라진 것은 아니다. 격리도 중요한 요인이다. 뉴마크는 이 사실을 잘 알고 있었다.

석사 학위 논문을 끝낸 뉴마크는 박사 학위 논문 주제를 찾고 있었다. 그러다가 옐로스톤 국립공원에서 본 동물 목격 기록이 떠올랐다.

"내가 옐로스톤에서 조사할 때 우연히 그 대조표를 보지 않았다면, 그것을 박사 학위 논문 주제로 삼을 생각은 전혀 못했을 겁니다."

그리고 콜로라도 대학에서 생태학 강의를 들을 때 맥아서와 윌슨의 이론을 들었던 기억도 났다. 또 그는 그 당시 다이아몬드가 자연 보호 구역과 섬을 동일시한 것에도 주목했다. 뉴마크는 러브조이가 느꼈던 것과 같은 종류의 갈망을 느꼈다. 즉, 격리와 생태계 변화 사이의 관계에 대한 자료를 얻는다면 멋진 일이 될 것이라고 생각했다. 그래서 그 관계를 연구하기 위해 옐로스톤과 그 밖의 국립공원들에서 동물을 목격한 기록을 조사하기로 결정했다.

그 연구의 전제가 된 것은 국립공원이 육교섬과 비슷하다는 사실이었다. 국립공원은 이전에는 더 넓은 지역과 연결돼 있었지만, 인간의 영향이라는 바다에 갇혀 섬으로 변한(혹은 변해가고 있는) 야생 자연 지역이었다. 이 섬들의 나이는 태즈메이니아 섬보다는 어릴지 모르고, 면적은 배로콜로라도 섬보다 더 클지 모르며, 물 대신에 밀밭과 울타리가 처진 목초지와 도시와 고속도로로 둘러싸여 있겠지만, 생태학적으로 볼 때 그 상황은 육교섬과 비슷하다. 뉴마크는 만약 이 전제가 옳다면, 목격 기록에 어떤 패턴이 나타날 것이라고 생각했다.

그는 1983년 가을에 앤아버를 떠나 서부로 향했다. "소형 도요타 스테이션 왜건을 몰고 출발했고, 그 뒷좌석에서 잠을 잤지요. 차를 몰고 공원으로 가 공원 과학자들에게 나를 소개하고 공원에 보관된 자료를 보여달라고 요청할 참이었어요. 그리고 그걸 바탕으로 대조표를 만들거나 그들이 만들어놓은 대조표를 출발점으로 삼으려고 했지요. 그런 식으로 모든 종에 대한 정보를 수집하려고 했어요." 그는 몇 개월 동안 미국 서부와 캐나다의 두 지방을 순회하며 국립공원이나 국립공원 집단

스물네 군데를 방문했다. 옐로스톤과 그랜드티턴은 함께 하나의 공원 집단을 이루었다. 국경선에 인접한 글레이셔 국립공원과 캐나다의 워터턴레이크스 국립공원 역시 하나의 집단을 이루었다. 유타 주에 있는 자이언과 브라이스캐니언(각각 별개의 국립공원임), 캘리포니아 주의 요세미티, 오리건 주의 크레이터레이크, 워싱턴 주의 올림픽과 마운트레이니어, 캐나디안로키 산맥을 따라 늘어선 거대한 밴프-재스퍼 국립공원 집단도 방문했다. 각각의 장소에서 국립공원 책임자와 관리자들의 관대한 도움을 받아 문서들을 샅샅이 훑어볼 수 있었다. 그는 특히 큰 포유류에 초점을 맞추었는데, 눈에 잘 띄지 않는 작은 동물보다는 큰 동물의 목격 기록이 더 완전하다고 믿었기 때문이다. 만약 어떤 종이 공원 안에 살고 있다면, 그 증거가 목격 기록에 있을 것이다. 만약 과거의 어느 시점에 어떤 종이 살았는데 나중에 사라졌다면, 마지막으로 목격된 시점이 언제인지 물었다. 그해 겨울 늦게 앤아버로 돌아온 뉴마크는 자료를 체계적으로 정리하고, 추가로 조사할 게 있으면 편지를 보내 자료를 보강했다. 그 결과, 모든 국립공원과 국립공원 집단에 대해 균일한 포유류 대조표를 작성할 수 있었다. 그는 이것을 각 공원의 과학자들에게 보내 검토와 수정을 부탁했다. 그 결과, 개별적으로는 불행한 일이지만 크게 우려할 만한 일은 아닌 사실이 일부 드러났다. 하지만 전체적으로 보면 우려할 만한 일이 일어나고 있었다.

브라이스캐니언 국립공원에서는 붉은여우가 사라졌다. 뉴마크의 조사에 따르면, 붉은여우는 1961년에 마지막으로 목격된 이후로 아무도 본 사람이 없다. 얼룩스컹크와 흰꼬리잭래빗 역시 브라이스캐니언에서 사라졌다. 마운트레이니어 국립공원에서는 스라소니, 아메리카담비, 줄무늬스컹크가 사라졌다. 크레이터레이크 국립공원에서도 수달, 어민족제비, 밍크, 얼룩스컹크가 사라졌다. 캘리포니아 주의 한가운데에 서로 인접해 있는 세쿼이아 국립공원과 킹즈캐니언 국립공원에서는 붉은여우와 수달이 사라졌다.

뉴마크는 이런 사례를 40여 가지 이상 발견했다. 사람들의 직접적 행동(사냥이나 덫 또는 독약)의 결과로 동물들이 사라져간 것 같지는 않았다. 이들을 사라지게 한 이유가 무엇이건 간에, 그것은 눈에 보이지 않는 종류의 것이었다.

뉴마크는 종들의 대조표를 작성하는 것 외에 각 공원의 서식지 다양성에 관한 양적 정보를 수집했다. 또 각 공원의 크기와 설립된 연도도 기록했다. 종의 다양성, 서식지 다양성, 면적, 나이 등의 자료를 가지고 뉴마크는 일련의 수학적 분석을 실시했다. 그러고 나서 큰 패턴 몇 개를 발견했다. 결국 그는 그것으로 박사 학위 논문을 썼으며, 박사 학위 논문치고는 드물게도 과학계에서 큰 주목을 받았다.

1987년 초에 뉴마크는 자신이 얻은 결과를 요약하여 《네이처》에 발표했다. 《네이처》는 권위 있는 과학 학술지이자 과학 저자들이 최신 연구에 대한 정보를 얻기 위해 구독하기 때문에 그의 연구는 곧 과학계에 널리 알려졌다. 〈뉴욕타임스〉는 "많은 국립공원에서 사라져가는 종들"이라는 헤드라인으로 기사를 실었다. 한편, 〈타임스〉의 기자는 섬 생물지리학에 대한 골치 아픈 이야기를 생략한 채 북아메리카의 국립공원들에서 포유동물 종들이 사라져가고 있다면서, 그 이유는 "순전히 공원의 크기가 너무 작기 때문(면적이 수십만 에이커에 이르는 것조차)"[8]이라고 썼다.

많은 전문가는 복사된 형태로 완전한 논문을 보았다. 그러자 곧 누군지는 잘 몰라도 뉴마크라는 젊은 친구가 중요한 연구를 했다는 소문이 퍼졌다. 그는 아메리카의 소중한 국립공원들에서 일어나는 생태계 붕괴에 대한 증거를 발견했던 것이다. 논문에서 뉴마크는 이렇게 썼다.

자연 보호 구역이 육교섬과 유사하다는 가설에서 몇 가지를 예측할 수 있다. 즉, (1) 주어진 보호 구역 내에서 멸종되는 종의 수는 유입되는 종의 수를 능가할 것이다. (2) 멸종되는 종의 수는 보호 구역의 면적에 반비례할 것이다. (3) 멸종되는 종의 수는 보호 구역의 나이에 정비례할 것이다.[9]

이 세 가지 예측은 프레스턴의 표본 대 격리 집단 논의에서 직접 나왔으며, 맥아서와 윌슨의 이론은 그것을 더 발전시켰고, 다이아몬드의 "섬의 딜레마"는 그것을 보호 구역의 설계에 적용할 수 있게 해석했다.

자연 보호 구역은 본질적으로 격리 집단이 될 운명에 놓여 있는 자연 표본이다. "멸종되는 종의 수는 유입되는 종의 수를 능가"하는데, 왜냐하면 이주를 통한 유입이 제한되기 때문이다. 또, "멸종되는 종의 수는 보호 구역의 면적에 반비례"하는데, 왜냐하면 (a) 각 종의 개체군 크기는 보호 구역의 면적에 따라 결정되며, (b) 작은 개체군은 특별한 위험에 직면하기 때문이다. 처음의 두 가지 예측은, 새로 생긴 보호 구역은 일시적으로는 평형 상태보다 더 많은 종을 포함하지만, 갈수록 점점 종을 잃게 되며, 보호 구역의 면적이 작을수록 종의 상실이 더 많이 일어난다는 것을 말해준다. 시간이 지날수록 종은 계속 상실되며, 보호 구역이 새로운 평형으로 '완화'될 때까지 종의 상실이 계속된다. 보호 구역의 나이는 표본이 격리 집단이 된 이후에 시간이 얼마나 경과했는지 대략 추정하는 데 도움을 주며, 따라서 종의 상실이 얼마나 많이 일어났는지 가늠할 수 있다.

북아메리카의 공원들에서는 이러한 예측과 일치하는 결과가 나타났을까? 기록들이 가장 완전하게 남아 있는 서부의 14개 공원과 공원 집단들을 조사한 결과는 실제로 그런 것으로 나타났다. 브라이스캐니언, 라센볼캐닉(라센화산), 자이언은 그중에서 가장 작은 세 국립공원이다. 뉴마크의 조사에서 이 세 공원은 큰 포유류 종을 약 40%나 잃었다. 뉴마크는 사람들의 직접적 행동(옐로스톤이나 브라이스캐니언에서 의도적으로 구제한 늑대처럼) 때문에 사라져간 종들을 제외하고, 격리 외에 분명한 이유가 없이 사라져간 종들의 수를 기록했다. 그런 종이 자이언은 5종, 라센볼캐닉은 6종이었다. 그리고 면적이 가장 작은 브라이스캐니언은 그보다 적은 4종이지만, 브라이스캐니언은 다른 두 공원보다 나이가 적다는 점을 감안해야 한다. 아마도 시간이 더 지나면 종의 상실이 더 일어날 것이다.

큰 공원 집단들에서는 종의 상실이 적게 일어났다. 자이언보다 20배나 큰 옐로스톤과 그랜드티턴에서는 늑대 외에는 사라진 종이 하나도 없었다.

뉴마크의 수학적 검증은 멸종과 면적의 반비례 관계가 통계적으로 유의하다는 사실을 보여주었다.(통계적 유의성은 모집단에 대한 가설이 가지는 통계적 의미를 말한다. 다시 말해서, 어떤 실험 결과 자료를 두고 "통계적으로 유의하다"고 말하는 것은 확률적으로 봐서 단순한 우연이라고 생각되지 않을 정도로 의미가 있다는 뜻이다. 반대로 "통계적으로 유의하지 않다"고 말하는 것은 실험 결과가 단순한 우연일 수도 있다는 뜻이다.) 간단히 말해서, 큰 공원일수록 사라진 종이 적었다. 또, 나이가 적은 공원일수록 사라진 종이 적었다(다만 이 경우에 상관관계는 그렇게 엄밀하지 않았다). 뉴마크는 14개 공원과 공원 집단에서 '포유류 동물상의 붕괴'[10]가 일어났으며, 가장 큰 이유는 격리일 가능성이 높다고 결론지었다. 그가 《네이처》를 통해 발표하고 〈뉴욕타임스〉가 옮겨 쓴 논문 내용의 요점은 바로 이것이었다.

뉴마크는 25년 전에 프레스턴이 한 경고를 재확인했다. "만약 지금까지 이야기한 것이 옳다면, 훨씬 큰 면적에 존재하는 동물상과 식물상을 완전히 똑같이 주립공원이나 국립공원에 작은 규모로 보존하다는 것은 불가능하다."[11]

이 논문은 서식지 다양성 대 면적 문제에 대해 주목할 만한 사실을 또 한 가지 지적했다. 자료 분석 과정에서 뉴마크는 각 공원과 공원 집단의 대조표를 모두 합친 뒤에 그 결과에 대해 다음 질문을 던져보았다. "포

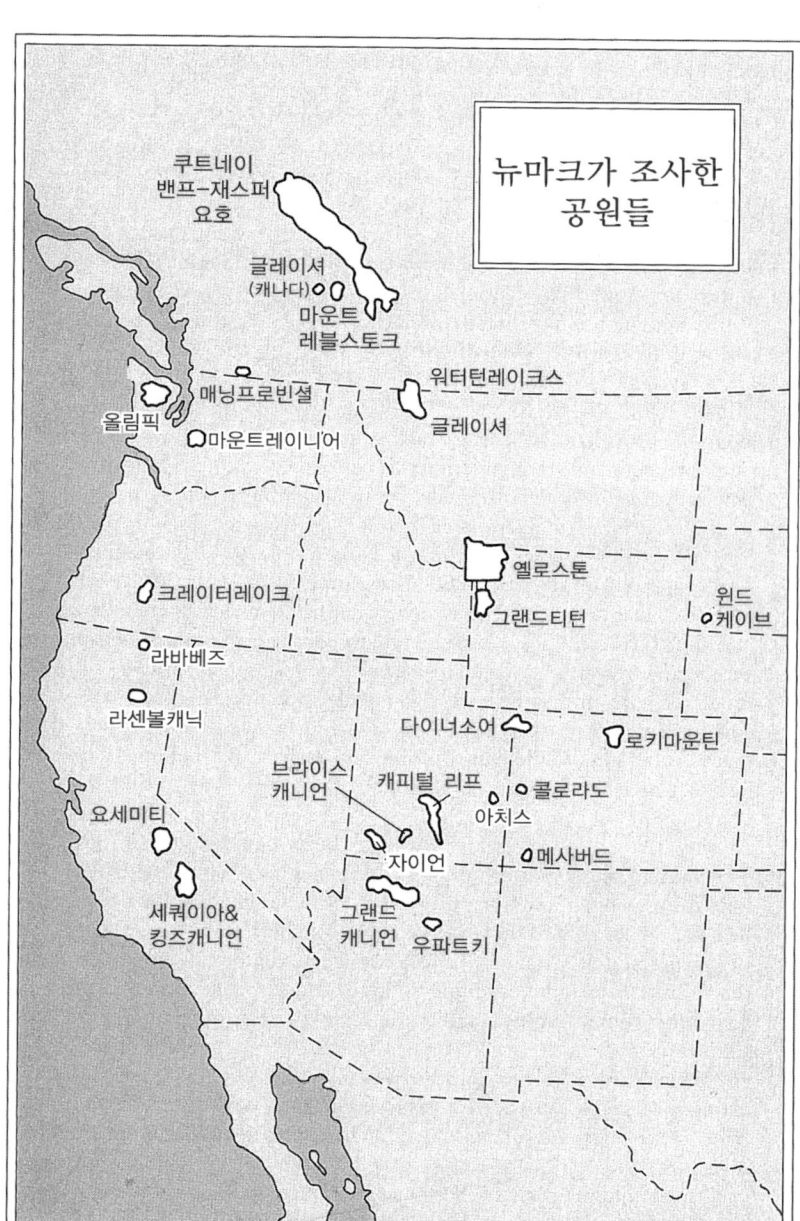

유류의 풍부성 차이는 면적과 서식지 다양성 중 어느 쪽으로 더 잘 설명되는가?" 면적은 쉽게 측정할 수 있다. 반면에 서식지 다양성은 복잡하고도 모호한 점진적 변화를 포함하므로 측정하기가 쉽지 않지만, 뉴마크는 위도, 고도, 식물 다양성이라는 다른 매개변수를 통해 간접적 측정을 시도했다. 세 가지 매개변수 중에서 식물 다양성이 서식지 다양성과 가장 밀접한 관계가 있을 것처럼 보였는데, 식물은 동물 서식지에서 아주 중요한 요소이기 때문이다. 그렇지만 식물 다양성은 각 공원에 살고 있는 포유류의 종수와 잘 일치하지 않았다. 위도 역시 마찬가지였다. 이 결과는 주목할 만했는데, SLOSS 논쟁 때 심벌로프 진영이 주장한 서식지 다양성 가설을 부정하는 것처럼 보였다. 물론 뉴마크의 세 가지 매개변수가 서식지 다양성의 본질을 정확하게 대변하지 못한다는 반론을 제기할 수 있다. 그렇다 하더라도, 세 가지 매개변수 중에서 오직 고도만 종수와 밀접한 상관관계가 있다는 사실은 흥미롭다. 그리고 뉴마크가 발견한 상관관계 중 가장 강한 것은 종과 면적 사이의 관계였다.

큰 공원은 작은 공원보다 더 많은 포유류 종이 살았다. 물론 이것은 예상치 못한 결과는 아니었다. 예상 밖의 사실은(적어도 일부 생물학자에게는), 종의 다양성을 가장 잘 예측해주는 것은 고도나 위도나 식물상의 차이가 아니라 면적이라는 점이었다. 이것은 심벌로프 진영의 일부 사람들이 설득력 있게 비판했던 '면적 자체 가설'을 뒷받침하는 새로운 단서였다. 뉴마크가 조사한 북아메리카 공원의 포유류는 지머만의 아마존 개구리 자료와는 정반대 결과를 내놓았다. 러브조이처럼 자연 보전 계획을 수립하는 사람들에게 이것은 중요한 의미가 있었다. 그렇지만 이러한 이야기는 〈뉴욕타임스〉에는 실리지 않았다.

러브조이의 목표

"이상적인 목표가 하나 있는데, 그것은 달성할 수도 있고 달성하지 못할 수도 있어요."

마나우스에 있는 한 호텔에서 커피를 마시면서 러브조이가 말했다.

"어쨌든 나는 이것을 자연 보전을 위한 궁극적인 목표라고 생각합니다. 그것은 바로 아주 다양한 생태계를 온전하게 보호 구역 내에 지속시키는 것이지요."

그는 문장을 느슨하게 사용할 때에도 단어를 신중하게 선택한다. 여기에는 중요한 단어가 여러 개 나오지만, 그중에서도 가장 중요한 단어는 '지속'이다.

러브조이는 자신이 추진하는 아마존 계획의 작은 보호 구역들에 대해서만 이야기하는 게 아니다. 전 세계에 흩어져 있는 진짜 자연 보호 구역들에 대해 이야기하고 있다. 일부 생태계 격리 집단을 따로 떼내어 '소형 국립공원'이라는 표지를 붙이고, 침범이 일어나지 않도록 경비원을 세우고, 그곳이 보호받고 있다고 말하기는 쉽다. 그러나 시간이 지나 그 주변의 자연 경관이 망가지고 난 뒤에도 그 격리 집단 내의 종들과 관계들이 지속될 것이냐 하는 것은 별개의 문제이다.

러브조이는 이 중앙 아마존의 생태계를 테스트 케이스 test case (선례가 되는 사건)로 보자고 말했다. 나무들 사이에서만 종의 다양성을 살펴보기로 하자. 연속적으로 이어져 있는 숲에서는 어느 곳에서나 10헥타르의 표본 지역에 300종의 나무가 살고 있다고 가정하자.

"저는 궁극적으로 1000년 뒤에 누군가 숲 속으로 들어가 10헥타르의 면적에서 표본을 조사하더라도 여전히 300종의 나무를 발견할 수 있도록 국립공원의 크기를 정하길 바랍니다. 그와 함께 무척추동물의 다양성이나 그 밖의 다양성도 모두 똑같이 존재하도록 말입니다."

개미, 개미를 따라다니는 새, 개구리, 페커리, 나비, 원숭이, 재규어는 물론이다.

"전 개별적인 종의 보전에만 관심이 있는 게 아닙니다. 관심의 초점은 전체 생태계의 보전에 있지요. 그런데 그것은 알다시피…… 달성할 수 없을지도 몰라요. 어쨌든 지금 제가 생각하는 것은 이런 것입니다."

러브조이는 계획을 추진하는 데 차질이 있었다고 털어놓았다. 격리된 보호 구역의 수가 애초에 기대한 것보다 훨씬 적었다. 정부 정책이 변하면서 마나우스 자유 지역의 목축업을 장려하는 재정적 인센티브가 취소되는 바람에 목장주들은 더 이상 새로운 목초지를 만들려고 숲을 베어 내지 않는다. 이것은 숲을 위해서는 잘된 일이지만, 실험을 위해서는 나쁜 일이다. 그리고 숲을 베어낸 일부 개활지에서는 식물이 새로 자라 격리된 보호 구역과 연속적인 숲 사이의 경계를 모호하게 만들었다. 그리고 열대 야외 생물학에서 고질적으로 발생하는 골칫거리도 있었다. 장비를 유지하기가 쉽지 않았고, 기금 지원도 확실치 않았다. 연구 승인을 갱신하는 일도 관료적 절차 때문에 지연되기 일쑤였다. 아주 작은 파리가 옮기는 리슈만편모충증은 야외에서 작업하는 사람들을 괴롭혔다.

그리고 연구 결과는 러브조이가 예상했던 것보다 훨씬 복잡한 것으로 드러났다. 면적 효과, 거리 효과, 서식지 다양성, 주변 효과, 기후의 소규모 변화, 종들 사이의 관계, 돌발적인 변수 같은 요소들이 모두 숲 조각의 생물학적 역학에 영향을 미쳤다. 10년이 지났는데도 간단한 메시지조차 얻기가 어려웠다. 그 계획은 생태계 붕괴 문제에 직관을 제공하긴 했지만, 이상적인 결과라면 더 많은 것을 얻어야 했다. 하지만 러브조이는 굴하지 않았다.

"우스꽝스럽게 들릴지 모르겠지만, 우리가 그 세월 동안 숲에서 카차사만 마신다 하더라도, 이 계획은 실질적 성과가 어느 정도 있을 것입니다."

카차사는 사탕수수를 증류해 만든 밀주로, 월리스가 동물 표본을 보존하는 데 쓴 바로 그 술이다. 이 계획은 실험 결과와 상관없이 상징적 가치가 어느 정도 있다는 뜻이다. 과학계와 자연 보호 단체들은 생태계 최소 임계 면적 계획을 단지 느슨하게 연관된 연구들을 모아놓은 것이 아니라 하나의 환상적인 아이디어로 여겼다.

"이 계획은 전 세계 사람들에게 그 문제를 깊이 생각하게 만들었고, 더 큰 보호 구역을 따로 떼어놓게 했지요."

아마존의 아마추어 파수꾼

나는 러브조이를 마나우스에 남겨두고 다시 숲으로 돌아갔다. 저공 비행하는 비행기에서 내려다보는 대신에 다른 각도에서 숲을 보고 싶었다. 그래서 한 야영지에서 며칠을 묵으면서 새 발목에 밴드를 붙이는 인턴 직원 두 사람을 따라다니기로 일정을 잡았다.

스스로를 '새 노예'라는 자조적인 별명으로 부르는 두 여성의 이름은 페기 Peggy와 서머 Summer이다. 이들 인턴 직원은 과학적 훈련을 약간 받거나 새를 관찰하는 기술을 제대로 배운 젊은이들로, 얼마 안 되는 수당과 아마존에서 지내는 기회를 얻는 대신에 자신의 노동력을 제공하기로 계약한 사람들이다. 페기는 캘리포니아 대학 샌타크루즈 캠퍼스에서 지구과학과 환경과학 학사 학위를 받았고, 전에 국제맹금류재단에서 일한 적이 있다. 서머는 과학을 전공하진 않았지만, 뉴에이지의 이상주의에 심취해 있다. 이전에 버클리에서 천연 식품 베이커리를 운영한 공동체에서 8년 동안 지낸 적이 있다고 한다. 서머는 소녀 시절부터 아마존에 오고 싶었다고 한다.

"제게는 퇴행적인 네안데르탈 인 유전자가 있나 봐요."

바로 그 때문에 문명 세계를 탈출해 야생 자연에서 더 원시적인 삶을 찾는 것 같다는데, 진심으로 그렇게 믿는 것 같다. 서머는 열대우림이 파괴되는 현실을 우려하다가 새 노예가 되는 이 일에 자원했다고 한다. 하지만 막상 이곳에 도착해 일을 시작하자, 숲에 대한 두려움이 왈칵 솟아났다고 털어놓았다.

"두려움에 사로잡혔어요. 일종의 정신적 문제였지요. 석 달이 지나자 조금 안심이 되기 시작했고, 이제는 훨씬 나아졌어요."

섬 생물지리학을 어떻게 생각하느냐는 내 질문에 페기와 서머는 별생각이 없다고 대답했다. 자신들은 이 계획이 생태학과 아마존의 보존과 관련이 있는 걸로 안다면서 그걸로 충분하지 않느냐고 했다.

첫째 날 아침, 우리는 여명이 트기 전에 출발했다. 나는 두 사람의 뒤를 따라 어두컴컴한 오솔길을 걸었다. 얼마 뒤 개활지가 나왔는데, 거기에는 벌채 후 새로 난 식물들이 잡초처럼 빽빽하게 자라고 있었다. 우리의 목적지는 100헥타르의 보호 구역이다. 두 여성은 전지로 가동되는 헤드램프를 착용했고, 나는 작은 손전등을 들었다. 우리는 우산만 한 크기의 케크로피아 잎들이 무릎 높이까지 쌓여 있는 길 위로 발을 질질 끌며 걸어갔다. 죽은 통나무도 넘어갔는데, 축축한 통나무 옆쪽에는 음란해 보이는 버섯들이 이 세상의 것 같지 않은 색깔을 발하며 돋아 있었다. 잡초 지역을 칼로 쳐내 만든 터널 같은 길은 좁고 미끄러웠다. 마침내 보호 구역에 이르렀는데, 임관은 높지만 하층은 비교적 탁 트여 있었다.

리아나가 범선의 삭구처럼 주렁주렁 늘어져 있다. 카푸친원숭이(꼬리감는원숭이)들이 멀리서 소리를 질러댄다. 큰부리새와 마코앵무가 머리 위에서 이 둥지, 저 둥지로 날아다닌다. 나무 줄기는 지의류와 흰개미가 지나간 자국으로 뒤덮여 있다. 저 위 높은 곳에 줄기가 Y자 모양으로 갈라진 곳에는 착생 식물이 자라고 있다. 어딘지 모르겠지만 가까이에서 늑대 울음소리 같은 스크리밍피하의 울음소리가 들려온다. 숲 속의 광경이 불빛에 어렴풋이 보이지만, 눈으로 보는 정보보다는 귀로 듣는 정보가 더 많다. 기억이 생태학적 세부 사항을 제공해주고, 그것을 바탕으로 상상력이 발동해 나름의 동물을 만들어낸다.

나는 한 발 한 발 조심스럽게 발걸음을 뗐다. 페기가 새벽에 오솔길을 걷다가 커다란 부시마스터Lachesis muta를 만난 이야기를 기억하고 있었기 때문이다. 무타독사라고도 하는 부시마스터는 세상에서 가장 큰 독사로, 경고도 없이 공격하는 습성으로 유명하다.

"부시마스터를 만난다면 못 볼 리가 없어요. 길이가 2.5m나 되니까 혹시라도 못 보고 밟는 일은 없을 거예요."

페기가 말했다. 몸이 아주 크고 치명적인 독을 가진 독사라서 어둠 속에서 절대로 밟을 리가 없다고? 이런 종류의 논리적 비약은 페기가 낙천주의자임을 말해준다. 하지만 비관주의자인 나는 그녀 뒤에서 열 걸음쯤 뒤떨어져 따라간다.

열대 지방에서 새의 발목에 밴드를 붙이는 사람은 새벽에 일찍 활동하는 것이 중요하다. 새들은 첫 햇살이 비칠 무렵에 활동을 시작하니 그 전에 안개 그물을 펼쳐놓고 기다려야 한다. 하지만 먼동이 트기 전에 활동하다 보면 리슈만편모충증을 옮기는 파리의 공격을 받을 염려가 있다. 이 질병은 치료는 가능하지만 증상뿐만 아니라 치료 과정도 끔찍하여 안티몬 주사를 계속 맞아야 한다. 파리의 공격을 막기 위해 나는 긴 소매 옷을 입고, 바짓가랑이는 장화 안에 쑤셔넣고, 몸에 방충제를 발랐다. 그리고 바보의 행운에 운명을 맡긴다.

페기와 서머가 걸음을 멈췄지만, 나는 그물을 쳐놓은 곳에 도착한 것도 모르고 성큼성큼 걸어 그들 옆으로 다가갔다. 가느다란 나일론 그물은 잘 보이지 않아 거기에 얼굴이 부딪칠 뻔했다. 나는 괌 섬에서도 그랬던 것처럼 본능적인 거미 공포증 때문에 움찔했다. 이곳 중앙 아마존에는 새를 잡아먹을 만큼 크고 무서운 타란툴라가 최소한 한 종 살고 있다. 비에르가드도 이것과 같은 안개 그물에 걸린 새를 타란툴라가 죽이는 것을 본 적이 있다. 다행히도 오늘은 새를 잡아먹는 거미의 흔적은 보이지 않는다.

그물을 쳐놓은 선은 마치 종이 위에서 하이픈이 반복되면서 쭉 뻗어 있는 것처럼 보호 구역을 가로지르고 있다. 그물은 기둥에 영구적으로 매달려 있기 때문에 매일 아침에 와서 열어놓기만 하면 된다. 나는 페기와 서머와 그물을 여는 작업을 시작했다. 몇 분 만에 우리는 투명한 바리케이드처럼 숲 속으로 300m나 뻗어 있는 그물을 다 열었다. 그러고 나서 그곳을 떠나 검은색 물이 흐르는 개울을 건너 낮은 비탈 위로 올라갔다. 보호 구역 맞은편에 위치한 그곳에서 페기는 통나무 위에 자리를 잡고 앉았다. 그러면서 내게도 편한 자세로 앉으라고 권했다.

헤드램프가 꺼졌다. 임관 틈 사이로 아침을 알리는 첫 햇살이 비치는가 싶더니, 곧이어 강한 햇빛이 쏟아졌다. 우리는 숲 가장자리 지역에 있었는데, 직사 광선과 햇빛을 좋아하는 종들이 이곳에 스며들어오기 시작했다. 벌새 한 마리가 앞에 나타나 공중에 머물면서 우리를 관찰한다.

광택이 나는 이 작은 벌새는 칫솔만 한 길이의 꽁지깃이 두 개 나 있다. 페기는 이 새의 이름이 긴부리활벌새 Phaethornis superciliosus 라고 알려준다. 페기는 이런 새들의 이름을 1,000개는 족히 안다.

우리는 한 시간 뒤에 그물로 돌아갔다. 페기가 첫 번째 새를 조심스럽게 그물에서 떼어냈다. 그 새를 부드럽게 쓰다듬어주고 자세히 관찰하고 필요한 것을 측정한다. 페기와 서머는 첫눈에 그 새가 산적딱새과에 속하는 붉은볏가래부리딱새 Platyrinchus saturatus 임을 알아보았다. 넙적한 부리는 작은 곤충을 잡아먹기에 편리하도록 적응한 것이다. 오늘 잡힌 이 새는 전에 밴드를 감은 뒤에 풀어주었던 녀석이다. 마나우스의 사무실 컴퓨터에 이미 이 새의 정보가 등록돼 있다. 이제 이 새가 아직 이곳에 머물고 있다는 사실과 현재의 신체 상태가 파일에 추가될 것이다.

페기는 능숙한 솜씨로 새를 다루었다. 숨을 훅 불어 깃털을 헤쳐 피부에 기생충이 있는지 확인하고, 서머에게 복장뼈(흉골) 모양, 지방 비율, 털갈이가 일어난 정도, 날개 길이, 꼬리 길이 등을 불러준다. 서머는 그 자료들을 기록한다. 나 역시 영문도 모른 채 덩달아 공책에 기록을 한다. 직감적으로 그런 구체적인 자료에 뭔가 소중한 정보가 들어 있을 것 같다. 꼬리 길이는 25mm, 날개 길이는 53mm, 털갈이 흔적은 전혀 없다. 밴드 번호는 24998이고, 몸무게는 10g이다.

페기가 손을 폈다. 갈색의 붉은볏가래부리딱새는 잠깐 동안 그녀의 손바닥 위에서 숨을 몰아쉬며 멍하니 앉아 있었다. 그걸 보면서 나는 이 새의 장래가 궁금해졌다. 100헥타르의 보호 구역 내에서 이 새는 얼마나 오래 살아남을까? 이 종은 마게나 붉은손타마린원숭이처럼 결국은 사라지고 말까? 개미를 따라다니는 새들과 같은 운명을 맞이할까? 혼자 살아가는 벌들이 사라지면서 이 종도 생태학적으로 외로운 처지에 놓일까? 그 밖의 상호 관계가 일부 상실되면서 결정적인 타격을 입을까? 이 종은 위험할 정도로 희귀한 상태로 전락해 근친 교배의 위험에 빠지고 적응 능력을 상실하여 결국에는 우연한 작은 사고로 완전히 멸종하고 말까? 아니면, 100헥타르의 격리된 서식지는 붉은볏가래부리딱새 개체군이 살아가기에 충분한 우주가 될 수 있을까?

그리고 한 가지 더. 러브조이의 실험은 이러한 질문들에 답을 제시할까?

그 새가 갑자기 푸드덕 날아오르더니, 숲 속으로 사라진다. 페기가 "차우." 하고 작별 인사를 한다. 나도 마음속으로 작별 인사를 하며 행운을 빌어준다.

인드리의 노래

나무 한 그루로 숲이 만들어지는 것은 아니다

마다가스카르 섬 주민은 최소 임계 면적 개념을 어렴풋이 알고 있다. 마다가스카르 섬에는 "나무 한 그루로 숲이 만들어지는 것은 아니다."라는 속담이 있다.

나무 한 그루로 숲을 만들 수 없다면, 얼마나 많은 나무가 필요할까? 오랜 기간의 SLOSS 논쟁, 아마존에서 러브조이가 한 실험적 연구, 맥아서와 윌슨의 연구에 자극을 받아 일어난 수십 년간의 연구와 토론 등 그 모든 노력과 시간에도 불구하고 간단한 답은 나오지 않았다. 간단한 답 대신에 일은 복잡하게 진전되었다. 1980년을 전후해 과학자들이 이야기하는 용어들이 변하기 시작했다. 그러더니 마치 번데기가 갈라지며 변태를 한 동물이 튀어나오듯이 섬 생물지리학에서 전혀 색다른 개념이 나왔다. 그것은 바로 '개체군 생존 능력population viability'이라는 개념이었다.

설사 마다가스카르 섬 주민에게 이 개념의 본질을 담은 속담이 있다

하더라도, 나는 그것을 들어보지 못했다. 우리와 마찬가지로 그들 역시 새로운 사고방식을 흡수해야 할 필요가 있다.

아날라마자오트라 삼림 보호 구역

아날라마자오트라 삼림 보호 구역은 수도인 안타나나리보에서 약 100km 떨어진 마다가스카르 섬 동쪽 사면에 위치하고 있다. 도로 사정은 나쁘고, 철도는 고원 지역을 구불거리면서 내려가다가 군데군데 협곡들이 있는 단층애를 횡단해 지나간다. 이곳에 오는 방문객은 대부분 수도에서 열차를 타고 오는데, 약 다섯 시간이 걸린다. 도중에 그 이름을 발음하기가 매우 어려운 마을을 20여 군데나 들렀다 오긴 하지만, 여행하기가 무척 어려운 마다가스카르의 기준에서는 매우 빠르고 안락한 여행이다. 열차를 타고 중간쯤 오다 보면 고지대 사바나와 논이 펼쳐진 풍경이 열대우림으로 바뀐다. 숲은 군데군데 맨땅이 드러나 누더기 같은 모양인데, 맨땅이 드러난 곳은 단단한 나무들과 나무고사리를 베어 내고 불태운 곳이다. 불에 그을린 몇몇 비탈에는 벼가 자라고 있다. 마다가스카르 섬의 대표적인 바나나과 식물인 여행자나무(부채파초, 여인목이라고도 함)가 훼손된 땅의 가장자리에서 잡초처럼 우거져 자란다. 유칼립투스 농장들도 상당히 넓은 땅을 차지하고 있다. 외래종 식물인 유칼립투스 숲에는 야생 동물이 사실상 전혀 살지 않으며, 유칼립투스는 땔감이나 값싼 목재 외에는 쓸모가 없다.

안타나나리보에서 아날라마자오트라로 열차를 타고 가면 생태계가 파괴된 모습이 디오라마처럼 펼쳐진다. 작은 삼림 보호 구역은 변해가는 위기의 자연 경관에 둘러싸여 있다. 철로는 계속 뻗어 단층애를 내려가 동부 해안 평야 지대에 이른다. 이곳은 지형적으로 사람들이 밀집해 살기에 좋아서, 천연 열대우림은 이미 오래 전에 완전히 파괴되었다. 하루 한 번 운행하는 열차는 아날라마자오트라 근처에서 잠깐 정차했다가 다시 열심히 달려간다. 정차 역은 페리네라는 마을이다.

이 지명은 과거 식민지 시대에 생긴 프랑스 어 이름이다. 열차 시각표에는 말라가시 어(마다가스카르 어)로 된 새 이름이 적혀 있지만, 아직도 옛 지명이 널리 쓰인다. 왜냐하면, 이곳이 유명해졌을 때 세상에 알려진 이름이 페리네였기 때문이다. 페리네는 인드리(인드리원숭이)를 보려고 전 세계에서 사람들이 몰려오는 곳이다.

'오텔 뷔페 드 라 가르'라는 호텔은 이름 그대로(가르Gare는 프랑스 어로 '역'이라는 뜻) 철로변에 있다. 이 호텔 역시 식민지 시대의 유물로, 널찍한 자단나무 계단이 2층의 방들로 연결되고, 넓은 식당은 로비와 바로도 사용된다. 호텔에서 800m쯤 떨어진 곳에 아날라마자오트라 보호 구역의 정문이 있다. 이 보호 구역은 울타리가 없어 아무 곳에서나 들어갈 수 있지만, 성실한 방문객들은 정문에서 출입 허가증을 제시하고 들어간다. 정문에는 다음과 같은 팻말이 붙어 있다.

EAUX ET FORÊTS

RÉSERVE D'INDRI

BABAKOTO

Eaux et Forêts(프랑스 어로 '물과 숲'이란 뜻)는 보호 구역을 관할하는 수자원산림청을 말한다. Babakoto는 말라가시 어로 인드리를 가리킨다.

바바코토는 '할아버지'[1], '작은 아버지'[2], '조상'[3] 등으로 번역된다. 마다가스카르에는 나름의 명명법과 교묘한 인식론적 규칙이 있으며, 많은 사물을 여러 가지 이름으로 부른다. 페리네에서는 더 그렇다.

아날라마자오트라 보호 구역은 1970년에 지정되었지만, 이곳을 보호하는 전통은 훨씬 먼 옛날로 거슬러 올라간다. 마다가스카르의 토착 왕조(메리나 부족이 세워 프랑스에 정복될 때까지 계속된)가 막 시작된 1881년, 라나발로나 2세 여왕은 다음과 같은 칙령을 내렸다. "벼나 옥수수 또는 다른 곡물을 재배할 경작지를 만들 목적으로 숲을 불태워서는 안 된다. 이미 베여나가고 불태워진 땅에서만 곡물을 재배할 수 있다. 숲을 새로 불태우거나 기존의 개간지를 확장하는 사람은 5년 동안 쇠사슬에 묶여 지낼 것이다."4

여왕의 칙령을 호의적으로 보는 사람들은 숲을 그곳에 묻힌 '조상의 옷'으로 신성시하는 마다가스카르의 전통을 반영한 것이라고 해석한다. 그렇지만 덜 호의적으로 보는 사람들은 왕권을 지나치게 행사한 것이라고 본다. 설사 왕조가 지속되었다 하더라도, 조상의 옷이나 강력한 왕권에도 불구하고, 숲의 개간을 전면적으로 금지한 조처는 실효성이 없었을 것이다. 마다가스카르 사람들은 그런 칙령에 불만을 품었으며, 인구가 증가하면서 이미 토지 수요가 늘었기 때문이다. 프랑스는 1895년부터 마다가스카르 섬을 점령하기 시작했으며, 1903년에 식민지 당국은 논이나 목장 개간을 위해 숲을 불태우는 행위를 제재하는 조처를 발표했다. 그러나 이 금지령 역시 라나발로나 2세의 칙령과 마찬가지로, 자연을 보전하려는 목적보다는 마다가스카르의 경제생활과 자원을 통제하려는 목적이 컸던 것으로 보인다. 이 정책 역시 별 실효성이 없었는데, 식민지 당국이 강력하게 시행하려는 열의도 없었지만, 아기를 낳아 키우는 걸 금지하는 법과 비슷했기 때문이다.

메리나 왕국도 식민지 정부도 모든 숲을 다 보호할 수 있다고 기대하진 않았다. 하지만 1927년부터 프랑스 인은 훨씬 신중한 접근 방법을 시도했는데, 이번에는 섬의 경이로운 자연 중 일부를 보전하겠다는 선견지명을 바탕으로 접근했다. 그 목적을 위해 자연 보호 구역 체계를 만들었다. 처음에는 전국 각지에 열 군데를 선정했는데, 각각의 보호 구역은 독특한 생태학적 군집을 대표했다. 그리고 프랑스 지배 시대 말기에 두 군데가 더 추가되었고, 1960년에 마다가스카르가 독립한 뒤에도 몇 군데가 더 추가되었다. 오늘날 마다가스카르 법으로 지정된 보호 구역은 모두 여섯 종류가 있는데, 그중에서 종의 보전에 중요한 세 가지는 엄격한 자연 보호 구역, 국립공원, 특별 보호 구역이다.

엄격한 자연 보호 구역은 수자원산림청 공무원과 허가받은 연구자를 제외하고는 아무도 출입할 수 없다. 국립공원은 경이로운 자연 경관이 있는 넓은 구역으로, 누구든지 출입이 가능하지만 그 수는 많지 않다. 북부에 있는 몽타뉴당브르 국립공원은 고지대 열대우림을 보호한다. 남서부의 이살로 국립공원에는 기묘한 사암 협곡과 탑처럼 뾰족한 자연 지형이 구불구불 뻗어 있으며, 희귀한 건조림 군집도 있다. 라노마파나 국립공원은 동부 지역에 남아 있는 마지막 열대우림 중 하나를 포함하고 있으며, 같은 장소에 서식하는 대나무여우원숭이 세 종도 살고 있다. 특별 보호 구역은 대부분 이살로나 라노마파나에 비하면 아주 작은 편이지만, 더 좁은 목적을 위해, 일반적으로는 특정 동식물 종을 보호하기 위해 만들어졌다. 아날라마자오트라 특별 보호 구역은 인드리 때문에 지정되었다.

살아 있는 여우원숭이 중에서 몸집이 가장 큰 인드리는 아주 특이한 동물이다. 기다란 목과 가느다란 사지와 검은 재칼 같은 얼굴에 눈은 황갈색으로 빛난다. 밝은 색과 어두운 색이 섞인 몸 색깔 때문에 자이언트 판다처럼 보이지만, 체격은 더 연약하며 사람에 더 가깝다. 인드리는 농구를 하기 위해 태어난 종처럼 보인다. 다리가 튼튼하고, 손과 발은 동작이 민첩하다. 꼬리는 거의 없다고 할 만큼 혹처럼 불쑥 돋아 있다. 이러한 꼬리는 여우원숭이류 중에서는 유일한 것일 뿐만 아니라, 나무에서 생활하는 영장류에게서는 보기 힘든 것이다. 학명은 인드리 인드리 *Indri indri*인데, 이 종이 독특한 종류라는 것 외에 다른 의미는 없다. 인드

리는 포획 사육 상태에서는 잘 살아가지 못한다. 사람을 보면 달아나며, 서식지 교란을 견뎌내지 못한다. 인드리는 궁극적인 야생 동물이라고 부를 만하다.

인드리는 다 자라면 비비만 하며, 숲 속에서 이동할 때에는 땅을 밟지 않는다. 한 나무 줄기에서 다른 나무 줄기로 점프해 이동하는데, 때로는 6~7m 거리의 나무 사이에서 점프를 한다. 이러한 이동 방식은 아주 놀랍다. 다리로 나무를 힘껏 밀면서 수평 방향으로 붕 날아, 다음 나무 줄기를 붙잡자마자 그것을 밀어내면서 다음 나무 줄기로 점프를 한다. 그 속도는 사람이 달리는 속도보다 훨씬 빠르다. 페리네를 방문한 관광객 중에 간혹 정력적인 사람들은 인드리를 따라잡으려고 하층의 식물을 헤치면서 달리기도 하는데, 그건 전혀 가망없는 일이다. 하지만 인드리도 결국에는 멈춰선다. 저 높이 나뭇가지가 Y자로 갈라진 지점에 자리를 잡으면 사실상 시야에서 사라져버린다. 그렇지만 눈이 예리한 가이드의 도움을 받아 끈기를 가지고 쌍안경으로 찾으려고 노력하면 인드리를 다시 발견할 수 있다. 그리고 운이 좋으면 인드리가 노래를 부르는 것도 들을 수 있다.

인드리의 노래는 지상의 소리가 아닌 것처럼 들린다. 그 소리는 숲 속에서 1.5km 밖에까지 퍼져나가며, 오텔 뷔페 드 라 가르의 공기까지 진동시킨다. 살아 있는 동물이 내는 소리 중 가장 큰 소리라는 이야기도 있다. 그 소리는 혹등고래의 노래와 찰리 파커 Charlie Parker가 색소폰으로 반복 악절을 연주하는 소리를 섞어 놓은 듯이 기묘하고도 아름답게 들린다. 생물학자들은 그 노랫소리가 서로 인접해 살아가는 인드리 무리(기본적인 사회적 단위는 암수 한 쌍과 새끼 한두 마리로 이루어진다) 사이에 세력권의 간격을 적당히 유지하는 데 쓰이며, 또 다른 종류의 정보 (예컨대, 젊은 녀석들 사이의 짝짓기 가능성 타진)를 멀리 전달하는 데에도 쓰일 것이라고 추측한다. 그것은 위협의 소리일 수도 있고, 자신의 유전자를 광고하는 소리일 수도 있다. 노래의 의미가 무엇인가 하는 것은 풀리지 않은 인드리의 수수께끼 중 하나이다. 최근 수십 년 사이에 가장 철저한 연구를 한 사람은 존 폴록Jon I. Pollock이라는 젊은 생물학자인데, 폴록조차 자신이 알아낸 것을 확실하다고 주장하진 못한다.

폴록과 여러 사람의 노력으로 인드리의 생태와 행동을 대략적이나마 파악할 수 있었다. 인드리는 북서부에 남아 있는 열대우림, 그러니까 안다파 부근부터 남쪽으로 망고로 강까지 뻗은 지역에서만 산다.(라노마파나의 숲은 훌륭한 서식지처럼 보이지만, 망고로 강 아래에 위치해 인드리가 한 마리도 없다.) 사람들이 그들의 삶을 방해하기 전에는 더 넓은 지역에 퍼져 살았다. 인드리는 많은 나무 종의 잎이나 과일을 먹고 살지만, 다양한 식성에도 불구하고 어느 지역에서도 개체군 밀도가 높지 않다. 인드리는 번식 속도가 매우 느리다. 새끼를 3년에 한 마리밖에 낳지 않으며, 여섯 살이 되어야 성적으로 성숙한다. 포유류 중에서 번식력이 이렇게 낮은 종은 얼마 없다. 그리고 그 노래가 세력권 간격을 유지하기 위한 것이란 가설에 따르면, 인드리 무리들이 띄엄띄엄 살아가게 해주는 도구일지도 모른다. 이런 생태학적 조건 때문에 인드리는 희귀종으로 남아 있으며, 희귀종에 수반되는 모든 위험을 고스란히 안고 있다.

짝을 지은 인드리는 일부일처제를 따르는 것으로 보인다. 다만, 장기간 일부일처제를 유지하는지는 증명되지 않았다. 새끼는 태어나서 1년 동안은 어미한테 꼭 달라붙어 지낸다. 지배적인 성은 암컷이다. 먹이를 먹거나 털고르기를 할 때 암컷이 수컷보다 우선권이 있다. 짝짓기를 할 때에도 수컷이 암컷을 강요하거나 위협하는 일은 결코 없다. 인드리는 노래하는 것 외에 짧고 날카롭게 짖는 소리도 낸다. 이것은 포식 동물이나 성가신 사람 관찰자에게 보내는 경고이다. 청각은 아주 예민한 것 같으며, 적어도 다른 인드리의 노래에는 특히 예민한 것 같다. 인드리는 '커다란 막처럼 생긴 후두실주머니'[5]가 있는데, 폴록은 이것이 노랫소리를 만들어내는 데 쓰이는 것 같다고 추측했다.

인드리의 해부학이나 생리학적 특징은 이것들 말고는 알려진 게 거의 없다. 살아 있는 인드리는 말할 것도 없고, 죽은 인드리조차 해부를 해 본 사람이 거의 없기 때문이다. 하지만 인드리는 낮은 번식률과 낮은 개체군 밀도 때문에 현재 멸종 위험에 처해 있다는 것만큼은 분명하다. 몸 크기도 불리한 조건인데, 큰 동물은 살아가는 데 필요한 게 더 많기 때문이다. 사람들이 마다가스카르 섬을 점령한 뒤 멸종한 10여 종의 여우원숭이는 모두 살아남은 종들보다 몸집이 훨씬 컸다. 만약 그러한 경향이 계속 이어진다면, 다음 차례는 인드리가 될 것이다.

존 폴록은 아날라마자오트라와 그 밖의 두 장소에서 야외 조사 연구를 했다. 그는 1년 좀 넘게 특정 인드리 가족 무리를 따라다니며 개체군 구조와 행동에 대한 사료를 수집하고, 선호하는 먹이를 도표로 작성하고, 세력권을 지도에 표시하고, 기묘한 음악 소리를 녹음했다. 그것은 20년 전의 일이었다. 결국 그는 논문을 몇 편 발표했는데, 오늘날 인드리에 대해 알려진 정보 중 많은 것이 거기서 나왔다. 그 전에 인드리를 연구한 사람이 거의 없기 때문이다. 폴록은 인드리에 관해서라면 아직도 세계 최고의 권위자일지 모른다. 폴록을 제외한다면 최근에 인드리의 생활 방식을 친밀하게 알던 사람은 딱 한 명밖에 떠오르지 않는데, 그는 젊은 나이에 죽는 바람에 자신의 지식을 인쇄물의 형태로 남기지 못했다.

폴록은 인드리의 노래를 이렇게 묘사했다. "인드리가 사는 숲에서는 날마다 각 무리에서 두서너 마리가 스스로 혹은 다른 무리의 소리에 반응하여 음을 바꾸어가면서 내는 소리가 시끄럽게 울려퍼진다. 인드리 무리의 노래는 대개 오전에 이 시끄러운 소리들이 불연속적으로 이어지면서 40초 내지 4분간 계속된다. 노래는 거의 날마다 최소한 1회 이상 하는데, 최적의 조건이라면 2km 떨어진 지점에서도 들을 수 있다."[6]

폴록은 녹음한 인드리의 노래 몇 가지를 케이 소노그래프sonograph(소리나 지진의 진동을 도형으로써 표시하는 장치)와 실시간 음향 스펙트럼 분석장치를 사용해 음향 구조를 분석했다. 음향학 연구를 다룬 그의 보고서는《국제 영장류 저널 International Journal of Primatology》에〈인드리의 노래: 박물학, 형태, 기능 The Song of the Indris (Indri indri; Primates: Lemuroidea): Natural History, Form, and Function〉이라는 제목으로 발표되었다. 그 일부를 보자. "그 노래는 일련의 소리로 이루어져 있는데, 각각의 소리는 1~4초간 지속되고, 각 소리 사이의 간격은 최대 3초이며, 그 에너지는 주로 500~600헤르츠 영역에 퍼져 있다. 그 소리의 순수한 높낮이는 최대 4배음에 이르며, 각 소리 내에서 최대 2,000헤르츠까지 조절할 수 있다."[7] 이 노래 분석은 물리학에 관심을 갖게는 하지만, 우리의 영혼을 잡아끌지는 못한다.

소년 박물학자 베도

몇 년 전 처음으로 페리네를 방문한 날 저녁, 호텔 지배인이 최고의 현지인 가이드라며 조제프라는 소년을 추천했다. 조제프는 아날라마자오트라 보호 구역을 누구보다도 잘 안다고 했다. 물론 인드리의 습성도 잘 안다고 했다. 조제프는 그 숲에서 자랐으며, 모든 동물뿐만 아니라 식물도 사랑하며, 혼자서 관찰하고 연구하여 전문가가 되었다. 호텔 주인은 40대 초반의 친절한 마다가스카르 인으로, 기품에서 신뢰가 배어나왔으므로 나는 기꺼이 그의 추천을 받아들였다. 그날 저녁 늦은 시간에 조제프를 소개받았다.

조제프는 말수가 적고 진지한 젊은이였다. 나이는 열여덟 살쯤 되어 보였다. 영어도 조금 할 줄 알았다. 겉으로 드러내지는 않았지만, 자신감에 차 있는 것 같았다. 그는 수줍어하지도 않았지만 경박하지도 않았으며 집중력이 뛰어났다. 자신의 일을 소중하게 여기는 전문가 냄새가 물씬 풍겼다. 조제프라는 이름은 관광객이 기억하기 편하도록 지은 프랑스 어 이름이었다. 인드리와 마찬가지로 그도 이름을 여러 개 가지고 있었는데, 자신이 편하게 생각하는 말라가시 어 이름은 베도였다.

나는 밤에 조용한 숲 속으로 안내해줄 수 있느냐고 물었다.

"물론이지요."

"언제 가능할까?"

"언제든지요."

나는 다른 가이드와 함께 오후에 이미 보호 구역을 둘러보았다. 그 가이드는 나이에 걸맞지 않게 냉소적인 젊은이였는데, 보아나 카멜레온을 사진을 찍기 좋은 포즈로 만들어주면 내가 팁을 많이 줄 것이라고 생각했다. 그러나 베도는 그 가이드와는 전혀 달랐다. 무엇보다도 그는 야행성 여우원숭이가 많이 출몰하는 밤중에 나를 데리고 아날라마자오트라로 가겠다고 했다.

인드리는 주행성 동물이다. 인드리는 밤에 잠을 자고, 낮에 먹이를 먹는다. 그리고 노래는 대개 아침에 한다. 이런 사실들은 나도 충분히 알고 있었으며, 내가 페리네에 온 것은 인드리 때문이었지만, 짧은 체류 기간에 하루 저녁 시간을 헛되이 낭비하기 싫었다. 인드리는 내일 보러 갈 테니까, 오늘 밤에는 큰난쟁이여우원숭이처럼 사람의 눈에 잘 띄지 않는 동물을 찾아보기로 하자.

우리는 어둠이 깔리고 한 시간쯤 지난 뒤에 출발했다. 베도가 아주 밝은 전등을 들고 앞장서고, 나는 작은 손전등을 들었다. 숲에 들어가니 눈에 보이지 않는 생명체들이 바스락거리는 소리가 들렸다. 나는 숲에 재규어나 호랑이나 코뿔소, 독사가 없다는 사실에 안도했다. 또 오늘 밤에는 거머리나 모기도 없다. 우리는 보호 구역을 그물망처럼 이리저리

가로지르는 가파른 오솔길을 따라 네 시간 정도 걸었다. 오늘 밤은 날씨가 흐려 달빛이 거의 비치지 않아 걸음을 옮기기가 쉽지 않았다. 그래도 베도는 민첩하게 걸어갔다. 그는 밀림 속의 길을 훤히 꿰뚫고 있었다. 한 시간이 지나자 나는 손전등을 꺼버리고, 베도의 뒤를 따라가면서 그의 불빛이 비추는 나무들을 유심히 살펴보았다. 그의 눈으로 볼 수 없는 게 아쉬웠다. "저기요." 하고 그가 말하면, 나는 "응? 어디? 어디?" 하고 되물었다. 그러면 그는 "바로 저기요." 하면서 불빛을 그곳에 비추었다. 30m쯤 앞에 나뭇가지가 Y자로 갈라진 지점에 오렌지색 점 두 개가 불빛을 반사해 반짝였다. 베도의 시력은 놀라운 것이지만, 가이드로서 그가 지닌 탁월한 능력은 시력뿐만이 아니었다. 그는 지식과 통찰력과 집중력까지 겸비하고 있었다. 베도는 큰난쟁이여우원숭이와 갈색쥐여우원숭이도 보여주었다. 이 동물들은 높은 나뭇가지에 쭈그리고 앉아 있었는데, 나 혼자서는 대낮에도 발견하지 못할 것이다.

베도는 카멜레온도 네 종 발견했다. 어떤 것은 작고 어떤 것은 컸지만, 다 느릿느릿 움직이고, 빙글빙글 도는 눈을 가졌고, 보호색으로 잘 위장하고 있었다. 하지만 교묘한 위장술도 베도의 예리한 눈을 피하진 못했다. 생태계에 적응한 그의 감각은 초자연적인 것처럼 보였다. 내가 뒤를 잘 따라가고, 그가 가리키는 동물을 잘 관찰하는 한, 그는 내게 전혀 신경을 쓰지 않았다. 그는 관광객의 기호에 영합해 팁을 더 받아내려는 냉소적인 가이드가 아니었다. 그는 자신이 연구하는 대상에 깊은 호기심을 느끼고, 자신을 따라나선 순진하고 멍청한 관광객을 잘 참아주는 박물학자였다. 한 언덕 마루에서 잠시 발걸음을 멈추었을 때, 멀리서 높은 음으로 구슬픈 울음소리가 들려왔다. 잠시 있다가 같은 소리가 또 들려왔다. 미끄러지듯 변하는 음색과 화음, 면도날처럼 우아한 끊어짐.

인드리였다.

베도는 아무 말도 하지 않고 귀를 기울였다. 그것은 나 같은 무지한 사람에게도 설명할 필요가 없었다. 그의 얼굴에서 특별한 광채가 나는 것 같았다. 나는 그것을 사랑이라고 느꼈다.

꼬불꼬불한 오솔길을 따라 산등성이를 여러 개 넘으며 걸어가다가 마침내 베도는 산 아래로 나를 인도했다. 우리는 보호 구역의 먼 쪽 경계선 부근으로 내려와 마을 길을 따라 호텔로 돌아왔다. 거의 자정이 다 되어 있었다. 땀범벅이 된 나는 피곤하고 배가 고팠다. 무뚝뚝한 웨이터가 나 대신 먹을 것을 찾으러 주방으로 갔을 때, 베도는 바의 의자에 앉아 바인더로 낀 종이들을 무심히 넘기고 있었다. "배고프지 않니?" 하고 묻자, 그는 어깨를 으쓱했다.

그의 어깨 너머로 보이는 바인더에는 타자기로 치고 대충 그린 그림들이 섞인 등사 인쇄물이 끼워져 있었다. 그것은 마다가스카르 섬의 카멜레온들을 분류하여 임시로 만든 초고였다. 이곳을 방문한 일부 파충류학자들이 베도가 동물에 관심이 많다는 것을 알고 그 소중한 자료를 준 것 같았다.

"이것 좀 보세요."

베도가 짧은뿔카멜레온 *Chamaeleo brevicornis*을 보여주며 말했다. 눈꺼풀이 깔때기처럼 생겼고 코가 코뿔소 코를 닮은 못생긴 파충류를 펜으로 스케치한 그림이었다. 베도는 계속해서 파슨카멜레온 *Chamaeleo parsoni*과 큰코카멜레온 *Chamaeleo nasutus*을 보여주었다. 베도는 페이지들을 여기저기 띄엄띄엄 읽었다. 그는 배고픔이나 피로에는 면역이 되어 있는 것처럼 보였다. 바인더의 페이지들은 하도 많이 만져 모서리가 접혀 있었다.

나중에 나는 내 공책에 이 '놀라운 가이드'를 간략하게 기록했다. 내가 그의 이력을 좀 더 자세히 알고 미래를 예언할 수 있었다면, 그를 완벽하게 묘사하려고 했을 것이다. 하지만 나는 그를 다시 찾아가 만나야 할 중요한 대상이 되리라고는 생각지 못했다. 다만, 삶에 정의라는 것이 있다면, 이 젊은이는 더 큰 세계에서 온 누군가에게 발견되어 크게 성장

할 것이라는 느낌만 강하게 들었다. 나는 이미 그때 이 젊은이에게 그런 일이 일어났다는 것을 몰랐다. 나는 페리네의 베도가 라노마파나에서 팻 라이트를 도와 황금대나무여우원숭이를 추적하고 사진을 찍게 해준 바로 그 소년 박물학자인 줄 몰랐다.

고립된 세계에 갇힌 인드리

마다가스카르의 특별 보호 구역은 나머지 두 종류의 보호 구역보다 수는 많지만, 크기는 일반적으로 더 작다. 현재 특별 보호 구역은 아날라마자오트라를 포함해 20여 개가 있는데, 대부분 1950년대와 1960년대에 지정된 것들이다. 그 당시는 최소 임계 면적이란 개념이 마다가스카르 섬은 물론이고 어디에서도 이야기되지 않던 시절이다. 노지망가베 특별 보호 구역은 면적이 510헥타르에 불과해 러브조이가 실험하는 격리된 숲 하나보다 그다지 크지 않다. 망게리볼라 보호 구역은 조금 더 큰 800헥타르이고, 캅생트마리 특별 보호 구역은 1,750헥타르이다. 이것은 그다지 넓은 땅이라고 할 수 없다. 1만 4,400헥타르인 미국의 브라이스캐니언 국립공원(윌리엄 뉴마크는 이것조차 붉은여우 개체군을 보전하기에 너무 작다고 평가했다)과 비교해보면 확실히 작다. 아날라마자오트라 특별 보호 구역은 810헥타르로 가장 작은 축에 속하는데, 오전 동안 걷는 것만으로 그 둘레를 한 바퀴 돌 수 있다.

 그 둘레의 경계선은 구불구불 뻗어 있다. 그 길은 보통 신발로도 걸을 수 있으며, 나무를 베는 칼을 가져가지 않아도 된다. 심지어 일부 구간은 롤러스케이트도 탈 수 있다.

 아날라마자오트라 보호 구역 한쪽변을 따라 호텔에서 보호 구역 입구까지는 아스팔트 도로가 깔려 있다. 이 도로는 폭이 넓지도 않고 교통량이 많지도 않지만, 중요한 경계선에 해당한다. 이곳에서는 임관 사이의 틈이 예컨대 인드리가 점프해 건널 수 있는 거리보다 넓다. 보호 구역의 또 다른 한쪽 옆으로는 더 넓은 고속도로가 달리는데, 최근에 중국의 지원을 받아 건설한 국도이다. 인드리가 이 도로를 건널 가능성은 전혀 없다. 보호 구역의 세 번째 변에 해당하는 경계선에는 페리네 마을과 철도가 있다. 이것 역시 나무 위로 이동하고 소란스러운 사람들을 두려워하는 인드리가 건널 수 없는 경계선이다. 아날라마자오트라 보호 구역의 나머지 경계선은 작은 길로 이루어져 있다. 하지만 그 길 바깥쪽에는 벌목과 개간으로 훼손된 숲이 있다. 거기에는 유칼립투스 농장도 하나 있는데, 인드리는 말할 것도 없고 어떤 종류의 여우원숭이도 살 수 없다.

내가 말하고자 하는 요지는 아날라마자오트라 보호 구역이 광대한 야생 자연 속에 있는 표본이 아니라는 것이다. 그것은 격리 집단에 더 가깝다. 아날라마자오트라 보호 구역은 인드리에게 아직 격리된 장소가 아니라 하더라도, 곧 격리될 것이다.

현 상황에서는 무모할 정도로 모험적인 인드리라면 훼손된 숲이나 살 수 없는 유칼립투스 숲으로 왔다갔다할 수도 있다. 그러나 유칼립투스가 모두 수확되고, 훼손된 숲이 논을 만들기 위해 사라지면, 그렇게 경계선을 넘어 왔다갔다하는 이동은 더 이상 일어나지 않을 것이다. 새와 박쥐는 여전히 왔다갔다할 것이다. 하지만 인드리 개체군에게는 아날라마자오트라 보호 구역은 경계선으로 둘러싸인 고립된 세계가 될 것이다. 시간이 한참 흐른 뒤에도 인드리가 생존 능력을 유지할지 여부는 많은 요인에 달려 있다. 그 요인들은 대부분 단순히 810헥타르라는 면적보다 훨씬 복잡하다.

그러한 요인들의 명단에서 맨 뒤에 있는 것은 "아날라마자오트라 보호 구역 내에 살고 있는 인드리 개체군의 크기는 얼마나 큰가?"이다.

라노마파나로 관심을 돌리기 전에 이곳에서 한 탐사 시즌 동안 조사했던 팻 라이트는 그 수가 최대 200마리는 될 것이라고 추정한다. 이것은 낙관적인 평가일 수도 있다. 그 불확실성은 그녀 스스로도 인정했는데, 아날라마자오트라에서는 개체수 조사가 정밀하게 이루어진 적이 없었다고 한다. 마다가스카르 섬 전체에 살고 있는 인드리의 수도 정확한 추정치를 제시할 수 없다고 덧붙였다. 서식지가 분열되고 파괴되면서 인드리의 수가 감소했다는 사실에는 모두가 동의하지만, 얼마나 많은 수가 살아남아 있는지는 아무도 자신 있게 말할 수 없다. 라이트는 "우리가 생각하는 것보다 더 많을 수도 있고, 더 적을 수도 있어요. 우리가 안다고 생각하는 것은 그저 꿈에 불과하지요."라고 말한다. 존 폴록은 몇몇 가족 무리만 조사했고, 아날라마자오트라에 사는 전체 개체군의 개체수를 세려는 시도는 하지 않았다. 하지만 그가 발표한 평균적인 무리의 크기와 개체군 밀도 자료를 바탕으로 근거 있는 추측을 해볼 수는 있다. 폴록의 수치가 정확하다고 가정한다면, 그가 조사할 무렵에 아날라마자오트라에 살고 있던 인드리는 약 80마리였다.

20년이 지난 지금은 그 수가 줄어들었을 가능성이 높다. 인드리 개체군은 커졌을 가능성보다는 작아졌을 가능성이 더 높다. 개체군 크기가 거의 그 수준으로 유지되었다고 희망 섞인 가정을 해보자. 만약 그렇다면(과거 20년 동안 인드리의 개체수가 80마리로 일정하게 유지돼왔고, 앞으로도 얼마 동안 그 개체수를 유지한다면) 아날라마자오트라의 인드리는 위험에 처해 있는 셈이다. 개체군 생존 능력이라는 개념을 다룬 최근의 연구에 따르면, 80마리는 충분한 것이 아니기 때문이다.

생존 가능 최소 개체군

1970년대 후반에 일부 생태학자가 '생존 가능 최소 개체군minimum viable

population'이라는 새로운 용어를 사용하기 시작했다. 이 용어의 기원은 1971년에 오스트레일리아의 두 연구자가 학술지에 발표한 논문에서 찾을 수 있다. 그 논문은 캥거루과 Macropodidae에 속한 일부 종들의 생태학적 요구 조건을 다룬 것이었다. 논문 저자인 메인 A. R. Main과 야다브 M. Yadav는 오스트레일리아 서쪽 연안의 작은 육교섬들에서 캥거루과 동물의 분포를 연구했다. 각 섬에서 그들은 캥거루과 동물의 서식 여부, 섬의 크기, 식물 다양성 등을 조사했다. 메인과 야다브는 그 당시 유행하던 섬 생물지리학이라는 새로운 학파의 연구 방법을 채택한 것은 아니었지만, 그것과 맥락을 같이하는 방향으로 연구를 진행했다. 그들은 종과 면적 관계를 언급하진 않았지만(어쨌든 그런 용어는 쓰지 않았다), 그들의 연구 전체에는 그 개념이 넘쳐흘렀다. 그들은 평형 이론도 언급하지 않았다. 그들이 사용한 원천 자료나 글의 맥락은 거의 다 오스트레일리아를 배경으로 한 것이었다. 논문에서 언급한 동물들의 이름도 비공식적인 오스트레일리아식 이름이었는데, 어떤 것은 톨킨 Tolkien의 작품에 나오는 괴물만큼이나 환상적으로 들린다. 예를 들면, 코카 quokka, 타마르 tammar, 유로 euro, 부디 boodie 같은 동물들도 있다. 메인과 야다브는 이론보다는 캥거루과 동물의 보전에 더 관심이 있었다.

그들은 각 종의 "생태학적 요구 조건을 적절히 충족시키려면"[8] 얼마나 넓은 땅이 필요한가 하는 현실적인 질문을 다루었다. 생태학적 요구 조건 중에는 한 개체나 몇몇 개체가 아니라 개체군을 유지할 만큼 충분히 넓은 서식지도 포함된다. 코카 개체군이 살아가는 데에는 얼마나 넓은 서식지가 필요할까? 유로 개체군이 살아가는 데에는 얼마나 넓은 서식지가 필요할까? 다양한 크기의 연안 섬들에 특정 종이 사는지 살지 않는지 알려주는 자료에서 각 종에게 필요한 최소 면적을 유추할 수 있을까? 일부 작은 섬에는 캥거루과 동물이 타마르나 바위왈라비 중 단 한 종만 살았다. 큰 섬에는 더 많은 종이 살았고, 몸집이 더 큰 종도 살았다. 가장 큰 캥거루과 동물인 붉은캥거루는 이 섬들 중 어디에도 살지 않았다. 메인과 야다브는 자신들이 얻은 자료로부터 그 섬들에 대한 종-면적 곡선을 그릴 수 있었고, 곡선에서 불규칙한 부분은 서식지 다양성으로 설명할 수 있었다. 유대류가 다른 포유류와 격리된 상태에서 진화한 것처럼, 그들의 연구 역시 맥아서나 윌슨의 영향을 받지 않고 독자적으로 발전한 것으로 보인다.

그들은 거기서 한 걸음 더 나아간 분석을 했는데, 이 때문에 그들의 논문은 그 당시에 나온 것치고는 특별한 종류의 논문이 되었다. 그들은 서식지에서 살아가는 캥거루과 동물의 밀도를 종별로 계산해보았다. 예를 들면, 코카는 1헥타르당 한 마리가 살았고, (몸집이 더 큰) 유로는 10헥타르당 한 마리가 살았다. 그런 다음, 그 종의 개체군 밀도에다가 그 종이 살고 있는 가장 작은 섬의 면적을 곱했더니 흥미로운 수치가 나왔다. 그들은 "이 자료들을 작은 섬의 상황으로 연장해 적용하면, 생존 가능 최소 개체군의 크기를 대략 추정하는 것이 가능하다."[9]라고 주장했다.

'생존 가능 최소 개체군'[10] 이라는 용어는 여기서 처음으로 사용된 것으로 보인다. 그런데 이 용어는 단순한 용어 이상의 중요한 의미를 지닌다. 이전 생물학자들 중에서 '최소 개체군'이나 '생존 가능 개체군'[11]이라는 용어를 모호하게 사용한 적은 있었지만, 메인과 야다브가 사용한 이 용어는 아주 새로운 개념이었다. 하지만 두 사람의 연구는 당장 큰 반응을 이끌어내지는 못했다.

두 사람은 또 한 가지 개념을 언급만 하고 크게 강조하지는 않았는데, 이것은 나중에 '생존 가능 최소 개체군'만큼 중요한 개념으로 떠오르게 된다. 그것은 생존 가능 최소 개체군이 종에 따라 다르다는 개념이었다. 그들은 논문 마지막 문장에서 이렇게 덧붙였다. "생존 가능 최소 개체군(무한정 지속할 가능성이 높은 개체군의 크기로 정의되는)은 200마리에서 300마리 사이로 보인다."[12]

희귀종을 멸종에 이르게 하는 요인

그로부터 7년 뒤, 듀크 대학 산림환경학과의 한 대학원생이 박사 학위 논문을 제출했다. 그것은 갈색곰의 사례를 통해 생존 가능 최소 개체군의 크기를 결정하는 방법을 분석한 것이었다. 그 대학원생의 이름은 마크 섀퍼Mark L. Shaffer였다.

그때까지 섀퍼는 야생에서 갈색곰을 본 적이 한 번도 없었다. 그는 펜실베이니아 주 서부에서 자랐으며, 대학도 그곳에서 다녔고, 석사 과정도 펜실베이니아 대학에서 토지 사용 계획을 전공했다. 그러다가 사람보다 야생 동물이 자연을 이용하는 방식에 더 흥미를 느껴 듀크 대학으로 옮겨 전혀 다른 분야의 공부를 시작했다. 컴퓨터 모델링 강의도 수강했다. 그리고 같은 세대의 많은 생물학자들처럼 섬 생물지리학에 푹 빠졌다. 다이아몬드, 터보그, 윌슨 등이 평형 이론을 자연 보호 문제에 적용하기 시작하자, 섀퍼는 과학 문헌을 뒤지며 그 연구를 추적했다. 그는 SLOSS 논쟁에 관한 글을 읽었고, 전 세계적으로 일어나는 서식지 파괴와 분열, 종의 상실에 큰 관심을 가지게 되었다. 그리고 그러한 관심을 자신이 전에 토지 사용 계획을 연구할 때 사용한 개념을 어렴풋이 떠올리게 하는 용어로 표현했다.

그때 그는 이렇게 생각했다고 한다. "땅은 한정돼 있다. 우리는 그것을 놓고 자연과 경쟁을 벌인다. 따라서 항상 문제는 얼마나 많은 땅을 따로 떼어놓느냐 하는 것이다." 그것은 러브조이가 제기한 것과 같은 질문이었지만, 섀퍼가 답을 얻기 위해 선택한 길은 달랐다.

섀퍼는 '얼마나 많은 땅?'이란 질문 속에 '얼마나 많은 동물?'이라는 질문이 숨어 있음을 알았다. 즉, 생태계 최소 임계 면적보다는 거기에 사는 각 종의 최소 임계 개체군이 더 기본적인 측정 수치라고 생각했다. 격리된 서식지에서 어떤 종이 너무 희귀해지면 그 종은 살아남을 수 없다. 생존 가능성을 잃고 멸종해가는 것이다. 그렇다면 얼마나 희귀해져야 지나치게 희귀해졌다고 말할 수 있을까?

이 질문은 많은 질문을 낳는다. 생존 능력 문턱값은 정확하게 얼마일까? 모든 종에 공통으로 적용되는 마법의 수가 있는가, 아니면 그 값은 종에 따라 각각 다른가? 같은 종이라도 사는 장소가 다르면 그 값이 달라지는가? 만약 그렇다면, 그 차이는 어떻게 설명할 수 있을까? 생존 능력 문턱값을 결정하는 것은 순전히 과학적인 문제인가, 아니면 사회문화적 가치도 포함하는가? 그러한 사회문화적 요소는 계량화가 가능한가? 섀퍼는 박사 학위 논문 주제로 이것을 선택했다.

갈색곰을 조사 대상으로 선택한 이유는 두 가지였다. 하나는 갈색곰이 먹이 사슬에서 맨 꼭대기에 위치한 대형 동물이라는 점 때문이고, 또 하나는 야외 생물학자들이 이미 갈색곰을 철저하게 조사했기 때문이었다. 첫 번째 이유에 대해 섀퍼는 이렇게 설명했다.

"먹이 사슬의 꼭대기에 있는 동물에 초점을 맞추어 그 동물이 살아가기에 충분한 땅을 떼어놓는다면, 먹이 사슬 전체를 구할 수 있기 때문이지요."

두 번째 이유도 설득력이 있는데, 섀퍼의 분석 연구는 조사가 철저하게 이루어진 종에게서 얻을 수 있는 종류의 자료를 바탕으로 해야 하기 때문이다. 섀퍼는 수명, 사망 원인, 새끼를 처음 낳는 나이, 한 배에 낳는 새끼 수, 개체군 내 다양한 연령 집단의 성비, 사회 구조, 짝짓기 방식 등에 관한 정보가 필요했다. 늑대나 퓨마 같은 종은 이런 정보가 충분하지 않았다. 갈색곰은 프랭크 크레이그헤드Frank Craighead와 존 크레이그헤드John Craighead라는 두 형제 생물학자 덕분에 충분한 자료가 축적돼 있었다. 크레이그헤드 형제는 옐로스톤 국립공원에서 1959년부터 1970년까지 갈색곰을 조사하여 많은 자료를 발표했다.

옐로스톤의 갈색곰은 한 가지 이점이 더 있었다. 그레이터옐로스톤 생태계는 옐로스톤 국립공원과 그랜드티턴 국립공원뿐만 아니라 연결돼 있는 국유림 일곱 군데와 야생 생물 보호 구역 여러 곳, 윈드리버 인디언 보호 구역, 토지관리국 소유 토지 일부, 갈색곰이 살 만한 야생 자연 환경을 충분히 갖춘 사유지와 국유지 여러 곳을 포함한 삼림 지대와 목초지와 산기슭과 유역을 포함하는 광대한 지역이다. 소유권이 복잡하게 뒤얽혀 있음에도 불구하고, 이 다양한 땅들은 전체적으로 하나의 생태계를 이루고 있다. 이 생태계는 갈색곰에게 그다지 호의적이지 않은 개발된 땅(농장, 목장, 철조망, 도시와 마을, 교외 지역, 고속도로, 철도, 관개 운하, 송전선, 공항, 골프장, 가드레일, 트레일러 파크, 쇼핑몰, 제재소, 극장, 주유소, 총포상, 피자 가게, 주차장, 울짱, 짖어대는 개, 신호등, 정지 표지판, 콘크리트 잔디 장식물 등을 포함해)으로 둘러싸여 있기 때문에, 그레이터옐로스톤 생태계의 갈색곰은 사실상 섬에 갇혀 격리돼 있다. 이들은 별도의 생태계 조각에서 별개의 개체군으로 살아간다. 그래서 옐로스톤의 갈색곰이 섀퍼에게 경험적 패러다임이 된 것이다.

그 개체군의 특징을 고려하기 전에 섀퍼가 맨 처음 맞닥뜨린 문제는 〈생존 가능 최소 개체군의 크기 결정하기: 갈색곰 사례 연구Determining Minimum Viable Population Sizes: A Case Study of the Grizzly Bear(*Ursus arctos* L.)〉라는 논문 제목에 사용된 용어를 정의하는 것이었다. '생존 가능 최소 개체군'이란 정확하게 무엇을 뜻하는가? 메인과 야다브는 그것을 '무한정 지속할 가능성이 높은 개체군의 크기'라고 정의했지만, 이것은 좀 모호했다. '무한정'은 얼마나 긴 기간을 말하며, '가능성이 높은' 것은 정확하게 어느 정도의 확률을 말하는가? 메인과 야다브는 이런 매개변수들을 구체적으로 규정하지 않았으며, 그 뒤에도 아무도 그런 시도를 하지 않았다. 그래서 섀퍼가 그런 시도를 하기로 했다. 그는 자신이 선택한 값이 자의적임을 인정하면서 100년의 기간과 95%의 확률을 선택했다. 만약 주어진 크기의 개체군이 100년 동안 살아남을 확률이 95%라면,

그 개체군은 생존 가능하다고 말할 수 있다.

섀퍼는 모호한 표현 대신에 정확한 수치를 대입함으로써 평가를 위한 틀을 만들 수 있었다. 옐로스톤의 갈색곰에 대한 분석과 예측에 들어가기에 앞서 섀퍼는 중요한 기여를 또 한 가지 했는데, 작은 개체군을 멸종으로 내모는 일반적인 원인이 무엇인가 하는 문제를 명확하게 밝힌 것이다.

그 원인은 다양하지만, 그것들은 크게 결정론적(인간이 초래한) 요인과 확률적(우연한) 요인이라는 두 부류로 나눌 수 있다. 섀퍼는 이것들을 각각 '체계적 압력'과 '확률적 교란'[13]으로 부르길 좋아한다. 체계적 압력은 예측과 통제가 가능한 요인을 말하는 것으로, 사냥이나 살충제 살포, 서식지 파괴 등을 예로 들 수 있다. 확률적 교란은 우리의 예측과 통제 범위를 벗어나는 요인을 말하는데, 원래 무작위적으로 일어나서 그럴 수도 있고, 인간이 초래한 것이 아닌 미묘하고 알 수 없는 원인으로 일어나 무작위적인 것처럼 보여서 그럴 수도 있다. 확률적 교란은 개체군의 운명에 불확실성을 더한다. 개체군의 크기가 작을수록 불확실성은 더 커진다. 따라서 불확실성과 그것이 초래하는 결과에 대한 연구는 희귀종을 보호하는 데 중요하다.

체계적 압력은 그 자체로는 중요할 수 있지만, 섀퍼는 자신의 연구에서는 그것을 제외한다고 설명했다. 그의 논문은 곰사냥에 반대하는 주장을 펼치는 게 아니었기 때문이다. 그가 관심을 가진 것은 확률적 교란이었다. 이것은 작은 개체군에 어떤 영향을 끼칠까? 그 효과가 치명적이 되는 개체군의 문턱값은 얼마일까?

섀퍼는 "일반적으로, 어떤 개체군에 영향을 미치는 불확실성의 원천은 네 가지가 있다."[14]라고 썼다. 그리고 그것들을 개체수 요동, 환경적 요동, 자연재해, 유전적 요동이라고 열거했다(원문에서는 '요동'에 해당하는 단어가 stochasticity로 나온다. 예측이 불가능한 무작위적 성질을 뜻하는 이 단어는 직역한다면 확률적 속성 또는 확률적 성질 정도로 번역해야 하지만, 여기서는 편의상 단순히 요동으로 옮기기로 한다. ─옮긴이). 어려운 전문 용어들로 포장돼 있지만, 그 뒤에 숨어 있는 개념은 비교적 쉽다.

개체수 요동은 출생률, 사망률, 성비 등에 우연히 나타나는 변화를 뜻한다. 아주 희귀한 종이 하나 있다고 하자. 실제로는 존재하지 않는 가상의 동물인 흰발족제비가 그 종이라고 생각해보자. 흰발족제비는 이제 암컷 1마리와 수컷 2마리, 이렇게 딱 3마리만 살아남았다. 암컷은 한 수컷과 짝짓기를 하여 새끼 5마리를 낳고는 죽어버렸다. 게다가 태어난 새끼는 모두 수컷이다. 이것이 바로 개체수 요동이다. 흰발족제비는 7마리가 살아 있지만, 암컷이 1마리도 없으니 멸종은 시간 문제이다.

환경적 요동은 기후나 먹이 공급, 포식자·경쟁자·기생충·병원균 개체군의 크기에 일어나는 요동을 의미한다. 흰발족제비가 18마리 살아 있고, 성비도 균형을 이루고 있다고 하자. 그러나 먹이로 삼는 프레리도그 개체군이 바이러스성 질병으로 죽어간다고 하자. 흰발족제비는 그 바이러스에 직접 입는 피해가 없지만, 프레리도그가 사라져가자 먹이 부족에 시달리게 된다. 그래서 겨우 몇 마리만 살아남는다. 게다가 3년 동안 가뭄이 계속되면서 살아가기가 더욱 힘들어진다. 먼지만 폴폴 날리는 긴 여름은 흰발족제비의 삶에 큰 스트레스를 더해준다. 그러다가 혹독한 겨울이 닥친다. 이런 것이 바로 환경적 요동이다. 굶주린 데다가 혹독한 추위까지 맞이한 흰발족제비는 멸종하고 만다.

이 두 종류의 불확실성은 큰 개체군을 완전히 멸종시키기에는 부족하다. 수가 많으면 그만큼 안전하다. 그러나 작은 개체군은 작은 충격에도 취약하다.

자연재해(홍수와 산불, 태풍과 허리케인, 지진과 화산 분화)는 아주 큰 규모의 충격을 줄 수 있다. 자연재해는 물리적 원인이 있다는 점에서 완전히 무작위적이라고는 말할 수 없지만, 그 원인이 몹시 복잡해서 사실상 제대로 밝혀낼 수가 없고, 그 발생 시기도 예측할 수 없으므로 이러한 사건들은 불확실한 것으로 간주할 수 있다. 흰발족제비 개체군이 굶주림도 견뎌내고 가뭄과 추위도 이겨내 수십 마리의 개체군에 이르렀다고 하자. 그러나 그때, 큰 홍수가 발생하는 바람에 모조리 죽고 만다.

마지막으로, 유전적 요동이 있다. 이것은 주어진 유전자 풀 내에서 자연 선택의 영향과는 상관 없이 어떤 대립 유전자가 더 보편적이 되거나 더 희귀해지는 변동을 말한다. 이러한 변동이 치명적 결과를 초래하는 방법은 두 가지가 있다. 첫째, 이로운 대립 유전자가 희귀해져서(앞에서 설명한 유전자 부동이라는 무작위적 과정을 통해) 우연히 사라져버릴 수 있다. 둘째, 해로운 대립 유전자는 원래는 열성이고 희귀했으며, 또 대개 이형 접합자를 통해서만 전달되었지만(희귀하기 때문에), 작은 개체군 내에서는 충분히 보편적인 것이 되어 동형 접합자로 나타날 수 있다. 근친 교배는 동형 접합자가 생길 확률을 높인다. 열성 유전자는 이형 접합자 상태에서는 겉으로 드러나지 않지만, 동형 접합자 상태에서는 열성 대립 유전자들끼리 짝을 짓기 때문에 표현 형질이 되어 나타난다. 그리고 그것이 해로운 유전자라면, 그 동물에게 해로운 결과로 나타난다.

어떤 개체군 내에 존재하는 해로운 열성 대립 유전자 전체를 유전적 하중genetic load이라고 부른다. 큰 개체군에서는 유전적 하중은 별다른 효과를 나타내지 않고 전달될 수 있다. 많은 우성 대립 유전자에 섞여 전달되는 소수의 열성 대립 유전자는 표현될 기회를 찾기 어렵기 때문이다. 그러나 작은 개체군에서는 유전적 하중이 큰 부담으로 나타날 수 있다. 작은 개체군에서는 근친 교배가 일어날 가능성이 높기 때문에 이러한 해로운 유전자가 표현될 기회가 많다. 만약 어떤 개체군 내에서 상당히 큰 유전적 하중이 전달되고 있었는데, 개체군 크기가 갑자기 줄어드는 일이 일어나면, 근친 교배가 증가하면서 근교 약세로 인해 큰 문제가 생길 수 있다.

작은 개체군에 영향을 미치는 또 다른 형태의 유전적 요동은 창시자 효과이다. 창시자 효과가 어떤 것인지 기억나는가? 핑크색 양말을 예로 들어 설명한 그 원리 말이다. 큰 개체군에서 적은 수의 개체들이 격리되면(그 개체들이 새로운 이주 집단을 창시하거나 큰 개체군에서 나머지 개체들이 모두 죽고 그 개체들만 살아남음으로써), 이 작은 개체군에는 큰 개체군이 지녔던 유전적 다양성 중 극히 적은 일부 표본만 남게 된다. 그 유전자 표본은 어느 정도 무작위적일 수밖에 없다. 희귀한 대립 유전자(해로운 것이건 중립적인 것이건 이로운 것이건)는 상실될 가능성이 높다. 이로운 대립 유전자는 말할 것도 없고, 중립적인 대립 유전자의 상실마저도 결국에는 부정적 결과를 낳을 수 있다. 어떻게? 양말 서랍의 예를 다시 생각해보라. 새벽의 어둠 속에서 손이 닿는 대로 양말을 챙기다 보면, 핑크색 양말이 빠질 가능성이 높다. 그런데 만약 여러분이 탄 비행기가 예정에 없던 라스베이거스에 도착하고, 마침 그날이 할로윈데이라면 여러분은 핑크색 양말을 가져오지 못한 것이 못내 아쉬울 것이다. 창시자 효과는 작은 개체군에서 희귀하고 얼핏 쓸모없는 것처럼 보이는 대립 유전자를 사라지게 하는데, 나중에 환경이 변하면 그 대립 유전자가 아주 유용하게 쓰일지도 모르는 일이다.

유전자 부동은 창시자 효과 문제를 악화시키는데, 작은 개체군이 계속 진화하는 데 필요한 유전적 변이들을 없애기 때문이다. 그러한 변이들이 사라지면, 그 개체군은 점점 다양성이 빈약해지고 균일화를 향해 나아가며, 적응적 반응 능력이 떨어진다. 환경이 안정적으로 유지되기만 한다면, 균일화는 명백한 단점이 되지 않을 수도 있다. 하지만 환경에 교란이 일어나면, 그 개체군은 진화적 적응을 할 수가 없다. 교란의 규모가 아주 크다면, 그 개체군은 멸종할 수도 있다.

환경적 요동은 바로 그와 같은 교란을 초래할 수 있다. 자연재해 역시 마찬가지다. 사실, 섀퍼의 확률적 교란 네 가지는 상호작용하면서 악순

환의 고리를 만들 수 있으며, 여기에 휘말린 작은 개체군은 멸종을 향해 빨려 들어가게 된다.

흰발족제비 개체군을 다시 한 번 상상해보라. 이번에는 개체군이 조금 더 안정적인 약 80마리라고 하자. 이들은 두 프레리도그 집단이 살고 있는 지역에서 포식 동물로 살아간다. 두 프레리도그 집단 중 하나는 고원 지역에 살고, 또 하나는 강가에 산다. 그때, 100년에 한 번 일어날까 말까 한 큰 홍수가 일어난다. 그것은 예측할 수도 없었고 피할 수도 없었다. 강가에 살던 프레리도그는 한 마리도 빠짐없이 죽고 말았다. 아직도 고원에는 40마리가 살고 있다. 하지만 두 번의 가뭄과 한 번의 혹독한 겨울이 지나가면서 그 수가 20마리로 줄어든다. 살아남은 암컷 중 여러 마리는 선택의 여지가 없어 새끼와 짝짓기를 한다. 여러 수컷은 자기 누이와 짝짓기를 한다. 이렇게 태어난 새끼 중 일부는 근친 교배의 부작용으로 생식 능력이 없다. 이 새끼들이 어른이 되었을 무렵에는 전체 집단의 출생률이 떨어진다. 근친 교배로 태어난 다른 새끼들은 세균 감염에 저항력이 약하다. 하필이면 그 질병이 집단 전체에 퍼져 이 새끼들이 죽는다. 역시 근교 약세의 희생자인 다른 새끼들은 전반적으로 허약한 상태로 태어난다. 이 개체들은 특별한 문제는 없지만, 이형 접합자를 가진 개체들의 장점이 없다. 또다시 혹독한 겨울이 닥치자 이 약한 새끼들은 죽고 만다. 이제 7마리만 남았다. 하지만 운 나쁘게도 그중 2마리만이 암컷이다. 그중 1마리는 너무 늙어서 새끼를 낳을 수 없고, 나머지 1마리는 건강한 새끼를 다섯 마리 낳고 나서 코요테에게 잡아먹힌다. 태어난 새끼 5마리는 죄다 수컷이다. 그럼 남은 흰발족제비의 수는? 모두 11마리이지만, 그중 10마리는 수컷이고, 1마리는 늙은 암컷이다. 이 종은 이제 역사 속으로 사라질 것이다. 그러니 이쯤에서 사진을 찍어두고 작별 인사를 고하자.

섀퍼의 생존 가능 최소 개체군 정의

흰발족제비 개체군을 멸종시킨 원인은 무엇일까? 정부 기관이 살포한 독이나 경작지 개간을 위한 서식지 파괴가 일부 원인이 되었다고 치자. 그렇지만 이러한 체계적 압력이 결정타가 된 것은 아니다. 독이나 서식지 상실은 한때 풍부했던 종의 수를 맨 마지막까지 살아남은 80마리로 줄어들게 했을 뿐이다. 그런 다음에는 네 종류의 불확실성이 흰발족제비를 멸종으로 몰아갔다.

윌리엄 뉴마크의 논문도 그랬지만, 섀퍼의 박사 학위 논문 역시 풋내기 과학자가 쓴 논문이 학계에 큰 반향을 불러일으킨 사례였다. 섀퍼는 네 종류의 불확실성을 처음으로 일목요연하게 소개한 뒤, 생존 가능 최소 개체군의 정의를 제시했다(비록 임시적인 것이긴 하지만).

> 주어진 서식지에 사는 어떤 종의 생존 가능 최소 개체군은, 개체수 요동과 환경적 요동, 유전적 요동 및 자연재해에서 예상되는 효과를 모두 감안할 때, 100년 동안 살아남을 확률이 최소한 95% 이상인 가장 작은 개체군을 말한다.[15]

나중에 섀퍼는 멸종 확률 5%는 너무 높은 확률이고, 100년이라는 시간은 너무 짧다고 생각해 이 수치들을 좀 더 높은 값으로 수정한다. 게다가 어떤 수치를 기준으로 그러한 정의를 내리려면, 생물학의 예측 능력뿐만 아니라 사회의 가치도 포함시켜야 한다는 중요한 사실까지 깨닫는다. 즉, 과학적 문제뿐만 아니라 문화적, 정치적 문제도 항상 그 과정의 일부를 이룬다는 사실을 인식하게 된다. 우리는 얼마나 관심을 보이는가? 우리는 흰발족제비를 얼마나 절실히 보호하고자 하는가? 우리는 어느 정도의 보호 수준을 요구하는가?

조각난 서식지에서 작은 개체군으로 축소된 채 살아가는 전 세계의 종들은 네 종류의 불확실성 때문에 위험에 처해 있다. 가상의 동물인 흰발족제비는 현실에서도 어디에나 존재할 수 있다. 이 동물 혹은 저 식물도 흰발족제비가 될 수 있다. 그것은 옐로스톤의 갈색곰이 될 수도 있고, 안나푸르나의 눈표범이 될 수도 있고, 중앙아프리카의 마운틴고릴라가 될 수도 있다. 혹은 어느 열대 섬에 그런 동물이 살고 있다. 그 동물은 재칼의 얼굴에 황갈색 눈, 자이언트판다처럼 흰색과 검은색이 섞인 무늬를 갖고 있다고 상상해보라. 그리고 여러분은 그 동물을 '바바코토'로 알고 있다. 그들은 노래를 부른다. 마지막으로 남은 80마리가 아날라마자오트라라는 작은 보호 구역의 숲에서 살고 있다고 상상해보라.

예리한 눈을 가진 베도

팻 라이트가 아날라마자오트라에 온 것은 1984년이었다. 라이트가 마다가스카르 섬에 온 것은 그때가 처음으로, 다양한 야생 자연 현장에서 여우원숭이를 연구하기에 좋은 장소를 찾으려고 여러 곳을 돌아다니다가 들른 것이었다. 그녀는 한 영장류 생태학자와 함께 큰 여우원숭이인 인드리를 보러 그 유명한 마을 페리네를 찾아가기로 했다.
"우리는 열대 생물학자니까 가이드가 필요 없다고 생각했어요."
라이트는 그때 일을 회상하며 말했다.
"우리끼리 인드리를 찾고 있는데, 어디선가 작은 소년이 나타났어요. 그리고 '그 동물은 이쪽에 있어요.'라고 말하더군요."
그 소년의 이름은 베도였다.
"그는 눈이 초롱초롱했고 성격이 쾌활했어요. 프랑스 어도 조금 할 줄 알았지요. 우리는 그 소년이 마음에 들었어요. 베도는 어릴 때부터 카리스마가 아주 강했지요."

베도는 그들을 인드리 무리가 있는 곳으로 안내했다. 라이트 일행은 나중에 더 멀리 도보 여행에 나설 때 베도를 데리고 갔다.

"우리는 이 소년이 숲을 아주 잘 안다는 사실을 알아챘어요. 그는 도중에 다양한 동물과 새와 물체를 가르쳐주었지요. 그는 눈이 아주 예리했어요."

라이트는 그때의 일을 조금도 막힘 없이 술술 쏟아놓았다.

"그것이 우리의 첫 만남이었지요."

그녀의 목소리에는 슬픔과 사랑이 묻어 있었다.

라이트는 1년 뒤에 듀크 대학의 제자인 데이비드 마이어스David Meyers와 함께 아날라마자오트라로 돌아가 아직 발견되지 않은 황금대나무여우원숭이의 가까운 친척인 동부작은대나무여우원숭이를 관찰했다. 베도는 그들의 정식 가이드가 되었다. 베도는 매일 그들과 함께 보호 구역에서 일했으며, 그들과 함께 식사하고, 온종일 함께 걸어다녔다. 그들은 한 가족처럼 살았다. 그 당시 베도는 열네 살쯤 되었다고 한다.

"베도는 자연에 관한 거라면 모든 것에 열정을 보였어요. 흥미롭지 않은 것이 없는 것 같았어요. 뱀도 사랑했고, 아주 작은 곤충과 카멜레온도 사랑했지요. 그리고 여우원숭이를 아주 잘 알았어요."

도로 바로 건너편에 있는 집에서 여러 형제와 함께 자란 베도는 아버지가 수자원산림청의 어장 관리자로 일했기 때문에 아날라마자오트라는 어릴 때부터 그의 놀이터였다. 숲에 대한 해박한 지식과 재주는 헌신적인 사랑과 경험과 공감과 또 한 가지 특별한 능력에서 비롯되었다.

"베도는 정말로 놀라운 눈을 갖고 있었어요. 그런 능력을 가진 사람은 본 적이 없어요." 라이트가 재삼 강조하면서 말했다.

베도는 천진난만했지만 뛰어난 재주가 많았다. 라이트는 베도가 여우원숭이의 배설물 표본을 채집하려던 어느 영장류학자를 도운 이야기도 했다. 베도는 어머니가 쓰던 냄비를 몰래 훔쳐와서는, 여우원숭이가 똥을 눌 때까지 그 아래에서 기다렸다. 그리고 결국 여우원숭이의 똥을 한 냄비 가득 담아 가지고 의기양양하게 돌아왔다. 베도는 어린 소년치고는 강인한 성격과 성실성을 지녔다. 그것은 자연을 대하는 태도와 자기 부족의 전통적인 구속을 충실하게 따르는 행동에서 잘 나타났다. 라이트와 마이어스는 주로 프랑스 어로 베도와 대화를 나누었지만, 영어도 조금씩 가르쳤다. 베도는 총명한 소년이었다. 대나무여우원숭이를 연구하려고 페리네를 떠나 라노마파나로 이동할 때, 라이트는 베도도 함께 데려가길 원했다. 하지만 베도는 아직 학기 중이라 학교를 다녀야 했다. 라이트는 베도에게 버스 요금을 주며 라노마파나까지 오는 방법을 일러주었다. 하지만 한 번도 다른 곳으로 여행한 적이 없는 시골 소년에게 그것은 감당하기 어려운 여행이 될 게 뻔했다. 라이트는 그렇게 제안은 했지만, 그 결과는 확신할 수 없다는 것을 잘 알고 있었다. 베도는 그냥 집에 머물기로 결정할까, 아니면 라노마파나로 제대로 찾아올까, 그것도 아니면 여행길에 나섰다가 길을 잃을까?

라이트는 이 의문에 대한 답을 얻은 날을 정확하게 기억한다. 6월 말의 그날이 국경일이었기 때문이다. 그녀는 야영지를 떠나 언덕을 넘고 오솔길에서 벗어나 숲을 헤치면서 여우원숭이 무리 뒤를 따라가고 있었다. 그런 그녀 앞에 홀연히 베도가 나타났다.

"그는 라노마파나까지 무사히 왔을 뿐만 아니라, 숲 속에서 우리를 찾아내기까지 했어요."

베도는 슬리핑백과 작은 짐 꾸러미를 메고 있었다. 함께 일할 만반의 준비를 갖추고 나타난 것이다.

나중에 페리네의 집으로 돌아간 그는 학교를 그만두고, 아날라마자오트라 보호 구역에서 가장 인기 있는 야생 자연 가이드로 일하면서 많은 돈(최소한 마다가스카르의 시골 기준에서는)을 벌기 시작했다. 라이트는 전과 다름없이 그 마을을 가끔 방문했고, 청소년기를 보내는 베도를 가까이에서 지켜보았다.

한번은 수도로 데려가 구경시켜 주었다. 베도는 그때까지 안타나나리보를 본 적이 없었다. 그들은 엘리베이터를 타고 힐튼 호텔 옥상까지 올라가면서 주변 경치를 내려다보았다.

"우리는 12층 높이에 있었어요. 어떤 인드리보다 더 높은 곳에 올라간 것이지요. 베도의 반응이 흥미로웠어요. 그는 믿을 수 없다는 표정을 지었어요."

베도는 엘리베이터로 다시 돌아가더니 그것을 타고 싫증이 날 때까지 올라갔다 내려갔다를 반복했다. 라이트는 베도에게 큰 상점도 보여주고 노천 시장에도 데려갔다. 처음에 베도는 도시의 화려한 모습에 매혹된 것처럼 보였다. 그렇지만 그것은 금방 식었다.

"거리를 걸으며 베도에게 대도시가 마음에 드냐고 물었더니 이렇게 대답하더군요. '동물이 하나도 없잖아요. 난 별로 마음에 들지 않아요. 어디를 봐도 동물이 전혀 안 보여요.' 그리고 이런 말도 했지요. '소리도 들리지 않고 보이지도 않아요. 이곳에는 동물들이 없어요.' 아주 슬픈 표정으로요."

거의 같은 시기에 베도는 세계적인 야생 자연 사진가 프랜스 랜팅 Frans Lanting을 만났다. 랜팅은 《내셔널 지오그래픽》에 실을 사진을 찍으러 마다가스카르 섬에 온 참이었다. 랜팅은 베도의 재주를 인정하여 조수로 고용했다. 처음에는 아날라마자오트라에서 일했지만, 나중에는 랜팅이 돌아다닌 마다가스카르 섬의 다른 지역들에도 동행했다. 1년 동안 그들은 몇 차례 함께 여행하면서 야생 동물을 찾고 사진을 찍었다.

"나는 마다가스카르 섬을 동서남북으로 종횡무진 돌아다녔는데, 베도 같은 친구는 본 적이 없어요. 아주 특별한 친구였지요. 그는 마치 여우원숭이처럼 숲을 휘젓고 다녔어요."라고 랜팅은 말했다.

랜팅과 조수가 사진을 찍는 데 필요한 장비를 다루는 동안 베도는 여우원숭이를 추적하거나 미리 앞서 다른 동물을 찾아나서곤 했다. 나무 위로 기어오르기도 했고, 카멜레온을 찾아내기도 했다. 희귀한 새를 그 둥지와 함께 발견하기도 했다. 민첩성, 숲에 대한 감각, 동물에 대한 사랑 때문에 랜팅은 베도를 '바바코토'라고 부르기 시작했다. 앞에서 말했듯이, 이 별명은 '작은 아버지', '조상', '인드리' 등의 뜻으로 통한다.

하지만 일 중에서 베도가 특별히 힘들어한 부분이 있었다. 랜팅은 자유로운 본성을 신봉하는 양심적인 사람이긴 하지만, 직업상 약간의 구속이 필요하다고 느낄 때도 있다. 사람의 눈을 피하는 동물은 어쩔 수 없이 붙잡은 상태에서 사진을 찍지 않을 수 없었다. 사진을 다 찍고 나서는 그 동물을 풀어주긴 했지만, 베도는 그런 행동을 좋아하지 않았다. 그는 화를 냈다. 동물이 우리에 갇히면 베도는 자기 영혼이 우리에 갇힌 듯이 몹시 괴로워했다. 랜팅은 "그런 점 때문에 그는 숲의 야생 동물 중 하나였어요."라고 말했다. 대체로 그들은 동물을 발견한 자연 상태 그대로 사진을 찍었다. 그것은 인내심은 더 많이 필요하지만 간섭은 덜 필요한 상황으로, 숲 속에서는 대개 그랬다. "그곳은 베도가 가장 행복해하는 곳이었어요."

랜팅 역시 베도가 아주 총명하다는 걸 금방 알아챘으며, 자연 세계에 대한 그의 특별한 사랑은 마다가스카르처럼 궁핍하지만 소중한 나라에서 중요한 자산이 될 잠재력이 있다고 인정했다. 그런 재능을 가진 젊은 이는 아날라마자오트라 보호 구역에서 약간의 돈을 받으며 관광객의 가이드 노릇을 하는 것보다 더 큰 가능성을 향해 나아가도록 능력을 개발해야 했다. 베도는 과학자가 될 것 같지는 않았다. 과학자가 되려면 오랜 기간의 훈련을 견뎌낼 수 있는 기질이 필요한데, 베도는 그것이 좀 부족했다. 하지만 훌륭한 교육자는 될 수 있을 것 같았다. 베도는 자신의 열정과 지식을 부유한 서구인에게만 나누어줄 것이 아니라, 마다가스카르의 어린이들에게도 나누어줄 수 있을 것이다. 그래서 랜팅은 베도의 교육에도 관심을 쏟으며 도움을 주려고 노력했다.

"하지만 그러한 노력은 헛된 것이었어요."

베도는 사춘기 청소년이었고, 오텔 뷔페 드 라 가르에서의 생활은 사춘기의 혼란과 성급함을 더욱 악화시켰다. 다른 곳에서는 그도 가난한 시골 소년이었으나, 호텔에서는 외국인들에게 칭찬과 큰돈을 받는 유명한 가이드였다. 이와는 대조적으로 학교에서는 우둔하고 별다른 재능이 없는 학생이었다. 그래서 학교를 빼먹기 시작했고 낙제까지 했다. 랜팅은 라이트가 그런 것처럼 베도의 학비를 대주려고 했으나, 베도가 학교에 가지 않는 이상 그런 도움은 아무 소용이 없었다. 랜팅은 베도가 열심히 공부하도록 자극을 주기 위해 후원과 책무성의 틀을 마련할 수 없을까 하는 기대를 품고 교장 선생님도 만나보았다. 랜팅은 기대와 인센티브 구조 같은 걸 만들 수 없는지, 그리고 베도가 학교생활을 어떻게 하는지 자신에게 정기적으로 간략한 보고서를 보내줄 수 없느냐고 물었다. 그러나 구조나 인센티브 같은 것은 이 나라에서는 막연한 뜻으로 번역되는 이질적인 개념이었다. 책무성의 틀을 만드는 것은 불가능한 것으로 드러났다.

"그 점에서 마다가스카르는 유사流沙(바람이나 흐르는 물에 의하여 흘러내리는 모래)와 같아요."

내가 페리네를 처음 방문한 시기는 베도가 학교를 그만두고 나서 얼마 안 되었을 때였다. 나 역시 그의 재주를 칭찬하고 두둑한 돈을 지불함으로써 공부를 하는 것보다는 가이드로 살아가는 게 더 유망하다는 생각을 부추긴 외국인이 되고 말았다. 베도가 나를 아날라마자오트라로 안내하던 날 밤에 나는 그가 라이트나 랜팅과 그런 인연이 있는 줄 전혀 몰랐다. 그리고 그가 이미 마다가스카르에서 아주 유명한 젊은 박물학자이며, 관광객뿐만 아니라 아날라마자오트라에서 야외 조사를 했거나 인드리를 직접 보고 듣기 위해 잠깐 방문한 다수의 생물학자에게도 존경을 받는다는 사실을 전혀 몰랐다. 그가 학교와 숲 사이에서 겪은 갈등은 말할 것도 없다. 베도가 라노마파나와 다른 곳을 여행한 사실도 전혀 몰랐다. 그리고 그의 조용한 매력, 호텔에서 영어와 프랑스 어를 쓰는 고객들에게 보여주는 자신감, 전문 지식, 돈을 많이 버는 능력, 외국인들 사이에 유명 인사로 대우받는 것 때문에 그의 마을에서는 질시를 받는다는 사실 역시 알 리가 없었다. 나는 미국으로 돌아간 뒤 라이트에게서 전화를 받기 전까지는 이런 사실들을 까마득히 몰랐다. 라이트는 베도가 살해되었다고 말했다.

자세한 사정은 아직 알 수 없지만, 저간의 사정은 짐작이 간다고 라이트는 말했다. 그의 시체는 이미 발견되었다. 라이트는 슬픔에 젖어 메마르고 무거운 목소리로 말을 흐렸다. "그는 최고의 눈을 가진 아이였는데……."

50/500 규칙

섀퍼는 작은 개체군을 위협하는 네 종류의 불확실성을 다룬 박사 학위 논문을 1978년에 제출했지만, 그 논문을 학술지에 발표하지는 않았다. 이 주제를 다룬 그의 첫 논문이 학술지에 실린 것은 1981년에 가서였다. 그 사이에 각자 독자적으로 연구하던 이언 프랭클린Ian Franklin과 마이클 술레가 같은 질문을 다루었다. 그 질문을 구체적으로 표현하면 다음과 같다. "얼마나 희귀해져야 지나치게 희귀하다고 말할 수 있는가?"

프랭클린과 술레는 섀퍼가 사용한 것과 같은 똑같은 용어(생존 가능 최소 개체군)를 사용하진 않았지만, 그러한 문턱값을 결정하는 요인 몇 가지를 분석했다. 그들은 임시적인 수치까지 제시했다. 섀퍼는 불확실성

중에서 주로 개체수 요동 측면을 살펴본 반면(그가 사용한 갈색곰 자료에서 드러난 요인이었으므로), 프랭클린과 술레는 유전적 측면을 살펴보았다. 그들은 각자의 분석 결과를 1980년에 출간된《보전생물학: 진화생태학적 전망 Conservation Biology: An Evolutionary-Ecological Perspective》이라는 책에 각각 별개의 장으로 실었다. 술레는 이 책의 편집 책임을 맡은 사람 중 한 명이었으며, 프랭클린에게 그 책에 들어갈 글을 써달라고 청탁했다. 두 사람의 연구는 놀랍도록 유사한 결론에 접근했는데, 이것은 두 사람의 주장에 신빙성을 더해주었다.

프랭클린은 계량유전학자였다. 그는 작은 개체군에서 유전적 변이가 어떻게 상실되며(창시자 효과와 유전자 부동을 통해), 그러한 상실의 결과(근교 약세와 적응 능력 상실을 포함해)가 그 개체군의 단기적, 장기적 생존 전망에 어떤 영향을 미치는지 다루었다. 단기적으로 가장 문제가 되는 것은 근친 교배였다. 그는 "종에 따라 한 개체군이 근친 교배 효과에 충분히 대처할 수 있는 최소 개체군 크기가 있을 것이다."[16] 라고 썼다. 개체군의 크기가 최소 개체군 크기보다 작으면 근교 약세가 문제가 될 수 있다. 그 후손들 사이에서는 해로운 열성 대립 유전자가 동형 접합자로 짝을 지어 나타나는 경향이 있어, 그 개체군은 유전적 불구 상태로 전락할 것이다. 대담하게도 프랭클린은 근친 교배와 관련된 이 최소 개체군의 크기에 대해 일반화된 추정치를 제시했다. 가축 육종가들의 경험과 다른 증거들을 바탕으로 그는 그 크기를 50마리로 제시했다. 만약 개체군이 이 값을 간신히 넘어 근친 교배의 위험에서 벗어나 단기적 생존을 유지한다면, 그다음에는 장기간에 걸친 유전적 변이 상실이 문제가 된다.

장기적 전망은 돌연변이와 유전자 부동이라는 서로 대조적인 두 요인 사이의 균형에 달려 있다. 돌연변이는 개체군에 유전적 변이를 공급하는 반면, 유전자 부동은 변이를 사라지게 한다. 어떤 개체군에서건 유전자 부동은 가장 희귀한 대립 유전자를 제거함으로써 다음 세대로 전해지는 것을 막는 경향이 있다. 반면에 돌연변이는 유전자 풀에 새로운 변이를 추가한다.

돌연변이는 해로운 것도 있고 중립적인 것도 있고 이로운 것도 있다. 현재의 생태학적 조건에서는 중립적인 것도 조건이 변하면 이로운 것으로 변할 수 있다. 따라서 돌연변이를 꼭 나쁜 것으로만 보아서는 안 된다. 돌연변이는 적응과 진화에 새로운 가능성을 제공한다.

큰 개체군에서는 돌연변이가 일어나는 비율이 변이가 상실되는 비율을 상쇄하고도 남기 때문에 유전자 부동은 문제가 되지 않는다. 그러나 개체군의 크기가 작을수록 돌연변이가 더 적게 일어난다. 아주 작은 개체군에서는 유전적 부동을 통해 잃는 것이 돌연변이로 얻는 것보다 더 많으므로 유전적 잠재력의 풍부성이 줄어든다. 그렇다면 개체군의 크기가 얼마나 작아져야 균형을 유지하기가 힘들어질까? 여기서도 프랭클린은 대담한 추정치를 제시했다. 실험실에서 초파리를 대상으로 한 실험 연구를 바탕으로 그 크기를 500마리라고 제시했다. 그것보다 작은 개체군은 세대가 지날 때마다 적응 능력이 점점 떨어지고, 장기적 생존 전망도 낮아진다.

이 추정치는 '50/500 규칙'으로 알려지게 되었다. 단기적 근교 약세를 피하기 위한 최소 크기는 50마리이고, 장기적 적응 능력을 유지하는 데 필요한 최소 크기는 500마리라는 뜻이다. 하지만 수치를 구체적으로 못박은 것은 비판의 표적이 되었다. 일부 생물학자들은 50/500 규칙을 너무 단순한 일반화일 뿐만 아니라 사람들을 오도할 염려가 있다고 생각했다. 50/500 규칙은 보호 구역을 설계하는 사람들과 야생 동물을 보호하는 사람들의 주목을 끌었다. 그중에 코스타리카 공무원들도 있었는데, 그들은 부채머리독수리와 재규어 개체군이 50마리 미만이므로 이들을 포기해야 하지 않을까 하는 생각이 들었다. 왜 이 숫자들이 그렇게 강력한 위력을 발휘했을까? 그 수치들은 일단 그럴듯해 보였고, 구체적 증거(비록 적긴 했지만)와 합리적인 논증을 바탕으로 했으며, 또 많은 사람들이 그런 답을 간절히 기다리고 있었기 때문이다. 설사 프랭클린이 제시한 수치가 정확한 것이 아니라 하더라도, 그것은 논의의 초점을 좁히는 데 도움을 주었다.

프랭클린의 글이 제공한 또 한 가지 중요한 기여는 총조사 개체수와 유효 개체수를 구분한 것이다. 총조사 개체수는 살아 있는 개체의 정확한 수를 말한다. 유효 개체수는 수학적으로 유추한 개체수로, 생식에 참여하는 패턴, 유전자의 흐름, 유전적 변이 상실 등을 반영한 것이다. 유성 생식을 하는 동식물은 유효 개체수가 총조사 개체수보다 항상 적을 수밖에 없다. 하지만 얼마나 더 적을까? 프랭클린은 그 답이 개체군 내에서 생식 능력이 있는 암컷의 수, 암컷과 짝짓기를 할 기회를 얻는 수컷의 수, 암컷에 따른 다산 능력 차이, 유효 수컷 대 유효 암컷의 성비 불균형 정도, 세대에 따라 개체군 크기가 요동하는 범위에 달려 있다고 설명했다. 큰 수컷 몇 마리가 하렘을 지배하고 젊은 수컷들은 짝짓기를 할 기회를 거의 얻지 못하는 와피티사슴 무리의 경우, 그 유효 개체수에는 기회의 불평등이 반영될 것이다. 프랭클린은 다양한 관련 요인들과 유효 개체수의 크기 사이의 관계를 나타내는 간단한 방정식을 몇 개 제시했다. 그의 수식이 알려주는 일반적인 메시지는, 생식 습성과 개체수 변동의 역사에 따라 유효 개체수는 총조사 개체수보다 아주 적을 수 있다는 것이다.

이것이 왜 중요할까? 최소 개체군의 문턱값은 총조사 개체수가 아니라 유효 개체수와 관계가 있기 때문이다. 다시 말해서, 집단유전학의 지혜가 알려주는 경고는 인드리 80마리는 실제로는 80마리가 아니라고 말한다.

진화의 종말

마이클 술레는 《보전생물학》 중 자기가 쓴 장에서 유전적 문제를 세 가지로 나누었다. 첫 번째는 단기적 근교 약세, 두 번째는 장기간에 걸친 적응 능력 상실, 세 번째는 척추동물들 사이에서 일어나는 중요한 진화적 변화가 지구의 대부분 지역에서 '급작스런 정지'[17] 상태에 이른 위험이다. 그는 첫 번째와 세 번째 문제만 다루고, 두 번째 문제는 프랭클린이 쓴 장을 참고하라고 했다.

프랭클린과 마찬가지로 술레도 실험유전학 기록뿐만 아니라 동물 육종에 관한 문헌을 읽었다. 그는 폴란드차이나 종 돼지를 대상으로 실시한 형제자매간 근친 교배 실험을 소개했다. 그 실험에서는 단 두 세대 뒤에 다양한 근교 약세 현상이 나타나기 시작했다. 한 배에 낳는 평균 새끼 수가 크게 줄어들었고, 태어난 새끼의 생존률도 크게 떨어졌으며, 새끼들의 성비도 수컷이 많은 쪽으로 기울어져 젊은 암퇘지가 부족해졌다. 술레는 기니피그, 가금, 생쥐, 메추라기의 사례도 조사해보았다. 그는 〈가금의 개량 도구로 사용된 근친 교배 Inbreeding as a Tool for Poultry Improvement〉나 〈근친 교배가 가금의 알 생산에 미치는 영향 Inbreeding on Egg Production in the Domestic Fowl〉처럼 잘 알려지지 않은 농경학 분야의 논문을 인용했다. 술레는 실용적인 동물 육종가들이 시행착오를 통해 어느 가축 품종에서 유전적 문제가 나타나지 않도록 허용할 수 있는 근친 교배가 어느 정도인지 발견했다고 보고했다. "그들이 얻은 경험 법칙은 한 세대당 근친 교배 비율이 2~3%를 넘어서는 안 된다는 것이었다."[18]

야생 동물의 경우에는 상황이 좀 다르다. 가축 품종은 수백 년에 걸친 인위적 육종 과정을 통해 해로운 열성 대립 유전자들을 대부분 솎아냈기 때문에, 일반적으로 야생 동물보다는 근교 약세에 덜 취약하다. 그래서 술레는 야생 동물 개체군 보전에 적용하는 기준을 약간 더 낮추어 세대당 1%로 잡았다. 이 기준을 적용하면, 야생에서 작은 개체군으로 살아가는 동물은 단기간(5~10세대 동안)에는 근교 약세가 나타나지 않을 것이다. 그런데 이것을 개체군 크기로 해석하면 어떻게 될까? 슐레는 근친 교배 비율을 1% 미만으로 유지하려면, 유효 개체수가 최소한 50마리는 되어야 한다고 계산했다. 그는 독자적인 방법을 통해 프랭클린이 얻은 것과 똑같은 값을 얻은 것이다. 즉, 단기적으로 근교 약세를 피하려면 유효 개체수가 최소한 50마리는 되어야 한다.

슐레는 그것을 '기본 규칙the basic rule'[19]이라고 불렀다. '규칙'이란 단어는 '권고'나 '경고'보다 더 긴박한 설득력을 지닌 것처럼 들린다. 훗날 다른 생물학자들이 슐레와 프랭클린의 연구를 가리킬 때 '50/500 규칙'이라고 부르게 된 데에는 슐레가 이런 이름을 붙인 영향이 컸다. 물론 이 두 가지 수치는 아직도 정의되는 과정에 있던 개념에 임시적 계량화를 제공하려는 초기의 임시적 시도를 대표하는 것이다.

슐레의 세 번째 문제는 더 크고 더 우려스러운 것이었다.

그는 "열대 지방에 사는 큰 식물 및 육상 척추동물에게 일어나는 중요한 진화는 이번 세기에 종말을 고할 것이다."[20]라고 썼다. 진화의 종말이라고? 그렇다. 다만, 그가 의미한 것은 정확하게는 종 분화의 종말이다. 현존하는 나무나 척추동물 종들은 그 계통 내에서는 진화가 조금씩 계속 일어날 것이다. 하지만 별개의 새로운 계통으로 갈라져나가는 일은 더 이상 일어나지 않을 것이다. 이것은 정말로 심각한 주장이었다. 왜냐하면, 그러한 분기는 생물 다양성의 주요 원천이기 때문이다. 슐레의 주장은 생물지리학과 유전학뿐만 아니라 전 세계적인 야생 자연 고갈 현상을 바탕으로 한 것이었다. 열대 지역 전체에서 일어나는 서식지 파괴와 분열 때문에, 그리고 사람들이 마지못해 떼어놓은 자연 보호 구역이 너무 작기 때문에, 가까운 장래에 척추동물과 나무 종들이 사실상 진화를 멈추는 날을 맞이할 것이다. 각 종은 (기껏해야) 생존 가능 개체군을 간신히 유지할 서식지는 찾을 수 있겠지만, 여러 개체군으로 분기하는 데 충분한 서식지는 얻지 못할 것이다. 각각의 보호 구역은 큰 동물들 사이에서 동소적 종 분화를 촉진할 만큼 충분한 면적과 지형적 은신처와 지리적 격리 장소를 제공하기에 부족할 것이다. 종들이 멸종을 통해 사라져가더라도 새로운 종이 그것을 보충하지 못할 것이며, 지구에서 큰 동식물 종은 점차 감소할 것이다. 무척추동물이나 단순한 식물(이러한 동식물은 일반적으로 크기는 훨씬 작은 반면, 그 수는 훨씬 많다)은 큰 타격을 입지 않을지도 모른다. 하지만 술레의 생각이 옳다면, 큰 척추동물과 나무의 전체적 다양성은 큰 손실을 입을 것이다. 희귀한 유인원과 고양이과 동물도 멸종해가고, 그 빈 자리를 채울 새로운 종은 나타나지 않을 것이다. 아시아의 열대우림을 이루는 거대한 경목인 딥테로카프 종들도 사라져가고 회복되지 않을 것이다. 세계는 점점 더 텅 비고 쓸쓸한 장소로 변해갈 것이다. 사람들은 그래도 상당히 많은 딱정벌레나 조충류, 균류, 국화과 식물, 연체동물, 진드기와 함께 살아갈 수 있을 것이다. 민들레와 붕어도 살아남을 가능성이 높다.

이러한 전망은 몹시 우울하면서도 중요하고 설득력이 있다. 술레가 이렇게 중요한 메시지를 던졌다는 사실만 해도 높이 평가받을 만하지만, 자신이 직접 쓴 장보다는 《보전생물학》이란 책을 나오게 한 공로를 훨씬 높게 사야 한다. 이 책 자체는 더 큰 의미를 지니고 있는데, 바로 새로운 생물학 분야를 열었기 때문이다.

브라운 북과 그린 북

1970년대 말에 술레는 캘리포니아 대학 샌디에이고 캠퍼스에서 생물학을 가르치고 있었다. 초기에는 파충류에서 나타나는 형태적 변이의 유전학적 기초를 주로 연구했지만, 점차 서식지 파괴와 서식지 분열, 작은 개체군의 유전적 퇴화, 멸종과 같은 더 큰 문제에 관심을 갖게 되었다. 많은 생태학자와 집단생물학자가 그 문제들을 언급했지만, 그들의 노력은 대부분 폭이 좁고 그마저 분산돼 있었다. 이들의 연구를 통합 조정하려는 노력도 없었고, 지식의 축적 효과도 나타나지 않았다. 멸종 문제와 그것을 막는 방법에 관심을 가진 과학자들이 한데 모여 대화를 나눌 공론의 장조차 없었다. 술레는 뭔가 행동을 취해야겠다는 생각이 들었다. 1978년, 그는 브루스 윌콕스Bruce Wilcox라는 대학원생과 함께 샌디에이고에서 회의를 열었다. 그들은 그 회의를 거창하게 제1차 보전생물학 국제학회라고 이름 붙였다.

제레드 다이아몬드, 존 터보그, 폴 얼리크를 비롯해 20여 명의 생물학자가 논문을 제출했다. 술레와 윌콕스는 그 논문들을 편집하여 2년 뒤에 방대한 분량의 책인 《보전생물학: 진화생태학적 전망》을 출간했다. 책 표지에는 아프리카의 영양을 갈색 색조의 음화로 실었는데, 멸종으로 사라질 위기에 처한 동물을 상징적으로 나타낸 것이었다. 갈색 색조는 상징적인 색으로 유용한 것으로 드러났다. 그 후 '보전생물학'이란 용어는 다른 문헌에도 반복적으로 등장했지만, 그 부제는 비록 내용을 잘 설명하는 것이긴 해도 발음하기가 쉽지 않았다. 이 책은 해당 분야의 전문가들 사이에서 '브라운 북Brown Book'으로 알려졌다. 그 후 다양한 색의 저서들이 속속 나와 무지개 색을 채웠다.

이 책이 보전생물학을 다룬 최초의 저서는 아니었다. 이미 1968년에 레이먼드 다스먼Raymond Dasmann이 《환경 보전Environmental Conservation》이란 책을 출간했으며, 1970년에는 데이비드 에렌펠드David Ehrenfeld가 《생물 보전Biological Conservation》이란 책을 출간했다. 그러나 브라운 북에는 뭔가 다른 점이 있었다. 이 책은 광범위한 분야에 걸친 과학자들의 공동 노력으로 완성되었다. 그중 많은 사람은 《섬 생물지리학 이론》에 큰 영향을 받았고, 모든 사람은 생물계가 산산조각나고 있으며 뭔가 조처를 취해야 한다고 생각했다. 이들 과학자는 현재 일어나고 있는 종의 상실에 대한 염려에서 행동을 같이했다. 생태계 1헥타르가 파괴될 때마다, 그리고 한 종이 추가로 사라져갈 때마다 자신들이 지적으로(그리고 감성적으로) 기여하고 있는 생물계 우주가 점점 작아진다는 사실을 뼈저리게 느꼈다. 만약 이런 추세가 계속된다면 가까운 장래에 생태학자와 야외 생물학자는 설 곳을 잃을 것이고, 그 자리는 박물관의 큐레이터나 고생물학자 또는 역사학자가 대신하여 사람들에게 옛날에 코끼리와 곰과 여우원숭이가 산 적이 있다는 이야기를 들려줄 것이다.

책의 서문에서 술레와 윌콕스는 보전생물학이 하는 일을 정의했다. "보전생물학은 순수 과학과 응용 과학을 모두 아우르는, 임무 수행에 초점을 맞춘 분야이다."[21] 순수 과학 측면에서는 생태학, 진화생물학, 섬생물지리학, 유전학, 분자생물학, 통계학, 그리고 그 배경을 이루는 다른 분야들, 예컨대 생화학, 내분비학, 세포학 등을 포함했다. 응용 과학 측면에서는 경제학, 천연자원 개발 계획, 교육, 갈등 해소 기술, 섬 생물지리학이 자연 보호 구역의 설계에 대해 가르칠 수 있는 모든 것을 포함했다. 술레와 윌콕스에 따르면, 얼마 전까지만 해도 학계의 속물 근성 때문에 많은 생물학자는 이 주제를 다루길 꺼렸다. '응용'생물학을 야생생물 관리나 임학 분야에 종사하는 사람들이나 하는, 지적으로 덜 고급스러운 영역으로 여겼기 때문이다. "그러나 학계의 속물 근성은 전에는 그랬는지 모르지만, 이제 더 이상 경쟁력 있는 전략이 아니다."[22] 우월감을 느끼며 멀찌감치 떨어져 있으려는 자세는 더 이상 누릴 수 없는, 어리석은 사치에 지나지 않았다. "지구에서 고생물학 시대가 시작된 이래 중단되지 않고 계속된 많은 생태학적 과정과 진화 과정이, 우리가 살아 있는 동안에 끝나지는 않는다 하더라도 중단될 것이라는 결론을 피할 수 없다."[23] 술레와 윌콕스는 개인적으로는 그것이 일시적 중단에 그치길 바란다고 썼다. 그 책의 목적, 즉 보전생물학의 목적은 일시적 중단이 연속적인 중단이 되는 것을 막는 것이었다.

그 글에서 표출된 분노와 명쾌한 논리 중 일부는 마이클 술레에게서 나왔다. 술레는 개인적 경력이 진화생물학에서부터 섬 생물지리학, 생존 가능 개체군 이론, 보전생물학까지 이 과학 분야들이 역사적으로 발전한 과정과 겹치며, 어느 누구보다도 가까이에서 그 발전을 지켜보고 동참한 사람이다.

술레는 1940년대와 1950년대 초에 샌디에이고에서 자랐다. 그 당시 샌디에이고는 관목으로 무성한 작은 협곡들로 둘러싸여 있었고, 선셋 절벽 아래의 바닷가에서는 전복과 바닷가재를 잡을 수 있었다. 술레는 그 협곡들에서 놀았는데, 나비를 채집하고 연못 물을 현미경으로 관찰했다. 어머니는 술레가 침실에 뱀을 들여놓아도 참아주었다. 40년 뒤, 그는 샌타크루즈 대학의 교수로 재직했고, 나는 그를 만나기 위해 그곳으로 찾아갔다.

그는 내게 10대 중반에 샌디에이고 자연사박물관과 제휴한 소년 박물학자 클럽에 가입했다고 말했다.

"그 클럽은 자연에 심취한 소년들로 구성된 비공식 모임이었지. 지금이라면 너드nerd(공부나 취미활동에만 몰입해 스포츠나 사회활동에 관심을 보이지 않는 따분한 사람을 일컫는 말)라고 부르겠지. 하지만 우린 모두 자연에 열정적인 애정을 가졌고, 산이나 사막으로 야외 탐사를 떠나거나 연안에서 해양 무척추동물을 채집하곤 했지."

그들은 바하까지 여행을 간 적도 있고, 캘리포니아 만의 섬들을 방문하기도 했다. 훗날 술레는 스탠퍼드 대학의 대학원생으로 폴 얼리크 밑에서 배울 때 같은 섬들을 다시 방문해 야외 탐사 활동을 벌였는데, 소년 시절에 경험한 여행은 그러한 장래를 예고해주었다. 그때는 1960년대 초반이었는데, 그 무렵 술레는 맥아서와 윌슨이라는 두 젊은이가 발표한 새로운 이론에 심취했다.

박사 과정 때에는 앙헬데라과르다 섬에 잠깐 머물며 조사 활동을 했고, 테드 케이스가 얼마 전에 척왈라를 조사한 카논데라스팔마스에서 도마뱀을 채집했다. 술레가 초기에 발표한 논문 중에는 캘리포니아 만의 섬들에 서식하는 파충류의 생물지리학을 다룬 것도 있는데, 맥아서와 윌슨의 연구에서 많은 도움을 받았다. 그는 공동 저자와 함께 분포 패턴을 도표로 나타내고, 종과 면적 관계와 거리 효과를 다루었다. 훗날, 술레는 아드리아 해와 카리브 해의 섬들에서도 연구했다. 더 나중에는 샌디에이고 카운티의 격리된 관목 서식지 조각에서 일어난 생태계 붕괴를 기술한 논문을 발표했다. 그는 평형 이론을 자신이 옛날에 연못 물을 관찰하던 현미경처럼 유용한 도구로 생각했다.

내가 평형 이론을 언제 처음 알았느냐고 묻자, 그는 짧게 대답했다.

"발표하던 바로 그날."

그는 박사 과정을 마치고 아프리카 말라위의 한 대학에서 몇 년 동안 교수 생활을 한 다음, 미국으로 돌아와 캘리포니아 대학 샌디에이고 캠퍼스에 교수 자리를 얻었다. 그는 파충류 연구를 계속했다. 그러는 한편으로 인구 증가와 야생 자연 사이의 갈등에 대해 점점 우려하게 되었다. 그는 대학원 시절의 지도 교수였던 얼리크에게 영향을 받아 인구 문제에 관심을 갖게 되었고(얼리크를 《인구 폭탄 The Population Bomb》의 저자로만 알고 있던 많은 미국인이 그랬던 것처럼), 말라위에서 그 결과가 사람들의 고통과 야생 자연의 희생으로 나타나는 것을 목격했다. 말라위에 사는 야생 동물들은 케냐나 탄자니아만큼 풍부하지 않았으며, 그것도 주로 몇몇 작은 국립공원에서만 살고 있었다. 또, 캘리포니아 주 남부의 자연 경관 변화는 굶주린 아프리카 사람들이 칼과 쟁기로 숲을 파괴한 것만으로는 서식지 상실을 설명할 수 없다는 자료를 추가로 제공했다.

"샌디에이고가 파괴되고 있다는 사실은 명백했지."

관목이 무성했던 협곡들은 도시가 팽창하면서 사라지고 있었다.
"노래 가사에 나오는 것처럼 그들은 낙원을 아스팔트로 포장하여 주차장으로 만들고 있었어. 자기가 태어나고 자라난 곳이 파괴되는 것을 보면 가슴이 찢어지지 않을 수 없지. 그것은 무엇보다도 큰 불안과 근심을 불러일으켜. 적어도 나한테는 그랬어. 한 장소에서 오래 살면서 어떤 행동을 취하기도 전에 그곳이 원시 상태에서 파괴된 상태로 변하고, 견딜 만한 곳에서 견딜 수 없는 곳으로 변해가는 것을 지켜본다면⋯⋯."

그의 목소리가 가늘게 떨렸다. 술레는 분명히 행동을 취하긴 했지만, 충분히 일찍 취하지는 못했던 것이 분명하다.

"그런데 질문한 게 무엇이었지?"

"멸종에 처음으로 관심을 가진 게 언제인가 하는 질문이었어요."

"오, 그렇지. 음, 그것은 서서히 일어났어. 그런 관심은 천천히 조금씩 생기기 시작했지. 처음에는 인구 증가가 자연을 압도하는 것을 우려하는 훨씬 단순한 근심만 있었어."

그는 다이아몬드와 여러 사람들이 1970년대 초에 평형 이론이 작은 자연 보호 구역에 대해 어떤 의미를 지니는지 주장한 내용들을 잘 알고 있었다. 그것은 종의 상실, 평형을 향한 완화, 표본보다 격리 집단에서 더 낮게 나타나는 종의 다양성 등이었다. 1974년에 그는 안식년 휴가를 얻어 오스트레일리아로 갔다. 그곳에 있을 때 유명한 밀 유전학자인 오토 프랑켈Otto Frankel로부터 캔버라에서 세미나를 해달라는 요청을 받았다. 프랑켈은 술레가 섬들을 연구한 결과에 관심이 많았다. 자신의 관심 분야인 유전자 보전과 관련이 있을 것이라고 생각했기 때문이다.

"그 전까지 나는 유전자 보전이라는 말을 들어본 적이 없었어."

술레는 밀에 대해서도 아는 게 없었다. 하지만 그는 기꺼이 세미나에 참석하겠다고 연락했다. 두 사람의 만남은 수 년간에 걸친 협력 관계로 발전해 결국 함께 《보전과 진화 Conservation and Evolution》라는 책을 저술하는 결실로 이어졌다. 이 책은 이 분야에서 또 하나의 이정표로 평가받는 업적이다. 《보전과 진화》는 1981년에 초록색 표지로 발간되었다. 책의 제목 자체는 그다지 흥미를 끄는 것이 아니어서 이 책은 그린 북Green Book으로 알려지게 되었다.

현실적 문제

술레의 연구실은 비좁은데, 거기다가 자전거까지 한 대 놓여 있다. 이것은 캘리포니아 주의 생태학자들이 지닌 공통적 특징이 아닌가 하는 생각이 들었다. 케이스도 자기 연구실에 10단 변속 자전거를 두고 있기 때문이다. 한쪽 벽에는 얼룩말 사진이 붙어 있고, 다른 쪽 벽에는 킬라우에아 화산이 분화하는 사진이 붙어 있다. 그리고 파일 캐비닛 하나, 아이디어를 적기 위한 칠판 하나, 책상 위의 꽃이 핀 선인장, 매킨토시 컴퓨터, 검치호 두개골 캐스트가 있다. 검치호 두개골은 윌슨의 연구실에서도 본 적이 있어서, 이것은 혹시 엘리트 섬 생물지리학자들의 비밀스러운 회원 표지가 아닐까 하는 생각이 들었다.

술레는 운동화를 신은 마른 체형의 중년 남자로, 희끗희끗 세어가는 염소 수염을 길렀다. 대화를 나누는 동안 그는 점심을 먹었다. 종이컵에 담긴 인스턴트 렌즈콩 수프였다. 그의 삶은 진지하고 빡빡한 것처럼 보이는데, 내게는 그것이 존경스러웠다. 그는 내가 묻는 모든 과학적 질문과 개인적 생애에 관한 질문에 기꺼이 답해주었다. 문득 짓궂은 생각이 든 나는 그가 로스앤젤레스의 선禪 도장인 초문화연구소에서 보낸 시절에 대해 물어보았다.

그는 거기에는 신기할 게 전혀 없다고 대답했다. 그는 대학 생활이 지긋지긋해졌다고 한다. 너무 지쳤던 것 같다. 개인적 환경이 너무 무기력해 보였다. 그때는 제1차 보전생물학 국제학회가 열렸던 1978년이었다. 대학의 가치와 학계의 다툼에 넌더리가 났다. 그래서 종신 교수직을 사임하고 선 도장으로 가 한동안 그곳 관장으로 활동했다. 진료소 일도 돕고 불교 강좌 프로그램도 개설했다. 그러나 그동안에도 생물학을 계속 연구했다. 그는 단지 대학에서 교수로서 보내는 삶에 넌더리가 났을 뿐이다. 선 도장에 있으면서 공동 저술한 두 권의 책(학회의 결과로 나온 브라운 북, 그리고 프랑켈과 함께 쓴 그린 북)에 들어갈 글을 완성했으며, 논문도 여러 편 썼다. 그리고 보전유전학 분야에서 국제적 자문도 했다. 또한, 〈우리가 멸종에 대해 제대로 아는 것은 무엇인가?〉라는 제목의 에세이도 썼는데, 이 글에서 멸종을 부추기는 요인 열여덟 가지를 열거했다. 이 글은 《유전학과 보전 Genetics and Conservation》이라는 책에 실렸다 (이 책은 나중에 색을 좋아하는 사람들 사이에서 '그레이 북'으로 알려졌다). 그 시기는 선에 몰입한 것으로나 과학적으로나 생산적인 시간이었다고 명한다.

초기에 발표한 이 글들 덕분에 술레는 개체군 생존 능력에 관해서는 선구적인 이론가로 떠올랐다. 1982년에 할 샐와서 Hal Salwasser 라는 사람이 전화를 걸어왔다. 그는 미국 산림청 소속의 야생 생물 생태학자였다.

샐와서는 골치 아픈 문제가 하나 있었는데, 혹시 술레가 도움을 줄 수 있지 않을까 기대했다. 1976년에 미국 의회는 국유림 관리법을 통과시켜 미국의 국유림을 관리하는 방침을 수정했다. 그 전까지는 1897년에 제정된 법에 따라 국유림 관리자들이 "숲을 보호하고 개선"[24] 해야 했다. 이것은 듣기에는 달콤한 개념이었지만 너무 모호하게 표현된 개념이라, 과도한 벌목과 생태계 파괴를 낳을 가능성이 있었다. 숲을 '개선'한다는 말은 후안무치한 환원주의자의 관점에서 해석할 여지가 있었는데, 실제로 그런 일이 종종 일어났다. 오래된 숲 사이로 벌목용 도로를 건설하거나 혼합림을 베어내고 생장 속도가 빠른 단일종 묘목을 심는 것도 숲의

'개선'으로 간주할 수 있었다. 만약 그 과정에서 생물 다양성이 감소한다 하더라도, 그것은 산림청이 신경써야 할 담당 업무가 아니었다. 그런데 1976년의 법률 개정으로 상황이 바뀌었다.

새 법은 벌목 가능한 목재를 증가시키는 것만이 숲을 보호하고 개선하는 방법이 아니라는 점과, 관리자들은 숲의 경계 안에서 "동식물 군집의 다양성을 제공"[25]할 의무가 있음을 명시했다. 게다가, 새 법과 관련된 규정에는 "계획 구역 내에서 어류와 야생 동물의 서식지는 기존의 토착 척추동물 종과 바람직한 비토착 척추동물 종의 생존 가능 개체군을 유지하도록 관리해야 한다."[26]라고 되어 있었다. 토착 척추동물 종의 생존 가능 개체군이라고? 좋다, 샐와서는 기꺼이 그렇게 하려고 했다. 그런데 이것은 정확하게 무엇을 의미할까? 생존 가능성이란 어떤 상태를 말하는가? 그는 술레와 동료 과학자들이 실제 현장에서 사용할 수 있는 정의를 내려주길 기대하면서 전화를 건 것이었다.

"나는 그게 아주 중요한 사건이라고 생각했지."라고 술레는 말했다.

술레와 샐와서는 산림청의 후원을 받아 캘리포니아 주 네바다시티에서 워크숍을 개최했다. 거기에는 생존 가능 개체군을 연구하는 일부 이론가들과 산림청 공무원들이 참석했다. 네바다시티는 시에라 산맥의 산기슭에 자리잡고 있다. 참석한 사람들 중에는 나이 지긋한 트라이애슬론 선수이자 컴퓨터 프로그래밍에 능숙한 마이클 길핀도 있었는데, 그는 그 회의를 생생하게 기억한다.

이론가들이 느낀 좌절

"나도 그 회의에 초청을 받았지."

나와 나눈 한 대화에서 길핀은 이렇게 말했다. 그것은 산림청이 후원하고, 자신의 동료이자 새로운 시행 규정을 만들 임무를 부여받은 생태학자 샐와서가 주최한 소규모 회의였다고 한다. 샐와서와 술레, 길핀 외에 산림청 소속 생물학자 세 사람, 학계의 과학자 두 사람, 그리고 당시 미국 어류야생생물국에서 일하던 마크 섀퍼가 참석했다.

"나는 그 배경은 잘 몰랐지만, 샐와서는 1976년에 새로 제정된 국유림 관리법을 꼼꼼하게 살피다가 거기서 '각 숲의 관리 책임자는 각각의 국유림에 사는 모든 척추동물 종의 생존 가능 개체군을 유지해야 한다.'라는 표현을 보았지."

길핀이 인용한 구절은 기억에서 되살린 것이라 정확하지는 않지만, 핵심 단어만큼은 확실하게 기억하고 있었다.

"그래서 우리는 '생존 가능 개체군'이 무엇을 말하는지 결정해야 했지."

술레는 단기적 근교 약세를 피하기 위해 필요한 최소 개체군의 크기를 자신이 대략 50마리로 제시한 적이 있다는 사실을 상기시켰다. 한편, 프랭클린은 장기적 생존과 적응에 필요한 수를 500마리로 제시했다. 그렇지만 단기적이란 얼마나 짧은 시간을 말하고, 장기적이란 얼마나 긴 시간을 말하는가? 연방 국유림 관리자들은 시행 규정에 들어간 '생존 가능 개체군'이라는 모호한 용어를 어떻게 해석해야 할까? 생태학 교과서를 참고해도 별 도움이 되지 않았을 것이라고 길핀은 말했다. 그 개념들은 나온 지 얼마 안 되었기 때문이다.

길핀은 그때의 일을 다음과 같이 회상했다.

"어쨌든 우리는 회의에 참석했지. 통상적으로 회의가 열리기 전에 필요한 자료가 오지만, 우리는 그것을 읽지 않아. 하루 전날 밤에 모텔에서 읽으면 되니까."

그때에도 길핀은 그렇게 생각했지만, 피치 못할 사정과 게으름 때문에 자료를 제대로 읽지 못했다.

"그래서 나는 그들이 말하는 것이 무엇인지 전혀 알지도 못한 채 회의에 참석했어. 나는 국유림 관리법은 한 줄도 읽지 않았고, 또 현실 세계에서 활동하는 생물학자들과 접촉하지 않은 지도 오래되었지."

그런데 산림청 공무원들은 아주 명석한 사람들이었다. 저명한 과학 전문가들이 어떤 일을 해야 하는지 정확히 조언만 해준다면 산림청이 현실 세계에서 올바른 일을 하도록 행동할 자세가 되어 있었다.

"우리는 그 질문을 듣고 나서 이틀 동안 개체군의 생존 가능성 문제를 다루었지."

길핀은 늘 자신감이 넘치고 머리 회전이 빠르고 광범위한 전문 훈련을 받은 자신이 그 문제를 풀 수 없다는 사실을 깨닫고 느낀 좌절을 잘 기억했다.

"나는 꽤 부끄러웠지. 그리고 이 문제가 지닌 생생한 현실성에도 큰 충격을 받았어."

그와 동료 이론가들은 기본적이면서 단순한 예상을 내놓으라는 요청을 받았다.

"여기에 한 종이 있어. 그 종에 대한 정보도 있어. 충분한 정보는 아니지만, 어쨌든 약간의 정보가 있어. 그렇다면……."

여기서 길핀은 산림청 관리자로 변신해 말했다.

"50년 뒤 혹은 100년 뒤에도 이 종이 이곳에 살아남아 있을까, 아니면 살아남지 못할까?"

그것은 예스나 노 중 양자택일하면 되는 간단한 질문이었다. 맥아서와 윌슨 이후에 이 과학 분야가 어떤 예측 능력을 갖추었다면, 바로 그것을 보여줄 절호의 기회였다.

"수치를 구체적으로 말할 필요도 없고, 유전자가 어떤 일을 할지도 말할 필요가 없었지. 가장 간단한 예측만 하면 되었지. 즉, 50년 뒤에도 살아남느냐 살아남지 못하느냐."

그런데 자신은 물론이고 술레와 어느 누구도 확실한 답을 내놓을 수 없다는 사실을 깨달았을 때, 길핀은 이 분야의 연구가 아직 적절한 수준에 이르지 못했거나 자신이 믿고 싶은 만큼 유용하진 않다는 결론을 내릴 수밖에 없었다. 어쨌든 아직은 그런 단계에 이르지 못한 게 분명했다. 개체군 생존 능력에 관한 이론과 어떤 구체적 사례의 변덕스러운 경험적 사건 사이에는 아직도 불확실성이라는 큰 간극이 존재했다.

네바다시티에서 현실 문제에 직접 부닥친 뒤, 길핀은 그 문제를 더 깊이 생각하기 시작했다.

희망이 없는 경우는 없다

이론 전문가인 길핀이나 술레 같은 사람들은 거대한 연방 기관이 현실에 적용할 수 있는 지침을 제시해달라는 요청에 익숙지 않았다. 그러한 요청은 고마운 것이긴 했지만, 당혹스럽기도 했다. 약간 두렵기까지 했다. 앞서 나온 경험 법칙인 50/500 규칙은 너무 일반적이고 절대적이었다. 그레이터옐로스톤 생태계에 사는 갈색곰 개체군은 오리건 주 서부의 얼룩올빼미 개체군이나 테네시 주의 스네일다터snail darter(달팽이를 잡아먹는 농어목에 속한 작은 시어)가 처한 것과 똑같은 위험에 처해 있지도 않을 것이고 그런 위험에 똑같은 반응을 보이지도 않을 것이다. 따라서 생존 가능 개체군의 문턱값이나 그것을 결정하는 요인은 종마다 그리고 사례마다 다를 수밖에 없다. 술레는 훗날 이렇게 썼다. "이 이야기가 주는 교훈은 우리가 현실에 가까이 다가갈수록 문제가 더 복잡해진다는 것이다."[27]

한편, 술레는 선 도장을 떠나 다시 학계로 돌아왔다. 이것이 그를 현실 세계에 더 가까이 다가가게 했는지 아니면 더 멀어지게 했는지는 관점에 따라 다르며, 이 문제에 대해서는 그 자신도 양면 가치를 느낀다.

그는 미시간 대학에 자리를 잡았다. 그리고 개체군 생존 능력에 관한 소규모 워크숍을 개최했다. 워크숍은 1984년 10월에 앤아버에서 열렸는데, 산림청과 어류야생생물국이 후원했으며, 또 뉴욕동물협회 같은 민간 단체들의 지원도 받았다. 이번에도 길핀과 샐와서, 섀퍼가 참여했으며, 선정된 집단생물학자, 진화유전학자, 통계학자가 10여 명 참여했다. 길핀은 그것을 "모든 조각을 테이블 위에 쏟아놓은" 모임으로 기억한다. 그 조각들은 모여서 한 권의 책이 되었다. 술레가 다시 편집을 맡았고, 앤아버에서 논의의 초점이 된 개념들은 결국 《보전을 위한 생존 가능 개체군Viable Populations for Conservation》이라는 책으로 출간되었다. 이 책은 표지가 밝은 파란색이어서 블루 북이라 불리게 되었다.

블루 북은 얇지만 충실한 내용이 담긴 책으로, 수학과 컴퓨터 모형이 많은 부분을 차지한다. 장들은 각자 나누어 썼는데, 길핀을 비롯해 여러 사람은 개체수 통계학, 유전학, 유효 개체수의 크기, 작은 개체군들 사이의 공간적 관계, 확률론 등에서 다양한 의미를 검토했다. 현실적인 문제도 일부 논의했는데, 예컨대 캘리포니아콘도르의 유전적 빈곤, 아메리카의 갈색곰을 관리하는 일에 제도적으로 협조할 필요성, 수마트라코뿔소의 멸종을 예방하는 데 드는 비용 대 편익 비율 등을 다루었다. 지혜와 종합을 대변하는 목소리인 전체적 개관은 술레가 썼다.

서문과 에필로그에서 그는 세부적인 전문 내용들을 포괄하여 전망을 제시했다. 예를 들면, 다음과 같다.

우리가 이 책에서 다루는 문제는 "어느 정도 많으면 충분한가?" 하는 것이다. 더 구체적으로 말하면, 주어진 장소에서 한 종이나 개체군이 장기간 지속하면서 적응해갈 수 있는 최소한의 조건은 무엇이냐 하는 것이다. 이것은 보전생물학에서 가장 어렵고 도전적인 문제 가운데 하나이다. 논란의 여지는 있지만, 이것은 집단생물학의 본질적인 문제인데, 시공간 연속체에

서 모든 생물적 요인과 비생물적 요인의 종합을 바탕으로 한 예측을 요구하기 때문이다.[28]

또 다른 곳에서는 더욱 신랄한 표현을 썼다.

희망이 없는 경우는 없다. 다만, 희망이 없는 사람들과 비용이 많이 드는 경우만 있을 뿐이다.[29]

술레는 이런 말을 할 자격이 충분히 있는 현자였다. 그는 보전생물학이라 부르는 과학 분야의 역사를 시간을 거슬러 먼 과거까지 추적할 수 있는 사람이었다. 단지 데이비드 에렌펠드나 레이먼드 다스먼, 폴 얼리크뿐만 아니라, 그리고 맥아서와 윌슨뿐만 아니라, 그리고 프랭크 프레스턴뿐만 아니라, 그들을 넘어서 레이첼 카슨, 알도 레오폴드, 찰스 엘턴, 기퍼드 핀쇼, 시어도어 루스벨트, 소로, 다윈, 성 프란체스코, 노자, 그리고 심지어는 아소카에 이르기까지 훨씬 더 광범위하고 오래 전의 지적, 윤리적 인물들까지 거슬러 올라간다.

"아소카는 어떤 사람인가요?"

술레가 수프를 다 먹었을 때, 내가 물었다.

아소카는 인도에서 최초로 불교를 믿은 왕이라고 한다.

"몽골군이 인도를 침략하기 훨씬 이전 시대에 짧은 기간이지만 불교가 인도의 지배적인 종교가 된 적이 있었지. 아소카 왕(인도 마가다국 마우리아 왕조의 제3대 왕. 인도 최초의 통일 왕국을 세웠다. 재위 기간 기원전 268~기원전 232)은 불교를 믿은 왕이었는데, 아소카 왕 석주石柱라는 칙령을 많이 발표했어. 왜 석주라고 불렀느냐 하면, 칙령을 돌기둥에다 써서 나라 곳곳에 세워놓았기 때문이지. 이스라엘의 일부 선지자나 왕처럼 아소카 역시 천연자원의 과도한 개발이나 남용을 염려했어. 그래서 그는 임업, 농업 및 천연자원 보전에 관한 법령을 발표했어. 자연 보전을 위해 만들어진 법 중 최초였지."

"그때가 언제쯤이었나요?"

"예수가 태어나기도 전이었어."

아마도 기원전 100년경일 거라고 술레는 말했다. 하지만 그것은 어디까지나 추측에 불과하니까 곧이곧대로 믿지는 말란다. 게다가 기억력도 나쁘다고 한다. 온갖 회의와 워크숍의 날짜 및 여러 잡지에 실린 중요한 논문들을 죄다 머릿속에 기억한다는 것은 무척 어려운 일이다. 거기다가 아소카 왕의 통치 기간이나 샌디에이고에서 보낸 소년 시절의 기억까지 정확하길 기대하긴 어려울 것이다.

두서없는 대화를 나누다 보니 그가 내게 할애하겠다고 약속한 시간을 거의 다 써버려서 아소카 왕에 관한 이야기는 그만 하기로 했다. 재위 연대야 언제라도 확인해서 바로잡으면 될 테니까. 나의 관심을 끄는 주제는 따로 있었다. 보전생물학과 생존 가능 개체군 이론이 섬 생물지리학과 다른 것들에서 발전하는 과정에서 술레가 핵심 역할을 담당했기 때문에 나는 그에게 한 가지만큼은 꼭 묻고 싶었다. 바로 SLOSS 논쟁에 관한 질문이다. 물론 나는 그가 일부 뒷이야기를 들려주지 않을까 내심 기대했다.

"그 논쟁이 일반적인 과학 논쟁보다 더 격렬했다는 이야기는 제 상상에 불과한가요?"

술레는 답변을 했다. 하지만 그는 정치인처럼 신중하게 모든 당사자에게 관대한 답변으로 일관해 그다지 인용할 만한 가치가 없다.

그래서 나는 한 발 물러서서 다른 각도에서 그 문제를 건드렸다. 이 방법은 흥미진진한 뒷이야기를 직접 끌어내기는 어려운 정중한 방법이었지만, 나로서는 최선이었다. 나는 술레가 1986년에 댄 심벌로프와 함께 어느 학술지에 발표한 흥미로운 논문에 대해 물었다. 나는 그 논문을 서너 번이나 읽어보았다. 거기에 담긴 과학적 내용은 명백한 것이었지만, 나는 눈에 보이지 않는 정치적 의미에 큰 흥미를 느꼈다. 두 사람이 공동 저자가 된 것은 좀 이상해 보였다. SLOSS 논쟁은 1986년 무렵에는 매우 격렬한 상태에 이르렀다. 양 진영은 학술지를 통해 치열하게 싸웠고, 귀무가설 논쟁은 그 싸움에 기름을 부었다. 술레는 길핀과 가까운 동료 사이였고, 그의 연구 경력을 본다면 분명히 다이아몬드 진영에 속했다. 그런데 심벌로프는 다이아몬드 진영의 주적이었다. SLOSS 논쟁을 제1차 세계대전의 참호전에 비유한다면, 이 논문은 영국의 로이드 조지 총리와 독일의 빌헬름 황제가 포옹을 한 것과 같은 사건이었다. 무슨 일이 있었던 것일까?

"나는 모스크바를 방문하기 전에는 심벌로프를 만난 적이 없었지."

두 사람은 저명한 소련 생물학자의 초청을 받아 모스크바를 방문했고, 같은 호텔에 묵었다. 그래서 어느 날 저녁에 식사를 같이 했고, 관광도 함께했다. 그러다 보니 술레는 심벌로프가 아주 마음에 들었다. 심벌로프는 외국에서 일행으로 함께 다니기에 아주 좋은 사람이었다.

"그는 내가 만난 사람 중에서 가장 세련되고 예절바른 친구였어. 고상하고 음악과 미술에 대해서도 아는 것이 많았지. 그와 함께 다니는 게 무척 즐거웠어. 그때, 나는 원고를 하나 가지고 다녔는데……."

술레는 두 사람 사이에 그 원고 이야기가 어떻게 나왔는지는 기억하지 못했다. 세미나에서 이야기했을지도 모른다고 하지만, 자신이 없는 눈치다. 어쨌든 그는 그 주제에 대해 계속 생각하고 있었고, 그 원고는 자신이 가진 논문 중에 섞여 있었다.

"그것은 다이아몬드와 심벌로프 사이의 분쟁을 해결하려는 시도였지. 두 사람이야말로 양 진영을 대표하는 두 적대자였으니까."

이렇게 말하고 나서 그는 금방 더 부드러운 표현으로 정정했다.

"아니, 주인공이었으니까."

심벌로프를 알기 전에 술레는 자신이 다이아몬드 진영에 더 가깝다고 생각했다고 한다. 그가 쓴 원고는 러브조이를 비롯한 여러 사람들을 곤혹스럽게 만들고, SLOSS 논쟁을 촉발하고, 양 진영을 참호전으로 몰아넣은 자연 보호 구역의 설계에 관한 모든 쟁점을 다룬 것이었다. 술레는 그러한 쟁점들에 대해 낡고 편향된 견해들을 뛰어넘어 더 최근에 나온 생존 가능 개체군 이론의 직관으로 난관을 돌파하려고 했다. 물론 그것을 통해 평화를 이루려는 마음도 있었다. 보전생물학이 싸워야 할 강력한 적들이 사방에 널려 있는데, 우리끼리 싸워서는 안 된다고 믿었다.

"나는 용기를 내어 말했지. '댄, 이걸 읽고 자네 생각을 좀 이야기해주겠나?' 하고."

심벌로프는 그것을 읽고 충분히 생각한 다음 건설적인 비판을 제시했다. 그는 일부 내용을 수정하고 가필도 했다. 그리고 마침내 술레의 요청을 받아들여 공동 저자로 서명을 했다. 그 논문은 영국의 유명한 학술지에 〈유전학과 생태학은 자연 보호 구역의 설계에 대해 우리에게 무엇을 말해주는가?What Do Genetics and Ecology Tell Us About the Design of Nature Reserves?〉란 제목으로 실렸다. 두 저자의 위치를 감안할 때, '우리'란 단어는 특별한 의미를 지닌다. 그것은 다이아몬드 진영과 심벌로프 진영의 모든 사람이 합의할 수 있는 지점은 어디인가라는 뜻이다. 그런 지점이 반드시 많아야만 하는 것은 아니었다. 논문 초록 첫 문장에서 술레와 심벌로프는 이렇게 선언했다. "SLOSS 논쟁은 자연 보호 구역의 최적 크기 논의에서 더 이상 쟁점이 아니다."[30]

더 이상 쟁점이 아니라고? 그 주장은 그저 희망 사항에 불과한 것이 아니냐고 술레에게 물었다.

"맞아."

그렇긴 하지만 완전히 그런 것만은 아니다. 일부 사람들은 오랫동안 이어져온 전쟁을 계속했지만, 다른 사람들은 새로운 사고방식으로 옮겨가고 있었다. 전향적 사고를 하는 사람들은 면적의 크고 작음에 얽매이지 않고 개체군 생존 능력에 더 관심을 기울이게 되었으며, '핵심종 keystone species'이라는 개념에 주목하게 되었다. 핵심종이란, 오랜 시간에 걸쳐 전체 생태계 군집의 응집력을 유지하는 데 특별히 중요한 동물과 식물을 말한다. 술레와 심벌로프는 자연 보호 구역을 설계할 때에는 핵심종과 개체군 생존 능력이 필수 고려 요소라고 강조했다.[31] 희망 사항이건 아니건, 그 논문은 애쓴 보람이 있었다.

나는 그 효과가 어땠는지 물었다.

"사람들을 참호에서 나오도록 설득하는 데 도움이 되었나요?"

"그건 아무도 몰라. 나는 그런 느낌을 받았지만, 직접적 증거는 어디에도 없다네."

중재자이자 종합하는 사람의 역할을 한 술레는 자신의 공적을 좀체 내세우려 하지 않고, 사실에서 가설로 논리적 도약을 하는 데 신중한 태도를 보인다. 그는 선禪에 깊은 조예가 있고 사건의 확률론적 요소를 잘 아는 훌륭한 집단생물학자이다. 그는 많은 것은 늘 불확실하다는 사실을 매우 잘 알고 있다.

어느덧 두 시간이 지났다. 나는 고맙다는 인사를 하고 떠날 채비를 했다. 술레가 잘 알려지지 않은 자신의 논문 복사본을 찾으러 자리를 비운 사이에(내가 도서관에서 그것을 찾느라 애쓰는 수고를 덜어주려는 아주 친절한 행동이었다) 나는 연구실에 있던 장식물에서 흥미로운 것을 하나 발견했다. 그것은 신문 기사를 복사한 것으로, 책장 옆에 잘 보이지 않게 테이프로 붙여놓은 것이었다. 그 헤드라인은 '토르티야에 나타난 예수 얼굴'이었다.

술레가 돌아오자 나는 그것에 대해 이야기했다. 심벌로프의 연구실 문에도 비슷한 내용의 기사들이 많이 붙어 있다고 말하면서 저것도 심벌로프가 보낸 것은 아닌지 물었다. 하지만 술레는 정확하게 기억하지 못했다. 그럴지도 모른다고 말했다. 기사 밑에 "지금 티켓 판매 중!"이라고 누군가 써놓은 글씨가 보였다.

"댄은 짓궂은 유머 감각을 갖고 있지."

나는 술레가 모스크바에서 알게 된 그 복잡한 사람이 지닌 유머 감각을 상상하려고 노력했다. 심벌로프는 못 말리는 장난꾸러기이다. 아주 특이한 괴짜인 그는 재미있는 것을 발견하면 함께 박장대소하려고 편지로 보낸다. 음, 아마 그랬을지도 모른다. 하지만 나는 토르티야 이야기에는 그냥 웃어넘기는 유머 이상의 의미가 있다는 느낌이 들었다. 나는 심벌로프가 다른 수단을 통해 귀무가설 논쟁을 계속하고 있다는 가설을 펼쳤다.

"그래. 그는 프로 회의론자지."

술레는 무미건조한 미소를 살짝 지으며 말했다. 그도 그런 연관관계를 생각지 못한 것은 아닌 것 같다.

"나는 아마추어 회의론자야. 하지만 내가 할 수 있는 것을 하지."

섀퍼의 비관론

마크 섀퍼가 블루 북에서 쓴 글에는 〈생존 가능 최소 개체군: 불확실성에 대한 대처 Minimum Viable Populations: Coping with Uncertainty〉라는 제목이 붙어 있다. 그것은 9년 전에 자신의 논문에서 제시한 것과 같은 맥락의 생각을 더 발전시킨 것이었다. 섀퍼는 사람들의 행동으로 인한 체계적 압력이 종들의 생존 가능성을 한계로 몰아갈 수는 있지만, 최종적 사건인 멸종은 일반적으로 우연의 요소를 포함하게 마련이라고 썼다. 불확실성은 물론 삶의 일부이지만, 작은 개체군에게는 생존의 적이다.

그는 이 진리에는 두 가지 따름정리가 있다고 덧붙였다.

"첫째, 개체군의 크기가 작을수록 주어진 시간 안에 멸종할 가능성이 더 높다. 둘째, 시간이 길수록 주어진 크기의 어떤 개체군이 멸종할 가능성이 더 높다."[32]

섀퍼는 생존 가능 최소 개체군이라는 개념은 이 두 가지 따름정리를 공식화한 것에 불과하다고 설명했다. 즉, 그것은 어떤 동물이나 식물 개체군의 크기가 심각하게 줄어들 때 그 멸종 위험을 계량화하려는 노력이다. 이 공식화된 개념은 우리 인간 사회가 그 위험을 어느 정도까지 수용할 의향이 있는지 결정할 특권을 제공한다. 우리는 수마트라 섬에 코뿔소가 몇 마리 이상 살기를 절실히 바라는가? 아프리카에는 코끼리가 몇 마리 이상 살기를 절실히 바라는가? 옐로스톤에는 갈색곰이 몇 마리 이상 살기를 절실히 바라는가? 섀퍼는 "100년 동안 계속 생존할 확률이 95% 이상이라면 멸종이 충분히 먼 장래의 일이란 뜻인가, 아니면 임박했다는 뜻인가?"[33]라고 물었다. 그는 답을 제시하지는 않았다. 그것은 과학적 문제가 아니라 정치적 문제라는 사실을 잘 알기 때문이다.

하지만 그는 우울한 예언을 하나 했다. 생존 가능 최소 개체군의 크기를 대략 평가해본 결과, "현재 존재하는 자연 보호 구역의 크기와 수는 최소한 일부 포유류 종에게는, 특히 몸집이 크거나 희귀한 종에게는 장기적으로 높은 수준의 안전을 제공하기에 부족하다."[34]라고 결론 내릴 수밖에 없었다.

이러한 비관론을 가진 사람은 그 혼자만이 아니었다. 술레를 비롯해 다른 사람들도 같은 노래를 부르고 있었다.

베도의 죽음을 둘러싼 수수께끼

베도가 살해된 지 두 달 뒤 나는 그 사건에 숨겨진 사실들을 알 수 있지 않을까 기대하면서 페리네로 갔다. 하지만 베도가 죽었다는 냉엄한 사실 외에 다른 사실은 없는 것 같았다. 사실 대신에 증언은 있었다. 여러 목소리의 증언이 있었다. 그들은 프랑스 어, 말라가시 어, 영어로 내게 말했다. 일부는 분노에 찬 목소리였고, 일부는 슬픔에 젖은 목소리였고, 일부는 방어적인 목소리였다. 나는 진실을 발견할 수 없었다. 여러 버전의 이야기만 있었다.

나는 아날라마자오트라 보호 구역 건너편에 위치한 베도의 집을 찾아갔다. 아버지의 이름은 자오솔로였다. 팻 라이트와 데이비드 마이어스와 함께 찾아갔기 때문에 그는 나를 반갑게 맞이하며 아들에 대한 이야기를 들려주었다.

"맞아요. 베도는 여우원숭이를 사랑했어요. 파충류도 사랑했고, 동물이라면 모두 사랑했지요. 가끔 사람들은 숲으로 가서 희귀한 동물을 찾으려고 했지만, 잘 찾지 못했어요. 하지만 베도와 함께 가면 쉽게 찾을 수 있었지요. 유럽에서 유명한 교수들이 와서 나무 사이에서 어떤 동물을 발견하고는 '저것이 뭐지?' 하고 고개를 갸웃거리곤 했어요. 그들은 그 동물이 무엇인지 몰랐어요. 그러면 베도가 쳐다보고는 무슨 종인지 알려주었어요. 사람들은 올 때마다 베도를 찾았지요. '베도 소년은 어디에 있어요?'라고 하면서요. 지난달에 일본인들이 호텔에 왔어요. 그들은 사전에 연락을 취해 베도에게 가이드를 맡기기로 했지요. 하지만 베도는 약속 시간에 나타나지 않았어요. 베도의 잘못은 아니지만, 어쨌든 그는 그곳에 나타나지 않았어요. 나는 그들에게 왜 베도가 나타나지 않았는지 말할 수가 없었어요."

그의 목소리는 지치고 불안정하게 들렸다.

"투 레 비지퇴르, 프로페쇠르 우 오토르, 드망데 투주르 뤼Tous les visiteurs, professeurs ou autres, demandait toujours lui(교수와 그 밖의 사람들을 포함해 모든 방문객이 늘 그를 찾았지요)." 베도, 그는 정말 최고였다.

자오솔로는 아들을 잃어 크게 상심한 것 같았다. 자그마한 체격에 기품이 있는 그는 베레모에 수자원산림청의 제복을 입고서 맨발로 목제 캐비닛으로 걸어가 유품을 찾았다. 집 안에는 불이 켜져 있지 않고, 창문은 블라인드로 막혀 햇빛이 거의 들어오지 않았다. 그는 금테 안경을 쓰고서 붉은 도장이 찍힌 서류를 한 장 보여주었다. 그것은 아들의 죽음에 대해 그가 제출한 탄원서였다. 그는 랜팅이 베도의 도움을 받아 연구한 기사가 실린 《내셔널 지오그래픽》을 보여주었다. 그리고 사진들도 보여주었다.

"스시, 세 라 데르니에르 포토 Ceci, c'est la dernière photo (이것이 마지막 사진이에요)."

마지막 사진에는 키가 크고 건장한 베도가 여우원숭이가 인쇄된 티셔츠를 입고서 숲 가운데 서 있었다.

나는 유일한 목격자인 베도의 친구 솔로와 이야기를 나누었다. 베도가 자라나는 것을 지켜보고, 가이드가 되도록 도와주었으며, 나를 포함해 페리네를 방문한 사람들에게 베도를 추천한 호텔 지배인 조제프 안드리아자카와도 이야기했다. 나는 마을을 관통해 흐르는 작은 강 위를 지나가는 철교 옆에 앉아 베도의 남동생과 여동생에게 여러 가지를 물었다. 이곳이 바로 살해된 장소였다. 세부적인 이야기는 진술이 서로 엇갈리지만, 바로 이곳에서 사건이 일어났다는 사실만큼은 분명했다. 시체는 강에서 건져올렸다고 한다. 베도의 남동생은 별로 할 이야기가 없었다. 하지만 여동생은 격정적이고 생생하게 이야기했다. 나는 흙탕물이 흐르는 강을 바라보았다. 그리고 무심한 질문들을 던졌다. 정확하게 어디서? 며칠 만에? 왜 시체를 찾기가 그렇게 어려웠는가? 그는 공격을 받았을 때 왜 강 쪽으로 갔을까?

나중에 나는 여우원숭이를 연구하는 생물학자로 유명한 앨리슨 졸리 Alison Jolly 하고도 이야기를 나눴다. 그녀는 베도가 살해되던 날 페리네에 있었다. 또, 그 이튿날에 도착한 마다가스카르 명예 영사 장-마리 드 라 보자르디에르 Jean-Marie de la Beaujardière와도 이야기했다. 라이트, 랜팅, 마이어스도 자신들이 아는 것, 아니 더 정확하게는 자신들이 들은 것을 나와 함께 이야기했다. 나는 세 가지 언어로 된 살해 이야기를 통역자의 도움을 받아가며 때로는 통역자 없이 열 번인가 열한 번인가 들었다. 그런데 매번 이야기가 달랐다. 앨리슨 졸리는 "마다가스카르에서는 모든 것이 순식간에 전설의 영역으로 옮겨가요. 하루만 지나도 말이지요." 라고 말했다.

내가 들은 이야기는 정말로 다양했다.

베도는 도끼에 맞아 죽었다. 아니다, 도끼에 맞지 않았다. 세게 던진 돌에 관자놀이를 맞아 죽었다. 물에 빠져 죽었다. 아니다, 살해당한 뒤에 강에 버려졌다. 도망가려고 하다가 강에 빠졌다. 아니다, 그의 시체는 며칠이 지나 발견되기 직전까지 강에 있지 않았다. 강에 있었다면 수색 팀이 발견하지 못했을 리 없다. 누가 시체를 숨겨놓았다가 나중에 강에 던진 것이다. 누가 왜 그랬는지는 아무도 모른다. 아니다, 그의 시체는 물속에 잠긴 나뭇가지에 걸려 그곳에 계속 있었다. 아니다, 시체가 물속에 며칠 동안 있었다는 흔적은 없다. 배가 부풀지 않은 것으로 보아 익사한 것이 아니다. 얼굴의 상처로 보아 도끼에 맞아 죽은 것이 분명하다. 아니다, 도끼는 처음에 말다툼할 때에만 사용되었을 뿐, 살해하는 데에는 사용되지 않았다. 그는 돌에 맞아 죽었다. 돌은 하나가 아니라 네 개다. 그는 살해된 것이 아니라 돌에 맞은 뒤에 불행하게도 강물에 빠져 죽는 사고를 당했다. 아니다, 그는 살해되었다.

그 사건이 일어난 시간은 일요일 오후였다. 아니다, 일요일 밤이었다. 어두울 때 일어났다. 백주 대낮에 일어났다. 범인은 한 사람이다. 두 사람이다. 그 이름은 누구누구다. 그들은 페리네 주민이 아니다. 그들은 피아나란트소아에서 왔다. 그들은 그곳에서 중대한 범죄를 저질렀을 수도 있고 저지르지 않았을 수도 있으며, 그때문에 쉽게 풀려나지 못할 수도 있고 쉽게 풀려날 수도 있다. 그들은 베도를 살해한 혐의로 5년형을 선고받았다. 아니다, 아직 재판은 열리지 않았다. 두 사람은 암바톤드라자카에 있는 감옥에 갇혀 있다. 그들은 서로 상대방의 잘못이라고 우기고 있다. 검사가 너무 관대하다. 그들은 종신형을 받을지도 모른다.

말싸움은 파티에서 시작되었다. 음악이 시끄럽게 울렸고, 사람들은 술에 취했다. 그 술은 마다가스카르의 밀주인 토카가시였다. 토카가시는 보통은 보드카처럼 맑은 술이다. 그런데 그 술은 탁했기 때문에 베도가 술을 마시길 거부했다. 술에 독이 들어 있을지도 모르니까. 아니다, 그는 그저 취하고 싶지 않았을 뿐이다. 아니다, 그는 거만해서 술을 거부했다. 베도의 거만함 때문에 주최자 중 한 사람과 싸움이 벌어졌다. 베도가 이겼다. 아니다, 베도가 쓰러졌고, 친구인 솔로가 그를 구하려고 도끼를 휘둘렀다. 그러고 나서 베도와 솔로는 파티장을 떠났다. 그들은 철교 부근에서 습격을 받았다. 베도는 도끼에 맞았다. 아니다, 돌에 맞았다. 그는 물속으로 떨어졌다. 아니다, 범인이 밀어서 떨어졌다. 아니다, 도망가려고 강으로 뛰어든 것이다. 그는 물 위로 세 번 떠오르고 나서 물속으로 사라졌다.

그는 왜 살해되었을까? 외국인 관광객에게 인기를 얻으면서 돈을 쉽게 버는 베도는 사람들의 질시를 받았을 것이다. 마다가스카르의 문화는 벼락출세한 사람을 잘 용납하지 않는다. 베도는 번 돈으로 펑크족 헤어스타일을 하고, 라디오를 사고, 값비싼 옷을 사 입었다. 이러한 행동은 사람들의 비위에 거슬렸을 것이다. 어떤 사람들은 그런 행동 때문에 그를 미워했다. 아니다, 그는 성숙해지고 있는 평범한 젊은이였을 뿐이다. 기본적으로 그는 검손하고 착했다. 그는 고결한 인품을 갖고 있었다. 아마도 그의 아버지와 수자원산림청 공무원들이 아날라마자오트라 보호 구역에서 불법적인 벌목을 막으려고 했기 때문에 베도가 희생되었을지도 모른다. 아니다. 그것은 마을에서 일어난 의미 없는 싸움일 뿐이다. 베도는 매주 토요일 밤에 미국 도시에서 흔히 일어나는 것처럼 술과 돌발적인 분노 때문에 죽었다.

졸리는 이렇게 말했다. "베도는 사람들의 시샘 때문에 살해되었어요. 거기에는 우리도 일부 책임이 있어요."

우리에게 일부 책임이 있다는 말은 외국인 관광객과 과학자들이 베도에게 많은 돈을 주는 바람에 그가 살고 있는 세계의 평형을 깨뜨렸다는 뜻이다. 이 말에는 일리가 있다. 하지만 이와 대조적인 견해도 일리가 있다. 즉, 그의 죽음은 우연한 사건이라는 것이다.

내가 베도의 죽음에 대해 이것저것 묻고 다니는 사이에 베도는 페리네에 묻혔다. 하지만 이것은 일시적 매장이다. 나중에 그의 시체는 북쪽에 있는 가족의 조상들이 묻힌 묘지로 옮겨질 것이다. 그리고 만약 가족이 마다가스카르의 파마디하나(뼈 옮기기) 관습을 따른다면, 몇 년 뒤에 그 무덤을 파헤쳐 베도의 유해를 다시 수습할 것이다. 한편, 베도를 아는 일부 과학자들과 자연 보호 담당 공무원들은 베도를 기리는 다른 방법에 대해 논의했다. 베도를 기념하는 장학 기금을 조성해 장래가 유망한 마다가스카르의 소년들을 박물학자로 키우자는 의견이었다.

"우리는 그를 바바코토라 불렀지요. 숲 속에서 이 동물들이 노래를 부르는 한, 우리는 그를 기억할 겁니다."라고 랜팅이 말했다.

하지만 불확실한 문제가 한 가지 있다. 그 노래가 얼마나 오래 계속될까 하는 것이다.

Chapter 9

조각나고 있는 세계

모리셔스황조롱이

섬 생물지리학은 더 이상 바다 한가운데 고립된 섬에만 적용되는 게 아니다. 그것은 대륙에도 적용되며, 모든 곳에 적용된다. 서식지 분열 문제와 장기적으로 지속될 수 없는 다양한 서식지 조각에 고립된 동식물 개체군 문제는 지구 위의 모든 땅에서 나타나기 시작했다. 그리고 이제 우리 귀에 익숙한 질문들이 반복적으로 제기된다. 얼마나 크게? 얼마나 많이? 얼마나 오래 살아남을 수 있을까?

자이르, 우간다, 르완다의 국경을 따라 뻗어 있는 비룽가 화산 지대 산록에는 마운틴고릴라가 몇 마리나 살고 있는가? 인도 북서부의 사리스카 보호 구역에는 호랑이가 몇 마리나 살고 있는가? 우중쿨론 국립공원에는 자바코뿔소가 몇 마리나 보호를 받으며 살고 있는가? 그 수는 해에 따라 그리고 상황에 따라 약간 변하겠지만, 반복되는 질문 역시 그 세부 내용에 약간 변화가 있겠지만, 기본 뼈대는 늘 똑같다. 얼마나 많이 살아남아 있는가? 격리된 섬 서식지는 얼마나 큰가? 작은 개체군의 위험을 겪고 있는가? 이 종이나 이 아종 또는 이 개체군이 앞으로 20년 혹은 100년 뒤에도 살아남을 확률은 얼마인가?

워싱턴 주 북쪽 경계를 따라 불연속적으로 뻗어 있는 산악림인 노스캐스케이즈 국립공원에는 갈색곰이 몇 마리나 살고 있을까? 충분히 많은 수는 아니다. 이탈리아의 아브루초 국립공원에는 유럽 갈색곰이 몇 마리나 살고 있을까? 충분히 많은 수는 아니다. 빅사이프러스 습지에는 플로리다퓨마가 몇 마리나 살고 있을까? 충분히 많은 수는 아니다. 지르 숲에는 아시아사자가 몇 마리나 살고 있을까? 별로 많은 수는 아니다. 아날라마자오트라에는 인드리가 몇 마리나 살고 있을까? 충분히 많은 수는 아니다. 이 명단은 끊임없이 이어진다. 한마디로 세계가 조각나고 있는 것이다.

이 문제는 일산화탄소보다 훨씬 광범위하게 퍼져 있다. 호모 사피엔스가 정착하여 자연을 훼손하는 곳에서는 어디든지 이 문제가 나타난다. 이것은 이미 오래 전부터 계속돼온 일이지만, 근래에 와서 심각해졌다. 임계 문턱값에 도달했거나 넘어서고 있는 것이다.

그렇지만 마이클 술레의 판단을 신뢰한다면, 지금도 희망이 없는 것은 아니다. 다만, 희망이 없는 사람들과 비용이 많이 드는 사례만 있을 뿐이다. 모리셔스황조롱이는 이러한 판단이 옳음을 보여주는 사례이다.

멸종 위기로 내몰린 황조롱이

1970년대 중반에 모리셔스황조롱이 *Falco punctatus*의 운명은 끝난 것처럼 보였다. 황조롱이를 위기로 몰아넣은 주 요인은 서식지 상실이었다. 물론 살충제 중독이나 알을 먹어치우는 원숭이, 해로운 동물 구제를 위한 사냥(일부 모리셔스 주민은 황조롱이가 닭을 잡아먹는다고 의심하여 황조롱이를 망죄르 데 풀mangeur des poules, 즉 닭 잡아먹는 짐승이라고 불렀다)도 일부 요인이었다. 황조롱이의 개체수 감소는 수 세기에 걸쳐 서서히 일어났지만, 1950년대와 1960년대에 들어 위험 수준이 아주 심각해졌다. 개체 수가 크게 줄어드는 바람에(술레와 프랭클린이 단기적 유전적 문제를 피하기 위해 제시한 문턱값인 50마리보다 아래로) 회복할 전망이 전혀 없어 보였다. 황조롱이는 멸종을 향해 추락하고 있었다. 한 조류학자는 1971년에 살아 있는 황조롱이를 4마리밖에 발견하지 못했다고 보고했다.

영국에 본부를 둔 국제 생물 보전 기구로, 전 세계의 새와 그 서식지를 보호하는 일을 하는 국제조류보호회의International Council for Bird Preservation(줄여서 ICBP, 지금은 버드라이프 인터내셔널BirdLife International로 이름이 바뀌었다. —옮긴이)는 1973년에 이 종을 구하려고 작은 노력을 기울이기 시작했고, 최초로 체계적인 개체수 조사를 실시했다. 국제조류보호회의의 생물학자들은 살아 있는 황조롱이를 8마리 확인했는데, 한 마리쯤 더 존재할지도 몰랐다. 그렇지만 얼마 안 돼 2마리가 사라졌다. 총에 맞아 죽은 것으로 추정되었다. 이제 남은 것은 생식 능력이 있는 두 쌍과 생식을 하지 못하고 홀로 살아가는 두세 마리뿐이었다. 국제조류보호회의에서 나온 사람이 한 쌍을 사로잡아 포획 사육 계획의 창시자로 사용하려고 했다. 그러나 사로잡은 암컷은 곧 죽고 말았다. 그는 다시 다른 암컷을 붙잡았다. 그래서 1974년에 번식기가 시작될 무렵, 황조롱이는 2마리가 포획 상태로, 나머지 4마리는 야생에서 살아가고 있었다. 섬 어딘가에 발견되지 않은 채 홀로 살아가는 황조롱이가 몇 마리 더 있을 가능성도 있지만, 그렇지 않을 수도 있었다. 설사 전 세계에 살아남아 있는 모리셔스황조롱이의 수가 6마리를 넘는다 하더라도, 그 중 거는 없었다.

야생에서 살던 황조롱이 한 쌍이 새끼 3마리를 부화하는 데 성공했다. 하지만 몇 달 뒤에 사이클론 제르베즈가 모리셔스 섬을 휩쓸고 지나가면서 신의 분노처럼 황조롱이의 서식지를 파괴했다. 나뭇가지가 부러지고, 나무 둥치가 쓰러지고, 동물들은 바람을 피할 수 있는 곳에 몸을 숨기고 움츠렸다. 야생 황조롱이 한 쌍은 다시 나타났지만, 서식지를 다른 곳으로 옮겨야 했으며, 번식 시기도 정상보다 몇 주일 늦어졌다. 한편 포획 사육 계획은 별다른 진전이 없었다.

모리셔스황조롱이의 운명이 풍전등화에 이른 상태가 몇 년간 더 계속되었다. 야생 황조롱이의 수는 계절마다 약간의 증감이 있었지만, 약간의 불운(마크 섀퍼의 전문 용어를 빌린다면 확률적 교란)만 닥친다면 언제라도 운명이 끝장날 위태위태한 상황이 이어졌다. 국제조류보호회의의 보호 계획은 정기적으로 개체수 조사를 하는 것 외에는 가시적 성과가 없었다. 1978년에는 야생에서 새끼를 키우는 황조롱이가 다시 한 쌍뿐인 것으로 나타났다. 1979년에 칼 존스라는 웨일스 청년이 모리셔스 섬에 왔다. 국제조류보호회의에서 파견한 그가 맡은 임무는 황조롱이가 멸종하기 전까지 그 보호 계획을 이어가는 것이었다. 사람들은 모리셔스황조롱이를 가망이 없다고 생각했다.

가망이 없는 일에 돈을 쓰는 것은 낭비로 보이게 마련이다. 물론 돈은 자연 보호 노력을 설계하고 실행하는 데 하나의 제약 요소가 된다. 위기에 처한 모든 조류, 파충류, 포유류, 곤충, 식물 종을 일일이 구제하기에 돈이 충분치 않기 때문이다. 존스가 현지에 올 무렵, 국제적인 자연 보호주의자 노먼 마이어스 Norman Myers 가 멸종을 다룬 《가라앉는 방주 The Sinking Ark》를 출간했다. 거기서 그는 위기에 처한 종들에 대해 선별적 전략을 구사할 필요가 있다고 제안했다. 선별적 전략은 전시에 야전병원 군의관이 부상자를 세 부류로 나누는 것과 같다. 군의관은 세 번째 부류(부상 정도가 너무 심해 손을 쓸 수 없는 경우)와 두 번째 부류(부상 정도가 경미해 손을 쓰지 않아도 충분히 살 수 있는 경우)의 부상자는 아예 무시하고, 첫 번째 부류(적절한 조치를 취해주지 않으면 생명이 위급한 경우)에만 관심을 집중하려고 한다. 마이어스는 자연 보호주의자들 역시 이와 같은 종류의 어려운 결정을 내릴 필요가 있다고 주장했다. 즉, 회생 가능성이 있는 경우에 자원과 노력을 집중해야 한다는 것이다. "따라서 어떤 종들은 우리의 지원 중단으로 사라져갈 것이다."[1] 그러면서 그는 뜬금없이 모리셔스황조롱이를 예로 들었다. "우리는 모리셔스황조롱이를 거의 불가피한 운명에 맡기고, 거기에 들어가는 돈을 멸종 위기에 처했지만 회생 가능성이 더 높은 수백 종의 새들 중 어느 새에게 집중적으로 지원하는 게 낫다."[2] 국제조류보호회의는 모리셔스황조롱이에 이미 상당한 예산을 쓰고서도 별 성과를 얻지 못한 터라 마이어스의 의견을 따르려고 했다.

하지만 존스는 마이어스나 국제조류보호회의의 이런 태도를 결코 용납하지 않았다. 그는 그들을 신랄하게 비꼴 때 '거의 불가피한'이란 말을 들먹이는 걸 즐긴다.

존스는 이 문제에 대해 강력한 의견을 피력할 자격이 있다. 그의 의견에는 모리셔스황조롱이를 위해 어떤 일을 하고 어떤 일을 하지 말아야 하는지뿐만 아니라 모리셔스황조롱이의 수가 감소한 원인에 관한 것도 있다. 그는 황조롱이가 사라진 이유는 아주 단순하다고 말한다. 그러고 나서 서식지 분열과 그 생물학적 결과 등등 복잡한 이야기를 늘어놓는다.

모리셔스 섬에서는 숲이 비교적 짧은 시간에 사라져갔다. 처음에 모리셔스 섬에 왔던 네덜란드 인 선원과 정착민은 야생 동물을 괴롭히긴 했지만, 삼림을 직접 훼손하는 일은 드물었다. 그들은 범선을 타고 항해 했기 때문에, 목재 수요가 그다지 많지 않았다. 그러나 프랑스 인은 달랐다. 18세기 후반과 19세기 초에 모리셔스 섬에 온 프랑스 인 정착민은 농경지를 만들려고 저지대의 숲을 많이 베어냈다. 그들은 아주 넓은 땅에 사탕수수를 경작했다. 그리고 증기의 힘으로 돌아가는 설탕 공장에 연료를 대기 위해 나무를 베어냈다. 힘든 일은 자기들이 직접 하지 않고 아프리카에서 데리고 온 노예들에게 시켰다. 모리셔스 섬에서 노예 제도는 1835년에 폐지되었다. 그 후에는 인도인 노동자들을 수입해 일을 시켰다. 그 결과, 섬의 인구가 늘어났다. 더 많은 사람들이 땔감과 주택 건축용 재료를 얻기 위해 더 많은 나무를 베었다. 도로가 건설되고, 그 다음에는 철도가 깔렸으며, 그 위로 나무를 때는 증기 기관차가 달렸다. 섬은 난도질되었다. 건조한 저지대 숲과 사바나는 사탕수수와 그 밖의 농작물이 자라는 농경지나 도로, 사람들의 거주지로 바뀌었다.

"그들은 숲을 베어 없앴어요. 그러면서 산에 위치한 주요 번식 지역 사이의 통로도 차단했지요." 존스는 말한다.

산에 있는 일부 숲은 온전한 상태를 유지했다. 그러나 그 숲들은 크기가 작았고, 대부분 북서부의 모카 산맥이나 남동부의 밤부스 산맥과 같은 지역, 그것도 주로 가파른 산기슭이나 높은 화산 꼭대기 근처에만 남아 있었다.

"20세기가 시작될 무렵 황조롱이 개체군은 세 산악 지역에 고립되었지요."

세 산악 지역은 존스가 황조롱이 보호 활동을 주로 펼친 블랙리버 협곡과 함께 모카 산맥과 밤부스 산맥이었다. 번식 장소 사이의 통로를 차단한 것은 황조롱이에게 큰 타격이었다고 존스는 설명한다. 왜냐고? 모리셔스황조롱이는 먼 거리를 이동해 확산하려 하지 않는 습성이 있으며, 특히 숲이 없이 평지만 넓게 펼쳐진 지역은 잘 지나가려 하지 않기 때문이다. 모리셔스황조롱이는 매과에 속하지만, 신체적 특징과 능력은 수리과에 더 가깝다. 날개가 짧고 뭉툭해 나무 사이로 빠르고 불규칙하게 날 수 있다(황조롱이는 나뭇가지에 붙어 있는 도마뱀붙이와 그 밖의 작은 먹이를 잡아먹는다). 대신에, 대부분의 매처럼 탁 트인 장소에서 빠른 속도로 날지는 못한다. 게다가 황조롱이는 살던 곳에서 멀리 떠나지 않는 습성이 있어, 새로운 영토를 찾아 모험을 떠나는 일이 거의 없다. 어릴 때 사로잡아 키운 황조롱이를 야생에 놓아주면, 놓아준 곳에서 몇 km 이상 벗어나는 일이 드물다고 한다. 작은 섬에 고유하게 서식하는 동물들은 일반적으로 모험심이 약하지만(모험적인 유전자들은 이미 오래 전에 바다에 잠기고 말았다), 황조롱이는 특히 모험심이 적다. 곡예 비행을 잘 하는 포식 동물인 황조롱이는 겁이 많아 섬처럼 격리된 서식지들 사이의 넓은 공간을 지나가려는 생각을 아예 하지 않는다.

살충제도 한 가지 문제였다. 1948년부터 1971년까지 모리셔스 섬에서는 말라리아를 퇴치하기 위해 DDT와 BHC를 대량 살포했다. DDT는 농업에서도 최소한 1970년까지 사용되었다. 맹금류는 특히 DDT의 독성에 취약하다. 먹이 사슬을 통해 축적된 DDT는 알의 부화 비율을 크게 감소시키기 때문이다. 말라리아를 예방하기 위해 DDT를 대량 살포하던 시절에 밤부스 산맥과 모카 산맥에 살던 황조롱이 개체군은 몰살하고 말았다. 블랙리버 협곡은 사람이 거주하거나 농사 짓는 지역이 아니라서 DDT를 살포하지 않았다. 마지막으로 살아남은 소수의 황조롱이가 있는 곳이 바로 이곳이다.

그러나 나무를 베거나 숲을 태우거나 땅을 갈아엎는 일이 일어나지 않는 블랙리버에서도 황조롱이는 서식지를 잃어갔다. 외래 식물 종들이 섬에 들어와 퍼지기 시작했는데, 그중 일부(특히 스트로베리구아바와 쥐똥나무)는 외래 포유류만큼이나 큰 해를 끼치기 시작했다. 스트로베리구아바는 공격적인 종으로, 마다가스카르 섬의 토착 식물들에 비해 경쟁력이 강했다. 고지대 숲에 침입한 스트로베리구아바는 어떤 지역에서는 아주 빽빽하게 자라 토착 식물들이 다시 자랄 수 없는 지경에 이르렀다. 쥐똥나무는 가파른 산기슭으로 퍼져갔다. 설상가상으로 돼지와 원숭이가 스트로베리구아바의 열매를 먹고는 그 씨를 사방에 퍼뜨렸다. 한편, 사냥 동물로 쓰기 위해 들여온 외래종인 사슴은 어린 토착 식물들을 먹어치웠다. 이렇게 동물과 식물 외래종 집단은 서로 손을 잡고 섬을 점령해나갔다. 스트로베리구아바와 쥐똥나무는 고지대와 블랙리버 협곡 산기슭으로 뻗어나갔다. 이 외래종 식물들은 숲의 조성을 변화시켰을 뿐만 아니라 그 물리적 구조마저 변화시켰다. 이들은 서로 뒤얽혀 촘촘한 덤불을 이룸으로써 황조롱이들이 날아다니던 나무 아래의 공간을 막아버렸다. 서식지 환경이 나빠지면서 먹이를 찾기가 어려워진 황조롱이 중 일부는 굶어죽었고, 나머지도 번식을 하기가 불리해졌을 것이다. 둥지를 튼 황조롱이 한 쌍은 자신들이 먹을 먹이뿐만 아니라 새끼를 위해 몇 주일치의 먹이를 계속 구해와야 한다. 먹이를 충분히 확보하지 못하면 새끼를 키울 수 없다.

외래 포식 동물의 위협도 황조롱이의 번식을 방해했다. 블랙리버 지역에서 황조롱이는 대개 높은 현무암 절벽 군데군데에 나 있는 작은 구멍에 둥지를 만든다. 둥지 하나에는 보통 알이 3개, 때로는 4개가 들어 있는데, 그냥 구멍 안의 맨바닥에 놓여 있다. 암컷이 알을 품고 보호하고(할 수 있는 한), 수컷이 먹이를 구해온다. 그런데 절벽의 모든 구멍이 완전히 안전하진 않다. 블랙리버의 현무암 절벽은 숲 위로 수백 m나 가파르게 솟아 있지만, 암석 모양이 불규칙하기 때문에 잘 기어오르는 동물이라면 좁은 바위턱을 따라 작은 구멍까지 올라갈 수 있다. 사람들이 해로운 동물들을 데리고 오기 전에는 이 섬에는 민첩한 포유류가 없었고, 구멍들 사이의 차이는 사실상 없었다. 그러나 현 상황에서는 바위를 기어오르는 포식 동물이 올라갈 수 있는 구멍은 둥지를 만드는 황조롱이에게는 비극적 선택이 될 수 있다. 원숭이와 쥐는 알을 잘 먹으며, 인도몽구스 Herpestes auropunctatus(아시아 대륙에서 데려온 외래종)는 알뿐만 아니라 새끼와 심지어 방심한 어른 황조롱이까지 잡아먹는다.

황조롱이가 안고 있는 또 하나의 문제는 유전적 빈곤이었다. 1970년대와 그 이전에 근친 교배가 얼마나 일어났는지 알려주는 자료는 없지만, 몇 가지 가정을 해볼 수는 있다. 그렇게 적은 수로 줄어든 상태로 몇 세대를 계속 이어왔다면, 황조롱이 개체군은 유전자 부동을 통해 유전적 변이를 상당히 많이 상실했을 것이다. 변이가 상실되면서 적응 능력도 크게 상실되었을 것이다. 이로운 잠재력을 지닌 대립 유전자들은 유전자 풀에서 사라져버렸을 것이다. 후손의 여행 가방에는 다른 무엇보다도 핑크색 양말이 들어 있지 않을 것이다. 짝짓기를 할 수 있는 선택의 폭이 제한되었으니 근친 교배가 불가피하다. 근친 교배가 어느 정도 일어나야 그 부작용이 나타나는가 하는 것은 또 다른 문제이다(이것은 까다로운 문제이므로 나중에 다시 거론할 것이다). 여기서는 황조롱이가 그 무게가 얼마나 무겁건 가볍건 간에 유전적 하중을 느낄 수밖에 없다는 점만 언급하고 넘어가자.

따라서 서식지 축소, 서식지 분열, 서식지 악화, DDT, 사이클론, 신경질적인 가금 주인들, 외래 포식 동물, 유전적 빈곤에 직면한 모리셔스황조롱이는 절체절명의 위기에 놓였다. 노먼 마이어스로서는 희망이 없는 예로 이보다 더 좋은 사례를 찾기도 어려웠을 것이다. 칼 존스의 직설적 표현에 따르면, 1979년에 이르렀을 때 모리셔스황조롱이는 "뼈만 앙상하게 남은 상태"였다.

칼 존스의 활약

그런데 거기서 상황이 확 달라졌다. 새로 온 존스라는 이 친구는 능력이 대단할 뿐만 아니라 불굴의 의지까지 가졌다. 그는 사람들을 외교적으로 대하거나 비위를 맞추는 데에는 재주가 없지만, 새는 아주 잘 안다. 그의 접근 방법은 더 공격적이고 더 간섭적이고 덜 조심스럽지만, 그는 그런 사실을 순순히 인정하지 못할 만큼 수줍은 성격은 아니다.

예를 들면, 존스는 "나는 이번 세기에 모리셔스황조롱이의 둥지를 최초로 방문한 사람입니다."라고 말한다. 그는 절벽의 동굴로 기어올라가 알을 몇 개 가지고 내려왔다. 알을 인공적으로 부화시키면 생존 확률이 더 높을 것이라고 생각한 것이다. 더구나 그렇게 하면 원숭이나 몽구스, 쥐의 공격에서 알을 보호할 수 있다. 그리고 알을 잃은 암컷은 잃은 것을 보충하기 위해 금방 알을 다시 낳을지도 모른다. 알을 훔치는 것은 위험한 계획이었다. 존스는 그것이 오히려 해를 가져올 가능성도 있음을 잘 알았다. 반면에 다른 황조롱이를 다루면서 얻은 경험으로 판단할 때, 성공 가능성에 기대를 걸어볼 만했다. 그리고 황조롱이가 회복 불가능한 상태로 전락한 현재의 상황을 고려한다면, 모험을 걸 만한 가치가 충분히 있었다.

"당신은 조류학자로 교육을 받았나요?"

내가 물었다. 대학에서 조류학을 정규 과정으로 이수했는지, 아니면 일반적인 생태학 과정을 공부했는지 물어본 것이다.

"교육을 받았냐고요?"

그는 고개를 갸웃하더니 그런 기억은 없다고 한다.

"하지만 전 평생 조류 연구를 해왔는걸요."

그는 웨일스 서부의 시골에서 자랐고, 어린 시절부터 야생 동물에 푹 빠졌다고 한다.

"집 뒤뜰에는 온갖 종류의 동물이 살았어요. 오소리도 있고 여우도 있고, 긴털족제비, 페럿, 토끼, 매, 수리매, 올빼미도 있었지요. 나는 성실한 학생이 아니어서 수업을 빼먹곤 했어요. 아버지는 몰랐지만, 나는 종종 수업을 빼먹고 밖으로 나가 동물과 놀았어요."

그는 매사냥도 많이 했다고 한다. 그렇지만 학교에는 전혀 관심이 없었고 오로지 동물에게만 관심을 쏟았다.

"나는 동물들과 함께 놀면서 많은 종을 번식시켰어요. 그 당시엔 맹금류를 사육 상태에서 번식시킨 사람이 아무도 없었다는 사실을 감안해야 합니다. 나는 황조롱이와 유럽말똥가리도 번식시켰지요. 사실, 유럽말똥가리를 최초로 번식시킨 사람 중 하나예요. 올빼미도 번식시켰어요. 초등학교 시절에 선생님들은 '존스, 제발 동물과 노는 것은 그만두고, 실제로 도움이 되는 일을 하거라. 교과서를 공부하도록 해. 그래야 장차 뭐가 되어도 될 수 있지.' 그러면 나는 이렇게 대꾸했지요. '죄송해요. 하지만 제가 하고 싶은 일은 세상을 돌아다니면서 열대 지방의 섬에 가서 새들을 연구하는 것이에요.' 그러자 교장 선생님이 이렇게 말했지요. '존스, 웃기지 마라. 네가 하고 싶은 대로 하려면 네가 아주 똑똑하든지 큰 부자여야 해. 하지만 너는 둘 다 아니잖니.'"

존스는 교장 선생님의 거만이 가득 밴 옥스퍼드식 어투를 그대로 흉내내면서 이야기했다.

사소한 것이긴 하지만 존스의 삶을 관통하는 한 가지 정신이 있다면, 그것은 바로 다른 사람들의 생각이 틀렸음을 보여주는 것이다. 권위 있는 목소리들(교장, 노먼 마이어스, 국제조류보호회의)은 존스에게 너는 할 수 없다, 너는 능력이 없다, 너는 그렇게 해서는 안 된다고 말했지만, 존스는 언제나 나는 할 수 있다, 나는 능력이 있다, 나는 반드시 그렇게 할 것이라고 대답했고, 그것을 보여주었다. 만약 그가 조금만 덜 완고했다면, '거의 불가피한' 운명에 굴복해 웨일스의 초등학교에서 학생들을 가르치거나 광산에서 기술자로 일하면서 취미로 잉꼬나 키우는 평범한 삶을 살아갔을 것이다. 그렇지만 그는 주위의 권고와 만류를 뿌리쳤다. 그는 운명을 그다지 믿지 않았다. 그가 믿는 것은 가망이 없어 보이는 도전인 것 같다. 가망이 없어 보이는 도전은 그 자체만으로도 나름의 가치가 있지만, 가끔 좋은 결말을 낳을 때도 있다. 존스는 생태계가 파괴되고 있는 생물학적으로 특별한 이 섬에서 살아가는 삶에 황홀한 만족을 느끼며, 그럴 때 하늘을 보고(딱히 누구를 향한 것은 아니지만 모든 사람을 향한) 내지르는 표현이 있다. "누가 이기는지 보라고!"

그가 모리셔스황조롱이에 관심을 가진 것은 영국에서 대학을 다닐 때였다. 어느 날, 그는 톰 케이드Tom Cade라는 미국인의 강연을 들었다. 맹금류 전문가인 케이드는 국제맹금류재단Peregrine Fund을 설립한 사람이다. 케이드는 멸종 위기에 처한 종을 과학적으로 보호하는 방법에 대해 이야기했는데, 그 당시로서는 새로운 방법이었다. 특히 조류에 적용하는 방법 중 일부는 이미 국제맹금류재단에서 송골매를 보호하는 데 사용하고 있었다. 그것은 포획 번식, 인공 부화, 포획 사육, 새끼를 멸종 위기에 처하지 않은 다른 종의 어미에게 맡겨 기르기, 사람이 주는 먹이에서 벗어나 야생에서 스스로 사냥하는 법 가르치기 등을 포함했다. 존스는 이런 방법들을 써서 멸종 위기에 처한 조류를 구한다는 생각이 아주 독창적이고 흥미롭게 느껴졌다. 그것은 자신이 소년 시절에 직접 했던 일이 큰 잠재적 가치를 지고 있음을 알려주었다. 강연 중에 케이드는 팔코 푼크타누스 *Falco punctatus*, 즉 모리셔스황조롱이를 언급했다. 모리셔스황조롱이는 멸종 직전에 있는, 세상에서 가장 희귀한 새라고 했다. 하지만 어쩌면 모리셔스황조롱이도 구할 수 있을지 모른다고 했다.

"그 이야기를 듣고 나는 흥분했지요. 그리고 다짐했어요. 미국으로 가서 이 사람들이 실제로 어떤 일을 하는지 보자, 이 사람들이 새들을 번식시키는 데 어떻게 성공했고 실제로 어떤 일들이 일어나고 있는지 보자. 그렇게 마음먹었지요."

1976년에 존스는 미국으로 갔다. 국제맹금류재단 사람들을 찾아가 만난 것 외에 모리셔스 섬에서 국제조류보호회의의 황조롱이 보호 계획을 시작한 미국 생물학자들도 만났다.

"나는 언젠가 황조롱이를 보러 모리셔스 섬으로 가겠다고 다짐했습니다. 하지만 내가 직접 황조롱이를 보호하는 일을 하게 되리라고는 생각도 못했지요."

1년 뒤, 존스는 그 보호 계획이 난항을 겪는다는 소문을 들었는데(보호 계획 자체도 곧 끝날지 몰랐다), 그와 함께 국제조류보호회의가 보호 계획 담당자를 새로 구한다는 소문도 들었다. 그것은 보수도 적고 좌절과 실망을 맛볼 가능성이 매우 높은, 한마디로 싹수가 노란 자리였다. 하지만 존스는 적극적인 노력을 기울인 끝에 그 일자리를 얻었다.

　"그래서 이곳으로 오게 된 거예요. 기한은 1년이나 2년 정도로 예상했지요. 내가 원래 부여받은 임무는 보호 계획을 마무리짓는 것이었어요."

　하지만 타고난 반항아 기질을 가진 그는 보호 계획을 마무리짓는 대신에 오히려 계속 연장시키는 방법을 찾아냈다.

　그는 사육자의 능력이 뛰어나고, 사육장과 먹이가 DDT에 오염되지만 않았다면, 황조롱이를 포획 상태에서 번식시키는 데 성공할 수 있다는 사실을 알게 되었다. 중요한 사실을 또 한 가지 발견했는데, 블랙리버 협곡에서 야생 상태로 살아가는 황조롱이들에게 대체 먹이를 먹일 수 있었다. 그는 황조롱이들에게 날고기를 주기 시작했다. 먹이를 충분히 공급하면 번식률을 더 높일 수 있을 것이라고 기대했다. 그렇게 되면, 존스가 둥지에서 알을 훔쳐 인공 부화시켜도, 야생 황조롱이가 다시 알을 낳을 수 있을 것이다. 실제로 그랬다. 게다가 둥지에서 알을 훔쳐내면(알은 매일 하나씩 훔쳤는데, 황조롱이가 알을 하루에 하나씩 낳기 때문이다) 암컷은 알을 한 배에 서너 개가 아니라 최대 8개까지 낳는다는 사실도 발견했다. 존스는 인공 부화(전기 장비를 사용한)와 유럽황조롱이 어미를 이용한 부화를 시험해보았다. 이 기술들은 국제맹금류재단의 연구자들과 다른 사람들이 이미 개발해놓은 것이었다. 존스와 모리셔스 섬에서 함께 협력하던 사람들은 그 방법들을 모리셔스황조롱이에게 써보았다. 사육 상태의 황조롱이들 사이에서 부화와 새끼 양육의 성공률은 첫해에는 별로 높지 않았지만, 점차 높아졌다. 인공 수정 방법을 사용하면 번식 성공률을 높일 수 있다는 사실도 알아냈다. 또, 새끼들에게 메추라기고기를 잘게 썰어 먹이면 건강하게 잘 자란다는 사실도 알아냈다. 처음에 존스가 사로잡아 키울 수 있는 황조롱이는 몇 마리뿐이었다. 그는 그 새들을 사육장에서 잘 키우면서 씨수컷과 씨암컷으로 삼았다. 그 후손 사이에서 근교 약세가 나타나는 징후가 발견되었지만, 그것은 일부 개체에게만 문제가 되었다. 장애가 나타난 개체들은 죽게 내버려 두고, 건강한 개체들만 골라 씨수컷과 씨암컷으로 삼았다.

포획 사육한 다른 황조롱이들은 적응 훈련을 거쳐 야생으로 돌려보냈다. 존스는 야생 황조롱이 쌍에게 먹이를 충분히 공급해주면 생식 성공률에 큰 차이가 있을 것이라고 생각했다. 대체 먹이로는 흰쥐를 선택했는데, 야생 황조롱이들은 스스로 사냥을 하면서도 존스가 주는 흰쥐도 받아먹었다. 황조롱이는 먹이를 받아먹는 데 길들여져 존스가 부르면 그것을 알고 날아오기까지 했다. 이제 존스는 절벽을 기어오르는 대신에 둥지 밑에서 흰쥐를 가져왔다는 신호를 보냈다. 그리고 흰쥐를 공중으로 던지면, 황조롱이가 둥지에서 날아와 존스의 머리 위 3m 지점에서 낚아채갔다.

존스는 또 야생 황조롱이의 알을 사육장에서 인공 부화시키는 사이에 부화 경험이 없는 야생 황조롱이에게 유럽황조롱이의 알을 주어 부화 연습을 시킬 수 있다는 사실도 발견했다. 이 모든 임기응변은 모리셔스황조롱이 개체군을 회복시키는 데 나름대로 조금이나마 도움이 되었다.

이제 존스는 혼자가 아니었다. 시간이 흐르면서 보호 계획에 희망이 보이자, 동료들과 자원 봉사자들이 달려왔다. 필리핀에서 원숭이를 잡아먹는 독수리를 오랫동안 연구한 영국인 친구 리처드 루이스Richard Lewis는 황조롱이에 대해 자신이 아는 전문 지식을 제공했다. 국제맹금류재단에서 일하는 부화 및 사육 전문가 윌러드 헥Willard Heck은 매년 번식기마다 모리셔스 섬을 방문해 황조롱이의 알을 돌보았다. 웬디 스트람의 식물생태학 지식은 서식지 상황을 파악하는 데 도움을 주었다. 미국과 영국에서 온 대학원생들은 많은 일을 도왔는데, 특히 전파를 이용해 황조롱이를 추적하는 일에 큰 도움을 주었다.

존스는 이 보호 계획을 새로운 후원자인 모리셔스야생생물기금이 주관하게 하고, 추가로 외부의 지원을 구했다. 국제맹금류재단은 윌리드 헥의 도움뿐만 아니라 돈도 지원하면서 중요한 역할을 계속했다. 저지야생생물보전기금Jersey Wildlife Preservation Trust도 중요한 후원자가 되었다. 영국의 저지 섬에 본부를 둔 저지야생생물보전기금은 희귀종 구조와 격리가 초래하는 특별한 문제를 주로 다룬다. 창립자이자 지도자인 제럴드 더렐Gerald Durrell은 그 자신이 여러 모로 문제가 많은 사람이라 존스의 반항적 기질을 충분히 이해해주고도 남았다. 더렐은 존스가 무뚝뚝하고 독단적이고 빈정대는 경향이 있는 웨일스 인이라 할지라도, 좋은 성과를 얻기만 한다면 지원할 가치가 충분하다고 판단했다. 하지만 모든 사람이 그렇게 생각한 것은 아니다.

"이름을 밝힌 순 없지만, 한 단체는 자신들이 지원하는 사람을 완전히 통제할 수 없다면, 함께 일할 수 없다고 했어요. 무슨 일을 해야 하는지도 자신들이 지시하고, 임무의 성격도 자신들이 결정하겠다는 것이었지요. 물론 우리는 '젠장! 관두세요. 우린 절대로 그럴 수 없으니까.'라면서 일축했지요."

이름을 밝힐 수 없는 그 단체가 어디냐고 묻자, 존스는 순순히 털어놓았다.

"ICBP(국제조류보호회의)였지요."

몽구스의 위협

랜드로버가 블랙리버 마을을 떠나 북쪽을 향해 달려가다가 산맥을 향해 동쪽으로 방향을 틀었다. 울퉁불퉁한 길을 달리느라 차가 요동치는 가운데 리처드 루이스는 무릎 위에 놓인 보온병을 꼭 붙들었다. 보온병 안에는 윌러드 헥이 능숙한 솜씨로 솜뭉치로 잘 감싼 알이 2개 들어 있다. 사육장에서 유럽황조롱이가 낳은 이 알은 겉모습이 모리셔스황조롱이의 알과 흡사하지만, 귀하진 않다. 만약 거친 도로와 절벽을 올라가는 여행을 무사히 견뎌낸다면, 루이스와 존스는 이 알들을 트루아마멜Trois Mamelles(3개의 유방이란 뜻) 절벽 구멍에 둥지를 튼 모리셔스황조롱이에게 맡길 것이다.

이곳은 그림 엽서로도 손색이 없을 만큼 경치가 아름다운데, 오후의 빛마저 사진가들이 아주 좋아할 각도로 비친다. 트루아마멜은 뾰족하게 솟은 화산 원뿔 3개를 가리키는데, 아래쪽 산기슭에는 숲이 우거져 있지만 그 위로는 황량한 현무암 지형이 쭉 뻗어, 그 모습이 이 이름을 지은 프랑스 인에게는 유방처럼 보였을 것이다. 20세기 초만 해도 황조롱이들이 이곳 산기슭을 날아다니면서 절벽에 둥지를 만들었으나, 힘든 시기를 겪으면서 수십 년 동안 그 모습이 사라졌다. 최근에 존스가 포획 사육한 수컷 한 마리를 풀어주자, 그 수컷이 혼자 살던 암컷을 유혹하는 데 성공했다. 야생에 풀어준 다른 황조롱이의 후손으로 추정되는 이 암컷은 알을 부화하거나 새끼를 키워본 경험이 없기 때문에, 유럽황조롱이의 알을 이용해 연습을 시키려는 것이다. 암컷이 낳은 알 2개는 이미 훔쳐내 헥이 돌보고 있다. 헥은 황조롱이 알을 낳을 수는 없어도 부화시키는 데에는 최고의 솜씨를 자랑한다. 트루아마멜에 사는 암컷 황조롱이가 유럽황조롱이 알을 잘 부화시킬 수 있음을 증명하면, 그때 가서 자신의 알을 품게 할 것이다.

존스와 루이스와 나는 한 절벽 바로 아래까지 연결된 가파른 길을 따라 올라갔다. 절벽면을 따라 수평으로 뻗은 작은 바위턱이 보였다. 우리는 손가락과 발가락을 이용해 그곳을 지나 계속 올라갔다. 얼마 뒤, 우리는 조금 높은 곳의 노출면에 이르렀다. 푸른 숲이 우리가 선 아래쪽으로 쭉 뻗다가 편평해지면서 관목 덤불로 쪼개지고, 그것은 다시 널따란 사탕수수밭으로 이어진다. 동쪽으로 수 km 떨어진 곳에는 마을이 있다. 경치는 웅장했지만, 우리는 대체로 그것을 무시한다. 우리는 둥지 아래 6m 지점에서 멈췄다. 더 이상 바위턱을 붙잡고 기어 올라가는 것은 불가능하다.

이곳에서 절벽은 거의 수직에 가깝게 솟아 있다. 여기서 절벽 위로 쉽게 올라갈 수 있는 길은 전혀 없어 보이기 때문에, 기어 올라가는 방법으로는 둥지까지 접근이 불가능하다는 인상을 받았다. 그렇다면 둥지는 안전하다고 볼 수 있다. 우리는 절벽면을 꼭 붙잡고 위를 올려다보았다. 나는 어디쯤일까 궁금했다. 이들은 헬멧과 로프로 무장한 암벽 등반가가 아니라 알을 나르는 조류학자에 불과하다. 그곳까지는 루이스 혼자서 올라가기로 했다. 지형이 너무 가파르고 험한 데다가 황조롱이는 침입자가 여럿이 아니라 한 명이어도 충분히 놀랄 것이기 때문이다. 저널리스트인 나야 뭐 이만큼 가까이 온 것만으로도 충분하다. 루이스는 절벽에 돋아난 두꺼운 덩굴을 붙잡고 한발 한발 올라갔다.

우리가 다가오는 것을 보고 놀라 달아난 황조롱이 두 마리가 둥지로 돌아왔다. 두 녀석은 루이스의 목 뒤에서 얼마 떨어지지 않은 공중에 떠 있다. 작은 수리매처럼 생긴 두 황조롱이는 꽁지깃과 날개를 쫙 펼치고 떠 있는데, 얼룩덜룩한 바닐라색의 가슴 깃털은 오후 하늘을 배경으로 어두운 색의 실루엣으로 보인다. 이들은 마치 실에 매인 채 산들바람을 받으며 제자리에 머물고 있는 한 쌍의 연처럼 상승 기류를 타고 공중에 떠 있다. 이들이 매여 있는 물체는 루이스이다. 이들은 루이스가 덩굴을 잡고 둥지로 다가가는 동작을 하나도 놓치지 않고 지켜본다. 마치 무서운 눈초리로 노려보고 있는 것 같다. 간혹 황조롱이가 자신의 알을 훔쳐 가려는 도둑이 있으면 알을 지키려고 맹렬하게 달려들 때가 있다고 존스는 말한다. 하늘에서 쏜살같이 다이빙하면서 날카로운 발톱으로 어리석은 도둑의 머리를 할퀸다고 한다. 존스가 이 사실을 아는 것은 전에 자신이 어리석은 도둑이 되어본 적이 있기 때문이다. 하지만 오늘은 루이스가 그 역할을 맡았다. 존스는 그저 재미있다는 표정으로 지켜보고 있다.

"하늘을 나는 저 모습을 보세요. 둘이서 대형을 지어서요. 정말 경이로운 비행이 아닌가요!"

루이스가 둥지를 향해 한 걸음 한 걸음 기어 올라가는 사이에 존스가 크림색 열대 구름이 잔뜩 낀 하늘 쪽으로 얼굴을 기울이면서 소리를 질렀다.

"누가 이기는지 보라고!"

이것은 물론 지금 이 자리에는 없지만, 따분한 관행과 합리적인 선별 전략만 능사로 아는 사람들을 향해 내지르는 소리이다.

알이 들어 있는 보온병을 줄에 매달아 조심스럽게 위로 올려보냈다. 루이스는 유럽황조롱이 알을 둥지에 밀어넣고, 지난번에 둥지에 넣어두었던 가짜 알을 꺼냈다. 가짜 알은 유리로 만들어졌다. 아무리 윌러드 헥이라도 그 알을 부화시킬 수는 없을 것이다. 가짜 알을 넣어둔 것은 암컷이 자기 알이 사라진 것을 며칠 동안 모르게 하기 위해서였다. 진짜 알은, 가짜 알, 유럽황조롱이 알, 그리고 다시 진짜 알의 순서로 바뀌게 된다. 이것은 존스와 그의 공모자들이 모리셔스황조롱이가 새끼를 더 많이 낳도록 하기 위해 고안한 방법이다.

황조롱이는 동작이 굼뜬 두발 동물이 침입해오는 것을 싫어하지만, 둥지를 만진 물리적 흔적에는 크게 개의치 않는 것 같으며, 알이 제자리에 남아 있으면 아무 의심 없이 전과 똑같이 품는다. 어리석어서 그럴까? 그렇게 말하려면 조류학적으로 어리석음에 대한 정의에 합의를 이끌어내야 하는데, 그것은 쉬운 일이 아니다. 그렇지만 모리셔스황조롱이가 섬에 사는 많은 고유종과 마찬가지로 생태학적으로 순진하다는 것은 의심의 여지가 없다. 이들은 포유류나 사람을 비롯해 많은 동물에 대해 본능적인 두려움을 느끼진 않는다. 이들은 본토에 사는 매라면 대부분 허용하지 않을 강압적인 속임수도 용인한다. 이 때문에 알을 바꿔치기하는 작업을 쉽게 할 수 있다. 존스의 방법이 성공을 거둔 또 한 가지 이유는 이들의 재주가 아주 뛰어나기 때문이 아닐까 하는 생각이 든다.

랜드로버로 돌아온 우리는 오던 길을 되돌아가다가 다시 포장 도로를 벗어나 험한 길을 따라 다른 산맥 쪽으로 향했다. 루이스는 며칠 전 예멘이라는 곳에서 낯선 구멍에 둥지를 튼 새로운 쌍을 살펴보려고 한다. 1주일 전에 암컷이 알을 하나 낳고는 더 낳지 않았다. 루이스는 무슨 일이 생겼는지 궁금했다.

우리는 사탕수수밭 사이로 달리다가 잡목이 우거진 사바나 지역을 지나, 그다음에는 사슴과 돼지가 많이 지나가면서 풀을 뜯어먹고 땅을 파헤친 자국이 남아 있는 개활지를 지나갔다. 이곳의 숲은 풀밭으로 만들려고 베어냈는데, 그 목적은 소수의 부유한 모리셔스 인 사냥꾼들이 사냥을 즐기도록 비교적 해로운 동물인 사슴을 많이 살게 하기 위해서라고 한다. 개활지 가장자리에 이르니 사격 전망대(통나무 탑)가 서 있었다. 이것은 사냥을 운동은 덜 되더라도, 우아하고 편리하게 할 수 있게 해준다.

"이건 범죄 행위예요. 이런 장소에서 도대체 무슨 짓을 하는 건지 모르겠어요. 그들은 아직도 모리셔스의 유산을 마구 잘라내고 있어요." 루이스가 말했다.

모리셔스의 공식 국가 상징은 투구 장식 양 옆에 도도와 수사슴이 서 있는 것이라고 한다. 도도는 기억 속에만 존재하는 동물이고, 수사슴은 생태계에 해를 끼치는 수입 동물이지만 '라 샤스la chasse('사냥'이란 뜻)'라는 환상으로 변형되었다. 저 앞에 회색 필리핀원숭이 10여 마리가 도로를 빠르고 은밀하게 건너가고 있다. 이 원숭이들은 모리셔스의 자연에 생태학적 외래종들이 들끓는다는 사실을 다시 일깨워주었다.

우리는 큰 문을 지나갔다. 비포장 도로는 사탕수수를 재배하는 농부들과 사슴을 기르는 목축업자들이 아직까지는 손대지 않은 좁은 협곡으로 이어진다. 숲이 우거진 가파른 산기슭 위에 현무암 절벽이 솟아 있다.

"이곳은 모리셔스 섬에 남아 있는 가장 좋은 숲이에요. 저 위에, 고원 근처에 밝은 초록색이 새어나오는 게 보이죠? 저건 쓰레기예요."

존스가 쓰레기라고 표현한 것은 침입한 외래종 식물을 가리킨다. 특히 스트로베리구아바와 쥐똥나무를 가리킨다. 그는 마치 저주와 축복을 나누어주는 잔인한 하느님처럼 손길을 여기서 저기로 옮기며 말한다.

"하지만 이곳과 저곳은 토착종이에요. 진짜 숲이지요. 정말 멋지지 않나요?"

위쪽으로 뻗어 있는 오솔길은 숲 속으로 난 터널을 지나간다. 800m쯤 걸어가다가 높은 철망 울타리를 만났다. 사슴이 그 밖으로 나오지 못하도록 쳐놓은 것이다. 그다음에 우리는 나무 그림자가 드리워진 절벽 아래에 도착했다. 이 절벽은 오를 엄두도 안 날 만큼 수직으로 치솟아 나무 꼭대기 위로 얼마나 높이 솟아 있는지 보이지 않았다. 누가 근처에 긴 나무 사다리를 갖다놓았지만, 루이스와 존스는 그것을 쳐다보지도 않는다. 그 사다리를 이용해봐야 겨우 5~6m 올라가는 것에 불과하기 때문이리라. 대신에 두 사람은 루이스가 트루아마멜에서 한 것처럼 절벽에 붙은 덩굴을 붙잡고 기어오르기 시작했다. 손을 교대로 옮겨 잡으면서 그리고 단단한 바위에 발을 디딜 곳을 찾으면서 루이스가 먼저 올라가고 그 뒤를 존스가 따라가는 식으로 두 사람은 임관을 향해 올라갔다. 이렇게 힘든 시련이 있을 거라고 사전에 내게 이야기해준 사람은 아무도 없었다. 이것은 마치 거대한 콩나무를 타고 구름 위로 올라가는 것처럼 어리석고 비현실적으로 보였다. 하지만 나는 아무 말 없이 그 뒤를 따랐다.

9m쯤 올라갔을 때 안경이 나뭇가지에 걸려 아래로 떨어지고 말았다. 나는 안경을 주우러 아래로 내려갈 수도 있었고, 그것은 분별 있는 행동이었다. 하지만 그러면 두 사람에게서 멀리 뒤처질 것이고, 그냥 밑에서 기다리고 싶은 생각이 들지도 모른다. 다행인지 아닌지 모르겠지만, 내 숄더백에 여벌의 안경이 들어 있었다.

"당신은 이 덩굴을 믿나요?"

내가 위에 있는 존스에게 물었다. 호리호리하지만 키가 큰 존스는 체중이 90kg은 나가는데, 밑에서 보니 그의 신발이 새삼 크게 보였다.

"별로요."

우리는 천천히 절벽면을 따라 기어올라갔다. 이곳은 하프돔 Half Dome(요세미티 국립공원에 있는 화강암 돔. 요세미티에서 가장 유명한 이 바위는 골짜기 바닥에서 높이가 약 1,440m나 된다)은 아니지만, 보통의 조류 관찰 활동보다 훨씬 위험하다. 우리가 나무 꼭대기를 지나가는 순간 나는 마음속으로 여기서 떨어지면 집으로 돌아갈 수 없다고 강한 자기 암시를 주었다. 그리고 덩굴에 정신을 집중했다. 마침내 존스와 나는 10층 건물의 유리턱을 밟고 선 것처럼 좁은 바위턱 위에 서 있는 루이스를 따라잡았다. 루이스는 나쁜 소식을 전했다. 둥지 구멍이 텅 비어 있다는 것이다. 지난번에 넣어둔 가짜 알은 싸늘하게 식어 있다. 암컷의 흔적은 전혀 보이지 않는다.

"저 나무들 속에 숨어 있을지도 모르죠. 기다리는 거야 아무 문제가 아니지만요."

루이스가 정작 염려하는 것은 암컷이 둥지를 포기한 것처럼 보인다는 사실이다. 그러면 유리 알이 싸늘하게 식도록 방치하고 더 이상 알을 낳으려고 하지 않을 것이다.

"또 한 가지 생각해볼 수 있는 것은 처음에 알을 바꿔치기했을 때 암컷이 큰 충격을 받았을 가능성이에요."

하지만 존스는 그렇게 생각하지 않았다. 그는 루이스의 솜씨를 완전히 신뢰한다. 그리고 지금까지의 경험으로 봐서도 알을 매끄럽게 바꿔치기하는 과정이 암컷에게 큰 충격을 주었을 리 없다. 하지만 존스 역시 정확한 사정을 모른다. 모리셔스황조롱이에게는 알 하나하나가 다 소중한데, 이 둥지가 텅 빈 것은 뭔가 특별한 이유가 있을 것이다. 도대체 무슨 일이 일어난 것일까? 우리는 자살하러 나선 증권 중개인 3인조처럼 절벽 바위턱에 올라서 있었다. 존스와 루이스는 그 상태에서 몇 분 동안 곰곰이 생각에 잠겼다. 나는 눈앞에 펼쳐진 풍경을 살펴보았다. 저 아래에는 숲이 우거진 계곡이 있고, 그 너머로는 사슴 농장, 그 뒤로는 사탕수수 농장이 있고, 이 모든 것은 서쪽으로 초승달 모양의 해안까지 약 8km나 뻗어 있다. 그 뒤에는 청록색으로 빛나는 인도양이 거대한 평면처럼 펼쳐져 있다. 태양은 서쪽 하늘에 낮게 깔린 띠 모양의 구름에 바짝 다가가 있다. 햇빛은 암갈색으로 빛나고, 사탕수수밭은 연두색으로 빛난다. 이렇게 높은 곳에서 내려다본 모리셔스 섬의 풍경은 아주 장엄했다. 그나저나 황조롱이는 어디로 갔을까?

루이스가 단서를 찾으려고 앞으로 나아갔다. 존스와 나도 줄타기를 하듯이 조심조심 그 뒤를 따라갔다. 저 아래 어딘가에서 야생에서 살아가는 돼지들이 부서진 내 안경을 먹고 있을지도 모른다. 한 걸음 한 걸음 뗄 때마다 신경이 바짝 곤두선다. 조금 가다 보니 바위턱이 작은 난간으로 변했다. 거기에 나무와 철사로 만든 장치가 놓여 있는 게 보였다. 그것은 내리닫이 문이 달린 상자형 덫이었다. 지난번에 왔을 때 설치한 것 같은데, 그 속은 텅 비어 있었다.

저 앞에서 루이스가 불길한 목소리로 소리쳤다.

"오, 맙소사! 와서 이것 좀 봐요!"

그는 또 다른 덫 옆에 서 있었는데, 그 안에 몽구스가 한 마리 들어 있었다. 호리호리한 갈색 몽구스는 마치 큰 족제비처럼 보인다. 존스가 자세히 보려고 허리를 굽히자, 그 녀석은 철망 쪽으로 달려들면서 쉿쉿거리고 으르렁거리며 날카로운 이빨이 달린 주둥이를 딱딱거린다. 스테로이드와 카페인을 과량 복용한 족제비 같다.

"몽구스가 황조롱이를 잡아먹는다는 건 알고 있었지만, 절벽에서 몽구스를 본 것은 이번이 처음입니다. 정말 울적하군요. 가장 두려워하던 일이 현실로 나타나다니." 루이스가 말했다.

문제의 인도몽구스는 쥐나 돼지, 원숭이보다 더 최근에 와서 문제가 되고 있다. 처음에 모리셔스 섬에 들어온 것은 19세기 중반인데, 그 후 수십 년 동안 쥐를 잘 잡는 성질 덕에 거의 가축 대접을 받으며 살았다. 가끔 가금을 죽이긴 했지만, 마당에서 사는 몽구스는 순진하고 유익한 동물처럼 보였다. 그러다가 1900년에 전염병이 돌자, 사람들은 쥐들을 극도로 혐오하게 되었고, 식민지 정부는 몽구스를 야생에 풀어놓기로 결정했다. 그 당시에도 일부 사람들은 그것이 아주 나쁜 생각이라고 주장했다. 그러나 아직 사람들이 그 개념조차 제대로 이해하지 못했던 동물계의 평형 교란보다는 전염병이 훨씬 두려운 대상이었기 때문에 그 계획은 실행에 옮겨졌다.

자메이카와 하와이는 몽구스가 크게 불어나는 바람에 많은 야생 고유종이 희생되는 피해를 겪은 적이 있지만, 모리셔스도 이번에 그것을 직접 체험했다. 1905년 무렵이 되자 가금과 수입한 엽조를 닥치는 대로 잡아먹는 야생 몽구스 개체군이 크게 불어났다. 당국은 뒤늦게 몽구스에 포상금을 지급하는 조처를 취했지만, 이미 엎질러진 물이었다. 몽구스는 닭과 엽조만 잡아먹은 게 아니라 최소한 한 바닷새 개체군을 모리셔스 섬에서 사라지게 하는 데 중요한 역할을 했으며, 90년이 지난 지금도 다수의 황조롱이를 잡아먹었다. 존스는 몽구스를 보이는 족족 잡아죽인 뒤 무엇을 먹었는지 배를 갈라본다고 한다.

"나는 약 200마리나 되는 몽구스의 위를 들여다보았어요. 몽구스에 대해서는 나중에 다시 자세히 말씀드리지요. 몽구스는 야생으로 돌아간 고양이 다음으로 세상에서 가장 번성한 소형 육식 동물입니다."

몽구스는 종류가 다양해 종수만 해도 40여 종이나 되는데, 인도몽구스는 인도 대륙에서 코브라와 싸우는 것으로 유명한 바로 그 종이다. 인도몽구스는 아주 흉포한 사냥꾼이며, 번식력이 좋고, 이 절벽을 기어오를 만큼 민첩하다. 또, 우리가 올라온 길보다 더 안전한 길을 찾을 정도로 영리하기까지 하다.

덫에 걸린 몽구스는 황조롱이 쌍 중 한 마리를 잡아먹었거나 암컷이 알을 더 낳기 전에 둥지에서 쫓아냈을 것이다. 그것은 아주 나쁜 결과이다. 지금 당장 우리가 해결해야 할 문제는 이 녀석을 처리하는 것이다. 루이스와 존스가 그 문제를 생각하는 동안 우리는 반 시간 정도 바위턱에 걸터앉아 있었다. 철망 안에서 발톱으로 할퀴고 이빨로 물어뜯는 몽구스가 들어 있는 덫을 밧줄로 등에 묶은 채 올라왔던 절벽을 도로 내려가려는 사람은 없었다. 절벽 아래로 던져버리면 간단하겠지만, 그러면 덫도 사라져버린다. 존스가 그것보다 더 좋은 방법을 생각했다.

덫 안에서 몽구스를 한쪽으로 몬 뒤, 몽구스 뒤쪽의 문을 들어올렸다. 몽구스가 무심코 움직이는 순간, 존스가 꼬리를 붙들었다. 그리고 꼬리를 뒤로 잡아당기면서 몽구스를 문 쪽으로 바짝 끌어당겼다. 덫은 아직 닫혀 있고 몽구스는 몹시 화가 난 상태지만, 존스가 상황을 통제하고 있다. 루이스의 도움을 받아 존스는 덫을 들고 벼랑 쪽으로 갔다. 신호와 함께 루이스가 문을 열자 존스가 몽구스를 밖으로 홱 끌어낸 다음, 벼랑에 패대기쳤다. 퍽!

두개골이 박살났지만, 몽구스는 아직 몸부림친다. 존스는 다시 한 번 패대기를 친다. 그런 다음, 그는 낚아올린 송어를 사진 찍기 위해 포즈를 취하는 것처럼 축 늘어진 몽구스 시체를 쳐든다. 몽구스 입에서 피가 뚝뚝 떨어진다. 존스는 이제야 안도하는 듯하다. 그는 몽구스에게 물릴 수도 있었고, 벼랑에서 떨어져 죽을 수도 있었고, 최악의 경우에는 몽구스에게 물린 뒤에 추락할 수도 있었다. 그는 자신이 동물을 죽이는 솜씨가 있다는 사실에 약간 놀란 듯하다. 그렇지만 이것은 단순히 복수를 위한 살해극이 아니다. 이것은 보전생물학이다. 그러고 나서 그는 이렇게 말한다.

"어때요? 이런 걸 매일 보는 게 아니죠? 그렇죠?"

불가피한 운명에서 희망의 상징으로

존스에게는 무척 분주한 1주일이었다. 황조롱이를 돌보고, 몽구스를 처치하고, 귀찮은 작가를 상대하는 일 외에도 여행 가방을 챙겨 유럽으로 가는 비행기 편을 예약해야 했다. 모리셔스황조롱이를 구한 공로로 국제자연보호상을 수상하러 네덜란드로 가야 하기 때문이다. 황금활 훈작사라는 일종의 작위까지 받는다고 한다. 지금 그는 입고 갈 만한 옷이 없는지 수선을 떨고 있다. 황금활 훈작사 수여식에는 어떤 옷을 입고 가야 할까? 그가 그런 것을 잘 알 리가 없다. 아무튼 엄숙한 공식적 자리이므로 어두운 색 양복이 어울릴 것이다. 마침 어두운 색 양복이 한 벌 있다. 하지만 검은색 구두는 또 다른 문제이다.

요크 공과 그 부인이 모리셔스 섬을 방문했을 때, 존스는 그들을 황조롱이가 사는 곳으로 안내해 먹이를 공중으로 던져주는 것을 보여주었다고 한다. 그들은 그것을 보고 대단히 좋아하여 답례로 존스를 궁정 만찬에 초대했는데, 존스는 어두운 색 양복과 등산화를 신고 갔다. 존스는 이번에는 검은색 구두를 사거나 빌리는 쪽을 선택할지 모르지만, 그것은 큰 문제가 되지 않을 것이다. 네덜란드 여왕은 제럴드 더렐처럼 존스의 공적을 치하하려고 작위를 주는 것이지, 고상한 의복 때문에 작위를 주는 것은 아니기 때문이다. 존스는 전혀 희망이 없어 보이던 일에 달려들어 몇 년 만에 그것을 희망의 상징으로 바꿔놓은 정신나간 웨일스 인이다. 그는 세상에서 가장 희귀한 매를 거의 불가피한 운명에서 구해낸 사람이다(리처드 루이스와 윌러드 헥, 그리고 그 밖에 여러 사람의 도움을 받아).

그 과정은 더뎠고, 결과도 한동안은 미미했다. 그가 야생 황조롱이의 알을 처음 훔친 것은 1981년이었다. 그해 짝을 짓고 있던 야생 황조롱이는 단 두 쌍만 알려져 있었다. 그는 한 쌍에게서 알을 3개 훔쳤다. 그중 2개가 유정란이었고, 존스는 새끼 1마리를 부화시켜 기르는 데 성공했다. 한편 야생에서 살던 한 쌍이 새로 알을 낳았다. 존스는 두 번째 쌍에게서도 알을 3개 훔쳐 모두 부화시켰으며, 그중 2마리를 키우는 데 성공했다. 첫해에 존스가 간접적 방법을 통해 얻은 순이익은 포획 사육되고 있는 황조롱이 3마리였다. 이것은 하찮아 보일지 몰라도, 전체 개체군의 크기를 고려하면 엄청난 증가였다. 불행하게도, 황조롱이 3마리는 모두 수컷이었다. 마크 섀퍼가 경고한 것과 같은 종류의 개체수 요동이었다.

시간이 지나면서 존스는 황조롱이를 어떻게 다루어야 하는지 잘 알게 되었고, 운도 따르기 시작했다. 다음 해에 존스는 다시 둥지에서 알을 두 번 가져왔는데, 그중 한 번은 모두 무정란이었다. 유정란 중에서 부화한 새끼 3마리를 키웠다. 2마리는 수컷이고 1마리는 소중한 암컷이었다. 1983년에는 대체 먹이를 공급함으로써 한계 상황의 야생 서식지에서 살아가는 쌍이 번식에 성공하도록 도왔다. 이것은 한계 상황에 이르지 않은 서식지가 빈약한 현실을 감안할 때 획기적인 돌파구였다. 이제 최악의 상황은 지나갔다. 개체수가 조금씩 증가하기 시작했다. 1985년에는 야생 황조롱이 여섯 쌍에게서 모두 11마리의 새끼가 태어났으며, 사육되는 황조롱이의 수도 증가했다. 3년 후, 야생에 살고 있는 황조롱이는 약 40마리가 되었고(밤부스 산맥에서 야생으로 돌려보낸 몇 쌍을 포함해), 사육장에 21마리, 아이다호 주 보이시 외곽의 국제맹금류재단 사육장에 15마리가 살았다. 아이다호 주에서 사육하는 황조롱이는 만약의 사태(블랙리버의 사육장에 재난이 닥칠 경우)를 대비한 개체군이다. 아이다호 주의 황조롱이 중 일부는 모리셔스 섬의 야생으로 돌려보낼 것이다.

이렇게 다양한 조처를 취한 결과 1988년에는 다 자란 황조롱이의 수가 약 80마리로 증가했다. 그해 11월, 존스의 사무실로도 사용되는 비좁은 연구실에서 혜은 10개 이상의 알을 부화시키고 있었다. 알에서 새끼가 맨 처음 나온 것은 수요일이었다. 수수한 분홍색 털에 흰색 솜털이 촘촘하게 나 있고, 커다랗고 파르스름한 검은색 눈은 아직 제대로 뜨지도 못했다. 애처로운 이 새끼는 몸을 바들바들 떨면서 사방을 더듬었다. 나는 헥이 알에서 깨어난 새끼에게 핀셋으로 메추라기 고기를 먹이는 모습을 그의 어깨 너머로 지켜보았다.

그로부터 몇 년 지나지 않아 블랙리버 사육장에서 야생으로 돌려보낸 황조롱이는 200마리가 넘는다. 그리고 전에 황조롱이가 자취를 감추었던 모리셔스 섬의 여러 장소(밤부스 산맥과 트루아마멜을 포함해)에 작은 개체군들이 자리를 잡고 살아가기 시작했다. 블랙리버 협곡의 야생 개체군은 수십 년 이래 가장 많은 수로 불어났다.

오늘날 모리셔스황조롱이는 모든 위험에서 완전히 벗어난 것은 아니다. 서식지 부족, 섬의 작은 크기, 인구 증가 등을 감안할 때 안전을 완전히 보장할 수는 없다. 모리셔스황조롱이 이야기는 단지 잠정적 성공에 불과하다. 하지만 기회와 희망이 사라져가는 세상에서는 잠정적 성공, 특히 도저히 가망이 없어 보이던 것이 거둔 성공도 상징적으로 중요하다. 네덜란드로 떠나기 전에 존스는 내게 말했다.

"모리셔스황조롱이를 구할 수 있다면, 우리는 어떤 종이라도 구할 수 있습니다."

상습적인 근친 교배

존스의 말이 옳을지도 모른다. 개체수가 이제 대여섯 마리밖에 남지 않은 종이 있는데, 그 운명을 위협하는 많은 문제 앞에서 그 종을 구해야 한다고 생각해보자. 이러한 절체절명의 위기 상황에서도 그 종을 구하는 게 가능할 수 있다. 하지만 모리셔스황조롱이 사례는 겉보기와는 달리 긍정적인 패러다임으로 받아들이기 어려운 아이러니한 사실이 한 가지 있다. 이 사실은 어느 누구보다도 존스가 잘 알고 있다. 다만 들뜬 순간에는 그것을 잊어버릴 수 있다. 모리셔스황조롱이는 사리스카의 호랑이나 기르의 사자, 아날라마자오트라의 인드리를 비롯해 격리된 서식지 환경과 작은 개체군 크기라는 문제가 비교적 최근에 불거진 그 밖의 종들과는 사소하지만 중요한 차이점이 한 가지 있다. 모리셔스황조롱이는 호랑이나 사자나 인드리와는 달리 종으로서 존재한 전체 역사가 작은 섬 안에서 일어났다. 그 개체군은 한 번도 커진 적이 없다.

모리셔스 섬은 크기가 너무 작아 수천 마리의 황조롱이가 살아갈 수 없다. 사람들이 몰려와 숲을 베고 사탕수수밭을 경작하기 이전에도 섬의 작은 크기 때문에 황조롱이의 수는 불어나는 데 제약을 받았다. 한 평가에 따르면, 모리셔스황조롱이의 최대 개체군 크기는 암수 300쌍과 홀로 살아가는 100마리 정도에 불과할 것이라고 한다. 존스 자신이 평가한 황조롱이에게 필요한 세력권 면적을 따른다면 그 수는 좀 더 많아지지만, 크게 많아지지는 않는다. 황조롱이 한 쌍이 살아가는 데 필요한 면적이 약 $1km^2$라면, 이 섬의 면적을 그것으로 나눌 때 나오는 수치는 얼마 되지 않는다.

한때 300쌍과 홀로 사는 100마리를 합쳐 모두 700마리가 살았다면, 상당히 큰 개체군으로 보일지 모르겠다. 그러나 그렇지 않다. 왜냐고? 첫째, 홀로 사는 황조롱이는 후손을 남기지 않으므로 유효 개체수에 포함되지 않는다. 둘째, 최대 300쌍이란 수치는 평년에는 그 수가 감소하고, 운이 나쁜 해에는 그 수가 더 크게 감소한다는 것을 의미한다. 바이러스성 전염병이라도 돌면 300쌍이 200쌍으로 줄어들 수도 있다. 심한 가뭄이 닥치거나 도마뱀붙이 사이에 질병이 퍼져 먹이가 부족해지면, 200쌍이 100쌍으로 줄어들 수도 있다. 그와 동시에 사이클론이라도 몰아닥친다면 그 수는 더욱 감소할 것이다. 우리는 이런 종류의 시나리오를 이미 여러 번 보았기 때문에, 이제 여러분은 그것이 어떻게 작용하는지 잘 알 것이다. 설사 황조롱이 개체군이 곧 재난을 딛고 일어나 300쌍으로 회복한다 하더라도, 단기적 요동은 장기적 영향을 미친다. 복잡한 현실을 반영한 복잡한 수학에 따르면, 일시적인 개체수 감소는 유효 개체수를 영구적으로 감소시키는 영향을 끼친다. 프랭클린은 브라운 북에 자신이 쓴 장에서 방정식으로 근거를 제시하면서 이 점을 정확하게 지적했다.

만약 황조롱이의 유효 개체수가 고질적으로 적다면, 근친 교배를 할 수밖에 없을 것이다. 황조롱이의 역사가 시작된 이래 첫 수천 년 동안은 가까운 혈족끼리 근친 교배를 자주 했을 것이다. 근친 교배가 상습적으로 일어났음을 뒷받침하는 경험적 증거는 없지만, 그렇게 추정해도 큰 무리는 없다. 그런데 바로 여기에 아이러니가 있다. 상습적인 근친 교배는 생물학적으로 한 가지 이점이 있으니, 바로 유전적 하중이 무겁게 누적되는 것을 막아준다. 그리고 치명적인 돌연변이가 발생할 잠재적 위험을 개체군에서 점진적으로 제거한다.

근친 교배가 상습적으로 일어날 때, 한 세대에서 일부 자손에게만 해로운 열성 대립 유전자가 동형 접합자로 나타날 가능성이 높다. 운 나쁜 이 개체들은 생식 능력이 없거나 일찍 죽음으로써 후손을 남기지 않고 사라진다. 따라서 해로운 대립 유전자들은 유전자 풀에서 제거되고, 개체군의 유전적 하중이 가벼워진다. 이것은 부정적 돌연변이를 긴 시간에 걸쳐 분산시킴으로써 개체수가 격감한 위기의 순간에 같은 충격이 집중되지 않게 해준다.

유전적 하중이 가벼운 개체군에서는 근친 교배에서 반드시 근교 약세가 나타나는 것은 아니다. 모리셔스황조롱이의 유전적 하중은 가벼웠을 가능성이 아주 높다. 모리셔스황조롱이는 해로운 열성 대립 유전자의 하중을 무겁게 유지할 수가 없었다. 왜냐하면, 그러한 열성 대립 유전자들을 온전한 상태로 저장할 수 있는 이형 접합자 개체들로 이루어진 개체군이 크게 존재한 적이 없기 때문이다. 돌연변이가 만들어내는 해로운 열성 대립 유전자들과 그것이 겉으로 표현되는 동형 접합자 개체들은 세월이 흐르면서 계속해서 제거돼왔다.

따라서 황조롱이는 자연적 희귀 상태로 긴 역사를 거쳐오는 동안 근친 교배가 심하게 일어나는 시기를 근교 약세 문제를 심각하게 겪지 않으면서 견뎌낼 수 있었다. 하지만 더 큰 세계에 사는 다른 종들은 그런 이점이 없다.

MVP와 PVA

존스가 매사냥과 젊은 시절의 경험에서 빌려온 기술을 사용해 망각 속으로 사라져가던 모리셔스황조롱이를 되살려내는 사이에 보전생물학도 계속 발전했다. 브라운 북, 그린 북, 그레이 북이 이미 출간되었다. 개체군 생존 능력에 관한 술레와 샐와서의 워크숍도 열렸으며, 거기서 나온 결과를 모아 블루 북이 저술되었다. 이론적 연구가 발전하는 것과 함께 집단 자각과 이론과 실제 사이의 상호 교환도 발전했다. 길핀은 "사람들은 이런 것들을 막 읽기 시작했고, 그것을 관리에 사용하기 시작했다."라고 말한다.

'생존 가능 최소 개체군'이란 개념은 MVP minimum viable population라는 약자로 알려지게 되었는데, 이것은 최소한 일부 사람들에게 새로운 과학 게임의 MVP most valuable player(최우수 선수)라는 뜻으로도 통했다. 하지만 길핀은 여전히 MVP 개념이 썩 마음에 들지 않았다. 길핀은 그것이 굉장한 가치가 있는 것은 아니라고 생각했다. 그것은 문제를 맨 먼저 찔러본 하나의 시도에 지나지 않으며, 아직 개선의 여지가 많다고 생각했다. 술레 역시 같은 생각이었다. 생존 가능성 개념을 하나의 MVP 숫자로 축소하는 것은 너무 말쑥하고 단순했다. 그것은 작은 개체군에 영향을 미칠 수 있는 변수들의 상호작용을 제대로 나타내지 못했다. 술레와 프랭클린의 50/500 규칙은 사람들이 덥석 받아들이기 쉬웠다. 일부 과학자와 야생 동물 관리자들은 그것을 단지 유전적 문제만 반영한 조심스러운 지침으로 받아들이는 대신에 절대적인 지침으로 받아들이는 경향을 보였다. 길핀은 술레가 개체수가 25마리까지 줄어들어 멸종 위기에 처한 앵무의 관리 방법에 대해 아주 먼 나라에서 작성한 권고안 복사본을 받았던 이야기를 해주었다. 그 충고의 요지는 "그것은 술레의 두 가지 마법수보다 적으니 이제 그 종을 포기하고 그 돈을 다른 데 쓰자."라는 것이었다. 앵무 25마리는 50마리보다 적어서 단기적으로 근교 약세에 취약하고, 따라서(이 잘못된 논리에 따르면) 구조할 희망이 없다는 것이었다.

길핀과 술레는 이 모든 문제를 논의했다. 그들은 단 하나의 최소값으로 표현되는 MVP 개념이 불충분하다는 데 동의했다. 하지만 일반화된 경험 법칙은 자원 관리자가 사용하고 싶은 유혹을 느끼기 쉽고, 대중들이 이해하기에도 쉽다는 점은 인정했다. 그러나 초기의 MVP 연구는 일반화를 지나치게 추구했다. 길핀과 술레는 그 점이 마음에 들지 않았다. 그들은 어떤 종에게 영향을 미치는 위험 요소들은 복잡하고 다차원적이며 그 상황에만 특별한 방식으로 상호작용한다는 사실을 알아냈다. 피드백이나 시너지 효과도 나타날 것이다. 일정 크기의 개체군은 어떤 환경에서는 생존 능력이 있는 반면, 다른 환경에서는 생존 능력이 없을 수 있다. 또, 그 크기의 개체군이라면 어떤 종은 생존 능력이 있더라도 다른 종은 생존 능력이 없을 수도 있다. 모리셔스황조롱이 50마리가 직면한 불확실성의 시련은 미국흰두루미 50마리가 직면한 것과는 다를 것이다. 파충류와 곤충도 다를 것이고, 육식 포유류와 초식 동물도 다를 것이다. 큰 섬에 사는 종과 작은 섬에 사는 종도 다를 것이다.

"따라서 우리에게 필요한 것은 이 모든 것을 평가할 수 있는 분석 과정이라는 결론을 얻었지."라고 길핀은 말했다.

그들은 그 과정을 개략적으로 기술하고, 그것을 개체군 생존 능력 분석population viability analysis, 줄여서 PVA라고 불렀다. 길핀과 술레는 PVA와 MVP의 관계가 전체적인 건강 검진과 콜레스테롤 수치의 관계와 같다고 상상했다.

한편, 술레는 또 하나의 큰 모임을 조직했다. 제2차 보전생물학 국제회의는 1985년 5월에 앤아버에서 열렸다. 이 무렵 '보전생물학'이란 용어는 아직 주류 과학계의 전문 용어로 확립되진 않았지만 광범위하게 확산되었고, 전문가들에게 인정받았다. 많은 유전학자, 생태학자, 집단생물학자, 생물지리학자, 동물원 수의사, 자연 보호 계획 담당자, 토지 관리자 그리고 여러 분야의 전문가들이 자신들이 모두 같은 분야에서 (심지어 그 운동에까지) 힘을 모으고 있다고 생각하기 시작했으며, 그 운동은 날이 갈수록 세력이 커졌다. 댄 심벌로프와 제러드 다이아몬드도 1985년 회의에 참석했다. 톰 러브조이와 할 샐와서, 폴 얼리크, 존 터보그도 왔다. 노먼 마이어스는 논문을 제출했다. 길핀은 개체군 생존 능력 분석에 대해 자신과 술레의 견해를 이야기했다. 언제나처럼 길핀은 원고도 없이 빠른 속도로 편하게 이야기했다.

길핀은 PVA의 핵심은 작은 개체군에 해를 끼치는 방향으로 상호작용하는 많은 과정의 잠재적 순 영향력을 고려하는 데 있다고 설명했다. 각각의 과정은 다른 과정에 입력을 제공하는 피드백 고리로 볼 수 있다. 한 종류의 문제는 다른 종류의 문제를 악화시킬 수 있다. 개체수 요동은 유전적 문제에 영향을 끼친다. 유전적 문제는 적응 능력에 영향을 끼친다. 적응 능력 상실은 개체군의 공간적 분포에 영향을 끼쳐 그 개체군을 더 작은 조각들로 분열시킬 수 있다. 그리고 분열은 개체수 요동 및 유전적 문제에 영향을 끼친다. 이처럼 한 가지 문제가 다른 문제로 연결되면서 계속 돌고 돈다. 이런 상호작용의 고리는 일종의 소용돌이로 볼 수 있다. 한 차원(개체수 요동이나 유전적, 공간적, 진화적 차원)에서 위험 문턱을 넘어서면, 작은 개체군은 상호작용 효과를 통해 소용돌이 속으로 더 끌려 들어가다가 결국 소용돌이에 휩쓸려 멸종을 향해 추락한다. 개체군 생존 능력 분석은 주어진 생태적 환경에서 살아가는 어떤 개체군에게 이러한 문턱이 어디쯤에 있으며, 문턱을 넘었을 때 나타나는 결과를 예측하려고 시도한다.

길핀과 술레가 제시한 PVA 과정은 아주 복잡하다는 것 외에 또 다른 점에서 기존의 MVP 개념과 차이가 있었다. PVA는 이상적인 표준 상황이 아니라 실제 상황에 초점을 맞춘다. PVA는 실제 세계에서 살아가는 실제 동식물 개체군의 생존 능력을 평가하기 위한 것이다. PVA는 이론적 원리를 찾고 목표를 제시하는 대신에, 경험적 상황을 관찰하고 희망이나 만류 또는 경고를 제시한다. MVP 접근 방법은 어떤 종의 개체군이 얼마 동안 살아남을 가능성을 얼마만한 확률로 보장하려면 얼마나 많은 개체가 필요한지 묻는다. PVA 과정은 어떤 종이 처한 특수한 현실과 상황을 다룬다. 그리고 다음과 같은 질문을 던진다. 서식지, 행동학적 특성, 생태학적 관계, 유전적 다양성, 공간적 배치 등이 '이러저러한' 환경에서 '이' 종의 개체들이 '이만큼' 살고 있을 때, 이 개체군이 오랜 시간이 흘러도 생존할 확률은 얼마인가? 간단히 말하면, 이 개체군은 살아남을 것인가 아니면 사라질 것인가 하고 묻는 것이다.

　길핀은 제2차 보전생물학 국제회의에서 강연하면서 영사기로 다이어그램을 보여주었다. 각각의 다이어그램은 원과 화살표, 박스, 점선 등이 복잡하게 얽혀 멸종으로 이어지는 소용돌이를 보여주었다. '이' 화살은 '저' 원을 찌르고, 그 원에서 또 다른 화살이 나와 박스를 찌르고, 박스에서 또 다른 화살이 나와 두 모퉁이를 돌아 또 다른 원을 찌르는 모습을 보여주었다. 이 모든 것은 한 가지 요인이 다른 요인으로 이어지는 것을 추상적으로 보여주었다.

　이 다이어그램들은 나름의 작은 뒷이야기가 있다. 공간적, 그래프적 용어로 브레인스토밍을 하는 술레는 스스로의 표현에 따르면 소용돌이 개념을 그림으로 나타내기 위해 '수 톤의 종이'를 사용했다고 한다. 그는 여름에 야외 조사를 위해 콜로라도 주로 차를 몰고 가던 때의 이야기를 들려주었다. "운전을 하는 동안 이 다이어그램을 그렸지. 이 원들과 화살표들을. 나는 일상의 모든 번거로움에서 벗어나 장거리 운전을 할 때 생각이 잘 떠오르는 경우가 많아." 그는 앤아버에서 열린 회의에서 생물학자들 앞에 그것을 내놓기 위해 길핀과 함께 더 많은 종이를 사용해 PVA 개념과 다이어그램들을 더 정교하게 만들었다. 길핀은 그 최종 버전을 매킨토시로 완성했다. 자와 커피 잔 밑부분으로 그리는 것보다 그 편이 훨씬 나았다. 게다가 그 정확도는 자신의 방법에 확신을 심어주었다.

　소용돌이는 모두 4개가 있는데, 하나의 다이어그램에 하나씩 표시되었다. 4개의 소용돌이는 개체수 요동 소용돌이, 근친 교배 소용돌이, 분열 소용돌이, 적응 소용돌이였다. 길핀은 만약 어떤 종이 한 소용돌이의 영향권 안으로 빨려 들어가면, 곧 다른 소용돌이에도 휘말려 들어갈 가능성이 높다고 설명했다. 하지만 각 소용돌이에 취약한 정도는 종에 따라 다르다. 예컨대, 번식력과 이동 능력이 뛰어난 곤충 종은 분열 소용돌이에 대해 다른 종들보다 덜 취약할 것이다. 왜냐하면, 그 종은 번식과 이동을 빨리 할 수 있어, 분열된 개체군들 사이의 틈을 곧 다시 메울 것이기 때문이다. 또, 몸집이 크고 수명이 긴 포유류는 개체수 요동 소용돌이에 덜 취약할 것이다. 해가 바뀌더라도 개체군 크기가 대체로 안정 상태를 유지하기 때문이다. 그리고 모리셔스황조롱이처럼 상습적으로 근친 교배를 하는 종은 이미 유전적 하중을 상당히 가볍게 했기 때문에 근친 교배 소용돌이에 덜 취약할 것이다. 환경의 우발적인 차이뿐만 아니라 종들의 종류 사이의 본질적 차이는 취약성과 저항의 차이로 나타난다. 길핀과 술레가 내린 정의에 따르면, 개체군 생존 능력 분석의 과제는 개체군 자체의 독특한 특징과 환경을 바탕으로 특정 개체군이 각각의 소용돌이에 대해, 그리고 4개의 소용돌이를 모두 합친 것에 대해 얼마나 취약한지 평가하기 위한 것이다. 어떤 종의 생존 능력 문턱을 나타내는 마법의 수 같은 것은 존재하지 않는다. 그런 것은 존재할 수 없다. 그러기에는 생물학적 현실이 너무나도 복잡하기 때문이다. 대신에 개별 사례에 대해 진단을 내릴 수 있는 체계적 과정은 있다.

  길핀의 설명에 대한 반응은 아주 좋았다. 길핀은 다음과 같이 말했다. "할 샐와서가 달려와서 말하던 것이 기억나는군. '그래요, 그래! 우리에게 필요한 것이라고 내가 늘 생각했던 그게 바로 이거예요!'"

  PVA 개념에 주목한 야생 생물 관리자는 샐와서뿐만이 아니었다. 길핀과 술레는 그것을 글로 썼으며, 그 글은 1985년의 회의 결과로 출간된 책에 실렸다. 이번에도 술레가 전체적인 편집 책임을 맡았다. 이렇게 나온 《보전생물학: 결핍과 다양성의 과학 Conservation Biology: The Science of Scarcity and Diversity》은 옐로 북으로 불리며 무지개 대열에 합류했다.

  옐로 북 2장에 실린 길핀과 술레의 논문에는 소용돌이 다이어그램이 여러 개 포함돼 있다. 원과 박스, 점선은 흑백으로 그려졌고, 화살표들은 제각각 온갖 방향을 향하고 있었다.

몬테스클라로스의 남부양털거미원숭이

화살표들이 가리키는 한 방향은 브라질 남동부의 대서양림이었다. 이곳에는 격리된 서식지 조각들에서 신세계원숭이 가운데 몸집이 가장 큰 남부양털거미원숭이 Brachyteles arachnoides (흔히 남부무리키라고 부른다)가 20여 개의 작은 개체군을 이루어 살아가고 있다.

브라질의 대서양림은 아마존이나 마다가스카르 섬 또는 뉴기니 섬의 열대우림만큼 유명하진 않지만, 생물 다양성 면에서는 이 숲들과 동급이라 할 수 있다. 최소한 얼마 전까지는 그랬다. 대서양림은 브라질 중부의 고지대 평야에 의해 아마존과 고립돼 있다는 점에서 아마존과 아주 다르다. 여러 가지 다른 점 중에서 특히 대서양림 대부분이 이미 사라져버렸다는 사실이 눈길을 끈다.

500년 전만 해도 대서양림은 브라질 해안을 따라 130만 km^2에 이르는 산과 강 유역에 펼쳐져 있었다. 그것은 대각선으로 길게 뻗은 삼림 지대로, 남쪽으로는 우루과이 강 상류에서 시작하여 지금의 상파울루와 리우데자네이루를 포함하는 지역을 지나 수백 km 북쪽의 남아메리카 대륙 동쪽 끝부분까지 뻗어 있었다. 이 삼림 지대의 지형은 수직으로 솟은 구릉 지대가 많아 편평한 아마존 분지와는 대조적이다. 토양의 성질, 기온과 강수 주기, 식물상의 변천사도 크게 차이가 난다. 대서양림은 생물 다양성이 아주 풍부했다. 한 평가에 따르면, 전 세계의 전체 동식물 종 중 약 7%가 이곳에 살았다고 한다. 조류, 파충류, 식물 중 많은 종은 다른 곳에서는 볼 수 없는 고유종이었다. 지금도 대서양림에는 많은 고유종이 살고 있다. 그중에는 포유류 50여 종도 포함돼 있는데, 영장류가 상당수를 차지한다. 갈색고함원숭이는 이곳에서만 볼 수 있다. 밝은 오렌지색 털과 아프리카 사자와 같은 갈기를 가진 황금머리사자타마린 역시 그렇다. 대서양티티, 검은사자타마린, 황금사자타마린, 4종의 마모셋(마모셋원숭이 또는 명주원숭이라고도 함) 역시 그렇다. 남부양털거미원숭이도 마찬가지다. 하지만 이 영장류 중 많은 종이 멸종 위기에 처해 있다. 그들이 사는 생태계가 조각났기 때문이다.

16세기 초에 이 해안에 상륙한 포르투갈 인은 온전한 열대 숲을 발견했다. 그들은 또한 브라질 연안 지역이 프랑스 인이 지배하던 모리셔스 섬처럼 사탕수수를 재배하기에 좋은 장소라는 사실도 알게 되었다. 그래서 정착촌들이 생겼고, 그것들은 계속 팽창했다. 아주 넓은 면적의 야생 자연이 사탕수수밭으로 변했다. 16세기 말에 내륙 지역에서 금광과 다이아몬드광이 발견되면서 모험적인 정착민을 내륙 쪽으로 이주하도록 유혹했다. 광산촌이 성장했고, 일부는 도시만 한 크기로 팽창했다. 1750년경에 황금 붐이 수그러들자, 광산촌과 도시는 농업 중심지로 변했다. 19세기에는 커피가 중요한 환금 작물이 되었다. 소들은 새로 조성된 목초지에서 풀을 뜯었다. 그 뒤에 철광석이 발견되었고, 원주민은 쫓겨나거나 죽음을 당했다. 1860년대에는 철도가 건설되면서 커피와 사탕수수의 생산과 수출이 더욱 활기를 띠었다. 간단히 말해서, 사건들은 발견과 식민지 건설, 제국의 발전 연대기에서 익히 보는 것과 똑같은 종류의 비극적 시나리오에 따라 진행되었다.

1910년에는 리우데자네이루 북쪽 300km 지점에 위치한 미나스제라이스 주의 한 강변에 제강 공장이 들어섰다. 강철 생산에는 숯이 많이 필요한데, 이를 위해 더 많은 숲을 베어냈다. 인구가 증가하자 건축 자재와 땔감으로 더 많은 나무가 베여나갔다. 고속도로, 수력 발전 댐, 그리고 추가로 수십 개의 제강 공장이 건설되었다. 남동부 연안은 브라질에서 인구 밀도가 가장 높고 산업이 가장 발달한 지역이 되었다. 브라질 전체 인구의 절반이 브라질 국토의 10분의 1밖에 안 되는 이 지역에 살았다. 도시 팽창, 농업 확대, 땔감과 연료 수요 때문에 대서양림은 점점 줄어들어 1980년에 이르자 원래 생태계의 5% 미만만 남았다. 이제 대서양림은 대체로 산꼭대기 근처에 작은 면적의 숲으로 남아 있는데, 벌목하기에 불편해서 아직 피해를 입지 않았을 뿐이다. 이 숲들은 커피 농장, 목장, 사탕수수밭, 도로, 도시로 둘러싸여 있다. 가공할 침입종인 사람들에게 포위되어 있는 것이다.

남부양털거미원숭이는 이 기간에 그 수가 크게 줄었는데, 서식지 상실뿐만 아니라 사람의 사냥도 큰 원인이었다. 몸집이 큰 만큼 고기도 많이 제공했기 때문이다. 다 자란 남부양털거미원숭이는 몸무게가 약 14kg 정도 나간다. 홀쭉한 팔로 나뭇가지를 붙잡고 매달려(꼬리로도 나뭇가지를 붙잡고 몸무게 일부를 지탱하면서) 멜론처럼 생긴 배를 쭉 내밀고 있는 모습은 사람만큼 크고 품위 없어 보인다. 남부양털거미원숭이는 과일, 나뭇잎, 꽃 등 다양한 먹이를 먹고 살며, 꽃과 과일이 나지 않는 계절에는 영양분이 적은 나뭇잎을 잔뜩 먹으면서 살아간다. 털빛은 황금빛을 띤 회색으로, 콜타르처럼 새카만 얼굴과 대조를 이룬다. 무리키muriqui 라는 이름은 투피족 인디언 말에서 유래했다. 그러나 포르투갈 어를 말하는 브라질 사람들은 '오 모누 카르보에이루o mono carvoeiro'라고 부르는데, 대충 번역하면 숯원숭이라는 뜻이다. 이 이름은 숯처럼 새카만 얼굴 때문에 붙은 것이지만, 남부양털거미원숭이가 문명의 불에 탔다는(실제로 그 서식지가 불탔으므로) 비유적 의미도 내포하고 있다.

포르투갈 인이 오기 전에는 남부양털거미원숭이가 약 40만 마리나 살고 있었다. 이것은 대략적인 추정치이긴 하지만, 세력권들 사이의 간격과 이용 가능한 서식지 등 근거 있는 자료를 바탕으로 계산한 것이다. 그러나 그 후 숲의 면적이 줄어들고, 작은 조각들로 잘려나가면서 그 수가 곤두박질쳤다. 1960년대 말에 브라질의 한 자연 보호주의자는 이전에 남부양털거미원숭이가 살던 지역을 모조리 조사하여 그 개체수가 겨우 3,000마리라고 보고했다.

1972년에 브라질의 유명한 영장류학자가 발표한 평가에 따르면, 그 수는 2,000마리에 불과하다. 이 수는 불안할 정도로 적은데, 설상가상으로 서식지의 공간적 분포는 상황을 더 악화시킨다. 서식지 분열은 희귀성 문제를 심화시킨다. 2,000마리의 남부양털거미원숭이는 단일 개체군이 아니다. 이곳에 30마리, 저곳에 40마리, 또 다른 곳에 50마리 하는 식으로 여러 곳에 각자 격리돼 살아간다. 각 무리는 전체 중 극히 일부에 지나지 않으며, 또 각 무리는 다른 무리와 격리돼 있다.(남부양털거미원숭이는 인드리와 마찬가지로 땅 위를 걷는 걸 싫어하며, 탁 트인 평지를 지나가려고 하지 않는다.) 이 개체군들 중 생존 능력이 있다고 말할 만큼 큰 무리를 이루고 있는 것은 거의 없다. 이들은 모두 섀퍼가 설명한 네 가지 불확실성에 직면해 있다. 모두 길핀과 술레의 다이어그램에서 멸종에 이르는 소용돌이에 휩쓸려 들어가고 있다.

여러 가지 문제 중에서 근교 약세가 심각할 가능성이 높다. 남부양털거미원숭이는 모리셔스황조롱이와는 달리 풍부하던 상태에서 갑자기 희귀한 상태로 전락하여 상습적인 근친 교배로 그 부작용을 완화할 기회가 없었기 때문이다. 즉, 유전적으로 격리된 삶을 살아갈 준비가 아직 되지 않은 상태에서 격리를 맞이했다.

남부양털거미원숭이의 전체 개체수는 계속 감소했다. 1987년에 이르자 남부양털거미원숭이는 세상에서 가장 희귀하고 또 멸종 위기가 가장 큰 영장류 중 하나가 되었다. 브라질과 미국 연구자들의 합동 조사를 바탕으로 그해에 발표된 보고서에는 남부양털거미원숭이의 수가 386마리로 적혀 있다. 조사에 참여한 사람들은 이 숫자는 최소한으로 낮춰 잡은 것이며, 일부 남부양털거미원숭이가 어딘가에(조사한 지역 어딘가에 혹은 다른 숲에서 발견되지 않은 채) 숨어 있을 것이라고 기대했다. 하지만 반드시 그럴 것이라고는 아무도 주장하지 못했다. 우리가 알고 있는 한, 살아남아 있는 남부양털거미원숭이는 386마리가 전부이다. 이들은 여기저기 드문드문 흩어져 있는 열한 곳의 숲에서 살았다. 발표된 보고서에는 브라질 남동부 지역을 나타낸 지도가 있고, 대서양림 전체에 걸쳐 남부양털거미원숭이가 살던 넓은 서식지 윤곽이 그 위에 표시돼 있었다. 서식지 열한 곳은 아틀란티스의 유령 위로 삐죽 머리를 내민 외로운 군도처럼 보였다. 얼마 전에 발표된 또 다른 보고서에서는 또 다른 열네 곳에 사는 작은 개체군들이 추가되었고, 전체 개체수는 약 300마리가 추가되었다.

서식지 조각 중 일부는 공원 또는 보호 구역이며, 일부는 사유림이다. 사유림 중 하나는 파젠다 몬테스클라로스라는 커피 농장에 있다. 이 농장은 미나스제라이스 주의 카라칭가 동쪽에 위치하고 있다. 몬테스클라로스의 숲은 면적이 약 880헥타르로, 마다가스카르 섬의 아날라마자오트라 보호 구역과 크기가 비슷하다. 여기에는 남부양털거미원숭이가 약 80마리 살고 있다. 그 수는 모든 개체군 중에서 가장 많은 축에 속한다. 이 숲은 커피나무숲과 목장으로 둘러싸여 있다. 이 숲이 지난 50년 동안 보존된 것은 상업적 유혹과 사방에서 미치는 사람들의 압력을 물리친 커피 농장 주인 세뇨르 펠리시아노 미구엘 압달라Senhor Feliciano Miguel Abdalla의 자비로운 고집 덕분이었다.

몬테스클라로스에 살고 있는 남부양털거미원숭이 개체군은 어떤 개체군보다도 철저하게 조사되었다. 그러나 몬테스클라로스에서도 연구 기록은 20년에 불과할 만큼 짧다. 세뇨르 펠리시아노가 오래 전부터 그들을 귀여워했겠지만, 브라질의 과학자들이 이 남부양털거미원숭이 개체군을 발견한 것은 1976년이 되어서였다. 1977년에는 한 일본인 영장류학자가 2주일 동안 머물면서 자료를 수집했다. 그 무렵에 세계야생생물기금의 미국 지부는 (팻 라이트가 마다가스카르 섬에서 처음 연구하는 것을 지원해준 영향력 있는 영장류 보호주의자인 러스 미터마이어의 주도로) 브라질의 자연 보호주의자들과 합동으로 대서양림에 사는 영장류에 대한 장기적 연구를 장려하기 시작했다. 거기에 포함된 대상 중 하나가 몬테스클라로스의 남부양털거미원숭이 개체군이었다. 1982년에 캐런 스트라이어 Karen Strier 라는 젊은 미국인 여성이 그곳을 방문했다.

스트라이어는 하버드에서 생물인류학을 전공한 대학원생으로, 박사 학위 논문 주제를 찾고 있었다. 그녀는 이곳에 두 달간 머물면서 남부양털거미원숭이에 큰 흥미를 느꼈다. 이듬해에 그녀는 장기간 야외 조사를 할 준비를 갖추고 다시 찾아왔다. 그녀는 포르투갈 어를 배웠고, 몬테스클라로스 주변의 지리를 익혔으며, 독사의 위험을 무시하는 법도 배웠고, 동물을 겁 주지 않고 추적하면서 숲 속을 돌아다니는 방법도 터득했다. 그녀는 수천 시간 동안 현장에서 관찰한 자료를 가지고 미국으로 돌아가 남부양털거미원숭이에 관한 논문을 쓰기 시작했다. 그러다가 논문을 끝마치기 전에 다시 몬테스클라로스에 이끌려 돌아왔다. 그곳에는 배울 게 아직 많이 남아 있었기 때문이다. 이전에 스트라이어와 친해졌던 어린 암컷들이 이제 새끼들을 데리고 다녔다. 스트라이어는 어미가 되면 생태학적 요구와 사회적 관계에 어떤 변화가 생기는지 알고 싶었다.

그곳에는 배울 것이 항상 있었다. 마침내 스트라이어는 박사 과정을 마치고 위스콘신 대학에 강사 자리를 얻었으나, 과학자인 그녀의 삶에서 중심적 위치는 남부양털거미원숭이가 차지했다. 그녀는 다시 몬테스클라로스를 찾았고, 그 후에도 수시로 이곳을 찾고 있다. 스트라이어는 원숭이들과 세뇨르 펠리시아노의 신뢰를 얻었다. 그리고 브라질 학생들에게 생물학 야외 조사 방법을 훈련시켰다. 또한 몬테스클라로스에 연구 기지를 세우는 데에도 기여했고, 결국에는 그곳에서 일하게 되었다. 그녀는 지금도 매년 상당 시간을 몬테스클라로스에서 보낸다. 이 종을 지속적으로 장기간 연구한 사례는 스트라이어가 유일하다. 따라서 남부양털거미원숭이에 관한 한 세계 최고의 권위자로는 캐런 스트라이어를 빼놓고 다른 사람을 생각할 수 없다.

스트라이어는 남의 눈에 띄는 걸 좋아하지 않는 성격이고 아주 열심히 일한다. 그래서 작업 생산성을 떨어뜨릴 수 있는 접촉이나 간섭을 싫어한다. 그녀가 매년 브라질에서 일할 수 있는 시간은 짧기 때문에 낭비할 시간이 없다. 나는 전화 통화를 하는 동안 이러한 사실을 분명히 알 수 있었다. 그렇지만 그녀는 내가 몬테스클라로스에 머무는 것을 허락하겠다고 했다. 브라질의 담당 공무원이 나의 방문을 허락하기만 한다면 나는 그곳에 머물면서 그녀가 진행하는 연구 계획을 구경할 수 있다.

스트라이어는 어떤 사람들에게 허가 요청서를 제출해야 하는지 알려주었다. 그 밖에도 10월에 올 것, 사흘을 초과해 머물 생각은 하지 말 것, 아침에 카라칭가에서 동쪽으로 이파네마로 가는 버스를 탈 것, 운전사에게 몬테스클라로스 입구에 내려달라고 할 것, 이곳은 그 유명한 이파네마가 아니라 초라한 시골 이파네마이므로 버스를 제대로 탔는지 꼭 확인할 것, 포르투갈 어를 할 줄 모른다면 약간 배울 것, 버스 운전사는 몬테스클라로스를 다른 이름으로 알고 있을 수도 있으며, 그곳을 펠리시아노로 부를 수도 있다는 것, 농장 교차로가 나타나면 내려서 걸을 것, 거기서 연구 기지까지는 3km도 안 된다는 것, 자신이 하루 일과를 마치고 돌아올 때까지 그곳에서 기다릴 것 등등을 알려주었다. 그리고 숲 속으로 들어가 길을 잃는 일이 없도록 하라고 신신당부했다. 전에도 저널리스트를 만나본 경험이 다수 있는 게 분명했다. 그리고 한 가지를 더 알려주었는데, 이 말만큼은 아주 친근하게 들렸다.

"리우에서는 조심하세요."

리우데자네이루에서 당한 봉변

더 구체적으로는 이렇게 말했다. "로두비아리아에서는 조심하세요."

로두비아리아는 리우데자네이루의 중앙 버스 터미널이다. 승강장과 터널, 엘리베이터, 화물 적하장이 미로처럼 얽혀 있는 콘크리트 건물인 버스 터미널은 많은 사람들로 붐비는데, 전부는 아니더라도 대부분은 다른 곳으로 여행하는 승객들이다. 스트라이어는 카라칭가로 가는 야간 버스가 그곳에서 출발한다고 알려주었다. 이곳은 조심성 없는 브라질인이나 멍청한 미국인이 솜씨 좋은 라드랑ladrão에게 돈을 잘 털리는 곳이다. 라드랑은 도둑을 가리킨다. 그리고 소매치기는 카르테이리스타 carteirista라고 한다. 나는 지시받은 대로 포르투갈 어를 약간 익히려고 애썼다.
　브라질 방문이 처음은 아니지만, 대도시는 처음이다. 저 위쪽에 있는 중앙 아마존의 마나우스는 이곳에 비하면 변방이다. 리우는 과연 명성 그대로였다. 무너져내리는 식민지 시대의 위엄과 카니발의 광적인 정신, 새로운 부, 오래된 가난, 아주 절박한 현대적 형태의 새로운 가난, 그리고 방탕한 국제 관광의 분위기가 들끓는 거대한 스튜냄비 같은 도시이다. 이곳은 경이와 위험이 공존하는 곳인데, 그것들은 언어와 마찬가지로 내가 잘 알지 못하는 것들이다. 여행 일정상 나는 며칠 동안 리우에서 관광을 하며 지내기로 했다. 리우데자네이루에 도착하자마자 나는 현명한 짓과 어리석은 짓을 몇 가지 했다. 예를 들면, 돈과 중요한 문서와 신용 카드를 세 개의 지갑에 각각 따로 넣었다. 그중 하나는 윗도리 속에 주머니처럼 착용할 수 있었다. 이것은 현명한 짓이었다. 그리고 호텔을 떠나면서 주머니 지갑을 착용하고, 나머지 지갑 두 개도 함께 가져갔는데, 이것은 아주 어리석은 짓이었다. 나는 택시를 타고 로두비아리아로 갔다.
　버스표를 미리 사놓으라고 스트라이어가 충고했기 때문이다. 나는 표를 산 뒤 뒤돌아보지 않고 그곳을 떠나면 될 것이라고 생각했다. 그런데 그날은 토요일이라 로두비아리아에는 사람들이 들끓었다. 나는 카르테

이리스타를 경계해 바지 뒷주머니 단추를 잠갔다. 사람들이 많이 몰려 있는 곳은 피하고 사람들이 적은 곳을 찾아 다녔다. 맥박이 빨리 뛰기 시작했다. '케루 움 빌례테 파라 카라칭가Quero um bilhete para Caratinga.'를 마음속으로 되뇌었다. '카라칭가행 표 한 장 주세요.'라는 뜻이다. 로두비아리아에서는 수십 개 버스 회사가 운행을 하고 있다. 마치 대중 교통 업체들의 박람회장 같다. 하지만 나는 결국 매표소를 제대로 찾아 "케루 움 빌례테 파라 카라칭가."라고 말했다. 그리고 "아마냐 포르 파보르 Amanha, por favor."라고 덧붙였다. 내일 표를 달라는 소리였다. 이것들은 모두 기계적으로 외운 문장이다. 매표소 직원은 유리창 안쪽에서 무표정하게 나를 바라보더니 무슨 질문을 던졌다. 나는 "두 Duh."라고 대답했다. '물론이지요.'란 뜻이다. 창가 쪽을 원하는지, 아니면 부에노스아이레스로 가는 가축 트럭을 더 좋아하는지 물었을지도 모른다. 하지만 제대로 알아듣지도 못하는 것을 꼬치꼬치 따지기 싫어 나는 브라질 화폐를 밀어넣었다. 그는 버스표를 주었다. 카라칭가라고 적혀 있었다. 나는 "오브리가도Obrigado(고맙습니다)."라고 말하고는 주위를 둘러보았다. 지금까지는 만사가 순조롭다. 나는 뒷주머니 단추를 다시 잠갔다. 그러고 나서 이 모든 행동이 어리석은 편집증처럼 보인다는 생각이 들었다. 로두비아리아에는 나보다 라드랑의 관심을 끄는 사람이 많을 것이다. 안심이 된 나는 택시를 잡아타고 호텔 근처의 도시 중심부로 왔다. 그리고 화사한 토요일의 햇볕을 쬐며 거리를 산책했다. 그곳은 19세기의 전성기에 지은 우아한 화강암 건물과 성당, 멋진 가게, 극장을 비롯해 대도시의 화려함이 넘쳤다. 보도조차 아주 우아했다. 흑백의 조약돌이 꽃무늬 모양을 이루며 박혀 있었다. 노천 카페도 운치가 있었다. 기마상을 지나 잔디가 깔린 공원으로 들어섰다. 그때, 어디선가 세 남자가 나타나 나를 덮쳐 쓰러뜨렸다.

강도의 습격을 한 번도 경험한 적이 없는 나는 순간적으로 고함을 지르거나 저항을 하는 게 현명한 짓이 아니라는 사실을 잊어버리고 어리석은 행동을 취했다. 세 강도는 깡마른 체격의 젊은 불량배들이었다. 한 명은 내 팔목에서 시계를 낚아챘고, 또 한 명은 뒷주머니의 지갑을 꺼냈고, 나머지 한 명은 숄더백을 빼앗아가려고 나와 실랑이를 벌였다. 나는 몸싸움을 하면서 소리를 질렀다. 마치 바비큐 꼬챙이로 땅바닥에 꽂힌 쥐처럼 볼썽사나운 꼴이었을 것이다. 번잡한 거리 모퉁이에서 50여 m 밖에 떨어지지 않은 곳이었으므로 내가 질러대는 고함 소리에 세 강도는 당황하고 조급했을 것이다. 그들이 거칠게 나올수록 나는 더욱 크게 소리를 질렀다. 일이 뜻대로 잘 안 되면 강도는 칼이나 총을 사용할 수도 있다는 사실을 망각한 어리석은 짓이었다. 하지만 나는 운이 좋았다. 이 강도들에게 무기는 없는 것 같았다. 숄더백의 끈이 끊어지면서 숄더백이 넘어가고 말았다. 그들은 그것으로 만족했는지 그대로 달아났다.

땅에서 일어난 나는 다친 데가 한 군데도 없다는 사실에 안도했다. 피도 나지 않고, 뚫린 데도 없고, 긁힌 데도 없었다. 빠진 렌즈와 함께 땅바닥에 떨어져 있는 안경을 발견하고 렌즈를 제대로 끼웠다. 여권이 들어 있는 주머니 지갑은 무사했다. 뒷주머니 단추는 떨어져나갔지만, 그 안의 지갑은 무사했다. 세 강도는 시계와 숄더백과 세 번째 지갑(비행기 표와 현금 약간, 그리고 아메리칸 익스프레스 카드가 들어 있는)과 포르투갈어 사전, 그리고 몬테스클라로스로 가는 길을 적어둔 공책만 훔쳐 달아났다. 비행기 표는 다시 발급받으면 되고, 카드는 취소하면 된다. 몬테스클라로스로 가는 길이 더 소중하지만, 다행히도 내 머릿속에 복사본이 있다.

택시 운전사 몇 사람이 내가 당하는 현장을 목격하고는 근처의 보도에 택시를 주차시키고 경적을 울리며 소리를 질렀다. 나중에 깨달았지만, 그들의 관심은 강도들에게 겁을 주어 달아나게 하는 데 도움이 되었을 것이다. 놀라울 정도로 신속하게 경찰이 나타났다. 강도는 리우 경찰이 심각하게 여기는 범죄인 것 같다. 특히 외국인을 상대로 한 강도 행위는 더욱 심각하게 여기는 것 같다(무역 적자와 관광 수입이 모두 높은 탓이리라). 나는 순식간에 중요한 범죄 사건의 피해자가 되었다. 요란한 사이렌 소리와 끼익 하는 타이어 소리가 들리더니, 경찰관 대여섯 명이 뛰어나와 강도들이 사라진 방향으로 달려갔다. 어느 쪽으로 갔습니까? 기마상 쪽으로 갔다고요? 아니, 아니, 이곳 덤불을 지나 저 길을 따라가다 저 펜스를 넘어갔어요. 피해자는 어디 있습니까? 저 사람이 피해잡니까? 그에게 강도가 몇 명이고, 어떻게 생겼으며, 어느 쪽으로 갔는지 물어보세요. 말할 수 없다고요? 세 살짜리 아이보다도 말을 못해선가요, 아니면 경황이 없어서 범인들을 제대로 보지 못한 건가요? 둘 다라고요? 맙소사! 또 미국인이로군!

경찰은 대부분 화려한 색상의 스포츠 셔츠에 파스텔 색조의 바지를 입은 사복 차림의 젊은이들로, 텔레비전 인기 드라마 〈마이애미 바이스〉에 나오는 멋진 경찰처럼 보이려고 하는 것 같았다. 하지만 그 순간의 나에게는 그들이 위엄 있는 멋쟁이, 그리고 히피 같지만 정의로운 사람들로 보였다. 비록 권총과 소총을 파리 쫓는 채처럼 계속 휘두르면서 내가 이해하지 못하는 질문들을 쏟아붓긴 했지만, 내게 신경써 주는 것이 대단히 고마웠다.

"낭 팔루 벰 포르투게스Não falo bem portugues."

나는 신중하게 연습한 표현을 써먹었다. "포르투갈 어를 잘 말하지 못합니다."라는 뜻으로, 나름대로 열심히 공부한 것을 생각하면 겸손하게 말한 것이다. 하지만 이것만 너무 열심히 연습했나 보다. 내가 생각해도 거의 완벽한 악센트로 발음했는데, 이것이 오히려 문제를 혼란스럽게 만들었다. 내가 다시 "낭 팔루 벰 포르투게스."라고 말하자, 그들은 어깨를 으쓱했다. 그들은 나를 안심시키려는 듯 마구 지껄여댔다. 알았어요, 걱정 마세요, 문법이 틀렸다고 사과할 필요는 없어요. 젊은 경관은 그렇게 말했다(아니면 순전히 내 추측에 불과한 것인지도 모른다). 그러고 나서 그들은 내 진술을 들으려고 했다. "중요한 질문들이니 지금 즉시 대답하세요."라고 말한 것 같다. 사실 관계를 명확히 하기 위한 합리적 노력이었다. 하지만 그다음에는 내 귀에 꽥꽥 꽉꽉 후바두바두바 소리로밖에 들리지 않았다. 이 소리를 들으면서 나는 세상의 모든 섬과 조각난 본토에 사는 모든 사람들이 단 하나의 언어로 말하면 얼마나 좋을까 하는 생각이 들었다. 그것이 영어라면 더 좋겠지만, 영어가 아니더라도 한 가지 언어만 사용한다면 얼마나 좋을까!

다음 순간, 나는 경찰들과 함께 폴크스바겐을 타고 씽씽 달리고 있었다. 경찰들은 아직도 권총을 빼들고 있다. 아마 권총집이 없나 보다. 폴크스바겐은 리우 시내의 혼잡한 도로와 줄지어 늘어선 고가교를 달리고, 좁은 길 사이를 요리조리 피해 잘 빠져나가는데, 내 귀에 요란한 총소리가 들려왔다. 우리는 지금 강도를 당한 하찮은 사건과는 별도로 치열한 추격전을 벌이는 것처럼 보였다. 이 추격전에서 사고로 죽지 않는다 하더라도, 우리가 쫓는 마약왕이나 테러리스트가 틀림없이 우리를 죽일 것이다. 마침내 올 것이 왔어. 내 내면의 우울한 목소리가 속삭인다. 이제 남부양털거미원숭이를 보는 것은 물 건너갔다. 차라리 집에 머물면서 스트라이어의 논문이나 읽을걸.

하지만 내면의 우울한 목소리가 한 이야기는 틀렸고, 나는 아직 운이 좋았다. 폴크스바겐은 제3파출소 앞에 멈춰섰다. 총 소리는 자동차 엔진에서 난 소리였다. 내가 너무 신경과민이었나 보다.

우리는 콘크리트 계단을 걸어올라 4층으로 갔다. 가구라고는 거의 없는 커다란 방에 사무원처럼 보이는 경찰관이 낡은 타자기 앞에 앉아 있었다. 그는 내게서 피해자 진술을 받아 적으려고 기다리고 있었다. 그런데 놀랍게도 세 명의 강도 중 한 명이 이미 이곳에 끌려와 있었다. 코는 피투성이였고(필시 저항하다가 그랬거나 아니면 경찰이 관행에 따라 거칠게 다루어 그랬을 것이다) 윗도리는 벗겨져 있었다. 어깨는 좁았다. 나를 덮치던 때의 그 용맹무쌍함은 어디론가 사라지고, 지금은 불쌍하고 겁먹고 뉘우치는 듯한 표정을 짓고 있다. 그는 나를 보고 선웃음을 치기까지 했다. 무자비한 경찰보다는 선량한 미국인의 동정심을 사려는 듯이. '하지만 어림도 없어.' 나는 그의 시선을 피했다. 그러자 경찰관이 수갑으로 그를 테이블 다리에 묶어놓았다.

흥분의 순간이 모두 지나고, 이제 관료적 절차에 맞춰 시간은 느릿느릿 흘러간다. 나는 통역자가 올 때까지 여섯 시간 동안 오도 가도 못하고 그 4층에 죽치고 있어야 했다. 타자기 앞에 앉은 경찰관과 대화를 하려고도 해보고, 그다음에는 목사처럼 생긴 얼굴에 덩치가 자그마하고 상냥한 모타 경위라는 사람과도 대화를 시도해보았다. 마지막에는 주름이 각지게 잡힌 바지를 입고 엄격한 분위기를 풍기는 사람(모타의 상관으로 추정되는)에게도 말을 붙여보았다. 결국 통역자는 오지 않았고, 대신에 전화로 통역을 해주었다. 통역자의 이름은 롤프였다. 롤프는 내게 잃어버린 숄더백은 잊어버리라고 했다. 되찾은 것은 아무것도 없으며, 붙잡은 강도 한 사람은 빈손이라고 했다. 잃은 물건을 찾는 것은 기대하지 말라고 했다. 다만, 한 가지 좋은 소식은 내가 모타 경위에게 잘 협조하면 귀찮은 재판 절차를 피할 수 있다고 한다. 롤프는 학계에서 일을 하는 사람으로 모타의 친구인데, 이 일은 개인적 부탁 때문에 하는 것이라며, 자신은 토요일 저녁을 경찰서에서 보내고 싶은 생각이 없다고 했다. 나는 고맙다며 작별 인사를 했다. 그를 탓할 수는 없다.

제3파출소는 아주 황량한 곳이다. 텅 빈 회색 방들이 많고, 의자나 책상은 거의 없으며, 벽에는 아무것도 걸려 있지 않고, 엘리베이터는 작동하지 않으며, 계단에는 쓰레기와 오물이 쌓여 있다. 마치 영화 〈블레이드 러너〉 촬영을 위해 만든 세트장 같다. 주름을 세운 바지를 입고 안경 너머로 이리저리 훑어보는 파출소장만 까다롭고 권위적인 사람으로 보인다. 그는 심문 과정을 지켜보다가 피의자가 어떻게 해서 코에 상처를 입었는지 알고 싶어했다. 그리고 내가 리우에 온 지 얼마나 되었으며, 잃어버린 물건이 정확히 무엇인지, 머물고 있는 곳은 어디인지 알고 싶어했다. 그리고 테이블에 수갑으로 묶여 있는 이 젊은이가 정말로 나를 공격한 라드랑 중 한 명인지 내게 확인하고자 했다. 그 밖에도 궁금하게 여기는 질문이 많다. 나는 "낭 팔루 뱀 포르투게스."를 반복한다. 네, 알아요. 그는 미간을 찌푸리면서 대답한다. 모타 경위는 진술 내용을 사건 경위서와 대조하면서 사무원 역할을 하는 사람에게 불러주고, 그 사람은 마침내 타자를 끝마친다. "됐어요. 여기다 서명하세요." 그들은 말한다. 하지만 세 장으로 작성된 사건 경위서에 뭐라고 적혔는지 알게 뭐람. 여백에 나는 영어로 "나는 포르투갈 어를 읽을 줄도 말할 줄도 쓸 줄도 모릅니다."라고 썼다. 그러자 그들이 불쾌한 듯이 포르투갈 어로 "아니, 아니. 성명서를 쓰라는 게 아니고 서명만 하라고, 이런 멍청이!" 하고 말한다. 나는 "오케이."라고 말하고 서명을 했다.

이제 벌써 자정이 다 되었다. 그들은 강도 짓을 한 젊은이를 끌고 갔다. 그는 5년형을 받을 것이라고 한다. 싱코 아노스 Cinco anos(5년). 싱코? 설마! 너무 심하지 않아요? 사회경제적 정상을 참작할 때 5년형은 그 젊은이에게 너무 가혹하다는 생각이 들었다. 하지만 마음이 약해지려는 순간에 나의 관대함은 한 발 물러서고 싱코 아노스가 적당하다는 생각이 들었다. 모타 경위는 유쾌하게 웃으면서 손가락으로 교도소를 표시해 보인다. 그리고 내게 잘 가라고 인사를 한다. 오, 마침내 이제야 갈 수 있게 되다니 너무나도 반가웠다. 화요일에 이곳에 오면 사건 경위서 사본을 찾아갈 수 있다고 한다. 그는 "아키, 테르사-페이라 Aqui, terça-feira."라고 말했다. 네? 테르사, 뭐라고요? 아, 화요일, 알았어요. 그리고 속으로 생각했다. 고작 사건 경위서 사본을 찾아가려고 화요일에 다시 여기로 오라고? 그것은 의무인가? 내가 미국으로 돌아갈 때 공항에서 사건 경위서를 갖고 있는지 검사할까? 한 경찰관이 나를 호텔까지 태워다주겠다고 제안했지만, 아까 탔던 폴크스바겐을 떠올린 나는 그가 한눈을 파는 사이에 빠져나와 택시를 잡았다.

이튿날, 나는 다시 리우 관광에 나섰다. 이번에는 인파에 섞여 안전하게 돌아다녔고, 기마상이 있는 곳은 피했다. 포르투갈 어 사전도 새로 샀다. 그 후에는 로도비아리아에서 아무 문제도 만나지 않았고, 일정보다 하루 늦게 카라칭가로 가는 야간 버스를 탔다.

정자 경쟁 가설

"이건 정말 특이한 경우예요."

스트라이어가 말했다.

"원숭이 관찰을 시작한 지 한 시간 만에 교미 장면을 두 번이나 보다니 말이에요."

나는 아무 말도 하지 않았다. 나 역시 다른 사람과 마찬가지로 원숭이들이 짝짓기를 하는 장면을 보길 좋아한다고 믿고 싶지만 말이다. 나는 원숭이들이 교미를 하면서 황홀함을 느끼는 순간적인 사건보다 이 개체군이 처한 암울한 상황에 더 관심이 많다. 하지만 내가 이곳 몬테스클라로스에 온 목적은 사실을 수집하기 위한 것뿐만 아니라 야생 자연에서 살아가는 남부양털거미원숭이의 모습을 있는 그대로 보기 위한 것도 있다. 그런 의미에서 오자마자 이런 광경을 보다니 일진이 참 좋다. 우리는 스트라이어가 거처 겸 연구실로 쓰는, 촛불 켜진 오두막집에서 빵과 커피로 아침을 때우고 해가 뜨기 전에 나섰다. 고함원숭이들의 울음소리가 멀리서 들려왔다. 동틀 무렵이 되자 매미들이 요란하게 소리를 내기 시작했다. 공기는 따뜻하지만 무더운 편은 아니다. 남부양털거미원숭이들이 있는 곳은 쉽게 찾아낼 수 있었다. 숲은 건조하고 임관에 여기저기 난 틈 사이로 빛줄기가 숲 속으로 비쳤다. 지형은 기복이 심한 편이지만, 지면 상태는 걷기에 나쁘지 않다. 우리 머리 위 나무에 있는 암컷 남부양털거미원숭이는 교미 욕구가 아주 강렬한 것 같다. 만약 생식 행위가 몬테스클라로스 남부양털거미원숭이와 그 밖의 작은 개체군의 생존 능력 문제와 어떤 관련이 있다면(실제로 관련이 있다), 나는 정말로 때를 잘 맞춰 이곳을 방문한 셈이다. 이 음란한 광경은 그것과 밀접한 관련이 있다.

이 암컷의 이름은 처Cher이다. 어쨌든 스트라이어는 이 이름으로 이 암컷을 구별한다. 이 암컷 남부양털거미원숭이가 스스로를 구별하는 방법이 무엇인지는 추측만 할 수 있을 뿐이다.

어떤 영장류학자는 가치 중립적인 숫자를 선호하지만, 스트라이어는 자신이 연구하는 동물에게 개인적으로 아는 사람의 이름을 붙여주길 좋아한다. 그래서 다른 남부양털거미원숭이에게도 어머니(알렌), 여동생(로빈), 할머니(베스), 하버드에서 박사 학위 논문을 지도한 교수(어빈 데버라는 이름 대신 애칭인 어브로 부르긴 했지만)의 이름을 붙여주었다. 브리지트(영어 발음은 브리짓)와 베아트리체(영어 발음은 비트리스)라는 이름도 있다. 브리지트는 브리지트 바르도Brigitte Bardot에서 딴 것이고, 베아트리체는 내 생각에는 단테Dante의 작품에서 딴 것 같다. 열대 숲에서 야외 연구를 하는 것은 아주 외로울 수 있다. 처는 황갈색 얼굴을 가진 건장하고 색정적인 원숭이로, 젊을 때에는 소니라는 수컷과 붙어다녔다고 한다.

처에게는 세 살이 채 안 된 카타리나라는 암컷 새끼가 딸려 있다. 카타리나는 태어난 뒤 어미가 짝짓기를 하는 것을 한 번도 본 적이 없으므로, 이 교미 장면을 흥미롭게 구경하고 있다. 더 가까이서 자세히 보려고 어미의 몸 위로 올라갔다 내려갔다 하며 애를 쓴다. 하지만 처는 별로 신경쓰지 않는 눈치다. 발정 호르몬이 장마 뒤에 불어난 강물처럼 온몸으로 흐르는 처는 누가 보든 말든 개의치 않는다. 주위에는 수컷 몇 마리가 자기 차례를 기다리고 있다. 이들은 낄낄대기도 하고 쉰 목소리로 웅얼거리기도 한다. 가끔 다른 수컷의 어깨에 팔을 걸치기도 하고, 서로 다정하게 껴안기도 한다. 유쾌한 잔치 분위기가 흘러넘친다. 실제적인 것이건 상징적인 것이건 다툼이나 싸움은 수컷 구애자들 사이에서 전혀 찾아볼 수 없다. 생존과 번식이라는 절대명제 앞에서도 남부양털거미원숭이 사회는 리우보다 훨씬 평화로워 보인다.

스트라이어는 몬테스클라로스에서 10년 동안 연구하면서 중요한 사실을 몇 가지 알아냈는데, 이것도 그중 하나이다. 즉, 남부양털거미원숭이 집단의 사회적 관계는 놀라울 정도로 평화롭다. 그것은 흔히 심각한 다툼으로 비화되기 쉬운 수컷들 사이의 생식 경쟁에서도 마찬가지다. 암컷의 실용주의적 태도가 그런 분위기를 이끈다. 수컷들 사이의 긴밀한 유대는 집단의 응집력을 높인다. 이러한 수컷들 사이의 유대는 따뜻한 포옹과 친밀한 신체적 접촉에서 재확인되며, 적의 공격과 같은 집단 비상 사태 때 수컷들이 적의 공격으로부터 무리를 지키기 위해 서로 협력함으로써 단련된다. 남부양털거미원숭이는 몸집이 크고 민첩한 동물로, 매우 호전적인 행동을 보일 수 있다. 그러나 젊은 남부양털거미원숭이들은 수사슴이나 남자를 비롯해 다른 수컷 동물들처럼 암컷을 놓고 치열하게 다투지 않는다. 이들은 미묘하고도 평화로운 방법을 터득한 것처럼 보인다.

그 방법은 무엇일까? 많은 지지를 받고 있는 가설(스트라이어도 선호하는)이 옳다면, 그 방법은 생물학자들이 '정자 경쟁'이라고 부르는 전략과 관련이 있다. 수컷 남부양털거미원숭이는 고환이 아주 크고 생산성도 높다. 사정을 하면 마치 면도 크림 용기를 누를 때 크림이 분출되는 것처럼 많은 양의 정액이 나온다. 큰 고환과 많은 양의 정액은 수컷의 능력을 가늠하는 비폭력적 기준이 될 수 있다. 누구의 정액이 더 우수할까? 이 질문은 다른 세부 질문으로 이어진다. 누구의 정액 양이 더 많은가? 누구의 정자가 더 빨리 헤엄을 치는가? 누구의 정액이 수정 능력이 더 뛰어난가? 누가 충분히 많은 정액을 분출해 수란관을 펄프질의 마개로 막음으로써 다른 정자의 침투를 봉쇄할까? 남부양털거미원숭이가 자신의 유전자를 전달하는 최선의 전략은 바로 이런 기준을 바탕으로 하는 것처럼 보인다.

암컷은 파트너 이름이 열거된 댄스 카드에서 이름을 하나씩 확인하며 파트너를 받아들이듯 자신이 선택한 많은 수컷과 차례로 관계를 맺는다. 수컷들은 자신이 선택을 받건 탈락하건 암컷의 선택에 순종한다. 그렇다면 태어날 새끼의 아비가 되기 위한 경쟁에서 승리하는 비결은 수컷의 정액이 얼마나 암컷의 나팔관을 효과적으로 틀어막고, 정자가 얼마나 헤엄을 잘 치고 활발하게 움직이느냐에 달려 있다. 이 가설은 정력이 좋고 우수한 정자를 가진 수컷이 다른 면에서도 유전적으로 우수하다는 전제를 바탕으로 하고 있다. 이 전제는 남부양털거미원숭이에게는 옳은 것으로 보이는데, 오랫동안(사람들이 그 서식지를 대부분 파괴하기 전까지) 남부양털거미원숭이가 하나의 종으로서 번성을 누렸다는 사실이 이를 뒷받침한다. 몸집이 크고 수상樹上생활을 하는 영장류에게(너무 무거워서 나무 꼭대기에서는 살아가기가 어렵고, 떨어지기라도 하면 심각한 부상을 입을 위험이 있는) 이 전략은 진화 측면에서 아주 훌륭한 것으로 보인다. 정자 경쟁은 싸움보다 안전하며, 최소한 이러한 상황에서는 더 효율적이다. 모두가 행복해하며, 다치는 원숭이는 하나도 없다.

"위기에 처한 종은 생식 습성에 대해 잘 아는 게 중요해요. 포획해서 번식시키려고 한다면 더욱 그렇죠." 스트라이어가 말했다.

포획 사육 및 번식은 진지하게 고려할 가치가 있는 한 가지 선택이다. 20여 곳에 살고 있는 남부양털거미원숭이 개체군은 대부분 너무 작아서 생존 능력이 있다고 보기 어렵다. 최근의 한 조사에서 이 개체군들이 얼마나 작은지 드러났다. 몬테스클라로스보다 훨씬 작은 한 사유림에는 남부양털거미원숭이가 12마리만 살고, 또 다른 사유림에는 겨우 8마리, 상파울루 주의 쿠냐 주립 보호 구역에는 16마리만 살고 있다. 이 개체군들은 얼마 동안은 살아남겠지만, 장기적 전망은 암울하다.

스트라이어가 발견한 또 한 가지 사실은 남부양털거미원숭이를 위해 어떤 대책이 필요한가 하는 문제를 다루는 데 아주 중요하다. 일반적으로 어른이 되면서 한 무리에서 다른 무리로 옮겨가는 개체는 수컷이 아니라 암컷이다. 청소년기 원숭이가 무리를 옮기는 것은 아주 중요한데, 그렇게 함으로써 근친 교배를 막을 수 있고, 다른 무리가 지닌 유전적 자산을 얻을 수 있기 때문이다. 청소년기 원숭이의 확산은 유전자 풀을 저어주는 막대인 셈이다. 비비나 마카크 같은 영장류에서는 옮겨가는 쪽이 수컷이고, 암컷은 어미와 자매와 함께 머무는 것이 보통이다. 그런데 역사적 우연(초기의 영장류 연구가 주로 비비나 마카크에 집중된 사실) 때문에 영장류는 수컷이 이동하는 것이 거의 법칙인 것처럼 알려졌다. 하지만 이 법칙은 근거가 약하며 예외가 많다. 남부양털거미원숭이도 그러한 예 중 하나이다. 오히려 암컷이 이동하고, 수컷은 자라난 무리에 계속 머문다. 스트라이어는 장기간의 연구를 통해 이 사실을 밝혀냈다.

"저는 이것이야말로 제가 보전 문제에 기여한 주요 업적이라고 생각해요. 만약 동물을 옮겨야 한다면, 어느 쪽 성을 옮겨야 할지 이제 알게 됐으니까요."

이것은 위기에 처한 남부양털거미원숭이를 위해 어떤 대책이 필요한가 하는 문제와 관계가 있다. 만약 세상이 이상적인 장소라면 스트라이어는 이런 문제를 무시하고 오로지 남부양털거미원숭이의 생태학과 행동만 연구할 것이다. 그러나 세상은 이상적인 곳이 아니며, 자신은 그렇게만 할 수 없다는 사실을 스트라이어도 잘 알고 있다. 자신의 기초 연구가 '보전 문제'에 기여한 '주요 업적'이라고 언급한 것은 자신의 연구가 아무런 도움도 되지 않는다는 비판을 미리 막기 위해 선수를 친 것이 아닌가 하는 의심이 들었다. 위기에 처한 종을 연구하더라도 스트라이어처럼 보전을 위한 활동보다 과학적 엄밀성이 더 중요한 평가 대상이 되는 생물학자는 누구나 이런 비판을 받을 수 있다. 동물을 왜 옮겨주어야 하는지 그 이유는 너무나도 명백하므로, 스트라이어도 굳이 이야기하지 않았다. 20여 개의 작은 개체군이 각자 섬처럼 격리된 서식지에서 살고 있는 상황에서 남부양털거미원숭이는 자발적으로 다른 서식지로 옮겨가지 않는다. 서식지 조각들 사이에 이동이 전혀 일어나지 않아 다른 개체군에서 옮겨온 개체군을 통해 그 개체군이 유전적으로 풍부해지는 일이 일어나지 않는다. 더 큰 유전자 풀을 저어주는 막대가 없는 것이다. 최상의 조건이라 하더라도 현재 살아 있는 남부양털거미원숭이의 전체 수(대략 700마리)조차 위험할 정도로 적은데, 서식지들까지 분열된 현재의 조건에서는 상황이 훨씬 심각하다. 여러 소용돌이 중에서 분열 소용돌이가 남부양털거미원숭이의 발을 빨아들이고 있다.

  스트라이어는 이 점을 염두에 두고 이야기했다. 그녀는 강한 낙관론을 피력하는데, 그것은 다년간에 걸친 개인적 헌신과 전문가적 투자를 통해 생긴 자신감에서 나오는 것 같다. 하지만 그런 자신감이 없는 우리의 눈에는 남부양털거미원숭이의 미래가 위태로워 보인다. 길핀과 술레가 공식화한 계획을 바탕으로 한 개체군 생존 능력 분석은 아직까지 이루어진 적이 없다. 우리는 추측만 할 수 있을 뿐이다. 남부양털거미원숭이가 앞으로 100년 뒤까지 살아남을 가능성이 낮다는 게(어쨌든 야생에서는) 그럴듯한 추측으로 보인다. 개체군들을 서로 연결시키도록 단호한 조처를 취하지 않는 한은 그렇게 될 것이다.

  현재 개체의 이동은 단지 같은 서식지 섬에 살고 있는 한 가족 집단과 다른 가족 집단 사이에서만 일어난다. 몬테스클라로스의 숲은 각각 수십 마리로 이루어진 두 가족 집단이 살아갈 수 있을 만큼 크다. 한 집단은 대체로 숲 북쪽 절반 지역에 살고, 다른 집단은 남쪽 절반 지역에 산다. 스트라이어는 북쪽 집단은 내버려두고 남쪽 집단에 초점을 맞춰 연구했다. 그런데 두 집단의 경계선은 엄격하게 그어져 있는 것이 아니다. 먹이를 구하는 장소가 때로는 겹치기도 하며, 그러면 두 집단이 한 과일나무를 두고 얼굴을 맞대고 시끄럽게 소리를 지를 때도 있다. 두 집단은 대체로 적대적인 관계를 유지하고 있지만, 상호 의존해야 하는 묘한 관계이기도 하다. 두 집단은 젊은 암컷의 이동을 통해 유전자를 교환한다. 암컷은 성적으로 성숙해지는 시기에 이르면, 자신이 속한 집단을 떠나 다른 집단으로 옮겨간다. 자신과 혈연 관계인 가족과 친척에게 더 이상 환영받지 못하는 암컷이 갈 곳은 그곳밖에 없기 때문이다(그것도 운이 좋을 때 이야기이고, 운이 나쁘면 숲 속에서 방황하다가 혼자 쓸쓸히 죽어갈 수 있다). 예를 들어 지금 남쪽 집단의 수컷들과 교미하느라 바쁜 암컷은 6년 전에 북쪽 집단에서 이주해왔다. 스트라이어는 지금까지 오랫동안 남부양털거미원숭이를 관찰했지만, 자기 무리를 떠난 암컷을 다른 집단이 받아들이는 것을 직접 목격한 것은 처가 처음이다.

"나는 처를 십대 시절부터 알았어요. 지금까지 새끼를 두 마리 낳았지요. 이제 세 번째 새끼를 가지려고 하나 봐요."

누가 봐도 그러려고 열심히 노력하는 게 분명히 보인다. 오늘 해질 때까지 처가 임신하지 못한다고 해도, 아무도 노력이 부족했다고 비난하지 않을 것이다.

"처가 낳은 새끼 두 마리는 모두 살아남았어요."

두 번째 새끼는 이름이 카타리나라고 한다.

"하지만 처는 새끼를 자상하게 돌보는 어미는 아니에요. 처는 먹기를 좋아하고 새끼는 데리고 다니길 좋아하지 않아요. 새끼가 울건 말건 그냥 내버려두죠. 하지만 새끼들은 살아남았어요."

처는 어미로서 책임감이 다소 모자라긴 하지만 생식에 성공했다. 비록 새끼를 키우는 데 부족한 점은 있어도 훌륭한 유전자가 그것을 보충해주는 것 같다.

처가 거둔 성공은 스트라이어가 관찰해온 추세를 보여주는데, 이 추세는 전체 그림을 다소 복잡하게 만든다. 그것은 바로 전반적인 개체수 감소와는 반대로 이곳에서는 개체수가 증가하는 경향이다. 남부양털거미원숭이가 전반적으로 위험에 처해 있고, 일부 개체군은 그 수가 크게 줄어들었지만, 이곳 몬테스클라로스에 사는 개체군은 그 수가 증가했다. 1980년대 초에는 40여 마리가 살고 있었는데, 1987년에는 52마리로, 최근에는 약 80마리로 증가했다. 두 세대가 지나기도 전에 개체수가 100%나 증가한 것이다. 출산율도 높았고, 새끼의 생존율도 높았다. 이 두 가지 사실은 몬테스클라로스 개체군은 개체군 크기가 작음에도 불구하고 근교 약세가 심각하지 않음을 시사한다(적어도 아직까지는).

스트라이어가 현재 연구하는 것은 생식 활동 주기이다. 겉으로 드러나는 생식 활동 주기는 생리학적 요인과 어떤 관계가 있을까? 남부양털거미원숭이의 생리를 알아내기 위해 그녀가 선택한 방법은 똥 분석이다. 오늘 목표는 암컷 다섯 마리의 배설물 시료를 채취하는 것이다. 다섯 마리의 이름은 루이즈, 디디, 로빈, 알렌, 처이다. 배설물 시료를 채취하는 것은 결코 쉬운 작업이 아니다. 게다가 생식 활동 주기를 연구하려면 매일 채취를 해야 한다. 스트라이어는 암컷을 한 마리씩 차례로 추적한다. 원숭이가 나뭇가지를 붙잡고 이동하는 동안 나무 밑으로 걸어 따라가면서 똥을 눌 때까지 끈기 있게 기다린다. 무성하게 자란 식물을 끊임없이 베어내면서 언덕 위로 올라갔다 골짜기로 내려갔다, 가까운 거리를 유지하면서 조용조용 추적하고, 필요한 것을 메모하면서 얼른 똥을 싸길 기다린다. 남부양털거미원숭이의 똥은 계피 냄새가 약간 나는데, 계수나무 잎을 많이 먹기 때문이다. 그렇다고 그 똥을 보고 향을 첨가한 사과 버터로 착각할 사람은 없을 것이다. 똥은 때로는 가느다란 갈색 빗방울처럼 떨어지기도 하고, 때로는 덩어리로 떨어지기도 한다. 스트라이어에게는 표적으로 삼은 암컷이 눈 똥덩어리 하나하나가 소중하다. 그녀는 이 소중한 생화학 자료를 기쁜 마음으로 유리병에 담는다. 그리고 그것을 냉동시켰다가 나중에 위스콘신 대학의 실험실로 가져가 동료들에게 호르몬 분석을 의뢰할 것이다. 이 방법으로 스트라이어는 호르몬 분비와 처가 보이는 것과 같은 음탕한 행동 사이의 관계를 연구할 것이다.

마취총을 쏘아 혈액을 채취하는 편이 더 쉬울 수도 있다. 그러나 스트라이어는 남부양털거미원숭이에게 그런 짓을 해본 적이 없다. 스트라이어는 동물의 삶에 간섭하는 방법을 사용하려고 하지 않는다. 자신과 학생 조수들(스트라이어가 미국에 가 있는 동안 남부양털거미원숭이를 추적하면서 추가 자료를 수집하는)의 존재만으로도 이미 많은 간섭을 한다고 생각한다. 오랫동안 남부양털거미원숭이를 끈질기게 관찰해왔지만, 스트라이어는 단 한 마리도 손으로 만져본 적이 없다.

남부양털거미원숭이와 친하게 지내려고 이곳에 온 것이 아니기 때문이다. 바나나를 건네주고, 악독한 밀렵꾼에게 주먹을 흔들고, 원숭이들이 자신을 친구로 받아들여주었다는 걸 자랑하기 위해 이곳에 온 게 아니다. 오로지 과학을 위해서 이곳에 왔다. 스트라이어는 이 동물들을 사랑하기 때문에 멀찌감치 떨어져서 연구한다. 그동안 그들의 삶을 방해하지 않으려고 이렇게 각별한 정성을 쏟은 터라, 아무리 좋은 의도라 하더라도 이들의 삶에 방해가 되는 다른 종류의 시도에 대해 경계심을 늦추지 않는다. 칼 존스가 모리셔스황조롱이에게 했던 것과 같은 종류의 과감하고 간접적인 보호 조처(야생에서 살아가는 개체를 붙잡아 사육 번식시키고, 짝짓기를 인위적으로 조절하고, 포획 사육한 동물을 야생으로 다시 돌려보내는 등)를 몬테스클라로스의 남부양털거미원숭이 개체군에게도 시도해야 한다는 주장에 그녀는 단호하게 반대한다.

만약 포획 사육과 번식이 꼭 필요하다면, 스트라이어는 다른 곳에서 그런 일이 일어나길 바란다. 그리고 개체군들 사이에서 개체를 이동시킬 필요가 있다 하더라도, 몬테스클라로스에서는 한 마리도 데려가지 말고, 또 외부에서 이곳으로 데려오는 개체도 한 마리도 없길 바란다. 스트라이어는 최근의 개체수 증가와 높은 출산율과 새끼 생존율을 지적한다. 이곳에 사는 어른 원숭이들은 대부분 건강해 보인다. 다른 개체군과 달리 기생충도 별로 없다. 그리고 근교 약세의 징후도 보이지 않는다. 몬테스클라로스 개체군은 잘못된 것이 없으니 그것을 바로잡으려고 시도할 필요가 없다고 그녀는 주장한다.

"나는 이 개체군이 실험 사례가 되길 원치 않아요."

처는 짝짓기를 한바탕 끝내고 나무 꼭대기 위에서 이동하면서 다른 곳으로 갔다. 그런데 떠나기 전에 초록색 겨자 색깔의 똥을 누었다. 그것은 고맙게도 썩은 통나무 위에 떨어졌다. 스트라이어는 집게로 그것을 채취해 유리병에 담기 전에 내게 보여주었는데, 마치 젓가락 사이에 끼인 수상한 초밥 같았다. 다음에 우리는 로빈을 추적하기 시작했다. 몇 시간 동안 우리는 덤불을 헤치며 걸어가다가 앉아 기다리고 지켜보다가 다시 덤불을 헤치며 걷길 반복했다. 마침내 로빈도 똥을 누었는데, 하마터면 내 머리 위에 떨어질 뻔했다. 다음에 우리는 표적을 알렌으로 바꾸었다.

각각의 암컷에게서 최소한 이틀에 한 번씩 채취하는 배설물 시료는 호르몬 분석을 위해 꼭 필요하다. 운이 좋은 날에는 숲 속에서 열 시간쯤 보내면 시료를 서너 개 채취할 수 있다고 한다. 하지만 운이 좋은 날은 그다지 많지 않다. 처음에 시료 채취에 나섰을 때 몇 주일 동안은 원하는 자료를 제대로 얻지 못해 좌절했다고 한다. 똥을 누는 순간을 제대로 포착하지 못한 것이다. 이것은 열대 야외 생물학의 낭만 뒤에 숨어 있는 일상이다.

오늘은 운이 좋은 날이다. 정오 무렵에 알렌의 시료도 채취했다. 우리는 숲의 다른 곳으로 이동해 루이즈를 찾아냈다. 루이즈는 우리가 오기를 기다렸다는 듯이 곧 창자를 비웠다. 스트라이어는 이전에 겪었던 좌절에도 불구하고, 으스대고 싶은 기분을 주체하지 못해 의기양양하게 외쳤다.

"봤죠? 이게 다 내가 원숭이들을 잘 길들인 덕분이라니까요!"

하지만 마지막 표적인 디디는 호락호락하지 않았다. 나뭇가지 위에서 사지를 쭉 뻗고 드러누워 오늘은 먹는 것이고 움직이는 것이고 싸는 것이고 간에 영장류학자가 흥미를 느낄 만한 일은 다 끝났다는 듯이 축 늘어져 있다. 해가 서산으로 뉘엿뉘엿 기울어가는데도 우리는 여전히 그 나무 밑에 죽치고 앉아 있었다. 한밤중이 되어도 아무 소득이 없을지 모른다. 디디가 이미 창자를 비웠는지도 모른다.

무료하게 기다리는 동안 스트라이어는 내키지 않아하면서도 솔직하게 인정했다. 일부 유명한 영장류학자들은 몬테스클라로스 개체군에 대한 자신의 판단에 동의하지 않는다고 말했다. 특히 이곳의 남부양털거미원숭이 개체군을 서식지 이동이나 포획 사육 번식과 같은 긴급 조처에서 제외시켜야 한다는 주장에 동의하지 않는다고 한다. 스트라이어는 이곳 개체군을 가만히 내버려두어야 한다는 것이 자신의 견해임을 재삼 강조하면서도 모든 전문가가 거기에 동의하진 않는다는 사실을 인정한다. 그러면서 반대자의 이름을 몇 명 이야기했다.

그 영장류학자들도 남부양털거미원숭이를 연구했다. 몬테스클라로스에서 연구한 것은 아니고, 또 스트라이어만큼 지속적으로 연구한 것도 아니지만, 다른 장소들에서 상당 기간 연구를 했다. 그중 한 사람은 스트라이어가 훌륭한 동료일 뿐만 아니라 친구로 간주하는 여성이다. 이들도 꼼꼼하고 똑똑하고 경험이 많고, 스트라이어가 한 연구를 알고 있는 훌륭한 과학자들이다. 그들은 몬테스클라로스 개체군에 대해 자세한 사항을 모두 알지는 못하지만, 많은 것을 알고 있다. 그들은 이 개체군이 나머지 대다수 개체군들보다 더 크고 더 안전해 보인다는 사실을 알고 있다. 일반적인 영장류 생물학도 잘 안다. 위험할 정도로 희귀한 종의 경우에는 위험의 균형점이 너무 적은 간섭과 과도한 간섭 사이에 있다는 것도 알고 있다. 그럼에도 불구하고, 그들은 몬테스클라로스 개체군을 그냥 내버려두어야 한다는 스트라이어의 강한 신념에 동의하지 않는다.

 스트라이어는 내가 몬테스클라로스에 도착하기 전에 이 모든 문제를 내게 말하지 말까 하고 한참 고민했다고 털어놓았다. 하지만 자신이 말하고 싶지 않은 것을 다른 과학자들이 내게 이야기할까 봐 염려되어 결국 말하게 되었다고 한다. 어떤 이야기가 염려되었을까? 예를 들면, 종 전체의 행복을 위해 몬테스클라로스 개체군을 즉각 간섭적 관리 계획에 포함시켜야 한다는 주장 같은 게 있다고 한다. 그것은 생각만 해도 끔찍한 일이지만, 그것을 말하지 않고 감춰두어야 할까? 그녀는 과학적 양심과 싸우다가 그러지 않기로 결정했다고 한다. 그래서 공개 논의의 정신에 입각하여 자신의 주장에 반대하는 전문가들 이름을 알려주었다.

 해가 서산으로 넘어갈 무렵 디디는 낮잠에서 깨어났다. 긴 팔다리를 쭉 뻗더니 이동할 준비를 한다. 또다시 배가 고플 수도 있고, 불안을 느꼈을 수도 있고, 함께 짝짓기를 하고 싶은 수컷 냄새가 바람에 실려왔을 수도 있다. 스트라이어도 따라나설 채비를 했다. 나도 마지못해 몸을 추슬렀다. 스트라이어는 집게와 병, 공책, 쌍안경을 챙긴 다음 몸을 일으켰다. 디디는 한 팔로 덩굴을 잡고 매달려 그네를 타듯이 훌쩍 건너가면서 다른 팔을 뻗어 다음 나뭇가지를 잡았다. 그런데 두 나뭇가지 사이에 잠시 매달려 있는 동안 디디는 굵직한 똥을 쌌다.

 "오!"

스트라이어는 감격에 겨워 말문이 막힌 것 같았다.
"오, 디디!"
그러더니 "오, 또 떨어져요!"라고 외쳤다. 스트라이어는 마치 PGA의 섬세한 캐디처럼 두 번째 똥이 땅에 떨어지는 모습을 끝까지 지켜보았다. 이것으로 암컷 다섯 마리의 시료를 모조리 채취했다. 이렇게 목표를 100% 달성하는 날은 아주 드물다고 한다.
"제가 얼마나 행복한지 당신은 모를 거예요."
나는 그녀가 정말로 행복하다고 믿어 의심치 않는다. 스트라이어는 똥덩어리를 향해 달려간다. 유리병에 담고도 남을 만큼 양이 많았다.
"제가 보상을 받은 것 같아요."
반대하는 사람들의 이야기를 고백한 것에 대한 보상이란 뜻이다. 하지만 나는 그녀가 그런 종류의 미신을 믿는 사람은 아니라고 생각한다.

콘초물뱀의 개체군 생존 능력 분석

제2차 보전생물학 국제학회가 끝나고 나서 얼마 후, 마이클 술레는 미국어류야생생물국의 앨버커키 지부에서 근무하는 짐 존슨Jim Johnson에게서 연락을 받았다. 존슨은 그 지역의 멸종 위기종 보호과 책임자로, 관할 지역은 동쪽으로는 텍사스 주까지 뻗어 있었다. 그는 개체군 생존 능력에 관한 술레의 논문을 읽고서 그것을 야생 동물 관리에 활용할 수 없을까 하고 생각했다. 전화를 건 목적은 이전에 샐와서가 그랬던 것처럼 어떤 문제를 해결하는 데 술레가 도움을 줄 수 있는지 물어보기 위해서였다.
존슨의 고민거리는 콘초물뱀Nerodia harteri paucimaculata이라는 잘 알려지지 않은 희귀한 파충류 아종이었다. 콘초물뱀은 미 육군 공병대와 텍사스 주의 일부 시민이 진보로 여기는 계획의 장애물로 떠올랐다. 구체적으로 말하면, 콘초 강과 콜로라도 강(그랜드캐니언 아래로 흐르는 콜로라도 강이 아니라 텍사스 주의 작은 강)의 합류 지점인 오스틴과 오데사 사이의 마른 평지에 7,000만 달러의 예산을 들여 저수지를 건설하려는 계획이 추진되고 있었다. 이 계획의 핵심은 콜로라도 강과 콘초 강의 합류 지점 바로 아래(페인트록이라는 작은 타운에서 멀지 않은)에서 콜로라도 강을 막아 거대한 스테이시 댐을 세우는 것이었다. 스테이시 댐을 건설하면 여러 가지 이점이 있었다. 도시들에 물을 공급하는 거대한 저수지가 생기고, 연방 예산을 투입함으로써 지역 경제를 활성화할 수 있고, 미 육군 공병대에게 2년 동안 보람 있는 일거리를 제공할 수 있었다. 부정적 측면은 딱 한 가지가 있었는데, 그것은 아주 사소한 문제라서 웃어넘길 수도 있는 종류의 것이었다. 바로 댐 건설 때문에 일부 하찮은 뱀들의 생태계가 파괴될 수 있다는 점이었다.

문제의 뱀은 크지도 않고 화려하지도 않고 독도 없으며, 경제적 가치나 생태학적 중요성도 대단치 않은 별 볼일 없는 종이었다. 이 뱀은 등에는 옅은 갈색 얼룩무늬가 있고, 몸 아래쪽은 오렌지색이다. 갈색 얼룩무늬가 방울뱀의 무늬와 비슷해 뱀을 혐오하는 사람들에게 박해를 받았는데, 얼마나 많은 콘초물뱀이 방울뱀으로 오인되어 타이어 레버와 관개용 삽에 맞아죽었는지는 알 수 없다. 하지만 사람 손에 직접 맞아죽는 것은 콘초물뱀의 집단 생존을 가장 심각하게 위협하는 요인이 아니다. 가장 심각한 위협은 서식지 파괴이다. 콘초물뱀이 살아가는 서식지는 극히 제한되어 있는데, 만약 스테이시 댐이 완공되면 살 곳은 더욱 줄어들 것이다. 콘초물뱀은 하터물뱀 Nerodia harteri 의 한 아종이다. 하터물뱀은 브라조스물뱀이라고도 하는데, 그 서식지가 텍사스 주 내의 브라조스 강 주변에 제한돼 있다. 그 아종인 콘초물뱀은 이름이 암시하듯이 주로 콘초 강에서만 산다. 전에는 콜로라도 강에서도 살았지만, 상류에 저수지가 건설되면서 서식지가 대부분 사라져 지금은 콜로라도 강에서도 소수의 장소에만 흩어져 살고 있다. 이 두 강을 제외한 다른 곳에는 전혀 살지 않는다.

콘초물뱀의 전체 개체수는 수천 마리에 불과하다. 그리고 특별한 생활사 때문에 유효 개체수는 이보다 훨씬 적은데, 아마도 전체 개체수의 10분의 1에 불과할 것이다. 콘초물뱀은 물살이 빠르고 얕은 여울에서 먹이와 은신처를 찾는다. 이렇게 특별한 서식지 요구 조건은 개체군의 크기를 제약하는 주요 요인일지 모른다. 여울은 여기저기 흩어져 있기 때문이다. 콘초물뱀을 멸종 위기종 보호법에 따라 '멸종 위기종'이나 최소한 '취약종'으로 지정해야 한다고 생각하는 사람들도 있다. 그렇게 되면 이 종을 위해 엄격한 보호 조처를 취해야 하며, 필요하면 댐 건설까지 막을 수 있다.

그러나 과학적 판단보다는 지역 개발을 내세운 정치적 고려가 우선시되었으며(워싱턴 정가에 큰 영향력을 지닌 한 텍사스 주 정치인은 어류야생생물국 사람들에게 위협적인 소란을 피웠다는 이야기도 있다), 콘초물뱀은 1986년 후반까지 그러한 종으로 지정받지 못했다. 그러다가 기적적으로 '취약종'으로 지정되었다. 이 종이 위험에 처한 이유는 서식지 부족 때문이었다. 그런데 서식지가 더 사라져갈 위기에 놓였다.

댐과 함께 생길 저수지는 콜로라도 강과 콘초 강의 합류 지점 주변의 넓은 지역을 삼켜버릴 것이다. 그리고 그곳에 있는 여울들도 깊은 물속에 잠기게 함으로써 콘초물뱀의 서식지 분포 한가운데에 커다란 구멍을 만들 것이다. 물론 저수지가 콘초물뱀의 서식지를 모조리 파괴하지는 않을 것이다. 콘초 강 상류와 콜로라도 강 상류, 그리고 댐 아래쪽의 콜로라도 강 하류 지역, 이렇게 세 군데에는 서식지가 남을 것이다. 하지만 저수지 때문에 일어날 서식지 축소와 분열은 콘초물뱀의 장기적 생존 전망을 어둡게 할 것이라는 우려가 제기되었다(심지어 미 육군 공병대도 이러한 우려를 알고 있었다).

담당 공무원들은 댐 건설로 콘초물뱀이 얼마나 심각한 타격을 입을지 알고 싶었다. 비교적 경미한 타격이라면 문제 될 게 없었다. 멸종만 하지 않는다면, 일부 서식지 상실이나 개체수 감소 등은 얼마든지 감수할 수 있었다. 세상에는 콘초물뱀이 3,000마리나 있어야 할 필요가 없을지도 모른다. 어쩌면 예상 가능한 상황에서 이 아종을 보전하는 데에는 500마리 정도면 충분할지 모르며, 멸종 위기종 보호법이나 텍사스 주의 파충류 애호가들과 광적인 자연 보호주의자들을 만족시킬 수 있을지 모른다. 미 육군 공병대는 어류야생생물국과 의논한 끝에 전문가의 조언을 구하기로 했다. 이 문제를 책임지고 해결하라는 임무가 바로 짐 존슨에게 떨어졌다.

존슨은 그 무렵에 작은 개체군의 위험에 대한 연구로 유명해진 술레에게 자문을 구했다. 술레 박사가 콘초물뱀의 개체군 생존 능력을 분석할 수 있을까? 스테이시 댐 건설이 콘초물뱀 개체군에게 어떤 영향을 미칠지 과학적 판단을 제시할 수 있을까?

술레는 자문에 응하면서 길핀을 협력자로 끌어들였다. 두 사람은 난해한 생태학 이론과 정부 기관들이 현실에서 실행에 옮기는 자연 보전 관리 사이의 간극을 메우길 간절히 바라고 있었는데, 이 일은 개체군 생존 능력 분석의 진가를 보여줄 절호의 기회로 보였다. 두 사람은 이 일을 맡기로 수락하고 연구 용역 기간은 한 달로 계약했다.

첫 번째 주일에 술레는 텍사스 주로 날아가서 오데사의 한 모텔에서 파충류학자들과 수문학자들을 만났다. 술레는 콘초물뱀의 개체군 지위와 생태학 및 행동, 두 강의 유동 형태와 그런 유동 형태(특히 홍수나 가뭄 때)가 여러 장소에 사는 콘초물뱀의 생존에 미치는 영향에 대해 그들의 머리를 빌렸다. 그리고 캘리포니아 주로 돌아와 길핀과 함께 몇 상자 분의 자료를 검토하고 분석했다.

그 결과, 콘초물뱀은 빨리 성숙하고 생식 능력이 높은 종이지만, 수명이 짧다는 사실을 알게 되었다. 한 살이 된 암컷은 새끼를 18마리 정도 낳으며, 다 자란 콘초물뱀은 대부분 세 살이 되기 전에 죽는다. 또, 작은 물고기를 잡아먹고 사는데, 여울에서 물속으로 잠수하여 사냥한다. 어린 콘초물뱀이 어른이 될 때까지 살아가는 서식지는 여울밖에 없는 것으로 보였다. 물살이 느린 곳에서는 살지 못하는데, 몸집이 큰 물뱀 종들이 콘초물뱀을 잡아먹는 것이 한 가지 이유였다. 여울은 그 수가 아주 적고, 물살이 느린 부분들로 서로 분리돼 있어서 콘초물뱀 개체군은 염주에 꿰인 구슬처럼 일직선으로 띄엄띄엄 존재한다. 한 서식지에서 다른 서식지로(물살이 느린 위험 지역을 건너 한 여울에서 다른 여울로) 확산해 가는 것은 매우 위험한 모험이며, 성공 확률이 극히 낮다.

또한 술레와 길핀은 최근의 유전학 연구에서 콘초물뱀은 전체 개체군에서 변이가 거의 나타나지 않는다는 사실도 알게 되었다. 콘초물뱀 개체들은 서로 아주 비슷해(동형 접합자 비율이 높고, 대립 유전자의 종류가 적어) 적응 능력이 낮다. 이러한 유전학적 균일성은 전체 개체군이 극소수의 공통 조상에서 유래했음을 시사한다.

이런 사실들을 제외하고는 알려진 게 별로 없었다. 파충류학 문헌에는 콘초물뱀은 말할 것도 없고 하터물뱀에 관한 내용도 전무하다시피 했다. 술레와 길핀은 그 밖에 참고할 만한 자료가 없어 20여 년 전에 텍사스 공대에서 석사 학위 논문으로 제출된 미발표 논문까지 면밀히 검토했다.

그리고 비디오테이프로 강이 흐르는 모습을 살펴보았다. 비디오테이프는 저공 비행한 비행기에서 찍은 것으로, 존슨이 제공했다. 화면에 나타난 강은 끝없이 계속 흘러가는 모습만 보여주었다. 촬영된 콘초 강은 주로 느리게 흐르는 부분들로, 완만한 모퉁이를 지나며 구불구불 흘러갔으며, 가끔 여울이 나타났다. 비디오를 보고서 길핀은 서식지 분포를 대략 파악했다고 한다. 그와 함께 비행기 멀미도 느꼈다.

메타 개체군

"이 연구 프로젝트를 완료하는 데 주어진 기간은 딱 한 달이었지."

길핀은 샌디에이고의 연구실에서 매킨토시 컴퓨터 앞에 앉아 이렇게 말했다. 화면에는 정지한 타원 형태들과 움직이는 점들의 패턴이 나타났는데, 계속 쳐다보고 있자니 최면에 걸리는 듯한 느낌이 들었다. 타원 형태들이 떨리고, 그 사이로 점들이 쏜살같이 지나다니는 동안 길핀은 콘초물뱀을 연구한 이야기를 했다.

처음 일주일은 전문가들의 의견과 확실한 자료를 수집하면서 보냈다. "그러고 나서 술레와 나는 3주일 동안 하루 16시간씩 일하면서 자료를 분석하고 컴퓨터로 모형을 만들었어. 과학 연구를 하면서 그때만큼 흥분을 느낀 적은 없었지."

그 까닭은 텍사스 주 중부의 작은 강에 사는 이 하찮은 뱀이 25년에 걸쳐 만들어진 이론을 실제 세계에 적용할 수 있는 테스트 케이스를 제공했기 때문이다.

컴퓨터 모형에 입력한 것 중 가장 중요한 것은 길핀이 '서식지 분열 데이터'라고 부른 것이었다. 이 자료는 서식지 분포와 뱀들의 실제 서식 장소 분포라는 두 가지 요소를 지도에 나타냈다. 뱀들의 실제 서식 장소 분포에 대한 자료는 유능한 관찰자들이 행한 두 차례의 야외 조사 결과에서 얻었다. 서식지 분포 자료는 두 강에서 콘초물뱀이 살 수 있는 여울의 분포를 계량화한 값으로 이루어져 있었다.

서식지 분포 자료는 여울들 사이의 간격이 균일하지 않음을 보여주었다. 술레와 길핀은 야외 조사에서 사용한 방법을 따라 두 강의 전체 수계를 5km 단위의 선분들로 나누고, 각각의 선분을 하나의 구역으로 간주했다. 어떤 서식지 구역은 다른 구역보다 여울이 더 많았다. 모형이 시각적으로 보여주는 것을 분석적으로 추상화한 용어로 해석하면 다음과 같다. 일부 서식지 구역은 다른 서식지 구역보다 더 크다. 합류 지점 바로 위의 콘초 강 하류 지점(저수지가 생기면서 사라질 지점)은 특히 여울이 많다. 따라서 이 지점은 서식지 구역이 큰 편이다. 콜로라도 강 상류 지점은 각각의 5km 선분 안에 여울이 조금밖에 존재하지 않아 서식지가 특히 빈약했다. 이 서식지 구역들은 작은 것으로 나타났다.

이러한 서식지 분포를 배경으로 뱀들의 실제 서식 분포 자료를 표시했다. 어떤 서식지 구역에 뱀들이 존재하고, 어떤 구역에는 존재하지 않는지, 시간 변화에 따라 각 서식지의 지위는 어떻게 바뀌는지 등을 나타냈다.

콘초물뱀의 분포에 관한 초기 자료는 1979년에 파충류학자들이 배를 타고 강을 조사한 것에서 얻었다. 그들은 하류 쪽으로 내려가면서 여울을 하나하나 조사했다. 어떤 여울에는 뱀이 살았고, 어떤 여울에는 살지 않았다. 4년 뒤에도 비슷한 조사가 일어났다. 술레와 길핀의 체계에 따라 어떤 5km 서식지 구역에서 콘초물뱀이 한 마리 잡히면 그 구역에 콘초물뱀 집단이 살 가능성이 높다고 간주했다. 두 조사의 자료를 종합했더니, 모든 서식지 구역에 콘초물뱀 집단이 사는 것은 아니며, 모든 집단이 영구적인 것도 아니라는 결과가 나왔다. 일부 집단은 시간의 흐름에 따라 존재하기도 하고 사라지기도 했다.

술레와 길핀은 이런 점멸 현상을 '교체 turnover'라 불렀다. 비록 맥아서와 윌슨의 이론에서 빌려온 용어이긴 하지만, 이들이 사용한 교체는 의미가 약간 달랐다. 그것은 한 섬에서 종의 다양성 지위를 가리키는 것이 아니라, 한 아종의 분포 지위를 가리키는 뜻으로 쓰였다. 하지만 그들의 콘초 강 연구가 평형 이론을 상기시킨 것은 결코 우연의 일치가 아니다.

상호 연관성은 단지 언어에만 그치지 않았다.

각각의 여울은 그 안에서 이주와 멸종이 일어날 수 있는 하나의 섬 서식지이다. 어느 해에 어떤 여울에는 홍수 때 강물에 떠내려오거나 강의 수위가 낮아졌을 때 더 깊은 물을 찾아 상류 쪽으로 헤엄쳐온 뱀들이 이주해 정착할 수 있다. 하지만 몇 해가 지난 뒤에는 그 여울에 살고 있던 집단이 가뭄이나 질병, 번식 실패 또는 다른 불운으로 멸종해버릴 수도 있다. 그러면 그 여울은 새로운 이주자들이 도착할 때까지 몇 년 동안 텅 빈 채 남아 있을 것이다. 그동안에 다른 여울들의 지위에도 변화가 일어난다. 어떤 것은 텅 비어 있다가 채워지고, 어떤 것은 그 반대 과정이 일어난다. 더 큰 규모에서 보면, 5km 단위의 어떤 서식지 구역은 텅 비거나 채워질 수 있으며, 그 지위는 이주와 멸종에 따라 변한다. 이것이 바로 술레와 길핀이 정의한 교체이다. 콘초물뱀의 짧은 수명과 빠른 생식 능력, 그리고 한 서식지 구역 전체를 살 수 없는 곳으로 변화시키는 가뭄의 가능성 등을 감안하면, 이 수계의 교체 비율은 높을 것이라고 예상할 수 있다. 즉, 멸종과 재이주가 자주 일어날 것이다.

채워진 구역은 하류나 상류 쪽으로 이주자를 보냄으로써 텅 빈 서식지에 새로운 이주자를 공급하거나 멸종 직전에 있는 집단을 보충해줄 수 있다. 어떤 구역에 멸종이 닥칠 통계적 확률은 그 구역 내에 존재하는 훌륭한 여울 서식지의 면적에 반비례한다. 이것은 면적 효과이다. 만약 어떤 구역이 채워진 구역에서 특별히 멀리 떨어져 있다면, 이주자를 받기가 그만큼 더 힘들 것이다. 따라서 그 구역의 멸종 확률은 채워진 구역에서 덜 먼 구역보다 더 높으며, 멸종이 일어난 후 재이주가 일어날 확률도 극히 낮을 것이다. 이것은 거리 효과이다. 술레와 길핀은 이것 역시 맥아서와 윌슨의 이론에서 따왔다.

그 수계의 다른 곳에서 일어나는 일에 따라 특별히 먼 구역은 10년, 20년 혹은 그 이상의 세월이 흘러도 재이주가 일어나지 않을 수 있다.

따라서 수계 내의 다른 곳에서 일어난 일은 각 서식지 구역에 사는 각 집단에 큰 영향을 미친다. 전체 개체군의 운명은 거의 분리돼 있는 개개 부분들의 운명에 달려 있다. 멸종은 사실상 전염성이 있다. 이웃 구역들 대부분에 멸종이 닥쳤다면, 그 구역에도 멸종이 닥칠 가능성이 높다. 생존 역시 전염성이 있다. 이 수계에는 본토가 없다. 이주자를 계속해서 공급해줄 수 있는 큰 면적의 서식지가 없기 때문이다. 길핀과 술레가 콘 초물뱀에 푹 빠져든 이유는 바로 이 때문이었다. 그것은 단지 그들이 최초로 연구한 PVA에 그치지 않았다. 그것은 생태학적 본토가 존재하지 않는 세계에서 미래의 모습을 연구할 수 있는 기회였다.

그들은 재미있는 전문 용어를 또 하나 도입했는데, 그것은 바로 메타 개체군metapopulation이었다.

메타 개체군은 대략 개체군들의 개체군이라고 할 수 있다. 이 용어는 1970년에 리처드 레빈스Richard Levins라는 수리생태학자가 발표한, 잘 알려지진 않았지만 멸종 과정을 다룬 중요한 연구에서 유래했다. 이 연구는 그가 1년 전에 병균 매개 곤충을 생물학적으로 구제하는 방법을 다룬 논문에서 제시한, 더 잘 알려지지 않은 이론적 모형을 바탕으로 한 것이었다. 그보다 더 이전으로 거슬러 올라가면, 1950년대에 나온 생태학 교과서에서 메타 개체군의 일반적 개념을 찾아볼 수 있다. 길핀도 1970년대 중반에 일부 이론적 연구에서 이 용어의 의미를 조사했다. 월슨도 레빈스의 모형을 인용했는데, 섬에 관련된 연구가 아니라 《사회생물학》에서 인용했다. 메타 개체군 개념은 맥아서와 월슨의 평형 이론과 밀접한 관계가 있는데, 이주와 멸종이라는 동일한 상쇄 과정 사이의 동적 평형을 수반하기 때문이다. 하지만 결정적 차이가 한 가지 있다. 섬 생물지리학의 평형 이론은 본토의 존재를 가정하지만, 메타 개체군 개념은 큰 전체는 존재하지 않고 오직 조각들만 존재한다고 가정한다.

평형 이론 상황에서는 본토는 마르지 않는 이주자 공급원 역할을 하며, 위성 섬들은 교체를 겪는다. 메타 개체군에서는 본토가 존재하지 않고, 각각의 서식지 구역이 상호간에 이주자와 추가적인 개체를 공급한다. 따라서 메타 개체군은 본질적으로 모든 조각이 차례로 사라져가 전체 계가 사라질 가능성이 늘 존재한다.

술레와 길핀은 텍사스 주 중부 지역에서 그런 일이 일어날 가능성을 보았다.

그들은 개체군이라는 단어를 생물학적으로 엄밀하게 정의한다면, 콘초물뱀 계는 하나의 개체군이 아니라는 사실을 깨달았다. 왜냐하면, 개체군은 동종 번식이 일어나는 집단이기 때문이다. 전형적인 개체군의 경우, 서식지는 연속적이고, 같은 종의 개체들이 자유롭게 섞여 짝짓기를 할 수 있다. 하지만 콘초물뱀의 경우에는 서식지가 심하게 분열돼 있어, 집단들 사이에 동종 번식이 일어나기보다는 집단의 멸종과 재이주가 일어나기 더 쉽다. 혼합보다는 교체가 더 많이 일어난다. 그리고 본토도 없다. 이 계를 메타 개체군으로 간주하는 것은, 술레와 길핀이 그랬듯이, 콘초물뱀 집단의 특수한 사정을 인정한 것이다.

술레와 길핀은 이 모든 사실과 이론을 사용하여 훌륭한 분석을 설계했다. 프로그램을 만드는 일은 대부분 매킨토시를 잘 다루는 길핀이 맡았다. 2주일 만에 두 사람은 현재 상태를 모방해 미래의 동역학을 예측하는 모형을 개발했다. 이 모형은 훨씬 복잡한 현실을 그저 복잡한 만화로 만들어놓은 것에 불과했지만, 충분히 유용성이 있을 만큼 현실적이었다. 그 모형은 서식지 분열과 콘초물뱀에게 닥칠 환경의 불확실성(두 강의 실제 유동 자료로 도출한 가뭄과 홍수)도 고려했다. 그것은 이주, 멸종, 보충, 면적 효과, 거리 효과, 교체, 돌발적 변수도 고려했다. 이 모형의 목적은 아주 짧은 시간 범위에서 일어날 가능성이 있는 결과들을 다양하게 보여주는 것이었다.

술레와 길핀은 이 모형으로 시뮬레이션을 수없이 해보았다. 각각의 시뮬레이션은 경험적 자료와 이론적 가정을 바탕으로 300년 동안 일어날 수 있는 사건들을 그 계가 겪도록 했다. 그러고 나서 그 결과들을 종합해 분석했다. 그 결과, 현재 상황에서 콘초물뱀은 비교적 장기간 생존 능력이 있는 것으로 나왔다. 서식지 구역은 여기저기서 생겨났다 사라지기를 반복했지만, 전체적으로 메타 개체군은 계속 유지되었다.

만약 스테이시 댐 건설이라는 문제만 없었더라면, 이것은 어류야생생물국의 존슨에게 아주 기쁜 소식이었을 것이다. 술레와 길핀은 콘초물뱀은 생존할 가능성이 높다고 말했다. 다만, 가만히 내버려둘 경우라는 단서를 달았다. 그러나 공병대는 가만히 놔두려고 하지 않았다.

댐이 건설되면 콘초물뱀은 살아남을 수 있을까?

나는 길핀의 컴퓨터 화면에서 빛을 내고 있는 타원형 형체들을 응시했다. 차골叉骨(조류의 Y자형 가슴뼈) 모양으로 배열된 그것들은 100개쯤 되었는데, 텍사스 주 페인트록 근처에 위치한 합류 지점의 콘초 강과 콜로라도 강을 나타낸다. 각각의 타원형 형체는 강의 5km 구간을 나타내지만, 훌륭한 여울 서식지의 양이 많고 적음에 따라 타원의 크기가 제각각 다르다. 마치 비디오게임에서 총을 발사하는 것처럼 한 타원에서 다른 타원으로 점들이 씽씽 달린다. 이것은 콘초물뱀의 모형인데, 길핀은 내게 그 작용 원리를 보여주려고 띄운 것이다.

타원 중 일부는 속이 꽉 차 있는데, 이것은 콘초물뱀이 살고 있다는 것을 나타낸다. 반면에 텅 빈 타원은 살고 있지 않다는 것을 나타낸다. 씽씽 달리는 점들은 연간 이주 가능성을 나타낸다. 점 하나가 텅 빈 타원에 충돌하면 그 타원은 즉각 속이 찬 모양으로 변하는데, 이것은 정착이 성공했음을 뜻한다. 내가 지금 보고 있는 것은 광자들로 이루어진 메타 개체군인데, 적어도 이 순간만큼은 스스로 유지되고 있다.

"그래서 이번에는 댐 건설을 모형으로 만들었지. 단순히 모든 서식지 구역이 저수지에 잠겨 사라지는 것으로 하고, 저수지를 가로지르는 방법으로 일어나는 이주는 전혀 없다고 가정하고 말이야."

길핀은 자판을 몇 번 두들겨 이번에는 스테이시 댐을 포함한 조건으로 모형을 다시 시뮬레이션했다.

"그래서 전에는 쭉 연결된 1차원 계였던 것이 서로 분리된 3개의 1차원 계가 되지."

차골 모양의 합류 지점에 있던 서식지 구역들이 순식간에 사라졌다. 사라진 구역들은 저수지를 나타낸다. 분리된 세 계에서는 남아 있는 큰 타원들(여울 서식지) 사이에 점(콘초물뱀)이 계속 이동했다. 콘초 강에서는 점의 이동이 비교적 많이 나타났다. 나머지 두 계(콜로라도 강 상류와 하류)에서는 점의 이동이 드문드문 나타났다. 내가 바라보는 동안 콜로라도 강에 나타난 타원들은 텅 빈 것이 채워지는 속도보다 채워진 것이 텅 비는 속도가 더 빨랐다. 얼마 지나지 않아 콜로라도 강 상류 지역은 완전히 텅 빈 상태로 변했다. 그 후 콜로라도 강 하류 지역도 텅 빈 상태로 변했다. 양 지역에서 오고 가던 점들의 움직임도 멈추었다. 연결돼 있던 계를 분열시키면, 그중 3분의 2는 유지되지 않는 것으로 나타났다.

길핀은 이렇게 말했다.

"우리는 확실한 결론을 얻었지. 이 시뮬레이션을 수없이 해보았으니까. 전체 수계 중 3분의 2에서는 멸종하고 만다는 결론이야."

길핀과 술레는 우연과 스테이시 댐의 효과가 합쳐졌을 때, 콘초물뱀의 미래가 어떻게 될지 근거 있는 예측을 제시하려고 했다. 그들의 모형은 콘초 강의 세 번째 서식지 구역에서는 콘초물뱀이 300년 동안 계속 살아남을 것이라고 예측했다. 저수지가 많은 서식지를 물에 잠기게 하고 나머지 두 서식지 구역을 격리시킨 뒤에도, 콘초 강에는 콘초물뱀 메타 개체군(비록 그 크기는 위태로울 정도로 작지만)이 살아남을 수 있을 만큼 여울이 충분히 남아 있었다.

"따라서 단기적으로는 댐이 직접적으로 멸종을 초래하지는 않을 거야."

길핀은 단어를 신중하게 선택하며 말했다. 여기서 '멸종'이라고 한 것은 콘초물뱀 종 전체가 완전히 사라지는 것을 뜻한다. 그리고 '직접적으로'라고 한 것은 스테이시 댐이 간접적으로는 메타 개체군을 멸종 위험에 처하게 할 수 있다는 뜻이다. 그의 마음속에는 앤아버에서 설명했던 그 소용돌이들이 있을 것이다. 서식지 상실은 분열된 조각들의 상황을 더욱 악화시킬 것이다. 개체군 감소는 근친 교배 문제를 악화시킬 것이다. 적응 능력 상실은 서식지 구역들 사이에서 일어나는 이주를 더욱 어렵게 할 것이고, 이것은 서식지 분열을 더 악화시키고, 이것은 다시 근친 교배를 더 증가시킬 것이다. 스테이시 댐은 콘초물뱀을 즉시 멸종시키지는 않겠지만, 콘초물뱀을 그러한 운명의 소용돌이에 더 가까이 다가가게 만들 것이다.

"우리는 그 결과를 보고서에다 솔직하게 썼다네."

그 보고서는 1986년 11월에 존슨에게 전달되었다. 그것은 타자로 친 20여 쪽의 원고와 10여 쪽의 도표와 그림으로 이루어져 있었다. 보고서는 댐이 직접적으로 멸종을 초래하지는 않겠지만, "콜로라도 강에서 콘초물뱀을 곧 사라지게 하고, 콘초 강에서는 재난에 대한 취약성을 악화시킬 것"[3]이라고 결론 내렸다. 콘초물뱀의 멸종을 초래할 수 있는 재난에는 어떤 것들이 있을까? 고속도로를 달리는 유조차에서 새어나온 유독성 물질과 같은 비교적 경미한 것도 그런 재난이 될 수 있다. 심지어 오염 물질이 많은 하수 유입도 그런 재난이 될 수 있다. 그리고 그 사이에 근교 약세가 점점 심해질 것이다. 이런 문제들은 공학적 대책이나 관리 대책을 통해 줄일 수 있을 것이다.

"물론 그들은 우리 보고서를 받아보기도 전에 이미 댐을 건설하기로 마음먹고 있었지."

1년 뒤에 댐 공사가 시작되었다. 이제 저수지는 물로 가득 찼다. 존슨은 다른 곳으로 옮겨갔으나, 어류야생생물국의 다른 담당자들이 콘초물뱀을 계속 감시하고 있다. 최근에 얻은 자료로는 확실한 결론을 내리기에 미흡하다. 콘초물뱀은 살아남을까, 멸종할까? 콘초물뱀이 직면한 딜레마를 완화시킬 수 있을까? 이 질문들은 나름대로 중요하지만, 이 사례의 더 중요한 의미는 한 뱀 아종의 생존이나 멸종에 있는 게 아니다. 정말로 중요한 것은 우리가 메타 개체군 시대에 들어섰다는 사실이다.

만약 콘초물뱀이 메타 개체군이 아니라면 남부양털거미원숭이가 메타 개체군에 해당할 것이다. 만약 남부양털거미원숭이가 아니라면 플로리다퓨마가, 플로리다퓨마가 아니라면 오스트레일리아의 동부줄무늬반디쿠트가, 그도 아니면 아시아의 호랑이가, 아프리카의 치타가, 마다가스카르 섬의 인드리가, 북서태평양의 얼룩올빼미가, 와이오밍 주의 검은발족제비가, 캘리포니아 주의 표범나비가 메타 개체군이 될 것이다. 혹은 현재 미국 본토에서 생존 가능 개체군을 수용하기에 너무 작은 대여섯 군데의 산악림 섬에만 갇혀 살고 있는 갈색곰이 될 수도 있다. 이러한 패턴은 아주 광범위하게 나타난다. 지구 전체에서 위기에 처한 종들의 분포 지도는 드문드문 흩어진 조각들로 나타난다. 조각들은 크기가 점점 작아지고 있다. 어떤 경우에는 조각들이 사라졌다 다시 나타났다 하지만, 대부분은 계속 줄어들기만 할 뿐이다.

콘초물뱀을 연구한 뒤에 길핀은 메타 개체군의 동역학을 집중적으로 연구했다. 왜냐고? 그는 본토가 사라지고 있거나 이미 사라졌고, 전 세계가 조각나 있고, 현실은 새로운 모형과 일치한다는 사실을 알기 때문이다.

아루 제도의 메시지

역사상 최대 규모의 멸종

그런데 어디선가 이런 목소리가 들려온다. "그래서 어쨌단 말인가?"
 이것은 내 목소리도 아니고 필시 여러분의 목소리도 아닐 테지만, 여론 광장에서 잘난 체하는 불만의 목소리로 종종 터져나온다. 약간의 지식까지 동원한 불만의 목소리는 항상 위험하다. 그 목소리는 이렇게 말한다.
 "일부 종이 멸종한다고 해서 어쨌단 말인가? 멸종도 자연적 과정이다. 다윈도 그렇게 말하지 않았는가? 멸종은 새로운 종이 진화할 공간을 만들어주기 때문에 진화를 보완한다. 멸종은 먼 옛날부터 항상 일어났다. 그러니 이제 와서 사람들이 초래한 멸종에 대해 호들갑을 떨 필요가 있는가?"
 다시 말해서, 집의 난로 속에서는 늘 불이 탔는데, 그걸 가지고 집이 불탄다고 호들갑을 떨 필요가 있느냐 하는 것이다.
 생물학자와 고생물학자는 생명의 역사 전체를 통틀어 일어난 배경 멸종(자연적 멸종) 수준을 이야기한다. 배경 멸종은 쉽게 말해서 종들이 사라져가는 평균 속도를 말한다. 이것은 일반적으로 새로운 종이 진화하는 속도인 종 분화 속도와 상쇄된다. 이 두 가지, 멸종과 종 분화는 또 다른 형태의 교체를 빚어내는데, 이 경우에는 전 지구적 규모의 교체를 말한다. 먼 과거에 일어난 멸종 속도는 정확하게 계산할 수 없다. 화석 기록의 간극 때문에 어떤 종들이 사라졌는지 정확하게 알 수 없기 때문이다. 하지만 데이비드 재블론스키 David Jablonski 라는 고생물학자는 근거 있는 추측을 제시했는데, 배경 멸종 수준을 "거의 모든 종류의 생물은 100만 년에 몇 종 정도"[1]라고 제시했다. 즉, 100만 년이 지날 때마다 포유류 몇 종, 조류 몇 종, 어류 몇 종이 멸종한다. 이 정도 멸종 속도라면 종 분화에 의한 새로운 종의 추가가 그 손실을 충분히 만회할 수 있다. 손실은 이익으로 보충되기 때문에 생물 다양성의 순 손실은 없다. 배경 멸종 수준으로 일어나는 멸종은 정상적이며 지속 가능한 과정이다.

그런데 이런 배경 멸종과는 별도로 큰 사건이 몇 차례 일어났다. 통상적인 것에서 벗어나는 이러한 격변적 사건은 대멸종인데, 오늘날의 과학자들은 이것을 생명의 역사에서 일어난 중요한 마침표로 본다. 유명한 대멸종 사건이 몇 가지 있는데, 백악기 대멸종과 페름기 대멸종이 바로 그런 예이다. 비교적 짧은 기간에 걸쳐 그러한 대멸종이 일어날 때에는 멸종 속도가 종 분화 속도를 훨씬 능가해 생물 다양성이 바닥으로 곤두박질치고, 많은 생태적 지위가 텅 빈 상태로 남는다. 생태계를 이루는 관계들의 복잡한 네트워크가 붕괴하고, 전체 생태계가 누더기 상태로 변한다. 종 분화를 통해 그런 간극들을 메우고 생물 다양성이 이전 수준으로 되돌아가기까지는 수백만 년이라는 시간이 걸린다.

먼 과거에 일어난 대멸종의 원인이 무엇인지는 아무도 모른다. 하지만 점진적인 기후 변화(많은 종이 견뎌낼 수 없는 서식지 변화를 초래한)에서부터 아직 발견되지 않았지만 태양과 함께 서로의 주위를 도는 죽음의 별(이 별의 중력 때문에 2600만 년마다 죽음의 소행성들이 날아와 지구에 충돌한다고 한다)의 존재에 이르기까지 다양한 가설이 나와 있다. 이러한 가설들을 논의하는 것도 아주 흥미로운 이야기가 되겠지만, 여기서 그것을 다룰 생각은 없다. 다만, 지구 역사를 통틀어 아주 큰 규모의 대멸종이 다섯 번 있었으며, 각각의 대멸종 사건은 사람하고는 상관 없는(사람은 존재하지조차 않았으니까) 자연적 요인들의 결합으로 일어났다는 것만 언급하고 넘어가자.

6500만 년 전에 일어난 백악기 대멸종은 공룡을 완전히 멸종시켰다. 2억 5000만 년 전에 일어난 페름기 대멸종은 해양 무척추동물 중 절반 이상의 과科를 멸종시켰다. 나머지 세 차례의 대멸종은 오르도비스기 말(4억 4000만 년 전), 데본기 후기(3억 7000만 년 전), 트라이아스기 말(2억 1500만 년 전)에 각각 일어났다. 겨우 수만 년 전인 플라이스토세에도 대형 동물이 상당수 멸종했다. 이 사건에는 사람들에게 일부 책임이 있을지 모른다. 플라이스토세 멸종 사건은 사람들이 무장을 하고 무리를 지어 사냥을 시작한 무렵에 일어났기 때문이다. 하지만 앞서 일어난 다섯 차례의 대멸종 사건에 비하면 플라이스토세 멸종은 사소한 것이었고, 그것도 대부분 포유류에 한정되었다.

그 밖에도 멸종 사건은 여러 차례 있었지만, 대부분 멸종 속도가 배경 멸종 수준을 조금 넘어서는 사소한 것이었다. 재블론스키는 대멸종을 사소한 멸종 사건과 구분하는 한 가지 기준을 많은 동식물 종들의 집단에서 일어나는 멸종 속도가 배경 멸종 수준의 두 배를 넘어서는 경우라고 제시했다.

그런데 이 엄격한 기준에 따른다면, 우리는 지금 또 하나의 대멸종을 맞이하고 있다.

그것은 신석기 문화의 사람들이 원시적인 배를 타고 대륙 가장자리를 따라 먼 바다 항해에 나서기 시작한 수천 년 전부터 시작되었다. 마다가스카르 섬, 뉴질랜드, 누벨칼레도니 섬, 하와이 제도 같은 먼 섬들을 정복하면서 사람들은 각 섬에 고유하게 서식하던 새들을 죽여 없앴다. 멸종한 새들 중 상당수는 몸이 크고 날지 못하며 생태학적으로 순진한 종들이었다. 이미 이 책에서 읽은 이야기들만으로도 여러분은 전 세계의 섬들에서 어떤 일이 일어났는지 능히 상상할 수 있을 것이다. 신석기 시대에 전 세계의 바다로 퍼져간 인류 침략자들의 파도는 포르투갈 인이 모리셔스 섬에 처음 상륙하기 수천 년 전부터 이미 많은 섬에 피해를 가져왔다. 어쨌든 그 결과는 비슷한 것이었으며, 유럽 인이 섬들에 초래한 멸종은 사실은 더 큰 과정의 두 번째 단계에 불과하다. 도도의 사례는 수백 가지 사례 중 하나에 지나지 않는다.

신석기 시대의 항해가 시작된 이래 현재에 이르기까지 전 세계의 조류 중 20%가 멸종했다. 최근 수백 년 사이에 인구 증가와 기술의 효율성과 우리의 오만이 증가한 것과 비례해 우리의 영향력이 커짐에 따라 멸종 속도는 점점 더 빨라졌고, 위험 범위도 조류에서 모든 종류의 동식물로, 그리고 섬에서 모든 대륙으로 더 넓어졌다. 지금은 도도나 코끼리새나 모아가 문제가 아니다. 지금은 모든 것이 조금씩 사라져가고 있다.

만약 현재의 추세가 계속된다면, 수십 년 안에 우리는 많은 것을 잃을 것이다. 지구의 생물 다양성 중 많은 것이 사라지는 것과 함께 우리가 사는 세계의 아름다움과 복잡성과 지적 흥미로움, 정신적 깊이, 생태계의 건강도 사라진다. 여러분은 이러한 종말의 노래를 이미 들어본 적이 있으므로, 우리의 생물권을 살균하듯이 불모화시키는 것이 일종의 자살임을 강조하는 암울하면서도 중요한 노래 가사를 여기서 일일이 읊조리지는 않겠다. 하지만 몇몇 권위자의 주장을 인용해 지구가 입는 손상을 수치로 표현해 소개하려고 한다.

보전생물학의 할아버지인 폴 얼리크는 조류와 포유류의 현재 멸종 속도를 배경 멸종 수준의 약 100배라고 평가한다. 윌슨은 열대 숲에 사는 무척추동물의 다양성 조사를 바탕으로 열대 숲에 사는 종들의 현재 멸종 속도가 정상 속도보다 최소한 1,000배나 빠르다고 평가했다. 무분별하게 경종을 울리는 사람과는 거리가 먼 댄 심벌로프는 이러한 증거들을 비판적으로 조명한 "열대우림에 대멸종이 임박했는가?"라는 논문을 발표했다. 여기서 그는 경종을 울리는 사람들이 주장하는 것처럼 정말로 상황이 심각한가 하고 질문을 던진다. 그리고 13쪽에 걸친 냉정한 논의와 많은 수치를 제시한 끝에 그렇다고 결론 내린다. 심벌로프는 정말로 그렇다고 예언한다. 현재 일어나고 있는 대멸종 사건은 지구에서 생명의 역사가 시작된 이래 일어난 대여섯 번의 대멸종 사건 중 최악의 사건으로 기록될 가능성이 높다고 한다.

　이번에는 '우리' 자신이 바로 죽음의 별이다.

　그렇지만 차이점이 한 가지 있다. 우리가 생물권에 미치는 파멸적 영향은 반복되는 패턴의 일부가 아니라 일회성 사건으로 끝날 가능성이 높다. 왜냐고? 우리는 하나의 종으로 충분히 오래 살아남지 못할 것이고, 따라서 다시는 그런 짓을 못할 것이기 때문이다. 호모 사피엔스가 멸종하여 존재하지 않는다고 가정한다면, 지구 생태계의 풍부성은 1000만 년 혹은 2000만 년 안에 이전 수준으로 회복될 것이다. 우리가 가고 없으면, 그 뒤에 살아남은 참새와 바퀴와 쥐와 민들레 등이 결국에는 새로운 다양성을 낳을 것이다. 이것이 우울한 시나리오인지 유쾌한 시나리오인지 그 판단은 여러분에게 맡기겠다.

　아주 많은 세월이 지난 뒤, 트랄파마도어라는 행성에서 온 고생물학자들은 지구에 남은 증거들을 보고 지구 역사에서 일어난 여섯 차례의 대멸종이 일어난 원인을 궁금하게 여길 것이다. 그 여섯 차례의 대멸종은 각각 오르도비스기 말, 데본기 후기, 페름기 말, 트라이아스기 말, 6500만 년 전의 백악기 말, 신생대 제4기 말에 일어났다. 여섯 번째 대멸종은 사람들이 통나무배와 돌도끼, 철제 쟁기, 범선, 자동차, 햄버거,

불도저, 동력톱, 항생제 등을 발명한 무렵에 일어났다.

월리스의 선견지명

불과 100년 전만 해도 이러한 격변적 사건은 상상도 하지 못했다. 사람들은 종의 멸종에 대해 별로 걱정하지 않았다. 19세기 말에도 종이 멸종할 수 있다는 개념은 새로운 생각이었고, 다윈이 이끈 지적 혁명의 일부로 포함되었다. 멸종은 먼 과거에 일어난 현상으로나 여겼다. 과거의 화석 기록을 보고 멸종이 일어났다는 사실을 추론할 수는 있었지만, 현실 세계에서 멸종이 일어나는 사건이 관찰된 적은 거의 없었다. 화석에 나타난 멸종 기록은(생물지리학 패턴과 가축 육종에서 관찰할 수 있는 자료와 함께) 자연 선택에 의한 진화 개념을 뒷받침하는 중요한 증거로 보였다. 19세기에 이 주제를 다룬 극소수 과학자들은 대부분 긴 지질 시대와 진화론의 관점에 바탕을 두어 초연한 과학적 자세로 다루었다. 월리스조차 때로는 그런 행동을 보였다.

그러나 누가 뭐래도 월리스는 예외적인 인물인데, 이 점에서는 어느 누구보다도 예외적인 통찰력을 보여주었다. 그는 종의 멸종을 우려할 만큼 선견지명이 있었다.

그의 저서 중 가장 생생한 필치로 쓴 《말레이 군도》는 1869년에 출판되었다. 월리스가 영국으로 돌아온 지 7년이 지났고, 다윈에게 발작에 가까운 반응을 일으키게 한 지 11년이 지났으며, 아루 제도의 교역촌 도보에서 잊히지 않을 채집 활동을 끝내고 떠난 지 20년이 지난 때였다. 그는 《말레이 군도》 후반부에서 한 장을 할애해 아루 제도에 관한 이야기를 다루었는데, 그것은 문학적 클라이맥스로서도 아주 훌륭했다.

앞에서 이미 이야기한 것처럼, 월리스는 처음에는 아루 제도에서 많은 어려움을 겪었다. 서풍 계절풍을 타고 도보로 가면서 겪은 어려움, 그리고 아루 제도에서 내륙의 숲으로 들어가기 위해 겪어야 했던 고생에도 불구하고, 비 때문에 채집 활동을 제대로 할 수 없었다. 그것은 정말로 좌절스러운 상황이었다. 생활 환경도 아주 열악했으며, 모래파리에 물려 큰 고생을 했다. 그런 고생 속에서 겨우 곤충과 새 약간만 채집하는 데 그쳤다. 그러나 낙담에 빠져 있을 때, 한 소년이 극락조 한 마리를 가져왔고, 그것은 모든 고생을 보상해주고도 남았다.

책에서 월리스는 그 새의 표본을 손으로 만지면서 "경이와 환희의 황홀경"[2]에 빠졌다고 묘사했다. 그 새는 몸 색깔이 진홍색이고 초록색 나선형 꽁지깃을 가진 왕극락조로, 원주민들은 고비고비라고 불렀다. 왕극락조는 아루 제도에서 유명한 두 종의 극락조 중 더 작은 종이었다. 월리스는 "지금 내가 보고 있는 이 완벽한 작은 동물을 본 유럽 인이 거의 없다는 사실과 아직도 유럽에 이 새가 제대로 알려져 있지 않다는 사실"[3]에 특권을 누리는 느낌이 들었다고 묘사했다. 그리고 이렇게 희귀한 종이 열정적인 박물학자의 감정에 미친 효과를 "제대로 표현하려면 시적 재능이 필요"[4]하다고 단서를 덧붙였다. 자신의 글솜씨에 자신이 없었던 월리스는 비록 자신이 그런 재능은 없지만 그래도 시도는 해보겠노라고 했다.

> 지금 내가 서 있는 이 외딴 섬은 상선단과 해군 함정이 지나간 길에서도 한참 멀리 떨어져 있고, 거의 아무도 방문한 적이 없는 망망대해에 떠 있다. 야생의 무성한 열대림이 사방으로 멀리 뻗어 있고, 내 주위에는 문명을 모르는 야만인들이 널려 있다. 이 모든 것은 내가 이 '아름다운 동물'을 바라보면서 솟아오르는 감정을 빚어내는 데 큰 영향을 끼쳤다.[5]

아루 제도는 마술의 일부였다. 월리스는 극락조 시체를 붙잡고 그 계통을 생각해본 일을 떠올렸나.

"과거의 아주 오랜 세월 동안 이 작은 동물은 대를 이어가며 살아왔다. 이 어둡고 음침한 숲 속에서 매년 태어나고 살다가 죽어갔지만, 자신의 아름다움을 보아줄 지적 존재는 없었다. 어느 모로 보나 그것은 쓸데없는 아름다움의 낭비였다. 이런 생각은 우울한 감정을 불러일으킨다."[6]

'쓸데없는 아름다움의 낭비'라는 표현에 주목하라. 이 부분에서 월리스의 글은 기술에서 주장으로 미묘하게 옮아간다. 이러한 변화를 이해하려면 역사적 맥락을 알 필요가 있다.

이 책은 월리스가 영국으로 돌아오고 나서 이전에 야외 조사 때 한 메모 등을 참고해서 쓴 것이었다. 그때는 1860년대 후반이었다. 자연 선택설을 월리스와 동시에 발견한 다윈은 이제 세계에서 가장 유명한 생물학자가 되어 있었다. 《종의 기원》은 4쇄를 찍었으며, 전 세계에서 다윈의 견해에 동조하는 사람들이 늘어갔다. 그러나 다윈과 월리스가 만든 이론은 아직도 시끄러운 논란의 대상이었다. 고루한 영국 국교회의 주교들뿐만 아니라 세속적인 지식인들까지 가세한 창조론자들은 여전히 진화론에 완강하게 저항했다. 그들이 내세운 반론 가운데 하나는 '지나친 아름다움'에 관한 것이었다. 즉, 영롱한 깃털을 가진 벌새나 공작, 우아한 난초, 극락조를 비롯해 화려한 생물들에게서 볼 수 있는 아름다운 해부학적 변형이 어떻게 생겨났느냐고 물었다. 지나친 아름다움이 지닌 문제는 적응과 아무 관계가 없어 보인다는 점이었다. 반다윈주의자들은 자연 선택으로는 그것을 설명할 수 없다고 주장했다. 오로지 하느님의 간섭만이 그것을 설명할 수 있다고 했다. 지적 취미주의자로 명성이 높던 아가일 공은 《법칙의 지배 *The Reign of Law*》라는 책에서 그런 주장을 펼쳤다.

아가일은 자연의 영역에서 법칙이 지배하는 것처럼 보이는 것은 전능하고 간섭적인 창조자가 사람들의 눈을 즐겁게 하려고 관여했기 때문이라고 주장했다. 아가일은 종들 사이에 진화적 변화는 일어날 수 있다고 인정했다. 그렇지만 그것을 일어나게 하는 것은 자연 선택이 아니라, 마술 같은 재주를 가진 하느님이라고 주장했다. 그 놀라운 변형들은 하느님이 직접 정하고 유도했다. 유전과 진화적 변화의 메커니즘을 조작함으로써 지나친 아름다움들을 만들어낸 것은 바로 하느님이다. 그렇다면 하느님은 왜 그런 일을 했을까? 좋은 질문이다. 바로 그것은 하느님의 위대함을 보여주는 증거라고 아가일은 대답했다. 하느님은 인류를 교화하려는 목적에서 지나친 아름다움을 만들어냈다. 그렇지 않다면 어떻게 공작의 꽁지깃 같은 것이 존재할 수 있겠는가?

이것은 일종의 잡탕 이론으로, 특별한 창조론을 여전히 선호하는 사람들을 위해 만든 진화론이었다. 월리스는 그 무렵에 아가일의 책을 혹독하게 비평하면서 이 주장을 논박했다. 그리고 《말레이 군도》에서 아루 제도의 새들을 떠올리면서 아가일의 주장을 다시 한 번 간접적으로 논박했다.

한편으로는 이렇게 아름다운 동물들이 사람이 살 수 없는 야생 자연 속에서만 자신의 매력을 뽐내며 살아가다가, 아직 찾아오진 않았지만 장차 절망적인 야만 행위에 희생될 운명이라니 너무나도 슬퍼 보인다. 다른 한편으로는, 문명 세계의 사람들이 이 먼 땅에 도착하여 오지의 처녀림에 도덕적·지적·물리적 빛을 가져온다면, 그 사람들은 이곳의 잘 조화된 유기적·무기적 자연의 균형을 교란시켜, 오직 사람만이 제대로 감상하고 즐길 수 있는 경이로운 구조와 아름다움을 가진 이 동물들을 사라지게 하고 결국은 멸종에 이르게 할 것이 틀림없다. 그렇다면 살아 있는 모든 것은 사람을 위해서 만들어진 게 아님이 분명하다.[7]

이 글에서 아직도 흥미로운 점은 아가일의 논리를 반박하려는 대도가 아니다. 그것은 바로 멸종을 바라보는 월리스의 태도이다. 월리스는 멸종의 물결이 몰려오기 1세기 전에 이미 그것을 보았던 것이다.

월리스는 멸종이 단순히 한 가지 형태의 생물학적 운명에 불과한 것이 아니라고 보았다. 그것은 우발적으로 일어날 수도 있고 후회스러운 것이 될 수도 있다. 그것은 세계의 질서와 완전함을 공격하는 것이 될 수도 있는데, 그 책임은 호모 사피엔스에게 있다. 만약 사람들이 이 장소와 이 새들을 파괴한다면, 크나큰 죄를 짓는 것이라고 월리스는 말했다.

내가 가진 《말레이 군도》는 하도 오래 가지고 다녀 귀퉁이가 접히고 여백에 주석이 빽빽하지만, 이 문단은 선명하게 연필로 표시돼 있다.

월리스가 본 극락조는 지금도 살아 있을까?

내가 가진 《말레이 군도》는 오래 전에 도버 출판사에서 다시 찍어낸 것으로, 열대 지방을 돌아다니는 동안에 좀 휘어지긴 했지만, 접착 상태는 아직도 훌륭하다. 이 책은 비행기도 여러 번 탔다. 만약 이 책에도 항공 마일리지가 적립된다면, 누적된 포인트로 호놀룰루에 휴가 여행을 다녀올 수 있을 것이다. 나는 이 책을 몇 번이나 비닐 봉지로 싸고 고무 밴드로 묶어 여행 꾸러미의 납작한 공간에 쑤셔넣고 다녔는지 기억조차 나지 않는다. 나는 다년간 세계 여행을 다니는 동안 이 책을 항상 가지고 다녔고, 다양한 장소에서 호텔 방의 침침한 불빛이나 헤드램프 불빛 아래에서 많은 부분을 다시 읽었다.

나는 연필로 표시한 340페이지의 그 부분을 여러 번 반복해서 다시 찾아 읽었다. 아루 제도와 그곳에 사는 아름답고 연약한 새들에 관한 이야기가 나오는 부분을. 불안한 손가락이 상처 딱지가 신경 쓰이듯이, 나는 이 단어들이 신경 쓰였다.

……문명 세계의 사람들이 이 먼 땅에 도착하여 오지의 처녀림에 도덕적·지적·물리적 빛을 가져온다면, 그 사람들은 이곳의 잘 조화된 유기적·무기적 자연의 균형을 교란시켜, 오직 사람만이 제대로 감상하고 즐길 수 있는 경이로운 구조와 아름다움을 가진 이 동물들을 사라지게 하고 결국은 멸종에 이르게 할 것이 틀림없다…….

여백에는 나 자신에게 남긴 메모가 있고, 그 페이지에는 책갈피가 끼워져 있다. 이것은 이 문단이 아주 중요한 내용이라는 것을 의미한다.
 이것은 양과 음을 결합시킨다. 이것은 진화라는 느릿느릿한 퍼레이드를 사람들이 초래한 멸종이라는 폭주 트럭과 연결시킨다. 이것은 월리스의 세계와 그의 우려를 우리 자신의 세계와 연결시킨다.
 극적이고 외딴 장소인 아루 제도. 작고 사라지기 쉬운 아루 제도. 월리스의 심리적 여행과 물리적 여행을 추적하는 과정에서 나는 아루 제도의 그 장소와 새들이 그 후에 어떻게 되었을까 하는 호기심이 생겨났다. 월리스는 1857년 7월 2일에 도보를 떠났다. 그 후, 그곳을 방문한 생물학자는 거의 없었다. 그곳에는 공항도 없으며, 배편도 거의 없다. 지금도 반짝이는 몰루카 해의 통상적인 무역 항로에서 수백 km나 벗어나 있는 아루 제도는 여전히 세상에서 찾아가기 어려운 장소 중 하나이다. 심지어 섬 생물지리학 문헌에서도 거의 언급되지 않는다. 그곳을 찾아간 서양인은 얼마 되지 않으며, 그곳에 대한 정보도 많지 않다. 월리스는 그곳에 사는 극락조의 멸종을 예견했으나, 언제인지는 말하지 않았다. 나는 컴퓨터 모형이나 훌륭한 이론으로도 답을 얻을 수 없는 질문에 대한 답을 알고 싶은 욕구에 사로잡혔다. 그 일은 이미 일어났을까, 아니면 아직도 시간이 남아 있을까?

아루 제도를 다시 찾다

몰루카 제도 남쪽에 위치한 섬, 윌리스가 암보이나 섬으로 알았던 섬의 암본 항에서 나는 켐방 마타하리호에 승선했다. 부기족 사람들의 스쿠너선을 재현해 만든 배에 모터를 단 유람선으로, 길이는 약 30m이다. 뱃머리가 높고, 수직 사다리 위에 작은 상갑판이 있으며, 한 쌍의 통나무 마스트에 보조 동력 겸 장식용으로 범포 돛도 달려 있다. 라티프라는 인도네시아 인 선장은 만면에 미소를 머금고 있다. 네덜란드 회사와 용선 계약을 맺고 운항하는 마타하리호는 반다 제도와 케이 제도를 비롯해 암본과 뉴기니 섬 사이에 산재한 섬들을 순회하는 유람선이다. 동쪽 끝에 위치한 기항지가 아루 제도이다. 그다음에는 북쪽으로 방향을 틀어 뉴기니 섬에 들렀다가 타원형 항로를 따라 암본으로 돌아올 것이다. 이렇게 일주 여행을 하는 데에는 3주일이 소요될 예정이다. 나는 암스테르담의 팩스 번호를 이용해 예약했다. 돈이 얼마나 들었는지는 말하고 싶지 않다. 어쨌거나 아주 느리고 값비싼 방법으로 아루 제도에 가는 것이다. 왜 굳이 이 방법을 선택했느냐고 묻는다면, 할 말이 있다. 값싸게 빨리 갈 수 있는 방법이 달리 없기 때문이다.

마타하리호는 안락하고 적당한 크기의 배로, 승객 24명, 승무원 20명, 앵무새 대여섯 마리, 통조림 식품과 빈탕 맥주를 가득 실을 수 있다. 승객은 나를 제외하고는 모두 네덜란드 인 관광객이다. 승무원은 친절하고 바다에서 잔뼈가 굵은 인도네시아 인이다. 관광객 리더가 두 사람 있는데, 국외 거주자인 네덜란드 인 피트와 사르라는 이름의 몰루카 여인이다. 두 사람은 관광객에게 네덜란드 어로 안내와 설명을 하는데, 나는 전혀 알아들을 수 없다. 첫날 저녁이 끝날 무렵이 되자, 이들이 하는 네덜란드 말은 내 귀에 베토벤이 후기에 작곡한 4중주처럼 이해할 수 없지만 듣기 좋은 음악 소리로 들렸다. 어쨌거나 관광 명소나 해변 산책

등에 관한 안내는 내게 별로 소용 없는 정보들이다. 내게는 저녁 식사 시간과 어떤 섬들이 아루 제도냐 하는 것만 중요하다. 그래도 나는 포켓용 인도네시아 어 사전과 네덜란드 어 사전을 준비했다. 그리고 여러 나라 말을 할 줄 아는 네덜란드 사람들은 내게 기꺼이 호의를 베풀 것처럼 보인다. 이도 저도 안 되면, 앵무새하고 이야기하지 뭐.

　상갑판의 조타실 뒤편에 자리잡은 내 선실은 크기가 피아노 포장 상자만 하다. 다른 승객들은 갑판 아래에 벌집처럼 옹기종기 늘어서 있는, 에어컨이 나오는 2인용 특별실에서 지낸다. 내 방은 작고 간소하고 아주 덥지만, 혼자 쓰기 때문에 약간의 불편쯤은 충분히 참을 수 있다. 덕분에 승무원과 따뜻한 바다 공기와 넓은 몰루카 해의 하늘을 더 가까이 접촉할 수 있다. 나는 베토벤의 음악 같은 소리를 멀찌감치 떼어놓을 수 있고, 경이로운 석양과 미묘한 여명을 보거나 월리스의 책에서 적절한 부분을 찾아 읽을 수 있다. 밧줄을 잡고 뱃머리 쪽으로 가다가 상갑판에서 미끄러지거나 폭풍이 몰아치는 캄캄한 한밤중에 난간 너머로 떨어지지만 않는다면 아무 문제가 없다.

　배는 밤중에 반다 해를 가로질러 남동쪽으로 나아갔다. 첫 번째로 맞이한 아침은 배 왼쪽의 수평선 위로 버섯처럼 솟아 있는 뭉게구름을 진주조개 같은 해가 환하게 밝히며 떠오르면서 찾아왔다. 정오 무렵에 우리는 수안기라는 이름의 외딴바위 주위를 크게 원을 그리며 돌았다. 수안기는 깊은 바다 밑에서 솟아오른 가파른 화산섬으로, 물 밖으로 드러난 부분은 숲으로 덮여 있다. 이곳에는 군함새와 부비만 살고 있다. 부비는 큰 원을 그리며 날아다니다가 바위 절벽에 앉아 쉬기도 하고, 물속으로 다이빙해 물고기를 잡아먹는다. 군함새는 부비에게서 먹이를 빼앗으려고 시도한다. 어떤 군함새는 우리가 있는 곳 가까이로 다가와 사람들이 먹이를 주지 않을까 또는 먹을 만한 쓰레기가 없을까 하고 살핀다. 이 새들은 배에 익숙하다. 이 바닷새들은 큰 힘 들이지 않고 수백 km나

날 수 있고, 외딴 섬에 둥지를 트는 경향이 있다. 이 새들은 우리가 아주 외딴 바다 지역에 도달했음을 알려주는 생물지리학적 증거이다. 나는 갈라파고스 제도를 방문한 이래 이렇게 많은 군함새가 날아다니는 것을 본 적이 없다.

뱃머리 옆으로 날치들이 공중으로 날아오르며 스쳐 지나갔다. 배는 룬 섬이라는 작은 섬을 지나갔다. 룬 섬은 수평선상에 작은 초록색 언덕으로 보이는 섬이지만, 나름의 소중한 가치가 있기 때문에 계산 빠른 네덜란드 인이 300년 전에 지구 반대편의 척박한 땅 맨해튼을 영국인에게 주고 맞바꾼 섬이다. 룬 섬은 이 부근에 있는 섬들과 함께 그 당시에 육두구 생산지로 가치가 높았다. 육두구는 크롬이나 티탄처럼 소량으로도 귀중한 가치가 있는 전략 자원이었고, 독점한다면 막대한 이익을 챙길 수 있었다. 그래서 네덜란드 동인도 회사는 룬 섬과 육두구나무를 손에 넣는 것을 아주 중요하게 생각했다. 정향과 후추도 중요한 교역 작물이었지만, 향료 제도 중 특별한 장소인 이곳에서는 무엇보다도 육두구가 가장 중요한 품목이었다. 남몰루카 제도에는 아직도 제국주의 시대의 잔재가 남아 있다. 네덜란드 인이 세운 요새, 항구, 교회, 육두구를 말리고 저장하던 곳간을 여기저기서 볼 수 있다. 플랜테이션에서 재배하던 작물들은 야생 식물로 다시 대체되었다. 우리는 룬 섬에서 멀지 않은 반다 제도 근처의 육두구 집산지에 정박해 며칠을 보냈다. 만 한쪽에서는 화산이 내려다보고 있고, 반대쪽에는 복원한 네덜란드 요새가 자리잡고 있다. 나는 시장으로 가 두리안과 바나나를 샀다. 두리안은 이 지역의 진미 과일로, 고약한 냄새 때문에 악명이 높다.(어떤 사람들은 그 냄새가 하수구 냄새 같다고 말하지만, 나는 환기가 전혀 되지 않는 한여름의 체육관 로커 냄새보다 나쁘지 않다고 생각한다.) 키치 스타일의 콘크리트 기반 위에 서 있는 도시의 가로등도 육두구 모양으로 빚고 채색했다. 시간이 좀 지난 뒤, 나는 관광객 그룹에 합류해 요새와 같은 시대에 지어진 네덜란드 선교 교회도 구경하고, 배에서 사귄 두 친구와 함께 네덜란드 제국주의자들의 묘비 사이를 거닐었다. 두 친구는 유명한 네덜란드 인 소설가 막스와 그 아내 아넬리스로, 당찬 여성인 아넬리스는 비꼬는 유머 감각이 뛰어나다. 사교적인 두 사람은 나를 친구로 삼아줌으로써 내가 마타하리호에서 아웃사이더로 따돌림을 당하는 듯한 느낌을 더는 데 큰 도움을 주었다. 두 사람은 수백 년 전에 자기 동포들이 반다 제도 원주민을 수천 명이나 죽인 이 장소를 한가롭게 거니는 것에 다소 불편함을 느끼는 것 같았다. 교회 묘지를 거닐 때, 일행과 조금 떨어진 곳에서 아넬리스는 역사와 민족적 죄악과 관광에 대해 냉소적으로 이야기한다. 비록 나는 역사적 재방문이라는 나름의 임무에 정신이 팔려 있지만, 그녀의 그런 태도를 높이 평가한다. 반다 제도에서 우리는 동쪽으로 케이 제도를 향해 출발했다. 케이 제도는 월리스가 아루 제도로 떠나기 전에 들렀던 마지막 기항지였다.

월리스는 1857년 연초에 케이 제도에서 잠깐 머물면서 비교적 즐거운 시간을 보냈다. 그는 숲을 거닐면서 나비를 채집하고, 장수앵무와 육두구를 먹고 사는 커다란 녹색비둘기를 비롯해 흥미로운 새들을 보았다. 하지만 극락조는 한 마리도 보지 못했는데, 그곳에는 극락조가 살지 않았기 때문이다. 케이 제도와 아루 제도를 가르는 폭 130km의 바다는 동물상이 서로 다른 지역을 가르는 간극이기도 하다. 케이 제도는 대양도인 몰루카 제도와 가까우며, 아루 제도는 뉴기니 섬과 가깝다. 따라서 아루 제도에서부터 극락조가 서식하는 영역에 들어서게 된다.

케이 제도에서 나는 그날 예정된 오락 행사(한 마을에서 펼쳐진 환영 춤)에 참석하지 않기로 했다. 나는 전대와 카메라를 걸친 백인들을 위해 원주민이 보여주는 준準 전통적 환영 춤을 체질적으로 싫어한다. 이제 암본을 떠난 지 일주일이 지났다. 시간 나는 대로 인도네시아 어 표현을 복습했지만, 네덜란드 어는 그냥 모른 채로 지내기로 결정했다. 테이블

대화를 전혀 알아듣지 못하는 데서 느끼는 정신적 고독감은 북적대는 배에서 느끼는 물리적 고독감 부족을 어느 정도 보상해주기 때문이다. 이런 태도는 일부 승객에게는 문화적 모욕으로 비칠 수도 있다. 그들의 집단 행동에 동참하지 않는 나의 태도도 눈에 거슬릴 것이다. 사교 관계는 좀 금이 가겠지만, 뭐 신경 쓸 것 없다. 내가 사교를 위해 이 여행에 나선 것은 아니니까. 나는 춤을 보지 않게 된 것을 다행하게 여기며 마을을 지나 숲이 우거진 산등성이로 가 도마뱀과 나비를 관찰했다. 그리고 두리안을 더 샀다. 그 냄새는 정말 강해 막스와 아넬리스는 함께 맛보길 극구 사양했다. 그날 밤, 우리는 상쾌한 바람이 부는 가운데 넘실대는 파도를 타고 아라푸라 해를 건너 가장 먼 목적지인 아루 제도를 향해 나아갔다.

동트기 약 30분 전. 이 순간에 어떻게 잠을 잘 수 있겠는가? 동쪽에서 도보 항구의 불빛이 시야에 들어오는 순간, 나는 상갑판에 서서 그곳을 응시했다.

항구의 모습은 1857년에 월리스가 본 것과는 약간 차이가 있었다. 무엇보다도 영문 표기가 Dobbo에서 Dobo로 바뀌었다. 또 낮은 지붕들 위로 전파 수신탑 2개와 위성 안테나 1개가 솟아 있다. 녹슨 화물선이 몇 척 정박해 있고, 할마헤라에서 온 화물선이 도보의 유일한 부두에 정박해 있다. 그러나 그 차이는 그다지 심해 보이지 않았다. 할마헤라에서 온 화물선은 서풍 계절풍이 불기 전에 월리스를 실어다주었던 부기족의 커다란 프라우선이 철선으로 바뀌었을 뿐이다. 위성 안테나와 전파 수신탑은 야자나무들과 함께 도보의 스카이라인을 이루고 있으며, 전체 읍락은 《말레이 군도》에 묘사된 것과 똑같이 폭이 좁은 산호 모래 위에 자리잡고 있다. 읍락 너머로 숲이 보인다. 항구에는 아직도 돛을 단 통나무배들이 철선들 사이로 유유히 지나고 있다. 돗자리를 가득 실은 프라우선 한 척이 내 앞으로 미끄러져 지나갔다. 한 남자가 뒤에서 노를

젓고, 뱃머리에서는 작은 남자 아이가 바닥에 괸 물을 조개 껍데기로 퍼낸다. 부두는 노동자, 켜켜이 쌓인 상자, 쌀자루, 털이 긴 염소 대여섯 마리로 혼잡하다. 노동자들은 짐을 어깨에 지고 바닷가에 있는 창고로 걸어간다. 이들의 노고를 덜어줄 지게차 같은 것은 없다. 염소들은 자기 발로 걸어간다.

 나는 이곳 도보에서 배를 내렸다. 운이 좋으면 며칠 뒤에 남쪽의 작은 해안 마을에서 마타하리호를 다시 탈 수 있을 것이다. 운이 나쁘거나 흥미로운 일이 생기면, 그 배를 놓치고 세상으로 돌아갈 다른 방법을 찾아야 할 것이다. 그럴 경우에 대비해 나는 관광객 리더인 피트와 사르에게 내 휴대용 컴퓨터를 암본에 있는 호텔에 좀 갖다달라고 부탁했다. 승객 중 마음씨 좋은 의사가 훌륭한 아루 제도 지도를 빌려주었다. 그것은 미로처럼 뻗은 해협들 사이에서 길을 제대로 찾는 데 큰 도움이 될지도 모른다. 나는 고마움을 표시하고, 이틀 뒤에 다시 만나면 꼭 돌려주겠노라고 말했다.

 유람선은 호사스러운 운송 수단으로, 월리스가 얻어탄 프라우선에 비하면 아주 편리한 대체물이다. 하지만 유람선이 나를 데려다줄 수 있는 곳은 여기까지가 끝이다. 솔직하게 말해서, 나는 유람선에서 내린 게 무척 기뻤다. 나는 막스와 아넬리스, 케스와 그의 아내 마뤼케를 비롯해 내게 친절하게 대해준 네덜란드 사람들에게 작별 인사를 했다. 마타하리호에서 내리기 직전에 피트가 내게 작은 호의를 베풀었다. 극락조를 인도네시아 어로 첸드라와시cendrawasih라고 부른다고 가르쳐준 것이다.

 내 기억력을 믿지 못하는 나는 그것을 종이에 적어두었다. 그리고 그 발음을 연습했다. c 발음은 부드럽게 하고, r은 혀를 굴리면서 '첸드라와시'라고 발음한다. 나는 그것을 만트라처럼 깊이 새겼다.

도보를 배회하다가 만난 안내인

나는 한 시간 동안 마을을 돌아다녔다. 도보의 모든 것을 둘러보는 데에는 한 시간으로도 충분했다. 시장이라곤 스무 개의 노점이 늘어선 게 전부로, 생선은 많지만 야채는 드물었다. 가게들이 늘어선 길은 딱 하나뿐인데, 가게 주인은 대부분 중국인이며 주로 철물과 직물을 팔았다. 탄소시지처럼 새카맣고 쭈그러든 말린 해삼을 삼베 위에 널어놓고 파는데, 크기에 따라 세 종류로 나뉜다. 각각의 크기는 대략 핫도그, 브라트부르스트(돼지고기 소시지), 폴란드 소시지와 비슷하다. 하수구는 개방돼 있고, 흙마당은 비질이 잘 돼 있으며, 바닷물이 들어오는 곳에는 판잣집 수상 가옥들이 서 있다. 작은 초원 위에 마련된 묘지는 바다와 아주 가까워 주변에 맹그로브가 무성하게 자라는데, 무덤 속에 묻힌 시체들은 썩기 전에 소금물에 푹 절여질 것이다. 사람들은 수도 대신에 우물에서 물을 길어 바퀴가 2개 달린 손수레로 나른다. 뒷골목에는 눈을 피해 초록색 앵무를 파는 행상들이 있고, 굶주리고 지저분하고 학대받는 개들, 백인을 보고 놀란 듯이 멍하니 쳐다보는 교복 차림의 어린이들도 보인다. 길가에서 말린 상어 지느러미와 사고야자 빵을 파는 사람들도 있고, 화식조 알을 파는 기념품 가게도 있다. 이것들은 모두 나름대로 흥미로운 구경거리이지만, 아루 제도의 오지로 가려는 내 목적과는 상관이 없다. 나는 아무 목적 없이 뭔가 생각지 못했던 일이 생기지 않을까 기대하면서 거닐었다.

 나는 통역자가 필요했다. 니오만 같은 사람이 필요하지만, 니오만은 지금 발리에서 양복점 일을 하고 있다. 결국 나는 짧은 영어와 서투른 인도네시아 말을 섞어가며 가게 주인들에게 작은 배를 어디서 구할 수 있느냐고 물었다.

 배? 작은 배라고요? 페라후 케칠? 아뇨, 지금은 배가 없어요. 티닥.

오, 대단히 죄송해요. 노 노 노. 하지만 내일은 배가 있을지 몰라요. 어쩌면 다음 주에요. 그때 오시겠어요? 아마도 그때는 배가 있을 거예요. 작은 배도 있고 큰 배도 있고. 좋아요, 문제 없어요. 진주조개 재떨이 사실래요?

이 집 저 집 다니는 동안 나는 월리스가 도보에서 나쁜 날씨와 해적 출몰 소문 때문에 배와 뱃사람을 구하느라 한 달 동안 애써 돌아다니며 우울하게 보낸 것이 생각났다. 나도 여기서 한동안 발이 묶이는 건 아닐까 하는 생각이 들기 시작했다. 그렇지만 두 시간이 채 지나기 전에 나는 발길 닿는 대로 걷다가 운 좋게 부두 근처에 있는 창고에 들렀다. 그곳에 머리가 벗겨진 남자가 내 목소리를 엿듣고는 다락방에서 내려와 자신을 미스터 가이트라고 소개했다. 파푸아 인의 피가 반쯤 섞인 그는 자신의 이름 철자를 적어주고는 '가이드guide'와 발음이 비슷하다고 말했다. 그는 자신의 영어 실력을 시험해볼 기회에 신이 난 것 같았다.

배요? 아, 어쩌면 구할 수 있을 거예요. 가이트는 배를 가진 사람을 안다면서 내가 배를 구하도록 도와주겠다고 했다. 그런데 당신은 어디에서 왔나요? 네덜란드? 아, 아메리카, 아메리카. 그는 아메리카를 들어본 것 같았고, 나를 알게 되어 기뻐하는 것 같았다. 아메리카는 여기서 아주 멀지요? 나는 그렇다고 대답했다. 가이트는 날 돕기 위해 오늘 할 일을 내팽개쳤다. 정상적으로는 지나친 친절은 경계를 품어야 하지만, 그의 얼굴이 개방적이고 선량했기 때문에 나는 일이 어떻게 굴러가나 두고보기로 했다.

나는 그 마법의 단어를 읊조렸다.

"첸드라와시."

아루 제도의 주요 섬들을 가로질러 한 해협을 거슬러 올라가 그 숲 속에서 첸드라와시를 보려면 배가 필요하다고 설명했다. 그게 가능한가요?

"첸드라와시!"

가이트가 눈꼬리를 치켜올리며 말했다. 그는 자기에게 첸드라와시가 한 마리 있다고 했다. 보여줄 수 있나요? 나는 그것을 몹시 보고 싶다고 했다. 그래서 우리는 창고에서 나와 무슨 긴급한 일이라도 있는 양 빠른 걸음으로 걷기 시작했다.

가이트는 자신의 퍼스트 네임이 성경에 나오는 것과 같은 이름인 조엘Joel(요엘)이라고 말했다. 그리고 자신은 기독교도라고 털어놓았다. 나도 퍼스트 네임이 성경에 나오는 데이비드David(다윗)라고 알려주고, 우리는 두 번째인가 세 번째인가 또다시 악수를 나누었다. 성경에 나오는 조엘이 누군가 기억을 더듬고 있는데, 가이트는 나도 기독교도인지 알고 싶어했다. 예, 예. 나는 낡은 기독교식 이름이 벽을 허무는 효과를 발휘한 것을 염치 없이 고마워하면서 악의 없는 거짓말을 했다.

가이트는 나를 뒷골목으로 데려가더니 집들 사이로 난 골목을 따라 쭉 내려가다가 판자벽 사이의 좁은 통로를 지나 바닷물이 들어오는 곳에 위치한 허름한 수상 가옥에 이르렀다. 그리고 가느다란 햇살만 들어오는 어두운 방으로 들어갔다. 방에는 가구라고는 일절 없고, 십자가에 못 박힌 예수가 섬뜩한 모습으로 인쇄된 그림만이 걸려 있었다. 구석에 상자가 하나 놓여 있었다. 육각형 눈의 철망과 낡은 판자로 조잡하게 만든 우리였다. 그 위에는 거적이 덮여 있었다. 거적을 치우자, 첸드라와시가 안절부절못하며 바닥에서 횃대로, 다시 횃대에서 바닥으로 왔다 갔다 했다. 뛰어올라 철망을 붙잡았다가 횃대로 갔다가 다시 바닥으로 내려오길 반복했다.

나는 첸드라와시를 자세히 보려고 무릎을 꿇었다. 그 눈부신 동물은 포로의 공포에 사로잡혀 있었다. 극락조 중에서 큰 종인 큰극락조로 다 자란 수컷이었다. 머리는 광택이 나는 짙은 노란색이고, 목에는 영롱한 초록색 반점이 있고, 가슴과 등과 날개는 적갈색이었다. 날개 밑으로 기다란 노란색 깃털이 삐죽 돋아나와 의식 때 입는 망토처럼 부채꼴을 이루며 뒤로 펼쳐져 있었다. 마치 대관식을 위해 화려하게 차려입은 까마귀 같았다. 이보다 더 화려한 새는 지구상에서 찾기 힘들 것이다. 진화의 복잡한 섭리를 믿지 않는 아가일이 첸드라와시를 보았더라면, 분명히 지나친 아름다움이라고 말했을 것이다. 새장 바닥에는 새똥과 먹다 남은 바나나가 널려 있었다.

"정말 아름답군요."

나는 얼이 빠져 중얼거렸다.

"자연에서 본다면 더 아름답겠죠?"

가이트는 이렇게 말하면서 순간적으로 양면 감정을 느끼는 것 같았다. 이 화려한 새를 소유한 것에 자부심을 느끼기도 하지만, 자신이 이 새를 밀거래한다는 사실에 부끄러움을 느끼는 것 같았다.

"그럼요, 자연 속에서는 훨씬 아름답겠죠. 이 새를 붙잡은 곳에 아직 다른 새들이 살고 있나요?"

마눔바이 해협을 건너다

"차를 마셔주어 기분이 좋군요. 어떤 사람들은 마시지 않거든요." 가이트가 말했다.

우리는 새장에서 멀지 않은 작고 초라한 그의 집으로 가, 그와 죽은 아내의 초상화가 걸려 있는 거실에 앉아 그의 딸이 가져온 차를 마셨다. 차를 마시는 동안 우리는 첸드라와시와 새날개나비(이것 역시 그가 종종 밀매했다)와 아루 제도의 풍경에 대해 이야기했다. 가이트는 아루 제도의 주요 섬들에는 좋은 숲이 많다고 말한다. 그러나 도보의 창고에서 일하는 사람이 말하는 '좋은'이나 '많다'라는 단어가 실제로 무엇을 의미하는지 어떻게 알겠는가? 목재로 쓰기 위해 얼마나 많은 숲이 베어나갔는가? 주거지와 정원, 코프라 농장, 채굴, 목축을 위해 얼마나 많은 숲이 개간되고 불에 탔는가? 그리고 남은 숲은 얼마나 심하게 조각났는가? 이런 질문들에 대한 답은 두 눈으로 직접 확인할 수밖에 도리가 없다.

가이트는 잡은 새를 어떻게 처리할지 내가 묻지 않아 안도하는 것 같았다. 그리고 3년 전 1월에 죽은 아내에 대해 내가 물어본 것도 고맙게 여겼다. 차를 대접한 것은 일종의 시험이었다. 그는 나중에 이렇게 털어놓았다.

"내가 대접한 차를 마시지 않으면 친구가 될 수 없지요. 차를 마셔주어서 고마워요."

이렇게 미묘한 시험을 거치며 유대감이 약간 생긴 뒤에 그는 나를 데리고 샛길을 따라 걸어갔다. 우리는 배를 빌려줄 사람을 찾아갔다.

그 사람의 이름은 사무엘이라고 했다. 배는 작았지만 항해하기에는 충분했다. 길이 약 9m에 상자형 선실이 있고, 많지 않은 화물을 실어나르거나 진주조개 채취용으로 쓰기에 적합해 보였다. 배는 사무엘의 집 옆 조선대에 정박해 있었다. 사무엘은 중국인 아내를 둔 마른 체격의 진지한 몰루카 인으로, 관망적 태도를 잘 취하는 성격 같았다. 영어는 한마디도 못했지만, 가이트의 중재를 통해 목적지와 가격을 흥정했다.

대화 중에 마눔바이 해협을 통해 아루 제도 내륙 쪽으로 몇 km 들어가면 와쿠아라는 마을이 있다는 사실을 알았다. 아루 제도의 주요 섬들 사이를 동서로 가로지르는 마눔바이 해협은 짠물 강이 흐르는 골짜기와 같다. 우리는 내가 빌려온 지도를 펼쳐놓고 대화를 나누었다. 지도에는 마눔바이 해협은 분명하게 나타나 있지만, 와쿠아 마을은 없었다. 사무엘은 손가락으로 여기라고 가리켰다. 그곳은 겨우 수십 가구만 사는 작은 마을로, 서해안에서 내륙 쪽으로 몇 km 들어가면 해협 남쪽 기슭에 있다고 한다. 사무엘이 그곳을 잘 아는 것은 그곳에서 태어났기 때문이다. 카누를 타고 짧은 거리를 이동한 뒤에 내륙의 숲 쪽으로 조금만 걸어가면 첸드라와시가 오는 큰 나무가 있다고 한다.

"바냐크 첸드라와시, 야."

첸드라와시가 많다는 뜻이다. 이 유명한 나무는 수컷들이 암컷들 앞에 모여서 화려한 깃털을 과시하는 장소일 것이다. 생물학자들은 그런 구애 행동을 레킹 lekking이라고 부르며, 그런 행동이 벌어지는 장소를 렉 lek이라 부른다. 임관이 듬성듬성하고, 그 위에서 수컷이 앞뒤로 왔다 갔다 하며 춤을 출 수 있도록 나뭇가지들이 수평 방향으로 뻗어 있는 나무는 많은 세대의 큰극락조에게 렉을 제공할 수 있다. 아루 제도 주민은 이 새들을 수백 년 동안 사냥해왔으므로 그런 나무가 근처 마을에 잘 알려져 있는 것은 놀라운 일이 아니다. 사무엘은 내가 첸드라와시를 보길 원한다면 와쿠아 마을까지 데려다주겠다고 했다. 그러면 마을 주민 중에 나를 그곳까지 데려다줄 사람이 있을 거라고 한다.

"야, 지금은 짝짓기철이라 새들이 매일 모일 거예요. 새들은 아침 일찍 춤을 추고, 또 대개 오후 늦은 시간에도 춤을 추지요. 야, 그곳 숲은 좋아요. 벌목도 일어나지 않았고, 불에 타지도 않았어요. 아직은요."

식사와 커피는 사무엘이 제공하고, 잠은 배에서 자면 된다고 한다. 두 아들도 승무원으로 동행할 거라고 한다. 가격도 저렴했다. 나는 앞으로 경험할 여행을 생각하며 짜릿한 전율을 느꼈다. 마눔바이 해협은 월리스가 그 당시에 와눔바이라고 불렀던 마을로 가기 위해 지나간 바로 그 해협이기 때문이다. 사무엘이 내 지도에서 위치를 짚어준 와쿠아 마을은 월리스가 머물렀던 마을에서 아주 가까울 것이다. 가이트의 통역을 통해 나는 딱 한 가지 질문만 더 던졌다.

"언제 출발할 수 있나요?"

우리는 그날 오후 늦은 시간에 출발했다. 우리는 파도가 일렁이는 바다를 헤치며 남동쪽으로 나아갔다. 가끔 내리는 스콜에 흠뻑 젖기도 했다. 지는 해가 층적운 사이로 떨어지고, 외로운 새우잡이배 한 척이 서쪽 수평선에 실루엣으로 비친다. 새우잡이배는 그물을 끌어올리고 있다. 그 배와 우리 사이에 다른 배들의 왕래는 거의 없다. 저녁 햇빛이 바다를 회갈색과 은빛의 패턴으로 물들인다. 사무엘은 앞쪽 갑판에 앉아 팔을 흔들며 항로를 지시하고, 큰아들 조니가 키를 잡았다. 조니는 20대 초반의 잘생긴 젊은이이다. 여드름 흉터가 덕지덕지 나 있고 소매 없는 티셔츠와 'COOL AS ICE'라는 글자가 박힌 검은색 야구 모자를 착용해 거칠어 보이는 외모와 달리 소심하고 공손하다. 내 이름을 말해주었지만, 그는 계속 나를 '미스터'라고 불렀다. 동생은 형보다 더 호리호리한 체격이며, 형보다 위트가 있고 말도 많다. 나는 그의 이름을 물었으나 대답을 듣지 못했다. 우리는 함께 지내는 며칠 동안 이 형제가 서툴게 구사하는 짧은 영어와 내가 아는 몇 마디 인도네시아 어만으로 대화를 나누었다. 만족스러운 대화를 나눌 순 없었지만, 그것만으로도 충분했다. 대체로 나는 손짓과 묻는 어투로 단어 한두 개만 발음하고, 대답을 이해했다는 듯이 고개를 끄덕이는 것이 다였다.

바다에 나선 지 두 시간 만에 우리는 아루 제도의 주요 섬들에 접근했다. 그 각도에서는 아루 제도가 하나의 큰 섬처럼 보였다. 조니는 아버지의 팔 신호를 보고 해안의 어느 지점을 향해 배를 몰았다. 일몰 직전에 마눔바이 해협의 서쪽 끝이 마치 강어귀처럼 다가왔다. 배는 한 바퀴 빙 돌면서 부드러운 조수를 타고 해안에 접근했다.

해협 양쪽 기슭에는 식물이 무성하게 자라 있다. 어떤 곳에는 옅은 회색을 띤 석회암 절벽이 솟아 있고, 양치류와 그 밖의 덤불이 치렁치렁 매달려 있다. 나머지 기슭은 높이가 낮고, 맹그로브 숲이 벽처럼 해안선과 나란히 늘어서 있다. 해협의 폭은 200m 정도밖에 안 되고 폭이 거의 일정해 구불구불한 해협을 따라 배를 타고 가다 보면 여기가 강이 아닌가 하는 착각마저 든다.

우리는 잠베지 강의 지류를 올라가고 있는지도 모른다. 아니면 오리노코 강이나 메콩 강을 달리고 있는지도 모른다. 어떤 강이라도 좋지만, 어쨌든 우리는 정글 사이로 흐르는 작은 강 위에 있을 가능성이 높다는 생각이 든다. 아라푸라 해의 작은 제도 사이로 난 해협을 지난다는 생각은 결코 들지 않는다. 바다와 강 사이의 구분, 짠물과 민물 사이의 구분, 섬과 본토 사이의 구분은 모두 흐릿해지고 만다.

첸드라와시의 노래

해협에 들어오고 나서 한참 지났지만, 사람이 사는 흔적은 전혀 보이지 않았다. 그러다가 얕은 물에 쳐놓은 어망이 보였다. 그것을 지나자 곧바로 마을이 나타났다. 이곳은 와쿠아가 아닌 다른 마을이다. 이 마을 이름은 내 지도에도 월리스의 지도에도 없다. 서른 채 남짓한 초가집이 옹기종기 모여 있는 이 마을은 목제 부두가 하나 있고, 개활지에 코코넛나무와 바나나나무가 약간 자라며, 양철 지붕의 프로테스탄트 교회가 하나 있다. 교회 뾰족탑 위에는 수탉 모양의 풍향계가 있다. 네덜란드 인 선교사들은 십자가보다 수탉 상징물을 더 좋아한다고 들은 기억이 났다. 십자가보다 덜 직접적이고 덜 무시무시한 수탉은 하느님이 부르는 나팔 소리를 상징한다. 하지만 내게는 큰극락조가 음탕한 과시 행동으로 깃털을 세우고 있는 것처럼 보였다.

일몰은 금방 찾아왔다가 금방 사라졌다. 나는 해협 동쪽을 응시하느라 정신이 팔려 서쪽 하늘 높이 솟은 구름을 화려한 분홍빛 광채와 살구빛 색조로 물들이는 석양 장면을 거의 보지 못했다. 밤은 칠흑같이 어둡지는 않지만 그래도 상당히 어둡다. 물은 희미한 금속 빛을 발한다. 양쪽 기슭에 늘어선 나무들의 윤곽은 별이 초롱초롱한 밤 하늘보다 더 어두운 지평선을 이루고 있다. 앞에 어망이나 부두가 있다 하더라도 내 눈에는 전혀 보이지 않는다. 앞에 마을이 있다 하더라도, 등불을 켠 집이 한 곳도 없는 것 같다. 항해를 하는 데 위험이 있다 하더라도, 나로서는 어떤 종류의 위험이 어디 있는지 알 수 없다.

"마우 마칸, 미스터?" 식사하겠느냐는 뜻이다. 야, 좋지요. 나는 대답했다. 동생이 쌀밥과 젓어리를 갑판에 내려놓았다. 나는 그와 함께 식사를 했다. 사무엘과 조니는 밥을 씹으면서도 배를 몰고 해협을 나아가느라 신경을 곤두세우고 있다. 밤중에는 항해를 멈출 것이라는 내 예상을 깨고 배는 계속 나아갔고, 속도도 늦추지 않았다. 지금까지 겪은 나의 얕은 경험으로는 작은 배를 모는 다른 인도네시아 사람들, 예컨대 코모도랜드의 술탄 선장은 밤중에 얕은 물에서 항해하는 것을 금기로 여겼기 때문에 이러한 행동은 내게 놀랍게 비쳤다. 사무엘에게서는 그런 신중함을 전혀 찾아볼 수 없다. 우리는 오직 별빛과 사무엘의 기억에만 의존해 어둠 속에서 해협을 따라 세 시간을 더 올라갔다. 밤 공기가 서늘했다.

밤 늦은 시각에 와쿠아 마을 부두에 배를 대자, 온 마을 사람들이 깨어났다. 곱슬머리에 코가 펑퍼짐해 몰루카 인보다는 파푸아 인으로 보이는 남자 20여 명이 따뜻한 미소를 지으며 배 쪽으로 몰려왔다. 사무엘은 나를 피터라는 친구에게 소개했다. 그는 유명한 사냥꾼이라고 한다. 피터는 첸드라와시 나무가 어디 있는지 안다고 한다. 사무엘과 피터는 오랫동안 긴 이야기를 나누었는데, 나는 새 이름 말고는 한 마디도 알아듣지 못했다. 피터는 내가 방문한 목적에는 원칙적으로 동의하는 것처럼 보인다. 그러더니 사무엘은 내게 등을 돌리고는 그와 조니, 그리고 그와 조니와 동생 사이에 분명한 인도네시아 어로 한참 동안 시끄러운 말이 오갔다. 그들은 뭔가를 조심조심 그렇지만 애써 설명하려고 노력했는데, 나는 멍청하게 그들이 무슨 이야기를 하나 추측하려고 노력했다. 나의 첫 예상은 빗나갔다. 내일 출발하느냐는 뜻으로 "베속?" 하고 묻자, "야야, 투모르." 하고 대답한다. 하지만 그들이 말하려는 것은 이것이 아니다. 이번에는 "베속 파기?" 하고 묻자, "야야, 투모르 모닝." 이라고 대답한다. 이것 역시 정답이 아니다. "파기파기?" 하고 묻자, "야야야. 얼리 투모르 모닝."이라고 말한다. 이 역시 빗나갔다. 그래서 "티두르 세카랑?"이라고 말해보았다. '이제 잠자리에 가서 쉴까요?'라는 뜻이다. 그러나 이것 역시 아니다. 그들이 당황스레 고개를 가로젓는 것으로 보아 잠자기 전에 이 문제를 해결해야 하는 것처럼 보인다. 사무엘은 연신 헛기침을 하고 에헤 하는 소리를 냈다. 와쿠아 마을 사람들은 내가 눈치가 없어 당황한 것 같다. 마침내 나는 그들의 뜻을 알아차렸다. 나는 사전을 뒤적여 그 단어를 찾아냈다.

"바야르 피터?"

피터에게 돈을 지불하라고요? 너무 거친 표현이긴 하지만, 그들은 나의 무례함을 용서해주었다.

"야야야."

모두가 즐거운 목소리로 대답했다. 조니의 찌푸린 얼굴도 마침내 환하게 펴졌다. 그는 나 때문에 창피를 당하지 않게 되어 기뻐하는 것 같았다. 나는 피터가 훌륭한 안내를 하는 것에 대해서뿐만 아니라, 온 마을 사람들이 나를 환대한 것에도 기꺼이 대가를 지불하겠다고 말했다. 그들이 요구하는 가격도 적당했다. 그렇게 거래 조건이 타결되었다. 이제 우리 모두 잠을 자러 가도 되겠지?

그렇지만, 확실히 해야 할 게 한 가지 남아 있다는 생각이 들었다. 나는 서투른 발음으로 물었다.

"피터, 멩게르티 사야 마우 리핫 첸드라와시, 티닥 멤부루 첸드라와시, 야?"

나는 첸드라와시를 보기만 바랄 뿐, 사냥하길 원치 않는다는 사실을

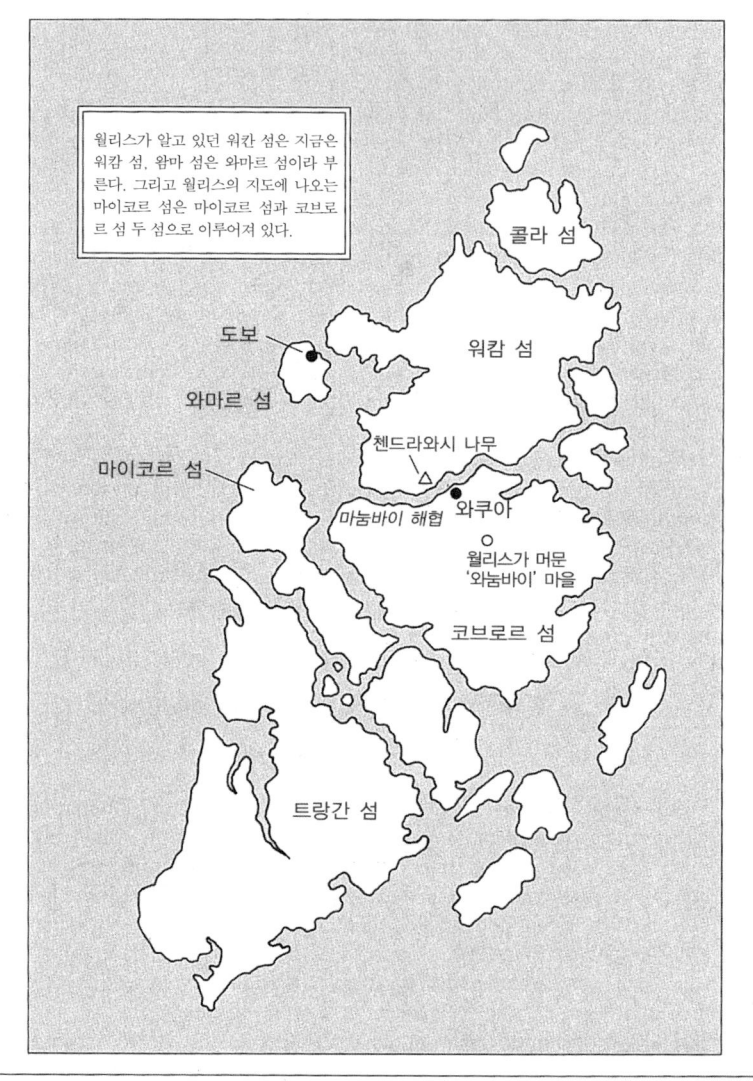

아느냐고 물은 것이다. 그러자 피터가 대답했다. "야야야, 티닥 멤부루." 사냥은 하지 않는다는 뜻이다.

조니는 새벽 3시에 일어나 아침에 먹을 얌을 삶기 시작했다. 4시에 사무엘이 엔진에 시동을 걸었다. 우리는 와쿠아 마을 부두를 빠져나와 크게 한 바퀴 돈 다음, 해협을 따라 3km쯤 내려갔다. 피터는 우리 배 뒤에 밧줄로 묶인 통나무 카누를 타고 왔다. 북쪽 기슭의 어느 지점, 아무 표시도 없어서 어디가 어딘지 알 수 없지만, 하기야 표시가 있다 하더라도 어둠 속에서 내 눈에는 보이지 않을 지점에서 우리는 배를 맹그로브나무에 묶었다. 이제 하늘은 아주 맑아져 은하수가 또렷하게 나타났다. 나는 사롱을 감고 갑판에 앉아 향긋한 커피를 마시며 기다렸다. 아침 햇살이 비치기 시작할 때, 작은 박쥐 한 마리가 물 위로 낮게 날아갔다. 아침 식사로는 질기긴 하지만 맛있는 훈제 멧돼지 고기와 조니가 준비한 얌을 먹었다. 이제 마침내 시간이 되었다. 피터는 활과 화살 몇 개를 준비했지만, 이것은 멧돼지를 만날 경우에 대비해 숲에 갈 때마다 가져가는 것이리라. 피터와 조니, 그리고 조니의 동생과 나는 피터의 통나무 카누로 옮겨탔다.

대부분의 통나무 카누처럼 이 카누 역시 높이가 낮고 가벼워 뱃전과 수면 사이의 간격이 거의 없다. 따라서 관절이 뻣뻣하고 피부가 흰 사람들은 이 배를 타면 굉장한 불안을 느낀다. 나는 만약에 대비해 쌍안경을 비닐 봉지로 두 겹 쌌다. 만약 물속에 빠지기라도 한다면, 미친 사람처럼 공책과 쌍안경이 든 봉지를 머리 위에 이고 물속을 걸어서 나가려고 시도할 것이다. 다행히도 아루 제도에는 피라냐가 없다. 피터는 노를 저어 맹그로브가 우거진 지류로 접어들었는데, 이것은 시내보다 별로 크지 않은 두 번째 해협이다. 앞에 앉은 동생은 칼로 거치적거리는 나뭇가지들을 베어낸다. 조니는 바로 내 뒤에 앉아 배의 균형을 잡으려고 애를 쓴다. 800m쯤 가자 맹그로브가 너무 무성해 더 이상 배로 갈 수가 없었다. 우리는 해변에 카누를 정박시키고, 걷기 시작했다.

처음엔 오솔길조차 없었다. 우리는 덤불을 베어내면서 언덕을 올라 산등성이 쪽으로 걸어갔다. 석회암 위에 낙엽과 부엽토가 얇게 덮여 있고 흙은 거의 없는 지형이라, 가파른 비탈에서도 충분한 접지력을 얻어 어렵지 않게 올라갈 수 있었다. 피터는 맨발로 걷고 있다. 나는 언덕을 올라갈 때에는 땀을 뻘뻘 흘리면서도 자연 경관을 음미했다. 가이테와 사무엘이 말한 것처럼 이곳에는 정말로 훌륭한 열대우림이 보존돼 있다. 이곳의 숲은 나뭇가지를 베어내는 칼과 도끼를 일시적으로 경험했을지 모르지만, 동력톱은 아직까지 경험하지 못한 것처럼 보인다.

두 번째 산등성이에 있는 레킹 나무에 도착하기 전에 내가 아루 제도에 대해 품었던 의문은 이미 풀렸다. 전 세계의 수많은 곳에서 일어난 슬프고도 처참한 일들, 즉 생물학적 제국주의, 서식지 대량 파괴, 서식지 분열, 근교 약세, 적응 능력 상실, 생존 능력을 잃을 지경에 이른 야생 개체군 감소, 생태계 붕괴, 영양 단계 연쇄 반응, 그리고 멸종은 아직 이곳에서는 일어나지 않았다. 그런 일들이 이곳에도 곧 닥칠지 모른다. 하지만 아직은 시간이 있다. 시간이 희망이라면, 아직 희망은 있다.

우리 머리 위 어딘가에서 새들이 지저귀는 합창 소리가 들려온다. 그것은 한 떼의 거위들이 발악하며 우는 소리 같다.

"미스터."

조니가 나를 불렀다. 이곳 깊은 숲 속에서도 그는 여전히 'COOL AS ICE' 모자를 쓰고 있다. 그렇지만 조니도 지금은 잔뜩 흥분한 것 같다.

"수다, 수아라 첸드라와시!"

벌써, 첸드라와시의 노래예요!

에필로그

 이 책은 처방이 아니라 진단을 위한 책이다. 물론 일부 독자는 더 많은 것을 원할 것이다. 그들의 마음속에 잇따라 어떤 질문이 떠오를지 충분히 예상할 수 있다. "이런 사태 앞에서 우리는 무엇을 해야 하는가?"

 질문은 아주 간단하지만, 안타깝게도 답은 간단하지가 않다. 이 복잡한 문제들(야생 자연 분열, 종들의 격리, 작은 개체군이 직면한 위험, 멸종, 생태계 붕괴)에 해결책이 있다고 하더라도, 그것은 결코 간단한 것이 아니다. 피해 완화에 중점을 둔 일부 대책은 우리가 현재 향하는 생물학적 고립이라는 미래를 피하는 데 도움이 될 것이라는 희망을 준다. 하지만 그런 대책들을 그 과학적·정치적 복잡성 속에서 제대로 평가하려면 또 다른 책을 한 권 써야 할 것이다. 여기서 내가 할 수 있는 것은 "이런 사태를 맞아 우리는 무엇을 해야 하는가?"라는 질문의 다양한 측면을 다양한 각도에서 다룬 여러 가지 유익한 연구 결과를 소개하는 것뿐이다.

 얼마 전에 마이클 술레는 데이브 포먼Dave Foreman('Earth First!'의 창설자 중 한 명으로, 싹싹하고 사고가 명쾌한 사람)과 함께 야생 자연 계획Wildlands Projects을 시작하는 데 관여했다. 이 대담한 계획은 북아메리카의 자연과 종의 보전에 대해 전통적인 각개 격파식 접근 방법을 재고하고, 연결성을 강조하는 접근 방법으로 대체하려는 시도이다. 야생 자연 계획은 각각 격리된 국립공원, 보호 구역, 사설 보호 구역, 원시 야생 지역 대신, 핵심 지역들이 다용도 완충 지대와 생태 통로를 통해 서로 연결된 지역적 네트워크를 추구한다. 그레이터옐로스톤 생태계(와이오밍 주 북서부 구석을 중심으로 몬태나 주와 아이다호 주까지 뻗어 있다)와 대륙 분수령 생태계 북부(옐로스톤에서 약 300km 떨어진 몬태나 주의 북서부 구석에 위치한 글레이셔 국립공원과 밥마셜 야생지를 포함한다) 같은 주요 야생 자연 조각들이 서로 연결될 것이고, 또 아이다호 주에 있는 비슷한 야생 자연 조각들과도 연결되어 그물 모양의 전체를 이룰 것이다. 또 다른 네트워크는 애팔래치아 산맥 남부 지역에 남아 있는 야생 자연 조각들을 연결할 것이다. 또 하나의 네트워크는 애디론댁 산맥 지역을 아우를 것이다. 만약 의도한 것처럼 생태 통로가 확산하는 동물에게 한 핵심 지역에서 다른 핵심 지역으로 건너갈 수 있게 해준다면, 이러한 네트워크는 개체군 생존 능력을 높이는 데 도움이 될 것이다. 과학적으로 이 구상은 맥아서와 윌슨, 제러드 다이아몬드, 마이클 길핀, 윌리엄 뉴마크, 마크 섀퍼, 그리고 술레 자신과 그 밖의 사람들이 한 연구에 기반을 두고 있다. 이것의 실현을 가로막는 정치적 장애물은 아주 크지만, 넘지 못할 벽은 아니다. 예비 단계의 자세한 내용은 《와일드 어스Wild Earth》 특별호로 출간된 두꺼운 팸플릿에 술레와 포먼이 쓴 글로 제시되었다. 그 팸플릿과 그 밖의 정보는 Wildlands Projects, P. O. Box 13768, Albuquerque, NM 87192를 통해 얻을 수 있다.

이것과는 아주 다르지만 상충되지 않는 또 하나의 접근 방법은 최근에 '공동체 기반 보전 운동community-based conservation'이라는 이름으로 시작되었다. 이 접근 방법의 첫 번째 전제는 종과 생태계의 보전이 국립공원과 보호 구역을 비롯해 그 밖에 법으로 규정된 보호 지역에서만 이루어져서는 안 되며, 사람들이 살아가는 시골 지역에서도 이루어져야 한다는 것이다. 한 조사 결과에 따르면, 현재 전 세계에는 보호 구역이 약 8,000곳 지정돼 있으며, 그 면적은 전체 육지 면적의 약 4%에 이른다고 한다. 그 4%에만 관심을 기울이는 것은 아직도 상당한 생물 다양성을 부양하고 있는 나머지 96%를 포기하는 것과 같다. 이 접근 방법의 두 번째 전제는 사람들의 필요를 무시해서는 안 된다는 것이다. 굶주림, 나쁜 건강, 문화 유산, 출생률, 부모의 헌신, 두려움, 조금 더 높은 수준의 안전이나 안락에 대한 갈망, 그리고 사람들에게 주변의 자연에 심각한 영향을 미치게 하는 그 밖의 요인들은 개발 정책 실행자뿐만 아니라 자연 보호주의자들도 반드시 고려해야 하는 현실이다. 사람들이 차지하고 사는 장소에서 자연 보전 노력이 성공을 거두려면, 현지 주민이 그런 노력에 주도적으로 동참해 가시적인 혜택을 직접 누릴 수 있어야 한다. 이 접근 방법을 주장하는 사람들 중 가장 두드러지고 경험이 많은 사람은 암보셀리 국립공원 근처에서 마사이족 주민과 함께 수십 년 동안 긴밀하게 협력해온 케냐의 생태학자 데이비드 웨스턴David Western이다. 이 주제를 완전하게 다룬 입문서로는 《자연 연결: 공동체 기반 보전 운동의 전망 Natural Connections: Perspectives in Community-Based Conservation》이 있는데, 이 책에는 1993년 10월 18일 주간에 버지니아 주 시골에 위치한 에얼리 하우스에서 '공동체 기반 보전 운동'을 주제로 열린 소규모 국제 워크숍을 위해 준비한 논문들이 실려 있다. 데이비드 웨스턴과 마이클 라이트 R. Michael Wright가 셜리 스트럼 Shirley C. Strum의 도움을 받아 편집한 이 책은 아일랜드 출판사에서 출간했다. 게다가 이 주제를 간략하게 개관한 것은 에얼리 워크숍을 개최하고 후원한 리즈 클레이본 앤드 아트 오텐버그 재단(650 Fifth Avenue, New York, NY 10019)이 간행한 〈에얼리 워크숍에서 나온 견해 The View from Airlie〉라는 팸플릿에서 볼 수 있다.

　이것들은 모두 진단이 아닌 처방에 해당하는 연구들이다. 이것들은 또 여러분에게 다른 연구들도 살펴볼 수 있는 징검돌 역할을 할 것이다. 역시 데이비드 웨스턴이 메리 펄Mary Pearl과 편집한 《21세기를 위한 보전Conservation for the Twenty-first Century》과 리처드 프리맥Richard B. Primack이 쓴 《보전생물학의 요점Essentials of Conservation Biology》은 우리가 취해야 할 적극적인 대책을 기술한 권위 있는 책이다. 마이클 술레가 쓴 옐로 북, 《보전생물학: 결핍과 다양성의 과학Conservation Biology: The Science of Scarcity and Diversity》에는 복원생태학과 자연 보호 구역 설계를 다룬 장들이 포함돼 있다. 그리고 《보전생물학Conservation Biology》 학술지는 이러한 주제들을 계속해서 다룬다. 정보에 밝은 사람은 건설적 행동을 위한 길을 발견하는 데 별 어려움이 없을 것이다.

만약 여러분이 정말로 뭔가 하고자 한다면, 건전한 첫걸음은 희생을 감수할 마음의 준비를 하는 것이다. 낳고 싶은 자녀의 수, 자동차를 모는 주행 거리, 전원 주택을 갖고 싶은 욕구(온대 지역에 위치한 부유한 나라들에서는 소로처럼 야생 자연으로 탈출하고 싶은 욕구가 서식지 상실과 분열의 심각한 원인이 된다)는 모두 위험에 처한 다른 종들의 개체군과 생태계의 응집력에 큰 영향을 미친다.

이러한 전체 상황에 절망을 느끼는 것 역시 합리적인 대안이다. 그러나 나는 절망은 무익할뿐더러, 아무리 실낱같다 하더라도 희망을 가지는 편이 훨씬 더 좋다고 생각한다.

옮긴이의 말

　지금 우리는 역사상 최대의 멸종을 목격하고 있다. 자연적으로 일어나는 멸종은 포유류, 어류, 조류, 파충류의 경우 100만 년에 각각 몇 종에 불과한 것으로 추정된다. 이런 비율이라면 멸종하는 종수는 종 분화를 통해 새로 진화하는 종수와 거의 비슷하다. 지구 역사를 통해 짧은 시간에 수많은 생물이 사라져간 대멸종 사건은 모두 다섯 차례 일어났다. 공룡 전체의 멸종을 가져온 백악기 대멸종이나 해양 무척추동물 중 절반 이상의 과科가 사라져간 페름기 대멸종 같은 것이 그러한 예이다. 대멸종 뒤에는 생물 다양성이 바닥으로 곤두박질쳐 진화를 통해 이전의 수준을 회복하는 데에는 수백만 년 이상의 시간이 걸렸다.

　그런데 다섯 차례의 대멸종은 비교적 긴 시간에 걸쳐 서서히 일어났다. 그렇다면 우리는 지금 역사상 최악의 대멸종을 맞이하고 있는지도 모른다. 이것은 신석기 시대 사람들이 배를 타고 대양 항해에 나서기 시작한 수천 년 전부터 시작되었다. 인간 정복자들은 먼 곳에 있던 섬들을 정복하면서 그 섬의 고유종 새들을 죽여없앴다. 신석기 시대의 항해가 시작된 이래 오늘까지 전 세계의 조류 종 중 약 20%가 멸종했다. 근세에 들어 멸종 비율은 점점 더 증가하고 있다. 현재의 추세가 계속된다면 우리는 몇십 년 안에 모든 것을 다 잃어버릴지도 모른다.

도도는 인간 정복자 때문에 지구에서 멸종한 상징적인 종이다. 날지 못하는 새인 도도는 모리셔스 섬에 살고 있었으나, 16세기에 유럽 인이 상륙한 후 멸종의 길로 내몰려 마침내 17세기에 이 세상에서 자취를 감추고 말았다. 그 후, 도도는 전설적인 새로서 멸종 동물의 상징이 되었다. 멸종 사례는 그 이전에도 있었고 그 이후에도 있었지만, 도도의 멸종은 호모 사피엔스에게 자신이 직접 다른 종을 멸종시켰다는 사실을 깨닫게 해준 최초의 사례였다.

도도의 노래는 곧 멸종의 노래이다. 그런데 진화와 멸종은 주로 섬에서 일어난다. 왜 그럴까? 다윈이 진화론에 대한 영감을 얻은 곳도 바로 갈라파고스 제도였다. 그리고 이 책의 저자가 다윈을 젖혀두고 진정한 진화생물학자로 꼽는 앨프레드 월리스도 주로 외딴 섬에서 현장 연구를 했다. 진화와 멸종의 수수께끼는 바로 섬에 감추어져 있기 때문이다. 여기서 섬 생물지리학이 탄생했다.

1960년대에 로버트 맥아서와 에드워드 윌슨이라는 두 젊은이는 섬 생물지리학이라는 생소한 분야에 혁명을 일으켰다. 이들은 섬에서 일어나는 이주와 멸종을 예측할 수 있는 법칙들을 만들어냄으로써 섬 생물지리학을 엄밀한 과학으로 확립시켰다. 사실, 수학을 바탕으로 한 예측을 제시하고, 그것을 검증할 수 있는 방법을 제시하지 못한다면 과학이라고 할 수 없다. 두 젊은이는 섬 생물지리학을 이러한 과학으로 확립시킴으로써 혁명을 일으켰다. 그리고 비단 섬뿐만 아니라 대륙에서도 섬처럼 격리된 장소에 섬 생물지리학 이론을 적용할 수 있음을 보여주었다. 따라서 섬 생물지리학은 단지 섬만이 아니라 전 세계의 모든 대륙에 두루 적용할 수 있는 진화와 멸종 연구이다.

《도도의 노래》는 섬 생물지리학이 태어나서 꽃을 피우기까지 그 모든 역사를 다루며, 말레이 제도에서 아마존, 마스카렌 제도, 마다가스카르 섬에 이르기까지 세계 각지의 섬들에서 일어난 멸종 사례들을 분석하면서 우리 때문에 생태계가 산산조각나고 있는 심각한 상황에 경종을 울린다. 멸종은 다른 동물과 식물에 국한된 이야기가 아니다. 1만 2000년 동안 태즈메이니아 섬에서 살아온 원주민도 유럽 인의 억압과 학대를 견뎌내지 못하고 결국 멸종하고 말았다. 다른 동물들의 멸종 사례와 함께 태즈메이니아 원주민이 멸종해간 비극적인 이야기도 이 책에 자세하게 나온다.

멸종의 시대에 우리는 어떻게 해야 하는가? 위기에 처한 동물들을 구하려고 노력하는 자연 보호주의자들의 활동도 이 책에서 소상하게 소개한다. 토머스 러브조이는 남아메리카의 열대우림에서 거대한 생태학 실험을 수행했다. 칼 존스라는 웨일스 젊은이는 모리셔스 섬에서 위기에 처한 황조롱이를 구하는 기적을 이루었다. 모리셔스황조롱이는 살아남은 개체가 채 열 마리도 되지 않아 모든 사람이 포기했으나, 존스는 황조롱이 보호 활동에 나서 몇 년 만에 수백 마리로 불려놓았다. 모리셔스황조롱이는 멸종의 시대에 먹구름 사이로 비치는 한 줄기 햇살처럼 희망을 보여준 사례이다. 시간이 희망이라면, 시간이 있는 한 희망도 있다고 저자는 주장한다.

1997년에 인도네시아에서 대규모 산불이 나 동남아시아 전체가 큰 피해를 입은 적이 있었다. 매스컴에서는 사람들이 겪는 작은 고통 때문에 난리법석을 떨었지만, 그 이면에서는 막대한 서식지가 파괴되고 수많은 생물이 사라져갔다. 인도네시아의 섬들은 생물 다양성이 아주 풍부한 곳으로, 월리스가 젊음을 바쳐 연구를 한 곳이기도 하다. 한번 사라진 종은 다시 나타나지 않는다. 호모 사피엔스도 예외는 아니다. 서식지가 파괴되면 거기에 사는 동물들이 죽듯이, 생태계가 파괴되면 우리도 결국 멸종의 길로 치달을 수밖에 없다. 지구 역사상 최대의 대멸종 사태를 가져오고 있는 호모 사피엔스가 사라진다면, 생태계의 다른 생물들은 기뻐할지도 모른다. 그러나 분별력이 있고 지각이 있는 사람이라면, 아직 시간이 남아 있을 때 뭔가 조처를 취해야 할 것이다.

  이 책은 다윈과 월리스를 중심으로 진화생물학을 소개하고, 섬 생물지리학과 생태학에 일어난 혁명을 수많은 주인공들의 이야기와 함께 흥미진진하게 들려준다. 그리고 멸종의 시대를 맞이한 우리에게 진화와 멸종, 환경을 다시 한 번 생각하게 만든다.

후주

Chapter 1

1. Wallace, Alfred Russel. 1869. *The Malay Archipelago, the Land of the Orang-Utan and the Bird of Paradise: A Narrative of Travel with Studies of Man and Nature.* London: Macmillan. (Reprint edition: Dover, New York, 1962. The Dover edition is a reprint of the last edition revised by Wallace, 1891), p. 155 in the 1962 edition.
2. Ibid.
3. Wallace, Alfred Russel. 1880. *Island Life, or the Phenomena and Causes of Insular Faunas and Floras, Including a Revision and Attempted Solution of the Problem of Geological Climates.* London: Macmillan. (Reprint edition: AMS Press, New York, 1975. The AMS reprint if a facsimile of the revised third edition of 1911), p. 4 in the 1975 edition.
4. Wallace, Alfred Russel. 1905. *My Life: A Record of Events and Opinions.* Vols I and II. London: Chapman and Hall. (Reprint edition: Gregg International Publishers, Westmead, Eng., 1969). Vol I, p. 354.
5. Ibid., pp. 354-355.
6. Ibid.
7. Georg, Wilma. 1980. "Sources and Background to Discoveries of New Animals in the Sixteenth and Seventeenth Centuries." *History of Science*, Vol. 18, Part 2, No. 40, p. 82
8. Ibid., p. 85.
9. Ibid., p. 84.
10. Ibid., p. 95.
11. Ibid., p. 98.
12. Ibid., p. 92.
13. Younger, R. M. 1988. *Kangaroo: Images Through the Ages.* Hawthorn, Victoria: Century Hutchinson Australia. p. 48.
14. Fuller, Errol. 1988. *Extinct Birds.* New York: Facts on File. p. 117.
15. Brown, James H., and Arthur C. Gibson. 1983. *Biogeography.* St. Louis: C. V. Mosby. p. 18.
16. Ibid.
17. Ibid., p. 19.
18. Moorehead, Alan. 1987. *The Fatal Impact: The Invasion of the South Pacific 1767-1840.* Sydney: Mead & Beckett. p. 67.
19. Ibid.
20. Forster, John Reinold[Johann Reinhold]. 1778. *Observations Made During a Voyage Round the World, on Physical Geography, Natural History, and Ethic Philosophy.* London: G. Robinson. p. 35.
21. Marchant, James. 1916. *Alfred Russel Wallace: Letters and Reminiscences.* New York: Harper & Brothers. (Facsimile edition: Arno Press, New York, 1975). p. 52 in the 1975 edition.
22. Wallace, Alfred Russel. 1855. "On the Law Which Has Regulated the Introduction of New Spices." *Annals and Magazine of Natural History*, Vol. 16, September 1855. Reprinted in Wallace(1891). p. 6 in the 1891 edition.
23. Eisenberg, John F., and Edwin Gould. 1970. *The Tenrecs: A Study in Mammalian Behaviour and Evolution.* Smithsonian Contributions to Zoology, No. 27. Washington, D. C.: Smithsonian Institution

Press. pp. 28-30.
24. Ibid., p. 28.
25. Mckinney, H. Lewis. 1972. *Wallace and Natural Selection*. New Haven, Conn.: Yale University Press. p. 118.
26. Wilson, Leonard G., ed. 1970. *Sir Charles Lyell's Scientific Journals on the Species Question*. New Haven, Conn.: Bobek, Yuiti Ono, Wayne Regelin, Ludek Bartos, and Philip R. Ratcliff. Tokyo: Japan Wildlife Research Center. p. 3.
27. Wallace, Alfred Russel. 1855. "On the Law Which Has Regulated the Introduction of New Spices." *Annals and Magazine of Natural History*, Vol. 16, September 1855. Reprinted in Wallace(1891). p. 9.
28. Ibid.
29. Wilson, Leonard G., ed. 1970. *Sir Charles Lyell's Scientific Journals on the Species Question*. New Haven, Conn.: Bobek, Yuiti Ono, Wayne Regelin, Ludek Bartos, and Philip R. Ratcliff. Tokyo: Japan Wildlife Research Center. p. 60.
30. Ibid., p. 53.
31. Ibid.
32. Ibid., p. xxxix.
33. Ibid., p. xli.
34. Ibid.
35. Wallace, Alfred Russel. 1855. "On the Law Which Has Regulated the Introduction of New Spices." *Annals and Magazine of Natural History*, Vol. 16, September 1855. Reprinted in Wallace(1891). p. 8-9.
36. Darwin, Charles. 1839. *Journal of Researches in to the Geology and Natural History of the Various Countries Visited by H.M.S. Beagle, Under the command of Captain Fitzroy, R.N. from 1832 to 1836*. London: Henry Colburn. (Facsimile edition: Hafner, New York, 1952. The revised edition of 1845, further revisied for an 1860 edition, has also been reprinted as *The Voyage of the "Beagle."* London: J. M. Dent and Sons, 1980). p. 363 in the 1980 edition.
37. Ibid.
38. Ibid.
39. Wallace, Alfred Russel. 1855. "On the Law Which Has Regulated the Introduction of New Spices." *Annals and Magazine of Natural History*, Vol. 16, September 1855. Reprinted in Wallace(1891). p. 9.
40. Ibid.
41. The Correspondence of Charles Darwin, Vol. 6, p. 387.
42. Ibid.
43. Ibid.
44. Wallace, Alfred Russel. 1905. *My Life: A Record of Events and Opinions*. Vols I and II. London: Chapman and Hall. (Reprint edition: Gregg International Publishers, Westmead, Eng., 1969). Vol I, p. 237.
45. Ibid.
46. Brown, James H., and Arthur C. Gibson. 1983. *Biogeography*. St. Louis: C. V. Mosby. p. 167.
47. Wallace, Alfred Russel. 1905. *My Life: A Record of Events and Opinions*. Vols I and II. London: Chapman and Hall. (Reprint edition: Gregg International Publishers, Westmead, Eng., 1969). Vol I, p. 254.
48. Wallace, Alfred Russel. 1905. *My Life: A Record of Events and Opinions*. Vols I and II. London: Chapman and Hall. (Reprint edition: Gregg International Publishers, Westmead, Eng., 1969). Vol I, p.

270.
49. Ibid.
50. Brooks, John Langdon. 1984. *Just Before the Origin: Alfred Russel Wallace's Theory of Evolution.* New York: Columbia University Press. p. 21-22.
51. Ibid., p. 22.
52. Ibid., p. 20.
53. Ibid., p. 22.
54. Ibid., p. 22-23.
55. Ibid., p. 23.
56. Ibid.
57. Ibid.
58. Wallace, Alfred Russel. 1853. *A Narrative or Travels on the Amazon and Rio Negro, with an Account of the Native Tribes, and Observations on the Climate, Geology, and Natural History of the Amazon Valley.* London: Reeve. (Revised edition: Ward, Lock and Co., London, 1889.). p. 166 in the 1889 edition.
59. Ibid., p. 249.
60. Ibid., p. 251.
61. Ibid., p. 218.
62. Ibid., p. 256.
63. Ibid.
64. Ibid., p. 271.
65. Ibid., p. 273-274.
66. Ibid., p. 275.
67. Ibid.
68. Ibid., p. 277.
69. Ibid., p. 278.
70. Wallace, Alfred Russel. 1905. *My Life: A Record of Events and Opinions.* Vols I and II. London: Chapman and Hall. (Reprint edition: Gregg International Publishers, Westmead, Eng., 1969). Vol I, p. 309.
71. Wallace, Alfred Russel. 1853. *A Narrative or Travels on the Amazon and Rio Negro, with an Account of the Native Tribes, and Observations on the Climate, Geology, and Natural History of the Amazon Valley.* London: Reeve. (Revised edition: Ward, Lock and Co., London, 1889.). p. 328 in the 1889 edition.
72. Wallace, Alfred Russel. 1854. "On the Monkeys of the Amazon." (A paper read at a meeting of Zoological Society of London on December 14, 1852) *Annals and Magazine of Natural History*, Vol. 14, December 1854. p. 451.
73. Ibid., p. 454.
74. Wallace, Alfred Russel. 1905. *My Life: A Record of Events and Opinions.* Vols I and II. London: Chapman and Hall. (Reprint edition: Gregg International Publishers, Westmead, Eng., 1969). Vol I, p. 326.
75. Ibid., p. 385.
76. Wallace, Alfred Russel. 1869. *The Malay Archipelago, the Land of the Orang-Utan and the Bird of Paradise: A Narrative of Travel with Studies of Man and Nature.* London: Macmillan. (Reprint edition:

Dover, New York, 1962. The Dover edition is a reprint of the last edition revised by Wallace, 1891), p. 213 in the 1962 edition.
77. Ibid., p. 167.
78. Brooks, John Langdon. 1984. *Just Before the Origin: Alfred Russel Wallace's Theory of Evolution*. New York: Columbia University Press. p. 140.
79. Ibid.
80. Ibid.
81. Wallace, Alfred Russel. 1869. *The Malay Archipelago, the Land of the Orang-Utan and the Bird of Paradise: A Narrative of Travel with Studies of Man and Nature*. London: Macmillan. (Reprint edition: Dover, New York, 1962. The Dover edition is a reprint of the last edition revised by Wallace, 1891), p. 339 in the 1962 edition.
82. Ibid., p. 309-310.
83. Ibid., p. 327.
84. Ibid., p. 328.
85. Ibid.
86. Ibid., p. 328-329.
87. Wallace, Alfred Russel. 1857. "On the Naturel History of Aru Island." *Annals and Magazine of Natural History*, Supplement to Vol. 20, December 1857. p. 474.
88. Ibid., p. 334.
89. Ibid., p. 337.
90. Ibid., p. 338-339.
91. Ibid., p. 339.
92. Ibid.
93. Ibid., p. 341.
94. Ibid., p. 353.
95. Ibid., p. 347.
96. Ibid., p. 356-357.
97. Ibid., p. 353.
98. Ibid.
99. Ibid.
100. Ibid., p. 360.
101. Ibid., p. 365.
102. Ibid., p. 367.
103. Ibid., p. 369.
104. Wallace, Alfred Russel. 1857. "On the Naturel History of Aru Island." *Annals and Magazine of Natural History*, Supplement to Vol. 20, December 1857. p. 478.
105. Ibid., p. 479.
106. Ibid.
107. Ibid., p. 480.
108. Ibid., p. 481.
109. Ibid.
110. Ibid.
111. Ibid., p. 482.

112. Ibid.
113. Ibid.
114. The Correspondence of Charles Darwin, Vol. 6, p. 514.
115. Ibid.
116. Ibid.
117. Wilson, Leonard G., ed. 1970. *Sir Charles Lyell's Scientific Journals on the Species Question*. New Haven, Conn.: Bobek, Yuiti Ono, Wayne Regelin, Ludek Bartos, and Philip R. Ratcliff. Tokyo: Japan Wildlife Research Center. p. xliv.
118. Ibid., p. xlv.
119. The Correspondence of Charles Darwin, Vol. 6, p. 100.
120. Ibid., p. 106.
121. Ibid., p. 135-136.
122. Wallace, Alfred Russel. 1869. *The Malay Archipelago, the Land of the Orang-Utan and the Bird of Paradise: A Narrative of Travel with Studies of Man and Nature*. London: Macmillan. (Reprint edition: Dover, New York, 1962. The Dover edition is a reprint of the last edition revised by Wallace, 1891), p. 328 in the 1962 edition.
123. Wallace, Alfred Russel. 1858a. "Note on the Theory of Permanent and Geographical Varieities." *Zoologist*, Vol. 16, January, 1858. p. 152.
124. Ibid.
125. Brackman, Arnold C. 1980. *A Delicate Arrangement: The Strange Case of Charles Darwin and Alfred Russel Wallace*. New York: Times Books. p. 348.
126. Eiseley, Loren C. 1961. *Darwin's Century: Evolution and the Men Who Discovered It*. Garden City, N.Y.: Anchor Books. p. 292.
127. Beddall, Barbard G. 1968. "Wallace, Darwin, and the Theory of Natural Selection: A Study in the Development of Ideas and Attitudes." *Journal of the History of Biology*, Vol. I, No. 2. p. 301.
128. Marchant, James. 1916. *Alfred Russel Wallace: Letters and Reminiscences*. New York: Harper & Brothers. (Facsimile edition: Arno Press, New York, 1975). p. 99 in the 1975 edition.
129. Wallace, Alfred Russel. 1891. *Natural Selection and Tropical Nature: Essays on Descriptive and Theoretical Biology*. London: Macmillan. (Facsimile edition: Gregg International Publishers, Westmead Eng., 1969. *Natural Selection* was originally published in 1870. *Tropical Nature* was originally published in 1878.) p. 20 in the 1969 edition.
130. Ibid.
131. Ibid.
132. Ibid.
133. The Correspondence of Charles Darwin, Vol. 7, p. 107.
134. Ibid.
135. Ibid.
136. Darwin, Charles. 1969. *The Autobiography of Charles Darwin*. (Edited, from a posthumous manuscript, by Nora Barlow.) New York: W. W. Norton. p. 124.
137. The Correspondence of Charles Darwin, Vol. 7, p. 240.
138. Ibid.
139. Brackman, Arnold C. 1980. *A Delicate Arrangement: The Strange Case of Charles Darwin and Alfred Russel Wallace*. New York: Times Books. p. 348.

140. Himmelfarb, Gertrude. 1968. *Darwin and the Darwinian Revolution*. New York: W. W. Norton. p. 243.

Chapter 2

1. Moorehead, Alan. 1971. *Darwin and the Beagle*. Harmondsworth, Middlesex, Eng.: Penguin Books. p. 187.
2. Stoddart, D. R., and J. F. Peake. 1970. "Historical Records of Indian Ocean Giant Tortoise Populations." *Philosophical Transactions of the Royal Society of London*, Series B, Vol. 286. p. 148.
3. Ibid.
4. Ibid.
5. Ibid., p. 150.
6. Ibid.
7. Fryer, J. C. F. 1910. "The South-west Indian Ocean." *Geographical Journal*, Vol. 37, No. 3. p. 258.
8. Stoddart, D. R., and J. F. Peake. 1970. "Historical Records of Indian Ocean Giant Tortoise Populations." *Philosophical Transactions of the Royal Society of London*, Series B, Vol. 286. p. 156.
9. Desmond, Adrian, and James Moore. 1991. *Darwin*. New York: Warner Books.
10. Mayr, Ernst. 1982. *The Growth of Biological Thought: Diversity, Evolution, and Inheritance*. Cambridge, Mass.: Belknap Press of Harvard University Press. p. 411.
11. Ibid., p. 563.
12. Ibid.
13. Sulloway, Frank J. 1979. "Geographic Isolation in Darwin's Thinking: The Vicissitudes of a Crucial Idea." *Studies in the History of Biology*, Vol. 3. p. 32.
14. Ibid., p. 31.
15. Ibid., p. 50.
16. Mayr, Ernst. 1942. *Systematics and the Origin of Species*. New York: Columbia University Press. (Reprint edition: Dover Publications, New York, 1964). p. 120 in the 1964 edition.
17. Ibid., p. 226.
18. Mayr, Ernst. 1982. *The Growth of Biological Thought: Diversity, Evolution, and Inheritance*. Cambridge, Mass.: Belknap Press of Harvard University Press. p. 565.
19. Ibid.
20. Darwin, Charles. 1859. *On the Origin of Species by Means of Natural Selection, or the Preservation of Favoured Races in the Struggle for Life*. London: J, Murray.(Reprint edition: Avenel Books, New York, 1979.) p. 354 in the 1979 edition.
21. Carlquist, Sherwin. 1965. *Island Life: A Natural History of the Islands of the World*. City, N.Y.: Natural History Press. p. 17.
22. Ibid.
23. Wallace, Alfred Russel. 1880. *Island Life, or the Phenomena and Causes of Insular Faunas and Floras, Including a Revision and Attempted Solution of the Problem of Geological Climates*. London: Macmillan. (Reprint edition: AMS Press, New York, 1975. The AMS reprint if a facsimile of the revised third edition of 1911), p. 74 in the 1975 edition.
24. Ibid., p. 75.
25. Simkin, Tom, and Richard S, Fiske. 1983. *Krakatan 1883: The Volcanic Eruption and Its Effects*. Washington, D.C.: Smithsonian Institution Press. p. 152.

26. MacArthur, Robert H., and Edward O. Wilson. 1967. *The Theory of Island Biogeography*. Princeton, N.J.: Princeton University Press. p. 45.
27. Thornton, Ian. 1984. "Krakatau: The Development and Repair of a Tropical Ecosystem." *Ambio*, Vol. 13, No 4. p. 223.
28. Johnson, Donald Lee. 1980. "Problems in the Land Vertebrate Zoogeography of Certain Island and the Swimming Powers of Elephants." *Journal of Biogeography*, Vol. 7. p. 396.
29. Johnson, Donald Lee. 1978. "The Origin of Island Mammoths and the Quaternary Land Bridge History of the Northern Channel Islands, California." *Quaternary Research*, Vol. 218.
30. Johnson, Donald Lee. 1980. "Problems in the Land Vertebrate Zoogeography of Certain Island and the Swimming Powers of Elephants." *Journal of Biogeography*, Vol. 7. p. 398.
31. Johnson, Donald Lee. 1978. "The Origin of Island Mammoths and the Quaternary Land Bridge History of the Northern Channel Islands, California." *Quaternary Research*, Vol. 213.
32. Audley-Charles, M. G., and D. A. Hooijer. 1973. "Relation of Pleistocene Migrations of Pygmy Stegodonts to Island Arc Tectonics in Eastern Indonesia." *Nature*, Vol. 241, January 19, 1973. p. 197.
33. Auffenberg, Walter. 1981. *The Behavioral Ecology of the Komodo Monitor*. Gainesville: University Presses of Florida. p. 20.
34. Ibid.
35. Auffenberg, Walter. 1981. *The Behavioral Ecology of the Komodo Monitor*. Gainesville: University Presses of Florida. p. 320.
36. Ibid., p. 288.
37. Ibid.
38. Ibid., p. 289.
39. Diamond, Jared M. 1987. "Did Komodo Dragons Evolve to Eat Pygmy Elephants?" *Nature*, Vol. 326, April 30, 1987. p. 832.
40. Auffenberg, Walter. 1981. *The Behavioral Ecology of the Komodo Monitor*. Gainesville: University Presses of Florida. p. 320.

Chapter 3

1. Foster, J. Bristol. 1964. "Evolution of Mammals on Islands." *Nature*, Vol. 202, April 18, 1964. p. 235.
2. Ibid.
3. MacArthur, Robert. 1972a. *Geographical Ecology: Patterns in the Distribution of Species*. New York: Harper and Row. (Reprint edition: Princeton University Press, Princeton, N.J., 1984.) p. I in the 1984 edition.
4. Foster, J. Bristol. 1964. "Evolution of Mammals on Islands." *Nature*, Vol. 202, April 18, 1964. p. 234.
5. Case, Ted J. 1978. "A General Explanation for Insular Body Size Trends in Terrestrial Vertebrates." *Ecology*, Vol. 59, No. I. p. 6-7.
6. Fuller, Errol. 1988. *Extinct Birds*. New York: Facts on File. p. 15.
7. Wallace, Alfred Russel. 1876. *The Geographical Distribution of Animals*. Vol. II. New York: Harper & Brothers. p. 370-371.
8. Darwin, Charles. 1859. *On the Origin of Species by Means of Natural Selection, or the Preservation of Favoured Races in the Struggle for Life*. London: J, Murray.(Reprint edition: Avenel Books, New York, 1979.) p. 175 in the 1979 edition.
9. Ibid., p. 177.

10. Ibid.
11. Darlington, Philip J., Jr. 1943. "Carabidae of Mountains and Islands: Data on the Evolution of Isolated Faunas, and on Atrophy of Wings." *Ecological Monographs*, Vol. 13, No. 1. p. 39.
12. Ibid., p. 42.
13. Darlington, Philip J., Jr. 1957. *Zoogeography: The Geographical Distribution of Animals*. New York: John Wiley and Sons. (Reprint edition: Robert E. Krieger, Malabar, Fla., 1982.) p. 499.
14. Fryer, J. C. F. 1910. "The South-west Indian Ocean." *Geographical Journal*, Vol. 37, No. 3. p. 260.
15. Darwin, Charles. 1839. *Journal of Researches in to the Geology and Natural History of the Various Countries Visited by H.M.S. Beagle, Under the command of Captain Fitzroy, R.N. from 1832 to 1836*. London: Henry Colburn. (Facsimile edition: Hafner, New York, 1952. The revised edition of 1845, further revisied for an 1860 edition, has also been reprinted as *The Voyage of the "Beagle."* London: J. M. Dent and Sons, 1980). p. 383 in the 1980 edition.
16. Ibid., p. 475.
17. Ibid.
18. Ibid., p. 476.
19. Ibid.
20. Ibid., p. 466.
21. Ibid., p. 467.
22. Ibid., p. 468.
23. Ibid.
24. Ibid.
25. Ibid.
26. Ibid., p. 379.
27. Ibid.
28. Ibid.
29. Ibid.
30. Ibid., p. 380.
31. Ibid., p. 379-380.
32. Brown, James H., and Arthur C. Gibson. 1983. *Biogeography*. St. Louis: C. V. Mosby. p. 177, 179.
33. Hendrickson, John D. 1966. "The Galapagos Thotoises, *Geochelone* Fitzinger 1835(*Testudo* Linnaeus 1758 in Part)." In Bowman(1966).
34. Lack, David. 1947. *Darwin's Finches: An Essay on the General Biological Theory of Evolution*. Cambridge University Press. (Reprint edition: Peter Smith, Gloucester, Mass.,1968.) p. v. in the 1968 edition.
35. Ibid.
36. Sulloway, Frank J. 1982. "Darwin and His Finches: The Evolution of a Legend." *Journal of the History of Biology*, Vol. 15, No. I. p. 23.
37. Darwin, Charles. 1839. *Journal of Researches in to the Geology and Natural History of the Various Countries Visited by H.M.S. Beagle, Under the command of Captain Fitzroy, R.N. from 1832 to 1836*. London: Henry Colburn. (Facsimile edition: Hafner, New York, 1952. The revised edition of 1845, further revisied for an 1860 edition, has also been reprinted as *The Voyage of the "Beagle."* London: J. M. Dent and Sons, 1980). p. 364 in the 1980 edition.
38. Ibid., p. 365.

39. Sulloway, Frank J. 1982. "Darwin and His Finches: The Evolution of a Legend." *Journal of the History of Biology*, Vol. 15, No. 1. p. 38.
40. Ibid.
41. Ibid., p. 22-23.
42. Ibid., p. 39.
43. Pratt, H. Douglas, Phillip L. Bruner, and Delwyn G. Berrett. 1987. *A Field Guide to the Birds of Hawaii and the Tropical Pacific*. Princeton, N. J.: Princeton University Press. p. 295.
44. Williamson, Mark. 1981. *Island Populations*. Oxford: Oxford University Press. p. 168.
45. Wright, Patricia. 1988b. "Lemurs Lost and Found." *Natural History*, Vol. 97, No. 7, July 1988. p. 57-58.
46. Jolly, Alison, Roland Albignac, and Jean-Jacques Petter. 1984. "The Lemurs." In Jolly et al.(1984). p. 184.
47. Martin, R. D. 1972. "Adaptive Radiation and Behaviour of the Malagasy Lemurs." *Philosophical Transactions of the Royal Society of London*, Series B, Vol. 264. p. 308.
48. Ibid., p. 316.
49. Ibid., p. 317.
50. Ibid.
51. Glander, Kenneth E., Patricial C. Wright, David S. Seigler, Voara Randrianasolo, and Bodovololona Randrianasolo. 1989. "Consumption of Cyanogenic Bamboo by a Newly Discovered Species of Bamboo Lemur." *American Journal of Primatology*, Vol. 19. p. 122.
52. Mayr, Ernst. 1942. *Systematics and the Origin of Species*. New York: Columbia University Press. (Reprint edition: Dover Publications, New York, 1964). p. 236 in the 1964 edition.
53. Mayr, Ernst. 1976. *Evolution and the Diversity of Life: Selected Essays*. Cambridge, Mass.: Belknap Press of Harvard University Press. p. 188.
54. Ibid.
55. Mayr, Ernst. 1954. "Change of Genetic Environment and Evolution." I Evolution as a Process, ed. J. Huxley, A. C. Hardy, and E. B. Ford. London: Allen & Unwin. Reprinted in Mayr(1976). p. 155.
56. Ibid., p. 201.
57. Ibid., p. 199.
58. Ibid., p. 208.
59. Darwin, Charles. 1859. *On the Origin of Species by Means of Natural Selection, or the Preservation of Favoured Races in the Struggle for Life*. London: J, Murray.(Reprint edition: Avenel Books, New York, 1979.) p. 379 in the 1979 edition.

Chapter 4.
1. Hachisuka, Masauji. 1953. *The Dodo and Kindred Birds: Or, The Extinct Birds of the Mascarene Islands*. London: H. F. & G. Witherby. p. 77.
2. Fuller, Errol. 1988. Extinct Birds. New York: Facts on File. p. 120.
3. Strickland, H. E., and A. G. Melville. 1848. *The Dodo and The Kindred; Or the History, Affinities, and Osteology of the Dodo, Solitaire and Other Extinct Birds of the Islands Mauritius, Rodriguez, and Bourbon*. London: Reeve, Benham, and Reeve. p. 123.
4. Hachisuka, Masauji. 1953. *The Dodo and Kindred Birds: Or, The Extinct Birds of the Mascarene Islands*. London: H. F. & G. Witherby. p. 64.
5. Greenway, James C., Jr. 1967. *Extinct and Vanishing Birds of the World*. New York: Dover. p. 121.

6. Fuller, Errol. 1988. *Extinct Birds*. New York: Facts on File. p. 122.
7. Strickland, H. E., and A. G. Melville. 1848. *The Dodo and The Kindred; Or the History, Affinities, and Osteology of the Dodo, Solitaire and Other Extinct Birds of the Islands Mauritius, Rodriguez, and Bourbon*. London: Reeve, Benham, and Reeve. p. 15.
8. Ibid.
9. Ibid.
10. Hachisuka, Masauji. 1953. *The Dodo and Kindred Birds: Or, The Extinct Birds of the Mascarene Islands*. London: H. F. & G. Witherby. p. 37.
11. Ibid., p. 36.
12. Strickland, H. E., and A. G. Melville. 1848. *The Dodo and The Kindred; Or the History, Affinities, and Osteology of the Dodo, Solitaire and Other Extinct Birds of the Islands Mauritius, Rodriguez, and Bourbon*. London: Reeve, Benham, and Reeve. p. 16.
13. Ibid.
14. Hachisuka, Masauji. 1953. *The Dodo and Kindred Birds: Or, The Extinct Birds of the Mascarene Islands*. London: H. F. & G. Witherby. p. 37, 77.
15. Ibid., p. 51.
16. Strickland, H. E., and A. G. Melville. 1848. *The Dodo and The Kindred; Or the History, Affinities, and Osteology of the Dodo, Solitaire and Other Extinct Birds of the Islands Mauritius, Rodriguez, and Bourbon*. London: Reeve, Benham, and Reeve. p. 123.
17. Ibid., p. 125.
18. Ibid.
19. Fuller, Errol. 1988. *Extinct Birds*. New York: Facts on File. p. 122.
20. Hachisuka, Masauji. 1953. *The Dodo and Kindred Birds: Or, The Extinct Birds of the Mascarene Islands*. London: H. F. & G. Witherby. p. 65.
21. Cheke, A. S. 1987. "An Ecological History of the Mascarene Islands, with Particular Reference to Extinctions and Introductions of Land Vertebrates." In A. W. Diamond(1987). p. 47.
22. Hughes, Robert. 1988. *The Fatal Share*. New York: Vintage Books. p. 47.
23. Ibid.
24. Smith, Steven. 1981. *The Tasmanian Tiger-1980*. Technical Report 81/I. Hobart, Tasmania, Aus.: National Parks and Wildlife Service. p. 19.
25. Guiler, Eric R. 1985. *Thylacine: The Tragedy of the Tasmanian Tiger*. Melbourne: Oxford University Press. p. 1.
26. Smith, Steven. 1981. *The Tasmanian Tiger-1980*. Technical Report 81/I. Hobart, Tasmania, Aus.: National Parks and Wildlife Service. p. 19.
27. Ibid., p. 20.
28. Ibid.
29. Ibid.
30. Ibid., p. 21.
31. Ibid., p. 21-22.
32. Guiler, Eric R. 1985. *Thylacine: The Tragedy of the Tasmanian Tiger*. Melbourne: Oxford University Press. p. 95.
33. Smith, Steven. 1981. *The Tasmanian Tiger-1980*. Technical Report 81/I. Hobart, Tasmania, Aus.: National Parks and Wildlife Service. p. 23.

34. Ibid.
35. Guiler, Eric R. 1985. *Thylacine: The Tragedy of the Tasmanian Tiger*. Melbourne: Oxford University Press. p. 26.
36. Ibid., p. 28.
37. Smith, Steven. 1981. *The Tasmanian Tiger-1980*. Technical Report 8I/I. Hobart, Tasmania, Aus.: National Parks and Wildlife Service. p. 32.
38. Diamond, Jared M. 1984b. "'Normal' Extinctions of Isolated Populations," in Nitecki(1984). p. 213.
39. Ibid., p. 214.
40. Ibid., p. 216.
41. Ibid.
42. Ibid.
43. Ibid.
44. Rounsevell, D. E., and S. J. Smith. 1982. "Recent Alleged Sightings of the Thylacine (Marsupialia, Thylacinidae) in Tasmania." In Archer(1982).
45. Mooney, Nick. 1984. "Tasmanian Tiger Sighting Casts Marsupial in New Light." *Australian Natural History*, Vol. 21, No. 5, Winter 1984. p. 177.
46. Guiler, Eric R. 1985. *Thylacine: The Tragedy of the Tasmanian Tiger*. Melbourne: Oxford University Press. p. 158.
47. Ibid., p. 168.
48. Smith, Steven. 1981. *The Tasmanian Tiger-1980*. Technical Report 8I/I. Hobart, Tasmania, Aus.: National Parks and Wildlife Service. p. 103.
49. Schorger, A. W. 1955. *The Passenger Pigeon: Its Natural history and Extinction*. Madison: University of Wisconsin Press. p. 5.
50. Ibid., p. 9.
51. Ibid., p. 6.
52. Ibid., p. 12.
53. Schorger, A. W. 1955. *The Passenger Pigeon: Its Natural history and Extinction*. Madison: University of Wisconsin Press. p. 211.
54. Wilson, Etta S. 1934. "Personal Recollections of the Passenger Pigeon." *Auk*, Vol. 51. p. 166.
55. Ibid., p. 160.
56. Ibid., p. 167.
57. Ibid., p. 168.
58. Schorger, A. W. 1955. *The Passenger Pigeon: Its Natural history and Extinction*. Madison: University of Wisconsin Press. p. 225.
59. Ibid., p. 217.
60. Halliday, T. R. 1980. "The Extinction of the Passenger Pigeon *Ectopistes migratorius* and Its Relevance to Contemproary Conservation." *Biological Conservation*, Vol. 17. p. 157.
61. Ibid.
62. Culliney, John L. 1988. *Islands in a Far Sea: Nature and Man in Hawaii*. San Francisco: Sierra Club Books. p. 271.
63. Warner, Richard E. 1968. "The Role of Introduced Diseases in the Extinction of the Endemic Hawaiian Avifauna." *Condor*, Vol. 70. p. 323.
64. Culliney, John L. 1988. *Islands in a Far Sea: Nature and Man in Hawaii*. San Francisco: Sierra Club

Books. p. 323.
65. Ibid., p. 258.
66. Warner, Richard E. 1968. "The Role of Introduced Diseases in the Extinction of the Endemic Hawaiian Avifauna." *Condor*, Vol. 70. p. 102.
67. Ibid.
68. Ibid., p. 103.
69. Ibid.
70. Culliney, John L. 1988. *Islands in a Far Sea: Nature and Man in Hawaii*. San Francisco: Sierra Club Books. p. 259.
71. Warner, Richard E. 1968. "The Role of Introduced Diseases in the Extinction of the Endemic Hawaiian Avifauna." *Condor*, Vol. 70. p. 115.
72. Jaffe, Mark. 1985. "Cracking an Ecological Murder Mystery." *Philadelphia Inquirer*, June 4, 1985.
73. Ibid.
74. Diamond, Jared M. 1984a. "Historic Extinctions: A Rosetta Stone for Understanding Prehistoric Extinctions." in Martin and Klein(1984). p. 845.
75. Ibid.
76. Terborgh, John. 1974. "Preservation of Natural Diversity: The Problem of Extinction prone Species." *BioScience*, Vol. 24. p. 718.
77. Terborgh, John, and Blair Winter. 1983. "A Method for Siting Parks and Reserves with Special Reference to Colombia and Ecuador." *Biological Conservation*, Vol. 27. p. 131.
78. Ibid.
79. Ibid.
80. Ibid.
81. Ibid.
82. Vaughan, R. E., and P. O. Wiehe. 1941. "Studies on the Vegetation of Mauritius, Part 3: The Structure and Development of the Upland Climax Forest." *Journal of Ecology*, Vol. 29. p. 137.
83. Temple, Stanley A. 1977. "Plant-Animal Mutualism: Coevolution with Dodo Leads to Near Extinction of Plant." *Science*, Vol. 197. August 26, 1977. p. 886.
84. Cheke, A. S. 1987. "An Ecological History of the Mascarene Islands, with Particular Reference to Extinctions and Introductions of Land Vertebrates." In A. W. Diamond(1987). p. 17-19.
85. Turnbull, Clive. 1948. *Black War: The Extermination of the Tasmanian Aborigines*. Melbourne: F. W. Cheshire. p. 1.
86. Plomley, N. J. B., ed. 1966. *Friendly Mission: The Tasmanian Journals and Papers of George Augustus Robinson 1829-1834*. Hobart: Tasmanian Historical Research Association. p. 1.
87. Ryan, Lyndall. 1981. *Thé Aboriginal Tasmanians*. St. Lucia, Queensland, Sus.: University of Queensland Press. p. 75.
88. Ibid., p. 73.
89. Ibid.
90. Turnbull, Clive. 1948. *Black War: The Extermination of the Tasmanian Aborigines*. Melbourne: F. W. Cheshire. p. 100.
91. Ryan, Lyndall. 1981. *The Aboriginal Tasmanians*. St. Lucia, Queensland, Sus.: University of Queensland Press. p. 85.
92. Ibid., p. 90.

93. Ibid., p. 93.
94. Ibid., p. 102.
95. Ibid., p. 122.
96. Ibid., p. 141.
97. Ibid., p. 142.
98. Ibid., p. 151.
99. Ibid., p. 153.
100. Ibid., p. 165.
101. Ibid., p. 165-166.
102. Ibid., p. 166.
103. Ibid., p. 170.
104. Ibid., p. 192.
105. Ibid., p. 197.
106. Ibid., p. 197.
107. Ibid., p. 190.
108. Ibid.
109. Ibid., p. 210.
110. Ibid., p. 214.
111. Turnbull, Clive. 1948. *Black War: The Extermination of the Tasmanian Aborigines*. Melbourne: F. W. Cheshire. p. 234.
112. Ryan, Lyndall. 1981. *The Aboriginal Tasmanians*. St. Lucia, Queensland, Sus.: University of Queensland Press. p. 214.
113. Turnbull, Clive. 1948. *Black War: The Extermination of the Tasmanian Aborigines*. Melbourne: F. W. Cheshire. p. 235.
114. Ryan, Lyndall. 1981. *The Aboriginal Tasmanians*. St. Lucia, Queensland, Sus.: University of Queensland Press. p. 217.
115. Turnbull, Clive. 1948. *Black War: The Extermination of the Tasmanian Aborigines*. Melbourne: F. W. Cheshire. p. 236.
116. Clark, Julia. 1986. *The Aboriginal People of Tasmania*. Hobart, Tasmania, Aus.: Tasmanian Museum and Art Gallery. p. 38.
117. Ibid.
118. Turnbull, Clive. 1948. *Black War: The Extermination of the Tasmanian Aborigines*. Melbourne: F. W. Cheshire. p. 154.
119. Ryan, Lyndall. 1981. *The Aboriginal Tasmanians*. St. Lucia, Queensland, Sus.: University of Queensland Press. p. 230.
120. Ibid., p. 251.
121. Ryan, Lyndall. 1981. *The Aboriginal Tasmanians*. St. Lucia, Queensland, Sus.: University of Queensland Press. p. 255.
122. Plomley, N. J. B., ed. 1966. *Friendly Mission: The Tasmanian Journals and Papers of George Augustus Robinson 1829-1834*. Hobart: Tasmanian Historical Research Association. p. I.
123. Ibid., p. 60.
124. Ibid.
125. Soulé, Michael E. 1966. "What Do We Really Know About Extinction?" In Schonewald-Cox et

al(1983). p. 124.
126. Ibid., p. 111.
127. Ibid.

Chapter 5

1. Forster, John Reinold[Johann Reinhold]. 1778. *Observations Made During a Voyage Round the World, on Physical Geography, Natural History, and Ethic Philosophy*. London: G. Robinson. p. 169.
2. Darlington, Philip J., Jr. 1943. "Carabidae of Mountains and Islands: Data on the Evolution of Isolated Faunas, and on Atrophy of Wings." *Ecological Monographs*, Vol. 13, No. 1. p. 42.
3. Ibid.
4. Darlington, Philip J., Jr. 1957. *Zoogeography: The Geographical Distribution of Animals*. New York: John Wiley and Sons. (Reprint edition: Robert E. Krieger, Malabar, Fla., 1982.) p. 483 in the 1982 edition.
5. Preston, Frank W. 1962b. "The Canonical Distribution of Commonness and Rarity: Part II." *Ecology*, Vol 43, No. 3. p. 427.
6. Mann, Charles C., and Mark L. Plummer. 1995. *Noah's Choice: The Future of Endangered Species*. New York: Alfred A. Knopf. p. 53.
7. Preston, Frank W. 1962a. "The Canonical Distribution of Commonness and Rarity: Part I." *Ecology*, Vol 43, No. 3. p. 185.
8. Ibid., p. 211.
9. Ibid., p. 200.
10. Ibid.
11. Preston, Frank W. 1962b. "The Canonical Distribution of Commonness and Rarity: Part II." *Ecology*, Vol 43, No. 3. p. 411.
12. Ibid.
13. Ibid.

Chapter 6

1. Wilson, Edward O. 1985. "In The Queendom of the Ants: A Brief Autobiography." In *Leaders in the Study of Animal Behavior: Autobiographical Perspectives*, ed D. A. Dewsbury. Lewisburg, Pa.: Bucknell University. p. 466.
2. Ibid.
3. Ibid., p. 465.
4. Ibid., p. 470.
5. Ibid., p. 474.
6. Ibid., p. 475.
7. Wilson, Edward O. 1984. *Biophilia*. Cambridge, Mass.: Harvard University Press.
8. Ibid., p. 68.
9. Ibid.
10. MacArthur, Robert. 1972a. *Geographical Ecology: Patterns in the Distribution of Species*. New York: Harper and Row. (Reprint edition: Princeton University Press, Princeton, N.J., 1984.) p. 239 in the 1984 edition.
11. Ibid., p. 1.
12. Ibid., p. xii.

13. MacArthur, Robert H., and Edward O. Wilson. 1967. *The Theory of Island Biogeography*. Princeton, N.J.: Princeton University Press. p. 3.
14. Ibid.
15. Ibid., p. 3-4.
16. Brown, James H. 1971. "Mammals on Mountaintops: Nonequilibrium Insular Biogeography." *American Naturalist*, Vol. 105, No. 945. p. 477.
17. MacArthur, Robert H., and Edward O. Wilson. 1967. *The Theory of Island Biogeography*. Princeton, N.J.: Princeton University Press. p. 4.
18. Diamond, Jared M. 1972b. "Biogeographic Kinetics: Estimation of Relaxation Times for Avifaunas of Southwest Pacific Islands." *Proceedings of the National Academy of Sciences*, Vol. 69, Vol. 11. p. 3203.
19. Ibid.
20. Preston, Frank W. 1962b. "The Canonical Distribution of Commonness and Rarity: Part II." *Ecology*, Vol 43, No. 3. p. 427.
21. Simberloff, Daniel S. 1974a. "Equilibrium Theory of Island Biogeography and Ecology." *Annual Review of Ecology and Systematics*, Vol. 5. p. 163/
22. Ibid., p. 178.
23. Diamond, Jared M. 1975b. "Assembly of Species Communities." In Cody and Diamond(1975). p.131.
24. May Robert M. 1975. "Island Biogeography and the Design of Wildlife Preserves." *Nature*, Vol. 254, March 20, 1975. p. 177.
25. Terborgh, John. 1975. "Faunal Equilibria and the Design of Wildlife Preserves." In Golley and Medina(1975). p. 369.

Chapter 7

1. Simberloff, Daniel S., and Lawrence G. Abele. 1976a. "Island Biogeography Theory and Conservation Practice." *Science*, Vol. 191, January 23, 1976. p.286.
2. Diamond, Jared M. 1976. "Island Biogeography and Conservation: Strategy and Limitations." First in a grouped set of Responses to Simberloff and Abele(1976). *Science*, Vol. 193, September 10, 1976. p.1027-1028.
3. Ibid., p. 1028.
4. Terborgh, John. 1976. Response to Simberloff and Abele(1976). *Science*, Vol, 193, September 10, 1976. p.1029.
5. Simberloff, Daniel S., and Lawrence G. Abele. 1976b. Untitled rebuttal to Diamond(1976a), and Whitcomb et al.(1976). *Science*, Vol. 193, September 10, 1976. p. 1032.
6. Zimmerman, B, L., and R. O. Bierregaard. 1986. "Relevance of the Equilibrium Theory of Island Biogeography and Species-Area Relations to Conservation with a Case from Amazonia." *Journal of Biogeography*, Vol. 13. p. 134.
7. Ibid.
8. Gleick, James. 1987. "Species Vanishing from Many Parks." *New York Times*, February 3, 1987.
9. Newmark, William D. 1986. "mammalian Richness, Colonization, and Extinction in Western North American National Parks." Ph.D. dissertation, University of Michigan. p. 20.
10. Ibid., p. 28.
11. Preston, Frank W. 1962b. "The Canonical Distribution of Commonness and Rarity: Part II." *Ecology*, Vol 43, No. 3. p. 427.

Chapter 8

1. Shoumatoff, Alex. 1988. "Look at That." *New Yorker*, March 7, 1988. p. 75.
2. Petter, J. J. and A. Peyriéras. 1974. "A Study of Population Density and Home Ranges of *Indri indri* in Madagascar." In Martin et al.(1974). p. 41.
3. Harcourt, Caroline, with assistance from Jane Thornback. 1990. *Lemurs of Madagascar and the Comoros: The IUCN Red Data Book*. Gland, Switz.: International Union for the Comservation of Nature and Natural Resources. p. 197.
4. Oxby, Clare. 1985. "Forest Farmers: The Transformation of Land Use and Society in Eastern Madagascar." Unasylva, Vol. 37, No. 149. p. 49.
5. Pollock Jonathan I. 1986a. "The Song of The Indris (*Indri indri*; Primates: Lemuroidea): Natural History, Form, and Function." *International Journal of Primatology*, Vol. 7, No. 3. p. 226.
6. Ibid.
7. Ibid., p. 230, 232.
8. Main, A, R., and M. Yadav 1971. "Conservation of Macropods in Reserves in Western Australia." *Biological Conservation*, Vol. 3, No. 2. p. 123.
9. Ibid., p. 130.
10. Allee, W. C., Alfred Em Emerson, Orlando Park, Thomas Park, and Karl P. Schmidt. 1949. *Principles of Animal Ecology*. Philadelphia: W. B. Saunders. p. 403.
11. Moore, N. W. 1962. "The Healths of Dorset and Their conservation." *Journal of Ecology*, Vol. 50. p. 369.
12. Main, A, R., and M. Yadav 1971. "Conservation of Macropods in Reserves in Western Australia." *Biological Conservation*, Vol. 3, No. 2. p. 132.
13. Shaffer, Mark L. 1978. "Determining Minimum Viable Population Sizes: A Cast Study of the Grizzly Bear(*Ursus Arctos* L.)" Ph.D. dissertation, Duke University. p. 8.
14. Ibid.
15. Ibid., p. 12.
16. Franklin, Ian Robert. 1980. "Evolutionary Change in Small Populations." In Soulé an Wilcox(1980). p. 140.
17. Soulé, Michael E. 1980. "Thresholds for Survival: Maintaining Fitness and Evolutionary Potential." In Soulé and Wilcox(1980). p. 166.
18. Ibid., p. 160.
19. Ibid., p. 161.
20. Ibid., p. 168.
21. Soulé, Michael E., and Bruce A. Wilcox 1980. *Conservation Biology: An Evolutionary-Ecological Perspective*. (The Brown Book.) Sunderland, Mass.: Sinauer Associates. p. 1.
22. Ibid., p. 2.
23. Ibid., p. 8.
24. Salwasser, Hal, Stephen P. Mealey, and Kathy Johnson. 1984. "Wildlife Population Viability: A Question of Risk." In *Transactions of the Forty-ninth North American Wildlife and Natural Resources Conference*, ed. Kenneth Sabol. Washington, D. C.: Wildlife Management Institute. p. 422.
25. Ibid.
26. Ibid.
27. Soulé, Michael E, ed. 1987. *Viable Populations for Conservation*.(The Blue Book.) Cambridge:

Cambridge University Press. p. 4.
28. Ibid., p. 1-2.
29. Ibid., p. 181.
30. Soulé, Michael E., and Daniel Simberloff. 1986. "What Do Genetics and Ecology Tell Us About the Design of Nature Reserves?" *Biological Conservation*, Vol. 35. p. 19.
31. Mills, L. Scott, Michael E. Soulé, and Daniel F. Doak. 1993. "The Keystone-Species Concept in Ecology and Conservation." *BioScience*, Vol. 43, No. 4.
32. Shaffer, Mark L. 1987. "Minimum Viable Populations: Coping with Uncertainty." In Soulé(1987). p. 70.
33. Ibid., p. 84.
34. Ibid.

Chapter 9

1. Myers, Norman. 1980. *The Sinking Ark: A new Look at the Problem if Disappearing Species*. Oxford: Pergamon Press. p. 43.
2. Ibid.
3. Soulé, Michael E., and Michael E. Gilpin. 1986. "Viability Analysis for the Condho Water Snake, *Nerodia harteri paucimaculata*." Unpublished report, submitted to Jim Johnson, U. S. Fish and Wildlife Service, Albuquerque, N. Mex. November 1, 1986. p. 1.

Chapter 10

1. Jablonski, David. 1986. "Mass Extinctions: New Anseres, New Questions." In Kaufman and Mallory(1986). p. 44.
2. Wallace, Alfred Russel. 1869. *The Malay Archipelago, the Land of the Orang-Utan and the Bird of Paradise: A Narrative of Travel with Studies of Man and Nature*. London: Macmillan. (Reprint edition: Dover, New York, 1962. The Dover edition is a reprint of the last edition revised by Wallace, 1891), p. 339 in the 1962 edition.
3. Ibid.
4. Ibid.
5. Ibid., p. 339-340.
6. Ibid., p. 340.
7. Ibid.

찾아보기

ㄱ

가드너, 테니스 518~520
가마우지 187, 188, 265, 271, 304, 380
가시텐렉아과 63
가이마르디발톱꼬리왈라비 25, 399, 400
가재더부살이조개과 88
각다귀 90
갈라파고스 제도 10, 25, 65, 73, 75~77, 79, 80, 84, 99, 113, 120, 121, 160~164, 166, 168, 172, 178, 179, 185, 187, 189, 191, 207, 208, 214, 239, 271, 281~284, 286, 290~292, 294, 295, 298, 304~317, 338, 348, 353, 354, 367, 537, 595, 832, 854
갈라파고스가마우지 187, 189, 265
갈라파고스땅거북 25, 282, 295, 296, 300, 301, 304
갈라파고스핀치 120, 295, 297, 305, 308, 309, 311, 316, 317, 322
갈라파고스황소거북 187
갈라파고스흉내지빠귀 304
갈색곰 19, 553, 664, 697~700, 706, 713, 729, 730, 737, 744, 818
갈색나무뱀 447, 449~453, 455, 457~465, 643
갈색오리 187
감수 분열 303, 304
개구리 61, 73, 74, 141, 183, 188, 194, 354, 473~475, 532, 616, 657, 661~663, 671, 673
개별 기술적 606
개체군 생존 능력 679, 694, 725, 729, 730, 735, 772, 774, 775, 777, 798, 805, 808, 850
개체생태학 655, 658, 661
개체수 요동 700, 701, 705, 713, 768, 775~777
거리 효과 573, 577, 578, 587, 594, 596, 599, 673, 722, 812, 814
건캐리지 섬 503
검은등제비갈매기 380
검은마모 441
검은수염사키 638, 639
검정나무오름캥거루 186

게니오크로미스 멘토 321
게리고네 술푸레아 203
게오스피자속 307
게오스피지나이아과 306, 308, 314, 316
게오켈로네속 160, 164
게오켈로네 이넵타 165
게오켈로네 트리세라타 165, 168
게잡이마카크 72, 369, 432
게히라 무틸라타 463
격리설 178, 179
결정론적 요인 404
경계심 상실 281, 283
경고 메커니즘 상실 283
경목 602, 718
계량유전학 713
계통 진화 180~183, 213
고비고비 126, 825
고유종 10, 66, 72, 74, 77, 122, 162, 165, 191, 224, 263, 268, 270, 273, 294, 295, 318, 321, 322, 354, 444, 467, 469, 480, 523, 524, 761, 765, 778, 853
고지대줄무늬텐렉 61, 64, 65
곰쥐 207
과달루페따꾸리 523
괌딱새 443, 444, 450, 458
괌흰눈썹뜸부기 187, 272, 444, 445, 450
교체 577, 579, 580, 594, 600, 812, 814
구름쥐 207
국제맹금류재단 674, 754, 755, 757, 769
국제조류보호회의 745~747, 753~755, 757
국지적 멸종 398, 400, 402, 489, 564, 565
군도 종 분화 190, 294~298, 300, 305, 336, 347, 356, 432
군집생태학 655, 656
군함새 380~382
굴드, 존 310, 312, 314~317
굴파리 466
굿펠로나무오름캥거루 186
귀무가설 645~650, 652, 733, 736
균근균 613
귤가시가루이 466
귤과실파리 466, 469
그랜드티턴 666, 669, 699
그레비얼룩말 181, 184

그레이 북 725, 772
그레이트베이슨 597, 599, 600, 604, 607, 629
그린 북 718, 724, 725, 772
극락물총새 33, 347, 348, 350, 351
근교 약세 702, 704, 713, 714, 716, 717, 727, 756, 772, 781, 800, 802, 817, 848
근연아종 300, 301
근연종 10, 56, 57, 63, 75, 77, 101, 113, 138, 141, 191, 299~301, 304, 307, 308, 315, 340, 348
근친 교배 108, 406, 422, 526, 678, 702, 704, 713, 716, 750, 751, 770~772, 776, 777, 781, 797, 817
글레이셔 국립공원 666, 850
긍정적 억제 150
기본 규칙 717
긴꼬리박쥐 206
긴부리활벌새 677
긴코너구리 478, 479
긴코쥐캥거루 399
길리모탕 섬 218, 224
길핀, 마이클 645, 646, 648, 649, 726~730, 733, 772~777, 781, 798, 808~818, 850

ㄴ

나그네비둘기 12, 423~431
나무늘보 41, 210, 478
나무늘보원숭이 100~102
낙투스 펠라기쿠스 463
난쟁이화식조 186
남부양털거미원숭이 778~783, 790, 793~801, 803, 818
남섬갈색키위 187
남조류 193
남태평양큰도마뱀붙이 462
내부 평형 540
《내셔널 지오그래픽》 709, 739
넓적이빨쥐 207, 403
네소폰트 522
네이퍼스, 돈 466~471
노란배마멋 597, 600
노랑머리발이앵무 186
노랑초파리 318
노아의 방주 39, 41, 46~48
눔포르극락물총새 350, 351

뉴기니 섬 25, 26, 43, 71, 116, 122, 128, 131~138, 144, 156, 174, 185~187, 198, 199, 207, 239, 268~271, 276, 347, 348, 350, 351, 354, 355, 442, 447, 457, 459, 465, 561, 564, 603, 604, 607, 647, 648, 663, 778, 830, 833
뉴마크, 윌리엄 663~669, 671, 692, 705, 850
뉴브리튼 섬 198
니코바르비둘기 199

ㄷ

다모류 173, 355
다윈, 찰스 9, 10, 11, 14, 26, 28, 29, 39, 40, 44, 50, 54, 56, 64~66, 74~83, 87, 88, 92, 99, 100, 111, 113, 120, 121, 139~144, 147~156, 159, 160, 163, 168, 169, 171, 173~175, 177~183, 185, 195, 243, 262, 272~280, 282~287, 295~298, 306, 308~317, 348, 355, 523, 557, 590, 595, 731, 819, 824, 826, 854, 856
다이아몬드, 제레드 227~229, 361, 362, 400, 402, 403, 431, 472, 473, 475, 476, 479, 483, 602~610, 621, 623~626, 628, 641~649, 653~655, 662, 665, 668, 697, 719, 723, 733, 734, 774, 850
달링턴, 필립 276~278, 280, 531~533, 563, 572, 574, 581, 607
대립 유전자 302~304, 349~351, 702~703, 713, 716, 751, 771, 772, 809
대상림 595
대성양티티 778
대수 정규 분포 534, 535
댕기흰찌르레기 186
더블스피크 504
데이나크리다 메가케팔라 186
도키모두스 존스토니 321
돌연변이 182, 183, 275, 713, 714, 771, 772
동부양털어우원숭이 337
동부작은대나무여우원숭이 325, 326, 328, 332, 341, 343, 344, 707
동부주머니고양이 402
동부줄무늬반디쿠트 399, 400, 818
동소적 분기 300
동소적 서식 299, 300, 305, 307, 331, 338
동소적 종 분화 176, 178, 181, 183~185, 718
동형 접합체 303, 304

드로소필라 318
드루실라 카톱스 122
디노르니스 막시무스 266
디델피스 키노케팔루스 387
디디오사우루스 마우리티아누스 380
디모르피녹투아 쿠나엔시스 187, 265
디스템퍼 392
딩고 43, 397, 398, 432
땅쥐텐렉아과 63
땅돼지 42, 62

ㄹ

라베송, 조제프 326
라이엘, 찰스 55, 56, 65, 67, 73~75, 82, 87. 136, 140~143, 147, 151, 152, 154, 155, 273
라이트, 퍼트리셔 193, 323~326, 328~332, 340, 342, 344
라카타 섬 193~195, 200~202, 204, 579, 580, 584
라푸스 솔리타리우스 200
라푸스 쿠쿨라투스 357
래니, 윌리엄 506, 508, 510~514, 516, 518
랙, 데이비드 120, 306~308, 313, 340, 348
랜팅, 프랜스 709~711, 739, 740, 742
러브조이, 토머스 17, 18, 104, 476, 611~620, 627~635, 637, 638, 641, 643, 645, 657, 658, 661~663, 665, 671~674, 678, 679, 692, 697, 734, 774, 855
레벳, 윌리엄 170
레빈스, 리처드 813
레스트레인지, 해먼 45
레싱, 도리스 252
레위니옹 섬 45, 73, 164, 165, 168, 200, 362, 363, 370, 523
레이산꿀빨이새 441
레킹 841, 848
레트리놉스 브레비스 321
레피도닥틸루스 루구브리스 196, 463
로, 찰스 209
로드리게스 섬 162~165, 168, 200, 362
로드하우섬동박새 523
로드하우섬딱새 523
로드하우섬부채비둘기 523
로드하우섬비둘기 523

로빈슨, 조지 오거스터스 496, 499~510, 513~515, 520
로어링 포티스 383
로키 산맥 598, 599
루사사슴 222, 237
루이스, 리처드 756, 758~766, 768
류큐물총새 523
리브스, 찰스 198
리슈만편모충증 673, 676
리오타파조스사키 101, 102
리오파 보코우르티 215
림노갈레 메르쿨루스 60

ㅁ

마게이 638, 678
마다가르카르 섬 8, 12, 23, 25, 56~58, 61~64, 67, 68, 71~73, 111, 164, 169, 186, 187, 189, 199, 207, 213, 239, 266~271, 299, 322, 323, 325~327, 332~336, 338, 343, 348, 353, 354, 379, 381, 603, 679, 680, 682, 687, 691, 692, 694, 706, 709, 749, 778, 782, 818, 822, 855
마데이라 제도 53, 65, 66, 74, 75, 272
마르가레타쥐 207
마리아나까마귀 281, 444, 450
마리아나까마귀나비 467
마리아나동박새 444, 448
마모 318, 438, 441
마모셋원숭이 100, 101, 778
마스카렌 제도 11, 53, 164~166, 169, 170, 199, 295, 362, 363, 370, 431, 484, 523, 855
마운트레이니어 국립공원 666
마이어, 에른스트 120, 174, 180, 182~185, 347 ~352, 558, 564, 572
마이어, 베른하르트 330, 331
마이어스, 노먼 746, 747, 751, 753, 774
마이어스, 데이비드 707, 708, 738, 740
마카코스 벨호스 102
마크로스킨쿠스 215
말레이 반도 32, 33, 69, 369
말레이 제도 10, 26, 31, 32, 39, 40, 42, 55, 77, 79, 80, 84, 111~113, 115~117, 130, 133, 135, 146~148, 157, 192, 216, 855
말레이곰 69, 71
말코손바닥사슴 664

맥레인, 데니 594
맥아서, 로버트 13, 27, 120, 201, 241~243, 535, 558, 559, 561~565, 567, 568, 570~580, 582, 586, 588~596, 599~601, 604~608, 610, 619, 621, 624, 630, 640, 644, 645, 652, 656, 658, 662, 663, 665, 668, 696, 721, 722, 728, 731, 811~813, 850, 854
맥쿼리섬앵무 523
맹그로브 섬 581, 583, 586, 588, 607, 621, 622, 629, 630, 657~659, 663
맹그로브 습지 124, 626, 659
맹그로브때까치딱새 203
메갈라니아 229, 237
메갈라다피스 에드워드시 335
메타 개체군 810, 813~815, 817, 818
멘델, 그레고어 183, 557
멧비둘기 283
면적 효과 573, 577, 578, 594, 596, 599, 673, 812, 814
모노스 볼라도레스 102, 105
모래벼룩 90
모리셔스 섬 8, 25, 44, 45, 73, 160~171, 173, 187, 199, 215, 348, 355, 357~364, 367~376, 382, 383, 476, 480, 482~486, 522, 523, 745~749, 754~756, 762, 764, 765, 767, 769, 770, 779, 822, 854, 855
모리셔스넓적부리앵무 485
모리셔스청비둘기 199
모리셔스황조롱이 371, 382, 743, 744~748, 751, 752, 754~756, 758, 760, 764, 767, 769, 770, 772, 774, 777, 781, 810, 855
목마황 194, 203~205
무륜주 254, 256, 260, 264
무어헤드, 앨런 163, 185
무화과말벌 203
물왕도마뱀 194, 216, 546, 550
믈라카 해협 69
미갈레 86
미국과학재단 259, 629
미국물뾰족뒤쥐 597~599
미국어류야생생물국 448, 450, 452, 805
미국자연사박물관 581
미국조류학회 428
미무스 멜라노티스 298
미무스 트리파스키아투스 297

미무스 파르불루스 297
미첼방울뱀 246, 247, 261
미크로갈레 59
미크로네시아찌르레기 450
미크로네시아호반새 444, 445, 450, 464
미크로콴테라 발리카 70
미크로콴테라 자바니카 70
미터마이어, 러스 326, 782

ㅂ

바그너, 모리츠 177~185
바그란스 에기스티나 467
바나나팔랑나비 466, 469
바니코로칼새 450, 467
바다이구아나 25, 214, 284~287, 290~295, 367
바로콜로라도 섬 16, 475, 476~479, 604, 607, 610, 665
바바코토 68, 706, 710, 742
바비루사 114, 134
바하다 255~257, 260, 262, 460
《박물학 연보》 54, 75, 78, 87, 120, 137, 139, 151
반다 섬 116, 147
반디멘스랜드 383, 385, 389~392, 410, 501
발렌, 바스 판 31, 202
발리 섬 16, 24, 29, 32, 33, 36, 37, 39, 68~73, 109, 111, 113, 134, 135, 186, 199, 211, 216, 384, 476, 541
발리표범 69, 70
발리호랑이 24, 69
발리휜찌르레기 72
밤부스 산맥 378, 748, 749, 769
방형구 529, 530, 538, 539
배경 멸종 820~822
배스 해협 398~400, 402, 403, 415, 490, 496, 517, 518, 604
배잘록침개미아과 561
버드라이프 인터내셔널 745
벌잡이새 133
법칙 정립적 606
베록스시파카 337
벤쿠버, 조지 436
변종 78, 91, 114, 143, 145~147, 150, 175, 178, 329, 388

보우루 섬 116
보이가 이레귤라리스 446, 447
《보전과 진화》 723, 724
보전생물학 9, 13, 15, 719~721, 725, 730~732, 734, 767, 772, 774, 776, 805, 822
보호색 상실 281, 283
봄부스속 348
부동 302, 304, 305, 319, 348, 702, 703, 713, 714, 751
부디 695
부시마스터 676
부조화 189, 190, 352~355
부채갯메꽃 194
부흐, 레오폴트 폰 175, 176
북아메리카잣까마귀 664
분포 경계선 177
분홍비둘기 199
불꽃나무자벌레나방 466
불사용 273~276, 279, 648
붉은고함원숭이 639
붉은맹그로브 583~585
붉은목개미새 639, 640
붉은방울뱀 246, 247, 261
붉은볏가래부리딱새 677, 678
붉은부채꼬리딱새 444, 450
붉은손타마린 638
붉은손타마린원숭이 678
붓꼬리숲쥐 597~599
브라운 북 718, 719, 771, 772
브라운, 재닛 46, 50
브라키멜레스 부르크시 187
브룩, 제임스 113
블라이스, 에드워드 55, 140
블랙 라인 497, 498, 502, 521
블랙 전쟁 494
블랙리버 협곡 371, 374, 378, 379, 483, 748~750, 755, 769
《비글호 항해기》 39, 76, 77, 82, 100, 169, 282, 285, 295, 297, 310, 311
비단날개새 33, 115, 133, 134
비에르가드, 리처드 629, 630, 632~634, 637, 638, 661~663, 677
빈랑나무 161, 162

ㅅ

사르데냐 섬 134, 208, 213
사모아숲뜸부기 523
사바 섬 533
사바나얼룩말 181, 184
《사이언스》 480, 482, 483, 487, 620, 626, 641
사키원숭이 101, 102, 108, 146
사회생태학 431
산람과 480, 616
산쑥 597~599
산크리스토발흉내지빠귀 304
산타카탈리나방울뱀 187, 281
산타크루스 섬 286, 294, 296, 300, 301, 307, 308
산타페 섬 308
살찐꼬리난쟁이여우원숭이 337
상투메콩새 523
샌타캐털리나 섬 25
생물지리학 10, 24, 26, 29, 32, 33, 37, 39, 40, 46, 51, 62, 79, 99, 101, 133, 137, 159, 175, 196, 202, 206, 208, 242, 243, 251, 269, 342, 352, 355, 358, 399, 416, 517, 525, 529, 532, 557, 562, 564
생식적 격리 180, 182, 305
생존 가능 최소 개체군 13, 694, 696, 697, 699, 705, 736, 737, 773
생태계 분화 183
생태적 지위 49, 62, 63, 182, 201, 247, 267, 297, 299, 300, 307, 308, 316, 319, 321, 322, 328, 334, 342~344, 398, 558, 589, 590, 820
《생태학 저널》 482
생태학적 격리 179, 184, 526, 663
생태학적 순진성 12, 283, 287, 524
섀퍼, 마크 697~700, 703, 705, 712, 727, 730, 736, 737, 746, 768, 781, 850
서부긴코가시두더지 186
설선 596
설치류 41, 62, 133, 206, 207, 238~240, 242, 244, 246, 295, 358, 403, 451, 522, 616
섬 생물지리학 9, 13, 19, 23, 24, 26, 27, 37, 51, 111, 118, 156, 158, 189, 191, 192, 249, 254, 262, 263, 276, 280, 537, 566, 567, 573, 581, 594, 596, 600, 606, 609, 614, 617, 619, 621, 622, 626, 627, 646, 662~664, 675, 679, 695, 697, 720, 721, 724, 743, 813, 829, 854

섬밤도마뱀 215
《섬 생물지리학 이론》 13, 26, 27, 120, 242, 535, 557, 566, 588, 593~595, 619, 719
세계야생물기금 326, 421, 620, 630, 637, 653, 782
세계자연보호기금 620
세람 섬 116
세인트빈센트 섬 197
세인트헬레나 섬 25, 65, 66, 187, 278, 348
세인트헬레나집게벌레 25, 239
세쿼이아 국립공원 666
셀레베스 섬 29, 32, 78, 114~116, 122, 133
솔리테어 45, 200
쇠알락키위 187
수마트라 섬 24, 26, 32, 33, 68, 69, 72, 192, 197, 211, 737
수사사키 102
수상생활 595, 598, 600
수생생물야생생물자원국 448~450
수생텐렉 60, 61
수자원산림청 681, 683, 707, 739, 741
수정주의자의 견해 152, 153
수크 515
술라웨시 섬 29, 196, 207, 208, 459
술레, 마이클 13~15, 525~527, 712, 713, 716~737, 744, 745, 772~777, 781, 798, 805, 808~816, 849, 850, 852
숲왈라비 25, 392, 399, 400, 420, 421
쉬르트세이 섬 73, 191
슈레이너, 일스 466~469, 471
스네일다터 729
스미스소니언 협회 173, 476, 618
스윕스테이크 196
스클레로네마 미크란툼 640
스킹크도마뱀 214, 215, 239, 380, 458, 463~465
스테고돈속 211, 212
스테이고돈솜포엔시스 228
스트라이어, 캐런 783~785, 790, 793~805
스트람, 웬디 379, 484, 485, 487
스트루티오 카멜루스 270
스티븐스섬굴뚝새 523, 524
슴새 199, 200
시에라네바다 산맥 597~599
시칠리아 섬 208, 211, 213
시칠리아피그미코끼리 213, 214

식충목 61
심벌로프, 댄 584~588, 606, 607, 620~627, 629, 630, 641~662, 671, 732~736, 774, 823
쌀먹이새 313
쌀쥐속 207

O

아그라울리스디도 88
아루 제도 42, 43, 115~118, 120~124, 126~128, 131~136, 138~140, 143~145, 180, 187, 819, 824, 825, 828~831, 833~837, 839~842, 847, 848
아마우이 441
아메리카들소 41, 45, 664
아벨, 로렌스 620~627
아비 417
아서, 조지 496, 497, 499, 500, 503
아이슬리, 로렌 148, 155
아이피오르니스 막시무스 266, 270
아조레스 제도 53, 65
아키알로아 441
알다브라 섬 25, 163~165, 169~173, 187, 265, 282, 286, 348, 355
알다브라켈리스아속 169
알다브라황소거북 165, 169~172, 187, 217
알부케르케, 알폰소 데 363
앙거마이어, 카를 290~294
앙주앙 섬 199
앙헬데라과르다 섬 186, 246~252, 254~257, 259, 261~264, 460, 722
앙헬섬척왈라 186, 250, 255, 256, 263, 264
앨버트로스 199, 304
야생생물보전기금 757
양치류 193~195, 201, 204~206, 579, 842
어민족제비 600, 664, 666
얼룩스컹크 666
에모이아 슬레비니 463
에모이아 아트로코스타타 463
에모이아 카이룰레오카우다 463
에뮤 239, 268, 517
SLOSS 609, 610, 617, 620, 623, 624, 627, 629, 641, 642, 644, 646, 647, 652, 654, 663, 671, 679, 697, 732~734
에스파뇰라흉내지빠귀 304

엔타다 195
열대우림 18, 62, 64, 85, 103, 104, 107, 108, 110, 137, 322, 323, 326, 327, 335, 346, 452, 476, 539, 561, 603, 604, 613~615, 631, 641, 675, 680, 681, 683, 686, 718, 778, 823, 848, 855
열대집모기 433, 440
영양 단계 연쇄 반응 472, 473, 475, 479, 483, 484
에에네스 257, 258
오랑우탄 33, 69, 71, 113, 335
오로펜돌라 281, 282
오르니톱테라속 122
오르니톱테라 레무스 114
오리너구리 186, 403
오색조 33, 115
오스트레일리아 25, 26, 32, 38, 43, 44, 48, 49, 68, 133, 134, 137, 138, 186~188, 192, 206, 207, 215, 216, 223, 228, 239, 268~271, 276, 277, 354, 362, 372, 383~385, 387, 395~399, 414~416, 447, 489, 507, 515, 517, 561, 563, 695, 723, 818
오아후누쿠푸 441
오아후오오 441
오우 318, 439, 441
오이스터코브 509, 510, 512, 514, 515
오이잎벌레 466
오클랜드섬비오리 523
와라 523
와피티사슴 664, 715
왕관시파카 328, 329, 337
왕극락조 117, 126, 129, 132, 825
왜가리 282, 314, 380
요람기 연장 281, 283
용불용 273
용설란 254
우는토끼 597~600
우래디 499~502, 507, 508, 510
우산장식새 91, 92
우인타줄무늬다람쥐 597
우제류 239, 240, 244
울라아이하와네 441
울러스틴, 버넌 273, 275
울티마 툴레 117
워터턴레이크스 국립공원 666
원원아목 332~334

월리스, 앨프리드 9~11, 26~29, 31~33, 37~40, 50~52, 54~57, 63~66, 75~103, 105, 111~118, 120~124, 126~141, 143~157, 159, 174, 175, 177, 180, 183, 196, 197, 199, 243, 251, 262, 269, 285, 315, 532, 557, 582, 590, 619, 674, 824~831, 833~835, 837, 841, 843, 846, 854~856
월리스선 32, 33
월원충속 433
웨이크섬뜸부기 523
웰링턴호 433, 436
위성류 194, 203
윌리엄슨, 마크 319
윌슨, 에드워드 13, 14, 27, 120, 201, 241, 242, 535, 559~588, 590~596, 599~601, 604~608, 610, 619, 621, 622, 624, 630, 640, 644, 645, 652, 656~659, 662, 663, 665
유로 695, 696
유사 711
유성 생식 176, 182, 196, 303
유전자 부동 302, 304, 305, 319, 348, 702, 703, 713, 714, 751
유전자 연관 182
유전자 혁명 346, 347, 349, 351, 525
유전자 환경 349~351
유전적 요동 700, 702, 703, 705
유전적 하중 702, 751, 771, 772, 777
유제류 50, 133, 240
유형학적 견해 92
육두구 161, 383, 384, 832
육두구나무 832
율리시스나비 127, 129
의무적 공생 관계 481, 482, 484
이론생태학 355, 430, 533, 536, 619
이사벨라 섬 100, 294, 296, 300, 308
이소적 종 분화 176, 181, 184
이안류 542
이오지마뜸부기 523
이집트히비스커스깍지벌레 466
《이콜로지》 528, 536, 558, 587, 593
이형 접합체 303, 304
인도몽구스 750, 765, 766
인드리 337, 679, 681, 683, 685~690, 692~694, 706, 707, 709, 710, 712, 715, 744, 770, 781, 818

인시류 122, 144, 467
일본늑대 523

ㅈ

자바 섬 24, 25, 32, 33, 68, 69, 70, 72, 133, 192, 198, 211, 370, 382, 522, 582
자바코뿔소 25, 743
자바호랑이 24
자연 선택 28, 40, 141~143, 147, 148, 150~153, 155, 159, 175, 178, 273, 275, 279, 302, 348, 351, 824, 826, 827
자연재해 700, 701, 703, 705
자이언트점핑들쥐 186
작은짧은꼬리박쥐 206
작은코아핀치 441
잔존성 189, 190, 270, 347, 356
잡혼 번식 184
장님뱀 452
장미전쟁 642
장지도마뱀 215
재규어 16, 91, 92, 110, 477~479, 615, 627, 638, 644, 653, 673, 689, 714
재블론스키, 데이비드 820, 821
적응 방산 62, 63, 190, 191, 267, 299, 300, 305, 307~309, 311, 312, 316~320, 322, 332, 336, 338, 340, 342, 346, 347
적자생존 150
점박이꼬리주머니고양이 25, 402, 420
정자 경쟁 793, 795, 796
정준 분포 534, 536, 540, 559, 564, 577
정통 견해 136, 148, 151~153, 155, 156, 393, 417
제노바사 섬 295, 308
제유법 121, 263
조망성 445, 471
존스, 칼 12, 371, 372, 374, 375, 379~381, 483~486, 746~748, 751~758, 760~770, 772, 801, 855
존슨, 짐 805, 808, 809, 815, 817, 818
종 분화 14, 37, 72, 176, 178, 180~185, 188, 190, 294, 295, 297~300, 305, 317~320, 336, 338, 347, 353, 356, 432, 564, 565, 717, 718, 820, 853
종-면적 곡선 538, 539, 572, 574, 579, 596, 598, 599, 662, 696
《종의 기원》 27, 156, 157, 177~179, 195, 272~274, 276, 309, 311, 316, 355, 826
종의 빈곤화 190, 352, 353, 355, 356
주금류 267~271, 280
주머니고양이 186, 392
주머니날다람쥐 187
주머니늑대 12, 186, 388~398, 402, 407~409, 412, 416~423, 489, 497, 504, 513
중국차색풍뎅이 466
《지리생태학》 242, 590
지리적 격리 145, 172~174, 176~180, 182~185, 213, 305, 312, 526, 663, 718
지미만, 바버라 657, 661~663, 671
지머만, 엘우드 196
지주근 583
진원아목 333
집도마뱀붙이 462
짧은뿔카멜레온 691

ㅊ

창시자 원리 301, 302, 305, 319, 347~349
채널제도피그미매머드 210
처녀 생식 176, 196
체임버스, 로버트 82, 83, 174, 175
첸드라와시 835, 837~839, 841, 843~845, 848
초록새날개나비 144, 145
최소 임계 면적 615, 616, 629, 630, 635, 637, 641, 662, 674, 679, 692, 697
치크, 앤서니 484
치프멍크 210
친지성 278~280
침개미아과 561

ㅋ

카나리아 제도 53, 65, 74, 75, 176
카를라, 월자 107
카마린쿠스속 307
카보베르데큰스킹크도마뱀 523
카카와히 441
카카포 186
카탈리나방울뱀 281
칼바리아나무 476, 479~487
케 섬 116
케아 187

케이스, 테드 243~252, 254~264, 452, 460, 468, 525, 542, 645, 646, 722, 724, 810
케이스의 법칙 245
케이프배런 섬 398, 400, 503, 518
케팔로스타키움 비구이에리 323, 341, 343
케팔로스타키움 페리에리 328, 341, 343
켈레스투스 오키두스 215
코끼리새 23, 43, 187, 189, 239, 266~268, 270, 271
코나밀화부리 441
코너, 에드워드 648, 649
코놀로푸스 214
코르크나무 161
코모도 섬 25, 38, 186, 207, 215, 216, 218, 220, 222~224, 228, 230, 541, 542, 545
코모도왕도마뱀 186, 194, 215, 216, 218~229, 231~237, 361, 541~543, 545~548, 550~556, 603
코모로 제도 199, 333
코카 695, 696
코코넛나무 194, 843
코코넛붉은깍지벌레 466
코크레인, 패니 510, 515~517
콘초물뱀 805~812, 814~818
콜롬비아매머드 210
쿠바솔레노돈 186
쿠바큰올빼미 266, 271
쿡, 제임스 44, 50, 52, 53, 432, 436, 529
퀸샬럿 제도 241
크라카타우 섬 26, 172, 191~193, 197, 198, 200, 202, 564, 579~581, 607
크라테로미스속 207
크레타 섬 208, 213, 214
크리올 373
크립토갈레 오스트랄리스 63
크세니쿠스 리알리 524
큰검은코카투앵무 133
큰귀텐렉 58
큰극락조 43, 117, 128, 129, 132, 838, 841, 843
큰대나무여우원숭이 322, 323, 326~332, 338, 341, 343
큰바다오리 18, 266, 523
큰박쥐속 486
큰아마키히 441
큰알락키위 187

큰유대하늘다람쥐 187
큰코아핀치 441
큰코카멜레온 691
클라리온옆목무늬도마뱀 281
클라크 섬 398, 400
키르토포라 몰루켄시스 471, 472
키리돕스 안나 441
키오에아 441
키위 187, 267, 268, 281
킬린드라스피아속 165
킹 섬 398, 400, 402, 604
킹즈캐니언 국립공원 666

E

타니십테라속 348
타이거 맨 390
타이완흰개미 466
타파조스 강 88, 89
태즈메이니아 섬 25, 26, 53, 134, 186, 188, 207, 355, 384, 385, 387~396, 398~400, 402, 403, 407~410, 415, 417~419, 423, 476, 488, 490, 491, 494, 500, 502~504, 506, 507, 509, 513, 514, 518, 522, 598, 665, 855
태즈메이니아 원주민 12, 15, 388, 487, 488~490, 493, 496, 497, 502, 503, 506~510, 515, 516, 519~522, 855
태즈메이니아데블 402
태즈메이니아에뮤 523
태즈메이니아주머니곰 186
태즈메이니아주머니늑대 388
태즈메이니아호랑이 384, 388, 393, 412, 414
태평양쥐 207, 437
터너, 존 94~96
텔페어스킹크도마뱀 215
투아드라 25
트루가니니 487, 488~490, 494, 499, 500, 502, 504~510, 513~517, 520
트루아메멜 758, 762, 769
트리스탄쇠물닭 523
특별한 창조론 47, 49, 55, 56, 64~66, 135~137, 145, 177, 310, 315, 827
티모르 섬 38, 116, 208, 211, 212, 214, 348
티미 507

틸라키누스 키노케팔루스 388

ㅍ

파나민트 산맥 599, 600
파다르 섬 542, 543, 545, 549, 551, 552
파슨카멜레온 691
파젠다 에스테이우 102, 104, 111, 614, 631
파충류 25, 39, 47, 71, 72, 76, 158, 168, 170, 187, 194, 196, 201, 206, 210, 214, 215, 218, 219, 225, 249~251, 255, 256, 263, 264, 286, 290, 292, 293, 354, 358, 361, 381, 447, 450~452, 454, 456, 459, 462, 466, 532, 538, 542, 546, 553, 564, 574, 584, 599, 657, 691, 718, 722, 738, 746, 774, 778, 805, 808, 809, 811, 853
파필리오 크수투스 467
판테라 발리카 69
팔라우땅비둘기 199
팔라이오프로피테쿠스 인젠스 335
팔코 푼크타누스 754
페로키루스 아텔레스 463
페르난디나 섬 294, 308
페조파프스 솔리타리아 200
페커리 40, 110, 473, 474, 478, 479, 673
평형 이론 563, 566, 573, 574, 581, 582, 584, 587, 588, 593, 594, 596, 597, 599, 601, 604~607, 609, 610, 617, 621, 622, 628, 641, 644, 654, 656, 657, 662, 663, 695, 697, 722, 723, 811, 813
평형을 향한 완화 602, 605, 607, 723
평형을 향한 해체 17, 18
포세이돈새날개나비 122, 123, 144, 145
포스터의 법칙 240, 241, 245
포유류 14, 43, 50, 57, 58, 61, 62, 71, 74, 114, 132, 133, 137, 141, 187~189, 203, 205~208, 210, 213, 214, 239, 240, 255, 267, 269~271, 341, 353~355, 358, 361, 388, 397, 398, 446, 475, 477, 478, 523, 527, 547, 582, 584, 596~600, 602, 627, 637, 666, 668, 669, 671, 686, 696, 737, 746, 749, 750, 761, 774, 777, 778, 821, 822, 853
포트필립 507, 508
폴록, 존 686~688, 694
프라이어버드 33
프레디도그 701, 704
프레스턴, 프랭크 528, 534~540, 564, 575, 577, 604, 606, 668, 669
프로우도트로페우스 트로페옵스 321
프리츠, 톰 450~452, 458~461, 465
플라밍고 380
플로레아나흉내지빠귀 304
플린더스 섬 398, 400, 402, 503~509, 511, 515, 604
피그미매머드 210, 214, 239
피그미코뿔소 25
피그미하마 25, 27, 62, 187
피멜리아속 177
피베이 507
필리핀멧비둘기 450
필리핀무당벌레 466
필리핀원숭이 72, 369, 370, 372~375, 432, 761

ㅎ

하렘 289, 715
하와이 제도 25, 53, 73, 166, 191, 208, 278, 295, 317, 319, 322, 348, 354, 362, 431~433, 436~442, 446, 448, 473, 522, 523, 822
하와이꿀빨이새 318, 473
하와이뜸부기 441
하이에나 270, 334, 389, 390
하터물뱀 806, 809
하팔레무르 아우레우스 331
하프돔 763
하플로크로미스 시밀리스 321
하플로크로미스 에우킬루스 321
하플로크로미스 파르달리스 321
할메누스 로부스투스 187
핵심종 735
행동학적 격리 184
허친슨, 에블린 558, 559, 562, 570, 571, 610, 619, 630
헉슬리, 줄리언 148, 149
헉슬리, 토머스 44
헤라클레스집게벌레 187
헤미틸라피아 옥시린쿠스 321
헤스티아 두르빌레이 122
헥, 윌러드 756~758, 760, 768, 769
헬렌호 94~97, 100, 111, 112, 117, 251
헬리코니아 멜포메네 88
호랑뱀 416

호리병벌 466
호소학 558
혼혈아 517, 518
확률적 교란 700, 703, 746
확률적 요인 404, 405, 700
확산 능력 상실 189, 190, 264, 265, 268, 281, 347, 356
환경적 요동 700, 701, 703, 705
황금대나무여우원숭이 186, 331, 332, 338, 340~342, 344~346, 692, 707
황금도마뱀붙이 215
황금사자타마린 40, 778
황금얼굴사키 104, 110
획득 형질 274, 275
후커, 조지프 26, 28, 29, 44, 142, 143, 147, 152, 154, 155, 171, 178
후퍼, 세실 209
희귀성 377, 403, 404, 422, 423, 431, 458, 522, 526, 534~536, 540, 551, 564, 652
흰귀자이언트들쥐 186
흰깃털개미새 639, 640
흰꼬리물총새 128
흰꼬리잭래빗 666
흰목도리물총새 203
흰발족제비 701, 702, 704~706
흰발족제비여우원숭이 337, 338
흰색긴꼬리극락조 25, 187
흰얼굴사키 11, 102, 104, 105, 107~110, 614, 616
흰제비갈매기 380
흰코카투앵무 40
히비스카델푸스속 473